图书在版编目（CIP）数据

中国林业工作手册 /《中国林业工作手册》编纂委员会编 . —2 版 .
—北京：中国林业出版社，2017. 9
ISBN 978-7-5038-9291-2

Ⅰ . ①中… Ⅱ . ①中… Ⅲ . ①林业 – 中国 – 手册 Ⅳ . ① F326. 2-62
中国版本图书馆 CIP 数据核字 (2017) 第 232649 号

审图号：GS（2018）390 号

责任编辑　李　敏

出版发行　　中国林业出版社（100009 北京市西城区德胜门内大街刘海胡同 7 号）
　　　　　　http : //lycb.forestry.gov.cn　　电话　010-83143575
印　　刷　北京中科印刷有限公司
版　　次　2017 年 9 月第 2 版
印　　次　2017 年 9 月第 1 次
开　　本　850mm×1168mm　1/32
印　　张　33.75
字　　数　964 千字
定　　价　168.00 元

《中国林业工作手册》
编纂委员会

主　任	张建龙				
副主任	陈述贤	张永利	陈凤学	刘东生	彭有冬
	李树铭	李春良	谭光明	杜永胜	封加平
	张鸿文	马广仁			
委　员	孙国吉	王祝雄	郝燕湘	贾建生	刘　拓
	王海忠	闫　振	胡章翠	章红燕	郝育军
	李世东	杨　超	潘世学	程　红	张　炜
	周鸿升	潘迎珍	丁立新	王焕良	吴志民
	王志高	张守攻	邓乃平	张宗启	周金中
	任建中	呼　群	奚克路	霍　岩	杨国亭
	陆月星	夏春胜	林云举	程中才	陈则生
	阎钢军	刘均刚	陈传进	刘新池	邓三龙
	陈俊光	黄显阳	关进平	吴　亚	尧斯丹
	黎　平	冷　华	云　丹	李三原	樊　辉
	党晓勇	马金元	曹志文	陈佰山	于海军
	王敬先	苏春雨	王连弟	段　华	

主　　编　李世东

副 主 编　涂先喜　曹祖涛　张　宇

编写人员　涂先喜　曹祖涛　张　宇　张绍敏　颜国强
　　　　　刘丽军　杨　净　魏文杰　张云毅　缪光平
　　　　　胡耀升　李新华　袁卫国　刘韶辉　刘建杰
　　　　　吴红军　戴广翠　王春峰　吴有苗　张　栋
　　　　　张会华　杨新民　周景莉　俞　晖　唐　伟
　　　　　程小玲　郑　杨　王晓圆　徐　鹏　周　岩
　　　　　刘　冰　汪飞跃　林　琼　周　瑞　龙三群
　　　　　龚玉梅　郭瑜富　郑　重　王隆富　王福田
　　　　　王　振　陆文明　周庆生　郭永乘　王　浩
　　　　　胡俊达　冀瑞平　黄　东　赵伟波　董铁狮
　　　　　王　伟　刘　明　陈　钢　陈　光　朱建华
　　　　　张秩通　王道敏　李　祥　谢　力　刘　力
　　　　　刘建波　谢利玉　王树军　胡海燕　张晓强
　　　　　王昌友　严世辉　李邵平　柯亚永　江阜家
　　　　　刘家开　李海权　罗轶奇　刘洪平　周登祥
　　　　　张革成　贺　捷　黄永昌　姚世超　秦洪锦
　　　　　杨志平　董益均　扎西多吉　王季民　田　瑞
　　　　　骆　宁　赵　俊　宋晓英　李东阳　罗　浩
　　　　　俞言琳　杨　勇　赵玉忠　路增春　曹静欣
　　　　　张　勇　张　强　戴学勇　秦世立　孙喜庆
　　　　　赵　刚　贾寿珍

序（第2版）

　　党中央、国务院高度重视生态文明建设，党的十八大将生态文明建设写进《中国共产党党章》，纳入中国特色社会主义事业"五位一体"总体布局。2015年，党中央、国务院专门出台《关于加快推进生态文明建设的意见》和《生态文明体制改革总体方案》，赋予林业重大使命和艰巨任务，把林业的地位作用提升到前所未有的战略高度。在拥有这些发展机遇的同时，林业发展也面临严峻的挑战。总的来看，我国林业发展的机遇大于挑战，有利条件多于不利因素，林业内涵外延正在发生深刻变化。

　　站在新的历史起点上，我们要高举中国特色社会主义伟大旗帜，牢固树立创新、协调、绿色、开放、共享的发展理念，实施以生态建设为主的林业发展战略，以维护国土生态安全为主攻方向，以增绿增质增效为基本要求，深化改革创新，加强资源保护，加快国土绿化，增进绿色惠民，强化基础保障，扩大开放合作，加快推进林业现代化建设，为建设生态文明和美丽中国，实现中华民族伟大复兴的中国梦而努力奋斗！

　　新时期林业发展目标任务的实现，需要全国林业系统准确把握林业工作大局，充分了解国内外林业发展形势，特别是熟练掌握我国林业发展最基本、最主要的信息，不断提高服务林业现代化建设的能力和水平。只有这样，才能紧紧抓住发展机遇，妥善应对各种挑战，确保林业发展与国家发展相协调、相适应，紧紧跟上中国特色社会主义建设的步伐。

《中国林业工作手册》（第1版）的出版距今已有10年时间，这次对此进行了全面修订。我们相信，《中国林业工作手册》（第2版）的出版，将为全面开创我国林业现代化建设的新局面作出新的贡献。

国家林业局局长：

2017年9月28日

序（第1版）

　　森林，承载着人类的过去，更支撑着人类美好的未来。

　　近年来，党中央、国务院作出了全面贯彻落实科学发展观、构建社会主义和谐社会、建设社会主义新农村等一系列重大战略决策，对林业发展提出了新的更高的要求。我们这一代务林人既面临着难得的历史机遇，也面临着严峻的时代挑战；既有很多有利条件，也有不少困难和问题。总的来看，当前我国林业发展的总体形势是：机遇好、潜力大、困难多、任务重、前景佳。

　　站在新的历史起点上，在两个"五年计划"交替的重要时刻，我们分析形势，展望未来，研究提出了今后一个时期我国林业工作的基本思路，这就是：以邓小平理论和"三个代表"重要思想为指导，用科学发展观统领林业工作全局，深入贯彻落实《中共中央国务院关于加快林业发展的决定》，全面实施以生态建设为主的林业发展战略，加速推进传统林业向现代林业转变，着力构建林业生态和产业体系，实施工程带动，深化体制改革，强化科技创新，加强科学管理，转变增长方式，大力提高林业发展的质量和效益，不断开发林业的多种功能，满足社会的多样化需求，努力把我国林业推向又快又好发展的新阶段。力争到2010年，全国森林覆盖率达到20%，森林蓄积量达到132亿立方米，林业产业总产值达到12000亿元，为建设布局合理、结构稳定、功能齐全、效益显著的比较完备的林业生态体系和规模可观、品种丰富、布局优化、优质高效、竞争力强的比较发达的林业产业体系而努力奋斗。

要完成林业发展这一新的历史任务，需要我们把握林业工作的全局，学习和了解国内外林业发展的各方面的情况和最新知识，特别是需要熟练掌握我国林业发展最基本、最主要的信息，只有这样，才能更新业务知识、增强工作能力、提高服务水平，全面提升务林人的自身素质，不断适应形势发展的需要。

《中国林业工作手册》就是在这样的形势下编纂完成的。我们相信，《手册》的出版，将为社会全面了解林业开启一个有益的窗口，为务林人全面掌握林业情况提供一部有益的工具书，从而对促进林业又快又好发展发挥应有的作用。

贾治邦

2006年3月6日

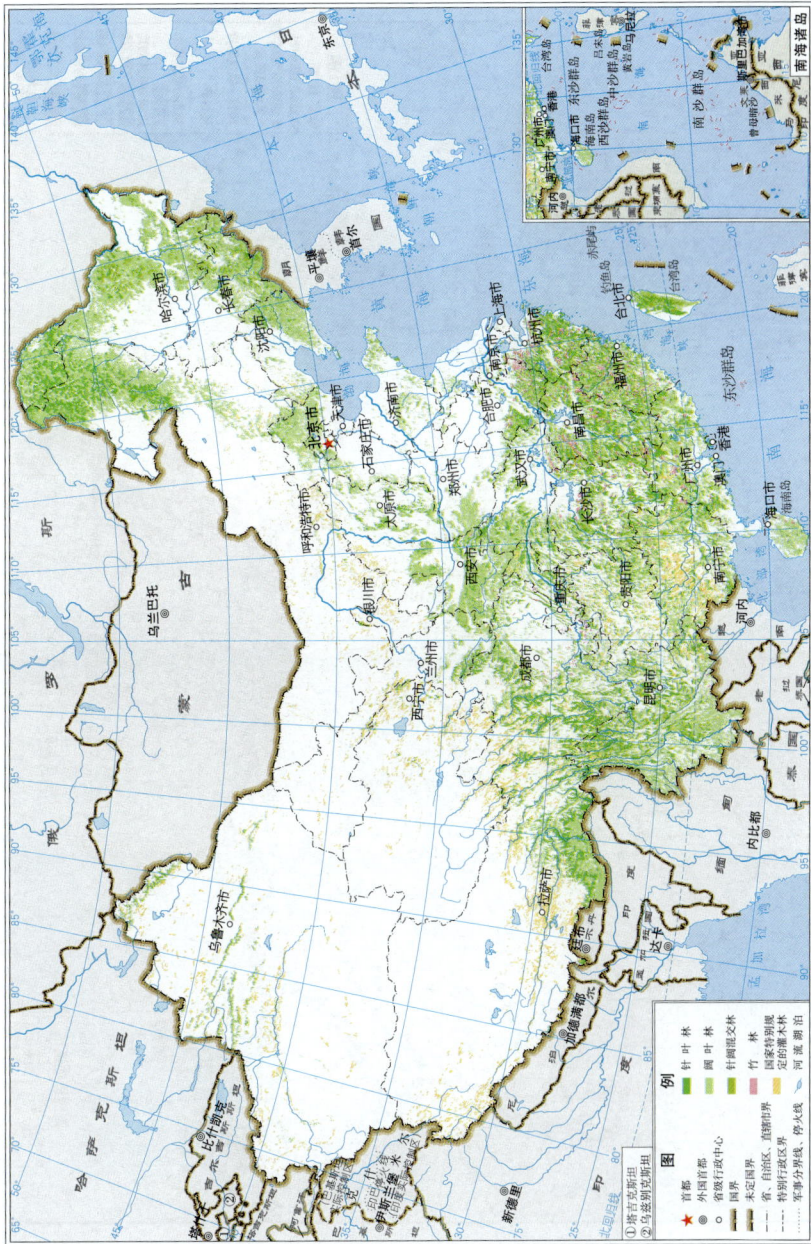

中国森林分布图

图例

针叶林　阔叶林　针阔混交林　竹林　国家特别规定的灌木林　河流湿地

★ 首都
◎ 外国首都
○ 省级行政中心
国界
未定国界
省、自治区、直辖市界
特别行政区界线
军事分界线、停火线

① 塔吉克斯坦
② 乌兹别克斯坦

中国湿地资源分布图

说明：香港特别行政区、澳门特别行政区、台湾省湿地资料暂缺

图　例

首都
省级行政中心
地级行政区行政中心
其他地图居民点
国界　未定国界
省级界
特别保护区界
近海与海岸湿地
河流湿地
湖泊湿地
沼泽湿地
人工湿地

比例尺
1:29 300 000

南海诸岛
1:35 500 000

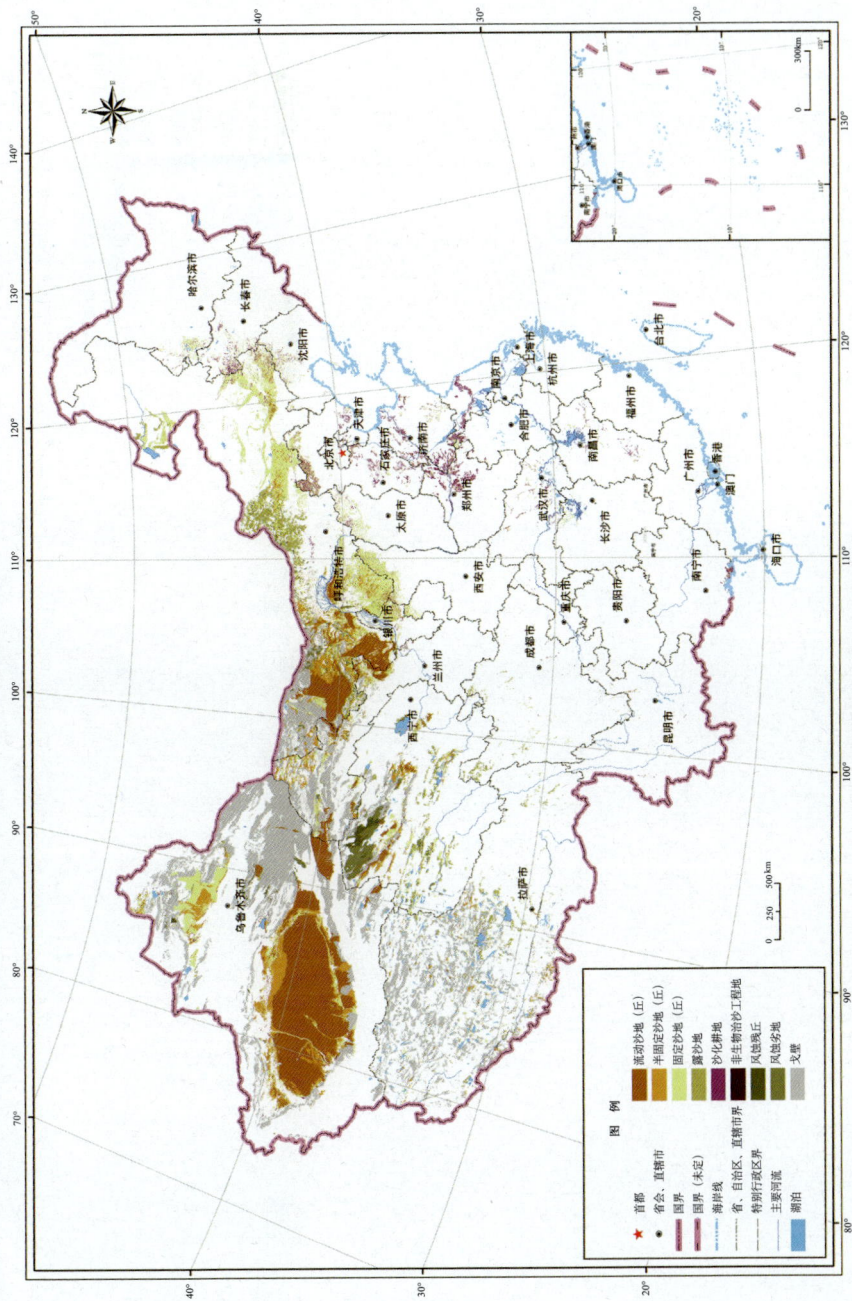

中国沙化土地类型图

图　例

★　首都、直辖市
●　省会、直辖市
━━　国界（未定）
━━　国界
━━　海岸线
┈┈　省、自治区、直辖市界
┈┈　特别行政区界
━━　主要河流
　　　湖泊

流动沙地（丘）
半固定沙地（丘）
固定沙地
露沙地
沙化耕地
非生物治沙工程地
风蚀残丘
风蚀劣地
戈壁

目　录

第一章

林业资源

第一节 森林资源

一、全国森林资源现状

根据第八次全国森林资源清查(2009—2013 年)结果，全国森林面积 2.08 亿 hm²，森林覆盖率 21.63%。活立木总蓄积量 164.33 亿 m³，森林蓄积量 151.37 亿 m³。天然林面积 1.22 亿 hm²，蓄积量122.96 亿 m³；人工林面积量 0.69 亿 hm²，蓄积 24.83 亿 m³。根据《2010 全球森林资源评估报告》分析，我国森林面积列世界第五位，森林蓄积量列世界第六位，人工林面积继续保持世界首位。

(一)森林资源结构

1. 权属结构。森林资源清查中，将林地权属划分为国有和集体所有。其中国有林面积 7377 万 hm²，占全国有林地面积的 38.59%；集体林面积 11740 万 hm²，占全国有林地面积的 61.41%。

2. 林种结构。森林面积按林种分，防护林 9967 万 hm²，占 48.49%；特用林 1631 万 hm²，占 7.94%；用材林 6724 万 hm²，占 32.71%；薪炭林 177 万 hm²，占 0.86%；经济林 2056 万 hm²，占 10.00%。

3. 龄组结构。乔木林中，幼龄林面积 5332 万 hm²，蓄积量 16.30 亿 m³；中龄林面积 5311 万 hm²，蓄积量 41.06 亿 m³；近熟林面积 2583 万 hm²，蓄积量 30.34 亿 m³；成熟林面积 2176 万 hm²，蓄积量 35.64 亿 m³；过熟林面积 1058 万 hm²，蓄积量 24.45 亿 m³。乔木林面积中，中幼龄林比例较大，占 64.66%，中幼龄林面积比例超过 70% 的有 17 个省；而近、成、过熟林面积仅占 35.34%，主要分布在内蒙古、西藏、黑龙江、四川、云南、吉林(占全国面积比例 5% 以上)，6 个省(自治区)合计 3752 万 hm²，占全国的 64.51%。

4. 树种结构。我国树种资源极其丰富，有木本植物 8000 余种，约占世界的 54%，其中乔木树种 2000 余种。乔木林按优势树种(组)统计，面积比重排名前 10 位的有栎树、桦木、杉木、落叶松、马尾松、杨树、云南松、桉树、云杉、柏木，面积合计 8649 万 hm²，占全国的 52.54%；蓄积量合计 70.15 亿 m³，占全国的 47.47%。

(二)森林资源质量

全国乔木林每公顷蓄积量为 89.79m³，每公顷年均生长量为 4.23m³，每公顷株数为 953 株，平均胸径为 13.6cm，平均郁闭度为 0.57。群落结构中完整结构的面积占 63.46%，较完整结构的占 33.96%，简单结构的占 2.58%。乔木树种结构中纯林占 61.01%，混交林占 38.99%。乔木林人为干扰较小，处于原始和接近原始状态的面积占 4.08%；人为干扰较大，处于次生状态或人工类型的面积占 95.92%。

根据乔木林遭受火灾、病虫害、气候灾害(风、雪、水、旱)和其他灾害的程度，划分为轻度、中度和重度 3 个受害等级。乔木林受灾面积 2876 万 hm²，占乔木林面积的 17.47%，其中：重度灾害的占 10.75%，中度灾害的占 23.11%，轻度灾害的占 66.14%。各种灾害类型中，遭受气候灾害的面积占 51.01%，遭受森林病虫害的面积占 36.66%，遭受火灾的面积占 8.86%，遭受其他灾害的面积占 3.47%。按林木生长发育状况和受灾情况，评定乔木林健康状况，处于健康等级的面积占 74.50%，处于亚健康、中健康和不健康等级的面积分别占 18.57%、4.87%

和 2.06%。

综合利用反映森林资源质量的指标，采用层次分析法和专家咨询法，对我国乔木林质量进行评定。乔木林质量等级好的占18.51%，质量等级中等的占68.45%，质量等级差的占13.04%。经综合评价，乔木林质量指数为0.62，质量整体上处于中等水平。乔木林质量指数达到0.62以上的有西藏、吉林、四川、福建和云南5个省(自治区)，以西藏最高，为0.72。

(三)森林资源区域分布

1. 按流域分布。我国10大流域中的长江、黑龙江、珠江、黄河、辽河、海河和淮河7个流域土地面积占国土面积近一半，森林面积占全国的7成，森林蓄积量占全国的6成，其中：长江流域、黑龙江流域的森林面积和蓄积量约占全国的一半。珠江流域森林覆盖率最高，达52.25%；长江流域森林蓄积量最大，占全国的25.97%；而黄河、海河和淮河流域森林覆盖率均低于全国平均水平(表1-1)。

表1-1　全国森林资源按流域分布

统计单位	森林覆盖率(%)	森林面积(万 hm²)	森林蓄积量(亿 m³)
长江流域	37.96	6612	38.75
黄河流域	18.12	1496	5.50
黑龙江流域	43.33	4035	36.53
辽河流域	30.06	689	2.12
海河流域	16.49	434	1.06
淮河流域	17.57	475	2.28
珠江流域	52.25	2316	9.44

2. 按林区分布。我国林区主要有东北内蒙古林区、西南高山林区、东南低山丘陵林区、西北高山林区和热带林区五大林区。五大林区的土地面积占全国国土面积的40%，森林面积占全国的70%，森林蓄积量占全国的90%。森林覆盖率以东北内蒙古林区最

高，西南高山林区最低；森林面积以东南低山丘陵林区最多，西北高山林区最少；森林蓄积量以西南高山林区最多，西北高山林区最少(表1-2)。

表1-2　全国森林资源按林区分布

统计单位	森林覆盖率(%)	森林面积(万 hm²)	森林蓄积量(亿 m³)
东北内蒙古林区	68.82	3659	35.41
东南低山丘陵林区	55.55	6127	28.95
西南高山林区	23.78	4483	52.85
西北高山林区	49.90	544	5.74
热带林区	47.79	1294	10.03

二、全国森林资源变化对比

新中国森林资源发展变化经历了过量消耗、治理恢复、快速增长的过程。新中国成立之初到20世纪70年代末，林业作为基础产业，从国家建设需要出发，其首要任务是生产木材，森林资源曾一度出现消耗量大于生长量的状况。在"普遍护林护山，大力造林育林，合理采伐利用"的方针指导下，森林资源总体上呈现缓慢、曲折的增长趋势。80年代初，中共中央、国务院作出了《关于保护森林发展林业若干问题的决定》，坚持"以营林为基础，普遍护林，大力造林，采育结合，永续利用"的方针，森林资源保护和造林绿化工作得到了加强，到90年代初，实现了森林面积、蓄积量双增长。进入21世纪后，林业建设步入以生态建设为主的新时期，把森林资源保护与发展提升到建设生态文明和美丽中国、维护国家生态安全、实现经济社会可持续发展的战略高度，坚持严格保护、积极发展、科学经营和持续利用森林资源的基本方针，中国森林资源进入了数量增长、质量提升的稳步发展时期(表1-3)。

第八次全国森林资源清查结果显示：全国森林面积、蓄积量增长，森林覆盖率提高；天然林逐步恢复，人工林快速发展；森林质量和结构有所改善。我国森林资源总体上呈现数量持续增加、质量稳步提升、效能不断增强的发展态势。第七次和第八次两次清查间隔期内，我国森林资源变化呈现以下主要特点。

表1-3　历次森林资源清查结果主要指标

清查间隔期	活立木蓄积量 （万 m^3）	森林面积 （万 hm^2）	森林蓄积量 （万 m^3）	森林覆盖率 （%）
第一次（1973—1976 年）	953227.00	12186.00	865579.00	12.70
第二次（1977—1981 年）	1026059.88	11527.74	902795.33	12.00
第三次（1984—1988 年）	1057249.86	12465.28	914107.64	12.98
第四次（1989—1993 年）	1178500.00	13370.35	1013700.00	13.92
第五次（1994—1998 年）	1248786.39	15894.09	1126659.14	16.55
第六次（1999—2003 年）	1361810.00	17490.92	1245584.58	18.21
第七次（2004—2008 年）	1491268.19	19545.22	1372080.36	20.36
第八次（2009—2013 年）	1643280.62	20768.73	1513729.72	21.63

1. 森林总量持续增长。森林面积由 19545 万 hm^2 增加到 20768 万 hm^2，净增 1223 万 hm^2；森林覆盖率由 20.36% 提高到 21.63%，提高 1.27 个百分点；森林蓄积量由 137.21 亿 m^3 增加到 151.37 亿 m^3，净增 14.16 亿 m^3，其中天然林蓄积量增加量占 63%、人工林蓄积量增加量占 37%。

2. 森林质量不断提高。森林每公顷蓄积量增加 3.91m^3，达到 89.79m^3；每公顷年均生长量增加 0.28m^3，达到 4.23m^3。每公顷株数增加 30 株，平均胸径增加 0.1cm，近、成、过熟林面积比例上升 3 个百分点，混交林面积比例提高 2 个百分点。随着森林总量增加、结构改善和质量提高，森林生态功能进一步增强。全国森林植被总生物量 170.02 亿 t，总碳储量达 84.27 亿 t；年涵养水源量 5807.09 亿 m^3，年固土量 81.91 亿 t，年保肥量 4.30 亿 t，年吸收污染物量 0.38 亿 t，年滞尘量 58.45 亿 t。

3. 天然林稳步增加。天然林面积从原来的 11969 万 hm^2 增加到 12184 万 hm^2，增加 215 万 hm^2；天然林蓄积从原来的 114.02 亿 m^3 增加到 122.96 亿 m^3，增加 8.94 亿 m^3。其中，天然林资源保护（以下简称天保）工程区天然林面积增加 189 万 hm^2，蓄积增加 5.46 亿 m³，对天然林增加的贡献较大。

4. 人工林快速发展。人工林面积从原来的 6169 万 hm² 增加到 6933 万 hm²，增加 764 万 hm²；人工林蓄积量从原来的 19.61 亿 m³ 增加到 24.83 亿 m³，增加 5.22 亿 m³。人工造林对增加森林总量的贡献明显。

5. 森林采伐中人工林比重继续上升。森林年均采伐量 3.34 亿 m³。其中，天然林年均采伐量 1.79 亿 m³，减少 5%；人工林年均采伐量 1.55 亿 m³，增加 26%；人工林采伐量占森林采伐量的 46%，上升 7 个百分点。森林采伐继续向人工林转移。

第八次全国森林资源清查结果充分表明，党中央、国务院确定的林业发展和生态建设一系列重大战略决策，实施的一系列重点林业生态工程，取得了显著成效。然而，我国仍然是一个缺林少绿、生态脆弱的国家，森林资源总量相对不足、质量不高、分布不均的状况仍未得到根本改变。

一是总量不足。全国森林覆盖率远低于全球 31% 的平均水平，只有世界平均水平的 70%；人均森林面积 0.15hm²，仅为世界人均水平的 1/4；人均森林蓄积量 10.98m³，只有世界人均水平的 1/7。用仅占全球 5% 的森林资源来支撑占全球 23% 的人口对生态和林产品的巨大需求，中国森林资源总量明显不足。

二是质量不高。森林每公顷蓄积量 89.79m³，只有世界平均水平 131m³ 的 69%，人工林每公顷蓄积量只有 52.76m³；林木平均胸径只有 13.6cm，中幼龄林面积占 65%，纯林面积占 61%，平均郁闭度只有不足 0.6；质量好的森林仅占 19%，生态功能好的森林只有 13%。森林质量和林地生产力还处于较低水平，提升森林质量的潜力很大。

三是分布不均。东北地区森林覆盖率为 41.59%，东部地区为 37.66%，中部地区为 36.53%，西部地区为 18.13%。中国东北西部、华北北部、西北大部和青藏高原西部的干旱半干旱地区，国土面积占全国的近一半（47%），森林面积仅占全国森林面积的 13%；森林覆盖率只有 6.70%，不足全国平均水平的 1/3，森林资源十分稀少（表 1-4）。

表1-4　全国各省（自治区、直辖市）森林资源主要指标排序

统计单位	森林覆盖率 %	序号	森林面积 万hm²	序号	森林蓄积量 万m³	序号	活立木总蓄积量 万m³	序号	经济林面积 万hm²	序号	天然林面积 万hm²	序号	人工林面积 万hm²	序号	乔木林单位面积蓄积量 m³/hm²	序号
全国	21.63		20768.73		1513730		1643281		2056.52		12184.12		6933.38		89.79	
北京	35.84	16	58.81	29	1425	28	1828	28	15.83	24	21.58	26	37.15	26	33.22	31
天津	9.87	29	11.16	30	374	30	454	30	3.64	28	0.60	30	10.56	28	49.74	25
河北	23.41	19	439.33	19	10775	22	13082	22	83.82	13	173.93	17	220.90	17	34.65	30
山西	18.03	22	282.41	24	9739	23	11039	24	50.75	18	129.54	23	131.81	22	46.28	26
内蒙古	21.03	21	2487.90	1	134531	5	148416	5	19.80	23	1401.20	2	331.65	8	78.53	11
辽宁	38.24	14	557.31	17	25046	16	25972	16	127.59	4	210.13	16	307.08	9	64.28	13
吉林	40.38	11	763.87	12	92257	6	96535	6	9.61	26	602.47	7	160.56	19	122.45	4
黑龙江	43.16	9	1962.13	2	164487	4	177721	3	12.43	25	1715.60	1	246.53	11	84.37	10
上海	10.74	28	6.81	31	186	31	380	31	2.10	30	0.00	31	6.81	30	42.74	28
江苏	15.80	24	162.10	27	6470	26	8461	26	33.56	20	5.28	29	156.82	20	51.69	22
浙江	59.07	3	601.36	16	21680	17	24225	17	107.95	8	342.83	13	258.53	10	52.87	20
安徽	27.53	18	380.42	21	18075	19	21710	20	54.89	16	155.23	19	225.07	16	61.97	15
福建	65.95	1	801.27	11	60796	7	66675	7	87.80	12	423.58	12	377.69	6	100.20	7
江西	60.01	2	1001.81	8	40841	9	47032	9	112.01	7	663.21	6	338.60	7	51.70	21
山东	16.73	23	254.60	25	8920	24	12361	23	93.16	10	10.08	27	244.52	12	55.25	19
河南	21.50	20	359.07	22	17095	20	22881	19	50.97	17	131.95	22	227.12	15	55.98	18
湖北	38.40	13	713.86	13	28653	15	31325	15	62.08	14	454.05	11	194.85	18	50.06	23
湖南	47.77	8	1011.94	7	33099	13	37312	13	141.56	3	476.17	10	474.61	3	45.26	27

（续）

统计单位	森林覆盖率 %	序号	森林面积 万 hm²	序号	森林蓄积量 万 m³	序号	活立木总蓄积量 万 m³	序号	经济林面积 万 hm²	序号	天然林面积 万 hm²	序号	人工林面积 万 hm²	序号	乔木林单位面积蓄积量 m³/hm²	序号
广东	51.26	6	906.13	9	35683	11	37775	12	124.24	6	325.72	14	557.89	2	49.92	24
广西	56.51	4	1342.70	6	50937	8	55817	8	178.19	2	481.86	9	634.52	1	56.34	17
海南	55.38	5	187.77	26	8904	25	9775	25	89.10	11	51.57	24	136.20	21	91.69	8
重庆	38.43	12	316.44	23	14652	23	17437	21	21.82	22	153.80	20	92.55	25	69.47	12
四川	35.22	17	1703.74	4	168000	4	177576	3	102.03	9	891.42	4	449.26	4	141.92	3
贵州	37.09	15	653.35	15	30076	14	34384	14	41.96	19	299.07	15	237.30	13	62.83	14
云南	50.03	7	1914.19	3	169309	3	187514	2	212.10	1	1335.98	3	414.11	5	110.88	6
西藏	11.98	25	1471.56	5	226207	1	228812	1	0.60	31	844.25	5	4.88	31	266.59	1
陕西	41.42	10	853.24	10	39593	10	42416	10	127.31	5	532.16	8	236.97	14	61.93	16
甘肃	11.28	27	507.45	18	21454	18	24055	18	24.72	21	168.94	18	102.97	23	86.79	9
青海	5.63	30	406.39	20	4331	20	4884	27	3.64	29	34.05	25	7.44	29	114.43	5
宁夏	11.89	26	61.80	28	660	29	873	29	4.30	27	5.72	28	14.43	27	41.66	29
新疆	4.24	31	698.25	14	33654	12	38680	11	56.96	15	142.15	21	94.00	24	187.81	2
香港①	22.55	—	2.49	—	—	—	—	—	—	—	—	—	—	—	—	—
澳门②	30.00	—	0.09	—	—	—	—	—	—	—	—	—	—	—	—	—
台湾③	58.79	—	210.24	—	35821	—	35874	—	—	—	—	—	—	—	—	—

①香港特别行政区的数据来源于《中国统计年鉴(2012)》。
②澳门特别行政区的数据来源于《澳门统计年鉴(2011)》。
③台湾省数据来源于《第三次台湾森林资源及土地利用调查(1993)》。

第二节　湿地资源

一、全国湿地资源现状

湿地，是指常年或者季节性积水地带、水域和低潮时水深不超过 6m 的海域，包括沼泽湿地、湖泊湿地、河流湿地、滨海湿地等自然湿地，以及重点保护野生动物栖息地或者重点保护野生植物的原生地等人工湿地。

湿地是自然资源，也是稀缺资源，更是经济社会可持续发展的战略资源。湿地被誉为"地球之肾"、"淡水之源"、"物种基因库"、"物产宝库"和"储碳库"。湿地与人类的生存、繁衍、发展息息相关，是人类最重要的生存环境之一，湿地不仅直接为人类生产、生活提供了必要的天然食品和生产原材料，而且具有涵养水源、净化水质、蓄洪防旱、控制土壤侵蚀、促淤造陆、调节气候和维护生物多样性等重要生态功能，湿地还为人类提供运动休闲、娱乐、游憩等社会服务功能。健康的湿地生态系统是国家生态安全的重要组成部分，是经济社会可持续发展的重要基础。

(一)湿地面积

据第二次全国湿地调查，我国湿地总面积 5360.26 万 hm² (香港、澳门、台湾的湿地面积为资料数据，另有水稻田面积 3005.70 万公顷未计入)，湿地率 5.58%。调查范围内湿地面积 5342.06 万 hm² (调查范围不含香港、澳门、台湾，以下全国湿地数据均指调查范围的湿地数据)。其中自然湿地 4667.47 万 hm²，占 87.37% ；人工湿地面积 674.59 万 hm²，占 12.63%。

根据《关于特别是作为水禽栖息地的国际重要湿地公约》(简称《湿地公约》)分类体系，结合我国国情，将我国湿地划分为 5 类 34 型。5 类湿地面积中，近海与海岸湿地 579.59 万 hm²，占 11% ；河流湿地 1055.21 万 hm²，占 20% ；湖泊湿地 859.38 万 hm²，占 16% ；沼泽湿地 2173.29 万 hm²，占 41% ；人工湿地 674.59

万 hm^2，占 12%。

湿地总面积中，国有 4503.15 万 hm^2，集体 838.91 万 hm^2。自然湿地面积中，国有 4124.88 万 hm^2，集体 542.59 万 hm^2。人工湿地面积中，国有 378.27 万 hm^2，集体 296.32 万 hm^2。

（二）湿地动植物资源

1. 湿地植物。全国共记录到湿地植物 4220 种，隶属 3 门 239 科 1255 属。其中，苔藓植物 39 科 70 属 137 种，维管束植物 200 科 1185 属 4083 种。维管束植物中，蕨类植物 44 科 84 属 185 种，裸子植物 2 科 5 属 12 种，被子植物 154 科 1096 属 3886 种。被子植物中，双子叶植物 124 科 801 属 2815 种，单子叶植物 30 科 295 属 1071 种。

记录到国家重点保护野生植物 26 种，其中国家 I 级保护野生植物 6 种，国家 II 级保护野生植物 20 种。记录到外来植物物种 37 科 102 属 140 种。

2. 湿地动物。全国共记录到脊椎动物 2312 种，隶属 5 纲 51 目 266 科。其中，鱼类 25 目 200 科 1763 种，两栖类 3 目 11 科 215 种，爬行类 3 目 12 科 83 种，鸟类 13 目 33 科 231 种，哺乳类 7 目 10 科 20 种。

记录到国家重点保护野生动物 90 种，其中国家 I 级保护野生动物 24 种，国家 II 级保护野生动物 66 种。在国家重点保护野生动物中，湿地鸟类 49 种，其中国家 I 级保护鸟类 12 种，国家 II 级保护鸟类 37 种。

记录到外来动物物种 3 门 9 纲 16 目 22 科 33 种。其中，无脊椎动物 4 纲 8 目 10 科 13 种，脊椎动物 5 纲 8 目 12 科 20 种。

（三）湿地保护状况

我国已初步建立了以自然保护区为主体，湿地公园和自然保护小区并存，其他保护形式互为补充的湿地保护体系。目前纳入我国湿地保护体系的湿地保护面积 2324.32 万 hm^2，全国湿地保护率 43.51%。其中，自然保护区保护的湿地面积 1633.54 万 hm^2，占 70.28%；湿地公园保护的湿地面积 61.98 万 hm^2，占 2.67%；
自然保护小区保护的湿地面积 8.48 万 hm^2，占 0.36%；其他保护
形式保护的湿地面积 620.32 万 hm^2，占 26.69%。

自然湿地保护面积 2115.68 万 hm^2，自然湿地保护
率 45.33%。

二、国际重要湿地

国际重要湿地是按照《湿地公约》要求，在我国境内指定的具
有国际重要意义的湿地，生态地位十分重要，国际影响很大。

（一）国际重要湿地基本情况

依照《湿地公约》第二条，各缔约国应指定其领土范围内适当
湿地列入《国际重要湿地名录》，并给以充分、有效的保护
（图 1-1）。目前我国已有 49 处（其中包括香港 1 处）湿地分 9 批列
入了该名录（表 1-5）。

表 1-5　我国国际重要湿地数量

批　次	年份	列入数量（处）
第一批	1992 年	6
第二批	1997 年	1
第三批	2002 年	14
第四批	2005 年	9
第五批	2008 年	6
第六批	2009 年	1
第七批	2011 年	4
第八批	2013 年	5
第九批	2015 年	3
合计		49

我国 49 处国际重要湿地（含香港米埔），总面积 411.42 万 hm^2。
其中，湿地面积 239.26 万 hm^2，占全国湿地面积的 4.46%。

（二）国际重要湿地基本管理情况

内地 48 处国际重要湿地共建立管理机构 47 个（青海扎陵湖、

鄂陵湖由1个机构即青海三江源国家级自然保护区管理局管理）。按照管理部门分，林业部门管理40处，其他部门管理8处，其中环保部门管理2处、农业部门管理4处、海洋部门管理2处（表1-6）。

为加强我国境内国际重要湿地的保护管理，围绕国际重要湿地管理主要开展了以下工作：一是建立健全规章制度。国家林业局2013年出台了《湿地保护管理规定》，2014年颁布了《国际重要湿地生态特征变化预警方案》，制定并即将颁布《国际重要湿地管理办法》及《国际重要湿地管理计划编制技术规程》。二是定期开展国际重要湿地指定与数据更新工作。三是建立资金投入长效机制。从2014年开始，中央财政出台了湿地补贴政策、湿地保护与恢复、退耕还湿试点、湿地生态效益补偿等方面对国际重要湿地予以倾斜支持。四是完成了我国内地45处国际重要湿地健康、功能和价值评价。评价结果表明，我国国际重要湿地单位湿地价值为每年每公顷11.42万元。五是妥善处理部分国际重要湿地的履约问题。六是举办国际重要湿地培训班，提高湿地管理工作者业务能力与技术水平。七是积极开展科普宣教活动，利用每年"世界湿地日"等活动，强调全社会共同参与湿地保护行动。

表1-6　我国49处国际重要湿地名录

序号	名　　称	管理机构
1	向海国际重要湿地	向海国家级自然保护区管理局
2	扎龙国际重要湿地	黑龙江扎龙国家级自然保护区管理局
3	鄱阳湖国际重要湿地	江西鄱阳湖国家级自然保护区管理局
4	东洞庭湖国际重要湿地	湖南东洞庭湖国家级自然保护区管理局
5	鸟岛国际重要湿地	青海湖国家级自然保护区管理局
6	东寨港国际重要湿地	海南东寨港国家级自然保护区管理局
7	米埔—后海湾国际重要湿地	湿地与野生动物保护区，渔农自然护理署
8	上海崇明东滩自然保护区	上海市崇明东滩鸟类自然保护区管理处
9	江苏大丰麋鹿国家级自然保护区	江苏大丰麋鹿国家级自然保护区管理处
10	内蒙古达赉湖国家级自然保护区	内蒙古达赉湖国家级自然保护区管理局
11	大连斑海豹国家级自然保护区	辽宁省大连斑海豹国家级自然保护区管理处

（续）

序号	名　　称	管理机构
12	鄂尔多斯遗鸥国家级自然保护区	鄂尔多斯遗鸥国家级自然保护区管理局
13	黑龙江洪河国家级自然保护区	黑龙江洪河国家级自然保护区管理局
14	惠东港口海龟国家级自然保护区	惠东港口海龟国家级自然保护区管理局
15	南洞庭湖湿地和水禽自然保护区	益阳南洞庭湖自然保护区管理局
16	三江国家级自然保护区	黑龙江三江国家级自然保护区管理局
17	山口红树林自然保护区	广西山口国家级红树林生态自然保护区管理处
18	西洞庭湖（目平湖）自然保护区	湖南省汉寿西洞庭湖省级自然保护区管理局
19	兴凯湖国家级湿地自然保护区	黑龙江兴凯湖国家级自然保护区管理局
20	盐城国家级自然保护区	江苏盐城国家级珍禽自然保护区管理处
21	湛江红树林国家级自然保护区	广东湛江红树林国家级自然保护区管理局
22	碧塔海国际重要湿地	碧塔海自然保护区管理所
23	大山包国际重要湿地	云南省大山包黑颈鹤国家级自然保护区管理局
24	鄂陵湖国际重要湿地	青海省三江源国家级自然保护区管理局
25	拉市海国际重要湿地	云南省丽江拉市海高原湿地自然保护区管理局
26	麦地卡国际重要湿地	嘉黎县麦地卡湿地管理局
27	玛旁雍错国际重要湿地	西藏自治区林业局野生动植物保护处
28	纳帕海国际重要湿地	云南纳帕海省级自然保护区管理所
29	双台河口国际重要湿地	辽宁双台河口国家级自然保护区管理局
30	扎陵湖国际重要湿地	青海省三江源国家级自然保护区管理局
31	漳江口红树林国家级自然保护区	福建漳江口红树林国家级自然保护区管理局
32	广东海丰国际重要湿地	广东海丰公平大湖省级自然保护区管理处
33	广西北仑河口国家级自然保护区	广西北仑河口国家级自然保护区管理处
34	湖北洪湖国际重要湿地	湖北荆州市洪湖湿地自然保护区管理局
35	上海长江口中华鲟湿地自然保护区	上海市长江口中华鲟自然保护区管理处
36	四川若尔盖湿地国家级自然保护区	四川若尔盖湿地国家级自然保护区管理局
37	杭州西溪国际重要湿地	杭州西溪湿地管理委员会办公室
38	甘肃尕海湿地自然保护区	甘肃尕海—则岔国家级自然保护区管理局

序号	名　　称	管理机构
39	黑龙江南瓮河国家级自然保护区	南瓮河国家级自然保护区管理局
40	黑龙江七星河国家级自然保护区	黑龙江宝清七星河国家级自然保护区管理局
41	黑龙江珍宝岛湿地国家级自然保护区	黑龙江省珍宝岛湿地国家级自然保护区管理局
42	湖北沉湖湿地自然保护区	武汉市蔡甸区沉湖湿地自然保护区管理局
43	东方红国家级自然保护区	黑龙江东方红湿地国家级自然保护区管理局
44	湖北大九湖国际重要湿地	神农架大九湖国家湿地公园管理局
45	山东黄河三角洲国际重要湿地	山东黄河三角洲国家级自然保护区管理局
46	吉林莫莫格国家级自然保护区	吉林莫莫格国家级自然保护区管理局
47	张掖黑河湿地国家级自然保护区	甘肃张掖黑河湿地国家级自然保护区管理局
48	安徽升金湖国家级自然保护区	安徽升金湖国家级自然保护区管理局
49	广东南澎列岛国际重要湿地	广东南澎列岛海洋生态国家级自然保护区

第三节　荒漠化和沙化土地

荒漠化是指包括气候变异和人类活动在内的种种因素造成的干旱、半干旱和干旱亚湿润地区的土地退化。这些地区的退化土地为荒漠化土地，包括风蚀荒漠化、水蚀荒漠化、冻融荒漠化、盐碱化。

监测结果显示，截至 2014 年，我国荒漠化土地面积 261.16 万 km^2，沙化土地面积 172.12 万 km^2。与 2009 年相比，5 年间荒漠化土地面积净减少 $12120km^2$，年均减少 $2424km^2$；沙化土地面积净减少 $9902km^2$，年均减少 $1980km^2$。

监测结果表明，自 2004 年以来，我国荒漠化和沙化状况连续3 个监测期"双缩减"，呈现整体遏制、持续缩减、功能增强、成效明显的良好态势，但防治形势依然严峻。

一、荒漠化和沙化土地现状

(一)荒漠化土地现状

截至 2014 年,全国荒漠化土地总面积 261.16 万 km^2,占国土总面积的 27.20%,分布于北京、天津、河北、山西、内蒙古、辽宁、吉林、山东、河南、海南、四川、云南、西藏、陕西、甘肃、青海、宁夏、新疆 18 个省(自治区、直辖市)528 个县(旗、市、区)。

1. 各省区荒漠化现状。主要分布在新疆、内蒙古、西藏、甘肃、青海 5 个省(自治区),面积分别为 107.06 万 km^2、60.92 万 km^2、43.26 万 km^2、19.50 万 km^2、19.04 万 km^2,这 5 个省(自治区)荒漠化土地面积占全国荒漠化土地总面积的 95.64%;其他 13 个省(自治区、直辖市)占 4.36%。

2. 各气候类型区荒漠化现状。干旱区荒漠化土地面积为 117.16 万 km^2,占全国荒漠化土地总面积的 44.86%;半干旱区荒漠化土地面积为 93.59 万 km^2,占 35.84%;亚湿润干旱区荒漠化土地面积为 50.41 万 km^2,占 19.30%。

3. 荒漠化类型现状。风蚀荒漠化土地面积 182.63 万 km^2,占全国荒漠化土地总面积的 69.93%;水蚀荒漠化土地面积 25.01 万 km^2,占 9.58%;盐渍化土地面积 17.19 万 km^2,占 6.58%;冻融荒漠化土地面积 36.33 万 km^2,占 13.91%。

4. 荒漠化程度现状。轻度荒漠化土地面积 74.93 万 km^2,占全国荒漠化土地总面积的 28.69%;中度荒漠化土地面积 92.55 万 km^2,占 35.44%;重度荒漠化土地面积 40.21 万 km^2,占 15.40%;极重度荒漠化土地面积 53.47 万 km^2,占 20.47%。

(二)沙化土地现状

截至 2014 年,全国沙化土地总面积 172.12 万 km^2,占国土总面积的 17.93%,分布在除上海、台湾及香港和澳门特别行政区外的 30 个省(自治区、直辖市)920 个县(旗、区)。

1. 各省区沙化土地现状。主要分布在新疆、内蒙古、西藏、青海、甘肃 5 个省（自治区），面积分别为 74.71 万 km^2、40.79 万 km^2、21.58 万 km^2、12.46 万 km^2、12.17 万 km^2，这 5 个省（自治区）沙化土地面积占全国沙化土地总面积的 93.95%；其他 25 个省（自治区、直辖市）占 6.05%。

2. 沙化土地类型现状。流动沙地（丘）面积 39.89 万 km^2，占全国沙化土地总面积的 23.17%；半固定沙地（丘）面积 16.43 万 km^2，占 9.55%；固定沙地（丘）面积 29.34 万 km^2，占 17.05%；露沙地面积 9.10 万 km^2，占 5.29%；沙化耕地面积 4.85 万 km^2，占 2.82%；风蚀劣地（残丘）面积 6.38 万 km^2，占 3.71%；戈壁面积 66.12 万 km^2，占 38.41%；非生物治沙工程地面积 89 km^2，占 0.01%。

3. 沙化程度现状。轻度沙化土地面积 26.11 万 km^2，占全国沙化土地总面积的 15.17%；中度沙化面积 25.36 万 km^2，占 14.74%；重度沙化面积 33.35 万 km^2，占 19.38%；极重度沙化面积 87.29 万 km^2，占 50.71%。

4. 沙化土地植被覆盖现状。沙化土地上的植被以草本和灌木为主，植被覆盖为草本型的沙化土地面积 71.89 万 km^2，占全国沙化土地总面积的 41.77%；植被覆盖为灌木型的沙化土地面积 38.51 万 km^2，占 22.37%；植被覆盖为乔灌草型的沙化土地面积 6.08 万 km^2，占 3.53%；植被覆盖为纯乔木型的沙化土地面积 0.52 万 km^2，仅占 0.30%。无植被覆盖型（指植被盖度小于 5% 和沙化耕地）的沙化土地面积 55.13 万 km^2，占全国沙化土地总面积的 32.03%。

（三）具有明显沙化趋势的土地现状

具有明显沙化趋势的土地主要是指由于土地过度利用或水资源匮乏等原因造成的临界于沙化与非沙化土地之间的一种退化土地，虽然目前还不是沙化土地，但已具有明显的沙化趋势。

截至 2014 年，全国具有明显沙化趋势的土地面积为 30.03 万 km^2，占国土总面积的 3.13%。主要分布在内蒙古、新疆、青海、甘肃 4 个省（自治区），面积分别为 17.40 万 km^2、4.71 万 km^2、4.13

万 km^2、1.78 万 km^2，其面积占全国具有明显沙化趋势的土地面积的 93.3%。

二、荒漠化和沙化土地动态

(一)荒漠化土地动态变化

与 2009 年相比，全国荒漠化土地面积净减少 12120km^2，年均减少 2424km^2。

1. 各省(自治区)荒漠化动态变化。与 2009 年相比，18 个省(自治区、直辖市)荒漠化土地面积全部净减少。其中，内蒙古减少 4169km^2，甘肃减少 1914km^2，陕西减少 1443km^2，河北减少 1156km^2，宁夏减少 1097km^2，山西减少 622km^2，新疆减少 589km^2，青海减少 507km^2。

2. 荒漠化类型动态变化。与 2009 年比，风蚀荒漠化土地减少 5671km^2，水蚀荒漠化土地减少 5109km^2，盐渍化土地减少 1100km^2，冻融荒漠化减少 240km^2。

3. 荒漠化程度动态变化。与 2009 年相比，轻度荒漠化土地增加 8.36 万 km^2，中度荒漠化土地减少 4.29 万 km^2，重度荒漠化土地减少 2.44 万 km^2，极重度荒漠化土地减少 2.83 万 km^2。

(二)沙化土地动态变化

与 2009 年相比，全国沙化土地面积净减少 9902km^2，年均减少 1980km^2。

1. 各省(自治区)沙化土地动态变化。与 2009 年相比，内蒙古等 29 个省(自治区、直辖市)沙化土地面积都有不同程度的减少。其中，内蒙古减少 3432km^2，山东减少 858km^2，甘肃减少 742km^2，陕西减少 593km^2，江苏减少 585km^2，青海减少 570km^2，四川减少 507km^2。

2. 沙化土地类型动态变化。与 2009 年相比，流动沙地(丘)减少 7282km^2，半固定沙地(丘)减少 12841km^2，固定沙地(丘)增加 15506km^2，露沙地减少 8722km^2，沙化耕地增加 3905km^2。

3. 沙化程度动态变化。与 2009 年相比，轻度沙化土地增加 4. 19 万 km²，中度沙化土地增加 0. 41 万 km²，重度沙化土地增加 1. 89 万 km²，极重度沙化土地减少 7. 48 万 km²。

（三）具有明显沙化趋势的土地动态变化

与 2009 年比，全国具有明显沙化趋势的土地面积减少 10723km²，年均减少 2145km²。其中，内蒙古减少 3989km²，甘肃减少 3978km²，宁夏减少 669km²，新疆减少 471km²，河北减少 404km²，青海减少 338km²，陕西减少 329km²。

三、当前荒漠化和沙化总体趋势

监测结果显示，当前土地荒漠化和沙化状况较 2009 年有明显好转，呈现整体遏制、持续缩减、功能增强、成效明显的良好态势。

（一）荒漠化和沙化面积持续减少，沙化逆转速度加快

与 2009 年相比，全国荒漠化和沙化土地面积分别减少 12120km² 和 9902km²，这是自 2004 年（第三次监测）出现缩减以来，连续第三个监测期出现"双缩减"。沙化土地年均减少 1980km²，与第四次（2005—2009 年）监测年均减少 1717km² 相比，减少速度加快。

（二）荒漠化和沙化程度进一步减轻，极重度减少明显

荒漠化和沙化程度呈现逐步变轻的趋势。从荒漠化土地看，极重度、重度和中度荒漠化分别减少 2. 83 万 km²、2. 44 万 km² 和 4. 29 万 km²，轻度荒漠化增加 8. 36 万 km²；从沙化土地看，极重度沙化减少 7. 48 万 km²，轻度沙化增加 4. 19 万 km²。极重度荒漠化和极重度沙化土地分别减少 5. 03% 和 7. 90%。

（三）沙区植被盖度增加，固碳能力增强

2014 年沙区的植被平均盖度为 18. 33%，与 2009 年的

17.63%相比，上升了0.7个百分点；京津风沙源治理一期工程区植被平均盖度增加了7.7个百分点；我国东部沙区(呼伦贝尔沙地、浑善达克沙地、科尔沁沙地、毛乌素沙地和库布齐沙漠)植被盖度增加了8.3个百分点，固碳能力提高8.5%。

(四)防风固沙能力提高，沙尘天气减少

2014年与2009年相比，我国东部沙区土壤风蚀状况呈波动减小的趋势，土壤风蚀量下降了33%，地表释尘量下降了约37%，其中植被对输沙量控制的贡献率为18%～20%。沙尘天气也明显减少，5年间全国平均每年出现沙尘天气9.4次，较上一监测期减少2.4次，减少了20.3%，北京地区减少了63.0%，风沙危害明显减轻。

(五)38.4%的可治理沙化土地得到有效治理，重点地区生态状况明显改善

截至2014年，实际有效治理的沙化土地为20.37万km²，占53万km²的可治理沙化土地的38.4%。京津风沙源治理工程区和四大沙地等地区生态状况明显改善，京津风沙源治理一期工程区沙化土地减少1486km²，植被盖度平均增长7.7个百分点；四大沙地所在区域沙化土地减少1685km²，植被盖度增加5～15个百分点。

(六)沙区特色产业逐步形成，群众收入明显增加

各地结合防沙治沙，建成了一批特色产业基地，沙区已营造经济林果540万hm²，年产干鲜果品5360万t，占全国年产量的33.9%。特色林果业带动沙区种植、加工和贮运产业的蓬勃发展，成为沙区经济发展的重要支柱和农民群众脱贫致富的拳头产业。其中，新疆特色林果年产值达450多亿元，全区农民人均林果收入达1400元；内蒙古林业总产值达到245亿元，人均增收460元。

四、石漠化土地

石漠化是指在热带、亚热带湿润、半湿润气候条件和岩溶极其发育的自然背景下，受人为活动干扰，使地表植被遭受破坏，导致土壤严重流失，基岩大面积裸露或砾石堆积的土地退化现象，是岩溶地区土地退化的极端形式。

截至 2011 年年底，全国石漠化土地面积为 1200.2 万 hm²，占岩溶土地面积的 26.5%，占监测区国土面积的 11.2%（表1-7）。与 2005 年相比，石漠化土地年均减少 1600hm²，缩减率为 1.27%（据专家研究，20 世纪 90 年代末石漠化土地面积年均扩展 1.86%，"十五"期间年均扩展 1.37%）。

表1-7　全国石漠化土地面积情况

省份	石漠化土地面积（万 hm²）	县数（个）	省份	石漠化土地面积（万 hm²）	县数（个）
湖北	109.1	56	湖南	143.1	83
广东	6.4	17	广西	192.6	76
重庆	89.5	35	四川	73.2	45
贵州	302.4	78	云南	284.0	65
全国	1200.2	455			

潜在石漠化是指基岩为碳酸盐的岩类，岩溶裸露度（或砾石含量）在30%以上，土壤侵蚀不明显，植被覆盖较好（森林为主的乔灌盖度达到50%以上，草本为主的植被综合盖度70%以上）或已梯土化，但如遇不合理的人为活动干扰，极有可能演变为石漠化土地。截至 2011 年年底，岩溶地区潜在石漠化土地总面积为 1331.8 万 hm²。

第四节　野生动植物资源

我国幅员辽阔，地貌复杂，湖泊众多，气候多样。丰富的自然地理环境孕育了无数的珍稀野生动植物，使我国成为世界上野生动植物种类最为丰富的国家之一。据统计，我国约有陆生脊椎动物近 2800 种(哺乳类 607 种，鸟类 1332 种，爬行类 452 种，两栖类 335 种)，占世界种数的 10% 以上(表1-8)。另外还记录有昆虫 88000 多种。许多野生动物属于我国特有或主要产于我国的珍稀物种，如大熊猫、金丝猴、朱鹮、普氏原羚、白唇鹿、褐马鸡、黑颈鹤、扬子鳄、蟒山烙铁头等；有许多属于国际重要的迁徙物种以及具有经济、药用、观赏和科学研究价值的物种。这些珍贵的野生动物资源既是人类宝贵的自然财富，也是人类生存环境中不可或缺的重要组成部分。

但是，随着我国人口的快速增长及经济的高速发展，对野生动物资源的需求和压力不断增大，对野生动物栖息地的破坏、开发利用和环境污染等行为的加剧，使许多野生动物严重濒危。初步统计，我国现有 300 多种陆栖脊椎动物处于濒危状态，受威胁比例高达 35.92%。

1995—2003 年，国家林业局(林业部)组织开展了首次全国陆生野生动物资源调查，掌握了调查物种的种群数量、分布、栖息地状况。2011 年，我国启动了全国第二次陆生野生动物资源调查，将进一步掌握我国野生动物的种群数量和栖息地状况。目前，各个区域调查和专项调查正在全国范围内分步骤进行之中。有一些濒危物种的专项调查已经完成，调查结果也在陆续公布。

2011—2014 年，国家林业局组织开展了全国第四大熊猫调查，更详细地掌握了大熊猫野外种群的数量、分布、遗传多样性、栖息地状况、干扰状况以及分布区域社会经济状况等。

我国野生植物种类丰富，拥有高等植物达 3 万多种，居世界第 3 位，其中特有植物种类繁多，约 1.7 万种，如银杉、珙桐、银杏、百山祖冷杉、香果树等均为我国特有的珍稀濒危野生植物。野生经济植物万余种，药用植物 11000 余种。同时，我国又是世界栽培作物的重要起源中心之一。目前受威胁的野生植物估计超过 4000 种，其中 1000 多种处于濒危状态。

一、国家重点保护野生动物

调查表明，国家重点保护物种是种群稳定或稳中有升的主体。

在以前进行过专项调查或区域性调查，有历史数据可供对比分析的61种野生动物中，共有34种野生动物的种群数量保持稳定或稳中有升，占可对比分析种类的55.74%。这些物种均为国家重点保护野生动物，其中很多物种是受到国内外普遍关注的珍稀濒危野生动物。

在可对比分析的61种野生动物中，国家重点保护野生动物有52种，在种群数量保持稳定或稳中有升的34种野生动物中，国家一级重点保护野生动物25种，二级重点保护野生动物9种，种群数量保持稳定或稳中有升的国家重点保护野生动物占可对比分析的国家重点保护物种的65.38%。这表明，国家重点保护野生动物不仅是种群数量基本稳定或稳中有升的主体，而且国家重点保护野生动物也呈总体上升态势。

在种群数量保持稳定或稳中有升的国家一级重点保护野生动物中，截至2015年年底，大熊猫野生种群数量从20世纪80年代调查的1110多只上升到1864只，圈养大熊猫种群数量达到422只；扬子鳄自1986年建立安徽扬子鳄国家级自然保护区及1979年在浙江尹家边建立扬子鳄自然保护区后，有关部门从种群管理、栖息地保护及人工饲养繁殖方面加强管理，采取一系列卓有成效的措施，野生种群数量已由10多年前的200余只发展到400只，人工种群数量也已达15000余只；朱鹮从1981年重新发现时的7只发展到现今的1000多只，不仅野生种群数量持续增长，栖息地质量也不断改善，栖息范围不断扩展，同时，人工种群也发展到1000多只；黑鹳从20世纪70~80年代的1000只增加到1800只；黄腹角雉从4000只增加到2015年年底的9900只，种群数量增加1倍多；孔雀雉的栖息地遭到严重破坏后，自然保护区作为其最后的避难所，使其种群受到有效保护，种群数量一直稳定在2700~2800只；黑颈鹤、白头鹤、丹顶鹤、白枕鹤、白鹤等鹤类的种群数量也稳定增长。兽类中滇金丝猴和黔金丝猴由于在其分布区相继建立了自然保护区，加大了保护力度，种群数量基本稳定；豚尾猴虽然一直受到非法猎捕和栖息地破坏的巨大压力，但其种群数量仍然略有增加；坡鹿已由 20 世纪 70 年代的 26 只发展到 2000 多只，增长 70 多倍（表 1-8）。

表 1-8　中国野生动物种类及受保护数量

类别	中国种类（种）	一级保护种类（种）	二级保护种类（种）
兽类	607	49	80
鸟类	1332	42	189
爬行类	452	6	11
两栖类	335	0	7

近期调查和监测表明，在与缅甸接壤的我国云南省怒江傈僳族自治州的高黎贡山国家级自然保护区范围内新发现了一种新的金丝猴亚种（目前我国暂定名怒江金丝猴），数量十分稀少。

我国部分野生动物处于极度濒危状态，单一种群物种面临绝迹的危险。白臀叶猴多年来一直未曾发现，这次调查仍未见到任何踪迹，可能已经绝迹。四爪陆龟、扬子鳄、莽山烙铁头、鳄蜥、朱鹮、黔金丝猴、海南长臂猿、坡鹿、普氏原羚、河狸等单一种群物种不仅种群数量少而且分布狭窄，一旦遭受自然灾害、疫情或其他威胁，则面临绝迹的危险。国家公布的重点保护野生动物目录，见表 1-9。

表 1-9　国家重点保护野生动物名录

中文名	学　名	保护级别
兽纲 MAMMALIA		
灵长目	**PRIMATES**	
懒猴科	Lorisidae	
蜂猴（所有种）	*Nycticebus* spp.	I
猴科	Cercopithecidae	
短尾猴	*Macaca arctoides*	II
熊猴	*Macaca assamensis*	I
台湾猴	*Macaca cyclopis*	I
猕猴	*Macaca mulatta*	II
豚尾猴	*Macaca nemestrina*	I
藏酋猴	*Macaca thibetana*	II

（续）

中文名	学　名	保护级别
叶猴(所有种)	*Presbytis* spp.	I
金丝猴(所有种)	*Rhinopithecus* spp.	I
猩猩科	Pongidae	
长臂猿(所有种)	*Hylobates* spp.	I
鳞甲目	**PHOLIDOTA**	
鲮鲤科	Manidae	
穿山甲	*Manis pentadactyla*	II
食肉目	**CARNIVORA**	
犬科	Canidae	
豺	*Cuon alpinus*	II
熊科	Ursidae	
黑熊	*Selenarctos thibetanus*	II
棕熊	*Ursus arctos*	II
(包括马熊)	(*Ursus arctos pruinosus*)	
马来熊	*Helarctos malayanus*	I
浣熊科	Procyonidae	
小熊猫	*Ailurus fulgens*	II
大熊猫科	Ailuropodidae	
大熊猫	*Ailuropoda melanoleuca*	I
鼬科	Mustelidae	
石貂	*Martes foina*	II
紫貂	*Martes zibellina*	I
黄喉貂	*Martes flavigula*	II
貂熊	*Gulo gulo*	I
＊水獭(所有种)	*Lutra* spp.	II
＊小爪水獭	*Aonyx cinerea*	II
灵猫科	Viverridae	
斑林狸	*Prionodon pardicolor*	II
大灵猫	*Viverra zibetha*	II
小灵猫	*Viverricula indica*	II

（续）

中文名	学　名	保护级别
熊狸	*Arctictis binturong*	I
猫科	Felidae	
草原斑猫	*Felis lybica (= silvestris)*	II
荒漠猫	*Felis bieti*	II
丛林猫	*Felis chaus*	II
猞猁	*Felis lynx*	II
兔狲	*Felis manul*	II
金猫	*Felis temmincki*	II
渔猫	*Felis viverrinus*	II
云豹	*Neofelis nebulosa*	I
豹	*Panthera pardus*	I
虎	*Panthera tigris*	I
雪豹	*Panthera uncia*	I
*鳍足目(所有种)	**PINNIPEDIA**	II
海牛目	**SIRENIA**	
儒艮科	Dugongidae	
*儒艮	*Dugong dugong*	I
鲸目	**CETACEA**	
喙豚科	Platanistidae	
*白鳍豚	*Lipotes vexillifer*	I
海豚科	Delphinidae	
*中华白海豚	*Sousa chinensis*	I
*其他鲸类	*Cetacea*	II
长鼻目	**PROBOSCIDEA**	
象科	Elephantidae	
亚洲象	*Elephas maximus*	I
奇蹄目	**PERISSODACTYLA**	
马科	Equidae	
蒙古野驴	*Equus hemionus*	I
西藏野驴	*Equus kiang*	I

（续）

中文名	学　名	保护级别
野马	*Equus przewalskii*	I
偶蹄目	**ARTIODACTYLA**	
驼科	Camelidae	
野骆驼	*Camelus ferus*（= *bactrianus*）	I
鼷鹿科	Tragulidae	
鼷鹿	*Tragulus javanicus*	I
麝科	Moschidae	
麝(所有种)	*Moschus* spp.	I
鹿科	Cervidae	
河麂	*Hydropotes inermis*	II
黑麂	*Muntiacus crinifrons*	I
白唇鹿	*Cervus albirostris*	I
马鹿	*Cervus elaphus*	II
（包括白臀鹿）	（*Cervus elaphus macneilli*）	
坡鹿	*Cervus eldi*	I
梅花鹿	*Cervus nippon*	I
豚鹿	*Cervus porcinus*	I
水鹿	*Cervus unicolor*	II
麋鹿	*Elaphurus davidianus*	I
驼鹿	*Alces alces*	II
牛科	Bovidae	
野牛	*Bos gaurus*	I
野牦牛	*Bos mutus*（= *grunniens*）	I
黄羊	*Procapra gutturosa*	II
普氏原羚	*Procapra przewalskii*	I
藏原羚	*Procapra picticaudata*	II
鹅喉羚	*Gazella subgutturosa*	II
藏羚	*Pantholops hodgsoni*	I
高鼻羚羊	*Saiga tatarica*	I
扭角羚	*Budorcas taxicolor*	I

（续）

中文名	学　名	保护级别
鬣羚	*Capricornis sumatraensis*	II
台湾鬣羚	*Capricornis crispus*	I
赤斑羚	*Naemorhedus cranbrooki*	I
斑羚	*Naemorhedus goral*	II
塔尔羊	*Hemitragus jemlahicus*	I
北山羊	*Capra ibex*	I
岩羊	*Pseudois nayaur*	II
盘羊	*Ovis ammon*	II
兔形目	**LAGOMORPHA**	
兔科	Leporidae	
海南兔	*Lepus peguensis hainanus*	II
雪兔	*Lepus timidus*	II
塔尔木兔	*Lepus yarkandensis*	II
啮齿目	**RODENTIA**	
松鼠科	Sciuridae	
巨松鼠	*Ratufa bicolor*	II
河狸科	Castoridae	
河狸	*Castor fiber*	I
	鸟纲 AVES	
䴙䴘目	**PODICIPEDIFORMES**	
䴙䴘科	Podicipedidae	
角䴙䴘	*Podiceps auritus*	II
赤颈䴙䴘	*Podiceps grisegena*	II
鹱形目	**PROCELLARIIFORMES**	
信天翁科	Diomedeidae	
短尾信天翁	*Diomedea albatrus*	I
鹈形目	**PELECANIFORMES**	
鹈鹕科	Pelecanidae	
鹈鹕(所有种)	*Pelecanus* spp.	II

（续）

中文名	学　名	保护级别
鲣鸟科	Sulidae	
鲣鸟（所有种）	*Sula* spp.	Ⅱ
鸬鹚科	Phalacrocoracidae	
海鸬鹚	*Phalacrocorax pelagicus*	Ⅱ
黑颈鸬鹚	*Phalacrocorax niger*	Ⅱ
军舰鸟科	Fregatidae	
白腹军舰鸟	*Fregata andrewsi*	Ⅰ
鹳形目	**CICONIIFORMES**	
鹭科	Ardeidae	
黄嘴白鹭	*Egretta eulophotes*	Ⅱ
岩鹭	*Egretta sacra*	Ⅱ
海南虎斑鳽	*Gorsachius magnificus*	Ⅱ
小苇鳽	*Ixbrychus minutus*	Ⅱ
鹳科	Ciconiidae	
彩鹳	*Ibis leucocephalus*	Ⅱ
白鹳	*Ciconia ciconia*	Ⅰ
黑鹳	*Ciconia nigra*	Ⅰ
鹮科	Threskiornithidae	
白鹮	*Threskiornis aethiopicus*	Ⅱ
黑鹮	*Pseudibis papillosa*	Ⅱ
朱鹮	*Nipponia nippon*	Ⅰ
彩鹮	*Plegadis falcinellus*	Ⅱ
白琵鹭	*Platalea leucorodia*	Ⅱ
黑脸琵鹭	*Platalea minor*	Ⅱ
雁形目	**ANSERIFORMES**	
鸭科	Anatidae	
红胸黑雁	*Branta ruficollis*	Ⅱ

（续）

中文名	学　名	保护级别
白额雁	*Anser albifrons*	II
天鹅（所有种）	*Cygnus* spp.	II
鸳鸯	*Aix galericulata*	II
中华秋沙鸭	*Mergus squamatus*	I
隼形目	**FALCONIFORMES**	
鹰科	Accipitridae	
金雕	*Aquila chrysaetos*	I
白肩雕	*Aquila heliaca*	I
玉带海雕	*Haliaeetus leucoryphus*	I
白尾海雕	*Haliaeetus albcilla*	I
虎头海雕	*Haliaeetus pelagicus*	I
拟兀鹫	*Pseudogyps bengalensis*	I
胡兀鹫	*Gypaetus barbatus*	I
其他鹰类	Accipitridae	II
隼科（所有种）	Falconidae	II
鸡形目	**GALLIFORMES**	
松鸡科	Tetraonidae	
细嘴松鸡	*Tetrao parvirostris*	I
黑琴鸡	*Lyrurus tetrix*	II
柳雷鸟	*Lagopus lagopus*	II
岩雷鸟	*Lagopus mutus*	II
镰翅鸟	*Falcipennis falcipennis*	II
花尾榛鸡	*Tetrastes bonasia*	II
斑尾榛鸡	*Tetrastes sewerzowi*	I
雉科	Phasianidae	
雪鸡（所有种）	*Tetraogallus* spp.	II
雉鹑	*Tetraophasis obscurus*	I

（续）

中文名	学　名	保护级别
四川山鹧鸪	*Arborophila rufipectus*	Ⅰ
海南山鹧鸪	*Arborophila ardens*	Ⅰ
血雉	*Ithaginis cruentus*	Ⅱ
黑头角雉	*Tragopan melanocephalus*	Ⅰ
红胸角雉	*Tragopan satyra*	Ⅰ
灰腹角雉	*Tragopan blythii*	Ⅰ
红腹角雉	*Tragopan temminckii*	Ⅱ
黄腹角雉	*Tragopan caboti*	Ⅰ
虹雉（所有种）	*Lophophorus* spp.	Ⅰ
藏马鸡	*Crossoptilon crossoptilon*	Ⅱ
蓝马鸡	*Crossoptilon aurtun*	Ⅱ
褐马鸡	*Crossoptilon mantchuricum*	Ⅰ
黑鹇	*Lophura leucomelana*	Ⅱ
白鹇	*Lophura nycthemera*	Ⅱ
蓝鹇	*Lophura swinhoii*	Ⅰ
原鸡	*Gallus gallus*	Ⅱ
勺鸡	*Pucrasia macrolopha*	Ⅱ
黑颈长尾雉	*Syrmaticus humiae*	Ⅰ
白冠长尾雉	*Syrmaticus reevesii*	Ⅱ
白颈长尾雉	*Syrmaticus ewllioti*	Ⅰ
黑长尾雉	*Syrmaticus mikado*	Ⅰ
锦鸡（所有种）	*Chrysolophus* spp.	Ⅱ
孔雀雉	*Polyplectron bicalcaratum*	Ⅰ
绿孔雀	*Pavo muticus*	Ⅰ
鹤形目	**GRUIFORMES**	
鹤科	Gruidae	
灰鹤	*Grus grus*	Ⅱ

（续）

中文名	学　名	保护级别
黑颈鹤	*Grus nigricollis*	I
白头鹤	*Grus monacha*	I
沙丘鹤	*Grus canadensis*	II
丹顶鹤	*Grus japonensis*	I
白枕鹤	*Grus vipio*	II
白鹤	*Grus leucogeranus*	I
赤颈鹤	*Grus antigone*	I
蓑羽鹤	*Anthropoides virgo*	II
秧鸡科	Rallidae	
长脚秧鸡	*Crex crex*	II
姬田鸡	*Porzana parva*	II
棕背田鸡	*Porzana bicolor*	II
花田鸡	*Coturnicops noveboracensis*	II
鸨科	Otidae	
鸨（所有种）	*Otis* spp.	I
形鸻目	**CHARADRIIFORMES**	
雉鸻科	Jacanidae	
铜翅水雉	*Metopidius indicus*	II
鹬科	Soolopacidae	
小勺鹬	*Numenius borealis*	II
小青脚鹬	*Tringa guttifer*	II
燕鸻科	Glareolidae	
灰燕鸻	*Glareola lactea*	II
鸥形目	**LARIFORMES**	
鸥科	Laridae	
遗鸥	*Larus relictus*	I
小鸥	*Larus minutus*	II

31

（续）

中文名	学　名	保护级别
黑浮鸥	*Chlidonias niger*	II
黄嘴河燕鸥	*Sterna aurantia*	II
黑嘴端凤头燕鸥	*Thalasseus zimmermanni*	II
鸽形目	**COLUMBIFORMES**	
沙鸡科	Pteroclididae	
黑腹沙鸡	*Pterocles orientalis*	II
鸠鸽科	Columbidae	
绿鸠（所有种）	*Treron* spp.	II
黑颏果鸠	*Ptilinopus leclancheri*	II
皇鸠（所有种）	*Ducula* spp.	II
斑尾林鸽	*Columba palumbus*	II
鹃鸠（所有种）	*Macropygia* spp.	II
鹦形目	**PSITTACIFORMES**	
鹦鹉科（所有种）	Psittacidae	II
鹃形目	**CUCULIFORMES**	
杜鹃科	Cuculidae	
鸦鹃（所有种）	*Centropus* spp.	II
鸮形目（所有种）	**STRIGIFORMES**	II
雨燕目	**APODIFORMES**	
雨燕科	Apodidae	
灰喉针尾雨燕	*Hirundapus cochinchinensis*	II
凤头雨燕科	Hemiprocnidae	
凤头雨燕	*Hemiprocne longipennis*	II
咬鹃目	**TROGONIFORMES**	
咬鹃科	Trogonidae	
橙胸咬鹃	*Harpactes oreskios*	II
佛法僧目	**CORACIIFORMES**	

（续）

中文名	学　名	保护级别
翠鸟科	Alcedinidae	
蓝耳翠鸟	*Alcedo meninting*	II
鹳嘴翠鸟	*Pelargopsis capensis*	II
蜂虎科	Meropidae	
黑胸蜂虎	*Merops leschenaulti*	II
绿喉蜂虎	*Merops orientalis*	II
犀鸟科（所有种）	Bucertidae	II
䴕形目	**PICIFORMES**	
啄木鸟科	Picidae	
白腹黑啄木鸟	*Dryocopus javensis*	II
雀形目	PASSERIFORMES	
阔嘴鸟科（所有种）	Eurylaimidae	II
八色鸫科（所有种）	Pittidae	II
爬行纲 REPTILIA		
龟鳖目	**TESTUDOFORMES**	
龟科	Emydidae	
*地龟	*Geoemyda spengleri*	II
*三线闭壳龟	*Cuora trifasciata*	II
*云南闭壳龟	*Cuora yunnanensis*	II
陆龟科	Testudinidae	
四爪陆龟	*Testudo horsfieldi*	I
凹甲陆龟	*Manouria impressa*	II
海龟科	Cheloniidae	
*蠵龟	*Caretta caretta*	II
*绿海龟	*Chelonia mydas*	II
*玳瑁	*Eretmochelys imbricata*	II
*太平洋丽龟	*Lepidochelys olivacea*	II

（续）

中文名	学　名	保护级别
棱皮龟科	Dermochelyidae	
＊棱皮龟	*Dermochelys coriacea*	Ⅱ
鳖科	Trionychidae	
＊鼋	*Pelochelys bibroni*	Ⅰ
＊山瑞鳖	*Trionyx steindachneri*	Ⅱ
蜥蜴目	**LACERTIFORMES**	
壁虎科	Gekkonidae	
大壁虎	*Gekko gecko*	Ⅱ
鳄蜥科	Shinisauridae	
鳄蜥	*Shinisaurus crocodilurus*	Ⅰ
巨蜥科	Varanidae	
巨蜥	*Varanus salvator*	Ⅰ
蛇目	**SERPENTIFORMES**	
蟒科	Boidae	
蟒	*Python molurus*	Ⅰ
鳄目	**CROCODILIFORMES**	
鼍科	Alligatoridae	
扬子鳄	*Alligator sinensis*	Ⅰ
有尾目	**CAUDATA**	
隐鳃鲵科	Cryptobranchidae	
＊大鲵	*Andrias davidianus*	Ⅱ
蝾螈科	Salamandridae	
＊细痣疣螈	*Tylototriton asperrimus*	Ⅱ
＊镇海疣螈	*Tylototriton chinhaiensis*	Ⅱ
＊贵州疣螈	*Tylototriton kweichowensis*	Ⅱ
＊大凉疣螈	*Tylototriton taliangensis*	Ⅱ
＊细瘰疣螈	*Tylototriton verrucosus*	Ⅱ

（续）

中文名	学　名	保护级别
无尾目	**ANURA**	
蛙科	Ranidae	
虎纹蛙	*Rana tigrina*	II
鲈形目	**PERCIFORMES**	
石首鱼科	Sciaenidae	
＊黄唇鱼	*Bahaba flavolabiata*	II
杜父鱼科	Cottidae	
＊松江鲈鱼	*Trachidermus fasciatus*	II
海龙鱼目	**SYNGNATHIFORMES**	
海龙鱼科	Syngnathidae	
＊克氏海马鱼	*Hippocampus kelloggi*	II
鲤形目	**CYPRINIFORMES**	
胭脂鱼科	Catostomidae	
＊胭脂鱼	*Myxocyprinus asiaticus*	II
鲤科	Cyprinidae	
＊唐鱼	*Tanichthys albonubes*	II
＊大头鲤	*Cyprinus pellegrini*	II
＊金钱䰾	*Sinocyclocheilus grahami grahami*	II
＊新疆大头鱼	*Aspiorhynchus laticeps*	I
＊大理裂腹鱼	*Schizothorax taliensis*	II
鳗鲡目	**ANGUILLIFORMES**	
鳗鲡科	Anguillidae	
＊花鳗鲡	*Anguilla marmorata*	II
鲑形目	**SALMONIFORMES**	
鲑科	Salmonidae	
＊川陕哲罗鲑	*Hucho bleekeri*	II
＊秦岭细鳞鲑	*Brachymystax lenok tsinlingensis*	II

（续）

中文名	学　名	保护级别
鲟形目	**ACIPENSERIFORMES**	
鲟科	Acipenseridae	
＊中华鲟	*Acipenser sinensis*	I
＊达氏鲟	*Acipenser dabryanus*	I
匙吻鲟科	Polyodontidae	
＊白鲟	*Psephurus gladius*	I
文昌鱼纲 APPENDICULARIA		
文昌鱼目	**AMPHIOXIFORMES**	
文昌鱼科	Branchiostomatidae	
＊文昌鱼	*Branchiotoma belcheri*	II
珊瑚纲 ANTHOZOA		
柳珊瑚目	**GORGONACEA**	
红珊瑚科	Coralliidae	
＊红珊瑚	*Corallium* spp.	
腹足纲 GASTROPODA		
中腹足目	**MESOGASTROPODA**	
宝贝科	Cypraeidae	
＊虎斑宝贝	*Cypraea tigris*	II
冠螺科	Cassididae	
＊冠螺	*Cassis cornuta*	II
瓣鳃纲 LAMELLIBRANCHIA		
异柱目	**ANISOMYARIA**	
珍珠贝科	Pteriidae	
＊大珠母贝	*Pinctada maxima*	II
真瓣鳃目	**EULAMELLIBRANCHIA**	
砗磲科	Tridacnidae	
＊库氏砗磲	*Tridacna cookiana*	I

（续）

中文名	学 名	保护级别
蚌科	Unionidae	
＊佛耳丽蚌	*Lamprotula mansuyi*	II
头足纲 CEPHALOPODA		
四鳃目	**TETRABRANCHIA**	
鹦鹉螺科	Nautilidae	
＊鹦鹉螺	*Nautilus pompilius*	I
昆虫纲 INSECTA		
双尾目	**DIPLURA**	
铗虬科	Japygidae	
伟铗虬	Atlasjapyx atlas	II
蜻蜓目	**ODONATA**	
箭蜓科	Gomphidae	
尖板曦箭蜓	*Heliogomphus retroflexus*	II
宽纹北箭蜓	*Ophiogomphus spinicorne*	II
缺翅目	**ZORAPTERA**	
缺翅虫科	Zorotypidae	
中华缺翅虫	*Zorotypus sinensis*	II
墨脱缺翅虫	*Zorotypus medoensis*	II
蛩蠊目	**GRYLLOBLATTODAE**	
蛩蠊科	Grylloblattidae	
中华蛩蠊	*Galloisiana sinensis*	I
鞘翅目	**COLEOPTERA**	
步甲科	Carabidae	
拉步甲	*Carabus（Coptolabrus）lafossei*	II
硕步甲	*Carabus（Apotopterus）davidi*	II
臂金龟科	Euchiridae	
彩臂金龟（所有种）	*Cheirotonus* spp.	II

（续）

中文名	学　名	保护级别
犀金龟科	Dynastidae	
叉犀金龟	*Allomyrina davidis*	Ⅱ
鳞翅目	**LEPIDOPTERA**	
凤蝶科	Papilionidae	
金斑喙凤蝶	*Teinopalpus aureus*	Ⅰ
双尾褐凤蝶	*Bhutanitis mansfieldi*	Ⅱ
三尾褐凤蝶	*Bhutanitis thaidina dongchuanensis*	Ⅱ
中华虎凤蝶	*Luehdorfia chinensis huashanensis*	Ⅱ
绢蝶科	Parnassidae	
阿波罗绢蝶	*Parnassius apollo*	Ⅱ
柱头虫科	Balanoglossidae	
＊多鳃孔舌形虫	*Glossobalanus polybranchioporus*	Ⅰ
玉钩虫科	Harrimaniidae	
＊黄岛长吻虫	*Saccoglossus hwangtauensis*	Ⅰ

　　注：标"＊"者，由渔业行政主管部门主管；未标"＊"者，由林业行政主管部门主管。

二、"三有"野生动物资源

　　"三有"动物（即国家保护的有益的或者有重要经济、科学研究价值的陆生动物），由于保护力度不如国家重点保护野生动物大，名录发布的时间（国家林业局 2000 年 8 月 1 日）相对较短，加之经济价值较高、市场需求过大，导致过度猎捕严重，资源面临严重危机。2014 年调查了 99 种非国家重点保护野生动物，其中有 9 个物种曾进行过专项调查并与本次调查可作对比分析，而且这 9 种动物均为"三有"动物。结果表明，这 9 个物种均呈明显的下降趋势。其中，豹猫在 20 世纪 70 ~ 80 年代约有 100 万只，目前仅存 23 万只，种群下降到原来的 1/5 左右，其余 8 种可作对比分析的动物均为蛇类，其种群均呈明显的下降趋势。本次调查了

19 种蛇，其中有 8 种于 1991—1994 年由中国野生动物保护协会组织在辽宁、安徽、浙江、福建、湖北、广西 6 个省（自治区）开展过数量调查，对比分析表明，所有这些蛇的种群均呈明显的下降趋势，有的物种资源储量甚至不到 20 世纪 90 年代初的 1/10。眼镜蛇在 20 世纪 90 年代初仅这 6 个省（自治区）就有 1413.55 万条，目前在这 6 个省（自治区）仅存 139.29 万条，不到 20 世纪初的 1/10；百花锦蛇在半个世纪以前，仅广西就有 60 万条，90 年代初在这 6 个省（自治区）有 37.15 万条，而今在这 6 个省（自治区）的数量仅 30 万条，全国数量仅为 35 万条；滑鼠蛇在 1991—1994 年调查时在这 6 个省（自治区）有 438.17 万条，目前这 6 个省（自治区）仅存 90.2 万条，不到那时的 1/4。

栖息地干扰、破坏、退化和缩减是我国野生动物资源下降的主要原因，非法猎捕和过度开发利用是我国野生动物资源下降的另一重要原因。

三、国家重点保护野生植物

为加强对野生植物的保护，特别是使保护管理工作有法可依，国务院于 1997 年颁布了《中华人民共和国野生植物保护条例》（以下简称《保护条例》）。《国家重点保护野生植物名录》是《保护条例》的配套法规，于 1999 年 9 月国务院将林农两部门在分工管理达成一致意见的 246 种和 8 类物种，作为《国家重点保护野生植物名录（第一批）》予以公布（表 1-10）。

为掌握我国重点保护野生植物的资源状况，为保护管理和合理利用野生植物资源提供科学依据，1996—2003 年，国家林业局组织开展了首次全国重点保护野生植物资源调查，从我国野生植物保护急迫需要出发，确定生态作用关键、经济需求量大、国内国际较为关注、科研价值高且资源消耗严重的 189 种重点保护野生植物作为本次的调查对象，其中有 148 种列入第一批《国家重点保护野生植物名录》，另有 41 种列入正在争取公布的第二批《国家重点保护野生植物名录》。

调查结果显示，104 种物种极危或濒危，其中百山祖冷杉、普陀鹅耳枥和银杉等 57 种极危，巨柏、水杉、观光木和滇楠等 47 种濒危，岷江柏木、福建柏和红豆杉等 61 种易危，秦岭冷杉、广东松和土沉香等 14 种依赖保护，金毛狗和翠柏等 7 种接近受危，另有光叶蕨、金平桦和秤锤树 3 种野外未发现；55 种野生植物种群数量过少，包括野外未发现的光叶蕨、秤锤树、金平桦 3 个物种，11 个物种的野外植株数量仅 1 ~ 10 株，12 个物种的野外植株数量为 11 ~ 100 株，13 个物种的野外植株数量为 101 ~ 1000 株，14 个物种野外植株数量为 1001 ~ 5000 株，以及人参和瑶山苣苔 2 种草本植物；156 种野生植物种群结构不合理，主要包括 55 种种群过小，44 种年龄结构过老并呈衰退趋势，57 种种群以幼树和小苗居多；49 种野生植物仅存 1 个分布地点，极易使野生种群陷入濒危或极度濒危的状态；75 种野生植物因生境恶化陷入濒危状态；92 种野生植物因市场需求过大导致资源过度利用。

为进一步掌握全国野生植物资源的本底情况和动态变化，国家林业局于 2011 年进行了第二次全国重点保护野生植物资源调查调查试点工作，2012 年正式启动，计划于 2017 年结束。

综上所述，由于我国重点保护野生植物多为珍稀、特有、濒危植物，虽然经过近年来的保护，部分野生植物种群得到了逐渐恢复与壮大，其野外生存环境也得到了一定的改善，但由于过度利用、保护经费不足等方面的原因，野外生存状况依然堪忧，保护形势依然严峻。

表 1-10　国家重点保护野生植物名录

一级 44 种和 2 类，二级 202 种和 6 类；林业 199 种和 6 类，农业 47 种和 2 类

中文名	学　名	保护级别
观音座莲科	Angiopteridaceae	
法斗观音座莲	*Angiopteris sparsisora*	II
二回原始观音座莲	*Archangiopteris bipinnata*	II
亨利原始观音座莲	*Archangiopteris henryi*	II

（续）

中文名	学 名	保护级别
铁角蕨科	Aspleniaceae	
对开蕨	*Phyllitis japonica*	Ⅱ
蹄盖蕨科	Athyriaceae	
光叶蕨	*Cystoathyrium chinense*	Ⅰ
乌毛蕨科	Blechnaceae	
苏铁蕨	*Brainea insignis*	Ⅱ
天星蕨科	Christenseniaceae	
天星蕨	*Christensenia assamica*	Ⅱ
桫椤科（所有种）	Cyatheaceae spp.	Ⅱ
蚌壳蕨科（所有种）	Dicksoniaceae spp.	Ⅱ
鳞毛蕨科	Dryopteridaceae	
单叶贯众	*Cyrtomium hemionitis*	Ⅱ
玉龙蕨	*Sorolepidium glaciale*	Ⅰ
七指蕨科	Helminthostachyaceae	
七指蕨	*Helminthostachys zeylanica*	Ⅱ
水韭科	Isoetaceae	
水韭属（所有种）	*Isoetes* spp.	Ⅰ
水蕨科	Parkeriaceae	
水蕨属（所有种）	*Ceratopteris* spp.	
鹿角蕨科	Platyceriaceae	
鹿角蕨	*Platycerium wallichii*	Ⅱ
水龙骨科	Polypodiaceae	
扇蕨	*Neocheiropteris palmatopedata*	Ⅱ
中国蕨科	Sinopteridaceae	
中国蕨	*Sinopteris grevilleoides*	Ⅱ
裸子植物 Gymnospermae		
三尖杉科	Cephalotaxaceae	
贡山三尖杉	*Cephalotaxus lanceolata*	Ⅱ
篦子三尖杉	*Cephalotaxus oliveri*	Ⅱ
柏科	Cupressaceae	
翠柏	*Calocedrus macrolepis*	Ⅱ

（续）

中文名	学　名	保护级别
红桧	*Chamaecyparis formosensis*	II
岷江柏木	*Cupressus chengiana*	II
巨柏	*Cupressus gigantea*	I
福建柏	*Fokienia hodginsii*	II
朝鲜崖柏	*Thuja koraiensis*	II
苏铁科	Cycadaceae	
苏铁属（所有种）	*Cycas* spp.	I
银杏科	Ginkgoaceae	
银杏	*Ginkgo biloba*	I
松科	Pinaceae	
百山祖冷杉	*Abies beshanzuensis*	I
秦岭冷杉	*Abies chensiensis*	II
梵净山冷杉	*Abies fanjingshanensis*	I
元宝山冷杉	*Abies yuanbaoshanensis*	I
资源冷杉（大院冷杉）	*Abies ziyuanensis*	I
银杉	*Cathaya argyrophylla*	I
台湾油杉	*Keteleeria davidiana* var. *formosana*	II
海南油杉	*Keteleeria hainanensis*	II
柔毛油杉	*Keteleeria pubescens*	II
太白红杉	*Larix chinensis*	II
四川红杉	*Larix mastersiana*	II
油麦吊云杉	*Picea brachytyla* var. *complanata*	II
大果青杆	*Picea neoveitchii*	II
兴凯赤松	*Pinus densiflora* var. *ussuriensis*	II
大别山五针松	*Pinus fenzeliana* var. *dabeshanensis*	II
红松	*Pinus koraiensis*	II
华南五针松（广东松）	*Pinus kwangtungensis*	II
巧家五针松	*Pinus squamata*	I
长白松	*Pinus sylvestris* var. *sylvestriformis*	I
毛枝五针松	*Pinus wangii*	II
金钱松	*Pseudolarix amabilis*	II

（续）

中文名	学　名	保护级别
黄杉属(所有种)	*Pseudotsuga* spp.	II
红豆杉科	Taxaceae	
台湾穗花杉	*Amentotaxus formosana*	I
云南穗花杉	*Amentotaxus yunnanensis*	I
白豆杉	*Pseudotaxus chienii*	II
红豆杉属(所有种)	*Taxus* spp.	I
榧属(所有种)	*Torreya* spp.	II
杉科	Taxodiaceae	
水松	*Glyptostrobus pensilis*	I
水杉	*Metasequoia glyptostroboides*	I
台湾杉(秃杉)	*Taiwania cryptomerioides*	II
被子植物 Angiospermae		
芒苞草科	Acanthochlamydaceae	
芒苞草	*Acanthochlamys bracteata*	II
槭树科	Aceraceae	
梓叶槭	*Acer catalpifolium*	II
羊角槭	*Acer yangjuechi*	II
云南金钱槭	*Dipteronia dyerana*	II
泽泻科	Alismataceae	
长喙毛茛泽泻	*Ranalisma rostratum*	I
浮叶慈姑	*Sagittaria natans*	II
夹竹桃科	Apocynaceae	
富宁藤	*Parepigynum funingense*	II
蛇根木	*Rauvolfia serpentina*	II
萝藦科	Asclepiadaceae	
驼峰藤	*Merrillanthus hainanensis*	II
桦木科	Betulaceae	
盐桦	*Betula halophila*	II
金平桦	*Betula jinpingensis*	II
普陀鹅耳枥	*Carpinus putoensis*	I
天台鹅耳枥	*Carpinus tientaiensis*	II

43

（续）

中文名	学　名	保护级别
天目铁木	*Ostrya rehderiana*	Ⅰ
伯乐树科	Bretschneideraceae	
伯乐树（钟萼木）	*Bretschneidera sinensis*	Ⅰ
花蔺科	Butomaceae	
拟花蔺	*Butomopsis latifolia*	Ⅱ
忍冬科	Caprifoliaceae	
七子花	*Heptacodium miconioides*	Ⅱ
十齿花	*Dipentodon sinicus*	Ⅱ
永瓣藤	*Monimopetalum chinense*	Ⅱ
连香树科	Cercidiphyllaceae	
连香树	*Cercidiphyllum japonicum*	Ⅱ
使君子科	Combretaceae	
萼翅藤	*Calycopteris floribunda*	Ⅰ
千果榄仁	*Terminalia myriocarpa*	Ⅱ
菊科	Compositae	
画笔菊	*Ajaniopsis penicilliformis*	Ⅱ
革苞菊	*Tugarinovia mongolica*	Ⅰ
四数木科	Datiscaceae	
四数木	*Tetrameles nudiflora*	Ⅱ
龙脑香科	Dipterocarpaceae	
东京龙脑香	*Dipterocarpus retusus*	Ⅰ
狭叶坡垒	*Hopea chinensis*	Ⅰ
无翼坡垒（铁凌）	*Hopea exalata*	Ⅱ
坡垒	*Hopea hainanensis*	Ⅰ
多毛坡垒	*Hopea mollissima*	Ⅰ
望天树	*Parashorea chinensis*	Ⅰ
广西青梅	*Vatica guangxiensis*	Ⅱ
青皮（青梅）	*Vatica mangachapoi*	Ⅱ
茅膏菜科	Droseraceae	
貉藻	*Aldrovanda vesiculosa*	Ⅰ
胡颓子科	Elaeagnaceae	

44

（续）

中文名	学　名	保护级别
翅果油树	*Elaeagnus mollis*	II
大戟科	Euphorbiaceae	
东京桐	*Deutzianthus tonkinensis*	II
壳斗科	Fagaceae	
华南锥	*Castanopsis concinna*	II
台湾水青冈	*Fagus hayatae*	II
三棱栎	*Formanodendron doichangensis*	II
瓣鳞花科	*Frankeniaceae*	
瓣鳞花	*Frankenia pulverulenta*	II
龙胆科	Gentianaceae	
辐花	*Lomatogoniopsis alpina*	II
苦苣苔科	Gesneriaceae	
瑶山苣苔	*Dayaoshania cotinifolia*	I
单座苣苔	*Metabriggsia ovalifolia*	I
秦岭石蝴蝶	*Petrocosmea qinlingensis*	II
报春苣苔	*Primulina tabacum*	I
辐花苣苔	*Thamnocharis esquirolii*	I
禾本科	Gramineae	
酸竹	*Acidosasa chinensis*	II
沙芦草	*Agropyron mongolicum*	II
异颖草	*Anisachne gracilis*	II
短芒披碱草	*Elymus breviaristatus*	II
无芒披碱草	*Elymus submuticus*	II
毛披碱草	*Elymus villifer*	II
内蒙古大麦	*Hordeum innermongolicum*	II
药用野生稻	*Oryza officinalis*	II
普通野生稻	*Oryza rufipogon*	II
四川狼尾草	*Pennisetum sichuanense*	II
华山新麦草	*Psathyrostachys huashanica*	I
三蕊草	*Sinochasea trigyna*	II
拟高粱	*Sorghum propinquum*	II

（续）

中文名	学　名	保护级别
箭叶大油芒	*Spodiopogon sagittifolius*	Ⅱ
中华结缕草	*Zoysia sinica*	Ⅱ
小二仙草科	Haloragidaceae	
乌苏里狐尾藻	*Myriophyllum ussuriense*	Ⅱ
金缕梅科	Hamamelidaceae	
山铜材	*Chunia bucklandioides*	Ⅱ
长柄双花木	*Disanthus cercidifolius* var. *longipes*	Ⅱ
半枫荷	*Semiliquidambar cathayensis*	Ⅱ
银缕梅	*Shaniodendron subaequalum*	Ⅰ
四药门花	*Tetrathyrium subcordatum*	Ⅱ
水鳖科	Hydrocharitaceae	
水菜花	*Ottelia cordata*	Ⅱ
唇形科	Labiatae	
子宫草	*Skapanthus oreophilus*	Ⅱ
樟科	Lauraceae	
油丹	*Alseodaphne hainanensis*	Ⅱ
樟树（香樟）	*Cinnamomum camphora*	Ⅱ
普陀樟	*Cinnamomum japonicum*	Ⅱ
油樟	*Cinnamomum longepaniculatum*	Ⅱ
卵叶桂	*Cinnamomum rigidissimum*	Ⅱ
润楠	*Machilus nanmu*	Ⅱ
舟山新木姜子	*Neolitsea sericea*	Ⅱ
闽楠	*Phoebe bournei*	Ⅱ
浙江楠	*Phoebe chekiangensis*	Ⅱ
楠木	*Phoebe zhennan*	Ⅱ
豆科	Leguminosae	
线苞两型豆	*Amphicarpaea linearis*	Ⅱ
黑黄檀（版纳黑檀）	*Dalbergia fusca*	Ⅱ
降香（降香檀）	*Dalbergia odorifera*	Ⅱ
格木	*Erythrophleum fordii*	Ⅱ
山豆根（胡豆莲）	*Euchresta japonica*	Ⅱ

（续）

中文名	学　名	保护级别
绒毛皂荚	*Gleditsia japonica* var. *velutina*	Ⅱ
野大豆	*Glycine soja*	Ⅱ
烟豆	*Glycine tabacina*	Ⅱ
短绒野大豆	*Glycine tomentella*	Ⅱ
花榈木（花梨木）	*Ormosia henryi*	Ⅱ
红豆树	*Ormosia hosiei*	Ⅱ
缘毛红豆	*Ormosia howii*	Ⅱ
紫檀（青龙木）	*Pterocarpus indicus*	Ⅱ
油楠（蚌壳树）	*Sindora glabra*	Ⅱ
任豆（任木）	*Zenia insignis*	Ⅱ
狸藻科	Lentibulariaceae	
盾鳞狸藻	*Utricularia punctata*	Ⅱ
木兰科	Magnoliaceae	
长蕊木兰	*Alcimandra cathcardii*	Ⅰ
地枫皮	*Illicium difengpi*	Ⅱ
单性木兰	*Kmeria septentrionalis*	Ⅰ
鹅掌楸	*Liriodendron chinense*	Ⅱ
大叶木兰	*Magnolia henryi*	Ⅱ
馨香玉兰	*Magnolia odoratissima*	Ⅱ
厚朴	*Magnolia officinalis*	Ⅱ
凹叶厚朴	*Magnolia officinalis* subsp. *biloba*	Ⅱ
长喙厚朴	*Magnolia rostrata*	Ⅱ
圆叶玉兰	*Magnolia sinensis*	Ⅱ
西康玉兰	*Magnolia wilsonii*	Ⅱ
宝华玉兰	*Magnolia zenii*	Ⅱ
香木莲	*Manglietia aromatica*	Ⅱ
落叶木莲	*Manglietia decidua*	Ⅰ
大果木莲	*Manglietia grandis*	Ⅱ
毛果木莲	*Manglietia hebecarpa*	Ⅱ
大叶木莲	*Manglietia megaphylla*	Ⅱ
厚叶木莲	*Manglietia pachyphylla*	Ⅱ

（续）

中文名	学　名	保护级别
华盖木	*Manglietiastrum sinicum*	I
石碌含笑	*Michelia shiluensis*	II
峨眉含笑	*Michelia wilsonii*	II
峨眉拟单性木兰	*Parakmeria omeiensis*	I
云南拟单性木兰	*Parakmeria yunnanensis*	II
合果木	*Paramichelia baillonii*	II
水青树	*Tetracentron sinense*	II
楝科	Meliaceae	
粗枝崖摩	*Amoora dasyclada*	II
红椿	*Toona ciliata*	II
毛红椿	*Toona ciliata* var. *pubescens*	II
防己科	Menispermaceae	
藤枣	*Eleutharrhena macrocarpa*	I
肉豆蔻科	Myristicaceae	
海南风吹楠	*Horsfieldia hainanensis*	II
滇南风吹楠	*Horsfieldia tetratepala*	II
云南肉豆蔻	*Myristica yunnanensis*	II
茨藻科	Najadaceae	
高雄茨藻	*Najas browniana*	II
拟纤维茨藻	*Najas pseudogracillima*	II
睡莲科	Nymphaeaceae	
莼菜	*Brasenia schreberi*	I
莲	*Nelumbo nucifera*	II
贵州萍逢草	*Nuphar bornetii*	II
雪白睡莲	*Nymphaea candida*	II
蓝果树科	Nyssaceae	
喜树（旱莲木）	*Camptotheca acuminata*	II
珙桐	*Davidia involucrata*	I
光叶珙桐	*Davidia involucrata* var. *vilmoriniana*	I
云南蓝果树	*Nyssa yunnanensis*	I
金莲木科	Ochnaceae	

（续）

中文名	学　名	保护级别
合柱金莲木	*Sinia rhodoleuca*	I
铁青树科	Olacaceae	
蒜头果	*Malania oleifera*	II
木犀科	Oleaceae	
水曲柳	*Fraxinus mandshurica*	II
棕榈科	Palmae	
董棕	*Caryota urens*	II
小钩叶藤	*Plectocomia microstachys*	II
龙棕	*Trachycarpus nana*	II
罂粟科	Papaveraceae	
红花绿绒蒿	*Meconopsis punicea*	II
斜翼科	Plagiopteraceae	
斜翼	*Plagiopteron suaveolens*	II
川苔草科	Podostemaceae	
川藻（石蔓）	*Terniopsis sessilis*	II
蓼科	Polygonaceae	
金荞麦	*Fagopyrum dibotrys*	II
报春花科	Primulaceae	
羽叶点地梅	*Pomatosace filicula*	II
毛茛科	Ranunculaceae	
粉背叶人字果	*Dichocarpum hypoglaucum*	II
独叶草	*Kingdonia uniflora*	I
马尾树科	Rhoipteleaceae	
马尾树	*Rhoiptelea chiliantha*	II
茜草科	Rubiaceae	
绣球茜草	*Dunnia sinensis*	II
香果树	*Emmenopterys henryi*	II
异形玉叶金花	*Mussaenda anomala*	I
丁茜	*Trailliaedoxa gracilis*	II
芸香科	Rutaceae	
黄檗（黄波罗）	*Phellodendron amurense*	II

（续）

中文名	学　名	保护级别
川黄檗（黄皮树）	*Phellodendron chinense*	II
杨柳科	Salicaceae	
钻天柳	*Chosenia arbutifolia*	II
无患子科	Sapindaceae	
伞花木	*Eurycorymbus cavaleriei*	II
掌叶木	*Handeliodendron bodinieri*	I
山榄科	Sapotaceae	
海南紫荆木	*Madhuca hainanensis*	II
紫荆木	*Madhuca pasquieri*	II
虎耳草科	Saxifragaceae	
黄山梅	*Kirengeshoma palmata*	II
蛛网萼	*Platycrater arguta*	II
冰沼草科	Scheuchzeriaceae	
冰沼草	*Scheuchzeria palustris*	II
玄参科	Scrophulariaceae	
胡黄连	*Neopicrorhiza scrophulariiflora*	II
呆白菜（崖白菜）	*Triaenophora rupestris*	II
茄科	Solanaceae	
山莨菪	*Anisodus tanguticus*	II
黑三棱科	Sparganiaceae	
北方黑三棱	*Sparganium hyperboreum*	II
梧桐科	Sterculiaceae	
广西火桐	*Erythropsis kwangsiensis*	II
丹霞梧桐	*Firmiana danxiaensis*	II
海南梧桐	*Firmiana hainanensis*	II
蝴蝶树	*Heritiera parvifolia*	II
平当树	*Paradombeya sinensis*	II
景东翅子树	*Pterospermum kingtungense*	II
勐仑翅子树	*Pterospermum menglunense*	II
安息香科	Styracaceae	
长果安息香	*Changiostyrax dolichocarpa*	II

（续）

中文名	学 名	保护级别
秤锤树	*Sinojackia xylocarpa*	II
瑞香科	Thymelaeaceae	
土沉香	*Aquilaria sinensis*	II
椴树科	Tiliaceae	
柄翅果	*Burretiodendron esquirolii*	II
蚬木	*Burretiodendron hsienmu*	II
滇桐	*Craigia yunnanensis*	II
海南椴	*Hainania trichosperma*	II
紫椴	*Tilia amurensis*	II
菱科	Trapaceae	
野菱	*Trapa incisa*	II
榆科	Ulmaceae	
长序榆	*Ulmus elongata*	II
榉树	*Zelkova schneideriana*	II
伞形科	Umbelliferae	
珊瑚菜（北沙参）	*Glehnia littoralis*	II
马鞭草科	Verbenaceae	
海南石梓（苦梓）	*Gmelina hainanensis*	II
姜科	Zingiberaceae	
茴香砂仁	*Etlingera yunnanense*	II
拟豆蔻	*Paramomum petaloideum*	II
长果姜	*Siliquamomum tonkinense*	II
蓝藻　Cyonophyta		
念珠藻科	Nostocaceae	
发菜	*Nostoc flagelliforme*	II
真菌　Eumycophyta		
麦角菌科	Clavicipitaceae	
虫草（冬虫夏草）	*Cordyceps sinensis*	II
口蘑科（白蘑科）	Tricholomataceae	
松口蘑（松茸）	*Tricholoma matsutake*	II

第五节 古树名木资源

古树名木一般是指在人类历史过程中保存下来的年代久远或具有重要科研、历史、文化价值的树木。古树是指树龄在百年以上的树木；名木是指珍贵、稀有的树木和具有历史价值、纪念意义的树木。

我国古树名木资源十分丰富。2013年，全国绿化委员会组织开展的全国古树名木保护情况调研结果表明，目前全国共有古树名木1200余万株，其中一级古树（500年以上）约35万株、二级古树（300~499年）约200万株、三级古树1000余万株，名木7万余株。

我国古树名木资源呈现4个特点：一是分布广，全国各地从南到北、从东到西都有分布。二是分布不均，内蒙古、云南、湖北、河北、陕西等地数量较多，西藏、青海等地数量较少；分布在广大农村的古树名木远多于城市，占90%以上。三是权属多样，国有、集体（单位）所有、私人所有各种形式都存在，以集体所有居多。四是树种丰富，但以松、柏、榆、银杏、枣树等常见树种为主。

随着我国经济的迅速发展和社会文明程度的逐步提高，古树名木的价值逐渐被社会各界所认识，古树名木的保护工作越来越受到政府、社会的关注和重视，古树名木保护力度不断加强。

为保护古树名木资源，规范古树名木资源管理，全国绿化委员会、国家林业局相继出台了多个文件（表1-11）。

表1-11 古树名木保护规范性文件

年度	发文机关	文件名称
1996年	全国绿化委员会	《关于加强保护古树名木工作的实施方案》
2003年	国家林业局	《关于规范树木采挖管理有关问题的通知》
2009年	全国绿化委员会、国家林业局	《关于禁止大树古树移植进城的通知》

（续）

年度	发文机关	文件名称
2013 年	国家林业局	《关于进一步加强森林资源保护管理的通知》《关于切实加强和严格规范树木采挖移植管理的通知》
2014 年	全国绿化委员会、国家林业局	《关于进一步规范树木移植管理的通知》

近年来，古树名木保护工作法制建设明显增强。《中华人民共和国森林法》、《中华人民共和国环境保护法》、《中华人民共和国城市绿化条例》中都涉及古树名木保护内容，明确强调加强古树名木资源保护。2000 年住房和城乡建设部颁布的《城市古树名木保护管理办法》，对位于城市规划区的古树名木资源保护作出规定。一些地区针对古树名木的保护与管理，制定出台地方性法规、规章。目前，全国绿化委员会办公室正在组织制定《古树名木保护管理办法》。这都使得古树名木保护工作有法可依、有章可循。

各省（自治区、直辖市）普遍开展了古树名木普查建档挂牌等工作，为加强古树名木保护奠定了良好基础。2001 年，全国绿化委员会、国家林业局组织 31 个省（自治区、直辖市）开展了一次较系统的古树名木普查认定工作，初步建立了全国古树名木档案。近年来，各级林业主管部门通过电视、广播、报刊、书籍、网站等多种形式，大力宣传保护古树名木的重要性，社会各界保护古树名木的意识明显增强。

第二章
生态建设

第一节 林木种苗

　　林木种苗作为生态建设重要的物质基础，多年来在林业大局中发挥着越来越重要的作用，形成了各级党委政府重视林木种苗工作、社会各界支持林木种苗工作的良好氛围。

一、林木种苗发展现况

　　2010年10月国家林业局召开全国林木种苗工作会议，11月国家林业局、国家发展改革委、财政部联合印发《全国林木种苗发展规划(2011—2020年)》，2013年12月国务院办公厅下发了《关于加强林木种苗工作的意见》，进一步明确了林木种苗的发展重点和方向。截至2015年年底，全国已建成国家级重点林木良种基地224处(表2-1)，林木良种基地800多处，全国育苗面积107万hm^2，采种基地90万hm^2，主要造林树种良种使用率达到51%。全国累计选择收集优树4.46万株，保存育种材料和品种资源约8万份，建立国家级林木种质资源库13处。全国累计审(认)定林木良种5000多个，其中2010—2014年通过国家级审定的林木良种165个(表2-2)。北京、吉林等23个省(自治区、直辖市)和2个计划单列市颁布了种子法实施办法或地方条例，国家林业局出台了20多个部门规章和规范性文件，各级地方林业主管部门制定了200多件配套规定和200多项地方标准。林木种子和苗木合格率分别从2002年的35.1%和80%提高到2015年的90%以上。截至2015年年底，全国持证生产者91657个，持证经营者90693个，其中由国家林业局发放经营许可证的经营者117个。

表2-1　国家重点林木良种基地名单(224处)

地　点	基地名称
北京市	大兴区黄垡国家彩叶树种良种基地 北京市十三陵林场国家白皮松良种基地
河北省	沧县国家枣树良种基地 威县国有苗圃国家杨树良种基地 平泉县七沟林场国家油松良种基地 木兰围场林管局龙头山国家落叶松良种基地 衡水市中心苗圃场国家白蜡良种基地 遵化市魏进河林场国家板栗良种基地 盐山县国家抗盐碱树种良种基地 河北省林木良种繁育中心国家榆树、核桃良种基地
山西省	吕梁林管局上庄国家油松良种基地 静乐县国家华北落叶松良种基地 吉县国家刺槐良种基地 汾阳县国家核桃良种基地 关帝山国有林管理局吴城国家油松良种基地 大同市长城山林场国家华北落叶松良种基地 太行山国有林管理局海眼寺林场国家油松良种基地 中条山国有林管理局国家华山松良种基地
内蒙古自治区	土默特左旗万家沟林场国家油松良种基地 宁城县黑里河林场国家油松良种基地 红花尔基林业局国家樟子松良种基地 喀喇沁旗旺业甸林场国家落叶松良种基地 巴林左旗乌兰坝林场国家落叶松良种基地 内蒙古林木良种繁育中心国家沙生植物良种基地 包头市全巴图林场国家杨树良种基地 通辽市林研所国家杨树良种基地 杭锦旗国家柠条、锦鸡儿良种基地
辽宁省	清原县大孤家林场国家落叶松良种基地 本溪县清河城林场国家红松良种基地 北票市国家油松良种基地 抚顺县哈达林场国家长白落叶松良种基地 昌图县付家机械林场国家樟子松良种基地 岫岩县清凉山林场国家落叶松良种基地

（续）

地　　点	基地名称
辽宁省	桓仁县老秃顶子国家落叶松良种基地 凌海市红旗林场国家油松、刺槐良种基地 辽宁省森林经营研究所国家红松、落叶松良种基地
吉林省	永吉县国家落叶松良种基地 汪清林业局国家红松、云杉良种基地 柳河县五道沟国家日本落叶松良种基地 四平市石岭国家落叶松良种基地 吉林省林木种苗繁育推广示范中心国家杨树良种基地 通化县三棚林场国家红松良种基地 龙井市开山屯国家红松良种基地
黑龙江省	林口县青山国家落叶松良种基地 宁安市小北湖国家落叶松、红松良种基地 嫩江县高峰林场国家樟子松良种基地 黑龙江省森林与环境科学研究院国家杨树、樟子松良种基地 五常市宝龙店国家落叶松良种基地 黑龙江省林木良种繁育中心国家落叶松、红松良种基地 佳木斯市孟家岗林场国家红松、落叶松良种基地
上海市	上海市国家东方杉良种基地
江苏省	泗洪县陈圩林场国家杨树良种基地 溧阳市龙潭林场国家板栗良种基地 邳州市国家银杏良种基地 江都市江都镇国家柳树良种基地 靖江市国家中山杉良种基地 吴江市苗圃国家耐水湿树种良种基地
浙江省	龙泉市林科所国家杉木良种基地 杭州市余杭区长乐林场国家杉木、火炬松良种基地 淳安县姥山林场国家马尾松良种基地 安吉县刘家塘林场国家金钱松良种基地 金华市东方红林场国家油茶、油桐良种基地 开化县林场国家杉木良种基地 庆元县国家珍贵树种良种基地 兰溪市苗圃国家木荷、马尾松良种基地 天台县华顶林场国家黄山松良种基地 舟山市林科所国家海岛特色树种良种基地

（续）

地　点	基地名称
安徽省	黄山市林科所国家油茶、马尾松良种基地 六安市裕安区国家马尾松良种基地 全椒县瓦山林场国家马尾松、马褂木良种基地 绩溪县镇头林场国家光皮桦良种基地 休宁县西田林场国家杉木良种基地 泾县马头林场国家湿地松、火炬松良种基地 祁门县林场国家枫香良种基地
福建省	福建省洋口林场国家杉木良种基地 漳平市五一林场国家马尾松良种基地 邵武市卫闽林场国家杉木、马尾松良种基地 沙县官庄林场国家杉木、马尾松良种基地 尤溪县尤溪林场国家杉木良种基地 仙游县溪口林场国家福建柏、马尾松良种基地 上杭县白砂林场国家马尾松、杉木良种基地 光泽县华桥林场国家杉木良种基地 霞浦县杨梅岭林场国家柳杉良种基地 安溪县白濑林场国家福建柏良种基地
江西省	信丰县林木良种场国家杉木良种基地 吉安市清原区白云山林场国家杉木、湿地松良种基地 安福县武功山林场国家杉木、火炬松良种基地 抚州市林科所国家马尾松、油茶良种基地 江西省林科院国家油茶良种基地 中国林业科学研究院亚热带林业实验中心油茶良种基地 安福县陈山林场国家杉木良种基地 峡江县林木良种场国家松类、油茶良种基地 永丰县官山林场国家枫香、楠木良种基地 安远县牛犬山林场国家杉木良种基地
山东省	冠县国有苗圃国家杨树良种基地 宁阳县高桥林场国家杨树良种基地 费县大青山林场国家刺槐良种基地 金乡县白洼林场国家白榆良种基地 乳山市垛山林场国家刺柏、黑松良种基地 山东省林科院国家白蜡良种基地 乐陵市国有园艺场国家枣树良种基地 山东省林木种质资源中心国家珍稀树种良种基地 东营市试验林场国家白蜡良种基地

（续）

地　点	基地名称
河南省	郏县国有林场国家侧柏良种基地 桐柏县毛集林场国家马尾松良种基地 卢氏县东湾林场国家油松良种基地 泌阳县马道林场国家火炬松良种基地 辉县市白云寺林场国家油松良种基地 温县国家毛白杨良种基地 洛宁县国家核桃良种基地
湖北省	建始县长岭岗国家日本落叶松良种基地 恩施市铜盆水林场国家杉木良种基地 阳新县七峰山林场国家杉木良种基地 荆门市彭场林场国家湿地松良种基地 利川市国家水杉良种基地 麻城市五脑山林场国家油茶良种基地 太子山林管局国家马尾松良种基地 湖北省林科院石首国家杨树良种基地 兴山县国家核桃良种基地
湖南省	汨罗市桃林林场国家湿地松、油茶良种基地 靖州县排牙山林场国家杉木良种基地 城步苗族自治县林木良种场国家马尾松良种基地 浏阳市国家油茶良种基地 攸县林科所国家杉木良种基地 会同县国家杉木良种基地 桂阳县国有苗圃国家马尾松良种基地 桃源县国家湿地松良种基地 安化县林科所国家马尾松、杜仲良种基地 资兴市天鹅山林场国家杉木良种基地
广东省	乐昌市龙山林场国家杉木良种基地 广东省龙眼洞林场国家相思、红锥良种基地 台山市红岭国家湿地松、杂交松良种基地 信宜市林科所国家马尾松良种基地 湛江市良种场国家加勒比松良种基地 英德市林业苗圃场国家火炬松良种基地 韶关市曲江区小坑林场国家杉木、油茶良种基地 江门市新会区国家相思良种基地

（续）

地　　点	基地名称
广西壮族自治区	广西东门林场国家桉树良种基地 融安县西山林场国家杉木良种基地 南宁市林科所国家马尾松良种基地 藤县大芒界国家马尾松良种基地 全州县咸水林场国家杉木良种基地 广西林科院国家油茶、红锥良种基地 派阳山林场国家马尾松、八角良种基地 贵港市覃塘林场国家马尾松良种基地 岑溪市国家油茶良种基地
海南省	临高县林木良种场国家加勒比松、相思良种基地
重庆市	南川区国家马尾松、杉木良种基地 南岸区长生林场国家马尾松、杉木良种基地 大足县国家香樟、光皮树良种基地 万州区国家木姜子良种基地
四川省	高县月江森林经营所国家杉木良种基地 富顺县林场国家马尾松良种基地 洪雅县林场国家杉木、柳杉良种基地 筠连县国家杉木良种基地 三台县金鼓国家柏木良种基地 蓬安县白云寨林场国家柏木良种基地 高县来复森林经营所国家马尾松良种基地 凉山州国家油橄榄良种基地 通江县林科所国家银杏良种基地 广元市朝天区林科所国家核桃良种基地
贵州省	黎平县东风林场国家杉木良种基地 黄平县林场国家马尾松良种基地 都匀市马鞍山林场国家马尾松良种基地 威宁县国家华山松良种基地 平坝县国家华山松良种基地 天柱县国家油茶良种基地 赫章县国家核桃良种基地
云南省	弥渡县国家云南松良种基地 沾益县九龙山苗圃国家核桃、板栗良种基地 屏边县国家秃杉良种基地 景洪市普文试验林场国家思茅松良种基地

（续）

地　点	基地名称
云南省	马关县俣洒国家杉木良种基地 楚雄市紫溪山林场国家华山松良种基地
陕西省	延安市桥山林业局国家油松良种基地 陇县八渡林场国家油松良种基地 洛南县古城林场国家油松良种基地 周至县厚畛子林场国家落叶松、油松良种基地 榆林市国家樟子松良种基地 商洛市国家核桃良种基地 安康市汉滨区国家油茶良种基地 宜君县国家核桃良种基地 略阳县国家杜仲良种基地
甘肃省	庆阳市中湾林场国家油松良种基地 小陇山林业局沙坝国家落叶松、云杉良种基地 张掖市龙渠国家青海云杉、祁连圆柏良种基地 清水县国家刺槐良种基地 徽县国家侧柏良种基地 武威市良种繁育中心国家杨树、樟子松良种基地 天水市麦积区码头苗圃国家杨树良种基地 瓜州县国家胡杨良种基地
青海省	大通县东峡林场国家青海云杉良种基地 互助县北山林场国家祁连圆柏良种基地 西宁市湟水林场国家杨树良种基地 黄南藏族自治州麦秀林场国家紫果云杉良种基地
宁夏回族自治区	中宁县国家枸杞良种基地 灵武市国家沙生灌木良种基地 宁夏林木良种繁育中心国家杨树良种基地 六盘山林业局二龙河国家华北落叶松良种基地
新疆维吾尔自治区	阿克苏实验林场国家核桃、枣树良种基地 哈密林场国家落叶松良种基地 伊犁哈萨克自治州林木良繁中心国家杨树、白榆良种基地 新疆林科院佳木试验站国家核桃、枣良种基地 于田县国有苗圃国家杏、核桃良种基地 泽普县国有林场国家枣树良种基地 青河县林管站国家大果沙棘良种基地 吉木萨尔县林木良种试验站国家榆树、沙棘良种基地

（续）

地　点	基地名称
新疆维吾尔自治区	尼勒克林场国家天山云杉良种基地 玛纳斯县平原林场国家杨树、榆树良种基地
内蒙古森工集团	甘河林业局国家兴安落叶松良种基地 乌尔旗汉林业局国家兴安落叶松良种基地
吉林森工集团	露水河林业局国家红松良种基地 临江种苗示范中心国家红松、水曲柳良种基地 三岔子林业局国家红松良种基地
龙江森工集团	带岭林业局国家红松、落叶松良种基地 黑龙江省林科院国家落叶松良种基地 苇河林业局国家红松、落叶松良种基地 桦南林业局国家樟子松、落叶松良种基地
大兴安岭林业集团	技术推广站国家樟子松、落叶松良种基地
新疆生产建设兵团	农八师国家沙生树种良种基地
中国林业科学研究院	中国林业科学研究院湛江国家桉树良种基地 中国林业科学研究院凭祥国家西南桦、柚木良种基地
东北林业大学	东北林业大学国家白桦良种基地

二、全国林木种质资源调查收集与保存利用规划

　　为了加强我国林木种质资源的收集、保存和开发利用工作，统筹推进林木种质资源收集保存和开发利用工程建设，经国家发展改革委、财政部、科技部同意，国家林业局于 2014 年 9 月 16 日正式印发《全国林木种质资源调查收集与保存利用规划（2014—2025 年）》（以下简称《规划》）。这是我国第一次就林木种质资源调查收集与评价利用工作作出全面系统的规划，《规划》的编制和实施是进一步贯彻落实《中华人民共和国种子法》、《国务院办公厅关于加强林木种苗工作的意见》、《国务院办公厅关于深化种业体制改革提高创新能力的意见》的重要举措，是推动我国林木种质资源保护的重要措施，是加快我国林木遗传育种事业发展的重要载体，对建设生态林业、民生林业，维护国家物种安全、生态安全，促进经济社会可持续发展具有重要意义，必将开启我国林

木种质资源保存事业的新篇章。

《规划》分为6个部分。第一部分简要介绍了编制规划的背景和必要性；第二部分分析了我国林木种质资源调查、收集、保存与利用方面取得的成绩及存在的主要问题；第三部分明确了林木种质资源工作的指导思想、基本原则及建设目标；第四部分从林木种质资源调查工程、林木种质资源保存工程和评价利用工程3个方面明确了林木种质资源调查、保存、利用的主要建设内容；第五部分确定了本规划的建设期限，即从2014年至2025年，规划期12年；第六部分明确了完成规划的各项任务必须加强组织保障、政策保障、科技保障、资金保障。

在规划期内，完成全国林木种质资源调查，摸清资源本底，建立起层次分明、组织完善、功能齐全的林木种质资源保存、监测、评价、利用体系，使80%以上主要造林树种的种质资源得到有效保存，重点开展主要造林树种及珍贵树种种质资源的监测评价，使保存的资源得到有效利用。

表2-2　国家林业局审定通过林木良种名录(2010—2014年)

年度	品种名称	树种	学　名	类别	编　号
2010	湖北利川水杉母树林种子	水杉	*Metaseqoia glyptostroboides*	母树林种子	国 S－SS－MG－001－2010
	杞柳"丽白"	杞柳	*Salix integra* 'Libai'	品种	国 S－SV－SI－002－2010
	南林862杨	杨树	*Populus deltoides* 'Nanlin 862'	无性系	国 S－SC－PD－003－2010
	南林3804杨	杨树	*Populus deltoides* 'Nanlin 3804'	无性系	国 S－SC－PD－004－2010
	南林3412杨	杨树	*Populus deltoides* 'Nanlin 3412'	无性系	国 S－SC－PD－005－2010
	青绿苔草"四季"	青绿苔草	*Carex leucochlora* 'Siji'	品种	国 S－SV－CL－006－2010
	绿爬山虎"翠玉"	绿爬山虎	*Parthenocissus laetivirens* 'Cuiyu'	品种	国 S－SV－PL－007－2010
	五叶地锦"加引1号"	五叶地锦	*Parthenocissus quinquefolia* 'Jiayin 1'	品种	国 S－SV－PQ－008－2010

（续）

年度	品种名称	树种	学　名	类别	编　号
2010	早脆王	枣	*Ziziphus jujuba* 'Zao-cuiwang'	品种	国 S – SV – ZJ – 009 – 2010
	沧蜜 1 号	枣	*Ziziphus jujuba* 'Cang-mi 1'	品种	国 S – SV – ZJ – 010 – 2010
	曙光	枣	*Ziziphus jujuba* 'Shu-guang'	品种	国 S – SV – ZJ – 011 – 2010
	京枣 18	枣	*Ziziphus jujuba* 'Jing-zao18'	品种	国 S – SV – ZJ – 012 – 2010
	京枣 28	枣	*Ziziphus jujuba* 'Jing-zao28'	品种	国 S – SV – ZJ – 013 – 2010
	京枣 31	枣	*Ziziphus jujuba* 'Jing-zao31'	品种	国 S – SV – ZJ – 014 – 2010
	京枣 60	枣	*Ziziphus jujuba* 'Jing-zao 60'	品种	国 S – SV – ZJ – 015 – 2010
	丽春	桃	*Prunus persica* 'Li-chun'	品种	国 S – SV – PP – 016 – 2010
	超红珠	桃	*Prunus persica* 'Chao-hongzhu'	品种	国 S – SV – PP – 017 – 2010
	围选 1 号	杏	*Prunus armeniaca* 'Weixuan 1'	品种	国 S – SV – PA – 018 – 2010
	金艳	猕猴桃	*Actinidia eriantha* × *A. chinensis* 'Jinyan'	品种	国 S – SV – AE – 019 – 2010
	云红	板栗	*Castanea mollisima* 'Yunhong'	品种	国 S – SV – CM – 020 – 2010
	云雄	板栗	*Castanea mollisima* 'Yunxiong'	品种	国 S – SV – CM – 021 – 2010
	亚特金银花	金银花	*Lonicera japonica* 'Yate'	品种	国 S – SV – LJ – 022 – 2010
	亚特红金银花	金银花	*Lonicera japonica* 'Yatehong'	品种	国 S – SV – LJ – 023 – 2010
	亚特立本金银花	金银花	*Lonicera japonica* 'Yateliben'	品种	国 S – SV – LJ – 024 – 2010
	赣 70	油茶	*Camellia oleifera* 'Gan 70'	品种	国 S – SC – CO – 025 – 2010
	赣无 12	油茶	*Camellia oleifera* 'Ganwu 12'	品种	国 S – SC – CO – 026 – 2010

（续）

年度	品种名称	树种	学　名	类别	编　号
2010	赣无24	油茶	*Camellia oleifera* 'Ganwu 24'	品种	国 S – SC – CO – 027 – 2010
	桂普32	油茶	*Camellia oleifera* 'Guipu 32'	品种	国 S – SC – CO – 028 – 2010
	桂普101	油茶	*Camellia oleifera* 'Guipu 101'	品种	国 S – SC – CO – 029 – 2010
2011	东门尾巨桉无性系 DH32 – 29	桉树	*Eucalyptus urophylla* × *E. grandis* 'DH32 – 29'	无性系	国 S – SC – EU – 001 – 2011
	渤丰1号杨	杨树	*Populus euramaricana* 'Bofeng 1'	无性系	国 S – SC – PE – 002 – 2011
	渤丰2号杨	杨树	*Populus euramaricana* 'Bofeng 2'	无性系	国 S – SC – PE – 003 – 2011
	哲林4号杨	杨树	*Populus deltoides* 'Zhe-lin 4'	无性系	国 S – SC – PD – 004 – 2011
	带岭红松一代种子园种子	红松	*Pinus koraiensis*	种子园种子	国 S – CSO(1) – PK – 005 – 2011
	带岭水曲柳一代种子园种子	水曲柳	*Fraxinus mandshurica*	种子园种子	国 S – CSO(1) – FM – 006 – 2011
	大边沟东部白松母树林种子	东部白松	*Pinus strobus*	母树林种子	国 S – SS – PS – 007 – 2011
	白石砬子班克松母树林种子	班克松	*Pinus banksiana*	母树林种子	国 S – SS – PB – 008 – 2011
	晚花紫	丁香	*Syringa oblata* 'Wan-huazi'	品种	国 S – SV – SO – 009 – 2011
	"满天红"桃	桃	*Amygdalus persica* 'Mantianhong'	品种	国 S – SV – AP – 010 – 2011
	鲁枣1号	枣	*Ziziphus jujuba* 'Luzao 1'	品种	国 S – SV – ZJ – 011 – 2011
	鲁枣2号	枣	*Ziziphus jujuba* 'Luzao 2'	品种	国 S – SV – ZJ – 012 – 2011
	鲁枣3号	枣	*Ziziphus jujuba* 'Luzao 3'	品种	国 S – SV – ZJ – 013 – 2011
	鲁枣7号	枣	*Ziziphus jujuba* 'Luzao 7'	品种	国 S – SV – ZJ – 014 – 2011
	月光	枣	*Ziziphus jujuba* 'Yue-guang'	品种	国 S – SV – ZJ – 015 – 2010

（续）

年度	品种名称	树种	学　名	类别	编　号
2011	金魁	猕猴桃	*Actinidia chinensis* 'Jinkui'	品种	国S－SV－AC－016－2011
	中农金辉	桃	*Prunus persica* 'Zhongnongjinhui'	品种	国S－SV－ZJ－017－2011
	美人酥	梨	*Pyrus pyriforlia* 'Meirensu'	品种	国S－SV－PP－018－2011
	满天红	梨	*Pyrus pyriforlia* 'Mantianhong'	品种	国S－SV－PP－019－2011
	红酥脆	梨	*Pyrus pyriforlia* 'Hongsucui'	品种	国S－SV－PP－020－2011
	元林	核桃	*Jugians regia* 'Yuanlin'	品种	国S－SV－JR－021－2011
	中科绿川1号	枸杞	*Lycium barbarum* 'Zhongkelvchuan 1'	品种	国S－SV－LB－022－2011
	圣果1号	沙棘	*Hippophae rhamnoides* 'Shengguo 1'	品种	国S－SV－HR－023－2011
	细榧	榧树	*Torreya grandis* 'Xifei'	品种	国S－SV－TG－024－2011
	华仲6号	杜仲	*Eucommia ulmoides* 'Huazhong 6'	品种	国S－SV－EU－025－2011
	华仲7号	杜仲	*Eucommia ulmoides* 'Huazhong 7'	品种	国S－SV－EU－026－2011
	华仲8号	杜仲	*Eucommia ulmoides* 'Huazhong 8'	品种	国S－SV－EU－027－2011
	华仲9号	杜仲	*Eucommia ulmoides* 'Huazhong 9'	品种	国S－SV－EU－028－2011
	金宝亚特红香玉	木瓜	*Chaenomeles speciosa* 'Jinbao yate hongxiangyu'	品种	国S－SV－CS－029－2011
	金宝亚特绿香玉	木瓜	*Chaenomeles speciosa* 'Jinbao yate lvxiangyu'	品种	国S－SV－CS－030－2011
	金宝萝青101	木瓜	*Chaenomeles speciosa* 'Jinbao luoqing 101'	品种	国S－SV－CS－031－2011
	金宝萝青106	木瓜	*Chaenomeles speciosa* 'Jinbao luoqing 106'	品种	国S－SV－CS－032－2011
	湘林32	油茶	*Camellia oleifera* 'Xianglin 32'	品种	国S－SC－CO－033－2011

（续）

年度	品种名称	树种	学　名	类别	编　号
2011	湘林 63	油茶	*Camellia oleifera* 'Xianglin 63'	品种	国 S – SC – CO – 034 – 2011
	湘林 78	油茶	*Camellia oleifera* 'Xianglin 78'	品种	国 S – SC – CO – 035 – 2011
2012	南杨	杨树	*Populus deltoides* 'Nanyang'	品种	国 S – SV – PD – 001 – 2012
	丹红杨	杨树	*Populus deltoides* 'Danhongyang'	品种	国 S – SV – PD – 002 – 2012
	三毛杨 7 号	杨树	*Populus* 'Sanmaoyang 7'	品种	国 S – SC – PT – 003 – 2012
	三毛杨 8 号	杨树	*Populus* 'Sanmaoyang 8'	品种	国 S – SC – PT – 004 – 2012
	广西南宁市林科所马尾松初级无性系种子园种子	马尾松	*Pinus massoniana*	种子园种子	国 S – CSO（1） – PM – 005 – 2012
	广西藤县大芒界马尾松初级无性系种子园种子	马尾松	*Pinus massoniana*	种子园种子	国 S – CSO（1） – PM – 006 – 2012
	大孤家 35	日本落叶松	*Larix kaempferi* 'Dagujia 35'	家系	国 S – SF – LK – 007 – 2012
	大孤家 1061	日本落叶松	*Larix kaempferi* 'Dagujia 1061'	家系	国 S – SF – LK – 008 – 2012
	大孤家 81	日本落叶松	*Larix kaempferi* 'Dagujia 81'	家系	国 S – SF – LK – 009 – 2012
	大孤家 303	日本落叶松	*Larix kaempferi* 'Dagujia 303'	家系	国 S – SF – LK – 010 – 2012
	水栎 AR 种源	水栎	*Quercus nigra*	种源	国 S – SP – QN – 011 – 2012
	纳塔栎 LA 种源	纳塔栎	*Quercus nuttallii*	种源	国 S – SP – QN – 012 – 2012
	柳叶栎 LA 种源	柳叶栎	*Quercus phellos*	种源	国 S – SP – QP – 013 – 2012
	秀发	披针叶苔草	*Carex lanceolata* 'Xiufa'	品种	国 S – SV – CL – 014 – 2012
	京薰 2 号	薰衣草	*Lavandula anguistifolia* 'Jingxun 2'	品种	国 S – SV – LA – 015 – 2012

（续）

年度	品种名称	树种	学 名	类别	编 号
	京薰 1 号	薰衣草	*Lavandula anguistifolia* 'Jingxun 1'	品种	国 S – SV – LA – 016 – 2012
	鲁枣 4 号	枣	*Ziziphus jujuba* 'Luzao 4'	品种	国 S – SV – ZJ – 017 – 2012
	鲁枣 5 号	枣	*Ziziphus jujuba* 'Luzao 5'	品种	国 S – SV – ZJ – 018 – 2012
	鲁枣 6 号	枣	*Ziziphus jujuba* 'Luzao 6'	品种	国 S – SV – ZJ – 019 – 2012
	鲁枣 10 号	枣	*Ziziphus jujuba* 'Luzao 10'	品种	国 S – SV – ZJ – 020 – 2012
	新郑红 2 号	枣	*Ziziphus jujuba* 'Xingzhenghong 2'	品种	国 S – SV – ZJ – 021 – 2012
	华仲 1 号	杜仲	*Eucommia ulmoides* 'Huazhong 1'	品种	国 S – SV – EU – 022 – 2012
	华仲 2 号	杜仲	*Eucommia ulmoides* 'Huazhong 2'	品种	国 S – SV – EU – 023 – 2012
2012	华仲 3 号	杜仲	*Eucommia ulmoides* 'Huazhong 3'	品种	国 S – SV – EU – 024 – 2012
	华仲 4 号	杜仲	*Eucommia ulmoides* 'Huazhong 4'	品种	国 S – SV – EU – 025 – 2012
	华仲 5 号	杜仲	*Eucommia ulmoides* 'Huazhong 5'	品种	国 S – SV – EU – 026 – 2012
	佛奥	油橄榄	*Olea europaea* 'Frantoio'	引种驯化品种	国 S – ETS – OE – 027 – 2012
	金阳	猕猴桃	*Actinidia chinensis* 'Jinyang'	品种	国 S – SV – AC – 028 – 2012
	金农	猕猴桃	*Actinidia chinensis* 'Jinnong'	品种	国 S – SV – AC – 029 – 2012
	金圆	猕猴桃	*Actinidia chinensis* 'Jinyuan'	品种	国 S – SV – AC – 030 – 2012
	东红	猕猴桃	*Actinidia chinensis* 'Donghong'	品种	国 S – SV – AC – 031 – 2012
	白丘杂	沙棘	*Hippohae rhamnoides* × *H. sinensis* 'Baiqiuza'	无性系	国 S – SC – HR – 032 – 2012
	棕丘	沙棘	*Hippohae rhamnoides* 'Zongqiu'	无性系	国 S – SC – HR – 033 – 2012

（续）

年度	品种名称	树种	学 名	类别	编 号
2012	黑棘6号	沙棘	*Hippohae rhamnoides* 'Heiji 6'	无性系	国 S – SC – HR – 034 – 2012
	辽阜1号	沙棘	*Hippohae rhamnoides* 'Liaofu 1'	无性系	国 S – SC – HR – 035 – 2012
	岱丰	核桃	*Juglans regia* 'Daifeng'	品种	国 S – SV – JR – 036 – 2012
	岱香	核桃	*Juglans regia* 'Daixiang'	品种	国 S – SV – JR – 037 – 2012
	鲁核1号	核桃	*Juglans regia* 'Luhe 1'	品种	国 S – SV – JR – 038 – 2012
	鲁核2号	核桃	*Juglans regia* 'Luhe 2'	品种	国 S – SV – JR – 039 – 2012
	友谊	樱桃	*Prunus avium* 'Youyi'	品种	国 S – SV – PA – 040 – 2012
	早大果	樱桃	*Prunus avium* 'Zaodaguo'	品种	国 S – SV – PA – 041 – 2012
	金美夏	桃	*Prunus persica* 'Jinmeixia'	品种	国 S – SV – PP – 042 – 2012
	望春	桃	*Prunus persica* 'Wangchun'	品种	国 S – SV – PP – 043 – 2012
	春美	桃	*Prunus persica* 'Chunmei'	品种	国 S – SV – PP – 044 – 2012
	春蜜	桃	*Prunus persica* 'Chunmi'	品种	国 S – SV – PP – 045 – 2012
	华美	苹果	*Malus domestica* 'Huamei'	品种	国 S – SV – MD – 046 – 2012
	九丰一号	忍冬	*Lonicera japonica* 'Jiufeng 1'	品种	国 S – SV – LJ – 047 – 2012
	黑格斯曼地亚红豆杉	曼地亚红豆杉	*Taxus media* 'Hicksii'	引种驯化品种	国 S – ETS – TM – 048 – 2012
2013	毅杨1号	杨树	*Populus* × 'Yiyang 1'	品种	国 S – SV – PY – 001 – 2013
	毅杨2号	杨树	*Populus* × 'Yiyang 2'	品种	国 S – SV – PY – 002 – 2013
	毅杨3号	杨树	*Populus* × 'Yiyang 3'	品种	国 S – SV – PY – 003 – 2013

（续）

年度	品种名称	树种	学　名	类别	编　号
2013	黄淮3号杨	杨树	*Populus deltoides* 'Huanghuai 3'	品种	国 S – SV – PD – 004 – 2013
	创新杨	杨树	*Populus deltoides* 'Chuangxin'	品种	国 S – SV – PD – 005 – 2013
	上庄油松一代无性系种子园种子	油松	*Pinus tabulaeformis*	种子园种子	国 S – CSO(1) – PT – 006 – 2013
	金禾女贞	小蜡	*Ligustrum sinense* 'Jinhe'	品种	国 S – SV – LS – 007 – 2013
	华仲10号	杜仲	*Eucommia ulmoides* 'Huazhong 10'	品种	国 S – SV – EU – 008 – 2013
	爱神玫瑰	葡萄	*Vitis vinifera* 'Aishenmeigui'	品种	国 S – SV – VV – 009 – 2013
	鲁枣9号	枣	*Ziziphus jujuba* 'Luzao 9'	品种	国 S – SV – ZJ – 010 – 2013
	鲁枣12号	枣	*Ziziphus jujuba* 'Luzao12'	品种	国 S – SV – ZJ – 011 – 2013
	鲁枣14号	枣	*Ziziphus jujuba* 'Luzao14'	品种	国 S – SV – ZJ – 012 – 2013
	七月鲜	枣	*Ziziphus jujuba* 'Qiyuexian'	品种	国 S – SV – ZJ – 013 – 2013
	金谷大枣	枣	*Ziziphus jujuba* 'Jingudazao'	品种	国 S – SV – ZJ – 014 – 2013
	金昌1号	枣	*Ziziphus jujuba* 'Jinchang 1'	品种	国 S – SV – ZJ – 015 – 2013
	秋蜜红	桃	*Prunus persica* 'Qiumihong'	品种	国 S – SV – PP – 016 – 2013
	晚蜜	桃	*Prunus persica* 'Wanmi'	品种	国 S – SV – PP – 017 – 2013
	瑞光28号	桃	*Prunus persica* 'Ruiguang 28'	品种	国 S – SV – PP – 018 – 2013
	清香	核桃	*Juglans regia* 'Qingxiang'	品种	国 S – SV – JR – 019 – 2013
	红栗2号	板栗	*Castanea mollissima* 'Hongli'	品种	国 S – SV – CM – 020 – 2013
	岱岳早丰	板栗	*Castanea mollissima* 'Daiyuezaofeng'	品种	国 S – SV – CM – 021 – 2013

（续）

年度	品种名称	树种	学　名	类别	编　号
2013	东岳早丰	板栗	*Castanea mollissima* 'Dongyuezaofeng'	品种	国 S – SV – CM – 022 – 2013
	楚伊	沙棘	*Hippophae rhamnoides* 'Chuyi'	无性系	国 S – SC – HR – 023 – 2013
	浑金	沙棘	*Hippophae rhamnoides* 'Hunjin'	无性系	国 S – SC – HR – 024 – 2013
	橙色	沙棘	*Hippophae rhamnoides* 'Chengse'	无性系	国 S – SC – HR – 025 – 2013
	强桑1号	桑树	*Morus multicaulis* 'Qiangsang 1'	品种	国 S – SV – MM – 026 – 2013
	强桑2号	桑树	*Morus multicaulis* 'Qiangsang 2'	品种	国 S – SV – MM – 027 – 2013
2014	洛楸1号	楸树	*Catalpa bungei* 'Luoqiu 1'	品种	国 S – SV – CB – 001 – 2014
	洛楸2号	楸树	*Catalpa bungei* 'Luoqiu 2'	品种	国 S – SV – CB – 002 – 2014
	青山1号	落叶松	*Larix kaempferi* × *L. gmelinii* 'Qingshan 1'	家系	国 S – SF – LK – 003 – 2014
	青山2号	落叶松	*Larix kaempferi* × *L. gmelinii* 'Qingshan 2'	家系	国 S – SF – LK – 004 – 2014
	水曲柳"五常"种源	水曲柳	*Fraxinus mandshurica* 'Wuchang'	种源	国 S – SP – FM – 005 – 2014
	北林雄株1号	杨树	*Populus* 'Beilinxiongzhu 1'	无性系	国 S – SC – PB – 006 – 2014
	北林雄株2号	杨树	*Populus* 'Beilinxiongzhu 2'	无性系	国 S – SC – PB – 007 – 2014
	万年金	银杏	*Ginkgo biloba* 'Wannianjin'	品种	国 S – SV – GB – 008 – 2014
	明珠	樱桃	*Prunus avium* 'Mingzhu'	品种	国 S – SV – PA – 009 – 2014
	早露	樱桃	*Prunus avium* 'Zaolu'	品种	国 S – SV – PA – 010 – 2014
	早红珠	樱桃	*Prunus avium* 'Zaohongzhu'	品种	国 S – SV – PA – 011 – 2014
	北红	葡萄	*Vitis vinifera* × *V. amurensis* 'Beihong'	品种	国 S – SV – VV – 012 – 2014

（续）

年度	品种名称	树种	学 名	类别	编 号
2014	北玫	葡萄	*Vitis vinifera × V. amurensis*'Beimei'	品种	国 S－SV－VV－013－2014
	磨山雄1号	猕猴桃	*Actinidia chinensis*'Moshan xiong 1'	品种	国 S－SV－AC－014－2014
	金梅	猕猴桃	*Actinidia*'Jinmei'	品种	国 S－SV－AJ－015－2014
	满天红	猕猴桃	*Actinidia*'Mantianhong'	品种	国 S－SV－AM－016－2014
	华硕	苹果	*Malus pumila*'Huashuo'	品种	国 S－SV－MP－017－2014
	新郑红8号	枣	*Ziziphus jujuba*'Xinzhenghong 8'	品种	国 S－SV－ZJ－018－2014
	川早1号	核桃	*Juglans sigillata × J. regia*'Chuanzao 1'	品种	国 S－SV－JS－019－2014
	檀桥	板栗	*Casanea mollissima*'Tanqiao'	品种	国 S－SV－CM－020－2014
	京欧1号	欧李	*Cerasus humilis*'Jingou 1'	品种	国 S－SV－CH－021－2014
	京欧2号	欧李	*Cerasus humilis*'Jingou 2'	品种	国 S－SV－CH－022－2014
	中科黔北1号	淫羊藿	*Epimedium borealiguizhouense*'Zhongke qianbei 1'	品种	国 S－SV－EB－023－2014
	中科箭叶1号	淫羊藿	*Epimedium borealiguizhouense*'Zhongke jianye 1'	品种	国 S－SV－EB－024－2014
	中科巫山1号	淫羊藿	*Epimedium borealiguizhouense*'Zhongke wushan1'	品种	国 S－SV－EB－025－2014
	京薰3号	薰衣草	*Lavandula angustifolia*'Jingxun 3'	品种	国 S－SV－LA－026－2014

第二节　造林绿化

一、概况

新中国成立以来，我国造林绿化事业得到长足发展。截至2015年，累计造林面积3.81亿hm^2，其中人工造林2.58亿hm^2，居世界第一位，飞播造林0.32亿hm^2。累计封山育林0.90亿hm^2（表2-3）。森林覆盖率由新中国成立初期的8.6%提高到21.63%。

围绕生态文明和美丽中国建设，国家大力开展天然林资源保护、退耕还林、京津风沙源治理、三北及长江等重点防护林等重点生态修复工程建设，取得显著成效。截至2014年，林业重点工程累计完成造林0.97亿hm^2。

各地在实施国家重点生态修复工程造林的同时，持续推进或启动实施一批地方造林绿化工程。北京、山西、辽宁、广西、福建、四川等省（自治区、直辖市）持续推进平原造林工程、"两山、两网、两林、两区、双百、双保"造林绿化工程、"青山工程"、"绿满八桂"、"四绿"工程、川西生态保护与建设工程等地方林业重点工程。全国分省造林面积统计见表2-4。

二、义务植树

在邓小平同志的倡导下，1981年12月13日，五届全国人大四次会议通过《关于开展全民义务植树运动的决议》。次年，国务院颁布《关于开展全民义务植树运动的实施办法》，将群众性植树活动首次以国家法定形式固定下来。从此，全民义务植树运动以其特有的法定性、全民性、义务性、公益性，在中华大地上蓬勃开展起来，成为世界上参加人数最多、持续时间最长、声势最浩大、影响最深远的一项群众性运动。邓小平、江泽民、胡锦涛、习近平等党和国家领导人率先垂范，每年参加首都义务植树活动。全国绿化委员会组织开展了"国际森林日"植树、共和国部长

表2-3　全国历年分方式分林种分树种类型造林面积及新封山育林面积统计

hm²

年份	造林面积	按造林方式分			按林种用途分					按树种类型分		
	合计	人工造林	飞播造林	无林地和疏林地封育	用材林	经济林	防护林	薪炭林	特种用途林	速生树种	乡土树种	珍贵树种
1949—1989年	208586780	142931040	18399270	47256470	—	—	—	—	—	—	—	—
1990—2004年	110859370	74138130	11338070	25383170	28139710	18363720	36450520	2217460	304800	—	—	—
2005年	5400680	3221295	416386	1762999	607547	337816	2667953	16074	8291	—	—	—
2006年	3838794	2446122	271803	1120869	481629	403322	2942593	7800	3450	—	—	—
2007年	3907711	2738521	118671	1050519	610367	478417	2790172	7993	20762	—	—	—
2008年	5353735	3684261	154065	1515409	782109	850771	3697163	4020	19672	—	—	—
2009年	6262330	4156293	226337	1879700	801317	1002555	4407654	23705	27099	—	—	—
2010年	5909919	3872762	195948	1841209	809937	1110896	3943432	18887	26767	740974	3404268	101522
2011年	5996613	4065693	196931	1733989	1019320	1218281	3688827	36805	33380	926657	3790122	52081
2012年	5595791	3820704	136409	1638678	774398	1101053	3650842	41145	28353	755149	3593927	60563
2013年	6100057	4209686	154400	1735971	1057558	1233676	3748409	24898	35516	1031244	3735831	94174
2014年	5549612	4052912	108055	1388645	1092351	1139192	3238663	36950	42456	909343	3490518	91585
2015年	7683695	4362589	128390	2152877	949965	1335366	3540657	56335	23294			
合计	381045087	257702008	31844735	90460505	37126208	28575065	74766885	2492072	573840	4363367	18014666	399925

表2-4 全国分省造林面积统计

造 林 面 积　　　　　　　　　　　hm²

地 区	2005 年	2006 年	2007 年	2008 年	2009 年	2010 年	2011 年	2012 年	2013 年	2014 年	2015 年
合 计	3637681	3838794	3907711	5353735	6262330	5909919	5996613	5595791	6100057	5549612	7683695
北 京	12186	12777	13337	15548	17566	13887	20796	35752	45813	22937	20331
天 津	3591	3003	4016	11216	15654	11315	7401	5357	5792	7061	8032
河 北	304766	342394	235222	345782	306373	283878	286423	312360	318737	340042	366523
山 西	129999	327961	258811	280378	326602	282371	299713	302851	298796	303501	285944
内蒙古	383833	473809	590138	718562	861933	655180	731837	781617	805156	559247	704054
内蒙古森工	3434	3765	1572	655	328	90	1725	345	1438	2948	29192
辽 宁	126489	75304	87062	81532	129974	190669	246767	246667	237457	226471	215277
吉 林	31049	50393	19892	26114	30228	82584	36424	28166	112446	108523	199851
吉林森工	164	1251	32	—	—	—	4	—	2669	2761	43825
长白山森工	—	—	—	—	—	—	—	626	10346	824	35466
黑龙江	84661	29020	93543	120609	213124	233777	123763	162299	124122	101079	134972
龙江森工	—	—	2690	—	—	—	—	—	—	—	26348
大兴安岭	40	1747	—	—	—	3080	—	—	—	—	19692
上 海	3827	4394	1117	1915	2051	1349	710	1168	862	899	3241
江 苏	54687	60762	82588	88655	83713	86256	57294	57341	65258	59209	45216
浙 江	20341	19588	11584	8524	27422	15214	40473	43923	42362	39396	71595
安 徽	36094	4967	31857	33463	68952	48711	45629	43786	172086	157745	236941
福 建	24218	25105	36042	33059	33261	29875	212724	98042	100185	44346	253824

（续）

地　区	造　林　面　积										
	2005 年	2006 年	2007 年	2008 年	2009 年	2010 年	2011 年	2012 年	2013 年	2014 年	2015 年
江　西	47589	64973	157416	267032	228630	200778	164521	138645	153368	131973	233694
山　东	141141	137048	144746	185575	182171	205131	219028	197956	220473	224972	221207
河　南	186715	181301	50966	338139	416131	231700	237740	228292	253914	260003	216820
湖　北	177946	68417	122898	154470	149174	192213	194654	198578	246858	243799	288117
湖　南	136479	209969	76210	80004	125031	213448	402435	404239	349772	391942	559829
广　东	18337	7358	5819	9387	19952	95144	125476	107512	139058	151473	401331
广　西	123970	124091	135226	129054	139409	143254	147810	148878	149875	143651	197575
海　南	32380	23617	13283	17292	19377	14166	10914	17734	12829	8802	23385
重　庆	109282	49017	96650	106576	95726	255235	244644	206215	227883	191001	246695
四　川	241883	336283	332307	574605	487782	382225	251926	112159	126191	98226	408942
贵　州	135597	201774	167394	177878	236120	206603	202409	147704	340000	320000	483246
云　南	207923	214348	319223	566135	713478	661500	619961	544466	524334	400355	582529
西　藏	13488	34339	30985	31334	70299	62299	46705	72432	69629	82668	82786
陕　西	198853	234714	245775	275245	449453	364312	325752	320287	343981	335362	379086
甘　肃	247601	184773	153573	167972	212373	232761	189807	177330	174470	214025	319364
青　海	46748	21685	45177	53597	140659	117804	177492	135644	152755	132044	112668
宁　夏	112924	77307	73568	103423	89480	94932	90478	94814	101145	84191	81313
新　疆	163053	136556	171286	270660	343565	251601	216907	210244	164450	151336	279615
新疆兵团	26063	16384	24654	30709	42127	51972	30710	22923	17093	15350	48895

植树、"全国人大机关义务植树"、"全国政协义务植树"、"百名将军义务植树"等大型义务植树活动。北京军区、共青团中央、全国妇联等部门（系统）每年还组织开展部队官兵万人植树、保护母亲河行动、"三八"绿色工程建设等大型义务植树活动。广大公民参与植树造林、绿化美化家园的积极性空前高涨，爱绿植绿护绿蔚然成风，植纪念树、造友谊林、成长林、同心林、"三八"林、青年林等各种纪念林不断涌现成为自觉行动。

天津、内蒙古、江苏、新疆等12个省（自治区、直辖市）颁布了义务植树条例或管理办法。北京市制定了义务植树责任区和基地、义务植树登记考核和验收等管理办法。辽宁、四川、云南、陕西、甘肃、贵州、青海等地实施义务植树目标责任制，建立健全了考核制度。北京、江西、广东等省（直辖市）将义务植树实现形式从直接参加义务植树拓展到植树、整地、育苗、林木抚育和管护、农村房前屋后植树等方式，不断创新管理模式，积极推行"以资代劳"、从事公益绿化宣传、认种认建绿地、认护认养古树名木、购买森林碳汇等方式相结合的多种实现形式。充分利用电视、广播、报刊、网络等广泛开展绿化宣传发动，结合义务植树日（周、月）深入开展绿化公益宣传活动，进一步增强公众生态文明意识，激发各界群众参与义务植树的积极性，保护发展森林资源，维护生态安全，共同应对气候变化。截至2013年，全国参加义务植树人数累计144.3亿人次，植树665.2亿株。全民义务植树运动取得了巨大成就。

三、林业应对气候变化

应对气候变化是国际社会普遍关注的重大全球性问题。林业兼具减缓和适应气候变化的双重作用，是应对气候变化国家战略的重要组成。按照党中央、国务院统一部署，林业应对气候变化工作扎实推进，持续加强，取得积极进展，为增加林业碳汇、应对气候变化、建设生态文明作出了重要贡献。

2003年，国家林业局成立碳汇管理办公室。2007年，调整成立国家林业局应对气候变化和节能减排工作领导小组，领导小组下设办公室，林业碳汇工作相应并入。2011年，为适应墨西哥坎昆气候谈判大会后新形势，对领导小组进行了充实，成员单位扩大到18个。2013年，对领导小组又进行了调整重组，明确由赵树丛局长担任领导小组组长，成员单位由18个减少到14个，同时设立林业碳汇、科技支撑、对外谈判、公益宣传、节能减排5个工作组，实行以工作组为责任主体的组长负责制，形成了职责分工更加明确的组织架构。全国21个省、2个自治区、4个直辖市、4个森工集团相继成立相应工作领导机构，明确对口联系部门，建立联系制度。林业应对气候变化工作的组织架构和管理机制日益健全。

围绕林业应对气候变化"干什么、怎么干"的问题，积极加强政策研究，出台一系列政策文件，努力构建林业应对气候变化政策体系。2009年，发布《应对气候变化林业行动计划》，成为指导各级林业部门开展林业应对气候变化工作的总纲。2011年，制定《林业应对气候变化"十二五"行动要点》，明确"十二五"林业应对气候变化工作的指导思想、基本原则、主要目标和重点任务。2012年，印发《关于落实德班气候大会后加强林业应对气候变化相关工作分工方案》，提出2020年前的重点任务、责任分工和完成时限。2014年，组织开展《林业应对气候变化"十三五"行动要点》编制工作。每年年初发布《林业应对气候变化白皮书》。积极推进年度新增造林合格面积和森林抚育合格面积两项指标纳入《单位国内生产总值二氧化碳排放降低目标责任评价考核办法》，开展森林增汇能力考核，推进考核工作规范化制度化。为规范林业碳汇交易，研究出台《国家林业局关于推进林业碳汇交易工作的指导意见》，明确推进碳汇交易工作的思路、原则和要求。密切参与国家应对气候变化法立法进程，并组织开展林业应对气候变化立法专题研究。按照《国家适应气候变化战略》要求，启动《林业适应气候变化行动方案（2015—2020年）》研究工作。同时，启动开展2020年后林业增汇减排行动目标研究，提出的目标纳入2020年后国家应对气候变化总体方案。

加强技术标准规范建设，逐步建立林业应对气候变化技术制度体系。在碳汇生产方面，编制了《碳汇造林技术规程》、《碳汇造林检查验收办法》。在碳汇测算数据获取方面，制定了《全国林业碳汇计量监测技术指南》、《土地利用、土地利用变化与林业碳汇计量监测技术指南》、《林业管理活动水平基础数据统计表》。在碳汇测算模型构建方面，编制了《森林生态系统碳库调查技术规范》、《森林碳库计算参数与模型技术方案》。为加强林业碳汇计量监测资格单位规范管理，修订印发《国家林业局林业碳汇计量监测管理办法》。在碳汇项目交易方面，组织完成了碳汇造林项目、竹子造林碳汇项目、森林经营碳汇项目3个方法学。在碳汇审核环节，组织推荐中国林业科学研究院林业科技信息研究所申报并获得独立第三方审定核证机构的资格，统一加强林业应对气候变化相关技术标准规范的审核立项、组织研究和制定、修订工作。积极推进筹建全国林业碳汇标准化分技术委员会。

四、中央财政造林补贴试点

2010年，根据《中共中央　国务院关于全国推进集体林权制度改革的意见》（中发〔2008〕10号）、《中共中央　国务院关于加大统筹城乡发展力度进一步夯实农业农村发展基础的若干意见》（中发〔2010〕1号）和中央林业工作会议精神，国家启动中央财政造林补贴试点，成为继建立森林生态效益补偿制度、森林抚育补贴制度后我国林业政策的又一突破。突破过去对林业重点工程以外的造林主体即群众造林中央资金没有扶持，一般商品林、竹林造林、迹地更新等没有资金扶持的禁区。

2010—2014年，财政部、国家林业局连续出台多个中央财政造林补贴政策文件（表2-5），补贴对象、补贴标准和首次拨付比例随国家财力的增加逐年优化调整。目前执行的标准是：在宜林荒山荒地、沙荒地人工造林和迹地人工更新，面积不小于1亩①（含1亩）的林农、林业合作组织以及承包经营国有林的林业职工予以补贴。补贴的形式分为直接补贴和间接补贴；拨付方式为3

---

① 1亩 = 1/15hm² = 666.7m²。

年按 7∶3 的比例分 2 次拨付，乔木林和木本油料经济林 200 元/亩，灌木林 120 元/亩［内蒙古、宁夏、甘肃、新疆、青海、陕西、山西等省（自治区）灌木林 200 元/亩］，水果、木本药材等其他林木 100 元/亩，新造竹林 100 元/亩。

表 2-5　中央财政造林补贴政策文件

年度	发文单位	文　件　名　称
2010 年	财政部、国家林业局	《关于开展 2010 年造林补贴试点工作的意见》（财农〔2010〕103 号）
2011 年	财政部、国家林业局	《关于开展 2011 年造林补贴试点工作的意见》（财农〔2011〕97 号）
2012 年	财政部、国家林业局	《关于开展 2012 年造林补贴试点工作的意见》（财农〔2012〕59 号）
2012 年	财政部、国家林业局	《中央财政林业补贴资金管理办法》（财农〔2012〕505 号）
2014 年	财政部、国家林业局	《中央财政林业补贴资金管理办法》（财农〔2014〕9 号）

2010—2014 年，中央财政累计安排造林补贴资金 908518 万元（表 2-6）。

表 2-6　2010—2014 年中央财政造林补贴资金下达情况

年份	补贴资金（万元）					备　注
	总　计	当年新增造林任务补贴			上两年剩余部分	
		小　计	直接补贴	间接补贴		
2010 年	31500	31500	28500	3000		
2011 年	55000	55000	50000	5000		
2012 年	253500	225000	209265	15735	28500	2010 年直接补贴 50% 部分
2013 年	285078	235078	218819	16259	50000	2011 年直接补贴 50% 部分
2014 年	283440	194182	184473	9709	89258	2012 年直接补贴 30% 部分

国家林业局对中央财政造林补贴建立了检查制度，2012 年 1 月 14 日，下发《国家林业局关于印发〈中央财政造林补贴试点检查验收管理办法（试行）〉的通知》（林造发〔2012〕9 号），要求各地按《检查验收办法》组织检查验收工作。检查验收实行县级检查、省级验收、国家级核查的三级检查验收形式。县级检查对象

为享受中央财政造林补贴的造林主体，省级验收对象为试点县（包括县级试点单位，下同），国家级核查对象为试点省（含森工集团，下同）。

2012年9月27日，国家林业局下发《关于组织开展2010年中央财政造林补贴试点国家级核查工作的通知》（林造发〔2012〕233号），确定对河北、内蒙古、黑龙江、福建、湖南、四川、甘肃7个省（自治区）开展2010年中央财政造林补贴试点国家级核查。

2013年10月15日，国家林业局下发《关于组织开展2011年中央财政造林补贴试点国家级核查工作的通知》（办造字〔2013〕123号），兼顾不同地理位置、不同试点类型，确定对吉林、安徽、山东、湖北、广西、云南、山西、宁波8个省（自治区、计划单列市）开展2011年中央财政造林补贴试点国家级核查。核查结果补贴试点造林完成情况良好，造林积极性和造林质量明显提升，林业合作组织的组建进程明显加快，造林机制创新和规范管理取得新突破。

五、国家珍贵树种培育示范基地建设

2005年，国家启动实施了珍稀树种培育示范基地建设工作，实现了我国珍稀树种培育无专项投资的历史性突破。2008年5月21日，国家林业局出台了《珍稀树种培育基地建设作业设计规定》（办造字〔2008〕30号），规范了珍贵树种培育作业设计，为确保建设质量奠定了坚实基础。2013年2月25日，出台了《国家珍贵树种培育示范县管理办法（试行）》（林造发〔2013〕27号），对调动各级政府发展珍贵树种的积极性，加快推进珍贵树种培育，充分发挥引领示范作用具有重要意义。国家珍贵树种培育示范建设工作以示范县为重点和抓手，发动全社会力量开展珍贵树种培育，国家对示范县内的示范基地予以资金扶持。珍贵树种培育示范工作从示范基地培育拓展到整个县域内培育，由单一的林业领域扩展到整个经济社会领域，实现了由点到面的历史性跨越。2013年5月3日，国家林业局出台了《国家珍贵树种培育示范建设成效考核评价办法（试行）》（林造发〔2013〕72号），科学、系统地对省和县林业主管部门以及示范基地的管理、建设工作进行考评,进一步规范了示范建设管理,极大地提高了示范建设质量和成效。

截至2014年,累计安排国家预算内林业基本建设投资3.54亿元,培育珍贵树种示范基地6.50万hm²,涉及全国27个省(自治区、直辖市)、4大森工集团的680个建设单位,栽植了降香黄檀、紫檀、黄檀等红木类,水曲柳、胡桃楸、黄檗等硬阔类,红松、红豆杉等针叶类100多个珍贵树种,建成了一批珍贵树种培育示范基地。2013年,国家林业局确定广西崇左为国家珍贵树种培育示范市(地级)、河北省塞罕坝机械林场等65个县(场、局)为国家珍贵树种培育示范县(场、局)(表2-7)。珍贵树种培育示范基地和示范县建设,优化了树种结构,提升森林质量,增加珍贵树种资源储备,促进生态文明和美丽中国建设。

表2-7　国家珍贵树种培育示范县(市)名单

省、自治区 (森工集团)	数量(个)	县(市、区、旗、场、局)	地级市
合　计	66	65个	1个
河　北	1	塞罕坝机械林场	
山　西	1	乡宁县	
内蒙古	1	伊金霍洛旗	
辽　宁	3	桓仁县、清原县、本溪县	
吉　林	2	通化县、临江市	
浙　江	3	长兴县、嵊州市、龙泉市	
安　徽	2	泾县、滁州市南谯区	
福　建	3	华安县、永安市、政和县	
江　西	3	德兴市、崇义县、广丰县	
山　东	4	郯城县、泗水县、邹城市、垦利县	
河　南	4	栾川县、卢氏县、济源县、修武县	
湖　北	4	荆门市十里牌林场、咸安区、竹溪县、红安县	
湖　南	4	新宁县、安化县、金洞管理区、鼎城区	
广　东	3	天井山林场、肇庆国有林业总场、梅江区	
广　西	5	大新县、龙州县、天等县、凭祥市	崇左市
四　川	4	巴州区、营山县、开江县、洪雅县	

（续）

省、自治区 （森工集团）	数量（个）	县（市、区、旗、场、局）	地级市
贵　州	4	习水县、罗甸县、黎平县、兴义市	
云　南	3	罗平县、腾冲县、勐海县	
陕　西	4	旬阳县、镇安县、扶风县、黄龙山林业局	
甘　肃	1	徽县	
内蒙古森工	1	阿里河林业局	
龙江森工	4	东方红林业局、新青林业局、苇河林业局、大海林林业局	
大兴安岭	2	西林吉林业局、十八站林业局	

第三节　森林经营

　　全面开展森林抚育、大力加强森林经营是现代林业建设的核心任务和主攻方向。"十二五"期间，全国每年完成森林抚育7000万 hm^2。

　　2009 年，财政部、国家林业局启动实施中央财政森林抚育补贴试点。实施6年来，补贴资金从2009年的5亿元增加到2015年每年的近60亿元，抚育任务从5万亩扩大到每年5410.60万亩，政策实施范围由最初的12个省级试点单位扩展到全国覆盖。2009—2015 年，中央财政累计投入森林抚育补贴资金 309 亿元，安排抚育补贴任务 1882 万 hm^2（表 2-8）；在中央财政森林抚育补贴的带动下，全国森林抚育经营累计劳务总收入 283.3 亿元，受益人口 3617 万人，实现了这项强林惠民政策由试点到常态化的实质性转变。7 年来，连续5次国家级抽查结果表明，中央财政森林抚育补贴政策总体实施情况良好，抚育面积核实率、作业质量合格率、作业设计合格率等关键指标项都达到并维持在 90% 以上。

　　中央实行森林抚育补贴政策，是我国林业转变发展方式由以造林绿化为主向造林绿化和森林经营并重转变的重要标志，在我国林业发展史上具有里程碑意义。实施森林抚育补贴有效改善了多年来我国森林经营严重滞后的状况，促进了以森林抚育为核心的森林经营工作逐步走上常态化、制度化、规范化。

突出建立制度规范。 把森林抚育经营制度建设放在突出位置，国家林业局相继制修订出台《森林抚育检查验收办法》、《森林抚育作业设计规定》、《森林抚育补贴政策成效监测办法》等一系列制度规范，覆盖森林抚育经营的全过程，确保各个工作环节有章可循、有据可依。各地推行森林抚育作业设计现场审批制、施工持证上岗制、公示制、合同制、跟班作业制、绩效考核制等一系列行之有效的管理制度。

表2-8　中央财政森林抚育补贴历年任务资金

年份	补贴任务 （万亩）	补贴资金 （亿元）	实施范围
2009 年	500	5	内蒙古、辽宁、吉林、黑龙江、福建、江西、湖南、四川、云南、陕西、甘肃、大兴安岭
2010 年	2000	20	河北、山西、内蒙古、辽宁、吉林、黑龙江、浙江、安徽、福建、江西、河南、湖北、湖南、广东、广西、海南、重庆、四川、贵州、云南、西藏、陕西、甘肃、青海、宁夏、新疆、大兴安岭
2011 年	4604.10	51.30	全国
2012 年	5150.18	56.76	全国
2013 年	5285.18	58.11	全国
2014 年	5287.16	58.11	全国
2015 年	5410.60	59.33	全国

加强森林经营人才队伍培训。 2009 年以来，国家、省、县分级组织各类森林经营培训班 4.4 万次，培训林业干部、职工和林农 463.2 万人次。国家林业局印发《全国森林经营人才培训计划（2015—2020 年）》，加快推进森林经营培训制度化，为全国森林经营工作奠定人才基础。

建立健全森林抚育经营标准体系。 根据森林经营发展要求，修订颁布《森林抚育规程》。为规范低效林改造行为，组织修订《低效林改造技术规程》。按照以国家或行业标准为指导、地方标准为补充的标准体系建设思路，推进区域森林抚育经营相关技标准、实施细则建设,出台区域性森林抚育行业标准 19 项,制定森林抚育地方实施细则 10 个。

开展森林经营典型示范。国家林业局在 15 个单位开展森林经营样板基地建设,积极探索适合中国国情林情的森林经营理论、政策和技术模式。各地建立一批具有地域特点的森林抚育经营作业示范点,作为当地林农、抚育专业队就近参观、学习、培训的基地。

第四节　天然林资源保护工程

1998 年,在我国生态环境不断恶化、国有林区出现"两危"(森林资源危机、林区经济危困)局面的关键时刻,党中央、国务院作出了实施天然林资源保护工程(以下简称天保工程)的重大战略决策,同年开展试点工作。天保工程实施至今已 17 年,工程建设取得了巨大的生态效益和综合效益,成为我国林业以木材生产为主向以生态建设为主转变的重要标志,也是目前我国实施成效最为显著、综合效益最大的生态工程之一。

一、工程规划

天保工程涉及长江上游、黄河上中游、东北内蒙古等重点国有林区 17 个省(自治区、直辖市)的 734 个县和 163 个森工局。长江上游地区以三峡库区为界,包括云南、四川、贵州、重庆、湖北、西藏 6 个省(自治区、直辖市);黄河上中游地区以小浪底库区为界,包括陕西、甘肃、青海、宁夏、内蒙古、山西、河南 7 个省(自治区);东北内蒙古等重点国有林区包括吉林、黑龙江、内蒙古、海南、新疆 5 省(自治区)。二期工程在延续一期范围的基础上,增加了丹江口库区的 11 个县。

天保工程二期规划主要任务是:长江上游、黄河上中游地区继续停止天然林商品性采伐;东北、内蒙古等重点国有林区进一步调减木材产量,由一期定产的年均 1094.1 万 m^3 在"十二五"期间分 3 年调减到 402.5 万 m^3。强化森林管护,管护森林面积

17.32 亿亩；继续加强公益林建设，建设任务 1.16 亿亩；加强森林经营，国有中幼龄林抚育 2.63 亿亩，后备资源培育 4890 万亩；保障和改善民生，增加林区就业，提高职工收入，完善社会保障，使职工收入和社会保障接近或达到社会平均水平。规划投入 2440.2 亿元，见表 2-9。

天保工程二期规划主要目标：森林资源从恢复性增长进一步向质量提高转变，到 2020 年新增森林面积 7800 万亩，森林蓄积净增 11 亿 m^3，增加森林碳汇 4.16 亿 t；生态状况从逐步好转进一步向明显改善转变，工程区水土流失明显减少，生物多样性明显增加；林区经济社会发展由稳步复苏进一步向和谐发展转变，为林区提供就业岗位 64.85 万个，基本解决转岗就业问题，确保林区社会和谐稳定。

表 2-9　天保工程二期规划投入情况

天保工程	规划总投入	实际投入
一期 (2000—2010 年)	962 亿元(其中中央补助 80%，地方配套 20%)	实际累计投入 1186 亿元(其中中央投入 1119 亿元，地方配套 67 亿元)
二期 (2011—2020 年)	2440.2 亿元(其中中央财政 1936 亿元，中央基本建设投资 259.2 亿元，地方财政投入 245 亿元)	

二、政策要点

天保工程二期政策主要包括五个方面：一是继续实施森林管护中央财政补助政策。国有林管护费每亩每年 5 元(2015 年提高到 6 元)。集体所有的国家级公益林每亩每年安排中央财政森林生态效益补偿基金 10 元(2013 年已提高到 15 元)；集体所有的地方公益林除由地方财政安排补偿基金外，中央财政每亩每年补助森林管护费 3 元。二是完善社会保险补助政策。继续对天保工程国有林业实施单位负担的在职职工基本养老、基本医疗、失业、工伤和生育五项社会保险给予补助，并相应提高补助标准及完善相关政策。三是完善政社性支出补助政策。继续对国有林业单位负担的教育、医疗卫生、公检法司经费及政府经费给予补助，并相应提高补助标准；对将所承担的消防、环卫、街道等社会公益事业移交地方政府管理的省（自治区、直辖市），中央财政给予补助。四是继续实行公益林建设投资补助政策。中央基本建设投资继续对长江上游、黄河上中游地区安排公益林建设，人工造林每亩补助300元，封山育林补助70元，飞播造林补助120元。五是增加森林培育经营补助政策。中央财政对国有中幼林抚育每亩补助120元；中央基本建设投资对东北内蒙古重点国有林区后备资源培育中的人工造林和森林改造培育每亩分别补助300元和200元。

三、工程进展及建设成效

天保工程作为我国一项十分重要的自然生态保护修复工程，是我国生态林业民生发展的重要载体，是增加森林碳汇、应对气候变化的重要战略举措，也是新时期生态文明建设和体制改革进程的重要内容和支撑。天保工程二期至今各项建设任务完成情况良好（表2-10）。长江上游、黄河上中游13个省（自治区、直辖市）已在2000年全面停止了天然林的商品性采伐，东北内蒙古重点国有林区在停伐减产到位的基础上，从2015年4月1日起继续全面实行大小兴安岭、长白山林区的天然林停止商业性采伐，并进一步停止了河北省天然林商业性采伐，建成了有效的森林管护网络体系，管护森林面积达17.32亿亩。天保工程一期平稳转岗和安置富余职工95.6万人，其中一次性安置68万人。职工基本养老、基本医疗、工伤、失业、生育五项保险补助政策基本得到落实，参保率别达到99%、98%、97%、96%和93%；教育、医疗卫生、公检法司等政社性人员补助政策落实到位。

表2-10　天保工程二期（2011—2015年）任务完成情况

指标名称	计量单位	2011—2015年累计	2015年
一、资金到位合计	万元	13698384	3337916
基本建设资金	万元	621630	137477
财政专项资金	万元	11726509	2903734
地方投入	万元	1350245	296705
其中：地方公益林补偿	万元	518155	134274

（续）

指标名称	计量单位	2011—2015 年累计	2015 年
二、资金完成合计	万元	12987279	3288358
基本建设资金	万元	561962	133236
财政专项资金	万元	11205777	2872213
地方投入	万元	1219541	282909
其中：地方公益林补偿	万元	435360	124936
三、公益林建设	hm²	2567640	495030
人工造林面积	hm²	627619	134727
飞播造林面积	hm²	305352	67132
封山育林面积	hm²	1634669	293172
已解封面积	hm²	1729019	208941
四、森林资源培育	hm²	8862776	1855773
中幼龄林抚育	hm²	8441937	1729706
后备资源培育	hm²	420839	126066
其中：补植补造	hm²	363966	98133
改造培育	hm²	41697	13333
人工造林	hm²	15178	14600
五、森林管护			
管护面积	hm²	—	116976181
其中：国有林面积	hm²	—	70708657
集体林面积	hm²	—	46267525
其中：国家级公益林面积	hm²	—	21733377
地方公益林面积	hm²	—	23676382
六、在册职工人数	人	—	706533
在岗职工人数	人	—	538625
按资金渠道分	人	—	538624
（1）纳入地方财政预算人数	人	—	50879
（2）天保资金分流安置人数	人	—	393484
（3）非天保资金分流安置人数	人	—	94262
按岗位分	人	—	577910
（1）森林管护	人	—	184367
（2）公益林建设	人	—	10320

（续）

指标名称	计量单位	2011—2015 年累计	2015 年
（3）中幼龄林抚育	人	—	70989
（4）森林改造培育	人	—	19832
（5）政府、文教、卫生、公检法司	人	—	108591
（6）其他	人	—	144505

各地在认真完成天保工程各项任务的同时，积极开拓进取，努力推进改革与发展，工程建设取得了显著成效，发挥了巨大的生态、经济及社会效益。

1. 工程区森林面积蓄积实现双增长。天保工程一期结束时，累计少砍木材 2.2 亿 m^3，森林覆盖率增加 3.7 个百分点，森林蓄积净增加约 7.25 亿 m^3，仅按 63% 的出材率算，折合经济价值为 3654 亿元，为工程总投入的 3.08 倍。天保工程二期的继续巩固实施，为实现森林资源面积、蓄积量的双增长提供了有力保障。据全国森林资源清查结果显示，1998—2013 年，在天保工程区林地面积只占全国林地面积 42.8% 的情况下，天保工程区天然林面积增加了 0.9 亿亩，占全国的 57.1%；天保工程区天然林蓄积增加了 11.09 亿 m^3，占全国的 54.6%。天保工程区的天然林面积、蓄积量增速明显高于全国平均水平。

2. 工程区生态环境不断改善。天保工程使我国森林资源得以休养生息，森林植被逐步恢复，水源涵养功能明显增强，水土流失面积逐年减少。据中国长江三峡集团公司提供的数据分析，库区的泥沙沉积量正以每年 1% 的速度递减，长江的浑水期由天保工程实施前的 300 天降至现在的 150 天。作为全省纳入天保工程的四川省，2013 年水利普查数据与 2003 年对比，水土流失面积减少了 10.03 万 km^2，年土壤侵蚀量减少了 7700 万 t。青海省三江源地区生态恶化趋势得到缓解，黑河流域、东部黄土丘陵区的生态状况明显改善。

3. 生物多样性得到有效保护。随着野生动植物生存环境的改善，生物物种及生态系统的多样性得到有效保护。全国天保工程区近千个县（局）级实施单位中，包括 130 多处国家级自然保护区，260 多处国家级森林公园，其中有不少是生物多样性保护的关键地区和热点地区。天保工程区珙桐、苏铁、红豆杉等国家重点保护野生植物数量明显增加。东北林区野生东北虎频繁出现；全国天保工程区许多地方已消失多年的狼、狐狸、金钱豹、鹰、梅花鹿、锦鸡等飞禽走兽重新出现。

4. 天保工程区职工就业情况继续向好。天保工程二期为林区提供就业岗位约 65 万个，就业模式逐步转变为以生态保护和建设为主的多元化就业格局。20 多万森工企业、国有林场富余职工转岗到森林管护和公益林建设，长江、黄河流域天保工程区通过森林管护、营造林生产等项目带动当地数十万个林农就近就业。新疆兵团通过天保工程各项任务安置富余职工就业，对维护边境社会稳定，履行屯垦戍边历史使命，实现屯垦强边、维稳固边，具有重大的长远意义。

5. 天保工程区民生得到较大改善。天保工程五项社会保险补贴政策的落实，有效解决了在册职工的社会保障问题，基本解除了职工的后顾之忧；一次性安置职工两险补贴政策的落实，缓解了林区就业困难群体的生活困难问题；棚户区改造政策的落实，加快了林区社会城镇化速度，有效改善了林区职工的生活和居住环境；林区经济转型的发展壮大，拓宽了职工群众的致富途径。2014 年工程区林业在岗职工人均年工资达到 30940 元，较 2010 年增幅达 73.1%。截至 2014 年，中央共下达重点国有林区棚户区改造投资 156.2 亿元，惠及林区 104.1 万户，职工住房条件明显改善。农村饮水安全已安排投资 3.9 亿元，解决了林区 68.1 万人安全饮水问题。

6. 天保工程区经济转型发展态势良好。各地以天保政策为依托，通过转方式、调结构、促升级，积极发展生态旅游、沟系经营、林内经济等替代产业，大力发展现代服务业，构建了就业多途径、收入多渠道、产业多元化的生产力布局。据国家林业局对 9 个省（自治区）的 37 个重点森工企业经济社会效益监测表明，第一、第二、第三产业比例由 2003 年的 85.96∶3.12∶10.92 调整为 2013 年的 42.49∶36.74∶20.77。天然林资源保护在稳增长、调结构、转动力方面的作用越来越大，为引领经济发展新常态提供了有力支撑。

7. 林区体制机制改革不断深入。 天保工程一期以来，在天保工程政策和资金的大力支撑下，重点国有林区剥离企业办社会职能已经基本到位，辅业改制全面完成，为进一步深化国有林区改革，实行政企、政事、事企、管办"四分开"奠定了良好的基础。不少条件成熟的地方，将以经营和管护森林为主业的森工企业转制为全额财政拨款的事业单位，进一步强化了森林经营和管护主体的职责，也为保护和发展好当地天然林资源理顺了经营管理体制。

8. 全民生态保护意识不断加强。 随着天保工程的深入实施，全国范围大大提高了对保护森林、关爱自然重要性的认识，促进了生态意识和生态文明理念的形成。天然林为生态文化建设提供了自然及社会基础，通过发展森林文化，生态旅游文化、绿色消费文化，弘扬人与自然和谐相处的核心价值观，形成尊重自然、热爱自然、善待自然的良好氛围，达到全社会对生态文明的认知认同，也产生了重要的国际影响，赢得了国际社会广泛关注和高度赞誉。

第五节　退耕还林工程

一、工程规划

（一）第一轮退耕还林

根据《国务院关于进一步做好退耕还林还草试点工作的若干意见》、《国务院关于进一步完善退耕还林政策措施的若干意见》和《退耕还林条例》的规定，国家林业局在深入调查研究和广泛征求意见的基础上，按照国务院西部地区开发领导小组第二次全体会议确定的2001—2010年退耕还林1467万 hm^2 的规模，会同国家发展改革委、财政部、国务院西部开发办公室、国家粮食局编制了《退耕还林工程规划(2001—2010年)》。

退耕还林工程建设范围包括北京、天津、河北、山西、内蒙

古、辽宁、吉林、黑龙江、安徽、江西、河南、湖北、湖南、广
西、海南、重庆、四川、贵州、云南、西藏、陕西、甘肃、青
海、宁夏、新疆25个省（自治区、直辖市）和新疆生产建设兵团，
共1897个县（市、区、旗）。根据因害设防的原则，按水土流失
和风蚀沙化危害程度、水热条件和地形地貌特征，将退耕还林工
程区划分为10个类型区，即西南高山峡谷区、川渝鄂湘山地丘
陵区、长江中下游低山丘陵区、云贵高原区、琼桂丘陵山地区、
长江黄河源头高寒草原草甸区、新疆干旱荒漠区、黄土丘陵沟壑
区、华北干旱半干旱区、东北山地及沙地区。

退耕还林工程建设的目标和任务是：到2010年，完成退耕地
造林1467万 hm^2、宜林荒山荒地造林1733万 hm^2（两类造林均含
1999—2000年退耕还林试点任务），陡坡耕地基本退耕还林，严
重沙化耕地基本得到治理，工程区林草覆盖率增加4.5%，工程
治理地区的生态状况得到较大改善。

2005年，根据国务院领导的批示，国家林业局按照退耕地造
林233万 hm^2、宜林荒山荒地造林667万 hm^2、封山育林667万 hm^2
的规模编制了《退耕还林工程"十一五"规划》。之后，经国务院批
准的《西部大开发"十一五"规划》提出，按照巩固成果、稳步推进
的总体要求，落实退耕还林"五个结合"配套保障措施，努力解决
好退耕农户吃饭、烧柴、增收等长远生计问题；国家安排退耕地
还林任务133万 hm^2、荒山荒地造林任务233万 hm^2，主要安排在
西部重点地区。

2007年，《国务院关于完善退耕还林政策的通知》调整了退耕
还林规划。为确保"十一五"期间耕地不少于1.2亿 hm^2，原定"十
一五"期间退耕还林133.33万 hm^2 的规模，除2006年已安排26.67
万 hm^2 外，其余暂不安排。同时，为加快国土绿化进程，推进生态
建设，今后仍继续安排荒山造林、封山育林。

（二）新一轮退耕还林

2010年、2012年和2013年中央1号文件及《国民经济和社会
发展第十二个五年规划纲要》均提出，要巩固退耕还林成果，统

筹安排新的退耕还林任务。党的十八届三中全会通过的《中共中央关于全面深化改革若干重大问题的决定》要求，稳定和扩大退耕还林范围。2014 年，《中共中央国务院关于全面深化农村改革加快推进农业现代化的若干意见》进一步要求"从 2014 年开始，继续在陡坡耕地、严重沙化耕地、重要水源地实施退耕还林还草"。为贯彻落实中央文件精神，有关部门经过深入调研、充分听取各方意见、反复论证，于 2014 年 1 月 30 日将《关于报送新一轮退耕还林还草总体方案（送审稿）的请示》上报国务院。2014 年 6 月下旬，国务院批准了《新一轮退耕还林还草总体方案》。

《新一轮退耕还林还草总体方案》提出，新一轮退耕还林还草要依据第二次全国土地调查和年度变更调查成果，严格限定在 25°以上坡耕地、严重沙化耕地和重要水源地 15°～25°坡耕地。到 2020 年，将全国具备条件的坡耕地和严重沙化耕地约 282.67 万 hm^2 退耕还林还草，其中 25°以上坡耕地 144.87 万 hm^2，严重沙化耕地 113.33 万 hm^2，丹江口库区和三峡库区 15°~25°坡耕地 24.67 万 hm^2。对已划入基本农田的 25°以上坡耕地，要本着实事求是的原则，在确保省域内规划基本农田保护面积不减少的前提下，依法定程序调整为非基本农田后，方可纳入退耕还林还草范围。严重沙化耕地、重要水源地的 15°～25°坡耕地，需有关部门研究划定范围，再考虑实施退耕还林还草。

同时，《新一轮退耕还林还草总体方案》要求，在各省级实施方案基础上，国家林业局、农业部会同国土资源部编制全国新一轮退耕还林还草实施方案。国家发展改革委、财政部综合平衡后，报国务院审批。

二、政策要点

（一）第一轮退耕还林

（1）国家无偿向退耕农户提供粮食、生活费补助。粮食和生活费补助标准为：长江流域及南方地区退耕地每年补助粮食（原粮）2250kg/hm^2，黄河流域及北方地区退耕地每年补助粮食（原粮）1500kg/hm^2。从 2004 年起，原则上将向退耕户补助的粮食改为现金补助。中央按粮食(原粮)1.40元/kg计算,包干给各省(自治区、直辖市)。具体补助标准和兑现办法,由省(自治区、直辖市)政府根据当地实际情况确定。退耕地每年补助生活费300元/hm²。粮食和生活费补助年限,1999—2001年还草补助按5年计算,2002年以后还草补助按2年计算;还经济林补助按5年计算;还生态林补助暂按8年计算。尚未承包到户和休耕的坡耕地退耕还林的,只享受种苗造林费补助。退耕还林者在享受资金和粮食补助期间,应当按照作业设计和合同的要求在宜林荒山荒地造林。

(2)国家向退耕农户提供种苗造林补助费。1999—2007年种苗造林补助费标准按退耕地和宜林荒山荒地造林750元/hm²计算。

(3)退耕还林必须坚持生态优先。退耕地还林营造的生态林面积以县为单位核算,不得低于退耕地还林面积的80%。对超过规定比例多种的经济林只给种苗造林补助费,不补助粮食和生活费。

(4)国家保护退耕还林者享有退耕地上的林木(草)所有权。退耕还林后,由县级以上人民政府依照《中华人民共和国森林法》、《中华人民共和国草原法》的有关规定发放林(草)权属证书,确认所有权和使用权,并依法办理土地用途变更手续。

(5)退耕地还林后的承包经营权期限可以延长到70年。承包经营权到期后,土地承包经营权人可以依照有关法律、法规的规定继续承包。退耕还林地和荒山荒地造林后的承包经营权可以依法继承、转让。

(6)资金和粮食补助期满后,在不破坏整体生态功能的前提下,经有关主管部门批准,退耕还林者可以依法对其所有的林木进行采伐。

(7)国家对退耕还林实行省(自治区、直辖市)人民政府负责制。省(自治区、直辖市)人民政府应当组织有关部门采取措施,保证按期完成国家下达的退耕还林任务,并逐级落实目标责任,签订责任书,实现退耕还林目标。

(8)2007年,《国务院关于完善退耕还林政策的通知》规定:①继续对退耕农户直接补助。退耕还林粮食和生活费补助期满后，中央财政安排资金继续对退耕农户给予现金补助。补助标准为：退耕地长江流域及南方地区每年补助现金 1575 元/hm^2，黄河流域及北方地区每年补助现金 1050 元/hm^2；原退耕地每年 300 元/hm^2 生活补助费继续直接补助给退耕农户，并与管护任务挂钩。补助期为：还生态林补助 8 年，还经济林补助 5 年，还草补助 2 年。②建立巩固退耕还林成果专项资金。为集中力量解决影响退耕农户长远生计的突出问题，中央财政安排一定规模资金，作为巩固退耕还林成果专项资金，主要用于西部地区、京津风沙源治理区和享受西部地区政策的中部地区退耕农户的基本口粮田建设、农村能源建设、生态移民以及补植补造，并向特殊困难地区倾斜。中央财政按照退耕地还林面积核定各省（自治区、直辖市）巩固退耕还林成果专项资金总量，并从 2008 年起按 8 年集中安排，逐年下达，包干到省（自治区、直辖市）。③继续安排荒山造林、封山育林，并视情况适当提高种苗造林补助标准。种苗造林费补助标准 2008 年提高到荒山荒地造林 1500 元/hm^2、封山育林 1050 元/hm^2。2009 年进一步提高到荒山荒地造乔木林 3000 元/hm^2、造灌木林 1800 元/hm^2。2011 年，又将荒山荒地造乔木林种苗造林费补助标准提高到 4500 元/hm^2。

（二）新一轮退耕还林还草

（1）新一轮退耕还林还草采取"自下而上、上下结合"的方式实施，即在农民自愿申报退耕还林还草任务基础上，中央核定各省（自治区、直辖市）总规模，并划拨补助资金到省（自治区、直辖市），省级人民政府对退耕还林还草负总责，自主确定兑现给农户的补助标准。

（2）中央根据退耕还林还草面积将补助资金拨付给省级人民政府。补助资金按以下标准测算：退耕还林补助 22500 元/hm^2，其中，财政部通过专项资金安排现金补助 18000 元/hm^2、国家发展改革委通过中央预算内投资安排种苗造林费 4500 元/hm^2；退耕还草补助 12000 元/hm^2，其中，财政部通过专项资金安排现金补助 10200 元/hm^2、国家发展改革委通过中央预算内投资安排种苗种草费

1800 元/hm²。

(3)中央安排的退耕还林补助资金分三次下达给省级人民政府，第一年 12000 元/hm²（其中，种苗造林费 4500 元/hm²）、第三年 4500 元/hm²、第五年 6000 元/hm²；退耕还草补助资金分两次下达，第一年 7500 元/hm²（其中种苗种草费 1800 元/hm²）、第三年 4500 元/hm²。

(4)省级人民政府可在不低于中央补助标准的基础上自主确定兑现给退耕农民的具体补助标准和分次数额。地方提高标准超出中央补助规模部分，由地方财政自行负担。

(5)退耕后营造的林木，凡符合国家和地方公益林区划界定标准的，分别纳入中央和地方财政森林生态效益补偿。未划入公益林的，经批准可依法采伐。

(6)在不破坏植被、不造成新的水土流失前提下，允许退耕还林农民间种豆类等矮秆作物，发展林下经济，以耕促抚、以耕促管。

(7)在专款专用的前提下，统筹中央财政专项扶贫资金、易地扶贫搬迁投资、现代农业生产发展资金、农业综合开发资金等，用于退耕后调整农业产业结构、发展特色产业、增加退耕户收入，巩固退耕还林还草成果。

(8)退耕还林还草后，由县级以上人民政府依法确权变更登记。

三、工程进展及建设成效

(一)工程进展

为从根本上改善我国生态急剧恶化的状况，1998 年特大洪灾之后，党中央、国务院将"封山植树，退耕还林"作为灾后重建、整治江湖的重要措施。为了摸索经验、完善政策，从 1999 年开始选择若干具有代表性的地方进行了退耕还林试点。到 2001 年年底，全国先后有 20 个省（自治区、直辖市）和新疆生产建设兵团进行了试点。2002 年，在试点成功的基础上，退耕还林工程全面启动。退耕还林工程分年度进展情况见表 2-11。

表 2-11　退耕还林工程分年度任务安排及中央投资

万 hm², 万元

年度	退耕还林任务安排情况				中央投资		
	计	退耕地造林	荒山荒地造林	封山育林	计	中央预算内投资	财政专项资金
合计	3088.58	1026.42	1752.16	310.00	41859900	3299295	38560605
1999 年	44.80	38.15	6.65		—	—	—
2000 年	87.21	40.46	46.75		352329	135645	216684
2001 年	98.33	42.00	56.33		416161	73750	342411
2002 年	572.87	264.67	308.20		1555830	437750	1118080
2003 年	713.34	336.67	376.67		2621695	535000	2086695
2004 年	400.00	66.67	333.33		2567885	300988	2266897
2005 年	377.81	111.14	133.33	133.34	2811037	285022	2526015
2006 年	133.33	26.66	106.67		2703081	100000	2603081
2007 年	140.00		140.00		2724443	105000	2619443
2008 年	120.67		74.00	46.67	3867904	160000	3707904
2009 年	77.26		43.93	33.33	3786443	160000	3626443
2010 年	77.80		44.47	33.33	3397036	160000	3237036
2011 年	51.00		27.67	23.33	3003262	140000	2863262
2012 年	44.43		23.63	20.80	2817958	120000	2697958
2013 年	43.07		23.87	19.20	2795763	120000	2675763
2014 年	37.77	33.33	4.44		3038580	166940	2871640
2015 年	68.89	66.67	2.22		3400493	299200	3101293

　　1999 年，四川、陕西、甘肃 3 个省按照"退耕还林、封山绿化、以粮代赈、个体承包"的政策措施，率先开展了退耕还林试点。经国家林业局组织的检查验收，这 3 个省共完成退耕还林任务 44.80 万 hm²，其中：退耕地造林 38.15 万 hm²，宜林荒山荒地造林 6.65 万 hm²。

　　2000 年，经国务院批准，退耕还林试点在中西部地区 17 个省（自治区、直辖市）和新疆生产建设兵团的 188 个县（市、区、旗)正式展开。国家共下达试点任务 87.21 万 hm²,其中退耕地造林 40.46 万 hm²,宜林荒山荒地造林 46.75 万 hm²。9 月 10 日,国务院下发《关于进一步做好退耕还林还草试点工作的若干意见》。

2001 年,国家将洞庭湖流域、鄱阳湖流域、丹江口库区、红水河梯级电站库区、陕西延安、新疆和田、辽宁西部风沙区等水土流失、风沙危害严重的部分地区纳入试点范围,退耕还林试点扩大至中西部地区 20 个省(自治区、直辖市)和新疆生产建设兵团的 224 个县(市、区、旗)。全年国家下达试点任务 98.33 万 hm²,其中退耕地造林 42.00 万 hm²,宜林荒山荒地造林 56.33 万 hm²。

2002 年 1 月 10 日,全国退耕还林工作电视电话会召开,退耕还林工程全面启动。4 月 11 日,国务院下发《关于进一步完善退耕还林政策措施的若干意见》。2002 年,国家安排北京、天津、河北、山西、内蒙古、辽宁、吉林、黑龙江、安徽、江西、河南、湖北、湖南、广西、海南、重庆、四川、贵州、云南、西藏、陕西、甘肃、青海、宁夏、新疆 25 个省(自治区、直辖市)和新疆生产建设兵团退耕还林任务共 572.87 万 hm²,其中:退耕地造林 264.67 万 hm²,宜林荒山荒地造林 308.20 万 hm²。

2003 年,《退耕还林条例》正式施行。国家共安排 25 个省(自治区、直辖市)和新疆生产建设兵团退耕还林任务 713.34 万 hm²,其中:退耕地造林 336.67 万 hm²,宜林荒山荒地造林 376.67 万 hm²。各地克服非典等不利因素的影响,认真贯彻落实《退耕还林条例》,狠抓任务和责任的落实,强化工程管理,圆满完成了各项任务。

2004 年,国家根据国民经济发展的新形势对退耕还林工程年度任务进行了结构性、适应性调整,全年安排 25 个省(自治区、直辖市)和新疆生产建设兵团退耕还林任务 400.00 万 hm²,其中:退耕地造林 66.67 万 hm²,宜林荒山荒地造林 333.33 万 hm²。4 月 13 日,国务院办公厅下发《关于完善退耕还林粮食补助办法的通知》,原则上将向退耕农户补助的粮食实物改为补助现金。

2005 年,经国务院第 85 次常务会议同意,安排退耕还林总任务 377.81 万 hm^2，其中退耕地造林 111.14 万 hm^2、荒山荒地造林 133.33 万 hm^2、封山育林 133.34 万 hm^2。2005 年退耕地造林计划重点解决 2004 年超计划问题，除适当考虑京津风沙源治理、三峡库区绿化带建设等少数改善生态环境非常必需的退耕还林外，不再新增任务。4 月 17 日，国务院办公厅下发《关于切实搞好"五个结合"进一步巩固退耕还林成果的通知》，要求在继续推进重点区域退耕还林的同时，把工作重点转到认真搞好"五个结合"，解决好农民吃饭、烧柴、增收等当前生计和长远发展问题上来。

2006 年，国家安排退耕还林工程建设任务 133.33 万 hm^2，其中退耕地造林 26.66 万 hm^2、荒山荒地造林 106.67 万 hm^2。

2007 年，国务院下发《关于完善退耕还林政策的通知》，暂停安排退耕地造林，但继续安排荒山造林、封山育林。2007—2013 年，共安排荒山荒地造林 377.57 万 hm^2、封山育林 176.66 万 hm^2。同时，为集中力量解决影响退耕农户长远生计的突出问题，中央财政安排一定规模资金，作为巩固退耕还林成果专项资金，主要用于西部地区、京津风沙源治理区和享受西部地区政策的中部地区退耕农户的基本口粮田建设、农村能源建设、生态移民以及补植补造，并向特殊困难地区倾斜。从 2008 年起，中央安排巩固退耕还林成果专项资金，各地编制并实施了巩固成果专项规划。

1999—2013 年，全国共实施退耕还林工程建设任务 2981.92 万 hm^2，其中退耕地造林 926.42 万 hm^2，宜林荒山荒地造林 1745.50 万 hm^2，封山育林 310.00 万 hm^2。中央共投资 3542.08 亿元，其中种苗造林费补助 278.60 亿元，种苗基建 3.35 亿元，科技支撑和前期工作费 1.36 亿元，原政策补助 2068.88 亿元，完善政策补助 486.60 亿元，巩固成果专项资金 703.29 亿元。为贯彻落实《国务院关于完善退耕还林政策的通知》精神，自 2008 年起，逐年对各工程省（自治区、直辖市）原有政策补助到期的退耕地造林进行阶段验收。通过阶段验收结果看，退耕还林工程管理规范、造林质量较高、建设成效显著，全国退耕地造林计划面积保存率达 99.88%，退耕还林成果得到有效巩固。

2014 年，国务院批准了《新一轮退耕还林还草实施方案》，实施新一轮退耕还林还草工程，安排山西、湖北、湖南、广西、重庆、四川、贵州、云南、陕西、甘肃 10 个省（自治区、直辖市）和新疆生产建设兵团退耕还林还草任务 33.33 万 hm² （其中还林 32.20 万 hm²，还草 1.13 万 hm²），中央预算内投资 16.69 亿元，财政专项资金补助 24.80 亿元，并且按照每亩退耕地 3.6 元的标准，安排工作经费一次性补助 0.18 亿元。同时，中央预算内投资 2 亿元，安排上述 10 个省（自治区、直辖市）和部队荒山荒地造林 4.44 万 hm²。

2015 年 3 月 5 日，李克强总理在《政府工作报告》中提出："今年新增退耕还林还草 1000 万亩，造林 9000 万亩。"6 月 2 日，有关部门正式下发《关于下达 2015 年退耕还林还草年度任务的通知》（发改西部〔2015〕1209 号），安排 18 个省（自治区、直辖市）和新疆生产建设兵团退耕还林还草任务 66.67 万 hm²（其中还林 62.67 万 hm²，还草 4 万 hm²），中央预算内投资 29.92 亿元，财政专项资金补助 49.28 亿元，并且按照每亩退耕地 3.6 元的标准，安排工作经费一次性补助 0.36 亿元。同时，中央预算内投资 1 亿元，安排 8 个省（自治区、直辖市）荒山荒地造林 2.22 万 hm²。经国务院批准，2015 年 12 月 31 日，财政部、国家发展和改革委员会、国家林业局等 8 部门联合印发了《关于扩大前一轮退耕还林还草规模的通知》。

（二）建设成效

退耕还林工程的实施，改变了农民祖祖辈辈垦荒种粮的传统耕作习惯，实现了由毁林开垦向退耕还林的历史性转变，有效地改善了生态状况，促进了"三农"问题的解决，并增加了森林碳汇。

1. 生态状况明显改善，秀美山川初露峥嵘。 退耕还林工程造林占同期全国林业重点工程造林总面积的一半以上，相当于再造了一个东北、内蒙古国有林区，占国土面积 82% 的工程区森林覆盖率平均提高 3 个多百分点，西部地区有些市县森林覆盖率提高了十几个甚至几十个百分点，昔日荒山秃岭、水土横流、风沙肆虐的面貌得到了明显改观。陕西省森林覆盖率由退耕还林前的30.92%增长到37.26%，净增6.34个百分点，陕北地区森林植被向北延伸了400km。该省吴起县1999—2012年，完成退耕还林15.80万hm^2，林草覆盖率由1997年的19.2%提高到2012年的65%。据贵州省对10个重点退耕还林县的连续监测，年土壤侵蚀模数由退耕前的3325t/km^2减少到931t/km^2，下降了72%。据四川省定位监测，通过实施退耕还林工程，10年累计减少土壤侵蚀3.2亿t，涵养水源288亿t，减少土壤有机质损失量0.36亿t，氮磷钾损失量0.21亿t，境内长江一级支流的年输沙量大幅度下降，年均提供的生态服务价值达134.5亿元。专家认为，长江输沙量减少，退耕还林工程功不可没。北方地区退耕还林为我国沙化土地由20世纪末每年扩展3436km^2转变为近几年每年减少1283km^2的逆转发挥了重要作用，陕西、甘肃、宁夏、内蒙古等省（自治区、直辖市）在全国率先实现了由"沙逼人退"向"人进沙退"的历史性转变。内蒙古是全国退耕还林总任务最多的省区，退耕还林工程区林草覆盖率由15%提高到70%以上，水土流失和风蚀沙化得到遏止，扬尘和风沙天气减少，局部地区小气候形成，生态状况明显改善。同时，退耕还林保护和改善了野生动植物栖息环境，丰富了生物多样性。据《退耕还林工程生态效益监测国家报告（2014）》，截至2014年年底，长江、黄河中上游流经的13个省（自治区、直辖市）退耕还林工程每年涵养水源307.31亿m^3、固土4.47亿t、保肥1524.32万t、固碳3448.54万t、释氧8175.71万t、林木积累营养物质79.42万t、提供空气负离子6.62×10^{25}个、吸收污染物248.33万t、滞尘3.22亿t（其中，吸滞TSP 2.58亿t，吸滞PM2.5 1288.69万t）、防风固沙1.79亿t。按照2014年价格评估，13个省（自治区、直辖市）退耕还林工程每年产生的生态效益总价值量达10072亿元。退耕还林扭住了我国生态建设的"牛鼻子"，对陡坡耕地和严重沙化耕地实施退耕和还林，对改善生态环境、维护国土生态安全发挥了无可替代的重要作用。

2. "三农"问题有效破解，促进了可持续发展。退耕还林工程根植农村，服务农业，惠及农民，是党中央、国务院强农惠农工作的重要组成部分，是迄今为止我国最大的强农惠农项目。长期以来，人们在经济落后、农业生产力低下的情况下，盲目毁林毁草开荒，广种薄收，形成了越穷越垦、越垦越穷的恶性循环，而且农业产业结构单一，许多潜力发挥不出来。退耕还林为调整农村产业结构提供了良好机遇，改变了农民传统的广种薄收的耕作习惯，合理调整了土地利用结构，促进了农、林、牧各业的健康协调发展和农民生产生活方式的转变。退耕还林工程的实施，不仅使 3200 万农户、1.24 亿农民从政策补助中直接受益，比较稳定地解决了温饱问题，而且改变了农民的思想认识，调整了农村产业结构，培育了生态经济型的后续产业，促进了农村富余劳动力的转移，为有效破解"三农"问题、促进农业可持续发展开辟了新途径。一是开辟了农民增收新途径。截至 2015 年年底，退耕农户户均累计得到 12000 多元的补助。尤其是西部地区、高寒地区、民族地区和贫困地区，退耕还林补助一定程度上缓解了当地农民的贫困问题，生活普遍得到改善。许多地方在退耕还林过程中，按照可持续发展的要求，探索培育了具有区域比较优势和市场前景的生态经济型产业，为农民增收开辟了新途径。退耕还林还使大量农民走出山区、沙区，开阔了眼界，拓宽了致富门路。据四川省对丘陵地区的调查，每退耕 0.2hm^2 坡耕地可转移 1 个劳动力，全省丘陵、盆地周围地区有 200 多万个劳动力因实施退耕还林得以转移，年创收约 100 亿元。据国家统计局监测，2012 年退耕户外出从业的劳动力占全部劳动力比例为 31.3%，比 2007 年提高 4.8 个百分点，比全国农村平均水平高 5.8 个百分点；2014年，人均工资性收入 3464 元，对纯收入增长贡献率达 59.1%；退耕还林工程区退耕农民人均纯收入由 2000 年的 1945 元增加到 2014 年的 7602 元，剔除价格因素，年均实际增长 9.3%，高于全国农村居民年均实际增速。二是实现了林茂粮丰。退耕还林调整了土地利用结构，改善了农业生产环境，促进了农业生产要素的转移和集中，提高了复种指数和粮食单产，很多退耕还林重点地区都实现了地减粮增。据国家统计局统计数据分析，1998—2003年退耕还林工程省区粮食减幅比非退耕还林省区少14.4个百分点，退耕还林省区中西部省区比东北、中部省区减幅少6个百分点，25个退耕还林工程省区减少的粮食产量仅占全国粮食总减产量的59.7%。近年来，全国粮食持续增产，退耕还林工程区贡献巨大。与退耕还林前的1998年相比，2013年退耕还林工程区粮食播种面积增长9.18%，谷物单产提高19.0%，粮食总产量增加34.45%，对实现全国粮食连续增产的贡献率近90%。同时，通过退耕还林以及调整种植业结构，大大增加了木本粮油、干鲜果品和肉蛋奶产量，有效改善了食物和营养结构。三是农村生产生活方式得到有效调整。退耕还林工程区从前大多穷山恶水，不仅人民生活困苦，而且生存环境极其恶劣。退耕还林工程的实施，使许多沟壑纵横的耕地长满了郁郁葱葱的林木，使许多泥沙俱下的河流变得清澈见底，人们从"穷山恶水"的恶性循环中走出，迈上了"青山绿水"的良性循环之路。陕西延安、贵州毕节、甘肃定西、宁夏固原等生态恶劣、经济贫困的地区逐步走上了"粮下川、林上山、羊进圈"的良性发展道路。同时，通过基本农田建设、农村能源建设、生态移民、禁牧舍饲、发展后续产业等各项配套措施的落实，加快了退耕还林工程区新农村建设步伐。很多基层干部和专家学者认为，退耕还林不仅仅是中国生态建设史上的历史性突破，也是中国文明发展史上的重要里程碑，给我国农村带来了一场广泛而又深刻的变革，对我国经济社会发展的影响十分深远。

3. 碳汇效益明显，成为中国生态建设的一面旗帜。退耕还林工程创造了世界生态建设史上的奇迹，资金投入最多、政策性最强、工程范围最广、群众参与程度最高，均超过前苏联斯大林改造大自然计划、美国罗斯福大草原林业工程、北非五国绿色坝工程等世界重大生态建设工程，是迄今为止世界上最大的生态建设工程，引起全球关注。按我国人工林平均每公顷蓄积量46.5m³测算，退耕还林工程造林成林后，林分蓄积量将达14亿m³多，能固定二氧化碳11亿t多，将为应对全球气候变化、解决全球生态问题做出巨大贡献。退耕还林工程已成为中国政府高度重视生态建设、认真履行国际公约的标志性工程，受到国际社会的一致好评。2011年5月，美国斯坦福大学教授、自然资本项目负责人格蕾琴·戴利通过深入研究后认为，退耕还林是一个极大的创新项目，中国对退耕还林的大力投入现在开始"收获果实"，退耕还林解决了两个至关重要的问题：保护环境，同时引导产业转型，为农村极端贫困人口提供致富机遇。她认为，退耕还林已经在中国取得了"显而易见的胜利"，其他国家应重视并学习中国的经验，将中国当成一面镜子。

10多年的实践证明，党中央、国务院关于退耕还林的战略决策，是一项具有远见卓识的英明决策。退耕还林顺应了经济社会发展的客观规律，是统筹人与自然和谐发展、建设生态文明、推动可持续发展的成功实践。

第六节　京津风沙源综合治理工程

一、工程规划

2000年启动试点，2002年国务院批复规划，京津风沙源综合治理工程全面展开。工程范围涉及北京、天津、河北、山西、内蒙古5个省（自治区、直辖市）的75个县（旗、区）。2006年4月，国务院同意对工程规划进行中期结构性调整。截至2012年4月，国家已累计安排资金479亿元，其中中央预算内投资209亿元；中央财政专项资金270亿元。工程建设累计完成营造林752.61万 hm^2（其中退耕还林109.47万 hm^2），治理草地933万 hm^2，建设暖棚1100万 m^2，配备饲料机械12.7万套，开展小流域综合治理1.54万 km^2，建设节水灌溉和水源工程21.3万处，易地搬迁18万人。

二期规划已于2012年9月19日经国务院常务会议讨论通过。工程期为2013—2022年，建设范围在一期的基础上适当西扩，西起内蒙古乌拉特后旗，东至内蒙古阿鲁科尔沁旗，南起陕西定边县，北至内蒙古东乌珠穆沁旗。涉及北京、天津、河北、山西、陕西及内蒙古 6 个省（自治区、直辖市）的 138 个县（旗、市、区）。主要建设任务为：林草植被保护 3103.28 万 hm²，林草植被建设 665.83 万 hm²，工程固沙 37.15 万 hm²，小流域综合治理 2.11 万 km²，合理建设草地 74 万 hm²，易地搬迁 37.04 万人，以及配套水利和农业基础设施建设。

二期规划总投资为 877.92 亿元，其中，基本建设投资 694.56 亿元（含中央投资 398.94 亿元），财政资金 183.36 亿元（全部为中央财政资金）。

二、政策要点

京津风沙源治理工程采取以林草植被建设为主的综合治理措施，国家给予适当补助。人工营造乔木林中央每亩补助 400 元，人工营造灌木林中央每亩补助 120 元；飞播造林每亩 120 元（含飞播后管护），封山育林每亩 70 元，全部由中央投入；工程固沙中央每亩补助 500 元。

三、建设成效

经过 10 多年建设，京津风沙源治理工程治理成效非常显著：一是工程区森林面积增加。据资源清查与监测，工程区森林面积年均净增 37 万 hm²；森林覆盖率年均增长 0.8 个百分点。二是风沙天气明显减少。工程区已由沙尘天气发生发展过程中的加强区变为减弱区。据统计，2000—2002 年北京市沙尘天气发生次数均在 13 次以上，减少到 2010—2012 年的 4 次、3 次、2 次，2014 年未发生沙尘天气。三是沙化土地明显减少。据第四次全国荒漠化和沙化监测，工程区固定沙地面积增加 9.5 万 hm²，增加了 1.75%；流动沙地面积减少 10.29 万 hm²，减幅达 30.68%。四是经济效益日益凸显。通过大力发展特色林果、林下种养、生态旅游等产业，拓宽了农民增收致富门路，初步实现了生态建设和经济发展的良性互动。内蒙古多伦县依托京津风沙源治理工程，建成百万亩樟子松基地，参与工程建设的农民人均收入超过 4 万元。2011 年以来，全县累计出售苗木款 1.2 亿元，覆盖 2569 户，户均增收 4.6 万元。五是社会效益明显。该工程对区域经济发展的贡献率保持在 25% 左右，工程区域经济社会可持续发展指数达到 71.2。

第七节　三北防护林体系建设工程

1978 年 11 月，在邓小平、李先念等中央领导同志的亲切关怀和大力倡议下，党中央、国务院作出了在我国西北、华北、东北地区(简称三北地区)建设三北防护林体系工程(简称三北工程)的重大战略决策。并批准成立林业部西北华北东北防护林建设局(三北局)，履行三北工程建设、规划、计划、督导、检查等职能。

一、工程规划

(一)总体规划

三北工程总体规划见表 2-12。

表 2-12　三北工程总体规划

规划范围	规划目标	规划任务
北京、天津、河北、山西、内蒙古、辽宁、吉林、黑龙江、陕西、甘肃、青海、宁夏、新疆 13 个省(自治区、直辖市) 551 个县(市、区、旗)	三北地区林地总面积由 1977 年 2314 万 hm² 扩大到 6084 万 hm²；森林覆盖率由 1977 年的 5% 提高到 15%，林木总蓄积量由 1977 年的 7.2 亿 m³ 增加到 42.7 亿 m³	从 1978 年至 2050 年，73 年期间共规划造林面积为 3508.3 万 hm²，其中人工造林 2559.4 万 hm²，机械造林 77.7 万 hm²，飞播造林 111.4 万 hm²，封山育林 759.8 万 hm²，四旁植树 52.4 万株

(二)分期规划

三北工程分期规划见表 2-13。

表2-13　三北工程分期规划

	规划期	规划范围	规划目标	规划任务
分期规划	一期工程	北京、河北、山西、内蒙古、辽宁、吉林、黑龙江、陕西、甘肃、青海、宁夏、新疆12个省（自治区、直辖市）406个县（市、区、旗）	保护耕地和草牧场667万hm^{2}和334万hm^2，水土流失严重的115个县森林覆盖率由5%提高到18%	造林593.33万hm^2。其中：固沙林带面积68.73万hm^2；农田防护林68.67万hm^2；基本草牧场防护林16.93万hm^2；水土保持林85万hm^2；水土保持薪炭林210万hm^2；经济林28.87万hm^2
	二期工程	北京、天津、河北、山西、内蒙古、辽宁、吉林、黑龙江、陕西、甘肃、青海、宁夏、新疆13个省（自治区、直辖市）514个县（市、区、旗）	三北地区的森林覆盖率由现在的5.9%提高到7.7%，进一步减轻风沙危害和水土流失，林业产值和收入有较大幅度的增长	规划造林808.27万hm^2。其中：人工造林的面积636.65万hm^2；封山（沙）育林面积为154.53万hm^2；飞播造林面积为17.09万hm^2
	三期工程	北京、天津、河北、山西、内蒙古、辽宁、吉林、黑龙江、陕西、甘肃、青海、宁夏、新疆13个省（自治区、直辖市）551个县（市、区、旗）	森林覆盖率提高到10%以上，70%的农田实现林网化，年增产粮食1300万t多；使2000万hm^{2}草场得到保护，25万km^{2}的水土流失面积得到治理，10万km^{2}的沙漠化土地得到治理	规划造林400.75万hm^2，中幼龄林抚育面积为852.59万hm^2。其中：人工造林的面积255.73万hm^2，封山（沙）育林面积为115.59万hm^2，飞播造林面积为28.74万hm^2，四旁植树14.91万株
	四期工程	北京、天津、河北、山西、内蒙古、辽宁、吉林、黑龙江、陕西、甘肃、青海、宁夏、新疆13个省（自治区、直辖市）600个县（市、区、旗）和新疆建设兵团	到2010年，完成造林950.0万hm^2，人工造林630.2万hm^2，封山（沙）育林193.7万hm^2，飞播造林126.1万hm^2。森林覆盖率由8.63%提高到10.47%	规划森林管护2728万hm^2、造林950.0万hm^2，其中：人工造林630.2万hm^2，封山（沙）育林193.7万hm^2，飞播造林126.1万hm^{2}占造林总任务的13.3%

（续）

分期规划	规划期	规划范围	规划目标	规划任务
五期工程	北京、天津、河北、山西、内蒙古、辽宁、吉林、黑龙江、陕西、甘肃、青海、宁夏、新疆13个省(自治区、直辖市)725个县(市、区、旗)和新疆建设兵团	新增森林面积988.4万 hm^2、森林蓄积5.5亿 m^3；退化林分修复193.6万 hm^2，60%以上的退化林分得到有效修复；70%以上水土流失面积得到有效控制；80%以上的农田实现林网化	五期规划确定工程造林总面积1647.3万 hm^2。其中：人工造林769.2万 hm^2，封山育林782.0万 hm^2，飞播造林96.1万 hm^2，退化林分修复总任务193.6万 hm^2

二、政策要点

1. 推行谁造谁有，允许继承、转让的政策。一期工程上马不久，各地结合农村联产承包责任制的落实，大力推行了承包造林、"谁造谁有，允许继承和转让"和"国家、集体、个人一起上"的政策。这一政策的推行，促进了造林生产责、权、利的结合，明晰了产权关系，调动了农民的造林积极性。推行这一政策之后的3年(1983—1985年)成为三北工程20多年的建设历程中完成造林最多的时期。其中1984年，三北地区人工造林作业面积达到222.2万 hm^2，为三北工程建设历年之最。

2. 推行统分结合和"两工"政策。随着农村改革的深入，结合农村双层经营体制改革和全民义务植树等政策的实施，推行"两工"(义务工和劳动积累工)造林和"四统一分"(统一规划、统一标准、统一造林、统一验收、分户经营)的统分结合的造林政策。这一政策的推行，探索了工程建设新的组织形式和利益激励机制，较好地解决了三北工程这项劳动密集型工程的劳力问题，促进了按山系、按流域的规模治理，推动了工程建设的稳步发展，提高了建设质量。

3. 推行"四荒"拍卖和股份合作制造林政策。进入20世纪90年代后，随着我国法制的不断建立，生产要素市场的日益发展和农村经济情况的大幅度改善，开始推行"四荒"拍卖和股份合作制造林政策。这一时期，各地在工程建设中通过完善"四荒"拍卖办法，进一步加大"四荒"拍卖力度，制定、出台了一系列有利于"四荒"拍卖的政策和办法，打破行政区划、所有制和购买者身份的界线，鼓励不同经济成分主体，购买"四荒"植树造林，允许继承、转让，进一步稳定林地所有权、搞活林地使用权和经营权，保障了农民收益权，并对个体造林、育林大户给予一定的经济扶持和必要的信贷支持，充分调动了社会团体、个人和农户投身于三北工程建设的积极性，解放了林地，保证了防护林工程建设的资金投入和活劳动投入。20世纪90年代后期，许多地方涌现出了大户、联户造林、租赁造林、购买"四荒"造林、股份制造林和股份合作制造林等多种民营林业的发展形式。这一政策的推行，使生产要素投入与造林收益分配相联系，促进了以公有制为主体，多种所有制经济成分并存格局的形成与发展，不仅有效地调动了农民群众的造林积极性，而且激发了各行各业参与三北工程建设的热情，吸引了社会资金和劳动力投入三北工程建设，拓宽了三北工程建设的投资渠道，为三北工程建设增加了活力。

4. 地方制定了生态效益补偿政策。20世纪80年代中期，辽宁、内蒙古、新疆等省(自治区)先后制定了从水资源费、风景区、矿产等部门的收益以及从国家工作人员的工资收入中提取生态建设补偿费的地方政策。这一政策的推行，虽然没有真正实现公益林建设的价值补偿，但在某种程度上缓解了三北工程建设投资不足的状况。

5. 实行青山流转，积极发展非公有制林业政策。20世纪90年代后期，一些地方逐步建立了中幼龄林卖买市场，创办家庭林场、股份制林场，盘活林地和林木资源，积极发展非公有制林业政策。这一政策的推行，为有经济实力的投入主体参与林业建设提供了一个广阔的空间，促进了林业投入主体的多元化。

6. 集体林权制度改革政策。2008年以《中共中央　国务院关于全面推进集体林权制度改革的意见》的出台为标志，国家大力推进集体林权制度改革，集体林依法明晰产权、放活经营、规范流转、减轻税费，进一步解放和发展林业生产力，三北防护林建设也逐渐趋于规范，出现了不栽无主树、不造无主林的局面，实现了"山定权、树定根、人定心"，造林也初步形成"权、利、责相统一，种、育、管相衔接"的局面。

三、工程进展及建设成效

（一）分期规划完成情况
三北工程分期规划完成投资及完成情况见表2-14、表2-15。

（二）建设成效
通过37年的建设，三北工程取得了举世瞩目的建设成就，区域生态状况呈现出整体遏止、局部好转的发展态势（表2-16）。

表2-14　三北工程分期规划完成投资情况　　万元，%

分期投资	项目	总投资	国家投资	中央专项投资				
				小计	基建投资	发展基金	财政专项	债券专项
一期工程	规划投资	100453.00	100453.00	100453.00				
	实际完成	36625.00	33970.00	28942.00	22972.00	5970.00	0.00	0.00
	完成比例	36.46	33.82	28.81				
二期工程	规划投资	243454.20	243454.20	70000.00	70.000.00			
	实际完成	198940.00	119788.00	63185.00	42173.00	15592.00	5420.00	0.00
	完成比例	81.72	49.20	90.26	60.25			
三期工程	规划投资	481928.90	436464.30	113661.00	70061.00	43600.00		
	实际完成	491123.00	223098.00	70957.00	29352.00	10000.00	10210.00	21395.00
	完成比例	101.91	51.11	62.43	41.89	22.94		
四期工程	规划投资	3541240.00	3541240.00	2515940.00	1609240.00		906700.00	
	实际完成	2035901.65	1676684.00	827885.00	23150.00			804735.00
	完成比例	57.49	47.35	32.91	1.44			
五期工程	规划投资	9021000.00	9021000.00	5184990.00	5184990.00			
	实际完成（2011—2015年）	1880322.00	1213184.00	939100.00	939100.00			
	完成比例（2011—2015年）	20.84	13.44	18.11	18.11			

表 2-15　三北工程分期规划任务完成情况　　万 hm², %

分期面积	项目	合计	人工造林	飞播造林	封山封沙育林
一期工程	规划任务	593.33	593.33	0.00	0.00
	保存面积	534.72	459.12	3.88	71.83
	完成比例	90.12	77.38		
二期工程	规划任务	802.27	636.65	17.09	154.53
	保存面积	1077.72	726.69	45.59	305.44
	完成比例	134.33	114.14	266.76	197.66
三期工程	规划任务	400.07	255.74	28.74	115.59
	保存面积	591.38	352.80	38.1	199.67
	完成比例	147.82	137.95	135.39	172.74
四期工程	规划任务	950.02	630.21	126.15	193.66
	保存面积	443.45	323.24	0.78	119.42
	完成比例	46.68	51.29	0.40	94.67
五期工程	规划任务	1647.30	769.20	96.10	782.00
	完成面积（2011—2015 年）	329.71	188.94	3.04	137.73
	完成比例（%）	20.01	24.56	3.16	17.61

注：五期工程统计数据为"完成面积"。

表 2-16　三北工程建设成效

年份		1977 年	2010 年
有林地面积（万 hm²）	乔木林	1276	3173
	灌木林	709	2339
蓄积量（亿 m³）		7.2	14.4
森林覆盖率（%）		5.05	12.40

1. 生态效益。重点治理地区沙化土地和沙化程度呈"双降"趋势。治理沙化土地 27.8 万 km²，保护和恢复严重沙化、盐碱化草原、牧场 1000 万 hm² 多。内蒙古、陕西、宁夏等 8 个省（自治区）实现了由"沙进人退"向"人进沙退"的重大转变。毛乌素、科尔沁两大沙地扩展的趋势实现全面逆转。

局部地区水土流失面积和侵蚀强度呈"双减"趋势。水土流失治理面积由三北工程建设前的 5.4 万 km² 增加到 2010 年的 38.6 万 km²，局部地区的水土流失得到有效控制。重点治理的黄土高原地区，近 50% 的水土流失面积得到不同程度治理，土壤侵蚀模数大幅度下降，年入黄河泥沙减少 4 亿 t 多。

平原农区林网化面积和粮食产量呈"双增"趋势。在东北、华北平原等重点农区，基本建成了规模宏大的农田防护林体系，有效庇护农田 2248.6 万 hm²，农田林网化程度达到 68%。粮食单产由三北工程建设前的 100 kg/亩提高到 300kg/亩多。

2. 经济效益。培植了产业资源，促进了林副产品的有效供给。目前工程区森林蓄积量由 1977 年的 7.2 亿 m³，增加到 14.4 亿 m³，净增 7.2 亿 m³。三北地区"四料"俱缺的状况得到根本性改善。建成了一大批以苹果、红枣、香梨、板栗、核桃为主的特色经济林基地，总面积达 432 万 hm²，年产干鲜果品 3600 多万吨，年产值 537 亿元。

发展了地方经济，增加了农民收入。三北地区形成以人造板、家具制造、造纸等为主的木材加工企业 5000 余家，安排就业人员 70 多万人，产值达 225 亿元。广大人民群众从特色经济林产品销售、流通和加工以及人工林木材销售中，得到了实实在在的利益。

3. 社会效益。三北工程建设培育了一大批以王有德、石光银、牛玉琴等为代表的生态文明建设英模人物，铸就了具有时代特色的"三北精神"，成为推动生态文明建设的强大精神动力。三北工程在国际社会享有"世界林业生态工程之最"的美誉。1988年，邓小平同志为三北工程亲笔题词："绿色长城"，2003 年三北工程荣获世界上"最大的植树造林工程"吉尼斯证书。

第八节　沿海防护林体系建设工程

我国沿海地区经济发达、人口密集、企业众多，是带动经济社会快速发展的"火车头"和"驱动器"，生态区位十分重要。由于受地理位置和自然条件等因素影响，沿海地区又是台风、风暴潮、海啸、海雾等自然灾害频发地区，灾害发生严重威胁着当地经济发展和人民群众生命财产安全。党和国家历来高度重视沿海生态屏障建设，20 世纪 80 年代，邓小平、万里等中央领导同志先后就沿海防护林建设作出过重要指示；2004 年印度洋海啸后，国务院总理温家宝、副总理回良玉等中央领导又对沿海防护林体系工程建设作出了明确指示；2014 年 11 月，习近平总书记在福建省平潭综合实验区考察时又特别了解沿海防护林建设的有关情况。

一、工程规划

1988 年，国家计划委员会批复《全国沿海防护林体系建设工程总体规划》，启动全国沿海防护林体系建设一期工程，范围包括辽宁、天津、河北、山东、江苏、上海、浙江、福建、广东、广西、海南 11 个省（自治区、直辖市）的 195 个县（市、区）。2000 年，国家林业局又启动二期工程建设。2004 年印度洋海啸发生后，根据国务院指示，国家林业局及时组织对原规划进行了修编，工程建设按照修订后的《全国沿海防护林体系建设工程规划》（2006—2015 年）实施。规划范围扩大到包括辽宁、天津等 11 个省（自治区、直辖市）及大连、青岛、宁波、深圳、厦门 6 个计划单列市的 259 个县（市、区）。规划目标是：至 2015 年，森林覆盖率达到 37.3%，林木覆盖率 37.8%，基干林带达标率 92.3%，红树林恢复率 95.1%，造林保存率 90% 以上，农田林网控制率 85.0%，村屯绿化率 90.0%。建成与沿海地区经济社会发展水平相适应、生态功能完善的海岸保护发展带。基本建成生态结构稳定、防灾减灾功能强大的生态防护林体系。2015 年，国家林业局组织开展了《全国沿海防护林体系建设工程规划(2016—2025 年)》编制工作。沿海防护林体系建设工程建设情况见表2-17。

表2-17　沿海防护林体系建设工程建设情况

工程规划	起止时间	规划范围	建设规模	完成情况
一期	1988—1999年	辽宁、天津、河北、山东、江苏、上海、浙江、福建、广东、广西、海南11个省(自治区、直辖市)的195个县(市、区)	营造林380万 hm^2	营造林381.8万 hm^2
二期	2000—2010年			完成人工造林226.67万 hm^2，封山育林122.70万 hm^2，低效林改造36.01万 hm^2
二期修编	2006—2015年	辽宁、天津、河北、山东、江苏、上海、浙江、福建、广东、广西、海南11个省(自治区、直辖市)及大连、青岛、宁波、深圳、厦门6个计划单列市的259个县(市、区)	人工造林128.19万 hm^2，封山育林58.57万 hm^2，低效林改造101.6万 hm^2	
三期	2016—2025年	辽宁、天津、河北、山东、江苏、上海、浙江、福建、广东、广西、海南11个省(自治区、直辖市)及大连、青岛、宁波、深圳、厦门6个计划单列市的344个县(市、区)	①基干林带规划建设面积58.80万 hm^2。其中，人工造林34.45万 hm^2，灾毁林带修复16.18万 hm^2，老化林带更新8.17万 hm^2。②纵深防护林带建设88.80万 hm^2。其中，人工造林41.13万 hm^2，封山育林19.04万 hm^2；低效防护林改造28.63万 hm^2	

二、建设重点内容和政策要点

(1)实行农、林、牧、水相结合，以形成整体优化作用，避免各自为政的做法。

(2)以防护林为主，做到多树种、带、网、片相结合，发挥了各个林种的相互连接、相互作用。建立多林业生态模式，使之成为有机的整体，充分提高"体系"的总体功能和综合效益。

(3)坚持适地适树，实行多树种，乔、灌、草相结合，遵循沿海地区地域分异规律，依据立地条件的适应性，选择适生树种，宜乔则乔、宜灌则灌，形成稳定的森林系统，充分发挥森林的整体效益和多种功能。

（4）坚持造、封相结合，针对沿海地区自然条件严酷、生态系统脆弱，造林条件很差的情况，在积极营造新林的同时，采取封山（沙）育林（草）的措施，保护和发展现存的植被资源。

（5）坚持分区划类、分类指导，按照地域分异规律，结合防护林体系建设的要求，三期规划以气候带、自然灾害特点、行政单元为分区布局主导因子，将沿海防护林体系建设工程区从北到南划分为环渤海湾沿海地区、长三角沿海地区、东南沿海地区、珠三角及西南沿海地区 4 个建设类型区。在 4 个建设类型区，根据海岸地貌特征、基质类型的不同，划分为 13 个类型亚区。

（6）国家给予工程建设重点补助，目前"十二五"实行的标准为人工造林每亩 300 元，封山育林每亩 70 元。

三、建设成效

经过沿海地区各级党委政府和人民群众 20 多年长期不懈努力，坚持因地制宜、分类指导的原则，沿海防护林体系建设取得显著成效，完成造林超过 800 万 hm^2，工程区森林覆盖率达到了 36.9%，提升了 2 个百分点，发挥了明显的生态、经济和社会效益。一是防护林体系框架基本形成。新造、更新海岸基干林带 17478km，初步形成以村屯和城镇绿化为"点"、以海岸基干林带建设为"线"、以荒山荒滩绿化和农田林网建设为"面"的点、线、面相结合的沿海防护林体系框架。二是生物多样性更加丰富。工程区现有红树林成林面积 29.9 万 hm^2，建立 29 处红树林自然保护区，其中海南东寨港等 5 处红树林类型湿地被列入国际重要湿地名录，一大批濒危物种得到有效保护，野生动植物种群数量明显回升。三是人居环境显著改善。沿海防护林体系建设结合区域绿化美化，加快城乡绿化一体化进程，极大地改善了沿海地区的人居环境。特别是很多滨海城市已经成为林带纵横、绿树成荫、人居适宜、经济繁荣的现代化城市，提升了我国城市的建设水平。随着沿海生态环境的改善,沿海防护林体系建设工程区年森林旅游达到 1.3 亿人次,比 2000 年增加 1 亿人次。四是综合效益充分发挥。经测算,沿海防护林体系工程建设年综合效益总价值达到 12697 亿元,其中生态效益价值 8185 亿元、经济效益价值 4492 亿元、社会效益价值 20 亿元。

第九节　长江流域等防护林体系建设工程

一、长江流域防护林体系建设工程

长江流域横跨中国东部、中部和西部三大经济区共计 19 个省(自治区、直辖市)。流域总面积 180 万 km^2,占国土面积的 18.8%,流域人口占全国的 38.5%,经济总量占全国的 45% 以上,在国家经济社会发展全局中具有重要战略地位,生态区位十分重要。

据历史记载,长江流域森林覆盖率曾达到 50% 以上,到 20 世纪 60 年代初期下降到 10% 左右,1989 年森林覆盖率提高到 19.9%,但森林资源总量不足,质量不高。20 世纪 50 年代,长江流域水土流失面积为 36 万 km^2,到 80 年代达 62 万 km^2,年土壤侵蚀量达 24 亿 t,全流域每年损失的水库库容量近 12 亿 m^3。1998 年长江洪灾造成的巨大损失至今令人记忆犹新。

党中央、国务院高度重视长江流域生态治理工作。为改善长江流域生态环境,提升抵御灾害能力,1989 年 6 月,国家计划委员会批准《长江中上游防护林体系建设一期工程总体规划》。长江流域防护林体系建设工程(简称长防工程)覆盖安徽、江西等 12 个省、直辖市的 271 个县(市、区),土地面积 160 万 km^2,占流域面积的 85%。到 2000 年,一期工程建设圆满完成,工程区森林植被得到有效恢复。新世纪之初,国家批复并实施《长江流域防护林体系建设二期工程规划(2001—2010 年)》,工程区包括长江、淮河流域 17 个省(自治区、直辖市)的 1035 个县(市、区),总面积 216.2 万 km^2。通过 10 年的努力,二期工程建设取得更为明显的生态、经济和社会效益，累计完成造林352.3万 hm²，其中人工造林162.8万 hm²，封山育林183.5万 hm²，飞播造林6万 hm²，工程区内森林覆盖率提升4.7%，林分结构得到优化，林地生产力和生态防护功能显著提高。流域水土流失面积逐年下降，滑坡、泥石流灾害明显减轻，生物多样性明显改善，有效抑制钉螺孳生，减少血吸虫滋生场所。工程区人民群众通过参加造林、护林，增加了现金收入，一大批农户通过直接参加工程建设和大力发展经济林果走上致富之路。

2013年，为有效巩固长防工程一、二期工程建设成果，进一步恢复长江流域森林植被、涵养水源、保持水土，维护长江流域的生态安全和人民安康，国家林业局发布实施《长江流域防护林体系建设三期工程规划(2011—2020年)》。规划范围覆盖长江流域17个省(自治区、直辖市)的1026个县(市、区)，总面积220.6万 km²。与二期工程相比，增加福建省"六江二溪"源头32个县(市、区)和西藏雅鲁藏布江流域28个县(区)，上海市不再纳入工程区范围。综合考虑长江流域经济社会条件，三期工程规划把工程区分为16个重点治理区。规划总投资1257.9亿元。建设任务包括人工造林361.6万 hm²、封山育林907.3万 hm²、飞播造林9.2万 hm²。规划到2020年，增加森林面积379.3万 hm²，森林覆盖率达到39.3%，比规划实施前提升1.3%。同时，初步构建完善长江流域生态防护林体系，把长江流域建设成为我国重要的生物多样性富集区、森林资源储备库和应对气候变化的关键区域。

二、珠江流域防护林体系建设工程

珠江是我国七大河流之一，流经云南、贵州、广西、广东、湖南、江西6个省(自治区)，流域总面积44.2万 km²，与长江航运干线并称为我国高等级航道体系的"两横"，是大西南出海最便捷的水道。珠江三角洲是我国人口集聚最多、综合实力最强地区之一。珠江下游的香港和澳门是我国的两颗"明珠"。由于地理原因，香港和澳门特区对珠江水源的依赖度比较高。整个珠江流域生态区位十分重要。

为增加流域森林植被，有效治理石漠化和水土流失，增强抵御旱涝等灾害能力，加快区域生态建设，原林业部先后编制并于1996年开始组织实施了《珠江流域综合治理防护林体系建设工程总体规划（1993—2000年）》、《珠江流域防护林体系建设工程二期规划（2001—2010年）》。在一期规划中，工程区仅涉及56个县，在二期规划中，工程区增加到包括珠江流域6个省（自治区）的187个县（市、区）。整个二期工程国家和地方共投入资金18.6亿元，累计完成营造林95.45万 hm²，其中人工造林47.4万 hm²、封山育林39.0万 hm²、飞播造林500hm²、低效林改造9万 hm²，取得明显的生态、经济和社会效益。工程区森林资源增幅明显，截至2010年，工程区有林地面积达到1913.3万 hm²，森林蓄积量8.3亿 m³，森林覆盖率达到56.8%，分别比2000年增加108.2万 hm²、2.7亿 m³和12%。流域森林面积的增加，增强了其保持水土、涵养水源、减少洪灾、泥石流、滑坡等自然灾害的能力。西江流域（包括南盘江、北盘江）、北江流域土壤侵蚀量明显下降。广东省东江、西江、北江中上游水质保持在二类以上，新丰水库等大型水库水质保持在一类水质标准。同时，各地坚持以防护林建设为主体，生态建设与经济发展统筹兼顾，依托工程建设培植了一批林业产业基地，产生了较好的经济效益，促进了农民脱贫致富。贵州省工程区林农年均纯收入由2000年的1327元提高到2009年的2541元，增加91.5%。

随着珠江流域经济社会的持续快速发展，珠江防护林体系工程建设还远不能满足需要。根据《国民经济和社会发展第十二个五年规划纲要》和《林业发展"十二五"规划》关于生态建设的总体部署，国家林业局在前两期建设的基础上，又组织编制、实施《珠江流域防护林体系建设工程三期规划（2011—2020年）》，将工程建设范围扩大到6个省（自治区）37个市（州）215个县（市、区），土地面积达到4166.7万 hm²，分为5大治理区8个重点建设区域，重点加强水土流失和石漠化的治理，并在保护现有植被的基础上，加快营林步伐，提高林分质量，增强森林保土蓄水功能。规划建设任务为392.6万 hm²，其中人工造林94.9万 hm²、封山育林 166.6 万 hm^2、低效林改造 131.1 万 hm^2。到 2020 年，工程区新增森林面积 153 万 hm^2，森林覆盖率提高到 60.5% 以上，森林蓄积量由 8.9 亿 m^3 提高到 9.2 亿 m^3，低效林得到有效改造，林种、树种结构进一步优化，各类防护林面积由 1026.7 万 hm^2 增加到 1248.8 万 hm^2，森林保持水土、涵养水源、防御洪灾、泥石流等自然灾害的能力显著增强，水域水质有所提升，有效保证珠江流域特别是香港、澳门特区的饮用水安全。

三、平原绿化工程

平原地区是我国重要的粮、棉、油等生产基地，土地面积、耕地面积和人口分别占全国的 22.3%、47.9% 和 43.8%。在国民经济建设和社会发展中具有极其重要的地位。

历史上，我国平原地区森林植被稀少，干旱、洪涝、风沙和霜冻等自然灾害频发，水土流失、土地沙化情况严重。1978 年党的十一届三中全会以来，原林业部先后召开 8 次全国平原绿化会议，研究推动平原绿化工作。1987—1988 年，原林业部先后颁布《华北中原平原县绿化标准》、《南方平原县绿化标准》、《北方平原县绿化标准》，编制了《全国平原绿化"五、七、九"达标规划》，将平原绿化纳入《1989—2000 年全国造林绿化规划纲要》整体推进。2006 年，国家林业局组织编制并实施《全国平原绿化工程建设规划（2006—2010 年）》，建设范围涉及 26 个省（自治区、直辖市）的 958 个县（市、区、旗）。二期规划总任务为 427.5 万 hm^2，包括新建农田防护林带 36.5 万 hm^2，改良提高现有林带 84.8 万 hm^2，园林化乡镇建设 21.2 万 hm^2，村屯绿化 78.9 万 hm^2，荒滩、荒沙和荒地绿化 206.2 万 hm^2，工程规划总投资达 188.4 亿元。截至 2010 年，"五、七、九"平原绿化达标规划和二期平原绿化工程规划的实施使平原地区生态明显改善。平原地区森林覆盖率由 1987 年的 7.3% 提高到目前的 15.8%，增加 8.5 个百分点。基本农田林网控制率由 1987 年的 59.6% 增加到 79%，初步建立起比较完善的点、带、片、网平原农田综合防护林体系，区域木材和林产品供给显著增加，村镇人居环境得到有效改善。

《全国新增 1000 亿斤①粮食生产能力规划（2009—2020 年）》
把农田防护林体系建设列为重要保障措施之一。2012 年，国务院
印发《全国现代农业发展规划（2011—2015 年）》，把农田防护林
建设列为我国"十二五"期间现代农业发展的重点任务和重点工程
之一。国家林业局制定的《林业发展"十二五"规划》明确要求构筑
平原农区生态屏障，继续实施平原绿化工程。在此基础上，国家
林业局组织编制并实施《全国平原绿化三期工程规划（2011—2020
年）》，规划范围覆盖 24 个省（自治区、直辖市）923 个平原、半
平原和部分平原县（市、区、旗），以全国粮食主产省和粮食主产
区为重点建设区域，分 6 大片，通过加快农田防护林网建设和村
镇绿化，开展退化林带的生态修复和中幼龄林带抚育，切实提升
平原农区防护林体系综合功能。规划总投资 457.8 亿元，建设任
务包括人工造林 492.4 万 hm^2，修复防护林带 128.1 万 hm^2，农林
间作 85.9 万 hm^2。规划到 2020 年，平原地区森林覆盖率达到
18.7%；林木绿化率达到 20.4%，增加 2.3%；基本农田林网控
制率达到 95% 以上。通过三期规划建设，在全国平原地区建立起
比较完善的农田防护林体系，实现等级以上公路、铁路、河流等
沿线全面绿化，平原地区的森林质量得到有效改善，广大农田得
到有效庇护，区域木材及林产品供给显著增加，切实保障国家到
2020 年比 2008 年增加千亿斤粮食产量目标的如期实现。

四、太行山绿化工程

太行山区南起黄河，北至桑干河，西滨汾河，东接华北平原，
是海河流域的主要发源地，是京津地区的天然屏障，生态区位十分
重要。历史上的太行山区曾是森林茂密、美丽富饶之地。由于战
乱、毁林开荒等原因，太行山森林资源遭到严重破坏，到新中国成
立初期，已经是濯濯童山、遍地裸岩，森林覆盖率不足 5%。新中
国成立后，国家加大太行山的治理力度，但由于多种原因，建设步
伐缓慢。据 1984 年统计，太行山区森林覆盖率只有 11.1%。

太行山的生态治理受到党中央、国务院的高度重视。1983

---

① 1 斤 = 500g。

年，时任中共中央总书记胡耀邦同志视察太行山区河北易县时，明确提出要加速太行山绿化，使太行山从"黄龙"变成"绿龙"。1984年12月，国家计划委员会批准实施《太行山绿化总体规划》。工程建设从1987—1993年开展试点建设，于1994年全面启动。一期工程实施期限为1994—2000年，建设范围涉及北京、河北、山西和河南4个省(直辖市)的110个县(市、区)。2001年，国家继续启动实施《太行山绿化工程二期规划(2001—2010年)》，进一步加大建设力度，规划投资总额增加到36.0亿元，是一期建设的3.5倍。建设范围涉及北京、河北、山西、河南4个省(直辖市)的77个县(市、区、国有林管理局)。10年来，太行山绿化二期工程从实际出发，立足华北，服务当地，坚定不移地追求森林量的增加、质的提高和兴林富民，工程累计完成造林90.2万 hm²，其中人工造林30.7万 hm²，封山育林47.2万 hm²，飞播造林12.3万 hm²。森林覆盖率达到21%，林木绿化率达到30.6%。工程区内森林覆盖率稳步提高，林种、树种结构进一步优化，森林生态系统稳定性增强，水土流失面积和流失强度大幅度减少和下降，地表径流量降低，干旱、洪涝等自然灾害也明显减少，过去"土易失、水易流"的生态状况显著改善，为当地经济社会可持续发展奠定了坚实基础。太行山绿化工程的实施，带动了太行山区以红枣、核桃、花椒等干果为主的经济林产业发展，解决了大量的剩余劳动力，维护了当地社会的和谐稳定。

根据二期工程结束时的测算，太行山区仍有超过130万 hm²宜林荒山荒地，造林绿化任重而道远。为进一步推进太行山区生态建设，国家林业局启动实施了《太行山绿化三期工程规划(2011—2020年)》。建设范围涉及北京、河北、山西、河南4个省(直辖市)78个县(市、区、国有林管理局)。工程区分7大区53个重点县，总面积达839.6万 hm²，规划投资181.8亿元，任务包括人工造林81.6万 hm²、封山育林49.6万 hm²、飞播造林4万 hm²和低效林改造32.5万 hm²。规划到2020年，工程区新增森林面积79.6万 hm²，森林覆盖率提升9.7%。

长江流域等防护林体系建设工程概况见表2-18。

表 2-18　长江流域等防护林体系建设工程概况

工程名称	实施地点	一期工程				二期工程				三期工程			
		起止年份	规划范围	建设规模	完成情况	起止年份	规划范围	建设规模	完成情况	起止年份	规划范围	建设规模	完成情况
长江流域防护林体系建设工程	长江流域	1989—2000年	长江沿线12省271个县	营造林685万hm²	人工造林422.5万hm²，飞播造林7.5万hm²，封山育林221万hm²，幼龄林28.19万hm²，抚育34.5万hm²	2001—2010年	长江、淮河流域17省1035个县	营造林687.72万hm²	人工造林162.8万hm²，封山育林183.5万hm²，飞播造林6万hm²	2011—2020年	长江流域17省1026个县	营造林2184.2万hm²（含天保工程）	截至2015年，完成人工造林46.33万hm²，封山育林37.48万hm²，低效林改造0.97万hm²，合计84.78万hm²
珠江流域防护林体系建设工程	珠江流域	1995—2000年	珠江沿线6省56个县	营造林120.1万hm²	人工造林23.45万hm²，飞播造林2.76万hm²，封山育林28.19万hm²，低效林改造12.88万hm²	2001—2010年	珠江沿线6省187个县	营造林327.63万hm²	人工造林47.43万hm²，封山育林38.97万hm²，飞播造林9.05万hm²，低效林改造0.05万hm²	2011—2020年	珠江沿线17省215个县	营造林392.61万hm²	截至2015年，完成人工造林16.68万hm²，封山育林8.62万hm²，低效林改造0.62万hm²，合计25.93万hm²
太行山绿化工程	太行山地区	1987—2000年	太行山地区4省57个县	营造林395.2万hm²	营造林295.2万hm²	2001—2010年	太行山地区4省77个县	营造林191.3万hm²	人工造林30.2万hm²，封山育林40.1万hm²，飞播造林12.9万hm²，低效林改造0.3万hm²	2011—2020年	太行山地区4省78个县	营造林169.7万hm²	截至2015年，完成人工造林12.41万hm²，封山育林8.48万hm²，低效林改造0.03万hm²，合计20.92万hm²
平原绿化工程	平原地区	1988—2005年	全国26省957个县	营造林700万hm²	营造林710万hm²	2006—2010年	全国26省958个县	营造林427.54万hm²	营造林674.36万hm²	2011—2020年	全国24省923个县	营造林706.19万hm²	截至2015年，完成人工造林185.69万hm²

第十节　湿地保护与恢复工程

一、工程规划

2002 年，国务院批复了《全国湿地保护工程规划（2002—2030年)》，要求编制各个阶段的实施规划。2005 年，国务院批复了《全国湿地保护工程实施（2005—2010 年)》，规划年限为 2005—2010 年。2012 年，国务院批复了《全国湿地保护工程"十二五"实施规划》，目前该规划正在实施过程中。

二、政策要点

2009 年中央一号文件要求，启动草原、湿地、水土保持等生态效益补偿试点。2014 年中央一号文件要求，完善森林、草原、湿地、水土保持等生态补偿制度，开展华北地下水超采漏斗区综合治理、湿地生态效益补偿和退耕还湿试点。2015 年中央一号文件要求，实施湿地生态效益补偿、湿地保护奖励试点和沙化土地封禁保护区补贴政策。

三、工程进度及建设成效

"十一五"规划总投资 90 亿元，中央投资 42 亿元，实际完成中央投资 14 亿元（占规划的 33.3%)，地方配套投资 16 亿元，实施项目 205 个。通过项目实施，全国完成自然保护区管理局 76处，保护管理站点 401 处，湿地监测站点 245 处，野生动物救护站点 44 处，恢复湿地 79162hm^2，湿地污染防治面积 2093hm^2。

"十二五"规划总投资 129.87 亿元，中央投资 55.85 亿元，其中，中央预算内投资 40.55 亿元，财政投资 15.30 亿元，规划项目 738 个。到目前为止完成中央预算内基本建设投资 15 亿元，其中林业项目投资 11.7 亿元，实施湿地保护与恢复工程 179 项，项目区湿地面积 324 万 hm^2。截至 2014 年年底，建设湿地自然保护区管理局 82 处、保护管理站点 444 处、湿地监测站点 445 处、野生动物救护站点 88 处、科普宣教中心 157 处、修建围栏 2353km、巡护道路 2681km，恢复湿地 98473hm^2。

2010 年，财政部设立了湿地保护补助资金专项，主要用于监测监控设备购买维护、退化湿地修复、聘用管护人员等方面。2010—2013 年，中央财政共投入资金 8.5 亿元，支持实施湿地保护补助项目 325 个，覆盖了全国所有省份。项目的实施，提高了基层湿地保护管理机构的管理能力，改善了湿地的生态状况。2014 年，中央财政将湿地保护补助政策扩大为湿地补贴政策，出台了资金管理办法，新增了湿地生态效益补偿试点、退耕还湿试点、湿地保护奖励试点三个支持方向，2014 年补贴资金达 16 亿元，比 2013 年增加了 5.4 倍。

2014 年实施情况如下：①退耕还湿试点工作。在内蒙古、吉林、黑龙江的 13 个国家级湿地自然保护区开展退耕还湿试点，其中：国际重要湿地 5 处，下达试点任务 15 万亩，按每亩一次性补助 1000 元的标准，安排预算资金 1.5 亿元。按照内蒙古、吉林、黑龙江 3 个省（自治区）试点实施方案，共落实退耕地 150198 亩，为计划的 100.1％。②湿地生态效益补偿试点工作。在 21 处国际重要湿地或国家级湿地自然保护区及其周边开展试点，安排中央财政资金 6.4 亿元。大多数省份编制了实施方案，对农作物损失进行了适当补偿，修复了村庄生态环境，并进行了环境整治。③湿地保护奖励试点工作。2014 年，湿地保护奖励资金奖励 60 个县，安排资金 3 亿元，这项政策对于调动地方政府湿地保护的积极性具有重要意义。④湿地保护与恢复补贴。在 172 处国家湿地公园、湿地自然保护区安排资金 5.04 亿元。

2015 年补贴资金仍为 16 亿元。

第十一节　岩溶地区石漠化综合治理工程

石漠化是指在热带、亚热带湿润、半湿润气候条件和岩溶极其发育的自然背景下，受人为活动干扰，使地表植被遭受破坏，导致土壤严重流失，基岩大面积裸露或砾石堆积的土地退化现象，是岩溶地区土地退化的极端形式。

一、工程规划

2008年2月，国务院批复了《岩溶地区石漠化综合治理规划大纲(2006—2015年)》(以下简称《规划大纲》)。《规划大纲》包括贵州、云南、广西、湖南、湖北、四川、重庆、广东8个省(自治区、直辖市)的451个县(市、区)。2008年，国家安排专项资金在100个石漠化县开展试点工程，到2014年已有314个县(占总县数的2/3)正式启动。从2008年至今国家已投资119亿元，植树造林投资份额占48%，体现以林业为主体的综合治理路线。

《规划大纲》明确到2015年，完成石漠化治理面积7万 km^2 ，占工程区石漠化总面积的54%；新增林草植被面积942万 hm^2 ，植被覆盖度提高8.9个百分点；建设和改造坡耕地77万 hm^2 ，每年减少土壤侵蚀量2.8亿t。

《规划大纲》的总任务是：林业建设任务822.65万 hm^2 ；农业建设任务119.5万 hm^2 ，以及畜种改良152.51万头，建设棚圈、饲草机械、青贮窖等；坡改梯建设规模77.1万 hm^2 ，并配套建设田间生产道路、沟道等水土保持设施；安排建设泉点引水4.3万km；安排沼气池、节柴灶、太阳能、小型水电等建设。

二、政策要点

2008—2010年，启动实施了100个县的石漠化综合治理试点工程，2011年开始由试点阶段转入重点县治理阶段，2011年重点治理县扩大到200个县，2012年扩大到300个县，2014年扩大到314个县。工程林业建设内容为人工造林和封山育林，投资标准为：2014年以前，人工造林补助标准为300元/亩，封山育林补助标准为70元/亩；2014年以后，人工造林补助标准为400元/亩，封山育林补助标准为70元/亩。

三、工程进展及取得的成效

石漠化综合治理工程自2008年试点启动以来，累计完成营造林188.8万 hm^2 ，石漠化扩展势头得到初步遏止，由过去持续扩展转变为净减少。据第二次全国石漠化监测结果显示，我国石漠化土地面积为 1200.2 万 hm^2，与第一次石漠化检测结果相比，石漠化土地净减少 96 万 hm^2，年均减少 16 万 hm^2。

1. 工程实施对改善生态效益明显。据监测，治理区林草植被盖度提高，生物量明显增加，植被生物量比治理前净增 115 万 t。群落植物丰富度提高，生物多样性指数从治理前的 0.735 提高到了 1.521。贵州省治理区植被覆盖度提高了 5.61%，生态向良性方向发展。云南省累计新增森林面积 13 万 hm^2，森林覆盖率增加了 2.8 个百分点，约新增森林蓄水量 4877.36 万 m^3，约减少土壤流失量 780.38 万 t。四川省森林覆盖率提高 1.4 个百分点，每年减少土壤侵蚀量 49.2 万 t，每年新增土壤蓄水能力 79.2 万 m^3。重庆市累计减少土壤侵蚀量 0.05 亿 t，涵养水源 0.57 亿 t，增加林草生物量 49.13 万 t，固定二氧化碳 409.37 万 t，释放氧气 39.04 万 t。

2. 工程实施有效促进农民增收。石漠化综合治理过程中，各地在抓好植被建设的同时，兼顾后续产业，发展了一批特色林果业、林草种植与加工业、生态旅游业、林下种植养殖业，促进了百姓增收。湖北省 28 个重点治理县 2014 年农民人均纯收入达8765 元，比 2007 年的 2370 元增长 270%，年均增长 38%。

3. 工程实施的社会效益显著。通过实施石漠化综合治理，探索了一条"封、造、改、迁、建、扶"的石漠化综合治理路子。通过工程建设，改善了当地生态质量，营造了良好的投资和发展环境，为构建和谐新农村起到了带动示范作用。

第十二节　国家储备林基地建设

一、工程规划

为落实 2013 年、2015 年中央一号文件和中共中央《生态文明体制改革总体方案》要求，加强对国家储备林建设科学指导，国家林业局组织编制了《国家储备林建设规划(2016—2020 年)》。规划到2020 年，在 4 大区域 18 个基地，通过人工林集约培育、现有林改造培育、中幼龄林抚育，建设国家储备林基地 2.1 亿亩。基地建成后，预计每年平均蓄积量增加 1.42 亿 m^3，折合年木材生产能力

9500 万 m^3。

二、政策重点

为落实中央一号文件精神，加快国家储备林建设，国家林业局与财政部联合下发了《关于做好国家储备林建设工作的通知》（办规字［2015］117 号），明确了政策支持的重点。

1. 专项资金。中央财政每年安排资金，用于国家储备林新造林、改培和抚育等支出。良种、病虫害防治、森林防火方面也要重点支持国家储备林建设。国家储备林建设贷款按照中央财政林业贴息政策贴息，地方视情况给予积极支持。

2. 金融政策。开发性金融机构提供国家储备林建设贷款，期限 25～30 年，宽限期 8 年，贷款利率为基准利率，提供长周期、低成本的资金支持。

3. PPP 模式。运用政府和社会资本合作（PPP）模式，吸引社会资本投入国家储备林建设。培育政府和社会资本的长期平等合作关系，优先选择具备稳定现金流和一定财力保障的项目开展 PPP 模式试点，通过政府付费或补贴等方式保障社会资本获得合理收益，运用 PPP 模式吸引社会资本、转变政府职能、激发市场活力，提升国家储备林建设的质量和效益。

三、进展与成效

1. 启动建设试点。2012 年，国家林业局在水、光、热等自然条件良好的南方 7 个省（自治区），以国有林场为主体，启动国家储备林建设试点。2014 年，将建设范围扩大到广西、湖南、福建等 15 个省（自治区、直辖市），划定国家储备林 1500 万亩。截至目前，中央财政共安排资金 17.36 亿元，用于国家储备林造林、改培、抚育和基础设施建设，完成建设面积 1950 万亩。

2. 开展核查监测。为确保国家储备林建设落实到山头地块，2015 年 6 月，国家林业局在福建、江西等 7 个重点省（自治区），组织开展了首次国家储备林划定、人工林集约培育、现有林改造培育及中幼龄林抚育成果核查工作，抽查面积 60 万亩。2015 年 11 月，全面完成核查工作。

3. 创新投融资机制。国家林业局与国家开发银行开展战略合作，创新国家储备林投融资机制。首个试点省（自治区）广西一期建设 750 万亩国家储备林 100 亿元贷款，2015 年 9 月 17 日通过国开行总行贷委会评审，近期将启动放贷程序。该项目贷款期限 27 年、宽限期 8 年，目前是我国林业发展史上利用国内政策性贷款规模最大、贷款期限最长的建设项目。积极推进中国农业发展银行国家储备林建设合作。

4. 规范建设模式。借鉴世行贷款造林项目经验，总结桉树等速生树种高效培育、杉木等一般树种大径材培育和楠木等珍稀树种混交林改培等 43 种模式和 57 个案例，编制《国家储备林树种目录》，发布《国家储备林现有林改培技术规程》，探索建立国家储备林培育经营标准体系。

5. 制定国家储备林制度方案。落实中共中央《生态文明体制改革总体方案》要求，围绕"契约管理、代储代管、动用轮换、动态监测"的运行机制和"可查、可调、可控"的目标要求，以政策保障、项目管理、运行管理、科技支撑、监督指导等制度建设为核心，组织制定了《国家储备林制度方案》。

第十三节　主要基本建设项目及财政专项

一、国有贫困林场扶贫资金

根据国务院领导的指示，从 1998 年起中央财政设立了国有贫困林场扶贫资金。根据资金办法规定，林场扶贫资金主要用于支持贫困林场改善生产生活条件，利用林场或当地资源发展生产。补助内容主要包括：一是基础设施建设，用于修建断头路、林场和职工危旧房改造、解决饮水安全、通电通话、电视接收设施等；二是生产发展，用于发展种植业、养殖业、森林旅游业、林产品加工业及林副产品开发等；三是科技推广及培训，用于优良品种、先进实用技术的引进和推广、职工技能培训。1998—2014 年中央财政共安排国有贫困林场扶贫资金 29.7 亿元。

二、国有林场改革补助

为支持国有林场改革，中央财政按照国有林场职工（包括在职职工和离退休职工）每人补助 2 万元，每亩林地补助 1.15 元，安排一次性国有林场改革补助。国有林场改革补助主要用于补缴国有林场拖欠的职工养老保险和基本医疗保险费用、国有林场分离场办学校和医院等社会职能费用、先行自主推进国有林场改革的省奖励补助等。中央财政的补助资金补缴国有林场拖欠的职工基本养老保险和基本医疗保险费用有结余的，可用于林场缴纳职工基本养老和基本医疗等社会保险以及其他与改革相关的支出。

三、林木良种培育补贴

林木良种培育补贴包括良种繁育补贴和林木良种苗木培育补贴。良种繁育补贴主要用于对良种生产、采集、处理、检验、贮藏等方面的人工费、材料费、简易设施设备购置和维护费，以及调查设计、技术支撑、档案管理、人员培训等管理费用和必要的设备购置费用的补贴；补贴对象为国家重点林木良种基地和国家林木种质资源库；补贴标准：种子园、种质资源库每亩补贴 600 元，采穗圃每亩补贴 300 元，母树林、试验林每亩补贴 100 元。林木良种苗木培育补贴主要用于对因使用良种，采用组织培养、轻型基质、无纺布和穴盘容器育苗、幼化处理等先进技术培育的良种苗木所增加成本的补贴；补贴对象为国有育苗单位；补贴标准：除有特殊要求的良种苗木外，每株良种苗木平均补贴 0.2 元，各地可根据实际情况，确定不同树种苗木的补贴标准。

四、林业国家级自然保护区补贴

林业国家级自然保护区补贴主要用于林业国家级保护区的生态保护、修复与治理，特种救护、保护设施设备购置和维护，专项调查和监测，宣传教育，以及保护管理机构聘用临时管护人员所需的劳务补贴等支出。

五、沙化土地封禁保护区补贴

沙化土地封禁保护区补贴主要用于对暂不具备治理条件的和因保护生态需要不宜开发利用的连片沙化土地实施封禁保护的补贴支出。支出范围包括：固沙压沙等生态修复与治理，管护站点和必要的配套设施修建和维护，必要的巡护和小型监测监控设施设备购置，巡护道路维护、围栏、界碑界桩和警示标牌修建，保护管理机构聘用临时管护人员所需的劳务费等支出。

六、林业防灾减灾补贴

1. 森林防火补贴。森林防火补贴指用于预防和对突发性的重特大森林火灾扑救等相关支出的补贴，包括开设边境森林防火隔离带、购置扑救工具和器械、物资设备等支出，租用交通运输工具支出以及重点国有林区防火道路建设支出等。补贴对象为承担森林防火任务的基层林业单位。

2. 林业有害生物防治补贴。林业有害生物防治补贴指用于对危害森林、林木、种苗正常生长，造成重大灾害的病、虫、鼠（兔）和有害植物的预防和治理等相关支出的补贴。支出范围包括：购置药剂、药械、工具的开支，除害处理的人工费补贴，治理区发生检疫检验的材料费、小型器具费等。补贴对象为承担林业有害生物防治任务的基层林业单位。

3. 林业生产救灾补贴。林业生产救灾补贴指用于支持林业系统遭受洪涝、干旱、雪灾、冻害、冰雹、地震、山体滑坡、泥石流、台风等自然灾害之后开展林业生产恢复等相关支出的补贴。补贴范围包括：受灾林地、林木及野生动植物栖息地、生境地的清理；灾后林木的补植补造及野生动植物栖息地、生境地的恢复；因灾损毁的林业相关设施修复和设备购置。补贴对象为因灾受损并承担林业生产救灾任务的基层林业单位。

七、林业科技推广示范补贴

林业科技推广示范补贴是指用于对全国林业生态建设或林业产业发展有重大推动作用的先进、成熟、有效的林业科技成果推广与示范等相关支出的补贴。补贴对象为承担林业科技成果推广与示范任务的林业技术推广站（中心）、科研院所、大专院校、农民专业合作社、国有森工企业、国有林场和国有苗圃等单位和组织。支出范围主要包括林木新品种繁育、新品种新技术的应用示范、与科技推广和示范项目相关的简易基础设施建设、必需的专用材料及小型仪器设备购置、技术培训、技术咨询等。

省级林业主管部门会同省级财政部门，根据国家林业局、财政部下达的林业科技推广示范项目立项指南，结合本省实际情况，负责林业科技推广示范项目的评审和批复立项等工作。

财政部会同国家林业局根据各省林业补助资金申请文件、林业科技推广示范项目评审情况和绩效评价结果，结合当年中央财政预算安排，确定对各省的林业科技推广示范补贴金额，并切块到省。各省当年评审通过但未安排补贴的项目，可滚动至下一年度继续申请。

八、林业贷款贴息补贴

林业贷款贴息项目对象主要是林业龙头企业、国有林场(苗圃)、国有森工企业、自然保护区和森林公园等。贴息项目为林业龙头企业以公司带基地、基地连农户的经营形式，立足于当地林业资源开发、带动林区、沙区经济发展的种植业、养殖业以及林产品加工业贷款项目；各类经济实体营造的工业原料林、木本油料经济林以及有利于改善沙区、石漠化地区生态环境的种植业贷款项目；国有林场(苗圃)、国有森工企业为保护森林资源，缓解经济压力开展的多种经营贷款项目，以及自然保护区和森林公园开展的森林生态旅游贷款项目；农户和林业职工个人从事的营造林、林业资源开发和林产品加工贷款项目。

对各省符合本办法规定条件的林业贷款，中央财政年贴息率为3%。对新疆生产建设兵团、大兴安岭林业集团公司符合本办法规定条件的林业贷款，中央财政年贴息率为5%。

林业贷款期限3年以上(含3年)的，贴息期限为3年；林业贷款期限不足3年的，按实际贷款期限贴息。对农户和林业职工个人营造林小额贷款，适当延长贴息期限，贷款期限5年以上(含5年)的，贴息期限为5年；贷款期限不足5年的，按实际贷款期限贴息。农户和林业职工个人营造林小额贷款是指贴息年度内(1月1日至12月31日，下同)累计额30万元以下的营造林贷款。

贴息补贴采取分年据实贴息的办法(上一年度1月1日至12月31日的林业贷款贴息)。对贴息年度内贷款期限1年以上的林业贷款，按全年计算贴息；对贴息年度内贷款期限不足1年的林业贷款，按贷款实际月数计算贴息。

第三章

产业发展

第一节　林业产业概述

近年来，我国林业产业保持中高速增长，2015 年林业产业总产值达到 5.94 万亿元，比 2014 年增长 9.86%。受经济转型升级和产业结构调整影响，林业制造业增速放缓，以森林旅游为主的林业第三产业成为林业经济增长的新亮点。主要林产品产量与价格基本稳定，全国人造板产量为 2.87 亿 m^3，木竹地板产量为 7.7 亿 m^2，各类经济林产品产量为 1.74 亿 t，林业旅游和休闲的人数达到 23 亿人次。

一、林业产业产值

2015 年，我国林业产业总产值达到 5.94 万亿元（按现价计算），比 2014 年增长 9.86%，自 2010 年以来，林业产业总产值的平均增速达到 21.1%。近 10 年产值见表 3-1。

分地区看①，东部地区林业产业总产值为 28122 亿元，中部地区林业产业总产值为 13555 亿元，西部地区林业产业总产值为 12950 亿元，东北地区林业产业总产值为 4736 亿元。中、西部地

---

① 采用国家四大区域的分类方法，即将全国划分为东部、中部、西部和东北四大区域。东部地区包括北京、天津、河北、上海、江苏、浙江、福建、山东、广东、海南 10 个省（直辖市）；中部地区包括山西、安徽、江西、河南、湖北、湖南 6 个省；西部地区包括内蒙古、广西、重庆、四川、贵州、云南、西藏、陕西、甘肃、青海、宁夏、新疆 12 个省（自治区、直辖市）；东北地区包括辽宁、吉林、黑龙江 3 个省。

表 3-1 全国历年林业产值主要指标
（按现行价格计算）

万元

年份	总计	第一产业				第二产业					第三产业	
		合计	营造林（含种育苗）	木材和竹材采运	经济林产品的种植与采集	合计	木材加工和木、竹、藤、棕、苇制品制造	木、竹、藤家具制造	木、竹、苇浆造纸和纸制品		合计	林业旅游与休闲服务
2006 年	106522163	47088160	7417906	6227657	25507045	51983970	27191815	8818719	6563070		7450032	3680554
2007 年	125334211	55462139	8235550	7108957	30690477	60339163	29909375	8468209	10512319		9532909	5593986
2008 年	144064129	63588230	10640863	8143602	34563439	68382467	32323297	10580559	11793724		12093432	6896400
2009 年	174937336	72252565	13024981	7637031	39033048	87179183	39292789	14814538	16636054		15505588	9652306
2010 年	227790232	88952112	14785731	8815154	51581909	118769494	49944331	16354583	29187530		20068626	13103652
2011 年	305967308	110561944	19152654	9484698	63198661	166883963	67891581	23231559	39591936		28521401	18630740
2012 年	394509075	137485185	25399504	9634079	77518770	208983022	82339457	27943914	47515221		48040868	35225496
2013 年	473154396	163737921	30680573	10102975	92403685	249761641	99733250	37361255	51974253		59654834	42496485
2014 年	540329423	185594583	34355508	10857399	107280379	280880407	110289483	44805706	53468826		73854433	53212379
2015 年	593627135	202073172	35583620	9998305	119488112	298933386	114953014	50417257	54521790		92620577	67589463

132

区林业产业增长速度最快，增速都超过15%。东部地区林业产业总产值所占比重最大，占全部林业产业总产值的47.4%。受国有林区天然林商业采伐全面停止和森工企业转型影响，东北地区林业产业总产值出现负增长。林业产业总产值超过3000亿元的省份共有8个，分别是广东、山东、广西、福建、江苏、浙江、湖南和江西。

二、产业结构

林业产业结构逐步优化。2015年，林业三次产业的产值结构已由2010年的39：52：9，调整为34：50：16，受经济转型升级和产业结构调整影响，林业制造业增速放缓，以林业旅游与休闲为主的林业服务业所占比重逐年增大，产业结构逐步优化。分产业看，第一产业产值20207亿元，占全部林业产业总产值的34.0%，同比增长8.9%；第二产业产值29893亿元，占全部林业产业总产值50.4%，同比增长6.4%；第三产业产值9262亿元，占全部林业产业总产值的15.6%，同比增长25.4%。

2015年，超过万亿元的林业支柱产业分别是经济林产品种植与采集业木材加工及木竹制品制造业，产值分别达到11949亿元和11495亿元。林业旅游与休闲服务业产值为6759亿元，有望成为第三个产值突破万亿元的支柱产业，全年林业旅游和休闲的人数达到23亿人次。

三、主要林产品产量

1. 木材产量。2015年，全国商品材总产量为7200万 m^3 ，比2014年减少12.5%，其中东北、内蒙古国有林区木材产量比2014年减少209万 m^3 。此外，全国农民自用材采伐量733万 m^3 ，农民烧材采伐量2228万 m^3 。

2. 竹材产量。2015年，大径竹产量为23.5亿根，比2014年增长5.9%，其中毛竹13.6亿根，其他直径在5cm以上的大径竹9.9亿根。竹产业产值达1923亿元。

3. 锯材与木片、木粒加工产品产量。2015年，锯材产量为

7430 万 m³，比 2014 年增长 8.7%。木片、木粒加工产品实积 4286 万 m³，与 2014 年基本持平。

4. 人造板产量。 2015 年，全国人造板总产量为 28680 万 m³，比 2014 年增长 4.8%。其中胶合板 16546 万 m³，纤维板 6619 万 m³，刨花板产量 2030 万 m³，其他人造板 3485 万 m³（细木工板占 60%）。

5. 木竹地板产量。 2015 年，木竹地板产量为 7.7 亿 m²，与 2014 年基本持平。其中实木地板 1.3 亿 m²，实木复合地板 2.4 亿 m²，强化木地板(浸渍纸层压木质地板)2.9 亿 m²，竹地板 1.0 亿 m²。

6. 林产化工产品产量。 2015 年，全国松香类产品产量 174.3 万 t，比 2014 年增长 2.5%。松节油类产品产量 26.3 万 t，樟脑产量 1.3 万 t，冰片产量 2002t，栲胶类产品产量 7584t，紫胶类产品产量 3344t。木竹热解产品产量 163 万 t。

7. 各类经济林产品产量。 2015 年，全国各类经济林产品产量稳定增长，达到 1.74 亿 t，比 2014 年增长 9.5%。从产品类别看，水果产量为 1.46 亿 t，干果产量①为 1044 万 t，茶等林产饮料产品的产量为 216 万 t，林产调料产品的产量为 67 万 t，竹笋干、食用菌等森林食品产量为 423 万 t，杜仲、枸杞等木本药材的产量为 245 万 t，木本油料产量为 560 万 t，松脂、油桐等林产工业原料产量为 188 万 t。

8. 花卉生产。 2015 年，花卉种植面积 129 万 hm²，花卉苗木产业产值达到 2106 亿元。观赏苗木 100 亿株，切花切叶 184 亿支，盆栽植物 41 亿盆，草坪 4.0 亿 m²。花卉市场 4318 个，花卉企业 5.3 万家，花卉产业从业人员 506 万人，花农 135 万户。

四、主要林产品销售价格

2015 年，木材综合平均价格为 815 元/m³，大径竹综合平均价格为每根 9 元，都与 2014 年基本持平。胶合板综合平均价格为 1919 元/m³，比 2014 年提高 14.3%；木地板综合平均价格为 157

---

① 2015 年起核桃由干果调整至木本油料分类中。

元/m^2，中密度纤维板综合平均价格为 1484 元/m^3，分别比 2014年降低 17.8% 和 7.7%；锯材综合平均价格为 1371 元/m^3，木片综合平均价格为每实积立方米 801 元，刨花板综合平均价格为 1305 元/m^3，比 2014 年变化不大。松香和栲胶综合平均价格分别比 2014 年提高 29.2% 和 5.8%，为 11540 元/t 和 11972 元/t，紫胶综合平均价格为 30738 元/t，比 2014 年降低 11.1%。

第二节 木竹加工

木材加工既是林业的传统产业，也是林业的优势产业和主导产业。木材工业是以木材资源为原料，通过一定的加工工艺过程生产各种木材产品的工业。从新中国成立至今，特别是近 20 年的快速发展，我国木材工业经历了从原始初级产品加工向规模化、产品系列化、现代化生产的跨越式发展，形成了较为完善的木材工业体系，产品种类也从单一原木、锯材加工逐步扩大发展为涵盖原木、锯材、防腐木与阻燃木材、人造板、木地板、木质装饰材料、强化木、木家具、工程木构件、木结构建筑、木制工艺品(木雕等)及其他木制品等 12 大类产品的综合工业，其产业面覆盖"人造板制造业、木材生产及木制品生产业和家具制造业等"国民经济产业，其应用也广泛深入到建筑、轻工、装修、交通、采矿、化工等广泛领域。

木材工业由于能源消耗低，污染少，资源有再生性，在国民经济中也占重要地位，是林业产业的主导产业，是低碳产业和绿色产业。

一、木质林产品生产情况

我国已成为世界木材及其产品生产、消费和进出口大国。2010 年以来，我国人造板、木地板和木家具年产量连续三年位列世界第一，锯材、人造板、木家具和木地板增长迅速。据统计，2015 年我国商品木材产量为 7200.29 万 m^3，锯材产量为 7430.38万 m^3；人造板产量为 2.87 亿 m^3，其中胶合板产量为 1.65 亿 m^3，纤维板产量为 6618.53 万 m³，刨花板产量为 2030.19 万 m³，其他人造板产量为 3484.56 万 m³；木、竹地板产量为 7.74 亿 m²，其中实木地板 1.29 亿 m²，实木复合地板 2.41 亿 m²，强化木地板 2.89 亿 m²，竹地板 1.01 亿 m²，其他地板(软木地板、集成材地板等)1010 万 m²(表 3-2)。自新中国成立到 2015 年，我国共生产商品木材 65 亿 m³，其中 70% ~85% 都是工业和建筑用材。

表 3-2 全国主要林产工业产品产量

主要指标	单 位	2015 年	2014 年	2013 年	2012 年
木材产量	万 m³	7200.29	8233.30	8438.50	8174.87
1. 原木	万 m³	6528.43	7553.46	7836.89	7494.37
2. 薪材	万 m³	671.86	679.84	601.60	680.50
竹材产量	万根	235466.04	222439.93	187684.91	164412.03
锯材产量	万 m³	7430.38	6836.98	6297.60	5568.19
人造板产量	万 m³	28679.52	27371.79	25559.91	22335.79
1. 胶合板	万 m³	16546.25	14970.03	13725.19	10981.17
2. 纤维板	万 m³	6618.53	6462.63	6402.10	5800.35
3. 刨花板	万 m³	2030.19	2087.53	1884.95	2349.55
4. 其他人造板	万 m³	3484.56	3851.59	3547.67	3204.71
木、竹地板产量	万 m²	77355.85	76022.40	68925.68	60430.54
松香类产品产量	t	1742521	1700727	1642308	1409995
栲胶类产品产量	t	7584	5013	8403	6926
紫胶类产品产量	t	3344	4645	5764	2494

二、木材消耗情况

我国已成为木材消耗大国。2001 年全国木材消耗量为 1.83 亿 m³，2005 年达到 3.82 亿 m³，2010 年为 4.32 亿 m³，2014 年达到 5.4 亿 m³。这些木材消耗量等于国产商品材、进口原木、农民自用材和烧柴等，以及其他木质林产品、木质刨花板、纤维板和纸浆折合木材的木材量。我国已成为世界木材及其产品进出口大国，木材进出口量和金额不断增加。2004 年原木进口数量为 2630.85 万 m³，进口额为 199.399 亿美元，出口数量为 6137m³，出口额为 163.008 亿美元；2015 年原木进口数量为 4456.9 万 m³，进口额为 80.6 亿美元。

根据国家林业局《2012 年中国林业产业与林产品年鉴》的统计数据，2011 年全国共有木材生产、加工企业 578415 家，就业人员超过 1000 万人。木材工业产区主要集中在东、中部地区浙江、江苏、山东、广东、安徽、广西、河北、河南、辽宁等省（自治区）。

第三节　林产化工

林产化工（以下简称林化）是以可再生的木质和非木质森林资源为原料，通过化学或生物技术加工、生产各种国民经济发展和人民生活所必需产品的基础性战略型产业。林化产品具有纯天然性、不可替代性和结构特有性，对其进行系统、合理、深度开发利用，一直是世界各国尤其是发达国家林业研究的热点，不仅在满足林产品的国内外需求方面具有重要意义，而且在相关产业中发挥着越来越重要的作用。传统的林产化学加工工业主要包括木材制浆造纸、树木提取物加工、木材热解和气化、木材水解和林副特产品的化学加工利用 5 大门类，近年来，木材热解和气化、木材水解等传统门类向生物质能源、生物质化学品和生物质材料方向拓展。当前，国际林产化工产业向绿色环保、高值化、循环利用方向发展，重视深加工产品先进技术的系统集成，开发先进生产工艺，并针对现有下游工业产品的升级换代对林化深加工产品性能的高要求，开发新产品，拓展新领域。

一、我国林产化工业概况

2009 年起，中国纸和纸板产量跃居世界首位，同时制浆装备水平和产能迅速提升，已经具有国际先进水平的 150 万 t/年化学木浆生产线、20 万 t/年竹浆生产线和 30 万 t/年化学机械浆生产线。2015 年我国共生产纸浆 7984 万 t，同比增长 0.98%，其中木浆约 966 万 t。2015 年我国栲胶产量约 7584t。全球合成樟脑产量约 25000t，2015 年我国樟脑产量约 1.34 万 t。天然树脂主要是由动植物获得的树脂，来源于植物的主要有松香、大漆、琥珀、达玛树脂等，来源于动物的主要有虫胶，主要用于涂料工业，也可用于纸张、医药、绝缘材料和胶黏剂等，近年来发展不快。全世界松香产量约200万t。浮油松香约为总产量的30%～35%。我国的松香主要是脂松香，主产于广东、广西、云南等华南和中南、西南和华东的江西、福建等省份，约占全球总产量的60%，2015年我国松香产量达153.1万t。松节油全球产量约23万～25万t，2015年我国松节油产量约21.3万t。木材水解行业向生物质能源发向发展，我国生物质能源"十二五"规划称，2015年中国非粮乙醇年产量目标为350万t，目前产量尚不足70万t。我国糠醛工业技术及产品质量不断提高，目前我国糠醛总产量的90%用于出口供应国际市场，已达到国际先进水平，是我国大宗化工出口产品之一，贸易量占世界第2位，市场主要以美国、东南亚、澳大利亚、日本、韩国、欧洲等国家和地区为主。近年来，林副特产品化学加工利用发展迅速，如油茶、油桐、橡胶树、漆树等经济林木，以及在某些林木上放养的白蜡虫、紫胶虫、五倍子蚜虫等进行化学加工，其中紫胶产量2747t，五倍子产量25081t，生漆产量22806t。

二、我国林产化工行业存在的问题

我国林产化工行业面临原料利用率低、成本高等技术难题，迫切需要攻克松香、活性炭、植物提取物、制浆造纸等领域的高效、低成本、综合利用技术；精深加工产品少，附加值不高，难以在中高端产品市场参与国际竞争，迫切需要研发高科技含量和高附加值的深加工产品等；林化产品生产过程和使用环境的节能减排、环保健康新要求带来的技术需求，迫切需要攻克节能降耗技术、废水、废气和粉尘污染防控技术；我国林产化工产业缺乏国际标准话语权，迫切需要重点开展松香、松节油、植物多酚等相关产品的标准研究，力争在国际标准层面提高我国竞争力；我国林产化工产业生产效率不高、生产成本越来越高的技术难题，迫切需要研发先进制造关键技术装备。

第四节　木本粮油等经济林

经济林是以生产果品、食用油料、饮料、调料、工业原料和药材等为主要目的的林木，是森林资源的重要组成部分。经济林产业，是集生态、经济、社会效益于一身，融第一、第二、第三产业为一体的生态富民产业，是生态林业与民生林业的最佳结合。我国经济林利用及栽培历史悠久，经济林产业在林业产业发展和国民经济中一直占有十分重要的位置。

一、经济林种植及产业发展

近年来，我国经济林种植面积不断扩大，产量稳步提高，产值持续增加。根据第八次全国森林资源清查结果，全国经济林面积达2056万 hm^2，占森林总面积的9.90%。2014年，全国新造经济林113.92万 hm^2，占年度人工造林总面积的28.11%，与2010年相比，年度新造经济林面积增加2.83万 hm^2，增加了2.55%。目前，全国经济林种植与采集业产值突破万亿元，占林业第一产业产值的一半以上。

目前，全国经济林果品加工、贮藏企业已达2万多家，其中大中型企业1900多家，年加工量600万 t，贮藏保鲜量1200万 t，年加工贮藏产值1600亿元。全国已建成经济林良种繁育基地(种质资源库、苗圃)4273处，年提供各类优质苗木50亿株。

全国从事经济林种植的农业人口约1.8亿人，在全国近千个特色经济林重点县中，从事经济林产业的收入占到当地农民人均纯收入20%以上。在一些油茶、核桃、枣等木本粮油的山区大县，来自经济林的收入占农民收入60%以上。经济林成为农村特别是山区农民收入的重要来源。

经济林种植面积超过100万 hm^2 的种类有苹果、柑橘、梨、核桃、板栗、枣、仁用杏、毛茶、笋用竹、食用菌、油茶等。其中，核桃、枣、板栗、梨、桃、苹果等分布广泛，每个树种的种植栽培县超过1000个。主要经济林树种产品产量见表3-3。

表3-3　全国主要经济林产品生产情况　　　万 t

经济林树种		2014 年	2015 年
各类经济林产品总量		15843.53	17356.27
水果	小计	13511.36	14612.43
	苹果	3529.50	4078.68
	柑橘	2872.37	3078.29
	梨	1746.64	1887.74
	葡萄	1254.74	1406.00
	桃	1295.13	1366.92
	杏	267.82	255.48
	荔枝	218.04	248.68
	龙眼	167.17	171.54
	猕猴桃	103.77	121.96
	其他水果	2056.18	1997.13
干果	小计	842.15	1043.52
	板栗	227.82	234.21
	枣(干重)	417.55	540.19
	柿子(干重)	107.33	115.15
	仁用杏(大扁杏等甜杏仁)	8.07	11.62
	榛子	13.72	12.58
	松子	13.05	10.59
	其他干果	54.61	119.17
林产饮料产品(干重)	小计	210.09	216.14
	毛茶	180.06	188.12
	其他林产饮料干品	30.03	28.02
林产调料产品(干重)	小计	64.63	67.17
	花椒	35.09	39.82
	八角	15.03	14.75
	桂皮	11.37	7.61
	其他林产调料产品	3.14	4.98

（续）

经济林树种		2014 年	2015 年
各类经济林产品总量		15843.53	17356.27
森林食品	小计	339.66	423.59
	竹笋干	65.32	77.16
	食用菌（干重）	210.17	273.47
	山野菜（干重）	37.35	39.74
	其他森林食品（干重）	26.81	33.22
森林药材	小计	205.52	245.29
	银杏（白果）	12.58	11.59
	山杏仁（苦杏仁）	22.00	17.69
	杜仲	18.30	18.44
	黄柏	4.84	4.47
	厚朴	18.31	20.36
	山茱萸	4.64	4.77
	枸杞	22.96	29.32
	五味子	6.38	4.86
	其他森林药材	95.51	133.79
木本油料	小计	483.05	560.03
	油茶籽	202.34	216.35
	核桃	271.37	333.17
	油橄榄	2.08	2.79
	油用牡丹籽	1.23	2.26
	其他木本油料	6.03	5.46
林产工业原料	小计	187.07	188.11
	生漆	2.23	2.28
	油桐籽	41.61	41.20
	乌桕籽	3.59	3.22
	五倍子	2.37	2.51
	棕片	5.85	5.91
	松脂	130.95	132.63
	紫胶（原胶）	0.47	0.36

二、经济林资源分布

我国是经济林资源大国，已发现的经济林树种在1000种以上，分布广泛，且呈现明显的地域特征。其中，优势特色经济林达到几十种，主要分布在5大片区（表3-4）。

（一）东北中温亚寒带片区

东北中温亚寒带片区东起长白山，西至呼伦贝尔草原、科尔沁沙地，南接燕山山脉，北以大小兴安岭为界。片区内以东北平原和蒙古高原为主体，山地、沙地、林地资源丰富。行政范围涉及黑龙江、吉林、辽宁、内蒙古4个省（自治区）。气候为湿润型温带气候，年降水量由东向西从1000 mm降到400 mm，年均气温−4~6℃，无霜期100~160天，气候寒冷，生长期短。本区为仁用杏（山杏、大扁杏）、果用红松、榛子、秋子梨、蓝莓、树莓、山葡萄、东北红豆杉、北五味子、刺五加等经济林树种核心产区，是野生浆果、山野菜、食用菌等森林食品和药材的重要生产基地。果用红松、榛子产量占全国产量的90%以上。此外，还有板栗、山杏、核桃、沙棘等经济林树种。

（二）西北大陆性温带片区

西北大陆性温带片区东起浑善达克沙地，西至中国与吉尔吉斯斯坦、哈萨克斯坦的国境线，南到西昆仑山、阿尔金山、祁连山、六盘山及长城沿线，北与俄罗斯、蒙古接壤。行政范围涉及新疆、青海、甘肃、宁夏、内蒙古5个省（自治区）。本区属温带大陆性气候，干旱少雨、多风沙，由东向西年均降水量从400mm降到200mm以下；气温相差大，年均气温2~12℃，而塔里木盆地一些地方和吐鲁番盆地、银川盆地属暖温带气候。本区适宜栽植的主要经济林有核桃、枣、仁用杏（山杏、大杏扁）、扁桃、阿月浑子、巴旦木、文冠果、葡萄、梨、苹果、杏、石榴、无花果、枸杞、沙棘等，是我国核桃、枣、山杏、石榴、枸杞、沙棘等优势经济林树种和葡萄、苹果、香梨等特色水果的核心产区。

表3－4　主要经济林分片区域

片区名称	主要适生经济林					
	木本油料	干果	林产调料产品	森林药材	水果	森林食品及其他
东北中温亚寒带片区	—	仁用杏（山杏）*、榛子、果用红松等	—	沙棘、人参、北五味子、东北红豆杉等	秋子梨、树莓、蓝莓、山葡萄等	食用菌、山野菜等
西北大陆性温带片区	核桃*、扁桃、文冠果等	枣*、仁用杏（山杏）*、阿月浑子、巴旦木、无花果、沙枣等	花椒	枸杞、沙棘、肉苁蓉等	葡萄、梨、苹果、杏、石榴等	—
华北黄河中下游暖温带片区	核桃*、长柄扁桃、油用牡丹、文冠果等	板（锥）栗*、枣*、仁用杏（山杏）*、柿、榛子、无花果等	花椒	银杏、杜仲、金银花、灯台树等	苹果、梨、桃、葡萄、杏、山楂、石榴、猕猴桃、樱桃、桑等	白檀
南方丘陵山地亚热带片区	油茶*、核桃*、油橄榄、油桐、山桐子等	板（锥）栗*、柿、香榧等	花椒、八角、肉桂、山苍子等	银杏、杜仲、厚朴、金银花、黄蘗、山茱萸、灯台树等	柑橘、梨、杨梅、枇杷、荔枝、猕猴桃等	茶、竹笋、乌桕、盐肤木漆等
西南高原季风性亚热带片区	核桃*、油橄榄等	板（锥）栗*、澳洲坚果等	花椒、草果、山苍子等	红豆杉、灯台树等		茶、竹笋、黄檀、食用菌、山野菜等

注：*为优势经济林。

（三）华北黄河中下游暖温带片区

华北黄河中下游暖温带片区东起渤海、黄海的海岸线，西至陇东山地，南达秦岭、伏牛山、淮河及苏北灌溉总渠，北至长城以南地区。行政范围涉及北京、天津、河北、山西、山东、辽宁、河南、安徽、江苏、陕西、甘肃、宁夏12个省（自治区、直辖市）。本区位于黄河中下游，包括黄淮海平原、黄土高原、燕山山脉、太行山、吕梁山、秦岭北坡、六盘山等地貌，自然条件多样。气候属暖温带气候，春季干旱多风，夏季炎热多雨，冬季寒冷干燥。年均降水量400~950mm，年均气温8~14℃。本区是我国落叶木本粮油和大宗果品的核心产区，包括核桃、枣、板栗、柿、银杏、花椒、苹果、梨、桃、葡萄、猕猴桃、樱桃、石榴等；此外适宜栽植的还有山楂、杏、桑、无花果、榛子、杜仲、金银花、仁用杏（山杏、大杏扁）、长柄扁桃、油用牡丹、文冠果等。

（四）南方丘陵山地亚热带片区

南方丘陵山地亚热带片区东起黄海海岸线，西与云贵高原、青藏高原东南部相邻，南部以南岭南坡山麓、两广中部和福建东南沿海为界，北至秦岭山脊、伏牛山主脉南侧、淮河流域。行政范围涉及甘肃、陕西、河南、安徽、江苏、四川、重庆、湖北、浙江、贵州、湖南、江西、福建、云南、广西、广东16个省（自治区、直辖市）。本区域地貌类型复杂多样，平原、盆地、丘陵、高原和山地皆有，北部和中部为秦岭、淮阳山地、四川盆地、长江中下游平原和江南丘陵、东部沿海丘陵。气候属亚热带季风气候，最冷月平均气温0~15℃，无霜期250~350天，年降水量一般高于1000mm。适宜栽植的经济林主要有油茶、核桃、山核桃、油桐、乌桕、柑橘、梨、杨梅、枇杷、荔枝、猕猴桃、板栗、柿、银杏、油橄榄、茶、笋用竹、花椒、八角、肉桂、杜仲、厚朴、黄檗、山茱萸、金银花、漆、山桐子等。

（五）西南高原季风性亚热带片区

西南高原季风性亚热带片区范围包括我国的云贵高原及青藏

高原东部。行政范围涉及云南、贵州、四川、西藏、甘肃、青海6个省（自治区）。本区属典型的山原地貌，地势由西向北向东南呈阶梯下降，垂直地带发育明显。气候属亚热带季风气候，年均气温12～18℃，年均降水量400～1100mm，水热资源丰富。受错综复杂的高原地形和海拔悬殊的影响，气候垂直变化明显，类型多样。适宜栽植的主要经济林有核桃、板栗、油橄榄、花椒、澳洲坚果、红豆杉、山苍子、茶、笋用竹等。

第五节　竹藤产业

中国竹藤资源十分丰富，素有"竹子王国"之称，有竹类植物30属500余种，约占世界竹种的40%，占亚太地区竹林面积的50%以上。根据全国第八次森林资源清查结果，我国现有竹林面积601万hm²。我国竹子种类、竹林面积、竹材产量、竹材加工水平和国际贸易量均居世界首位，在世界竹产业中具有引领作用。我国现有棕榈藤3属40种21变种，在热带地区具有相当的分布。竹藤产业是具有我国资源特色和技术比较优势，在国内外市场具有竞争力的绿色朝阳产业，拥有巨大发展潜力和广阔发展前景。国际竹藤组织总部设于我国，显示出我国在世界竹藤领域的重要地位。

一、竹藤产业情况

近年来，我国的竹藤产业快速发展，出现了种类繁多的竹藤产品，丰富了人们的经济文化生活。我国的竹藤产品有10多个类别，近万个品种，为新农村建设作出了巨大贡献。竹产业发达的地县，在其地方经济收入中竹产业贡献占1/3以上。2002年我国竹产业年产值仅为370亿元，2014年我国竹产业产值已达1845亿元，大径竹产量为22.24亿根，其中毛竹为13.08亿根。根据国家林业局竹产业发展规划，2020年竹产业总产值将达到480亿美元（约3000亿元人民币），竹产业直接就业人数1000万人，竹区农民竹业年收入330美元/人，占农民人均纯收入的20%以上。

目前，我国竹藤产品加工出口贸易额居世界之首，占全球竹藤产品国际贸易额的 60% 以上，产品远销 30 多个国家和地区。

竹子是陆地森林生态系统的重要组成部分，一次造林可以持续经营利用，在生态和文化建设中具有重要作用。竹子在我国具有悠久的文化历史，我国政府十分重视弘扬和发展竹文化，自 1997 年以来，已连续举办了 8 届中国竹文化节。弘扬竹文化、发展竹经济、建设新农村，在中华大地蔚然成风，已成为生态文明和生态文化深入人心的时代特征。结合生态功能和文化内涵的竹林生态旅游在我国主要竹产区已经成为当地经济的一个新的增长点。

二、竹藤产业科技支撑情况

近年来，国家对竹藤科学与技术研发机构和加工企业不断加大人才培养、技术创新以及新产品、新技术和新工艺开发的投入，使竹藤产业科技研发水平不断提高。通过依靠科技，开拓创新，对改善我国生态环境、促进经济发展等发挥了重要作用。"竹藤资源培育与高附加值加工利用技术研究"和"竹类资源环境友好经营与循环利用关键技术研究与示范"科技支撑项目的圆满完成，内容涵盖竹藤材料功能性改良与高效综合利用、竹藤基生物质复合材料制造、竹藤种质资源保存与分子育种、毛竹基因组测序、竹藤活性成分及化学利用、环境污染物化学行为、竹藤资源培育与管理、竹藤生态功能监测与评价以及竹藤标准体系构建等重要内容。尤其在毛竹基因组学研究、优良竹种筛选、风轮叶片用竹木复合材料研制、抗震竹质预制房屋竹结构构建、高性能竹木复合材料制造、竹产业加工剩余物循环利用、丛生竹资源高效利用、环境友好型竹材防护等技术领域取得了重大突破和推广应用，使竹藤资源的科技开发和产业化程度更加深入有序，科技成果转化进程不断推进，实现了竹藤产业领域产、学、研有机结合的良好格局。"竹质工程材料制造关键技术研究与示范"项目曾获 2006 年国家科学技术进步奖一等奖。

三、竹藤产业示范情况

1996 年，原林业部命名了"中国十大竹子之乡"，对推动中国竹业发展发挥了重要作用。随着竹业的迅猛发展，一批竹业重点县脱颖而出。为进一步发挥"竹乡"的示范带动作用，根据全国竹业发展的形势，经认真研究，国家林业局组织开展了"中国竹子之乡"评选命名活动，命名浙江省安吉县等30个单位为"中国竹子之乡"（包括原来的10个）。30大"中国竹子之乡"的竹产业成为当地支柱性产业，对促进区域经济发展和农村脱贫致富起到非常重要的作用。竹产业既是技术密集型又是劳动密集型产业，中国竹产业发展为替代木材、减少森林砍伐、带动当地经济发展、增加就业机会带来明显效益。

四、竹藤产业标准建设

我国竹藤产业的迅速发展，需要标准对技术和产品进行规范。从2004年开始，中国竹藤标准制定、修订工作专业范围开始迅速扩大，已逐步涵盖竹林培育、竹藤新材料、竹炭、竹醋液、竹纤维、竹材防腐、竹藤工艺品及日用品等各方面。根据全国竹藤标准化委员会最新统计，截至2015年，我国已经颁布实施的竹藤方面国家和行业标准（含其他领域）共计135项，其中国家标准32项，行业标准103项，在研的国家和行业标准76项，其中国家标准18项，行业标准58项。

国际标准化组织（ISO）技术管理局于2015年5月通过决议批准中方提议，正式成立国际标准化组织竹藤技术委员会，秘书处（TC）设立在中国，实现了我国竹藤标准国际化的突破。目前，结合国际贸易中竹藤大宗产品和国际标准影响力情况，我国正在以国内现有标准为基础，按照ISO工作导则，在竹地板、竹炭和竹产品术语等方面向ISO提出标准议案，争取实现组织制定ISO竹藤标准的新突破。

第六节　花卉产业

花卉产业既是美丽的公益事业，又是新兴的绿色朝阳产业。我国花卉种质资源丰富，栽培历史悠久，但形成产业是在改革开放以后，我国花卉产业经历了恢复发展、巩固提高和调整转型的发展阶段。花卉产业从无到有，从小到大，正在由传统单一的花卉种植业向花卉加工业和花卉服务业延伸，形成了较为完整的现代花卉产业链。

一、产业规模稳步发展

据统计，2014 年，中国花卉种植面积 127.02 万 hm^2、销售额 1279.45 亿元，种植面积达 10 万 hm^2 以上的有江苏、浙江和河南分别是 14.65 万 hm^2、14.57 万 hm^2 和 11.68 万 hm^2。浙江、江苏、广东、福建的花卉销售额突破 100 亿元，分别为 168.69 亿元、167.04 亿元、128.76 亿元、116.37 亿元。

二、生产格局基本形成

形成了以云南、辽宁、广东等省为主的鲜切花产区，以广东、福建、云南等省为主的盆栽植物产区，以江苏、浙江、河南、山东、四川、湖南、安徽等省为主的观赏苗木产区，以广东、福建、四川、浙江、江苏等省为主的盆景产区，以上海、云南、广东等省(直辖市)为主的花卉种苗产区，以辽宁、云南、福建等省为主的花卉种球产区，以内蒙古、甘肃、山西等省(自治区)为主的花卉种子产区，以湖南、四川、河南、河北、山东、重庆、广西、安徽等省(自治区、直辖市)为主的食用药用花卉产区，以黑龙江、云南、新疆等省(自治区)为主的工业及其他用途花卉产区，以北京、上海、广东等省(直辖市)为主的设施花卉产区。同时，洛阳、菏泽的牡丹，大理、楚雄、金华的茶花，长春的君子兰，漳州的水仙，鄢陵、北碚的蜡梅等特色花卉也得到进一步巩固和发展。

三、科技创新得到加强

据不完全统计，我国拥有省级以上花卉科研机构 100 多个，设置观赏园艺和园林专业的高等院校 100 多所，专业技术人员 30 余万人。成立了全国花卉标准化技术委员会和国家花卉工程技术研究中心。花卉科研人员运用杂交技术，选育出梅花、牡丹、百合、月季等一批抗性强的新品种。截至 2014 年 7 月，获得国家植物新品种权保护的观赏植物新品种有 692 个，其中由我国自主培育的有'中国红'月季、'风华绝代'菊花等。

四、市场建设初具规模

据统计，2014 年全国花卉市场 3286 个。广东花卉市场总数高达 314 个；河北次之，为 332 个；湖南、四川、江苏的花卉市场也都在 200 个以上，分别达到 271 个、265 个和 233 个。昆明国际花卉拍卖交易中心、广东陈村花卉世界、江苏武进夏溪花木市场等已经成为全国具有代表性的专业花卉市场。全国现有花店近 8 万家，网络花店数千家，还有一大批具有我国特色的批零兼营花店分布在各大批发市场。随着产业发展，花卉营销手段不断出新：北京世纪奥桥园艺中心、浙江虹越园艺等为代表的时尚花卉超市和花园中心不断涌现，以长沙都市花乡、成都春天花坊等为代表的连锁花店开始形成，网络花店、鲜花速递和花卉租摆等新型零售业态不断出现。

五、花文化日趋繁荣

以举办大型花事活动为载体，不断挖掘花文化内涵，将花卉主题展览展示与花卉产业园区建设、休闲观光旅游相结合，使赏花为主题的旅游市场逐年扩大，极大地促进了产业链的延伸。改革开放以来，举办了一系列国际性和全国性花事活动，主要有 A1 类的 1999 昆明世界园艺博览会（以下简称世园会），A2＋B1 类的 2006 沈阳世园会、2011 西安世园会和 2014 青岛世园会，正在积极筹备的 2016 唐山世园会和 2019 北京世园会。同时，先后主办了 16 届中国国际花卉园艺展览会、8 届中国花卉博览会、9 届中国花卉产业论坛和 3 届中国杯插花花艺大赛，以及 1 届中国杯盆景大赛，为行业交流搭建了一个个高端平台。此外，重点城市和重点花卉产区举办了形式多样、内容丰富的花卉主题活动。

六、对外合作不断扩大

2014 年，全国花卉出口 6.19 亿美元。云南、广东、福建已成为主要出口花卉生产基地，产品销往日本、荷兰、韩国、美国、新加坡及泰国等 50 多个国家和地区。目前，正在开拓澳洲、东欧、东盟、中东和中亚等花卉出口的新兴市场。

中国花卉协会积极参与国际合作，先后成为国际园艺生产者协会（AIPH）、世界月季协会联盟（WFRS）、国际茶花协会（ICS）、亚洲花店协会（AFA）会员单位，国际地位不断提高。通过中国花卉协会的中介作用，吸引了一大批境外花卉企业落户国内，促成了一批国内花卉企业到国外投资兴业。

第七节　林下经济

林下经济是指在可持续发展理念指导下，充分利用森林资源和林地空间资源，通过林下种植、林下养殖、相关产品采集加工和森林景观利用等多种手段提高林地综合利用效率和经营效益，达到经济社会发展与森林资源保护双赢的一种生态经济发展模式。也可以形象地说林下经济是以森林资源为依托，以科技为支撑，充分利用林下自然条件，选择适合林下生长的微生物和动植物种类，进行合理种植和养殖，开展相关产品采集加工和森林景观利用，林、农、牧综合利用，上、中、下立体开发，长、中、短有机结合，近期得利，远期得林，绿色、环保、健康、安全、节约、循环利用、复合经营的经济模式。

一、林下经济的类型

通过对各地实践探索的总结，当前林下经济分为 4 类：一是林下种植，利用林下资源和空地，间种、套种作物等，主要包括林菌、林药、林果、林草、林花、林粮、林菜等模式；二是林下养殖，利用林下空间发展立体养殖，主要包括林禽、林畜、林蜂、林驯等模式；三是相关产品采集加工，利用林下产品进行采集加工、处理、包装，延长产业链，提高经济效益，主要包括对林下菌类、中草药、竹笋、山野菜、藤芒等林下产品进行采集加工；四是森林景观利用，充分发挥林区山清水秀、空气清新、生态良好的环境优势，大力开展观光休闲、度假养生、生态体验等服务。同时积极开发富有地方特色的森林食品、果品、饮料等森林旅游商品，逐步形成特色突出、体系完善的森林旅游精品，包括森林公园、自然保护区、城郊林家乐、森林人家、森林休闲山庄、生态休闲旅游等。

上述这些类型，各地在实践中往往还要根据自然条件、林木生长状况、自身经济技术条件和市场需求灵活选择，使其进一步丰富交织在一起，形成多元化组合发展。

二、林下经济发展历程

我国利用森林资源在林下种养殖的历史源远流长，但林下经济则是伴随着市场经济发展，特别是集体林权制度改革以后大量涌现的新经济形式。近年来集体林权制度改革与林业经济结构调整，推动了林下种植、林下养殖、相关产品采集加工、森林景观利用的蓬勃发展。

20 世纪 80 年代初的农村经济体制改革，活跃了农村家庭经济。随着经济快速增长和市场需求不断扩大，简单采集野生资源已无法满足市场需求，一些地方利用"自留山"、"责任山"的林下土地培育食用菌、种植药材等，一些地方随之兴起，且面积日益扩大。

20 世纪 90 年代以后，人们对绿色、环保、安全的食品需求不断增加，加之林下种、养殖投资少，操作简单，产品具有绿色、环保、品质好等诸多优点，一些农户及种、养殖企业将较大规模的种、养殖基地转移到林区，林下种、养殖快速发展。同时，农家乐、森林人家逐步兴起，成为人们精神文化消费的热点。

2003 年，《中共中央 国务院关于加快林业发展的决定》(中发〔2003〕9 号)颁布后，福建、江西等省进行了以"明晰产权，放活经营权，落实处置权，保障收益权"为主要内容的集体林权制度改革。2008年，中共中央、国务院出台《关于全面推进集体林权制度改革的意见》（中发〔2008〕10号）后，发展林下经济引起中央和各地政府重视，农民发展林下经济的愿望强烈，参与主体逐步增多，经营机制和发展模式不断创新，特别是广西、辽宁、浙江、甘肃、江西、湖南、重庆等省（自治区、直辖市）充分利用森林资源，大力发展林下经济，经营机制不断创新，发展模式不断丰富，组织形式日益多样，林下经济在增加农民收入、巩固集体林权制度改革和生态建设成果、加快林业经济结构调整中发挥了重要作用，取得了明显成效。

国家林业局在深入调查研究总结各地发展经验的基础上，组织起草了《关于加快林下经济发展的意见》，经国务院同意，2012年7月30日以国务院办公厅名义印发，林下经济发展进入了全面推进和快速发展阶段，迎来了宝贵的发展机遇。

自2007年以来，中央领导先后15次重要批示指示加快发展林下经济。继2012年国务院办公厅出台《加快发展林下经济的意见》后，2013年12月18日，国务院总理李克强主持召开国务院常务会议，强调加强生态保护和建设，支持地方大力发展沙产业和林下经济。

中共中央、国务院2015年4月25日发布的《关于加快推进生态文明建设的意见》提出要发展绿色产业，明确提出要发展林下经济。这是对发展林下经济的最高层级的要求，表明发展林下经济已经成为国家意志的一部分。

三、林下经济进展情况

1. 林下经济发展规划。国家林业局编制了《全国集体林地林下经济发展规划纲要》和《全国集体林地林药林菌发展实施方案》，分别于2014年和2015年印发各地，指导各地林下经济发展。

2. 林下经济示范基地建设。通过典型示范，"探路子、出经验、做示范"的作用，引导林下经济走上一条技术含量高、产品质量优、经济效益好的健康发展之路。截至2015年年底，全国林下经济示范基地数量为 3073 个，其中国家林下经济示范基地 149 个，省级示范基地 797 个，市级示范基地 939 个，其他示范基地 1188 个。

3. 林下经济认证试点。 2014 年年初，国家林业局启动了林下经济认证试点工作，明确首批认证试点单位。通过对林下经济（非木质林产品）认证，可以在完善国家森林认证体系的同时，向公众传播绿色消费理念，扩大林下经济影响，提升林业社会地位。

4. 林下经济中央财政补助试点。 自 2013 年开始，全国共在 25 个省（自治区、直辖市）开展了试点工作，到 2015 年共补助 3.85 亿元，其中：2013 年 8000 万元、2014 年 1.5 亿元、2015 年 1.55 亿元。

2015 年全国林下经济产值达到 5804 亿元，比 2014 年增长了 7.18%，林下经济占林业总产值约 10%，参与农户 5705 万户。根据有关部门的监测显示，108 个林改重点县农民人均林下经济收入占林业收入的 38%。

第八节 森林旅游

20 世纪 70 年代末，伴随着我国旅游事业的复苏，多年来林业职工精心保护、培育形成的良好的森林生态环境和优美的自然景观吸引了越来越多的旅游者。为有效保护和积极利用森林风景资源，1980 年原林业部发出《关于风景名胜地区国营林场保护山林和开展旅游事业的通知》，并着手组建森林公园。1982 年 9 月，我国第一个国家森林公园——湖南省张家界国家森林公园正式成立，由此揭开了中国森林旅游发展的序幕。

森林旅游是人们以森林、湿地、荒漠和野生动植物资源及其外部物质环境为依托所开展的游览观光、休闲度假、健身养生、文化教育等旅游活动的总称。我国开展森林旅游的载体是以森林公园、湿地公园和林业系统自然保护区为主的，另外还有林业观光园、野生动物园、树木园、沙漠公园等多种类型。

随着我国森林旅游地体系的不断完善和森林旅游产业的发展壮大,森林旅游的综合效益日益凸显,在促进经济社会发展中的作用日益增强。森林旅游具有自然性、开放性、多样性、科普性等特征,森林旅游产业具备就业门槛低、产业链条长、就业容量大、综合效益好等产业优势,在满足国民精神文化生活、促进区域经济增长、传播生态文化等方面的巨大潜力日益凸显。森林旅游已经成为满足国民"走进森林、体验自然"的重要途径,成为推动区域经济发展、促进农民就业增收的重要途径,成为传播生态文明理念、普及自然科学知识的重要途径,成为是适应林业主体功能转变和林业改革方向、促进林业可持续发展的重要途径。

一、森林旅游发展状况

30 多年来,我国的森林旅游发展取得了骄人的成绩。2015年,全国森林旅游人数达 10.5 亿人次,同比增长 15% 以上,创造社会综合产值超过 8000 亿元,同比增长约 25%。在全国森林旅游人数中,森林公园接待的人数约占 77%,湿地公园和林业系统自然保护区分别占 10%。各类森林旅游地总数达到 8600 处。森林旅游管理和服务人员数量超过 26 万人,其中导游和解说人员数量约为 4 万人。森林旅游接待床位总数为 170 万张,接待餐位总数为 350 万个。近几年全国森林旅游业情况见表 3-5。

表 3-5　2012—2015 年全国森林旅游业统计

年　份	2012 年	2013 年	2014 年	2015 年
游客量(亿人次)	6.8	7.6	9.1	10.5
森林旅游直接收入(亿元)	618	685	825	1000
创造社会综合产值(亿元)	4400	5200	6500	7800
管理和服务人员数量(万人)	20.6	22	24	24.5
其中:导游和解说人员数量(万人)	2.8	3	3.36	3.85
接待床位总数(万张)	150	160	160	170
接待餐位总数(万个)	247	260	330	380

二、森林旅游发展促进措施

森林旅游是森林多功能利用的重要途径，长期以来，国家林业局高度重视森林旅游工作。2011年11月18日，国家林业局、国家旅游局在海口联合召开全国森林旅游工作会议。2011年，国家林业局、国家旅游局共同成立全国森林旅游工作领导小组及其办公室，联合印发《关于加快发展森林旅游的意见》，并公布了10个全国森林旅游示范区试点单位。从2012年开始，国家林业局逐年编制并出版发行《中国森林等自然资源旅游发展报告》。同时，加大对森林旅游的宣传推介力度，先后举办了4届中国森林旅游博览会，从2008年开始每年举办中国（温州）森林旅游节，组织设计了中国森林旅游专用标志，建设运行了中国森林旅游网，推出了全国最具影响力的30家森林公园，开展了2013年全国最美森林旅游景区系列评选活动和2014年全国森林公园风光博览和森林旅游公益宣传活动，与中国画报社合作编撰了《中国国家森林公园画册》，与中央电视台CCTV－7合作摄制了15集大型电视纪录片《中国国家森林公园》。2014年，国家林业局印发《全国森林等自然资源旅游发展规划纲要（2013—2020年）》。2015年，森林旅游继续保持良好的发展态势。

三、森林旅游品牌建设

经过30余年的发展，森林旅游已经成为林业重要的朝阳产业、绿色产业和富民产业，森林旅游的社会影响力不断提高，服务能力不断提升，产业规模不断壮大，综合带动功能不断增强。森林旅游已成为公众出游的一个重要选择，成为媒体关注的一个重要焦点。许多地方的党委、政府都把发展森林旅游纳入重要议事日程，如海南省2011年成立了由省委书记任组长、省长任第一副组长、分管省长任副组长、省旅游委、林业厅等相关部门为成员单位的森林旅游工作领导小组，并以省委、省政府名义出台了《关于加快发展海南热带森林旅游的决定》，加大了对森林旅游发展的领导和扶持力度。以张家界国家森林公园、神农架自然保护区、西溪国家湿地公园等为代表的一大批森林旅游目的地已成为家喻户晓的景区品牌。森林旅游在促进区域经济发展和民生改善中发挥了越来越重要的作用。根据对各省森林公园建设带动农村发展、农民致富的情况调查发现，我国森林公园发展已经使3000多个乡、15000多个村、近3000万农民受益，创造了60多万个农村人口就业机会。森林旅游还在传播生态文化、提高国民生态保护意识中发挥了越来越重要的作用，一大批森林旅游目的地已经成为大、中、小学生的科普基地、夏（冬）令营基地、实习基地、爱国主义教育基地，成为科研人员的实验基地和广大艺术爱好者的创作基地。各类森林旅游目的地通过加强生态文化基础建设，强化其生态教育功能，使得人们对大自然有了进一步了解，对人与自然的关系有了进一步认识，从而有助于人们培养起尊重自然、顺应自然、保护自然的生态情怀。

第九节　野生动植物繁育利用

一、产业特点

我国野生动植物种类十分丰富，仅脊椎动物就达6000种左右，高等植物达3万多种，适生条件多种多样，经济利用价值各不相同，是发展野生动植物繁育利用产业的物质基础。由于野生动植物资源的特性，该产业与其他产业有明显不同的特点，其市场空间也难以由其他产业来填补，具有巨大的发展潜力。

（一）对加强生态建设具有积极的促进作用

野生动植物是自然生态系统的主要组成部分，决定了野生动植物适生于森林、湿地、草原、荒漠等各类自然生态系统，只要按照其自然生态习性开展繁育，不仅不会危害生态，还能有效发挥其在维护生态平衡中的作用。此外，通过野生动植物繁育来满足市场需求，可有效遏制对非正常渠道来源的野生动植物及其产品的需求，有利于遏制乱捕滥猎、乱挖滥采、走私野生动植物等非法行为。

（二）为经济发展提供了多种多样的物质资源

在我国，野生动植物繁育利用涉及诸多行业，包括医药、传统工艺及装饰品、毛皮及高级皮革、乐器、名贵家具、食品、保健品及化妆品、花卉、园艺、生态旅游等领域，现阶段相关产品已高达数千种，并且由野生动植物提供的物质材料具有特殊性，难以被其他物质所替代。随着科学技术的不断进步，今后还将有更多的物质材料从野生动植物中源源不断地被开发出来，这与经济发展对物质资源的需求日益多样化趋势相一致，呈现出巨大的开发潜力。

（三）野生动植物繁育利用产业具有广阔的市场空间

野生动植物资源属于稀缺资源，与正常需求相比，缺口很大。以麝香为例，年均需求量在2t以上，但从保障中医药可持续发展的角度核算，现阶段每年启用的麝香量已不足750kg，按货值计算的每年资源缺口额约2亿元。类似的情况在其他野生动植物中比比皆是，如蛇类、穿山甲、高鼻羚羊、石斛、红豆杉等。科技进步对野生动植物新产品的开发，国际上追求天然食品及天然原料的趋势，观赏野生动植物生态旅游的兴起，还将进一步拓宽野生动植物繁育利用产品的市场，因此，其发展空间十分广阔。

（四）适宜于为偏远落后地区脱贫致富开辟新的出路

我国野生动植物大多分布于偏远落后地区，这些区域常常不适于发展工业或高新技术产业。但其自然条件和保存的生态系统恰恰适宜开展野生动植物繁育，加之野生动植物不危害生态、其产品价值高昂的特点，是当地经济实现新增长和促进群众脱贫致富的新途径。以野生动植物原材料高达数百亿元的市场缺口核算，如果这一市场缺口转化为繁育产值，总体上可解决数百万农村剩余劳动力就业问题，其延伸效益更为巨大。

（五）与传扬民族传统有着密切的关系

我国野生动植物繁育利用历史悠久，许多民族传统就是起源于野生动植物繁育利用或依赖野生动植物资源的，如传统中医药、民族乐器、传统雕刻工艺、传统马戏表演、民族服饰，等等。这些民族传统涉及的野生动植物资源一旦告罄，相关民族传统的继承和发扬必然受到严重影响，甚至面临危机。大力发展野生动植物繁育，不仅可有效促进资源增长和改善生态环境，还可缓解野生动植物原材料严重不足的矛盾，进而维护相关中医药、毛皮及高级皮革、保健品及化妆品、食品、名贵家具等制造业的可持续发展，并将对民族传统的继承和发扬发挥积极作用。

二、现状和存在问题

近年来，在我国不断加强生态建设进程中，林业部门对引导和扶持野生动植物繁育利用产业日益重视，不断加强政策指导、扩大种源储备、积极提供技术及市场信息服务、实行规范管理，特别是提出了"以利用野外资源为主朝利用人工繁育资源为主转变"的战略方向，促使该产业迅速呈现出勃勃生机。截至2014年年底，已形成了由龙头企业、繁育基地和养殖、种植户构成的资源繁育、加工利用和销售出口"一条龙"产业链，市场出路稳定，在局部地区对促进当地经济发展和农民增收取得了明显成效，还有效保障了一大批传统产业的可持续发展。

尽管我国野生动植物繁育利用产业近年来发展迅速，但与社会需求的快速增长相比，仍处于滞后状况，主要体现在三个方面：一是繁育资源总量严重不足，市场缺口高达数百亿元；二是深加工技术落后，没有充分开发出资源价值，如林蛙油、紫杉醇等出口到国外，经再次加工后的价值将提高数倍甚至数十倍；三是野外观鸟和观赏野生动物等生态旅游还几乎是空白，而在许多国家这已成为促进旅游业发展的重要动力，甚至是部分国家的一大支柱产业。尤其值得重视的是，由于产业发展跟不上市场需求的增长，巨大的市场空间不仅没能转化为生产力，还导致走私、乱捕滥猎、乱挖滥采等违法现象屡禁不止，反而给野生动植物保护形成了巨大压力，国际社会借此指责我国保护政策的情况也时有发生。

第十节　生物质能源产业

生物质能源是世界上重要的新能源，是全球继石油、煤炭、天然气之后的第四大能源，成为国际能源转型的重要力量。发展生物质能源，特别是发展林业生物质能源，是缓解当前人类社会健康持续发展面临的能源巨大消耗、二氧化碳大量排放、生态状况持续恶化等危机的重要途径。森林中蕴藏的林业生物质能源，因其可再生性、绿色洁净、存量丰富、分布广泛以及二氧化碳零排放等诸多优点，已成为世界公认的既能改变能源供应结构，又利于保护生态环境和应对气候变化的战略选择。

我国现有森林面积 2.08 亿 hm^2，生物质总量超过 180 亿 t，林业生物质能源发展潜力巨大。从林业生物质能源利用角度看，主要有三类：一是木质纤维原料。包括薪炭林、灌木林和林业三剩物等，总量约有 3.5 亿 t。主要利用方向是生物质发电供热、木炭等热解产品和成型燃料。二是木本油料资源。林木种子含油率超过 40% 的乡土植物有 150 多种，其中小桐子、油桐、光皮树、黄连木等主要能源树种的分布面积超过 100 万 hm^2。主要利用方向是生物柴油。三是木本淀粉植物。如栎类、菜板栗、蕨根、芭蕉芋等，其中栎类分布面积超过 1600 万 hm^2。主要利用方向是燃料乙醇。这些丰富的林业生物质资源，可为缓解国家能源危机，调整和优化能源结构，实现能源可持续供给提供有力的保障。

一、能源林培育

科学培育能源林是发展林业生物质能源产业的关键所在。自 2011 年以来，国家林业局印发了能源林和灌木原料林 2 个类型，以及小桐子、无患子、文冠果、山桐子等 8 个能源树种的培育指南，不断推进能源林科学持续健康发展。截至 2016 年年底，全国累计完成林业生物质能源资源培育（良种繁育和资源培育示范基地建设等）近 500 万 hm^2。与实际需求相比，能源林培育仍然不能完全适应林业生物质能源产业的发展，特别表现在木本油料资源的高产稳产方面。

二、生物柴油生产

生物柴油是指由动植物油脂与醇经酯交换反应得到的脂肪酸单烷基酯，具有硫及芳烃含量低、冷滤点低、闪点高、十六烷值高、润滑性好等优点。木本油脂是具有较大发展潜力的生物柴油原料，利用小桐子、黄连木和光皮树等木本油脂果实转换生物柴油技术比较成熟。近年来，我国出台了一系列政策，大力支持以生物柴油为主的生物质液体燃料。总体上，生物柴油仍处于产业发展初期，原料成本过高是其面临的主要问题。截至2015年，全国生物柴油年产量约80万t。

三、生物质发电供热

生物质发电是利用秸秆、木料、稻草、稻壳、甘蔗渣等农林废弃物燃烧后进行发电。以林业生物质为主要原料的发电方式包括直接燃烧发电、混合燃烧发电和气化发电等。目前，我国生物质发电已形成一定规模，初步实现了产业化。截止2015年，我国生物质发电总装机容量约1030万kW，其中，农林生物质直燃发电约530万kW，林业三剩物成为生物质发电的主要原料，部分专门以灌木平茬物为主要原料的林业生物质热电项目已经投产发电。

四、成型燃料加工

生物质成型燃料是将秸秆、稻壳、木屑等农林废弃物粉碎，压缩成型后作为燃料直接燃烧，也可以进一步加工形成生物炭；或者将农林废弃物炭化后再胶合成型，形状块状、棒状或颗粒状等成型燃料。生物质成型燃料储存、运输、使用方便，清洁环保，燃烧效率高，既可以作为农村居民的炊事和取暖材料，也可作为城市分散供热的燃料。截止2016年，林木生物质成型燃料年产量约81万t，木炭、竹炭、活性炭等木竹热解产品年产量约177万t。

五、燃料乙醇转化利用

燃料乙醇是以淀粉类、糖类或纤维素类物质等为原料，采用发酵方法获得的纯度为99.5%以上的无水乙醇。燃料乙醇既可以单独作为汽车燃料，也可与汽油混合成为车用乙醇汽油。纤维素制备乙醇是目前技术研发和产业化示范的重点，木质纤维束转化乙醇技术近年有较大突破，但距工业化应用还有较长的距离。截止2015年，以陈化粮和木薯为原料的燃料乙醇年产量约210万t。

目前，在沙－林－电一体化、油料能源林基地及产品的综合开发利用、木质纤维素生物柴油生产、碳电热肥联产、木质颗粒等方面均涌现出一批典型示范，发挥非常好的示范带动作用。国家林业局以局文形式，正式确立了内蒙古金骄、湖南未名、内蒙古毛乌素、吉林宏日、福建源华等5个示范样板基地。

全国主林业生物质能源资源培育现状见表3-6。

表3-6 全国林业生物质能源资源培育现状 万 hm²

省（自治区、直辖市）	合计	木本油料资源	木质纤维原料	木本淀粉植物
合计	498.03	118.06	312.84	67.13
河北	75.40	3.10	29.60	42.70
山西	0.88	0.16	0.57	0.15
内蒙古	33.23	2.59	30.64	
辽宁	0.53	0.53		
吉林	1.05	0.06	0.98	
浙江	0.53			0.53
安徽	12.19	9.39	2.80	
江西	9.47	1.96	7.00	0.51
河南	50.00	9.50	25.50	15.00
湖北	34.90	6.70	20.30	7.90
湖南	2.23	0.88	1.02	0.34
广西	0.12		0.12	
重庆	17.47	11.20	6.27	
四川	6.76	6.76		
云南	5.93	5.93		
陕西	78.10	6.70	71.40	
青海	2.00		2.00	
宁夏	12.71		12.71	
新疆	154.53	52.60	101.93	

第十一节　木浆造纸产业

一、木浆造纸产业概况

我国纸及纸板生产量和消费量均位居世界第一。2014年我国纸及纸板产量达到1.19亿t，同比增长2.97%，创历史新高。我国木浆产量870万t，占纸浆消耗总量的26%，木浆用量比例远低于世界平均木浆比例（46%）。每年大量进口木浆以及商品木片，以满足造纸工业对木浆纤维的需要。在今后几年，我国木浆生产将以较高的速度增长。

近年来，我国造纸工业的产业集中度不断提高，出现了一批大中型木浆生产企业。2006年以来，广东、海南、山东、江苏、福建等地新上了大批产能规模30万t/年以上化学木浆生产线、10万~30万t/年化机浆生产线，10年间木浆年生产能力净增加达到900万t以上。通过引进设备，建成了一大批具有世界领先水平的纸浆、纸及纸板生产线。

二、木浆造纸产业存在问题

一是原料供求矛盾突出。由于国内原料林基地建设迟缓，木材供应有限，非木浆发展受到清洁生产新技术开发滞后的影响，加上国内废纸回收率偏低等因素的影响，造纸纤维原料自给率难以提高，供需矛盾日益加剧。二是自主创新能力不强。我国造纸工业自主创新能力建设比较薄弱，产、学、研没有形成有机的整体，引进技术消化吸收再创新不足，在新工艺、新设备和新产品的开发上缺乏自主创新的产业化重大成果。核心制浆造纸装备依赖进口。三是节能减排任务艰巨。我国造纸工业中技术装备比较落后的产能仍占30%左右，存在水耗、能耗和化学品消耗高，是造纸行业的主要污染源，其COD排放量约占行业排放总量的47%，与国际先进水平存在相当大的差距，大批落后产能需要进一步淘汰。四是产品结构不合理。先进的技术和装备过于集中在几种主要的大宗纸及纸板产品，产能相对过剩，影响了企业的可持续健康发展。

我国造纸工业面临的资源能源环境约束日益加剧。造纸工业依靠高速扩张获得发展的模式已经结束，企业发展面临切割和分化。率先采取资源节约型、环境友好型的可持续发展战略的企业，将在激烈的市场竞争中生存下来并获得发展。随着林纸一体化发展模式的深入推进，拥有木材纤维原料基地的造纸企业将获得优先发展。

第十二节　国际贸易

近年来，我国林产品贸易额呈现稳中趋升的发展势态，增长幅度趋缓；出口额增速大于进口额增速，贸易顺差逐步步加大（表3-7）。进口的主要产品是纸浆、原木、锯材、废纸、干鲜水果和坚果等；出口的主要产品是木家具、纸、纸板及纸制品、木制品、胶合板、干鲜水果和坚果等。我国林产品主要进口国家是美国、泰国、印度尼西亚、加拿大、俄罗斯、马来西亚、巴西、越南、智利、新西兰、法国等，以林产品资源较为丰富的国家为主；出口国家和地区主要是美国、日本、英国、越南、韩国、澳大利亚、泰国、新加坡、马来西亚、德国及香港等，以发达国家和地区为主。我国林产品进出口国家和地区呈现重点市场相对稳定，新兴市场份额逐渐增加，市场日趋多元化的发展趋势。

表3-7　2010—2015年中国林产品进出口简况　　　亿美元

年份	2010年	2011年	2012年	2013年	2014年	2015年
林产品贸易额	962.7	1204.5	1188.3	1259.9	1399.5	1384.8
出口额	487.8	550.8	575.7	625.6	722.0	747.6
进口额	474.9	653.7	612.6	634.3	677.5	637.2

据海关统计数据汇总分析，2015年，全国林产品进出口总值为1384.8亿美元，同比减少1.1%，其中，出口额747.6亿美元，增长3.5%；进口额637.2亿美元，减少6.0%。

从传统市场来看，2015年，中国对美国、东盟的出口额分别增长11.9%和9.5%。由于欧盟经济发展减速，欧元不断贬值，严峻的环境影响了中国的林产品出口，对欧盟的出口额较去年的增幅(11.19%)有较大回落，仅为0.6%。日本经济不景气的态势已经持续多年，对其进出口额双双呈现负增长，详见表3-8。

表3-8　2015年中国传统林产品贸易市场进出口额

国家 （地区）	进口额 （亿美元）	同比 （%）	出口额 （亿美元）	同比 （%）	进出口额 （亿美元）	同比 （%）
美国	79.7	-7.1	166.5	11.9	246.2	5.0
欧盟	87.3	-0.2	105.9	0.6	193.2	0.2
日本	14.9	-6.6	55.0	-9.7	69.9	-9.1
东盟	196.5	-12.3	121.2	9.5	317.7	-5.1

2015年，中国同各大新兴市场的出口贸易处于全面收缩状态，只有对墨西哥1国的出口额有小幅的增加(增幅从2014年的23.27%降至2015年的4.38%)，其他国家的出口额增幅均由2014年的正值转为负值。在全球经济增速放缓的大背景下，新兴经济体受到的冲击较发达国家更大，在面对经济衰退时更容易受到影响，详见表3-9。

表3-9　2015年中国新兴林产品贸易市场进出口额

国家 （地区）	进口额 （亿美元）	同比 （%）	出口额 （亿美元）	同比 （%）	进出口额 （亿美元）	同比 （%）
印度	1.75	66.83	10.95	-2.46	12.70	3.46
南非	6.19	-2.16	5.84	-8.23	12.03	-5.20
俄罗斯	41.50	0.89	10.24	-36.71	51.74	-9.73
巴西	27.99	12.93	3.47	-18.36	31.45	8.35
墨西哥	1.17	-13.52	6.09	4.38	7.26	1.01

第四章
林业改革

第一节　集体林权制度改革

一、集体林业基本情况

我国现有集体林地面积 27.95 亿亩，占全国林地总面积的 60.02%。2008 年 6 月 8 日，党中央、国务院出台了《关于全面推进集体林权制度改革的意见》。2009 年 6 月 22 日，中央召开了新中国成立以来的首次中央林业工作会议，对集体林权制度改革作出全面部署，这项改革在全国范围内全面推开。截至 2015 年年底，全国除上海和西藏以外 29 个省（自治区、直辖市）已确权面积 27.05 亿亩。按照林地经营主体划分，家庭承包经营 17.63 亿亩，集体经营 5.37 亿亩，其他形式经营 4.05 亿亩。

二、集体林权制度改革背景

集体林权制度经历了四次变动：一是土改时期的分山到户，二是农业合作化时期的山林入社，三是人民公社时期的山林统一经营，四是改革开放初期的林业"三定"（划定自留山、稳定山权林权、确定林业生产责任制）。这四次变动，既有经验，也有教训，关键是没有触及产权，林地使用权和林木所有权不明晰、经营主体不落实、经营机制不灵活、利益分配不合理，制约了林业生产力的发展。

本次集体林权制度改革的核心内容是，在坚持集体林地所有权不变的前提下，依法将林地承包经营权和林木所有权通过家庭承包的方式落实到本集体经济组织的农户，确立农民作为林地承包经营权人的主体地位。改革主要有五个环节：一是明晰产权。以均山到户为主，以均股、均利为补充，把林地使用权和林木所有权承包到农户。二是勘界发证。在勘验"四至"（指某块土地与四周相邻土地的界限）的基础上，核发全国统一式样的林权证，做到图表册一致、人地证相符。三是放活经营权。对商品林，农民可依法自主决定经营方向和经营模式；对公益林，在不破坏生态功能的前提下，可依法合理利用其林地资源。四是落实处置权。在不改变集体林地所有权和林地用途的前提下，允许林木所有权和林地使用权出租、入股、抵押和转让。五是保障收益权。承包经营的收益，除按国家规定和合同约定交纳的费用外，归农户和经营者所有。

集体林权制度改革的基本原则是：坚持农村基本经营制度，确保农民平等享有集体林地承包经营权；坚持统筹兼顾各方利益，确保农民得实惠、生态受保护；坚持尊重农民意愿，确保农民的知情权、参与权、决策权；坚持依法办事，确保改革规范有序；坚持分类指导，确保改革符合实际。

三、集体林权制度改革进展情况

1. 林业新型经营主体不断壮大。林业新型经营主体包括林业大户、林业专业合作社、家庭林场、股份合作林场、龙头企业等。截至 2015 年年底，新型经营主体数量达 18.42 万个，经营林地面积 3.63 亿亩，财政奖补资金 14.66 亿元，雇工人数 463.44 万人。目前，林业专业合作组织已覆盖全国 30 个省（自治区、直辖市），涉及种苗、花卉、用材林、经济林、林产品加工与销售、中草药种植、可驯养繁殖动物养殖、林下经济、森林旅游等领域方方面面，呈现出旺盛的生命力和良好的发展态势，已成为我国林业社会化服务体系建设的重要力量，在科技推广、新品种、新技术、新方法使用，科技成果转化，林业科技示范，林产品标准化生产和质量安全体系建设，以及无公害、绿色、有机等"三品"认证等方面发挥了主力军作用。

2. 林下经济发展良好。据不完全统计，2015 年全国林下经济产值达 5803.59 亿元，参与农户 5705.56 万户，其中森林人家 956.28 万户。林下经济奖补资金 29.13 亿元。

3. 林权服务平台逐步完善。全国林业公共服务机构数量为 6602 个，其中林权管理服务中心 1804 个，林业市场化服务机构数量为 9122 个，森林资源评估机构 814 个，仲裁机构 1246 个，其中林业仲裁机构 539 个。全国累计发生集体林地流转面积 2.83 亿亩，占已确权林地的 10.4%。

4. 林权抵押贷款增长明显。全国有 28 个省（自治区、直辖市）开展了林权抵押贷款工作。抵押贷款面积 9895.11 万亩，贷款金额 2015.53 亿元，平均每亩贷款 2127.85 元。

5. 森林保险快速发展。全国有 26 个省（自治区、直辖市）开展森林保险，投保面积 17.14 亿亩，保险金额 8559.64 亿元，保费 28.94 亿元，平均每亩保险金额约 499.35 元，平均每亩保费 1.69 元。

6. 改革试点陆续启动。目前共确定了 8 个国家级集体林改综合改革试验示范区，24 个国家林业局集体林业综合改革试验示范区，同时将浙江省列为全国深化林业综合改革试验示范区，并已开展相关试点工作。

第二节　国有林场改革

一、国有林场基本情况

国有林场是新中国成立初期为了消灭荒山、绿化祖国，由国家投资在集中连片的国有宜林荒山荒地建立的专门从事营造林和森林管护的事业单位。经过 60 多年的艰苦奋斗，国有林场在大规模造林绿化和森林资源经营管理工作中取得了巨大成就，为保护国家生态安全、提升人民生态福祉、促进绿色发展、应对气候变化发挥了重要作用。但长期以来，国有林场功能定位不清、管理体制不顺、经营机制不活、支持政策不健全，林场可持续发展面临严峻挑战。

二、国有林场改革试点

党中央、国务院高度重视国有林场改革。2010年5月，温家宝总理主持召开国务院第111次常务会议，专门研究了国有林场改革问题。按照会议要求，2010年8月，国家成立由国家发展改革委和国家林业局牵头，中央编办、民政部、财政部、人力资源社会保障部、住房城乡建设部、银监会等部门参加的国有林场和国有林区改革工作小组，统筹推进国有林场改革工作。2011年1月，国家发展改革委、国家林业局印发了《关于开展国有林场改革试点的指导意见》，提出选择部分省先行开展改革试点。2011年10月，国有林场和国有林区改革工作小组正式确定河北、浙江、安徽、江西、山东、湖南和甘肃7省为全国国有林场改革试点地区，其中江西、湖南2省为整省开展试点，其他5省选择部分地区开展试点，国有林场改革试点工作正式启动。2013年8月5日，国家发展改革委会同国家林业局批复了7省改革试点方案。2013年8月30日，国有林场和国有林区改革工作小组召开工作小组第三次（扩大）会议，对国有林场改革工作进行了安排和部署。

2015年10月到12月，国有林场和国有林区改革工作小组先后对浙江、江西和甘肃3省的国有林场改革试点工作进行了验收，验收结果全部合格，试点取得了显著成效。一是有效理顺了管理体制。根据机构精简和规模经营的原则，试点地区国有林场由561个优化整合为344个，减少38.7%；344个国有林场中有312个定性为公益性事业单位，占90.7%，比改革前提高了33.6%。核定事业编制11997个，人员和机构经费纳入当地财政预算。场办学校和场办医院全部移交属地管理，理顺了国有林场与代管村镇的关系，基本实现了政事、事企分开。二是切实改善了民生。试点地区职工收入水平大幅提高，职工年平均工资达到4.3万元，比改革前提高了50%，接近或达到了当地同类单位平均水平。职工基本养老保险和基本医疗保险实现了全覆盖，参保率均达到了100%，较改革前分别提高了35%和42%。通过政府购买服务、提前退休、内部退养、发展特色产业等形式妥善安置富余职工约4.6万人。干部职工普遍认为国有林场改革明确了林场定位，增加了职工收入，解除了后顾之忧，是一项利生态、惠民生的好政策。三是初步创新了发展机制。试点地区初步建立了以聘用制和岗位管理为主的新型用人制度，以岗位绩效为主要内容的收入分配制度，以购买服务为主的管护机制也基本建立，有效地调动了职工积极性，增强了发展活力。四是保护了森林资源。试点地区国有林场木材采伐量显著下降，森林资源得到了有效保护。江西国有林场年均采伐量由改革前的326.7万 m^3 减少到84.6万 m^3，减幅达75%。浙江和甘肃也大幅减少或停止了采伐。

三、国有林场改革进展情况

2015年2月8日中共中央国务院印发《国有林场改革方案》，3月17日国务院专门召开全国国有林场和国有林区改革工作电视电话会议，部署全面推进国有林场改革工作，国有林场改革全面启动。

地方各级政府高度重视，全国改革总体情况进展顺利。截至2015年年底，广东、北京、内蒙古、山西、宁夏5省（自治区、直辖市）改革实施方案通过国家审批。2015年9月29日广东省委率先印发了方案，11月5日广东省政府召开了电视电话会议，全面启动了改革。

各有关部门密切支持配合，中央指导支持政策更加完善有力。中央财政在2012年、2014年安排36.6亿元改革试点补助资金的基础上，2015年又安排36.3亿元改革补助资金，补助资金达到了72.9亿元，2015年中央财政国有贫困林场扶贫资金由3.6亿元提高到4.2亿元，有力地支持了改革工作。2015年3月，交通运输部首先下发了《贯彻落实中央6号文件　促进国有林场道路持续健康发展的通知》，部署在核实摸底前提下，将国有林场道路按属性类别纳入相关公路规划，支持解决林场道路问题。2015年6月，人力资源社会保障部、国家林业局出台了《关于国有林场岗位设置管理的指导意见》，对国有林场岗位类别、岗位结构、岗位等级，特别是专业技术岗位名称及岗位等级作出了明确规定，为国有林场人事制度改革提供了科学遵循。银监会研究制定了国有林场金融债务化解意见，即将上报国务院审议。2015年3月，国家林业局印发了《国家林业局关于深入学习宣传贯彻中央6号文件精神的通知》，及时对贯彻落实中发6号文件精神作出了全面部署。2015年8月，国家林业局印发了《国有林场备案办法》，明确了国有林场备案登记的具体要求，为科学规范管理奠定了基础。2015年4月，国家林业局、中国农林水利工会联合印发了《关于在国有林场和国有林区改革中充分发挥工作组织作用的意见》和《关于进一步做好国有林场（林区）帮扶工作的通知》，为改革起到了积极的助推作用。

第三节　国有林区改革

一、国有林区基本情况

新中国成立后，为满足经济建设对木材的需求，国家分别在东北、西南、西北等9省（自治区）陆续投资建立了138个国有林业（森工）局，形成了国有林区。其中，东北有87个国有林业局，分布于黑龙江、吉林、内蒙古3省（自治区），是我国国有林区的主体，称为东北内蒙古重点国有林区，简称重点国有林区，目前总经营总面积3274.12万 hm^2，其中，林地总面积2926.15万 hm^2，森林面积2598.90万 hm^2，森林蓄积量25.99亿 m^3；西南、西北有51个国有林业局，分布于云南、四川、青海、陕西、甘肃、新疆6省（自治区），目前经营面积1856.38万 hm^2，其中林地面积965.21万 hm^2，森林面积770.24万 hm^2，森林蓄积量10.46亿 m^3。

国有林区是森林的原生地和聚生地，我国传统的木材产区和林业建设的重要阵地，森林资源储备的潜力巨大；而且是我国森林连片面积最大、天然林资源分布最集中、生物多样性最集中的区域，大多分布在东北内蒙古高寒地区、西南高山峡谷区和西北生态脆弱区，其生态区位和资源价值极其重要，在国家木材战略储备和维护国家生态安全中具有特殊重要的战略地位。尤其是东北重点国有林区，是松花江、嫩江、黑龙江水系及其主要支流和众多湖库的重要发源地和水源涵养区，庇护着全国10%以上的耕地和最大的草原，对保护东北粮仓、维护国家粮食安全、生态安全极为重要。

历史上，"先有林区、后有社会"，长期实行"政社企合一"的管理体制，国有林区逐渐形成了相对独立封闭，对内全包全管、对外自成体系的特殊社会区域，情况十分复杂。由于过量采伐、重采轻育，到20世纪70年代末期，国有林区可采森林资源急剧下降，林业企业发展积重难返，体制、机制的矛盾和弊端日益凸显出来。

二、国有林区改革情况

为寻求国有林区发展新路，从中央到地方都积极研究林区改革问题，进行了不同程度、内容的探索和实践，力求实现体制、机制上的突破。1998年国家实施天然林资源保护工程以来，分流安置富余职工，剥离企业办社会职能，国有林区森林资源得到了一定程度的休养生息。但仅靠外部输血扶持和内部改良维持，仍不能从根本上解决重点国有林区的体制性矛盾和弊端。2003年，《中共中央　国务院关于加快林业发展的决定》指出，要"建立权责利相统一，管资产和管人、管事相结合的森林资源管理体制"。2004年，国家林业局在东北内蒙古重点国有林区的阿里河、根河、红石、汪清、鹤北、西林吉6个森工企业局开展森林资源管理体制改革试点，并分别组建国有林管理机构，实行由省级林业主管部门垂直领导的管理体制，把森林资源管理职能从森工企业中剥离出来，由国有林管理机构代表国家行使，并履行出资人职责，对森工企业局国有森林资源实行委托经营，实施监管。2006年，国务院第119次常务会议决定，在黑龙江省伊春市开展国有林区林权制度改革试点，明确黑龙江省人民政府对试点工作负全责，国家林业局和有关部门对试点工作进行指导、协调和监督检查。2009年，国家林业局与黑龙江省人民政府共同对改革试点情况进行了综合评价。

2015年2月8日，中共中央、国务院出台了《国有林区改革指导意见》（中发〔2015〕6号，以下简称中央6号文件）。中央6号文件进一步明确，国有林区是我国重要的生态安全屏障和森林资源培育战略基地，是维护国家生态安全最重要的基础设施；深入实施以生态建设为主的林业发展战略，以发挥国有林区生态功能和建设国家木材战略储备基地为导向，到2020年，基本理顺中央与地方、政府与企业的关系，实现政企、政事、事企、管办分开，林区政府社会管理与公共服务职能得到进一步强化，森林资源管护和监管体系更加完善，林区经济社会发展基本融入地方，生产生活条件得到明显改善，职工基本生活得到有效保障；区分不同情况有序停止天然林商业性采伐，重点国有林区森林面积增加550万亩左右，森林蓄积量增长4亿 m^3 以上，森林碳汇和应对气候变化能力有效增强，森林资源质量和生态保障能力全面提升。2015年3月17日，国务院组织召开了国有林场和国有林区改革工作电视电话会议，汪洋副总理出席会议并全面部署了国有林场林区改革工作。在龙江森工集团、大兴安岭林业集团公司停伐试点的基础上，从2015年4月1日起，全面停止吉林森工集团、长白山森工集团、内蒙古大兴安岭森工集团以及吉林营林4局、内蒙古岭南8局和内蒙古大兴安岭山脉100个国有林场的天然林商业性采伐，重点国有林区每年减少消耗木材362万 m^3（出材），实现森林采伐到生态保护的重大转型。2015年7月20日，国家林业局在黑龙江哈尔滨组织召开了国有林区改革推进会，督促内蒙古、吉林和黑龙江3省（自治区）加快编制改革方案。2015年8月以来，各地改革方案（讨论稿）相继报送，国家林业局认真审核各地改革方案。

内蒙古、吉林、黑龙江3省（自治区）先后成立了由省（自治区）政府领导任组长的国有林区改革领导小组。内蒙古自治区主要领导高度重视，深入调研重点国有林区改革面临的问题，多次组织召开专题会议研究改革方案制定工作。2015年9月28日，内蒙古自治区人民政府将改革方案报送国家发展改革委和国家林业局。2015年11月30日，国家发展改革委和国家林业局共同函复内蒙古自治区人民政府。

吉林省委、政府主要领导对林业改革工作高度重视，2015年11月初，吉林省委、政府分别召开会议审议通过了改革方案。2015年11月17日，吉林省政府向国家林场林区改革工作小组报送了改革方案。经改革小组成员单位审核，于2016年1月批复该方案。

黑龙江省主要领导多次听取改革情况的汇报，协调省林业厅、森工集团和大兴安岭林业集团的关系，对改革工作提出明确要求。2015年11月25日和12月10日，黑龙江省政府和省委会议审议并原则通过龙江森工集团改革方案，于2016年1月以省政府的名义报送龙江森工集团的改革方案。

第四节　综合改革

一、生态补偿

（一）逐步建立健全森林生态效益补偿制度

我国森林生态效益补偿基金制度的建立经历了一个长期的、从无到有、从少到多的发展过程。早在1984年，《中华人民共和国森林法》就规定要建立森林生态效益补偿基金，1998年修订后的《中华人民共和国森林法》提出"国家设立森林生态效益补偿基金，用于提供生态效益的防护林和特种用途林的森林资源、林木的营造、抚育、保护和管理"的法律制度。从此，我国开始了森林生态效益有偿使用的探索。多年来，国家林业局、财政部等有关部门重点围绕补偿基金来源问题进行了多次调研、反复协商，先后提出过从向大型水库、电站、森林公园等生态公益林的直接受益者征收补偿基金、从国家政府性基金中提取补偿基金、从中央财政预算中安排补偿基金等3个方案。但到2001年以前，补偿基金来源这一关键问题一直没有得到解决，森林生态效益补偿基金制度未能建立起来。为贯彻落实《中华人民共和国森林法》，经国务院同意，从2001年起由中央财政安排资金开展了森林生态效益补助试点工作。自2001年开展试点以来，国家林业局、财政部对公益林区划界定和补偿资金管理办法等相关制度不断完善。

1. 启动补助试点（2001—2003年）。 2001年，国家林业局出台了《国家公益林认定办法（暂行）》（林策发〔2001〕88号），19个省（自治区）完成了国家公益林区划界定工作，共区划国家公益林3733万hm²。财政部、国家林业局印发了《关于开展森林生态效益补助资金试点工作的意见》（财农函〔2001〕7号），2001年中央财政预算安排10亿元，在辽宁等11个省（自治区）启动了森林生态效益补助试点工作，试点总面积为1333万hm²，补助标准为每亩每年补助5元。2002—2003年中央财政每年安排10亿元。为加强资金管理，财政部印发了《森林生态效益补助资金管理办法（暂行）》（财农〔2001〕190号）。

2. 两次修订完善区划界定办法，扩大补偿规模（2004—2009年）。 在3年试点的基础上，2004年正式建立了中央财政森林生态效益补偿基金。

两次修改《国家级公益林区划界定办法》。2004年5月，国家林业局、财政部修订出台了《重点公益林区划界定办法》（林策发〔2004〕94号），重点公益林的区划范围包括江河源头等7大类区域的林地。根据《重点公益林区划界定办法》规定，全国共区划界定重点公益林面积1.041亿hm²。2009年9月，国家林业局、财政部修订出台了《国家级公益林区划界定办法》（林资发〔2009〕214号），国家级公益林区划范围由7大类扩大到8大类，除原规定的7大区划范围外，将东北、内蒙古重点国有林区以禁伐区为主体，符合下列条件之一的区划为国家级公益林：一是为开发利用的原始林；二是森林和陆生野生动物类型自然保护区；三是以列入国家重点保护野生植物名录树种为优势树种，以小班为单元，集中分布、连片面积30hm²以上的天然林。2012年共区划界定国家级公益林1.244亿hm²，其中：国有0.711亿hm²，集体和个人所有 0.533 亿 hm^2。

扩大补偿规模。2004 年中央财政预算安排 20 亿元，按照每亩 5 元的标准用于对 2666.67 万 hm^2 重点公益林管护者发生的营造、抚育、保护和管理支出给予补助。资金规模和补偿面积比试点期间翻了一番。2006 年补偿基金规模扩大到 30 亿元，2007 年增加到 33.4 亿元，2008 年增加到 34.95 亿元。2009 年，中央财政大规模增加了补偿面积和资金，将已区划的非天保区国家级公益林和天保区新增造林全部纳入补偿范围，补偿面积达 6993.33 万 hm^2，补偿资金达到 52 亿元。

3. 提高国家级公益林的补偿标准(2010 年以来)。根据 2009 年中央林业工作会议和《中共中央　国务院关于加大统筹城乡发展力度进一步夯实农业农村发展基础的若干意见》(中发〔2010〕1 号)有关提高国家级公益林补偿标准的精神，从 2010 年起，中央财政将集体和个人所有的国家级公益林补偿标准为每亩每年 5 元提高到 10 元。当年安排补偿基金 75.8 亿元。2013 年中央财政又将集体和个人所有的国家级公益林补偿标准由每亩每年 10 元提高到 15 元，当年安排补偿资金 148.1 亿元。2015 年中央财政将国有国家级公益林补偿标准由每亩每年 5 元提高到 6 元，当年安排补偿资金 156 亿元。2014 年 4 月，财政部、国家林业局联合印发了《中央财政林业补助资金管理办法》(财农〔2014〕9 号)，森林生态效益补偿补助作为中央财政林业补助资金的组成部分，正式在制度上予以确认。据统计，2001—2015 年中央财政累计安排森林生态效益补偿基金 956 亿元。

4. 地方政府在建立健全森林生态效益补偿机制的有益探索。北京市从 2010 年开始，建立山区生态公益林生态效益促进发展资金，按照每亩每年 40 元的标准执行，其中生态补偿资金每亩每年 24 元，森林健康经营管理资金每亩每年 16 元。根据山区生态公益林的资源总量、生态服务价值、碳汇量的增长情况和国民及经济社会发展水平，合理核定发展资金增加额度，每 5 年调整一次。广东省省级以上公益林补偿基金与中央财政补偿基金并账核算，标准平均为每亩每年 24 元，其中基础性补偿标准 19.5 元、激励性补助标准 6.5 元，对生态区位重要、补偿资金落实到位、管护成效显著、整体森林质量高的生态公益林给予激励性补助资金，逐步实现生态公益林差异化补偿。浙江省从 2004 年开始建立地方公益林补偿制度，补偿标准为每亩每年 8 元，到 2015 年公益林补偿标准提高到每亩每年 30 元。江西省从 2006 年开始建立地方生态公益林省级补偿机制，2015 年补偿标准达到每亩每年 20.5元。江苏省 2002 年就建立了省级生态补偿制度，当年补偿标准为每亩每年 8 元，从 2013 年起补偿标准提高到 25 元。

（二）初步建立了湿地生态效益补偿机制

为加强湿地保护，发挥湿地生态系统功能，促进经济社会可持续发展，根据《中共中央　国务院关于 2009 年促进农业稳定发展农民持续增收的若干意见》（中发〔2009〕1 号）和中央林业工作会议精神，由中央财政安排专项资金从 2010 年起开展湿地保护补助试点工作。2014 年起，国家林业局、财政部又开展了退耕还湿试点、湿地生态效益补偿试点和湿地保护奖励等工作。

1. 湿地保护与恢复。核心是对现有的国际重要湿地、国家重要湿地、湿地自然保护区及国家湿地公园开展湿地保护与恢复。保护的重点是监测监控设施维护和设备购置、聘请管护人员，以加强对现有湿地的保护；恢复的重点是加快退化湿地恢复、湿地生态补水等。2010—2015 年，中央财政共安排湿地保护与恢复资金 20.4 亿元，其中 2015 年安排 6.8 亿元。

2. 退耕还湿试点。2014 年开展试点，退耕还湿试点主要用于国际重要湿地和湿地国家级自然保护区范围内及其周边的耕地实施退耕还湿的支出。2014 中央财政安排 1.5 亿元，在内蒙古、吉林、黑龙江的 13 个国际重要湿地和湿地国家级自然保护区开展了退耕还湿试点，资金主要用于对国际重要湿地或国家级湿地自然保护区范围内及其周边不属于基本农田且不在第二轮土地承包范围内的耕地实施退耕还湿，每亩一次性补贴 1000 元，2014 年退耕还湿面积为 1 万 hm^2。2014 年 3 月 14 日，习近平总书记在主持召开的中央财经领导小组第五次会议上强调，要研究实施湖泊湿地保护修复工程，制止继续围垦占用湖泊湿地的行为，对有条件恢复的湖泊湿地，要实施退耕还湖还湿。2015 年，退耕还湿试点范围扩大到辽宁、湖北两省，2014—2015 中央财政累计安排退耕还湿试点支出 2.65 亿元。

3. 湿地生态效益补偿试点。2014 年开展试点，湿地生态效益补偿试点资金主要用于对候鸟迁飞路线上的重要湿地因鸟类等野生动物保护造成损失给予的补偿。2014 年安排 6.4 亿元，在 21 个省（自治区）的 21 个国际重要湿地或国家级湿地自然保护区及周边开展湿地生态效益补偿试点，2015 年中央财政安排资金 4.05 亿元。补偿对象为属于基本农田和第二轮土地承包范围内，履行湿地保护义务的耕地承包经营权人，同时也可用于因保护湿地遭受损失或受到影响的湿地周边社区（村、组）开展生态修复、环境整治等方面。

4. 湿地保护奖励。2014 年开展试点，湿地保护奖励支出主要用于经考核确认对湿地保护成绩突出的县级人民政府相关部门的奖励支出。2014 年中央财政安排 3 亿元，共奖励 60 个县，每个县奖励 500 万元。2015 年，中央财政安排资金 4 亿元，奖励县增加到 80 个。

二、生态责任追究

建立资源环境承载能力监测预警机制，对水土资源、环境容量和海洋资源超载区域实行限制性措施，是中央全面深化改革的重要举措之一。为做好这项改革工作，国家林业局联合北京林业大学等有关单位开展了"林业生态安全综合指数"研究，对全国以县域为基本单元的森林、湿地和荒漠生态系统安全状况及变化趋势进行评估分析。其目标是通过对以县域为单元的生态环境所开展的动态监测评估，科学地反映县域生态环境变化情况，为建立我国生态红线、保障我国生态安全打下坚实基础。目前，这项工作已在吉林、浙江、湖北、贵州、青海等省开展先期试点。

三、森林保险

全国森林保险工作继续稳步推进，截至 2015 年年底，全国共有31个省级单位[含24个省(自治区、直辖市)、4个计划单列市、3个森工企业]纳入中央财政森林保险保费补贴范围，目前仅上海、天津、江苏、黑龙江、西藏、宁夏、新疆7个省(自治区、直辖市)和深圳1个计划单列市尚未纳入中央财政森林保险保费补贴范围。2015年投保面积为21.74亿亩，保险金额为11872亿元，缴纳保费29亿元，其中各级财政补贴26亿元，占总保费的90%。

第五章
政策法规

第一节　主要政策

一、中共中央　国务院关于加快林业发展的决定

（中发〔2003〕9号，2003年6月25日）

加强生态建设，维护生态安全，是二十一世纪人类面临的共同主题，也是我国经济社会可持续发展的重要基础。全面建设小康社会，加快推进社会主义现代化，必须走生产发展、生活富裕、生态良好的文明发展道路，实现经济发展与人口、资源、环境的协调，实现人与自然的和谐相处。森林是陆地生态系统的主体，林业是一项重要的公益事业和基础产业，承担着生态建设和林产品供给的重要任务，做好林业工作意义十分重大。为加快林业发展，实现山川秀美的宏伟目标，促进国民经济和社会发展，现作出如下决定。

一、加强林业建设是经济社会可持续发展的迫切要求

1. 我国林业建设取得了巨大成就。建国以来，特别是改革开放以来，党中央、国务院对林业工作十分重视，采取了一系列政策措施，有力地促进了林业发展。全民义务植树运动深入开展，全社会办林业、全民搞绿化的局面正在形成。"三北"防护林等生态工程建设成效明显，近几年实施的天然林保护、退耕还林、防沙治沙等重点工程进展顺利，部分地区的生态状况明显改善。森林、湿地和野生动植物资源保护得到加强。林业产业结构调整取得进展，各类商品林基地建设方兴未艾，林产工业得到加强，经

179

济林、竹藤花卉产业和生态旅游快速发展，山区综合开发向纵深推进。森林资源的培育、管护和利用逐渐形成较为完整的组织、法制和工作体系。建国以来，林业累计提供木材50多亿立方米，目前全国森林覆盖率已达到16.55%，人工林面积居世界第一位。林业为国家经济建设和生态状况改善作出了重要贡献，对促进新阶段农业和农村经济的发展，扩大城乡就业，增加农民收入，发挥着越来越重要的作用。

2. 经济社会可持续发展迫切要求我国林业有一个大转变。随着经济发展、社会进步和人民生活水平的提高，社会对加快林业发展、改善生态状况的要求越来越迫切，林业在经济社会发展中的地位和作用越来越突出。林业不仅要满足社会对木材等林产品的多样化需求，更要满足改善生态状况、保障国土生态安全的需要，生态需求已成为社会对林业的第一需求。我国林业正处在一个重要的变革和转折时期，正经历着由以木材生产为主向以生态建设为主的历史性转变。

3. 加快林业发展面临的形势依然严峻。目前我国生态状况局部改善、整体恶化的趋势尚未根本扭转，土地沙化、湿地减少、生物多样性遭破坏等仍呈加剧趋势。乱砍滥伐林木、乱垦滥占林地、乱捕滥猎野生动物、乱采滥挖野生植物等现象屡禁不止，森林火灾和病虫害对林业的威胁仍很严重。林业管理和经营体制还不适应形势发展的需要。林业产业规模小、科技含量低、结构不合理，木材供需矛盾突出，林业职工和林区群众的收入增长缓慢，社会事业发展滞后。从整体上讲，我国仍然是一个林业资源缺乏的国家，森林资源总量严重不足，森林生态系统的整体功能还非常脆弱，与社会需求之间的矛盾日益尖锐，林业改革和发展的任务比以往任何时候都更加繁重。

4. 必须把林业建设放在更加突出的位置。在全面建设小康社会、加快推进社会主义现代化的进程中，必须高度重视和加强林业工作，努力使我国林业有一个大的发展。在贯彻可持续发展战略中，要赋予林业以重要地位；在生态建设中，要赋予林业以首要地位；在西部大开发中，要赋予林业以基础地位。

二、加快林业发展的指导思想、基本方针和主要任务

5. 指导思想。以邓小平理论和"三个代表"重要思想为指导，深入贯彻十六大精神，确立以生态建设为主的林业可持续发展道路，建立以森林植被为主体、林草结合的国土生态安全体系，建设山川秀美的生态文明社会，大力保护、培育和合理利用森林资源，实现林业跨越式发展，使林业更好地为国民经济和社会发展服务。

6. 基本方针。

——坚持全国动员，全民动手，全社会办林业。

——坚持生态效益、经济效益和社会效益相统一，生态效益优先。

——坚持严格保护、积极发展、科学经营、持续利用森林资源。

——坚持政府主导和市场调节相结合，实行林业分类经营和管理。

——坚持尊重自然和经济规律，因地制宜，乔灌草合理配置，城乡林业协调发展。

——坚持科教兴林。

——坚持依法治林。

7. 主要任务。通过管好现有林，扩大新造林，抓好退耕还林，优化林业结构，增加森林资源，增强森林生态系统的整体功能，增加林产品有效供给，增加林业职工和农民收入。力争到2010年，使我国森林覆盖率达到19%以上，大江大河流域的水土流失和主要风沙区的沙漠化有所缓解，全国生态状况整体恶化的趋势得到初步遏制，林业产业结构趋于合理；到2020年，使森林覆盖率达到23%以上，重点地区的生态问题基本解决，全国的生态状况明显改善，林业产业实力显著增强；到2050年，使森林覆盖率达到并稳定在26%以上，基本实现山川秀美，生态状况步入良性循环，林产品供需矛盾得到缓解，建成比较完备的森林生态体系和比较发达的林业产业体系。

实现上述目标，必须努力保护好天然林、野生动植物资源、

湿地和古树名木；努力营造好主要流域、沙地边缘、沿海地带的水源涵养林、水土保持林、防风固沙林和堤岸防护林；努力绿化好宜林荒山、地埂田头、城乡周围和道渠两旁；努力建设好用材林、经济林、薪炭林和花卉等商品林基地；努力发展好森林公园、城市森林和其他游憩性森林。同时，要加快林业结构调整步伐，提高林业经济效益；加快林业管理体制和经营机制创新，调动社会各方面发展林业的积极性。

三、抓好重点工程，推动生态建设

8. 坚持不懈地搞好林业重点工程建设。要加大力度实施天然林保护工程，严格天然林采伐管理，进一步保护、恢复和发展长江上游、黄河上中游地区和东北、内蒙古等地区的天然林资源。认真抓好退耕还林（草）工程，切实落实对退耕农民的有关补偿政策，鼓励结合农业结构调整和特色产业开发，发展有市场、有潜力的后续产业，解决好退耕农民的长远生计问题。继续推进"三北"、长江等重点地区的防护林体系工程建设，因地制宜、因害设防，营造各种防护林体系，集中治理好这些地区不同类型的生态灾害。切实搞好京津风沙源治理等防沙治沙工程，通过划定封禁保护区、种树种草、小流域治理、舍饲圈养、生态移民、合理利用水资源等综合措施，保护和增加林草植被，尽快使首都及主要风沙区的风沙危害得到有效遏制。高度重视野生动植物保护及自然保护区工程建设，抓紧抢救濒危珍稀物种，修复典型生态系统，扩大自然保护面积，提高保护水平，切实保护好我国的野生动植物资源、湿地资源和生物多样性。加快建设以速生丰产用材林为主的林业产业基地工程，在条件具备的适宜地区，发展集约林业，加快建设各种用材林和其他商品林基地，增加木材等林产品的有效供给，减轻生态建设压力。

9. 深入开展全民义务植树运动，采取多种形式发展社会造林。不断丰富和完善义务植树的形式，提高适龄公民履行义务的覆盖面，提高义务植树的实际成效。义务植树要实行属地管理，农村以乡镇为单位、城市以街道为单位，建立健全义务植树登记制度和考核制度。进一步明确部门和单位绿化的责任范围，落实分工负责制，并加强监督检查。绿色通道工程要与道路建设和河渠整治统筹规划，合理布局，加快建设。城市绿化要把美化环境与增强生态功能结合起来，逐步提高建设水平。鼓励军队、社会团体、外商造林和群众造林，形成多主体、多层次、多形式的造林绿化格局。

四、优化林业结构，促进产业发展

10. 加快推进林业产业结构升级。适应生态建设和市场需求的变化，推动产业重组，优化资源配置，加快形成以森林资源培育为基础、以精深加工为带动、以科技进步为支撑的林业产业发展新格局。鼓励以集约经营方式，发展原料林、用材林基地。积极发展木材加工业尤其是精深加工业，延长产业链，实现多次增值，提高木材综合利用率。突出发展名特优新经济林、生态旅游、竹藤花卉、森林食品、珍贵树种和药材培植以及野生动物驯养繁殖等新兴产品产业，培育新的林业经济增长点。充分发挥我国地域辽阔、生物资源和劳动力丰富的优势，大力发展特色出口林产品。

11. 加强对林业产业发展的引导和调控。根据市场需要、资源条件和产业基础，抓紧编制林业产业发展规划，制定产业政策，引导产业健康发展，避免低水平重复建设。鼓励培育名牌产品和龙头企业，推广公司带基地、基地连农户的经营形式，加快林业产业发展。扶持发展各种专业合作组织，完善社会化服务体系，培育、规范林产品和林业生产要素市场，对农民生产的木材允许产销直接见面，拓宽农民进入市场的渠道，增强林业产业发展活力。

12. 进一步扩大林业对外开放。充分利用国内外两个市场、两种资源，加快林业发展。针对我国林业基础薄弱、建设任务繁重的情况，要加大引进力度，着力引进资金、资源、良种、技术和管理经验。努力扩大林业利用外资规模，鼓励外商投资造林和发展林产品加工业。制定有利于扩大林产品出口的政策，完善林产品出口促进机制，提高我国林产品的国际竞争力。坚持实施"走出去"战略，加强海外林业开发。积极开展森林认证工作，尽快与国际接轨。采取有效措施，加强对我国种质资源的保护和输出管理，防止境外有害生物传入。认真履行有关国际公约，加强生态保护领域的国际交流与合作。

五、深化林业体制改革，增强林业发展活力

13. 进一步完善林业产权制度。这是调动社会各方面造林积极性、促进林业更好更快发展的重要基础。要依法严格保护林权所有者的财产权，维护其合法权益。对权属明确并已核发林权证的，要切实维护林权证的法律效力；对权属明确尚未核发林权证的，要尽快核发；对权属不清或有争议的，要抓紧明晰或调处，并尽快核发权属证明。退耕土地还林后，要依法及时办理相关手续。

已经划定的自留山，由农户长期无偿使用，不得强行收回。自留山上的林木，一律归农户所有。对目前仍未造林绿化的，要采取措施限期绿化。

分包到户的责任山，要保持承包关系稳定。

上一轮承包到期后，原承包做法基本合理的，可直接续包；原承包做法经依法认定明显不合理的，可在完善有关做法的基础上继续承包。新一轮的承包，都要签订书面承包合同，承包期限按有关法律规定执行。对已经签承包合同，但不到法定承包期限的，经履行有关手续，可延长至法定期限。农户不愿意继续承包的，可交回集体经济组织另行处置。

对目前仍由集体统一经营管理的山林，要区别对待，分类指导，积极探索有效的经营形式。凡群众比较满意、经营状况良好的股份合作林场、联办林场等，要继续保持经营形式的稳定，并不断完善。对其他集中连片的有林地，可采取"分股不分山、分利不分林"的形式，将产权逐步明晰到个人。对零星分散的有林地，可将林木所有权和林地使用权合理作价后，转让给个人经营。对宜林荒山荒地，可直接采取分包到户、招标、拍卖等形式确定经营主体，也可以由集体统一组织开发后，再以适当方式确定经营主体；对造林难度大的宜林荒山荒地，可通过公开招标的方式，将一定期限的使用权无偿转让给有能力的单位或个人开发经营，但必须限期绿化。不管采取哪种形式，都要经过本集体经济组织成员的民主决策，集体经济组织内部的成员享有优先经营权。

14. 加快推进森林、林木和林地使用权的合理流转。在明确权属的基础上，国家鼓励森林、林木和林地使用权的合理流转，各种社会主体都可通过承包、租赁、转让、拍卖、协商、划拨等形式参与流转。当前要重点推动国家和集体所有的宜林荒山荒地荒沙使用权的流转。对尚未确定经营者或其经营者一时无力造林的国有宜林荒山荒地荒沙，也可按国家有关规定，提供给附近的部队、生产建设兵团或其他单位进行植树造林，所造林木归造林者所有。森林、林木和林地使用权可依法继承、抵押、担保、入股和作为合资、合作的出资或条件。积极培育活立木市场，发展森林资源资产评估机构，促进林木合理流转，调动经营者投资开发的积极性。

要规范流转程序，加强流转管理。认真做好流转的各项服务工作，及时办理权属变更登记手续，保护当事人的合法权益。在流转过程中，要坚决防止出现乱砍滥伐、改变林地用途、改变公益林性质和公有资产流失等现象。要切实加强对流转后应当用于林业建设资金的监督管理。国务院林业主管部门要会同有关部门抓紧制定森林、林木和林地使用权流转的具体办法，报国务院批准后实施。

15. 放手发展非公有制林业。国家鼓励各种社会主体跨所有制、跨行业、跨地区投资发展林业。凡有能力的农户、城镇居民、科技人员、私营企业主、外国投资者、企事业单位和机关团体的干部职工等，都可单独或合伙参与林业开发，从事林业建设。要进一步明确非公有制林业的法律地位，切实落实"谁造谁有、合造共有"的政策。统一税费政策、资源利用政策和投融资政策，为各种林业经营主体创造公平竞争的环境。

16. 深化重点国有林区和国有林场、苗圃管理体制改革。建立权责利相统一，管资产和管人、管事相结合的森林资源管理体制。按照政企分开的原则，把森林资源管理职能从森工企业中剥离出来，由国有林管理机构代表国家行使，并履行出资人职责，享有所有者权益；把目前由企业承担的社会管理职能逐步分离出来，转由政府承担，使企业真正成为独立的经营主体，参与市场竞争。国有森工企业要按照专业化协作的原则，进行企业重组，妥善分流安置企业富余职工。国务院林业主管部门要会同有关省（自治区、直辖市）人民政府和国务院有关部门研究制定具体改革方案，报国务院批准后实施。

深化国有林场改革，逐步将其分别界定为生态公益型林场和商品经营型林场，对其内部结构和运营机制作出相应调整。生态公益型林场要以保护和培育森林资源为主要任务，按从事公益事业单位管理，所需资金按行政隶属关系由同级政府承担。商品经营型林场和国有苗圃要全面推行企业化管理，按市场机制运作，自主经营，自负盈亏，在保护和培育森林资源、发挥生态和社会效益的同时，实行灵活多样的经营形式，积极发展多种经营，最大限度地挖掘生产经营潜力，增强发展活力。切实关心和解决贫困国有林场、苗圃职工生产生活中的困难和问题。加快公有制林业管理体制改革，鼓励打破行政区域界限，按照自愿互利原则，采取联合、兼并、股份制等形式组建跨地区的林场和苗圃联合体，实现规模经营，降低经营成本，提高经济效益。

17. 实行林业分类经营管理体制。在充分发挥森林多方面功能的前提下，按照主要用途的不同，将全国林业区分为公益林业和商品林业两大类，分别采取不同的管理体制、经营机制和政策措施。改革和完善林木限额采伐制度，对公益林业和商品林业采取不同的资源管理办法。

公益林业要按照公益事业进行管理，以政府投资为主，吸引社会力量共同建设；商品林业要按照基础产业进行管理，主要由市场配置资源，政府给予必要扶持。凡纳入公益林管理的森林资源，政府将以多种方式对投资者给予合理补偿。

要逐步改变现行的造林投入和管理方式，在进一步完善招投标制、报账制的同时，安排部分造林投资，探索直接收购各种社会主体营造的非国有公益林。公益林建设投资和森林生态效益补偿基金，按照事权划分，分别由中央政府和各级地方政府承担。加快建立公益林业认证体系。

六、加强政策扶持，保障林业长期稳定发展

18. 加大政府对林业建设的投入。要把公益林业建设、管理和重大林业基础设施建设的投资纳入各级政府的财政预算，并予以优先安排。

对关系国计民生的重点生态工程建设，国家财政要重点保证；地方规划的区域性生态工程建设投资，要纳入地方财政预算；部门规划的配套生态工程建设投资，要纳入相关工程的总体预算。森林生态效益补偿基金分别纳入中央和地方财政预算，并逐步增加资金规模。以工代赈、农业综合开发等财政支农资金，也要适当增加对林业建设的投入。对重点地区速生丰产用材林基地建设和珍贵树种用材林建设中的森林防火、病虫害防治和优良种苗的开发推广等社会性、公益性建设，由国家安排部分投资。逐步规范各项生态工程建设的造林补助标准。随着重点国有林区改革的逐步深入，有关地方政府要承担起原来由森工企业承担的社会事业投入，国家给予必要支持。

19. 加强对林业发展的金融支持。国家继续对林业实行长期限、低利息的信贷扶持政策，具体贷款期限可根据林木的生长周期由银行和企业协商确定，并视情况给予一定的财政贴息。有关金融机构对个人造林育林，要适当放宽贷款条件，扩大面向农户和林业职工的小额信贷和联保贷款。林业经营者可依法以林木抵押申请银行贷款。鼓励林业企业上市融资。

20. 减轻林业税费负担。继续执行国家已经出台的各项林业税收优惠政策，并予以规范。按照农村税费改革的总体要求，逐步取消原木、原竹的农业特产税。取消对林农和其他林业生产经营者的各种不合理收费。改革育林基金征收、管理和使用办法，征收的育林基金要逐步全部返还给林业生产经营者，基层林业管理单位因此出现的经费缺口由财政解决。

七、强化科教兴林，坚持依法治林

21. 加强林业科技教育工作。要重视林业科学基础研究、应用研究和高新技术开发，提高林业的科技创新能力。重点研发林木良种选育、条件恶劣地区造林、重大森林病虫害防治、防沙治沙、森林资源与生态监测、种质资源保存与利用、林农复合经营、林火管理与控制及主要经济林产品加工转化等关键性技术。抓好林业重点实验室、野外重点观测台站、林业科学数据库和林业信息网络建设。林业重点工程建设与林业技术推广要同步设计、同步实施、同步验收。深化林业科技体制改革，国家在扶持基础性、公益性林业科学研究的同时，积极推动非公益性科学研究和技术推广走向市场。鼓励林业科研单位、大专院校和科技人员，通过创办科技型企业、建立科技示范点、开展科技承包和技术咨询服务等形式，加快科技成果转化。要加强林业技术推广服务体系建设，稳定科技工作队伍。对林业科学研究、新技术推广和新产品开发等方面有突出贡献的单位和个人，要给予重奖。完善相关政策，推动林科教、技工贸相结合。积极推进林业标准化工作，建立健全林业质量标准和检验检测体系。不断加强林业科技领域的国际合作。根据林业建设特点，建立各类林业人才教育和培训体系。切实加大对林业职工的培训力度，提高林业建设者的整体素质。

22. 加强林业法制建设。加快林业立法工作，抓紧制定天然林保护、湿地保护、国有森林资源经营管理、森林林木和林地使用权流转、林业建设资金使用管理、林业工程质量监管、林业重点工程建设等方面的法律法规，并根据新情况对现有法律法规进行修订。加大林业执法力度，严格森林和野生动植物资源保护管理，严厉打击乱砍滥伐林木、乱垦滥占林地、乱捕滥猎野生动物等违法犯罪行为，严禁随意采挖野生植物。加强林业执法监管体系，充实执法监督力量，改善执法监督条件，提高执法监督队伍素质。加强林业法制教育和生态道德教育，为执法人员依法办事创造良好的社会氛围和执法环境。

八、切实加强对林业工作的领导

23. 各级党委和政府要高度重视林业工作。要充分认识加强林业建设对实施可持续发展战略、全面建设小康社会的重要性和紧迫性，将其纳入国民经济和社会发展规划，做到认识到位、责任到位、政策到位，工作到位。各有关部门要认真履行职责，密切配合，支持林业发展。根据加快林业发展的需要，强化林业行政管理体系，加强各级政府的林业行政机构建设。建立完善的林业动态监测体系，整合现有监测资源，对我国的森林资源、土地荒漠化及其他生态变化实行动态监测，定期向社会公布。健全林业推广和服务体系，乡镇林业工作站是对林业生产经营实施组织管理的最基层机构，要充分发挥政策宣传、资源管护、林政执法、生产组织、科技推广和社会化服务等职能和作用。林业行业要继续发扬艰苦奋斗、无私奉献的精神，为促进林业发展再立新功。

24. 坚持并完善林业建设任期目标管理责任制。要合理划分中央和地方政府在林业建设方面的事权。中央政府领导全国林业工作，主要负责制定林业法规、政策和国家林业发展规划，指导和协调解决全国性或跨省（自治区、直辖市）的重大林业和生态问题，帮助地方加快林业发展。各级地方政府对本地区林业工作全面负责，政府主要负责同志是林业建设的第一责任人，分管负责同志是林业建设的主要责任人。对林业建设的主要指标，实行任期目标管理，严格考核、严格奖惩，并由同级人民代表大会监督执行。各级地方党委组织部门和纪检监察机关，要把责任制的落实情况作为干部政绩考核、选拔任用和奖惩的重要依据。国家林业重点工程建设，要坚持规划落实到省、任务分解到省、资金分配到省、责任明确到省的管理制度。工程建设的进展情况，要定期检查，定期通报。建立重大毁林案件、违规使用资金案件和工程质量事故责任追究制度，对违反规定的，要严格追究有关领导人的责任。

25. 动员全社会力量关心和支持林业工作。各级工会、妇联、共青团和民兵、青年、学生组织及其他社会团体，要发挥各自作用，动员社会各界力量，投身国土绿化事业。人民解放军和武警部队为保护森林、绿化祖国作出了重要贡献，要继续发扬优良传统，积极承担造林绿化任务。要大力加强林业宣传教育工作，不断提高全民族的生态安全意识。中小学教育要强化相关内容，普及林业和生态知识。新闻媒体要将林业宣传纳入公益性宣传范围。

各地区各部门要紧密团结在以胡锦涛同志为总书记的党中央周围，高举邓小平理论伟大旗帜，认真贯彻"三个代表"重要思想，动员和组织全国人民，积极投身林业建设的伟大事业，为把我国建设成为山川秀美、生态和谐、可持续发展的社会主义现代化国家而努力奋斗！

二、中共中央、国务院关于全面推进集体林权制度改革的意见

（中发〔2008〕10号，2008年6月8日）

新中国成立后，特别是改革开放以来，我国集体林业建设取得了较大成效，对经济社会发展和生态建设作出了重要贡献。集体林权制度虽经数次变革，但产权不明晰、经营主体不落实、经营机制不灵活、利益分配不合理等问题仍普遍存在，制约了林业的发展。为进一步解放和发展林业生产力，发展现代林业，增加农民收入，建设生态文明，现就全面推进集体林权制度改革提出如下意见。

一、充分认识集体林权制度改革的重大意义

（一）集体林权制度改革是稳定和完善农村基本经营制度的必然要求。集体林地是国家重要的土地资源，是林业重要的生产要素，是农民重要的生活保障。实行集体林权制度改革，把集体林地经营权和林木所有权落实到农户，确立农民的经营主体地位，是将农村家庭承包经营制度从耕地向林地的拓展和延伸，是对农村土地经营制度的丰富和完善，必将进一步解放和发展农村生产力。

（二）集体林权制度改革是促进农民就业增收的战略举措。林业产业链条长，市场需求大，就业空间广。实行集体林权制度改革，让农民获得重要的生产资料，激发农民发展林业生产经营的

积极性，有利于促进农民特别是山区农民脱贫致富，破解"三农"问题，推进社会主义新农村建设。

（三）集体林权制度改革是建设生态文明的重要内容。建设生态文明、维护生态安全是林业发展的首要任务。实行集体林权制度改革，建立责权利明晰的林业经营制度，有利于调动广大农民造林育林的积极性和爱林护林的自觉性，增加森林数量，提升森林质量，增强森林生态功能和应对气候变化的能力，繁荣生态文化，促进人与自然和谐，推动经济社会可持续发展。

（四）集体林权制度改革是推进现代林业发展的强大动力。林业是国民经济和社会发展的重要公益事业和基础产业。实行集体林权制度改革，培育林业发展的市场主体，发挥市场在林业生产要素配置中的基础性作用，有利于发挥林业的生态、经济、社会和文化等多种功能，满足社会对林业的多样化需求，促进现代林业发展。

二、集体林权制度改革的指导思想、基本原则和总体目标

（五）指导思想。全面贯彻党的十七大精神，高举中国特色社会主义伟大旗帜，以邓小平理论和"三个代表"重要思想为指导，深入贯彻落实科学发展观，大力实施以生态建设为主的林业发展战略，不断创新集体林业经营的体制机制，依法明晰产权、放活经营、规范流转、减轻税费，进一步解放和发展林业生产力，促进传统林业向现代林业转变，为建设社会主义新农村和构建社会主义和谐社会作出贡献。

（六）基本原则。坚持农村基本经营制度，确保农民平等享有集体林地承包经营权；坚持统筹兼顾各方利益，确保农民得实惠、生态受保护；坚持尊重农民意愿，确保农民的知情权、参与权、决策权；坚持依法办事，确保改革规范有序；坚持分类指导，确保改革符合实际。

（七）总体目标。用5年左右时间，基本完成明晰产权、承包到户的改革任务。在此基础上，通过深化改革，完善政策，健全服务，规范管理，逐步形成集体林业的良性发展机制，实现资源增长、农民增收、生态良好、林区和谐的目标。

三、明确集体林权制度改革的主要任务

（八）明晰产权。在坚持集体林地所有权不变的前提下，依法将林地承包经营权和林木所有权，通过家庭承包方式落实到本集体经济组织的农户，确立农民作为林地承包经营权人的主体地位。对不宜实行家庭承包经营的林地，依法经本集体经济组织成员同意，可以通过均股、均利等其他方式落实产权。村集体经济组织可保留少量的集体林地，由本集体经济组织依法实行民主经营管理。

林地的承包期为70年。承包期届满，可以按照国家有关规定继续承包。已经承包到户或流转的集体林地，符合法律规定、承包或流转合同规范的，要予以维护；承包或流转合同不规范的，要予以完善；不符合法律规定的，要依法纠正。对权属有争议的林地、林木，要依法调处，纠纷解决后再落实经营主体。自留山由农户长期无偿使用，不得强行收回，不得随意调整。承包方案必须依法经本集体经济组织成员同意。

自然保护区、森林公园、风景名胜区、河道湖泊等管理机构和国有林(农)场、垦殖场等单位经营管理的集体林地、林木，要明晰权属关系，依法维护经营管理区的稳定和林权权利人的合法权益。

（九）勘界发证。明确承包关系后，要依法进行实地勘界、登记，核发全国统一式样的林权证，做到林权登记内容齐全规范，数据准确无误，图、表、册一致，人、地、证相符。各级林业主管部门应明确专门的林权管理机构，承办同级人民政府交办的林权登记造册、核发证书、档案管理、流转管理、林地承包争议仲裁、林权纠纷调处等工作。

（十）放活经营权。实行商品林、公益林分类经营管理。依法把立地条件好、采伐和经营利用不会对生态平衡和生物多样性造成危害区域的森林和林木，划定为商品林；把生态区位重要或生态脆弱区域的森林和林木，划定为公益林。对商品林，农民可依法自主决定经营方向和经营模式，生产的木材自主销售。对公益林，在不破坏生态功能的前提下，可依法合理利用林地资源，开发林下种养业，利用森林景观发展森林旅游业等。

（十一）落实处置权。在不改变林地用途的前提下，林地承包经营权人可依法对拥有的林地承包经营权和林木所有权进行转包、出租、转让、入股、抵押或作为出资、合作条件，对其承包的林地、林木可依法开发利用。

（十二）保障收益权。农户承包经营林地的收益，归农户所有。征收集体所有的林地，要依法足额支付林地补偿费、安置补助费、地上附着物和林木的补偿费等费用，安排被征林地农民的社会保障费用。经政府划定的公益林，已承包到农户的，森林生态效益补偿要落实到户；未承包到农户的，要确定管护主体，明确管护责任，森林生态效益补偿要落实到本集体经济组织的农户。严格禁止乱收费、乱摊派。

（十三）落实责任。承包集体林地，要签订书面承包合同，合同中要明确规定并落实承包方、发包方的造林育林、保护管理、森林防火、病虫害防治等责任，促进森林资源可持续经营。基层林业主管部门要加强对承包合同的规范化管理。

四、完善集体林权制度改革的政策措施

（十四）完善林木采伐管理机制。编制森林经营方案，改革商品林采伐限额管理，实行林木采伐审批公示制度，简化审批程序，提供便捷服务。严格控制公益林采伐，依法进行抚育和更新性质的采伐，合理控制采伐方式和强度。

（十五）规范林地、林木流转。在依法、自愿、有偿的前提下，林地承包经营权人可采取多种方式流转林地经营权和林木所有权。流转期限不得超过承包期的剩余期限，流转后不得改变林地用途。集体统一经营管理的林地经营权和林木所有权的流转，要在本集体经济组织内提前公示，依法经本集体经济组织成员同意，收益应纳入农村集体财务管理，用于本集体经济组织内部成员分配和公益事业。

加快林地、林木流转制度建设，建立健全产权交易平台，加强流转管理，依法规范流转，保障公平交易，防止农民失山失地。加强森林资源资产评估管理，加快建立森林资源资产评估师制度和评估制度，规范评估行为，维护交易各方合法权益。

（十六）建立支持集体林业发展的公共财政制度。各级政府要建立和完善森林生态效益补偿基金制度，按照"谁开发谁保护、谁受益谁补偿"的原则，多渠道筹集公益林补偿基金，逐步提高中央和地方财政对森林生态效益的补偿标准。建立造林、抚育、保护、管理投入补贴制度，对森林防火、病虫害防治、林木良种、沼气建设给予补贴，对森林抚育、木本粮油、生物质能源林、珍贵树种及大径材培育给予扶持。改革育林基金管理办法，逐步降低育林基金征收比例，规范用途，各级政府要将林业部门行政事业经费纳入财政预算。森林防火、病虫害防治以及林业行政执法体系等方面的基础设施建设要纳入各级政府基本建设规划，林区的交通、供水、供电、通信等基础设施建设要依法纳入相关行业的发展规划，特别是要加大对偏远山区、沙区和少数民族地区林业基础设施的投入。集体林权制度改革工作经费，主要由地方财政承担，中央财政给予适当补助。对财政困难的县乡，中央和省级财政要加大转移支付力度。

（十七）推进林业投融资改革。金融机构要开发适合林业特点的信贷产品，拓宽林业融资渠道。加大林业信贷投放，完善林业贷款财政贴息政策，大力发展对林业的小额贷款。完善林业信贷担保方式，健全林权抵押贷款制度。加快建立政策性森林保险制度，提高农户抵御自然灾害的能力。妥善处理农村林业债务。

（十八）加强林业社会化服务。扶持发展林业专业合作组织，培育一批辐射面广、带动力强的龙头企业，促进林业规模化、标准化、集约化经营。发展林业专业协会，充分发挥政策咨询、信息服务、科技推广、行业自律等作用。引导和规范森林资源资产评估、森林经营方案编制等中介服务健康发展。

五、加强对集体林权制度改革的组织领导

（十九）高度重视集体林权制度改革。各级党委、政府要把集体林权制度改革作为一件大事来抓，摆上重要位置，精心组织，周密安排，因势利导，确保改革扎实推进。要实行主要领导负责制，层层落实领导责任。建立县（市）直接领导、乡镇组织实施、村组具体操作、部门搞好服务的工作机制，充分发挥农村基层党组织的作用。改革方案的制定要依照法律、尊重民意、因地制宜，改革的内容和具体操作程序要公开、公平、公正。在坚持改革基本原则的前提下，鼓励各地积极探索，确保改革符合实际、取得实效。要加强对领导干部、林改工作人员包括农村基层干部的培训，强化调度、统计、检查、督导和档案管理工作。要严肃工作纪律，党员干部特别是各级领导干部，要以身作则，决不允许借改革之机，为本人和亲友谋取私利。要健全纠纷调处工作机制，妥善解决林权纠纷，及时化解矛盾，维护农村稳定。

（二十）切实加强和改进林业管理。各级林业主管部门要适应改革新形势，进一步转变职能，加强林业宏观管理、公共服务、行政执法和监督。要深入调查研究，认真总结经验，加强工作指导，改进服务方式。推行林业综合行政执法，严厉打击破坏森林资源的违法行为。要加强森林防火、病虫害防治等公共服务体系建设，健全政府主导、群防群治的森林防火、防病虫害、防乱砍滥伐的工作机制。建立科技推广激励机制，加大培训力度，实施林业科技入户工程。加强基层林业工作机构建设，乡镇林业工作站经费纳入地方财政预算。

（二十一）努力形成各方面支持改革的合力。集体林权制度改革涉及面广、政策性强。各有关部门要各司其职，密切配合，通力协作，积极参与改革，主动支持改革。各群众团体和社会组织要发挥各自作用，为推进集体林权制度改革贡献力量。加强舆论宣传，努力营造有利于集体林权制度改革的社会氛围。

集体林权制度改革是农村生产关系的重大变革，事关全局、影响深远。我们要紧密团结在以胡锦涛同志为总书记的党中央周围，高举中国特色社会主义伟大旗帜，以邓小平理论和"三个代表"重要思想为指导，深入贯彻落实科学发展观，解放思想，坚定信心，开拓进取，扎实推进集体林权制度改革，为夺取全面建设小康社会新胜利作出新的贡献。

三、中共中央 国务院关于印发《国有林场改革方案》 和《国有林区改革指导意见》的通知

（中发〔2015〕6号）

各省、自治区、直辖市党委和人民政府，中央和国家机关各部委，解放军各总部、各大单位，各人民团体：

《国有林场改革方案》和《国有林区改革指导意见》已经党中央、国务院同意，现印发给你们，请结合实际认真贯彻执行。

中共中央　国务院
2015年2月8日

国有林场改革方案

保护森林和生态是建设生态文明的根基，深化生态文明体制改革，健全森林与生态保护制度是首要任务。国有林场是我国生态修复和建设的重要力量，是维护国家生态安全最重要的基础设施，在大规模造林绿化和森林资源经营管理工作中取得了巨大成就，为保护国家生态安全、提升人民生态福祉、促进绿色发展、应对气候变化发挥了重要作用。但长期以来，国有林场功能定位不清、管理体制不顺、经营机制不活、支持政策不健全，林场可持续发展面临严峻挑战。为加快推进国有林场改革，促进国有林场科学发展，充分发挥国有林场在生态建设中的重要作用，制定本方案。

一、国有林场改革的总体要求

（一）指导思想。全面贯彻落实党的十八大和十八届三中、四中全会精神，深入实施以生态建设为主的林业发展战略，按照分类推进改革的要求，围绕保护生态、保障职工生活两大目标，推动政事分开、事企分开，实现管护方式创新和监管体制创新，推动林业发展模式由木材生产为主转变为生态修复和建设为主、由利用森林获取经济利益为主转变为保护森林提供生态服务为主，建立有利于保护和发展森林资源、有利于改善生态和民生、有利

于增强林业发展活力的国有林场新体制，为维护国家生态安全、保护生物多样性、建设生态文明作出更大贡献。

（二）基本原则

——坚持生态导向、保护优先。森林是陆地生态的主体，是国家、民族生存的资本和根基，关系生态安全、淡水安全、国土安全、物种安全、气候安全和国家生态外交大局。要以维护和提高森林资源生态功能作为改革的出发点和落脚点，实行最严格的国有林场林地和林木资源管理制度，确保国有森林资源不破坏、国有资产不流失，为坚守生态红线发挥骨干作用。

——坚持改善民生、保持稳定。立足林场实际稳步推进改革，切实解决好职工最关心、最直接、最现实的利益问题，充分调动职工的积极性、主动性和创造性，确保林场稳定。

——坚持因地制宜、分类施策。以"因养林而养人"为方向，根据各地林业和生态建设实际，探索不同类型的国有林场改革模式，不强求一律，不搞一刀切。

——坚持分类指导、省级负责。中央对各地国有林场改革工作实行分类指导，在政策和资金上予以适当支持。省级政府对国有林场改革负总责，根据本地实际制定具体改革措施。

（三）总体目标。到 2020 年，实现以下目标：

——生态功能显著提升。通过大力造林、科学营林、严格保护等多措并举，森林面积增加 1 亿亩以上，森林蓄积量增长 6 亿立方米以上，商业性采伐减少 20% 左右，森林碳汇和应对气候变化能力有效增强，森林质量显著提升。

——生产生活条件明显改善。通过创新国有林场管理体制、多渠道加大对林场基础设施的投入，切实改善职工的生产生活条件。拓宽职工就业渠道，完善社会保障机制，使职工就业有着落、基本生活有保障。

——管理体制全面创新。基本形成功能定位明确、人员精简高效、森林管护购买服务、资源监管分级实施的林场管理新体制，确保政府投入可持续、资源监管高效率、林场发展有后劲。

二、国有林场改革的主要内容

（一）明确界定国有林场生态责任和保护方式。将国有林场主要功能明确定位于保护培育森林资源、维护国家生态安全。与功能定位相适应，明确森林资源保护的组织方式，合理界定国有林场属性。原为事业单位的国有林场，主要承担保护和培育森林资源等生态公益服务职责的，继续按从事公益服务事业单位管理，从严控制事业编制；基本不承担保护和培育森林资源、主要从事市场化经营的，要推进转企改制，暂不具备转企改制条件的，要剥离企业经营性业务。目前已经转制为企业性质的国有林场，原则上保持企业性质不变，通过政府购买服务实现公益林管护，或者结合国有企业改革探索转型为公益性企业，确有特殊情况的，可以由地方政府根据本地实际合理确定其属性。

（二）推进国有林场政事分开。林业行政主管部门要加快职能转变，创新管理方式，减少对国有林场的微观管理和直接管理，加强发展战略、规划、政策、标准等制定和实施，落实国有林场法人自主权。在稳定现行隶属关系的基础上，综合考虑区位、规模和生态建设需要等因素，合理优化国有林场管理层级。对同一行政区域内规模过小、分布零散的林场，根据机构精简和规模经营原则整合为较大林场。科学核定事业编制，用于聘用管理人员、专业技术人员和骨干林业技能人员，经费纳入同级政府财政预算。强化对编制使用的监管，事业单位新进人员除国家政策性安置、按干部人事权限由上级任命及涉密岗位等确需使用其他方法选拔任用人员外，都要实行公开招聘。

（三）推进国有林场事企分开。国有林场从事的经营活动要实行市场化运作，对商品林采伐、林业特色产业和森林旅游等暂不能分开的经营活动，严格实行"收支两条线"管理。鼓励优强林业企业参与兼并重组，通过规模化经营、市场化运作，切实提高企业性质国有林场的运营效率。加强资产负债的清理认定和核查工作，防止国有资产流失。要加快分离各类国有林场的办社会职能，逐步将林场所办学校、医疗机构等移交属地管理。积极探索林场所办医疗机构的转型或改制。根据当地实际，逐步理顺国有林场与代管乡镇、村的关系。

（四）完善以购买服务为主的公益林管护机制。国有林场公益林日常管护要引入市场机制，通过合同、委托等方式面向社会购买服务。在保持林场生态系统完整性和稳定性的前提下，按照科学规划原则，鼓励社会资本、林场职工发展森林旅游等特色产业，有效盘活森林资源。企业性质国有林场经营范围内划分为公益林的部分，由中央财政和地方财政按照公益林核定等级分别安排管护资金。鼓励社会公益组织和志愿者参与公益林管护，提高全社会生态保护意识。

（五）健全责任明确、分级管理的森林资源监管体制。建立归属清晰、权责明确、监管有效的森林资源产权制度，建立健全林地保护制度、森林保护制度、森林经营制度、湿地保护制度、自然保护区制度、监督制度和考核制度。按照林地性质、生态区位、面积大小、监管事项、对社会全局利益影响的程度等因素由国家、省、市三级林业行政主管部门分级监管，对林地性质变更、采伐限额等强化多级联动监管，充分调动各级监管机构的积极性。保持国有林场林地范围和用途的长期稳定，严禁林地转为非林地。建立制度化的监测考核体制，加强对国有林场森林资源保护管理情况的考核，将考核结果作为综合考核评价地方政府和有关部门主要领导政绩的重要依据。加强国家和地方国有林场森林资源监测体系建设，建立健全国有林场森林资源管理档案，定期向社会公布国有林场森林资源状况，接受社会监督，对国有林场场长实行国有林场森林资源离任审计。实施以提高森林资源质量和严格控制采伐量为核心的国有林场森林资源经营管理制度，按森林经营方案编制采伐限额、制定年度生产计划和开展森林经营活动，各级政府对所管理国有林场的森林经营方案编制和实施情况进行检查。探索建立国有林场森林资源有偿使用制度。利用国有林场森林资源开展森林旅游等，应当与国有林场明确收益分配方式；经批准占用国有林场林地的，应当按规定足额支付林地林木补偿费、安置补助费、植被恢复费和职工社会保障费用。启动国有林场森林资源保护和培育工程，合理确定国有林场森林商业性采伐量。加快研究制定国有林场管理法律制度措施和国有林场中长期发展规划等。探索建立国家公园。

（六）健全职工转移就业机制和社会保障体制。按照"内部消化为主，多渠道解决就业"和"以人为本，确保稳定"的原则妥善安置国有林场富余职工，不采取强制性买断方式，不搞一次性下岗分流，确保职工基本生活有保障。主要通过以下途径进行安置：一是通过购买服务方式从事森林管护抚育；二是由林场提供林业特色产业等工作岗位逐步过渡到退休；三是加强有针对性的职业技能培训，鼓励和引导部分职工转岗就业。将全部富余职工按照规定纳入城镇职工社会保险范畴，平稳过渡、合理衔接，确保职工退休后生活有保障。将符合低保条件的林场职工及其家庭成员纳入当地居民最低生活保障范围，切实做到应保尽保。

三、完善国有林场改革发展的政策支持体系

（一）加强国有林场基础设施建设。国有林场基础设施建设要体现生态建设需要，不能简单照搬城市建设。各级政府将国有林场基础设施建设纳入同级政府建设计划，按照支出责任和财务隶属关系，在现有专项资金渠道内，加大对林场供电、饮水安全、森林防火、管护站点用房、有害生物防治等基础设施建设的投入，将国有林场道路按属性纳入相关公路网规划。加快国有林场电网改造升级。积极推进国有林场生态移民，将位于生态环境极为脆弱、不宜人居地区的场部逐步就近搬迁到小城镇，提高与城镇发展的融合度。落实国有林场职工住房公积金和住房补贴政策。在符合土地利用总体规划的前提下，按照行政隶属关系，经城市政府批准，依据保障性安居工程建设的标准和要求，允许国有林场利用自有土地建设保障性安居工程，并依法依规办理土地供应和登记手续。

（二）加强对国有林场的财政支持。中央财政安排国有林场改革补助资金，主要用于解决国有林场职工参加社会保险和分离林场办社会职能问题。省级财政要安排资金，统筹解决国有林场改革成本问题。具备条件的支农惠农政策可适用于国有林场。将国有贫困林场扶贫工作纳入各级政府扶贫工作计划，加大扶持力度。加大对林场基本公共服务的政策支持力度，促进林场与周边地区基本公共服务均等化。

（三）加强对国有林场的金融支持。对国有林场所欠金融债务情况进行调查摸底，按照平等协商和商业化原则积极进行化解。对于正常类金融债务，到期后依法予以偿还；对于国有或国有控股金融机构发放的、国有林场因营造公益林产生的不良债务，由中国银监会、财政部、国家林业局等有关部门研究制定具有可操作性的化解政策；其他不良金融债务，确因客观原因无法偿还的，经审核后可根据实际情况采取贷款展期等方式进行债务重组。符合呆账核销条件的，按照相关规定予以核销。严格审核不良债务，防止借改革逃废金融机构债务。开发适合国有林场特点的信贷产品，充分利用林业贷款中央财政贴息政策，拓宽国有林场融资渠道。

（四）加强国有林场人才队伍建设。参照支持西部和艰苦边远地区发展相关政策，引进国有林场发展急需的管理和技术人才。建立公开公平、竞争择优的用人机制，营造良好的人才发展环境。适当放宽艰苦地区国有林场专业技术职务评聘条件，适当提高国有林场林业技能岗位结构比例，改善人员结构。加强国有林场领导班子建设，加大林场职工培训力度，提高国有林场人员综合素质和业务能力。

四、加强组织领导，全面落实各项任务

（一）加强总体指导。有关部门要加强沟通，密切配合，按照职能分工抓紧制定和完善社会保障、化解债务、职工住房等一系列支持政策。国家发展改革委和国家林业局要做好统筹协调工作，根据不同区域国有林场实际，切实做好分类指导和服务，加强跟踪分析和督促检查，适时评估方案实施情况。方案实施过程中出现的重大问题及时上报国务院。

（二）明确工作责任。各省（自治区、直辖市）政府对国有林场改革负总责，按照本方案确定的目标、任务和政策措施，结合实际尽快制定具体方案，确保按时完成各项任务目标。加强国有林场管理机构建设，维护国有林场合法权益，保持森林资源权属稳定，严禁破坏国有森林资源和乱砍滥伐、滥占林地、无序建设。

做好风险预警，及时化解矛盾，确保社会稳定。

国有林区改革指导意见

保护森林和生态是建设生态文明的根基，深化生态文明体制改革，健全森林与生态保护制度是首要任务。国有林区是我国重要的生态安全屏障和森林资源培育战略基地，是维护国家生态安全最重要的基础设施，在经济社会发展和生态文明建设中发挥着不可替代的重要作用，为国家经济建设作出了重大贡献。但长期以来，国有林区管理体制不完善，森林资源过度开发，民生问题较为突出，严重制约了生态安全保障能力。为积极探索国有林区改革路径，健全国有林区经营管理体制，进一步增强国有林区生态功能和发展活力，现提出如下意见。

一、国有林区改革的总体要求

（一）指导思想。全面贯彻落实党的十八大和十八届三中、四中全会精神，深入实施以生态建设为主的林业发展战略，以发挥国有林区生态功能和建设国家木材战略储备基地为导向，以厘清中央与地方、政府与企业各方面关系为主线，积极推进政事企分开，健全森林资源监管体制，创新资源管护方式，完善支持政策体系，建立有利于保护和发展森林资源、有利于改善生态和民生、有利于增强林业发展活力的国有林区新体制，加快林区经济转型，促进林区森林资源逐步恢复和稳定增长，推动林业发展模式由木材生产为主转变为生态修复和建设为主、由利用森林获取经济利益为主转变为保护森林提供生态服务为主，为建设生态文明和美丽中国、实现中华民族永续发展提供生态保障。

（二）基本原则

——坚持生态为本、保护优先。尊重自然规律，实行山水林田湖统筹治理，重点保护好森林、湿地等自然生态系统，确保森林资源总量持续增加、生态产品生产能力持续提升、生态功能持续增强。

——注重民生改善、维护稳定。改善国有林区基础设施状况，积极发展替代产业，促进就业增收，保障职工基本生活，维护林区社会和谐稳定。

——促进政企政事分开、各负其责。厘清政府与森工企业的职能定位，剥离森工企业的社会管理和办社会职能，加快林区所办企业改制改革，实现政府、企业和社会各司其职、各负其责。

——强化统一规划、融合发展。破除林区条块分割的管理模式，将林区纳入所在地方国民经济和社会发展总体规划，推动林区社会融入地方、经济融入市场。

——坚持分类指导、分步实施。充分考虑国有林区不同情况，中央予以分类指导，各地分别制定实施方案，科学合理确定改革模式，不搞一刀切，循序渐进，走出一条具有中国特色的国有林区改革发展道路。

（三）总体目标。到 2020 年，基本理顺中央与地方、政府与企业的关系，实现政企、政事、事企、管办分开，林区政府社会管理和公共服务职能得到进一步强化，森林资源管护和监管体系更加完善，林区经济社会发展基本融入地方，生产生活条件得到明显改善，职工基本生活得到有效保障；区分不同情况有序停止天然林商业性采伐，重点国有林区森林面积增加 550 万亩左右，森林蓄积量增长 4 亿立方米以上，森林碳汇和应对气候变化能力有效增强，森林资源质量和生态保障能力全面提升。

二、国有林区改革的主要任务

（一）区分不同情况有序停止重点国有林区天然林商业性采伐，确保森林资源稳步恢复和增长。明确国有林区发挥生态功能、维护生态安全的战略定位，将提供生态服务、维护生态安全确定为国有林区的基本职能，作为制定国有林区改革发展各项政策措施的基本出发点。研究提出加强国有林区天然林保护的实施方案。稳步推进黑龙江重点国有林区停止天然林商业性采伐试点，跟踪政策实施效果，及时总结经验。在试点基础上，有序停止内蒙古、吉林重点国有林区天然林商业性采伐，全面提升森林质量，加快森林资源培育与恢复。

（二）因地制宜逐步推进国有林区政企分开。在地方政府职能健全、财力较强的地区，一步到位实行政企分开，全部剥离企业的社会管理和公共服务职能，交由地方政府承担，人员交由地方统一管理，经费纳入地方财政预算；在条件不具备的地区，先行在内部实行政企分开，逐步创造条件将行政职能移交当地政府。

（三）逐步形成精简高效的国有森林资源管理机构。适应国有林区全面停止或逐步减少天然林商业性采伐和发挥生态服务主导功能的新要求，按照"机构只减不增、人员只出不进、社会和谐稳定"的原则，分类制定森工企业改制和改革方案，通过多种方式逐年减少管理人员，最终实现合理编制和人员规模，逐步建立精简高效的国有森林资源管理机构，依法负责森林、湿地、自然保护区和野生动植物资源的保护管理及森林防火、有害生物防治等工作。逐步整合规模小、人员少、地处偏远的林场所。

（四）创新森林资源管护机制。根据森林分布特点，针对不同区域地段的生产季节，采取行之有效的管护模式，实行远山设卡、近山管护，加强高新技术手段和现代交通工具的装备应用，降低劳动强度，提高管护效率，确保管护效果。鼓励社会公益组织和志愿者参与公益林管护，提高全社会生态保护意识。创新林业生产组织方式，造林、管护、抚育、木材生产等林业生产建设任务，凡能通过购买服务方式实现的要面向社会购买。除自然保护区外，在不破坏森林资源的前提下，允许从事森林资源管护的职工从事林特产品生产等经营，增加职工收入。积极推动各类社会资本参与林区企业改制，提高林区发展活力。

（五）创新森林资源监管体制。建立归属清晰、权责明确、监管有效的森林资源产权制度，建立健全林地保护制度、森林保护制度、森林经营制度、湿地保护制度、自然保护区制度、监督制度和考核制度。重点国有林区森林资源产权归国家所有即全民所有，国务院林业行政主管部门代表国家行使所有权、履行出资人职责，负责管理重点国有林区的国有森林资源和森林资源资产产权变动的审批。研究制定重点国有林区森林资源监督管理法律制度措施。进一步强化国务院林业行政主管部门派驻地方的森林资源监督专员办事处的监督职能，优化监督机构设置，加强对重点国有林区森林资源保护管理的监督。建立健全以生态服务功能为核心，以林地保有量、森林覆盖率、森林质量、护林防火、有害生物防治等为主要指标的林区绩效管理和考核机制，实行森林资源离任审计。科学编制长期森林经营方案，作为国有森林资源保护发展的主要遵循和考核国有森林资源管理绩效的依据。探索建立国家公园。

（六）强化地方政府保护森林、改善民生的责任。地方各级政府对行政区域内的林区经济社会发展和森林资源保护负总责。要将林区经济社会发展纳入当地国民经济和社会发展总体规划及投资计划。切实落实地方政府林区社会管理和公共服务的职能。国有林区森林覆盖率、森林蓄积量的变化纳入地方政府目标责任考核约束性指标。林地保有量、征占用林地定额纳入地方政府目标责任考核内容。省级政府对组织实施天然林保护工程、全面停止天然林商业性采伐负全责，实行目标、任务、资金、责任"四到省"。地方各级政府负责统一组织、协调和指导本行政区域的森林防火工作并实行行政首长负责制。

（七）妥善安置国有林区富余职工，确保职工基本生活有保障。充分发挥林区绿色资源丰富的优势，通过开发森林旅游、特色养殖种植、境外采伐、林产品加工、对外合作等，创造就业岗位。中央财政继续加大对森林管护、人工造林、中幼龄林抚育和森林改造培育的支持力度，推进职工转岗就业。对符合政策的就业困难人员灵活就业的，由地方政府按国家有关规定统筹解决社会保险补贴，对跨行政区域的国有林业单位，由所在的市级或省级政府统筹解决。

三、完善国有林区改革的政策支持体系

（一）加强对国有林区的财政支持。国有林区停止天然林商业性采伐后，中央财政通过适当增加天保工程财政资金予以支持。结合当地人均收入水平，适当调整天保工程森林管护费和社会保险补助费的财政补助标准。加大中央财政的森林保险支持力度，提高国有林区森林资源抵御自然灾害的能力。加大对林区基本公共服务的政策支持力度，促进林区与周边地区基本公共服务均等化。

（二）加强对国有林区的金融支持。根据债务形成原因和种类，分类化解森工企业金融机构债务。对于正常类金融债务，到期后应当依法予以偿还。对于确需中央支持化解的不良类金融债务，由中国银监会、财政部、国家林业局等有关部门在听取金融机构意见、充分调研的基础上，研究制定切实可行、有针对性的政策，报国务院批准后实施。严格审核不良债务，防止借改革逃废金融机构债务。开发适合国有林区特点的信贷产品，拓宽林业融资渠道，加大林业信贷投放，大力发展对国有林区职工的小额贷款。完善林业信贷担保方式，完善林业贷款中央财政贴息政策。

（三）加强国有林区基础设施建设。林区基础设施建设要体现生态建设需要，不能简单模仿城市建设、建造繁华都市。各级政府要将国有林区电网、饮水安全、管护站点用房等基础设施建设纳入同级政府建设规划统筹安排，将国有林区道路按属性纳入相关公路网规划，加快国有林区棚户区改造和电网改造升级，加强森林防火和有害生物防治。国家结合现有渠道，加大对国有林区基础设施建设的支持力度。

（四）加快深山远山林区职工搬迁。将林区城镇建设纳入地方城镇建设规划，结合林区改革和林场撤并整合，积极推进深山远山职工搬迁。充分考虑职工生产生活需求，尊重职工意愿，合理布局职工搬迁安置地点。继续结合林区棚户区改造，进一步加大中央支持力度，同时在安排保障性安居工程配套基础设施建设投资时给予倾斜。林场撤并搬迁安置区配套基础设施和公共服务设施建设等参照执行独立工矿区改造搬迁政策。切实落实省级政府对本地棚户区改造工作负总责的要求，相关省级政府及森工企业也要相应加大补助力度。对符合条件的困难职工，当地政府要积极研究结合公共租赁住房等政策，解决其住房困难问题。拓宽深山远山林区职工搬迁筹资渠道，加大金融信贷、企业债券等融资力度。切实落实棚户区改造住房税费减免优惠政策。

（五）积极推进国有林区产业转型。推进大小兴安岭、长白山林区生态保护与经济转型，积极发展绿色富民产业。进一步收缩木材采运业，严格限制矿业开采。鼓励培育速生丰产用材林特别是珍贵树种和大径级用材林，大力发展木材深加工、特色经济林、森林旅游、野生动植物驯养繁育等绿色低碳产业，增加就业岗位，提高林区职工群众收入。利用地缘优势发展林产品加工基地和对外贸易，建设以口岸进口原料为依托、以精深加工为重点、以国内和国际市场为导向的林产品加工集群。支持国有优强企业参与国有林区企业的改革重组，推进国有林区资源优化配置和产业转型。选择条件成熟的地区开展经济转型试点，支持试点地区发展接续替代产业。

四、加强组织领导，全面落实各项任务

（一）加强对改革的组织领导。有关部门要明确责任，密切配合，按照本意见要求制定和完善社会保障、化解债务、职工住房等一系列支持政策。国家发展改革委和国家林业局要加强组织协调和分类指导，抓好督促落实。各有关省（自治区）要对本地区国有林区改革负总责，结合本地实际制定具体实施方案，细化工作措施和要求，及时发现和解决改革中出现的矛盾和问题，落实好各项改革任务。

（二）注重试点先行、有序推进。要充分考虑改革的复杂性和艰巨性，积极探索，稳妥推进改革。各有关省（自治区）可以按照本意见精神，选择部分工作基础条件较好的国有林业局先行试点，积累改革经验，再逐步推广。

（三）严格依法依规推进改革。要强化各级政府生态保护责任，加强森林资源监管，加强对森林资源保护绩效的考核，严格杜绝滥占林地、无序建设、乱砍滥伐、破坏森林资源的现象。要认真执行国有资产管理有关规定，严格纪律要求，防止国有资产流失。要依法保障林区职工群众的合法权益，维护林区和谐稳定。

第二节　林业法律

一、中华人民共和国森林法

（1984年9月20日第六届全国人民代表大会常务委员会第七次会议通过，根据1998年4月29日第九届全国人民代表大会常务委员会第二次会议《关于修改〈中华人民共和国森林法〉的决定》修正，根据2009年8月27日第十一届全国人民代表大会常务委员会第十次会议《关于修改部分法律的决定》修改）

第一章　总　则

第一条　为了保护、培育和合理利用森林资源，加快国土绿化，发挥森林蓄水保土、调节气候、改善环境和提供林产品的作用，适应社会主义建设和人民生活的需要，特制定本法。

第二条　在中华人民共和国领域内从事森林、林木的培育种植、采伐利用和森林、林木、林地的经营管理活动，都必须遵守本法。

第三条　森林资源属于国家所有，由法律规定属于集体所有的除外。

国家所有的和集体所有的森林、林木和林地，个人所有的林木和使用的林地，由县级以上地方人民政府登记造册，发放证书，确认所有权或者使用权。国务院可以授权国务院林业主管部门，对国务院确定的国家所有的重点林区的森林、林木和林地登记造册，发放证书，并通知有关地方人民政府。

森林、林木、林地的所有者和使用者的合法权益，受法律保护，任何单位和个人不得侵犯。

第四条　森林分为以下五类：

（一）防护林：以防护为主要目的的森林、林木和灌木丛，包括水源涵养林，水土保持林，防风固沙林，农田、牧场防护林，护岸林，护路林；

（二）用材林：以生产木材为主要目的的森林和林木，包括以生产竹材为主要目的的竹林；

（三）经济林：以生产果品，食用油料、饮料、调料，工业原料和药材等为主要目的的林木；

（四）薪炭林：以生产燃料为主要目的的林木；

（五）特种用途林：以国防、环境保护、科学实验等为主要目的的森林和林木，包括国防林、实验林、母树林、环境保护林、风景林，名胜古迹和革命纪念地的林木，自然保护区的森林。

第五条　林业建设实行以营林为基础，普遍护林，大力造林，采育结合，永续利用的方针。

第六条　国家鼓励林业科学研究，推广林业先进技术，提高林业科学技术水平。

第七条　国家保护林农的合法权益，依法减轻林农的负担，禁止向林农违法收费、罚款，禁止向林农进行摊派和强制集资。

国家保护承包造林的集体和个人的合法权益，任何单位和个人不得侵犯承包造林的集体和个人依法享有的林木所有权和其他合法权益。

第八条　国家对森林资源实行以下保护性措施：

（一）对森林实行限额采伐，鼓励植树造林、封山育林，扩大森林覆盖面积；

（二）根据国家和地方人民政府有关规定，对集体和个人造林、育林给予经济扶持或者长期贷款；

（三）提倡木材综合利用和节约使用木材，鼓励开发、利用木材代用品；

（四）征收育林费，专门用于造林育林；

（五）煤炭、造纸等部门，按照煤炭和木浆纸张等产品的产量提取一定数额的资金，专门用于营造坑木、造纸等用材林；

（六）建立林业基金制度。

国家设立森林生态效益补偿基金，用于提供生态效益的防护林和特种用途林的森林资源、林木的营造、抚育、保护和管理。森林生态效益补偿基金必须专款专用，不得挪作他用。具体办法由国务院规定。

第九条 国家和省（自治区）人民政府，对民族自治地方的林业生产建设，依照国家对民族自治地方自治权的规定，在森林开发、木材分配和林业基金使用方面，给予比一般地区更多的自主权和经济利益。

第十条 国务院林业主管部门主管全国林业工作。县级以上地方人民政府林业主管部门，主管本地区的林业工作。乡级人民政府设专职或者兼职人员负责林业工作。

第十一条 植树造林、保护森林，是公民应尽的义务。各级人民政府应当组织全民义务植树，开展植树造林活动。

第十二条 在植树造林、保护森林、森林管理以及林业科学研究等方面成绩显著的单位或者个人，由各级人民政府给予奖励。

第二章　森林经营管理

第十三条 各级林业主管部门依照本法规定，对森林资源的保护、利用、更新，实行管理和监督。

第十四条 各级林业主管部门负责组织森林资源清查，建立资源档案制度，掌握资源变化情况。

第十五条 下列森林、林木、林地使用权可以依法转让，也可以依法作价入股或者作为合资、合作造林、经营林木的出资、合作条件，但不得将林地改为非林地：

（一）用材林、经济林、薪炭林；

（二）用材林、经济林、薪炭林的林地使用权；

（三）用材林、经济林、薪炭林的采伐迹地、火烧迹地的林地使用权；

（四）国务院规定的其他森林、林木和其他林地使用权。

依照前款规定转让、作价入股或者作为合资、合作造林、经营林木的出资、合作条件的，已经取得的林木采伐许可证可以同时转让，同时转让双方都必须遵守本法关于森林、林木采伐和更新造林的规定。

除本条第一款规定的情形外，其他森林、林木和其他林地使用权不得转让。

具体办法由国务院规定。

第十六条 各级人民政府应当制定林业长远规划。国有林业企业事业单位和自然保护区，应当根据林业长远规划，编制森林经营方案，报上级主管部门批准后实行。

林业主管部门应当指导农村集体经济组织和国有的农场、牧场、工矿企业等单位编制森林经营方案。

第十七条 单位之间发生的林木、林地所有权和使用权争议，由县级以上人民政府依法处理。

个人之间、个人与单位之间发生的林木所有权和林地使用权争议，由当地县级或者乡级人民政府依法处理。

当事人对人民政府的处理决定不服的，可以在接到通知之日起1个月内，向人民法院起诉。

在林木、林地权属争议解决以前，任何一方不得砍伐有争议的林木。

第十八条 进行勘查、开采矿藏和各项建设工程，应当不占或者少占林地；必须占用或者征收、征用林地的，经县级以上人民政府林业主管部门审核同意后，依照有关土地管理的法律、行政法规办理建设用地审批手续，并由用地单位依照国务院有关规定缴纳森林植被恢复费。森林植被恢复费专款专用，由林业主管部门依照有关规定统一安排植树造林，恢复森林植被，植树造林面积不得少于因占用、征收、征用林地而减少的森林植被面积。上级林业主管部门应当定期督促、检查下级林业主管部门组织植树造林、恢复森林植被的情况。

任何单位和个人不得挪用森林植被恢复费。县级以上人民政府审计机关应当加强对森林植被恢复费使用情况的监督。

第三章 森林保护

第十九条 地方各级人民政府应当组织有关部门建立护林组织，负责护林工作；根据实际需要在大面积林区增加护林设施，加强森林保护；督促有林的和林区的基层单位，订立护林公约，组织群众护林，划定护林责任区，配备专职或者兼职护林员。

护林员可以由县级或者乡级人民政府委任。护林员的主要职责是：巡护森林，制止破坏森林资源的行为。对造成森林资源破坏的，护林员有权要求当地有关部门处理。

第二十条 依照国家有关规定在林区设立的森林公安机关，负责维护辖区社会治安秩序，保护辖区内的森林资源，并可以依照本法规定，在国务院林业主管部门授权的范围内，代行本法第三十九条、第四十二条、第四十三条、第四十四条规定的行政处罚权。

武装森林警察部队执行国家赋予的预防和扑救森林火灾的任务。

第二十一条 地方各级人民政府应当切实做好森林火灾的预防和扑救工作：

（一）规定森林防火期，在森林防火期内，禁止在林区野外用火；因特殊情况需要用火的，必须经过县级人民政府或者县级人民政府授权的机关批准；

（二）在林区设置防火设施；

（三）发生森林火灾，必须立即组织当地军民和有关部门扑救；

（四）因扑救森林火灾负伤、致残、牺牲的，国家职工由所在单位给予医疗、抚恤；非国家职工由起火单位按照国务院有关主管部门的规定给予医疗、抚恤，起火单位对起火没有责任或者确实无力负担的，由当地人民政府给予医疗、抚恤。

第二十二条 各级林业主管部门负责组织森林病虫害防治工作。

林业主管部门负责规定林木种苗的检疫对象，划定疫区和保护区，对林木种苗进行检疫。

第二十三条 禁止毁林开垦和毁林采石、采砂、采土以及其他毁林行为。

禁止在幼林地和特种用途林内砍柴、放牧。

进入森林和森林边缘地区的人员，不得擅自移动或者损坏为林业服务的标志。

第二十四条　国务院林业主管部门和省(自治区、直辖市)人民政府,应当在不同自然地带的典型森林生态地区、珍贵动物和植物生长繁殖的林区、天然热带雨林区和具有特殊保护价值的其他天然林区,划定自然保护区,加强保护管理。

自然保护区的管理办法,由国务院林业主管部门制定,报国务院批准施行。

对自然保护区以外的珍贵树木和林区内具有特殊价值的植物资源,应当认真保护;未经省(自治区、直辖市)林业主管部门批准,不得采伐和采集。

第二十五条　林区内列为国家保护的野生动物,禁止猎捕;因特殊需要猎捕的,按照国家有关法规办理。

第四章　植树造林

第二十六条　各级人民政府应当制定植树造林规划,因地制宜地确定本地区提高森林覆盖率的奋斗目标。

各级人民政府应当组织各行各业和城乡居民完成植树造林规划确定的任务。

宜林荒山荒地,属于国家所有的,由林业主管部门和其他主管部门组织造林;属于集体所有的,由集体经济组织组织造林。

铁路公路两旁、江河两侧、湖泊水库周围,由各有关主管单位因地制宜地组织造林;工矿区,机关、学校用地,部队营区以及农场、牧场、渔场经营地区,由各该单位负责造林。

国家所有和集体所有的宜林荒山荒地可以由集体或者个人承包造林。

第二十七条　国有企业事业单位、机关、团体、部队营造的林木,由营造单位经营并按照国家规定支配林木收益。

集体所有制单位营造的林木,归该单位所有。

农村居民在房前屋后、自留地、自留山种植的林木,归个人所有。城镇居民和职工在自有房屋的庭院内种植的林木,归个人所有。

集体或者个人承包国家所有和集体所有的宜林荒山荒地造林的，承包后种植的林木归承包的集体或者个人所有；承包合同另有规定的，按照承包合同的规定执行。

第二十八条 新造幼林地和其他必须封山育林的地方，由当地人民政府组织封山育林。

第五章　森林采伐

第二十九条 国家根据用材林的消耗量低于生长量的原则，严格控制森林年采伐量。国家所有的森林和林木以国有林业企业事业单位、农场、厂矿为单位，集体所有的森林和林木、个人所有的林木以县为单位，制定年采伐限额，由省（自治区、直辖市）林业主管部门汇总，经同级人民政府审核后，报国务院批准。

第三十条 国家制定统一的年度木材生产计划。年度木材生产计划不得超过批准的年采伐限额。计划管理的范围由国务院规定。

第三十一条 采伐森林和林木必须遵守下列规定：

（一）成熟的用材林应当根据不同情况，分别采取择伐、皆伐和渐伐方式，皆伐应当严格控制，并在采伐的当年或者次年内完成更新造林；

（二）防护林和特种用途林中的国防林、母树林、环境保护林、风景林，只准进行抚育和更新性质的采伐；

（三）特种用途林中的名胜古迹和革命纪念地的林木、自然保护区的森林，严禁采伐。

第三十二条 采伐林木必须申请采伐许可证，按许可证的规定进行采伐；农村居民采伐自留地和房前屋后个人所有的零星林木除外。

国有林业企业事业单位、机关、团体、部队、学校和其他国有企业事业单位采伐林木，由所在地县级以上林业主管部门依照有关规定审核发放采伐许可证。

铁路、公路的护路林和城镇林木的更新采伐，由有关主管部门依照有关规定审核发放采伐许可证。

农村集体经济组织采伐林木，由县级林业主管部门依照有关规定审核发放采伐许可证。

农村居民采伐自留山和个人承包集体的林木，由县级林业主管部门或者其委托的乡、镇人民政府依照有关规定审核发放采伐许可证。

采伐以生产竹材为主要目的的竹林，适用以上各款规定。

第三十三条 审核发放采伐许可证的部门，不得超过批准的年采伐限额发放采伐许可证。

第三十四条 国有林业企业事业单位申请采伐许可证时，必须提出伐区调查设计文件。其他单位申请采伐许可证时，必须提出有关采伐的目的、地点、林种、林况、面积、蓄积、方式和更新措施等内容的文件。

对伐区作业不符合规定的单位，发放采伐许可证的部门有权收缴采伐许可证，中止其采伐，直到纠正为止。

第三十五条 采伐林木的单位或者个人，必须按照采伐许可证规定的面积、株数、树种、期限完成更新造林任务，更新造林的面积和株数不得少于采伐的面积和株数。

第三十六条 林区木材的经营和监督管理办法，由国务院另行规定。

第三十七条 从林区运出木材，必须持有林业主管部门发给的运输证件，国家统一调拨的木材除外。

依法取得采伐许可证后，按照许可证的规定采伐的木材，从林区运出时，林业主管部门应当发给运输证件。

经省（自治区、直辖市）人民政府批准，可以在林区设立木材检查站，负责检查木材运输。对未取得运输证件或者物资主管部门发给的调拨通知书运输木材的，木材检查站有权制止。

第三十八条 国家禁止、限制出口珍贵树木及其制品、衍生物。禁止、限制出口的珍贵树木及其制品、衍生物的名录和年度限制出口总量，由国务院林业主管部门会同国务院有关部门制定，报国务院批准。

出口前款规定限制出口的珍贵树木或者其制品、衍生物的，必须经出口人所在地省（自治区、直辖市）人民政府林业主管部门审核，报国务院林业主管部门批准，海关凭国务院林业主管部门的批准文件放行。进出口的树木或者其制品、衍生物属于中国参加的国际公约限制进出口的濒危物种的，并必须向国家濒危物种进出口管理机构申请办理允许进出口证明书，海关并凭允许进出口证明书放行。

第六章　法律责任

第三十九条　盗伐森林或者其他林木的，依法赔偿损失；由林业主管部门责令补种盗伐株数十倍的树木，没收盗伐的林木或者变卖所得，并处盗伐林木价值3倍以上10倍以下的罚款。

滥伐森林或者其他林木，由林业主管部门责令补种滥伐株数五倍的树木，并处滥伐林木价值2倍以上5倍以下的罚款。

拒不补种树木或者补种不符合国家有关规定的，由林业主管部门代为补种，所需费用由违法者支付。

盗伐、滥伐森林或者其他林木，构成犯罪的，依法追究刑事责任。

第四十条　违反本法规定，非法采伐、毁坏珍贵树木的，依法追究刑事责任。

第四十一条　违反本法规定，超过批准的年采伐限额发放林木采伐许可证或者超越职权发放林木采伐许可证、木材运输证件、批准出口文件、允许进出口证明书的，由上一级人民政府林业主管部门责令纠正，对直接负责的主管人员和其他直接责任人员依法给予行政处分；有关人民政府林业主管部门未予纠正的，国务院林业主管部门可以直接处理；构成犯罪的，依法追究刑事责任。

第四十二条　违反本法规定，买卖林木采伐许可证、木材运输证件、批准出口文件、允许进出口证明书的，由林业主管部门没收违法买卖的证件、文件和违法所得，并处违法买卖证件、文件的价款1倍以上3倍以下的罚款；构成犯罪的，依法追究刑事责任。

伪造林木采伐许可证、木材运输证件、批准出口文件、允许进出口证明书的，依法追究刑事责任。

第四十三条 在林区非法收购明知是盗伐、滥伐的林木的，由林业主管部门责令停止违法行为，没收违法收购的盗伐、滥伐的林木或者变卖所得，可以并处违法收购林木的价款1倍以上3倍以下的罚款；构成犯罪的，依法追究刑事责任。

第四十四条 违反本法规定，进行开垦、采石、采砂、采土、采种、采脂和其他活动，致使森林、林木受到毁坏的，依法赔偿损失；由林业主管部门责令停止违法行为，补种毁坏株数1倍以上3倍以下的树木，可以处毁坏林木价值1倍以上5倍以下的罚款。

违反本法规定，在幼林地和特种用途林内砍柴、放牧致使森林、林木受到毁坏的，依法赔偿损失；由林业主管部门责令停止违法行为，补种毁坏株数1倍以上3倍以下的树木。

拒不补种树木或者补种不符合国家有关规定的，由林业主管部门代为补种，所需费用由违法者支付。

第四十五条 采伐林木的单位或者个人没有按照规定完成更新造林任务的，发放采伐许可证的部门有权不再发给采伐许可证，直到完成更新造林任务为止；情节严重的，可以由林业主管部门处以罚款，对直接责任人员由所在单位或者上级主管机关给予行政处分。

第四十六条 从事森林资源保护、林业监督管理工作的林业主管部门的工作人员和其他国家机关的有关工作人员滥用职权、玩忽职守、徇私舞弊，构成犯罪的，依法追究刑事责任；尚不构成犯罪的，依法给予行政处分。

第七章 附 则

第四十七条 国务院林业主管部门根据本法制定实施办法，报国务院批准施行。

第四十八条 民族自治地方不能全部适用本法规定的，自治机关可以根据本法的原则，结合民族自治地方的特点，制定变通或者补充规定，依照法定程序报省（自治区）或者全国人民代表大会常务委员会批准施行。

第四十九条　本法自1985年1月1日起施行。

二、中华人民共和国野生动物保护法

（1988年11月8日第七届全国人民代表大会常务委员会第四次会议通过，根据2004年8月28日第十届全国人民代表大会常务委员会第十一次会议《关于修改〈中华人民共和国野生动物保护法〉的决定》第一次修正，根据2009年8月27日第十一届全国人民代表大会常务委员会第十次会议《关于修改部分法律的决定》第二次修正，2016年7月2日第十二届全国人民代表大会常务委员会第二十一次会议修订）

第一章　总　　则

第一条　为了保护野生动物，拯救珍贵、濒危野生动物，维护生物多样性和生态平衡，推进生态文明建设，制定本法。

第二条　在中华人民共和国领域及管辖的其他海域，从事野生动物保护及相关活动，适用本法。

本法规定保护的野生动物，是指珍贵、濒危的陆生、水生野生动物和有重要生态、科学、社会价值的陆生野生动物。

本法规定的野生动物及其制品，是指野生动物的整体（含卵、蛋）、部分及其衍生物。

珍贵、濒危的水生野生动物以外的其他水生野生动物的保护，适用《中华人民共和国渔业法》等有关法律的规定。

第三条　野生动物资源属于国家所有。

国家保障依法从事野生动物科学研究、人工繁育等保护及相关活动的组织和个人的合法权益。

第四条　国家对野生动物实行保护优先、规范利用、严格监管的原则，鼓励开展野生动物科学研究，培育公民保护野生动物的意识，促进人与自然和谐发展。

第五条　国家保护野生动物及其栖息地。县级以上人民政府应当制定野生动物及其栖息地相关保护规划和措施，并将野生动物保护经费纳入预算。

国家鼓励公民、法人和其他组织依法通过捐赠、资助、志愿服务等方式参与野生动物保护活动，支持野生动物保护公益事业。

本法规定的野生动物栖息地，是指野生动物野外种群生息繁衍的重要区域。

第六条　任何组织和个人都有保护野生动物及其栖息地的义务。禁止违法猎捕野生动物、破坏野生动物栖息地。

任何组织和个人都有权向有关部门和机关举报或者控告违反本法的行为。野生动物保护主管部门和其他有关部门、机关对举报或者控告，应当及时依法处理。

第七条　国务院林业、渔业主管部门分别主管全国陆生、水生野生动物保护工作。

县级以上地方人民政府林业、渔业主管部门分别主管本行政区域内陆生、水生野生动物保护工作。

第八条　各级人民政府应当加强野生动物保护的宣传教育和科学知识普及工作，鼓励和支持基层群众性自治组织、社会组织、企业事业单位、志愿者开展野生动物保护法律法规和保护知识的宣传活动。

教育行政部门、学校应当对学生进行野生动物保护知识教育。

新闻媒体应当开展野生动物保护法律法规和保护知识的宣传，对违法行为进行舆论监督。

第九条　在野生动物保护和科学研究方面成绩显著的组织和个人，由县级以上人民政府给予奖励。

第二章　野生动物及其栖息地保护

第十条　国家对野生动物实行分类分级保护。

国家对珍贵、濒危的野生动物实行重点保护。国家重点保护的野生动物分为一级保护野生动物和二级保护野生动物。国家重点保护野生动物名录，由国务院野生动物保护主管部门组织科学评估后制定，并每五年根据评估情况确定对名录进行调整。国家重点保护野生动物名录报国务院批准公布。

地方重点保护野生动物，是指国家重点保护野生动物以外，由省（自治区、直辖市）重点保护的野生动物。地方重点保护野生动物名录，由省（自治区、直辖市）人民政府组织科学评估后制定、调整并公布。

有重要生态、科学、社会价值的陆生野生动物名录，由国务院野生动物保护主管部门组织科学评估后制定、调整并公布。

第十一条 县级以上人民政府野生动物保护主管部门，应当定期组织或者委托有关科学研究机构对野生动物及其栖息地状况进行调查、监测和评估，建立健全野生动物及其栖息地档案。

对野生动物及其栖息地状况的调查、监测和评估应当包括下列内容：

（一）野生动物野外分布区域、种群数量及结构；

（二）野生动物栖息地的面积、生态状况；

（三）野生动物及其栖息地的主要威胁因素；

（四）野生动物人工繁育情况等其他需要调查、监测和评估的内容。

第十二条 国务院野生动物保护主管部门应当会同国务院有关部门，根据野生动物及其栖息地状况的调查、监测和评估结果，确定并发布野生动物重要栖息地名录。

省级以上人民政府依法划定相关自然保护区域，保护野生动物及其重要栖息地，保护、恢复和改善野生动物生存环境。对不具备划定相关自然保护区域条件的，县级以上人民政府可以采取划定禁猎（渔）区、规定禁猎（渔）期等其他形式予以保护。

禁止或者限制在相关自然保护区域内引入外来物种、营造单一纯林、过量施洒农药等人为干扰、威胁野生动物生息繁衍的行为。

相关自然保护区域，依照有关法律法规的规定划定和管理。

第十三条 县级以上人民政府及其有关部门在编制有关开发

利用规划时，应当充分考虑野生动物及其栖息地保护的需要，分析、预测和评估规划实施可能对野生动物及其栖息地保护产生的整体影响，避免或者减少规划实施可能造成的不利后果。

禁止在相关自然保护区域建设法律法规规定不得建设的项目。机场、铁路、公路、水利水电、围堰、围填海等建设项目的选址选线，应当避让相关自然保护区域、野生动物迁徙洄游通道；无法避让的，应当采取修建野生动物通道、过鱼设施等措施，消除或者减少对野生动物的不利影响。

建设项目可能对相关自然保护区域、野生动物迁徙洄游通道产生影响的，环境影响评价文件的审批部门在审批环境影响评价文件时，涉及国家重点保护野生动物的，应当征求国务院野生动物保护主管部门意见；涉及地方重点保护野生动物的，应当征求省(自治区、直辖市)人民政府野生动物保护主管部门意见。

第十四条　各级野生动物保护主管部门应当监视、监测环境对野生动物的影响。由于环境影响对野生动物造成危害时，野生动物保护主管部门应当会同有关部门进行调查处理。

第十五条　国家或者地方重点保护野生动物受到自然灾害、重大环境污染事故等突发事件威胁时，当地人民政府应当及时采取应急救助措施。

县级以上人民政府野生动物保护主管部门应当按照国家有关规定组织开展野生动物收容救护工作。

禁止以野生动物收容救护为名买卖野生动物及其制品。

第十六条　县级以上人民政府野生动物保护主管部门、兽医主管部门，应当按照职责分工对野生动物疫源疫病进行监测，组织开展预测、预报等工作，并按照规定制定野生动物疫情应急预案，报同级人民政府批准或者备案。

县级以上人民政府野生动物保护主管部门、兽医主管部门、卫生主管部门，应当按照职责分工负责与人畜共患传染病有关的动物传染病的防治管理工作。

第十七条　国家加强对野生动物遗传资源的保护，对濒危野生动物实施抢救性保护。

国务院野生动物保护主管部门应当会同国务院有关部门制定有关野生动物遗传资源保护和利用规划，建立国家野生动物遗传资源基因库，对原产我国的珍贵、濒危野生动物遗传资源实行重点保护。

第十八条　有关地方人民政府应当采取措施，预防、控制野生动物可能造成的危害，保障人畜安全和农业、林业生产。

第十九条　因保护本法规定保护的野生动物，造成人员伤亡、农作物或者其他财产损失的，由当地人民政府给予补偿。具体办法由省（自治区、直辖市）人民政府制定。有关地方人民政府可以推动保险机构开展野生动物致害赔偿保险业务。

有关地方人民政府采取预防、控制国家重点保护野生动物造成危害的措施以及实行补偿所需经费，由中央财政按照国家有关规定予以补助。

第三章　野生动物管理

第二十条　在相关自然保护区域和禁猎（渔）区、禁猎（渔）期内，禁止猎捕以及其他妨碍野生动物生息繁衍的活动，但法律法规另有规定的除外。

野生动物迁徙洄游期间，在前款规定区域外的迁徙洄游通道内，禁止猎捕并严格限制其他妨碍野生动物生息繁衍的活动。迁徙洄游通道的范围以及妨碍野生动物生息繁衍活动的内容，由县级以上人民政府或者其野生动物保护主管部门规定并公布。

第二十一条　禁止猎捕、杀害国家重点保护野生动物。

因科学研究、种群调控、疫源疫病监测或者其他特殊情况，需要猎捕国家一级保护野生动物的，应当向国务院野生动物保护主管部门申请特许猎捕证；需要猎捕国家二级保护野生动物的，应当向省（自治区、直辖市）人民政府野生动物保护主管部门申请特许猎捕证。

第二十二条　猎捕非国家重点保护野生动物的，应当依法取得县级以上地方人民政府野生动物保护主管部门核发的狩猎证，并且服从猎捕量限额管理。

　　第二十三条　猎捕者应当按照特许猎捕证、狩猎证规定的种类、数量、地点、工具、方法和期限进行猎捕。

　　持枪猎捕的，应当依法取得公安机关核发的持枪证。

　　第二十四条　禁止使用毒药、爆炸物、电击或者电子诱捕装置以及猎套、猎夹、地枪、排铳等工具进行猎捕，禁止使用夜间照明行猎、歼灭性围猎、捣毁巢穴、火攻、烟熏、网捕等方法进行猎捕，但因科学研究确需网捕、电子诱捕的除外。

　　前款规定以外的禁止使用的猎捕工具和方法，由县级以上地方人民政府规定并公布。

　　第二十五条　国家支持有关科学研究机构因物种保护目的人工繁育国家重点保护野生动物。

　　前款规定以外的人工繁育国家重点保护野生动物实行许可制度。人工繁育国家重点保护野生动物的，应当经省（自治区、直辖市）人民政府野生动物保护主管部门批准，取得人工繁育许可证，但国务院对批准机关另有规定的除外。

　　人工繁育国家重点保护野生动物应当使用人工繁育子代种源，建立物种系谱、繁育档案和个体数据。因物种保护目的确需采用野外种源的，适用本法第二十一条和第二十三条的规定。

　　本法所称人工繁育子代，是指人工控制条件下繁殖出生的子代个体且其亲本也在人工控制条件下出生。

　　第二十六条　人工繁育国家重点保护野生动物应当有利于物种保护及其科学研究，不得破坏野外种群资源，并根据野生动物习性确保其具有必要的活动空间和生息繁衍、卫生健康条件，具备与其繁育目的、种类、发展规模相适应的场所、设施、技术，符合有关技术标准和防疫要求，不得虐待野生动物。

　　省级以上人民政府野生动物保护主管部门可以根据保护国家重点保护野生动物的需要，组织开展国家重点保护野生动物放归野外环境工作。

　　第二十七条　禁止出售、购买、利用国家重点保护野生动物及其制品。

　　因科学研究、人工繁育、公众展示展演、文物保护或者其他特殊情况，需要出售、购买、利用国家重点保护野生动物及其制品的，应当经省（自治区、直辖市）人民政府野生动物保护主管部门批准，并按照规定取得和使用专用标识，保证可追溯，但国务院对批准机关另有规定的除外。

实行国家重点保护野生动物及其制品专用标识的范围和管理办法，由国务院野生动物保护主管部门规定。

出售、利用非国家重点保护野生动物的，应当提供狩猎、进出口等合法来源证明。

出售本条第二款、第四款规定的野生动物的，还应当依法附有检疫证明。

第二十八条 对人工繁育技术成熟稳定的国家重点保护野生动物，经科学论证，纳入国务院野生动物保护主管部门制定的人工繁育国家重点保护野生动物名录。对列入名录的野生动物及其制品，可以凭人工繁育许可证，按照省（自治区、直辖市）人民政府野生动物保护主管部门核验的年度生产数量直接取得专用标识，凭专用标识出售和利用，保证可追溯。

对本法第十条规定的国家重点保护野生动物名录进行调整时，根据有关野外种群保护情况，可以对前款规定的有关人工繁育技术成熟稳定野生动物的人工种群，不再列入国家重点保护野生动物名录，实行与野外种群不同的管理措施，但应当依照本法第二十五条第二款和本条第一款的规定取得人工繁育许可证和专用标识。

第二十九条 利用野生动物及其制品的，应当以人工繁育种群为主，有利于野外种群养护，符合生态文明建设的要求，尊重社会公德，遵守法律法规和国家有关规定。

野生动物及其制品作为药品经营和利用的，还应当遵守有关药品管理的法律法规。

第三十条 禁止生产、经营使用国家重点保护野生动物及其制品制作的食品，或者使用没有合法来源证明的非国家重点保护野生动物及其制品制作的食品。

禁止为食用非法购买国家重点保护的野生动物及其制品。

　　第三十一条　禁止为出售、购买、利用野生动物或者禁止使用的猎捕工具发布广告。禁止为违法出售、购买、利用野生动物制品发布广告。

　　第三十二条　禁止网络交易平台、商品交易市场等交易场所，为违法出售、购买、利用野生动物及其制品或者禁止使用的猎捕工具提供交易服务。

　　第三十三条　运输、携带、寄递国家重点保护野生动物及其制品、本法第二十八条第二款规定的野生动物及其制品出县境的，应当持有或者附有本法第二十一条、第二十五条、第二十七条或者第二十八条规定的许可证、批准文件的副本或者专用标识，以及检疫证明。

　　运输非国家重点保护野生动物出县境的，应当持有狩猎、进出口等合法来源证明，以及检疫证明。

　　第三十四条　县级以上人民政府野生动物保护主管部门应当对科学研究、人工繁育、公众展示展演等利用野生动物及其制品的活动进行监督管理。

　　县级以上人民政府其他有关部门，应当按照职责分工对野生动物及其制品出售、购买、利用、运输、寄递等活动进行监督检查。

　　第三十五条　中华人民共和国缔结或者参加的国际公约禁止或者限制贸易的野生动物或者其制品名录，由国家濒危物种进出口管理机构制定、调整并公布。

　　进出口列入前款名录的野生动物或者其制品的，出口国家重点保护野生动物或者其制品的，应当经国务院野生动物保护主管部门或者国务院批准，并取得国家濒危物种进出口管理机构核发的允许进出口证明书。依法实施进出境检疫。海关凭允许进出口证明书、检疫证明按照规定办理通关手续。

　　涉及科学技术保密的野生动物物种的出口，按照国务院有关规定办理。

　　列入本条第一款名录的野生动物，经国务院野生动物保护主管部门核准，在本法适用范围内可以按照国家重点保护的野生动物管理。

第三十六条 国家组织开展野生动物保护及相关执法活动的国际合作与交流；建立防范、打击野生动物及其制品的走私和非法贸易的部门协调机制，开展防范、打击走私和非法贸易行动。

第三十七条 从境外引进野生动物物种的，应当经国务院野生动物保护主管部门批准。从境外引进列入本法第三十五条第一款名录的野生动物，还应当依法取得允许进出口证明书。依法实施进境检疫。海关凭进口批准文件或者允许进出口证明书以及检疫证明按照规定办理通关手续。

从境外引进野生动物物种的，应当采取安全可靠的防范措施，防止其进入野外环境，避免对生态系统造成危害。确需将其放归野外的，按照国家有关规定执行。

第三十八条 任何组织和个人将野生动物放生至野外环境，应当选择适合放生地野外生存的当地物种，不得干扰当地居民的正常生活、生产，避免对生态系统造成危害。随意放生野生动物，造成他人人身、财产损害或者危害生态系统的，依法承担法律责任。

第三十九条 禁止伪造、变造、买卖、转让、租借特许猎捕证、狩猎证、人工繁育许可证及专用标识，出售、购买、利用国家重点保护野生动物及其制品的批准文件，或者允许进出口证明书、进出口等批准文件。

前款规定的有关许可证书、专用标识、批准文件的发放情况，应当依法公开。

第四十条 外国人在我国对国家重点保护野生动物进行野外考察或者在野外拍摄电影、录像，应当经省（自治区、直辖市）人民政府野生动物保护主管部门或者其授权的单位批准，并遵守有关法律法规规定。

第四十一条 地方重点保护野生动物和其他非国家重点保护野生动物的管理办法，由省（自治区、直辖市）人民代表大会或者其常务委员会制定。

第四章　法律责任

第四十二条　野生动物保护主管部门或者其他有关部门、机关不依法作出行政许可决定，发现违法行为或者接到对违法行为的举报不予查处或者不依法查处，或者有滥用职权等其他不依法履行职责的行为的，由本级人民政府或者上级人民政府有关部门、机关责令改正，对负有责任的主管人员和其他直接责任人员依法给予记过、记大过或者降级处分；造成严重后果的，给予撤职或者开除处分，其主要负责人应当引咎辞职；构成犯罪的，依法追究刑事责任。

第四十三条　违反本法第十二条第三款、第十三条第二款规定的，依照有关法律法规的规定处罚。

第四十四条　违反本法第十五条第三款规定，以收容救护为名买卖野生动物及其制品的，由县级以上人民政府野生动物保护主管部门没收野生动物及其制品、违法所得，并处野生动物及其制品价值二倍以上十倍以下的罚款，将有关违法信息记入社会诚信档案，向社会公布；构成犯罪的，依法追究刑事责任。

第四十五条　违反本法第二十条、第二十一条、第二十三条第一款、第二十四条第一款规定，在相关自然保护区域、禁猎（渔）区、禁猎（渔）期猎捕国家重点保护野生动物，未取得特许猎捕证、未按照特许猎捕证规定猎捕、杀害国家重点保护野生动物，或者使用禁用的工具、方法猎捕国家重点保护野生动物的，由县级以上人民政府野生动物保护主管部门、海洋执法部门或者有关保护区域管理机构按照职责分工没收猎获物、猎捕工具和违法所得，吊销特许猎捕证，并处猎获物价值二倍以上十倍以下的罚款；没有猎获物的，并处一万元以上五万元以下的罚款；构成犯罪的，依法追究刑事责任。

第四十六条　违反本法第二十条、第二十二条、第二十三条第一款、第二十四条第一款规定，在相关自然保护区域、禁猎（渔）区、禁猎（渔）期猎捕非国家重点保护野生动物，未取得狩猎证、未按照狩猎证规定猎捕非国家重点保护野生动物，或者使用禁用的工具、方法猎捕非国家重点保护野生动物的，由县级以上地方人民政府野生动物保护主管部门或者有关保护区域管理机构按照职责分工没收猎获物、猎捕工具和违法所得，吊销狩猎证，并处猎获物价值一倍以上五倍以下的罚款；没有猎获物的，并处2000元以上1万元以下的罚款；构成犯罪的，依法追究刑事责任。

违反本法第二十三条第二款规定，未取得持枪证持枪猎捕野生动物，构成违反治安管理行为的，由公安机关依法给予治安管理处罚；构成犯罪的，依法追究刑事责任。

第四十七条 违反本法第二十五条第二款规定，未取得人工繁育许可证繁育国家重点保护野生动物或者本法第二十八条第二款规定的野生动物的，由县级以上人民政府野生动物保护主管部门没收野生动物及其制品，并处野生动物及其制品价值1倍以上5倍以下的罚款。

第四十八条 违反本法第二十七条第一款和第二款、第二十八条第一款、第三十三条第一款规定，未经批准、未取得或者未按照规定使用专用标识，或者未持有、未附有人工繁育许可证、批准文件的副本或者专用标识出售、购买、利用、运输、携带、寄递国家重点保护野生动物及其制品或者本法第二十八条第二款规定的野生动物及其制品的，由县级以上人民政府野生动物保护主管部门或者工商行政管理部门按照职责分工没收野生动物及其制品和违法所得，并处野生动物及其制品价值2倍以上10倍以下的罚款；情节严重的，吊销人工繁育许可证、撤销批准文件、收回专用标识；构成犯罪的，依法追究刑事责任。

违反本法第二十七条第四款、第三十三条第二款规定，未持有合法来源证明出售、利用、运输非国家重点保护野生动物的，由县级以上地方人民政府野生动物保护主管部门或者工商行政管理部门按照职责分工没收野生动物，并处野生动物价值1倍以上5倍以下的罚款。

违反本法第二十七条第五款、第三十三条规定，出售、运输、携带、寄递有关野生动物及其制品未持有或者未附有检疫证明的，依照《中华人民共和国动物防疫法》的规定处罚。

第四十九条　违反本法第三十条规定，生产、经营使用国家重点保护野生动物及其制品或者没有合法来源证明的非国家重点保护野生动物及其制品制作食品，或者为食用非法购买国家重点保护的野生动物及其制品的，由县级以上人民政府野生动物保护主管部门或者工商行政管理部门按照职责分工责令停止违法行为，没收野生动物及其制品和违法所得，并处野生动物及其制品价值2倍以上10倍以下的罚款；构成犯罪的，依法追究刑事责任。

第五十条　违反本法第三十一条规定，为出售、购买、利用野生动物及其制品或者禁止使用的猎捕工具发布广告的，依照《中华人民共和国广告法》的规定处罚。

第五十一条　违反本法第三十二条规定，为违法出售、购买、利用野生动物及其制品或者禁止使用的猎捕工具提供交易服务的，由县级以上人民政府工商行政管理部门责令停止违法行为，限期改正，没收违法所得，并处违法所得2倍以上5倍以下的罚款；没有违法所得的，处1万元以上5万元以下的罚款；构成犯罪的，依法追究刑事责任。

第五十二条　违反本法第三十五条规定，进出口野生动物或者其制品的，由海关、检验检疫、公安机关、海洋执法部门依照法律、行政法规和国家有关规定处罚；构成犯罪的，依法追究刑事责任。

第五十三条　违反本法第三十七条第一款规定，从境外引进野生动物物种的，由县级以上人民政府野生动物保护主管部门没收所引进的野生动物，并处5万元以上25万元以下的罚款；未依法实施进境检疫的，依照《中华人民共和国进出境动植物检疫法》的规定处罚；构成犯罪的，依法追究刑事责任。

第五十四条　违反本法第三十七条第二款规定，将从境外引进的野生动物放归野外环境的，由县级以上人民政府野生动物保护主管部门责令限期捕回，处1万元以上5万元以下的罚款；逾期不捕回的，由有关野生动物保护主管部门代为捕回或者采取降低影响的措施，所需费用由被责令限期捕回者承担。

第五十五条 违反本法第三十九条第一款规定，伪造、变造、买卖、转让、租借有关证件、专用标识或者有关批准文件的，由县级以上人民政府野生动物保护主管部门没收违法证件、专用标识、有关批准文件和违法所得，并处 5 万元以上 25 万元以下的罚款；构成违反治安管理行为的，由公安机关依法给予治安管理处罚；构成犯罪的，依法追究刑事责任。

第五十六条 依照本法规定没收的实物，由县级以上人民政府野生动物保护主管部门或者其授权的单位按照规定处理。

第五十七条 本法规定的猎获物价值、野生动物及其制品价值的评估标准和方法，由国务院野生动物保护主管部门制定。

第五章　附则

第五十八条 本法自 2017 年 1 月 1 日起施行。

三、中华人民共和国防沙治沙法

(2001 年 8 月 31 日第九届全国人民代表大会常务委员会第二十三次会议通过，中华人民共和国主席令第五十五号公布，自 2002 年 1 月 1 日起施行)

第一章　总　则

第一条 为预防土地沙化，治理沙化土地，维护生态安全，促进经济和社会的可持续发展，制定本法。

第二条 在中华人民共和国境内，从事土地沙化的预防、沙化土地的治理和开发利用活动，必须遵守本法。

土地沙化是指因气候变化和人类活动所导致的天然沙漠扩张和沙质土壤上植被破坏、沙土裸露的过程。

本法所称土地沙化，是指主要因人类不合理活动所导致的天然沙漠扩张和沙质土壤上植被及覆盖物被破坏，形成流沙及沙土裸露的过程。

本法所称沙化土地，包括已经沙化的土地和具有明显沙化趋势的土地。具体范围，由国务院批准的全国防沙治沙规划确定。

第三条　防沙治沙工作应当遵循以下原则：

（一）统一规划，因地制宜，分步实施，坚持区域防治与重点防治相结合；

（二）预防为主，防治结合，综合治理；

（三）保护和恢复植被与合理利用自然资源相结合；

（四）遵循生态规律，依靠科技进步；

（五）改善生态环境与帮助农牧民脱贫致富相结合；

（六）国家支持与地方自力更生相结合，政府组织与社会各界参与相结合，鼓励单位、个人承包防治；

（七）保障防沙治沙者的合法权益。

第四条　国务院和沙化土地所在地区的县级以上地方人民政府，应当将防沙治沙纳入国民经济和社会发展计划，保障和支持防沙治沙工作的开展。

沙化土地所在地区的地方各级人民政府，应当采取有效措施，预防土地沙化，治理沙化土地，保护和改善本行政区域的生态质量。

国家在沙化土地所在地区，建立政府行政领导防沙治沙任期目标责任考核奖惩制度。沙化土地所在地区的县级以上地方人民政府，应当向同级人民代表大会及其常务委员会报告防沙治沙工作情况。

第五条　在国务院领导下，国务院林业行政主管部门负责组织、协调、指导全国防沙治沙工作。

国务院林业、农业、水利、土地、环境保护等行政主管部门和气象主管机构，按照有关法律规定的职责和国务院确定的职责分工，各负其责，密切配合，共同做好防沙治沙工作。

县级以上地方人民政府组织、领导所属有关部门，按照职责分工，各负其责，密切配合，共同做好本行政区域的防沙治沙工作。

第六条　使用土地的单位和个人，有防止该土地沙化的义务。

使用已经沙化的土地的单位和个人，有治理该沙化土地的义务。

第七条 国家支持防沙治沙的科学研究和技术推广工作，发挥科研部门、机构在防沙治沙工作中的作用，培养防沙治沙专门技术人员，提高防沙治沙的科学技术水平。

国家支持开展防沙治沙的国际合作。

第八条 在防沙治沙工作中作出显著成绩的单位和个人，由人民政府给予表彰和奖励；对保护和改善生态质量作出突出贡献的，应当给予重奖。

第九条 沙化土地所在地区的各级人民政府应当组织有关部门开展防沙治沙知识的宣传教育，增强公民的防沙治沙意识，提高公民防沙治沙的能力。

第二章　防沙治沙规划

第十条 防沙治沙实行统一规划。从事防沙治沙活动，以及在沙化土地范围内从事开发利用活动，必须遵循防沙治沙规划。

防沙治沙规划应当对遏制土地沙化扩展趋势，逐步减少沙化土地的时限、步骤、措施等作出明确规定，并将具体实施方案纳入国民经济和社会发展五年计划和年度计划。

第十一条 国务院林业行政主管部门会同国务院农业、水利、土地、环境保护等有关部门编制全国防沙治沙规划，报国务院批准后实施。

省（自治区、直辖市）人民政府依据全国防沙治沙规划，编制本行政区域的防沙治沙规划，报国务院或者国务院指定的有关部门批准后实施。

沙化土地所在地区的市、县人民政府，应当依据上一级人民政府的防沙治沙规划，组织编制本行政区域的防沙治沙规划，报上一级人民政府批准后实施。

防沙治沙规划的修改，须经原批准机关批准；未经批准，任何单位和个人不得改变防沙治沙规划。

第十二条　编制防沙治沙规划，应当根据沙化土地所处的地理位置、土地类型、植被状况、气候和水资源状况、土地沙化程度等自然条件及其所发挥的生态、经济功能，对沙化土地实行分类保护、综合治理和合理利用。

在规划期内不具备治理条件的以及因保护生态的需要不宜开发利用的连片沙化土地，应当规划为沙化土地封禁保护区，实行封禁保护。沙化土地封禁保护区的范围，由全国防沙治沙规划以及省（自治区、直辖市）防沙治沙规划确定。

第十三条　防沙治沙规划应当与土地利用总体规划相衔接；防沙治沙规划中确定的沙化土地用途，应当符合本级人民政府的土地利用总体规划。

第三章　土地沙化的预防

第十四条　国务院林业行政主管部门组织其他有关行政主管部门对全国土地沙化情况进行监测、统计和分析，并定期公布监测结果。

县级以上地方人民政府林业或者其他有关行政主管部门，应当按照土地沙化监测技术规程，对沙化土地进行监测，并将监测结果向本级人民政府及上一级林业或者其他有关行政主管部门报告。

第十五条　县级以上地方人民政府林业或者其他有关行政主管部门，在土地沙化监测过程中，发现土地发生沙化或者沙化程度加重的，应当及时报告本级人民政府。收到报告的人民政府应当责成有关行政主管部门制止导致土地沙化的行为，并采取有效措施进行治理。

各级气象主管机构应当组织对气象干旱和沙尘暴天气进行监测、预报，发现气象干旱或者沙尘暴天气征兆时，应当及时报告当地人民政府。收到报告的人民政府应当采取预防措施，必要时公布灾情预报，并组织林业、农（牧）业等有关部门采取应急措施，避免或者减轻风沙危害。

第十六条　沙化土地所在地区的县级以上地方人民政府应当

按照防沙治沙规划，划出一定比例的土地，因地制宜地营造防风固沙林网、林带，种植多年生灌木和草本植物。由林业行政主管部门负责确定植树造林的成活率、保存率的标准和具体任务，并逐片组织实施，明确责任，确保完成。

除了抚育更新性质的采伐外，不得批准对防风固沙林网、林带进行采伐。在对防风固沙林网、林带进行抚育更新性质的采伐之前，必须在其附近预先形成接替林网和林带。

对林木更新困难地区已有的防风固沙林网、林带，不得批准采伐。

第十七条 禁止在沙化土地上砍挖灌木、药材及其他固沙植物。

沙化土地所在地区的县级人民政府，应当制定植被管护制度，严格保护植被，并根据需要在乡（镇）、村建立植被管护组织，确定管护人员。

在沙化土地范围内，各类土地承包合同应当包括植被保护责任的内容。

第十八条 草原地区的地方各级人民政府，应当加强草原的管理和建设，由农（牧）业行政主管部门负责指导、组织农牧民建设人工草场，控制载畜量，调整牲畜结构，改良牲畜品种，推行牲畜圈养和草场轮牧，消灭草原鼠害、虫害，保护草原植被，防止草原退化和沙化。

草原实行以产草量确定载畜量的制度。由农（牧）业行政主管部门负责制定载畜量的标准和有关规定，并逐级组织实施，明确责任，确保完成。

第十九条 沙化土地所在地区的县级以上地方人民政府水行政主管部门，应当加强流域和区域水资源的统一调配和管理，在编制流域和区域水资源开发利用规划和供水计划时，必须考虑整个流域和区域植被保护的用水需求，防止因地下水和上游水资源的过度开发利用，导致植被破坏和土地沙化。该规划和计划经批准后，必须严格实施。

沙化土地所在地区的地方各级人民政府应当节约用水，发展节水型农牧业和其他产业。

第二十条　沙化土地所在地区的县级以上地方人民政府，不得批准在沙漠边缘地带和林地、草原开垦耕地；已经开垦并对生态产生不良影响的，应当有计划地组织退耕还林还草。

第二十一条　在沙化土地范围内从事开发建设活动的，必须事先就该项目可能对当地及相关地区生态产生的影响进行环境影响评价，依法提交环境影响报告；环境影响报告应当包括有关防沙治沙的内容。

第二十二条　在沙化土地封禁保护区范围内，禁止一切破坏植被的活动。

禁止在沙化土地封禁保护区范围内安置移民。对沙化土地封禁保护区范围内的农牧民，县级以上地方人民政府应当有计划地组织迁出，并妥善安置。沙化土地封禁保护区范围内尚未迁出的农牧民的生产生活，由沙化土地封禁保护区主管部门妥善安排。

未经国务院或者国务院指定的部门同意，不得在沙化土地封禁保护区范围内进行修建铁路、公路等建设活动。

第四章　沙化土地的治理

第二十三条　沙化土地所在地区的地方各级人民政府，应当按照防沙治沙规划，组织有关部门、单位和个人，因地制宜地采取人工造林种草、飞机播种造林种草、封沙育林育草和合理调配生态用水等措施，恢复和增加植被，治理已经沙化的土地。

第二十四条　国家鼓励单位和个人在自愿的前提下，捐资或者以其他形式开展公益性的治沙活动。

县级以上地方人民政府林业或者其他有关行政主管部门，应当为公益性治沙活动提供治理地点和无偿技术指导。

从事公益性治沙的单位和个人，应当按照县级以上地方人民政府林业或者其他有关行政主管部门的技术要求进行治理，并可以将所种植的林、草委托他人管护或者交由当地人民政府有关行政主管部门管护。

第二十五条　使用已经沙化的国有土地的使用权人和农民集

体所有土地的承包经营权人，必须采取治理措施，改善土地质量；确实无能力完成治理任务的，可以委托他人治理或者与他人合作治理。委托或者合作治理的，应当签订协议，明确各方的权利和义务。

沙化土地所在地区的地方各级人民政府及其有关行政主管部门、技术推广单位，应当为土地使用权人和承包经营权人的治沙活动提供技术指导。

采取退耕还林还草、植树种草或者封育措施治沙的土地使用权人和承包经营权人，按照国家有关规定，享受人民政府提供的政策优惠。

第二十六条 不具有土地所有权或者使用权的单位和个人从事营利性治沙活动的，应当先与土地所有权人或者使用权人签订协议，依法取得土地使用权。

在治理活动开始之前，从事营利性治沙活动的单位和个人应当向治理项目所在地的县级以上地方人民政府林业行政主管部门或者县级以上地方人民政府指定的其他行政主管部门提出治理申请，并附具下列文件：

（一）被治理土地权属的合法证明文件和治理协议；

（二）符合防沙治沙规划的治理方案；

（三）治理所需的资金证明。

第二十七条 本法第二十六条第二款第二项所称治理方案，应当包括以下内容：

（一）治理范围界限；

（二）分阶段治理目标和治理期限；

（三）主要治理措施；

（四）经当地水行政主管部门同意的用水来源和用水量指标；

（五）治理后的土地用途和植被管护措施；

（六）其他需要载明的事项。

第二十八条 从事营利性治沙活动的单位和个人，必须按照治理方案进行治理。

国家保护沙化土地治理者的合法权益。在治理者取得合法土地权属的治理范围内，未经治理者同意，其他任何单位和个人不得从事治理或者开发利用活动。

第二十九条　治理者完成治理任务后，应当向县级以上地方人民政府受理治理申请的行政主管部门提出验收申请。经验收合格的，受理治理申请的行政主管部门应当发给治理合格证明文件；经验收不合格的，治理者应当继续治理。

第三十条　已经沙化的土地范围内的铁路、公路、河流和水渠两侧，城镇、村庄、厂矿和水库周围，实行单位治理责任制，由县级以上地方人民政府下达治理责任书，由责任单位负责组织造林种草或者采取其他治理措施。

第三十一条　沙化土地所在地区的地方各级人民政府，可以组织当地农村集体经济组织及其成员在自愿的前提下，对已经沙化的土地进行集中治理。农村集体经济组织及其成员投入的资金和劳力，可以折算为治理项目的股份、资本金，也可以采取其他形式给予补偿。

第五章　保障措施

第三十二条　国务院和沙化土地所在地区的地方各级人民政府应当在本级财政预算中按照防沙治沙规划通过项目预算安排资金，用于本级人民政府确定的防沙治沙工程。在安排扶贫、农业、水利、道路、矿产、能源、农业综合开发等项目时，应当根据具体情况，设立若干防沙治沙子项目。

第三十三条　国务院和省（自治区、直辖市）人民政府应当制定优惠政策，鼓励和支持单位和个人防沙治沙。

县级以上地方人民政府应当按照国家有关规定，根据防沙治沙的面积和难易程度，给予从事防沙治沙活动的单位和个人资金补助、财政贴息以及税费减免等政策优惠。

单位和个人投资进行防沙治沙的，在投资阶段免征各种税收；取得一定收益后，可以免征或者减征有关税收。

第三十四条　使用已经沙化的国有土地从事治沙活动的，经县级以上人民政府依法批准，可以享有不超过70年的土地使用权。具体年限和管理办法，由国务院规定。

使用已经沙化的集体所有土地从事治沙活动的，治理者应当与土地所有人签订土地承包合同。具体承包期限和当事人的其他权利、义务由承包合同双方依法在土地承包合同中约定。县级人民政府依法根据土地承包合同向治理者颁发土地使用权证书，保护集体所有沙化土地治理者的土地使用权。

第三十五条 因保护生态的特殊要求，将治理后的土地批准划为自然保护区或者沙化土地封禁保护区的，批准机关应当给予治理者合理的经济补偿。

第三十六条 国家根据防沙治沙的需要，组织设立防沙治沙重点科研项目和示范、推广项目，并对防沙治沙、沙区能源、沙生经济作物、节水灌溉、防止草原退化、沙地旱作农业等方面的科学研究与技术推广给予资金补助、税费减免等政策优惠。

第三十七条 任何单位和个人不得截留、挪用防沙治沙资金。

县级以上人民政府审计机关，应当依法对防沙治沙资金使用情况实施审计监督。

第六章 法律责任

第三十八条 违反本法第二十二条第一款规定，在沙化土地封禁保护区范围内从事破坏植被活动的，由县级以上地方人民政府林业、农（牧）业行政主管部门按照各自的职责，责令停止违法行为；有违法所得的，没收其违法所得；构成犯罪的，依法追究刑事责任。

第三十九条 违反本法第二十五条第一款规定，国有土地使用权人和农民集体所有土地承包经营权人未采取防沙治沙措施，造成土地严重沙化的，由县级以上地方人民政府农（牧）业、林业行政主管部门按照各自的职责，责令限期治理；造成国有土地严重沙化的，县级以上人民政府可以收回国有土地使用权。

第四十条 违反本法规定，进行营利性治沙活动，造成土地沙化加重的，由县级以上地方人民政府负责受理营利性治沙申请

的行政主管部门责令停止违法行为，可以并处每公顷5000元以上
5万元以下的罚款。

第四十一条　违反本法第二十八条第一款规定，不按照治理
方案进行治理的，或者违反本法第二十九条规定，经验收不合格
又不按要求继续治理的，由县级以上地方人民政府负责受理营利
性治沙申请的行政主管部门责令停止违法行为，限期改正，可以
并处相当于治理费用1倍以上3倍以下的罚款。

第四十二条　违反本法第二十八条第二款规定，未经治理者
同意，擅自在他人的治理范围内从事治理或者开发利用活动的，
由县级以上地方人民政府负责受理营利性治沙申请的行政主管部
门责令停止违法行为；给治理者造成损失的，应当赔偿损失。

第四十三条　违反本法规定，有下列情形之一的，对直接负
责的主管人员和其他直接责任人员，由所在单位、监察机关或者
上级行政主管部门依法给予行政处分：

（一）违反本法第十五条第一款规定，发现土地发生沙化或者
沙化程度加重不及时报告的，或者收到报告后不责成有关行政主
管部门采取措施的；

（二）违反本法第十六条第二款、第三款规定，批准采伐防风
固沙林网、林带的；

（三）违反本法第二十条规定，批准在沙漠边缘地带和林地、
草原开垦耕地的；

（四）违反本法第二十二条第二款规定，在沙化土地封禁保护
区范围内安置移民的；

（五）违反本法第二十二条第三款规定，未经批准在沙化土地
封禁保护区范围内进行修建铁路、公路等建设活动的。

第四十四条　违反本法第三十七条第一款规定，截留、挪用
防沙治沙资金的，对直接负责的主管人员和其他直接责任人员，
由监察机关或者上级行政主管部门依法给予行政处分；构成犯罪
的，依法追究刑事责任。

第四十五条　防沙治沙监督管理人员滥用职权、玩忽职守、
徇私舞弊，构成犯罪的，依法追究刑事责任。

第七章　附　则

第四十六条　本法第五条第二款中所称的有关法律，是指《中华人民共和国森林法》、《中华人民共和国草原法》、《中华人民共和国水土保持法》、《中华人民共和国土地管理法》、《中华人民共和国环境保护法》和《中华人民共和国气象法》。

第四十七条　本法自 2002 年 1 月 1 日起施行。

四、中华人民共和国种子法

（2000 年 7 月 8 日第九届全国人民代表大会常务委员会第十六次会议通过，根据 2004 年 8 月 28 日第十届全国人民代表大会常务委员会第十一次会议《关于修改〈中华人民共和国种子法〉的决定》第一次修正，根据 2013 年 6 月 29 日第十二届全国人民代表大会常务委员会第三次会议《关于修改〈中华人民共和国文物保护法〉等十二部法律的决定》第二次修正，2015 年 11 月 4 日第十二届全国人民代表大会常务委员会第十七次会议修订）

第一章　总　则

第一条　为了保护和合理利用种质资源，规范品种选育、种子生产经营和管理行为，保护植物新品种权，维护种子生产经营者、使用者的合法权益，提高种子质量，推动种子产业化，发展现代种业，保障国家粮食安全，促进农业和林业的发展，制定本法。

第二条　在中华人民共和国境内从事品种选育、种子生产经营和管理等活动，适用本法。

本法所称种子，是指农作物和林木的种植材料或者繁殖材料，包括籽粒、果实、根、茎、苗、芽、叶、花等。

第三条　国务院农业、林业主管部门分别主管全国农作物种子和林木种子工作；县级以上地方人民政府农业、林业主管部门分别主管本行政区域内农作物种子和林木种子工作。

各级人民政府及其有关部门应当采取措施，加强种子执法和监督，依法惩处侵害农民权益的种子违法行为。

第四条　国家扶持种质资源保护工作和选育、生产、更新、推广使用良种，鼓励品种选育和种子生产经营相结合，奖励在种质资源保护工作和良种选育、推广等工作中成绩显著的单位和个人。

第五条　省级以上人民政府应当根据科教兴农方针和农业、林业发展的需要制定种业发展规划并组织实施。

第六条　省级以上人民政府建立种子储备制度，主要用于发生灾害时的生产需要及余缺调剂，保障农业和林业生产安全。对储备的种子应当定期检验和更新。种子储备的具体办法由国务院规定。

第七条　转基因植物品种的选育、试验、审定和推广应当进行安全性评价，并采取严格的安全控制措施。国务院农业、林业主管部门应当加强跟踪监管并及时公告有关转基因植物品种审定和推广的信息。具体办法由国务院规定。

第二章　种质资源保护

第八条　国家依法保护种质资源，任何单位和个人不得侵占和破坏种质资源。

禁止采集或者采伐国家重点保护的天然种质资源。因科研等特殊情况需要采集或者采伐的，应当经国务院或者省（自治区、直辖市）人民政府的农业、林业主管部门批准。

第九条　国家有计划地普查、收集、整理、鉴定、登记、保存、交流和利用种质资源，定期公布可供利用的种质资源目录。具体办法由国务院农业、林业主管部门规定。

第十条　国务院农业、林业主管部门应当建立种质资源库、种质资源保护区或者种质资源保护地。省（自治区、直辖市）人民政府农业、林业主管部门可以根据需要建立种质资源库、种质资源保护区、种质资源保护地。种质资源库、种质资源保护区、种质资源保护地的种质资源属公共资源，依法开放利用。

占用种质资源库、种质资源保护区或者种质资源保护地的，需经原设立机关同意。

第十一条 国家对种质资源享有主权,任何单位和个人向境外提供种质资源,或者与境外机构、个人开展合作研究利用种质资源的,应当向省(自治区、直辖市)人民政府农业、林业主管部门提出申请,并提交国家共享惠益的方案;受理申请的农业、林业主管部门经审核,报国务院农业、林业主管部门批准。

从境外引进种质资源的,依照国务院农业、林业主管部门的有关规定办理。

第三章 品种选育、审定与登记

第十二条 国家支持科研院所及高等院校重点开展育种的基础性、前沿性和应用技术研究,以及常规作物、主要造林树种育种和无性繁殖材料选育等公益性研究。

国家鼓励种子企业充分利用公益性研究成果,培育具有自主知识产权的优良品种;鼓励种子企业与科研院所及高等院校构建技术研发平台,建立以市场为导向、资本为纽带、利益共享、风险共担的产学研相结合的种业技术创新体系。

国家加强种业科技创新能力建设,促进种业科技成果转化,维护种业科技人员的合法权益。

第十三条 由财政资金支持形成的育种发明专利权和植物新品种权,除涉及国家安全、国家利益和重大社会公共利益的外,授权项目承担者依法取得。

由财政资金支持为主形成的育种成果的转让、许可等应当依法公开进行,禁止私自交易。

第十四条 单位和个人因林业主管部门为选育林木良种建立测定林、试验林、优树收集区、基因库等而减少经济收入的,批准建立的林业主管部门应当按照国家有关规定给予经济补偿。

第十五条 国家对主要农作物和主要林木实行品种审定制度。主要农作物品种和主要林木品种在推广前应当通过国家级或者省级审定。由省(自治区、直辖市)人民政府林业主管部门确定的主要林木品种实行省级审定。

申请审定的品种应当符合特异性、一致性、稳定性要求。

主要农作物品种和主要林木品种的审定办法由国务院农业、林业主管部门规定。审定办法应当体现公正、公开、科学、效率的原则，有利于产量、品质、抗性等的提高与协调，有利于适应市场和生活消费需要的品种的推广。在制定、修改审定办法时，应当充分听取育种者、种子使用者、生产经营者和相关行业代表意见。

第十六条　国务院和省（自治区、直辖市）人民政府的农业、林业主管部门分别设立由专业人员组成的农作物品种和林木品种审定委员会。品种审定委员会承担主要农作物品种和主要林木品种的审定工作，建立包括申请文件、品种审定试验数据、种子样品、审定意见和审定结论等内容的审定档案，保证可追溯。在审定通过的品种依法公布的相关信息中应当包括审定意见情况，接受监督。

品种审定实行回避制度。品种审定委员会委员、工作人员及相关测试、试验人员应当忠于职守，公正廉洁。对单位和个人举报或者监督检查发现的上述人员的违法行为，省级以上人民政府农业、林业主管部门和有关机关应当及时依法处理。

第十七条　实行选育生产经营相结合，符合国务院农业、林业主管部门规定条件的种子企业，对其自主研发的主要农作物品种、主要林木品种可以按照审定办法自行完成试验，达到审定标准的，品种审定委员会应当颁发审定证书。种子企业对试验数据的真实性负责，保证可追溯，接受省级以上人民政府农业、林业主管部门和社会的监督。

第十八条　审定未通过的农作物品种和林木品种，申请人有异议的，可以向原审定委员会或者国家级审定委员会申请复审。

第十九条　通过国家级审定的农作物品种和林木良种由国务院农业、林业主管部门公告，可以在全国适宜的生态区域推广。通过省级审定的农作物品种和林木良种由省（自治区、直辖市）人民政府农业、林业主管部门公告，可以在本行政区域内适宜的生态区域推广；其他省（自治区、直辖市）属于同一适宜生态区的地域引种农作物品种、林木良种的，引种者应当将引种的品种和区域报所在省（自治区、直辖市）人民政府农业、林业主管部门备案。

引种本地区没有自然分布的林木品种，应当按照国家引种标准通过试验。

第二十条 省（自治区、直辖市）人民政府农业、林业主管部门应当完善品种选育、审定工作的区域协作机制，促进优良品种的选育和推广。

第二十一条 审定通过的农作物品种和林木良种出现不可克服的严重缺陷等情形不宜继续推广、销售的，经原审定委员会审核确认后，撤销审定，由原公告部门发布公告，停止推广、销售。

第二十二条 国家对部分非主要农作物实行品种登记制度。列入非主要农作物登记目录的品种在推广前应当登记。

实行品种登记的农作物范围应当严格控制，并根据保护生物多样性、保证消费安全和用种安全的原则确定。登记目录由国务院农业主管部门制定和调整。

申请者申请品种登记应当向省（自治区、直辖市）人民政府农业主管部门提交申请文件和种子样品，并对其真实性负责，保证可追溯，接受监督检查。申请文件包括品种的种类、名称、来源、特性、育种过程以及特异性、一致性、稳定性测试报告等。

省（自治区、直辖市）人民政府农业主管部门自受理品种登记申请之日起20个工作日内，对申请者提交的申请文件进行书面审查，符合要求的，报国务院农业主管部门予以登记公告。

对已登记品种存在申请文件、种子样品不实的，由国务院农业主管部门撤销该品种登记，并将该申请者的违法信息记入社会诚信档案，向社会公布；给种子使用者和其他种子生产经营者造成损失的，依法承担赔偿责任。

对已登记品种出现不可克服的严重缺陷等情形的，由国务院农业主管部门撤销登记，并发布公告，停止推广。

非主要农作物品种登记办法由国务院农业主管部门规定。

第二十三条　应当审定的农作物品种未经审定的，不得发布广告、推广、销售。

应当审定的林木品种未经审定通过的，不得作为良种推广、销售，但生产确需使用的，应当经林木品种审定委员会认定。

应当登记的农作物品种未经登记的，不得发布广告、推广，不得以登记品种的名义销售。

第二十四条　在中国境内没有经常居所或者营业场所的境外机构、个人在境内申请品种审定或者登记的，应当委托具有法人资格的境内种子企业代理。

第四章　新品种保护

第二十五条　国家实行植物新品种保护制度。对国家植物品种保护名录内经过人工选育或者发现的野生植物加以改良，具备新颖性、特异性、一致性、稳定性和适当命名的植物品种，由国务院农业、林业主管部门授予植物新品种权，保护植物新品种权所有人的合法权益。植物新品种权的内容和归属、授予条件、申请和受理、审查与批准，以及期限、终止和无效等依照本法、有关法律和行政法规规定执行。

国家鼓励和支持种业科技创新、植物新品种培育及成果转化。取得植物新品种权的品种得到推广应用的，育种者依法获得相应的经济利益。

第二十六条　一个植物新品种只能授予一项植物新品种权。两个以上的申请人分别就同一个品种申请植物新品种权的，植物新品种权授予最先申请的人；同时申请的，植物新品种权授予最先完成该品种育种的人。

对违反法律，危害社会公共利益、生态环境的植物新品种，不授予植物新品种权。

第二十七条　授予植物新品种权的植物新品种名称，应当与相同或者相近的植物属或者种中已知品种的名称相区别。该名称经授权后即为该植物新品种的通用名称。

下列名称不得用于授权品种的命名：

（一）仅以数字表示的；

（二）违反社会公德的；

（三）对植物新品种的特征、特性或者育种者身份等容易引起误解的。

同一植物品种在申请新品种保护、品种审定、品种登记、推广、销售时只能使用同一个名称。生产推广、销售的种子应当与申请植物新品种保护、品种审定、品种登记时提供的样品相符。

第二十八条 完成育种的单位或者个人对其授权品种，享有排他的独占权。任何单位或者个人未经植物新品种权所有人许可，不得生产、繁殖或者销售该授权品种的繁殖材料，不得为商业目的将该授权品种的繁殖材料重复使用于生产另一品种的繁殖材料；但是本法、有关法律、行政法规另有规定的除外。

第二十九条 在下列情况下使用授权品种的，可以不经植物新品种权所有人许可，不向其支付使用费，但不得侵犯植物新品种权所有人依照本法、有关法律、行政法规享有的其他权利：

（一）利用授权品种进行育种及其他科研活动；

（二）农民自繁自用授权品种的繁殖材料。

第三十条 为了国家利益或者社会公共利益，国务院农业、林业主管部门可以作出实施植物新品种权强制许可的决定，并予以登记和公告。

取得实施强制许可的单位或者个人不享有独占的实施权，并且无权允许他人实施。

第五章　种子生产经营

第三十一条 从事种子进出口业务的种子生产经营许可证，由省（自治区、直辖市）人民政府农业、林业主管部门审核，国务院农业、林业主管部门核发。

从事主要农作物杂交种子及其亲本种子、林木良种种子的生产经营以及实行选育生产经营相结合，符合国务院农业、林业主管部门规定条件的种子企业的种子生产经营许可证，由生产经营者所在地县级人民政府农业、林业主管部门审核，省（自治区、直辖市）人民政府农业、林业主管部门核发。

前两款规定以外的其他种子的生产经营许可证，由生产经营者所在地县级以上地方人民政府农业、林业主管部门核发。

只从事非主要农作物种子和非主要林木种子生产的，不需要办理种子生产经营许可证。

第三十二条　申请取得种子生产经营许可证的，应当具有与种子生产经营相适应的生产经营设施、设备及专业技术人员，以及法规和国务院农业、林业主管部门规定的其他条件。

从事种子生产的，还应当同时具有繁殖种子的隔离和培育条件，具有无检疫性有害生物的种子生产地点或者县级以上人民政府林业主管部门确定的采种林。

申请领取具有植物新品种权的种子生产经营许可证的，应当征得植物新品种权所有人的书面同意。

第三十三条　种子生产经营许可证应当载明生产经营者名称、地址、法定代表人、生产种子的品种、地点和种子经营的范围、有效期限、有效区域等事项。

前款事项发生变更的，应当自变更之日起 30 日内，向原核发许可证机关申请变更登记。

除本法另有规定外，禁止任何单位和个人无种子生产经营许可证或者违反种子生产经营许可证的规定生产、经营种子。禁止伪造、变造、买卖、租借种子生产经营许可证。

第三十四条　种子生产应当执行种子生产技术规程和种子检验、检疫规程。

第三十五条　在林木种子生产基地内采集种子的，由种子生产基地的经营者组织进行，采集种子应当按照国家有关标准进行。

禁止抢采掠青、损坏母树，禁止在劣质林内、劣质母树上采集种子。

第三十六条　种子生产经营者应当建立和保存包括种子来源、产地、数量、质量、销售去向、销售日期和有关责任人员等内容的生产经营档案，保证可追溯。种子生产经营档案的具体载明事项，种子生产经营档案及种子样品的保存期限由国务院农业、林业主管部门规定。

第三十七条 农民个人自繁自用的常规种子有剩余的，可以在当地集贸市场上出售、串换，不需要办理种子生产经营许可证。

第三十八条 种子生产经营许可证的有效区域由发证机关在其管辖范围内确定。种子生产经营者在种子生产经营许可证载明的有效区域设立分支机构的，专门经营不再分装的包装种子的，或者受具有种子生产经营许可证的种子生产经营者以书面委托生产、代销其种子的，不需要办理种子生产经营许可证，但应当向当地农业、林业主管部门备案。

实行选育生产经营相结合，符合国务院农业、林业主管部门规定条件的种子企业的生产经营许可证的有效区域为全国。

第三十九条 未经省（自治区、直辖市）人民政府林业主管部门批准，不得收购珍贵树木种子和本级人民政府规定限制收购的林木种子。

第四十条 销售的种子应当加工、分级、包装。但是不能加工、包装的除外。

大包装或者进口种子可以分装；实行分装的，应当标注分装单位，并对种子质量负责。

第四十一条 销售的种子应当符合国家或者行业标准，附有标签和使用说明。标签和使用说明标注的内容应当与销售的种子相符。种子生产经营者对标注内容的真实性和种子质量负责。

标签应当标注种子类别、品种名称、品种审定或者登记编号、品种适宜种植区域及季节、生产经营者及注册地、质量指标、检疫证明编号、种子生产经营许可证编号和信息代码，以及国务院农业、林业主管部门规定的其他事项。

销售授权品种种子的，应当标注品种权号。

销售进口种子的，应当附有进口审批文号和中文标签。

销售转基因植物品种种子的，必须用明显的文字标注，并应当提示使用时的安全控制措施。

　　种子生产经营者应当遵守有关法律、法规的规定，诚实守信，向种子使用者提供种子生产者信息、种子的主要性状、主要栽培措施、适应性等使用条件的说明、风险提示与有关咨询服务，不得作虚假或者引人误解的宣传。

　　任何单位和个人不得非法干预种子生产经营者的生产经营自主权。

　　第四十二条　种子广告的内容应当符合本法和有关广告的法律、法规的规定，主要性状描述等应当与审定、登记公告一致。

　　第四十三条　运输或者邮寄种子应当依照有关法律、行政法规的规定进行检疫。

　　第四十四条　种子使用者有权按照自己的意愿购买种子，任何单位和个人不得非法干预。

　　第四十五条　国家对推广使用林木良种造林给予扶持。国家投资或者国家投资为主的造林项目和国有林业单位造林，应当根据林业主管部门制定的计划使用林木良种。

　　第四十六条　种子使用者因种子质量问题或者因种子的标签和使用说明标注的内容不真实，遭受损失的，种子使用者可以向出售种子的经营者要求赔偿，也可以向种子生产者或者其他经营者要求赔偿。赔偿额包括购种价款、可得利益损失和其他损失。属于种子生产者或者其他经营者责任的，出售种子的经营者赔偿后，有权向种子生产者或者其他经营者追偿；属于出售种子的经营者责任的，种子生产者或者其他经营者赔偿后，有权向出售种子的经营者追偿。

第六章　种子监督管理

　　第四十七条　农业、林业主管部门应当加强对种子质量的监督检查。种子质量管理办法、行业标准和检验方法，由国务院农业、林业主管部门制定。

　　农业、林业主管部门可以采用国家规定的快速检测方法对生产经营的种子品种进行检测，检测结果可以作为行政处罚依据。被检查人对检测结果有异议的，可以申请复检，复检不得采用同一检测方法。因检测结果错误给当事人造成损失的，依法承担赔偿责任。

第四十八条 农业、林业主管部门可以委托种子质量检验机构对种子质量进行检验。

承担种子质量检验的机构应当具备相应的检测条件、能力，并经省级以上人民政府有关主管部门考核合格。

种子质量检验机构应当配备种子检验员。种子检验员应当具有中专以上有关专业学历，具备相应的种子检验技术能力和水平。

第四十九条 禁止生产经营假、劣种子。农业、林业主管部门和有关部门依法打击生产经营假、劣种子的违法行为，保护农民合法权益，维护公平竞争的市场秩序。

下列种子为假种子：

（一）以非种子冒充种子或者以此种品种种子冒充其他品种种子的；

（二）种子种类、品种与标签标注的内容不符或者没有标签的。

下列种子为劣种子：

（一）质量低于国家规定标准的；

（二）质量低于标签标注指标的；

（三）带有国家规定的检疫性有害生物的。

第五十条 农业、林业主管部门是种子行政执法机关。种子执法人员依法执行公务时应当出示行政执法证件。农业、林业主管部门依法履行种子监督检查职责时，有权采取下列措施：

（一）进入生产经营场所进行现场检查；

（二）对种子进行取样测试、试验或者检验；

（三）查阅、复制有关合同、票据、账簿、生产经营档案及其他有关资料；

（四）查封、扣押有证据证明违法生产经营的种子，以及用于违法生产经营的工具、设备及运输工具等；

（五）查封违法从事种子生产经营活动的场所。

农业、林业主管部门依照本法规定行使职权，当事人应当协助、配合，不得拒绝、阻挠。

农业、林业主管部门所属的综合执法机构或者受其委托的种子管理机构，可以开展种子执法相关工作。

第五十一条　种子生产经营者依法自愿成立种子行业协会，加强行业自律管理，维护成员合法权益，为成员和行业发展提供信息交流、技术培训、信用建设、市场营销和咨询等服务。

第五十二条　种子生产经营者可自愿向具有资质的认证机构申请种子质量认证。经认证合格的，可以在包装上使用认证标识。

第五十三条　由于不可抗力原因，为生产需要必须使用低于国家或者地方规定标准的农作物种子的，应当经用种地县级以上地方人民政府批准；林木种子应当经用种地省（自治区、直辖市）人民政府批准。

第五十四条　从事品种选育和种子生产经营以及管理的单位和个人应当遵守有关植物检疫法律、行政法规的规定，防止植物危险性病、虫、杂草及其他有害生物的传播和蔓延。

禁止任何单位和个人在种子生产基地从事检疫性有害生物接种试验。

第五十五条　省级以上人民政府农业、林业主管部门应当在统一的政府信息发布平台上发布品种审定、品种登记、新品种保护、种子生产经营许可、监督管理等信息。

国务院农业、林业主管部门建立植物品种标准样品库，为种子监督管理提供依据。

第五十六条　农业、林业主管部门及其工作人员，不得参与和从事种子生产经营活动。

第七章　种子进出口和对外合作

第五十七条　进口种子和出口种子必须实施检疫，防止植物危险性病、虫、杂草及其他有害生物传入境内和传出境外，具体检疫工作按照有关植物进出境检疫法律、行政法规的规定执行。

第五十八条　从事种子进出口业务的，除具备种子生产经营许可证外，还应当依照国家有关规定取得种子进出口许可。

从境外引进农作物、林木种子的审定权限，农作物、林木种子的进口审批办法，引进转基因植物品种的管理办法，由国务院规定。

第五十九条　进口种子的质量，应当达到国家标准或者行业标准。没有国家标准或者行业标准的，可以按照合同约定的标准执行。

第六十条　为境外制种进口种子的，可以不受本法第五十八条第一款的限制，但应当具有对外制种合同，进口的种子只能用于制种，其产品不得在境内销售。

从境外引进农作物或者林木试验用种，应当隔离栽培，收获物也不得作为种子销售。

第六十一条　禁止进出口假、劣种子以及属于国家规定不得进出口的种子。

第六十二条　国家建立种业国家安全审查机制。境外机构、个人投资、并购境内种子企业，或者与境内科研院所、种子企业开展技术合作，从事品种研发、种子生产经营的审批管理依照有关法律、行政法规的规定执行。

第八章　扶持措施

第六十三条　国家加大对种业发展的支持。对品种选育、生产、示范推广、种质资源保护、种子储备以及制种大县给予扶持。

国家鼓励推广使用高效、安全制种采种技术和先进适用的制种采种机械，将先进适用的制种采种机械纳入农机具购置补贴范围。

国家积极引导社会资金投资种业。

第六十四条　国家加强种业公益性基础设施建设。

对优势种子繁育基地内的耕地，划入基本农田保护区，实行永久保护。优势种子繁育基地由国务院农业主管部门商所在省

（自治区、直辖市）人民政府确定。

第六十五条　对从事农作物和林木品种选育、生产的种子企业，按照国家有关规定给予扶持。

第六十六条　国家鼓励和引导金融机构为种子生产经营和收储提供信贷支持。

第六十七条　国家支持保险机构开展种子生产保险。省级以上人民政府可以采取保险费补贴等措施，支持发展种业生产保险。

第六十八条　国家鼓励科研院所及高等院校与种子企业开展育种科技人员交流，支持本单位的科技人员到种子企业从事育种成果转化活动；鼓励育种科研人才创新创业。

第六十九条　国务院农业、林业主管部门和异地繁育种子所在地的省（自治区、直辖市）人民政府应当加强对异地繁育种子工作的管理和协调，交通运输部门应当优先保证种子的运输。

第九章　法律责任

第七十条　农业、林业主管部门不依法作出行政许可决定，发现违法行为或者接到对违法行为的举报不予查处，或者有其他未依照本法规定履行职责的行为的，由本级人民政府或者上级人民政府有关部门责令改正，对负有责任的主管人员和其他直接责任人员依法给予处分。

违反本法第五十六条规定，农业、林业主管部门工作人员从事种子生产经营活动的，依法给予处分。

第七十一条　违反本法第十六条规定，品种审定委员会委员和工作人员不依法履行职责，弄虚作假、徇私舞弊的，依法给予处分；自处分决定作出之日起五年内不得从事品种审定工作。

第七十二条　品种测试、试验和种子质量检验机构伪造测试、试验、检验数据或者出具虚假证明的，由县级以上人民政府农业、林业主管部门责令改正，对单位处 5 万元以上 10 万元以下罚款，对直接负责的主管人员和其他直接责任人员处 1 万元以上5 万元以下罚款；有违法所得的，并处没收违法所得；给种子使用者和其他种子生产经营者造成损失的，与种子生产经营者承担连带责任；情节严重的，由省级以上人民政府有关主管部门取消种子质量检验资格。

第七十三条 违反本法第二十八条规定，有侵犯植物新品种权行为的，由当事人协商解决，不愿协商或者协商不成的，植物新品种权所有人或者利害关系人可以请求县级以上人民政府农业、林业主管部门进行处理，也可以直接向人民法院提起诉讼。

县级以上人民政府农业、林业主管部门，根据当事人自愿的原则，对侵犯植物新品种权所造成的损害赔偿可以进行调解。调解达成协议的，当事人应当履行；当事人不履行协议或者调解未达成协议的，植物新品种权所有人或者利害关系人可以依法向人民法院提起诉讼。

侵犯植物新品种权的赔偿数额按照权利人因被侵权所受到的实际损失确定；实际损失难以确定的，可以按照侵权人因侵权所获得的利益确定。权利人的损失或者侵权人获得的利益难以确定的，可以参照该植物新品种权许可使用费的倍数合理确定。赔偿数额应当包括权利人为制止侵权行为所支付的合理开支。侵犯植物新品种权，情节严重的，可以在按照上述方法确定数额的1倍以上3倍以下确定赔偿数额。

权利人的损失、侵权人获得的利益和植物新品种权许可使用费均难以确定的，人民法院可以根据植物新品种权的类型、侵权行为的性质和情节等因素，确定给予300万元以下的赔偿。

县级以上人民政府农业、林业主管部门处理侵犯植物新品种权案件时，为了维护社会公共利益，责令侵权人停止侵权行为，没收违法所得和种子；货值金额不足5万元的，并处1万元以上25万元以下罚款；货值金额5万元以上的，并处货值金额5倍以上10倍以下罚款。

假冒授权品种的，由县级以上人民政府农业、林业主管部门责令停止假冒行为，没收违法所得和种子；货值金额不足5万元的，并处1万元以上25万元以下罚款；货值金额5万元以上的，并处货值金额5倍以上10倍以下罚款。

第七十四条　当事人就植物新品种的申请权和植物新品种权的权属发生争议的，可以向人民法院提起诉讼。

第七十五条　违反本法第四十九条规定，生产经营假种子的，由县级以上人民政府农业、林业主管部门责令停止生产经营，没收违法所得和种子，吊销种子生产经营许可证；违法生产经营的货值金额不足 1 万元的，并处 1 万元以上 10 万元以下罚款；货值金额 1 万元以上的，并处货值金额 10 倍以上 20 倍以下罚款。

因生产经营假种子犯罪被判处有期徒刑以上刑罚的，种子企业或者其他单位的法定代表人、直接负责的主管人员自刑罚执行完毕之日起 5 年内不得担任种子企业的法定代表人、高级管理人员。

第七十六条　违反本法第四十九条规定，生产经营劣种子的，由县级以上人民政府农业、林业主管部门责令停止生产经营，没收违法所得和种子；违法生产经营的货值金额不足 1 万元的，并处 5000 元以上 5 万元以下罚款；货值金额 1 万元以上的，并处货值金额 5 倍以上 10 倍以下罚款；情节严重的，吊销种子生产经营许可证。

因生产经营劣种子犯罪被判处有期徒刑以上刑罚的，种子企业或者其他单位的法定代表人、直接负责的主管人员自刑罚执行完毕之日起 5 年内不得担任种子企业的法定代表人、高级管理人员。

第七十七条　违反本法第三十二条、第三十三条规定，有下列行为之一的，由县级以上人民政府农业、林业主管部门责令改正，没收违法所得和种子；违法生产经营的货值金额不足 1 万元的，并处 3000 元以上 3 万元以下罚款；货值金额 1 万元以上的，并处货值金额 3 倍以上 5 倍以下罚款；可以吊销种子生产经营许可证：

（一）未取得种子生产经营许可证生产经营种子的；

（二）以欺骗、贿赂等不正当手段取得种子生产经营许可证的；

（三）未按照种子生产经营许可证的规定生产经营种子的；

（四）伪造、变造、买卖、租借种子生产经营许可证的。

被吊销种子生产经营许可证的单位，其法定代表人、直接负责的主管人员自处罚决定作出之日起5年内不得担任种子企业的法定代表人、高级管理人员。

第七十八条 违反本法第二十一条、第二十二条、第二十三条规定，有下列行为之一的，由县级以上人民政府农业、林业主管部门责令停止违法行为，没收违法所得和种子，并处2万元以上20万元以下罚款：

（一）对应当审定未经审定的农作物品种进行推广、销售的；

（二）作为良种推广、销售应当审定未经审定的林木品种的；

（三）推广、销售应当停止推广、销售的农作物品种或者林木良种的；

（四）对应当登记未经登记的农作物品种进行推广，或者以登记品种的名义进行销售的；

（五）对已撤销登记的农作物品种进行推广，或者以登记品种的名义进行销售的。

违反本法第二十三条、第四十二条规定，对应当审定未经审定或者应当登记未经登记的农作物品种发布广告，或者广告中有关品种的主要性状描述的内容与审定、登记公告不一致的，依照《中华人民共和国广告法》的有关规定追究法律责任。

第七十九条 违反本法第五十八条、第六十条、第六十一条规定，有下列行为之一的，由县级以上人民政府农业、林业主管部门责令改正，没收违法所得和种子；违法生产经营的货值金额不足1万元的，并处3000元以上3万元以下罚款；货值金额1万元以上的，并处货值金额3倍以上5倍以下罚款；情节严重的，吊销种子生产经营许可证：

（一）未经许可进出口种子的；

（二）为境外制种的种子在境内销售的；

（三）从境外引进农作物或者林木种子进行引种试验的收获物作为种子在境内销售的；

（四）进出口假、劣种子或者属于国家规定不得进出口的种子的。

第八十条　违反本法第三十六条、第三十八条、第四十条、第四十一条规定，有下列行为之一的，由县级以上人民政府农业、林业主管部门责令改正，处2000元以上2万元以下罚款：

（一）销售的种子应当包装而没有包装的；

（二）销售的种子没有使用说明或者标签内容不符合规定的；

（三）涂改标签的；

（四）未按规定建立、保存种子生产经营档案的；

（五）种子生产经营者在异地设立分支机构、专门经营不再分装的包装种子或者受委托生产、代销种子，未按规定备案的。

第八十一条　违反本法第八条规定，侵占、破坏种质资源，私自采集或者采伐国家重点保护的天然种质资源的，由县级以上人民政府农业、林业主管部门责令停止违法行为，没收种质资源和违法所得，并处5000元以上5万元以下罚款；造成损失的，依法承担赔偿责任。

第八十二条　违反本法第十一条规定，向境外提供或者从境外引进种质资源，或者与境外机构、个人开展合作研究利用种质资源的，由国务院或者省（自治区、直辖市）人民政府的农业、林业主管部门没收种质资源和违法所得，并处2万元以上20万元以下罚款。

未取得农业、林业主管部门的批准文件携带、运输种质资源出境的，海关应当将该种质资源扣留，并移送省（自治区、直辖市）人民政府农业、林业主管部门处理。

第八十三条　违反本法第三十五条规定，抢采掠青、损坏母树或者在劣质林内、劣质母树上采种的，由县级以上人民政府林业主管部门责令停止采种行为，没收所采种子，并处所采种子货值金额2倍以上5倍以下罚款。

第八十四条　违反本法第三十九条规定，收购珍贵树木种子或者限制收购的林木种子的，由县级以上人民政府林业主管部门没收所收购的种子，并处收购种子货值金额2倍以上5倍以下罚款。

第八十五条 违反本法第十七条规定，种子企业有造假行为的，由省级以上人民政府农业、林业主管部门处100万元以上500万元以下罚款；不得再依照本法第十七条的规定申请品种审定；给种子使用者和其他种子生产经营者造成损失的，依法承担赔偿责任。

第八十六条 违反本法第四十五条规定，未根据林业主管部门制定的计划使用林木良种的，由同级人民政府林业主管部门责令限期改正；逾期未改正的，处3000元以上3万元以下罚款。

第八十七条 违反本法第五十四条规定，在种子生产基地进行检疫性有害生物接种试验的，由县级以上人民政府农业、林业主管部门责令停止试验，处5000元以上5万元以下罚款。

第八十八条 违反本法第五十条规定，拒绝、阻挠农业、林业主管部门依法实施监督检查的，处2000元以上5万元以下罚款，可以责令停产停业整顿；构成违反治安管理行为的，由公安机关依法给予治安管理处罚。

第八十九条 违反本法第十三条规定，私自交易育种成果，给本单位造成经济损失的，依法承担赔偿责任。

第九十条 违反本法第四十四条规定，强迫种子使用者违背自己的意愿购买、使用种子，给使用者造成损失的，应当承担赔偿责任。

第九十一条 违反本法规定，构成犯罪的，依法追究刑事责任。

第十章 附 则

第九十二条 本法下列用语的含义是：

（一）种质资源是指选育植物新品种的基础材料，包括各种植物的栽培种、野生种的繁殖材料以及利用上述繁殖材料人工创造的各种植物的遗传材料。

（二）品种是指经过人工选育或者发现并经过改良，形态特征和生物学特性一致，遗传性状相对稳定的植物群体。

（三）主要农作物是指稻、小麦、玉米、棉花、大豆。

（四）主要林木由国务院林业主管部门确定并公布；省（自治区、直辖市）人民政府林业主管部门可以在国务院林业主管部门确定的主要林木之外确定其他八种以下的主要林木。

（五）林木良种是指通过审定的主要林木品种，在一定的区域内，其产量、适应性、抗性等方面明显优于当前主栽材料的繁殖材料和种植材料。

（六）新颖性是指申请植物新品种权的品种在申请日前，经申请权人自行或者同意销售、推广其种子，在中国境内未超过1年；在境外，木本或者藤本植物未超过6年，其他植物未超过4年。

本法施行后新列入国家植物品种保护名录的植物的属或者种，从名录公布之日起1年内提出植物新品种权申请的，在境内销售、推广该品种种子未超过4年的，具备新颖性。

除销售、推广行为丧失新颖性外，下列情形视为已丧失新颖性：

1. 品种经省（自治区、直辖市）人民政府农业、林业主管部门依据播种面积确认已经形成事实扩散的；

2. 农作物品种已审定或者登记2年以上未申请植物新品种权的。

（七）特异性是指一个植物品种有一个以上性状明显区别于已知品种。

（八）一致性是指一个植物品种的特性除可预期的自然变异外，群体内个体间相关的特征或者特性表现一致。

（九）稳定性是指一个植物品种经过反复繁殖后或者在特定繁殖周期结束时，其主要性状保持不变。

（十）已知品种是指已受理申请或者已通过品种审定、品种登记、新品种保护，或者已经销售、推广的植物品种。

（十一）标签是指印制、粘贴、固定或者附着在种子、种子包装物表面的特定图案及文字说明。

第九十三条　草种、烟草种、中药材种、食用菌菌种的种质资源管理和选育、生产经营、管理等活动，参照本法执行。

第九十四条　本法自 2016 年 1 月 1 日起施行。

五、关于开展全民义务植树运动的决议

（1981 年 12 月 13 日第五届全国人民代表大会第四次会议通过）

中华人民共和国第五届全国人民代表大会第四次会议，审议了国务院提出的关于开展全民义务植树运动的议案。会议认为，植树造林，绿化祖国，是建设社会主义，造福子孙后代的伟大事业，是治理山河，维护和改善生态环境的一项重大战略措施。为了加速实现绿化祖国的宏伟目标，发扬中华民族植树爱林的优良传统，进一步树立集体主义、共产主义的道德风尚，会议决定开展全民性的义务植树运动。凡是条件具备的地方，年满 11 岁的中华人民共和国公民，除老弱病残者外，因地制宜，每人每年义务植树三至五棵，或者完成相应劳动量的育苗、管护和其他绿化任务。会议责成国务院根据决议精神制定关于开展全民义务植树运动的实施办法，并公布施行。会议号召，勤劳智慧的全国各族人民，在中国共产党和各级人民政府的领导下，以高度的爱国热忱，人人动手，年年植树，愚公移山，坚持不懈，为建设我们伟大的社会主义祖国而共同奋斗！

第三节　林业法规

一、中华人民共和国森林法实施条例

（2000 年 1 月 29 日中华人民共和国国务院令第 278 号发布，根据 2011 年 1 月 8 日国务院令第 588 号修订，根据 2016 年 2 月 6 日国务院令第 666 号修订）

第一章　总　则

第一条　根据《中华人民共和国森林法》（以下简称森林法），制定本条例。

第二条　森林资源，包括森林、林木、林地以及依托森林、林木、林地生存的野生动物、植物和微生物。

森林，包括乔木林和竹林。

林木，包括树木和竹子。

林地，包括郁闭度 0.2 以上的乔木林地以及竹林地、灌木林地、疏林地、采伐迹地、火烧迹地、未成林造林地、苗圃地和县级以上人民政府规划的宜林地。

第三条　国家依法实行森林、林木和林地登记发证制度。依法登记的森林、林木和林地的所有权、使用权受法律保护，任何单位和个人不得侵犯。

森林、林木和林地的权属证书式样由国务院林业主管部门规定。

第四条　依法使用的国家所有的森林、林木和林地，按照下列规定登记：

（一）使用国务院确定的国家所有的重点林区（以下简称重点林区）的森林、林木和林地的单位，应当向国务院林业主管部门提出登记申请，由国务院林业主管部门登记造册，核发证书，确认森林、林木和林地使用权以及由使用者所有的林木所有权；

（二）使用国家所有的跨行政区域的森林、林木和林地的单位和个人，应当向共同的上一级人民政府林业主管部门提出登记申请，由该人民政府登记造册，核发证书，确认森林、林木和林地使用权以及由使用者所有的林木所有权；

（三）使用国家所有的其他森林、林木和林地的单位和个人，应当向县级以上地方人民政府林业主管部门提出登记申请，由县级以上地方人民政府登记造册，核发证书，确认森林、林木和林地使用权以及由使用者所有的林木所有权。

未确定使用权的国家所有的森林、林木和林地，由县级以上人民政府登记造册，负责保护管理。

第五条　集体所有的森林、林木和林地，由所有者向所在地的县级人民政府林业主管部门提出登记申请，由该县级人民政府登记造册，核发证书，确认所有权。

单位和个人所有的林木,由所有者向所在地的县级人民政府林业主管部门提出登记申请,由该县级人民政府登记造册,核发证书,确认林木所有权。

使用集体所有的森林、林木和林地的单位和个人,应当向所在地的县级人民政府林业主管部门提出登记申请,由该县级人民政府登记造册,核发证书,确认森林、林木和林地使用权。

第六条 改变森林、林木和林地所有权、使用权的,应当依法办理变更登记手续。

第七条 县级以上人民政府林业主管部门应当建立森林、林木和林地权属管理档案。

第八条 国家重点防护林和特种用途林,由国务院林业主管部门提出意见,报国务院批准公布;地方重点防护林和特种用途林,由省(自治区、直辖市)人民政府林业主管部门提出意见,报本级人民政府批准公布;其他防护林、用材林、特种用途林以及经济林、薪炭林,由县级人民政府林业主管部门根据国家关于林种划分的规定和本级人民政府的部署组织划定,报本级人民政府批准公布。

省(自治区、直辖市)行政区域内的重点防护林和特种用途林的面积,不得少于本行政区域森林总面积的30%。

经批准公布的林种改变为其他林种的,应当报原批准公布机关批准。

第九条 依照森林法第八条第一款第(五)项规定提取的资金,必须专门用于营造坑木、造纸等用材林,不得挪作他用。审计机关和林业主管部门应当加强监督。

第十条 国务院林业主管部门向重点林区派驻的森林资源监督机构,应当加强对重点林区内森林资源保护管理的监督检查。

第二章 森林经营管理

第十一条 国务院林业主管部门应当定期监测全国森林资源消长和森林生态环境变化的情况。

重点林区森林资源调查、建立档案和编制森林经营方案等项工作，由国务院林业主管部门组织实施；其他森林资源调查、建立档案和编制森林经营方案等项工作，由县级以上地方人民政府林业主管部门组织实施。

第十二条　制定林业长远规划，应当遵循下列原则：

（一）保护生态环境和促进经济的可持续发展；

（二）以现有的森林资源为基础；

（三）与土地利用总体规划、水土保持规划、城市规划、村庄和集镇规划相协调。

第十三条　林业长远规划应当包括下列内容：

（一）林业发展目标；

（二）林种比例；

（三）林地保护利用规划；

（四）植树造林规划。

第十四条　全国林业长远规划由国务院林业主管部门会同其他有关部门编制，报国务院批准后施行。

地方各级林业长远规划由县级以上地方人民政府林业主管部门会同其他有关部门编制，报本级人民政府批准后施行。

下级林业长远规划应当根据上一级林业长远规划编制。

林业长远规划的调整、修改，应当报经原批准机关批准。

第十五条　国家依法保护森林、林木和林地经营者的合法权益。任何单位和个人不得侵占经营者依法所有的林木和使用的林地。

用材林、经济林和薪炭林的经营者，依法享有经营权、收益权和其他合法权益。

防护林和特种用途林的经营者，有获得森林生态效益补偿的权利。

第十六条　勘查、开采矿藏和修建道路、水利、电力、通讯等工程，需要占用或者征收、征用林地的，必须遵守下列规定：

（一）用地单位应当向县级以上人民政府林业主管部门提出用地申请，经审核同意后，按照国家规定的标准预交森林植被恢复费，领取使用林地审核同意书。用地单位凭使用林地审核同意书依法办理建设用地审批手续。占用或者征收、征用林地未经林业主管部门审核同意的，土地行政主管部门不得受理建设用地申请。

（二）占用或者征收、征用防护林林地或者特种用途林林地面积 10 公顷以上的，用材林、经济林、薪炭林林地及其采伐迹地面积 35 公顷以上的，其他林地面积 70 公顷以上的，由国务院林业主管部门审核；占用或者征收、征用林地面积低于上述规定数量的，由省、自治区、直辖市人民政府林业主管部门审核。占用或者征收、征用重点林区的林地的，由国务院林业主管部门审核。

（三）用地单位需要采伐已经批准占用或者征收、征用的林地上的林木时，应当向林地所在地的县级以上地方人民政府林业主管部门或者国务院林业主管部门申请林木采伐许可证。

（四）占用或者征收、征用林地未被批准的，有关林业主管部门应当自接到不予批准通知之日起 7 日内将收取的森林植被恢复费如数退还。

第十七条　需要临时占用林地的，应当经县级以上人民政府林业主管部门批准。

临时占用林地的期限不得超过 2 年，并不得在临时占用的林地上修筑永久性建筑物；占用期满后，用地单位必须恢复林业生产条件。

第十八条　森林经营单位在所经营的林地范围内修筑直接为林业生产服务的工程设施，需要占用林地的，由县级以上人民政府林业主管部门批准；修筑其他工程设施，需要将林地转为非林业建设用地的，必须依法办理建设用地审批手续。

前款所称直接为林业生产服务的工程设施是指：

（一）培育、生产种子、苗木的设施；

（二）贮存种子、苗木、木材的设施；

（三）集材道、运材道；

（四）林业科研、试验、示范基地；

（五）野生动植物保护、护林、森林病虫害防治、森林防火、

木材检疫的设施;

(六)供水、供电、供热、供气、通讯基础设施。

第三章　森林保护

第十九条　县级以上人民政府林业主管部门应当根据森林病虫害测报中心和测报点对测报对象的调查和监测情况,定期发布长期、中期、短期森林病虫害预报,并及时提出防治方案。

森林经营者应当选用良种,营造混交林,实行科学育林,提高防御森林病虫害的能力。

发生森林病虫害时,有关部门、森林经营者应当采取综合防治措施,及时进行除治。

发生严重森林病虫害时,当地人民政府应当采取紧急除治措施,防止蔓延,消除隐患。

第二十条　国务院林业主管部门负责确定全国林木种苗检疫对象。省(自治区、直辖市)人民政府林业主管部门根据本地区的需要,可以确定本省(自治区、直辖市)的林木种苗补充检疫对象,报国务院林业主管部门备案。

第二十一条　禁止毁林开垦、毁林采种和违反操作技术规程采脂、挖笋、掘根、剥树皮及过度修枝的毁林行为。

第二十二条　25度以上的坡地应当用于植树、种草。25度以上的坡耕地应当按照当地人民政府制定的规划,逐步退耕,植树和种草。

第二十三条　发生森林火灾时,当地人民政府必须立即组织军民扑救;有关部门应当积极做好扑救火灾物资的供应、运输和通讯、医疗等工作。

第四章　植树造林

第二十四条　森林法所称森林覆盖率,是指以行政区域为单位森林面积与土地面积的百分比。森林面积,包括郁闭度0.2以上的乔木林地面积和竹林地面积、国家特别规定的灌木林地面积、农田林网以及村旁、路旁、水旁、宅旁林木的覆盖面积。

县级以上地方人民政府应当按照国务院确定的森林覆盖率奋斗目标，确定本行政区域森林覆盖率的奋斗目标，并组织实施。

第二十五条 植树造林应当遵守造林技术规程，实行科学造林，提高林木的成活率。

县级人民政府对本行政区域内当年造林的情况应当组织检查验收，除国家特别规定的干旱、半干旱地区外，成活率不足85%的，不得计入年度造林完成面积。

第二十六条 国家对造林绿化实行部门和单位负责制。

铁路公路两旁、江河两岸、湖泊水库周围，各有关主管单位是造林绿化的责任单位。工矿区，机关、学校用地，部队营区以及农场、牧场、渔场经营地区，各该单位是造林绿化的责任单位。

责任单位的造林绿化任务，由所在地的县级人民政府下达责任通知书，予以确认。

第二十七条 国家保护承包造林者依法享有的林木所有权和其他合法权益。未经发包方和承包方协商一致，不得随意变更或者解除承包造林合同。

第五章 森林采伐

第二十八条 国家所有的森林和林木以国有林业企业事业单位、农场、厂矿为单位，集体所有的森林和林木、个人所有的林木以县为单位，制定年森林采伐限额，由省（自治区、直辖市）人民政府林业主管部门汇总、平衡，经本级人民政府审核后，报国务院批准；其中，重点林区的年森林采伐限额，由国务院林业主管部门报国务院批准。

国务院批准的年森林采伐限额，每5年核定一次。

第二十九条 采伐森林、林木作为商品销售的，必须纳入国家年度木材生产计划；但是，农村居民采伐自留山上个人所有的薪炭林和自留地、房前屋后个人所有的零星林木除外。

第三十条 申请林木采伐许可证，除应当提交申请采伐林木的所有权证书或者使用权证书外，还应当按照下列规定提交其他有关证明文件：

（一）国有林业企业事业单位还应当提交采伐区调查设计文件和上年度采伐更新验收证明；

（二）其他单位还应当提交包括采伐林木的目的、地点、林种、林况、面积、蓄积量、方式和更新措施等内容的文件；

（三）个人还应当提交包括采伐林木的地点、面积、树种、株数、蓄积量、更新时间等内容的文件。

因扑救森林火灾、防洪抢险等紧急情况需要采伐林木的，组织抢险的单位或者部门应当自紧急情况结束之日起 30 日内，将采伐林木的情况报告当地县级以上人民政府林业主管部门。

第三十一条 有下列情形之一的，不得核发林木采伐许可证：

（一）防护林和特种用途林进行非抚育或者非更新性质的采伐的，或者采伐封山育林期、封山育林区内的林木的；

（二）上年度采伐后未完成更新造林任务的；

（三）上年度发生重大滥伐案件、森林火灾或者大面积严重森林病虫害，未采取预防和改进措施的。

林木采伐许可证的式样由国务院林业主管部门规定，由省（自治区、直辖市）人民政府林业主管部门印制。

第三十二条 除森林法已有明确规定的外，林木采伐许可证按照下列规定权限核发：

（一）县属国有林场，由所在地的县级人民政府林业主管部门核发；

（二）省、自治区、直辖市和设区的市、自治州所属的国有林业企业事业单位、其他国有企业事业单位，由所在地的省、自治区、直辖市人民政府林业主管部门核发；

（三）重点林区的国有林业企业事业单位，由国务院林业主管部门核发。

第三十三条 利用外资营造的用材林达到一定规模需要采伐的，应当在国务院批准的年森林采伐限额内，由省（自治区、直辖市）人民政府林业主管部门批准，实行采伐限额单列。

第三十四条　在林区经营（含加工）木材，必须经县级以上人民政府林业主管部门批准。

木材收购单位和个人不得收购没有林木采伐许可证或者其他合法来源证明的木材。

前款所称木材，是指原木、锯材、竹材、木片和省（自治区、直辖市）规定的其他木材。

第三十五条　从林区运出非国家统一调拨的木材，必须持有县级以上人民政府林业主管部门核发的木材运输证。

重点林区的木材运输证，由省（自治区、直辖市）人民政府林业主管部门核发；其他木材运输证，由县级以上地方人民政府林业主管部门核发。

木材运输证自木材起运点到终点全程有效，必须随货同行。没有木材运输证的，承运单位和个人不得承运。

木材运输证的式样由国务院林业主管部门规定。

第三十六条　申请木材运输证，应当提交下列证明文件：

（一）林木采伐许可证或者其他合法来源证明；

（二）检疫证明；

（三）省（自治区、直辖市）人民政府林业主管部门规定的其他文件。

符合前款条件的，受理木材运输证申请的县级以上人民政府林业主管部门应当自接到申请之日起3日内发给木材运输证。

依法发放的木材运输证所准运的木材运输总量，不得超过当地年度木材生产计划规定可以运出销售的木材总量。

第三十七条　经省（自治区、直辖市）人民政府批准在林区设立的木材检查站，负责检查木材运输；无证运输木材的，木材检查站应当予以制止，可以暂扣无证运输的木材，并立即报请县级以上人民政府林业主管部门依法处理。

第六章　法律责任

第三十八条　盗伐森林或者其他林木，以立木材积计算不足0.5立方米或者幼树不足20株的，由县级以上人民政府林业主管部门责令补种盗伐株数 10 倍的树木，没收盗伐的林木或者变卖所得，并处盗伐林木价值 3 倍至 5 倍的罚款。

盗伐森林或者其他林木，以立木材积计算 0.5 立方米以上或者幼树 20 株以上的，由县级以上人民政府林业主管部门责令补种盗伐株数 10 倍的树木，没收盗伐的林木或者变卖所得，并处盗伐林木价值 5 倍至 10 倍的罚款。

第三十九条　滥伐森林或者其他林木，以立木材积计算不足 2 立方米或者幼树不足 50 株的，由县级以上人民政府林业主管部门责令补种滥伐株数 5 倍的树木，并处滥伐林木价值 2 倍至 3 倍的罚款。

滥伐森林或者其他林木，以立木材积计算 2 立方米以上或者幼树 50 株以上的，由县级以上人民政府林业主管部门责令补种滥伐株数 5 倍的树木，并处滥伐林木价值 3 倍至 5 倍的罚款。

超过木材生产计划采伐森林或者其他林木的，依照前两款规定处罚。

第四十条　违反本条例规定，未经批准，擅自在林区经营（含加工）木材的，由县级以上人民政府林业主管部门没收非法经营的木材和违法所得，并处违法所得 2 倍以下的罚款。

第四十一条　违反本条例规定，毁林采种或者违反操作技术规程采脂、挖笋、掘根、剥树皮及过度修枝，致使森林、林木受到毁坏的，依法赔偿损失，由县级以上人民政府林业主管部门责令停止违法行为，补种毁坏株数 1 倍至 3 倍的树木，可以处毁坏林木价值 1 倍至 5 倍的罚款；拒不补种树木或者补种不符合国家有关规定的，由县级以上人民政府林业主管部门组织代为补种，所需费用由违法者支付。

违反森林法和本条例规定，擅自开垦林地，致使森林、林木受到毁坏的，依照森林法第四十四条的规定予以处罚；对森林、林木未造成毁坏或者被开垦的林地上没有森林、林木的，由县级以上人民政府林业主管部门责令停止违法行为，限期恢复原状，可以处非法开垦林地每平方米 10 元以下的罚款。

第四十二条　有下列情形之一的，由县级以上人民政府林业主管部门责令限期完成造林任务；逾期未完成的，可以处应完成而未完成造林任务所需费用 2 倍以下的罚款；对直接负责的主管人员和其他直接责任人员，依法给予行政处分：

（一）连续两年未完成更新造林任务的；

（二）当年更新造林面积未达到应更新造林面积 50% 的；

（三）除国家特别规定的干旱、半干旱地区外，更新造林当年成活率未达到 85% 的；

（四）植树造林责任单位未按照所在地县级人民政府的要求按时完成造林任务的。

第四十三条 未经县级以上人民政府林业主管部门审核同意，擅自改变林地用途的，由县级以上人民政府林业主管部门责令限期恢复原状，并处非法改变用途林地每平方米 10 元至 30 元的罚款。

临时占用林地，逾期不归还的，依照前款规定处罚。

第四十四条 无木材运输证运输木材的，由县级以上人民政府林业主管部门没收非法运输的木材，对货主可以并处非法运输木材价款 30% 以下的罚款。

运输的木材数量超出木材运输证所准运的运输数量的，由县级以上人民政府林业主管部门没收超出部分的木材；运输的木材树种、材种、规格与木材运输证规定不符又无正当理由的，没收其不相符部分的木材。

使用伪造、涂改的木材运输证运输木材的，由县级以上人民政府林业主管部门没收非法运输的木材，并处没收木材价款 10% 至 50% 的罚款。

承运无木材运输证的木材的，由县级以上人民政府林业主管部门没收运费，并处运费 1 倍至 3 倍的罚款。

第四十五条 擅自移动或者毁坏林业服务标志的，由县级以上人民政府林业主管部门责令限期恢复原状；逾期不恢复原状的，由县级以上人民政府林业主管部门代为恢复，所需费用由违法者支付。

第四十六条 违反本条例规定，未经批准，擅自将防护林和特种用途林改变为其他林种的，由县级以上人民政府林业主管部门收回经营者所获取的森林生态效益补偿，并处所获取森林生态效益补偿3倍以下的罚款。

第七章　附　则

第四十七条　本条例中县级以上地方人民政府林业主管部门职责权限的划分，由国务院林业主管部门具体规定。

第四十八条　本条例自发布之日起施行。1986年4月28日国务院批准、1986年5月10日林业部发布的《中华人民共和国森林法实施细则》同时废止。

二、中华人民共和国陆生野生动物保护实施条例

（1992年2月12日国务院批准，1992年3月1日林业部发布，根据2011年1月8日《国务院关于废止和修改部分行政法规的决定》【国务院令第588号】修订，根据2016年2月6日《国务院关于修改部分行政法规的决定》【国务院令第666号】修订）

第一章　总　则

第一条　根据《中华人民共和国野生动物保护法》（以下简称《野生动物保护法》）的规定，制定本条例。

第二条　本条例所称陆生野生动物，是指依法受保护的珍贵、濒危、有益的和有重要经济、科学研究价值的陆生野生动物（以下简称野生动物）；所称野生动物产品，是指陆生野生动物的任何部分及其衍生物。

第三条　国务院林业行政主管部门主管全国陆生野生动物管理工作。

省（自治区、直辖市）人民政府林业行政主管部门主管本行政区域内陆生野生动物管理工作。自治州、县和市人民政府陆生野生动物管理工作的行政主管部门，由省（自治区、直辖市）人民政府确定。

第四条　县级以上各级人民政府有关主管部门应当鼓励、支

持有关科研、教学单位开展野生动物科学研究工作。

第五条 野生动物行政主管部门有权对《野生动物保护法》和本条例的实施情况进行监督检查，被检查的单位和个人应当给予配合。

第二章 野生动物保护

第六条 县级以上地方各级人民政府应当开展保护野生动物的宣传教育，可以确定适当时间为保护野生动物宣传月、爱鸟周等，提高公民保护野生动物的意识。

第七条 国务院林业行政主管部门和省（自治区、直辖市）人民政府林业行政主管部门，应当定期组织野生动物资源调查，建立资源档案，为制定野生动物资源保护发展方案、制定和调整国家和地方重点保护野生动物名录提供依据。

野生动物资源普查每10年进行一次。

第八条 县级以上各级人民政府野生动物行政主管部门，应当组织社会各方面力量，采取生物技术措施和工程技术措施，维护和改善野生动物生存环境．保护和发展野生动物资源。

禁止任何单位和个人破坏国家和地方重点保护野生动物的生息繁衍场所和生存条件。

第九条 任何单位和个人发现受伤、病弱、饥饿、受困、迷途的国家和地方重点保护野生动物时，应当及时报告当地野生动物行政主管部门，由其采取救护措施；也可以就近送具备救护条件的单位救护。救护单位应当立即报告野生动物行政主管部门，并按照国务院林业行政主管部门的规定办理。

第十条 有关单位和个人对国家和地方重点保护野生动物可能造成的危害，应当采取防范措施。因保护国家和地方重点保护野生动物受到损失的，可以向当地人民政府野生动物行政主管部门提出补偿要求。经调查属实并确实需要补偿的，由当地人民政府按照省（自治区、直辖市）人民政府的有关规定给予补偿。

第三章 野生动物猎捕管理

第十一条 禁止猎捕、杀害国家重点保护野生动物。

有下列情形之一，需要猎捕国家重点保护野生动物的，必须申请特许猎捕证：

（一）为进行野生动物科学考察、资源调查，必须猎捕的；

（二）为驯养繁殖国家重点保护野生动物，必须从野外获取种源的；

（三）为承担省级以上科学研究项目或者国家医药生产任务，必须从野外获取国家重点保护野生动物的；

（四）为宣传、普及野生动物知识或者教学、展览的需要，必须从野外获取国家重点保护野生动物的；

（五）因国事活动的需要，必须从野外获取国家重点保护野生动物的；

（六）为调控国家重点保护野生动物种群数量和结构，经科学论证必须猎捕的；

（七）因其他特殊情况，必须捕捉、猎捕国家重点保护野生动物的。

第十二条　申请特许猎捕证的程序如下：

（一）需要捕捉国家一级保护野生动物的，必须附具申请人所在地和捕捉地的省（自治区、直辖市）人民政府林业行政主管部门签署的意见，向国务院林业行政主管部门申请特许猎捕证；

（二）需要在本省（自治区、直辖市）猎捕国家二级保护野生动物的，必须附具申请人所在地的县级人民政府野生动物行政主管部门签署的意见，向省（自治区、直辖市）人民政府林业行政主管部门申请特许猎捕证；

（三）需要跨省（自治区、直辖市）猎捕国家二级保护野生动物的，必须附具申请人所在地的省（自治区、直辖市）人民政府林业行政主管部门签署的意见，向猎捕地的省（自治区、直辖市）人民政府林业行政主管部门申请特许猎捕证。

动物园需要申请捕捉国家一级保护野生动物的，在向国务院林业行政主管部门申请特许猎捕证前，须经国务院建设行政主管部门审核同意；需要申请捕捉国家二级保护野生动物的，在向申请人所在地的省（自治区、直辖市）人民政府林业行政主管部门申请特许猎捕证前，须经同级政府建设行政主管部门审核同意。

负责核发特许猎捕证的部门接到申请后，应当在 3 个月内作出批准或者不批准的决定。

第十三条 有下列情形之一的，不予发放特许猎捕证：

（一）申请猎捕者有条件以合法的非猎捕方式获得国家重点保护野生动物的种源、产品或者达到所需目的的；

（二）猎捕申请不符合国家有关规定或者申请使用的猎捕工具、方法以及猎捕时间、地点不当的；

（三）根据野生动物资源现状不宜捕捉、猎捕的。

第十四条 取得特许猎捕证的单位和个人，必须按照特许猎捕证规定的种类、数量、地点、期限、工具和方法进行猎捕，防止误伤野生动物或者破坏其生存环境。猎捕作业完成后，应当在 10 日内向猎捕地的县级人民政府野生动物行政主管部门申请查验。

县级人民政府野生动物行政主管部门对在本行政区域内猎捕国家重点保护野生动物的活动，应当进行监督检查，并及时向批准猎捕的机关报告监督检查结果。

第十五条 猎捕非国家重点保护野生动物的，必须持有狩猎证，并按照狩猎证规定的种类、数量、地点、期限、工具和方法进行猎捕。

狩猎证由省（自治区、直辖市）人民政府林业行政主管部门按照国务院林业行政主管部门的规定印制，县级人民政府野生动物行政主管部门或者其授权的单位核发。

狩猎证每年验证一次。

第十六条 省（自治区、直辖市）人民政府林业行政主管部门，应当根据本行政区域内非国家重点保护野生动物的资源现状，确定狩猎动物种类，并实行年度猎捕量限额管理。狩猎动物种类和年度猎捕量限额，由县级人民政府野生动物行政主管部门按照保护资源、永续利用的原则提出，经省（自治区、直辖市）人民政府林业行政主管部门批准，报国务院林业行政主管部门备案。

第十七条 县级以上地方各级人民政府野生动物行政主管部门应当组织狩猎者有计划地开展狩猎活动。

在适合狩猎的区域建立固定狩猎场所的，必须经省（自治区、直辖市）人民政府林业行政主管部门批准。

第十八条 禁止使用军用武器、气枪、毒药、炸药、地枪、排铳、非人为直接操作并危害人畜安全的狩猎装置、夜间照明行猎、歼灭性围猎、火攻、烟熏以及县级以上各级人民政府或者其野生动物行政主管部门规定禁止使用的其他狩猎工具和方法狩猎。

第十九条 外国人在中国境内对国家重点保护野生动物进行野外考察、标本采集或者在野外拍摄电影、录像的，必须向国家重点保护野生动物所在地的省（自治区、直辖市）人民政府林业行政主管部门提出申请，经其审核后，报国务院林业行政主管部门或者其授权的单位批准。

第二十条 外国人在中国境内狩猎，必须在国务院林业行政主管部门批准的对外国人开放的狩猎场所内进行，并遵守中国有关法律、法规的规定。

第四章 野生动物驯养繁殖管理

第二十一条 驯养繁殖国家重点保护野生动物的，应当持有驯养繁殖许可证。

国务院林业行政主管部门和省（自治区、直辖市）人民政府林业行政主管部门可以根据实际情况和工作需要，委托同级有关部门审批或者核发国家重点保护野生动物驯养繁殖许可证。动物园驯养繁殖国家重点保护野生动物的，林业行政主管部门可以委托同级建设行政主管部门核发驯养繁殖许可证。

驯养繁殖许可证由国务院林业行政主管部门印制。

第二十二条 从国外或者外省（自治区、直辖市）引进野生动物进行驯养繁殖的，应当采取适当措施，防止其逃至野外；需要将其放生于野外的，放生单位应当向所在省（自治区、直辖市）人民政府林业行政主管部门提出申请，经省级以上人民政府林业行政主管部门指定的科研机构进行科学论证后，报国务院林业行政主管部门或者其授权的单位批准。

擅自将引进的野生动物放生于野外或者因管理不当使其逃至野外的，由野生动物行政主管部门责令限期捕回或者采取其他补救措施。

第二十三条 从国外引进的珍贵、濒危野生动物，经国务院林业行政主管部门核准，可以视为国家重点保护野生动物；从国外引进的其他野生动物，经省（自治区、直辖市）人民政府林业行政主管部门核准，可以视为地方重点保护野生动物。

第五章 野生动物经营利用管理

第二十四条 收购驯养繁殖的国家重点保护野生动物或者其产品的单位，由省（自治区、直辖市）人民政府林业行政主管部门商有关部门提出，经同级人民政府或者其授权的单位批准，凭批准文件向工商行政管理部门申请登记注册。

依照前款规定经核准登记的单位，不得收购未经批准出售的国家重点保护野生动物或者其产品。

第二十五条 经营利用非国家重点保护野生动物或者其产品的，应当向工商行政管理部门申请登记注册。

第二十六条 禁止在集贸市场出售、收购国家重点保护野生动物或者其产品。

持有狩猎证的单位和个人需要出售依法获得的非国家重点保护野生动物或者其产品的，应当按照狩猎证规定的种类、数量向经核准登记的单位出售，或者在当地人民政府有关部门指定的集贸市场出售。

第二十七条 县级以上各级人民政府野生动物行政主管部门和工商行政管理部门，应当对野生动物或者其产品的经营利用建立监督检查制度，加强对经营利用野生动物或者其产品的监督管理。

对进入集贸市场的野生动物或者其产品，由工商行政管理部门进行监督管理；在集贸市场以外经营野生动物或者其产品，由野生动物行政主管部门、工商行政管理部门或者其授权的单位进行监督管理。

第二十八条　运输、携带国家重点保护野生动物或者其产品出县境的，应当凭特许猎捕证、驯养繁殖许可证，向县级人民政府野生动物行政主管部门提出申请，报省(自治区、直辖市)人民政府林业行政主管部门或者其授权的单位批准。动物园之间因繁殖动物，需要运输国家重点保护野生动物的，可以由省(自治区、直辖市)人民政府林业行政主管部门授权同级建设行政主管部门审批。

第二十九条　出口国家重点保护野生动物或者其产品的，以及进出口中国参加的国际公约所限制进出口的野生动物或者其产品的，必须经进出口单位或者个人所在地的省(自治区、直辖市)人民政府林业行政主管部门审核，报国务院林业行政主管部门或者国务院批准；属于贸易性进出口活动的，必须由具有有关商品进出口权的单位承担。

动物园因交换动物需要进出口前款所称野生动物的，国务院林业行政主管部门批准前或者国务院林业行政主管部门报请国务院批准前，应当经国务院建设行政主管部门审核同意。

第三十条　利用野生动物或者其产品举办出国展览等活动的经济收益，主要用于野生动物保护事业。

第六章　奖励和惩罚

第三十一条　有下列事迹之一的单位和个人，由县级以上人民政府或者其野生动物行政主管部门给予奖励：

(一)在野生动物资源调查、保护管理、宣传教育、开发利用方面有突出贡献的；

(二)严格执行野生动物保护法规，成绩显著的；

(三)拯救、保护和驯养繁殖珍贵、濒危野生动物取得显著成效的；

(四)发现违反野生动物保护法规行为，及时制止或者检举有功的；

（五）在查处破坏野生动物资源案件中有重要贡献的；

（六）在野生动物科学研究中取得重大成果或者在应用推广科研成果中取得显著效益的；

（七）在基层从事野生动物保护管理工作5年以上并取得显著成绩的；

（八）在野生动物保护管理工作中有其他特殊贡献的。

第三十二条 非法捕杀国家重点保护野生动物的，依照刑法有关规定惩治。

第三十三条 违反野生动物保护法规，在禁猎区、禁猎期或者使用禁用的工具、方法猎捕非国家重点保护野生动物，依照《野生动物保护法》第三十二条的规定处以罚款的，按照下列规定执行：

（一）有猎获物的，处以相当于猎获物价值8倍以下的罚款；

（二）没有猎获物的，处2000元以下罚款。

第三十四条 违反野生动物保护法规，未取得狩猎证或者未按照狩猎证规定猎捕非国家重点保护野生动物，依照《野生动物保护法》第三十三条的规定处以罚款的，按照下列规定执行：

（一）有猎获物的，处以相当于猎获物价值5倍以下的罚款；

（二）没有猎获物的，处1000元以下罚款。

第三十五条 违反野生动物保护法现，在自然保护区、禁猎区破坏国家或者地方重点保护野生动物主要生息繁衍场所，依照《野生动物保护法》第三十四条的规定处以罚款的，按照相当于恢复原状所需费用3倍以下的标准执行。

在自然保护区、禁猎区破坏非国家或者地方重点保护野生动物主要生息繁衍场所的，由野生动物行政主管部门责令停止破坏行为，限期恢复原状，并处以恢复原状所需费用2倍以下的罚款。

第三十六条 违反野生动物保护法规，出售、收购、运输、携带国家或者地方重点保护野生动物或者其产品的，由工商行政管理部门或者其授权的野生动物行政主管部门没收实物和违法所得，可以并处相当于实物价值10倍以下的罚款。

第三十七条　伪造、倒卖、转让狩猎证或者驯养繁殖许可证，依照《野生动物保护法》第三十七条的规定处以罚款的，按照5000元以下的标准执行。伪造、倒卖、转让特许猎捕证或者允许进出口证明书，依照《野生动物保护法》第三十七条的规定处以罚款的，按照5万元以下的标准执行。

第三十八条　违反野生动物保护法规，未取得驯养繁殖许可证或者超越驯养繁殖许可证规定范围驯养繁殖国家重点保护野生动物的，由野生动物行政主管部门没收违法所得，处3000元以下罚款，可以并处没收野生动物、吊销驯养繁殖许可证。

第三十九条　外国人未经批准在中国境内对国家重点保护野生动物进行野外考察、标本采集或者在野外拍摄电影、录像的，由野生动物行政主管部门没收考察、拍摄的资料以及所获标本，可以共处5万元以下罚款。

第四十条　有下列行为之一，尚不构成犯罪，应当给予治安管理处罚的，由公安机关依照《中华人民共和国治安管理处罚条例》的规定予以处罚：

（一）拒绝、阻碍野生动物行政管理人员依法执行职务的；

（二）偷窃、哄抢或者故意损坏野生动物保护仪器设备或者设施的；

（三）偷窃、哄抢、抢夺非国家重点保护野生动物或者其产品的；

（四）未经批准猎捕少量非国家重点保护野生动物的。

第四十一条　违反野生动物保护法规，被责令限期捕回而不捕的，被责令限期恢复原状而不恢复的，野生动物行政主管部门或者其授权的单位可以代为捕回或者恢复原状，由被责令限期捕回者或者被责令限期恢复原状者承担全部捕回或者恢复原状所需的费用。

第四十二条　违反野生动物保护法规，构成犯罪的，依法追究刑事责任。

第四十三条　依照野生动物保护法规没收的实物，按照国务院林业行政主管部门的规定处理。

第七章 附 则

第四十四条 本条例由国务院林业行政主管部门负责解释。

第四十五条 本条例自发布之日起施行。

三、中华人民共和国野生植物保护条例

（1996年9月30日中华人民共和国国务院令第204号发布，
自1997年1月1日起施行）

第一章 总 则

第一条 为了保护、发展和合理利用野生植物资源，保护生物多样性，维护生态平衡，制定本条例。

第二条 在中华人民共和国境内从事野生植物的保护、发展和利用活动，必须遵守本条例。

本条例所保护的野生植物，是指原生地天然生长的珍贵植物和原生地天然生长并具有重要经济、科学研究、文化价值的濒危、稀有植物。

药用野生植物和城市园林、自然保护区、风景名胜区内的野生植物的保护，同时适用有关法律、行政法规。

第三条 国家对野生植物资源实行加强保护、积极发展、合理利用的方针。

第四条 国家保护依法开发利用和经营管理野生植物资源的单位和个人的合法权益。

第五条 国家鼓励和支持野生植物科学研究、野生植物的就地保护和迁地保护。

在野生植物资源保护、科学研究、培育利用和宣传教育方面成绩显著的单位和个人，由人民政府给予奖励。

第六条 县级以上各级人民政府有关主管部门应当开展保护野生植物的宣传教育，普及野生植物知识，提高公民保护野生植物的意识。

第七条　任何单位和个人都有保护野生植物资源的义务，对侵占或者破坏野生植物及其生长环境的行为有权检举和控告。

第八条　国务院林业行政主管部门主管全国林区内野生植物和林区外珍贵野生树木的监督管理工作。国务院农业行政主管部门主管全国其他野生植物的监督管理工作。

国务院建设行政部门负责城市园林、风景名胜区内野生植物的监督管理工作。国务院环境保护部门负责对全国野生植物环境保护工作的协调和监督。国务院其他有关部门依照职责分工负责有关的野生植物保护工作。

县级以上地方人民政府负责野生植物管理工作的部门及其职责，由省（自治区、直辖市）人民政府根据当地具体情况规定。

第二章　野生植物保护

第九条　国家保护野生植物及其生长环境。禁止任何单位和个人非法采集野生植物或者破坏其生长环境。

第十条　野生植物分为国家重点保护野生植物和地方重点保护野生植物。

国家重点保护野生植物分为国家一级保护野生植物和国家二级保护野生植物。国家重点保护野生植物名录，由国务院林业行政主管部门、农业行政主管部门（以下简称国务院野生植物行政主管部门）商国务院环境保护、建设等有关部门制定，报国务院批准公布。

地方重点保护野生植物，是指国家重点保护野生植物以外，由省（自治区、直辖市）保护的野生植物。地方重点保护野生植物名录，由省（自治区、直辖市）人民政府制定并公布，报国务院备案。

第十一条　在国家重点保护野生植物物种和地方重点保护野生植物物种的天然集中分布区域，应当依照有关法律、行政法规的规定，建立自然保护区；在其他区域，县级以上地方人民政府野生植物行政主管部门和其他有关部门可以根据实际情况建立国家重点保护野生植物和地方重点保护野生植物的保护点或者设立保护标志。

禁止破坏国家重点保护野生植物和地方重点保护野生植物的保护点的保护设施和保护标志。

第十二条 野生植物行政主管部门及其他有关部门应当监视、监测环境对国家重点保护野生植物生长和地方重点保护野生植物生长的影响，并采取措施，维护和改善国家重点保护野生植物和地方重点保护野生植物的生长条件。由于环境影响对国家重点保护野生植物和地方重点保护野生植物的生长造成危害时，野生植物行政主管部门应当会同其他有关部门调查并依法处理。

第十三条 建设项目对国家重点保护野生植物和地方重点保护野生植物的生长环境产生不利影响的，建设单位提交的环境影响报告书中必须对此作出评价；环境保护部门在审批环境影响报告书时，应当征求野生植物行政主管部门的意见。

第十四条 野生植物行政主管部门和有关单位对生长受到威胁的国家重点保护野生植物和地方重点保护野生植物应当采取拯救措施，保护或者恢复其生长环境，必要时应当建立繁育基地、种质资源库或者采取迁地保护措施。

第三章 野生植物管理

第十五条 野生植物行政主管部门应当定期组织国家重点保护野生植物和地方重点保护野生植物资源调查，建立资源档案。

第十六条 禁止采集国家一级保护野生植物。因科学研究、人工培育、文化交流等特殊需要，采集国家一级保护野生植物的，必须经采集地的省（自治区、直辖市）人民政府野生植物行政主管部门签署意见后，向国务院野生植物行政主管部门或者其授权的机构申请采集证。

采集国家二级保护野生植物的，必须经采集地的县级人民政府野生植物行政主管部门签署意见后，向省（自治区、直辖市）人民政府野生植物行政主管部门或者其授权的机构申请采集证。

采集城市园林或者风景名胜区内的国家一级或者二级保护野生植物的，须先征得城市园林或者风景名胜区管理机构同意，分别依照前两款的规定申请采集证。

采集珍贵野生树木或者林区内、草原上的野生植物的，依照森林法、草原法的规定办理。

野生植物行政主管部门发放采集证后，应当抄送环境保护部门备案。

采集证的格式由国务院野生植物行政主管部门制定。

第十七条　采集国家重点保护野生植物的单位和个人，必须按照采集证规定的种类、数量、地点、期限和方法进行采集。

县级人民政府野生植物行政主管部门对在本行政区域内采集国家重点保护野生植物的活动，应当进行监督检查，并及时报告批准采集的野生植物行政主管部门或者其授权的机构。

第十八条　禁止出售、收购国家一级保护野生植物。

出售、收购国家二级保护野生植物的，必须经省（自治区、直辖市）人民政府野生植物行政主管部门或者其授权的机构批准。

第十九条　野生植物行政主管部门应当对经营利用国家二级保护野生植物的活动进行监督检查。

第二十条　出口国家重点保护野生植物或者进出口中国参加的国际公约所限制进出口的野生植物的，必须经进出口者所在地的省（自治区、直辖市）人民政府野生植物行政主管部门审核，报国务院野生植物行政主管部门批准，并取得国家濒危物种进出口管理机构核发的允许进出口证明书或者标签。海关凭允许进出口证明书或者标签查验放行。国务院野生植物行政主管部门应当将有关野生植物进出口的资料抄送国务院环境保护部门。

禁止出口未定名的或者新发现并有重要价值的野生植物。

第二十一条　外国人不得在中国境内采集或者收购国家重点保护野生植物。

外国人在中国境内对国家重点保护野生植物进行野外考察的，必须向国家重点保护野生植物所在地的省（自治区、直辖市）人民政府野生植物行政主管部门提出申请，经其审核后，报国务院野生植物行政主管部门或者其授权的机构批准；直接向国务院野生植物行政主管部门提出申请的，国务院野生植物行政主管部门在批准前，应当征求有关省（自治区、直辖市）人民政府野生植物行政主管部门的意见。

第二十二条　地方重点保护野生植物的管理办法，由省（自治区、直辖市）人民政府制定。

第四章　法律责任

第二十三条　未取得采集证或者未按照采集证的规定采集国家重点保护野生植物的，由野生植物行政主管部门没收所采集的野生植物和违法所得，可以并处违法所得10倍以下的罚款；有采集证的，并可以吊销采集证。

第二十四条　违反本条例规定，出售、收购国家重点保护野生植物的，由工商行政管理部门或者野生植物行政主管部门按照职责分工没收野生植物和违法所得，可以并处违法所得10倍以下的罚款。

第二十五条　非法进出口野生植物的，由海关依照海关法的规定处罚。

第二十六条　伪造、倒卖、转让采集证、允许进出口证明书或者有关批准文件、标签的，由野生植物行政主管部门或者工商行政管理部门按照职责分工收缴，没收违法所得，可以并处5万元以下的罚款。

四、中华人民共和国自然保护区条例

（1994年10月9日中华人民共和国国务院令第167号发布，根据2011年1月8日《国务院关于废止和修改部分行政法规的决定》修订）

第一章　总　　则

第一条　为了加强自然保护区的建设和管理，保护自然环境和自然资源，制定本条例。

第二条　本条例所称自然保护区，是指对有代表性的自然生态系统、珍稀濒危野生动植物物种的天然集中分布区、有特殊意义的自然遗迹等保护对象所在的陆地、陆地水体或者海域，依法划出一定面积予以特殊保护和管理的区域。

第三条　凡在中华人民共和国领域和中华人民共和国管辖的其他海域内建设和管理自然保护区，必须遵守本条例。

第四条　国家采取有利于发展自然保护区的经济、技术政策和措施，将自然保护区的发展规划纳入国民经济和社会发展计划。

第五条　建设和管理自然保护区，应当妥善处理与当地经济建设和居民生产、生活的关系。

第六条　自然保护区管理机构或者其行政主管部门可以接受国内外组织和个人的捐赠，用于自然保护区的建设和管理。

第七条　县级以上人民政府应当加强对自然保护区工作的领导。

一切单位和个人都有保护自然保护区内自然环境和自然资源的义务，并有权对破坏、侵占自然保护区的单位和个人进行检举、控告。

第八条　国家对自然保护区实行综合管理与分部门管理相结合的管理体制。

国务院环境保护行政主管部门负责全国自然保护区的综合管理。

国务院林业、农业、地质矿产、水利、海洋等有关行政主管部门在各自的职责范围内，主管有关的自然保护区。

县级以上地方人民政府负责自然保护区管理的部门的设置和职责，由省（自治区、直辖市）人民政府根据当地具体情况确定。

第九条　对建设、管理自然保护区以及在有关的科学研究中做出显著成绩的单位和个人，由人民政府给予奖励。

第二章　自然保护区的建设

第十条　凡具有下列条件之一的，应当建立自然保护区：

（一）典型的自然地理区域、有代表性的自然生态系统区域以及已经遭受破坏但经保护能够恢复的同类自然生态系统区域；

（二）珍稀、濒危野生动植物物种的天然集中分布区域；

（三）具有特殊保护价值的海域、海岸、岛屿、湿地、内陆水域、森林、草原和荒漠；

（四）具有重大科学文化价值的地质构造、著名溶洞、化石分布区、冰川、火山、温泉等自然遗迹；

（五）经国务院或者省（自治区、直辖市）人民政府批准，需要予以特殊保护的其他自然区域。

第十一条 自然保护区分为国家级自然保护区和地方级自然保护区。

在国内外有典型意义、在科学上有重大国际影响或者有特殊科学研究价值的自然保护区，列为国家级自然保护区。

除列为国家级自然保护区的外，其他具有典型意义或者重要科学研究价值的自然保护区列为地方级自然保护区。地方级自然保护区可以分级管理，具体办法由国务院有关自然保护区行政主管部门或者省（自治区、直辖市）人民政府根据实际情况规定，报国务院环境保护行政主管部门备案。

第十二条 国家级自然保护区的建立，由自然保护区所在的省（自治区、直辖市）人民政府或者国务院有关自然保护区行政主管部门提出申请，经国家级自然保护区评审委员会评审后，由国务院环境保护行政主管部门进行协调并提出审批建议，报国务院批准。

地方级自然保护区的建立，由自然保护区所在的县、自治县、市、自治州人民政府或者省（自治区、直辖市）人民政府有关自然保护区行政主管部门提出申请，经地方级自然保护区评审委员会评审后，由省（自治区、直辖市）人民政府环境保护行政主管部门进行协调并提出审批建议，报省（自治区、直辖市）人民政府批准，并报国务院环境保护行政主管部门和国务院有关自然保护区行政主管部门备案。

跨两个以上行政区域的自然保护区的建立，由有关行政区域的人民政府协商一致后提出申请，并按照前两款规定的程序审批。

建立海上自然保护区，须经国务院批准。

第十三条　申请建立自然保护区，应当按照国家有关规定填报建立自然保护区申报书。

第十四条　自然保护区的范围和界线由批准建立自然保护区的人民政府确定，并标明区界，予以公告。

确定自然保护区的范围和界线，应当兼顾保护对象的完整性和适度性，以及当地经济建设和居民生产、生活的需要。

第十五条　自然保护区的撤销及其性质、范围、界线的调整或者改变，应当经原批准建立自然保护区的人民政府批准。

任何单位和个人，不得擅自移动自然保护区的界标。

第十六条　自然保护区按照下列方法命名：

国家级自然保护区：自然保护区所在地地名加"国家级自然保护区"。

地方级自然保护区：自然保护区所在地地名加"地方级自然保护区"。

有特殊保护对象的自然保护区，可以在自然保护区所在地地名后加特殊保护对象的名称。

第十七条　国务院环境保护行政主管部门应当会同国务院有关自然保护区行政主管部门，在对全国自然环境和自然资源状况进行调查和评价的基础上，拟订国家自然保护区发展规划，经国务院计划部门综合平衡后，报国务院批准实施。

自然保护区管理机构或者该自然保护区行政主管部门应当组织编制自然保护区的建设规划，按照规定的程序纳入国家的、地方的或者部门的投资计划，并组织实施。

第十八条　自然保护区可以分为核心区、缓冲区和实验区。

自然保护区内保存完好的天然状态的生态系统以及珍稀、濒危动植物的集中分布地，应当划为核心区，禁止任何单位和个人进入；除依照本条例第二十七条的规定经批准外，也不允许进入从事科学研究活动。

核心区外围可以划定一定面积的缓冲区，只准进入从事科学研究观测活动。

缓冲区外围划为实验区，可以进入从事科学试验、教学实习、参观考察、旅游以及驯化、繁殖珍稀、濒危野生动植物等活动。

原批准建立自然保护区的人民政府认为必要时，可以在自然保护区的外围划定一定面积的外围保护地带。

第三章　自然保护区的管理

第十九条　全国自然保护区管理的技术规范和标准，由国务院环境保护行政主管部门组织国务院有关自然保护区行政主管部门制定。

国务院有关自然保护区行政主管部门可以按照职责分工，制定有关类型自然保护区管理的技术规范，报国务院环境保护行政主管部门备案。

第二十条　县级以上人民政府环境保护行政主管部门有权对本行政区域内各类自然保护区的管理进行监督检查；县级以上人民政府有关自然保护区行政主管部门有权对其主管的自然保护区的管理进行监督检查。被检查的单位应当如实反映情况，提供必要的资料。检查者应当为被检查的单位保守技术秘密和业务秘密。

第二十一条　国家级自然保护区，由其所在地的省（自治区、直辖市）人民政府有关自然保护区行政主管部门或者国务院有关自然保护区行政主管部门管理。地方级自然保护区，由其所在地的县级以上地方人民政府有关自然保护区行政主管部门管理。

有关自然保护区行政主管部门应当在自然保护区内设立专门的管理机构，配备专业技术人员，负责自然保护区的具体管理工作。

第二十二条　自然保护区管理机构的主要职责是：

（一）贯彻执行国家有关自然保护的法律、法规和方针、政策；

（二）制定自然保护区的各项管理制度，统一管理自然保护区；

（三）调查自然资源并建立档案，组织环境监测，保护自然保护区内的自然环境和自然资源；

（四）组织或者协助有关部门开展自然保护区的科学研究工作；

（五）进行自然保护的宣传教育；

（六）在不影响保护自然保护区的自然环境和自然资源的前提下，组织开展参观、旅游等活动。

第二十三条　管理自然保护区所需经费，由自然保护区所在地的县级以上地方人民政府安排。国家对国家级自然保护区的管理，给予适当的资金补助。

第二十四条　自然保护区所在地的公安机关，可以根据需要在自然保护区设置公安派出机构，维护自然保护区内的治安秩序。

第二十五条　在自然保护区内的单位、居民和经批准进入自然保护区的人员，必须遵守自然保护区的各项管理制度，接受自然保护区管理机构的管理。

第二十六条　禁止在自然保护区内进行砍伐、放牧、狩猎、捕捞、采药、开垦、烧荒、开矿、采石、挖沙等活动；但是，法律、行政法规另有规定的除外。

第二十七条　禁止任何人进入自然保护区的核心区。因科学研究的需要，必须进入核心区从事科学研究观测、调查活动的，应当事先向自然保护区管理机构提交申请和活动计划，并经省级以上人民政府有关自然保护区行政主管部门批准；其中，进入国家级自然保护区核心区的，必须经国务院有关自然保护区行政主管部门批准。

自然保护区核心区内原有居民确有必要迁出的，由自然保护区所在地的地方人民政府予以妥善安置。

第二十八条　禁止在自然保护区的缓冲区开展旅游和生产经营活动。因教学科研的目的，需要进入自然保护区的缓冲区从事非破坏性的科学研究、教学实习和标本采集活动的，应当事先向自然保护区管理机构提交申请和活动计划，经自然保护区管理机构批准。

从事前款活动的单位和个人，应当将其活动成果的副本提交自然保护区管理机构。

第二十九条 在国家级自然保护区的实验区开展参观、旅游活动的，由自然保护区管理机构提出方案，经省（自治区、直辖市）人民政府有关自然保护区行政主管部门审核后，报国务院有关自然保护区行政主管部门批准；在地方级自然保护区的实验区开展参观、旅游活动的，由自然保护区管理机构提出方案，经省（自治区、直辖市）人民政府有关自然保护区行政主管部门批准。

在自然保护区组织参观、旅游活动的，必须按照批准的方案进行，并加强管理；进入自然保护区参观、旅游的单位和个人，应当服从自然保护区管理机构的管理。

严禁开设与自然保护区保护方向不一致的参观、旅游项目。

第三十条 自然保护区的内部未分区的，依照本条例有关核心区和缓冲区的规定管理。

第三十一条 外国人进入地方级自然保护区的，接待单位应当事先报经省（自治区、直辖市）人民政府有关自然保护区行政主管部门批准；进入国家级自然保护区的，接待单位应当报经国务院有关自然保护区行政主管部门批准。

进入自然保护区的外国人，应当遵守有关自然保护区的法律、法规和规定。

第三十二条 在自然保护区的核心区和缓冲区内，不得建设任何生产设施。在自然保护区的实验区内，不得建设污染环境、破坏资源或者景观的生产设施；建设其他项目，其污染物排放不得超过国家和地方规定的污染物排放标准。在自然保护区的实验区内已经建成的设施，其污染物排放超过国家和地方规定的排放标准的，应当限期治理；造成损害的，必须采取补救措施。

在自然保护区的外围保护地带建设的项目，不得损害自然保护区内的环境质量；已造成损害的，应当限期治理。

限期治理决定由法律、法规规定的机关作出，被限期治理的企业事业单位必须按期完成治理任务。

　　第三十三条　因发生事故或者其他突然性事件，造成或者可能造成自然保护区污染或者破坏的单位和个人，必须立即采取措施处理，及时通报可能受到危害的单位和居民，并向自然保护区管理机构、当地环境保护行政主管部门和自然保护区行政主管部门报告，接受调查处理。

第四章　法律责任

　　第三十四条　违反本条例规定，有下列行为之一的单位和个人，由自然保护区管理机构责令其改正，并可以根据不同情节处以 100 元以上 5000 元以下的罚款：

　　（一）擅自移动或者破坏自然保护区界标的；

　　（二）未经批准进入自然保护区或者在自然保护区内不服从管理机构管理的；

　　（三）经批准在自然保护区的缓冲区内从事科学研究、教学实习和标本采集的单位和个人，不向自然保护区管理机构提交活动成果副本的。

　　第三十五条　违反本条例规定，在自然保护区进行砍伐、放牧、狩猎、捕捞、采药、开垦、烧荒、开矿、采石、挖沙等活动的单位和个人，除可以依照有关法律、行政法规规定给予处罚的以外，由县级以上人民政府有关自然保护区行政主管部门或者其授权的自然保护区管理机构没收违法所得，责令停止违法行为，限期恢复原状或者采取其他补救措施；对自然保护区造成破坏的，可以处以 300 元以上 1 万元以下的罚款。

　　第三十六条　自然保护区管理机构违反本条例规定，拒绝环境保护行政主管部门或者有关自然保护区行政主管部门监督检查，或者在被检查时弄虚作假的，由县级以上人民政府环境保护行政主管部门或者有关自然保护区行政主管部门给予 300 元以上 3000 元以下的罚款。

　　第三十七条　自然保护区管理机构违反本条例规定，有下列行为之一的，由县级以上人民政府有关自然保护区行政主管部门责令限期改正；对直接责任人员，由其所在单位或者上级机关给予行政处分：

（一）未经批准在自然保护区开展参观、旅游活动的；

（二）开设与自然保护区保护方向不一致的参观、旅游项目的；

（三）不按照批准的方案开展参观、旅游活动的。

第三十八条 违反本条例规定，给自然保护区造成损失的，由县级以上人民政府有关自然保护区行政主管部门责令赔偿损失。

第三十九条 妨碍自然保护区管理人员执行公务的，由公安机关依照《中华人民共和国治安管理处罚法》的规定给予处罚；情节严重，构成犯罪的，依法追究刑事责任。

第四十条 违反本条例规定，造成自然保护区重大污染或者破坏事故，导致公私财产重大损失或者人身伤亡的严重后果，构成犯罪的，对直接负责的主管人员和其他直接责任人员依法追究刑事责任。

第四十一条 自然保护区管理人员滥用职权、玩忽职守、徇私舞弊，构成犯罪的，依法追究刑事责任；情节轻微，尚不构成犯罪的，由其所在单位或者上级机关给予行政处分。

第五章 附 则

第四十二条 国务院有关自然保护区行政主管部门可以根据本条例，制定有关类型自然保护区的管理办法。

第四十三条 各省（自治区、直辖市）人民政府可以根据本条例，制定实施办法。

第四十四条 本条例自 1994 年 12 月 1 日起施行。

五、森林和野生动物类型自然保护区管理办法

(1985 年 6 月 21 日国务院批准，1985 年 7 月 6 日林业部发布施行)

第一条 自然保护区是保护自然环境和自然资源、拯救濒于灭绝的生物物种、进行科学研究的重要基地；对促进科学技术、

生产建设、文化教育、卫生保健等事业的发展，具有重要意义。根据《中华人民共和国森林法》和有关规定，制定本办法。

第二条 森林和野生动物类型自然保护区(以下简称自然保护区)，按照本办法进行管理。

第三条 自然保护区管理机构的主要任务：贯彻执行国家的关自然保护区的方针、政策和规定，加强管理，开展宣传教育，保护和发展珍贵稀有野生动植物资源的途径，为社会主义建设服务。

第四条 自然保护区分为国家自然保护区和地方自然保护区。国家自然保护区，由林业部或在省(自治区、直辖市)林业主管部门管理；地方自然保护区，由县级以上林业主管部门管理。

第五条 具有下列条件之一者，可以建立自然保护区：

(一)不同自然地带的典型森林生态系统的地区。

(二)珍贵稀有或者特殊保护价值的动植物种的主要生存繁殖地区，包括：

国家重点保护动物的主要栖息、繁殖地区；

候鸟的主要繁殖地、越冬地和停歇地；

珍贵树种和有特殊价值的植物原生地；

野生生物模式标本的集中产地。

(三)其他有特殊保护价值的林区。

第六条 根据本办法第五条规定建立自然保护区，在科研上有重要价值，或者在国际上有一定影响的，报国务院批准，列为国家自然保护区；其他自然保护区，报省(自治区、直辖市)人民政府批准，列为地方自然保护区。

第七条 建立自然保护区要注意保护对象的完整性和最适宜的范围，考虑当地经济建设和群众生产生活的需要，尽可能避开群众的土地、山林；确实不能避开的，应当严格控制范围，并根据国家有关规定，合理解决群众的生产生活问题。

第八条 自然保护区的解除和范围的调整，必须经原审批机关批准；未经批准不得改变自然保护区的性质和范围。

第九条 自然保护区的管理机构属于事业单位。机构的设置和人员的配备，要注意精干。国家或地方自然保护区管理机构的人员编制、基建投资、事业经费等，经主管部门批准后，分别纳入国家和省（自治区、直辖市）的计划，由林业部门统一安排。

第十条 自然保护区管理机构，可以根据自然资源情况，将自然保护区分为核心区、实验区。核心区只供进行观测研究。实验区可以进行科学实验、教学实习、参观考察和驯化培育珍稀动植物等活动。

第十一条 自然保护区的自然环境和自然资源，由自然保护区管理机构统一管理。未经林业部或省（自治区、直辖市）林业主管部门批准，任何单位和个人不得进入自然保护区建立机构和修筑设施。

第十二条 有条件的自然保护区，经林业部或省（自治区、直辖市）林业主管部门批准，可以在指定的范围内开展旅游活动。

在自然保护区开展旅游必须遵守以下规定：

（一）旅游业务由自然保护区管理机构统一管理，所得收入用于自然保护区的建设和保护事业；

（二）有关部门投资或与自然保护区联合兴办的旅游建筑和设施，产权归自然保护区，所得收益在一定时期内按比例分成，但不得改变自然保护区隶属关系；

（三）对旅游区必须进行规划设计，确定合适的旅游点和旅游路线；

（四）旅游点的建筑和设施要体现民族风格，同自然景观和谐一致；

（五）根据旅游需要和接待条件制订年度接待计划，按隶属关系报林业主管部门批准，有组织地开展旅游；

（六）设置防火、卫生等设施，实行严格的巡护检查，防止造成环境污染和自然资源的破坏。

第十三条 进入自然保护区从事科学研究、教学实习、参观考察、拍摄影片、登山等活动的单位和个人，必须经省（自治区、直辖市）以上林业主管部门的同意。

任何部门、团体、单位与国外签署涉及国家自然保护区的协议，接待外国人到国家自然保护区从事有关活动，必须征得林业部的同意；涉及地方自然保护区的，必须征得省（自治区、直辖市）林业主管部门的同意。

经批准进入自然保护区从事上述活动的，必须遵守本办法和有关规定，并交纳保护管理费。

第十四条　自然保护区内的居民，应当遵守自然保护区的有关规定，固定生产生活活动范围，在不破坏自然资源的前提下，从事种植、养殖业，也可以承包自然保护区组织的劳务或保护管理任务，以增加经济收入。

第十五条　自然保护区管理机构会同所在和毗邻的县、乡人民政府及有关单位，组成自然保护区联合保护委员会，制订保护公约，共同做好保护管理工作。

第十六条　根据国家有关规定和需要，可以在自然保护区设立公安机构或者配备公安特派员，行政上受自然保护区管理机构领导，业务上受上级公安机关领导。

自然保护区公安机构的主要任务：保护自然保护区的自然资源和国家财产，维护当地社会治安，依法查处破坏自然保护区的案件。

第十七条　本办法自发布之日起施行。

六、中华人民共和国植物新品种保护条例

（1997 年 3 月 20 日中华人民共和国国务院令第 213 号公布，根据 2013 年 1 月 31 日中华人民共和国国务院令第 635 号《国务院关于修改〈中华人民共和国植物新品种保护条例〉的决定》修订，自 1997 年 10 月 1 日起施行）

第一章　总　则

第一条　为了保护植物新品种权，鼓励培育和使用植物新品种，促进农业、林业的发展，制定本条例。

第二条　本条例所称植物新品种，是指经过人工培育的或者对发现的野生植物加以开发，具备新颖性、特异性、一致性和稳

定性并有适当命名的植物品种。

第三条 国务院农业、林业行政部门(以下统称审批机关)按照职责分工共同负责植物新品种权申请的受理和审查并对符合本条例规定的植物新品种授予植物新品种权(以下称品种权)。

第四条 完成关系国家利益或者公共利益并有重大应用价值的植物新品种育种的单位或者个人,由县级以上人民政府或者有关部门给予奖励。

第五条 生产、销售和推广被授予品种权的植物新品种(以下称授权品种),应当按照国家有关种子的法律、法规的规定审定。

第二章　品种权的内容和归属

第六条 完成育种的单位或者个人对其授权品种,享有排他的独占权。任何单位或者个人未经品种权所有人(以下称品种权人)许可,不得为商业目的生产或者销售该授权品种的繁殖材料,不得为商业目的将该授权品种的繁殖材料重复使用于生产另一品种的繁殖材料;但是,本条例另有规定的除外。

第七条 执行本单位的任务或者主要是利用本单位的物质条件所完成的职务育种,植物新品种的申请权属于该单位;非职务育种,植物新品种的申请权属于完成育种的个人。申请被批准后,品种权属于申请人。

委托育种或者合作育种,品种权的归属由当事人在合同中约定;没有合同约定的,品种权属于受委托完成或者共同完成育种的单位或者个人。

第八条 一个植物新品种只能授予一项品种权。两个以上的申请人分别就同一个植物新品种申请品种权的,品种权授予最先申请的人;同时申请的,品种权授予最先完成该植物新品种育种的人。

第九条 植物新品种的申请权和品种权可以依法转让。

中国的单位或者个人就其在国内培育的植物新品种向外国人转让申请权或者品种权的,应当经审批机关批准。

国有单位在国内转让申请权或者品种权的，应当按照国家有关规定报经有关行政主管部门批准。

转让申请权或者品种权的，当事人应当订立书面合同，并向审批机关登记，由审批机关予以公告。

第十条　在下列情况下使用授权品种的，可以不经品种权人许可，不向其支付使用费，但是不得侵犯品种权人依照本条例享有的其他权利：

（一）利用授权品种进行育种及其他科研活动；

（二）农民自繁自用授权品种的繁殖材料。

第十一条　为了国家利益或者公共利益，审批机关可以作出实施植物新品种强制许可的决定，并予以登记和公告。

取得实施强制许可的单位或者个人应当付给品种权人合理的使用费，其数额由双方商定；双方不能达成协议的，由审批机关裁决。

品种权人对强制许可决定或者强制许可使用费的裁决不服的，可以自收到通知之日起 3 个月内向人民法院提起诉讼。

第十二条　不论授权品种的保护期是否届满，销售该授权品种应当使用其注册登记的名称。

第三章　授予品种权的条件

第十三条　申请品种权的植物新品种应当属于国家植物品种保护名录中列举的植物的属或者种。植物品种保护名录由审批机关确定和公布。

第十四条　授予品种权的植物新品种应当具备新颖性。新颖性，是指申请品种权的植物新品种在申请日前该品种繁殖材料未被销售，或者经育种者许可，在中国境内销售该品种繁殖材料未超过 1 年；在中国境外销售藤本植物、林木、果树和观赏树木品种繁殖材料未超过 6 年，销售其他植物品种繁殖材料未超过 4 年。

第十五条　授予品种权的植物新品种应当具备特异性。特异性，是指申请品种权的植物新品种应当明显区别于在递交申请以前已知的植物品种。

第十六条 授予品种权的植物新品种应当具备一致性。一致性，是指申请品种权的植物新品种经过繁殖，除可以预见的变异外，其相关的特征或者特性一致。

第十七条 授予品种权的植物新品种应当具备稳定性。稳定性，是指申请品种权的植物新品种经过反复繁殖后或者在特定繁殖周期结束时，其相关的特征或者特性保持不变。

第十八条 授予品种权的植物新品种应当具备适当的名称，并与相同或者相近的植物属或者种中已知品种的名称相区别。该名称经注册登记后即为该植物新品种的通用名称。

下列名称不得用于品种命名：

（一）仅以数字组成的；

（二）违反社会公德的；

（三）对植物新品种的特征、特性或者育种者的身份等容易引起误解的。

第四章 品种权的申请和受理

第十九条 中国的单位和个人申请品种权的，可以直接或者委托代理机构向审批机关提出申请。

中国的单位和个人申请品种权的植物新品种涉及国家安全或者重大利益需要保密的，应当按照国家有关规定办理。

第二十条 外国人、外国企业或者外国其他组织在中国申请品种权的，应当按其所属国和中华人民共和国签订的协议或者共同参加的国际条约办理，或者根据互惠原则，依照本条例办理。

第二十一条 申请品种权的，应当向审批机关提交符合规定格式要求的请求书、说明书和该品种的照片。

申请文件应当使用中文书写。

第二十二条 审批机关收到品种权申请文件之日为申请日；申请文件是邮寄的，以寄出的邮戳日为申请日。

第二十三条 申请人自在外国第一次提出品种权申请之日起12个月内，又在中国就该植物新品种提出品种权申请的，依照该外国同中华人民共和国签订的协议或者共同参加的国际条约，或者根据相互承认优先权的原则，可以享有优先权。

申请人要求优先权的，应当在申请时提出书面说明，并在3个月内提交经原受理机关确认的第一次提出的品种权申请文件的副本；未依照本条例规定提出书面说明或者提交申请文件副本的，视为未要求优先权。

第二十四条　对符合本条例第二十一条规定的品种权申请，审批机关应当予以受理，明确申请日、给予申请号，并自收到申请之日起1个月内通知申请人缴纳申请费。

对不符合或者经修改仍不符合本条例第二十一条规定的品种权申请，审批机关不予受理，并通知申请人。

第二十五条　申请人可以在品种权授予前修改或者撤回品种权申请。

第二十六条　中国的单位或者个人将国内培育的植物新品种向国外申请品种权的，应当向审批机关登记。

第五章　品种权的审查与批准

第二十七条　申请人缴纳申请费后，审批机关对品种权申请的下列内容进行初步审查：

（一）是否属于植物品种保护名录列举的植物属或者种的范围；

（二）是否符合本条例第二十条的规定；

（三）是否符合新颖性的规定；

（四）植物新品种的命名是否适当。

第二十八条　审批机关应当自受理品种权申请之日起6个月内完成初步审查。对经初步审查合格的品种权申请，审批机关予以公告，并通知申请人在3个月内缴纳审查费。

对经初步审查不合格的品种权申请，审批机关应当通知申请人在3个月内陈述意见或者予以修正；逾期未答复或者修正后仍然不合格的，驳回申请。

第二十九条　申请人按照规定缴纳审查费后，审批机关对品种权申请的特异性、一致性和稳定性进行实质审查。

申请人未按照规定缴纳审查费的，品种权申请视为撤回。

第三十条 审批机关主要依据申请文件和其他有关书面材料进行实质审查。审批机关认为必要时，可以委托指定的测试机构进行测试或者考察业已完成的种植或者其他试验的结果。

因审查需要，申请人应当根据审批机关的要求提供必要的资料和该植物新品种的繁殖材料。

第三十一条 对经实质审查符合本条例规定的品种权申请，审批机关应当作出授予品种权的决定，颁发品种权证书，并予以登记和公告。

对经实质审查不符合本条例规定的品种权申请，审批机关予以驳回，并通知申请人。

第三十二条 审批机关设立植物新品种复审委员会。

对审批机关驳回品种权申请的决定不服的，申请人可以自收到通知之日起3个月内，向植物新品种复审委员会请求复审。植物新品种复审委员会应当自收到复审请求书之日起6个月内作出决定，并通知申请人。

申请人对植物新品种复审委员会的决定不服的，可以自接到通知之日起15日内向人民法院提起诉讼。

第三十三条 品种权被授予后，在自初步审查合格公告之日起至被授予品种权之日止的期间，对未经申请人许可，为商业目的生产或者销售该授权品种的繁殖材料的单位和个人，品种权人享有追偿的权利。

第六章 期限、终止和无效

第三十四条 品种权的保护期限，自授权之日起，藤本植物、林木、果树和观赏树木为20年，其他植物为15年。

第三十五条 品种权人应当自被授予品种权的当年开始缴纳年费，并且按照审批机关的要求提供用于检测的该授权品种的繁殖材料。

第三十六条 有下列情形之一的，品种权在其保护期限届满前终止：

（一）品种权人以书面声明放弃品种权的；

（二）品种权人未按照规定缴纳年费的；

（三）品种权人未按照审批机关的要求提供检测所需的该授权品种的繁殖材料的；

（四）经检测该授权品种不再符合被授予品种权时的特征和特性的。

品种权的终止，由审批机关登记和公告。

第三十七条 自审批机关公告授予品种权之日起，植物新品种复审委员会可以依据职权或者依据任何单位或者个人的书面请求，对不符合本条例第十四条、第十五条、第十六条和第十七条规定的，宣告品种权无效；对不符合本条例第十八条规定的，予以更名。宣告品种权无效或者更名的决定，由审批机关登记和公告，并通知当事人。

对植物新品种复审委员会的决定不服的，可以自收到通知之日起3个月内向人民法院提起诉讼。

第三十八条 被宣告无效的品种权视为自始不存在。

宣告品种权无效的决定，对在宣告前人民法院作出并已执行的植物新品种侵权的判决、裁定，省级以上人民政府农业、林业行政部门作出并已执行的植物新品种侵权处理决定，以及已经履行的植物新品种实施许可合同和植物新品种权转让合同，不具有追溯力；但是，因品种权人的恶意给他人造成损失的，应当给予合理赔偿。

依照前款规定，品种权人或者品种权转让人不向被许可实施人或者受让人返还使用费或者转让费，明显违反公平原则的，品种权人或者品种权转让人应当向被许可实施人或者受让人返还全部或者部分使用费或者转让费。

第七章　罚　则

第三十九条 未经品种权人许可，以商业目的生产或者销售授权品种的繁殖材料的，品种权人或者利害关系人可以请求省级以上人民政府农业、林业行政部门依据各自的职权进行处理，也可以直接向人民法院提起诉讼。

省级以上人民政府农业、林业行政部门依据各自的职权，根据当事人自愿的原则，对侵权所造成的损害赔偿可以进行调解。调解达成协议的，当事人应当履行；调解未达成协议的，品种权人或者利害关系人可以依照民事诉讼程序向人民法院提起诉讼。

省级以上人民政府农业、林业行政部门依据各自的职权处理品种权侵权案件时，为维护社会公共利益，可以责令侵权人停止侵权行为，没收违法所得和植物品种繁殖材料；货值金额5万元以上的，可处货值金额1倍以上5倍以下的罚款；没有货值金额或者货值金额5万元以下的，根据情节轻重，可处25万元以下的罚款。

第四十条 假冒授权品种的，由县级以上人民政府农业、林业行政部门依据各自的职权责令停止假冒行为，没收违法所得和植物品种繁殖材料；货值金额5万元以上的，处货值金额1倍以上5倍以下的罚款；没有货值金额或者货值金额5万元以下的，根据情节轻重，处25万元以下的罚款；情节严重，构成犯罪的，依法追究刑事责任。

第四十一条 省级以上人民政府农业、林业行政部门依据各自的职权在查处品种权侵权案件和县级以上人民政府农业、林业行政部门依据各自的职权在查处假冒授权品种案件时，根据需要，可以封存或者扣押与案件有关的植物品种的繁殖材料，查阅、复制或者封存与案件有关的合同、帐册及有关文件。

第四十二条 销售授权品种未使用其注册登记的名称的，由县级以上人民政府农业、林业行政部门依据各自的职权责令限期改正，可以处1000元以下的罚款。

第四十三条 当事人就植物新品种的申请权和品种权的权属发生争议的，可以向人民法院提起诉讼。

第四十四条 县级以上人民政府农业、林业行政部门及有关部门的工作人员滥用职权、玩忽职守、徇私舞弊、索贿受贿，构成犯罪的，依法追究刑事责任；尚不构成犯罪的，依法给予行政处分。

第八章　附　则

第四十五条　审批机关可以对本条例施行前首批列入植物品种保护名录的和本条例施行后新列入植物品种保护名录的植物属或者种的新颖性要求作出变通性规定。

第四十六条　本条例自 1997 年 10 月 1 日起施行。

七、森林防火条例

（1988 年 1 月 16 日国务院公布，2008 年 11 月 19 日国务院第 36 次常务会议修订通过，2008 年 12 月 1 日国务院发布，自 2009 年 1 月 1 日起施行）

第一章　总　则

第一条　为了有效预防和扑救森林火灾，保障人民生命财产安全，保护森林资源，维护生态安全，根据《中华人民共和国森林法》，制定本条例。

第二条　本条例适用于中华人民共和国境内森林火灾的预防和扑救。但是，城市市区的除外。

第三条　森林防火工作实行预防为主、积极消灭的方针。

第四条　国家森林防火指挥机构负责组织、协调和指导全国的森林防火工作。

国务院林业主管部门负责全国森林防火的监督和管理工作，承担国家森林防火指挥机构的日常工作。

国务院其他有关部门按照职责分工，负责有关的森林防火工作。

第五条　森林防火工作实行地方各级人民政府行政首长负责制。

县级以上地方人民政府根据实际需要设立的森林防火指挥机构，负责组织、协调和指导本行政区域的森林防火工作。

县级以上地方人民政府林业主管部门负责本行政区域森林防火的监督和管理工作，承担本级人民政府森林防火指挥机构的日常工作。

县级以上地方人民政府其他有关部门按照职责分工，负责有关的森林防火工作。

第六条　森林、林木、林地的经营单位和个人，在其经营范围内承担森林防火责任。

第七条　森林防火工作涉及两个以上行政区域的，有关地方人民政府应当建立森林防火联防机制，确定联防区域，建立联防制度，实行信息共享，并加强监督检查。

第八条　县级以上人民政府应当将森林防火基础设施建设纳入国民经济和社会发展规划，将森林防火经费纳入本级财政预算。

第九条　国家支持森林防火科学研究，推广和应用先进的科学技术，提高森林防火科技水平。

第十条　各级人民政府、有关部门应当组织经常性的森林防火宣传活动，普及森林防火知识，做好森林火灾预防工作。

第十一条　国家鼓励通过保险形式转移森林火灾风险，提高林业防灾减灾能力和灾后自我救助能力。

第十二条　对在森林防火工作中作出突出成绩的单位和个人，按照国家有关规定，给予表彰和奖励。

对在扑救重大、特别重大森林火灾中表现突出的单位和个人，可以由森林防火指挥机构当场给予表彰和奖励。

第二章　森林火灾的预防

第十三条　省(自治区、直辖市)人民政府林业主管部门应当按照国务院林业主管部门制定的森林火险区划等级标准，以县为单位确定本行政区域的森林火险区划等级，向社会公布，并报国务院林业主管部门备案。

第十四条　国务院林业主管部门应当根据全国森林火险区划等级和实际工作需要，编制全国森林防火规划，报国务院或者国务院授权的部门批准后组织实施。

县级以上地方人民政府林业主管部门根据全国森林防火规

划，结合本地实际，编制本行政区域的森林防火规划，报本级人民政府批准后组织实施。

第十五条　国务院有关部门和县级以上地方人民政府应当按照森林防火规划，加强森林防火基础设施建设，储备必要的森林防火物资，根据实际需要整合、完善森林防火指挥信息系统。

国务院和省(自治区、直辖市)人民政府根据森林防火实际需要，充分利用卫星遥感技术和现有军用、民用航空基础设施，建立相关单位参与的航空护林协作机制，完善航空护林基础设施，并保障航空护林所需经费。

第十六条　国务院林业主管部门应当按照有关规定编制国家重大、特别重大森林火灾应急预案，报国务院批准。

县级以上地方人民政府林业主管部门应当按照有关规定编制森林火灾应急预案，报本级人民政府批准，并报上一级人民政府林业主管部门备案。

县级人民政府应当组织乡(镇)人民政府根据森林火灾应急预案制定森林火灾应急处置办法；村民委员会应当按照森林火灾应急预案和森林火灾应急处置办法的规定，协助做好森林火灾应急处置工作。

县级以上人民政府及其有关部门应当组织开展必要的森林火灾应急预案的演练。

第十七条　森林火灾应急预案应当包括下列内容：

(一)森林火灾应急组织指挥机构及其职责；

(二)森林火灾的预警、监测、信息报告和处理；

(三)森林火灾的应急响应机制和措施；

(四)资金、物资和技术等保障措施；

(五)灾后处置。

第十八条　在林区依法开办工矿企业、设立旅游区或者新建开发区的，其森林防火设施应当与该建设项目同步规划、同步设计、同步施工、同步验收；在林区成片造林的，应当同时配套建设森林防火设施。

第十九条　铁路的经营单位应当负责本单位所属林地的防火

工作，并配合县级以上地方人民政府做好铁路沿线森林火灾危险地段的防火工作。

电力、电信线路和石油天然气管道的森林防火责任单位，应当在森林火灾危险地段开设防火隔离带，并组织人员进行巡护。

第二十条 森林、林木、林地的经营单位和个人应当按照林业主管部门的规定，建立森林防火责任制，划定森林防火责任区，确定森林防火责任人，并配备森林防火设施和设备。

第二十一条 地方各级人民政府和国有林业企业、事业单位应当根据实际需要，成立森林火灾专业扑救队伍；县级以上地方人民政府应当指导森林经营单位和林区的居民委员会、村民委员会、企业、事业单位建立森林火灾群众扑救队伍。专业的和群众的火灾扑救队伍应当定期进行培训和演练。

第二十二条 森林、林木、林地的经营单位配备的兼职或者专职护林员负责巡护森林，管理野外用火，及时报告火情，协助有关机关调查森林火灾案件。

第二十三条 县级以上地方人民政府应当根据本行政区域内森林资源分布状况和森林火灾发生规律，划定森林防火区，规定森林防火期，并向社会公布。

森林防火期内，各级人民政府森林防火指挥机构和森林、林木、林地的经营单位和个人，应当根据森林火险预报，采取相应的预防和应急准备措施。

第二十四条 县级以上人民政府森林防火指挥机构，应当组织有关部门对森林防火区内有关单位的森林防火组织建设、森林防火责任制落实、森林防火设施建设等情况进行检查；对检查中发现的森林火灾隐患，县级以上地方人民政府林业主管部门应当及时向有关单位下达森林火灾隐患整改通知书，责令限期整改，消除隐患。

被检查单位应当积极配合，不得阻挠、妨碍检查活动。

第二十五条 森林防火期内，禁止在森林防火区野外用火。因防治病虫鼠害、冻害等特殊情况确需野外用火的，应当经县级人民政府批准，并按照要求采取防火措施，严防失火；需要进入森林防火区进行实弹演习、爆破等活动的，应当经省（自治区、直辖市）人民政府林业主管部门批准，并采取必要的防火措施；中国人民解放军和中国人民武装警察部队因处置突发事件和执行其他紧急任务需要进入森林防火区的，应当经其上级主管部门批准，并采取必要的防火措施。

第二十六条　森林防火期内，森林、林木、林地的经营单位应当设置森林防火警示宣传标志，并对进入其经营范围的人员进行森林防火安全宣传。

森林防火期内，进入森林防火区的各种机动车辆应当按照规定安装防火装置，配备灭火器材。

第二十七条　森林防火期内，经省（自治区、直辖市）人民政府批准，林业主管部门、国务院确定的重点国有林区的管理机构可以设立临时性的森林防火检查站，对进入森林防火区的车辆和人员进行森林防火检查。

第二十八条　森林防火期内，预报有高温、干旱、大风等高火险天气的，县级以上地方人民政府应当划定森林高火险区，规定森林高火险期。必要时，县级以上地方人民政府可以根据需要发布命令，严禁一切野外用火；对可能引起森林火灾的居民生活用火应当严格管理。

第二十九条　森林高火险期内，进入森林高火险区的，应当经县级以上地方人民政府批准，严格按照批准的时间、地点、范围活动，并接受县级以上地方人民政府林业主管部门的监督管理。

第三十条　县级以上人民政府林业主管部门和气象主管机构应当根据森林防火需要，建设森林火险监测和预报台站，建立联合会商机制，及时制作发布森林火险预警预报信息。

气象主管机构应当无偿提供森林火险天气预报服务。广播、电视、报纸、互联网等媒体应当及时播发或者刊登森林火险天气预报。

第三章　森林火灾的扑救

第三十一条　县级以上地方人民政府应当公布森林火警电

话，建立森林防火值班制度。

任何单位和个人发现森林火灾，应当立即报告。接到报告的当地人民政府或者森林防火指挥机构应当立即派人赶赴现场，调查核实，采取相应的扑救措施，并按照有关规定逐级报上级人民政府和森林防火指挥机构。

第三十二条　发生下列森林火灾，省（自治区、直辖市）人民政府森林防火指挥机构应当立即报告国家森林防火指挥机构，由国家森林防火指挥机构按照规定报告国务院，并及时通报国务院有关部门：

（一）国界附近的森林火灾；

（二）重大、特别重大森林火灾；

（三）造成3人以上死亡或者10人以上重伤的森林火灾；

（四）威胁居民区或者重要设施的森林火灾；

（五）24小时尚未扑灭明火的森林火灾；

（六）未开发原始林区的森林火灾；

（七）省（自治区、直辖市）交界地区危险性大的森林火灾；

（八）需要国家支援扑救的森林火灾。

本条第一款所称"以上"包括本数。

第三十三条　发生森林火灾，县级以上地方人民政府森林防火指挥机构应当按照规定立即启动森林火灾应急预案；发生重大、特别重大森林火灾，国家森林防火指挥机构应当立即启动重大、特别重大森林火灾应急预案。

森林火灾应急预案启动后，有关森林防火指挥机构应当在核实火灾准确位置、范围以及风力、风向、火势的基础上，根据火灾现场天气、地理条件，合理确定扑救方案，划分扑救地段，确定扑救责任人，并指定负责人及时到达森林火灾现场具体指挥森林火灾的扑救。

第三十四条　森林防火指挥机构应当按照森林火灾应急预案，统一组织和指挥森林火灾的扑救。

扑救森林火灾，应当坚持以人为本、科学扑救，及时疏散、撤离受火灾威胁的群众，并做好火灾扑救人员的安全防护，尽最大可能避免人员伤亡。

第三十五条　扑救森林火灾应当以专业火灾扑救队伍为主要力量；组织群众扑救队伍扑救森林火灾的，不得动员残疾人、孕妇和未成年人以及其他不适宜参加森林火灾扑救的人员参加。

第三十六条　武装警察森林部队负责执行国家赋予的森林防火任务。武装警察森林部队执行森林火灾扑救任务，应当接受火灾发生地县级以上地方人民政府森林防火指挥机构的统一指挥；执行跨省（自治区、直辖市）森林火灾扑救任务的，应当接受国家森林防火指挥机构的统一指挥。

中国人民解放军执行森林火灾扑救任务的，依照《军队参加抢险救灾条例》的有关规定执行。

第三十七条　发生森林火灾，有关部门应当按照森林火灾应急预案和森林防火指挥机构的统一指挥，做好扑救森林火灾的有关工作。

气象主管机构应当及时提供火灾地区天气预报和相关信息，并根据天气条件适时开展人工增雨作业。

交通运输主管部门应当优先组织运送森林火灾扑救人员和扑救物资。

通信主管部门应当组织提供应急通信保障。

民政部门应当及时设置避难场所和救灾物资供应点，紧急转移并妥善安置灾民，开展受灾群众救助工作。

公安机关应当维护治安秩序，加强治安管理。

商务、卫生等主管部门应当做好物资供应、医疗救护和卫生防疫等工作。

第三十八条　因扑救森林火灾的需要，县级以上人民政府森林防火指挥机构可以决定采取开设防火隔离带、清除障碍物、应急取水、局部交通管制等应急措施。

因扑救森林火灾需要征用物资、设备、交通运输工具的，由县级以上人民政府决定。扑火工作结束后，应当及时返还被征用的物资、设备和交通工具，并依照有关法律规定给予补偿。

第三十九条　森林火灾扑灭后，火灾扑救队伍应当对火灾现

场进行全面检查，清理余火，并留有足够人员看守火场，经当地
人民政府森林防火指挥机构检查验收合格，方可撤出看守人员。

第四章 灾后处置

第四十条 按照受害森林面积和伤亡人数，森林火灾分为一
般森林火灾、较大森林火灾、重大森林火灾和特别重大森林
火灾：

（一）一般森林火灾：受害森林面积在 1 公顷以下或者其他林
地起火的，或者死亡 1 人以上 3 人以下的，或者重伤 1 人以上 10
人以下的；

（二）较大森林火灾：受害森林面积在 1 公顷以上 100 公顷以
下的，或者死亡 3 人以上 10 人以下的，或者重伤 10 人以上 50 人
以下的；

（三）重大森林火灾：受害森林面积在 100 公顷以上 1000 公
顷以下的，或者死亡 10 人以上 30 人以下的，或者重伤 50 人以上
100 人以下的；

（四）特别重大森林火灾：受害森林面积在 1000 公顷以上的，
或者死亡 30 人以上的，或者重伤 100 人以上的。

本条第一款所称"以上"包括本数，"以下"不包括本数。

第四十一条 县级以上人民政府林业主管部门应当会同有关
部门及时对森林火灾发生原因、肇事者、受害森林面积和蓄积、
人员伤亡、其他经济损失等情况进行调查和评估，向当地人民政
府提出调查报告；当地人民政府应当根据调查报告，确定森林火
灾责任单位和责任人，并依法处理。

森林火灾损失评估标准，由国务院林业主管部门会同有关部
门制定。

第四十二条 县级以上地方人民政府林业主管部门应当按照
有关要求对森林火灾情况进行统计，报上级人民政府林业主管部
门和本级人民政府统计机构，并及时通报本级人民政府有关
部门。

森林火灾统计报告表由国务院林业主管部门制定，报国家统

计局备案。

第四十三条　森林火灾信息由县级以上人民政府森林防火指挥机构或者林业主管部门向社会发布。重大、特别重大森林火灾信息由国务院林业主管部门发布。

第四十四条　对因扑救森林火灾负伤、致残或者死亡的人员，按照国家有关规定给予医疗、抚恤。

第四十五条　参加森林火灾扑救的人员的误工补贴和生活补助以及扑救森林火灾所发生的其他费用，按照省(自治区、直辖市)人民政府规定的标准，由火灾肇事单位或者个人支付；起火原因不清的，由起火单位支付；火灾肇事单位、个人或者起火单位确实无力支付的部分，由当地人民政府支付。误工补贴和生活补助以及扑救森林火灾所发生的其他费用，可以由当地人民政府先行支付。

第四十六条　森林火灾发生后，森林、林木、林地的经营单位和个人应当及时采取更新造林措施，恢复火烧迹地森林植被。

第五章　法律责任

第四十七条　违反本条例规定，县级以上地方人民政府及其森林防火指挥机构、县级以上人民政府林业主管部门或者其他有关部门及其工作人员，有下列行为之一的，由其上级行政机关或者监察机关责令改正；情节严重的，对直接负责的主管人员和其他直接责任人员依法给予处分；构成犯罪的，依法追究刑事责任：

(一)未按照有关规定编制森林火灾应急预案的；

(二)发现森林火灾隐患未及时下达森林火灾隐患整改通知书的；

(三)对不符合森林防火要求的野外用火或者实弹演习、爆破等活动予以批准的；

(四)瞒报、谎报或者故意拖延报告森林火灾的；

(五)未及时采取森林火灾扑救措施的；

(六)不依法履行职责的其他行为。

第四十八条 违反本条例规定，森林、林木、林地的经营单位或者个人未履行森林防火责任的，由县级以上地方人民政府林业主管部门责令改正，对个人处 500 元以上 5000 元以下罚款，对单位处 1 万元以上 5 万元以下罚款。

第四十九条 违反本条例规定，森林防火区内的有关单位或者个人拒绝接受森林防火检查或者接到森林火灾隐患整改通知书逾期不消除火灾隐患的，由县级以上地方人民政府林业主管部门责令改正，给予警告，对个人并处 200 元以上 2000 元以下罚款，对单位并处 5000 元以上 1 万元以下罚款。

第五十条 违反本条例规定，森林防火期内未经批准擅自在森林防火区内野外用火的，由县级以上地方人民政府林业主管部门责令停止违法行为，给予警告，对个人并处 200 元以上 3000 元以下罚款，对单位并处 1 万元以上 5 万元以下罚款。

第五十一条 违反本条例规定，森林防火期内未经批准在森林防火区内进行实弹演习、爆破等活动的，并处 5 万元以上 10 万元以下罚款。

第五十二条 违反本条例规定，有下列行为之一的，由县级以上地方人民政府林业主管部门责令改正，给予警告，对个人并处 200 元以上 2000 元以下罚款，对单位并处 2000 元以上 5000 元以下罚款：

（一）森林防火期内，森林、林木、林地的经营单位未设置森林防火警示宣传标志的；

（二）森林防火期内，进入森林防火区的机动车辆未安装森林防火装置的；

（三）森林高火险期内，未经批准擅自进入森林高火险区活动的。

第五十三条 违反本条例规定，造成森林火灾，构成犯罪的，依法追究刑事责任；尚不构成犯罪的，除依照本条例第四十八条、第四十九条、第五十条、第五十一条、第五十二条的规定追究法律责任外，县级以上地方人民政府林业主管部门可以责令责任人补种树木。

第六章　附　则

第五十四条　森林消防专用车辆应当按照规定喷涂标志图案，安装警报器、标志灯具。

第五十五条　在中华人民共和国边境地区发生的森林火灾，按照中华人民共和国政府与有关国家政府签订的有关协定开展扑救工作；没有协定的，由中华人民共和国政府和有关国家政府协商办理。

第五十六条　本条例自 2009 年 1 月 1 日起施行。

八、中华人民共和国植物检疫条例

(1983 年 1 月 3 日国务院发布，根据 1992 年 5 月 13 日《国务院关于修改〈植物检疫条例〉的决定》修订发布施行)

第一条　为了防止为害植物的危险性病、虫、杂草传播蔓延，保护农业、林业生产安全，制定本条例。

第二条　国务院农业主管部门、林业主管部门主管全国的植物检疫工作，各省(自治区、直辖市)农业主管部门、林业主管部门主管本地区的植物检疫工作。

第三条　县级以上地方各级农业主管部门、林业主管部门所属的植物检疫机构，负责执行国家的植物检疫任务。

植物检疫人员进入车站、机场、港口、仓库以及其他有关场所执行植物检疫任务，应穿着检疫制服和佩带检疫标志。

第四条　凡局部地区发生的危险性大、能随植物及其产品传播的病、虫、杂草，应定为植物检疫对象。农业、林业植物检疫对象和应施检疫的植物、植物产品名单，由国务院农业主管部门、林业主管部门制定。各省(自治区、直辖市)农业主管部门、林业主管部门可以根据本地区的需要，制定本省(自治区、直辖市)的补充名单，并报国务院农业主管部门、林业主管部门备案。

第五条　局部地区发生植物检疫对象的，应划为疫区，采取封锁、消灭措施，防止植物检疫对象传出；发生地区已比较普遍的，则应将未发生地区划为保护区，防止植物检疫对象传入。

疫区应根据植物检疫对象的传播情况、当地的地理环境、交通状况以及采取封锁、消灭措施的需要来划定，其范围应严格控制。

在发生疫情的地区，植物检疫机构可以派人参加当地的道路联合检查站或者木材检查站；发生特大疫情时，经省（自治区、直辖市）人民政府批准，可以设立植物检疫检查站，开展植物检疫工作。

第六条 疫区和保护区的划定，由省（自治区、直辖市）农业主管部门、林业主管部门提出，报省（自治区、直辖市）人民政府批准，并报国务院农业主管部门、林业主管部门备案。

疫区和保护区的范围涉及两省（自治区、直辖市）以上的，由有关省（自治区、直辖市）农业主管部门、林业主管部门共同提出，报国务院农业主管部门、林业主管部门批准后划定。

疫区、保护区的改变和撤销的程序，与划定时同。

第七条 调运植物和植物产品，属于下列情况的，必须经过检疫：

（一）列入应施检疫的植物、植物产品名单的，运出发生疫情的县级行政区域之前，必须经过检疫；

（二）凡种子、苗木和其他繁殖材料，不论是否列入应施检疫的植物、植物产品名单和运往何地，在调运之前，都必须经过检疫。

第八条 按照本条例第七条的规定必须检疫的植物和植物产品，经检疫未发现植物检疫对象的，发给植物检疫证书。发现有植物检疫对象、但能彻底消毒处理的，托运人应按植物检疫机构的要求，在指定地点做消毒处理，经检查合格后发给植物检疫证书；无法消毒处理的，应停止调运。

植物检疫证书的格式由国务院农业主管部门、林业主管部门制定。

对可能被植物检疫对象污染的包装材料、运载工具、场地、仓库等，也应实施检疫。如已被污染，托运人应按植物检疫机构的要求处理。

因实施检疫需要的车船停留、货物搬运、开拆、取样、储存、消毒处理等费用，由托运人负责。

第九条　按照本条例第七条的规定必须检疫的植物和植物产品，交通运输部门和邮政部门一律凭植物检疫证书承运或收寄。植物检疫证书应随货运寄。具体办法由国务院农业主管部门、林业主管部门会同铁道、交通、民航、邮政部门制定。

第十条　省(自治区、直辖市)间调运本条例第七条规定必须经过检疫的植物和植物产品的，调入单位必须事先征得所在地的省(自治区、直辖市)植物检疫机构同意，并向调出单位提出检疫要求；调出单位必须根据该检疫要求向所在地的省(自治区、直辖市)植物检疫机构申请检疫。对调入的植物和植物产品，调入单位所在地的省(自治区、直辖市)的植物检疫机构应当查验检疫证书，必要时可以复检。

省(自治区、直辖市)内调运植物和植物产品的检疫办法，由省(自治区、直辖市)人民政府规定。

第十一条　种子、苗木和其他繁殖材料的繁育单位，必须有计划地建立无植物检疫对象的种苗繁育基地、母树林基地。试验、推广的种子、苗木和其他繁殖材料，不得带有植物检疫对象。植物检疫机构应实施产地检疫。

第十二条　从国外引进种子、苗木，引进单位应当向所在地的省(自治区、直辖市)植物检疫机构提出申请，办理检疫审批手续。但是，国务院有关部门所属的在京单位从国外引进种子、苗木，应当向国务院农业主管部门、林业主管部门所属的植物检疫机构提出申请，办理检疫审批手续。具体办法由国务院农业主管部门、林业主管部门制定。

从国外引进、可能潜伏有危险性病、虫的种子、苗木和其他繁殖材料，必须隔离试种，植物检疫机构应进行调查、观察和检疫，证明确实不带危险性病、虫的，方可分散种植。

第十三条　农林院校和试验研究单位对植物检疫对象的研究，不得在检疫对象的非疫区进行。因教学、科研确需在非疫区进行时,属于国务院农业主管部门、林业主管部门规定的植物检疫对象须经国务院农业主管部门、林业主管部门批准,属于省(自治区、直辖市)规定的植物检疫对象须经省(自治区、直辖市)农业主管部门、林业主管部门批准,并应采取严密措施防止扩散。

第十四条 植物检疫机构对于新发现的检疫对象和其他危险性病、虫、杂草,必须及时查清情况,立即报告省(自治区、直辖市)农业主管部门、林业主管部门,采取措施,彻底消灭,并报告国务院农业主管部门、林业主管部门。

第十五条 疫情由国务院农业主管部门、林业主管部门发布。

第十六条 按照本条例第五条第一款和第十四条的规定,进行疫情调查和采取消灭措施所需的紧急防治费和补助费,由省(自治区、直辖市)在每年的植物保护费、森林保护费或者国营农场生产费中安排。特大疫情的防治费,国家酌情给予补助。

第十七条 在植物检疫工作中作出显著成绩的单位和个人,由人民政府给予奖励。

第十八条 有下列行为之一的,植物检疫机构应当责令纠正,可以处以罚款;造成损失的,应当负责赔偿;构成犯罪的,由司法机关依法追究刑事责任:

(一)未依照本条例规定办理植物检疫证书或者在报检过程中弄虚作假的;

(二)伪造、涂改、买卖、转让植物检疫单证、印章、标志、封识的;

(三)未依照本条例规定调运、隔离试种或者生产应施检疫的植物、植物产品的;

(四)违反本条例规定,擅自开拆植物、植物产品包装,调换植物、植物产品,或者擅自改变植物、植物产品的规定用途的;

(五)违反本条例规定,引起疫情扩散的。

有前款第(一)、(二)、(三)、(四)项所列情形之一,尚不构成犯罪的,植物检疫机构可以没收非法所得。

对违反本条例规定调运的植物和植物产品，植物检疫机构有权予以封存、没收、销毁或者责令改变用途。销毁所需费用由责任人承担。

第十九条　植物检疫人员在植物检疫工作中，交通运输部门和邮政部门有关工作人员在植物、植物产品的运输、邮寄工作中，徇私舞弊、玩忽职守的，由其所在单位或者上级主管机关给予行政处分；构成犯罪的，由司法机关依法追究刑事责任。

第二十条　当事人对植物检疫机构的行政处罚决定不服的，可以自接到处罚决定通知书之日起十五日内，向作出行政处罚决定的植物检疫机构的上级机构申请复议；对复议决定不服的，可以自接到复议决定书之日起十五日内向人民法院提起诉讼。当事人逾期不申请复议或者不起诉又不履行行政处罚决定的，植物检疫机构可以申请人民法院强制执行或者依法强制执行。

第二十一条　植物检疫机构执行检疫任务可以收取检疫费，具体办法由国务院农业主管部门、林业主管部门制定。

第二十二条　进出口植物的检疫，按照《中华人民共和国进出境动植物检疫法》的规定执行。

第二十三条　本条例的实施细则由国务院农业主管部门、林业主管部门制定。各省(自治区、直辖市)可根据本条例及其实施细则，结合当地具体情况，制定实施办法。

第二十四条　本条例自发布之日起施行。国务院批准，农业部一九五七年十二月四日发布的《国内植物检疫试行办法》同时废止。

九、森林病虫害防治条例

(1989 年 11 月 17 日国务院第 50 次常务会议通过，
1989 年 12 月 18 日中华人民共和国国务院令第 46 号发布)

第一章　总　则

第一条　为有效防治森林病虫害，保护森林资源，促进林业发展，维护自然生态平衡，根据《中华人民共和国森林法》有关规定，制定本条例。

第二条　本条例所称森林病虫害防治，是指对森林、林木、林木种苗及木材、竹材的病害和虫害的预防和除治。

第三条　森林病虫害防治实行"预防为主，综合治理"的方针。

第四条　森林病虫害防治实行"谁经营，谁防治"的责任制度。

地方各级人民政府应当制定措施和制度，加强对森林病虫害防治工作的领导。

第五条　国务院林业主管部门主管全国森林病虫害防治工作。

县级以上地方各级人民政府林业主管部门主管本行政区域内的森林病虫害防治工作，其所属的森林病虫害防治机构负责森林病虫害防治的具体组织工作。

区、乡林业工作站负责组织本区、乡的森林病虫害防治工作。

第六条　国家鼓励和支持森林病虫害防治科学研究，推广和应用先进技术，提高科学防治水平。

第二章　森林病虫害的预防

第七条　森林经营单位和个人在森林的经营活动中应当遵守下列规定：

（一）植树造林应当适地适树，提倡营造混交林，合理搭配树种，依照国家规定选用林木良种；造林设计方案必须有森林病虫害防治措施；

（二）禁止使用带有危险性病虫害的林木种苗进行育苗或者造林；

（三）对幼龄林和中龄林应当及时进行抚育管理，清除已经感染病虫害的林木；

（四）有计划地实行封山育林，改变纯林生态环境；

（五）及时清理火烧迹地，伐除受害严重的过火林木；

（六）采伐后的林木应当及时运出伐区并清理现场。

第八条　各级人民政府林业主管部门应当有计划地组织建立无检疫对象的林木种苗基地。各级森林病虫害防治机构应当依法对林木种苗和木材、竹材进行产地和调运检疫；发现新传入的危险性病虫害，应当及时采取严密封锁、扑灭措施，不得将危险性病虫害传出。

各口岸动植物检疫机构，应当按照国家有关进出境动植物检疫的法律规定，加强进境林木种苗和木材、竹材的检疫工作，防止境外森林病虫害传入。

第九条　各级人民政府林业主管部门应当组织和监督森林经营单位和个人，采取有效措施，保护好林内各种有益生物，并有计划地进行繁殖和培养，发挥生物防治作用。

第十条　国务院林业主管部门和省（自治区、直辖市）人民政府林业主管部门的森林病虫害防治机构，应当综合分析各地测报数据，定期分别发布全国和本行政区域的森林病虫害中、长期趋势预报，并提出防治方案。

县、市、自治州人民政府林业主管部门或者其所属的森林病虫害防治机构，应当综合分析基层单位测报数据，发布当地森林病虫害短、中期预报，并提出防治方案。

全民所有的森林和林木，由国营林业局、国营林场或者其他经营单位组织森林病虫害情况调查。

集体和个人所有的森林和林木，由区、乡林业工作站或者县森林病虫害防治机构组织森林病虫害情况调查。

各调查单位应当按照规定向上一级林业主管部门或者其森林病虫害防治机构报告森林病虫害的调查情况。

第十一条　国务院林业主管部门负责制定主要森林病虫害的测报对象及测报办法；省（自治区、直辖市）人民政府林业主管部门可以根据本行政区域的情况作出补充规定，并报国务院林业主管部门备案。

国务院林业主管部门和省（自治区、直辖市）人民政府林业主管部门的森林病虫害防治机构可以在不同地区根据实际需要建立中心测报点，对测报对象进行调查与监测。

第十二条 地方各级人民政府林业主管部门应当对经常发生森林病虫害的地区，实施以营林措施为主，生物、化学和物理防治相结合的综合治理措施，逐步改变森林生态环境，提高森林抗御自然灾害的能力。

第十三条 各级人民政府林业主管部门可以根据森林病虫害防治的实际需要，建设下列设施：

(一)药剂、器械及其储备仓库；

(二)临时简易机场；

(三)测报试验室、检疫检验室、检疫隔离试种苗圃；

(四)林木种苗及木材熏蒸除害设施。

第三章 森林病虫害的除治

第十四条 发现严重森林病虫害的单位和个人，应当及时向当地人民政府或者林业主管部门报告。

当地人民政府或者林业主管部门接到报告后，应当及时组织除治，同时报告所在省(自治区、直辖市)人民政府林业主管部门。

发生大面积暴发性或者危险性森林病虫害时，省(自治区、直辖市)人民政府林业主管部门应当及时报告国务院林业主管部门。

第十五条 发生暴发性或者危险性的森林病虫害时，当地人民政府应当根据实际需要，组织有关部门建立森林病虫害防治临时指挥机构，负责制定紧急除治措施，协调解决工作中的重大问题。

第十六条 县级以上地方人民政府或者其林业主管部门应当制定除治森林病虫害的实施计划，并组织好交界地区的联防联治，对除治情况定期检查。

第十七条 施药必须遵守有关规定，防止环境污染，保证人畜安全，减少杀伤有益生物。

使用航空器施药时，当地人民政府林业主管部门应当事先进行调查设计，做好地面准备工作；林业、民航、气象部门应当密切配合，保证作业质量。

第十八条　发生严重森林病虫害时，所需的防治药剂、器械、油料等，商业、供销、物资、石油化工等部门应当优先供应，铁路、交通、民航部门应当优先承运，民航部门应当优先安排航空器施药。

第十九条　森林病虫害防治费用，全民所有的森林和林木，依照国家有关规定，分别从育林基金。木竹销售收入、多种经营收入和事业费中解决；集体和个人所有的森林和林木，由经营者负担，地方各级人民政府可以给予适当扶持。

对暂时没有经济收入的森林、林木和长期没有经济收入的防护林、水源林、特种用途林的森林经营单位和个人，其所需的森林病虫害防治费用由地方各级人民政府给予适当扶持。

发生大面积暴发性或者危险性病虫害，森林经营单位或者个人确实无力负担全部防治费用的，各级人民政府应当给予补助。

第二十条　国家在重点林区逐步实行森林病虫害保险制度，具体办法由中国人民保险公司会同国务院林业主管部门制定。

第四章　奖励和惩罚

第二十一条　有下列成绩之一的单位和个人，由人民政府或者林业主管部门给予奖励：

(一)严格执行森林病虫害防治法规，预防和除治措施得力，在本地区或者经营区域内，连续5年没有发生森林病虫害的；

(二)预报病情、虫情及时准确，并提出防治森林病虫害的合理化建议，被有关部门采纳，获得显著效益的；

(三)在森林病虫害防治科学研究中取得成果或者在应用推广科研成果中获得重大效益的；

(四)在林业基层单位连续从事森林病虫害防治工作满10年，工作成绩较好的；

(五)在森林病虫害防治工作中有其他显著成绩的。

第二十二条　有下列行为之一的，责令限期除治、赔偿损失，可以并处 100 元至 2000 元的罚款：

（一）用带有危险性病虫害的林木种苗进行育苗或者造林的；

（二）发生森林病虫害不除治或者除治不力，造成森林病虫害蔓延成灾的；

（三）隐瞒或者虚报森林病虫害情况，造成森林病虫害蔓延成灾的。

第二十三条　违反植物检疫法规调运林木种苗或者木材的，除依照植物检疫法规处罚外，并可处 50 元至 2000 元的罚款。

第二十四条　有本条例第二十二条、第二十三条规定行为的责任人员或者在森林病虫害防治工作中有失职行为的国家工作人员，由其所在单位或者上级机关给予行政处分；构成犯罪的，由司法机关依法追究刑事责任。

第二十五条　被责令限期除治森林病虫害者不除治的，林业主管部门或者其授权的单位可以代为除治，由被责令限期除治者承担全部防治费用。

代为除治森林病虫害的工作，不因被责令限期除治者申请复议或者起诉而停止执行。

第二十六条　本条例规定的行政处罚，由县级以上人民政府林业主管部门或其授权的单位决定。

当事人对行政处罚决定不服的，可以在接到处罚通知之日起 15 日内向作出处罚决定机关的上一级机关申请复议；对复议决定不服的，可以在接到复议决定书之日起 15 日内向人民法院起诉。当事人也可以在接到处罚通知之日起 15 日内直接向人民法院起诉。期满不申请复议或者不起诉又不履行处罚决定的，由作出处罚决定的机关申请人民法院强制执行。

第五章　附　则

第二十七条　本条例由国务院林业主管部门负责解释。

第二十八条　省（自治区、直辖市）人民政府可以根据本条例结合本地实际情况，制定实施办法。

第二十九条　城市园林管理部门管理的森林和林木，其病虫害防治工作由城市园林管理部门参照本条例执行。

第三十条　本条例自发布之日起施行。

十、森林采伐更新管理办法

（1987年8月25日中华人民共和国国务院批准，1987年9月10日林业部发布，根据2011年1月8日《国务院关于废止和修改部分行政法规的决定》修订）

第一章　总　则

第一条　为合理采伐森林，及时更新采伐迹地，恢复和扩大森林资源，根据《中华人民共和国森林法》（以下简称森林法）及有关规定，制定本办法。

第二条　森林采伐更新要贯彻"以营林为基础，普遍护林，大力造林，采育结合，永续利用"的林业建设方针，执行森林经营方案，实行限额采伐，发挥森林的生态效益、经济效益和社会效益。

第三条　全民、集体所有的森林、林木和个人所有的林木采伐更新，必须遵守本办法。

第二章　森林采伐

第四条　森林采伐，包括主伐、抚育采伐、更新采伐和低产林改造。

第五条　采伐林木按照森林法实施条例第三十条规定，申请林木采伐许可证时，除提交其他必备的文件外，国营企业事业单位和部队还应当提交有关主管部门核定的年度木材生产计划；农村集体、个人还应当提交基层林业站核定的年度采伐指标。上年度进行采伐的，应当提交上年度的更新验收合格证。

第六条　林木采伐许可证的核发，按森林法及其实施条例的有关规定办理。授权核发林木采伐许可证，应当有书面文件。被授权核发林木采伐许可证的单位，应当配备熟悉业务的人员，并受授权单位监督。

国营林业局、国营林场根据林木采伐许可证、伐区设计文件和年度木材生产计划，向其基层经营单位拨交伐区，发给国有林林木采伐作业证。作业证格式由省（自治区、直辖市）林业主管部门制定。

第七条 对用材林的成熟林和过熟林实行主伐。主要树种的主伐年龄，按《用材林主要树种主伐年龄表》的规定执行。定向培育的森林以及表内未列入树种的主伐年龄，由省（自治区、直辖市）林业主管部门规定。

第八条 用材林的主伐方式为择伐、皆伐和渐伐。

中幼龄树木多的复层异龄林，应当实行择伐。择伐强度不得大于伐前林木蓄积量的40%，伐后林分郁闭度应当保留在0.5以上。伐后容易引起林木风倒、自然枯死的林分，择伐强度应当适当降低。两次择伐的间隔期不得少于一个龄级期。

成过熟单层林、中幼龄树木少的异龄林，应当实行皆伐。皆伐面积一次不得超过5公顷，坡度平缓、土壤肥沃、容易更新的林分，可以扩大到20公顷。在采伐带、采伐块之间，应当保留相当于皆伐面积的林带、林块。对保留的林带、林块，待采伐迹地上更新的幼树生长稳定后方可采伐。皆伐后依靠天然更新的，每公顷应当保留适当数量的单株或者群状母树。

天然更新能力强的成过熟单层林，应当实行渐伐。全部采伐更新过程不得超过一个龄级期。上层林木郁闭度较小，林内幼苗、幼树株数已经达到更新标准的，可进行二次渐伐，第一次采伐林木蓄积量的50%；上层林木郁闭度较大，林内幼苗、幼树株数达不到更新标准的，可进行三次渐伐，第一次采伐林木蓄积量的30%，第二次采伐保留林木蓄积的50%，第三次采伐应当在林内更新起来的幼树接近或者达到郁闭状态时进行。

毛竹林采伐后每公顷应当保留的健壮母竹，不得少于2000株。

第九条 对下列森林只准进行抚育和更新采伐：

（一）大型水库、湖泊周围山脊以内和平地150米以内的森林，干渠的护岸林。

（二）大江、大河两岸150米以内，以及大江、大河主要支流两岸50米以内的森林；在此范围内有山脊的，以第一层山脊为界。

（三）铁路两侧各100米、公路干线两侧各50米以内的森林；在此范围内有山脊的，以第一层山脊为界。

（四）高山森林分布上限以下150米至200米以内的森林。

（五）生长在坡陡和岩石裸露地方的森林。

第十条 防护林和特种用途林中的国防林、母树林、环境保护林、风景林的更新采伐技术规程，由林业部会同有关部门制定。

薪炭林、经济林的采伐技术规程，由省（自治区、直辖市）林业主管部门制定。

第十一条 幼龄林、中龄林的抚育采伐，包括透光抚育、生长抚育、综合抚育；低产林的改造，包括局部改造和全面改造，其具体办法按照林业部发布的有关技术规程执行。

第十二条 国营林业局和国营、集体林场的采伐作业，应当遵守下列规定：

（一）按林木采伐许可证和伐区设计进行采伐，不得越界采伐或者遗弃应当采伐的林木。

（二）择伐和渐伐作业实行采伐木挂号，先伐除病腐木、风折木、枯立木以及影响目的树种生长和无生长前途的树木，保留生长健壮、经济价值高的树木。

（三）控制树倒方向，固定集材道，保护幼苗、幼树、母树和其他保留树木。依靠天然更新的，伐后林地上幼苗、幼树株数保存率应当达到60%以上。

（四）采伐的木材长度2米以上、小头直径不小于8厘米的，全部运出利用；伐根高度不得超过10厘米。

（五）伐区内的采伐剩余物和藤条、灌木，在不影响森林更新的原则下，采取保留、利用、火烧、堆集或者截短散铺方法清理。

（六）对容易引起水土冲刷的集材主道，应当采取防护措施。

其他单位和个人的采伐作业，参照上述规定执行。

第十三条　森林采伐后，核发林木采伐许可证的部门应当对采伐作业质量组织检查验收，签发采伐作业质量验收证明。验收证明格式由省（自治区、直辖市）林业主管部门制定。

第三章　森林更新

第十四条　采伐林木的单位和个人，应当按照优先发展人工更新，人工更新、人工促进天然更新、天然更新相结合的原则，在采伐后的当年或者次年内必须完成更新造林任务。

第十五条　更新质量必须达到以下标准：

（一）人工更新，当年成活率应当不低于85%，3年后保存率应当不低于80%。

（二）人工促进天然更新，补植、补播后的成活率和保存率达到人工更新的标准；天然下种前整地的，达到本条第三项规定的天然更新标准。

（三）天然更新，每公顷皆伐迹地应当保留健壮目的树种幼树不少于3000株或者幼苗不少于6000株，更新均匀度应当不低于60%。择伐、渐伐迹地的更新质量，达到本办法第八条第二款、第四款规定的标准。

第十六条　未更新的旧采伐迹地、火烧迹地、林中空地、水湿地等宜林荒山荒地，应当由森林经营单位制定规划，限期完成更新造林。

第十七条　人工更新和造林应当执行林业部发布的有关造林规程，做到适地适树、细致整地、良种壮苗、密度合理、精心栽植、适时抚育。在立地条件好的地方，应当培育速生丰产林。

第十八条　森林更新后，核发林木采伐许可证的部门应当组织更新单位对更新面积和质量进行检查验收，核发更新验收合格证。

第四章　罚　则

第十九条　有下列行为之一的，依照森林法第三十九条和森林法实施条例的有关规定处罚：

（一）国营企业事业单位和集体所有制单位未取得林木采伐许可证，擅自采伐林木的，或者年木材产量超过采伐许可证规定数量5%的；

（二）国营企业事业单位不按批准的采伐设计文件进行采伐作业的面积占批准的作业面积5%以上的；

集体所有制单位按照林木采伐许可证的规定进行采伐时，不符合采伐质量要求的作业面积占批准的作业面积5%以上的；

（三）个人未取得林木采伐许可证，擅自采伐林木的，或者违反林木采伐许可证规定的采伐数量、地点、方式、树种，采伐的林木超过半立方米的。

第二十条　盗伐、滥伐林木数量较大，不便计算补种株数的，可按盗伐、滥伐木材数量折算面积，并根据森林法第三十九条规定的处罚原则，责令限期营造相应面积的新林。

第二十一条　无证采伐或者超过林木采伐许可证规定数量的木材，应当从下年度木材生产计划或者采伐指标中扣除。

第二十二条　国营企业事业单位和集体所有制单位有下列行为之一，自检查之日起1个月内未纠正的，发放林木采伐许可证的部门有权收缴林木采伐许可证，中止其采伐，直到纠正为止：

（一）未按规定清理伐区的；

（二）在采伐迹地上遗弃木材，每公顷超过半立方米的；

（三）对容易引起水土冲刷的集材主道，未采取防护措施的。

第二十三条　采伐林木的单位和个人违反本办法第十四条、第十五条规定的，依照森林法第四十五条和森林法实施条例的有关规定处理。

第二十四条　采伐林木的单位违反本办法有关规定的，对其主要负责人和直接责任人员，由所在单位或者上级主管机关给予行政处分。

第二十五条 对国营企业事业单位所处罚款,从其自有资金或预算包干结余经费中开支。

第五章 附 则

第二十六条 本办法由林业部负责解释。

第二十七条 本办法自发布之日起施行。

十一、国务院关于开展全民义务植树运动的实施办法

(国发〔1982〕36号,1982年2月27日国务院公布)

为了切实贯彻执行第五届全国人民代表大会第四次会议《关于开展全民义务植树运动的决议》,特制定如下实施办法。

一、县以上各级人民政府均应成立绿化委员会,统一领导本地区的义务植树运动和整个造林绿化工作。各级绿化委员会由当政府的主要领导同志,以及有关部门和人民团体的负责同志组成。委员会的办公室设在同级政府的主管部门,不另增加编制。

个别地方,由于气候、土地等条件限制确定难以开展植树运动的,经省(自治区、直辖市)绿化委员会批准,可以不开展全民义务植树运动,不成立绿化委员会。

二、各级绿化委员会应当组织和推动本地区各部门、各单位,通过各种形式,广泛深入地宣传《关于开展全民义务植树运动的决议》和本实施办法,宣传全民植树、绿化祖国的重大意义,认真做好思想动员,提高认识,造成声势,做到家喻户晓,人人皆知。同时,要努力做好调查研究、规划安排、苗木培育、技术训练等准备工作,有计划有步骤地开展植树运动,要扎扎实实,讲求实效,不搞形式主义和"一刀切"。

三、凡是中华人民共和国公民,男11岁至60岁,女11岁至55岁,除丧失劳动能力者外,均应承担义务植树任务,各单位要将人数据实统计上报当地绿化委员会,作为分配具体任务的依据。

县级绿化委员会在分配义务植树任务时,要按照每人每年植树3~5棵的要求,确定具体指标,因地制宜地进行灵活多样的安

排。可以按单位划分责任地段，承担整地、育苗、栽植和管护任务；也可以按相应劳动量，分配承担造林绿化的某一单项和几个单项的任务。此项任务，可以一年一定，也可以一定几年。

对11岁至17岁的青少年，应当根据他们的实际情况，就近安排力所能及的劳动。

四、此项义务劳动限于用在本县、本市所辖范围，营造国有林和集体林。义务植树的地段或参加绿化劳动的项目，各地要经过周密的调查研究，作出统一规划和安排。城市要优先搞好风景游览区、名胜古迹和主要街道公共场所的绿化。农村要尽快搞好"四旁"绿化和农田护林建设。机关、团体、企业、学校等单位和居民区，都要大力植树、种草、栽花，美化环境。

五、使用义务劳动，在国有土地上栽植的树木，林权归现在经营管理这些土地的单位所有；没有明确经营管理单位的，由当地政府指定的部门、单位所有。在集体土地上义务栽植的树木，林权归集体单位所有。如果情况特殊，另有协议或合同，按协议或合同的规定办理。对林权所有单位，县以上人民政府要发给证书，切实保障其合法权益。

六、为确保义务植树所需苗木，各地应当努力办好现有的国营苗和集体苗圃，并安排必需数量的土地和专业人员，扩建和新建苗木基地，培育良种壮苗，凡是有条件的单位，都要积极自办苗圃。提倡城镇家庭和农村社员开展营养钵育苗。

七、对义务栽植的树木和现有的林木，必须大力加强培育管护，确保成活成林，不受破坏。林木所有的单位或承担管护义务的单位，应当根据情况组织林场、专业队或确定专人负责管护。要严肃法制和纪律，建立爱林护林的乡规民约。采伐更新，必须按照森林法的规定，经过林业或园林部门批准。城市绿地要严加保护，不得侵占破坏。违者要给予经济处罚或法律制裁。

八、植树绿化，要讲究科学，注重实效。要培训技术骨干，加强技术指导，普及植树绿化的技术知识，严格按照技术规程办事，保证质量。

九、对义务植树，各单位每年都要进行检查，并将完成情况据实上报。绿化委员会应当定期组织评比，成绩优异的，要给予表扬和奖励，年满18岁的成年公民无故不履行此项义务的，所在单位要进行批评教育，责令限期补栽，或者给予经济处罚，整个单位没有完成任务的，要追究领导责任，并由当地绿化委员会收缴一定数额的绿化费。

十、各级林业和园林部门，应当在绿化委员会领导下，会同有关部门，努力搞好规划设计和苗木培育等各项具体工作。基层机构不健全的，应当充实和加强。

十一、义务植树需的苗木费、管护费，应当根据自力更生勤俭节约的原则，一般由林权所有单位负责解决。有的单位因绿化任务大，资金困难，确实无力承担全部费用的，按单位隶属关系，由各级财政酌情解决。参加义务植树的单位和个人所需交通等费用，由参加单位自理。

十二、开展全民义务植树运动是促进整个造林绿化的一个重大措施。各地在开展此项运动时，必须同时和整个造林绿化工作结合起来，在苗木、经费、技术力量的使用和林木管护等方面进行统筹安排，既要搞好义务植树，又要完成年度造林绿化计划。对于一个地方来说，完成了义务植树任务，但整个造林绿化工作没有做好，不能给予表扬和奖励。

十三、根据《关于开展全民义务植树运动的决议》和本实施办法的规定，各省（自治区、直辖市）人民政府可以结合实际情况，制定实施细则。

人民解放军指战员参加营区外义务植树的办法，按国务院、中央军委"关于军队参加营区外义务植树的指示"（〔1982〕3号）的规定执行，营区内植树办法，由解放军总部另定。但各地人民政府必须密切合作，合理规划，帮助军队解决应解决的实际问题。

十二、退耕还林条例

（2002年12月14日中华人民共和国国务院令第367号公布，根据2016年2月6日《国务院关于修改部分行政法规的决定》【国务院令第666号】修订）

第一章 总 则

第一条 为了规范退耕还林活动，保护退耕还林者的合法权益，巩固退耕还林成果，优化农村产业结构，改善生态环境，制定本条例。

第二条 国务院批准规划范围内的退耕还林活动，适用本条例。

第三条 各级人民政府应当严格执行"退耕还林、封山绿化、以粮代赈、个体承包"的政策措施。

第四条 退耕还林必须坚持生态优先。退耕还林应当与调整农村产业结构、发展农村经济，防治水土流失、保护和建设基本农田、提高粮食单产，加强农村能源建设，实施生态移民相结合。

第五条 退耕还林应当遵循下列原则：

（一）统筹规划、分步实施、突出重点、注重实效；

（二）政策引导和农民自愿退耕相结合，谁退耕、谁造林、谁经营、谁受益；

（三）遵循自然规律，因地制宜，宜林则林，宜草则草，综合治理；

（四）建设与保护并重，防止边治理边破坏；

（五）逐步改善退耕还林者的生活条件。

第六条 国务院西部开发工作机构负责退耕还林工作的综合协调，组织有关部门研究制定退耕还林有关政策、办法，组织和协调退耕还林总体规划的落实；国务院林业行政主管部门负责编制退耕还林总体规划、年度计划，主管全国退耕还林的实施工作，负责退耕还林工作的指导和监督检查；国务院发展计划部门会同有关部门负责退耕还林总体规划的审核、计划的汇总、基建年度计划的编制和综合平衡；国务院财政主管部门负责退耕还林中央财政补助资金的安排和监督管理；国务院农业行政主管部门负责已垦草场的退耕还草以及天然草场的恢复和建设有关规划、计划的编制，以及技术指导和监督检查；国务院水行政主管部门负责退耕还林还草地区小流域治理、水土保持等相关工作的技术指导和监督检查；国务院粮食行政管理部门负责粮源的协调和调剂工作。

县级以上地方人民政府林业、计划、财政、农业、水利、粮食等部门在本级人民政府的统一领导下，按照本条例和规定的职责分工，负责退耕还林的有关工作。

第七条 国家对退耕还林实行省（自治区、直辖市）人民政府负责制。省（自治区、直辖市）人民政府应当组织有关部门采取措施，保证退耕还林中央补助资金的专款专用，组织落实补助粮食的调运和供应，加强退耕还林的复查工作，按期完成国家下达的退耕还林任务，并逐级落实目标责任，签订责任书，实现退耕还林目标。

第八条 退耕还林实行目标责任制。

县级以上地方各级人民政府有关部门应当与退耕还林工程项目负责人和技术负责人签订责任书，明确其应当承担的责任。

第九条 国家支持退耕还林应用技术的研究和推广，提高退耕还林科学技术水平。

第十条 国务院有关部门和地方各级人民政府应当组织开展退耕还林活动的宣传教育，增强公民的生态建设和保护意识。

在退耕还林工作中做出显著成绩的单位和个人，由国务院有关部门和地方各级人民政府给予表彰和奖励。

第十一条 任何单位和个人都有权检举、控告破坏退耕还林的行为。

有关人民政府及其有关部门接到检举、控告后，应当及时处理。

第十二条 各级审计机关应当加强对退耕还林资金和粮食补助使用情况的审计监督。

第二章 规划和计划

第十三条 退耕还林应当统筹规划。

退耕还林总体规划由国务院林业行政主管部门编制，经国务

院西部开发工作机构协调、国务院发展计划部门审核后，报国务
院批准实施。

省(自治区、直辖市)人民政府林业行政主管部门根据退耕还
林总体规划会同有关部门编制本行政区域的退耕还林规划，经本
级人民政府批准，报国务院有关部门备案。

第十四条　退耕还林规划应当包括下列主要内容：

(一)范围、布局和重点；

(二)年限、目标和任务；

(三)投资测算和资金来源；

(四)效益分析和评价；

(五)保障措施。

第十五条　下列耕地应当纳入退耕还林规划，并根据生态建
设需要和国家财力有计划地实施退耕还林：

(一)水土流失严重的；

(二)沙化、盐碱化、石漠化严重的；

(三)生态地位重要、粮食产量低而不稳的。

江河源头及其两侧、湖库周围的陡坡耕地以及水土流失和风
沙危害严重等生态地位重要区域的耕地，应当在退耕还林规划中
优先安排。

第十六条　基本农田保护范围内的耕地和生产条件较好、实
际粮食产量超过国家退耕还林补助粮食标准并且不会造成水土流
失的耕地，不得纳入退耕还林规划；但是，因生态建设特殊需
要，经国务院批准并依照有关法律、行政法规规定的程序调整基
本农田保护范围后，可以纳入退耕还林规划。

制定退耕还林规划时，应当考虑退耕农民长期的生计需要。

第十七条　退耕还林规划应当与国民经济和社会发展规划、
农村经济发展总体规划、土地利用总体规划相衔接，与环境保
护、水土保持、防沙治沙等规划相协调。

第十八条　退耕还林必须依照经批准的规划进行。未经原批
准机关同意，不得擅自调整退耕还林规划。

第十九条　省(自治区、直辖市)人民政府林业行政主管部门

根据退耕还林规划，会同有关部门编制本行政区域下一年度退耕还林计划建议，由本级人民政府发展计划部门审核，并经本级人民政府批准后，于每年8月31日前报国务院西部开发工作机构、林业、发展计划等有关部门。国务院林业行政主管部门汇总编制全国退耕还林年度计划建议，经国务院西部开发工作机构协调，国务院发展计划部门审核和综合平衡，报国务院批准后，由国务院发展计划部门会同有关部门于10月31日前联合下达。

省（自治区、直辖市）人民政府发展计划部门会同有关部门根据全国退耕还林年度计划，于11月30日前将本行政区域下一年度退耕还林计划分解下达到有关县（市）人民政府，并将分解下达情况报国务院有关部门备案。

第二十条 省（自治区、直辖市）人民政府林业行政主管部门根据国家下达的下一年度退耕还林计划，会同有关部门编制本行政区域内的年度退耕还林实施方案，报本级人民政府批准实施。

县级人民政府林业行政主管部门可以根据批准后的省级退耕还林年度实施方案，编制本行政区域内的退耕还林年度实施方案，报本级人民政府批准后实施，并报省（自治区、直辖市）人民政府林业行政主管部门备案。

第二十一条 年度退耕还林实施方案，应当包括下列主要内容：

（一）退耕还林的具体范围；

（二）生态林与经济林比例；

（三）树种选择和植被配置方式；

（四）造林模式；

（五）种苗供应方式；

（六）植被管护和配套保障措施；

（七）项目和技术负责人。

第二十二条 县级人民政府林业行政主管部门应当根据年度退耕还林实施方案组织专业人员或者有资质的设计单位编制乡镇作业设计，把实施方案确定的内容落实到具体地块和土地承包经营权人。

编制作业设计时，干旱、半干旱地区应当以种植耐旱灌木（草）、恢复原有植被为主；以间作方式植树种草的，应当间作多年生植物，主要林木的初植密度应当符合国家规定的标准。

第二十三条　退耕土地还林营造的生态林面积，以县为单位核算，不得低于退耕土地还林面积的80%。

退耕还林营造的生态林，由县级以上地方人民政府林业行政主管部门根据国务院林业行政主管部门制定的标准认定。

第三章　造林、管护与检查验收

第二十四条　县级人民政府或者其委托的乡级人民政府应当与有退耕还林任务的土地承包经营权人签订退耕还林合同。

退耕还林合同应当包括下列主要内容：

（一）退耕土地还林范围、面积和宜林荒山荒地造林范围、面积；

（二）按照作业设计确定的退耕还林方式；

（三）造林成活率及其保存率；

（四）管护责任；

（五）资金和粮食的补助标准、期限和给付方式；

（六）技术指导、技术服务的方式和内容；

（七）种苗来源和供应方式；

（八）违约责任；

（九）合同履行期限。

退耕还林合同的内容不得与本条例以及国家其他有关退耕还林的规定相抵触。

第二十五条　退耕还林需要的种苗，可以由县级人民政府根据本地区实际组织集中采购，也可以由退耕还林者自行采购。集中采购的，应当征求退耕还林者的意见，并采用公开竞价方式，签订书面合同，超过国家种苗造林补助费标准的，不得向退耕还林者强行收取超出部分的费用。

任何单位和个人不得为退耕还林者指定种苗供应商。

禁止垄断经营种苗和哄抬种苗价格。

第二十六条　退耕还林所用种苗应当就地培育、就近调剂，优先选用乡土树种和抗逆性强树种的良种壮苗。

第二十七条　林业、农业行政主管部门应当加强种苗培育的技术指导和服务的管理工作，保证种苗质量。

销售、供应的退耕还林种苗应当经县级人民政府林业、农业行政主管部门检验合格，并附具标签和质量检验合格证；跨县调运的，还应当依法取得检疫合格证。

第二十八条　省（自治区、直辖市）人民政府应当根据本行政区域的退耕还林规划，加强种苗生产与采种基地的建设。

国家鼓励企业和个人采取多种形式培育种苗，开展产业化经营。

第二十九条　退耕还林者应当按照作业设计和合同的要求植树种草。

禁止林粮间作和破坏原有林草植被的行为。

第三十条　退耕还林者在享受资金和粮食补助期间，应当按照作业设计和合同的要求在宜林荒山荒地造林。

第三十一条　县级人民政府应当建立退耕还林植被管护制度，落实管护责任。

退耕还林者应当履行管护义务。

禁止在退耕还林项目实施范围内复耕和从事滥采、乱挖等破坏地表植被的活动。

第三十二条　地方各级人民政府及其有关部门应当组织技术推广单位或者技术人员，为退耕还林提供技术指导和技术服务。

第三十三条　县级人民政府林业行政主管部门应当按照国务院林业行政主管部门制定的检查验收标准和办法，对退耕还林建设项目进行检查验收，经验收合格的，方可发给验收合格证明。

第三十四条　省（自治区、直辖市）人民政府应当对县级退耕还林检查验收结果进行复查，并根据复查结果对县级人民政府和有关责任人员进行奖惩。

国务院林业行政主管部门应当对省级复查结果进行核查，并将核查结果上报国务院。

第四章　资金和粮食补助

第三十五条　国家按照核定的退耕还林实际面积，向土地承包经营权人提供补助粮食、种苗造林补助费和生活补助费。具体补助标准和补助年限按照国务院有关规定执行。

第三十六条　尚未承包到户和休耕的坡耕地退耕还林的，以及纳入退耕还林规划的宜林荒山荒地造林，只享受种苗造林补助费。

第三十七条　种苗造林补助费和生活补助费由国务院计划、财政、林业部门按照有关规定及时下达、核拨。

第三十八条　补助粮食应当就近调运，减少供应环节，降低供应成本。粮食补助费按照国家有关政策处理。

粮食调运费用由地方财政承担，不得向供应补助粮食的企业和退耕还林者分摊。

第三十九条　省（自治区、直辖市）人民政府应当根据当地口粮消费习惯和农作物种植习惯以及当地粮食库存实际情况合理确定补助粮食的品种。

补助粮食必须达到国家规定的质量标准。不符合国家质量标准的，不得供应给退耕还林者。

第四十条　退耕土地还林的第一年，该年度补助粮食可以分两次兑付，每次兑付的数量由省（自治区、直辖市）人民政府确定。

从退耕土地还林第二年起，在规定的补助期限内，县级人民政府应当组织有关部门和单位及时向持有验收合格证明的退耕还林者一次兑付该年度补助粮食。

第四十一条　兑付的补助粮食，不得折算成现金或者代金券。供应补助粮食的企业不得回购退耕还林补助粮食。

第四十二条　种苗造林补助费应当用于种苗采购，节余部分可以用于造林补助和封育管护。

退耕还林者自行采购种苗的，县级人民政府或者其委托的乡级人民政府应当在退耕还林合同生效时一次付清种苗造林补助费。

集中采购种苗的，退耕还林验收合格后，种苗采购单位应当与退耕还林者结算种苗造林补助费。

第四十三条 退耕土地还林后，在规定的补助期限内，县级人民政府应当组织有关部门及时向持有验收合格证明的退耕还林者一次付清该年度生活补助费。

第四十四条 退耕还林资金实行专户存储、专款专用，任何单位和个人不得挤占、截留、挪用和克扣。

任何单位和个人不得弄虚作假、虚报冒领补助资金和粮食。

第四十五条 退耕还林所需前期工作和科技支撑等费用，国家按照退耕还林基本建设投资的一定比例给予补助，由国务院发展计划部门根据工程情况在年度计划中安排。

退耕还林地方所需检查验收、兑付等费用，由地方财政承担。中央有关部门所需核查等费用，由中央财政承担。

第四十六条 实施退耕还林的乡（镇）、村应当建立退耕还林公示制度，将退耕还林者的退耕还林面积、造林树种、成活率以及资金和粮食补助发放等情况进行公示。

第五章 其他保障措施

第四十七条 国家保护退耕还林者享有退耕土地上的林木（草）所有权。自行退耕还林的，土地承包经营权人享有退耕土地上的林木（草）所有权；委托他人还林或者与他人合作还林的，退耕土地上的林木（草）所有权由合同约定。

退耕土地还林后，由县级以上人民政府依照森林法、草原法的有关规定发放林（草）权属证书，确认所有权和使用权，并依法办理土地变更登记手续。土地承包经营合同应当作相应调整。

第四十八条 退耕土地还林后的承包经营权期限可以延长到70年。承包经营权到期后，土地承包经营权人可以依照有关法律、法规的规定继续承包。

退耕还林土地和荒山荒地造林后的承包经营权可以依法继承、转让。

第四十九条　退耕还林者按照国家有关规定享受税收优惠，其中退耕还林(草)所取得的农业特产收入，依照国家规定免征农业特产税。

退耕还林的县(市)农业税收因灾减收部分，由上级财政以转移支付的方式给予适当补助；确有困难的，经国务院批准，由中央财政以转移支付的方式给予适当补助。

第五十条　资金和粮食补助期满后，在不破坏整体生态功能的前提下，经有关主管部门批准，退耕还林者可以依法对其所有的林木进行采伐。

第五十一条　地方各级人民政府应当加强基本农田和农业基础设施建设，增加投入，改良土壤，改造坡耕地，提高地力和单位粮食产量，解决退耕还林者的长期口粮需求。

第五十二条　地方各级人民政府应当根据实际情况加强沼气、小水电、太阳能、风能等农村能源建设，解决退耕还林者对能源的需求。

第五十三条　地方各级人民政府应当调整农村产业结构，扶持龙头企业，发展支柱产业，开辟就业门路，增加农民收入，加快小城镇建设，促进农业人口逐步向城镇转移。

第五十四条　国家鼓励在退耕还林过程中实行生态移民，并对生态移民农户的生产、生活设施给予适当补助。

第五十五条　退耕还林后，有关地方人民政府应当采取封山禁牧、舍饲圈养等措施，保护退耕还林成果。

第五十六条　退耕还林应当与扶贫开发、农业综合开发和水土保持等政策措施相结合，对不同性质的项目资金应当在专款专用的前提下统筹安排，提高资金使用效益。

第六章　法律责任

第五十七条　国家工作人员在退耕还林活动中违反本条例的规定，有下列行为之一的，依照刑法关于贪污罪、受贿罪、挪用公款罪或者其他罪的规定，依法追究刑事责任；尚不够刑事处罚的，依法给予行政处分：

（一）挤占、截留、挪用退耕还林资金或者克扣补助粮食的；

（二）弄虚作假、虚报冒领补助资金和粮食的；

（三）利用职务上的便利收受他人财物或者其他好处的。

国家工作人员以外的其他人员有前款第（二）项行为的，依照刑法关于诈骗罪或者其他罪的规定，依法追究刑事责任；尚不够刑事处罚的，由县级以上人民政府林业行政主管部门责令退回所冒领的补助资金和粮食，处以冒领资金额2倍以上5倍以下的罚款。

第五十八条 国家机关工作人员在退耕还林活动中违反本条例的规定，有下列行为之一的，由其所在单位或者上一级主管部门责令限期改正，退还分摊的和多收取的费用，对直接负责的主管人员和其他直接责任人员，依照刑法关于滥用职权罪、玩忽职守罪或者其他罪的规定，依法追究刑事责任；尚不够刑事处罚的，依法给予行政处分：

（一）未及时处理有关破坏退耕还林活动的检举、控告的；

（二）向供应补助粮食的企业和退耕还林者分摊粮食调运费用的；

（三）不及时向持有验收合格证明的退耕还林者发放补助粮食和生活补助费的；

（四）在退耕还林合同生效时，对自行采购种苗的退耕还林者未一次付清种苗造林补助费的；

（五）集中采购种苗的，在退耕还林验收合格后，未与退耕还林者结算种苗造林补助费的；

（六）集中采购的种苗不合格的；

（七）集中采购种苗的，向退耕还林者强行收取超出国家规定种苗造林补助费标准的种苗费的；

（八）为退耕还林者指定种苗供应商的；

（九）批准粮食企业向退耕还林者供应不符合国家质量标准的补助粮食或者将补助粮食折算成现金、代金券支付的；

（十）其他不依照本条例规定履行职责的。

第五十九条 采用不正当手段垄断种苗市场，或者哄抬种苗价格的，依照刑法关于非法经营罪、强迫交易罪或者其他罪的规定，依法追究刑事责任；尚不够刑事处罚的，由工商行政管理机关依照反不正当竞争法的规定处理；反不正当竞争法未作规定的，由工商行政管理机关处以非法经营额2倍以上5倍以下的罚款。

　　第六十条　销售、供应未经检验合格的种苗或者未附具标签、质量检验合格证、检疫合格证的种苗的，依照刑法关于生产、销售伪劣种子罪或者其他罪的规定，依法追究刑事责任；尚不够刑事处罚的，由县级以上人民政府林业、农业行政主管部门或者工商行政管理机关依照种子法的规定处理；种子法未作规定的，由县级以上人民政府林业、农业行政主管部门依据职权处以非法经营额2倍以上5倍以下的罚款。

　　第六十一条　供应补助粮食的企业向退耕还林者供应不符合国家质量标准的补助粮食的，由县级以上人民政府粮食行政管理部门责令限期改正，可以处非法供应的补助粮食数量乘以标准口粮单价1倍以下的罚款。

　　供应补助粮食的企业将补助粮食折算成现金或者代金券支付的，或者回购补助粮食的，由县级以上人民政府粮食行政管理部门责令限期改正，可以处折算现金额、代金券额或者回购粮食价款1倍以下的罚款。

　　第六十二条　退耕还林者擅自复耕，或者林粮间作、在退耕还林项目实施范围内从事滥采、乱挖等破坏地表植被的活动的，依照刑法关于非法占用农用地罪、滥伐林木罪或者其他罪的规定，依法追究刑事责任；尚不够刑事处罚的，由县级以上人民政府林业、农业、水利行政主管部门依照森林法、草原法、水土保持法的规定处罚。

第七章　附则

　　第六十三条　已垦草场退耕还草和天然草场恢复与建设的具体实施，依照草原法和国务院有关规定执行。

　　退耕还林还草地区小流域治理、水土保持等相关工作的具体实施，依照水土保持法和国务院有关规定执行。

　　第六十四条　国务院批准的规划范围外的土地，地方各级人民政府决定实施退耕还林的，不享受本条例规定的中央政策补助。

第六十五条　本条例自 2003 年 1 月 20 日起施行。

十三、中华人民共和国濒危野生动植物进出口管理条例

（2006 年 4 月 12 日国务院第 131 次常务会议通过，2006 年 4 月 29 日
国务院令第 465 号公布，自 2006 年 9 月 1 日起施行）

第一条　为了加强对濒危野生动植物及其产品的进出口管理，保护和合理利用野生动植物资源，履行《濒危野生动植物种国际贸易公约》（以下简称公约），制定本条例。

第二条　进口或者出口公约限制进出口的濒危野生动植物及其产品，应当遵守本条例。

出口国家重点保护的野生动植物及其产品，依照本条例有关出口濒危野生动植物及其产品的规定办理。

第三条　国务院林业、农业（渔业）主管部门（以下称国务院野生动植物主管部门），按照职责分工主管全国濒危野生动植物及其产品的进出口管理工作，并做好与履行公约有关的工作。

国务院其他有关部门依照有关法律、行政法规的规定，在各自的职责范围内负责做好相关工作。

第四条　国家濒危物种进出口管理机构代表中国政府履行公约，依照本条例的规定对经国务院野生动植物主管部门批准出口的国家重点保护的野生动植物及其产品、批准进口或者出口的公约限制进出口的濒危野生动植物及其产品，核发允许进出口证明书。

第五条　国家濒危物种进出口科学机构依照本条例，组织陆生野生动物、水生野生动物和野生植物等方面的专家，从事有关濒危野生动植物及其产品进出口的科学咨询工作。

第六条　禁止进口或者出口公约禁止以商业贸易为目的进出口的濒危野生动植物及其产品，因科学研究、驯养繁殖、人工培育、文化交流等特殊情况，需要进口或者出口的，应当经国务院野生动植物主管部门批准；按照有关规定由国务院批准的，应当

报经国务院批准。

禁止出口未定名的或者新发现并有重要价值的野生动植物及其产品以及国务院或者国务院野生动植物主管部门禁止出口的濒危野生动植物及其产品。

第七条　进口或者出口公约限制进出口的濒危野生动植物及其产品，出口国务院或者国务院野生动植物主管部门限制出口的野生动植物及其产品，应当经国务院野生动植物主管部门批准。

第八条　进口濒危野生动植物及其产品的，必须具备下列条件：

（一）对濒危野生动植物及其产品的使用符合国家有关规定；

（二）具有有效控制措施并符合生态安全要求；

（三）申请人提供的材料真实有效；

（四）国务院野生动植物主管部门公示的其他条件。

第九条　出口濒危野生动植物及其产品的，必须具备下列条件：

（一）符合生态安全要求和公共利益；

（二）来源合法；

（三）申请人提供的材料真实有效；

（四）不属于国务院或者国务院野生动植物主管部门禁止出口的；

（五）国务院野生动植物主管部门公示的其他条件。

第十条　进口或者出口濒危野生动植物及其产品的，申请人应当向其所在地的省（自治区、直辖市）人民政府野生动植物主管部门提出申请，并提交下列材料：

（一）进口或者出口合同；

（二）濒危野生动植物及其产品的名称、种类、数量和用途；

（三）活体濒危野生动物装运设施的说明资料；

（四）国务院野生动植物主管部门公示的其他应当提交的材料。

省（自治区、直辖市）人民政府野生动植物主管部门应当自收到申请之日起10个工作日内签署意见，并将全部申请材料转报国务院野生动植物主管部门。

第十一条 国务院野生动植物主管部门应当自收到申请之日起 20 个工作日内，作出批准或者不予批准的决定，并书面通知申请人。在 20 个工作日内不能作出决定的，经本行政机关负责人批准，可以延长 10 个工作日，延长的期限和理由应当通知申请人。

第十二条 申请人取得国务院野生动植物主管部门的进出口批准文件后，应当在批准文件规定的有效期内，向国家濒危物种进出口管理机构申请核发允许进出口证明书。

申请核发允许进出口证明书时应当提交下列材料：

（一）允许进出口证明书申请表；

（二）进出口批准文件；

（三）进口或者出口合同。

进口公约限制进出口的濒危野生动植物及其产品的，申请人还应当提交出口国（地区）濒危物种进出口管理机构核发的允许出口证明材料；出口公约禁止以商业贸易为目的进出口的濒危野生动植物及其产品的，申请人还应当提交进口国（地区）濒危物种进出口管理机构核发的允许进口证明材料；进口的濒危野生动植物及其产品再出口时，申请人还应当提交海关进口货物报关单和海关签注的允许进口证明书。

第十三条 国家濒危物种进出口管理机构应当自收到申请之日起 20 个工作日内，作出审核决定。对申请材料齐全、符合本条例规定和公约要求的，应当核发允许进出口证明书；对不予核发允许进出口证明书的，应当书面通知申请人和国务院野生动植物主管部门并说明理由。在 20 个工作日内不能作出决定的，经本机构负责人批准，可以延长 10 个工作日，延长的期限和理由应当通知申请人。

国家濒危物种进出口管理机构在审核时，对申请材料不符合要求的，应当在 5 个工作日内一次性通知申请人需要补正的全部内容。

第十四条 国家濒危物种进出口管理机构在核发允许进出口证明书时，需要咨询国家濒危物种进出口科学机构的意见，或者需要向境外相关机构核实允许进出口证明材料等有关内容的，应当自收到申请之日起5个工作日内，将有关材料送国家濒危物种进出口科学机构咨询意见或者向境外相关机构核实有关内容。咨询意见、核实内容所需时间不计入核发允许进出口证明书工作日之内。

第十五条　国务院野生动植物主管部门和省（自治区、直辖市）人民政府野生动植物主管部门以及国家濒危物种进出口管理机构，在审批濒危野生动植物及其产品进出口时，除收取国家规定的费用外，不得收取其他费用。

第十六条　因进口或者出口濒危野生动植物及其产品对野生动植物资源、生态安全造成或者可能造成严重危害和影响的，由国务院野生动植物主管部门提出临时禁止或者限制濒危野生动植物及其产品进出口的措施，报国务院批准后执行。

第十七条　从不属于任何国家管辖的海域获得的濒危野生动植物及其产品，进入中国领域的，参照本条例有关进口的规定管理。

第十八条　进口濒危野生动植物及其产品涉及外来物种管理的，出口濒危野生动植物及其产品涉及种质资源管理的，应当遵守国家有关规定。

第十九条　进口或者出口濒危野生动植物及其产品的，应当在国务院野生动植物主管部门会同海关总署、国家质量监督检验检疫总局指定并经国务院批准的口岸进行。

第二十条　进口或者出口濒危野生动植物及其产品的，应当按照允许进出口证明书规定的种类、数量、口岸、期限完成进出口活动。

第二十一条　进口或者出口濒危野生动植物及其产品的，应当向海关提交允许进出口证明书，接受海关监管，并自海关放行之日起30日内，将海关验讫的允许进出口证明书副本交国家濒危物种进出口管理机构备案。

过境、转运和通运的濒危野生动植物及其产品，自入境起至出境前由海关监管。

进出保税区、出口加工区等海关特定监管区域和保税场所的濒危野生动植物及其产品，应当接受海关监管，并按照海关总署和国家濒危物种进出口管理机构的规定办理进出口手续。

进口或者出口濒危野生动植物及其产品的，应当凭允许进出口证明书向出入境检验检疫机构报检，并接受检验检疫。

第二十二条 国家濒危物种进出口管理机构应当将核发允许进出口证明书的有关资料和濒危野生动植物及其产品年度进出口情况，及时抄送国务院野生动植物主管部门及其他有关主管部门。

第二十三条 进出口批准文件由国务院野生动植物主管部门组织统一印制；允许进出口证明书及申请表由国家濒危物种进出口管理机构组织统一印制。

第二十四条 野生动植物主管部门、国家濒危物种进出口管理机构的工作人员，利用职务上的便利收取他人财物或者谋取其他利益，不依照本条例的规定批准进出口、核发允许进出口证明书，情节严重，构成犯罪的，依法追究刑事责任；尚不构成犯罪的，依法给予处分。

第二十五条 国家濒危物种进出口科学机构的工作人员，利用职务上的便利收取他人财物或者谋取其他利益，出具虚假意见，情节严重，构成犯罪的，依法追究刑事责任；尚不构成犯罪的，依法给予处分。

第二十六条 非法进口、出口或者以其他方式走私濒危野生动植物及其产品的，由海关依照海关法的有关规定予以处罚；情节严重，构成犯罪的，依法追究刑事责任。

罚没的实物移交野生动植物主管部门依法处理；罚没的实物依法需要实施检疫的，经检疫合格后，予以处理。罚没的实物需要返还原出口国(地区)的，应当由野生动植物主管部门移交国家濒危物种进出口管理机构依照公约规定处理。

第二十七条 伪造、倒卖或者转让进出口批准文件或者允许进出口证明书的，由野生动植物主管部门或者工商行政管理部门按照职责分工依法予以处罚；情节严重，构成犯罪的，依法追究刑事责任。

第二十八条　本条例自 2006 年 9 月 1 日起施行。

第四节　部门规章

根据《中华人民共和国立法法》第八十条规定，国家林业局可以根据法律和国务院的行政法规、决定、命令，在本部门的权限范围内制定规定。截至，国家林业局现行有效部门规章 54 件（表 5-1）。另有使用农业部令号的联合部门规章 2 件，《农村土地承包经营纠纷仲裁规则》（农业部 2010 年第 1 号）、《农村土地承包仲裁委员会示范章程》（农业部 2010 年第 2 号）。

表 5-1　国家林业局现行有效规章目录
（54 件）

序号	制定机关	规章名称	发布日期及文号	备注
1	林业部 农业部	国家重点保护野生动物名录	1989 年 1 月 14 日林业部令第 1 号	1988 年 12 月 10 日国务院批准
2	林业部	国家重点保护野生动物驯养繁殖许可证管理办法	1991 年 1 月 9 日；2011 年 1 月 25 日国家林业局令第 26 号修改；2015 年 4 月 30 日国家林业局令第 37 号修改	1990 年 12 月 30 日部务会议审议通过
3	林业部、财政部、国家物价局	陆生野生动物资源保护管理费收费办法	1992 年 12 月 19 日	1992 年 11 月 22 日国务院批准
4	林业部	森林公园管理办法	1994 年 1 月 22 日林业部令第 3 号；2011 年 1 月 25 日国家林业局令第 26 号修改	
5	林业部	植物检疫条例实施细则（林业部分）	1994 年 7 月 26 日林业部令第 4 号；2011 年 1 月 25 日国家林业局令第 26 号修改	
6	林业部	林业行政处罚程序规定	1996 年 9 月 27 日林业部令第 8 号	
7	林业部	林业行政执法监督办法	1996 年 9 月 27 日林业部令第 9 号	

（续）

序号	制定机关	规章名称	发布日期及文号	备注
8	林业部	林木林地权属争议处理办法	1996年10月14日林业部令第10号	
9	林业部	沿海国家特殊保护林带管理规定	1996年12月9日林业部令第11号；2011年1月25日国家林业局令第26号修改	
10	林业部	林业行政执法证件管理办法	1997年1月6日林业部令第12号	
11	林业部	林木良种推广使用管理办法	1997年6月15日林业部令第13号；2011年1月25日国家林业局令第26号修改	
12	国家林业局	国家林业局关于授权森林公安机关代行行政处罚权的决定	1998年6月26日国家林业局令第1号	
13	国家林业局	中华人民共和国林业植物新品种保护名录（第一批）	1999年4月22日国家林业局令第2号	
14	国家林业局	中华人民共和国植物新品种保护条例实施细则（林业部分）	1999年8月10日国家林业局令第3号；2011年1月25日国家林业局令第26号修改	
15	国家林业局农业部	国家重点保护野生植物名录（第一批）	1999年9月9日国家林业局令第4号	1999年8月4日国务院批准
16	国家林业局	中华人民共和国植物新品种保护名录（林业部分）（第二批）	2000年2月2日国家林业局令第5号	
17	国家林业局	国家保护的有益的或者有重要经济、科学研究价值的陆生野生动物名录	2000年8月1日国家林业局令第7号	

（续）

序号	制定机关	规章名称	发布日期及文号	备注
18	国家林业局	林木和林地权属登记管理办法	2000 年 12 月 31 日国家林业局令第 1 号；2011 年 1 月 25 日国家林业局令第 26 号修改	
19	国家林业局	中华人民共和国主要林木目录（第一批）	2001 年 6 月 1 日国家林业局令第 3 号	
20	国家林业局	林业行政处罚听证规则	2002 年 11 月 2 日国家林业局令第 4 号	
21	国家林业局	中华人民共和国植物新品种保护名录（林业部分）（第三批）	2002 年 12 月 2 日国家林业局令第 6 号	
22	国家林业局	国家重点保护野生动物名录（调整部分）	2003 年 2 月 21 日国家林业局令第 7 号	国务院批准
23	国家林业局	主要林木品种审定办法	2003 年 7 月 14 日国家林业局令第 8 号	
24	国家林业局	林业标准化管理办法	2003 年 7 月 21 日国家林业局令第 9 号；2011 年 1 月 25 日国家林业局令第 26 号修改	
25	国家林业局	营利性治沙管理办法	2004 年 7 月 1 日国家林业局令第 11 号	
26	国家林业局	中华人民共和国植物新品种保护名录（林业部分）（第四批）	2004 年 10 月 14 日国家林业局令第 12 号	
27	国家林业局	突发林业有害生物事件处置办法	2005 年 5 月 23 日国家林业局令第 13 号	
28	国家林业局	林业行政处罚案件文书制作管理规定	2005 年 5 月 27 日国家林业局令第 14 号	
29	国家林业局	林业统计管理办法	2005 年 6 月 1 日国家林业局令第 15 号	

（续）

序号	制定机关	规章名称	发布日期及文号	备注
30	国家林业局	国家级森林公园设立、撤销、合并、改变经营范围或者变更隶属关系审批管理办法	2005年6月16日国家林业局令第16号	
31	国家林业局	普及型国外引种试种苗圃资格认定管理办法	2005年9月23日国家林业局令第17号	
32	国家林业局	松材线虫病疫木加工板材定点加工企业审批管理办法	2005年9月23日国家林业局令第18号	
33	国家林业局	引进陆生野生动物外来物种种类及数量审批管理办法	2005年9月27日国家林业局令第19号；2015年4月30日国家林业局令第37号修改	
34	国家林业局	开展林木转基因工程活动审批管理办法	2006年5月11日国家林业局令第20号	
35	国家林业局	林木种子质量管理办法	2006年11月13日国家林业局令第21号	
36	国家林业局	林木种质资源管理办法	2007年9月8日国家林业局令第22号	
37	国家林业局	森林资源监督工作管理办法	2007年9月28日国家林业局令第23号	
38	国家林业局	国家林业局产品质量检验检测机构管理办法	2007年11月30日国家林业局令第24号；2015年4月30日国家林业局令第37号修改	
39	国家林业局	林业行政许可听证办法	2008年8月1日国家林业局令第25号	
40	国家林业局	国家林业局关于废止和修改部分部门规章的决定	2011年1月25日国家林业局令第26号	
41	国家林业局	国家级森林公园管理办法	2011年5月20日国家林业局令第27号	

（续）

序号	制定机关	规章名称	发布日期及文号	备注
42	国家林业局	大熊猫国内借展管理规定	2011 年 7 月 25 日国家林业局令第 28 号	
43	国家林业局	中华人民共和国植物新品种保护名录（林业部分）（第五批）	2013 年 1 月 22 日国家林业局令第 29 号	
44	国家林业局	国家林业局委托实施野生动植物行政许可事项管理办法	2013 年 1 月 22 日国家林业局令第 30 号	
45	国家林业局	陆生野生动物疫源疫病监测防控管理办法	2013 年 1 月 22 日国家林业局令第 31 号	
46	国家林业局	湿地保护管理规定	2013 年 3 月 28 日国家林业局令第 32 号	
47	国家林业局国家档案局	集体林权制度改革档案管理办法	2013 年 5 月 2 日国家林业局令第 33 号	
48	国家林业局海关总署	野生动植物进出口证书管理办法	2014 年 2 月 9 日国家林业局令第 34 号	
49	国家林业局	建设项目使用林地审核审批管理办法	2015 年 3 月 30 日国家林业局令第 35 号	
50	国家林业局	林业固定资产投资建设项目管理办法	2015 年 3 月 30 日国家林业局令第 36 号	
51	国家林业局	国家林业局关于修改部分部门规章的决定	2015 年 4 月 30 日国家林业局令第 37 号	
52	国家林业局	国家林业局关于修改部分部门规章的决定	2015 年 11 月 17 日国家林业局令第 38 号	
53	国家林业局	林业工作站管理办法	2015 年 11 月 17 日国家林业局令第 39 号	
54	国家林业局	林木种子生产经营许可证管理办法	2016 年 4 月 19 日国家林业局令第 40 号	

第五节 规范性文件

国家林业局规范性文件是指国家林业局依据法定权限和程序制定，涉及公民、法人或者其他组织权利和义务，公开发布并反复适用，具有普遍约束力的行政文件。2016年，国家林业局对以局和局办名义发布的规范性文件进行了清理，现行有效规范性文件目录(共208件)见表5-2。在清理的基础上，实现了规范性文件的动态管理，林业工作者和社会公众均可以通过国家林业局规范性文件查询系统进行实时查询，网址是http：//gfxwj.forestry.gov.cn/。

表5-2 国家林业局现行有效规范性文件

(截至2016年4月30日)

序号	文件名称	文 号
1	关于颁发《林业部关于加强森林资源管理若干问题的规定》的通知	林资字〔1988〕297号
2	林业部关于核准部分濒危野生动物为国家重点保护野生动物的通知	林护通字〔1993〕48号
3	对《关于查处违反野生动物保护法律法规的行为有关问题的请示》的答复	林函策字〔1993〕109号
4	关于大力加强野生动物保护和依法禁止濒危物种及其产品贸易宣传的通知	林护字〔1993〕63号
5	关于非法收购死虎、倒卖虎皮案适用法律问题的复函	林函策字〔1993〕289号
6	林业部关于县级以上林业行政主管部门依法行使护管理陆生野生动物行政处罚权有关问题的通知	林护通字〔1994〕109号
7	林业部关于发布《森林植物检疫对象确定管理办法》的通知	林策通字〔1995〕83号
8	林业部关于森林植物检疫处罚有关问题的答复	林函策字〔1995〕133号
9	关于野生动物行政主管部门能否再授权的答复	林函策字〔1995〕264号
10	林业部关于在野生动物案件中如何确定国家重点保护野生动物及其产品价值标准的通知	林策通字〔1996〕8号
11	林业部办公厅关于实施林业行政处罚有关问题的复函	厅函策字〔1996〕28号

（续）

序号	文件名称	文　号
12	林业部关于发布《黑熊养殖利用技术管理暂行规定》的通知	林护通字〔1997〕56 号
13	林业部关于重申已核发《林权证》的林地不应再办理《土地使用证》的函	林函资字〔1997〕111 号
14	关于印发《国家森林资源连续清查数据使用管理规定》的通知	林资调〔1998〕22 号
15	国家林业局关于如何区分林地和园地问题的复函	林函策字〔1998〕171 号
16	国家林业局关于对吉林省安图县土地局向白河林业局征收土地年租金有关问题的复函	林函策字〔1998〕236 号
17	国家林业局关于挖掘他人林木据为己有如何定性的复函	林函策字〔1999〕14 号
18	国家林业局关于如何计算盗伐、滥伐林木造成直接经济损失问题的复函	林函策字〔1999〕190 号
19	国家林业局关于公路护路林更新采伐有关问题的复函	林策发〔1999〕297 号
20	国家林业局关于对鞍山市清理非法使用林地有关问题的复函	林策发〔2000〕76 号
21	国家林业局关于森工企业修筑直接为林业生产服务的工程设施法律适用问题的复函	林函策字〔2000〕139 号
22	国家濒管办关于禁止出口发菜及其制品有关问题的通知	濒办植字〔2000〕69 号
23	国家林业局关于对进口木材检疫问题的复函	林函策字〔2000〕193 号
24	国家林业局关于对非法经营木材有关问题的复函	林函策字〔2000〕275 号
25	国家林业局关于黄羊冻体为野生动物产品的复函	林函策字〔2000〕295 号
26	国家林业局办公室关于宅基地调整后办理林木采伐许可证有关问题的复函	办函策字〔2001〕35 号
27	国家林业局关于印发野外大熊猫救护工作规定的通知	林护发〔2001〕68 号
28	国家林业局关于对森林法第十五条规定解释的函	林函策字〔2001〕43 号
29	国家林业局关于确定"林区"有关问题的复函	林函策字〔2001〕44 号
30	国家林业局关于在查处盗伐、滥伐林木案件中测算立木蓄积有关问题的复函	林函策字〔2001〕45 号

（续）

序号	文件名称	文 号
31	国家林业局关于在林区非法收购木炭行为如何定性的复函	林函策字〔2001〕48 号
32	国家林业局公安部印发关于森林和陆生野生动物刑事案件管辖及立案标准的通知	林安发〔2001〕156 号
33	国家林业局关于《森林法实施条例》第四十三条"责令限期恢复原状"规定具体应用有关问题的复函	林函策字〔2001〕80 号
34	国家林业局关于发布破坏野生动物资源刑事案件中涉及走私的象牙及其制品价值标准的通知	林濒发〔2001〕234 号
35	国家林业局办公室印发《国家林业局关于接受民间生态绿化公益事业捐赠管理暂行办法》的通知	办发字〔2001〕101 号
36	关于国内托运、邮寄森林植物及其产品实施检疫的联合通知	林造发〔2001〕523 号
37	国家林业局关于对国有森林经营单位发放土地证有关问题的复函	林函资字〔2001〕201 号
38	国家林业局关于印发《林木种苗工程管理办法》的通知	林场发〔2001〕533 号
39	国家林业局、国家档案局关于印发《林业重点工程档案管理办法》的通知	林办发〔2001〕540 号
40	国家林业局关于印发《关于违反森林资源管理规定造成森林资源破坏的责任追究制度的规定》和《关于破坏森林资源重大行政案件报告制度的规定》的通知	林资发〔2001〕549 号
41	国家林业局关于印发《退耕还林工程生态林与经济林认定标准》的通知	林退发〔2001〕550 号
42	国家林业局办公室关于征占用林地征收四项费用有关问题的复函	办函策字〔2001〕200 号
43	国家林业局关于森林资源采伐、运输管理等有关问题的复函	林函策字〔2002〕18 号
44	国家林业局关于印发《鸟类环志管理办法(试行)》和《鸟类环志技术规程(试行)》的通知	林护发〔2002〕33 号
45	国家林业局关于林木种苗管理机构执法权限问题的复函	林函策字〔2002〕42 号
46	国家林业局关于超强度采伐林木行为如何定性的复函	林函策字〔2002〕48 号

（续）

序号	文件名称	文　号
47	国家林业局关于印发《林木种苗质量监督抽查暂行规定》的通知	林场发〔2002〕93号
48	国家林业局关于发布破坏野生动物资源刑事案件中涉及犀牛角价值标准的通知	林护发〔2002〕130号
49	国家林业局关于印发《林木种子包装和标签管理办法》的通知	林场发〔2002〕186号
50	国家濒管办、海关总署、国家工商总局关于禁止在出入境口岸隔离区内商店摆卖珍贵动物和珍稀植物及其制品的通知	濒办字〔2002〕53号
51	国家林业局关于京津风沙源治理工程人工造林有关问题的通知	林沙发〔2002〕258号
52	国家林业局　国家工商行政管理总局关于对利用野生动物及其产品的生产企业进行清理整顿和开展标记试点工作的通知	林护发〔2003〕3号
53	国家林业局关于进一步加强麝类资源保护管理工作的通知	林护发〔2003〕30号
54	国家林业局关于未申请林木采伐许可证采伐"火烧枯死木"行为定性的复函	林函策字〔2003〕15号
55	国家林业局关于在林木采伐许可证规定的地点以外采伐林木行为定性的复函	林函策字〔2003〕17号
56	国家林业局关于印发林木种苗质量监督检验机构建设规定的通知	林场发〔2003〕54号
57	国家林业局关于进一步加强红树林资源保护管理工作的通知	林资发〔2003〕81号
58	国家林业局办公室关于城市规划区内树木砍伐处罚执法权属问题的复函	办函策字〔2003〕36号
59	国家林业局关于印发《林木种苗质量检验机构考核办法》的通知	林场发〔2003〕131号
60	国家林业局关于如何适用《森林法实施条例》第四十一条第一款有关规定的函	林函策字〔2003〕109号
61	国家林业局关于适用《中华人民共和国森林法实施条例》第四十条有关规定的函	林函策字〔2003〕148号

（续）

序号	文件名称	文 号
62	国家林业局关于适用《中华人民共和国森林法实施条例》第十八条有关规定的复函	林函策字〔2003〕159 号
63	国家林业局关于处理林木使用权争议问题如何适用法律的复函	林函策字〔2003〕185 号
64	国家林业局关于适用《中华人民共和国森林法》第十八条有关规定的复函	林函策字〔2003〕201 号
65	国家林业局关于颁发《"国家特别规定的灌木林地"的规定(试行)》的通知	林资发〔2004〕14 号
66	国家林业局关于适用森林法实施条例有关问题的复函	林函策字〔2004〕33 号
67	国家林业局关于适用森林法第三十九条第二款有关规定的复函	林函策字〔2004〕54 号
68	国家林业局关于采伐公路护路林执行法律法规有关问题的复函	林策发〔2004〕85 号
69	国家林业局关于毁林案件中被毁坏林木及其伐桩灭失的立木蓄积测算有关问题的复函	林函策字〔2004〕97 号
70	国家林业局关于加强实验用猴管理有关问题的通知	林护发〔2004〕124 号
71	国家林业局关于退耕还林林权登记发证有关问题的意见	林资发〔2004〕132 号
72	国家林业局 国务院三峡工程建设委员会办公室关于转发国法秘函〔2003〕260 号文的通知	林资发〔2004〕140 号
73	国家濒管办关于印发《野生动植物进出口单位备案登记和表现评估管理办法(试行)》的通知	濒办字〔2004〕71 号
74	国家林业局关于合作(托管)造林有关问题的通知	林策发〔2004〕228 号
75	中华人民共和国濒危物种进出口管理办公室公告(中华人民共和国濒危物种进出口管理办公室行政许可事项公示内容)	濒管办公告 2004 年第 2 号
76	关于进一步加强麝、熊资源保护及其产品入药管理的通知	林护发〔2004〕252 号
77	国家林业局关于切实做好京津风沙源治理工程区林分抚育和管护工作的通知	林沙发〔2005〕12 号

（续）

序号	文件名称	文　号
78	国家林业局关于印发《毛皮野生动物（兽类）驯养繁育利用技术管理暂行规定》的通知	林护发〔2005〕91 号
79	国家林业局关于印发《国家林业局林木种子经营行政许可监督检查办法》的通知	林策发〔2005〕98 号
80	国家林业局关于经济林用地性质的复函	林函策字〔2005〕121 号
81	国家林业局办公室关于印发《林业植物检疫人员检疫执法行为规范》的通知	办造发〔2005〕59 号
82	国家林业局松材线虫病疫木加工板材定点加工企业行政许可被许可人监督管理办法	林策发〔2005〕166 号
83	国家林业局关于加强农田防护林采伐更新管理的通知	林资发〔2005〕217 号
84	国家林业局关于印发《林业重点工程科技支撑项目管理办法（试行）》的通知	林科发〔2006〕3 号
85	国家林业局关于滥伐经济林木有关问题的意见	林策发〔2006〕9 号
86	国家林业局关于启用中国国家森林公园专用标志的通知	林场发〔2006〕31 号
87	国家林业局关于使用过期失效的木材运输证运输木材有关问题的复函	林策发〔2006〕99 号
88	国家林业局办公室关于发放林权证有关问题的复函	办资字〔2006〕42 号
89	国家林业局公告（麝香、豹骨等野生动物原材料及产品库存申报）	国家林业局公告 2006 年第 3 号
90	国家林业局关于加强自然保护区内进行影视拍摄等活动管理的通知	林护发〔2006〕120 号
91	国家林业局公告（第一批 34 项林业行政许可内容）	国家林业局公告 2006 年第 6 号
92	国家林业局关于印发《灭虫药包及布撒器安全管理暂行方案》的通知	林造发〔2006〕210 号
93	国家林业局关于规范国家一级保护野生动物《驯养繁殖许可证》批准核发工作的通知	林策发〔2006〕224 号
94	国家林业局关于印发《森林经营方案编制与实施纲要（试行）》的通知	林资发〔2006〕227 号

（续）

序号	文件名称	文　号
95	国家林业局关于盗伐、滥伐林木案件中有关违法事实认定问题的复函	林策发〔2007〕11号
96	国家林业局关于进一步加强和规范林权登记发证管理工作的通知	林资发〔2007〕33号
97	国家林业局关于印发《国家林业局征占用林地行政许可可被许可人监督检查办法》的通知	林策发〔2007〕45号
98	国家林业局办公室关于印发《国家林业产品质量监督检验检测机构基本条件》的通知	办科字〔2007〕41号
99	国家濒管办关于依法规范《允许进出口证明书》行政许可工作的通知	濒办字〔2007〕30号
100	国家林业局关于木材经营（加工）单位或个人异地采购木材如何处理的复函	林策发〔2007〕102号
101	国家林业局关于《中华人民共和国森林法》第三十二条适用问题的复函	林策发〔2007〕113号
102	国家林业局关于印发《林木种子采收管理规定》的通知	林场发〔2007〕142号
103	国家林业局关于林木采伐和野生植物采集法律适用有关问题的复函	林策发〔2007〕148号
104	国家林业局关于河道林木采伐有关问题的复函	林策发〔2007〕159号
105	国家林业局关于印发《国家林业局社会团体管理办法（试行）》的通知	林人发〔2007〕162号
106	国家林业局关于公路护路林采伐审批有关问题的复函	林策发〔2007〕184号
107	关于对虎皮、豹皮及其制品实行标识管理和进一步规范其经营利用活动的通知	林护发〔2007〕206号
108	关于加强赛加羚羊、穿山甲、稀有蛇类资源保护和规范其产品入药管理的通知	林护发〔2007〕242号
109	国家林业局关于征占用林地有关问题的复函	林策发〔2007〕247号
110	国家林业局关于印发《国家林业局〈政府信息公开条例〉实施办法》的通知	林办发〔2007〕259号
111	国家林业局关于查处野生动物违法案件有关问题的复函	林策发〔2008〕54号

（续）

序号	文件名称	文号
112	国家林业局关于印发《林木种子生产、经营档案管理办法》的通知	林场发〔2008〕88号
113	中华人民共和国濒危物种进出口管理办公室　海关总署公告（个人携带少量指定兰花品种的人工培植活体标本从广东省境内口岸直接赴香港和澳门特别行政区实行标签管理）	濒管办公告2008年第2号
114	国家林业局关于加强森林凋落物及腐殖质开发利用管理的通知	林资发〔2008〕170号
115	国家林业局关于采集（采伐）国家一级保护野生植物（树木）有关问题的复函	林策发〔2008〕189号
116	国家林业局关于在责任山、自留山上毁林种植甘蔗行为定性问题的复函	林策发〔2008〕216号
117	国家林业局关于印发《油茶种苗质量管理规定》的通知	林场发〔2008〕253号
118	国家林业局关于进一步加强象牙及其制品规范管理的通知	林护发〔2008〕258号
119	国家林业局办公室关于广西壮族自治区林业局退耕还林采伐问题的复函	办退字〔2009〕3号
120	国家林业局关于印发《国家林业局产品质量检验检测机构监督检查办法》的通知	林科发〔2009〕106号
121	国家林业局关于缅甸陆龟有关问题的复函	林策发〔2009〕149号
122	国家林业局关于促进农民林业专业合作社发展的指导意见	林改发〔2009〕190号
123	国家林业局关于印发《国家级森林公园监督检查办法》的通知	林策发〔2009〕206号
124	国家林业局　财政部关于印发《国家级公益林区划界定办法》的通知	林资发〔2009〕214号
125	国家林业局关于切实加强集体林权流转管理工作的意见	林改发〔2009〕232号
126	国家林业局办公室关于农田内林木采伐管理有关问题的复函	办策字〔2009〕183号

(续)

序号	文件名称	文　号
127	国家林业局关于印发《国家林业生物产业基地认定办法》(试行)的通知	林科发〔2009〕275 号
128	国家林业局关于印发《退耕还林工程建设年度检查验收办法》的通知	林退发〔2009〕294 号
129	国家林业局关于印发《国家湿地公园管理办法(试行)》的通知	林湿发〔2010〕1 号
130	国家林业局关于石油天然气管道建设使用林地有关问题的通知	林资发〔2010〕105 号
131	碳汇造林检查验收办法(试行)	办造字〔2010〕84 号
132	国家林业局关于进一步加快发展沙产业的意见	林沙发〔2010〕278 号
133	国家林业局关于进一步加强林业系统自然保护区管理工作的通知	林护发〔2011〕187 号
134	国家林业局关于印发《国有林场管理办法》的通知	林场发〔2011〕254 号
135	国家林业局办公室关于印发《天然林资源保护工程档案管理办法》的通知	办天字〔2012〕8 号
136	国家林业局关于印发《林业调查规划设计单位资格认证管理办法》的通知	林资发〔2012〕19 号
137	国家林业局关于印发《天然林资源保护工程森林管护管理办法》的通知	林天发〔2012〕33 号
138	国家林业局办公室关于退耕还林采伐问题的复函	办资字〔2012〕102 号
139	关于破坏野生动物资源刑事案件中涉及的 CITES 附录Ⅰ和附录Ⅱ所列陆生野生动物及其制品价值标准的通知	林濒发〔2012〕239 号
140	国家林业局关于印发《国家农业综合开发林业生态示范和名优经济林等示范项目管理实施细则》的通知	林规发〔2012〕245 号
141	国家林业局关于外籍人士及其组织申请采伐林木问题的复函	林资发〔2012〕258 号
142	国家林业局关于加强国有林场森林资源管理保障国有林场改革顺利进行的意见	林场发〔2012〕264 号
143	国家林业局关于已审核林地性质有关问题的复函	林策发〔2012〕269 号

（续）

序号	文件名称	文 号
144	国家林业局关于发布新修订的林业行政处罚文书格式的通知	林策发〔2012〕288 号
145	国家林业局关于印发《天然林资源保护工程二期核查办法》的通知	林天发〔2012〕290 号
146	国家林业局关于启用新版林木采伐许可证的通知	林资发〔2012〕332 号
147	国家林业局关于开展森林经营样板基地建设的指导意见	林造发〔2012〕336 号
148	国家林业局关于从严控制矿产资源开发等项目占用东北、内蒙古重点国有林区林地的通知	林资发〔2013〕4 号
149	国家林业局关于印发《全国林业检疫性有害生物疫区管理办法》的通知	林造发〔2013〕17 号
150	国家林业局关于国营林场自建水库占用林地有关问题的复函	林策发〔2013〕30 号
151	国家濒管办关于进一步加强濒危木材物种进口管理的通知	濒办字〔2013〕36 号
152	国家林业局 财政部关于印发《国家级公益林管理办法》的通知	林资发〔2013〕71 号
153	国家林业局关于规范木材运输检查监督管理有关问题的通知	林资发〔2013〕96 号
154	国家林业局关于进一步改进人造板检疫管理的通知	林造发〔2013〕123 号
155	国家林业局关于做好沙区开发建设项目环评中防沙治沙内容评价工作的意见	林沙发〔2013〕136 号
156	国家林业局公告（委托实施野生动植物行政许可事项）	国家林业局公告 2013 年 12 号
157	国家林业局关于做好国家沙漠公园建设试点工作的通知	林沙发〔2013〕145 号
158	国家濒管办关于以参展为目的进口及再出口濒危野生植物的管理规定	濒管办公告 2013 年第 4 号
159	国家林业局关于切实加强和严格规范树木采挖移植管理的通知	林资发〔2013〕186 号
160	国家林业局关于印发《林业专业合作社示范章程（示范文本）》的通知	林改发〔2013〕190 号

（续）

序号	文件名称	文 号
161	国家林业局关于森林公安机关办理林业行政案件有关问题的通知	林安发〔2013〕206号
162	国家林业局关于人工培育的珍贵树木采伐管理有关问题的复函	林策发〔2013〕207号
163	国家林业局关于印发《转基因林木生物安全监测管理规定》的通知	林技发〔2013〕215号
164	国家林业局关于印发《引进林木种子、苗木检疫审批与监管规定》的通知	林造发〔2013〕218号
165	国家林业局关于采集管理国家重点保护野生植物有关问题的通知	林护发〔2013〕224号
166	国家林业局关于印发《国家沙漠公园试点建设管理办法》的通知	林沙发〔2013〕232号
167	国家林业局关于印发《松材线虫病疫区和疫木管理办法》的通知	林造发〔2014〕10号
168	国家林业局　国家标准化管理委员会关于印发《国家林业标准化示范企业管理办法》的通知	林科发〔2014〕5号
169	国家林业局关于印发《国家林业长期科研试验示范基地管理办法(试行)》的通知	林科发〔2014〕18号
170	国家林业局关于印发《林业公益性行业科研专项管理实施细则(试行)》的通知	林科发〔2014〕28号
171	国家林业局关于印发林业行政处罚文书制作填写规范的通知	林策发〔2014〕38号
172	国家林业局办公室关于印发《国家林业局派驻森林资源监督机构督查督办破坏森林资源案件管理规定》的通知	办资字〔2014〕32号
173	国家林业局关于推进林业碳汇交易工作的指导意见	林造发〔2014〕55号
174	国家林业局关于进一步改革和完善集体林采伐管理的意见	林资发〔2014〕61号
175	国家林业局公告(委托上海市林业局实施野生动物行政许可事项)	国家林业局公告2014年9号

（续）

序号	文件名称	文　号
176	国家林业局关于印发《国家林业局公开制售假冒伪劣商品和侵犯知识产权行政处罚案件信息工作实施细则》的通知	林场发〔2014〕76 号
177	国家林业局关于印发《国家陆地生态系统定位观测研究站网管理办法》的通知	林科发〔2014〕98 号
178	国家林业局关于印发《陆生野生动物收容救护管理规定》的通知	林护发〔2014〕102 号
179	国家林业局关于界定古树名木有关问题的复函	林策发〔2014〕141 号
180	国家林业局公告（委托黑龙江省森工总局实施野生动植物行政许可事项）	国家林业局公告 2014 年 14 号
181	国家濒管办关于调整木材进口的非《进出口野生动植物种商品目录》物种证明核发政策的通知	濒办字〔2014〕99 号
182	国家林业局关于深化三北防护林体系建设改革的意见	林北发〔2014〕171 号
183	国家林业局关于印发《林业植物新品种测试管理规定》的通知	林技发〔2015〕26 号
184	国家林业局关于印发《新一轮退耕还林工程作业设计技术规定》的通知	林退发〔2015〕35 号
185	国家林业局关于印发《退耕还林工程档案管理办法》的通知	林退发〔2015〕38 号
186	国家林业局关于印发《标准化林业工作站建设检查验收办法（试行）》的通知	林站发〔2015〕39 号
187	国家林业局关于印发《国家级自然保护区总体规划审批管理办法》的通知	林规发〔2015〕55 号
188	国家林业局关于印发《国家级森林公园总体规划审批管理办法》的通知	林规发〔2015〕57 号
189	国家林业局关于印发《国家沙化土地封禁保护区管理办法》的通知	林沙发〔2015〕66 号
190	中华人民共和国濒危物种进出口管理办公室公告（支持上海自贸区野生动植物进出口许可改革措施）	濒管办公告 2015 年第 1 号
191	国家林业局公告（支持上海自贸区的野生动物行政许可委托事项）	国家林业局公告 2015 年 14 号
192	国家林业局关于支持上海自由贸易试验区有关林木引种检疫审批工作的通知	林造发〔2015〕81 号
193	国家林业局关于进一步规范大熊猫国内借展管理的通知	林护发〔2015〕85 号

（续）

序号	文件名称	文　号
194	国家林业局关于印发《国有林场备案办法》的通知	林场发〔2015〕120 号
195	国家林业局关于加强临时占用林地监督管理的通知	林资发〔2015〕121 号
196	国家林业局关于印发《建设项目使用林地审核审批管理规范》和《使用林地申请表》、《使用林地现场查验表》的通知	林资发〔2015〕122 号
197	国家林业局公告(委托福建、广东省林业厅实施新一批野生动物行政许可事项)	国家林业局公告 2015 年 16 号
198	国家林业局关于光伏电站建设使用林地有关问题的通知	林资发〔2015〕153 号
199	国家林业局关于印发《国家林业局重点实验室管理办法》的通知	林科发〔2015〕165 号
200	国家林业局公告(国家林业局推广随机抽查行政检查事项清单)	国家林业局公告 2015 年 21 号
201	国家林业局关于印发《林业植物新品种保护行政执法办法》的通知	林技发〔2015〕176 号
202	国家林业局关于实行林木种子生产经营许可制度有关事项的通知	林场发〔2015〕186 号
203	国家林业局关于严格保护天然林的通知	林资发〔2015〕181 号
204	国家林业局关于印发《国家林木种质资源库管理办法》的通知	林场发〔2016〕4 号
205	国家林业局关于切实加强"十三五"期间年森林采伐限额管理的通知	林资发〔2016〕24 号
206	国家林业局关于进一步加强集体林地承包经营纠纷调处工作的通知	林改发〔2016〕38 号
207	国家林业局公告(临时禁止进口部分象牙及其制品)	国家林业局公告 2016 年 3 号
208	国家林业局关于全面推进政务公开工作的意见	林办发〔2016〕45 号

第六节　有关重要司法解释

一、最高人民法院《关于审理破坏森林资源刑事案件具体应用法律若干问题的解释》

（法释〔2000〕36 号）

（2000 年 11 月 17 日最高人民法院审判委员会第 1141 次会议通过，2000 年 11 月 22 日颁布，自 2000 年 12 月 11 日施行）

为依法惩处破坏森林资源的犯罪活动，根据刑法的有关规定，现就审理这类案件具体应用法律的若干问题解释如下：

第一条　刑法第三百四十四条规定的"珍贵树木"，包括由省级以上林业主管部门或者其他部门确定的具有重大历史纪念意义、科学研究价值或者年代久远的古树名木，国家禁止、限制出口的珍贵树木以及列入国家重点保护野生植物名录的树木。

第二条　具有下列情形之一的，属于非法采伐、毁坏珍贵树木行为"情节严重"：

（一）非法采伐珍贵树木二株以上或者毁坏珍贵树木致使珍贵树木死亡三株以上的；

（二）非法采伐珍贵树木二立方米以上的；

（三）为首组织、策划、指挥非法采伐或者毁坏珍贵树木的；

（四）其他情节严重的情形。

第三条　以非法占有为目的，具有下列情形之一，数量较大的，依照刑法第三百四十五条第一款的规定，以盗伐林木罪定罪处罚：

（一）擅自砍伐国家、集体、他人所有或者他人承包经营管理的森林或者其他林木的；

（二）擅自砍伐本单位或者本人承包经营管理的森林或者其他林木的；

（三）在森林采伐许可证规定的地点以外采伐国家、集体、他人所有或者他人承包经营管理的森林或者其他林木的。

第四条　盗伐林木"数量较大"，以二至五立方米或者幼树一

百至二百株为起点；盗伐林木"数量巨大"，以二十至五十立方米
或者幼树一千至二千株为起点；盗伐林木"数量特别巨大"，以一
百至二百立方米或者幼树五千至一万株为起点。

第五条 违反森林法的规定，具有下列情形之一，数量较大的，
依照刑法第三百四十五条第二款的规定，以滥伐林木罪定罪处罚：

（一）未经林业行政主管部门及法律规定的其他主管部门批准
并核发林木采伐许可证，或者虽持有林木采伐许可证，但违反林
木采伐许可证规定的时间、数量、树种或者方式，任意采伐本单
位所有或者本人所有的森林或者其他林木的；

（二）超过林木采伐许可证规定的数量采伐他人所有的森林或
者其他林木的。

林木权属争议一方在林木权属确权之前，擅自砍伐森林或者
其他林木，数量较大的，以滥伐林木罪论处。

第六条 滥伐林木"数量较大"，以十至二十立方米或者幼树
五百至一千株为起点；滥伐林木"数量巨大"，以五十至一百立方
米或者幼树二千五百至五千株为起点。

第七条 对于一年内多次盗伐、滥伐少量林木未经处罚的，
累计其盗伐、滥伐林木的数量，构成犯罪的，依法追究刑事
责任。

第八条 盗伐、滥伐珍贵树木，同时触犯刑法第三百四十四
条、第三百四十五条规定的，依照处罚较重的规定定罪处罚。

第九条 将国家、集体、他人所有并已经伐倒的树木窃为己
有，以及偷砍他人房前屋后、自留地种植的零星树木，数额较大
的，依照刑法第二百六十四条的规定，以盗窃罪定罪处罚。

第十条 刑法第三百四十五条规定的"非法收购明知是盗伐、
滥伐的林木"中的"明知"，是指知道或者应当知道。具有下列情形
之一的，可以视为应当知道，但是有证据证明确属被蒙骗的除外：

（一）在非法的木材交易场所或者销售单位收购木材的；

（二）收购以明显低于市场价格出售的木材的；

（三）收购违反规定出售的木材的。

第十一条 具有下列情形之一的，属于在林区非法收购盗

伐、滥伐的林木"情节严重":

(一)非法收购盗伐、滥伐的林木二十立方米以上或者幼树一千株以上的;

(二)非法收购盗伐、滥伐的珍贵树木二立方米以上或者五株以上的;

(三)其他情节严重的情形。

具有下列情形之一的,属于在林区非法收购盗伐、滥伐的林木"情节特别严重":

(一)非法收购盗伐、滥伐的林木一百立方米以上或者幼树五千株以上的;

(二)非法收购盗伐、滥伐的珍贵树木五立方米以上或者十株以上的;

(三)其他情节特别严重的情形。

第十二条　林业主管部门的工作人员违反森林法的规定,超过批准的年采伐限额发放林木采伐许可证或者违反规定滥发林木采伐许可证,具有下列情形之一的,属于刑法第四百零七条规定的"情节严重,致使森林遭受严重破坏",以违法发放林木采伐许可证罪定罪处罚:

(一)发放林木采伐许可证允许采伐数量累计超过批准的年采伐限额,导致林木被采伐数量在十立方米以上的;

(二)滥发林木采伐许可证,导致林木被滥伐二十立方米以上的;

(三)滥发林木采伐许可证,导致珍贵树木被滥伐的;

(四)批准采伐国家禁止采伐的林木,情节恶劣的;

(五)其他情节严重的情形。

第十三条　对于伪造、变造、买卖林木采伐许可证、木材运输证件,森林、林木、林地权属证书,占用或者征用林地审核同意书、育林基金等缴费收据以及其他国家机关批准的林业证件构成犯罪的,依照刑法第二百八十条第一款的规定,以伪造、变造、买卖国家机关公文、证件罪定罪处罚。

对于买卖允许进出口证明书等经营许可证明,同时触犯刑法

第二百二十五条、第二百八十条规定之罪的，依照处罚较重的规定定罪处罚。

第十四条　聚众哄抢林木五立方米以上的，属于聚众哄抢"数额较大"；聚众哄抢林木二十立方米以上的，属于聚众哄抢"数额巨大"，对首要分子和积极参加的，依照刑法第二百六十八条的规定，以聚众哄抢罪定罪处罚。

第十五条　非法实施采种、采脂、挖笋、掘根、剥树皮等行为，牟取经济利益数额较大的，依照刑法第二百六十四条的规定，以盗窃罪定罪处罚。同时构成其他犯罪的，依照处罚较重的规定定罪处罚。

第十六条　单位犯刑法第三百四十四条、第三百四十五条规定之罪，定罪量刑标准按照本解释的规定执行。

第十七条　本解释规定的林木数量以立木蓄积计算，计算方法为：原木材积除以该树种的出材率。

本解释所称"幼树"，是指胸径五厘米以下的树木。

滥伐林木的数量，应在伐区调查设计允许的误差额以上计算。

第十八条　盗伐、滥伐以生产竹材为主要目的的竹林的定罪量刑问题，有关省（自治区、直辖市）高级人民法院可以参照上述规定的精神，规定本地区的具体标准，并报最高人民法院备案。

第十九条　各省（自治区、直辖市）高级人民法院可以根据本地区的实际情况，在本解释第四条、第六条规定的数量幅度内，确定本地区执行的具体数量标准，并报最高人民法院备案。

二、最高人民法院关于审理植物新品种纠纷案件若干问题的解释

（法释〔2001〕5号）

（2000年12月25日最高人民法院审判委员会第1154次会议通过，2001年2月5日颁布，自2001年2月14日施行）

为依法受理和审判植物新品种纠纷案件，根据《中华人民共

和国民事诉讼法》、《中华人民共和国行政诉讼法》的有关规定，现就有关问题解释如下：

第一条　人民法院受理的植物新品种纠纷案件主要包括以下几类：

（一）是否应当授予植物新品种权纠纷案件；

（二）宣告授予的植物新品种权无效或者维持植物新品种权的纠纷案件；

（三）授予品种权的植物新品种更名的纠纷案件；

（四）实施强制许可的纠纷案件；

（五）实施强制许可使用费的纠纷案件；

（六）植物新品种申请权纠纷案件；

（七）植物新品种权权利归属纠纷案件；

（八）转让植物新品种申请权和转让植物新品种权的纠纷案件；

（九）侵犯植物新品种权的纠纷案件；

（十）不服省级以上农业、林业行政管理部门依据职权对侵犯植物新品种权处罚的纠纷案件；

（十一）不服县级以上农业、林业行政管理部门依据职权对假冒授权品种处罚的纠纷案件。

第二条　人民法院在依法审查当事人涉及植物新品种权的起诉时，只要符合《中华人民共和国民事诉讼法》第一百零八条、《中华人民共和国行政诉讼法》第四十一条规定的民事案件或者行政案件的起诉条件，均应当依法予以受理。

第三条　本解释第一条所列第（一）至（五）类案件，由北京市第二中级人民法院作为第一审人民法院审理；第（六）至（十一）类案件，由各省（自治区、直辖市）人民政府所在地和最高人民法院指定的中级人民法院作为第一审人民法院审理。

第四条　以侵权行为地确定人民法院管辖的侵犯植物新品种权的民事案件，其所称的侵权行为地，是指未经品种权所有人许可，以商业目的生产、销售该授权植物新品种的繁殖材料的所在地，或者将该授权品种的繁殖材料重复使用于生产另一品种的繁殖材料的所在地。

第五条 关于是否应当授予植物新品种权的纠纷案件、宣告授予的植物新品种权无效或者维持植物新品种权的纠纷案件、授予品种权的植物新品种更名的纠纷案件，应当以行政主管机关植物新品种复审委员会为被告；关于实施强制许可的纠纷案件，应当以植物新品种审批机关为被告；关于强制许可使用费纠纷案件，应当根据原告所请求的事项和所起诉的当事人确定被告。

第六条 人民法院审理侵犯植物新品种权纠纷案件，被告在答辩期间内向行政主管机关植物新品种复审委员会请求宣告该植物新品种权无效的，人民法院一般不中止诉讼。

三、最高人民法院关于审理破坏野生动物资源刑事案件具体应用法律若干问题的解释

（法释〔2000〕37号）

（2000年11月17日最高人民法院审判委员会第1141次会议通过，2000年11月27日颁布，自2000年12月11日起施行）

为依法惩处破坏野生动物资源的犯罪活动，根据刑法的有关规定，现就审理这类案件具体应用法律的若干问题解释如下：

第一条 刑法第三百四十一条第一款规定的"珍贵、濒危野生动物"，包括列入国家重点保护野生动物名录的国家一、二级保护野生动物、列入《濒危野生动植物种国际贸易公约》附录一、附录二的野生动物以及驯养繁殖的上述物种。

第二条 刑法第三百四十一条第一款规定的"收购"，包括以营利、自用等为目的的购买行为；"运输"，包括采用携带、邮寄、利用他人、使用交通工具等方法进行运送的行为；"出售"，包括出卖和以营利为目的的加工利用行为。

第三条 非法猎捕、杀害、收购、运输、出售珍贵、濒危野生动物具有下列情形之一的，属于"情节严重"：

（一）达到本解释附表所列相应数量标准的；

（二）非法猎捕、杀害、收购、运输、出售不同种类的珍贵、

濒危野生动物，其中两种以上分别达到附表所列"情节严重"数量标准一半以上的。

非法猎捕、杀害、收购、运输、出售珍贵、濒危野生动物具有下列情形之一的，属于"情节特别严重"：

（一）达到本解释附表所列相应数量标准的；

（二）非法猎捕、杀害、收购、运输、出售不同种类的珍贵、濒危野生动物，其中两种以上分别达到附表所列"情节特别严重"数量标准一半以上的。

第四条 非法猎捕、杀害、收购、运输、出售珍贵、濒危野生动物构成犯罪，具有下列情形之一的，可以认定为"情节严重"；非法猎捕、杀害、收购、运输、出售珍贵、濒危野生动物符合本解释第三条第一款的规定，并具有下列情形之一的，可以认定为"情节特别严重"：

（一）犯罪集团的首要分子；

（二）严重影响对野生动物的科研、养殖等工作顺利进行的；

（三）以武装掩护方法实施犯罪的；

（四）使用特种车、军用车等交通工具实施犯罪的；

（五）造成其他重大损失的。

第五条 非法收购、运输、出售珍贵、濒危野生动物制品具有下列情形之一的，属于"情节严重"：

（一）价值在十万元以上的；

（二）非法获利五万元以上的；

（三）具有其他严重情节的。

非法收购、运输、出售珍贵、濒危野生动物制品具有下列情形之一的，属于"情节特别严重"：

（一）价值在二十万元以上的；

（二）非法获利十万元以上的；

（三）具有其他特别严重情节的。

第六条 违反狩猎法规，在禁猎区、禁猎期或者使用禁用的工具、方法狩猎，具有下列情形之一的，属于非法狩猎"情节严重"：

（一）非法狩猎野生动物二十只以上的；

（二）违反狩猎法规，在禁猎区或者禁猎期使用禁用的工具、方法狩猎的；

（三）具有其他严重情节的。

第七条　使用爆炸、投毒、设置电网等危险方法破坏野生动物资源，构成非法猎捕、杀害珍贵、濒危野生动物罪或者非法狩猎罪，同时构成刑法第一百一十四条或者第一百一十五条规定之罪的，依照处罚较重的规定定罪处罚。

第八条　实施刑法第三百四十一条规定的犯罪，又以暴力、威胁方法抗拒查处，构成其他犯罪的，依照数罪并罚的规定处罚。

第九条　伪造、变造、买卖国家机关颁发的野生动物允许进出口证明书、特许猎捕证、狩猎证、驯养繁殖许可证等公文、证件构成犯罪的，依照刑法第二百八十条第一款的规定以伪造、变造、买卖国家机关公文、证件罪定罪处罚。

实施上述行为构成犯罪，同时构成刑法第二百二十五条第二项规定的非法经营罪的，依照处罚较重的规定定罪处罚。

第十条　非法猎捕、杀害、收购、运输、出售《濒危野生动植物种国际贸易公约》附录一、附录二所列的非原产于我国的野生动物"情节严重"、"情节特别严重"的认定标准，参照本解释第三条、第四条以及附表所列与其同属的国家一、二级保护野生动物的认定标准执行；没有与其同属的国家一、二级保护野生动物的，参照与其同科的国家一、二级保护野生动物的认定标准执行。

第十一条　珍贵、濒危野生动物制品的价值，依照国家野生动物保护主管部门的规定核定；核定价值低于实际交易价格的，以实际交易价格认定。

第十二条　单位犯刑法第三百四十一条规定之罪，定罪量刑标准依照本解释的有关规定执行。

非法猎捕、杀害、收购、运输、出售珍贵、濒危野生动物刑事案件
"情节严重"、"情节特别严重"数量认定标准

中文名	拉丁文名	级别	情节严重	情节特别严重
蜂猴	*Nycticebus* spp.	I	3	4
熊猴	*Macaca assamensis*	I	2	3
台湾猴	*Macaca cyclopis*	I	1	2

（续）

中文名	拉丁文名	级别	情节严重	情节特别严重
豚尾猴	*Nacaca nemestrina*	I	2	3
叶猴(所有种)	*Presbytis* spp.	I	1	2
金丝猴(所有种)	*Rhinopithecus* spp.	I	0	1
长臂猿(所有种)	*Hylobates* spp.	I	1	2
马来熊	*Helarctos malayanus*	I	2	3
大熊猫	*Ailuropoda melanoleuca*	I	0	1
紫貂	*Martes zibellina*	I	3	4
貂熊	*Gulo gulo*	I	2	3
熊狸	*Arctictis binturong*	I	1	2
云豹	*Neofelis nebulosa*	I	0	1
豹	*Panthera pardus*	I	0	1
雪豹	*Panthera uncia*	I	0	1
虎	*Panthera tigris*	I	0	1
亚洲象	*Elephas maximus*	I	0	1
蒙古野驴	*Equus hemionus*	I	2	3
西藏野驴	*Equus kiang*	I	3	5
野马	*Equus przewalskii*	I	0	1
野骆驼	*Camelus ferus*（= *bactrianus*）	I	1	2
鼷鹿	*Tragulus javanicus*	I	2	3
黑麂	*Muntiacus crinifrons*	I	1	2
白唇鹿	*Cervus albirostris*	I	1	2
坡鹿	*Cervus eldi*	I	1	2
梅花鹿	*Cervus nippon*	I	2	3
豚鹿	*Cervus porcinus*	I	2	3
麋鹿	*Elaphurus davidianus*	I	1	2
野牛	*Bos gaurus*	I	1	2
野牦牛	*Bos mutus*（= *grunniens*）	I	2	3

（续）

中文名	拉丁文名	级别	情节严重	情节特别严重
普氏原羚	*Procapra przewalskii*	I	1	2
藏羚	*Pantholops hodgsoni*	I	2	3
高鼻羚羊	*Saiga tatarica*	I	0	1
扭角羚	*Budorcas taxicolor*	I	1	2
台湾鬣羚	*Capricornis crispus*	I	2	3
赤斑羚	*Naemorhedus cranbrooki*	I	2	4
塔尔羊	*Hemitragus jemlahicus*	I	2	4
北山羊	*Capra ibex*	I	2	4
河狸	*Castor fiber*	I	1	2
短尾信天翁	*Diomedea albatrus*	I	2	4
白腹军舰鸟	*Fregata andrewsi*	I	2	4
白鹳	*Ciconia ciconia*	I	2	4
黑鹳	*Ciconia nigra*	I	2	4
朱鹮	*Nipponia nippon*	I	0	1
中华沙秋鸭	*Mergus squamatus*	I	2	3
金雕	*Aquila chrysaetos*	I	2	4
白肩雕	*Aquila heliaca*	I	2	4
玉带海雕	*Haliaeetus leucoryphus*	I	2	4
白尾海雕	*Haliaeetus albcilla*	I	2	3
虎头海雕	*Haliaeetus pelagicus*	I	2	4
拟兀鹫	*Pseudogyps bengalensis*	I	2	4
胡兀鹫	*Gypaetus barbatus*	I	2	4
细嘴松鸡	*Tetrao parvirostris*	I	3	5
斑尾榛鸡	*Tetrastes sewerzowi*	I	3	5
雉鹑	*Tetraophasis obscurus*	I	3	5
四川山鹧鸪	*Arborophila rufipectus*	I	3	5
海南山鹧鸪	*Arborophila ardens*	I	3	5

（续）

中文名	拉丁文名	级别	情节严重	情节特别严重
黑头角雉	*Tragopan melanocephalus*	I	2	3
红胸角雉	*Tragopan satyra*	I	2	4
灰腹角雉	*Tragopan blythii*	I	2	3
黄腹角雉	*Tragopan caboti*	I	2	3
虹雉（所有种）	*Lophophorus* spp.	I	2	4
褐马鸡	*Crossoptilon mantchuricum*	I	2	3
蓝鹇	*Lophura swinhoii*	I	2	3
黑颈长尾雉	*Syrmaticus humiae*	I	2	4
白颈长尾雉	*Syrmaticus ewllioti*	I	2	4
黑长尾雉	*Syrmaticus mikado*	I	2	4
孔雀雉	*Polyplectron bicalcaratum*	I	2	3
绿孔雀	*Pavo muticus*	I	2	3
黑颈鹤	*Grus nigricollis*	I	2	3
白头鹤	*Grus monacha*	I	2	3
丹顶鹤	*Grus japonensis*	I	2	3
白鹤	*Grus leucogeranus*	I	2	3
赤颈鹤	*Grus antigone*	I	1	2
鸨（所有种）	*Otis* spp.	I	4	6
遗鸥	*Larus relictus*	I	2	4
四爪陆龟	*Testudo horsfieldi*	I	4	8
蜥鳄	*Shinisaurus crocodilurus*	I	2	4
巨蜥	*Varanus salvator*	I	2	4
蟒	*Python molurus*	I	2	4
扬子鳄	*Alligator sinensis*	I	1	2
中华蚱蠊	*Galloisiana sinensis*	I	3	6
金斑喙凤蝶	*Teinopalpus aureus*	I	3	6
短尾猴	*Macaca arctoides*	II	6	10

（续）

中文名	拉丁文名	级别	情节严重	情节特别严重
猕猴	*Macaca mulatto*	Ⅱ	6	10
藏酋猴	*Macaca thibetana*	Ⅱ	6	10
穿山甲	*Manis pentadactyla*	Ⅱ	8	16
豺	*Cuon alpinus*	Ⅱ	4	6
黑熊	*Selenarctos thibetanus*	Ⅱ	3	5
棕熊（包括马熊）	*Ursus arctos*（*U. a. pruinosus*）	Ⅱ	3	5
小熊猫	*Ailurus fulgens*	Ⅱ	3	5
石貂	*Martes foina*	Ⅱ	4	10
黄喉貂	*Martes flavigula*	Ⅱ	4	10
斑林狸	*Prionodon pardicolor*	Ⅱ	4	8
大灵猫	*Viverra zibetha*	Ⅱ	3	5
小灵猫	*Viverricula indica*	Ⅱ	4	8
草原斑猫	*Felis lybica*（=*silvestris*）	Ⅱ	4	8
荒漠猫	*Felis bieti*	Ⅱ	4	10
丛林猫	*Felis chaus*	Ⅱ	4	8
猞猁	*Felis lynx*	Ⅱ	2	3
兔狲	*Felis manul*	Ⅱ	3	5
金猫	*Felis temmincki*	Ⅱ	4	8
渔猫	*Felis viverrinus*	Ⅱ	4	8
麝（所有种）	*Moschus* spp.	Ⅱ	3	5
河麂	*Hydropotes inermis*	Ⅱ	4	8
马鹿（含白臀鹿）	*Cervus elaphus*（*C. e. macneilli*）	Ⅱ	4	6
水鹿	*Cervus unicolor*	Ⅱ	3	5
驼鹿	*Alces alces*	Ⅱ	3	5
黄羊	*Procapra gutturosa*	Ⅱ	8	15
藏原羚	*Procapra picticaudata*	Ⅱ	4	8
鹅喉羚	*Gazella subgutturosa*	Ⅱ	4	8

（续）

中文名	拉丁文名	级别	情节严重	情节特别严重
鬣羚	*Capricornis sumatraensis*	Ⅱ	3	4
斑羚	*Naemorhedus goral*	Ⅱ	4	8
岩羊	*Pseudois nayaur*	Ⅱ	4	8
盘羊	*Ovis ammon*	Ⅱ	3	5
海南兔	*Lepus peguensis hainanus*	Ⅱ	6	10
雪兔	*Lepus timidus*	Ⅱ	6	10
塔里木兔	*Lepus yarkandensis*	Ⅱ	20	40
巨松鼠	*Ratufa bicolor*	Ⅱ	6	10
角鸊鷉	*Podiceps auritus*	Ⅱ	6	10
赤颈鸊鷉	*Podiceps grisegena*	Ⅱ	6	8
鹈鹕（所有种）	*Pelecanus* spp.	Ⅱ	4	8
鲣鸟（所有种）	*Sula* spp.	Ⅱ	6	10
海鸬鹚	*Phalacrocorax pelagicus*	Ⅱ	4	8
黑颈鸬鹚	*Phalacrocorax niger*	Ⅱ	4	8
黄嘴白鹭	*Egretta eulophotes*	Ⅱ	6	10
岩鹭	*Egretta sacra*	Ⅱ	6	20
海南虎斑	*Gorsachius magnificus*	Ⅱ	6	10
小苇鳽	*Ixbrychus minutus*	Ⅱ	6	10
彩鹳	*Ibis leucocephalus*	Ⅱ	3	4
白鹮	*Threskiornis aethiopicus*	Ⅱ	4	8
黑鹮	*Pseudibis papillosa*	Ⅱ	4	8
彩鹮	*Pseudibis falcinellus*	Ⅱ	4	8
白琵鹭	*Platalea leucorodia*	Ⅱ	4	8
黑脸琵鹭	*Platalea ninor*	Ⅱ	4	8
红胸黑雁	*Branta ruficollis*	Ⅱ	4	8
白额雁	*Anser albifrons*	Ⅱ	6	10
天鹅（所有种）	*Cygnus* spp.	Ⅱ	6	10

（续）

中文名	拉丁文名	级别	情节严重	情节特别严重
鸳鸯	*Aix galericulata*	Ⅱ	6	10
其他鹰类	（*Accipitridae*）	Ⅱ	4	8
隼类（所有种）	*Falconidae*	Ⅱ	6	10
黑琴鸡	*Lyrurus tetrix*	Ⅱ	4	8
柳雷鸟	*Lagopus lagopus*	Ⅱ	4	8
岩雷鸟	*Lagopus mutus*	Ⅱ	6	10
镰翅鸡	*Falcipennis falcipennis*	Ⅱ	3	4
花尾榛鸡	*Tetrastes bonasia*	Ⅱ	10	20
雪鸡（所有种）	*Tetraogallus* spp.	Ⅱ	10	20
血雉	*Ithaginis cruentus*	Ⅱ	4	6
红腹角雉	*Tragopan temminckii*	Ⅱ	4	6
藏马鸡	*Crossoptilon crossoptilon*	Ⅱ	4	6
蓝马鸡	*Crossoptilon aurtum*	Ⅱ	4	10
黑鹇	*Lophura leucomelana*	Ⅱ	6	8
白鹇	*Lophura nycthemera*	Ⅱ	6	10
原鸡	*Gallus gallus*	Ⅱ	6	8
勺鸡	*Pucrasia macrolopha*	Ⅱ	6	8
白冠长尾雉	*Syrmaticus reevesii*	Ⅱ	4	6
锦鸡（所有种）	*Chrysolophus* spp.	Ⅱ	4	8
灰鹤	*Grus grus*	Ⅱ	4	8
沙丘鹤	*Grus canadensis*	Ⅱ	4	8
白枕鹤	*Grus vipio*	Ⅱ	4	8
蓑羽鹤	*Anthropoides virgo*	Ⅱ	6	10
长脚秧鸡	*Crex crex*	Ⅱ	6	10
姬田鸡	*Porzana parva*	Ⅱ	6	10
棕背田鸡	*Porzana bicolor*	Ⅱ	6	10
花田鸡	*Coturnicops noveboracensis*	Ⅱ	6	10

（续）

中文名	拉丁文名	级别	情节严重	情节特别严重
铜翅水雉	*Metopidius indicus*	Ⅱ	6	10
小杓鹬	*Numenius borealis*	Ⅱ	8	15
小青脚鹬	*Tringa guttifer*	Ⅱ	6	10
灰燕鸻	*Glareola lacteal*	Ⅱ	6	10
小鸥	*Larus minutus*	Ⅱ	6	10
黑浮鸥	*Chlidonias niger*	Ⅱ	6	10
黄嘴河燕鸥	*Sterna aurantia*	Ⅱ	6	10
黑嘴端凤头燕鸥	*Thalasseus zimmermanni*	Ⅱ	4	8
黑腹沙鸡	*Pterocles orientalis*	Ⅱ	4	8
绿鸠（所有种）	*Treron* spp.	Ⅱ	6	8
黑颏果鸠	*Ptilinopus leclancheri*	Ⅱ	6	10
皇鸠（所有种）	*Ducula* spp.	Ⅱ	6	10
斑尾林鸽	*Columba palumbus*	Ⅱ	6	10
鹃鸠（所有种）	*Macropygia* spp.	Ⅱ	6	10
鹦鹉科（所有种）	*Psittacidae*	Ⅱ	6	10
鸦鹃（所有种）	*Centropus* spp.	Ⅱ	6	10
鸮形目（所有种）	*Strigiformfs*	Ⅱ	6	10
灰喉针尾雨燕	*Hirundapus cochinchinensis*	Ⅱ	6	10
凤头雨燕	*Hemiprocne longipennis*	Ⅱ	6	10
橙胸咬鹃	*Harpactes oreskios*	Ⅱ	6	10
蓝耳翠鸟	*Alcedo meninting*	Ⅱ	6	10
鹳嘴翠鸟	*Pelargopsis capensis*	Ⅱ	6	10
黑胸蜂虎	*Merops leschenaultia*	Ⅱ	6	10
绿喉蜂虎	*Merops orientalis*	Ⅱ	6	10
犀鸟科（所有种）	Bucerotidae	Ⅱ	4	8
白腹黑啄木鸟	*Dryocopus javensis*	Ⅱ	6	10
阔嘴鸟科（所有种）	Eurylaimidae	Ⅱ	6	10

（续）

中文名	拉丁文名	级别	情节严重	情节特别严重
八色鸫科(所有种)	Pittidae	II	6	10
凹甲陆龟	*Manouria impressa*	II	6	10
大壁虎	*Gekko gecko*	II	10	20
虎纹蛙	*Rana tigrina*	II	100	200
伟蛱(虫八)	*Atlasjapyx atlas*	II	6	10
尖板曦箭蜓	*Heliogomphus retroflexus*	II	6	10
宽纹北箭蜓	*Ophiogomphus spinicorne*	II	6	10
中华缺翅虫	*Zorotypus sinensis*	II	6	10
墨脱缺翅虫	*Zorotypus medoensis*	II	6	10
拉步甲	*Carabus*(*Coptolabrus*)*lafossei*	II	6	10
硕步甲	*Carabus*(*Apotopterus*)*davidi*	II	6	10
彩臂金龟(所有种)	*Cheirotonus* spp.	II	6	10
叉犀金龟	*Allomyrina davidis*	II	6	10
双尾褐凤蝶	*Bhutanitis mansfieldi*	II	6	10
三尾褐凤蝶	*Bhutanitis thaidina dongchua-nensis*	II	6	10
中华虎凤蝶	*Luehdorfia chinensis huas-hanensis*	II	6	10
阿波罗绢蝶	*Parnassius apollo*	II	6	10

四、最高人民法院关于审理涉及农村土地承包纠纷案件适用法律问题的解释

（法释〔2005〕6号）

（2005年3月29日最高人民法院审判委员会第1346次会议通过，2005年7月29日颁布，自2005年9月1日起施行）

根据《中华人民共和国民法通则》、《中华人民共和国合同法》、《中华人民共和国民事诉讼法》、《中华人民共和国农村土地

承包法》、《中华人民共和国土地管理法》等法律的规定，结合民事审判实践，对审理涉及农村土地承包纠纷案件适用法律的若干问题解释如下：

一、受理与诉讼主体

第一条　下列涉及农村土地承包民事纠纷，人民法院应当依法受理：

（一）承包合同纠纷；

（二）承包经营权侵权纠纷；

（三）承包经营权流转纠纷；

（四）承包地征收补偿费用分配纠纷；

（五）承包经营权继承纠纷。

集体经济组织成员因未实际取得土地承包经营权提起民事诉讼的，人民法院应当告知其向有关行政主管部门申请解决。

集体经济组织成员就用于分配的土地补偿费数额提起民事诉讼的，人民法院不予受理。

第二条　当事人自愿达成书面仲裁协议的，受诉人民法院应当参照最高人民法院《关于适用〈中华人民共和国民事诉讼法〉若干问题的意见》第 145 条至第 148 条的规定处理。

当事人未达成书面仲裁协议，一方当事人向农村土地承包仲裁机构申请仲裁，另一方当事人提起诉讼的，人民法院应予受理，并书面通知仲裁机构。但另一方当事人接受仲裁管辖后又起诉的，人民法院不予受理。

当事人对仲裁裁决不服并在收到裁决书之日起三十日内提起诉讼的，人民法院应予受理。

第三条　承包合同纠纷，以发包方和承包方为当事人。

前款所称承包方是指以家庭承包方式承包本集体经济组织农村土地的农户，以及以其他方式承包农村土地的单位或者个人。

第四条　农户成员为多人的，由其代表人进行诉讼。

农户代表人按照下列情形确定：

（一）土地承包经营权证等证书上记载的人；

（二）未依法登记取得土地承包经营权证等证书的，为在承包合同上签字的人；

（三）前两项规定的人死亡、丧失民事行为能力或者因其他原因无法进行诉讼的，为农户成员推选的人。

二、家庭承包纠纷案件的处理

第五条 承包合同中有关收回、调整承包地的约定违反农村土地承包法第二十六条、第二十七条、第三十条、第三十五条规定的，应当认定该约定无效。

第六条 因发包方违法收回、调整承包地，或者因发包方收回承包方弃耕、撂荒的承包地产生的纠纷，按照下列情形，分别处理：

（一）发包方未将承包地另行发包，承包方请求返还承包地的，应予支持；

（二）发包方已将承包地另行发包给第三人，承包方以发包方和第三人为共同被告，请求确认其所签订的承包合同无效、返还承包地并赔偿损失的，应予支持。但属于承包方弃耕、撂荒情形的，对其赔偿损失的诉讼请求，不予支持。

前款第（二）项所称的第三人，请求受益方补偿其在承包地上的合理投入的，应予支持。

第七条 承包合同约定或者土地承包经营权证等证书记载的承包期限短于农村土地承包法规定的期限，承包方请求延长的，应予支持。

第八条 承包方违反农村土地承包法第十七条规定，将承包地用于非农建设或者对承包地造成永久性损害，发包方请求承包方停止侵害、恢复原状或者赔偿损失的，应予支持。

第九条 发包方根据农村土地承包法第二十六条规定收回承包地前，承包方已经以转包、出租等形式将其土地承包经营权流转给第三人，且流转期限尚未届满，因流转价款收取产生的纠纷，按照下列情形，分别处理：

（一）承包方已经一次性收取了流转价款，发包方请求承包方返还剩余流转期限的流转价款的，应予支持；

（二）流转价款为分期支付，发包方请求第三人按照流转合同的约定支付流转价款的，应予支持。

第十条　承包方交回承包地不符合农村土地承包法第二十九条规定程序的，不得认定其为自愿交回。

第十一条　土地承包经营权流转中，本集体经济组织成员在流转价款、流转期限等主要内容相同的条件下主张优先权的，应予支持。但下列情形除外：

（一）在书面公示的合理期限内未提出优先权主张的；

（二）未经书面公示，在本集体经济组织以外的人开始使用承包地两个月内未提出优先权主张的。

第十二条　发包方强迫承包方将土地承包经营权流转给第三人，承包方请求确认其与第三人签订的流转合同无效的，应予支持。

发包方阻碍承包方依法流转土地承包经营权，承包方请求排除妨碍、赔偿损失的，应予支持。

第十三条　承包方未经发包方同意，采取转让方式流转其土地承包经营权的，转让合同无效。但发包方无法定理由不同意或者拖延表态的除外。

第十四条　承包方依法采取转包、出租、互换或者其他方式流转土地承包经营权，发包方仅以该土地承包经营权流转合同未报其备案为由，请求确认合同无效的，不予支持。

第十五条　承包方以其土地承包经营权进行抵押或者抵偿债务的，应当认定无效。对因此造成的损失，当事人有过错的，应当承担相应的民事责任。

第十六条　因承包方不收取流转价款或者向对方支付费用的约定产生纠纷，当事人协商变更无法达成一致，且继续履行又显失公平的，人民法院可以根据发生变更的客观情况，按照公平原则处理。

第十七条　当事人对转包、出租地流转期限没有约定或者约定不明的，参照合同法第二百三十二条规定处理。除当事人另有约定或者属于林地承包经营外，承包地交回的时间应当在农作物收获期结束后或者下一耕种期开始前。

对提高土地生产能力的投入，对方当事人请求承包方给予相应补偿的，应予支持。

第十八条　发包方或者其他组织、个人擅自截留、扣缴承包收益或者土地承包经营权流转收益，承包方请求返还的，应予支持。

发包方或者其他组织、个人主张抵销的，不予支持。

三、其他方式承包纠纷的处理

第十九条　本集体经济组织成员在承包费、承包期限等主要内容相同的条件下主张优先承包权的，应予支持。但在发包方将农村土地发包给本集体经济组织以外的单位或者个人，已经法律规定的民主议定程序通过，并由乡（镇）人民政府批准后主张优先承包权的，不予支持。

第二十条　发包方就同一土地签订两个以上承包合同，承包方均主张取得土地承包经营权的，按照下列情形，分别处理：

（一）已经依法登记的承包方，取得土地承包经营权；

（二）均未依法登记的，生效在先合同的承包方取得土地承包经营权；

（三）依前两项规定无法确定的，已经根据承包合同合法占有使用承包地的人取得土地承包经营权，但争议发生后一方强行先占承包地的行为和事实，不得作为确定土地承包经营权的依据。

第二十一条　承包方未依法登记取得土地承包经营权证等证书，即以转让、出租、入股、抵押等方式流转土地承包经营权，发包方请求确认该流转无效的，应予支持。但非因承包方原因未登记取得土地承包经营权证等证书的除外。

承包方流转土地承包经营权，除法律或者本解释有特殊规定外，按照有关家庭承包土地承包经营权流转的规定处理。

四、土地征收补偿费用分配及土地承包经营权继承纠纷的处理

第二十二条　承包地被依法征收，承包方请求发包方给付已经收到的地上附着物和青苗的补偿费的，应予支持。

承包方已将土地承包经营权以转包、出租等方式流转给第三人的，除当事人另有约定外，青苗补偿费归实际投入人所有，地上附着物补偿费归附着物所有人所有。

第二十三条　承包地被依法征收，放弃统一安置的家庭承包

方，请求发包方给付已经收到的安置补助费的，应予支持。

第二十四条　农村集体经济组织或者村民委员会、村民小组，可以依照法律规定的民主议定程序，决定在本集体经济组织内部分配已经收到的土地补偿费。征地补偿安置方案确定时已经具有本集体经济组织成员资格的人，请求支付相应份额的，应予支持。但已报全国人大常委会、国务院备案的地方性法规、自治条例和单行条例、地方政府规章对土地补偿费在农村集体经济组织内部的分配办法另有规定的除外。

第二十五条　林地家庭承包中，承包方的继承人请求在承包期内继续承包的，应予支持。

其他方式承包中，承包方的继承人或者权利义务承受者请求在承包期内继续承包的，应予支持。

五、其他规定

第二十六条　人民法院在审理涉及本解释第五条、第六条第一款第（二）项及第二款、第十六条的纠纷案件时，应当着重进行调解。必要时可以委托人民调解组织进行调解。

第二十七条　本解释自 2005 年 9 月 1 日起施行。施行后受理的第一审案件，适用本解释的规定。

施行前已经生效的司法解释与本解释不一致的，以本解释为准。

五、最高人民法院关于审理破坏林地资源刑事案件具体应用法律若干问题的解释

（法释〔2005〕15 号）

（2005 年 12 月 19 日最高人民法院审判委员会第 1374 次会议通过，2005 年 12 月 26 日颁布，自 2005 年 12 月 30 日施行）

为依法惩治破坏林地资源犯罪活动，根据《中华人民共和国刑法》、《中华人民共和国刑法修正案（二）》及全国人民代表大会常务委员会《关于〈中华人民共和国刑法〉第二百二十八条、第三百四十二条、第四百一十条的解释》的有关规定，现就人民法院

审理这类刑事案件具体应用法律的若干问题解释如下：

第一条 违反土地管理法规，非法占用林地，改变被占用林地用途，在非法占用的林地上实施建窑、建坟、建房、挖沙、采石、采矿、取土、种植农作物、堆放或排泄废弃物等行为或者进行其他非林业生产、建设，造成林地的原有植被或林业种植条件严重毁坏或者严重污染，并具有下列情形之一的，属于《中华人民共和国刑法修正案（二）》规定的"数量较大，造成林地大量毁坏"，应当以非法占用农用地罪判处五年以下有期徒刑或者拘役，并处或者单处罚金：

（一）非法占用并毁坏防护林地、特种用途林地数量分别或者合计达到五亩以上；

（二）非法占用并毁坏其他林地数量达到十亩以上；

（三）非法占用并毁坏本条第（一）项、第（二）项规定的林地，数量分别达到相应规定的数量标准的百分之五十以上；

（四）非法占用并毁坏本条第（一）项、第（二）项规定的林地，其中一项数量达到相应规定的数量标准的百分之五十以上，且两项数量合计达到该项规定的数量标准。

第二条 国家机关工作人员徇私舞弊，违反土地管理法规，滥用职权，非法批准征用、占用林地，具有下列情形之一的，属于刑法第四百一十条规定的"情节严重"，应当以非法批准征用、占用土地罪判处三年以下有期徒刑或者拘役：

（一）非法批准征用、占用防护林地、特种用途林地数量分别或者合计达到十亩以上；

（二）非法批准征用、占用其他林地数量达到二十亩以上；

（三）非法批准征用、占用林地造成直接经济损失数额达到三十万元以上，或者造成本条第（一）项规定的林地数量分别或者合计达到五亩以上或者本条第（二）项规定的林地数量达到十亩以上毁坏。

第三条 实施本解释第二条规定的行为，具有下列情形之一的，属于刑法第四百一十条规定的"致使国家或者集体利益遭受特别重大损失"，应当以非法批准征用、占用土地罪判处三年以上七年以下有期徒刑：

（一）非法批准征用、占用防护林地、特种用途林地数量分别或者合计达到二十亩以上；

（二）非法批准征用、占用其他林地数量达到四十亩以上；

（三）非法批准征用、占用林地造成直接经济损失数额达到六十万元以上，或者造成本条第（一）项规定的林地数量分别或者合计达到十亩以上或者本条第（二）项规定的林地数量达到二十亩以上毁坏。

第四条 国家机关工作人员徇私舞弊，违反土地管理法规，非法低价出让国有林地使用权，具有下列情形之一的，属于刑法第四百一十条规定的"情节严重"，应当以非法低价出让国有土地使用权罪判处三年以下有期徒刑或者拘役：

（一）林地数量合计达到三十亩以上，并且出让价额低于国家规定的最低价额标准的百分之六十；

（二）造成国有资产流失价额达到三十万元以上。

第五条 实施本解释第四条规定的行为，造成国有资产流失价额达到六十万元以上的，属于刑法第四百一十条规定的"致使国家和集体利益遭受特别重大损失"，应当以非法低价出让国有土地使用权罪判处三年以上七年以下有期徒刑。

第六条 单位实施破坏林地资源犯罪的，依照本解释规定的相关定罪量刑标准执行。

第七条 多次实施本解释规定的行为依法应当追诉且未经处理的，应当按照累计的数量、数额处罚。

六、最高人民法院关于审理侵犯植物新品种权纠纷案件具体应用法律问题的若干规定

（法释〔2007〕1号）

(2006年12月25日最高人民法院审判委员会第1411次会议通过，2007年1月12日颁布，自2007年2月1日起施行)

为正确处理侵犯植物新品种权纠纷案件，根据《中华人民共

和国民法通则》、《中华人民共和国民事诉讼法》等有关规定，结合侵犯植物新品种权纠纷案件的审判经验和实际情况，就具体应用法律的若干问题规定如下：

第一条 植物新品种权所有人(以下称品种权人)或者利害关系人认为植物新品种权受到侵犯的，可以依法向人民法院提起诉讼。

前款所称利害关系人，包括植物新品种实施许可合同的被许可人、品种权财产权利的合法继承人等。

独占实施许可合同的被许可人可以单独向人民法院提起诉讼；排他实施许可合同的被许可人可以和品种权人共同起诉，也可以在品种权人不起诉时，自行提起诉讼；普通实施许可合同的被许可人经品种权人明确授权，可以提起诉讼。

第二条 未经品种权人许可，为商业目的生产或销售授权品种的繁殖材料，或者为商业目的将授权品种的繁殖材料重复使用于生产另一品种的繁殖材料的，人民法院应当认定为侵犯植物新品种权。

被控侵权物的特征、特性与授权品种的特征、特性相同，或者特征、特性的不同是因非遗传变异所致的，人民法院一般应当认定被控侵权物属于商业目的生产或者销售授权品种的繁殖材料。

被控侵权人重复以授权品种的繁殖材料为亲本与其他亲本另行繁殖的，人民法院一般应当认定属于商业目的将授权品种的繁殖材料重复使用于生产另一品种的繁殖材料。

第三条 侵犯植物新品种权纠纷案件涉及的专门性问题需要鉴定的，由双方当事人协商确定的有鉴定资格的鉴定机构、鉴定人鉴定；协商不成的，由人民法院指定的有鉴定资格的鉴定机构、鉴定人鉴定。

没有前款规定的鉴定机构、鉴定人的，由具有相应品种检测技术水平的专业机构、专业人员鉴定。

第四条 对于侵犯植物新品种权纠纷案件涉及的专门性问题可以采取田间观察检测、基因指纹图谱检测等方法鉴定。

对采取前款规定方法作出的鉴定结论，人民法院应当依法质证，认定其证明力。

第五条　品种权人或者利害关系人向人民法院提起侵犯植物新品种权诉讼时，同时提出先行停止侵犯植物新品种权行为或者保全证据请求的，人民法院经审查可以先行作出裁定。

人民法院采取证据保全措施时，可以根据案件具体情况，邀请有关专业技术人员按照相应的技术规程协助取证。

第六条　人民法院审理侵犯植物新品种权纠纷案件，应当依照民法通则第一百三十四条的规定，结合案件具体情况，判决侵权人承担停止侵害、赔偿损失等民事责任。

人民法院可以根据被侵权人的请求，按照被侵权人因侵权所受损失或者侵权人因侵权所得利益确定赔偿数额。被侵权人请求按照植物新品种实施许可费确定赔偿数额的，人民法院可以根据植物新品种实施许可的种类、时间、范围等因素，参照该植物新品种实施许可费合理确定赔偿数额。

依照前款规定难以确定赔偿数额的，人民法院可以综合考虑侵权的性质、期间、后果，植物新品种实施许可费的数额，植物新品种实施许可的种类、时间、范围及被侵权人调查、制止侵权所支付的合理费用等因素，在 50 万元以下确定赔偿数额。

第七条　被侵权人和侵权人均同意将侵权物折价抵扣被侵权人所受损失的，人民法院应当准许。被侵权人或者侵权人不同意折价抵扣的，人民法院依照当事人的请求，责令侵权人对侵权物作消灭活性等使其不能再被用作繁殖材料的处理。

侵权物正处于生长期或者销毁侵权物将导致重大不利后果的，人民法院可以不采取责令销毁侵权物的方法，但法律、行政法规另有规定的除外。

第八条　以农业或者林业种植为业的个人、农村承包经营户接受他人委托代为繁殖侵犯品种权的繁殖材料，不知道代繁物是侵犯品种权的繁殖材料并说明委托人的，不承担赔偿责任。

第七节　林业执法监督

近年来，按照中共中央、国务院关于依法行政工作的要求，国家林业局积极推进依法治林，从创新林业行政执法体制、推行林业行政执法责任制等方面入手，进一步改进和加强了林业行政执法和执法监督工作。

2004年11月，国家林业局正式印发《全面推进依法治林实施纲要》，以"四个拓展"、"四个体系"和"一个加强"为主干，明确了依法治林的指导思想、基本方针、主要目标和具体措施，为切实加强林业依法行政和依法管理，加快林业立法和提升林业立法质量，强化林业执法职能，建立健全林业执法监督机制，完善林业普法体系，全面推进依法治林奠定了良好基础。

2003年开始，国家林业局先后分两批组织26个省（自治区、直辖市）的142个县级单位，开展以相对集中林业行政处罚权为主要内容的林业综合行政执法试点工作。在此基础上，又从2010年开始组织开展了林业综合行政执法示范点建设，确定了86个林业综合行政执法示范点单位，通过发挥示范点的引导、带动和辐射作用，逐步提高了林业综合行政执法改革工作整体水平。林业综合行政执法改革开展以来，整合了林业行政执法资源，初步解决了"多头执法"问题。执法力度明显加大，执法效率得到提高，执法队伍整体素质明显提升，有效规范了林业行政执法行为。

建立健全林业行政执法监督制度。近年来，国家林业局先后制定发布了《林业行政处罚案件文书制作管理规定》、《国家林业局行政许可违规行为责任追究办法》、《林业行政处罚案卷评查标准》等制度，同时修改完善了林业行政处罚文书格式。通过制度建设，进一步规范了林业行政执法行为，健全了林业行政执法监督体系，强化了林业行政执法监督。

加强林业行政执法主体资格管理。为加强对林业行政执法人员的管理，实现执法人员管理和《林业行政执法证》发放工作的现代化与信息化，国家林业局组织开发了网络版的"全国林业行政执法人员管理系统"。通过该系统平台建设，大大简化《林业行政执法证》的发放程序，从过去两年才进行一次审查注册的传统执法人员管理方式转变为对执法证件与执法人员信息的实时审查和动态管理。全国各级林业主管部门约20万名执法人员通过网上审核，实时进行林业行政执法证的申领、换发、补发等工作。

依法办理行政复议案件，有效化解行政争议。《行政复议法》实施以来，国家林业局共收办行政复议申请100多件，涉及林地征占用、林权确认、野生动物等林业行政管理的各个领域，依法解决了大量林业行政争议，有效化解了矛盾，保护公民、法人和其他组织的合法权益。

第八节　行政审批

自开展行政审批制度改革工作以来，经国务院审改办审核确认，截至2015年年底，国家林业局拟保留行政审批事项27项（含国家濒管办为审批主体的2项，见表5-3）。2014年2月17日，国家林业局实施的行政审批事项在局网站公布，公开听取社会公众意见、接受社会各界监督。2016年7月1日，国家林业局行政审批受理中心开始试运行。下一步行政审批制度改革工作：一是继续加大项目取消下放的力度；二是对已取消和下放的行政审批加强事中事后监管及衔接，防止出现管理真空；三是拟保留的行政许可事项，进一步简化手续、优化流程；四是清理规范行政审批中介服务，破除中介服务行业垄断。

表 5-3　拟保留实施的行政许可项目目录

序号	承办单位	项目名称
1	造林司	向境外提供、从境外引进或者与境外开展合作研究利用林木种质资源审批
2	造林司	普及型国外引种试种苗圃资格认定
3	造林司	松材线虫病疫木加工板材定点加工企业审批

（续）

序号	承办单位	项目名称
4	资源司	建设项目使用林地及在林业部门管理的自然保护区、沙化土地封禁保护区建设审批(核)
5	资源司	重点国有林区林木采伐许可证核发
6	保护司	国家一级保护陆生野生动物特许猎捕证核发
7	保护司	国家一级保护陆生野生动物驯养繁殖许可证核发
8	保护司	出售、收购、利用国家一级保护陆生野生动物或其产品审批
9	保护司	引进陆生野生动物外来物种种类及数量审批
10	保护司	出口国家重点保护野生植物或进出口中国参加的国际公约限制进出口野生植物或其产品审批
11	保护司	出口国家重点保护的或进出口国际公约限制进出口的陆生野生动物或其产品审批
12	保护司	外来陆生野生动物物种野外放生审批
13	保护司	采集林业部门管理的国家一级保护野生植物审批
14	保护司	限制出口的珍贵树木或其制品、衍生物出口审批
15	科技司	林业质检机构资质认定
16	场圃总站	国家级森林公园设立、撤销、改变经营范围或变更隶属关系审批
17	场圃总站	林木种子苗木(种用)进口审批
18	场圃总站	林木种子(含园林绿化草种)生产经营许可证核发
19	场圃总站	林木种子质量检验机构资质考核
20	场圃总站	主要林木品种审定
21	场圃总站	向境外提供或从境外引进林木种质资源审批
22	场圃总站	采集或采伐国家重点保护林木天然种质资源审批
23	科技中心	开展林木转基因工程活动审批
24	科技中心	向外国人转让林业植物新品种申请权或植物新品种权审批
25	科技中心	实施植物新品种强制许可审批
26	濒管办	允许进出口证明书核发
27	濒管办	非进出口野生动植物种商品目录物种证明核发

第六章
林业科技

第一节　科技创新

依托国家科技支撑计划、国家重点基础研究发展计划、林业公益性行业科研专项、科技基础条件平台建设计划等相关科技计划，围绕良种选育、丰产栽培、森林经营、木材加工、林产化工、林业碳汇等重点领域，开展专项研究，着力提升科技自主创新能力，大力解决制约林业发展的瓶颈问题，强力支撑现代林业科学发展。

一、国家科技支撑计划

国家科技支撑计划以重大公益技术及产业共性技术研究开发与应用示范为重点，结合重大工程建设和重大装备开发，加强集成创新和引进消化吸收再创新，重点解决涉及全局性、跨行业、跨地区的重大技术问题，着力攻克一批关键技术，突破瓶颈制约，提升产业竞争力，为我国经济社会协调发展提供支撑（表6-1）。

表6-1　2011—2015年国家科技支撑计划项目

序号	项目名称
1	林业生态科技工程（2011BAD38B00）
2	主要林木花卉新品种选育与扩繁
3	荒漠化综合治理与修复技术研究与示范
4	商品林高效生产关键技术研究与示范
5	森林可持续经营关键技术研究与示范

（续）

序号	项目名称
6	竹藤资源培育与高附加值加工利用技术研究
7	林木深加工关键技术研究与示范
8	生物质低能耗固体成型燃料装备研发与应用
9	功能性竹（藤）基新材料制造技术研究
10	经济林高效生产关键技术研究与示范
11	油脂松脂基增塑剂和环氧固化剂制备关键技术及示范
12	竹藤种质资源创新利用研究
13	林业生态科技工程（2015BAD07B00）
14	木质复合材料制造关键技术研究与示范
15	速生丰产林定向培育关键技术集成研究与示范

二、国家重点基础研究发展计划

国家重点基础研究发展计划以国家重大需求为导向，解决我国经济建设、社会可持续发展、国家公共安全和科技发展中的重大基础科学问题，在世界科学发展的主流方向上取得一批具有重大影响的原始性创新成果，为国民经济和社会可持续发展提供科学基础，为未来高新技术的形成提供源头创新，提升我国基础研究自主创新能力（表6-2）。

表6-2 2011—2015年国家重点基础研究发展计划项目

序号	项目名称
1	木材形成的调控机制研究
2	复杂地表遥感信息动态分析与建模

三、林业公益性行业科研经费专项

林业公益性行业科研经费专项（简称"行业专项"）重点组织开展本行业应急性、培育性、基础性科研工作，国家林业局是首批试点部门之一。林业行业专项重点支持方向为：林业应用基础研究；林业重大公益性技术前期预研；林业实用技术研究开发；林业国家标准和行业重要技术标准研究；林业计量、检验检测技术研究。2011—2015年林业公益性行业专项项目共407项。

四、科技基础条件平台建设计划

科技基础条件平台建设计划分为重点项目和面上项目，重点项目以体现国家目标为原则，以资源整合和共享为重点，以建设较完整的物质和信息支撑系统以及相应的服务平台为目标；面上项目以支撑部门和行业科技发展为主要任务，也具有对重点项目的补充作用（表6-3）。

表6-3　2011—2015年科技基础条件平台建设计划项目

序号	项目名称
1	国家林木种质资源平台
2	中国林业科学数据中心

国务院于2014年先后下发了《关于改进加强中央财政科研项目和资金管理的若干意见》（国发〔2014〕11号）和《关于深化中央财政科技计划（专项、基金等）管理改革的方案》（国发〔2014年〕64号）（以下简称《方案》），对国家科技计划改革进行了全面部署。《方案》将中央财政科技计划整合为五大类：一是国家自然科学基金；二是国家科技重大专项；三是国家重点研发计划；四是技术创新引导专项（基金）；五是基地和人才专项。其中将科技部管理的国家重点基础研究发展计划、国家高技术研究发展计划、国家科技支撑计划、国际科技合作与交流专项，有关部门管理的公益性行业科研专项等，进行整合归并，形成国家重点研发计划。

国家重点研发计划是针对事关国计民生的农业、能源资源、生态环境、健康等领域中需要长期演进的重大社会公益性研究，以及事关产业核心竞争力、整体自主创新能力和国家安全的战略性、基础性、前瞻性重大科学问题、重大共性关键技术和产品、重大国际科技合作，按照重点专项组织实施，加强跨部门、跨行业、跨区域研发布局和协同创新，为国民经济和社会发展主要领域提供持续性的支撑和引领。

第二节 成果转化

林业科技推广计划的宗旨是根据新时期林业科技工作的实际需要，在林业科技平台基础上，通过试验示范林建设、实际生产线拓展、技术培训等形式，把先进、成熟、实用的科技成果，在林业生产中大面积推广应用，形成规模效益，提高林业建设水平，促进农村经济结构调整和林业产业技术升级。林业科技推广计划包括：国家林业局林业科技成果国家级推广项目计划和中央财政林业科技推广示范补贴项目计划。

一、国家林业局林业科技成果国家级推广项目计划

林业科技成果国家级推广项目，主要是开展林业科技成果转化、示范应用、技术培训，新品种区域化试验、新技术储备与开发等。该计划实施对象主要是国家林业局直属单位以及与国家林业局共建的有关全日制林业高等院校，通过示范推广应用林木良种和实用新技术，建立示范林、示范线、示范点（基地）等，开展林业科技成果推广工作。

二、中央财政林业科技推广示范补贴项目计划

中央财政林业科技推广示范补贴项目主要用于对全国林业生态建设或林业产业发展有重大推动作用的先进、成熟、有效的林业科技成果的推广与示范。中央财政林业科技推广示范补贴项目实施对象主要是各省（自治区、直辖市）林业科技推广站（中心）、科研院所、大专院校、国有森工企业、国有林场和国有苗圃等单位和组织，通过集中开展林木新品种繁育、新品种新技术的应用示范、技术培训、技术咨询等，大力推广和示范应用林业科技成果。2009—2015年中央财政共投入25.5亿元（表6-4），在良种繁育、生态修复、林特资源、生物质能源、生物防治、林业标准化等领域开展林业科技成果推广与示范。

表 6-4　2009—2015 年中央财政林业科技推广示范资金项目统计

序号	省(自治区、直辖市)	项目总数(个)	资金总数(万元)
1	北京	37	3900
2	天津	8	800
3	河北	88	8500
4	山西	89	8900
5	内蒙古	101	9940
6	辽宁	91	9350
7	吉林	91	9500
8	黑龙江	110	10650
9	上海	8	800
10	江苏	56	6100
11	浙江	89	9910
12	安徽	98	9900
13	福建	107	11700
14	江西	112	11600
15	山东	102	10100
16	河南	94	9350
17	湖北	87	9600
18	湖南	112	11700
19	广东	108	10800
20	广西	108	11000
21	海南	36	3850
22	重庆	70	6900
23	四川	98	9600
24	贵州	99	9800
25	云南	91	9200
26	西藏	8	800
27	陕西	102	10700
28	甘肃	81	8400
29	青海	57	5750
30	宁夏	68	6800
31	新疆	93	9100
32	总计	2499	255000

第三节　标准化与知识产权

一、标准化

自1952年发布实施木材规格、木材检尺办法和木材材积表3项标准以来，围绕国民经济发展和林业生产建设，不断加强标准制定、修订工作，完善林业标准体系。截至2015年，我国现行林业国家标准429项（表6-5），林业行业标准1379项（表6-6），涉及林业基础、林木种苗、造林、森林经营、森林资源管理、野生动植物保护、湿地保护、防沙治沙、花卉、竹藤、经济林、木材及制品、林业机械和林业信息化等林业的各个领域，基本涵盖了林业生产的主要领域和主要环节，在我国林业现代化建设中发挥了积极的作用。

为加强和规范标准化工作，我国发布了《标准化法》、《标准化法实施条例》、《国家标准管理办法》、《行业标准管理办法》等法律法规。结合林业实际，国家林业局发布了《林业标准化管理办法》（国家林业局令第9号），成立了木材、竹藤、花卉、林木种子、营造林、湿地保护、防沙治沙等27个技术委员会（表6-7）。

为了加大林业标准实施工作的力度，探索林业标准实施工作的新路子，1999年，国家林业局启动了林业标准化示范区建设，截至2014年，国家林业局共建立了385个全国林业标准化示范区。2013年，国家林业局联合国家标准化管理委员会启动了国家林业标准化示范企业创建工作，目前已认定100个国家林业标准化示范企业。10多年来，在有关地方政府的高度重视和大力支持下，各地林业部门紧密结合当地经济社会发展现状和林业建设实际，坚持科技与生产相结合，发挥当地自然资源优势，大力开展标准化活动，探索出了许多各具特色的标准化生产模式，发挥了较好的示范、辐射和带动作用，产生了良好的生态、经济和社会效益。

表 6-5　我国现行林业国家标准

序号	标准名称	标准标号
1	林业机械　便携式风力灭火机　使用安全规程	GB 10282—2008
2	油锯　使用安全规程	GB 10285—1999
3	割灌机　使用安全规程	GB 10286—1999
4	坑木	GB 142—2013
5	木枕	GB 154—2013
6	电链锯　安全使用规程	GB 17668—2010
7	室内装饰装修材料　人造板及其制品中甲醛释放限量	GB 18580—2001
8	林业机械　便携式油锯和割灌机　易引起火险的排放系统	GB 19724—2005
9	农林机械　便携式割灌机和割草机安全要求和试验　第1部分：侧挂式动力机械	GB 19725.1—2014
10	农林机械　便携式割灌机和割草机安全要求和试验　第2部分：背负式动力机械	GB 19725.2—2014
11	林业机械　便携式油锯安全要求和试验　第1部分：林用油锯	GB 19726.1—2013
12	林业机械　便携式油锯安全要求和试验　第2部分：修枝油锯	GB 19726.2—2013
13	林业机械　背负式割灌机和割草机　安全要求和试验	GB 19728—2005
14	一次性筷子　第1部分：木筷	GB 19790.1—2005
15	林业机械　杆式动力修枝锯安全要求和试验　第1部分：侧挂式动力修枝锯	GB 20888.1—2013
16	林业机械　杆式动力修枝锯安全要求和试验　第2部分：背负式动力修枝锯	GB 20888.2—2013
17	园林机械　坐骑式草坪割草机　安全技术要求和试验方法	GB 26508—2011
18	园林机械　以汽(柴)油机为动力的步进式草坪割草机　安全技术要求和试验方法	GB 26509—2011
19	林木种子检验规程	GB 2772—1999
20	罐道木	GB 4820—2013
21	主要造林树种苗木质量分级	GB 6000—1999
22	林木种子质量分级	GB 7908—1999
23	林木种子贮藏	GB/T 10016—1988
24	林业机械　便携式风力灭火机	GB/T 10280—2008

（续）

序号	标准名称	标准标号
25	林业机械　便携式风力灭火机　手把振动的测定	GB/T 10283—2008
26	林业机械　便携式风力灭火机　手把振动的测定	GB/T 10283—2008
27	林业机械　便携式风力灭火机　噪声的测定	GB/T 10284—2008
28	林业机械　便携式风力灭火机　噪声的测定	GB/T 10284—2008
29	小径原木	GB/T 11716—2009
30	造纸用原木	GB/T 11717—2009
31	中密度纤维板	GB/T 11718—2009
32	制材工艺术语	GB/T 11917—2009
33	木质活性炭试验方法　亚甲基蓝吸附值的测定	GB/T 12496.10—1999
34	木质活性炭试验方法　硫酸奎宁吸附值的测定	GB/T 12496.11—1999
35	木质活性炭试验方法　表观密度的测定	GB/T 12496.1—1999
36	木质活性炭试验方法　苯酚吸附值的测定	GB/T 12496.12—1999
37	木质活性炭试验方法　未炭化物的测定	GB/T 12496.13—1999
38	木质活性炭试验方法　氰化物的测定	GB/T 12496.14—1999
39	木质活性炭试验方法　硫化物的测定	GB/T 12496.15—1999
40	木质活性炭试验方法　氯化物的测定	GB/T 12496.16—1999
41	木质活性炭试验方法　硫酸盐的测定	GB/T 12496.17—1999
42	木质活性炭试验方法　酸溶物的测定	GB/T 12496.18—1999
43	木质活性炭试验方法　铁含量的测定	GB/T 12496.19—2015
44	木质活性炭试验方法　锌含量的测定	GB/T 12496.20—1999
45	木质活性炭试验方法　钙镁含量的测定	GB/T 12496.21—1999
46	木质活性炭试验方法　粒度的测定	GB/T 12496.2—1999
47	木质活性炭试验方法　重金属的测定	GB/T 12496.22—1999
48	木质活性炭试验方法　灰分含量的测定	GB/T 12496.3—1999
49	木质活性炭试验方法　水分含量的测定	GB/T 12496.4—1999
50	木质活性炭试验方法　四氯化碳吸附率（活性）的测定	GB/T 12496.5—1999
51	木质活性炭试验方法　强度的测定	GB/T 12496.6—1999
52	木质活性炭试验方法　pH 值的测定	GB/T 12496.7—1999
53	木质活性炭试验方法　碘吸附值的测定	GB/T 12496.8—2015
54	木质活性炭试验方法　焦糖脱色率的测定	GB/T 12496.9—2015

（续）

序号	标准名称	标准标号
55	湿法硬质纤维板　第1部分：定义和分类	GB/T 12626.1—2009
56	湿法硬质纤维板　第2部分：对所有板型的共同要求	GB/T 12626.2—2009
57	湿法硬质纤维板　第3部分：试件取样及测量	GB/T 12626.3—2009
58	湿法硬质纤维板　第4部分：干燥条件下使用的普通用板	GB/T 12626.4—2015
59	湿法硬质纤维板　第5部分：潮湿条件下使用的普通用板	GB/T 12626.5—2015
60	湿法硬质纤维板　第6部分：高湿条件下使用的普通用板	GB/T 12626.6—2015
61	湿法硬质纤维板　第7部分：室外条件下使用的普通用板	GB/T 12626.7—2015
62	湿法硬质纤维板　第8部分：干燥条件下使用的承载用板	GB/T 12626.8—2015
63	湿法硬质纤维板　第9部分：潮湿条件下使用的承载用板	GB/T 12626.9—2015
64	脂松节油	GB/T 12901—2006
65	松节油分析方法	GB/T 12902—2006
66	刨切单板	GB/T 13010—2006
67	竹编胶合板	GB/T 13123—2003
68	木质味精精制用颗粒活性炭	GB/T 13803.1—1999
69	木质净水用活性炭	GB/T 13803.2—1999
70	糖液脱色用活性炭	GB/T 13803.3—1999
71	针剂用活性炭	GB/T 13803.4—1999
72	乙酸乙烯合成触媒载体活性炭	GB/T 13803.5—1999
73	木材耐久性能　第1部分：天然耐腐性实验室试验方法	GB/T 13942.1—2009
74	木材耐久性能　第2部分：天然耐久性野外试验方法	GB/T 13942.2—2009
75	木材横纹抗拉强度试验方法	GB/T 14017—2009
76	木材握钉力试验方法	GB/T 14018—2009
77	木材防腐术语	GB/T 14019—2009
78	氢化松香	GB/T 14020—2006
79	马来松香	GB/T 14021—2009
80	工业糠醇	GB/T 14022.1—2009

（续）

序号	标准名称	标准标号
81	工业糠醇试验方法	GB/T 14022.2—2009
82	林木良种审定规范	GB/T 14071—1993
83	林木种质资源保存原则与方法	GB/T 14072—1993
84	木材胶粘剂及其树脂检验方法	GB/T 14074—2006
85	林木引种	GB/T 14175—1993
86	林业机械　以汽油机为动力的便携式割灌机和割草机	GB/T 14176—2012
87	锯切用原木	GB/T 143—2006
88	原木检验	GB/T 144—2013
89	单层热压机	GB/T 14712—2009
90	旋切机通用技术条件	GB/T 14713—2009
91	林业资源分类与代码　森林类型	GB/T 14721—2010
92	木材工业胶粘剂用脲醛、酚醛、三聚氰胺甲醛树脂	GB/T 14732—2006
93	木材干燥术语	GB/T 15035—2009
94	实木地板　第1部分：技术要求	GB/T 15036.1—2009
95	实木地板　第2部分：检验方法	GB/T 15036.2—2009
96	浸渍胶膜纸饰面人造板	GB/T 15102—2006
97	林用绞盘机	GB/T 15103—2008
98	装饰单板贴面人造板	GB/T 15104—2006
99	模压刨花制品　第1部分：室内用	GB/T 15105.1—2006
100	刨切单板用原木	GB/T 15106—2006
101	林业资源分类与代码　林木病害	GB/T 15161—1994
102	飞播造林技术规程	GB/T 15162—2005
103	封山(沙)育林技术规程	GB/T 15163—2004
104	针叶树锯材	GB/T 153—2009
105	原木缺陷	GB/T 155—2006
106	森林植物害虫分类与代码	GB/T 15775—2011
107	造林技术规程	GB/T 15776—2006
108	木材顺纹抗压弹性模量测定方法	GB/T 15777—1995
109	林业资源分类与代码　自然保护区	GB/T 15778—1995
110	旋切单板用原木	GB/T 15779—2006
111	竹材物理力学性质试验方法	GB/T 15780—1995

（续）

序号	标准名称	标准标号
112	森林抚育规程	GB/T 15781—2015
113	营造林总体设计规程	GB/T 15782—2009
114	主要造林树种林地化学除草技术规程	GB/T 15783—1995
115	制材机械型号编制方法	GB/T 15784—2009
116	旋切机刀片通用技术条件	GB/T 15785—1995
117	原木检验术语	GB/T 15787—2006
118	制材机械通用技术条件	GB/T 16485—2009
119	林木采种技术	GB/T 16619—1996
120	林木育种及种子管理术语	GB/T 16620—1996
121	母树林营建技术	GB/T 16621—1996
122	中国主要木材名称	GB/T 16734—1997
123	混凝土模板用胶合板	GB/T 17656—2008
124	人造板及饰面人造板理化性能试验方法	GB/T 17657—2013
125	阻燃木材燃烧性能试验　火传播试验方法	GB/T 17658—1999
126	原木锯材批量检查抽样、判定方法　第1部分：原木批量检查抽样、判定方法	GB/T 17659.1—1999
127	原木锯材批量检查抽样、判定方法　第2部分：锯材批量检查抽样、判定方法	GB/T 17659.2—1999
128	木材缓冲容量测定方法	GB/T 17660—1999
129	锯材干燥设备性能检测方法	GB/T 17661—1999
130	木炭和木炭试验方法	GB/T 17664—1999
131	黑荆树栲胶单宁快速测定方法	GB/T 17666—1999
132	木材缺陷图谱	GB/T 18000—1999
133	湿地松松脂	GB/T 18001—2015
134	中密度纤维板生产线验收通则	GB/T 18002—2011
135	人造板机械设备型号编制方法	GB/T 18003—1999
136	辊式砂光机通用技术条件	GB/T 18004—1999
137	中国森林公园风景资源质量等级评定	GB/T 18005—1999
138	难燃胶合板	GB/T 18101—2013
139	浸渍纸层压木质地板	GB/T 18102—2007
140	实木复合地板	GB/T 18103—2013
141	魔芋精粉	GB/T 18104—2000

（续）

序号	标准名称	标准标号
142	红木	GB/T 18107—2000
143	主要花卉产品等级　第1部分：鲜切花	GB/T 18247.1—2000
144	主要花卉产品等级　第2部分：盆花	GB/T 18247.2—2000
145	主要花卉产品等级　第3部分：盆栽观叶植物	GB/T 18247.3—2000
146	主要花卉产品等级　第4部分：花卉种子	GB/T 18247.4—2000
147	主要花卉产品等级　第5部分：花卉种苗	GB/T 18247.5—2000
148	主要花卉产品等级　第6部分：花卉种球	GB/T 18247.6—2000
149	主要花卉产品等级　第7部分：草坪	GB/T 18247.7—2000
150	人造板及其表面装饰术语	GB/T 18259—2009
151	木材防腐剂对白蚁毒效实验室试验方法	GB/T 18260—2015
152	防霉剂对木材霉菌及变色菌防治效力的试验方法	GB/T 18261—2013
153	人造板机械通用技术条件	GB/T 18262—2000
154	人造板机械　热压机术语	GB/T 18263—2000
155	刨花板生产线验收通则	GB/T 18264—2000
156	生态公益林建设　导则	GB/T 18337.1—2001
157	生态公益林建设　规划设计通则	GB/T 18337.2—2001
158	生态公益林建设　技术规程	GB/T 18337.3—2001
159	生态公益林建设　检查验收规程	GB/T 18337.4—2008
160	中国主要进口木材名称	GB/T 18513—2001
161	人造板机械安全通则	GB/T 18514—2001
162	旋切机结构安全	GB/T 18515—2001
163	油锯　锯切试验方法　工程法	GB/T 18516—2001
164	枸杞	GB/T 18672—2014
165	难燃中密度纤维板	GB/T 18958—2013
166	木材保管规程	GB/T 18959—2003
167	林业机械　便携式油锯　词汇	GB/T 18960—2012
168	林业机械　便携式割灌机和割草机　词汇	GB/T 18961—2012
169	枸杞栽培技术规程	GB/T 19116—2003
170	工业糠醛	GB/T 1926.1—2009
171	工业糠醛试验方法	GB/T 1926.2—1988
172	木材物理力学试材采集方法	GB/T 1927—2009

（续）

序号	标准名称	标准标号
173	木材物理力学试验方法总则	GB/T 1928—2009
174	木材物理力学试材锯解及试样截取方法	GB/T 1929—2009
175	木材年轮宽度和晚材率测定方法	GB/T 1930—2009
176	木材含水率测定方法	GB/T 1931—2009
177	木材干缩性测定方法	GB/T 1932—2009
178	木材密度测定方法	GB/T 1933—2009
179	木材吸水性测定方法	GB/T 1934.1—2009
180	木材湿胀性测定方法	GB/T 1934.2—2009
181	木材顺纹抗压强度试验方法	GB/T 1935—2009
182	木材抗弯强度试验方法	GB/T 1936.1—2009
183	木材抗弯弹性模量测定方法	GB/T 1936.2—2009
184	轮式专用林业机械　制动系统的词汇、性能试验方法和技术条件	GB/T 19364—2003
185	林业机械　移动式和自行式林业机械　术语、定义和分类	GB/T 19365—2012
186	人造板的尺寸测定	GB/T 19367—2009
187	草坪草种子生产技术规程	GB/T 19368—2003
188	草皮生产技术规程	GB/T 19369—2003
189	木材顺纹抗剪强度试验方法	GB/T 1937—2009
190	木材顺纹抗拉强度试验方法	GB/T 1938—2009
191	便携式油锯　锯链制动器性能测试方法	GB/T 19387—2012
192	木材横纹抗压试验方法	GB/T 1939—2009
193	木材冲击韧性试验方法	GB/T 1940—2009
194	木材硬度试验方法	GB/T 1941—2009
195	木材抗劈力试验方法	GB/T 1942—2009
196	木材横纹抗压弹性模量测定方法	GB/T 1943—2009
197	园林机械　分类词汇	GB/T 19534—2004
198	城市绿地草坪建植与管理技术规程　第1部分：城市绿地草坪建植技术规程	GB/T 19535.1—2004
199	城市绿地草坪建植与管理技术规程　第2部分：城市绿地草坪管理技术规程	GB/T 19535.2—2004
200	集装箱底板用胶合板	GB/T 19536—2015

（续）

序号	标准名称	标准标号
201	林业机械　割灌机、割草机、杆式修枝锯和类似机具的背负式动力装置　安全要求和试验	GB/T 19727—2005
202	木质地板铺装、验收和使用规范	GB/T 20238—2006
203	体育馆用木质地板	GB/T 20239—2015
204	竹地板	GB/T 20240—2006
205	单板层积材	GB/T 20241—2006
206	材种出材率表编制技术规程	GB/T 20381—2006
207	毛竹林丰产技术	GB/T 20391—2006
208	银杏种核质量等级	GB/T 20397—2006
209	核桃坚果质量等级	GB/T 20398—2006
210	自然保护区总体规划技术规程	GB/T 20399—2006
211	自然保护区生态旅游规划技术规程	GB/T 20416—2006
212	刨光材	GB/T 20445—2006
213	木线条	GB/T 20446—2006
214	林业机械　伐木归堆机　术语、定义和商品规格	GB/T 20447—2006
215	自行式林业机械　滚翻保护结构实验室试验和性能要求　第1部分：通用机械	GB/T 20448.1—2012
216	活性炭丁烷工作容量测试方法	GB/T 20449—2006
217	活性炭着火点测试方法	GB/T 20450—2006
218	活性炭球盘法强度测试方法	GB/T 20451—2006
219	仁用杏杏仁质量等级	GB/T 20452—2006
220	柿子产品质量等级	GB/T 20453—2006
221	便携式脉冲烟雾机　使用安全规程	GB/T 20454—2006
222	林业机械　集运机　术语、定义和商品规格	GB/T 20455—2006
223	林业机械　便携式油锯　被动式锯链制动器性能要求及测试方法	GB/T 20456—2012
224	林业机械　轮式集材机　术语、定义和商品规格	GB/T 20457—2006
225	林业机械　铰接臂式木材装卸机　鉴别词汇、分类和构件名称	GB/T 20458—2006
226	林业机械　履带式专用机械　制动系统的性能要求	GB/T 20459—2006
227	结构用竹木复合板	GB/T 21128—2007
228	竹单板饰面人造板	GB/T 21129—2007

（续）

序号	标准名称	标准标号
229	指接材　非结构用	GB/T 21140—2007
230	防沙治沙技术规范	GB/T 21141—2007
231	麦（稻）秸秆刨花板	GB/T 21723—2008
232	鲜枣质量等级	GB/T 22345—2008
233	板栗质量等级	GB/T 22346—2008
234	4 号系列紫胶片	GB/T 22347—2008
235	4 号紫胶虫种胶	GB/T 22348—2008
236	木结构覆板用胶合板	GB/T 22349—2008
237	成型胶合板	GB/T 22350—2008
238	水载型木材防腐剂分析方法	GB/T 23229—2009
239	白桦速生丰产林	GB/T 23230—2009
240	退耕还林工程检查验收规则	GB/T 23231—2009
241	班克松速生丰产林	GB/T 23232—2009
242	退耕还林工程建设效益监测评价	GB/T 23233—2009
243	中国沙棘果实质量等级	GB/T 23234—2009
244	退耕还林工程质量评估指标与方法	GB/T 23235—2009
245	浸渍纸层压秸秆复合地板	GB/T 23471—2009
246	浸渍胶膜纸饰面秸秆板	GB/T 23472—2009
247	人造板及其制品中甲醛释放量测定——气体分析法	GB/T 23825—2009
248	主要切花产品包装、运输、贮藏	GB/T 23897—2009
249	木质平托盘用人造板	GB/T 23898—2009
250	实木复合地板生产综合能耗	GB/T 23899—2009
251	沙化土地监测技术规程	GB/T 24255—2009
252	杜仲产品质量等级	GB/T 24305—2009
253	红松种仁	GB/T 24306—2009
254	山核桃产品质量等级	GB/T 24307—2009
255	组合式包装箱用胶合板	GB/T 24311—2009
256	水泥刨花板	GB/T 24312—2009
257	浸渍纸层压板饰面多层实木复合地板	GB/T 24507—2009
258	木塑地板	GB/T 24508—2009
259	阻燃木质复合地板	GB/T 24509—2009

（续）

序号	标准名称	标准标号
260	室内木质地板安装配套材料	GB/T 24599—2009
261	湿地分类	GB/T 24708—2009
262	松毛虫防治技术规程	GB/T 24882—2010
263	植物新品种特异性、一致性、稳定性测试指南　连翘属	GB/T 24883—2010
264	植物新品种特异性、一致性、稳定性测试指南　梅	GB/T 24884—2010
265	植物新品种特异性、一致性、稳定性测试指南　桂花	GB/T 24885—2010
266	植物新品种特异性、一致性、稳定性测试指南　榛属	GB/T 24886—2010
267	植物新品种特异性、一致性、稳定性测试指南　鹅掌楸属	GB/T 24887—2010
268	球孢白僵菌粉剂	GB/T 25864—2010
269	免洗红枣	GB/T 26150—2010
270	印楝苗木质量分级	GB/T 26421—2010
271	印楝种子质量分级	GB/T 26422—2010
272	森林资源术语	GB/T 26423—2010
273	森林资源规划设计调查技术规程	GB/T 26424—2010
274	山杏封沙育林技术规程	GB/T 26534—2011
275	国家重要湿地确定指标	GB/T 26535—2011
276	竹条	GB/T 26536—2011
277	大花惠兰盆花质量等级	GB/T 26898—2011
278	结构用集成材	GB/T 26899—2011
279	空气净化用竹炭	GB/T 26900—2011
280	李贮藏技术规程	GB/T 26901—2011
281	毛竹材	GB/T 2690—2000
282	热带、亚热带生态风景林建设技术规程	GB/T 26902—2011
283	水源涵养林建设规范	GB/T 26903—2011
284	桃贮藏技术规程	GB/T 26904—2011
285	杏贮藏技术规程	GB/T 26905—2011
286	樱桃质量等级	GB/T 26906—2011

（续）

序号	标准名称	标准标号
287	油茶苗木质量分级	GB/T 26907—2011
288	枣贮藏技术规程	GB/T 26908—2011
289	植物新品种特异性、一致性、稳定性测试指南 核桃属	GB/T 26909—2011
290	植物新品种特异性、一致性、稳定性测试指南 柳属	GB/T 26910—2011
291	植物新品种特异性、一致性、稳定性测试指南 山茶属	GB/T 26911—2011
292	竹木复合地板生产线验收通则	GB/T 26912—2011
293	竹炭	GB/T 26913—2011
294	棕榈藤名词术语	GB/T 26914—2011
295	黄脊竹蝗防治技术规程	GB/T 27645—2011
296	牡丹盆花	GB/T 27646—2011
297	湿地生态风险评估技术规范	GB/T 27647—2011
298	重要湿地监测指标体系	GB/T 27648—2011
299	竹木复合层积地板	GB/T 27649—2011
300	棕榈藤种实采收及处理技术规程	GB/T 27650—2011
301	防腐木材的使用分类和要求	GB/T 27651—2011
302	防腐木材化学分析前的预处理方法	GB/T 27652—2011
303	防腐木材中季铵盐的分析方法 两相滴定法	GB/T 27653—2011
304	木材防腐剂	GB/T 27654—2011
305	木材防腐剂性能评估的野外埋地试验方法	GB/T 27655—2011
306	农作物支护用防腐小径木	GB/T 27656—2011
307	燃料用竹炭	GB/T 28669—2012
308	八仙花切花产品等级	GB/T 28680—2012
309	百合、马蹄莲、唐菖蒲种球采后处理技术规程	GB/T 28681—2012
310	杜鹃盆花产品质量等级	GB/T 28682—2012
311	蝴蝶兰栽培技术规程	GB/T 28683—2012
312	蝴蝶兰种苗质量等级	GB/T 28684—2012

（续）

序号	标准名称	标准标号
313	洋桔梗切花产品等级	GB/T 28685—2012
314	中国森林认证　森林经营	GB/T 28951—2012
315	中国森林认证　产销监管链	GB/T 28952—2012
316	建筑结构用木工字梁	GB/T 28985—2012
317	结构用木质复合材产品力学性能评定	GB/T 28986—2012
318	结构用规格材特征值的测试方法	GB/T 28987—2012
319	花卉主要刺吸式害虫检测规程	GB/T 28988—2012
320	富贵竹生产技术规程	GB/T 28989—2012
321	古建筑木构件内部腐朽与弹性模量应力波无损检测规程	GB/T 28990—2012
322	油茶良种选育技术	GB/T 28991—2012
323	热处理实木地板	GB/T 28992—2012
324	结构用锯材力学性能测试方法	GB/T 28993—2012
325	木质楼梯	GB/T 28994—2012
326	人造板饰面专用纸	GB/T 28995—2012
327	涂装水泥刨花板	GB/T 28996—2012
328	舞台用木质地板	GB/T 28997—2012
329	重组装饰材	GB/T 28998—2012
330	重组装饰单板	GB/T 28999—2012
331	单板干燥节能技术规范	GB/T 29000—2012
332	湿地松松香	GB/T 29591—2013
333	轻型木结构锯材用原木	GB/T 29893—2013
334	木材鉴别方法通则	GB/T 29894—2013
335	横向振动法测试木质材料动态弯曲弹性模量方法	GB/T 29895—2013
336	接触土壤防腐木材的防腐剂流失率测定方法	GB/T 29896—2013
337	轻型木结构用规格材目测分级规则	GB/T 29897—2013
338	人造板及其制品中挥发性有机化合物释放量试验方法　小型释放舱法	GB/T 29899—2013

（续）

序号	标准名称	标准标号
339	木材防腐剂性能评估的野外近地面试验方法	GB/T 29900—2013
340	木材防水剂的防水效率测试方法	GB/T 29901—2013
341	木材防腐剂性能评估的土床试验方法	GB/T 29902—2013
342	人造板工业清洁生产技术要求	GB/T 29903—2013
343	人造板工业清洁生产评价指标体系	GB/T 29904—2013
344	木材防腐剂流失率试验方法	GB/T 29905—2013
345	木质楼梯安装、验收和使用规范	GB/T 30356—2013
346	植物新品种特异性、一致性、稳定性测试指南　杏	GB/T 30362—2013
347	森林植被状况监测技术规范	GB/T 30363—2013
348	重组竹地板	GB/T 30364—2013
349	寝具竹炭	GB/T 30365—2013
350	生物质术语	GB/T 30366—2013
351	扁桃仁	GB/T 30761—2014
352	主要竹笋质量分级	GB/T 30762—2014
353	农业和林业机械及园林机械　手扶控制和手持控制机械　灼热表面可触及性的测定	GB/T 31202—2014
354	结构用人造板力学性能试验方法	GB/T 31264—2014
355	混凝土模板用木工字梁	GB/T 31265—2014
356	木材和木基产品的荷载持续时间效应和蠕变性能评定	GB/T 31291—2014
357	城乡环境保护林建设技术规程	GB/T 31733—2015
358	竹醋液	GB/T 31734—2015
359	林业生物质能源名词术语	GB/T 31741—2015
360	皂荚多糖胶	GB/T 31742—2015
361	水质净化用竹炭基本性能试验方法	GB/T 31744—2015
362	高耐磨漆饰实木地板	GB/T 31745—2015
363	炭化木	GB/T 31747—2015
364	改性木材生产技术规范	GB/T 31754—2015
365	绿化植物废弃物处置和应用技术规程	GB/T 31755—2015
366	重松节油	GB/T 31756—2015

（续）

序号	标准名称	标准标号
367	户外用防腐实木地板	GB/T 31757—2015
368	自然保护区名词术语	GB/T 31759—2015
369	铜铬砷（CCA）防腐剂加压处理木材	GB/T 31760—2015
370	铜氨（胺）季铵盐（ACQ）防腐剂加压处理木材	GB/T 31761—2015
371	木质材料及其制品中苯酚释放量测定　小型释放舱法	GB/T 31762—2015
372	铜铬砷（CCA）　防腐木材的处理及使用规范	GB/T 31763—2015
373	云斑白条天牛防治技术规程	GB/T 31764—2015
374	高密度纤维板	GB/T 31765—2015
375	东北地区天然次生林改培技术规程	GB/T 32343—2015
376	植物新品种特异性、一致性、稳定性测试指南　杨属	GB/T 32344—2015
377	植物新品种特异性、一致性、稳定性测试指南　牡丹	GB/T 32345—2015
378	农林拖拉机和机械、草坪和园艺动力机械　操作者操纵机构和其他显示装置用符号　第4部分：林业机械用符号	GB/T 4269.4—2014
379	便携式林业机械　操作者控制符号和其他标记	GB/T 4269.5—2003
380	锯材材积表	GB/T 449—2009
381	特级原木	GB/T 4812—2006
382	原木材积表	GB/T 4814—2013
383	杉原条材积表	GB/T 4815—2009
384	阔叶树锯材	GB/T 4817—2009
385	锯材检验	GB/T 4822—2015
386	锯材缺陷	GB/T 4823—2013
387	刨花板	GB/T 4897—2015
388	杉原条	GB/T 5039—1999
389	刨花铺装机通用技术条件	GB/T 5051—2000
390	林业及园林机械　以内燃机为动力的便携式手持操作机械噪声测定规范　工程法（2级精度）	GB/T 5390—2013
391	林业机械　油锯　技术条件	GB/T 5392—2004
392	油锯　林区生产试验方法	GB/T 5394—1995

（续）

序号	标准名称	标准标号
393	林业及园林机械　以内燃机为动力的便携式手持操作机械振动测定规范　手把振动	GB/T 5395—2014
394	细木工板	GB/T 5849—2006
395	热压机通用技术条件	GB/T 5856—1999
396	育苗技术规程	GB/T 6001—1985
397	木材 pH 值测定方法	GB/T 6043—2009
398	辊筒式单板干燥机	GB/T 6197—2000
399	网带式单板干燥机	GB/T 6199—2000
400	宽带式砂光机通用技术条件	GB/T 6202—2000
401	锯材干燥质量	GB/T 6491—2012
402	林业机械　分类词汇	GB/T 6926—2008
403	林业机械　图形符号	GB/T 7227—2006
404	紫胶原胶	GB/T 7643—1987
405	造纸木片	GB/T 7909—1999
406	热固性树脂浸渍纸高压装饰层积板（HPL）	GB/T 7911—2013
407	颗粒紫胶	GB/T 8137—2009
408	紫胶片	GB/T 8138—2009
409	脱蜡紫胶片、脱色紫胶片和脱色脱蜡紫胶片	GB/T 8139—2009
410	漂白紫胶	GB/T 8140—2009
411	军用紫胶片	GB/T 8141—2009
412	紫胶产品取样方法	GB/T 8142—2008
413	紫胶产品检验方法	GB/T 8143—2008
414	脂松香	GB/T 8145—2003
415	松香试验方法	GB/T 8146—2003
416	中国林木种子区　华北落叶松种子区	GB/T 8822.10—1988
417	中国林木种子区　侧柏种子区	GB/T 8822.11—1988
418	中国林木种子区　油松种子区	GB/T 8822.1—1988
419	中国林木种子区　云杉种子区	GB/T 8822.12—1988

（续）

序号	标准名称	标准标号
420	中国林木种子区　白榆种子区	GB/T 8822.13—1988
421	中国林木种子区　杉木种子区	GB/T 8822.2—1988
422	中国林木种子区　红松种子区	GB/T 8822.3—1988
423	中国林木种子区　华山松种子区	GB/T 8822.4—1988
424	中国林木种子区　樟子松种子区	GB/T 8822.5—1988
425	中国林木种子区　马尾松种子区	GB/T 8822.6—1988
426	中国林木种子区　云南松种子区	GB/T 8822.7—1988
427	中国林木种子区　兴安落叶松种子区	GB/T 8822.8—1988
428	中国林木种子区　长白落叶松种子区	GB/T 8822.9—1988
429	普通胶合板	GB/T 9846—2015

表6-6　我国现行林业行业标准分年度统计

年份	数量（个）	年份	数量（个）
1991 年	9	2004 年	16
1992 年	4	2005 年	32
1993 年	33	2006 年	36
1994 年	1	2007 年	39
1995 年	8	2008 年	128
1996 年	4	2009 年	57
1997 年	1	2010 年	82
1998 年	4	2011 年	90
1999 年	117	2012 年	103
2000 年	18	2013 年	187
2001 年	6	2014 年	183
2002 年	22	2015 年	193
2003 年	6	合计	1379

表 6-7 我国现有标准化技术委员会

编号	标委会名称	依托单位
1	全国木材标准化技术委员会（SAC/TC41）	中国林业科学研究院木材工业研究所
2	全国木材标准化技术委员会结构用木材分技术委员会（SAC/TC41/SC4）	中国林业科学研究院木材工业研究所
3	全国木材标准化技术委员会基础标准分技术委员会（SAC/TC41/SC1）	中国林业科学研究院木材工业研究所
4	全国木材标准化技术委员会原木锯材分技术委员会（SAC/TC41/SC2）	黑龙江省林业科学院
5	全国林业机械标准化技术委员会（SAC/TC61）	国家林业局哈尔滨林业机械研究所
6	全国人造板机械标准化技术委员会（SAC/TC66）	国家林业局北京林业机械研究所
7	全国林木种子标准化技术委员会（SAC/TC115）	南京林业大学
8	全国人造板标准化技术委员会（SAC/TC198）	中国林业科学研究院木材工业研究所
9	全国竹藤标准化技术委员会（SAC/TC263）	国际竹藤中心
10	全国花卉标准化技术委员会（SAC/TC282）	中国花卉协会
11	全国花卉标准化技术委员会鲜切花分技术委员会（SAC/TC282/SC1）	云南省农业科学院
12	全国森林可持续经营与森林认证标准化技术委员会（SAC/TC360）	国家林业局科技发展中心
13	全国森林工程标准化技术委员会（SAC/TC362）	国家林业局哈尔滨林业机械研究所
14	全国森林公园标准化技术委员会（SAC/TC363）	国家林业局国有林场和林木种苗工作总站
15	全国防沙治沙标准化技术委员会（SAC/TC365）	中国林业科学研究院荒漠化研究所
16	全国野生动物保护管理与经营利用标准化技术委员会（SAC/TC369）	黑龙江省野生动物研究所
17	全国森林资源标准化技术委员会（SAC/TC370）	国家林业局调查规划设计院
18	全国营造林标准化技术委员会（SAC/TC385）	国家林业局调查规划设计院

（续）

编号	标委会名称	依托单位
19	全国林业信息数据标准化技术委员会（SAC/TC386）	国家林业局调查规划设计院
20	全国林业生物质材料标准化技术委员会（SAC/TC416）	中国林业科学研究院木材工业研究所
21	全国湿地保护标准化技术委员会（SAC/TC468）	国家林业局调查规划设计院
22	全国林业有害生物防治标准化技术委员会（SAC/TC522）	国家林业局森林病虫害防治总站
23	全国森林消防标准化技术委员会（SAC/TC523）	中国林学会森林防火（消防）专业委员会
24	全国经济林产品标准化技术委员会（SAC/TC557）	中国林业科学研究院亚热带林业研究所
25	全国林化产品标准化技术委员会（SAC/TC558）	中国林业科学研究院林产化学工业研究所
26	全国能源基础与管理标准化技术委员会林业能源管理分技术委员会（SAC/TC20/SC7）	黑龙江省森林工程与环境研究所
27	全国植物检疫标准化技术委员会林业植物检疫标准化技术委员会（SAC/TC271/SC2）	国家林业局森林病虫害防治总站

二、林业知识产权

林业知识产权包括林业专利、商标、版权、植物新品种、林产品地理标志、遗传资源及相关传统知识等。国家林业局科技发展中心负责林业知识产权工作的组织和管理，各级林业主管部门明确了林业知识产权工作的管理机构、人员及职责。成立国家林业局知识产权研究中心，开展林业知识产权相关问题研究和信息咨询服务工作。

（一）林业知识产权政策法规

建立了林业实施知识产权战略和规划的联席会议制度。自2013年开始，每年制订并印发《林业知识产权战略实施推进计划》，组织落实国家和林业知识产权年度推进计划安排的重点工作和重大活动。2011年1月，国家林业局印发《关于贯彻实施〈国家知识产权战略纲要〉的指导意见》。2013年12月，国家林业局印发《全国林业知识产权事业发展规划(2013—2020年)》，明确了林业知识产权工作的指导思想、发展目标、重点任务和保障措施。

(二)林业知识产权试点示范

国家林业局于2010年3月启动全国林业知识产权试点工作。按照"试点先行、典型引路、示范带动、整体提高"的工作思路，在全国林业系统筛选一批具有相应工作基础和条件的企事业单位作为试点，采取分批申报、分批审批、分批验收的方式，分3批选择了75家林业科研单位和重点林业企业作为林业知识产权试点单位(表6-8至表6-10)，培育一批综合运用知识产权、具有核

表6-8 第一批全国林业知识产权试点单位名单

序号	试点单位	序号	试点单位
1	中国林业科学研究院林业研究所	14	湖北省林业科学研究院
2	中国林业科学研究院木材工业研究所	15	湖南省林业科学院
3	国际竹藤网络中心	16	湖南恒盾集团有限公司
4	河北省林业科学研究院	17	广东省林业科学研究院
5	内蒙古自治区林业科学研究院	18	广西壮族自治区林业科学研究院
6	辽宁省干旱地区造林研究所	19	四川林合益竹业有限公司
7	吉林省林业科学研究院	20	甘肃省治沙研究所
8	吉林省白城市林业科学研究院	21	青海清华博众生物技术有限公司
9	上海市林业总站	22	宁夏林业研究所(有限公司)
10	大亚科技集团有限公司	23	中国吉林森工集团有限责任公司
11	福建省林业科学研究院	24	黑龙江省带岭林业科学研究所
12	江西省林业科学研究院	25	大兴安岭地区农业林业科学研究院
13	山东省泰安林业科学研究院	26	深圳市燕加隆实业发展有限公司

心竞争力的重点林业企事业单位，引导试点单位健全知识产权管理机构，提高知识产权创造、运用、保护和管理能力。每批试点工作为期 2 年。试点结束后，国家林业局将统一对试点工作进行总结验收，验收合格、成效显著的转为示范单位。目前，已对两批 55 家林业知识产权试点单位进行了总结验收。

表6-9　第二批全国林业知识产权试点单位名单

序号	试点单位	序号	试点单位
1	中国林业科学研究院亚热带林业研究所	16	河南省林业科学研究院
2	中国林业科学研究院林产化学工业研究所	17	湖南康派木业有限公司
3	山西省林业科学研究院	18	湖南福湘木业有限责任公司
4	圣象集团有限公司	19	广东盈然木业有限公司
5	江苏德威木业有限公司	20	广东省宜华木业股份有限公司
6	江苏洛基木业有限公司	21	巴洛克木业(中山)有限公司
7	浙江省林业科学研究院	22	广西华峰林业股份有限公司
8	浙江森禾种业股份有限公司	23	重庆星星套装门有限责任公司
9	浙江大庄实业集团有限公司	24	贵州大自然科技有限公司
10	浙江世友木业有限公司	25	甘肃省林业科学研究院
11	浙江富得利木业有限公司	26	黑龙江林副特产研究所
12	江西康替龙竹业有限公司	27	北京林业大学
13	江西铜鼓江桥竹木业有限责任公司	28	南京林业大学
14	山东省林业科学研究院	29	浙江农林大学
15	东营正和木业有限公司		

表 6-10　第三批全国林业知识产权试点单位名单

序号	试点单位	序号	试点单位
1	黑龙江省森林与环境科学研究院	11	宁波市林业局林特种苗繁育中心
2	黑龙江省牡丹江林业科学研究所	12	安徽龙华竹业有限公司
3	吉林省长白山森工集团和龙人造板有限公司	13	安徽亿佳鑫木业有限公司
4	内蒙古自治区通辽市林业科学院	14	江西艺竹实业有限公司
5	上海植物园	15	深圳市兰科植物保护研究中心
6	江苏红豆杉生物科技股份有限公司	16	佛山市沃德森板业有限公司
7	江苏富祥木业股份有限公司	17	四川省林业科学研究院
8	无锡市博大竹木业有限公司	18	重庆市林业科学研究院
9	山东省烟台市林业科学研究院	19	金桥地板集团有限公司
10	山东新港企业集团有限公司	20	大兴安岭神州北极木业有限公司

（三）专利技术产业化推进

为深入贯彻实施国家知识产权战略，促进林业专利技术转化应用，推动林业产业转型升级，国家林业局科技发展中心在地方林业部门和有关单位推荐的基础上，经过专家评审，围绕木竹加工等林业重点产业发展需求，2012—2015 年共组织实施了 19 项林业专利技术产业化推进项目（表6-11）。启动了木地板、竹材加工知识产权保护联盟建设工作，通过建立产、学、研相结合的机制，在联盟内实现研发资源相互融合，专利技术互通共享，促进了林业产业转型升级。

表 6-11　2012—2015 年林业专利技术产业化推进项目

序号	年份	项目名称	承担单位
1	2012 年	环境安全型木塑复合人造板及工程材料	中国林业科学研究院木材工业研究所
2	2012 年	竹木复合系列专利技术	国际竹藤中心
3	2012 年	炭化木地板系列专利技术转化	浙江世友木业有限公司
4	2012 年	纤维板系列专利技术转化	山东正和木业有限公司

（续）

序号	年份	项目名称	承担单位
5	2012年	新品种转化	浙江森禾公司
6	2013年	户外高耐竹材专利技术产业化推进	浙江大庄实业集团有限公司
7	2013年	环保型木材防腐剂的推广和应用	广东省林业科学研究院
8	2013年	平衡根系轻基质容器育苗专利技术产业化开发	山东省林业科学研究院
9	2013年	林用专化性白僵菌菌剂产业化关键技术研发与示范	福建省林业科学研究院
10	2013年	压力升降式育苗床产业化示范	广西壮族自治区林业科学研究院
11	2014年	竹林专用钢渣肥加工及应用示范	国际竹藤网络中心
12	2014年	新型竹地板专利技术产业化推进项目	安徽龙华竹业有限公司
13	2014年	环保型重组竹专利技术应用与推广	江西康替龙竹业有限公司
14	2014年	树皮粉酚醛树脂胶粘剂科技成果转化项目	内蒙古森工楼胶制品有限责任公司
15	2015年	湿地用竹基纤维复合材料制造技术产业化	中国林业科学研究院木材工业研究所
16	2015年	PVC无酚热稳定剂制备关键技术开发与示范	中国林业科学研究院林产化学工业研究所
17	2015年	竹束单板层积材制造轻质墙体技术产业化	国际竹藤中心
18	2015年	脲醛树脂助剂及其制备方法专利产业化	永港伟方（北京）科技股份有限公司
19	2015年	采用竹纤维原料制备超细级微晶纤维素技术开发	福建省林业科学研究院

（四）中国专利奖林业项目

国家林业局高度重视中国专利奖的推选工作，每年积极组织申报，截至2015年共有36项林业专利获奖，其中金奖3项，2013—2015年共有10项林业专利获得优秀奖（表6-12），有效激励了林业科研创新主体和发明人创新的积极性，促进了林业专利技术的转化应用，增强了林业核心竞争力。中国专利奖由国家知识产权局和世界知识产权组织共同评审，中国专利奖的公信力、权威性、代表性和影响力日益增强，目前已成为推进中国知识产权事业发展的重要平台，对于激发全社会的创新热情、提升专利质量、促进知识产权工作发挥了积极的导向和良好的示范作用。

表6-12 2013—2015年中国专利优秀奖——林业项目

获奖时间	专利号	专利名称	专利权人
第十五届中国专利奖（2013年）	01108139.2	生物质内循环锥形流化床气化工艺及设备	中国林业科学研究院林产化学工业研究所
	200910181331.9	利用杨木加工剩余物制取文化用纸配抄用漂白化机浆的方法	中国林业科学研究院林产化学工业研究所
	200910082277.2	脲醛树脂助剂及其制备方法和应用	永港伟方（北京）科技股份有限公司
	00134681.4	环保型胶合板生产工艺	中国林业科学研究院木材工业研究所
	98111153.X	一种集装箱底板及其制造方法	南京林业大学、迪勤国际发展有限公司
第十六届中国专利奖（2014年）	200710179001.7	竹材原态多方重组材料及其制造方法	国家林业局北京林业机械研究所
	200910089413.0	一种增强、阻燃改性人工林木材及其制备方法	中国林业科学研究院木材工业研究所
	200910077384.6	一种大片竹束帘及其制造方法和所用的设备	中国林业科学研究院木材工业研究所
第十七届中国专利奖（2015年）	ZL201010227575.9	一种化学机械制浆废水的生物处理减排方法	中国林业科学研究院林产化学工业研究所
	ZL201210230219.1	一种亚热带地区枣树坐果剂	中南林业科技大学

（五）构建林业知识产权信息服务平台

系统收集和整理了国内外与林业知识产权相关的主要科学数据和文献资料，加大了林业知识产权信息资源的整合、专家知识的搜集和数据库建设力度，完善和建设了林业专利、林业植物新品种权、林产品地理标志、林业生物遗传资源、林业商标、林业图书和软件著作权等林业知识产权基础数据库15个，入库数据记录累计60多万条。2010年建成并开通了"中国林业知识产权网"（http：//www.cfip.cn）和网上林业专利动态决策分析系统。网上信息每日更新，免费使用，扩大了林业知识产权信息资源的共享途径和使用范围，网站提供全年不间断、安全、稳定的在线检索服务。

（六）林业知识产权预警机制研究

整合全球林业专利信息资源，利用科学的专利分析方法挖掘全球林业技术情报，建成了集专利检索、管理和分析功能于一体的林业专利信息预警分析系统，针对林业行业容易遭到国外专利壁垒的重点林产品领域进行动态跟踪和调查分析，做好专利数据统计和预警分析研究，形成了系列研究报告，出版了《世界林业行业专利技术现状与发展趋势》、《木地板锁扣技术专利分析报告（2010）》、《木地板锁扣技术与采暖木地板技术专利分析报告（2014）》、《人造板连续平压机专利分析报告》。2012年开始编印《林业知识产权动态》内部刊物，双月18日发行，每期20页，跟踪国内外林业知识产权动态，实时监测和分析林业行业相关领域的专利动态变化，为国际履约和谈判提供信息支撑。

（七）林业专利

1. 林业相关专利。截至2015年，国家知识产权局专利数据库公开的林业相关专利量共计230645件，其中发明专利120774件，占林业相关专利总量的52%，实用新型77623件（34%），外观设计32248件（14%）。近5年来（2011—2015年），林业相关专利量迅猛增长，共计134775件，同比增长146%（表6-13）。

表6-13　1985—2015年林业相关专利公开量统计　　　件

年份	专利总量	发明专利	实用新型	外观设计
1985年	8	6	1	1
1986年	195	112	82	1
1987年	387	194	185	8
1988年	494	175	310	9

（续）

年份	专利总量	发明专利	实用新型	外观设计
1989 年	608	223	361	24
1990 年	611	274	296	41
1991 年	743	248	437	58
1992 年	1106	316	718	72
1993 年	941	402	478	61
1994 年	1378	604	707	67
1995 年	1365	562	675	128
1996 年	1487	666	623	198
1997 年	1669	687	698	284
1998 年	1944	762	779	403
1999 年	2683	766	1328	589
2000 年	2777	867	1288	622
2001 年	3249	1128	1341	780
2002 年	3745	1237	1451	1057
2003 年	4729	1741	1614	1374
2004 年	4453	1836	1506	1111
2005 年	6436	3412	1787	1237
2006 年	7570	3345	2469	1756
2007 年	9460	4277	3028	2155
2008 年	11307	5209	3916	2182
2009 年	13530	6249	3933	3348
2010 年	12995	5105	3617	4273
2011 年	13985	7522	4681	1782
2012 年	18401	11393	6119	889
2013 年	25939	14122	9478	2339
2014 年	31512	19888	9526	2098
2015 年	44938	27446	14191	3301
合计	230645	120774	77623	32248

全国 31 个省(自治区、直辖市)林业相关专利申请公开量来看，截至 2015 年，浙江和江苏的专利公开量最多，分别是 28014 件和 26264 件，其次是广东、山东、北京和安徽，均在 1 万件以上(表 6-14)。

表 6-14　1985—2015 年省(自治区、直辖市)林业相关专利公开量统计　　件

排名	省(自治区、直辖市)	专利总量	公开专利量				
			2011 年	2012 年	2013 年	2014 年	2015 年
1	浙江	28014	1771	2207	3806	3906	5361
2	江苏	26264	1697	2787	3995	4548	5606
3	广东	18186	832	1020	1462	1568	2431
4	山东	14935	759	1025	1637	2145	3235
5	北京	14111	835	1327	1536	1781	2195
6	安徽	10677	396	663	1481	2732	4141
7	福建	8953	579	903	1091	1285	2116
8	上海	8071	503	632	727	750	889
9	四川	7161	335	544	767	958	1362
10	黑龙江	7109	317	640	925	1140	1454
11	广西	6845	134	386	777	1436	2857
12	湖南	6652	491	694	776	941	1085
13	陕西	6595	383	670	865	1064	1277
14	辽宁	6090	309	397	593	684	728
15	河南	5590	259	395	533	742	1398
16	湖北	4981	237	366	566	659	1009
17	天津	4533	284	429	503	677	999
18	云南	4382	217	361	456	592	762
19	河北	4253	182	289	307	410	656
20	重庆	3398	148	405	361	532	1162
21	吉林	3031	159	266	302	291	380
22	江西	2554	95	194	282	281	604
23	贵州	2381	83	179	232	383	714

（续）

排名	省(自治区、直辖市)	专利总量	公开专利量				
			2011 年	2012 年	2013 年	2014 年	2015 年
24	山西	2338	102	305	295	325	383
25	新疆	2191	116	229	315	266	375
26	甘肃	1862	70	190	265	336	478
27	内蒙古	1161	57	81	105	133	173
28	宁夏	1113	39	82	138	106	159
29	海南	725	30	59	99	91	117
30	青海	485	21	33	63	72	137
31	西藏	95	3	7	3	8	7

从申请人构成看，林业专利的创造主体是企业。截至 2015 年，林业相关专利申请人中企业、高等院校和科研院所所占比例分别为 43%、15% 和 12%。总体看，企业和高等院校所占比例正在逐渐上升，而个人申请比例在下降，科研院所比例变化不大。

从森林培育、木材加工、林业机械、竹藤产业、木地板产业、林产化工和林业生物质能源 7 个林业重点领域来看，截至 2015 年，专利公开量最多的是竹藤产业、木材加工和森林培育，分别为 27490 件、25022 件和 24930 件，其次是林业机械和林产化工，专利量均在 1 万件以上。森林培育和林产化工的发明专利比例最高，分别为 74.07% 和 70.33%（表 6-15）。

表 6-15　1985—2015 年林业重点领域专利公开量统计　　　件

领域分类	累计公开总量				2015 年公开量			
	发明专利	实用新型	外观设计	合计	发明专利	实用新型	外观设计	合计
森林培育	17534	6950	446	24930	4687	1771	44	6502
木材加工	14156	10852	14	25022	2423	2387	6	4816
林业机械	6074	7708	52	13834	1637	1935	10	3582
竹藤产业	9212	7790	10488	27490	2079	1249	1117	4445

（续）

领域分类	累计公开总量				2015 年公开量			
	发明专利	实用新型	外观设计	合计	发明专利	实用新型	外观设计	合计
木地板产业	1730	3616	1951	7297	428	465	97	990
林产化工	7574	2454	197	10225	1303	372	6	1681
林业生物质能源	3805	1808	56	5669	616	435	8	1059

2. 林业科研教育机构专利。截至 2015 年，全国 261 家林业科研院所的专利公开量共计 4270 件，其中发明专利 3240 件，占其专利总量的 76%；29 家林业高等院校的专利公开量共计 12391 件，其中发明专利 7965 件，占其专利总量的 64%（表 6-16）。

表6-16　1985—2015 年林业科研和教育机构专利公开量统计　件

公开年份	科研院所				高等院校			
	发明专利	实用新型	外观设计	合计	发明专利	实用新型	外观设计	合计
1985 年	1	0	0	1	0	0	0	0
1986 年	9	5	0	14	1	1	0	2
1987 年	14	9	0	23	3	5	0	8
1988 年	6	10	0	16	6	2	0	8
1989 年	10	4	0	14	3	9	0	12
1990 年	3	6	0	9	7	4	0	11
1991 年	12	4	0	16	3	11	0	14
1992 年	13	11	1	25	13	8	0	21
1993 年	9	9	0	18	10	7	0	17
1994 年	7	8	0	15	3	7	0	10
1995 年	11	6	2	19	6	6	0	12
1996 年	7	6	1	14	8	11	0	19
1997 年	8	6	1	15	6	6	0	12

（续）

公开年份	科研院所				高等院校			
	发明专利	实用新型	外观设计	合计	发明专利	实用新型	外观设计	合计
1998 年	9	6	0	15	7	9	0	16
1999 年	8	8	0	16	5	10	0	15
2000 年	9	12	0	21	12	13	0	25
2001 年	10	12	0	22	12	21	0	33
2002 年	7	5	0	12	20	10	0	30
2003 年	21	12	0	33	48	14	0	62
2004 年	29	14	2	45	49	11	0	60
2005 年	42	8	4	54	150	23	0	173
2006 年	63	9	0	72	190	35	0	225
2007 年	95	7	1	103	290	26	2	318
2008 年	160	44	0	204	426	58	54	538
2009 年	184	52	1	237	531	93	48	672
2010 年	118	40	3	161	454	96	14	564
2011 年	270	97	3	370	608	304	77	989
2012 年	401	93	7	501	929	367	167	1463
2013 年	434	124	4	562	1143	679	93	1915
2014 年	594	153	2	749	1424	604	336	2364
2015 年	676	205	13	894	1598	824	361	2783
合计	3240	985	45	4270	7965	3274	1152	12391

　　林业科研院所中，中国林业科学研究院专利公开量共计 1980件，占林业科研院所专利总量的 46%，是最主要的林业专利技术贡献者；其次是广西壮族自治区林业科学研究院 284 件、浙江省林业科学研究院 169 件、黑龙江省林业科学院 138 件、天津市林业果树研究所 103 件、国际竹藤网络中心 100 件。近年来，省级

（八）林产品地理标志

林产品地理标志，是指林产品来源于特定地域，产品品质和相关特性主要取决于该地域的自然生态环境和历史人文因素，并以地域名称冠名的特有林产品标志。截至2015年，中国已注册和登记的林产品地理标志共730件（图6-1），以枣和核桃为主，分别占总量的14.5％和13.3％，其次是板栗、杏、花椒、木耳和枸杞。

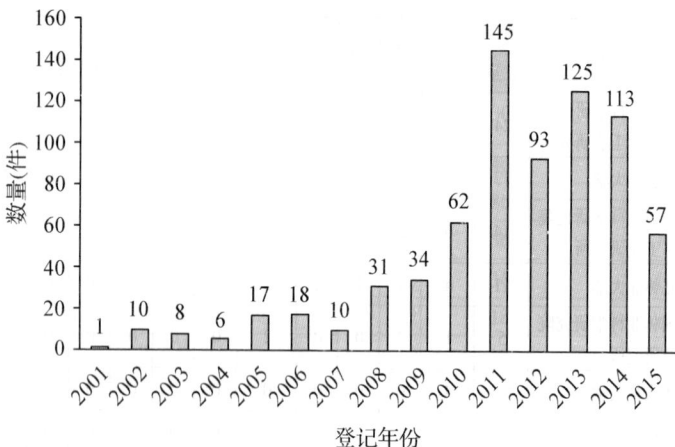

图6-1　2001—2015年注册和登记的林产品地理标志数量统计

（九）林业软件著作权

软件著作权是指软件的开发者或者其他权利人依据有关著作权法律的规定，对于软件作品所享有的各项专有权利，软件经过登记后，软件著作权人享有发表权、开发者身份权、使用权、使用许可权和获得报酬权。林业软件著作权是指与林业相关的软件著作权。根据中国版权保护中心计算机软件著作权登记公告统计，截至2015年，林业软件著作权登记共4774项，软件著作权人主要来自林业高等院校、科研院所及相关的林业企业。林业软件著作权登记量排名前3的分别是北京林业大学（980项）、中南

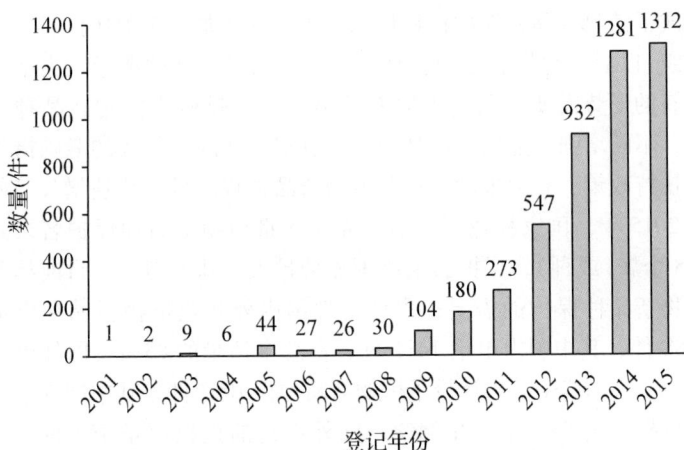

图 6-2　2001—2015 年林业软件著作权登记量统计

林业科技大学（236 项）和西北农林科技大学（232 项）。近年来，林业高校的软件著作权登记量增长较为迅速（图 6-2）。

三、新品种保护

（一）植物新品种保护

我国于 1997 年 10 月 1 日开始实施《中华人民共和国植物新品种保护条例》（以下称《条例》），1999 年 4 月 23 日加入国际植物新品种保护联盟。根据《条例》的规定，农业部、国家林业局按照职责分工共同负责植物新品种权申请的受理和审查，并对符合《条例》规定的植物新品种授予植物新品种权。国家林业局负责林木、竹、木质藤本、木本观赏植物（包括木本花卉）、果树（干果部分）及木本油料、饮料、调料、木本药材等植物新品种权申请的受理、审查和授权工作。

国家林业局对植物新品种保护工作十分重视，早在 1997 年就成立了植物新品种保护领导小组及植物新品种保护办公室；2001 年批准成立了植物新品种测试中心及 5 个分中心、2 个分子测定实验室；2002 年成立了植物新品种复审委员会；2005 年以来，陆续建成了月季、一品红、牡丹、杏、竹子 5 个专业测试站，基本形成了植物新品种保护机构体系框架。我国加入 WTO（世界贸易组织）以后，对林业植物新品种保护提出了更高的要求。为了适应新的形势需要，我们采取有效措施，加强林业植物新品种宣传，不断增强林业植物新品种保护意识，并制定有效的激励措施和扶持政策，有力推动了林业植物新品种权总量的快速增长。截至 2015 年，国家林业局先后发布了 5 批植物新品种保护名录共198 个属（或种），保护名录范围显著扩大，基本满足了目前林业植物新品种保护的需要；累计受理国内外林业植物新品种申请1788 件，其中国内申请 1481 件，占总申请量的 83%；国外申请307 件，占 17%。累计授予植物新品种权 1003 件，其中国内申请的授权数量 839 件，占 84%，国外申请的授权数量 164 件，占16%。近年来，林业植物新品种权的申请和授权数量在大幅增加，这充分表明林业植物新品种保护事业已经进入快速发展时期。

植物新品种保护制度的实施，大幅提升了社会对植物品种权的保护意识，有效激励了广大育种者培育新品种的积极性，林业植物新品种大量涌现，这些新品种已在我国林业生产建设中发挥重要作用。为方便生产单位和广大林农获取信息，更好地服务生态林业、民生林业建设，国家林业局科技发展中心（植物新品种保护办公室）对 2015 年年底以前授权的 1003 个植物新品种分 6 册汇编成书，旨在生产单位、林农和品种权人之间架起沟通的桥梁，使生产者能够获得所需的新品种，促进林业植物新品种在发展现代林业、建设生态文明、推动科学发展中发挥更大作用。

（二）林业植物新品种测试与行政执法工作

1. 测试能力逐步增强。为了加强植物新品种测试能力，保障新品种权审查和行政执法鉴定需要，国家林业局建立了 1 个植物新品种测试中心、3 个分中心、2 个分子测定实验室和 5 个专业测试站，印发了《林业植物新品种测试管理规定》。同时，组织开展植物新品种 DUS（特异性、一致性和稳定性）测试指南编制工作，截至 2015 年，已开展 94 项林业植物新品种 DUS 测试指南编制，其中杏、柳属、山茶属、蔷薇属、核桃属和枸杞属等33项测试指南，已分别以国家标准或林业行业标准发布。

2. 行政执法继续强化。为了贯彻落实国务院打击侵犯知识产权和制售假冒伪劣商品工作决策部署，加强林业植物新品种保护行政执法工作，国家林业局发布了《林业植物新品种保护行政执法办法》，并组织开展了打击侵犯林业植物新品种权专项行动。同时，对各省（自治区、直辖市）林业厅（局）林业植物新品种行政执法机构进行了备案，编印了《林业植物新品种权行政执法手册》，旨在完善执法协作机制，提高执法能力。开展了林业植物授权品种基因图谱数据库建设工作，完成了152个月季品种DNA图谱的测定和建库，同时启动了牡丹品种DNA图谱数据库构建，为执法取证提供了技术支撑。为了探索建立行政执法长效机制，推动品种权行政执法信息平台，促进行政执法与刑事司法的衔接，在陕西、河北、山东启动了林业植物新品种权行政执法试点工作。

第四节　森林认证

20世纪90年代，中国开始森林认证的研究与探索，基于我国国情与林情，积极发展中国的森林认证体系。2001年启动国家森林认证体系建设工作，2010年中国森林认证体系建成并开始运行。

一、中国森林认证概况

中国森林认证发展的主要推动力是国际市场的压力，大多数企业是为了保证和开拓林产品出口市场而开始认识并重视森林认证的。中国是木材产品进出口大国。近年来，随着林产工业的发展和外商投资的不断增加，纸张和家具等深加工产品的出口量与日俱增。2012年中国林产品出口额达到575.7亿美元，其中欧美环境敏感市场占我国林产品出口总额的37%。而国际市场对认证林产品的需求和压力日益剧增。在此背景下，中国的外向型家具企业和木材加工企业首先感受到了国际市场的压力，开始重视并寻求产销监管链认证，他们走在了中国森林认证的前列。而认证加工企业对于原材料的需求，又推进了国内森林经营认证的发展。

从国际森林认证市场发展来看，相关利益方制定的政策和推动措施，对于培育认证产品市场、推动企业寻求森林认证起到了非常重要的作用，如政府出台的木材优先采购政策和其他政策，非政府环保组织、援助组织、贸易组织的压力和支持，以及认证制度本身的推广机制、新方法的应用并与其他相关政策手段的结合等。而2008年美国出台的雷斯法案和2010年欧盟出台的欧盟木材法案等有关木材合法性要求，更进一步推动了森林认证的发展。

在国际市场的推动下，我国森林认证取得了快速发展，森林认证面积和认证企业数量均快速增长。到2013年4月，中国已有15家森林经营企业的191.5万 hm^2 森林开展了国家体系CFCC的认证。从林地权属的分布来看，中国开展认证的森林绝大多数都是国有林，认证面积占总体面积的82%，集体林仅占8%。中国森林认证体系已于2014年2月5日开始实现与国际体系森林认证认可计划（PEFC）体系的互认。

二、中国森林认证发展

2001年，我国启动了中国森林认证体系建设，明确了发展方向，成立了管理机构。2002年，启动森林认证标准制定和能力建设工作。2003年，《中共中央　国务院关于加快林业发展的决定》明确提出"积极开展森林认证工作，尽快与国际接轨"。2004年，森林认证工作纳入中央财政预算并开展国际交流。2005年，开展森林认证试点。2007年，颁布森林经营认证标准和产销监管链认证标准。2008年，国家林业局与国家认监委联合发布《关于开展森林认证工作的意见》，成立全国森林可持续经营与森林认证标准化技术委员会。2009年，颁布《中国森林认证实施规则》，成立中林天合（北京）森林认证中心，并启动国际互认。2010年，成立国家林业局森林认证工作领导小组和中国森林认证管理委员会，发布《国家林业局关于加快推进森林认证工作的指导意见》，颁布《森林经营认证审核导则》，举办第一期森林认证审核员培训班，启动森林经营认证审核试点，向 PEFC 秘书处提交会员意向申请，制定森林认证标志管理办法。2011 年，举办"积极开展森林认证，促进现代林业发展"的主体展览，中国森林认证管理委员会正式成为 PEFC 国家会员，开展了集体林认证试点，开通了中国森林认证体系网站。2012 年，发布森林经营认证和产销监管链国家标准，编写中国森林认证标识使用指南，正式向 PEFC 秘书处提交互认材料，完成森林生态环境服务认证标准与审核导则等 13 项技术规范的公共咨询，举办第二期森林认证审核员培训班。2013 年之后，相继举办 4 次利益方论坛会议，举办第三期森林认证审核员培训班，成立国家林业局森林认证研究中心，开展森林认证市场调研，发布《中国森林认证森林生态环境服务自然保护区》等 14 项行业标准，另有包括 10 项行业标准正在研究制定，部分通过审定待报批，中国森林认证体系通过互认评估，于 2014 年 2 月 5 日开始实现与 PEFC 的互认。

三、中国森林认证影响

(一)改善了企业的效益

最早开展森林认证的企业都取得了比较良好的经济效益，认证效益大大超过成本。如穆棱林业局当年的认证收益就超过 150 万元，而认证成本仅为 50 万元左右。林业企业作为加工企业的原材料基地，开展森林认证，加强了林业企业与加工企业的联系，确保了木材产品的稳定收入和市场，同时也为下游加工企业提供了进入国际市场所需的材料，促进了下游加工企业的发展。

大多数林业企业通过认证以后，企业知名度明显提高，环保形象提升，同时林业企业开展认证获得非政府环保组织的资金和技术支持。部分林业企业还得到了国际资本的青睐。

（二）提高了各方对森林可持续经营的认识

通过国家林业局科技发展中心、中国林业科学研究院等在全国所开展的系列培训研讨会、网络建设、媒体宣传和推广、森林认证试点活动，以及广大森林经营者所开展的森林认证实践活动，提高了各方对森林可持续经营的认识，通过标准的培训和实践，各方对在实践中如何实现可持续经营并满足相关要求有了更清晰的认识。

（三）促进了林业法律法规的实施

遵守国家法律法规，是中国森林认证的基本要求。认证审核过程重视法律法规的实施情况，包括采伐、造林、修路、职工健康与安全、病虫害防治、林地的占用、林权争议处理、野生动植物管理、化学药品和农药的使用等。

（四）加速了林业可持续经营标准和技术规范的制定

目前，在林业标准和技术规范以及一些部门规章的制定过程中，已参考和融入了森林认证的理念或要求。吉林省已将判定高保护价值森林工作纳入"十一五"林业发展规划，黑龙江省将把高保护价值森林概念纳入重点生态公益林的判定标准。国家层面则发布了《中国森林可持续经营指南》、《中国企业境外森林可持续经营利用指南》以及《工业人工林生态环境管理规程》等。

第五节　生物安全与遗传资源保护

一、生物安全

进入21世纪后，以转基因为代表的现代生物技术迅速发展，引起了人类生产生活方式的重大变革。生物技术在解决生产、能源、环境等重大社会经济问题中逐渐发挥重要的作用，转基因生物及其产品也开始渗透到社会生活的各个方面。与此同时，人们意识到转基因生物有可能引发生态、环境、健康、资源等方面的安全问题，与全球生态环境、人类生存环境和健康直接相关，影响国家安全与社会稳定。

（一）国际情况

国际上，适用于林业转基因生物安全管理相关的国际公约和协定，主要包括《生物多样性公约》、《卡塔赫纳生物安全议定书》（简称《议定书》）等。其中《议定书》于 2003 年生效，这是一项多边环境协定，对安全转移、处理和使用有可能给生物多样性造成不利影响的转基因生物作出规定，并考虑到了可能对人类健康造成的风险，且着重强调了越境的转移。我国参加了《议定书》十轮工作组会议和谈判，对《议定书》的通过发挥了积极作用，并于 2005 年正式成为《议定书》的缔约方。经过多年的谈判，缔约方大会第五次会议于 2010 年在日本名古屋通过了《卡塔赫纳生物安全议定书关于赔偿责任和补救的名古屋——吉隆坡补充议定书》（简称《名古屋议定书》）。

（二）林业生物安全管理

为加强林业转基因生物安全管理，2001 年国家林业局科技发展中心设立基因安全管理处，同时成立国家林业局林业生物基因工程安全委员会，并开始受理林业转基因工程活动申请。2004年，国务院令第 412 号公布了《国务院对确需保留的行政审批项目设定行政许可的决定》，第 340 项为"开展林木转基因工程活动审批"，国家林业局为实施机关。2006 年，国家林业局发布《开展林木转基因工程活动审批管理办法》，规定实施林木转基因工程活动的范围，并对转基因林木进行定义，同时还详细规定了实施林木转基因工程活动的管理措施、审批行为，以及违法实施林木转基因工程活动的行政处罚措施等；2007 年，发布《转基因森林植物及其产品安全性评价技术规程（LY/T 1692—2007）》；2013年，发布《转基因林木生物安全监测管理规定》。

（三）行政许可情况

自2001年开始受理林业转基因工程活动申请以来，至2015年年底国家林业局共受理160项申请，其中许可153项、不许可7项。申请单位主要来自林业科研院所和大学，获得开展林业转基因生物工程活动的许可主要集中在杨、槐、落叶松等树种，绝大部分为许可开展中间试验。目前，仅批准2项杨树转基因商业化行政许可（2002年批准，有效期5年）。

（四）安全性监测

为了落实全过程跟踪管理和风险控制，为科学审批和进一步加强林业转基因生物安全管理提供依据，自2007年开始至2015年年底，国家林业局陆续安排了60项转基因林木安全性监测项目。从现有的2~5年监测结果看，尚未发现监测的转基因林木对周边动植物、微生物产生不良影响。

二、遗传资源保护

（一）遗传资源的概念

按照《生物多样性公约》的解释，遗传资源是指具有实际或潜在价值的来自植物、动物、微生物或其他来源的任何含有遗传功能单位的材料。生物遗传资源的拥有量是衡量一个国家基础国力的重要指标之一。1993年生效的《生物多样性公约》首次公开承认国家对生物遗传资源拥有主权，提出遗传资源的获取必须获得主权国家的事先知情同意，并规定开发遗传资源的国家应与提供其资源的国家公平分享惠益。林业生物遗传资源是生物遗传资源的主体，70%的遗传资源分布在以森林、沙漠和湿地生态系统为主的林业部门所管辖范围内。丰富的林业生物遗传资源，是维持物种多样性和生态系统多样性的基础，是开展林木良种选育和新品种培育的基础，是建设生态林业和民生林业的重要保障。

（二）中国遗传资源状况

据统计，中国拥有高等植物 30000 多种，其中裸子植物 10 科、34 属、约 250 种，占世界裸子植物科、属、种数的 66.7%、43% 和 29%，是世界上裸子植物最多的国家；被子植物 328 科、3123 属、30000 多种，分别占世界被子植物科、属、种数的 75%、30% 和 10%。中国脊椎动物共有 6347 种，占世界脊椎动物的 13.97%；鸟类 1244 种，占世界鸟类种类的 13.1%；鱼类 3862 种，占世界鱼类的 20.3%。

（三）遗传资源管理

遗传资源是国家的基础性战略资源，受到国际社会和各国政府的高度关注。《生物多样性公约》关于遗传资源的《名古屋议定书》经过 10 年的谈判，于 2010 年 10 月通过，2014 年 10 月 12 日生效。其核心内容是国家拥有生物遗传资源的主权，任何国家利用遗传资源，均需要经过遗传资源提供国的批准和同意，并与资源提供国公平、公正地分享所获得的利益。联合国粮农组织（FAO）于 2009 年 10 月决定开展《世界森林遗传资源状况报告》编制工作，在包括中国在内的各国提供的国家报告的基础上，于 2014 年 6 月完成并正式发布。报告客观描述了全球森林遗传资源的状况，并对其进行了分析。在编写过程中，针对林木遗传资源保护与利用方面重点领域不清、行动战略重点不明的问题，FAO 制定并于 2013 年 6 月发布了《森林遗传资源养护、可持续利用和开发全球行动计划》（以下简称《全球行动计划》），用于指导全球森林遗传资源工作，并要求各成员国根据国情，制定各自的国家行动计划。

我国政府对生物遗传资源工作高度重视。2004 年，国务院办公厅印发了《关于加强生物物种资源保护和管理的通知》。2007 年，发布了《全国生物物种资源保护与利用规划纲要（2006—2020 年）》；2010 年，发布了《中国生物多样性保护战略与行动计划（2011—2030 年）》，在其中生物遗传资源的保护均占有相当大的篇幅。2014年12月召开的中国生物多样性保护国家委员会会议，原则通过中国政府加入《名古屋议定书》的建议和《加强生物遗传资源管理国家工作方案》。国家林业局对林业生物遗传资源保护工作十分重视。2006年，成立了国家林业局生物物种资源保护领导小组，负责林业生物遗传资源的保护与管理工作。2011年，按FAO要求，完成《中国林木遗传资源状况国家报告》。2012年，开始对重点林业生物遗传资源进行调查编目工作，目前完成和正在进行的有油茶遗传资源调查编目、核桃遗传资源调查编目、中国竹类遗传资源调查编目、霍山石斛遗传资源调查编目等。2013年，开始在贵州黔东南开始进行林业生物遗传资源及相关传统知识获取和惠益分享试点工作，以期取得经验，加强遗传资源及相关传统知识的保护与管理。2011年，开始制定《林业生物遗传资源获取与惠益分享管理办法》，目前已完成征求意见，正在协调有关部门，以推动其出台。2014年10月，环境保护部联合包括国家林业局在内的6个部门印发了《关于加强对外合作与交流中生物遗传资源利用与惠益分享管理的通知》，强化了对外合作与交流中生物遗传资源的管理工作。2014年，完成了《中国林木遗传资源保护与可持续利用行动计划》，以响应FAO的《全球行动计划》及推动中国林木遗传资源的保护与可持续利用工作。

第六节　林业引进国外智力

中国林业引智工作，自1985年启动以来，本着服务林业重点工程、服务林业改革与发展的原则，先后共派出审批类培训团组100多个，培训林业管理和技术人员2000多人次，组织落实引进国外技术、管理人才项目600多项，引进各类林业专家900多人，实施引智成果推广项目近100项，建立引智推广项目示范基地6个，国家林业局推荐的14名专家获得外国专家"友谊奖"。

30多年来，林业引智工作取得了一定成效。从国家战略层面上，引进了一批国际林业前沿领域的著名学者和科学家；在服务全局层面上，围绕天然林保护、速丰林建设、沙漠化防治等国家林业重大生态工程建设，借鉴并吸收了国外先进理念与管理经验；在科技创新层面上，积极引进、消化、再创新，取得了丰富林木植物品种、生物防治、森林经营、绿色核算和科技防火等关键技术的新突破。通过30多年的努力，林业引智工作硕果累累，已实现了由初期单一聘请专家向"引进来"与"走出去"双向并重转变，由只注重国外学习向建立基地示范推广引智成果转变，由追求数量向更加注重质量和水平转变。引智工作已成为加快林业发展、建设美丽中国进程中不可或缺的强大动力。

第七节　林业科技期刊

林业科技期刊是林业科技事业的重要组成部分，是及时发布林业科技创新成果的重要平台。截至2015年，国家林业局归口管理的林业科技期刊有29种（表6-19），其中学术类期刊有12种，技术类期刊有8种，综合指导类期刊有6种，科普类期刊有3种。多年来，这些期刊坚持正确的办刊方向，围绕林业发展目标，在传播林业科技和生态知识，加快人才培养，促进林业科学研究、产业开发、成果转化，推动林业科学技术的进步和创新，加强林业科技国际合作与交流等方面发挥了重要作用。

表6-19　国家林业局归口管理的林业科技期刊基本情况

序号	刊　名	刊　期	主　办　单　位
1	林业科学研究	双月刊	中国林业科学研究院
2	湿地科学与管理	季　刊	中国林业科学研究院
3	木材工业	双月刊	中国林业科学研究院木材工业研究所
4	中国人造板	月　刊	中国林业科学研究院木材工业研究所
5	世界林业研究	双月刊	中国林业科学研究院
6	林业科技通讯	月　刊	中国林业科学研究院林业科技信息研究所
7	国际木业	月　刊	中国林业科学研究院林业科技信息研究所
8	世界竹藤通讯	双月刊	中国林业科学研究院林业科技信息研究所

（续）

序号	刊　名	刊　期	主 办 单 位
9	中国城市林业	双月刊	中国林业科学研究院
10	中国绿色画报	月　刊	中国林业科学研究院
11	林产化学与工业	双月刊	中国林业科学研究院林产化学工业研究所 中国林学会林产化学化工分会
12	生物质化学工程	双月刊	中国林业科学研究院林产化学工业研究所
13	木材加工机械	双月刊	国家林业局北京林业机械研究所
14	林业机械与木工设备	月　刊	国家林业局哈尔滨林业机械研究所
15	林业劳动安全	季　刊	国家林业局哈尔滨林业机械研究所
16	竹子研究汇刊	季　刊	国家林业局竹子研究开发中心 中国林学会竹子分会
17	桉树科技	半年刊	国家林业局桉树研究开发中心 中国林学会桉树专业委员会
18	中国林业产业	月　刊	中国林业产业联合会 中国林业科学研究院林业科技信息研究所
19	林业资源管理	双月刊	国家林业局调查规划设计院
20	林产工业	双月刊	国家林业局林产工业规划设计院 中国林产工业协会
21	森林与人类	月　刊	中国绿色时报社、中国林学会
22	中国森林病虫	双月刊	国家林业局森林病虫害防治总站
23	森林防火	季　刊	南京森林警察学院
24	华东森林经理	季　刊	国家林业局华东林业调查规划设计院 中国林学会森林经理分会华东地区研究会 全国林业调查规划科技信息网华东大区站
25	中南林业调查规划	季　刊	国家林业局中南调查规划设计院
26	林业建设	双月刊	全国林业基本建设技术情报中心站 国家林业局昆明勘察设计院
27	林业经济	月　刊	中国林业经济学会
28	生态文明世界	季　刊	中国生态文化协会
29	野生动物学报	双月刊	东北林业大学

第七章
林业信息化

2009 年 3 月，全国林业信息化工作领导小组及其办公室成立，召开了首届全国林业信息化工作会议，正式公布了全国林业信息化标识"飞翔的林业"（图 7-1），2010 年 3 月中央编办批复成立国家林业局信息中心，林业信息化步入发展快车道。截至 2015 年，全国 34 个省级单位建立了林业信息化管理机构。目前，已打造成纵向到底、横向到边、特色突出的中国林业网站群和集办公、信息、学习、生活、交流等于一体的国家林业局办公网，建设了覆盖公共基础数据、林业基础数据、林业专题数据的林业数据库，上线了森林、湿地、荒漠、野生动植物资源监管等支撑林业核心业务的信息系统，创建了省、市、县、基地等各类示范单位 138 个。林业信息化由"数字林业"步入"智慧林业"发展新阶段。

林业信息化
Forestry Informatization

图 7-1　中国林业
信息化标识

第一节　网站群

中国林业网(国家林业局政府网，国家生态网，www.forestry.gov.cn)按照集群化模式，实施中国林业网站群建设工程。全国林业系统网站建设从无序到有序、从粗放到集约、从分散到整合，构建了"纵向到底、横向到边、特色突出"的站群体系，全国乃至全球林业"一网打尽"。纵向站群建设了世界、国家、省级、市级、县级林业等各层级网站，横向站群覆盖了国有林区、国有林场、种苗基地、森林公园、湿地公园、沙漠公园、自然保护区和主要树种、珍稀动物、重点花卉等林业各领域网站，特色站群突出了美丽中国网、中国植树网、中国信息林、网络图书馆、博物馆、博览会、数据库、图片库、视频库等网站。目前，中国林业网子站已达3000多个，位居国内前列，大大提升了林业影响力。

一、中国林业网主站

2014年，中国林业网顺应发展潮流，进行了全新改版。主站采用了扁平化设计理念，保留了"信息发布、在线服务、互动交流"传统板块，设计增加了"走进林业"板块，立足"服务大局、服务司局、服务基层、服务群众"4个维度，全面提升服务能力，实现林业全周期"一站式"在线服务，使中国林业网进入智慧创新新阶段。

(一)走进林业板块

主站走进林业板块根据网站用户行为分析数据，优先将用户关注度高的栏目在显著位置显示。通过走进林业板块，便于公众随时了解掌握中国林业的整体概况。领导信息、林业概况信息、林业展厅、热点专题、热点信息让公众对中国林业的基本情况、最新热点、主要工作有更直观的了解，绿色标识、形象展示、历史上的今天、图书期刊等栏目内容，则全面、全景、全角度展示了林业行业的独特魅力和底蕴。

(二)信息发布板块

主站信息发布集中展示了林业的综合信息和业务信息，是公众了解林业各类信息动态的主要区域，主要分为两个部分：第一部分是在中国林业网主站首页信息发布区，包括最新资讯、公告图解、信息快报、社会关注4个栏目，收集整理了国家林业局和各地的重要信息，囊括了社会关注的时政、财经、信息、科技等信息，为网站用户提供丰富的信息盛宴；第二部分是信息发布板块的23个重要栏目，将林业行业的重要政府文件和各重要业务信息集中进行展示，并设置了政府信息公开专栏，让公众及时了解林业信息公开内容，维护了中国林业网的权威性和影响力。

（三）在线服务板块

主站在线服务板块，结合林业行业特点，从林地、种苗到造林、保护，再到旅游、采伐等利用，整合国家和地方办事资源，提供办事指南、办事流程、场景式服务、便民服务，力求为公众打造全周期的在线办事服务。同时，提供了热点办事和快捷通道，突出显示办理率的办事事项，集中提供在线审批的内容和结果，全面整合了林业系统的主要应用系统，真正打造成在线服务大平台。

（四）互动交流板块

主站互动交流板块，以在线访谈、在线直播、建言献策等栏目形式，回应社会关切，解答公众问题。通过与公众交流，及时了解公众存在的问题和难点，为公众提供满意的回复。通过开展在线访谈和在线直播，邀请专家、学者、领导向公众及时公开展示重要的新闻发布会、解读林业发布的重大政策，成为了公众与中国林业网进行政民互动的桥梁（图7-2，表7-1）。

图7-2 中国林业网首页

表7-1 中国林业网栏目设置

一级栏目	二级栏目
首页	图片信息、最新资讯、公告图解、信息快报、社会关注
走进林业	领导专区、机构简介、林业概况、林业展厅、热点专题、热点信息、绿色标识、形象展示、历史上的今天、图书期刊
信息发布	政府文件、政策法规、科学技术、人事教育、森林防火、有害生物、重大沙尘暴、疫源疫病、国际合作、政府采购、规划与资金、机关两建、造林绿化、资源管理、天然林保护、退耕还林、湿地保护、防沙治沙、生物多样性、集体林改、林业产业、电子政务、生态文化、政府信息公开专栏
在线服务	林木种苗、植树造林、动植物保护、森林旅游、林木采伐、木材经营、林地林权、科学研究、热点办事、快捷通道、在线办事
互动交流	在线访谈、在线直播、常见问题解答、咨询留言、我要咨询、建言献策

二、纵向站群

(一)世界林业站群

世界林业站群通过对不同国家的林业网站建设模式、内容风格、特色特点进行深入分析,建设综合化、智能化的世界林业站群,促进国内林业专业人才以及普通用户及时了解国外林业发展现状、趋势,学习国外发达林业国家的先进技术经验。截至2014年,已建成上线40个子站(表7-2)。

表7-2 中国林业网世界林业网站群

序号	子站	域名
1	美国林业	http://american. forestry. gov. cn/
2	墨西哥林业	http://mexico. forestry. gov. cn/
3	加拿大林业	http://canada. forestry. gov. cn/
4	智利林业	http://chile. forestry. gov. cn/
5	巴西林业	http://brazil. forestry. gov. cn/
6	阿根廷林业	http://argentina. forestry. gov. cn/

（续）

序号	子　站	域　名
7	俄罗斯林业	http：//russian - federation. forestry. gov. cn/
8	丹麦林业	http：//denmark. forestry. gov. cn/
9	法国林业	http：//france. forestry. gov. cn/
10	爱尔兰林业	http：//ireland. forestry. gov. cn/
11	芬兰林业	http：//finland. forestry. gov. cn/
12	瑞士林业	http：//switzerland. forestry. gov. cn/
13	意大利林业	http：//italy. forestry. gov. cn/
14	希腊林业	http：//greece. forestry. gov. cn/
15	西班牙林业	http：//spain. forestry. gov. cn/
16	波兰林业	http：//poland. forestry. gov. cn/
17	英国林业	http：//england. forestry. gov. cn/
18	挪威林业	http：//norway. forestry. gov. cn/
19	瑞典林业	http：//sweden. forestry. gov. cn/
20	德国林业	http：//germany. forestry. gov. cn/
21	澳大利亚林业	http：//australia. forestry. gov. cn/
22	新西兰林业	http：//new - zealand. forestry. gov. cn/
23	巴布几内亚林业	http：//papuanewguinea. forestry. gov. cn/
24	菲律宾林业	http：//philippines. forestry. gov. cn/
25	日本林业	http：//japan. forestry. gov. cn/
26	土耳其林业	http：//turkey. forestry. gov. cn/
27	印度林业	http：//india. forestry. gov. cn/
28	泰国林业	http：//thailand. forestry. gov. cn/
⋮	⋮	⋮
40	埃塞俄比亚林业	http：//ethelbiya. forestry. gov. cn/

（二）国家林业站群

国家林业站群包括国家林业局各司局和直属单位子站群，根据各单位业务特点特色，建立了特色鲜明的国家林业站群(表7-3)。

表 7-3　中国林业网国家林业网站群

序号	子　站	域　名
1	政法司	http：//xzzf. forestry. gov. cn/
2	造林司	http：//zls. forestry. gov. cn/
3	资源司	http：//slzy. forestry. gov. cn/
4	保护司	http：//bhs. forestry. gov. cn/
5	林改司	http：//lygg. forestry. gov. cn/
6	计财司	http：//ghzj. forestry. gov. cn/
7	科技司	http：//lykj. forestry. gov. cn/
8	国际司	http：//gjs. forestry. gov. cn/
9	信息办	http：//xxb. forestry. gov. cn/
10	场圃总站	http：//cpzz. forestry. gov. cn/
11	工作总站	http：//lygzz. forestry. gov. cn/
12	基金总站	http：//jjzz. forestry. gov. cn/
13	宣传办	http：//gzsl. forestry. gov. cn/
14	濒管办	http：//bwwz. forestry. gov. cn/
15	天保办	http：//trlbh. forestry. gov. cn/
16	三北局	http：//tnsf. forestry. gov. cn/
17	退耕办	http：//tghl. forestry. gov. cn/
18	治沙办	http：//hmhfz. forestry. gov. cn/
19	世行中心	http：//sfb. forestry. gov. cn/
20	湿地办	http：//sdzg. forestry. gov. cn/
21	科技中心	http：//xpzbh. forestry. gov. cn/
22	经研中心	http：//jjyj. forestry. gov. cn/
23	人才中心	http：//lsrc. forestry. gov. cn/
24	林科院	http：//lky. forestry. gov. cn/
25	规划院	http：//ghy. forestry. gov. cn/
⋮	⋮	⋮
49	乌鲁木齐专员办	http：//wlmq. forestry. gov. cn/

（三）省级林业站群

省级林业站群包括 31 个省（自治区、直辖市）、5 个森工集团、新疆生产建设兵团和5个计划单列市林业子站(表7-4)。

表7-4　中国林业网省级林业网站群

序号	子　站	域　名
1	北京	http：//www. forestry. gov. cn/BJ. html
2	天津	http：//www. forestry. gov. cn/TJ. html
3	河北	http：//www. forestry. gov. cn/HE. html
4	山西	http：//www. forestry. gov. cn/SX. html
5	内蒙古	http：//www. forestry. gov. cn/IM. html
6	辽宁	http：//www. forestry. gov. cn/LN. html
7	黑龙江	http：//www. forestry. gov. cn/HJ. html
8	上海	http：//www. forestry. gov. cn/SH. html
9	江苏	http：//www. forestry. gov. cn/JS. html
10	浙江	http：//www. forestry. gov. cn/ZJ. html
11	安徽	http：//www. forestry. gov. cn/AH. html
12	福建	http：//www. forestry. gov. cn/FJ. html
13	江西	http：//www. forestry. gov. cn/JX. html
14	山东	http：//www. forestry. gov. cn/SD. html
15	河南	http：//www. forestry. gov. cn/HA. html
16	湖北	http：//www. forestry. gov. cn/HB. html
17	湖南	http：//www. forestry. gov. cn/HN. html
18	广东	http：//www. forestry. gov. cn/GD. html
20	广西	http：//www. forestry. gov. cn/GX. html
21	重庆	http：//www. forestry. gov. cn/CQ. html
22	四川	http：//www. forestry. gov. cn/SC. html
⋮	⋮	⋮
42	深圳	http：//www. forestry. gov. cn/SZ. html

(四)市级林业站群

市级林业站群设立了林业资讯、政策法规、生态建设、资源保护、林业产业、林业科技、党建工作、互动交流、林业图片和林业视频等多个栏目。目前已建成179个市级子站(表7-5)。

表7-5 中国林业网市级林业网站群

序号	省（自治区、直辖市）	子 站	域 名
1	河北	廊坊市	http：//helf. forestry. gov. cn/
2	河北	邯郸市	http：//hehd. forestry. gov. cn/
3	河北	石家庄市	http：//hesjz. forestry. gov. cn/
4	河北	承德市	http：//hecd. forestry. gov. cn/
5	河北	张家口市	http：//hezjk. forestry. gov. cn/
6	河北	唐山市	http：//hets. forestry. gov. cn/
7	河北	保定市	http：//hebd. forestry. gov. cn/
8	内蒙古	呼和浩特市	http：//imhhht. forestry. gov. cn/
9	内蒙古	呼伦贝尔市	http：//imhlbe. forestry. gov. cn/
10	内蒙古	乌兰察布市	http：//imwlcb. forestry. gov. cn/
11	内蒙古	巴彦淖尔市	http：//imbyne. forestry. gov. cn/
12	内蒙古	兴安盟	http：//imxam. forestry. gov. cn/
13	内蒙古	锡林郭勒盟	http：//imxlgl. forestry. gov. cn/
14	内蒙古	阿拉善盟	http：//imals. forestry. gov. cn/
15	黑龙江	哈尔滨市	http：//hjheb. forestry. gov. cn/
16	黑龙江	齐齐哈尔市	http：//hjqqhe. forestry. gov. cn/
17	黑龙江	牡丹江市	http：//hjmdj. forestry. gov. cn/
18	黑龙江	佳木斯市	http：//hjjms. forestry. gov. cn/
19	黑龙江	大庆市	http：//hjdq. forestry. gov. cn/
20	黑龙江	鸡西市	http：//hjjx. forestry. gov. cn/
21	黑龙江	双鸭山市	http：//hjsys. forestry. gov. cn/
22	黑龙江	宜春市	http：//hjyc. forestry. gov. cn/
23	黑龙江	七台河市	http：//hjqth. forestry. gov. cn/
⋮	⋮	⋮	⋮
179	新疆	吉昌州	http：//xjcj. forestry. gov. cn/

（五）县级林业站群

县级林业站群设置了林业资讯、政策法规、生态建设、资源保护、林业产业、林业科技、党建工作、互动交流、林业图片和林业视频等多个栏目，目前已建成827个县级子站(表7-6)。

表7-6　中国林业网县级林业网站群

序号	省(自治区、直辖市)	子站	域名
1	河北	新华区	http：//hexh. forestry. gov. cn/
2	河北	行唐县	http：//hexingt. forestry. gov. cn/
3	河北	承德县	http：//hecdco. forestry. gov. cn/
4	河北	兴隆县	http：//hexlco. forestry. gov. cn/
5	河北	满城县	http：//hemcx. forestry. gov. cn/
6	河北	涞源县	http：//hely. forestry. gov. cn/
7	河北	阜平县	http：//hefp. forestry. gov. cn/
8	河北	赵县	http：//hezx. forestry. gov. cn/
9	河北	宣化县	http：//hexhua. forestry. gov. cn/
10	河北	怀安	http：//heha. forestry. gov. cn/
11	河北	蔚县	http：//hewx. forestry. gov. cn/
12	河北	涿鹿县	http：//hezl. forestry. gov. cn/
13	河北	鹰手营	http：//heysyz. forestry. gov. cn/
14	河北	易县	http：//heyx. forestry. gov. cn/
15	河北	临漳县	http：//helz. forestry. gov. cn/
16	河北	邱县	http：//heqiux. forestry. gov. cn/
17	河北	平泉县	http：//hepq. forestry. gov. cn/
18	河北	正定县	http：//hezd. forestry. gov. cn/
19	河北	栾城县	http：//helc. forestry. gov. cn/
20	河北	阳原县	http：//heyq. forestry. gov. cn/
21	河北	赤城县	http：//hecc. forestry. gov. cn/
22	河北	隆化县	http：//helh. forestry. gov. cn/
23	河北	顺平县	http：//hesp. forestry. gov. cn/
24	天津	蓟县	http：//tjjx. forestry. gov. cn/
⋮	⋮	⋮	⋮
827	宁夏	中宁县	http：// nxzn. forestry. gov. cn/

三、横向站群

（一）国有林区站群

国有林区站群设置了林业资讯、政策法规、生态建设、资源保护、林业产业、林业科技、党建工作、互动交流、林业图片和林业视频等多个栏目，目前已建成44个国有林区子站（表7-7）。

表7-7　中国林业网国有林区网站群

序号	集团公司	子站	域名
1	内蒙古森工	阿尔山	http：//imaes. forestry. gov. cn/
2	内蒙古森工	大杨树	http：//nmfidysfa. forestry. gov. cn/
3	内蒙古森工	莫尔道嘎	http：//nmfimedgfa. forestry. gov. cn/
4	内蒙古森工	绰源	http：//nmficyfa. forestry. gov. cn/
5	吉林森工	松江河	http：//jlsgsjhfa. forestry. gov. cn
6	龙江森工	八面通	http：//ljfibmtfa. forestry. gov. cn/
7	龙江森工	柴河	http：//ljfibmtfa. forestry. gov. cn/
8	龙江森工	东京城	http：//ljfidjcfa. forestry. gov. cn/
9	龙江森工	东方红	http：//ljfidfhfa. forestry. gov. cn/
10	龙江森工	方正	http：//ljfifzfa. forestry. gov. cn/
11	龙江森工	海林	http：//ljfifzfa. forestry. gov. cn/
12	龙江森工	鹤北	http：//ljfihbfa. forestry. gov. cn/
13	龙江森工	鹤立	http：//ljfihelfa. forestry. gov. cn/
14	龙江森工	桦南	http：//ljfihnfa. forestry. gov. cn/
15	龙江森工	林口	http：//ljfilkfa. forestry. gov. cn/
16	龙江森工	穆棱	http：//ljfimlfa. forestry. gov. cn/
17	龙江森工	清河	http：//ljfiqhfa. forestry. gov. cn/
18	龙江森工	双鸭山	http：//ljfisysfa. forestry. gov. cn/
19	龙江森工	山河屯	http：//ljfishtfa. forestry. gov. cn/
20	龙江森工	绥阳	http：//ljfisyfa. forestry. gov. cn/
21	龙江森工	通北	http：//ljfitbfa. forestry. gov. cn/
22	龙江森工	苇河	http：//ljfiwhfa. forestry. gov. cn/
23	龙江森工	亚布力	http：//ljfiyblfa. forestry. gov. cn/
⋮	⋮	⋮	
44	大兴安岭	西林吉	http：//dxalfgxljfa. forestry. gov. cn/

（二）国有林场站群

国有林场站群设置了林场简介、信息动态、公示公告、下属机构、图片展示、特色产品、产业动态、森林经营、周边景点、周边饭店、联系方式等栏目，已开通1025个国有林场网站（表7-8）。

表7-8 中国林业网国有林场网站群

序号	省（自治区、直辖市）	子站	域名
1	北京	八达岭	http://bdlff.forestry.gov.cn/
2	北京	共青	http://bjgqff.forestry.gov.cn/
3	北京	十三陵	http://sslff.forestry.gov.cn/
4	北京	西山	http://xssyff.forestry.gov.cn/
5	河北	巴克什营	http://bksyff.forestry.gov.cn/
6	河北	木兰围场	http://mlwcff.forestry.gov.cn/
7	河北	塞罕坝	http://shbjxff.forestry.gov.cn/
8	山西	红旗	http://sxhqff.forestry.gov.cn/
9	山西	吕梁山	http://sxllsff.forestry.gov.cn/
10	山西	真武山	http://zwsff.forestry.gov.cn/
11	山西	中条山	http://ztsff.forestry.gov.cn/
12	内蒙古	敖汉旗新惠	http://imxhff.forestry.gov.cn/
13	内蒙古	大黑山	http://imdhsff.forestry.gov.cn/
14	内蒙古	大局子	http://imdjzff.forestry.gov.cn/
15	内蒙古	广兴	http://imgxff.forestry.gov.cn/
16	内蒙古	联峰	http://imlfff.forestry.gov.cn/
17	内蒙古	太本庙	http://tbmff.forestry.gov.cn/
18	吉林	蛟河	http://jhlyff.forestry.gov.cn/
19	黑龙江	石头河	http://sthff.forestry.gov.cn/
20	黑龙江	宏伟	http://hwff.forestry.gov.cn/
21	黑龙江	宝泉	http://hjbaoqff.forestry.gov.cn/
22	黑龙江	宝兴	http://hjbxff.forestry.gov.cn/
23	黑龙江	保安	http://hjbaff.forestry.gov.cn/
24	黑龙江	宝山	http://hjbshanff.forestry.gov.cn/
⋮	⋮	⋮	⋮
1025	广西	高峰	http://gxgfff.forestry.gov.cn/

(三)种苗基地站群

种苗基地站群设置了基地简介、最新要闻、生产概况、基地风采、良种介绍、供求信息、技术支撑、计划总结、资料共享、基地风采等栏目，已开通354个种苗基地网站(表7-9)。

表7-9 中国林业网种苗基地网站群

序号	省(自治区、直辖市)	子　站	域　名
1	河北	沧县枣树基地	http：//cxsl. forestry. gov. cn/
2	河北	衡水白蜡基地	http：//hssl. forestry. gov. cn/
3	河北	魏进河板栗基地	http：//wjhsl. forestry. gov. cn/
4	河北	龙头山落叶松基地	http：//ltssl. forestry. gov. cn/
5	河北	盐山抗盐碱树种基地	http：//yssl. forestry. gov. cn/
6	河北	威县杨树基地	http：//wxsl. forestry. gov. cn/
7	河北	七沟油松基地	http：//qgsl. forestry. gov. cn/
8	河北	良繁中心榆树核桃基地	http：//fyzxsl. forestry. gov. cn/
9	山西	汾阳核桃基地	http：//fysl. forestry. gov. cn/
10	山西	吉县刺槐基地	http：//jxsl. forestry. gov. cn/
11	山西	上庄油松基地	http：//szsl. forestry. gov. cn/
12	内蒙古	旺业甸落叶松基地	http：//wydsl. forestry. gov. cn/
13	内蒙古	全巴图杨树基地	http：//qbtsl. forestry. gov. cn/
14	内蒙古	黑里河油松基地	http：//hlhsl. forestry. gov. cn/
15	内蒙古	杭锦旗柠条锦鸡儿基地	http：//hjqsl. forestry. gov. cn/
16	内蒙古	红花尔基樟子松基地	http：//hhejsl. forestry. gov. cn/
17	内蒙古	通辽杨树基地	http：//tllyssl. forestry. gov. cn/
18	内蒙古	万家沟油松基地	http：//wjgsl. forestry. gov. cn/
19	内蒙古	乌兰坝落叶松基地	http：//wlbsl. forestry. gov. cn/
20	辽宁	大孤家落叶松基地	http：//dgjsl. forestry. gov. cn/
21	吉林	榆树苗圃	http：//ysyssl. forestry. gov. cn/
22	吉林	安石苗圃	http：//assl. forestry. gov. cn/
23	吉林	白泉苗圃	http：//bqsl. forestry. gov. cn/
24	吉林	春雷苗圃	http：//clsl. forestry. gov. cn/
⋮	⋮	⋮	⋮
354	海南	尖峰岭苗圃	http：//hjflng. forestry. gov. cn/

（四）森林公园站群

森林公园站群设置了公园简介、热点信息、场景式服务、特色景观、生态文化、旅游产品、特色商品、图片列表、风光掠影、风景视频、科研科普等栏目，已开通344个森林公园网站（表7-10）。

表7-10　中国林业网森林公园网站群

序号	省（自治区、直辖市）	子站	域名
1	北京	八达岭	http://bdlfp. forestry. gov. cn/
2	北京	北宫	http://bgfp. forestry. gov. cn/
3	北京	蟒山	http://msfp. forestry. gov. cn/
4	北京	银河谷	http://yhgfp. forestry. gov. cn/
5	北京	云蒙山	http://ymsfp. forestry. gov. cn/
6	北京	鹫峰	http://jffp. forestry. gov. cn/
7	天津	九龙山	http://jlsfp. forestry. gov. cn/
8	河北	辽河源	http://lhyfp. forestry. gov. cn/
9	河北	塞罕坝	http://heshbfp. forestry. gov. cn/
10	山西	太岳山	http://tysfp. forestry. gov. cn/
11	山西	乌金山	http://wjsfp. forestry. gov. cn/
12	内蒙古	额济纳	http://ejnfp. forestry. gov. cn/
13	内蒙古	红山	http://imhsfp. forestry. gov. cn/
14	内蒙古	红花尔基	http://hhejfp. forestry. gov. cn/
15	内蒙古	好森沟	http://hsgfp. forestry. gov. cn/
16	吉林	白山	http://bsfp. forestry. gov. cn/
17	吉林	长白	http://cbfp. forestry. gov. cn/
18	吉林	兰家大峡谷	http://ljdxgfp. forestry. gov. cn/
19	吉林	红叶岭	http://hylfp. forestry. gov. cn/
20	吉林	泉阳泉	http://qyqfp. forestry. gov. cn/
21	吉林	南照山	http://nzsfp. forestry. gov. cn/
22	吉林	净月潭	http://jytfp. forestry. gov. cn/
23	吉林	双辽	http://ywsfp. forestry. gov. cn/
24	吉林	五女峰	http://wnffp. forestry. gov. cn/
⋮	⋮	⋮	⋮
344	重庆	仙女山	http://xnsfp. forestry. gov. cn/

（五）湿地公园站群

湿地公园站群设置了公园简介、热点信息、场景式服务、特色商品、图片列表、风光掠影等栏目，已开通88个湿地公园网站（表7-11）。

表7-11　中国林业网湿地公园网站群

序号	省（自治区、直辖市）	子站	域名
1	黑龙江	二龙湖	http：//elhfp. forestry. gov. cn/
2	黑龙江	虎林	http：//hjhlfp. forestry. gov. cn/
3	黑龙江	塔头湖	http：//tthhfp. forestry. gov. cn/
4	黑龙江	桃山湖	http：//hjtshfp. forestry. gov. cn/
5	黑龙江	天湖	http：//hjthufp. forestry. gov. cn/
6	黑龙江	太阳岛	http：//tydfp. forestry. gov. cn/
7	黑龙江	肇月山	http：//zysfp. forestry. gov. cn/
8	浙江	白塔湖	http：//bthfp. forestry. gov. cn/
9	浙江	始丰溪	http：//zjsfxwp. forestry. gov. cn/
10	浙江	漩门湾	http：//xmwfp. forestry. gov. cn/
11	江西	东江源	http：//jxdjywp. forestry. gov. cn/
12	河南	九龙湖	http：//hajlhwp. forestry. gov. cn/
13	湖北	藏龙岛	http：//cldfp. forestry. gov. cn/
14	湖北	封江口	http：//fjkfp. forestry. gov. cn/
15	湖北	贡水河	http：//gshfp. forestry. gov. cn/
16	湖北	金沙湖	http：//hbjshfp. forestry. gov. cn/
⋮	⋮	⋮	⋮
88	新疆	玛纳斯	http：//mnshfp. forestry. gov. cn/

（六）沙漠公园站群

沙漠公园站群设置了公园简介、热点信息、场景式服务、特色商品、图片列表、风光掠影等栏目，已开通2个沙漠公园网站（表7-12）。

表 7-12　中国林业网沙漠公园网站群

序号	省(自治区、直辖市)	子　站	域　　名
1	新疆	奇台硅化木	http：//xjqtghmdp. forestry. gov. cn/
2	新疆	沙雅	http：//xjsydp. forestry. gov. cn/

（七）自然保护区站群

自然保护区站群设置了保护区概况、工作动态、自然资源、自然保护、公众教育、生态旅游、保护区风光等栏目，已开通287 个自然保护区网站(表 7-13)。

表 7-13　中国林业网自然保护区网站群

序号	省(自治区、直辖市)	子　站	域　　名
1	北京	百花山	http：//bhsnr. forestry. gov. cn/
2	天津	八仙山	http：//bxsnr. forestry. gov. cn/
3	河北	大海陀	http：//dhtnr. forestry. gov. cn/
4	河北	塞罕坝	http：//shbnr. forestry. gov. cn/
5	河北	雾灵山	http：//hbwlsnr. forestry. gov. cn/
6	内蒙古	毕拉河	http：//blhnr. forestry. gov. cn/
7	内蒙古	白音敖包	http：//byabsdysnr. forestry. gov. cn/
8	内蒙古	达赉湖	http：//dlhnr. forestry. gov. cn/
9	内蒙古	额济纳	http：//hylnr. forestry. gov. cn/
10	内蒙古	古日格斯台	http：//grgstnr. forestry. gov. cn/
11	内蒙古	哈腾套海	http：//htthnr. forestry. gov. cn/
12	内蒙古	汗马	http：//hmnr. forestry. gov. cn/
13	内蒙古	贺兰山	http：//hlsnr. forestry. gov. cn/
14	内蒙古	罕乌拉	http：//ggsthwlnr. forestry. gov. cn/
15	内蒙古	科尔沁	http：//keqnr. forestry. gov. cn/
16	内蒙古	赛罕乌拉	http：//shwlnr. forestry. gov. cn/
17	内蒙古	图牧吉	http：//tmjnr. forestry. gov. cn/
18	内蒙古	乌拉特	http：//sslnr. forestry. gov. cn/
19	内蒙古	森林管护局	http：//slgljnr. forestry. gov. cn/

（续）

序号	省（自治区、直辖市）	子　站	域　名
20	辽宁	双台河口	http：//sthknr. forestry. gov. cn/
21	辽宁	仙人洞	http：//xrdnr. forestry. gov. cn/
22	吉林	长白山	http：//cbsnr. forestry. gov. cn/
23	吉林	龙湾	http：//lwnr. forestry. gov. cn/
24	吉林	珲春	http：//hcnr. forestry. gov. cn/
⋮	⋮	⋮	⋮
287	陕西	长青	http：//cqnr. forestry. gov. cn/

（八）主要树种站群

主要树种站群设置了概览、资讯、培育、利用、文化、旅游、科技教育、政策法规、国际合作、机构队伍、相册、视频等栏目，展示了主要树种的特色和优势，用户通过访问本站群可以获得林业主要树种的相关信息和服务。已开通100个子站（表7-14）。

表7-14　中国林业网主要树种网站群

序号	子　站	域　名
1	桉树	http：//eucalypt. forestry. gov. cn/
2	白蜡	http：//whitewax. forestry. gov. cn/
3	柏树	http：//cypress. forestry. gov. cn/
4	板栗	http：//chestnut. forestry. gov. cn/
5	茶树	http：//tea. forestry. gov. cn/
6	椿树	http：//ailanthus. forestry. gov. cn/
7	杜仲	http：//eucommia. forestry. gov. cn/
8	椴树	http：//bass. forestry. gov. cn/
9	枫树	http：//maple. forestry. gov. cn/
10	枫香	http：//sweetgum. forestry. gov. cn/
11	珙桐	http：//davidia. forestry. gov. cn/
12	构树	http：//papermulberry. forestry. gov. cn/
13	核桃	http：//walnut. forestry. gov. cn/

（续）

序号	子　站	域　名
14	红木	http：//rosewood. forestry. gov. cn/
15	胡杨	http：//populus. forestry. gov. cn/
16	桦木	http：//birch. forestry. gov. cn/
17	槐树	http：//locust. forestry. gov. cn/
18	梨树	http：//pear. forestry. gov. cn/
19	荔枝树	http：//lychee. forestry. gov. cn/
20	栎树	http：//robur. forestry. gov. cn/
21	楝树	http：//chinaberry. forestry. gov. cn/
22	柳树	http：//willow. forestry. gov. cn/
23	龙眼	http：//longan. forestry. gov. cn/
24	栾树	http：//koelrenteria. forestry. gov. cn/
⋮	⋮	⋮
100	竹子	http：//bamboo. forestry. gov. cn/

（九）珍稀动物站群

珍稀动物站群是普及珍稀动物知识的窗口，设置了我是谁、我的家园、我的近况、我的成长、请保护我、我的故事、海外关系、科技教育、政策法规、爱心机构、我的相册、我的视频等栏目，公众可以通过本站群查看和学习国家珍稀动物的相关知识和信息，包括国内珍稀动物的有关新闻、资料、论文、科研成果、文件、标准、法律法规等，达到对珍稀动物知识的普及教育作用。已开通 100 个子站(表 7-15)。

表 7-15　中国林业网珍稀动物网站群

序号	子　站	域　名
1	豹子	http：//leopard. forestry. gov. cn/
2	藏羚羊	http：//tibetan - antelope. forestry. gov. cn/
3	大象	http：//elephant. forestry. gov. cn/
4	大熊猫	http：//panda. forestry. gov. cn/
5	丹顶鹤	http：//red - crowned - crane. forestry. gov. cn/

（续）

序号	子　站	域　名
6	龟类	http：//chelonian. forestry. gov. cn/
7	褐马鸡	http：//brown – eared – pheasant. forestry. gov. cn/
8	黑鹳	http：//black – stork. forestry. gov. cn/
9	红胸角雉	http：//satyr – tragopan. forestry. gov. cn/
10	猴类	http：//monkey. forestry. gov. cn/
11	蝴蝶	http：//butterfly. forestry. gov. cn/
12	孔雀	http：//peafowl. forestry. gov. cn/
13	老虎	http：//tiger. forestry. gov. cn/
14	鹿类	http：//deer. forestry. gov. cn/
15	麋鹿	http：//milu. forestry. gov. cn/
16	狮子	http：//lion. forestry. gov. cn/
17	天鹅	http：//swan. forestry. gov. cn/
18	熊类	http：//bears. forestry. gov. cn/
19	扬子鳄	http：//alligator. forestry. gov. cn/
20	野马	http：//tarpan. forestry. gov. cn/
21	鹰类	http：//eagle. forestry. gov. cn/
22	鱼类	http：//fish. forestry. gov. cn/
23	中华秋沙鸭	http：//chinese – merganser. forestry. gov. cn/
⋮	⋮	⋮
100	朱鹮	http：//crested – ibis. forestry. gov. cn/

（十）重点花卉站群

重点花卉站群是普及花卉知识的窗口，设置了概况、资讯、科技、产业、文化、旅游和普及教育、政策法规、国际合作、机构队伍、相册和视频等栏目，公众可以通过本站群了解和学习有关花卉知识，包括栽培、繁殖、产业、文化等，从而加深对各种花卉的了解。已开通100个花卉网站（表7-16）。

表7-16　中国林业网重点花卉网站群

序号	子　站	域　名
1	石竹	http：//pink. forestry. gov. cn/
2	水仙	http：//narcissus. forestry. gov. cn/
3	玉兰	http：//magnolia. forestry. gov. cn/
4	月季	http：//rose. forestry. gov. cn/
5	芍药	http：//herbaceous. forestry. gov. cn/
6	百合	http：//lily. forestry. gov. cn/
7	茶花	http：//camellia. forestry. gov. cn/
8	杜鹃	http：//azaleas. forestry. gov. cn/
9	桂花	http：//osmanthus. forestry. gov. cn/
10	海棠	http：//begonia. forestry. gov. cn/
11	荷花	http：//lotus. forestry. gov. cn/
12	菊花	http：//chrysanthemum. forestry. gov. cn/
13	兰花	http：//orchid. forestry. gov. cn/
14	牡丹	http：//peony. forestry. gov. cn/
15	梅花	http：//plum. forestry. gov. cn/
16	凤仙	http：//dwarf. forestry. gov. cn/
17	鸢尾	http：//iris. forestry. gov. cn/
18	紫藤	http：//wisteria. forestry. gov. cn/
19	凤梨	http：//ananas. forestry. gov. cn/
20	芦荟	http：//aloe. forestry. gov. cn/
21	蝴蝶兰	http：//phalaenopsis. forestry. gov. cn/
22	红掌	http：//anthurium. forestry. gov. cn/
23	仙客来	http：//cyclamen. forestry. govn. cn/
24	君子兰	http：//clivia. forestry. gov. cn/
⋮	⋮	
100	芙蓉	http：//hibiscus. forestry. gov. cn/

四、特色站群

特色站群包括美丽中国网、中国植树网、中国信息林、林业数字图书馆、林业网络博物馆、林业网络博览会、林业数据库、林业图片库、林业网络电视等17个子站(表7-17)。

表7-17　中国林业网特色网站群

序号	子　站	域　名
1	美丽中国网	http：//beautifulchina. gov. cn/
2	中国植树网	http：//etree. forestry. gov. cn/
3	中国信息林	http：//smartforest. forestry. gov. cn/
4	中国林业数字图书馆	http：//library. forestry. gov. cn/
5	中国林业网络博物馆	http：//museum. forestry. gov. cn/
6	中国林业网络博览会	http：//expo. forestry. gov. cn/
7	中国林业数据库	http：//data. forestry. gov. cn/
8	中国林业图片库	http：//photo. forestry. gov. cn/
9	中国林业网络电视	http：//cftv. forestry. gov. cn/
10	中国林业网(中文繁体版)	http：//traditionalchinese. forestry. gov. cn/
11	中国林业网(英文版)	http：//english. forestry. gov. cn/
12	北京国林宾馆	http：//glhotel. forestry. gov. cn/
13	北戴河国林宾馆	http：//bdhhotel. forestry. gov. cn/
14	厦门新中林大酒店	http：//xzlhotel. forestry. gov. cn/
15	北京松鹤山庄宾馆	http：//shszhotel. forestry. gov. cn/
16	国家林业局幼儿园	http：//kindergarten. forestry. gov. cn/
17	中国林业教育培训网	http：//etraining. forestry. gov. cn/

第二节　信息系统

2009年以来，国家林业局建设了综合、业务、服务3大类44套应用系统，实现了信息资源的有效整合、统一管理和资源共享，为核心业务提供了重要支撑。

一、综合类应用系统

综合类应用系统主要包括综合办公、移动办公、公文交换、视频会议等9套应用系统(表7-18)。

表7-18　综合类应用系统

序号	名　　称	功能简介
1	综合办公系统	通过全面整合办公信息资源和业务数据资源,提供领导办公、公文办理、会议办理、事务办理和综合管理五大功能,规范了国家林业局办公流程,实现了内部协同办公和信息共享
2	移动办公系统	利用移动专线实现公文的手机移动办理,主要包括用户登录、待办提醒、公文浏览、公文签批、公文查询等功能,大大提高了办公效率
3	公文交换系统	通过条码自动识别技术,建立公文智能交换系统,提供收信登记、发信登记、报刊订阅与分发、信息查询、管理维护、清单打印等功能
4	公文传输系统	解决公文、信息、简报的交换,值班信息的上报以及会议通知和报名5个业务信息交换的需求,是林业系统内部政务信息的传输交换通道
5	档案管理系统	国家林业局机关电子档案实时归档和历史档案资源集中利用的平台
6	内部邮件系统	提供电子邮件服务,加速林业局内部的信息传递
7	即时通讯系统	国家林业局内部人员沟通的工具,可减少通讯费用,提高工作效率
8	文档交换系统	依托国家林业局基础平台的数据交换系统,主要解决因内网、外网隔离而产生的两个网络之间文档安全交换的问题
9	视频会议系统	以国家林业局为中心节点,联通各省林业厅及森工集团的全国林业视频会议系统

二、业务类应用系统

业务类应用系统包含林业资源信息管理、森林资源监管、荒漠化资源监管、湿地资源监管、生物多样性资源监管等7大业务应用系统(表7-19)。

表7-19　业务类应用系统

序号	名　称	功能简介
1	林业建设项目管理系统	对林业基本建设项目申请、批复、建设、验收的全程进行管理
2	林业资源信息管理系统	集森林、荒漠化土地、湿地和生物多样性等于一体的林业资源信息管理基础平台，可有效保证数据的集成性、完整性、一致性，实现信息共享
3	林业资源综合查询系统	提供林业资源数据的综合查询、统计分析、决策评价支持
4	生物多样性资源监管系统	基于基础地理信息、生物多样性资源信息、生物多样性资源统计与报表信息的生物多样性资源综合查询、统计分析
5	森林资源监管系统	基于基础地理信息、森林资源信息、森林资源统计与报表信息的森林资源综合查询、统计分析
6	荒漠化资源监管系统	基于基础地理信息、荒漠化沙化资源信息、荒漠化沙化土地资源统计与报表信息的荒漠化沙化土地资源综合查询、统计分析
7	湿地资源监管系统	基于基础地理信息、湿地资源信息、湿地资源统计与报表信息的湿地资源综合查询、统计分析

三、服务类应用系统

服务类应用系统包括在线审批、在线访谈、舆情监控、树木百科、运维服务等28个服务类应用系统(表7-20)。

表7-20　服务类应用系统

序号	名　称	功能简介
1	在线访谈直播系统	可同步播出林业会议、重大活动、新闻发布会等，也可为领导、专家在线访谈提供服务，系统充分利用网络的广泛性，不受地域限制
2	在线审批系统	各类林业行政审批事项的网上办理平台，包含申请、登记、审批、核准、备案等功能
3	场景式服务系统	依托户平台软件，整合政务资源目录系统，管理各司局及直属事业单位的业务资源，通过门户展现业务的场景服务事项，为信息汇集和信息发布两部分

（续）

序号	名　称	功能简介
4	数据采集系统	基于林业信息化基础平台的自动表单和数据采集工具
5	在线信访系统	由信访动态、信访查询、来信反馈、信访法规等组成的在线信访系统，为公众提供了一个快捷的通道
6	交互式多媒体系统	基于多点触摸的人机交互平台，可查询国家林业局大事记、大楼导航、联系方式、职能介绍等内容
7	空间信息展示系统	整合森林资源监测、造林规划、荒漠化监测等业务系统所提供的基础空间数据，实现空间信息的综合管理、分布式共享、自动化传递、可视化分析，为业务管理部门和领导提供全面而直观的基础信息资料和决策分析支持
8	共享信息查询系统	通过数据交换系统采集司局共享数据，实现司局统计等数据和空间服务信息共享及查询
9	林中漫步系统	通过网络呈现空间位置准确、真实的沈阳棋盘山三维场景，在计算机上再现沈阳棋盘山国家森林公园栩栩如生的四季自然景观，使人足不出户感受自然之美
10	林权交易服务系统	集成中国林业产权交易所、南方林业产权交易所、华东林业产权交易所、福建省永安林业要素市场、中国绿色融资担保网和贵州省黔东南州林业要素市场共6大林业产品、产权、林业知识服务平台，为公众提供一个良好的林业信息服务和技术支持平台
11	林业产业年鉴系统	《中国林业产业与林产品年鉴》基础数据上报系统，为《中国林业产业与林产品年鉴》资料数据的申报搭建了良好的服务平台
12	国家卫星林业遥感数据应用平台	以国产遥感卫星数据为主要数据源，兼顾已投入应用的国外遥感卫星数据，建设的集业务运行管理、卫星遥感数据标准化处理与应用产品生产、数据存档与信息管理、数据产品分发服务、数据质量评价、数据资源整合于一体的林业遥感卫星数据平台，为林业遥感应用提供支撑
13	内网单点登录系统	基于统一用户和授权管理系统和安全中间件之上的单点认证服务系统，为用户提供"一次登录，网内访问"的便利
14	内网安全审计系统	根据国家林业局内网的实际应用情况建设审计监控系统，对国家林业局内网中的主机、网络、数据库及终端设备进行审计监控

（续）

序号	名称	功能简介
15	智能分析监管系统	网站智能分析监管系统的功能包括用户来源分析、用户行为分析、恶意攻击分析、网络技术辅助分析、错误分析、模拟压力测试等
16	网络舆情监控系统	对网页、论坛、博客、新闻评论等网络资源进行精确采集和解析，提供热点发现、热点跟踪、敏感信息监控、辅助决策支持、舆情预警等多种舆情服务。主要包括舆情采集和分析两大模块
17	网页防篡改系统	用于对网页恶意篡改或删除时进行及时修复和防范，以保证系统的安全稳定运行，是网站内容安全的重要保障
18	统一用户管理系统	实现统一的用户和权限管理，支持基于账号－密码与USB－KEY两种认证方式的认证源。可以科学地、直观地展示组织机构、用户职务的层级关系，可以直观地管理应用系统的具体权限
19	林业专家信息系统	包含1200多条林业名人专家信息，提供专家信息查询、维护等功能
20	树木百科查询系统	依据"中国木本植物资源库"树木信息进行建设。按照门、纲、科、属进行分类，提供树木信息查询
21	林业智能服务平台	提供智能、即时、互动式的自动服务平台，帮助解答与林业相关政策法规、办事指南、实用知识等问题
22	无障碍服务平台	为残障人士提供无障碍获取网站信息的服务平台
23	工资查询系统	为机关干部职工提供工资信息查询服务
24	在线植树系统	将线上募集植树资金和线下实地植树造林结合起来，提供一个新的全民植树参与途径
25	运维服务系统	集成呼叫中心系统、流程管理系统和监控管理系统，推动流程与业务融合，集中展现各类资源监控信息，实现信息中心运维高效化、程序化、规范化，提高服务满意度
26	中国林业网智能搜索平台	主要实现对中国林业网的全站搜索（包括应用、资讯、图片、视频、智能问答）、图片搜索、视频搜索、智能问答、数据搜索等功能
27	中国林业网智慧决策系统	中国林业网智慧决策系统主要展现林业网站群运行的综合情况、绩效情况等，共包括五个功能模块：站群详情、绩效概览、网站对比、地理分布、时间分布

（续）

序号	名　称	功能简介
28	中国林业网站群运行绩效综合监管平台	主要对中国林业网网站绩效的监测与分析评估

第三节　数据库

2009 年以来，国家林业局开展数据库建设，收集整理各类林业数据资源，形成了以公共基础数据、林业基础数据、专题数据为核心的林业数据库。

一、公共基础数据库

公共基础数据库包含全国基础地理空间数据、电子大讲堂、电子图书馆、电子阅览室等 7 大公共基础数据库（表 7-21）。

表 7-21　公共基础数据库

序号	名　称	主要内容
1	全国基础地理空间数据库	包括电子地图、数字遥感图像、三维空间图形和多媒体信息为主的全国基础地理空间数据，基础比例尺为 1∶400 万、1∶100 万、1∶25 万等
2	电子大讲堂	包含要闻导读、精品推荐、国研试点、金融观察、区域发展、热点专题、国研网统计数据库和特供两会专题等，是内网用户的重要参考信息
3	电子图书馆	包含哲学、宗教、政治、法律、社会科学总论、经济、语言、文学、历史、地理、生物科学、综合性图书、工业技术、农业科学等分类，为内网用户提供丰富的图书资料
4	电子阅览室	包括时政、林业、信息化、财经、文学、综合和学位论文等分类的杂志信息
5	数字电影院	包含丰富的电影资源，供内网用户使用，丰富业余生活
6	数字电视剧场	包含丰富的电视剧集，供内网用户使用，丰富业余生活
7	数字音乐厅	各种类型的音乐，包括红歌会、流行音乐、经典音乐、古典音乐等

二、林业基础数据库

林业基础数据库包含森林资源、荒漠化资源、湿地资源、生物多样性资源以及林业资源和地理空间基础信息5大林业基础数据库(表7-22)。

表7-22 林业基础数据库

序号	名　称	主要内容
1	森林资源数据库	包括森林资源规划设计调查数据、森林作业设计调查数据、年度核(调)查和专业调查数据、森林资源管理数据(林地林权、资源利用等)、资源利用数据、其他标准、文档、技术规程等综合数据
2	荒漠化资源数据库	包括全国荒漠化和沙化监测数据、敏感地区荒漠化和沙化监测数据、全国沙化典型地区定位监测数据、全国石漠化监测数据
3	湿地资源数据库	包括湿地调查、监测、专项调查、重点工程、保护区数据；湿地标准、湿地履约的进程等数据；全国湿地保护区分布数据库；其他标准、文档、技术规程等综合数据
4	生物多样性资源数据库	包括全国野生动植物调查、监测、专项调查、拯救、驯养数据，以及自然保护区分布、建设、保护数据等
5	林业资源和地理空间基础信息库	国家发展改革委牵头，11个部委参与建设自然资源和地理空间基础信息库。国家林业局建设林业数据分中心，涉及森林资源、荒漠化和沙化土地资源、沙尘暴、森林防火、营林、湿地、野生动植物、自然保护区、碳汇、林业有害生物和林业工程等91项数据

三、林业专题数据库

林业专题数据库包含综合办公业务数据、林业标准数据、林业科技成果、林业专家信息、林业发展报告等19个林业专题数据库(表7-23)。

表7-23　林业专题数据库

序号	名　称	主要内容
1	综合办公业务数据库	包括综合办公业务数据、门户服务应用数据、林业社会经济数据等林业部门办公应用服务相关数据
2	门户服务应用数据库	包括新闻信息、信息公开类信息、各类政府文件、在线服务信息、网站互动交流信息、图片信息、视频信息、森林公园站群和相关子站等的信息
3	林业标准信息库	由中国林业科学研究院建设，收录中国林业标准全文库和国外林业标准全文库
4	中国林业科技成果库	收录新中国成立以来近3万条林业科技成果信息
5	中国林业专家信息库	收录1200多名林业名人专家的信息
6	中国野生动物馆	收录中国野生动物品种与分类信息
7	中国树木博览园	收集中国木本植物资源库树木信息
8	中国林业发展报告	收录2003年至今的由国家林业局编著、中国林业出版社出版发行的《中国林业发展报告》系列图书
9	中国生态状况报告	收录中国生态状况研究的相关理论成果
10	林业重大问题调研报告	以中国林业出版社出版发行的《林业重大问题调研报告》系列图书为参考建成的
11	林业重点工程与社会经济效益报告	以国家林业局编著、中国林业出版社出版发行的《国家林业重点工程社会经济效益监测报告》系列图书为参考建成的
12	中国林业信息化发展报告	以国家林业局编著、中国林业出版社出版发行的《中国林业信息化发展报告》系列图书为参考而建设的
13	中国林业年鉴数据库	以《中国林业年鉴》为参考建成，收录了中国近代林业发展和历史变迁数据
14	历年统计分析报告	历年统计分析报告数据库是以国家林业局网站发布的统计报告为主要参考，整理了2006年至今历年的统计分析报告
15	林业工作手册	以国家林业局编著、中国林业出版社出版发行的《中国林业工作手册》系列图书为参考建设
16	政策法规数据库	以国家林业局网站公布的林业法律为主，参考其他网站作为补充。自主整理建设的林业行业相关法律法规数据库

（续）

序号	名　称	主要内容
17	历年统计数据库	最为翔实的林业统计数据的基础数据库，收录了1949年以来有关林业行业的各类统计数据。包括了林业经济、林业工业、林业发展等林业产业发展和管理中大部分数据
18	林业基础知识数据库	包含林业术语、实用技术、木本植物、林业成果、林业科技五个部分
19	林业科研机构数据库	包括全国几乎所有的林业局、林业厅、林业研究所、林业专业学校等林业相关单位的所在省份、联系电话、通信地址、网址、联系邮箱以及简介等

第四节　基础平台

一、外网平台

（一）外网网络扩建

国家林业局外网采用了千兆光纤骨干，百兆到桌面的以太网架构。在二层中心机房配备高性能的核心交换机，1层到11层之间，每层的南北配线间各放置24口的交换机。所有二级楼层交换机具有千兆上联及堆叠功能，便于构建千兆的骨干网络。核心交换除了汇聚各个楼层配线间的光纤外，还连接大量的安全设备，在配置上将满足安全设备的需要。核心交换机配置两块路由交换引擎用于冗余备份，端口配置上主要以千兆的光纤和电网口为主，并且配置双电源，保证核心的稳定性和可用性。

国家林业局外网采用超五类非屏蔽双绞线 UTP；网络布线拓扑结构为：二级星形结构，一级为光纤主干；二级为超五类非屏蔽双绞线 UTP。大楼外和附近单位光纤连接，采用室外铠装硬皮防腐蚀光缆。

（二）存储系统建设

采用基于 SAN 的存储结构，为国家林业局各信息系统提供统一的数据存储服务。根据电子政务的要求在外网部署一套数据存储系统和数据备份系统。

国家林业局数据中心存储系统采用 SAN 存储模式。总体结构分为存储层、存储交换层、主机层、存储管理层和存储专业服务层 5 层。

存储层主要提供高可靠、高性能、可扩展的智能存储设备存储数据信息。

存储交换层是 SAN 的核心连接设备，实现主机、存储设备的连接和提供高性能的数据通路。

主机层包括主机连接设备和逻辑卷管理两个子层。主机连接设备主要负责各主机与 SAN 的连接，通过在主机上安装两块 HBA，分别连接到存储交换层的两台光纤交换机上，形成一个全冗余的交叉连接结构，同时通过在主机上安装与存储兼容的管理软件，实现通路的错误冗余和负载均衡，在提高主机访问带宽的同时保证了可用性，提供主机到 SAN 的光纤接口。

存储管理层直观管理 SAN 中的存储资源。进行统一资源保护、分配和管理，存储系统配置和状态监控、性能分析、故障预警和报考等功能；存储安全管理、数据异地容灾功能管理和数据快速复制功能管理。

二、内网平台

(一) 内网网络扩建

国家林业局办公内网核心交换配置一块 24 口的千兆模块，用于连接各楼层汇聚的接入层交换机。内网范围从 1 楼至 11 楼每个房间一个信息点，每个楼层房间的网线都集中在本楼层的配线间中。接入层采用系列可堆叠智能交换机，在楼层或高密度办公区域多台堆叠为终端 PC 提供 10M/100M 到桌面的带宽保障，并通过千兆链路与核心交换机互联。

(二) 存储系统建设

根据电子政务要求在内网部署了一套数据存储系统和数据备

份系统。内网数据中心的存储系统采用与外网一样的存储模式。根据建设需要及总体设计，各应用系统的数据存储均在数据中心。

(三)应用支撑平台

应用支撑为各应用系统提供所需的资源共享、信息交换、业务访问、业务集成、流程控制、安全控制和系统管理等方面的基础性和功用性的支撑服务，同时它也是应用系统的开发、部署和运行的技术环境。应用支撑具有开放和扩展性，并能够适应业务需求的动态变化。

林业应用支撑为业务应用系统开发提供各类基础组件、中间件，提高系统建设效率；同时解决业务应用之间的互通、互操作等问题。应用支撑由注册服务、鉴权服务、状态管理服务、电子签章管理服务、即时业务服务、应用资源整合服务、电子政务客户端服务等组成。其架构包括目录体系和交换体系、业务流程管理、林业基础组件等，其主要建设内容可分为目录体系、交换体系和快速应用搭建平台3个部分。

(四)应用服务架构平台

林业应用服务架构平台(下称：FA SAP)创建了一套林业应用的基础服务架构平台。

它采用SOA架构方法，将业务流程和底层活动分解为基于标准的服务。在基于FA-SAP的系统中，系统功能是由一些松耦合并且具有统一接口定义方式的服务构件组合起来，构件是FA SAP系统的基本单元。

(五)林业多级数据交换中心

林业多级数据交换系统实现林业各单位之间的数据交换和共享，包括文件数据和关系数据库数据，各单位无需做任何代码开发工作，只需通过多级数据交换系统适配器模块和本单位业务系统对接即可实现数据的交换和共享，系统对交换的数据进行加密、签名，保证数据在传输过程中的安全性。

系统通过跨域通信代理模块与其他省份林业信息共享与交换平台对接，实现数据的跨区域交换。通过系统，全局监控管理中心能够对各省份林业信息共享与交换平台进行监控和管理。

三、专网平台

国家林业局专网通过中国联通和电信的 SDH 专线连接国家林业局京内外直属单位和全国各级林业主管部门，共 72 个节点，与国家林业局内网逻辑隔离。联通了全国各省级林业部门和国家林业局京内外直属单位，建成了集传输文字、视频、语音等各类信息数据的高标准高速公路。通过与部分省所建专网的联通，国家林业局专网的触角已经延伸到县。依靠专网，建设了覆盖全国的公文传输系统及视频会议系统，承担了林业各应用系统的数据传输、交换、查询功能，实现了全国林业视频会议召开需求。

四、机房建设

基于林业信息化基础平台进行全面扩容，国家林业局中心机房使用面积 $450m^2$，在主楼的二层北侧。机房基础设施改造主要包括以下 4 个方面的内容。

（一）配电系统

原设计的配电系统是按照 60kVA 的容量计算的，随着信息化的建设，服务器、阵列盘、网络设备、网络安全设备及配套的外部设备等大量增加，原配电系统的设计已不能满足需要。按照等级保护的要求，对原有的配电系统进行了扩容。从原有的 60kVA 扩充到 120kVA，铺设了从一层配电室到二层机房的动力电缆，增加了各个配电柜的容量，增加机房内电缆和插座的数量及相配套的设施，并加大了电源系统的安全性。

（二）机柜等设施

新增计算机服务器及网络设备机柜 40 个，KVM 控制器

10 套。

（三）机房装修

防尘：计算机机房采取了防尘措施。装饰材料选用不易积灰、不易起尘、易于清洁、防火保温的饰面材料。

吸音：机房选用微孔铝合金吸音天花板，不会产生灰尘，耐用、可靠且十分美观，顶棚上面留有 300～500mm 的高度空间。铝合金天花板具有屏蔽、易清洗、自重轻、不燃烧、耐腐蚀、施工方便等优点，兼有防尘功能。

墙面：机房墙体采用防火墙面，周围进行防潮处理。墙壁表面采用彩钢板，具有保护墙体、屏蔽、保温、不燃烧、不吸水、防潮、易清洁、不保留灰尘、不易破损、装饰效果好等优点。

防火：机房内所有材料的防火等级都为 A 级或 B1 级。

防静电：机房内铺设防静电地板，地板平整度保证每米≤2mm，平滑、整洁。

线路保护：机房内所有线槽都采用不锈钢制桥架、镀锌钢管或喷塑金属软管保护。

（四）门禁系统

门禁系统采用"HID"读卡识别系统。这种识别系统已经广泛应用于机房的门禁方面，相比传统的读卡器更能有效控制人员访问。针对中心机房，建设了门禁系统，以控制各个出入口，每个门分别加装读卡识别系统。通过对机房管理人员的分级授权，可以做到安全有效地管理进出机房的人员。

第五节　示范建设

国家林业局先后开展示范省、市、县和基地建设，建立了一批水平先进、成效显著、影响力大的示范点，起到了良好的引领带动作用，有力促进了全国林业信息化建设快速发展。2009 年确定辽宁、福建、湖南、吉林为首批全国林业信息示范省，2011

年确定北京等 8 个省(自治区、直辖市)为第二批全国林业信息化示范省、沈阳市为林业信息化示范市;2013 年确定河北张家口等25 个市为首批全国林业信息化示范市,天津蓟县等 50 个县为首批全国林业信息化示范县;2015 年确定内蒙古呼伦贝尔等 10 个市为第二批全国林业信息化示范市,辽宁昌图等 15 个县为第二批全国林业信息化示范县,北京市大东流苗圃等 25 个单位为全国林业信息化示范基地(表 7-24 至表 7-30)。

表 7-24　全国林业信息化示范省名单

示范单位	示范主题	示范批次
辽宁	外网建设和基础平台建设	第一批
福建	在线行政审批和省市县乡四级联网协同办公	第一批
湖南	资源整合和内网建设	第一批
吉林森工	"三网融合"和电子商务	第一批
北京	网格化管理及统一数据库建设	第二批
山西	森林远程视频监控和集体林权信息采集管理系统建设	第二批
内蒙古	信息技术在林业主体业务管理中的应用	第二批
江西	林权交易电子商务平台建设	第二批
山东	市县林政资源管理和基本建设投资项目动态跟踪系统建设	第二批
河南	基于空间数据分析技术的营造林管理系统和林业综合执法管理平台建设	第二批
广东	核心业务系统建设	第二批
陕西	省市县三级林业电子政务建设	第二批

表 7-25　全国林业信息化示范市名单

示范单位	示范主题	示范批次
辽宁沈阳市	终端入户辐射带动信息服务	第一批
河北张家口市	林业空间信息管理服务系统	第一批
山西临汾市	远程监控系统	第一批
内蒙古鄂尔多斯市	数字林业核心平台	第一批
辽宁本溪市	掌上林业应用系统	第一批

（续）

示范单位	示范主题	示范批次
辽宁阜新市	行政审批系统	第一批
吉林延边州	林业综合办公平台	第一批
黑龙江佳木斯市	森林防火预防扑救决策系统	第一批
浙江杭州市	森林防控体系建设	第一批
浙江湖州市	林业电子政务平台	第一批
安徽合肥市	森林资源管理地理信息系统	第一批
安徽黄山市	林权交易信息平台	第一批
江西吉安市	森林防火信息系统	第一批
山东济南市	林业电子政务建设	第一批
山东济宁市	林业网站集群系统	第一批
河南新乡市	森林资源数据库系统	第一批
湖北襄阳市	市级内网和基础平台建设	第一批
湖北荆门市	林政管理系统	第一批
湖南娄底市	资源整合和综合办公平台建设	第一批
湖南湘西州	林权数据库系统	第一批
广东东莞市	基于云计算的林业基础数据共享平台	第一批
广西南宁市	市级森林病虫害防治系统	第一批
四川甘孜州	信息化在森林防火方面的应用	第一批
云南临沧市	数字林业建设	第一批
甘肃张掖市	门户网站群建设	第一批
青海西宁市	信息技术在林业主体业务中的应用	第一批
内蒙古呼伦贝尔市	智能林业服务平台建设示范	第二批
黑龙江黑河市	数据共享云平台应用示范	第二批
山东淄博市	互联共享信息服务体系建设示范	第二批
湖北咸宁市	森林防火视频智能分析平台建设示范	第二批
湖南衡阳市	卫星遥感防火指挥系统建设示范	第二批
广东广州市	智慧绿化平台建设示范	第二批

（续）

示范单位	示范主题	示范批次
广西梧州市	综合办公云平台建设示范	第二批
四川广安市	智能应急指挥系统建设示范	第二批
贵州贵阳市	生态云计算平台建设示范	第二批
甘肃武威市	地理信息大数据处理系统建设示范	第二批

表 7-26　全国林业信息化示范县名单

示范单位	示范主题	示范批次
北京西城区	园林植物条码化管理	第一批
天津蓟县	退耕还林管理系统	第一批
河北塞罕坝	森林防火火源监控系统	第一批
内蒙古林西县	门户网站建设	第一批
内蒙古东胜区	数字林业核心平台	第一批
辽宁桓仁县	林业综合服务平台	第一批
辽宁本溪县	掌上林业应用	第一批
辽宁省实验林场	林火视频智能监控系统	第一批
吉林蛟河	营造林工程管理系统	第一批
吉林龙湾	生态旅游管理系统	第一批
吉林通化县	林权管理信息系统	第一批
黑龙江嘉荫县	智能办公系统	第一批
浙江龙泉市	林业基础信息库平台	第一批
浙江安吉县	国家、省、市、县四级数据交换系统	第一批
浙江庆元县	森林资源价值动态评估模型	第一批
安徽石台县	整合资源搭建信息网络	第一批
安徽南谯区	林业政务公开	第一批
安徽望江县	电子政务网建设	第一批
福建延平区	"三防"监管一体化信息平台	第一批
福建沙县	林业行政许可系统	第一批
江西遂川县	森林防火指挥中心建设	第一批
江西安福县	林权地理信息系统	第一批

（续）

示范单位	示范主题	示范批次
江西靖安县	林区警务信息平台	第一批
山东郯城县	网上办案系统	第一批
山东沂源县	林业行政案件管理信息化	第一批
河南嵩县	无纸化办公	第一批
湖北潜江市	服务林农林企信息化系统	第一批
湖北谷城县	森林资源地理信息系统	第一批
湖南隆回县	林地测土配方系统	第一批
湖南常宁市	林权数据库管理系统	第一批
湖南新化县	生态公益林管理系统	第一批
广西融水县	林政综合信息管理系统	第一批
重庆永川区	数字林业系统	第一批
重庆武隆县	林业综合服务平台	第一批
四川温江区	林业花木信息化体系	第一批
四川剑阁县	县乡两级林业信息网络平台	第一批
四川北川县	林火及野生动物智能监测应急指挥系统	第一批
云南石林县	林权属地管理地理信息信息系统	第一批
云南腾冲县	森林资源管理	第一批
陕西城固县	集体林权信息采集管理系统	第一批
陕西石泉县	综合办公服务系统和行政审批系统	第一批
甘肃祁连山	森林资源数据库建设	第一批
甘肃兴隆山	森林防火地理信息系统和林业资源管理平台	第一批
青海大通县	林业信息化管理体系	第一批
宁夏青铜峡市	数字林业平台	第一批
新疆阜康市	电子政务平台	第一批
吉林森工松江河	企业综合管理网络平台	第一批
龙江森工柴河	社会管理服务信息化系统	第一批
龙江森工友好	森林信息化生态保护	第一批

（续）

示范单位	示范主题	示范批次
大兴安岭塔河县	数字林业信息系统平台应用及推广	第一批
内蒙古多伦县	智慧林业建设示范	第二批
辽宁昌图县	林业智能服务体系建设示范	第二批
吉林蛟河市	森林资源大数据管理建设示范	第二批
吉林抚松县	智能植物检疫信息平台建设示范	第二批
山东昌邑市	智慧管理平台建设示范	第二批
山东利津县	林业智能管理系统建设示范	第二批
湖北南漳县	森林资源智慧管理应用示范	第二批
湖北老河口市	数据开放平台建设示范	第二批
湖南洞口县	林农智能服务平台应用示范	第二批
湖南衡东县	病虫害自动诊断信息系统建设示范	第二批
广西百色市右江区	智慧林政管理应用示范	第二批
四川江油市	森林资源大数据动态监测示范	第二批
四川宝兴县	生态智能监管平台建设示范	第二批
龙江森工东方红林业局	野生动物保护监测物联网应用示范	第二批
龙江森工迎春林业局	智能林火监控系统应用示范	第二批

表 7-27　全国林业信息化示范基地名单

示范单位	示范主题	示范批次
北京大东流苗圃	智慧苗圃建设示范	第一批
河北木兰围场国有林场	华北智慧林场建设示范	第一批
内蒙古贺兰山国家级自然保护区	自然保护区智慧管理建设示范	第一批
安徽舒城金桥农林科技有限公司	智慧育苗应用示范	第一批
福建金森林业股份有限公司	智慧林业一体化应用示范	第一批
山东日照市国有大沙洼林场	智慧林区建设示范	第一批
河南二仙坡绿色果业有限公司	智能果园物联网建设示范	第一批
湖北太子山林场	智慧网络服务平台建设示范	第一批

（续）

示范单位	示范主题	示范批次
湖北荆门市十里牌林场	华中智慧林场建设示范	第一批
湖南张家界国家森林公园	智慧森林公园建设示范	第一批
湖南林业种苗中心	林木种苗电子商务平台建设示范	第一批
广东湛江红树林国家级自然保护区	红树林生态智能监管建设示范	第一批
广东车八岭国家级自然保护区	智慧感知平台建设示范	第一批
广西国有高峰林场	华南智慧林场建设示范	第一批
广西南宁树木园	智慧树木园建设示范	第一批
四川卧龙国家级自然保护区	智慧卧龙建设示范	第一批
四川唐家河国家级自然保护区	空天地一体智慧保护建设示范	第一批
四川攀枝花苏铁国家级自然保护区	智能生态系统建设示范	第一批
云南昆明市海口林场	智能监控系统建设示范	第一批
甘肃莲花山国家级自然保护区	森林资源智能监测预警建设示范	第一批
青海西宁野生动物园	智慧旅游景区示范	第一批
青海青海湖国家级自然保护区	智慧生态旅游建设示范	第一批
青海三江源国家级自然保护区	智慧自然保护区建设示范	第一批
宁夏中宁国际枸杞交易中心	智能商务平台建设示范	第一批
吉林森工露水河国家森林公园	物联网与移动互联应用示范	第一批

第八章
机构队伍

第一节　林业行政管理体系

中国的林业行政管理体系几经变迁。1949 年 10 月中华人民共和国成立后，中央人民政府设立了林垦部，主管全国的林业和垦务工作。1950 年 2 月，林垦部在北京召开全国第一次林业业务会议，决定建立各省林业机构，其中东北人民政府设立林业部，各省设立林业厅。1951 年 11 月，中央人民政府决定，林垦部更名为林业部，垦务工作交农业部主管。1954 年 11 月，中央人民政府林业部改称中华人民共和国林业部。1956 年 5 月，全国人民代表大会常务委员会决定，增设中华人民共和国森林工业部，营造林和森林工业分别由林业部和森林工业部主管。1958 年 2 月，第一届全国人民代表大会第五次会议决定，将森林工业部和林业部合并为林业部。1970 年 5 月，农业部、林业部合并，成立农林部。1978 年 4 月，设立国家林业总局，仍归农林部领导。1979 年 2 月，中共中央、国务院决定撤销农林部，成立农业部、林业部。1998 年 3 月，第九届全国人民代表大会第一次会议决定撤销林业部，成立国家林业局，作为主管林业工作的国务院直属机构。

一、国家林业局职责

2008 年 7 月 10 日，国务院办公厅印发了《国家林业局主要职责内设机构和人员编制规定》（国办发〔2008〕93 号），明确国家林业局的主要职责是：

1. 负责全国林业及其生态建设的监督管理。拟订林业及其生态建设的方针政策、发展战略、中长期规划和起草相关法律法规并监督实施。制定部门规章、参与拟订有关国家标准和规程并指导实施。组织开展森林资源、陆生野生动植物资源、湿地和荒漠的调查、动态监测和评估，并统一发布相关信息。承担林业生态文明建设的有关工作。

2. 组织、协调、指导和监督全国造林绿化工作。 制定全国造林绿化的指导性计划，拟订相关国家标准和规程并监督执行，指导各类公益林和商品林的培育，指导植树造林、封山育林和以植树种草等生物措施防治水土流失工作，指导、监督全民义务植树、造林绿化工作。承担林业应对气候变化的相关工作。承担全国绿化委员会的具体工作。

3. 承担森林资源保护发展监督管理的责任。 组织编制并监督执行全国森林采伐限额，监督检查林木凭证采伐、运输，组织、指导林地、林权管理，组织实施林权登记、发证工作，拟订林地保护利用规划并指导实施，依法承担应由国务院批准的林地征用、占用的初审工作，管理重点国有林区的国有森林资源，承担重点国有林区的国有森林资源资产产权变动的审批工作。

4. 组织、协调、指导和监督全国湿地保护工作。 拟订全国性、区域性湿地保护规划，拟订湿地保护的有关国家标准和规定，组织实施建立湿地保护小区、湿地公园等保护管理工作，监督湿地的合理利用，组织、协调有关国际湿地公约的履约工作。

5. 组织、协调、指导和监督全国荒漠化防治工作。 组织拟订全国防沙治沙、石漠化防治及沙化土地封禁保护区建设规划，参与拟订相关国家标准和规定并监督实施，监督沙化土地的合理利用，组织、指导建设项目对土地沙化影响的审核，组织、指导沙尘暴灾害预测预报和应急处置，组织、协调有关国际荒漠化公约的履约工作。

6. 组织、指导陆生野生动植物资源的保护和合理开发利用。 拟订及调整国家重点保护的陆生野生动物、植物名录，报国务院批准后发布，依法组织、指导陆生野生动植物的救护繁育、栖息地恢复发展、疫源疫病监测，监督管理全国陆生野生动植物猎捕或采集、驯养繁殖或培植、经营利用，监督管理野生动植物进出口。承担濒危物种进出口和国家保护的野生动物、珍稀树种、珍稀野生植物及其产品出口的审批工作。

7. 负责林业系统自然保护区的监督管理。 在国家自然保护区区划、规划原则的指导下，依法指导森林、湿地、荒漠化和陆生野生动物类型自然保护区的建设和管理，监督管理林业生物种质资源、转基因生物安全、植物新品种保护，组织协调有关国际公约的履约工作。按分工负责生物多样性保护的有关工作。

8. 承担推进林业改革，维护农民经营林业合法权益的责任。 拟订集体林权制度、重点国有林区、国有林场等重大林业改革意见并指导监督实施。拟订农村林业发展、维护农民经营林业合法权益的政策措施，指导、监督农村林地承包经营和林权流转，指导林权纠纷调处和林地承包合同纠纷仲裁。依法负责退耕还林工作。指导国有林场(苗圃)、森林公园和基层林业工作机构的建设和管理。

9. 监督检查各产业对森林、湿地、荒漠和陆生野生动植物资源的开发利用。 制定林业资源优化配置政策，按照国家有关规定，拟订林业产业国家标准并监督实施，组织指导林产品质量监督，指导赴境外森林资源开发的有关工作。指导山区综合开发。

10. 承担组织、协调、指导、监督全国森林防火工作的责任，组织、协调、指导武装森林警察部队和专业森林扑火队伍的防扑火工作，承担国家森林防火指挥部的具体工作。 承担林业行政执法监管的责任，指导全国森林公安工作，监督管理森林公安队伍，指导全国林业重大违法案件的查处。指导林业有害生物的防治、检疫工作。

11. 参与拟订林业及其生态建设的财政、金融、价格、贸易等经济调节政策，组织、指导林业及其生态建设的生态补偿制度的建立和实施。 编制部门预算并组织实施，提出中央财政林业专项转移支付资金的预算建议，管理监督中央级林业资金，管理中央级林业国有资产，负责提出林业固定资产投资规模和方向、国家财政性资金安排意见，按国务院规定权限，审批、核准国家规划内和年度计划内固定资产投资项目。编制林业及其生态建设的年度生产计划。

12. 组织指导林业及其生态建设的科技、教育和外事工作，指导全国林业队伍的建设。

13. 承办国务院交办的其他事项。

2013 年 12 月，中央机构编制委员会办公室印发《关于整合不动产登记职责的通知》（中央编办发〔2013〕134 号），将房屋登记、林地登记、草原登记和土地登记的职责整合由一个部门承担，国家林业局林地登记及相关管理职责调整为：负责组织、指导林地、林权管理，负责重点国有林区森林资源资产产权变动的审批，组织编制全国林地保护利用规划并监督实施，依法承担应由国务院批准的林地征收、征用、占用的初审工作，指导林地林木承包经营及有关合同管理、森林资源资产评估，监督管理林权流转交易，调处合同纠纷，协同调处权属纠纷等。配合国土资源部开展重点国有林区森林、林木、林地登记发证工作，协同国土资源部指导地方林权登记等工作。

二、中国林业行政管理体系

目前中国林业行政管理体系为：在国务院设立国家林业局，在各省（自治区、直辖市）人民政府设置林业厅（局），在地（市、自治州、盟）、县（市、区、自治县、旗）设置林业（农林）局，超过 75% 的乡镇设置了林业工作站（全国 32931 个乡镇，设置 24516 个乡镇林业工作站，其中部分为片站，即一个站负责管理附近几个乡镇的林业工作）。国家林业局通过在东北、内蒙古重点国有林区建立的内蒙古、吉林、龙江、大兴安岭等森林工业（林业）集团公司对其所属的林业企业实施行业管理。此外，国家林业局还在北京市、上海市、内蒙古自治区牙克石市、吉林省长春市、黑龙江省哈尔滨市、黑龙江省大兴安岭加格达奇区、安徽省合肥市、福建省福州市、湖北省武汉市、广东省广州市、四川省成都市、贵州省贵阳市、云南省昆明市、陕西省西安市和新疆维吾尔自治区乌鲁木齐市设立了 15 个森林资源监督专员办事处，对地方利用森林资源状况实施专项监督。

第二节 森林公安机构

森林公安是国家专门保护森林及野生动植物资源、保护生态安全、维护林区社会治安秩序，兼有刑事执法和行政执法职能的重要武装力量，组建于 1948 年。

1984 年 5 月，经国务院同意，森林公安正式列入国家公安机关序列；林业部设立公安局，列入公安部序列，为公安部第十六局；各级地方森林公安列入地方公安机关序列，实行林业主管部门和公安机关双重领导，以地方为主的管理体制。

1998 年，新修订的《中华人民共和国森林法》明确规定，森林公安机关负责维护辖区社会治安秩序，保护辖区内的森林资源，并经国务院林业主管部门授权，代行有关林业行政处罚权。

1998 年，国家林业局下发 1 号令，正式授权森林公安行使林业行政处罚权。同年，国务院机构改革，原林业部公安局和防火办合署办公，更名为国家林业局森林公安局。

2003 年 12 月 18 日，国家林业局、公安部联合下发《关于加强森林公安队伍建设的意见》，进一步明确了森林公安机关的地位作用，提出了推进队伍正规化建设的措施。

2005 年 7 月 28 日，国务院办公厅颁布《关于解决森林公安及林业检法编制和经费问题的通知》，将森林公安纳入政法专项编制，至此森林公安迈入正规化建设新阶段。

至 2015 年年底，除了上海市以外，全国各省（自治区、直辖市）和新疆生产建设兵团共建有森林公安机构近 7000 个，警力 6.3 万多名。

第三节 森林防火机构

森林火灾是一种突发性强、破坏性大、危险性高、处置困难的灾害。1988年1月16日国务院发布《森林防火条例》，2008年11月19日国务院第36次常务会议修订通过，修订后的条例自2009年1月1日起施行。按照新修订的《森林防火条例》，我国森林防火工作实行地方各级人民政府行政首长负责制，贯彻"预防为主、积极消灭"的工作方针。1987年"5·6"大火后，国务院和中央军委批准成立中央森林防火总指挥部，时任国务院副总理田纪云同志任总指挥。2006年国务院批准成立国家森林防火指挥部，成员单位由19个部门组成(2013年增加到22个)，办事机构设在国家林业局，强化了对全国森林防火工作的协调指导。截至2015年年底，全国设有森林防火指挥部机构3371个，办事机构3559个，防火检查站25460个，专业(半专业)森林消防队22924支、628221人，建有2个航空护林总站31个航站，航空护林区域覆盖了东北、内蒙古及西南等重点林区；武警森林部队实行武警总部和国家林业局双重领导体制，现设有1个武警森林指挥部，下辖9个总队、1个机动支队和1个直升机支队，主要承担森林防火、灭火任务。

第四节　林业有害生物防治机构

林业有害生物防治是保障国土生态安全、经济贸易安全、食用林产品安全、国家气候安全的重要工作，在实现绿色增长，保障建设美丽中国和生态文明建设成果中具有重要地位。林业有害生物防治检疫机构是依照《中华人民共和国森林法》、《森林病虫害防治条例》和《中华人民共和国植物检疫条例》设立的，专门负责林业有害生物防治检疫工作的组织机构，工作内容主要包括监测预警、检疫预灾、防治减灾、突发事件应急处置、科技推广、技术培训与服务等，是集行业管理、行政执法、技术服务于一体的机构。我国现行的林业有害生物防治检疫组织结构属于混合职能型结构，在机构设置上属于专业性管理的组织模式，设有国家、省、地、县四级林业有害生物防治检疫机构。

我国林业有害生物防治检疫工作的管理实行在国务院和各级地方政府的领导下，采取"分级管理"和"属地管理"相结合的管理方式，由国家林业局统一管理，各省、市、县级林业主管部门负责本辖区的林业有害生物防治检疫工作。

国家林业有害生物防治检疫机构主要职责是编制全国林业有害生物防治中长期规划，拟定林业有害生物防治法规政策，组织开展林业有害生物预测预报、林业植物检疫执法、重大林业有害生物治理、防治技术研发推广、国际交流、行业培训和技术咨询服务等。

地方林业有害生物防治检疫机构负责本地区林业有害生物监测预报、林业植物检疫执法、防治救灾等项工作。在行政上归属地方林业主管部门领导，业务上接受上一级林业有害生物防治检疫机构指导，县级以下没有专门的林业有害生物防治组织，由乡镇林业工作站兼管。目前，林业有害生物防治检疫机构一般为事业单位，但自2005年开始，已有北京、天津等23个省级防治检疫机构和500多个市、县级防治检疫机构相继纳入了参照公务员法管理的事业单位。同时，浙江、安徽等8个省级机构和一大批市、县级机构将森林病虫害防治检疫站改为林业有害生物防治检疫局。

自1963年《森林保护条例》颁布以来，根据该条例提出的各级林业行政部门在发生森林病虫害的重点地区建立森林病虫害防治站，负责防治技术指导工作的有关要求，林业有害生物防治组织体系建设开始起步。1990年，林业部出台《关于加强森林病虫害防治体系建设的意见》，加强了以林业有害生物防治检疫站、预测预报网络、植物检疫网络、防治服务网络为主体框架的林业有害生物防治"一站三网体系建设"。近20年来，相继实施了国家级中心测报点建设，开展了林业有害生物防治基础设施建设项目及重大有害生物工程治理等，改善了各级林业有害生物防治站的办公条件和设备设施，较好地提升了林业有害生物防治能力和水平。

经统计，全国现有地方林业有害生物防治机构3099个，其中省级机构35个（包括内蒙古、龙江、大兴安岭森工集团公司和新疆建设兵团林业有害生物防治站），地市级机构387个、县级机构2677个，基本形成了以监测预警、检疫御灾、防治减灾三大体系为总体框架的林业有害生物防治工作格局，为全面推进林业有害生物防治工作健康发展提供了较好的组织保障。

截至2015年年底，全国31个省（自治区、直辖市）以及内蒙古、龙江、大兴安岭森工集团公司和新疆生产建设兵团设立的省级防治检疫机构的在编人员688人；地市级防治检疫机构（包括森工集团公司和新疆生产建设兵团）在编人员2878人；县级防治检疫机构（森工集团公司和新疆生产建设兵团的防治检疫机构均统计在地市级以上，县级防治检疫机构不包括在内）在编人员17274人。此外，根据工作需要，全国县级防治检疫机构共聘用兼职检疫和兼职测报员共76342人，其中兼职检疫员19694人，兼职测报员56648人。目前，全国林业有害生物防治检疫行业从业人员共计97182人。

第五节　林业工作站

乡镇林业工作站（以下简称林业站）是国家对林业生产经营实施组织管理的最基层机构，是森林资源的直接管护者，是林业行政执法体系的重要组成部分，是林业科技推广和社会化服务体系的主体，是林业系统联系群众的桥梁和纽带，是国家林业重点工程建设的基层组织保障，承担着政策宣传、资源管护、林政执法、生产组织、科技推广和社会化服务等重要职责。

一、林业站建设

我国林业站始建于新中国成立初期，到1965年年底，全国已建有5000多个林业站。但是，由于种种原因，后来10多年间林业站建设几经周折，发展缓慢，覆盖面小。1987年，党中央、国务院在《关于加强南方集体林区资源管理坚决制止乱砍滥伐的指示》中，明确要求"充实林业基层管理机构，强化林业管理职能"。1988年，林业部把加强林业站建设作为林业六大改革措施之一摆上重要议事日程，林业部成立林业工作站管理总站，按照"一步建齐、逐步完善"的建设方针，在各地开展了大范围的建站设员工作，林业站进入全面建设期。1990年，人事部、林业部联合颁发《农村基层林业工作站人员编制标准》，进一步加快林业站建设。到1992年，全国林业站数量已由1987年的1.7万个发展到3.7万个，新建站数量超过新中国成立前40年的总和。1993年，林业站建设从数量增长转向质量提高，将建设重点转移到对已建站的巩固、完善、提高上来，开始了林业站合格县建设。2001年，在合格县建设的基础上，启动林业站示范县建设。2005年，实施林业站重点县建设。2009年，启动标准化林业站建设试点。在试点的基础上，2014年全面实施标准化林业站建设。林业站建设从点到面、从数量到质量，逐渐步入标准化、规范化和科学化轨道。

二、林业站管理机构队伍

目前，国家林业局设有林业工作站管理总站，各省（自治区、直辖市）林业厅（局）设有林业站专门管理机构或由业务处室主管林业站工作，其中北京、天津、河北、山西、内蒙古、辽宁、吉林、黑龙江、上海、江西、河南、湖北、湖南、广西、海南、四川、贵州、陕西、甘肃、青海等20个省（自治区、直辖市）和新疆生产建设兵团设置（或加挂）有省级林业站。截至2015年年底，全国设有地级林业站216个，管理人员2405人，其中大专以上人员占90.8%、专业技术人员占70.6%；县级林业站1783个，管理人员22057人，其中大专以上人员占74.4%、专业技术人员占74.8%（表8-1）。

表8-1 地、县级林业工作站

地 区	林业站总数	地(市)							
		管 理 人 员							
		合计	文 化 程 度			专业技术人员			
			大专以上学历	中专学历	高中以下文化	合计	高级	中级	初级
全 国	216	2405	2183	142	80	1699	520	742	437
北 京									
天 津									
河 北	11	128	108	12	8	104	47	30	27
山 西	11	95	85	10		78	23	38	17
内蒙古	12	186	161	19	6	114	36	58	20
辽 宁	14	85	85			60	10	36	14
吉 林	11	116	96	13	7	54	12	20	22
黑龙江	7	59	54	5		46	8	30	8
上 海									
江 苏	12	113	106	1	6	91	42	29	20
浙 江	3	17	16	1		10	6	3	1
安 徽	8	53	53			45	15	23	7
福 建	1	32	32			23	13	8	2
江 西	10	49	48	1		30	8	14	8
山 东	15	109	105	2	2	88	31	49	8
河 南	17	291	279	5	7	222	64	96	62
湖 北	4	63	55	8		57	23	30	4
湖 南	8	39	39			25	10	12	3
广 东		49	44	2	3	12	1	7	4
广 西	11	78	70	5	3	49	7	28	14
海 南									
重 庆									
四 川	6	57	56		1	31	14	16	1
贵 州		12	12			11	4	6	1
云 南	2	64	64						
西 藏									
陕 西	12	283	235	31	17	209	56	80	73
甘 肃	7	62	54	3	5	45	10	13	22
青 海	8	84	73	5	6	67	25	25	17
宁 夏	5	59	56	1	2	47	21	14	12
新 疆	8	139	122	12	5	105	21	49	35
新疆兵团	13	83	75	6	2	76	13	28	35

说明：1. "管理人员"指从事林业站管理工作的专、兼职人员。
2. 有林业站的既统计站数又统计管理人员，无林业站的只统计相关管理人员。

及管理人员情况统计

	县（市、区）							
林业站总数	管 理 人 员							
	文 化 程 度				专业技术人员			
	合计	大专以上学历	中专学历	高中以下文化	合计	高级	中级	初级
1783	22057	16416	3732	1909	16488	2342	7541	6605
12	202	182	16	4	127	15	68	44
12	139	121	8	10	114	24	49	41
150	1335	1022	215	98	1086	235	506	345
114	1379	872	353	154	1037	77	453	507
117	1144	886	157	101	746	165	278	303
77	432	382	38	12	324	40	186	98
60	641	475	116	50	523	112	236	175
93	696	577	117	2	603	119	294	190
9	231	197	11	23	185	38	79	68
73	961	770	127	64	859	245	400	214
27	299	271	21	7	264	62	144	58
56	459	403	50	6	402	90	191	121
4	165	152	11	2	156	27	90	39
91	538	353	112	73	383	24	139	220
137	1117	982	110	25	959	185	443	331
159	2495	1524	648	323	1565	138	664	763
	268	206	58	4	190	14	154	22
95	467	351	89	27	318	31	194	93
2	229	192	22	15	143	6	63	74
63	509	396	82	31	387	11	204	172
14	57	24	2	31	39	1	2	36
14	95	73	10	12	33	4	22	7
62	774	601	104	69	504	77	237	190
15	218	189	27	2	170	2	104	64
1	1058	913	91	54	1058	31	449	578
98	2697	1809	515	373	1763	250	762	751
82	1156	868	154	134	750	91	348	311
45	488	351	88	49	374	57	189	128
22	397	356	21	20	326	94	152	80
79	1411	918	359	134	1100	77	441	582

表8-2　乡镇林业工作

地区	至2015年年底实有站数						2015年新建站数
	总站数			派出机构	双重领导	乡镇管理	
	计	区域站					
		计	管理乡镇数				
全 国	24516	2421	7855	8715	4170	11631	180
北 京	144	2	9	29	64	51	
天 津	118			14		104	
河 北	1038	536	1505	517	123	398	17
山 西	1148	63	145	88	482	578	3
内蒙古	715	28	94	496	112	107	6
辽 宁	914			69	52	793	2
吉 林	700	4	11	382	287	31	
黑龙江	877	17	48	357	169	351	7
上 海	103			15	24	64	—
江 苏	203	19	47	4	28	171	3
浙 江	583	48	171	95	56	432	—
安 徽	807	171	661	443	243	121	14
福 建	926	22	53	758	112	56	2
江 西	890	222	719	793	55	42	1
山 东	1302			30	96	1176	2
河 南	1974	56	228	116	229	1629	11
湖 北	885	150	562	746	69	70	
湖 南	1995	121	357	1258	—	737	9
广 东	720	48	128	358	—	362	1
广 西	1101	11	28	459	185	457	2
海 南	14	—	—	14		—	
重 庆	295	18	108	18	39	238	1
四 川	1469	545	2057	1035	269	165	40
贵 州	1327	2	6	23	254	1050	12
云 南	1361	1	2	20	343	998	18
西 藏	—	—	—	—	—	—	
陕 西	852	109	290	181	231	440	
甘 肃	762	154	437	193	229	340	
青 海	263	18	56	11	95	157	7
宁 夏	110	56	133	87	5	18	3
新 疆	775			106	319	350	18
新疆兵团	145					145	1

说明：1. 总站数中的"区域站"是指管理两个以上乡镇林业工作的林业站。

2. 人、财、物三权属县林业主管部门的站为派出机构，三权属乡镇的为乡

3. 已加挂野保站牌子站数指截至2013年年底加挂"野生动植物保护管理站"

4. 已加挂仲裁委员会牌子站数指截至2013年年底加挂"林业承包合同仲裁

站基本情况统计

已加挂野生动植物保护管理站牌子站数	已加挂林业技术推广站牌子站数	已加挂公益林管护站牌子站数	已加挂森林病虫害防治站牌子站数	已加挂林业承包合同仲裁委员会牌子站数	至2015年年底已核定编制数
7266	4128	5137	3619	313	88302
1	1		4		788
					188
90	148	63	61	5	3083
143	86	290	108	25	1879
2	82	93	25		2291
431	201	306	237	14	3582
236	127	127	102		3427
173	143	47	140	21	2553
—	—	—	—	—	241
1	9	1	3		500
24	41	136	—	—	1813
232	65	29	111		2852
656	388	120	111	16	3579
678	187	392	468	22	3598
14	99	18	65	1	3291
181	183	177	120	21	3458
249	167	266	97	20	3224
1464	1142	1512	1044	76	10702
116	202	98	20	10	3337
9	26	21	21	—	3888
—	—	1	—	—	53
43	17	10	8	8	935
754	298	447	220	37	5499
634	79	241	115	6	5472
495	76	89	65	1	8674
—	—	—	—	—	—
296	109	301	135	10	2757
61	74	96	28	1	1821
2	14	36	6		338
29	19	3	8		753
243	135	121	262	18	3022
9	10	96	35	1	704

镇管理，介于二者之间的为双重领导。三者之和为总站数。

牌子的林业站总数。

委员会"牌子的林业站总数。

表8-3 乡镇林业工作站人员

地 区	林业站长期职工总数	文化程度情况				专业技术人员		
		大专以上学历人数	中专学历人数	高中文化人数	初中以下文化人数	高级	中级	初级
全 国	104029	57540	23053	17534	5882	3245	24127	34087
北 京	911	651	106	98	56	10	83	128
天 津	273	179	58	30	6	47	54	64
河 北	3657	2313	809	469	66	265	1177	1016
山 西	2406	833	743	700	130	138	357	654
内蒙古	2704	1909	495	287	13	254	709	744
辽 宁	3761	2653	705	260	143	71	1320	1154
吉 林	3944	1713	1405	550	276	150	980	1498
黑龙江	2607	1629	804	144	30	221	918	902
上 海	308	217	46	28	17	14	79	106
江 苏	953	505	238	148	62	51	290	298
浙 江	1740	1111	317	243	69	17	1050	549
安 徽	2994	1993	736	199	66	205	1160	1168
福 建	3569	2233	713	522	101	163	1054	1188
江 西	4422	1710	1043	1256	413	133	651	1437
山 东	4563	2789	1336	375	63	208	1201	2124
河 南	5273	2487	1632	1036	118	244	779	1474
湖 北	4990	2588	1222	864	316	72	1474	1460
湖 南	12332	4978	2907	3512	935	156	1743	2729
广 东	3687	1621	920	831	315	44	335	1153
广 西	4074	2576	818	538	142	20	724	1576
海 南	57	24	2	23	8	1	2	36
重 庆	970	802	85	67	16	17	142	206
四 川	6331	3735	1026	1013	557	159	1376	1810
贵 州	4502	3410	668	256	168	114	863	1663
云 南	7404	5504	1079	402	419	160	3176	4068
西 藏								
陕 西	3398	1781	1098	450	69	112	698	1085
甘 肃	2693	1652	504	393	144	29	499	1136
青 海	513	358	50	80	25	12	159	150
宁 夏	631	477	108	36	10	67	205	219
新 疆	3551	2137	1042	281	91	44	632	1820
新疆兵团	4811	972	338	2463	1038	47	237	472

说明："长期职工"是指"在岗职工"中用工期限在一年(含一年)以上的职工，

494

素质和培训情况统计 人

学历教育情况						年龄结构情况		
本(专)科班			中专班			35岁以下	36~50岁	51岁以上
2015年毕业生数	在校生总数	2015年入学人数	2015年毕业生数	在校生总数	2015年入学人数			
990	1233	371	195	96	20	23374	63895	16760
	1		12			243	410	258
	1					68	143	62
17	9	6	8			1200	2017	440
1	3	1				416	1153	837
18	30	6	9			651	1697	356
18	45	7				882	2174	705
4	40	22		1		657	2263	1024
3	1	3				406	1647	554
1			1			106	108	94
63	6	6	83	2	1	107	594	252
11	6					317	653	770
13	32	8				350	2318	326
49	87	25	2			663	2127	779
48	106	15				736	2989	697
59	32	25	33	7	7	1012	3089	462
29	41	4	7	6	1	1461	3201	611
27	55	2	5	60		576	3536	878
196	215	76	11			2566	7843	1923
10	8	1	7			587	2336	764
17	41	9				647	2744	683
						13	27	17
4	4	1				266	561	143
19	29	10	1			1234	4085	1012
20	19	13		4		1081	2873	548
186	263	66	9	4	8	2522	4172	710
50	102	38		7		975	1939	484
34	42	23	4	4	2	1201	1250	242
56	1		3			88	386	39
32	2					63	488	80
1	7	4			1	1240	2105	206
4	5		1			1040	2967	804

包括正式职工和合同制职工，以及新分配的大中专毕业生。

表 8-4　乡镇林业工作站

地区	2015 年累计完成投资(万元)					
	合计	国家投资				地方投资
		计	国家林业局投资	其他	计	省(自治区、直辖市)
全　国	47282	14139	8702	5437	33147	8122
北　京	535	285	285	—	250	30
天　津	—	—	—	—	—	—
河　北	458	300	300	—	158	17
山　西	635	361	240	121	275	2
内蒙古	1642	589	500	89	1053	500
辽　宁	1064	340	340	—	724	—
吉　林	2233	500	500	—	1733	1372
黑龙江	645	353	320	33	292	—
上　海	150	60	60	—	90	30
江　苏	920	120	—	120	800	200
浙　江	290	195	180	15	95	—
安　徽	2629	547	462	85	2082	55
福　建	3024	404	364	40	2620	471
江　西	4681	401	381	20	4280	522
山　东	1071	220	220	—	851	33
河　南	1555	300	300	—	1255	81
湖　北	2747	1169	380	789	1578	290
湖　南	3982	486	486	—	3497	371
广　东	1129	180	160	20	949	40
广　西	1721	339	297	42	1382	315
海　南	—	—	—	—	—	—
重　庆	435	292	182	110	144	100
四　川	5381	1869	620	1249	3512	1997
贵　州	895	326	200	126	569	260
云　南	1160	360	360	—	800	500
西　藏	—	—	—	—	—	—
陕　西	2398	657	280	377	1741	115
甘　肃	4087	2498	395	2103	1589	136
青　海	255	183	110	73	73	25
宁　夏	216	165	140	25	51	—
新　疆	1140	480	480	—	660	660
新疆兵团	204	160	160	—	44	—

说明：1. 有交通工具的站数指配备机动交通工具的站数。

2. 有通讯设备的站数指配备电话或无线通讯设备的站数。

3. 有电脑的站数指配备台式或便携式计算机设备的站数。

4. 本表为 2015 年数据。

建设完成投资统计

| 地(市)、县、乡 | 至2015年年底工作器械和办公设备配置情况(个) | | | | | |
| | 有交通工具站数 | | 有通讯设备站数 | | 有计算机站数 | |
	计	2015年新增	计	2015年新增	计	2015年新增
25025	8904	466	14811	586	17762	1663
220	113	16	144	4	144	9
—	54	4	60	1	61	2
141	319	8	597	10	732	31
273	349	26	482	74	613	120
553	299	8	296	5	495	55
724	342	10	506	19	535	80
361	274	22	402	5	618	18
292	180	4	403	24	652	63
60	—		103	—	103	—
600	72	—	111	4	117	2
95	182	6	447	14	491	29
2027	357	11	606	4	693	43
2149	512	14	698	9	705	21
3758	372	35	588	37	735	143
818	598	21	985	67	932	39
1174	565	25	993	24	959	63
1288	392	6	641	4	695	47
3126	398	6	1286	3	1701	105
909	359	62	532	50	561	43
1067	429	29	676	20	857	68
—	—		—		—	
44	148	11	226	7	261	79
1515	405	32	1046	96	1158	167
309	654	14	680	8	1062	94
300	752	16	1159	46	1220	222
—	—		—		—	
1626	105	2	293	4	421	24
1453	118	25	355	14	370	32
48	78	25	35	3	55	7
51	65	6	22	11	109	7
—	290	14	295	16	563	43
44	123	8	144	3	144	7

表8-5　乡镇林业工作站

地区	营林情况(hm²)						森林病虫鼠害防治面积(hm²)	受委托行使林业行政执法权站数(个)
	2015年新造林面积		2015年新封山育林面积	2015年育苗面积	2015年抚育作业面积	四旁植树株数(万株)		
	计	林业重点工程造林面积						
全国	3987922	1643728	1173820	402572	3919636	151944	4880306	11254
北京	7731	7648	1510	5314	40820	71	22935	5
天津	4672	4905	—	6234	41620	332	26871	30
河北	192874	115129	39212	28252	365847	8947	220276	195
山西	166820	138583	38593	30452	41375	7166	68785	167
内蒙古	303636	248338	119500	10304	93807	1631	284218	281
辽宁	133410	92440	89694	12532	46429	3681	460322	490
吉林	59336	24356	2609	3944	60513	1020	131714	594
黑龙江	29958	26866	19978	4576	96557	316	64757	372
上海	1885	—	—	5143	17021	20	2542	—
江苏	37430	9920	224	29485	93475	5192	48069	61
浙江	25103	6749	17745	11430	120864	1549	77725	161
安徽	109263	25015	18664	14252	290025	10395	190389	303
福建	186818	50549	77945	752	197490	2731	119481	471
江西	155997	49101	55576	16413	208405	3679	76808	719
山东	197151	26503	745	52343	210603	14657	262022	59
河南	126108	32786	17853	57488	127604	13527	293812	165
湖北	224242	53942	54891	30755	68220	10330	154011	611
湖南	230513	23709	105433	325	213284	9002	292499	1508
广东	136785	107786	284375	1701	335652	16878	213690	243
广西	175797	44384	48624	4939	467894	4426	476724	406
海南	1266	1266		10	2800	24	1992	
重庆	170008	121959	22934	698	40225	150989	68627	282
四川	117423	67340	51658	5033	101137	18321	417448	1061
贵州	486948	372518	201411	7583	164754	11754	215374	854
云南	502896	158023	181665	2078	161130	10258	445402	1361
西藏								
陕西	102497	72884	50352	13871	58983	5387	204790	339
甘肃	197773	137090	66014	19496	69674	71831	257346	225
青海	40334	37746	93489	765	10298	12692	108049	38
宁夏	37622	31962	22667	5013	73770	549	114421	16
新疆	109796	85954	29454	25106	1086077	44526	501679	173
新疆兵团	6826	3482	1088	2668	34188	330	79089	64

说明:1.本表只统计2015年基层林业工作站所单独或参与完成的主要工作。

2.林业重点工程造林面积指林业站当年所完成的各项国家级林业重点工程面积的总和。

3.2015年抚育作业面积指幼龄林抚育作业面积与成熟林抚育作业面积之和。

4.2015年推广面积指林业站当年所完成的林业科技推广面积总和,不包括站办科技推广

5.2015表为2015年数据。

职能作用主要指标统计

具有林业行政执法证人数（人）	受理林政案件（件）	参与调处林权纠纷（件）	受理林业承包合同纠纷（件）	指导、扶持的林业经济合作组织个数		培训林农（人次）	科技推广	
				计	带动农户（户）		站办示范基地面积（hm²）	2015年推广面积（hm²）
46192	48691	45157	11168	112555	3393769	9607424	326354	1193826
231	37	44	34	1210	9470	67700	260	273
151	61	13	3	443	4917	30429	3624	3280
592	871	1005	237	1758	189151	697471	18118	111264
453	167	367	119	2699	58424	132498	5653	12275
816	1094	1013	467	6933	20284	152686	9434	93255
1342	1741	1599	475	10332	80684	99157	3464	17722
2570	6597	1202	381	861	19834	81101	703	2832
966	629	494	369	214	3008	22982	694	6863
3	—	—	—	487	11264	8702	331	4547
179	67	44	41	2984	47137	32011	23748	5783
822	439	449	66	1674	127732	148596	4802	27858
1634	2220	2479	652	2664	156233	175307	17865	41793
2151	2892	1398	404	2728	79295	77166	4114	12208
3193	2439	2676	512	1846	68014	63035	12873	42635
689	604	290	186	24205	401871	758956	11490	140552
886	928	1389	681	2318	125740	318607	12877	35473
3415	3829	3264	583	2595	202845	479211	29527	65391
7367	4675	6402	952	4793	216948	328939	30173	47480
1372	855	1751	323	663	14193	20846	4395	8517
1931	1210	4503	417	8509	96015	174164	2437	2375
53	8	8				40		
688	709	707	211	3636	81652	81824	7390	24288
4429	3135	2019	363	2625	618975	1563197	17295	53912
2481	2293	3041	1569	14942	86343	228417	7474	20999
4948	8611	6922	1262	3320	393877	1973157	14918	89833
1109	905	1510	708	1088	115446	357833	20799	61364
637	325	240	45	3818	82499	518427	14659	65598
159	89	16	7	1363	3253	8527	55	323
98	283	64	18	400	10025	75543	2073	24909
579	833	219	71	628	52286	798665	42996	152573
248	145	29	12	819	16354	132230	2113	17651

示范基地的面积。

表8-6 乡村护

地 区	合 计	人员类别		文化程度		
		专 职	兼 职	大专以上	中专高中	初中以下
全 国	658783	299672	359111	21320	155929	481534
北 京	53987	40026	13961	1211	8369	44407
天 津	2237	285	1952	123	504	1610
河 北	52979	21763	31216	593	12649	39737
山 西	30272	11306	18966	838	8291	21143
内蒙古	29433	16574	12859	4934	11719	12780
辽 宁	15744	14520	1224	1051	4055	10638
吉 林	4099	2123	1976	138	1113	2848
黑龙江	3635	748	2887	78	1204	2353
上 海	12184	12184		592	4522	7070
江 苏	10533	4417	6116	603	2812	7118
浙 江	18953	12623	6330	762	3100	15091
安 徽	21601	4963	16638	437	3021	18143
福 建	16922	7953	8969	564	5439	10919
江 西	19088	9085	10003	300	5765	13023
山 东	48223	23647	24576	550	12222	35451
河 南	37395	5872	31523	946	10926	25523
湖 北	44419	7796	36623	1515	10145	32759
湖 南	38516	11595	26921	1063	10140	27313
广 东	16450	12227	4223	535	6028	9887
广 西	10350	4063	6287	247	3037	7066
海 南	311	71	240	21	177	113
重 庆	14814	3567	11247	791	4671	9352
四 川	22444	3197	19247	850	3759	17835
贵 州	29440	10163	19277	697	5080	23663
云 南	61231	41688	19543	520	6244	54467
西 藏						
陕 西	11029	1970	9059	619	4113	6297
甘 肃	11932	5890	6042	435	3395	8102
青 海	12645	5203	7442	107	739	11799
宁 夏	3161	544	2617	12	353	2796
新 疆	1125	869	256	188	586	351
新疆兵团	3631	2740	891		1751	1880

林员情况统计

年龄结构			报酬来源		
45 岁以下	46~60 岁	61 岁以上	财政补助	林业经费	村组自筹
216498	369331	72954	272075	215224	171484
12927	34430	6630	49156	57	4774
605	1527	105	265	72	1900
12617	32327	8035	26873	6102	20004
7862	16870	5540	11683	12776	5813
13525	13285	2623	12994	15154	1285
9802	5864	78	7835	7613	296
1921	2051	127	1673	906	1520
2058	1437	140	125	118	3392
2635	9532	17	12184		
1689	6162	2682	3469	2290	4774
2701	12743	3509	13692	4161	1100
3265	13781	4555	1752	2029	17820
6039	9955	928	10852	4154	1916
6621	10713	1754	8034	5880	5174
10687	29710	7826	22835	10479	14909
9869	20407	7119	13058	7599	16738
8424	29738	6257	4347	8125	31947
9283	22201	7032	18779	8737	11000
8712	7516	222	12277	2358	1815
3768	6041	541	4774	3951	1625
144	150	17	311		
3644	9331	1839	3574	9912	1328
7391	13966	1087	6672	7425	8347
16202	12351	887	3618	23774	2048
34319	25438	1474	11166	42851	7214
4159	6188	682	3355	6860	814
5274	5993	665	2956	7769	1207
6530	5779	336	3270	9257	118
1129	1786	246	147	2998	16
1003	121	1	349	660	116
1693	1938			1157	2474

表 8-7　乡村林场

地　区	林场个数(个)				经营面积(hm²)	
	合　计	按经营形式分			合　计	公益林
		集体林场	联办林场	户办林场		
全　国	45163	20762	6049	18352	10146617	4782486
北　京	8	7		1	939	902
天　津	94	18	3	73	2562	2211
河　北	528	103	59	366	50558	22138
山　西	279	94	44	141	75221	58939
内蒙古	47	8	36	3	1550712	1543581
辽　宁	424	13	203	208	165254	65788
吉　林	79	31	1	47	116611	16201
黑龙江	10	6		4	7563	1713
上　海					—	—
江　苏	296	137	16	143	23158	16368
浙　江	1679	562	73	1044	112224	50179
安　徽	5341	2362	1197	1782	307918	112511
福　建	960	464	320	176	1248180	342121
江　西	2200	1106	393	701	568963	115031
山　东	1236	837	48	351	404037	318667
河　南	3469	700	548	2221	251320	140637
湖　北	8293	2395	488	5410	1976640	186010
湖　南	10047	5498	1628	2921	907282	389920
广　东	888	540	143	205	467235	241326
广　西	659	453	71	135	197094	36243
海　南					—	—
重　庆	173	146	10	17	72643	41212
四　川	740	522	114	104	66500	19839
贵　州	4282	3339	437	506	636582	383885
云　南	961	457	57	447	138768	30
西　藏					—	—
陕　西	387	206	14	167	67383	57599
甘　肃	1044	521	90	433	163525	64410
青　海	222	220		2	556314	553889
宁　夏	816	16	56	744	11098	1136
新　疆	1	1			333	—
新疆兵团					—	—

基本情况统计

经营面积（hm²）		2015 年林业生产				年末实有从业人员（人）
商品林	其 他	造林面积（hm²）	育苗面积（hm²）	木材产量（10²m³）	毛竹产量（百根）	
4212487	1151644	728051	64519	395567	369837	314903
37	—					50
260	91	317	301	330		268
19768	8652	14122	3077	5984		6781
6037	10245	3179	950	41		1490
1557	5574	7200	274			212
94254	5212	9930	1321	1704		1953
65066	35344	2267	151	1766		390
5850	—	1337	113	3		31
—	—					
5712	1078	1381	301	1513	586	4552
55963	6082	769	1201	5193	63702	10736
189474	5933	16691	4049	4189	16720	22849
895700	10359	55722	30221	117299	111896	20051
432388	21544	26952	2174	13500	33246	17411
68544	16826	16442	3423	32538		40056
90491	20192	73086	6252	54650	2467	38136
1102557	688073	116242	4412	42532	47982	56265
501606	15756	45990	870	19565	68378	47918
221176	4733	24647	353	41349	10851	4473
156454	4397	3643	230	19369	17	3212
—	—					
25607	5824	5632	64	2252	520	740
45538	1123	15740	158	8327	2842	3171
179656	73041	46418	998	21024	1051	9148
17441	121297	215290	318	1912	6379	17392
—	—					
5189	4595	2877	600	351	200	1606
22848	76267	15852	1157	176	3000	1923
1867	558	5754	37			94
1447	8515	563	1514			3987
—	333	8				8
—						

三、乡镇林业站机构队伍及基础设施

近年来，由于县乡机构改革、撤乡并镇等原因，部分林业站进行了撤并，但与此同时，一些地方因林业工作需要又恢复或新建了部分林业站，乡镇林业站机构、队伍呈现动态变化，总体数量基本维持在2.5万个左右。截至2015年年底，全国建有乡镇林业站24516个（其中管理两个乡镇以上的区域站2421个），其中为县级林业主管派出机构的站8715个，占35.5%；县、乡双重管理的站4170个，占17.0%；乡镇管理的站11631个，占47.47%。在乡镇林业站中，29.6%的站加挂了野生动植物保护管理站牌子，16.8%的站加挂了林业技术推广站牌子，21.0%的站加挂了公益林管护站牌子，14.8%的站加挂了森林病虫害防治站牌子，1.3%的站加挂了林业承包合同仲裁委员会牌子（表8-2）。截至2015年年底，全国乡镇林业站共有在岗职工105699人，其中长期职工104029人。在长期职工中，大专以上学历57715人，占55.3%；中专学历23106人，占22.2%；高、初中以下文化程度23493人，占22.5%。35岁以下职工23501人，占22.5%；51岁以上职工16786人，占16.1%（表8-3）。

全国乡镇林业站基础设施绝大部分建于20世纪80年代。中央预算内投资自1988年起用于乡镇林业站基础设施建设，到2015年年底中央累计投资10.2亿元。在中央投资的带动下，各地逐步加大对乡镇林业站基础设施设备的建设力度。据统计，"十二五"期间各地累计配套完成乡镇林业站基本建设投资39亿元。截至2015年年底，53.6%的站建有自有办公用房，36.3%的站配备有机动交通工具，60.4%的站配备有电话或无线通讯设备，72.5%的站拥有办公电脑（表8-4）。

四、林业站职能作用发挥

多年来，全国林业站充分发挥组织优势、技术优势、基层优势，积极宣传党和国家的林业方针政策，广泛动员社会群众参与林业生态建设，强化了公民的法治观念和绿化意识；积极保护管

理辖区内森林、湿地、荒漠和野生动植物资源，依法查处破坏森林资源案件，协助调处山林权属纠纷，保障了森林资源安全和辖区稳定；积极组织指导实施造林绿化规划、作业设计、种苗供应、技术指导、封山育林、森林抚育等各项工作，保证了各项林业生产建设任务的顺利完成；积极发挥科技推广职能，建立科技推广示范基地，扩大科技成果在林业生产中的应用，加速了科技成果转化；积极提供林业社会化服务，开展林农培训，引导林农发展经济林和林下经济，促进了林农增收致富。

据2015年统计数据显示，全国林业站组织指导完成营造林面积占全国总量的70%以上；直接查处林政案件4.87万余件，约占当年全国林业行政案件查处总量的24.9%；参与处理林权与合同纠纷4.52万件；指导扶持林业经济合作组织近11万多个，带动农户339.4万户，推广面积119.4万 hm^2，培训林农960万人次。同时，还承担着对65.9万名护林员、4.5万个乡村林场的指导管理工作(表8-5~8-7)。

全国林业站建设虽然取得了显著成绩，但受历史欠账多、自身条件限制等诸多因素的影响，目前仍然存在着机构队伍不稳、管理体制不顺、人员整体素质不高和经费投入不足、基础设施建设严重滞后等突出问题，一定程度上影响和制约了其职能作用的充分发挥。今后要根据我国经济社会发展的实际需要，继续在"质量建站、素质强站、服务立站"上下功夫、求实效，大力引导林业站转变思想、转变观念、转变职能，面向社会搞好管理和服务，保护好森林资源，服务好林农群众，努力为我国生态文明建设提供优质服务与坚实保障。

第六节　林木种苗机构

截至2015年年底，全国共有林木种苗管理机构1938个，包括内蒙古、吉林、龙江、大兴安岭森工(林业)集团公司及新疆生产建设兵团，其中：省级林木种苗管理机构34个，地(市)级林木种苗管理机构298个，县(市)级林木种苗管理机构1606个。2010年11月全国林木种苗工作会议后，全国新建立林木种苗管

理机构208个，撤销4个。

在全国林木种苗管理机构中合署办公的877个，占机构总数1938个的45%。按照机构性质分，行政机关42个，事业单位1893个，其他3个；按照资金来源分，全额拨款1693个，差额拨款122个，自收自支120个，其他3个。全国林木种苗管理机构核定人员编制15026人，在编在职13813人，中级职称以上人员6371人，占在编在职人员总数的46%。

第七节　国有森工企业

新中国成立后，为了满足国民经济恢复和发展对木材的迫切需要，国家有计划地开发国有林区，先后建立了135个国有森林采运企业和20个重点林业局。全国木材年产量从1952年的1200万 m^3 增加到1997年的6400万 m^3，50多年来，林业累计向社会提供木材超过50亿 m^3，竹材96亿根，松香1360万 t，人造板188亿 m^3，为新中国的资本原始积累、工业化建设作出了巨大贡献。1998年启动实施天然林资源保护工程以来，135个国有木材采运企业和20个重点林业局除地处东北地区的保留部分木材生产任务以外，其他地处我国西部、南部的林业局均由以木材生产为主逐步转向以生态建设为主，经营项目逐步向种养业、加工业、采掘业、建材、轻化、商饮服务、森林旅游业等多门类方向转变。国有森工企业基本情况见表8-8。

表8-8　全国森工企业名录

内蒙古 27	内蒙古森工集团 19	阿尔山林业局、绰尔林业局、绰源林业局、乌尔旗汉林业局、库都尔林业局、图里河林业局、伊图里河林业局、克一河林业局、甘河林业局、吉文林业局、阿里河林业局、根河林业局、金河林业局、阿龙山林业局、满归林业局、得耳布尔林业局、莫尔道嘎林业局、大杨树林业局、毕拉河林业局
	内蒙古林业厅营林局 8	免渡河林业局、乌奴尔林业局、巴林林业局、南木林业局、红花尔基林业局、柴河林业局、五岔沟林业局、白狼林业局

（续）

吉林 23	吉林森工集团 8	临江林业局、三岔子林业局、湾沟林业局、松江河林业局、泉阳林业局、露水河林业局、白石山林业局、红石林业局
	长白山森工集团 10	黄泥河林业局、敦化林业局、大石头林业局、八家子林业局、和龙林业局、汪清林业局、大兴沟林业局、天桥岭林业局、白河林业局、珲春林业局
	吉林省林业厅营林局 5	上营林业局、辉南林业局、长白林业局、安图林业局、长白山林业局
龙江森工集团 40	牡丹江林业管理局 8	大海林林业局、柴河林业局、东京城林业局、穆棱林业局、绥阳林业局、海林林业局、林口林业局、八面通林业局
	合江林业管理局 7	桦南林业局、双鸭山林业局、鹤立林业局、鹤北林业局、东方红林业局、迎春林业局、清河林业局
	伊春林业管理局 16	双丰林业局、铁力林业局、桃山林业局、朗乡林业局、南岔林业局、金山屯林业局、美溪林业局、乌马河林业局、翠峦林业局、友好林业局、上甘岭林业局、五营林业局、红星林业局、新青林业局、汤旺河林业局、乌伊岭林业局
	松花江林业管理局 8	山河屯林业局、苇河林业局、亚布力林业局、方正林业局、兴隆林业局、绥棱林业局、通北林业局、沾河林业局
	总局直属单位 1	带岭实验局
大兴安岭 林业集团 10	大兴安岭林管局 9	松岭林业局、新林林业局、塔河林业局、呼中林业局、阿木尔林业局、图强林业局、西林吉林业局、十八站林业局、韩家园林业局
	大兴安岭营林局 1	加格达奇林业局
四川 22	阿坝州林管局 8	川西林业局、黑水林业局、马尔康林业局、小金林业局、观音桥林业局、松潘林业局、南坪林业局、壤塘林业局
	甘孜州林管局 7	道孚林业局、新龙林业局、丹巴林业局、炉霍林业局、白玉林业局、力邱河林业局、翁达林业局
	其他地、州林管局 7	川南林业局、雷波林业局、凉北林业局、夹金山林业局、木里林业局、普威林业局、盐边林业局

（续）

云南 16	云南省林管局 16	华坪林业局、碧泉林业局、黑白水林业局、中甸林业局、巨甸林业局、红旗林业局、云台山林业局、漾江林业局、景东林业局、墨江林业局、卫国林业局、江边林业局、清水江林业局、南盘江林业局、新平林业局、宁蒗林业局
陕西 8	陕西省林管局 6	宁西林业局、太白林业局、长青林业局、宁东林业局、汉西林业局、龙草坪林业局
	陕西省林业局 2	马头滩林业局、辛家山林业局
甘肃 5	甘肃省林管局 4	舟曲林业局、迭部林业局、洮河林业局、白水江林业局
	甘肃省林业局 1	小陇山林业局
青海 1	青海省林管局 1	玛可河林业局
新疆 3	新疆维吾尔自治区林管局 2	天山西部林业局、阿尔泰山林业局
	新疆维吾尔自治区营林局 1	天山中东部林业局
全国合计		155

注：表中数字为森工企业个数。

第八节　国有林场

　　我国的国有林场是新中国成立初期国家为加快森林资源培育，保护和改善生态，在重点生态脆弱地区和大面积集中连片的国有荒山荒地上，采取国家投资的方式建立起来的专门从事营造林和森林管护的林业事业单位。60多年来，国有林场干部职工忠诚国家绿色使命，在偏僻边远的荒山荒地和残次林地白手起家、艰苦创业，为我国林业事业和生态建设作出了巨大贡献。

一、基本情况

　　截至目前，全国国有林场总数已达4855个（表8-9），分布在31个省（自治区、直辖市）的1600多个县（市、旗、区），经营面积超过7600万 hm^2，占我国国土面积的8%，林业用地面积5800万 hm^2，其中森林面积4500万 hm^2，森林蓄积量23.4亿 m^3，分别占全国森林面积和森林总蓄积量的23%和17%。在全国已建的

2150 处各级野生动植物类型自然保护区中，有 1300 多处是以国有林场为主体建立的，现有 2855 处各级森林公园中，90% 以上是在国有林场基础上建立的，483 处湿地公园中有 50% 建立在国有林场范围内，国有林场已成为我国生态功能最完善、森林资源最丰富、森林景观最优美、生物多样性最富集的区域，是我国全体国民巨大的公共产品和宝贵生态财富。

截至 2015 年年底，国有林场职工总数 75 万人，其中在职 48 万人，离退休 27 万人。国有林场职工年实发工资总额 67.4 亿元，人年均工资 14042 元。全国国有林场资产总额 1250.7 亿元，其中包括林木资产的非流动资产 929.8 亿元，流动资产 321 亿元，负债总额 506.5 亿元。

二、基础设施建设

截至 2015 年年底，中央财政安排国有林场扶贫专项资金 29.7 亿元，并带动各级地方政府不断加大对国有林场的投入力度，累计修建国有林场断头路 7065km，为 525 个林场实施了饮水安全项目，解决了 18 万人的饮水问题，371 个林场实施了通电项目，共架设高、低压线路 1851km，解决了 247 个场部不通电的问题，1298 个林场进行了场部危房改造，建设了一批林业小区和特色小镇，国有林场场容、场貌得到较大改观。自 2009 年开始启动的危旧房改造工程，使 50 多万户林场职工告别棚户区、简易房，林区民生显著改善。

三、队伍建设

国家林业局会同中国农林水利工会，自 2012 年开始每年举办 3 期国有林场场长培训班，截至 2014 年已累计培训近 1000 人。国家林业局国有林场管理机构自 2009 年开始，每年对省级国有林场信息工作人员开展培训，已形成一支国有林场数据、信息管理的稳定队伍。近年来，全国各地先后举办各类国有林场培训班 500 余期，培训干部职工 7 万人次。通过中国林场协会组织 400 余名国有林场场长进行了异地挂职锻炼，使他们增长见识，开阔视野。2014 年 4 月，中国林业职工思想政治工作研究会国有林场分会成立，分会紧紧围绕保障国有林场改革顺利进行的主题，组织开展了国有林场思想政治工作调研和"原山杯"国有林场思想政治工作征文大赛，为林场干部职工相互交流、学习搭建了难得的平台。2013 年开始，每年举办一届国有林场职业技能竞赛，由国家林业局与中国就业培训技术指导中心、中国农林水利工会联合举办。该项竞赛目前已发展为国家级二类竞赛，已成为提升林场职工技能、历练队伍展现风采、树立林业新形象、促进生态文明建设的重要活动。

表 8-9　全国国有林场名录（共计 4855 个）

省（自治区、直辖市）	国有林场
北京 34 个	1. 西山试验林场 2. 十三陵林场 3. 八达岭林场 4. 双青联合林场 5. 松山林场 6. 密云水库林场 7. 矿务局林场 8. 九龙山林场 9. 妙峰山林场 10. 门头沟区百花山林场 11. 门头沟区小龙门林场 12. 门头沟区清水林场 13. 门头沟区马栏林场 14. 门头沟区西峰寺林场 15. 密云县白龙潭林场 16. 密云县雾灵山林场 17. 密云县云蒙山林场 18. 密云县五座楼林场 19. 密云县锥峰山林场 20. 密云县潮白河林场 21. 密云县荆子峪林场 22. 怀柔区喇叭沟门林场 23. 怀柔区北台上林场 24. 怀柔区雁栖林场 25. 顺义区北大沟林场 26. 通州区林场 27. 大兴区林场 28. 大兴区六合庄林场 29. 延庆县康庄林场 30. 平谷区丫吉山林场 31. 平谷区四座楼林场 32. 平谷区海子水库林场 33. 房山区上方山林场 34. 房山区周口店林场
天津 1 个	1. 天津市蓟县国有林场
河北 140 个	1. 张家口市林场 2. 张家口市宣化区庞家堡林场 3. 宣化县黄羊滩林场 4. 张北县中心林场 5. 张北县坝头林场 6. 康保县屯垦林场 7. 沽源县平定堡林场 8. 沽源县老掌沟林场 9. 尚义县北石塄林场 10. 尚义县南壕堑林场 11. 阳原县开阳滩林场 12. 怀安县金沙滩林场 13. 怀安县灵官庙林场 14. 万全县万全林场 15. 怀来县官厅林场 16. 涿鹿县岔道林场 17. 赤城县黑龙山林场 18. 赤城县剪子岭林场 19. 崇礼县和平林场 20. 滦平林场管理处拉海岭林场 21. 滦平林场管理处营子林场 22. 滦平林场管理处虎什哈林场 23. 滦平林场管理处巴克什营林场 24. 滦平林场管理处金沟屯林场 25. 滦平林场管理处老虎沟林场 26. 承德市狮子沟林场 27. 承德市双滦区金厂沟林场 28. 承德县北大山林场 29. 承德县五道河林场 30. 承德县红旗林场 31. 承德县南甲山林场 32. 承德县双丰寺林场 33. 兴隆县寿王坟林场 34. 兴隆县五指山林场 35. 兴隆县獐帽山林场 36. 兴隆县前苇塘林场 37. 兴隆县六里坪林场 38. 兴隆县牛金洞林场 39. 平泉县宋营子林场 40. 平泉县大窝铺林场 41. 平泉县黄土梁林场 42. 平泉县前卫林场 43. 平泉县七沟林场 44. 平泉县大石湖林场 45. 平泉县打鹿沟林场 46. 滦平县靳家沟林场 47. 宽城县冰沟林场 48. 宽城县造字岭林场 49. 隆化县南阳林场 50. 隆化县碱房林场 51. 隆化县孙家营林场 52. 隆化县郭家屯林场 53. 隆化县张三营林场 54. 隆化县茅荆坝林场 55. 隆化县苏木营林场 56. 隆化县徐八屋林场 57. 隆化县旧屯林场 58. 隆化县十八里汰林场

（续）

省（自治区、直辖市）	国有林场
河北 140 个	59. 丰宁县草原林场 60. 丰宁县平沟门林场 61. 丰宁县四岔口林场 62. 丰宁县大滩林场 63. 丰宁县黄花岭林场 64. 丰宁县平顶山林场 65. 丰宁县邓栅子林场 66. 丰宁县王营林场 67. 丰宁县云雾山林场 68. 丰宁县富贵山林场 69. 丰宁县两间房林场 70. 秦皇岛市海滨林场 71. 秦皇皇市山海关区山海关林场 72. 抚宁县渤海林场 73. 青龙县都山林场 74. 青龙县祖山林场 75. 昌黎县团林林场 76. 丰润县腰岱山林场 77. 滦县青龙山林场 78. 滦县茨榆坨林场 79. 滦南县滦南林场 80. 乐亭县姜各庄林场 81. 乐亭县翔云岛林场 82. 迁西县大峪林场 83. 遵化东陵林场 84. 丰南市钱营林场 85. 涞水县桑园涧林场 86. 涞水县赵各庄林场 87. 阜平县驼梁山林场 88. 阜平县城南庄林场 89. 阜平县东风林场 90. 唐县大茂山林场 91. 涞源县白石山林场 92. 涞源县甸子梁林场 93. 易县解村林场 94. 易县狼牙山林场 95. 易县白马林场 96. 易县黄土台林场 97. 易县河西林场 98. 易县桥家河林场 99. 易县蔡家峪林场 100. 满城县六盘山林场 101. 井陉县辛庄林场 102. 井陉县南寺掌林场 103. 鹿泉市郡庄林场 104. 正定县滹沱河林场 105. 平山县前大地林场 106. 灵寿县漫山林场 107. 灵寿县桑树沟林场 108. 赞皇县虎宅口林场 109. 故城县里老林场 110. 沙河市沙河林场 111. 沙河市老爷山生态林场 112. 邢台县长信林场 113. 隆尧县隆尧林场 114. 邯郸市漳河林场 115. 成安县商城林场 116. 大名县卫东林场 117. 涉县偏城林场 118. 磁县吴庄林场 119. 永年县永北林场 120. 邱县邱城林场 121. 木兰林管局四合永林场 122. 木兰林管局新丰林场 123. 木兰林管局克勒沟林场 124. 木兰林管局八英庄林场 125. 木兰林管局龙头山林场 126. 木兰林管局北沟林场 127. 木兰林管局山湾子林场 128. 木兰林管局燕格柏林场 129. 木兰林管局桃山林场 130. 木兰林管局孟滦林场 131. 塞罕坝机械林场总场大唤起林场 132. 塞罕坝机械林场总场第三乡林场 133. 塞罕坝机械林场总场阴河林场 134. 塞罕坝机械林场总场北曼甸林场 135. 塞罕坝机械林场总场千层板林场 136. 塞罕坝机械林场总场三道河口林场 137. 河北省林木良繁养西陵林场 138. 小五台保护区王喜洞林场 139. 南宫林场 140. 河北农业大学实验林场
山西 241 个	1. 大同市十里河林场 2. 大同市恒山林场 3. 大同市长城山林场 4. 大同市桦林背林场 5. 天镇县林场 6. 灵丘县林场 7. 广灵县白羊峪林场 8. 左云县西山林场 9. 怀仁县洪涛山林场 10. 应县林场 11. 山阴县林场 12. 朔州市平鲁区井坪梁林场 13. 朔州市朔城区莲花山林场 14. 偏关县林场 15. 偏关县万家寨林场 16. 河曲县阴山林场 17. 河曲县莱水湾林场 18. 保德县五楼沟林场 19. 保德县三山林场 20. 神池县义井林场 21. 五寨县张家坪林场 22. 岢岚县三井林场 23. 岢岚县土寨林场 24. 岢岚县宋家沟林场 25. 宁武县长方山林场 26. 静乐县康家会林场 27. 繁峙县辛庄林场 28. 五台县五台山林场 29. 代县滩上林场 30. 定襄县林场 31. 原平市林场 32. 忻州市忻府区滹沱河林场 33. 忻州市忻府区云中山林场 34. 忻州市忻府区五峰山林场 35. 阳曲县东山林场 36. 阳曲县西山林场 37. 古交市阁上林场 38. 娄烦县汾河林场 39. 太原市林场 40. 寿阳县罕山林场 41. 寿阳县方山林场 42. 晋中市榆次区乌金山林场 43. 晋中市榆次区庆城林场 44. 昔阳

（续）

省（自治区、直辖市）	国有林场
山西 241个	县东风林场45. 昔阳县碧霞观林场46. 和顺县万山林场47. 左权县林场48. 榆社县林场49. 太谷县林场50. 祁县林场51. 平遥县超山林场52. 灵石县林场53. 平定县林场54. 盂县林场55. 阳泉市狮垴山林场56. 兴县恶虎滩林场57. 兴县大渡山林场58. 临县紫金山林场59. 方山县胡堡林场60. 离石市工农山林场61. 柳林县梁家山林场62. 中阳县韩尾沟林场63. 石楼县介莫林场64. 交城县青沿林场65. 交城县石壁林场66. 文水县大陵山林场67. 汾阳市向阳林场68. 孝义市大石洞林场69. 交口县峪岸坪林场70. 陵川县第一山林场71. 陵川县西闸水林场72. 高平市董峰林场73. 泽州县伊侯山林场74. 沁水县大尖山林场75. 阳城县阳陵林场76. 安泽县良马林场77. 安泽县府城林场78. 安泽县兰村林场79. 古县林场80. 浮山县林场81. 翼城县林场82. 侯马市林场83. 汾西县要家岭林场84. 洪洞县三交林场85. 临汾市尧都区一平垣林场86. 永和县林场87. 隰县青龙山林场88. 大宁县林场89. 蒲县林场90. 吉县红旗林场91. 乡宁县石景山林场92. 沁源县林场93. 沁县漳源林场94. 沁县檀山林场95. 沁县瓮城山林场96. 武乡县义门林场97. 武乡县石门林场98. 黎城县南委泉林场99. 黎城县东阳关林场100. 襄垣县老爷岭林场101. 屯留县老爷山林场102. 屯留县宜神岭林场103. 屯留县吴寨林场104. 长子县发鸠山林场105. 潞城市林场106. 平顺县林场107. 长治县雄山林场108. 壶关县树掌林场109. 长治市郊区老顶山林场110. 稷山县林场111. 河津市林场112. 万荣县林场113. 闻喜县林场114. 绛县烟庄林场115. 垣曲县林场116. 夏县林场117. 平陆县林场118. 运城市盐湖区解州林场119. 运城市永济市林场120. 运城市芮城县林场121. 山西省林业技术职业学院实验林场122. 桑干河杨树丰产林实验局九梁洼林场123. 桑干河杨树丰产林实验局梁家油坊林场124. 桑干河杨树丰产林实验局落阵营林场125. 桑干河杨树丰产林实验局五旗林场126. 桑干河杨树丰产林实验局薛家庄林场127. 桑干河杨树丰产林实验局金沙滩林场128. 桑干河杨树丰产林实验局御河林场129. 桑干河杨树丰产林实验局云西林场130. 管涔山国有林管理局接官亭林场131. 管涔山国有林管理局马家庄林场132. 管涔山国有林管理局怀道林场133. 管涔山国有林管理局山丛林场134. 管涔山国有林管理局阎家村林场135. 管涔山国有林管理局羊圈沟林场136. 管涔山国有林管理局水门林场137. 管涔山国有林管理局杜家村林场138. 管涔山国有林管理局轩岗林场139. 管涔山国有林管理局高桥洼林场140. 管涔山国有林管理局秋千沟林场141. 管涔山国有林管理局大石洞林场142. 管涔山国有林管理局杏岭子林场143. 管涔山国有林管理局温泉林场144. 五台山国有林管理局豆村林场145. 五台山国有林管理局庄旺林场146. 五台山国有林管理局雁门关林场147. 五台山国有林管理局门限石林场148. 五台山国有林管理局宽滩林场149. 五台山国有林管理局伯强林场150. 五台山国有林管理局金岗库林场151. 五台山国有林管理局王庄堡林场152. 五台山国有林管理局峪口林场153. 五台山国有林管理局上寨林场154. 五台山国有林管理局枣林场155. 黑茶山国有林管理局中寨林场

（续）

省（自治区、直辖市）	国有林场
山西 241个	156. 黑茶山国有林管理局河口林场 157. 黑茶山国有林管理局石桥林场 158. 黑茶山国有林管理局城庄沟林场 159. 黑茶山国有林管理局南阳山林场 160. 黑茶山国有林管理局野鸡山林场 161. 黑茶山国有林管理局东会林场 162. 黑茶山国有林管理局魏家滩林场 163. 黑茶山国有林管理局交楼申林场 164. 黑茶山国有林管理局马坊林场 165. 关帝山国有林管理局原平川林场 166. 关帝山国有林管理局千年林场 167. 关帝山国有林管理局枝柯林场 168. 关帝山国有林管理局屯兰川林场 169. 关帝山国有林管理局三道川林场 170. 关帝山国有林管理局吴城林场 171. 关帝山国有林管理局白虎岭林场 172. 关帝山国有林管理局真武山林场 173. 关帝山国有林管理局南海滩林场 174. 关帝山国有林管理局阳圪台林场 175. 关帝山国有林管理局孝文山林场 176. 关帝山国有林管理局西冶川林场 177. 关帝山国有林管理局云顶山林场 178. 关帝山国有林管理局双家寨林场 179. 关帝山国有林管理局西葫芦林场 180. 关帝山国有林管理局文峪河林场 181. 关帝山国有林管理局二道川林场 182. 关帝山国有林管理局东葫芦林场 183. 关帝山国有林管理局龙兴林场 184. 太行山国有林管理局铁桥林场 185. 太行山国有林管理局坪松林场 186. 太行山国有林管理局王景林场 187. 太行山国有林管理局营盘林场 188. 太行山国有林管理局禅堂寺林场 189. 太行山国有林管理局石源林场 190. 太行山国有林管理局海眼寺林场 191. 太岳山国有林管理局赤石桥林场 192. 太岳山国有林管理局伏牛山林场 193. 太岳山国有林管理局北平林场 194. 太岳山国有林管理局兴唐寺林场 195. 太岳山国有林管理局绵山林场 196. 太岳山国有林管理局介庙林场 197. 太岳山国有林管理局七里峪林场 198. 太岳山国有林管理局石膏山林场 199. 太岳山国有林管理局将台林场 200. 太岳山国有林管理局王陶林场 201. 太岳山国有林管理局灵空山林场 202. 太岳山国有林管理局龙门口林场 203. 太岳山国有林管理局候神岭林场 204. 太岳山国有林管理局小涧峪林场 205. 太岳山国有林管理局青岗坪林场 206. 太岳山国有林管理局龙泉林场 207. 太岳山国有林管理局马西林场 208. 太岳山国有林管理局大南坪林场 209. 太岳山国有林管理局好地方林场 210. 太岳山国有林管理局马泉林场 211. 吕梁山国有林管理局车鸣峪林场 212. 吕梁山国有林管理局河底林场 213. 吕梁山国有林管理局勍香林场 214. 吕梁山国有林管理局交口林场 215. 吕梁山国有林管理局东山林场 216. 吕梁山国有林管理局上庄林场 217. 吕梁山国有林管理局克城林场 218. 吕梁山国有林管理局下李林场 219. 吕梁山国有林管理局台头林场 220. 吕梁山国有林管理局屯里林场 221. 吕梁山国有林管理局康城林场 222. 吕梁山国有林管理局关上林场 223. 吕梁山国有林管理局管头林场 224. 吕梁山国有林管理局人祖山林场 225. 吕梁山国有林管理局青山林场 226. 中条山国有林管理局北坛林场 227. 中条山国有林管理局端氏林场 228. 中条山国有林管理局固县林场 229. 中条山国有林管理局同善林场 230. 中条山国有林管理局十河林场 231. 中条山国有林管理局大河林场 232. 中条山国有林管理局南凡林场 233. 中条山国有林管理局石门林场 234. 中条山国有林管理局皋落林场 235. 中条山国有林管理局祁

（续）

省（自治区、直辖市）	国有林场
山西 241个	家河林场236. 中条山国有林管理局陈村林场237. 中条山国有林管理局横河林场238. 中条山国有林管理局台头林场239. 中条山国有林管理局中村林场240. 中条山国有林管理局三交林场241. 中条山国有林管理局泗交林场
内蒙古 304个	1. 巴彦淖尔市乌拉山林场2. 巴彦淖尔市乌北林场3. 巴彦淖尔市治沙综合试验站4. 巴彦淖尔市临河区新华林场5. 五原县防沙林场6. 磴口县防沙林场7. 乌前旗蓿亥滩林场8. 乌前旗西山咀林场9. 乌中旗查石太林场10. 乌中旗海流图林场11. 乌中旗狼山经营所12. 乌后旗新红林场13. 乌后旗西补隆林场14. 杭后旗东风林场15. 乌海市经济林场16. 乌海市治沙林场17. 乌海市海勃湾区五林场18. 阿左旗腰坝治沙站19. 阿左旗头道湖治沙站20. 阿左旗吉兰太治沙站21. 阿左旗巴诺园林场22. 阿左旗通湖治沙站23. 阿左旗巴音树贵治沙站24. 阿左旗巴镇林场25. 阿右旗雅布赖治沙站26. 阿右旗巴彦高勒林场27. 阿右旗贺兰山林场28. 额济纳旗经营林场29. 通辽市科尔沁区吐尔基山林场30. 通辽市市郊林场31. 通辽市科尔沁区二杯场32. 通辽市科尔沁区莫力庙林场33. 通辽市科尔沁区文冠果林场34. 通辽市科尔沁区胡力海林场35. 通辽市科尔沁区庆和林场36. 开鲁县清河林场37. 开鲁县东风林场38. 开鲁县建华林场39. 开鲁县大榆树林场40. 开鲁县保安林场41. 开鲁机械化林场42. 开鲁县太平沼林场43. 科左中旗东苏林场44. 科左中旗新开河林场45. 科左中旗包罕林场46. 科左中旗白音花林场47. 科左中旗保康林场48. 科左中旗佳木斯林场49. 科左中旗协代林场50. 科左中旗乌斯吐林场51. 科左后旗伊和塔林场52. 科左后旗金宝屯林场53. 科左后旗朝鲁吐林场54. 科左后旗茂道吐林场55. 科左后旗乌旦塔拉林场56. 科左后旗大青沟林场57. 奈曼旗大柳树林场58. 奈曼旗桥河林场59. 奈曼旗兴隆沼林场60. 奈曼旗八仙筒林场61. 奈曼旗奈林林场62. 奈曼旗沙日好来林场63. 奈曼旗青龙山林场64. 奈曼旗新镇林场65. 库伦旗白音花林场66. 库伦旗先进林场67. 库伦旗水泉林场68. 库伦旗边家杖子林场69. 库伦旗六家子林场70. 库伦旗养畜牧林场71. 库伦旗额勒顺林场72. 库伦旗敖伦林场73. 库伦旗三家子林场74. 扎鲁特旗白音忙哈林场75. 扎鲁特旗满都呼林场76. 扎鲁特旗鲁北林场77. 扎鲁特旗白音查干林场78. 扎鲁特旗罕山林场79. 扎鲁特旗海日罕林场80. 扎鲁特旗好老林场81. 扎鲁特旗伊和林场82. 扎鲁特旗鲁东林场83. 霍林郭勒市莫斯台林场84. 察右中旗那日斯太林场85. 察右中旗东梁林场86. 凉城县岱海林场87. 凉城县蛮汉山林场88. 卓资县保安林场89. 卓资县上高台林场90. 丰镇市红山林场91. 商都县八股地林场92. 商都县中心林场93. 察右后旗土牧尔台林场94. 化德林场95. 兴和县苏木山林场96. 四子王旗红旗林场97. 阿鲁科尔沁旗罕山林场98. 阿鲁科尔沁旗台河林场99. 阿鲁科尔沁旗沙日温都林场100. 阿鲁科尔沁旗白城子林场101. 阿鲁科尔沁旗昆都林场102. 巴林左旗乌兰坝林场103. 巴林左旗石棚沟林场104. 巴林左旗林东林场105. 巴林右旗罕山林场106. 巴林右白音沙那林场107. 巴林右旗黄花林场108. 巴林右白音尔登林场109. 巴林右旗巴林桥林场110. 林西县富林林场

（续）

省（自治区、直辖市）	国有林场
内蒙古304个	111. 林西县大冷山林场 112. 林西县南门外林场 113. 克什克腾旗青山林场 114. 克什克腾旗大局子林场 115. 克什克腾旗桦木沟林场 116. 克什克腾旗黄岗梁林场 117. 克什克腾旗白音敖包林场 118. 克什克腾旗热水林场 119. 克什克腾旗托河林场 120. 克什克腾旗广兴林场 121. 克什克腾旗联峰林场 122. 克什克腾旗镇郊林场 123. 克什克腾旗黄榆沟林场 124. 翁牛特旗桥头林场 125. 翁牛特旗鸭鸡山林场 126. 翁牛特旗红山林场 127. 翁牛特旗高家梁林场 128. 翁牛特旗亿合公林场 129. 翁牛特旗经济林场 130. 翁牛特旗松树山林场 131. 翁牛特旗海拉苏林场 132. 翁牛特旗格日僧林场 133. 翁牛特旗双河林场 134. 翁牛特旗花果营子林场 135. 翁牛特旗五分地林场 136. 赤峰市松山区安庆沟林场 137. 赤峰市松山区大碾子林场 138. 赤峰市松山区老府林场 139. 赤峰市松山区城郊林场 140. 赤峰市元宝山林场 141. 喀喇沁旗旺业甸林场 142. 喀喇沁旗王爷府林场 143. 喀喇沁旗马鞍山林场 144. 喀喇沁旗大牛群林场 145. 宁城县黑里河林场 146. 宁城县坤头河林场 147. 宁城县一肯中林场 148. 宁城县头道营子林场 149. 宁城县青山林场 150. 敖汉旗新惠林场 151. 敖汉旗陈家洼子林场 152. 敖汉旗三义井林场 153. 敖汉旗双井林场 154. 敖汉旗古鲁板蒿林场 155. 敖汉旗木头营子林场 156. 敖汉旗小河子林场 157. 敖汉旗宝国吐林场 158. 敖汉旗荷也勿苏林场 159. 敖汉旗大黑山林场 160. 敖汉旗马头山林场 161. 多伦县南沙口林场 162. 多伦县三道沟林场 163. 阿巴嘎旗杨道庙林场 164. 镶黄旗亚力盖图林场 165. 西乌旗太本林场 166. 西乌旗哈布其盖治沙站 167. 西乌旗迪彦庙林场 168. 正镶白旗哲里根图林场 169. 正镶白旗贝力汰治沙站 170. 太仆寺旗国营林场 171. 东乌旗宝格达山林场 172. 正兰旗乌和尔沁林场 173. 西苏旗白音红格尔林场 174. 海拉尔林场 175. 满洲里市边防林场 176. 牙克石市林场 177. 牙克石市免渡河林场 178. 扎兰屯市济沁河林场 179. 扎兰屯市庙尔山林场 180. 扎兰屯市新立屯林场 181. 扎兰屯市根多河林场 182. 扎兰屯市伊其罕林场 183. 扎兰屯市杨树沟林场 184. 扎兰屯市哈多河林场 185. 扎兰屯市成吉思汗林场 186. 根河市姑子庙林场 187. 额尔古纳市自兴林场 188. 额尔古纳市兴安林场 189. 额尔古纳市恩河林场 190. 额尔古纳市上护林场 191. 额尔古纳市上库力林场 192. 额尔古纳市七卡林场 193. 新巴尔虎左旗罕达盖林场 194. 新巴尔虎左旗阿尔山林场 195. 新巴尔虎左旗嵯岗林场 196. 新巴尔虎左旗额布德格林场 197. 新巴尔虎右旗贝尔林场 198. 陈巴尔虎旗那吉林场 199. 陈巴尔虎旗特尼河林场 200. 陈巴尔虎旗完工林场 201. 鄂温克旗维纳河林场 202. 鄂温克旗锡尼河林场 203. 鄂温克旗莫河尔图林场 204. 鄂温克旗巴彦代护林站 205. 鄂伦春旗嘎仙沟林场 206. 阿荣旗三号店林场 207. 阿荣旗阿力格亚林场 208. 阿荣旗大时尼气林场 209. 阿荣旗库伦沟林场 210. 阿荣旗查巴奇林场 211. 阿荣旗得力其尔林场 212. 阿荣旗音河林场 213. 莫力达瓦旗七家子林场 214. 莫力达瓦旗巴彦林场 215. 莫力达瓦旗霍日里河林场 216. 莫力达瓦旗腾克林场 217. 莫力达瓦旗拉抛林场 218. 莫力达瓦旗库如齐林场 219. 莫力达瓦旗额尔和林场 220. 莫力达瓦旗查哈阳林场 221. 莫力达瓦旗宝山林场 222. 达拉特旗白土梁林场

（续）

省(自治区、直辖市)	国有林场
内蒙古 304 个	223. 呼伦贝尔市海拉尔区樟子松林场 224. 达拉特旗中和西林场 225. 准格尔旗乌兰不浪林场 226. 准格尔旗乌兰沟林场 227. 准格尔旗沙圪堵林场 228. 准格尔旗布尔陶亥治沙站 229. 准格尔旗神山林场 230. 伊金霍洛旗霍洛林场 231. 伊金霍洛旗公尼召林场 232. 伊金霍洛旗新街治沙站 233. 伊金霍洛旗纳林希里治沙站 234. 鄂尔多斯市东胜区泊江海治沙站 235. 杭锦旗改更召治沙站 236. 杭锦旗什拉召治沙站 237. 杭锦旗甘珠庙柠条林场 238. 杭锦旗浩绕柴达木治沙站 239. 杭锦旗阿鲁柴登治沙站 240. 乌审旗纳林河林场 241. 乌审旗乌审召治沙站 242. 乌审旗乌兰陶老盖治沙站 243. 鄂托克旗达拉吐鲁治沙站 244. 鄂托克旗沙日特拉柠条管理站 245. 鄂托克前旗城川中心治沙站 246. 鄂托克前旗二道川治沙站 247. 鄂托克前旗察汉陶老亥林场 248. 鄂尔多斯市造林总场 249. 呼和浩特市乌素图实验林场 250. 土左旗白石头沟实验林场 251. 土左旗沙尔沁林场 252. 土左旗大青山林场 253. 土左旗万家沟林场 254. 土左旗托县东大圐圙林场 255. 呼和浩特市新城区古路板林场 256. 清水河县南壕赖林场 257. 武川县五道沟林场 258. 武川县井儿沟林场 259. 武川县五家村林场 260. 呼和浩特市南天门林场 261. 呼和浩特市浑河林场 262. 呼和浩特市黄合少林场 263. 呼和浩特市回民区国有林场 264. 达茂联合旗实验林场 265. 包头市石拐区五当召林场 266. 土右旗九峰山林场 267. 土右旗黄河林场 268. 包头市九原区国营林场 269. 包头市九原区梅力更林场 270. 包头市九原区山林建设工作站 271. 固阳县固阳林场 272. 固阳县马鞍山林场 233. 固阳县白彦沟林场 274. 乌兰浩特市胜利机械林场 275. 扎赉特旗杨树沟林场 276. 扎赉特旗吉日根林场 277. 扎赉特旗额尔吐林场 278. 扎赉特旗神山林场 279. 扎赉特旗中心林场 280. 科右前旗索伦林场 281. 科右前旗兴隆林场 282. 科右前旗察尔森林场 283. 科右前旗乌兰大坝林场 284. 科右前旗海力森林场 285. 科右前旗白音花林场 286. 科右前旗大青山林场 287. 科右前旗额尔格图林场 288. 突泉县东风机械林场 289. 突泉县太本机械林场 290. 突泉县老头山机械林场 291. 突泉县蛤蟆甲林场 292. 突泉县宝田林场 293. 科右中旗好腰苏木林场 294. 科右中旗义和塔拉林场 295. 科右中旗红星林场 296. 突泉县北河国有林场 297. 扎赉特旗小城子国有林场 298. 突泉县六户国有林场 299. 东河区阿善国有林场 300. 昆都仑区国有林场 301. 巴林右旗林业机耕场 302. 科右中旗代钦塔拉林场 303. 科右中旗杜尔基林场 304. 阿尔山市杜拉尔林场
辽宁 182 个	1. 新民市机械林场 2. 辽中县林场 3. 康平县孙家店林场 4. 康平县张家窑林场 5. 康平县大辛屯林场 6. 法库县八虎山林场 7. 法库县马家店林场 8. 法库县三尖泡林场 9. 沈阳市新城子区马刚林场 10. 沈阳市东陵区林场 11. 沈阳市苏家屯区塔山林场 12. 大连市金州林场 13. 大连市甘井子区林场 14. 大连市旅顺口区林场 15. 大连市瓦房店林场 16. 庄河市林场 17. 普兰店市林场 18. 岫岩满族自治县龙潭林场 19. 岫岩满族自治县青凉山林场 20. 岫岩满族自治县东风林场 21. 台安县西平林场 22. 海城市上英林场

（续）

省(自治区、直辖市)	国有林场
辽宁 182个	23. 鞍山市实验林场24. 清原满族自治县城郊林场25. 清原满族自治县大边沟林场26. 清原满族自治县大孤家林场27. 清原满族自治旗北三家林场28. 清原满族自治县夏家堡林场29. 清原满族自治县杨树崴子林场30. 清原满族自治县甘井子林场31. 清原满族自治县大苏河林场32. 清原满族自治县英额门林场33. 清原满族自治县苍石林场34. 新宾满族自治县钢山林场35. 新宾满族自治县朝阳林场36. 新宾满族自治县关家林场37. 新宾满族自治县城郊林场38. 新宾满族自治县北旺清林场39. 新宾满族自治县永陵林场40. 新宾满族自治县陡岭林场41. 新宾满族自治县上夹河林场42. 新宾满族自治县赵家林场43. 新宾满族自治县边外林场44. 新宾满族自治县大东沟林场45. 新宾满族自治县三道关林场46. 新宾满族自治县通沟林场47. 新宾满族自治县苇子峪林场48. 抚顺县哈达林场49. 抚顺县温道林场50. 抚顺县五龙林场51. 抚顺县三块石林场52. 抚顺县前甸林场53. 抚顺县马圈子林场54. 抚顺市顺城区会元林场55. 抚顺市大伙房实验林场56. 本溪矿柱林总场彩屯林场57. 本溪矿柱林总场卧龙林场58. 本溪矿柱林总场小市林场59. 本溪矿柱林总场南甸林场60. 本溪矿柱林总场新农林场61. 本溪矿柱林总场桓仁林场62. 本溪矿柱林总场凤城林场63. 本溪矿柱林总场暖阳林场64. 本溪市明山区林场65. 本溪市南芬区桥头林场66. 本溪市实验林场67. 本溪满族自治县小市林场68. 本溪满族自治县连山关林场69. 本溪满族自治县草河城林场70. 本溪满族自治县台山林场71. 本溪满族自治县碱厂林场72. 本溪满族自治县兰河峪林场73. 本溪满族自治县草河掌林场74. 本溪满族自治县清河城林场75. 本溪满族自治县田师傅林场76. 本溪满族自治县太子河林场77. 桓仁满族自治县八里甸子林场78. 桓仁满族自治县二户来林场79. 桓仁满族自治县和平林场80. 桓仁满族自治县普乐堡林场81. 桓仁满族自治县黑沟林场82. 桓仁满族自治县城郊林场83. 桓仁满族自治县库区林场84. 桓仁满族自治县二棚甸子林场85. 桓仁满族自治县五女山生态林场86. 宽甸满族自治县黎明林场87. 宽甸满族自治县泉山林场88. 宽甸满族自治县林川林场89. 宽甸满族自治县城郊林场90. 宽甸满族自治县边江林场91. 宽甸满族自治县太平哨林场92. 凤城市通远堡林场93. 凤城市凤山林场94. 凤城市宝山林场95. 凤城市边沟林场96. 凤城市赛马林场97. 东港市林场98. 丹东市五道沟林场99. 北镇市五峰林场100. 黑山县机械林场101. 凌海市大凌河林场102. 凌海市红旗林场103. 凌海市康家林场104. 义县林场105. 盖州市熊岳海防林场106. 盖州市万福林场107. 大石桥市林场108. 辽阳县峨眉经济林场109. 灯塔市铧子林场110. 辽阳县向阳寺林场111. 辽阳市林科所石洞沟实验林场112. 阜新蒙古族自治县周家店林场113. 阜新蒙古族自治县大板林场114. 阜新蒙古族自治县建设林场115. 阜新蒙古族自治县旧庙林场116. 阜新蒙古族自治县大巴林场117. 阜新蒙古族自治县忙牛河林场118. 阜新蒙古族自治县王府林场119. 彰武县柳河林场120. 彰武县章古台林场121. 彰武县胜利林场122. 彰武县四合城林场123. 彰武县高山台林场124. 阜新市细河区林场125. 西丰县冰砬山林场126. 西丰县和隆林场127. 西丰县郜家店

（续）

省（自治区、直辖市）	国有林场
辽宁 182 个	林场 128. 西丰县德丰林场 129. 西丰县钓鱼林场 130. 开原县八棵树林场 131. 开原市柴河林场 132. 开原市南城子林场 133. 铁岭县白旗寨林场 134. 铁岭县熊官屯林场 135. 铁岭县红峰林场 136. 昌图县付家机械林场 137. 昌图县泉头林场 138. 北票市大黑山林场 139. 北票市大青山林场 140. 北票市黑城子林场 141. 北票市塔山林场 142. 凌源市欺天林场 143. 凌源市北炉林场 144. 凌源市三家子林场 145. 凌源市四官营子林场 146. 凌源市金花山林场 147. 建平县黑水机械化林场 148. 建平县白山林场 149. 建平县马厂机械林场 150. 建平县青松岭林场 151. 喀喇沁左翼蒙古族自治县卧虎沟林场 152. 喀喇沁左翼蒙古族自治县小城子林场 153. 喀喇沁左翼蒙古族自治县桃花池林场 154. 喀喇沁左翼蒙古族自治县中三家林场 155. 喀喇沁左翼蒙古族自治县十二德堡林场 156. 朝阳县联合林场 157. 朝阳县朝阳林场 158. 朝阳县六家子林场 159. 朝阳县黑牛林场 160. 朝阳县东五家子林场 161. 朝阳县二十家子林场 162. 朝阳市凤凰山林场 163. 盘山县林场 164. 建昌县谷杖子林场 165. 建昌县黑山林场 166. 建昌县古迹营子林场 167. 绥中县三山林场 168. 绥中县水口林场 169. 绥中县前卫林场 170. 葫芦岛市连山区虹螺山林场 171. 兴城市南关林场 172. 兴城市文家林场 173. 兴城市青山林场 174. 葫芦岛市连山区良种核桃实验林场 175. 辽宁省实验林场 176. 辽宁省生态实验林场 177. 辽宁省固沙造林研究所实验林场 178. 辽宁省林业学校实验林场 179. 辽宁省森林经营研究所实验林场 180. 葫芦岛市生态型实验林场 181. 国有葫芦岛市连山区上坡子林场 182. 建昌县药王庙林场
吉林 307 个	1. 吉林省蛟河林业实验区管理局 2. 吉林省松花江三湖自然保护区管理局桃山实验林场 3. 榆树市光明林场 4. 榆树市向阳林场 5. 榆树市拉林河林场 6. 农安县三盛玉林场 7. 农安县小城子林场 8. 农安县杨树林林场 9. 德惠市松花江林场 10. 德惠市菜园子林场 11. 德惠市岔路口林场 12. 九台市卢家林场 13. 九台市上河湾林场 14. 九台市二道沟林场 15. 九台市胡家林场 16. 九台市波泥河林场 17. 长春市双阳区甩湾林场 18. 长春市双阳区太平林场 19. 长春市双阳区石溪林场 20. 长春市双阳区烧锅林场 21. 长春市双阳区新安林场 22. 长春市二道区东风林场 23. 长春市净月经济开发区实验林场 24. 长春市净月潭第二林场 25. 吉林市松花湖实验林场 26. 永吉县五里河林场 27. 永吉县双河镇林场 28. 永吉县大岗子林场 29. 永吉县岔路河林场 30. 永吉县西阳林场 31. 永吉县口前林场 32. 磐石市取柴河林场 33. 磐石市烟筒山林场 34. 磐石市江南林场 35. 磐石市驿马林场 36. 磐石市官马林场 37. 磐石市明城林场 38. 磐石市致富林场 39. 磐石市大旺林场 40. 磐石市永宁林场 41. 磐石市呼兰林场 42. 磐石市富太林场 43. 磐石市细林林场 44. 磐石市宝山林场 45. 磐石市黑石林场 46. 桦甸市八道河子林场 47. 桦甸市四方甸子林场 48. 桦甸市大勃吉林场 49. 桦甸市地局子林场 50. 桦甸市苏密沟林场 51. 桦甸市常山林场 52. 桦甸市朝阳林场 53. 桦甸市当石林场 54. 桦甸市清水林场 55. 桦甸市金沙林场 56. 桦甸市九星林场 57. 蛟河市天岗林场 58. 蛟河市天北林场 59. 蛟河市天南林场 60. 蛟河市松江林场 61. 蛟河市青背林场 62. 蛟河市刘家店

（续）

省（自治区、直辖市）	国有林场
吉林 307 个	林场 63. 蛟河市横道子林场 64. 蛟河市太阳林场 65. 蛟河市龙凤林场 66. 蛟河市平川林场 67. 蛟河市海青林场 68. 蛟河市池水林场 69. 蛟河市爱林林场 70. 蛟河市红旗林场 71. 蛟河市新农林场 72. 蛟河市南岗子林场 73. 蛟河市老爷岭林场 74. 蛟河市太平山林场 75. 舒兰市水曲柳林场 76. 舒兰市青松林场 77. 舒兰市永胜林场 78. 舒兰市石河林场 79. 舒兰市金马林场 80. 舒兰市开原林场 81. 舒兰市溪河林场 82. 舒兰市群岭林场 83. 舒兰市舒兰林场 84. 舒兰市朝阳林场 85. 舒兰市大北林场 86. 舒兰市小城林场 87. 吉林市船营区国营西郊林场 88. 吉林市船营区民主林场 89. 吉林市昌邑区河湾子林场 90. 吉林市昌邑区两家子林场 91. 吉林市丰满区旺起林场 92. 吉林市丰满区江南林场 93. 吉林市丰满区二道林场 94. 吉林市龙潭区江密峰林场 95. 吉林市龙潭区杨木林场 96. 吉林市龙潭区江北林场 97. 吉林市经济技术开发区国营九站林场 98. 延吉市烟集林场 99. 延吉市依兰林场 100. 图们市石岘林场 101. 图们市长安林场 102. 图们市马牌林场 103. 龙井市八道林场 104. 龙井市细鳞河林场 105. 龙井市开山屯林场 106. 龙井市智新林场 107. 龙井市勇新林场 108. 龙井市三合林场 109. 龙井市白金林场 110. 龙井市富裕林场 111. 和龙市下天坪林场 112. 和龙市源水林场 113. 和龙市长兴林场 114. 和龙市青山林场 115. 和龙市长仁林场 116. 和龙市柳洞林场 117. 和龙市高岭林场 118. 和龙市龙水林场 119. 敦化市黄泥河林场 120. 敦化市秋梨沟林场 121. 敦化市牡丹岗林场 122. 敦化市新开岭林场 123. 敦化市新立林场 124. 敦化市红石林场 125. 敦化市小牡丹林场 126. 敦化市王牛沟林场 127. 敦化市寒葱岭林场 128. 敦化市柞木台林场 129. 敦化市新兴林场 130. 敦化市榆树川林场 131. 敦化市太平林场 132. 敦化市大山林场 133. 敦化市四海店林场 134. 敦化市大沟林场 135. 安图县石门林场 136. 安图县福满林场 137. 安图县东清林场 138. 安图县大沙河林场 139. 安图县松江林场 140. 安图县福兴林场 141. 汪清县南沟林场 142. 汪清县东升林场 143. 汪清县天桥岭林场 144. 汪清县金矿林场 145. 汪清县大兴林场 146. 汪清县东光林场 147. 汪清县上屯林场 148. 汪清县西大坡林场 149. 汪清县牡丹川林场 150. 汪清县老庙林场 151. 汪清县仲坪林场 152. 汪清县春阳林场 153. 通化市林场 154. 梅河口市姜家街林场 155. 梅河口市牛心顶林场 156. 梅河口市河洼林场 157. 梅河口市吉乐林场 158. 梅河口市泉眼林场 159. 梅河口市杏岭林场 160. 梅河口市海龙林场 161. 梅河口市曙光林场 162. 梅河口市康大营林场 163. 梅河口市林木良种繁育场 164. 梅河口市文冠果实验林场 165. 集安市大青沟林场 166. 集安市热闹林场 167. 集安市双岔林场 168. 集安市太王林场 169. 集安市头道林场 170. 辉南县青顶子林场 171. 辉南县大坦平林场 172. 辉南县大椅山林场 173. 辉南县大场园林场 174. 柳河县凉水河子林场 175. 柳河县八里哨林场 176. 柳河县全胜林场 177. 柳河县五道沟林场 178. 柳河县大北岔林场 179. 柳河县兰山林场 180. 柳河县安口镇林场 181. 柳河县向阳林场 182. 通化县英额布林场 183. 通化县二密茂园林场 184. 通化县朝阳林场 185. 通化县石湖林场 186. 通化县三棚

（续）

省（自治区、直辖市）	国有林场
吉林 307个	林场187. 通化县光华林场188. 通化县升平林场189. 辽源市龙首山林场190. 东丰县横道河林场191. 东丰县一面山林场192. 东丰县大阳林场193. 东丰县南屯基林场194. 东丰县中心林场195. 东丰县仁合林场196. 东丰县沙河镇林场197. 东丰县那丹伯林场198. 东丰县中育林场199. 东丰县大兴林场200. 东丰县杨木林林场201. 东丰县小四平林场202. 东辽县建安林场203. 东辽县白泉林场204. 东辽县梨树林场205. 东辽县中心林场206. 东辽县安石林场207. 东辽县渭津林场208. 东辽县辽河源林场209. 东辽县宴平林场210. 白山市大镜沟国营林场211. 白山市三道沟国营林场212. 白山市板石国营林场213. 白山市五间房国营林场214. 白山市国营实验林场215. 靖宇县国营镇郊林场216. 靖宇县国营板石林场217. 靖宇县国营靖宇林场218. 长白朝鲜族自治县林业局母树林场219. 长白朝鲜族自治县龙泉镇林场220. 长白朝鲜族自治县冷旬子林场221. 长白朝鲜族自治县林业局撩荒地林场222. 白山市江源区大阳岔国营林场223. 白山市江源区石人国营林场224. 抚松县林业局露水河林场225. 抚松县林业局兴隆林场226. 抚松县林业局泉阳林场227. 临江市国营花山林场228. 临江市国营六道沟林场229. 临江市国营苇沙河林场230. 四平市实验林场231. 四平市叶赫林场232. 伊通满族自治县营城子林场233. 伊通满族自治县新家林场234. 伊通满族自治县镇郊林场235. 伊通满族自治县伊丹林场236. 伊通满族自治县西苇林场237. 伊通满族自治县大孤山林场238. 伊通满族自治县爱民果树林场239. 伊通满族自治县马鞍山林场240. 伊通满族自治县黄岭子林场241. 伊通满族自治县景台林场242. 公主岭市杨大城子林场243. 公主岭市甘家子林场244. 公主岭市范家屯林场245. 公主岭市毛城子林场246. 公主岭市桑树台林场247. 公主岭市和平林场248. 梨树县榆树台机械林场249. 梨树县靠山机械林场250. 梨树县四台子林场251. 梨树县三家子林场252. 梨树县石岭林场253. 梨树县二龙湖林场254. 双辽市双山机械林场255. 双辽市天兴机械林场256. 双辽市向阳机械林场257. 双辽市卧虎机械林场258. 双辽市那木机械林场259. 双辽市兴隆机械林场260. 双辽市实验机械林场261. 双辽市玻璃山机械林场262. 白城市到保机械林场263. 白城市查干浩特旅游经济开发区镇西林场264. 白城市林木良种繁育场265. 镇赉县国有大岗林场266. 镇赉县国有莫莫格林场267. 镇赉县国有坦途林场268. 镇赉县国有城郊林场269. 洮南市洮南机械林场270. 洮南市永茂林场271. 洮南市四海林场272. 洮南市二龙林场273. 洮南市万宝林场274. 白城市洮北区机械林场275. 白城市洮北区洮东林场276. 白城市洮北区南郊林场277. 大安市机械经营林场278. 大安市机械林场279. 大安市舍力机械林场280. 通榆县第一机械林场281. 通榆县第二机械林场282. 通榆县第三机械林场283. 通榆县团结机械林场284. 国营通榆县包拉温都机械林场285. 通榆县兴隆山经营林场286. 通榆县新华经营林场287. 通榆县新兴经营林场288. 通榆县果树林场289. 通榆县向海机械林场290. 前郭尔罗斯蒙古族自治县国营深井子机械林场291. 前郭尔罗斯蒙古族自

（续）

省（自治区、直辖市）	国有林场
吉林 307 个	治县国营韩家店林场 292. 前郭尔罗斯蒙古族自治县国营乌兰图嘎林场 293. 前郭尔罗斯蒙古族自治县国营查干花机械林场 294. 前郭尔罗斯蒙古族自治县国营哈拉毛都林场 295. 扶余县国营增盛林场 296. 扶余县国营社里林场 297. 扶余县国营青山林场 298. 扶余县国营三井子林场 299. 国营长岭县太平川机械林场 300. 国营长岭县东岭机械林场 301. 国营长岭县三团机械林场 302. 国营长岭县前七号机械林场 303. 乾安县第一机械林场 304. 乾安县第二机械林场 305. 乾安县第三机械林场 306. 乾安县经营林场 307. 松原市宁江区国营善友林场
黑龙江 403 个	1. 哈尔滨市山河实验林场 2. 哈尔滨市转山实验林场 3. 哈尔滨市丹清河实验林场 4. 哈尔滨市阿城区中和林场 5. 哈尔滨市阿城区吉兴林场 6. 哈尔滨市阿城区平山林场 7. 哈尔滨市阿城区小岭林场 8. 哈尔滨市阿城区玉泉林场 9. 哈尔滨市阿城区红星场 10. 哈尔滨市阿城区沙河林场 11. 哈尔滨市阿城区料甸林场 12. 哈尔滨市阿城区亚沟林场 13. 方正县宝兴林场 14. 方正县红星林场 15. 方正县靠山林场 16. 方正县腰岭子林场 17. 方正县大砬子林场 18. 方正县东方红林场 19. 通河县洪太林场 20. 通河县龙口林场 21. 通河县铧子山林场 22. 通河县乌拉浑林场 23. 五常市胜利林场 24. 五常市蛤蜊河林场 25. 五常市背荫河林场 26. 五常市平房店林场 27. 五常市冲河林场 28. 五常市向阳林场 29. 五常市兴隆川林场 30. 五常市大烟筒林场 31. 五常市宝龙店种子林场 32. 五常市小黑河林场 33. 五常市杨家岗林场 34. 五常市保山林场 35. 延寿县黄玉林场 36. 延寿县玉河林场 37. 延寿县新开道林场 38. 延寿县五七林场 39. 延寿县桃山林场 40. 延寿县奎兴林场 41. 延寿县胜利林场 42. 延寿县北安林场 43. 延寿县实验林场 44. 依兰县先锋林场 45. 依兰县烟筒山林场 46. 依兰县四块石林场 47. 依兰县二道河子林场 48. 依兰县对青山林场 49. 依兰县珠山林场 50. 依兰县东风林场 51. 依兰县大顶山林场 52. 依兰县红旗林场 53. 木兰县太平林场 54. 木兰县建国林场 55. 木兰县石河林场 56. 木兰县东风林场 57. 木兰县满天林场 58. 木兰县柳河林场 59. 宾县胜利林场 60. 宾县松林林场 61. 宾县二龙山林场 62. 宾县大泉子林场 63. 宾县光恩林场 64. 宾县青阳林场 65. 宾县洪山林场 66. 宾县万人欢林场 67. 宾县太平山林场 68. 宾县新甸林场 69. 巴彦县黑山林场 70. 巴彦县龙泉林场 71. 巴彦县双鸭山林场 72. 巴彦县驿马山林场 73. 哈尔滨市呼兰区黄土山林场 74. 双城市永胜林场 75. 齐齐哈尔市青年林场 76. 齐齐哈尔市发展林场 77. 齐齐哈尔市宽余林场 78. 龙江县海洋林场 79. 龙江县错海林场 80. 龙江县山泉林场 81. 龙江县龙兴林场 82. 讷河市保安林场 83. 讷河市富源林场 84. 讷河市国庆林场 85. 讷河市茂山林场 86. 克山县涌泉林场 87. 克山县北联林场 88. 克山县河北林场 89. 依安县上游林场 90. 依安县新兴林场 91. 甘南县甘南林场 92. 甘南县绿色林场 93. 拜泉县国富林场 94. 拜泉县拜泉林场 95. 克东县爱华林场 96. 克东县东兴林场 97. 泰来县东方红林场 98. 富裕县富裕林场 99. 齐齐哈尔市碾子山区华安林场 100. 齐齐哈尔市昂昂溪区昂昂溪林场 101. 齐齐哈尔市梅里斯区沿江营林所 102. 齐齐哈尔市富拉尔基区江东条通管理站 103. 牡丹江市东村林场 104. 牡丹江市

（续）

省（自治区、直辖市）	国有林场
黑龙江403个	三道林场 105. 牡丹江市四道林场 106. 牡丹江市北安林场 107. 牡丹江市东和林场 108. 海林市海林林场 109. 海林市火龙沟林场 110. 海林市红海林林场 111. 海林市德家林场 112. 海林市新海林场 113. 海林市柴河林场 114. 海林市海南林场 115. 海林市海林苗圃 116. 林口县楚山林场 117. 林口县宝林林场 118. 林口县虎山林场 119. 林口县亮子河林场 120. 林口县柳树林场 121. 林口县青山林场 122. 林口县五林林场 123. 林口县中三阳林场 124. 林口县朱家林场 125. 林口县柞木林场 126. 东宁县二段林场 127. 东宁县暖泉子林场 128. 东宁县南天门林场 129. 东宁县和平林场 130. 东宁县通沟林场 131. 东宁县东大川林场 132. 东宁县闹枝沟种子林场 133. 东宁县石门子林场 134. 东宁县朝阳沟林场 135. 穆棱市自平林场 136. 穆棱市清河林场 137. 穆棱市枯榆树林场 138. 穆棱市代马沟林场 139. 穆棱市磨刀石林场 140. 穆棱市下城子国营苗圃 141. 宁安市小北湖母树林场 142. 宁安市江东林场 143. 宁安市营城子林场 144. 宁安市三林场 145. 宁安市兴隆林场 146. 宁安市三灵林场 147. 宁安市石岩林场 148. 宁安市马莲河贮木场 149. 宁安市渤海种子园 150. 绥芬河市绥芬河林场 151. 佳木斯市孟家岗林场 152. 桦南县七峰林场 153. 桦南县青背林场 154. 桦南县石头河林场 155. 桦南县向阳林场 156. 桦南县驼腰子林场 157. 桦南县柳毛河林场 158. 桦南县大八浪林场 159. 桦南县双龙林场 160. 桦南县金沙林场 161. 桦川县横头山林场 162. 桦川县老平岗林场 163. 桦川县条通管理站 164. 汤原县亮子河林场 165. 汤原县黑金河林场 166. 汤原县东风林场 167. 汤原县腰营林场 168. 汤原县团结林场 169. 汤原县石场沟林场 170. 汤原县正阳林场 171. 汤原县木良林场 172. 抚远县抚远林场 173. 同江市街津口林场 174. 同江市鸭北林场 175. 富锦市太东林场 176. 富锦市东风岗林场 177. 富锦市工农林场 178. 富锦市石砬山林场 179. 富锦市条通管理站 180. 佳木斯市郊区大来林场 181. 佳木斯市郊区群胜林场 182. 佳木斯市郊区四丰林场 183. 佳木斯市郊区松木河林场 184. 佳木斯市郊区永安苗圃 185. 大庆市大同区红旗林场 186. 大庆市大同区大同林场 187. 大庆市红岗区国有林场 188. 大庆市让湖路区区林场 189. 大庆市让湖路区红骥林场 190. 大庆市让湖路区星火林场 191. 大庆市让湖路区银浪林场 192. 林甸县长青林场 193. 杜尔伯特蒙古族自治县新店林场 194. 杜尔伯特蒙古族自治县四家子林场 195. 肇源县新站林场 196. 肇源县茂兴营林站 197. 肇源县义顺营林站 198. 肇源县条通管理站 199. 肇州县托古营林站 200. 鸡西市前进林场 201. 鸡西市胜利林场 202. 鸡西市大同林场 203. 鸡西市麻山林场 204. 鸡西市和平林场 205. 鸡西市柳毛林场 206. 鸡西市兰岭苗圃 207. 鸡东县四山林场 208. 鸡东县平房林场 209. 鸡东县西南岔林场 210. 鸡东县凤凰山林场 211. 鸡东县联合林场 212. 鸡东县曙光林场 213. 鸡东县宝泉林场 214. 鸡东县红旗林场 215. 鸡东县平阳苗圃 216. 密山市三道岭林场 217. 密山市二龙山林场 218. 密山市金沙林场 219. 密山市珠山林场 220. 密山市青梅山林场 221. 密山市连珠山林场 222. 密山市蜂蜜山林场 223. 密山市金银库林场 224. 密山市大

（续）

省(自治区、直辖市)	国有林场
黑龙江 403 个	顶山林场 225. 虎林市七虎林林场 226. 虎林市示范林场 227. 虎林市东风林场 228. 虎林市虎头林场 229. 虎林市小木河林场 230. 双鸭山市岭西林场 231. 双鸭山市羊鼻山林场 232. 双鸭山市定国山林场 233. 双鸭山市四宝林场 234. 宝清县宝密桥林场 235. 宝清县宝山林场 236. 宝清县龙头林场 237. 宝清县头道岗林场 238. 宝清县东方红林场 239. 宝清县六道林场 240. 宝清县梨树林场 241. 宝清县胜利林场 242. 宝清县四方顶子管理站 243. 集贤县太平林场 244. 集贤县七星砬子林场 245. 集贤县丰乐林场 246. 集贤县峻山林场 247. 集贤县爱林林场 248. 集贤县腰屯林场 249. 饶河县马架子林场 250. 饶河县通河林场 251. 饶河县森川林场 252. 饶河县东安林场 253. 饶河县青山林场 254. 饶河县西风嘴子林场 255. 伊春市西林区西林林场 256. 伊春市西林区白林林场 257. 伊春市西林区三公里林场 258. 伊春市伊春区北山林场 259. 铁力市东升林场 260. 铁力市春光林场 261. 铁力市年丰林场 262. 铁力市兴隆林场 263. 铁力市工农林场 264. 嘉荫县马连林场 265. 嘉荫县太平林场 266. 嘉荫县清河林场 267. 嘉荫县王家店林场 268. 嘉荫县大同林场 269. 嘉荫县库尔浩斯林场 270. 嘉荫县乌云林场 271. 嘉荫县隆安林场 272. 嘉荫县三道沟林场 273. 嘉荫县平阳河林场 274. 嘉荫县光荣林场 275. 七台河市铁山林场 276. 七台河市龙山林场 277. 七台河市金沙林场 278. 七台河市茄子河林场 279. 七台河市大六林场 280. 七台河市东风林场 281. 勃利县通天一林场 282. 勃利县通天二林场 283. 勃利县宏伟林场 284. 勃利县星红林场 285. 勃利县红旗林场 286. 勃利县吉兴河林场 287. 勃利县福兴林场 288. 勃利县河口林场 289. 勃利县罗泉林场 290. 勃利县长兴林场 291. 勃利县东方红林场 292. 鹤岗市桶子沟林场 293. 鹤岗市细鳞河林场 294. 鹤岗市十八号林场 295. 鹤岗市十里河林场 296. 鹤岗市红旗林场 297. 鹤岗市鹤林林场 298. 鹤岗市三道林场 299. 萝北县太平沟林场 300. 萝北县金满屯林场 301. 萝北县大马河林场 302. 萝北县甘里河林场 303. 萝北县云山林场 304. 萝北县渔米河林场 305. 萝北县国营苗圃 306. 绥滨县中兴边防林场 307. 绥滨县条通管理站 308. 黑河市西岗子实验林场 309. 黑河市平山林场 310. 黑河市古东林场 311. 黑河市头道岭林场 312. 黑河市建华林场 313. 黑河市干岔子林场 314. 黑河市卡伦山林场 315. 黑河市爱辉区二站林场 316. 黑河市爱辉区三站林场 317. 黑河市爱辉区胜山林场 318. 黑河市爱辉区大岭林场 319. 黑河市爱辉区大平林场 320. 黑河市爱辉区七二七林场 321. 黑河市爱辉区望峰防火站 322. 黑河市爱辉区江防林场 323. 黑河市爱辉区桦皮窑林场 324. 黑河市爱辉区滨南林场 325. 黑河市爱辉区河南屯苗圃 326. 北安市四〇四林场 327. 北安市三〇三林场 328. 北安市幸福林场 329. 北安市缸窑林场 330. 北安市胜利林场 331. 北安市自治林场 332. 嫩江县嘎拉山林场 333. 嫩江县中央站林场 334. 嫩江县卧都河林场 335. 嫩江县大治林场 336. 嫩江县霍龙门林场 337. 嫩江县四站林场 338. 嫩江县科洛林场 339. 嫩江县新民林场 340. 嫩江县白云岱林场 341. 嫩江县四十里河林场 342. 嫩江县高峰林场 343. 孙吴县红旗林场 344. 孙吴县向阳林场

（续）

省（自治区、直辖市）	国有林场
黑龙江 403个	345. 孙吴县正阳林场 346. 孙吴县辰清林场 347. 孙吴县前进林场 348. 孙吴县沿江林场 349. 孙吴县大河口林场 350. 逊克县道干林场 351. 逊克县三间房林场 352. 逊克县新立林场 353. 逊克县奇克苗圃 354. 五大连池市朝阳林场 355. 五大连池市引龙河林场 356. 五大连池市小兴安林场 357. 五大连池市元青山林场 358. 五大连池市三九六林场 359. 五大连池市二龙山林场 360. 五大连池市凤凰山管理站 361. 五大连池市华山管理站 362. 五大连池保护区焦得布林场 363. 海伦林管局通肯河林场 364. 海伦林管局井家店林场 365. 海伦林管局双河场 366. 海伦林管局陈家店林场 367. 海伦林管局护林场 368. 海伦林管局双录林场 369. 绥棱林管局三吉台林场 370. 绥棱林管局半截河林场 371. 绥棱林管局四海店林场 372. 绥棱林管局阁山林场 373. 安达市太平庄林场 374. 兰西县河口林场 375. 明水县明水林场 376. 青冈县青冈林场 377. 绥化市北林区新生林场 378. 望奎县望奎林场 379. 肇东市东风林场 380. 呼玛县金山林场 381. 呼玛县嘎拉河林场 382. 呼玛县三卡林场 383. 呼玛县十二站林场 384. 漠河县漠河林场 385. 塔河县二十二站林场 386. 尚志林管局苇河林场 387. 尚志林管局老街基林场 388. 尚志林管局尚志林场 389. 尚志林管局元宝林场 390. 尚志林管局黑龙宫林场 391. 尚志林管局一面坡林场 392. 尚志林管局小九林场 393. 尚志林管局帽儿山林场 394. 庆安林管局大青山林场 395. 庆安林管局新青山林场 396. 庆安林管局金沟林场 397. 庆安林管局新立林场 398. 庆安林管局曙光林场 399. 庆安林管局兴山林场 400. 庆安林管局东风林场 401. 庆安林管局丰收林场 402. 省林业勘察设计院宾西实验林场 403. 省森林与环境科学研究院新江实验林场
上海 2个	1. 松江县林场 2. 崇明县东平林场
江苏 68个	1. 南京市老山林场 2. 南京市青龙山林场 3. 南京市江宁区东善桥林场 4. 南京市江宁区汤山林场 5. 南京市六合区平山林场 6. 南京市六合区方山林场 7. 南京市六合区灵岩山林场 8. 南京市六合区竹镇林场 9. 南京市六合区盘山林场 10. 南京市六合区冶山林场 11. 溧水县林场 12. 高淳县付家坛林场 13. 高淳县大荆山林场 14. 宜兴市林场 15. 宜兴市大贤岭林场 16. 江阴市林场 17. 丰县大沙河林场 18. 国营沛县大沙河林场 19. 铜山县赵疃林场 20. 铜山县张集林场 21. 睢宁县张圩林场 22. 新沂市马陵山林场 23. 新沂县踢球山林场 24. 徐州林场 25. 溧阳市龙潭林场 26. 溧阳市瓦屋山林场 27. 金坛县茅东林场 28. 溧阳市林场 29. 苏州市上方山林场 30. 太仓市长江林场 31. 苏州市吴中区林场 32. 常熟市虞山林场 33. 如东县海堤林场 34. 连云港市连云区虚沟林场 35. 连云港市连云区中云林场 36. 连云港市风景区朝阳林场 37. 连云港市新浦区南云台林场 38. 连云港市海州区锦屏林场 39. 赣榆县吴山林场 40. 东海县西山林场 41. 东海县李埝林场 42. 东海县石湖林场 43. 东海县安峰林场 44. 盱眙县林场 45. 盱眙县林柴场 46. 洪泽县林柴场 47. 金湖县林场 48. 东台市林场 49. 大丰市林场 50. 射阳林场 51. 射阳县黄沙港林场 52. 建湖县林场 53. 仪征市试验林场 54. 镇江市丹徒区长山林场 55. 句容市磨盘山林场 56. 句容市东进林场

（续）

省(自治区、直辖市)	国有林场
江苏 69个	57. 句容市林场 58. 丹阳市林场 59. 泰州林场 60. 姜堰市周山河林场 61. 姜堰市通扬河林场 62. 宿迁市宿城区林柴场 63. 宿迁市嶂山林场 64. 泗洪县城头林柴场 65. 宿迁市城河林场 66. 泗洪县陈圩林场 67. 泗洪县半城林场 68. 泗洪县临淮林场
浙江 112个	1. 杭州市西湖区林场 2. 杭州市萧山区林场 3. 杭州市余杭区南山林场 4. 杭州市余杭区长乐林场 5. 富阳市龙门林场 6. 富阳市新登林场 7. 富阳市大源林场 8. 建德市新安江林场 9. 建德市建德林场 10. 建德市寿昌林场 11. 桐庐县大奇山林场 12. 桐庐县瑶琳林场 13. 临安市昌化林场 14. 临安市天目山林场 15. 淳安县新安江开发公司林业总场 16. 淳安县千岛湖林场 17. 淳安县汾口林场 18. 淳安县许源林场 19. 淳安县坪山林场 20. 淳安县富溪林场 21. 宁波市林场 22. 宁波市南溪林场 23. 宁波市北仑区林场 24. 宁波市鄞州区天童林场 25. 奉化市林场 26. 余姚市林场 27. 慈溪市林场 28. 象山县林场 29. 宁海县五山林场 30. 宁海县茶山林场 31. 瑞安市红双林场 32. 瑞安市奇云林场 33. 瑞安市福泉林场 34. 乐清市岭底林场 35. 乐清市雁荡山林场 36. 永嘉县四海山林场 37. 永嘉县正江山林场 38. 平阳县林场 39. 苍南县林场 40. 文成县石垟林场 41. 文成县叶胜林场 42. 文成县金朱林场 43. 文成县山华林场 44. 泰顺县罗阳林场 45. 泰顺县乌岩岭林场 46. 泰顺县上佛洋林场 47. 诸暨市五泄林场 48. 绍兴县林场 49. 新昌县小将林场 50. 新昌县天姥林场 51. 嵊州市林场 52. 嵊州市南山水库管理局林场 53. 平湖市林场 54. 湖州市鹿山林场 55. 德清县林场 56. 长兴县小浦林场 57. 长兴县泗安林场 58. 长兴县红山林场 59. 安吉县灵峰寺林场 60. 安吉县龙山林场 61. 金华市婺城区东方红林场 62. 金华市北山林场 63. 兰溪市乌桕良种繁育场 64. 义乌市林场 65. 东阳市林业总场 66. 永康市林场 67. 浦江县林场 68. 武义县林场 69. 磐安县园塘林场 70. 磐安县黄檀林场 71. 衢州市衢江区林场 72. 江山市林业总场 73. 常山县林场 74. 开化县林场 75. 龙游县溪口林场 76. 龙游县林场 77. 台州市黄岩区方山下林场 78. 台州市黄岩区大寺基林场 79. 临海市林场 80. 天台县宝华林场 81. 天台县华顶林场 82. 三门县林场 83. 仙居县萍溪林场 84. 仙居县苗辽林场 85. 丽水市实验林场 86. 丽水市莲都区林场 87. 丽水市莲都区峰源林场 88. 龙泉市林场 89. 龙泉市山坑林场 90. 缙云县林场 91. 缙云县括苍山林场 92. 青田县石门洞林场 93. 青田县金鸡山林场 94. 青田县八面湖林场 95. 青田县大垟山林场 96. 青田县峰山林场 97. 景宁县林业总场 98. 云和县仙宫湖林场 99. 云和县林场 100. 庆元县庆元林场 101. 庆元县万里场 102. 遂昌县湖山林场 103. 遂昌县牛头山林场 104. 遂昌县白马山林场 105. 遂昌县贵洋林场 106. 松阳县湖溪林场 107. 松阳县林村林场 108. 舟山市林场 109. 舟山市普陀山林场 110. 嵊泗县宫山林场 111. 浙江省林业科学研究院午潮山林场 112. 长兴县林场

（续）

省（自治区、直辖市）	国有林场
安徽 140个	1. 肥西县林场 2. 肥东县林场 3. 亳州市谯城区核桃林场 4. 涡阳县单集林场 5. 蒙城县白杨林场 6. 砀山县林场 7. 砀山县官庄林场 8. 萧县白虎山林场 9. 萧县永堌林场 10. 萧县皇藏峪林场 11. 宿州市夹沟林场 12. 宿州市埇桥区老海寺林场 13. 怀远县大洪山林场 14. 怀远县平阿山林场 15. 五河县大巩山林场 16. 淮南市上窑林场 17. 淮南市八公山区妙山林场 18. 凤台县林场 19. 凤台县武集林场 20. 淮南市洞山林场 21. 六安市金安区燕山林场 22. 六安市裕安区林木良种场 23. 霍邱县看花楼林场 24. 霍邱县西山林场 25. 霍山县佛子岭林场 26. 霍山县马家河林场 27. 霍山县青尖林场 28. 霍山县茅山林场 29. 金寨县马宗岭林场 30. 金寨县鲍家窝林场 31. 金寨县窝川林场 32. 金寨县康王寨林场 33. 金寨县九峰尖林场 34. 金寨县天堂寨林场 35. 舒城县小涧冲林场 36. 寿县八公山林场 37 滁州市琅琊山林场 38. 沙河集林业总场藕塘林场 39. 沙河集林业总场白米山林场 40. 沙河集林业总场皇甫山林场 41. 沙河集林业总场岱山林场 42. 沙河集林业总场关山林场 43. 沙河集林业总场长山林场 44. 沙河集林业总场长冲林场 45. 沙河集林业总场大柳林场 46. 管店林业总场管店林场 47. 管店林业总场石门山林场 48. 管店林业总场三界林场 49. 管店林业总场老嘉山林场 50. 管店林业总场卞庄林场 51. 管店林业总场红心林场 52. 凤阳县曹店林场 53. 凤阳县白云山林场 54. 凤阳县大银山林场 55. 全椒县瓦山林场 56. 全椒县孤山林场 57. 全椒县大山林场 58. 全椒县马厂林场 59. 全椒县黄栗树林场 60. 来安县长山林场 61. 来安县宝山林场 62. 来安县复兴林场 63. 来安县半塔林场 64. 明光市国营西桃园林场 65. 明光市国营紫阳林场 66. 明光市国营鲁山林场 67. 定远县西洋山林场 68. 定远县范岗林场 69. 定远县大金山林场 70. 定远县泉邬山林场 71. 滁州市南谯区红牙山林场 72. 巢湖市居巢区巢南林场 73. 庐江县东顾山林场 74. 庐江县百花寨林场 75. 无为县周家大山林场 76. 无为县打鼓林场 77. 含山县太湖山林场 78. 含山县苍山林场 79. 和县如方山林场 80. 和县鸡笼山林场 81. 安庆市大龙山林场 82. 岳西县林业总场 83. 潜山县驼岭林场 84. 潜山县天柱山林场 85. 枞阳县将军庙林场 86. 宿松县林场 87. 马鞍山市林场 88. 当涂县横山林场 89. 当涂县青山林场 90. 当涂县围屏山林场 91. 南陵县丫山林场 92. 南陵县戴公山林场 93. 铜陵市国营林场 94. 铜陵县国营叶山林场 95. 东至县梅城林场 96. 东至县香口林场 97. 东至县金寺山林场 98. 石台县仙宇山林场 99. 石台县中龙山林场 100. 石台县黄沙坑山林场 101. 青阳县酉华林场 102. 青阳县南阳林场 103. 宣城市宣州区麻姑山林场 104. 宣城市宣州区夏渡林场 105. 宣城市宣州区高立洪林场 106. 宣城市宣州区青隐山林场 107. 宣城市宣州区杨林林场 108. 泾县马头林场 109. 泾县景星林场 110. 泾县白华林场 111. 泾县小溪实验林场 112. 宁国市胡乐林场 113. 广德县化古林场 114. 郎溪县高井庙林场 115. 郎溪县高伍牙山林场 116. 旌德县庙首林场 117. 旌德县蔡家桥林场 118. 旌德县南关林场 119. 绩溪县镇头林场 120. 绩溪县扬溪林场 121. 黄山市博村林场 122. 黄山市黄山区黄山公益林场 123. 黄山市黄山区游山公益林场 124. 黄山市黄山区芦山公益林场 125. 黄山市黄山区洋湖公益林场

（续）

省（自治区、直辖市）	国有林场
安徽 140 个	126. 歙县石门林场 127. 歙县许村林场 128. 歙县水竹坑林场 129. 歙县特种经济林场 130. 歙县桂林林场 131. 歙县实验林场 132. 休宁县西田林场 133. 休宁县石田林场 134. 休宁县岭下林场 135. 休宁县岭南林场 136. 祁门县西武岭林场 137. 祁门县大洪岭林场 138. 黟县林场 139. 东庵林场 140. 二姑尖林场
福建 238 个	1. 泉州罗溪国有林场 2. 晋江坫头国有林场 3. 南安五台山国有林场 4. 南安罗山国有林场 5. 安溪竹园国有林场 6. 安溪半林国有林场 7. 安溪丰田国有林场 8. 安溪白濑国有林场 9. 惠安赤湖国有林场 10. 永春碧卿国有林场 11. 永春大荣国有林场 12. 德化葛坑国有林场 13. 厦门坂头国有防护林场 14. 厦门天竺山国有林场 15. 同安汀溪国有林场 16. 同安祥溪国有林场 17. 莆田白云国有林场 18. 莆田黄龙国有林场 19. 仙游溪口国有林场 20. 闽侯南屿国有林场 21. 闽侯桐口国有林场 22. 闽侯白沙国有林场 23. 闽清美菰国有林场 24. 闽清白云山国有林场 25. 永泰大湖国有林场 26. 长乐大鹤国有防护林场 27. 福清灵石国有林场 28. 连江陀市国有林场 29. 连江长龙国有林场 30. 罗源国有林场 31. 平潭国有防护林场 32. 古田水库国有防护林场 33. 古田黄田国有林场 34. 福安化蛟国有林场 35. 福安蟾溪国有林场 36. 周宁腊洋国有林场 37. 周宁香洋国有林场 38. 霞浦水门国有林场 39. 霞浦杨梅岭国有林场 40. 寿宁景山国有林场 41. 屏南古峰国有林场 42. 宁德霍口国有林场 43. 福鼎后坪国有林场 44. 洋口国有林场 45. 国有西芹教学林场 46. 国有南平市郊教学林场 47. 国有来舟林业试验场 48. 国有莘口教学林场 49. 福州国家森林公园 50. 南平峡阳国有林场 51. 南平葫芦山国有林场 52. 南平樟湖国有林场 53. 顺昌埔上国有林场 54. 顺昌路马头国有林场 55. 建阳范桥国有林场 56. 建瓯水西国有林场 57. 浦城大庄国有林场 58. 浦城寨下国有林场 59. 浦城石陂国有林场 60. 邵武故县国有林场 61. 邵武卫闽国有林场 62. 邵武和平国有林场 63. 武夷山国有林场 64. 光泽止马国有林场 65. 光泽华桥国有林场 66. 松溪国有林场 67. 政和国有林场 68. 三明市郊国有林场 69. 明溪国有林场 70. 宁化国有林场 71. 清流国有林场 72. 永安国有林场 73. 大田桃源国有林场 74. 大田梅林国有林场 75. 尤溪国有林场 76. 沙县水南国有林场 77. 沙县官庄国有林场 78. 将乐国有林场 79. 建宁国有林场 80. 泰宁国有林场 81. 长汀楼子坝国有林场 82. 漳平五一国有林场 83. 连城邱家山国有林场 84. 上杭白砂国有林场 85. 武平南坊国有林场 86. 永定仙崇林场 87. 漳州天宝国有林场 88. 龙海林下国有林场 89. 龙海九龙岭国有林场 90. 长泰岩溪国有林场 91. 长泰亭下国有林场 92. 东山赤山国有林场 93. 华安金山国有林场 94. 华安利水国有林场 95. 华安西陂国有林场 96. 华安葛山国有林场 97. 云霄园岭国有林场 98. 漳浦中西国有林场 99. 漳浦下蔡国有林场 100. 诏安湖内国有林场 101. 诏安岭下溪国有林场 102. 平和国强国有林场 103. 平和长芦国有林场 104. 平和天马国有林场 105. 南靖国有林场 106. 南靖永丰国有林场 107. 延平区峡阳采育场 108. 延平区南州采育场 109. 延平区溪后采育场 110. 大风采育场 111. 延平区巨口采育场 112. 延平区太平试验林场 113. 延平区延夏林场 114. 延平区

（续）

省（自治区、直辖市）	国有林场
福建 238个	城郊林场 115. 邵武市二都采育场 116. 邵武市洪墩采育场 117. 邵武市张厝采育场 118. 邵武市龙湖采育场 119. 邵武市山口采育场 120. 邵武市槎溪采育场 121. 武夷山市大安采育场 122. 武夷山市长滩采育场 123. 武夷山市岭头采育场 124. 武夷山市横源采育场 125. 武夷山市木竹产品购销经营站 126. 武夷山市武夷木材转运站 127. 建瓯市采育总场 128. 建阳市溪东业采育场 129. 建阳市坤中采育场 130. 建阳市大闸采育场 131. 建阳市外墩采育场 132. 建阳市红旗采育场 133. 建阳市蕉溪采育场 134. 建阳市桂林采育场 135. 建阳市绿业林场 136. 建阳市综合林场 137. 建阳市绿盛林场 138. 建阳市绿鑫林场 139. 建阳市马坑经营所 140. 顺昌县国有林场 141. 浦城县际岭采育场 142. 浦城县大河采育场 143. 浦城县榆坞采育场 144. 浦城县禾垅采育场 145. 浦城县党溪经营所 146. 浦城县渡头林场 147. 浦城县综合林场 148. 光泽县官桥采育场 149. 光泽县大青采育场 150. 光泽县西口采育场 151. 光泽县饶坪国有林经营所 152. 松溪县黄沙采育场 153. 松溪县坑口采育场 154. 松溪县投资公司 155. 政和县石门采育场 156. 政和县松源采育场 157. 政和县洞宫林场 158. 三元区吉口林采育场 159. 三元区龙泉采育场 160. 三元区白叶坑采育场 161. 三元区楼源采育场 162. 三元区中村采育场 163. 梅列区台江采育场 164. 梅列区陈大采育场 165. 明溪县沂洲采育场 166. 明溪县福田寨采育场 167. 明溪县箭竹坪采育场 168. 清流县拔口采育场 169. 清流县庄前采育场 170. 清流县下和采育场 171. 清流县芹口采育场 172. 清流县廖武采育场 173. 清流县国管站 174. 宁化县溪口采育场 175. 宁化县谢坊采育场 176. 宁化县丰坪采育场 177. 宁化县基地管理站 178. 永安市半村场 179. 永安市大坑场 180. 永安市福庄场 181. 永安市元沙场 182. 永安市福溪场 183. 永安市燕江站 184. 永安市小陶站 185. 大田赤头坂采育场 186. 大田国有林管理站 187. 尤溪县包溪采育有限公司（原尤溪县包溪采育场）188. 尤溪县涪头采育有限公司（原尤溪县涪头采育场）189. 尤溪县国有林管理站 190. 沙县国有林管理站 191. 沙县采育总场（含原杉口/灵元异州/涌溪经营所）192. 将乐县邓坊采育场 193. 将乐县楼杉采育场 194. 将乐将溪采育场 195. 泰宁县北斗采育场 196. 泰宁县水源采育场 197. 建宁县枫源采育场 198. 建宁县武调采育场 199. 建宁县大元采育场 200. 建宁县溪源采育场 201. 龙岩市禾坑采育场 202. 新罗区万安采育场 203. 新罗区吕凤采育场 204. 永定县丰田采育场 205. 永定县金风采育场 206. 永定县仙峰采育场 207. 永定县金林采育场 208. 永定县金丰采育场 209. 永定县灌洋林场 210. 上杭县古田采育场 211. 上杭县溪口采育场 212. 武平县朝阳采育场 213. 武平县三联采育场 214. 武平县帽布采育场 215. 武平县木材公司 216. 长汀县葛坪采育场 217. 长汀县小金采育场 218. 长汀县中磺采育场 219. 连城县曲溪采育场 220. 连城县新地采育场 221. 漳平市久鸣采育场 222. 漳平市小溪采育场 223. 漳平市城口采育场 224. 漳平市赤洋采育场 225. 南靖县新富林场 226. 福建省树海林业发展有限公司（原南靖县国有树海．天奎．永溪采育场）227. 闽峰林业发展有限公司（原永溪采育场小

（续）

省（自治区、直辖市）	国有林场
福建238个	溪口工区)228. 平和县三墩经营所 229. 德化县竹木投资经营有限公司 230. 德化县石龙溪采育场 231. 德化县南埕林果场 232. 德化县大张溪林场 233. 德化县林业实业公司 234. 永春县介福林场 235. 永春县牛姆林国有林经营所 236. 永春县溪塔采育场 237. 南安县南金林场 238. 泉州市泉港笔架林场
江西434个	1. 安义县桥岭林场 2. 南昌县白虎岭林场 3. 新建县红林林场 4. 新建县岭背林场 5. 进贤县石灰岭林场 6. 进贤县红旗林场 7. 进贤县观岭林场 8. 进贤县大公岭林场 9. 进贤县北岭林场 10. 进贤县前岭林场 11. 进贤县麻山林场 12. 江西省新华林场 13. 南昌市湾里区长岭林场 14. 南昌市湾里区向阳林场 15. 南昌市湾里区友谊林场 16. 南昌市湾里区茶岭林场 17. 南昌市茶园山林场 18. 瑞昌市大德山林场 19. 瑞昌市青山林场 20. 武宁县林场 21. 修水县林场 22. 永修县附坝林场 23. 德安县彭山林场 24. 星子县东牯山林场 25. 湖口县三里林场 26. 都昌县武山林场 27. 都昌县红光林场 28. 都昌县朝阳林场 29. 彭泽县黄乐林场 30. 江西省职业教育培训中心三叠泉茶林场 31. 九江市庐山区马祖山林场 32. 九江市实验林场 33. 九江县岷山林场 34. 江西庐山林场 35. 景德镇枫树山林场 36. 景德镇昌江区林场 37. 浮梁县银坞林场 38. 乐平市鹄山林场 39. 乐平市白土峰林木良种场 40. 乐平洪岩林场 41. 乐平历居山林场 42. 乐平五峰山林场 43. 乐平市文山林场 44. 萍乡市玉女峰林场 45. 萍乡市南坑林场 46. 萍乡市大安营林场 47. 萍乡市源淝林场 48. 萍乡市五峰林场 49. 萍乡市小坑林场 50. 上栗县青溪营林场 51. 莲花县大乐坪林场 52. 莲花县五里山林场 53. 莲花县棋盘山林场 54. 分宜县芳山林场 55. 分宜县大砻下林场 56. 分宜县昌山林场 57. 分宜县钤北林场 58. 新余市渝水区百丈峰林场 59. 新余市仙女湖区东坑林场 60. 贵溪三县岭营林林场 61. 龙虎山上清林场 62. 余江县高公寨营林场 63. 余江县塘潮源营林场 64. 赣县牛岭林场 65. 赣县南坜坳林场 66. 赣县瑞峰山林场 67. 南康市大山脑林场 68. 南康市云峰山林场 69. 南康市章坑寨林场 70. 南康市太和林场 71. 信丰县金盆山林场 72. 信丰县油山林场 73. 信丰县九龙林场 74. 信丰县坪石林场 75. 信丰县万隆林场 76. 信丰县良种场 77. 信丰县余村林场 78. 信丰县西牛林场 79. 荣信丰县金鸡林场 80. 信丰县隘高林场 81. 大余县烂泥迳林场 82. 大余县黄溪毛竹林场 83. 上犹县平富林场 84. 崇义县新溪毛竹营林场 85. 安远县高云山林场 86. 安远县牛犬山林场 87. 安远县安子崟林场 88. 龙南县九连山林场 89. 龙南县安基山林场 90. 龙南县速生丰产林基地林场 91. 定南县试验林场 92. 定南县云台山林场 93. 全南县茅山林场 94. 全南县小叶崟林场 95. 全南县五指山林场 96. 全南县金竹林场 97. 全南县圆明山林场 98. 全南县高峰林场 99. 全南县上崟林场 100. 宁都县横江林场 101. 宁都县小布林场 102. 宁都县赖村林场 103. 于都县银坑林场 104. 于都县罗田岩生态林场 105. 兴国县园岭林场 106. 瑞金市日东营林场 107. 会昌县凤凰崟林场 108. 寻乌县桂竹帽营林场 109. 寻乌县澄江林场 110. 石城县罗家林场 111. 石城县东华山林场 112. 石城县金华山林场 113. 赣州市峰山营林场 114. 赣州市犹江林场 115. 赣

（续）

省（自治区、直辖市）	国有林场
江西 434个	南树木园116. 靖安县红岗林场117. 靖安县试验林场118. 奉新县联营林场119. 高安市荷岭林场120. 高安市实验林场121. 上高县上甘山林场122. 上高县九峰林场123. 上高县蒙山林场124. 上高县实验林场125. 万载县试验林场126. 铜鼓县城郊林场127. 宜春市袁州区金化林场128. 宜春市袁州区天台山林场129. 宜春市袁州区速丰果园林场130. 樟树市五脑峰林场131. 樟树市官塘林场132. 樟树市试验林场133. 丰城市株山林场134. 丰城市坪荫林场135. 上饶市云碧峰国有林场136. 宜丰县城郊林场137. 德兴市大茅山林场138. 德兴市银山林场（含李宅）139. 广丰县黄尖山林场140. 广丰县铜钹山林场141. 婺源县太白林场142. 婺源县小沱林场143. 婺源县西冲林场144. 婺源县秋口林场145. 婺源县晓容林场146. 婺源县珍珠山林场147. 弋阳县三县岭营林场148. 弋阳县旭光营林林场149. 弋阳县磨盘山营林场150. 弋阳县三门岭营林场151. 弋阳县信江营林林场152. 弋阳县大源岭营林场153. 余干县李梅林场154. 余干县峡山林场155. 余干县试验林场156. 鄱阳县芭茅岭林场157. 鄱阳县莲花山林场158. 铅山县武夷山林场159. 铅山县黄岗山林场160. 铅山县营林林场161. 上饶县五府山林场（含高洲）162. 上饶县前程林场163. 上饶县营林林场164. 万年县万年峰林场165. 万年县金鸡山林场166. 万年县五里长山经济林场167. 万年县山家寨林场168. 玉山县东方红林场169. 横峰县排楼林场170. 三清山管委会三清山林场171. 三清山风景名胜区岭头山林场172. 吉安市青原区白云山林场173. 吉安市青原区滩头营林林场174. 吉安县天河林场175. 吉安县三芳林场176. 吉安县九龙林场177. 吉安县双江林场178. 吉安县马山林场179. 吉水县芦溪岭林场180. 吉水县周岭林场181. 吉水县双村林场182. 吉水县万华山林场183. 峡江县林木良种场184. 峡江县玉笥山林场185. 峡江县金山林场186. 峡江县凤凰山林场187. 新干县黎山林场188. 永丰县官山林场189. 永丰县古县营林场190. 安福县明月山林场191. 安福县北华山林场192. 安福县谷源山林场193. 安福县坳上林场194. 安福县陈山林场195. 安福县金顶毛竹林场196. 吉安市武功山林场197. 遂川县云岭林场198. 遂川县五指峰林场199. 永新县七溪岭林场200. 泰和县林业局南车林场201. 泰和县天马山营林林场202. 泰和县芦居山营林场203. 泰和县林业局狗子脑林果场204. 万安县棉津毛竹林场205. 万安县宝山营林场206. 万安县飞播林场207. 井冈山市林场208. 井冈山市长坪营林场209. 井冈山市拿山营林林场210. 井冈山市厦坪林场211. 井冈山小溪洞林场212. 井冈山朱砂冲林场213. 井冈山茨坪林场214. 井冈山大井林场215. 井冈山长古岭林场216. 井冈山罗浮林场217. 吉安市青原山试验林场218. 抚州市温泉实验林场219. 抚州市临川区腾桥林场220. 抚州市临川区展坪林场221. 抚州市临川区魏坊林场222. 崇仁县速生丰产实验林场223. 南城县洪门岭林场224. 南城县界山岭林场225. 南丰县付坊林场226. 南丰县实验林场227. 南丰县大坪嵊林场228. 金溪县马尾泉试验林场229. 宜黄县河桥林场230. 东乡县甘坑林场231. 东乡县实验林场232.

（续）

省(自治区、直辖市)	国有林场
江西 434 个	资溪县实验林场 233. 黎川县樟村林场 234. 黎川县丰戈林场 235. 广昌县盱江林场 236. 广昌县长桥林场 237. 广昌县尖峰林场 238. 广昌县头陂林场 239. 乐安县实验林场 240. 江西省林业科技示范林场 241. 崇义县朱坑营林林场 242. 江西省涂家埠贮木场凤凰山林场 243. 永修林丰林场 244. 景德镇市绿达林场 245. 莲花县高洲林场 246. 莲花县寒山林场 247. 莲花县河江林场 248. 莲花县罗市林场 249. 莲花县珊溪林场 250. 莲花县神泉林场 251. 武宁县安乐林林场 252. 武宁县采育林场 253. 修水县黄坳林场 254. 修水县黄沙港林场 255. 修水县茅竹山林场 256. 修水县林业公司彭桥林场 257. 修水县林业公司双洞林场 258. 修水县双桐林场 259. 修水县万亩林场 260. 永修县泉嗣坳林场 261. 永修县柘林采育林场 262. 德安县关山采育林场 263. 新余市夏莲林场 264. 分宜县下陂林场 265. 余江县马岗岭林场 266. 贵溪市双圳林场 267. 贵溪市耳口林场 268. 贵溪市西窑林场 269. 贵溪市冷水林场 270. 赣县留田林场 271. 赣县下山寮林场 272. 赣县荫掌山林场 273. 大余县长谭里林场 274. 大余县帽子峰林场 275. 大余县生态林场 276. 上犹县寺下林场 277. 上犹县五指峰林场 278. 上犹县新江林场 279. 崇义县丰州林场 280. 崇义县高垄林场 281. 崇义县龙峰林场 282. 崇义县密溪林场 283. 崇义县聂都林场 284. 崇义县石罗林场 285. 崇义县思顺林场 286. 崇义县天台山林场 287. 崇义县桐梓林场 288. 安远县葛坳林场 289. 安远县甲江林场 290. 安远县孔田林场 291. 安远县龙布林场 292. 安远县天心林场 293. 龙南县八一九林场 294. 龙南县夹湖林场 295. 龙南县棋棠山林场 296. 龙南县寨仔林场 297. 龙南县洒源林场 298. 定南县蔡阳林场 299. 定南县含湖林场 300. 定南县上寨林场 301. 全南县高全林场 302. 全南县蕉头坑林场 303. 全南县李家洞林场 304. 全南县兆坑林场 305. 宁都县大沽林场 306. 宁都县墩土岭林场 307. 宁都县固村林场(含里迳林场)308. 于都县祁禄山林场 309. 于都县仁风林场 310. 于都县小溪林场 311. 兴国县蕉坑林场 312. 兴国县均福山林场 313. 兴国县龙山林场 314. 会昌县板坑林场 315. 会昌县龙须峄林场 316. 会昌县清溪林场 317. 会昌县晓龙林场 318. 会昌县永隆林场 319. 寻乌县珊贝林场 320. 石城县大由林场 321. 石城县丰山林场 322. 石城县横江林场 323. 石城县桐江林场 324. 石城县洋地林场 325. 瑞金市拔英林场 326. 瑞金市关山林场 327. 瑞金市绵江林场 328. 吉安市兴桥林场 329. 吉州区曲濑果木林场 330. 青原区东固林场 331. 吉安县北源林场 332. 吉安县官田林场 333. 吉水县八都林场 334. 吉水县白沙林场 335. 吉水县冠山林场 336. 吉水县螺田林场 337. 吉水县水南林场 338. 吉水县乌江林场 339. 峡江县戈坪林场 340. 峡江县新陂林场 341. 峡江县云盘山林场 342. 新干县百丈峰林场 343. 新干县木源林场 344. 新干县云峰岭林场 345. 永丰县恩江林场 346. 永丰县君埠林场 347. 永丰县鹿冈林场(含李山林场)348. 永丰县沙溪林场 349. 永丰县上溪林场 350. 永丰县石马林场 351. 永丰县水浆林场 352. 永丰县潭头林场(含三坊林场)353. 永丰县中村林场 354. 泰和县百记林场 355. 泰和县碧溪林场 356. 泰和县老营盘林场 357. 泰和县桥头林场

（续）

省（自治区、直辖市）	国有林场
江西 434个	358. 泰和县上圯林场 359. 泰和县石溪林场 360. 泰和县水槎林场 361. 遂川县林业公司采育林场 362. 万安县芦源采育林场 363. 万安县泗源采育林场 364. 永新县陈山林场 365. 永新县大沙林场 366. 永新县禾山林场 367. 永新县曲江林场 368. 永新县三湾林场 369. 永新县文竹林场 370. 永新县象形林场 371. 永新县洋埠林场 372. 井冈山市柏露林场 373. 井冈山市古城林场 374. 井冈山市黄洋界林场 375. 井冈山市九陇山林场 376. 明月山管委会明月山林场 377. 明月山管委会温汤林场 378. 袁州区新坊林场 379. 奉新县甘坊采育林场 380. 奉新县罗市林场 381. 奉新县上富林场 382. 奉新县澡下林场 383. 奉新县渣村林场 384. 万载县大西林场 385. 万载县官元山林场 386. 万载县茭湖林场 387. 万载县锦沅林场 388. 万载县胜利林场 389. 万载县左家山林场 390. 宜丰县澄塘林场 391. 宜丰县花桥林场 392. 宜丰县新昌林场 393. 宜丰县云峰尖林场 394. 靖安县北港林场 395. 靖安县大杞山生态林场 396. 靖安县高湖林场 397. 靖安县南山林场 398. 广昌县东华山林场 399. 广昌县高虎脑林场 400. 广昌县龙井林场 401. 婺源县中洲林场 402. 彭泽县海形林场 403. 宜丰县芭蕉林场 404. 铅山县篁碧采育林场 405. 靖安县三爪仑林场 406. 靖安县寿观林场 407. 靖安县烟竹林场 408. 靖安县周坊林场 409. 靖安县洲上林场 410. 乐安县石陂采育林场 411. 乐安县湖坪采育林场 412. 乐安县戴坊采育林场 413. 乐安县谷岗采育林场 414. 乐安县招携采育林场 415. 铜鼓县茶山林场 416. 铜鼓县大沩山林场 417. 铜鼓县花山林场 418. 铜鼓县龙门林场 419. 金溪县高桥林场 420. 资溪县陈坊林场 421. 资溪县高阜林场 422. 资溪县马头山林场 423. 资溪县石峡林场 424. 资溪县株溪林场 425. 黎川县岩泉林场 426. 黎川县潭下林场 427. 南丰县古城林场 428. 南城县洪源林场 429. 宜黄县上堡林场 430. 宜黄县棠阴林场 431. 宜黄县西源林场 432. 南丰县军峰林场 433. 崇仁县高洲林场 434. 高安市华林山林场
山东 150个	1. 济南市国有北郊林场 2. 济南市历城区国有柳埠林场 3. 济南市历城区国有黑峪林场 4. 章丘市国有黄河林场 5. 章丘市国有胡山林场 6. 长清县国有大峰山林场 7. 长清县国有五峰山林场 8. 平阴县国有大寨山林场 9. 商河县国有商河林场 10. 济阳县国有济阳林场 11. 青岛市崂山区国有崂山林场 12. 平度市国有大泽山林场 13. 胶南市国有环海林场 14. 莱西市国有大沽河林场 15. 淄博市国有原山林场 16. 淄博市国有鲁山林场 17. 淄博市淄川区国有淄川林场 18. 临淄区国有垢椁林场 19. 高青县国有高城林场 20. 沂源县国有织女洞林场 21. 沂源县国有毫山林场 22. 沂源县国有鲁山林场 23. 沂源县国有松山林场 24. 枣庄市山亭区国有抱犊崮林场 25. 枣庄市山亭区国有鸡冠崮林场 26. 枣庄市山亭区国有龙门观林场 27. 枣庄市山亭区国有徐庄林场 28. 枣庄市山亭区国有山亭林场 29. 滕州市国有木石林场 30. 利津县国有一千二林场 31. 烟台市国有昆嵛山林场 32. 烟台市福山区国有福山林场 33. 烟台市牟平区国有玉泉寺林场 34. 长岛县国有长岛林场 35. 龙口市国有龙口林场 36. 莱阳市国有龙门寺林场 37. 莱阳市国有羊郡林场 38. 莱州市国有大山林场 39. 蓬莱市国有艾山林场 40. 招远市国有罗山林场 41. 栖霞市国有牙山林场 42. 海阳市国有招

（续）

省（自治区、直辖市）	国有林场
山东 150 个	虎山林场 43. 临朐县国有沂山林场 44. 临朐县国有丹崮林场 45. 临朐县国有九山林场 46. 临朐县国有嵩山林场 47. 昌乐县国有孤山林场 48. 青州市国有杨集林场 49. 青州市国有驼山林场 50. 寿光市国有机械场 51. 安丘市国有汶河林场 52. 微山县国有鲁山林场 53. 金乡县国有白洼林场 54. 泗水县国有安山林场 55. 泗水县国有黄山林场 56. 曲阜市国有石门寺林场 57. 曲阜市国有尼山林场 58. 邹城市国有峄山林场 59. 邹城市国有十八盘林场 60. 邹城市国有吴宝庵林场 61. 泰安市国有泰山林场 62. 泰安市国有徂徕山林场 63. 泰安市林科所国有实验林场 64. 泰安市岱岳区国有谷山林场 65. 宁阳县国有大湖林场 66. 宁阳县国有杏山林场 67. 宁阳县国有高桥林场 68. 宁阳县国有中皋林场 69. 东平县国有腊山林场 70. 新泰市国有莲花山林场 71. 新泰市国有太平山林场 72. 新泰市国有土门林场 73. 肥城市国有牛山林场 74. 威海市国有刘公岛林场 75. 威海市国有海滨林场 76. 威海市环翠区国有双岛林场 77. 文登市国有草场庵林场 78. 文登市国有天福山林场 79. 荣成市国有槎山林场 80. 荣成市国有成山林场 81. 荣成市国有龙山林场 82. 荣成市国有古迹顶林场 83. 乳山市国有岠嵎院林场 84. 乳山市国有垛山林场 85. 日照市东港区国有大沙洼林场 86. 莱芜市莱城区国有华山林场 87. 莱芜市莱城区国有寄母山林场 88. 莱芜市莱城区国有吉山林场 89. 莱芜市莱城区国有马鞍山林场 90. 陵县国有小王庄场场 91. 齐河县国有齐河林场 92. 平原县国有平原林场 93. 夏津县国有夏津林场 94. 乐陵市国有园艺场 95. 惠民县国有沙窝林场 96. 国营无棣县国有谭阳林场 97. 邹平县国有鹤伴山林场 98. 沂南县国有北大山林场 99. 沂南县国有孟良崮林场 100. 沂南县国有沂河林场 101. 沂南县国有鼻子山林场 102. 郯城县国有马陵山林场 103. 郯城县国有清泉寺林场 104. 沂水县国有辛子山林场 105. 沂水县国有汆丹山林场 106. 沂水县国有沂水林场 107. 沂水县国有沂河林场 108. 费县国有大青山林场 109. 费县国有塔山林场 110. 费县国有祊河林场 111. 费县国有老虎山林场 112. 费县国有许家崖林场 113. 平邑县国有锅泉林场 114. 平邑县国有明光寺林场 115. 平邑县国有四开山林场 116. 平邑县国有大洼林场 117. 平邑县国有海螺寺林场 118. 平邑县国有天宝山林场 119. 平邑县国有浚河林场 120. 平邑县国有万寿宫林场 121. 莒南县国有望海楼林场 122. 蒙阴县国有天麻林场 123. 蒙阴县国有岱崮林场 124. 蒙阴县国有中山寺林场 125. 临沭县国有柳庄林场 126. 阳谷县国有赵王河林场 127. 莘县国有十八里林场 128. 莘县国有马西林场 129. 茌平县国有广平林场 130. 茌平县国有菜屯林场 131. 冠县国有马颊河林场 132. 冠县国有毛白杨林场 133. 高唐县国有旧城林场 134. 菏泽市国有经济林场 135. 曹县国有青崮集林场 136. 定陶县国有任屯林场 137. 成武县国有白浮林场 138. 成武县国有南鲁林场 139. 单县国有故道林场 140. 单县国有大沙河林场 141. 巨野县国有独山林场 142. 郓城县国有何庄林场 143. 鄄城县国有第一林场 144. 鄄城县国有第二林场 145. 东明县国有东明集林场 146. 东明县国有三春集林场 147. 山东省国有药乡林场 148. 山东省林业科学研究院燕子山实验林场 149. 山东省林科院寿光试验站 150. 济南市长清区国有莲台山林场

（续）

省（自治区、直辖市）	国有林场
河南 88个	1. 国有郑州市林场 2. 国有中牟林场 3. 国有巩义林场 4. 国有登封林场 5. 国有开封市林场 6. 国有开封西寨林场 7. 国有杞县崔林场 8. 国有通许林场 9. 国有尉氏林场 10. 国有开封县百亩岗林场 11. 国有兰考林场 12. 国有嵩县五马寺林场 13. 国有嵩县王莽寨林场 14. 国有嵩县陶村林场 15. 国有栾川龙峪湾林场 16. 国有栾川大坪林场 17. 国有栾川老君山林场 18. 国有洛宁三官庙林场 19. 国有洛宁全宝山林场 20. 国有洛宁吕村林场 21. 国有洛宁故县林场 22. 国有洛宁上戈林场 23. 国有洛宁方村林场 24. 国有新安郁山林场 25. 国有宜阳林场 26. 国有汝阳大虎岭林场 27. 国有偃师山张林场 28. 国有舞钢石漫滩林场 29. 国有汝州风穴寺林场 30. 国有鲁山林场 31. 国有叶县林场 32. 国有郏县林场 33. 国有滑县林场 34. 国有原阳林场 35. 国有延津林场 36. 国有辉县林场 37. 国有焦作林场 38. 国有修武林场 39. 国有博爱林场 40. 国有孟州林场 41. 国有范县黄河林场 42. 国有禹州林场 43. 国有襄城林场 44. 国有三门峡河西林场 45. 国有陕县窑店林场 46. 国有卢氏淇河林场 47. 国有卢氏东湾林场 48. 国有灵宝川口林场 49. 国有渑池林场 50. 河南省商丘市国有梁园区林场 51. 国有民权林场 52. 国有民权代寨林场 53. 国有宁陵林场 54. 国有睢县榆厢林场 55. 国有永城芒山林场 56. 国有虞城林场 57. 国有扶沟林场 58. 国有西华林场 59. 国有薄山林场 60. 国有确山乐山林场 61. 国有泌阳板桥林场 62. 国有泌阳马道林场 63. 国有南阳黄石庵林场 64. 国有方城大寺林场 65. 国有西峡木寨林场 66. 国有西峡烟镇林场 67. 国有南召乔端林场 68. 国有内乡万沟林场 69. 国有内乡湍河林场 70. 国有镇平五岳庙林场 71. 国有淅川荆关林场 72. 国有桐柏毛集林场 73. 国有桐柏陈庄林场 74. 国有社旗林场 75. 国有信阳南湾林场 76. 国有信阳鸡公山林场 77. 信阳市国有平桥区天目山林场 78. 国有商城黄柏山林场 79. 国有商城金岗台林场 80. 国有息县林场 81. 国有固始林场 82. 河南省国有新县林场 83. 国有罗山董寨林场 84. 国有济源蟒河林场 85. 国有济源黄楝树林场 86. 国有济源愚公林场 87. 国有济源邵原林场 88. 国有济源大沟河林场
湖北 230个	1. 赤壁市官塘驿林场 2. 赤壁市陆水湖林场 3. 崇阳县古市林场 4. 通山县大幕山林场 5. 通山县北山林场 6. 通山县九宫山林场 7. 通城县黄龙林场 8. 通城县黄袍林场 9. 通城县岳姑林场 10. 通城县鹿角山林场 11. 嘉鱼县仙人洞林场 12. 咸宁市潜山林场 13. 咸宁市咸安区白云山林场 14. 咸宁市咸安区小岭林场 15. 通山县鸡口山林场 16. 通山县太平山林场 17. 通山县石航山林场 18. 通山县太阳山林场 19. 通山县长林山林场 20. 通山县高湖林场 21. 通山县朦胧岭林场 22. 通山县一盘丘林场 23. 通山县黄金尖林场 24. 通山县凤池山林场 25. 咸宁市咸安区澄水洞林场 26. 通城县锡山林场 27. 嘉鱼县牛头山林场 28. 嘉鱼市虎山林场 29. 黄冈市黄州区李家洲林场 30. 团风县大崎山林场 31. 红安县老君山林场 32. 红安县天台山林场 33. 红安县紫云寨林场 34. 红安县游仙山林场 35. 红安县大斛山林场 36. 麻城市狮子峰林场 37. 麻城市西张店林场 38. 麻城市五脑山林场 39. 罗田县天堂寨林场 40. 罗田县青台关林场 41. 罗田县薄刀峰林场 42. 罗田县观音山林场 43. 罗田县黄狮寨林场 44. 英山县桃花冲林场

（续）

省（自治区、直辖市）	国有林场
湖北 230个	45. 英山县吴家山林场 46. 浠水县华桂山林场 47. 浠水县三角山林场 48. 浠水县天然寺林场 49. 武穴市四股平林场 50. 黄梅县五祖寺林场 51. 蕲春县向桥林场 52. 蕲春县横岗山林场 53. 蕲春县太平林场 54. 蕲春县牛皮寨林场 55. 襄樊市试验场 56. 襄樊市张公祠林场 57. 襄樊市襄阳区鹿门寺林场 58. 襄樊市襄城区隆中林场 59. 宜城市长北山林场 60. 宜城市金牛山林场 61. 宜城市黑石沟林场 62. 老河口市百花山林场 63. 枣阳县大阜山林场 64. 枣阳市青峰岭林场 65. 枣阳市白竹园寺林场 66. 南漳县七里山林场 67. 南漳县凤凰山林场 68. 南漳县神龙山林场 69. 谷城县薤山林场 70. 谷城县汉江林场 71. 保康县官山林场 72. 保康县大水林场 73. 十堰市黄龙林场 74. 十堰市茅箭区五条岭林场 75. 十堰市茅箭区赛武当林场 76. 十堰市张湾区大坝林场 77. 十堰市大佛山采育场 78. 十堰市天堂林场 79. 十堰市深河林场 80. 十堰市西嵩林场 81. 十堰市毛家山林场 82. 十堰市代东河林场 83. 十堰市牛头山林场 84. 丹江口市龙口林场 85. 武当山特区武当山林场 86. 郧县红岩背林场 87. 郧县伏山林场 88. 郧西县黄龙山林场 89. 郧西县佘家湾林场 90. 郧西县六官坪林场 91. 房县五台山林场 92. 房县杨岔山林场 93. 房县九口山林场 94. 竹溪县源茂林场 95. 竹溪县标湖林场 96. 竹溪县八卦山林场 97. 竹溪县双竹林场 98. 竹山县白玉垭林场 99. 竹山县九华山林场 100. 宜昌市大老岭林场 101. 宜昌市金银岗林场 102. 宜昌市夷陵区樟村坪林场 103. 宜昌市夷陵区望江山林场 104. 长阳县土地岭林场 105. 长阳县观坪林场 106. 长阳县银峰林场 107. 远安县任家岗林场 108. 远安县大堰林场 109. 兴山县坟淌坪林场 110. 兴山县后坪林场 111. 兴山县龙门河林场 112. 秭归县九岭头林场 113. 五峰县北风垭林场 114. 五峰县壶坪山林场 115. 五峰县大花坪林场 116. 宜都市松乐山林场 117. 当阳市香炉山林场 118. 当阳市跑马岗林场 119. 当阳市玉泉寺林场 120. 当阳市紫盖寺林场 121. 当阳市郭家场林场 122. 当阳市九子山林场 123. 恩施市西流水林场 124. 恩施市前山林场 125. 恩施市百户湾林场 126. 恩施市富尔山林场 127. 恩施市铜盆水林场 128. 恩施市望城坡林场 129. 恩施市太山庙林场 130. 来凤国有中华山林场 131. 建始县穿洞子林场 132. 鹤峰县八峰山林场 133. 鹤峰县木林子林场 134. 鹤峰县分水岭林场 135. 鹤峰县走马林场 136. 来凤县胡家坪林场 137. 宣恩县雪落寨林场 138. 咸丰县坪坝营林场 139. 利川市石板岭林场 140. 利川市福宝山林场 141. 利川市甘溪山林场 142. 利川市金子山林场 143. 巴东县巴山林场 144. 建始县高岩子林场 145. 建始县长岭岗林场 146. 建始县肖家坪林场 147. 建始县东坪林场 148. 孝感市双锋林场 149. 孝感市泉水寨林场 150. 孝感市草山林场 151. 孝感市梅子林场 152. 大悟县仙居顶林场 153. 大悟县娘娘顶林场 154. 大悟县五岳山林场 155. 大悟县李园林场 156. 安陆市白兆山林场 157. 安陆市黄金寨林场 158. 应城市有名店林场 159. 汉川市业集林场 160. 孝昌县陆山林场 161. 荆门市十里牌林场 162. 荆门市彭场林场 163. 荆门市高山林场 164. 荆门市纪山林场 165. 荆门市种苗站（沙洋林场）166. 荆门市帅店林场 167. 钟祥市大口林

（续）

省（自治区、直辖市）	国有林场
湖北 230个	场168. 钟祥市鸡鸣寺林场169. 钟祥市盘石岭林场170. 钟祥市花山寨林场171. 京山县虎爪山林场172. 京山县观音岩林场173. 荆州市荆州区红旗林场174. 荆州市荆州区八岭山林场175. 石首市桃花山林场176. 公安县三台林场177. 公安县黄山头林场178. 监利县南洲窑林场179. 松滋市玛峪河林场180. 松滋市北大山林场181. 随州市曾都区大洪山林场182. 随州市曾都区七尖峰林场183. 随州市曾都区谢家寨林场184. 随州市花山林场185. 广水市中华山林场186. 广水市大贵寺林场187. 武汉市江夏区青龙山林场188. 武汉市蔡甸区九真林场189. 武汉市蔡甸区嵩阳林场190. 武汉市黄陂区木兰山林场191. 武汉市新州区将军山林场192. 武汉市蔡甸区洪北林场193. 武汉市新州区余集林场194. 武汉市新州区柳河林场195. 武汉市新州区涨渡湖林场196. 武汉市新州区林科所197. 武汉市新州区苗圃场198. 鄂州市沼山林场199. 鄂州市白雉山林场200. 鄂州市麻羊垴林场201. 鄂州市林业科学研究所202. 鄂州市东佛园艺场203. 大冶市云台山林场204. 大冶市黄坪山林场205. 阳新县七峰山林场206. 阳新县月山林场207. 仙桃市赵西垸林场208. 仙桃市刘家垸林场209. 潜江市东荆林场210. 潜江市东风林场211. 潜江市苏湖林场212. 潜江市林木良种场213. 潜江市潜江森林公园214. 天门市长寿林场215. 天门市佛子山林场216. 天门市陈场林场217. 神农架林区温水林场218. 神农架林区木鱼林场219. 神农架林区红坪林场220. 神农架林区红花朵林场221. 神农架林区徐家庄林场222. 神农架林区新华林场223. 神农架林科所224. 湖北省太子山林管局225. 湖北省桂花林管局226. 湖北省林场站沙口林场227. 湖北省林科院实验林场228. 黄岗市五峰山林场229. 黄岗市英山尖林场230. 黄岗市界子墩林场
湖南 186个	1. 浏阳市大围山国有林场2. 宁乡县黄材国有林场3. 宁乡县城大国有林场4. 湘乡市东山国有林场5. 湘乡市褒忠山国有林场6. 株洲县军山国有林场7. 株洲县凤凰山国有林场8. 攸县黄丰桥国有林场9. 茶陵县云阳国有林场10. 炎陵县青石岗国有林场11. 炎陵县桃源洞国有林场12. 醴陵市水口山国有林场13. 醴陵市樟仙岭国有林场14. 衡阳市南岳区南岳国有林场15. 衡阳县岣嵝峰国有林场16. 衡阳县九峰国有林场17. 衡阳县陈坪国有林场18. 衡阳县三阳国有林场19. 衡山县紫金山国有林场20. 衡东县四方山国有林场21. 祁东县四明山国有林场22. 常宁市弥泉国有林场23. 耒阳市五峰仙国有林场24. 岳阳县大云山国有林场25. 岳阳市君山区天井山国有林场26. 临湘市五尖山国有林场27. 临湘市荆竹山国有林场28. 临湘市白石园国有林场29. 临湘市药菇山国有林场30. 华容县塔市国有林场31. 华容县胜峰国有林场32. 平江县芦头国有林场33. 平江县福寿国有林场34. 平江县连云国有林场35. 汨罗市玉池山国有林场36. 汨罗市桃林国有林场37. 平江县幕阜山林场38. 沅江市龙虎山国有林场39. 桃江县板溪国有林场40. 桃江县石井头国有林场41. 桃江县浮丘山国有林场42. 桃江县桃花江林场43. 安化县芙蓉国有林场44. 安化县洞市国有林场45. 安化县柘溪林场46. 常德市常德国有林场47. 常德市河袱国有林场48. 安乡县黄山头国有林场49. 澧县天供山国有林场50. 桃

（续）

省（自治区、直辖市）	国有林场
湖南 186个	源县牯牛山国有林场 51. 桃源县桃花源国有林场 52. 桃源县白鹤山国有林场 53. 桃源县天台山国有林场 54. 石门县洛浦国有林场 55. 石门县白云山国有林场 56. 石门县大同山国有林场 57. 石门县夹山国有林场 58. 石门县观国山国有林场 59. 津市国有林场 60. 岳阳市武陵区德山国有林场 61. 岳阳市鼎城区花岩溪林场 62. 冷水江市毛易国有林场 63. 涟源市龙山国有林场 64. 涟源市包围山国有林场 65. 双峰县九峰山国有林场 66. 双峰县猪婆山国有林场 67. 双峰县黄龙国有林场 68. 新化县古台山国有林场 69. 新化县大熊山国有林场 70. 怀化市泸阳国有林场 71. 洪江市雪峰山国有林场 72. 沅陵县仙门国有林场 73. 沅陵县齐眉国有林场 74. 辰溪县仙人岩国有林场 75. 溆浦县小横垅国有林场 76. 溆浦县雷峰山国有林场 77. 溆浦县让家溪国有林场 78. 溆浦县中都国有林场 79. 溆浦县兰岗山国有林场 80. 麻阳苗族自治县西晃山国有林场 81. 新晃侗族自治县天雷山国有林场 82. 芷江侗族自治县五郎溪国有林场 83. 靖州苗族侗族自治县排牙山国有林场 84. 通道侗族自治县地连国有林场 85. 洪江市洪江林场 86. 张家界国有林场 87. 张家界市永定区猪石头国有林场 88. 张家界市永定区石长溪国有林场 89. 张家界市永定区㵲水国有林场 90. 张家界市永定区白云庵林场 91. 慈利县江垭国有林场 92. 桑植县西界林场 93. 桑植县四门岩林场 94. 张家界市武陵源区索溪峪林场 95. 邵东县黄草坪国有林场 96. 邵东县皇帝岭国有林场 97. 邵东县猪婆山国有林场 98. 新邵县岱山国有林场 99. 新邵县大形山国有林场 100. 新邵县龙山国有林场 101. 邵阳县河伯岭国有林场 102. 邵阳县五丰铺国有林场 103. 邵阳县反封岭国有林场 104. 隆回县大东山国有林场 105. 隆回县白马山国有林场 106. 隆回县望云山国有林场 107. 隆回县九龙山国有林场 108. 洞口县大湾国有林场 109. 洞口县月溪国有林场 110. 洞口县桐山国有林场 111. 洞口县那溪国有林场 112. 洞口县桥头国有林场 113. 武冈市武冈国有林场 114. 绥宁县堡子国有林场 115. 绥宁县寨市国有林场 116. 绥宁县庙湾国有林场 117. 新宁县东岭国有林场 118. 新宁县金子岭国有林场 119. 新宁县舜皇山国有林场 120. 新宁县紫云山国有林场 121. 新宁县万峰国有林场 122. 城步苗族自治县燕子山国有林场 123. 城步苗族自治县青界山国有林场 124. 城步苗族自治县南洞国有林场 125. 城步苗族自治县云马国有林场 126. 城步苗族自治县金紫山国有林场 127. 隆回县木瓜山林场 128. 新宁县谢家岭林场 129. 郴州市莽山国有林业管理局 130. 郴州市苏仙岭国有林场 131. 郴州市苏仙区五盖山国有林场 132. 资兴市滁口国有林场 133. 资兴市天鹅山国有林场 134. 桂阳县太和国有林场 135. 永兴县矮塘铺国有林场 136. 宜章县骑田国有林场 137. 宜章县溶家洞国有林场 138. 嘉禾县南岭国有林场 139. 临武县东山国有林场 140. 临武县西山国有林场 141. 汝城县大坪国有林场 142. 汝城县益将国有林场 143. 汝城县暖水国有林场 144. 桂东县宋坪国有林场 145. 安仁县大石国有林场 146. 安仁县公木国有林场 147. 永州市金洞国有林场 148. 永州市芝山区石岩头国有林场 149. 永州市芝山区水口山国有林场 150. 永州市芝山区

（续）

省（自治区、直辖市）	国有林场
湖南 186个	大庙头国有林场151. 东安县大庙口国有林场152. 东安县黄泥洞国有林场153. 道县月岩国有林场154. 道县桥头国有林场155. 宁远县雾云山国有林场156. 宁远县九嶷山国有林场157. 宁远县白云山国有林场158. 宁远县洋塘国有林场159. 江永县高泽源国有林场160. 蓝山县南岭国有林场161. 蓝山县荆竹国有林场162. 蓝山县浆洞国有林场163. 新田县肥源国有林场164. 双牌县打鼓坪国有林场165. 双牌县阳明山国有林场166. 双牌县五星岭国有林场167. 祁阳县挂榜山国有林场168. 江华瑶族自治县江华国有林业采育场169. 江永县廻峰林场170. 江永县黑山林场171. 祁阳县大江林场172. 新田县大湾林场173. 古丈县高望界国有林场174. 永顺县杉木河国有林场175. 龙山县曾家坑林场176. 泸溪县军亭界国有林场177. 凤凰县南华山国有林场178. 浏阳市浏阳湖国有林场179. 长沙县大山冲国有林场180. 炎陵县大坑林场181. 衡南县岐山林场182. 资阳区刘家湖国有林场183. 桃源县联合国有林场184. 洪江市八面山国有林场185. 绥宁县武阳国有林场186. 双牌县泷泊国有林场
广东 188个	1. 广东省西江林业局2. 广东省乳阳林业局3. 广东省乐昌林场4. 广东省连山林场5. 广东省东江林场6. 广东省九连山林场7. 广东省天井山林场8. 广东省樟木头林场9. 广东省龙眼洞林场10. 广东省沙头角林场11. 广州市梳脑林场12. 广州市增城林场13. 广州市大岭山林场14. 广州市流溪河林场15. 广州市花都区梯面林场16. 广州市白云区帽峰山林场17. 广州市花都区九湾潭林场18. 广州市增城市兰溪林场19. 广州市增城市大封门林场20. 广州市增城市太寺坑林场21. 广州市增城市金坑林场22. 深圳市罗田林场23. 珠海市斗门区竹银林场24. 珠海市斗门区黄杨山林场25. 汕头市南澳黄花山林场26. 佛山市云勇林场27. 佛山市大南山林场28. 佛山市吉岭林场29. 韶关市韶关林场30. 韶关市曲江林场31. 韶关市河口林场32. 韶关市仁化林场33. 韶关市华溪林场34. 韶关市九曲水林场35. 韶关市刘张家山林场36. 韶关市铁龙林场37. 新丰县雪山林场38. 新丰县亚婆髻林场39. 新丰县司茅坪林场40. 新丰县芹菜塘林场41. 新丰县岳城林场42. 始兴县隘子林场43. 始兴县澄江林场44. 始兴县花山林场45. 始兴县马市林场46. 韶关市浈江区花坪林场47. 翁源县老隆山林场48. 乐昌市龙山林场49. 南雄市泷头林场50. 仁化县长坑林场51. 仁化县霞山林场52. 河源市牛岭水林场53. 河源市黎明林场54. 河源市坪山林场55. 河源市红星林场56. 河源市桂山林场57. 河源市下石林场58. 紫金县黄沙林场59. 紫金县东风林场60. 龙川县鹤峰林场61. 东源县新丰江林场62. 连平县青年林场63. 梅州市水口林场64. 梅州市洲瑞林场65. 梅州市大埔林场66. 梅州市七畲径林场67. 梅州市梅南林场68. 兴宁市石壁林场69. 兴宁市铁山林场70. 梅州市长潭库区林场71. 蕉岭县皇佑笔林场72. 五华县鸿图嶂林场73. 大埔县丰溪林场74. 丰顺县潘田农林场75. 丰顺县桐子洋林场76. 平远县黄花坡果林场77. 平远县楼前农林场78. 平远县黄田林果场79. 惠州市九龙峰林场80. 惠州市白芒林场81. 惠州市象头山林场82. 惠州市汤泉林场83. 惠州市鸡笼山林长84. 惠州市水东陂林场85. 惠州市梁化林场86. 惠州市罗浮山林场87. 惠州

（续）

省(自治区、直辖市)	国有林场
广东 188 个	市油田林场 88. 惠东县寨场山林场 89. 惠州市惠城区墩子林场 90. 博罗县梅花林场 91. 龙门县蓝田林场 92. 惠州市惠城区惠州林场 93. 龙门县青年林场 94. 龙门县经济林场 95. 汕尾市黄羌林场 96. 汕尾市吉溪林场 97. 汕尾市红岭林场 98. 汕尾市东海岸林场 99. 汕尾市罗经嶂林场 100. 汕尾湖东林场 101. 东莞市国营大岭山林场 102. 东莞市国营大屏嶂林场 103. 东莞市国营清溪林场 104. 中山市林场 105. 江门市国营河排林场 106. 江门市国营古兜山林场 107. 江门市国营西坑林场 108. 江门市国营大沙林场 109. 江门市国营古斗林场 110. 江门市国营四堡林场 111. 江门市国营狮山林场 112. 台山市国营大隆洞林场 113. 台山市国营甫草林场 114. 开平市国营镇海林场 115. 开平市国营东山林场 116. 阳江市阳江林场 117. 阳江市花滩林场 118. 阳春市冠溪林场 119. 阳东林场 120. 湛江市东海林场 121. 湛江市吴川林场 122. 湛江市防护林场 123. 吴川市浅水林场 124. 遂溪县樟树坑林场 125. 茂名市八一林场 126. 茂名市厚元林场 127. 茂名市大雾岭林场 128. 茂名市东镇林场 129. 茂名市新田林场 130. 茂名市荷塘林场 131. 茂名市文楼林场 132. 茂名市播扬林场 133. 茂名市平定林场 134. 茂名市丽岗林场 135. 茂名市电白林场 136. 茂名市河尾山林场 137. 化州市大番坡林场 138. 化州市六王林场 139. 肇庆市大南山林场 140. 肇庆市大水口林场 141. 肇庆市清桂林场 142. 肇庆市葵洞林场 143. 肇庆市北岭山林场 144. 肇庆市大坑山林场 145. 肇庆市新岗林场 146. 高要市大陇林场 147. 广宁县深坑林场 148. 德庆县三叉顶林场 149. 封开县七星林场 150. 封开县黄岗林场 151. 封开县白沙林场 152. 怀集县金鸡林场 153. 怀集县石川坑林场 154. 怀集县多罗山茶场 155. 怀集县车头林场 156. 清远市涡水林场 157. 清远市小龙林场 158. 清远市龙坪林场 159. 清远市杨梅林场 160. 清远市英德林场 161. 清远市长江坝林场 162. 清远市金鸡林场 163. 清远市铁溪林场 164. 清远市羊角山林场 165. 清远市银盏林场 166. 清远市笔架山林场 167. 清远市天堂山林场 168. 阳山县黄岔林场 169. 阳山县称架林场 170. 连南县大龙山林场 171. 连州市田心林场 172. 潮州市韩江林场 173. 潮安县万峰林场 174. 饶平县新安林场 175. 潮州市红山林场 176. 揭阳市后溪林场 177. 揭阳市青坑林场 178. 揭阳市大北山林场 179. 揭西县河輋林场 180. 揭西县油桐林场 181. 揭西县揭东林场 182. 云浮市国营大云雾林场 183. 云浮市国营龙涌林场 184. 云浮市国营飞马林场 185. 云浮市国营同乐林场 186. 云浮市国营水台林场 187. 新兴县国营岩头林场 188. 郁南县国营建南果木场
广西 151 个	1. 广西国营高峰林场 2. 广西国营七坡林场 3. 南宁良凤江国家森林公园 4. 广西国营东门林场 5. 广西国营派阳山林场 6. 广西国营钦廉林场 7. 广西国营博白林场 8. 广西国营六万林场 9. 广西国营三门江林场 10. 广西国营黄冕林场 11. 广西国营三门江林场 12. 广西国营雅长林场 13. 广西国营大桂山林场 14. 广西国营沙塘林场 15. 南宁市国营丁当林场 16. 邕宁县国营南州林场 17. 武鸣县国营朝燕林场 18. 隆安县国营礼智林场 19. 横县国营镇龙林场 20. 横县国营石塘林场 21. 横县国营南山林场 22. 宾阳县国营黎塘林场 23. 上林县国营龙山林场 24. 马山县国营永州林场

（续）

省（自治区、直辖市）	国有林场
广西 151个	25. 柳州市国营苗圃林场 26. 柳江县国营三伯岭林场 27. 柳江县国营龙汉岭林场 28. 柳江县国营鹿岭林场 29. 柳江县国营冲马岭林场 30. 柳城县国营凉水山林场 31. 鹿寨县国营鹿寨林场 32. 融安县国营西山林场 33. 三江县国营牛浪坡林场 34. 融水县国营贝江河林场 35. 融水县国营思英林场 36. 融水县国营泗涧山林场 37. 融水县国营九万山林场 38. 桂林市国营龙泉林场 39. 全州县国营咸水林场 40. 兴安县国营摩天岭林场 41. 永福县国营坪岭林场 42. 灌阳县国营都庞岭林场 43. 龙胜县国营里骆林场 44. 资源县国营越城岭林场 45. 平乐县国营广运林场 46. 荔浦县国营荔浦林场 47. 恭城县国营马林源林场 48. 兴安县国营江头林场 49. 阳朔县国营大源林场 50. 临桂县国营鸡笼山林场 51. 临桂县国营凤凰林场 52. 苍梧县国营天洪岭林场 53. 苍梧县国营白南林场 54. 岑溪市国营七坪林场 55. 岑溪市国营油茶林场 56. 岑溪市国营紫胶林场 57. 藤县国营共青林场 58. 藤县国营小娘山林场 59. 蒙山县国营白竹林场 60. 北海市国营防护林场 61. 北海市铁山港区国营盘林场 62. 合浦县国营山口林场 63. 合浦县国营公馆林场 64. 上思县国营平广林场 65. 上思县国营红旗林场 66. 北海市防城区国营华石林场 67. 崇左市国营凤凰山林场 68. 扶绥县国营光西林场 69. 崇左市江州区国营群力林场 70. 崇左市江州区国营那达林场 71. 大新县国营上湖林场 72. 大新县国营小明山林场 73. 天等县国营枧木林场 74. 龙州县国营枧木林场 75. 宁明县国营百合林场 76. 合山市国营柳花岭林场 77. 象州县国营茶花山林场 78. 象州县国营笔架山林场 79. 象州县国营中虎岭林场 80. 武宣县国营六峰山林场 81. 来宾市兴宾区国营铁帽山林场 82. 来宾市兴宾区国营青峰林场 83. 来宾市兴宾区国营老虎弄林场 84. 金秀县国营金秀林场 85. 金秀县国营老山林场 86. 忻城县国营欧洞林场 87. 忻城县国营桃源林场 88. 贺州市国营姑婆山林场 89. 贺州市八步区国营黄洞林场 90. 昭平县国营大脑山林场 91. 昭平县国营富罗林场 92. 钟山县国营花山林场 93. 富川县国营天堂岭林场 94. 钦州市国营三十六曲林场 95. 灵山县国营平山林场 96. 浦北县国营六万山林场 97. 玉林市国营大容山林场 98. 兴业县国营龙潭林场 99. 玉林市福绵区国营大义林场 100. 北流市国营大双林场 101. 北流市石镬肚林场 102. 容县国营高山林场 103. 容县国营浪水林场 104. 容县国营天堂山林场 105. 陆川县国营陆川林场 106. 博白县国营城东林场 107. 贵港市国营平天山林场 108. 贵港市国营覃塘林场 109. 桂平市国营金田林场 110. 平南县国营大五顶林场 111. 贵港市港南区国营亚计山林场 112. 贵港市覃塘区国营凤凰林场 113. 河池市国营三匹虎林场 114. 河池市金城江区国营大山塘林场 115. 宜州市国营庆远林场 116. 宜州市国营流河林场 117. 罗城县国营青明山林场 118. 环江县国营华山林场 119. 南丹县国营山口林场 120. 天峨县国营林朵林场 121. 东兰县国营绿兰林场 122. 东兰县国营东风林场 123. 巴马县国营定马林场 124. 巴马县国营民安林场 125. 凤山县国营凤旁林场 126. 凤山县国营坡桃林场 127. 都安县国营板岭林场

（续）

省（自治区、直辖市）	国有林场
广西151个	128. 大化县国营都阳林场 129. 百色市国营老山林场 130. 百色市国营百林林场 131. 田阳县国营三雷林场 132. 田阳县国营右江林场 133. 田阳县国营那么林场 134. 田东县国营祥周林场 135. 田东县国营思林林场 136. 田东县国营百笔林场 137. 田东县国营紫胶林场 138. 平果县国营海明林场 139. 平果县国营太平林场 140. 平果县国营濑江林场 141. 德保县国营红坭坡林场 142. 德保县国营黄连山林场 143. 靖西县国营五岭林场 144. 那坡县国营那马林场 145. 凌云县国营伶站林场 146. 乐业县国营同乐林场 147. 田林县国营乐里林场 148. 隆林县国营金钟山林场 149. 西林县国营八达林场 150. 西林县国营古障林场 151. 西林县国营那佐林场
海南33个	1. 尖峰岭林业局 2. 霸王岭林业局 3. 吊罗山林业局 4. 黎母山林业公司 5. 岛东林场 6. 澄迈林场 7. 儋州林场 8. 六连林场 9. 金鸡岭林场 10. 枫木林场 11. 岛西林场 12. 昌化林场 13. 通什林场 14. 佛罗林场 15. 新海林场 16. 枫木鹿场 17. 南高岭林场 18. 隆广林场 19. 卡法岭林场 20. 猕猴岭林场 21. 白马岭林场 22. 毛瑞林场 23. 保梅林场 24. 邦溪林场 25. 黄竹岭林场 26. 雨水岭林场 27. 红岛林场 28. 白花岭林场 29. 鹿母湾林场 30. 雅星林场 31. 上甬林场 32. 松涛林场 33. 抱龙林场
重庆73个	1. 长寿区国有林场 2. 南川区金佛山林场 3. 南川区林木良种场 4. 南川区国有乐村林场 5. 永川区国有林场 6. 奉节县林场 7. 奉节县三峡林场 8. 万州区铁锋山林场 9. 万州区分水林场 10. 万州区龙驹林场 11. 万州区新田林场 12. 巫山县梨子坪林场 13. 巫山县五里坡林场 14. 巫山县飞播管理林场 15. 五隆县仙女山林场 16. 五隆县白马山林场 17. 石柱县国有林场 18. 忠县石子林场 19. 忠县天池国有林场 20. 云阳县四十八槽林场 21. 云阳县江南林场 22. 云阳县长江林场 23. 巴南区南泉林场 24. 巴南区桥口坝林场 25. 巴南区东泉林场 26. 巴南区接龙林场 27. 江北区铁山坪林场 28. 涪陵区大木林场 29. 涪陵区永胜林场 30. 荣昌县岚峰林场 31. 大足县西山林场 32. 铜梁县双碾林场 33. 丰都县三抚林场 34. 丰都县七跃山林场 35. 丰都县双兴林场 36. 丰都县世坪林场 37. 璧山县东风林场 38. 渝北区玉峰山林场 39. 渝北区华蓥山林场 40. 渝北区统景林场 41. 大渡口区林场 42. 沙坪坝区歌乐山林场 43. 垫江县明月山林场 44. 垫江县宝鼎林场 45. 酉阳县青华林场 46. 酉阳县伏龙山林场 47. 万盛区林场 48. 巫溪县红池坝林场 49. 巫溪县白果林场 50. 巫溪县官山林场 51. 巫溪县猫儿背林场 52. 綦江县北部林场 53. 綦江县南部林场 54. 江津区云雾坪林场 55. 江津区四面山森管局 56. 江津区大圆洞林场 57. 九龙坡区林场 58. 城口县前河林场 59. 城口县仁河林场 60. 秀山县轿子顶林场 61. 黔江区国有林场 62. 彭水县茂云山林场 63. 南岸区国营防护林场 64. 南岸区国营长生林场 65. 梁平县竹海林场 66. 梁平县林场 67. 开县国有岩水林场 68. 开县国有毛垭林场 69. 开县国有马云林场 70. 北碚区嘉华林场 71. 北碚区观音峡林场 72. 北碚区茅庵林场 73. 合川区华蓥山林场

（续）

省(自治区、直辖市)	国有林场
四川 178个	1. 崇州市综合林场 2. 大邑县国营林场 3. 都江堰市国营林场 4. 彭州市国营林场 5. 邛崃市国营林场 6. 国有荣县林场 7. 国有富顺林场 8. 攀枝花市国营林场总场 9. 米易县飞播管理总站 10. 米易县宁华经营所 11. 米易县丙谷经营所 12. 米易县云盘山林场 13. 泸州市大安林场 14. 泸州市莽田林场 15. 泸州市半边山林场 16. 古蔺县飞播站 17. 古蔺县笋子山林场 18. 古蔺县林场 19. 国营泸县林场 20. 泸州市福宝林场 21. 泸州市榕山林场 22. 绵阳市绵竹林场 23. 绵阳市什邡林场 24. 绵阳市观雾山林场 25. 北川羌族自治县林场 26. 平武龙门山林场 27. 梓潼县国营林场 28. 广元市三溪口森林经营所 29. 广元市剑门关林场 30. 广元市天池林场 31. 广元市市中区国有林管理所 32. 广元市市中区飞播站 33. 旺苍县森林经营所 34. 旺苍县国营森林 35. 广元市曾家森林经营所 36. 广元市天台林场 37. 安岳县国有林场 38. 资中县国营林场 39. 威远县国营林场 40. 隆昌县森领经营所 41. 乐山市沙湾区林场 42. 乐山市金口河区林场 43. 峨眉山市林场 44. 乐山市大旗山林场 45. 沐川县森林经营所 46. 乐山市峨边沙坪森林经营所 47. 乐山市平兴林场 48. 仁寿县汪洋林场 49. 洪雅林场 50. 丹棱县国有林场 51. 南充市白云寨林场 52. 仪陇县国有林场 53. 南充市金城山林场 54. 宜宾市翠屏区国有林场 55. 宜宾县横江森林经营所 56. 宜宾县隆兴森林经营所 57. 南溪森林经营所 58. 江安县森林经营所 59. 长宁县楠竹森林经营所 60. 高县月江森林经营所 61. 高县来复森林经营所 62. 筠连县国营林场 63. 珙县国营林场 64. 宜宾市兴文林场 65. 四川省国有屏山县新市国有林场 66. 屏山县国有林场 67. 广安市广安区森林经营所 68. 华蓥市东方红林场 69. 华蓥市天池林场 70. 邻水县丰隆铺林场 71. 邻水县黄草坪林场 72. 邻水县四海山林场 73. 邻水县罗勺铺林场 74. 邻水县万峰山林场 75. 邻水县梁板林场 76. 邻水县竹林经营所 77. 达州市黑宝山林场 78. 达州市东林山林场 79. 达州市万宝山林场 80. 达州市尖峰山林场 81. 达州市花萼山林场 82. 开江县飞播站 83. 达县铁山林场 84. 达县飞播站 85. 达州市西山林场 86. 达州市油茶场 87. 达州市卷硐林场 88. 达州市龙潭林场 89. 达州市农乐林场 90. 达州市东山森林经营所 91. 达州市四方山林场 92. 达州市竹林经营所 93. 达州市红旗林场 94. 宜汉县五马林场 95. 宜汉县楠竹场 96. 宜汉县飞播管理站 97. 宜汉县观山坪经营所 98. 南江大坝林场 99. 南江大江口林场 100. 南江沙坝林场 101. 南江魏家坝林场 102. 南江玉泉林场 103. 巴中市巴州区南阳林场 104. 平昌县五峰林场 105. 同江空山综合林场 106. 通江南教城林场 107. 通江铁厂河林场 108. 通江陈河经营所 109. 通江海鹰寺林场 110. 通江黄柏厂林场 111. 通江五台山林场 112. 通江空山坝林场 113. 雅安市荥经国有林经营所 114. 雅安市荥经国营林场 115. 芦山县国营口林场 116. 雅安市宝兴经营所 117. 雅安市雨城区国有林场 118. 石棉县王岗坪森林经营所 119. 天全县二郎山森林经营管理所 120. 天全县国营落汉山林场 121. 汉源县皇木林场 122. 汉源县飞播站 123. 汶川县威州林场 124. 理县薛城林场 125. 茂县凤仪林场 126. 红原县城关防护林场 127. 甘孜州康定林场 128. 泸定二郎山林场 129. 凉山州巴汝森经营所 130. 凉山州飞机造林管理站 131. 凉山州四合林场 132. 凉山州泸山森林经营所 133. 凉山州大箐林场

（续）

省（自治区、直辖市）	国有林场
四川 178 个	134. 凉山州盐中森林经营所 135. 凉山州石嘉森林经营所 136. 凉山州益门森林经营所 137. 凉山州盐源县飞播站 138. 凉山州太平森林经营所 139. 凉山州鹿厂林场 140. 凉山州通安林场 141. 凉山州黎溪森林经营所 142. 凉山州泸沽林场 143. 凉山州泸宁森林经营所 144. 凉山州河东森林经营所 145. 凉山州拖乌森林经营所 146. 凉山州里庄森林经营所 147. 凉山州后山林场 148. 凉山州松新经营所 149. 凉山州竹寿经营所 150. 凉山州西洛林场 151. 凉山州螺髻山经营所 152. 凉山州甘洛县林场 153. 凉山州越西县林场 154. 凉山州越西县经营所 155. 凉山州南坪林场 156. 凉山州红星林场 157. 凉山州四开林场 158. 凉山州凉山州油橄榄林场 159. 凉山州布拖林场 160. 凉山州宽裕森林经营所 161. 凉山州新民森林经营所 162. 凉山州乐跃森林经营所 163. 凉山州龙窝森林经营所 164. 凉山州牛牛坝林场 165. 凉山州洪溪森林经营所 166. 凉山州西宁经营所 167. 凉山州谷堆经营所 168. 凉山州马湖营林段 169. 凉山州天地坝林场 170. 凉山州波洛森林经营所 171. 凉山州巴普林场 172. 凉山州东西河林场 173. 凉山州喜德县林场 174. 凉山州树河森林经营所 175. 凉山州棉桠林场 176. 凉山州第一林场 177. 凉山州桃博林场 178. 凉山州茶布朗林场
贵州 92 个	1. 贵州省龙里林场 2. 贵州省扎佐林场 3. 贵州省林业科学研究院图云关试验林场 4. 贵阳市长坡岭林场 5. 贵阳市顺海林场 6. 开阳县国营双永林场 7. 开阳县杠寨林场 8. 清镇市林场 9. 贵阳市花溪区孟关林场 10. 贵阳市白云区都溪林场 11. 息烽县南山林场 12. 遵义市杜仲林场 13. 遵义市娄山关林场 14. 遵义县乌江林场 15. 桐梓县国有林场 16. 习水县土河林场 17. 凤冈县国有东方红林场 18. 正安县桴焉林业管理站 19. 湄潭县国营湄江林场 20. 仁怀市国营奶子山林场 21. 遵义市红花岗区金鼎山国有林场 22. 镇宁布依族自治县国营白马林场 23. 安顺市西秀区国营甘堡林场 24. 安顺市西秀区国营老落坡林场 25. 关岭布依族自治县国营冒寨林场 26. 紫云布依族自治县浪风关林场 27. 平坝县大坡林场 28. 平塘县国有林场 29. 惠水县国营烂坝林场 30. 长顺县国营林场 31. 罗甸县国营林场 32. 独山县林场 33. 三都水族自治县国有拉揽林场 34. 瓮安县国有林场 35. 都匀市马鞍山林场 36. 都匀市平浪林场 37. 贵定县国营甘溪林场 38. 贵州雷公山国家级自然保护区实验经营场 39. 榕江县国营林场 40. 黄平县国有林场 41. 丹寨县国营林场 42. 台江县国营林场 43. 贵州省黎平县东风国营林场 44. 黎平县花坡林场 45. 三穗县国营林业总场 46. 从江县国有林场 47. 锦屏县国有林场 48. 天柱县国有林场 49. 岑巩县国营林场 50. 贵州省凯里市国营林场 51. 黔东南苗族侗族自治州国营林场 52. 剑河县国营林场 53. 镇远县国有林场 54. 麻江县国有林场 55. 施秉县国营林场 56. 贵州省铜仁市国营开天林场 57. 德江县林业局煎茶国营林场 58. 德江县林业局国营长丰林场 59. 德江县林业局沙溪国有林场 60. 江口县凯马林场 61. 松桃苗族自治县国营永红林场 62. 沿河县谯家林场 63. 沿河县锯齿山林场 64. 玉屏茅坡油茶试验林场 65. 毕节市白马山林场

（续）

省（自治区、直辖市）	国有林场
贵州 92个	66. 毕节市拱拢坪林场 67. 金沙县国营石仓林场 68. 织金县桂花林场 69. 赫章县平山林场 70. 赫章县水塘林场 71. 大方县大海坝林场 72. 贵州省纳雍县化作林场 73. 纳雍县国有林场 74. 威宁县新华林场 75. 黔西县国有林场 76. 水城县杨梅林场 77. 水城县玉舍林场 78. 六盘水市六枝特区花德河林场 79. 盘县老厂国营林场 80. 黔西南布依族自治州普晴林场 81. 兴义市国营林场 82. 贵州省仁怀县梨树坪国有林场 83. 普安县国有普白林场 84. 册亨县国营秧坝林场 85. 望谟县林业局三场一站 86. 黔西南州板坝紫胶场 87. 乌当区凤凰山林场 88. 习水龙箐森林管理所 89. 罗甸县羊里林场 90. 榕江县万亩林场 91. 百里杜鹃九龙山林场 92. 安龙县戛挪林场
云南 135个	1. 云南森林自然中心 2. 昆明市西山林场 3. 昆明市海口林场 4. 昆明市官渡区方旺林场 5. 昆明市东川区新村林场 6. 昆明市东川区法者林场 7. 昆明市东川区二二二林场 8. 晋宁县林业局麻大山国营林场 9. 呈贡县国有新城林场 10. 昆明市嵩明县长松园林场 11. 禄劝彝族苗族自治县漩涡塘林场 12. 宜良县国有花园林场 13. 宜良县国有禄丰村林场 14. 宜良县国有阳宗海林场 15. 石林彝族自治县国营林场 16. 昭通市国有小草坝林场 17. 昭通市三江口国营林场 18. 永善县国营莲峰林场 19. 巧家县国营跃进林场 20. 大关县国营林场 21. 昭通市昭阳区大龙洞国营林场 22. 水富县国营林场 23. 彝良县国营林场 24. 镇雄县国有林场 25. 威信县国营林场 26. 鲁甸县国营林场 27. 绥江县国营林场 28. 富源县国有十八连山林场 29. 富源县三道箐林场 30. 马龙国营林场 31. 罗平县水沟林场 32. 会泽县野马林场 33. 会泽县国营者海林场 34. 师宗县国营五洛河林场 35. 曲靖市国营海寨林场 36. 楚雄市紫金山林场 37. 禄丰县一平浪林场 38. 禄丰县五台山林场 39. 南华县林业局大中山国有林场 40. 南华县林业局天子庙坡国有林场 41. 武定县万松山林场 42. 元谋县大哨林场 43. 元谋县林业局鸡冠山林场 44. 元谋县丙令林场 45. 永仁县林业局森林经营所 46. 永仁县林业局白马河林场 47. 永仁县永定林场 48. 大姚县转湾河林场 49. 大姚县三岔河林场 50. 新平彝族傣族自治县曼丫采育林场 51. 易门县龙泉森林经营所 52. 华宁东山林场 53. 澄江梁王山林场 54. 澄江县国有抚仙湖林场 55. 玉溪市北山林场 56. 玉溪市国营玉白顶林场 57. 红河州芒村林场 58. 红河州国营石岩寨林场 59. 石屏县龙朋林场 60. 云南省石屏县牛达林场 61. 个旧市白云山林场 62. 屏边县商品林总场 63. 元阳国营新街林场 64. 红河县天生桥国营林场 65. 弥勒县竹元林场 66. 建水县利民林场 67. 开远林业局白土墙林场 68. 泸西县大中寨林场 69. 文山县国有红旗林场 70. 文山县国有老君山林场 71. 西畴县国有香坪山林场 72. 西畴县国有坪寨林场 73. 麻栗坡县国有老君山林场 74. 马关县国有古林箐林场 75. 马关县国有金城林场 76. 丘北县国有洗马塘林场 77. 广南县国有十里桥林场 78. 富宁县国有金坝林场 79. 富宁县国有花果山林场 80. 孟连县林业局果木林场 81. 西孟佤族自治县林场 82. 祥云县清华洞林场 83. 鹤庆县国有林管理所 84. 洱源县平头山草洞山林管所 85. 洱源县赶羊涧林管所 86. 洱源县罗坪山国营林场 87. 弥渡县东山国营林场 88. 南涧

（续）

省（自治区、直辖市）	国有林场
云南 135个	县漫害山国有林管理所 89. 大理市余金庵林管所 90. 宾川县国营林场 91. 云龙县林业局五宝山林场 92. 云龙县林业局漕涧林场 93. 永平县林业局博南山国营林场 94. 巍山县林业局瓦房哨林场 95. 巍山县林业局五里坡林场 96. 昌宁县鸡飞国营林场 97. 昌宁县江边国营林场 98. 昌宁县天堂国有林场 99. 龙陵县三江口国有林场 100. 龙陵县亮山国有林场 101. 腾冲县林业局苏江林场 102. 腾冲县林业局大河林场 103. 腾冲县林业局沙坝林场 104. 腾冲县林业局胆扎林场 105. 腾冲县林业局古永林场 106. 腾冲县林业局明光林场 107. 腾冲县林业局瑞滇林场 108. 保山市隆阳区国营林场 109. 施甸县摩仓国营林场 110. 德宏州林业局试验林场 111. 云南省国有陇川林场 112. 瑞丽市国营勐秀林场 113. 畹町市国营林场 114. 玉龙县林业局鸣音林场 115. 玉龙县林业局河源林场 116. 玉龙县林业局建新林场 117. 永胜县林业局茅坪热作试验示范林场 118. 兰坪市新生桥国有林场 119. 双江自治县国有坝糯林场 120. 双江自治县国有勐峨林场 121. 双江自治县国有东来林场 122. 双江自治县国有大浪坝林场 123. 云县国有大亮山生态林场 124. 云县哨丁风水丫口生态林场 125. 云县班洪回蚌山林场 126. 永德县亚练户妈林场 127. 永德县永康林场 128. 永德县乌木龙金厂坝林场 129. 镇康澡塘坝林场 130. 临沧市临翔区小道河林场 131. 临沧市临翔区五老山林场 132. 临沧市临翔区南防林场 133. 凤庆桂花树林场 134. 沧源南撒林场 135. 金殿林场
西藏 7个	1. 林芝县林工商总公司 2. 林芝县扎木林厂 3. 林芝县雪巴林场 4. 林芝县东久林场 5. 林芝县更岗总厂 6. 亚东县亚东林场 7. 昌都县昌都林场
陕西 234个	1. 西安市长安区大峪林场 2. 蓝田县国营王顺山风景林场 3. 蓝田县终南林场 4. 蓝田县清峪林场 5. 西安市临潼区骊山风景林场 6. 西安市周至国营小王涧林场 7. 户县涝峪林场 8. 户县太平林场 9. 周至县厚畛子林场 10. 周至县国营永红林场 11. 周至县国营渭河试验林场 12. 西安市长安区南五台风景林场 13. 西安市长安区沣峪林场 14. 宝鸡市渭滨区国有观音山林场 15. 宝鸡市陈仓区国有潘家湾林场 16. 宝鸡市陈仓区国有冯家河林场 17. 宝鸡市陈仓区国有坪头林场 18. 宝鸡市陈仓区国有凤阁岭林场 19. 宝鸡市陈仓区国有八里庄林场 20. 陇县国有八渡林场 21. 陇县国有关山林场 22. 陇县国有咸宜关林场 23. 陇县国有固关林场 24. 陇县国有龙门洞林场 25. 陇县国有千山林场 26. 千阳县国有唐家山林场 27. 千阳县国有高崖林场 28. 岐山县国有崛山林场 29. 岐山县国有五丈原林场 30. 凤翔县国有涧渠林场 31. 凤翔县国有汤房庙林场 32. 太白县国有靖口林场 33. 眉县国有营头林场 34. 眉县国有太白风景林场 35. 凤县国有黄牛铺林场 36. 凤县国有河口林场 37. 凤县国有凤州林场 38. 凤县国有留凤关林场 39. 扶风县国有野河林场 40. 麟游县国有安舒庄林场 41. 麟游县国有长益庙林场 42. 宝鸡市马头滩林业局 43. 宝鸡市辛家山林业局 44. 三原县嵯峨山林场 45. 泾阳县北仲山林场 46. 乾县五峰山国有林场 47. 乾县乾陵风景国有林场 48. 礼泉县柏峰林场 49. 永寿县槐平林场 50. 彬县西庙头林场 51. 长武县红星林场 52. 旬邑县马栏林场 53. 旬邑县石门

（续）

省（自治区、直辖市）	国有林场
陕西 234个	林场 54. 淳化县英烈林场 55. 宜君县国有太安林场 56. 宜君县国有哭泉林场 57. 宜君县国营棋盘林场 58. 宜君县国有阳湾林场 59. 铜川市印台区国有焦坪林场 60. 铜川市耀州区国有柳林林场 61. 铜川市耀州区国有高尔塬林场 62. 渭南市临渭区花园林场 63. 华县国营金堆林场 64. 华阴市国有华阴川林场 65. 华阴市国有华山林场 66. 国有富平县金栗山林场 67. 蒲城县尧山林场 68. 白水县新卓林场 69. 国营大荔县沙苑林场 70. 澄城县壶梯山林场 71. 韩城市雷寺庄林场 72. 韩城市芝源林场 73. 韩城市薛峰林场 74. 合阳县国营皇甫庄林场 75. 合阳县国营黄河林场 76. 黄龙山林业局官庄林场 77. 黄龙山林业局瓦子街林场 78. 黄龙山林业局小寺庄林场 79. 黄龙山林业局蔡家川林场 80. 黄龙山林业局圪台林场 81. 黄龙山林业局大岭林场 82. 黄龙山林业局虎沟门林场 83. 黄龙山林业局石堡林场 84. 黄龙山林业局三岔林场 85. 黄龙山林业局界头庙林场 86. 劳山林业局桥镇林场 87. 劳山林业局下寺湾林场 88. 劳山林业局高哨林场 89. 劳山林业局劳山林场 90. 劳山林业局清泉林场 91. 劳山林业局府村林场 92. 桥北林业局和尚塬林场 93. 桥北林业局张家湾林场 94. 桥北林业局直罗林场 95. 桥北林业局药埠头林场 96. 桥北林业局槐树庄林场 97. 桥北林业局张村驿林场 98. 桥北林业局任台林场 99. 桥北林业局岔口林场 100. 桥山林业局大岔林场 101. 桥山林业局上畛子林场 102. 桥山林业局柳芽林场 103. 桥山林业局双龙林场 104. 桥山林业局店头林场 105. 桥山林业局腰坪林场 106. 桥山林业局建庄林场 107. 吴旗县铁边城林场 108. 吴旗县周湾林场 109. 志丹县安条林场 110. 志丹县白沙川林场 111. 志丹县新庄林场 112. 志丹县麻台林场 113. 志丹县西阳湾林场 114. 志丹县高家湾林场 115. 富县西渠林场 116. 富县牛武林场 117. 宜川县英旺林场 118. 宜川县交里林场 119. 宜川县铁龙湾林场 120. 宜川县甘草林场 121. 宜川县薛家坪林场 122. 宜川县石台寺林场 123. 子长县中山川林场 124. 延安市宝塔区南郊林场 125. 延安市宝塔区马四川林场 126. 延安市宝塔区南泥湾林场 127. 延安市宝塔区麻洞川林场 128. 延安市宝塔区姚家坡林场 129. 洛川县厢寺川林场 130. 洛川县黄连河林场 131. 延长县关子口林场 132. 延长县柏树岭林场 133. 安塞县砖窑湾林场 134. 安塞县石峡林场 135. 黄龙县白马滩林场 136. 黄龙县柏峪林场 137. 黄陵县河寨林场 138. 延安国家森林公园风景林场 139. 榆林市榆阳区牛家梁林场 140. 榆林市榆阳区巴拉素林场 141. 榆林市榆阳区小纪汗林场 142. 榆林市榆阳区城郊林场 143. 榆林市榆阳区鱼河林场 144. 定边县长城林场 145. 定边县长茂滩林场 146. 定边县乱井子机械场 147. 定边县郝滩林场 148. 定边县大河畔林场 149. 靖边县国营沙石峁林场 150. 靖边县国营冯家峁林场 151. 靖边县国营柳树湾林场 152. 靖边县国营桂湾林场 153. 靖边县国营白玉山林场 154. 靖边县国营万家畔林场 155. 靖边县国营红墩界林场 156. 陕西省府谷县松宏湾林场 157. 神木县大柳塔国营林场 158. 神木县水磨河国营林场 159. 神木县尔林兔国营林场 160. 神木县公草湾国营林场 161. 神木县新民国营林场 162. 横山县雷龙湾林场 163. 横山县赵石畔林场 164. 横山县白界林场 165. 横山县二石磕林场 166. 佳县打火店

（续）

省（自治区、直辖市）	国有林场
陕西 234 个	林场167. 子洲县北方塬林场168. 汉中市国有黎坪实验林场169. 汉中市汉台区国有武乡林场170. 汉中市汉台区国有褒河林场171. 南郑县国有黎坪林场172. 南郑县国有碑坝林场173. 城固县国有小河林场174. 城固县国有大盘林场175. 城固县国有青龙寺林场176. 城固县国有中坪林场177. 洋县国有汉王山林场178. 洋县国有坪堵林场179. 勉县国有黑潭子林场180. 勉县国有张家河林场181. 略阳县国有铁厂坝林场182. 略阳县国有金池院林场183. 略阳县国有三岔林场184. 略阳县国有西淮坝林场185. 略阳县国有观音寺林场186. 略阳县国有塔坡寺林场187. 宁强县国有红石梁林场188. 留坝县国有桑园林场189. 留坝县国有马道林场190. 留坝县国有火烧店林场191. 留坝县国有闸口石林场192. 留坝县国有庙台子林场193. 西乡县国有龙池林场194. 镇巴县国有巴山林场195. 镇巴县国有后坪林场196. 镇巴县国有星子山林场197. 佛坪县国有林场198. 岚皋县国有林业总场199. 镇平县国有林业总场200. 旬阳县国有林业总场201. 岚皋县中梁子国有林场202. 平利县千家坪国有林场203. 平利县蜡烛山国有林场204. 平利县药妇山国有林场205. 白河县国有林场206. 宁陕县上坝河国有林场207. 安康市汉滨区国有林场208. 安康市汉滨区平头山国有林场209. 石泉县凤凰山国有林场210. 汉阴县凤凰山国有林场211. 石泉县云雾山国有林场212. 紫阳县大楠河国有林场213. 紫阳县八庙国有林场214. 商洛市商州区二龙山林场215. 洛南县古城林场216. 洛南县石坡林场217. 洛南县书堂山林场218. 洛南县保安林场219. 丹凤县商山林场220. 丹凤县流岭林场221. 商南县三角池林场222. 商南县双山林场223. 山阳县红旗林场224. 山阳县天竺山林场225. 镇安县木王林场226. 镇安县黑窑沟林场227. 镇安县铁厂林场228. 柞水县石镇林场229. 柞水县营盘林场230. 柞水县凤镇林场231. 柞水县九间房林场232. 陕西省楼观台实验林场233. 陕西省治沙研究所红石峡沙地实验林场234. 西北农林科技大学教学试验林场
甘肃 227 个	1. 石门实验示范林场2. 庆阳市合水林业总场拓儿塬林场3. 庆阳市合水林业总场大山门林场4. 庆阳市合水林业总场北川林场5. 庆阳市合水林业总场蒿咀铺林场6. 庆阳市合水林业总场连家砭林场7. 庆阳市合水林业总场太白林场8. 庆阳市合水林业总场平定川林场9. 庆阳市华池林业总场豹子川林场10. 庆阳市华池林业总场城壕林场11. 庆阳市华池林业总场大凤川林场12. 庆阳市华池林业总场东华池林场13. 庆阳市华池林业总场林镇林场14. 庆阳市华池林业总场南梁林场15. 庆阳市华池林业总场山庄林场16. 庆阳市华池林业总场乔川林场17. 庆阳市湘乐林业总场白马林场18. 庆阳市湘乐林业总场罗山府林场19. 庆阳市湘乐林业总场盘克林场20. 庆阳市湘乐林业总场湘乐林场21. 庆阳市湘乐林业总场九岘林场22. 庆阳市湘乐林业总场梁掌林场23. 庆阳市湘乐林业总场桂花塬林场24. 庆阳市正宁林业总场秦家梁林场25. 庆阳市正宁林业总场西坡林场26. 庆阳市正宁林业总场中湾林场27. 庆阳市正宁林业总场刘家店林场28. 庆阳市巴家咀林场29. 环县樊沟泉林场30. 环县洪涝池林场31. 环县山城林场32. 环县四合塬林场33. 环县小南沟林场34. 环县

（续）

省（自治区、直辖市）	国有林场
甘肃 227个	黄寨柯林场35. 环县塔儿咀林场36. 环县大方山林场37. 环县洪德林场38. 环县杨掌林场39. 庆城县蔡口集林场40. 镇原县殷家城林场41. 镇原县三岔林场42. 镇原县马渠林场43. 镇原县方山林场44. 镇原县武沟林场45. 平凉市崆峒区太统林场46. 平凉市崆峒区土谷堆林场47. 泾川县官山林场48. 灵台县珍珠山林场49. 灵台县百里林场50. 灵台县苗家岭林场51. 崇信县新窑林场52. 崇信县龙尾沟林场53. 华亭县东峡林场54. 华亭县策底林场55. 庄浪县石桥林场56. 庄浪县通边林场57. 庄浪县桃木山林场58. 静宁县新店林场59. 静宁县石咀林场60. 静宁县七里林场61. 平凉市关山林管局二峡林场62. 平凉市关山林管局玄峰林场63. 平凉市关山林管局海龙林场64. 平凉市关山林管局麻庵林场65. 天水市秦州区藉源林场66. 天水市麦积区街子林场67. 天水市麦积区凤凰林场68. 秦安县好地林场69. 秦安县高庙林场70. 张家川县关山林场71. 张家川县马鹿林场72. 武山县南山林场73. 武山县马河林场74. 武山县君山林场75. 甘谷县店子林场76. 清水县尖山林场77. 清水县远门林场78. 清水县张河林场79. 清水县温泉林场80. 陇南市康南林业总场阳坝林场81. 陇南市康南林业总场清河林场82. 陇南市康南林业总场豆坝林场83. 陇南市康南林业总场长坝林场84. 陇南市岷江林业总场黄家路林场85. 陇南市岷江林业总场大河坝林场86. 陇南市岷江林业总场池沟林场87. 陇南市岷江林业总场官鹅林场88. 陇南市岷江林业总场官亭林场89. 陇南市武都区渭子沟林场90. 陇南市武都区洛塘林场91. 宕昌县狮子林场92. 成县龙凤山林场93. 成县赵坝林场94. 文县洋汤河林场95. 文县马连河林场96. 西和县玉泉林场97. 西和县大桥林场98. 西和县香山林业站99. 西和县苏合林业站100. 西和县兴隆林业站101. 西和县青崖梁林场102. 西和县三坪梁林场103. 徽县通天坪林场104. 礼县桥头林场105. 礼县罗坝林场106. 礼县山峪林场107. 两当县陈梁林场108. 碌曲县双岔林场109. 卓尼县叶儿林场110. 卓尼县新堡林场111. 夏河县隆瓦林场112. 夏河县曲奥林场113. 合作市合作林场114. 舟曲县九二三林场115. 迭部县益哇林场116. 迭部县尼傲林场117. 迭部县多儿林场118. 迭部县桑坝林场119. 临潭县三岔林场120. 玛曲县西可河林场121. 和政县大黑沟林场122. 东乡县维新林场123. 东乡县高山林场124. 永靖县巴米山林场125. 永靖县西河林场126. 永靖县新寺林场127. 永靖县三岔坪林场128. 积石山县盖新坪林场129. 兰州市阿干林场130. 兰州市生态林业试验总场131. 永登县连城林场132. 永登县将俊埠林场133. 榆中县贡井林场134. 皋兰县试验林场135. 兰州市红古区造林站136. 兰州市城关区徐家山林场137. 兰州市城关区五一山造林站138. 兰州市城关区皋兰山造林站139. 兰州市七里河区狗牙山造林站140. 兰州市西固区关山护林站141. 兰州市西固区元峁山造林站142. 兰州市西固区九洲台造林站143. 白银市白银区楼房沟林场144. 白银市刘家窑林场145. 景泰县寿鹿山林场146. 景泰县园林试验示范林场147. 景泰县治沙试验站148. 会宁县东山林场149. 会宁县铁木山林场150. 会宁县韩家砭林场151. 靖远县哈思山

（续）

省（自治区、直辖市）	国有林场
甘肃 227个	林场 152. 兰州市平川区崛吴山林场 153. 定西市巉口林业试验场 154. 漳县木寨岭林场 155. 漳县石川林场 156. 渭源县会川林场 157. 渭源县五竹林场 158. 渭源县莲峰林场 159. 岷县马沿林场 160. 岷县马烨林场 161. 岷县闾井林场 162. 定西市安定区车道岭林场 163. 临洮县中铺林场 164. 临洮县南屏林场 165. 临洮县杨家湾林场 166. 临洮县东山林场 167. 武威市苏武山林场 168. 武威市上方寺林场 169. 武威市石羊河林业总场小西沟林场 170. 武威市石羊河林业总场扎子沟林场 171. 武威市石羊河林业总场红崖山林场 172. 武威市石羊河林业总场小坝口林场 173. 武威市石羊河林业总场防沙林试验场 174. 武威市石羊河林业总场大滩林场 175. 武威市石羊河林业总场大滩园林场 176. 武威市石羊河林业总场泉山林场 177. 武威市石羊河林业总场义粮滩林场 178. 古浪县十八里堡林场 179. 古浪县治沙林场 180. 古浪县昌灵山林场 181. 古浪县马路滩林场 182. 古浪县土门林场 183. 古浪县大靖林场 184. 古浪县海子滩林场 185. 天祝县乌鞘岭林场 186. 天祝县古城林场 187. 天祝县哈溪林场 188. 天祝县华隆林场 189. 天祝县夏玛林场 190. 天祝县华藏林场 191. 天祝县祁连林场 192. 民勤县三角城机械林场 193. 武威市凉州区太平滩林场 194. 永昌县东大河林场 195. 永昌县喇叭泉林场 196. 张掖市甘州区寺大隆林场 197. 张掖市甘州区九龙江林场 198. 张掖市甘州区西城驿林场 199. 张掖市甘州区红沙窝林场 200. 张掖市甘州区十里行宫林场 201. 张掖市甘州区东大山林场 202. 临泽县五泉林场 203. 临泽县沙河林场 204. 肃南县西营河林场 205. 肃南县马蹄林场 206. 肃南县西水林场 207. 肃南县康乐林场 208. 肃南县隆畅河林场 209. 肃南县祁丰林场 210. 肃南县明海林场 211. 民乐县六坝林场 212. 民乐县大河口林场 213. 高台县三桥湾林场 214. 高台县碱泉子林场 215. 高台县三益渠林场 216. 山丹县大黄山林场 217. 山丹县十里堡林场 218. 山丹县机械林场 219. 酒泉市肃州区西峰林场 220. 酒泉市肃州区黄粮墩林场 221. 酒泉市肃州区三合林场 222. 酒泉市肃州区长城林场 223. 酒泉市肃州区新城林场 224. 金塔县潮湖林场 225. 定西县城郊林场 226. 敦煌市阳关林场 227. 渗金山林场
青海 96个	1. 西宁市西山林场 2. 西宁市北山林场 3. 西宁市塔尔山林场 4. 西宁市纳家山林场 5. 西宁市湟水林场 6. 大通县宝库林场 7. 大通县东峡林场 8. 大通县试验林场 9. 湟中县上五庄林场 10. 湟中县蚂蚁沟林场 11. 湟中县群加林场 12. 湟中县甘河滩林场 13. 湟源县东峡林场 14. 湟源县南山林场 15. 平安县峡群寺林场 16. 平安县东沟林场 17. 民和县北山林场 18. 民和县满坪林场 19. 民和县西沟林场 20. 民和县杏儿林场 21. 民和县古鄯林场 22. 民和县塘尔垣林场 23. 乐都县湟水林场 24. 乐都县上北山林场 25. 乐都县药草台林场 26. 乐都县下北山林场 27. 乐都县杨宗林场 28. 乐都县下营林场 29. 互助县试验林场 30. 互助县南门峡林场 31. 互助县松多林场 32. 互助县北山林场 33. 化隆县塔加林场 34. 化隆县城关林场 35. 化隆县雄先林场 36. 化隆县柏木峡林场 37. 化隆县青沙山林场 38. 循化县孟达林场 39. 循化县夕昌林场 40. 循化县文都林场 41. 循化县尕楞林场

（续）

省（自治区、直辖市）	国有林场
青海96个	42. 循化县道帏林场43. 门源县仙米林场44. 门源县浩门林场45. 祁连县祁连林场46. 黄南藏族自治州麦秀林场47. 同仁县兰采林场48. 同仁县西卜沙林场49. 同仁县双朋西林场50. 尖扎县冬果林场51. 尖扎县洛洼林场52. 尖扎县坎布拉林场53. 泽库县官秀林场54. 泽库县泽曲林场55. 河南县宁木特林场56. 河南县优干宁林场57. 共和县切吉林场58. 同德县居布林场59. 同德县江群林场60. 同德县河北林场61. 贵德县东山林场62. 贵德县西河林场63. 贵德县江拉林场64. 兴海县中铁林场65. 兴海县大河坝林场66. 贵南县居布林场67. 贵南县莫曲沟林场68. 班玛县多可河林场69. 班玛县莲花林场70. 玛沁县洋玉林场71. 玛沁县切木曲林场72. 玛沁县德多可河林场73. 玉树藏族自治州江西林场74. 玉树县东仲林场75. 囊谦县白扎林场76. 囊谦县吉曲林场77. 囊谦县娘拉林场78. 都兰林场79. 乌兰林场80. 班玛县王柔林场81. 班玛县班前林场82. 班玛县友谊桥林场83. 刚察县刚察林场84. 海晏县林场85. 杂多县昂赛林场86. 玛多县玛查理林场87. 甘德县柯曲林场88. 达日县达口林场89. 久治县智青松多林场90. 移多场91. 治多林场92. 曲麻莱林场93. 共和县沙珠玉林场94. 德令哈市国有林场95. 格尔木市国有林场96. 民和县试验林场
宁夏97个	1. 贺兰山自然保护区管理局2. 罗山自然保护区管理处3. 银川苗木实验场4. 新华桥种苗场5. 银川市园林场6. 银川市苗木场7. 银川市城市苗圃8. 银川市西干渠苗圃9. 银川市兴庆区月牙湖治沙林场10. 银川市兴庆区红墩子林场11. 永宁县杨显林场12. 永宁县望洪林场13. 永宁县征沙林场14. 贺兰县林场15. 灵武市白芨滩防沙林场16. 灵武市北沙窝林场17. 灵武市狼皮子梁林场18. 灵武市大泉林场19. 石嘴山市生态保护林场20. 石嘴山市园林场21. 石嘴市惠农区黄河湿地保护林场22. 平罗县黄河湿地保护林场23. 平罗县林场24. 平罗县陶乐治沙林场25. 盐池机械化林场26. 吴忠林场27. 青铜峡市树新林场28. 盐池县沙生灌木所29. 盐池县城郊林场30. 同心县中心林场31. 中卫市林场32. 中卫市治沙林场33. 中卫西郊林场34. 中宁县林场35. 中宁县清水河林场36. 中宁县轿子山林场37. 海原县南华山自然保护区管理处38. 海原县青龙寺林场39. 海原县西华山林场40. 海原县李俊苗圃41. 海原县城关苗圃42. 海原县牌路山林场43. 同兴县隆林场44. 海原县高崖林场45. 海原县李旺林场46. 海原县月亮山林场47. 海原县方堡林场48. 海原县拐洼林场49. 固原市原州区石砚子林场50. 固原市原州区马东山林场51. 固原市原州区东岳山林场52. 固原市原州区红庄林场53. 固原市原州区水沟林场54. 固原市原州区赵千户林场55. 固原市原州区叠叠沟林场56. 固原市原州区蝉塔山林场57. 固原市原州区青石嘴林场58. 固原市原州区塌山林场59. 固原市原州区沈家河园艺场60. 固原市原州区鸦儿沟园艺场61. 固原市原州区田洼林场62. 固原市原州区黄铎堡林场63. 固原市原州区头营林场64. 固原市原州区深沟林场65. 固原市原州区六窑林场66. 泾源县沙塘林场67. 彭阳县王洼林场68. 西吉县吉强林场69. 西吉县扫竹林场70. 西吉县将台林场71. 西吉县大寨乡林场72. 西吉县兴隆林场73. 西吉县马建林场74. 西吉县王坪林场75. 西吉县刘家山头林场76. 西吉县月亮

（续）

省（自治区、直辖市）	国有林场
宁夏 97 个	山林场 77. 西吉县马连林场 78. 隆德县金华林场 79. 隆德县观堡林场 80. 隆德县堡子山林场 81. 隆德县神林南山林场 82. 隆德县盘龙山林场 83. 六盘山林业管理局挂马沟林场 84. 六盘山林业管理局水沟林场 85. 六盘山林业管理局绿垣林场 86. 六盘山林业管理局青石嘴林场 87. 六盘山林业管理局王化南林场 88. 六盘山林业管理局龙潭林场 89. 六盘山林业管理局红峡林场 90. 六盘山林业管理局秋千架林场 91. 六盘山林业管理局西峡林场 92. 六盘山林业管理局东山坡林场 93. 六盘山林业管理局卧羊川林场 94. 六盘山林业管理局和尚铺林场 95. 六盘山林业管理局峰台林场 96. 六盘山林业管理局苏台林场 97. 六盘山林业管理局二龙河林场
新疆 80 个	1. 疏勒县林场 2. 英吉沙县巴旦林场 3. 英吉沙县毛阿里林场 4. 莎车县二林场 5. 泽普县亚斯墩林场 6. 叶城县林场 7. 伽师县林场 8. 麦盖提县五一林场 9. 麦盖提胡杨林场 10. 巴楚县下河林场 11. 巴楚县夏马力林场 12. 喀什地区昆仑山林场 13. 皮山县胡杨林管理站 14. 墨玉县胡杨林管理站 15. 和田县胡杨林管理站 16. 洛浦县胡杨林管理站 17. 洛浦县多鲁林场 18. 策勒县胡杨林管理站 19. 于田县胡杨林管理站 20. 民丰县胡杨林管理站 21. 克孜勒苏柯尔克孜自治州平原林场 22. 克孜勒苏柯尔克孜自治州噢依塔克林场 23. 阿克苏地区试验林场 24. 温宿县木本粮油林场 25. 温宿县佳木林场 26. 库车县胡杨林管理站 27. 新和县胡杨林管理站 28. 温宿胡杨林管理站 29. 柯坪县胡杨林管理站 30. 阿瓦提县胡杨林管理站 31. 库车县天山林场 32. 阿克苏地区天山林场 33. 沙雅县林场 34. 库尔勒市胡杨管理站 35. 轮台县胡杨林管理站 36. 和硕县胡杨林管理站 37. 且末县胡杨林管理站 38. 尉犁县胡杨林管理站 39. 若羌县胡杨林管理站 40. 和静县拉布润林场 41. 哈密市南湖胡杨林管理站 42. 伊吾县淖毛湖胡杨林管理站 43. 巴里坤县三塘湖胡杨林管理站 44. 伊吾县河谷林管理站 45. 伊犁哈萨克自治州平原林场 46. 伊宁县喀什河造林场 47. 尼勒克县河令次生林管理站 48. 特克斯县河谷次生林管理站 49. 霍城县伊犁河谷次生林改造治沙站 50. 乌苏市甘家湖林场 51. 和丰县白松林场 52. 额敏县哈拉也门林场 53. 沙湾县三道河子林场 54. 塔城市南湖次生林场 55. 托里县巴尔鲁克山林场 56. 裕民县巴尔鲁克山林场 57. 托里县白杨河林场 58. 托里县老风口林场 59. 阿勒泰地区园林场 60. 阿勒泰市北屯林场 61. 布尔津县平原林场 62. 福海县平原林场 63. 阜康林场 64. 巩乃斯林场 65. 莎车一林场 66. 哈巴河县平原林场 67. 博州精河林场 68. 博州三台林场 69. 博州哈日图热格林场 70. 博州哈夏林场 71. 精河县次生林管理站 72. 温泉县次生林管理站 73. 博乐市次生林管理站 74. 昌吉回族自治州北塔山国有林管理站 75. 呼图壁县干河子国有林场 76. 乌鲁木齐市柴窝堡林场 77. 玛纳斯平原林场 78. 新源林场 79. 八一实习林场 80. 夏玛勒胡杨林场
中国林业科学研究院 4 个	1. 中国林业科学研究院亚热带林业试验中心 2. 中国林业科学研究院热带林业试验中心 3. 中国林业科学研究院沙漠林业试验中心 4. 中国林业科学研究院华北林业实验中心

第九节 国家公园

一、国家公园改革协调机制

2014年6月至2015年4月，国家发展改革委会同国家林业局等13部委局建立协调工作机制，成立了国家公园体制试点领导小组和工作小组。2014年10月国家林业局成立了林业改革领导小组国家公园体制改革专项小组，并明确由保护司统一组织开展国家公园工作。保护司成立了试点工作专职机构——国家公园处，配合国家发展改革委等相关部门开展国家公园体制试点工作。北京等9个试点省市按照13部委联合下发的《关于印发建立国家公园体制试点方案的通知》，在省级层面建立国家公园体制试点工作联席会议制度，建立部门间管辖业务沟通交接机制，协调和推进国家公园体制试点区试点工作。

二、国家公园试点省建设

2008年6月，国家林业局批准云南省为国家公园建设试点省，以具备条件的自然保护区为依托开展国家公园建设工作，探索具有中国特色的国家公园建设和发展思路。截至2016年4月，云南省已建立11个国家公园，其中9个国家公园建立了正处级国家公园管理局、1个国家公园建立了副处级国家公园管理局，见表8-10。

表8-10　云南省国家公园建设情况

序号	名　称	面积(km^2)	管理机构	行政区域
1	普达措国家公园	602.1	普达措国家公园管理局	迪庆藏族自治州香格里拉市
2	西双版纳国家公园	2854.21	西双版纳国家公园管理局	西双版纳州景洪市、勐腊县和勐海县
3	丽江老君山国家公园	1085	丽江老君山国家公园管理局	丽江市玉龙县
4	梅里雪山国家公园	959.86	梅里雪山国家公园管理局	迪庆藏族自治州德钦县

（续）

序号	名　称	面积(km²)	管理机构	行政区域
5	普洱国家公园	216.23	普洱国家公园管理局	普洱市思茅区
6	高黎贡山国家公园	1009.6	高黎贡山国家公园管理局	保山市隆阳区、腾冲县和龙陵县
7	南滚河国家公园	519.39	南滚河国家公园管理局	临沧市沧源县和耿马县
8	大山包国家公园	392.17	大围山国家公园管理局	红河州蒙自市、个旧市、屏边县和河口县
9	楚雄哀牢山国家公园	总体规划正在编制	楚雄哀牢山国家级自然保护区管理局	楚雄州双柏、楚雄市和南华县
10	白马雪山国家公园	总体规划正在编制	白马雪山国家公园管理局	迪庆藏族自治州德钦、维西县
11	大山包国家公园	总体规划正在编制	大山包国家公园管理局	昭通市昭阳区

第十节　森林公园

森林公园是以一定规模和质量的森林风景资源为依托，可提供游憩、休闲、生态教育和自然体验等公共服务的区域。我国森林范围广阔，拥有类型多样的森林植被资源与种类丰富的野生动植物资源，而且其间遍布山岳、丘陵、峡谷、沙漠、湖泊、草原、海滩、火山、冰川、岛屿、溶洞等各具特色的自然景观，以及众多的中华悠久文明的历史遗存和各民族多姿多彩的民俗风情，共同构成了独具中国特色的森林风景资源，具有建设森林公园的良好基础。

1982年9月，我国正式批建第一处森林公园——湖南张家界国家森林公园。截至2015年年底，我国共建立各级森林公园3234处，规划总面积1801.71万hm²，其中国家级森林公园826处，规划面积1084.55hm²，分布31个省(自治区、直辖市)，见表8-11。同时，建立国家生态公园试点14处，国家林木(花卉)公园7处，形成了布局合理、层级分明、类型多样的森林公园建设发展体系。

一、森林公园带动了中国资源保护事业的发展

中国森林公园以占陆地国土总面积 1.88% 以及森林总面积约 8.66% 的规模，囊括了全国各类最具代表性的自然地带森林植被景观，成为中国林业自然文化遗产的重要保护地，目前中国 48 处世界遗产中有 18 处以森林公园为主体，33 处世界地质公园中有 21 处是森林公园。2010 年 12 月国务院印发的《全国主体功能区规划》，明确将国家森林公园作为中国保护自然文化资源的重要区域列入国家禁止开发区域，并将省级及以下森林公园列入省级层面禁止开发区域，要求依据法律法规规定和相关规划实施强制性保护，严格控制人为因素对自然生态和文化自然遗产原真性、完整性的干扰。森林公园的法制化、规范化、标准化管理体系日益完善，《森林公园管理办法》、《国家级森林管理办法》、《国家级森林公园设立、撤销、改变经营范围或者变更隶属关系审批管理办法》、《国家级森林公园监督检查办法》、《国家级森林公园总体规划审批管理办法》等部门规章、规范性文件以及《中国森林公园风景资源质量等级评定》、《国家级森林公园总体规划规范》等技术标准相继发布施行，森林公园保护管理不断加强。

二、森林公园带动了中国国内旅游产业的发展

统计数据显示，多年来森林公园的游客接待人数均保持高于国内游客人数的年增长率。2015 年全国森林公园共接待游客 7.95 亿人次，占国内旅游总人数的 19.9%，同时还带动了自然保护区、湿地公园等森林自然区域旅游的全面发展，奠定了森林旅游在中国旅游业的重要地位，并在推动中国国内旅游从"观光旅游"向"休闲度假旅游"、"体验参与旅游"的转型升级进程中发挥着突出作用。

三、森林公园带动了当地社会经济的发展

截至 2015 年年底，全国森林公园共拥有职工 17.23 万人，年提供社会就业岗位 84 万个，森林公园直接旅游收入 705.60 亿元，社会综合产值则达到 7500 亿元，极大地带动了周边居民脱贫致富

和地方社会经济发展。专题调查显示，中国森林公园已使2700个乡、12000个村近2000万农民受益，带动周边4654个村脱贫。2005—2015年森林公园建设发展情况见表8-12。

四、森林公园带动了森林生态文化的传播

各森林公园不断挖掘生态文化内涵，完善宣教设施，编辑出版宣传品，举办主题活动和培训，积极宣传生态文化。一大批森林公园成为广受公众欢迎的生态文化教育场所，在国家林业局、教育部和共青团中央自2008年起联合命名的7批共75处"国家生态文明教育基地"中，有27处是森林公园。

五、森林公园提升了森林的公共生态服务功能

据对2015年全国2961处森林公园的统计，全国共有976处森林公园实现免费开放，2015年度享受免票福利的游客达1.91亿人次，占2015年度游客总人数的24%（占国家级游客总人数的16.63%）。同时，山西省的全部县（市）级森林公园免票开放，日接待游客超40万人次，直接受益人口达2400万人，全省60%以上的人口享受着森林公园的优质休闲环境，享受到森林公园所提供的森林公共生态服务功能。森林公园已经发展成为我国林业一项极具影响力的新兴事业，中共中央、国务院在加快林业发展的决定中，特别提出"要发展好森林公园"。

表8-11　国家级森林公园名录

序号	公园名称	建园时间	面积（hm²）
001	北京西山国家森林公园	1992.11	5926.10
002	北京上方山国家森林公园	1992.11	337.00
003	北京蟒山国家森林公园	1992.11	8581.53
004	北京云蒙山国家森林公园	1995.11	2208.00
005	北京小龙门国家森林公园	2000.02	1595.00
006	北京鹫峰国家森林公园	2003.12	775.12
007	北京大兴古桑国家森林公园	2004.12	1164.79

（续）

序号	公园名称	建园时间	面积（hm²）
008	北京大杨山国家森林公园	2004.12	2106.50
009	北京八达岭国家森林公园	2005.12	2940.00
010	北京北宫国家森林公园	2005.12	914.50
011	北京霞云岭国家森林公园	2005.12	21487.40
012	北京黄松峪国家森林公园	2005.12	4274.00
013	北京崎峰山国家森林公园	2006.12	4290.18
014	北京天门山国家森林公园	2006.12	669.41
015	北京喇叭沟门国家森林公园	2008.01	11171.50
北京	合计	15 处	68441.03
001	天津九龙山国家森林公园	1997.12	2126.00
天津	合计	1 处	2126.00
001	河北海滨国家森林公园	1991.11	1666.67
002	河北塞罕坝国家森林公园	1993.05	94000.00
003	河北磐槌峰国家森林公园	1993.05	4020.00
004	河北翔云岛国家森林公园	1993.05	2400.00
005	河北清东陵国家森林公园	1993.05	2233.33
006	河北辽河源国家森林公园	1996.08	11886.00
007	河北山海关国家森林公园	1997.12	4853.30
008	河北五岳寨国家森林公园	2000.12	4400.00
009	河北白草洼国家森林公园	2002.12	5396.00
010	河北天生桥国家森林公园	2002.12	11600.00
011	河北黄羊山国家森林公园	2004.12	2107.00
012	河北茅荆坝国家森林公园	2004.12	19400.00
013	河北响堂山国家森林公园	2004.12	6348.80
014	河北野三坡国家森林公园	2004.12	22850.00
015	河北六里坪国家森林公园	2004.12	2250.00
016	河北白石山国家森林公园	2005.12	3478.00

（续）

序号	公园名称	建园时间	面积（hm²）
017	河北易州国家森林公园	2005.12	8446.00
018	河北古北岳国家森林公园	2005.12	1353.33
019	河北武安国家森林公园	2005.12	40500.00
020	河北前南峪国家森林公园	2006.12	2600.00
021	河北驼梁山国家森林公园	2006.12	15870.00
022	河北木兰围场国家森林公园	2008.01	5351.00
023	河北蝎子沟国家森林公园	2008.01	4634.15
024	河北仙台山国家森林公园	2008.12	1522.00
025	河北丰宁国家森林公园	2008.12	8839.00
026	河北黑龙山国家森林公园	2009.12	7034.40
河北	合计	**26 处**	**295038.98**
001	山西五台山国家森林公园	1992.09	19133.33
002	山西天龙山国家森林公园	1992.09	17732.95
003	山西关帝山国家森林公园	1992.09	68448.40
004	山西管涔山国家森林公园	1992.09	43440.00
005	山西恒山国家森林公园	1992.11	27960.00
006	山西云岗国家森林公园	1992.11	15820.40
007	山西龙泉国家森林公园	1992.11	24380.00
008	山西禹王洞国家森林公园	1992.11	7333.33
009	山西赵杲观国家森林公园	1992.11	4700.07
010	山西方山国家森林公园	1992.11	3333.33
011	山西交城山国家森林公园	1992.11	16741.05
012	山西太岳山国家森林公园	1992.11	60000.00
013	山西五老峰国家森林公园	1992.11	10400.00
014	山西老顶山国家森林公园	1992.11	2200.00
015	山西乌金山国家森林公园	1993.05	3667.50
016	山西中条山国家森林公园	1993.10	46301.30

（续）

序号	公园名称	建园时间	面积(hm²)
017	山西太行峡谷国家森林公园	1996.08	4000.00
018	山西黄崖洞国家森林公园	1996.08	6000.00
019	山西棋子山国家森林公园	2014.02	7541.14
山西	合计	**19 处**	**389132.80**
001	内蒙古红山国家森林公园	1991.11	3221.00
002	内蒙古哈达门国家森林公园	1992.04	3600.00
003	内蒙古察尔森国家森林公园	1992.04	12133.33
004	内蒙古海拉尔国家森林公园	1992.09	14062.00
005	内蒙古乌拉山国家森林公园	1992.09	93042.00
006	内蒙古乌素图国家森林公园	1992.09	80000.00
007	内蒙古马鞍山国家森林公园	1993.05	3500.00
008	内蒙古二龙什台国家森林公园	1993.05	9600.00
009	内蒙古兴隆国家森林公园	1994.12	2701.20
010	内蒙古黄岗梁国家森林公园	1996.08	103333.00
011	内蒙古贺兰山国家森林公园	2002.12	3455.10
012	内蒙古旺业甸国家森林公园	2003.12	25400.00
013	内蒙古好森沟国家森林公园	2003.12	37996.00
014	内蒙古额济纳胡杨国家森林公园	2003.12	5636.00
015	内蒙古桦木沟国家森林公园	2003.12	40000.00
016	内蒙古五当召国家森林公园	2005.12	1800.00
017	内蒙古红花尔基樟子松国家森林公园	2005.12	6726.00
018	内蒙古喇嘛山国家森林公园	2006.12	9379.00
019	内蒙古滦河源国家森林公园	2009.07	12666.70
020	内蒙古河套国家森林公园	2009.12	9652.33
021	内蒙古宝格达乌拉国家森林公园	2010.09	32562.80
022	内蒙古龙胜国家森林公园	2014.02	1077.00
023	内蒙古敕勒川国家森林公园	2015.01	10329.17

（续）

序号	公园名称	建园时间	面积（hm²）
024	内蒙古成吉思汗国家森林公园	2015.01	38600.00
内蒙古	合计	**24 处**	**560472.63**
001	内蒙古莫尔道嘎国家森林公园	1999.05	148324.00
002	内蒙古阿尔山国家森林公园	2000.02	103149.00
003	内蒙古达尔滨湖国家森林公园	2000.02	22081.00
004	内蒙古伊克萨玛国家森林公园	2001.11	15890.00
005	内蒙古乌尔旗汉国家森林公园	2003.12	36922.00
006	内蒙古兴安国家森林公园	2004.12	19217.00
007	内蒙古绰源国家森林公园	2004.12	52858.00
008	内蒙古阿里河国家森林公园	2004.12	2486.00
009	内蒙古绰尔大峡谷国家森林公园	2015.12	21191.00
内蒙古森工	合计	**9 处**	**422118.00**
001	辽宁旅顺口国家森林公园	1990.08	2741.33
002	辽宁海棠山国家森林公园	1991.08	1440.00
003	辽宁大孤山国家森林公园	1991.08	466.67
004	辽宁首山国家森林公园	1991.08	666.67
005	辽宁凤凰山国家森林公园	1991.11	1333.33
006	辽宁桓仁国家森林公园	1991.11	15786.67
007	辽宁本溪国家森林公园	1991.11	6666.00
008	辽宁陨石山国家森林公园	1992.01	2000.00
009	辽宁盖县国家森林公园	1992.01	1600.00
010	辽宁元帅林国家森林公园	1992.07	7279.20
011	辽宁仙人洞国家森林公园	1992.07	3575.00
012	大连大赫山国家森林公园	1992.07	3846.60
013	辽宁长山群岛国家海岛森林公园	1993.05	4630.70
014	辽宁普兰店国家森林公园	1995.11	11000.00
015	辽宁大黑山国家森林公园	1996.08	3031.00

（续）

序号	公园名称	建园时间	面积(hm²)
016	辽宁沈阳国家森林公园	1997.12	933.30
017	辽宁猴石国家森林公园	2002.12	5675.00
018	辽宁本溪环城国家森林公园	2002.12	19863.78
019	辽宁冰砬山国家森林公园	2002.12	2259.30
020	辽宁金龙寺国家森林公园	2002.12	2138.00
021	辽宁千山仙人台国家森林公园	2002.12	2931.00
022	辽宁清原红河谷国家森林公园	2003.12	9112.30
023	大连天门山国家森林公园	2003.12	3100.00
024	辽宁三块石国家森林公园	2004.12	7211.60
025	辽宁章古台沙地国家森林公园	2005.12	11341.30
026	大连银石滩国家森林公园	2005.12	570.00
027	大连西郊国家森林公园	2006.12	5958.00
028	辽宁医巫闾山国家森林公园	2008.01	1482.30
029	辽宁和睦国家森林公园	2008.01	1367.85
辽宁	合计	**29 处**	**140006.90**
001	吉林净月潭国家森林公园	1989.11	8330.00
002	吉林五女峰国家森林公园	1992.11	6866.67
003	吉林龙湾群国家森林公园	1992.11	8133.33
004	吉林白鸡峰国家级森林公园	1992.11	3333.33
005	吉林帽儿山国家森林公园	1992.11	1100.00
006	吉林半拉山国家森林公园	1992.11	9299.00
007	吉林三仙夹国家森林公园	1993.03	880.00
008	吉林大安国家森林公园	1993.03	666.67
009	吉林长白国家森林公园	1993.05	27000.00
010	吉林临江国家级森林公园	1995.11	18000.00
011	吉林拉法山国家森林公园	1995.11	34396.00
012	吉林图们江国家森林公园	1997.12	32678.00

（续）

序号	公园名称	建园时间	面积（hm²）
013	吉林朱雀山国家森林公园	2001.11	5662.00
014	吉林图们江源国家森林公园	2002.12	12737.00
015	吉林延边仙峰国家森林公园	2002.12	19102.23
016	吉林官马莲花山国家森林公园	2003.12	5146.00
017	吉林肇大鸡山国家森林公园	2003.12	14127.63
018	吉林寒葱顶国家森林公园	2004.12	7480.00
019	吉林满天星国家森林公园	2004.12	17057.30
020	吉林吊水壶国家森林公园	2004.12	4785.00
021	吉林通化石湖国家森林公园	2005.12	2337.00
022	吉林江源国家森林公园	2006.12	14636.00
023	吉林鸡冠山国家森林公园	2006.12	2903.61
024	吉林兰家大峡谷国家森林公园	2013.01	10972.00
025	吉林长白山北坡国家森林公园	2013.10	11660.00
026	吉林红叶岭国家森林公园	2015.01	6038.80
吉林	合计	26 处	285327.57
001	吉林露水河国家森林公园	2004.12	25786.94
002	吉林红石国家森林公园	2005.12	28574.60
003	吉林泉阳泉国家森林公园	2008.12	4977.00
004	吉林白石山国家森林公园	2008.12	7473.50
005	吉林松江河国家森林公园	2008.12	6018.00
006	吉林三岔子国家森林公园	2009.07	7126.00
007	吉林临江瀑布群国家森林公园	2009.07	4085.00
008	吉林湾沟国家森林公园	2009.07	5732.00
吉林森工	合计	8 处	89773.04
001	黑龙江牡丹峰国家森林公园	1992.04	19466.67
002	黑龙江火山口国家森林公园	1992.04	66933.33
003	黑龙江大亮子河国家森林公园	1992.04	7133.33

（续）

序号	公园名称	建园时间	面积（hm²）
004	黑龙江乌龙国家森林公园	1992.04	28000.00
005	黑龙江哈尔滨国家森林公园	1992.09	136.00
006	黑龙江街津山国家森林公园	1992.09	13570.00
007	黑龙江齐齐哈尔国家森林公园	1992.11	4666.00
008	黑龙江北极村国家森林公园	1992.11	36376.00
009	黑龙江长寿国家森林公园	1993.05	2483.00
010	黑龙江大庆国家森林公园	1993.05	5466.00
011	黑龙江一面坡国家森林公园	1995.11	23408.00
012	黑龙江龙凤国家森林公园	1997.12	21840.00
013	黑龙江金泉国家森林公园	1997.12	4000.00
014	黑龙江乌苏里江国家森林公园	1997.12	25069.00
015	黑龙江驿马山国家森林公园	1998.09	458.00
016	黑龙江三道关国家森林公园	1999.05	8000.00
017	黑龙江绥芬河国家森林公园	2000.12	971.00
018	黑龙江五顶山国家森林公园	2001.11	6651.00
019	黑龙江茅兰沟国家森林公园	2001.11	6000.00
020	黑龙江龙江三峡国家森林公园	2001.11	8569.20
021	黑龙江鹤岗国家森林公园	2002.12	2636.00
022	黑龙江勃利国家森林公园	2003.12	17601.00
023	黑龙江丹清河国家森林公园	2003.12	2850.00
024	黑龙江石龙山国家森林公园	2003.12	6307.50
025	黑龙江望龙山国家森林公园	2004.12	2152.00
026	黑龙江胜山要塞国家森林公园	2004.12	13828.00
027	黑龙江五大连池国家森林公园	2004.12	12380.00
028	黑龙江完达山国家森林公园	2005.12	61369.00
029	黑龙江金龙山国家森林公园	2008.01	8515.00
030	黑龙江呼兰国家森林公园	2009.12	10000.00

（续）

序号	公园名称	建园时间	面积（hm²）
031	黑龙江伊春兴安国家森林公园	2005.12	4515.00
032	黑龙江长寿山国家森林公园	2012.09	7402.00
033	黑龙江桦川国家森林公园	2015.01	7850.90
034	黑龙江双子山国家森林公园	2015.12	2229.00
黑龙江	合计	**34 处**	**448831.93**
001	黑龙江威虎山国家森林公园	1993.10	414756.00
002	黑龙江五营国家森林公园	1993.10	14141.00
003	黑龙江亚布力国家森林公园	1993.10	11748.30
004	黑龙江桃山国家森林公园	1997.12	100000.00
005	黑龙江日月峡国家森林公园	2000.12	29708.00
006	黑龙江八里湾国家森林公园	2001.11	41000.00
007	黑龙江乌马河国家森林公园	2001.11	12415.00
008	黑龙江凤凰山国家森林公园	2001.11	50000.00
009	黑龙江兴隆国家森林公园	2001.11	26812.00
010	黑龙江雪乡国家森林公园	2001.11	186000.00
011	黑龙江青山国家森林公园	2002.12	28000.00
012	黑龙江大沽河国家森林公园	2002.12	16270.30
013	黑龙江廻龙湾国家森林公园	2002.12	6326.00
014	黑龙江金山国家森林公园	2003.12	12283.00
015	黑龙江小兴安岭石林国家森林公园	2003.12	19007.00
016	黑龙江方正龙山国家森林公园	2003.12	66101.00
017	黑龙江溪水国家森林公园	2003.12	4580.00
018	黑龙江镜泊湖国家森林公园	2003.12	65000.00
019	黑龙江六峰山国家森林公园	2003.12	34640.00
020	黑龙江夹皮沟国家森林公园	2003.12	63114.00
021	黑龙江珍宝岛国家森林公园	2005.12	13429.00
022	黑龙江红松林国家森林公园	2006.12	19000.00

（续）

序号	公园名称	建园时间	面积(hm²)
023	黑龙江七星峰国家森林公园	2006.12	15260.00
024	黑龙江仙翁山国家森林公园	2008.01	10555.00
龙江森工	合计	24处	1260145.60
001	黑龙江呼中国家森林公园	2005.12	115340.27
002	黑龙江加格达奇国家森林公园	2008.12	14632.10
大兴安岭	合计	2处	129972.37
001	上海佘山国家森林公园	1993.05	401.00
002	上海东平国家森林公园	1993.05	355.00
003	上海海湾国家森林公园	2004.12	1065.10
004	上海共青国家森林公园	2005.12	131.00
上海	合计	4处	1952.10
001	江苏虞山国家森林公园	1989.03	1466.67
002	江苏上方山国家森林公园	1992.07	500.00
003	江苏徐州环城国家森林公园	1992.11	1333.33
004	江苏宜兴国家森林公园	1992.11	3400.00
005	江苏惠山国家森林公园	1993.05	936.00
006	江苏东吴国家森林公园	1993.05	1200.00
007	江苏云台山国家森林公园	1993.05	2000.00
008	江苏盱眙第一山国家森林公园	1993.05	1400.00
009	江苏南山国家森林公园	1995.11	1000.00
010	江苏宝华山国家森林公园	1996.08	1700.00
011	江苏西山国家森林公园	1997.12	6000.00
012	江苏铁山寺国家森林公园	2003.12	7058.00
013	南京紫金山国家森林公园	2003.12	3008.80
014	江苏大阳山国家森林公园	2009.02	1029.80
015	南京栖霞山国家森林公园	2010.12	1019.00
016	江苏游子山国家森林公园	2012.01	3678.30

（续）

序号	公园名称	建园时间	面积（hm²）
017	南京老山国家森林公园	2014.02	5063.00
018	江苏天目湖国家森林公园	2015.01	3759.02
019	南京无想山国家森林公园	2015.01	2071.71
020	江苏黄海海滨国家森林公园	2015.12	4156.93
江苏	合计	**20 处**	**51780.56**
001	浙江千岛湖国家森林公园	1990.06	95000.00
002	浙江大奇山国家森林公园	1992.11	700.00
003	浙江兰亭国家森林公园	1992.11	229.67
004	浙江午潮山国家森林公园	1992.11	253.33
005	浙江富春江国家森林公园	1995.07	8466.67
006	浙江竹乡国家森林公园	1996.08	16600.00
007	浙江天童国家森林公园	1997.03	433.33
008	浙江雁荡山国家森林公园	1997.03	840.00
009	浙江溪口国家森林公园	1997.03	186.67
010	浙江九龙山国家森林公园	1997.03	433.33
011	浙江双龙洞国家森林公园	1997.03	773.33
012	浙江华顶国家森林公园	1997.03	3866.67
013	浙江青山湖国家森林公园	1999.05	2671.50
014	浙江玉苍山国家森林公园	1999.08	2378.60
015	浙江钱江源国家森林公园	1999.08	4500.00
016	浙江紫微山国家森林公园	2000.02	5500.00
017	浙江铜铃山国家森林公园	2001.11	2755.00
018	浙江花岩国家森林公园	2002.12	2640.00
019	浙江龙湾潭国家森林公园	2002.12	1561.67
020	浙江遂昌国家森林公园	2002.12	24647.37
021	浙江五泄国家森林公园	2003.12	733.33
022	浙江石门洞国家森林公园	2003.12	4295.00

（续）

序号	公园名称	建园时间	面积(hm²)
023	浙江四明山国家森林公园	2003.12	6251.00
024	浙江双峰国家森林公园	2003.12	2281.41
025	浙江仙霞国家森林公园	2004.12	3449.46
026	浙江大溪国家森林公园	2004.12	3375.00
027	浙江松阳卯山国家森林公园	2005.12	1385.00
028	浙江牛头山国家森林公园	2005.12	1327.69
029	浙江三衢国家森林公园	2005.12	1067.53
030	浙江径山(山沟沟)国家森林公园	2006.12	5375.00
031	浙江南山湖国家森林公园	2006.12	2188.70
032	浙江大竹海国家森林公园	2008.01	3126.60
033	浙江仙居国家森林公园	2008.01	2980.00
034	浙江桐庐瑶琳国家森林公园	2008.12	949.00
035	浙江诸暨香榧国家森林公园	2009.12	2876.20
036	杭州半山国家森林公园	2010.12	1002.88
037	浙江庆元国家森林公园	2010.12	2455.70
038	杭州西山国家森林公园	2012.01	1775.20
039	浙江梁希国家森林公园	2014.02	1375.48
浙江	合计	39 处	222707.32
001	安徽黄山国家森林公园	1987.05	11686.67
002	安徽琅琊山国家森林公园	1992.07	4866.67
003	安徽天柱山国家森林公园	1992.07	2048.47
004	安徽九华山国家森林公园	1992.07	14333.33
005	安徽皇藏峪国家森林公园	1992.07	2276.00
006	安徽徽州国家森林公园	1992.07	5314.40
007	安徽大龙山国家森林公园	1992.07	4018.00
008	安徽紫蓬山国家森林公园	1992.07	1002.47
009	安徽皇甫山国家森林公园	1992.07	3551.53

（续）

序号	公园名称	建园时间	面积(hm²)
010	安徽天堂寨国家森林公园	1992.11	12000.00
011	安徽鸡笼山国家森林公园	1992.09	4500.00
012	安徽冶父山国家森林公园	1992.09	810.47
013	安徽太湖山国家森林公园	1992.09	1813.53
014	安徽神山国家森林公园	1992.09	2221.87
015	安徽妙道山国家森林公园	1992.09	752.00
016	安徽天井山国家森林公园	1992.09	1200.40
017	安徽舜耕山国家森林公园	1992.09	2533.33
018	安徽浮山国家森林公园	1992.12	3840.83
019	安徽石莲洞国家森林公园	1992.12	1479.33
020	安徽齐云山国家森林公园	1993.05	6000.00
021	安徽韭山国家森林公园	1993.06	5533.33
022	安徽横山国家森林公园	1994.12	1000.00
023	安徽敬亭山国家森林公园	1996.08	2009.00
024	安徽八公山国家森林公园	2002.12	2759.00
025	安徽万佛山国家森林公园	2002.12	2000.00
026	安徽水西国家森林公园	2004.12	2147.00
027	安徽青龙湾国家森林公园	2004.12	2730.00
028	安徽上窑国家森林公园	2005.12	1040.00
029	安徽马仁山国家森林公园	2008.01	712.00
030	合肥大蜀山国家森林公园	2013.01	1003.01
031	合肥滨湖国家森林公园	2014.02	1072.00
安徽	合计	31处	108254.64
001	福建福州国家森林公园	1993.05	41814.50
002	福建天柱山国家森林公园	1995.11	2983.00
003	福建平潭海岛国家森林公园	1999.08	1295.70
004	福建华安国家森林公园	2000.02	8153.33

（续）

序号	公园名称	建园时间	面积（hm²）
005	福建猫儿山国家森林公园	2000.02	2560.00
006	福建三元国家森林公园	2000.12	4572.00
007	福建龙岩国家森林公园	2000.12	2200.00
008	福建旗山国家森林公园	2000.12	3586.90
009	福建灵石山国家森林公园	2001.02	2275.00
010	福建东山国家森林公园	2002.12	874.60
011	福建德化石牛山国家森林公园	2003.12	8411.00
012	福建三明仙人谷国家森林公园	2003.12	1488.00
013	福建将乐天阶山国家森林公园	2003.12	939.00
014	福建厦门莲花国家森林公园	2003.12	3824.00
015	福建上杭国家森林公园	2003.12	4894.92
016	福建武夷山国家森林公园	2004.12	3085.00
017	福建乌山国家森林公园	2004.12	6920.20
018	福建漳平天台国家森林公园	2004.12	3851.10
019	福建王寿山国家森林公园	2004.12	1535.20
020	福建九龙谷国家森林公园	2006.12	1091.50
021	福建支提山国家森林公园	2006.12	2299.93
022	福建天星山国家森林公园	2008.01	1861.90
023	福建闽江源国家森林公园	2008.01	1182.52
024	福建九龙竹海国家森林公园	2008.12	1704.60
025	福建长乐国家森林公园	2008.12	1768.90
026	福建匡山国家森林公园	2009.12	2175.13
027	福建南靖土楼国家森林公园	2010.09	2233.83
028	福建武夷天池国家森林公园	2013.01	2525.27
029	福建五虎山国家森林公园	2014.07	2668.73
福建	合计	29 处	124775.76
001	江西三爪仑国家森林公园	1993.03	12396.23

（续）

序号	公园名称	建园时间	面积（hm²）
002	江西庐山山南国家森林公园	1993.05	3346.67
003	江西梅岭国家森林公园	1993.05	11173.10
004	江西三百山国家森林公园	1993.05	3330.00
005	江西马祖山国家森林公园	1993.05	666.67
006	江西鄱阳湖口国家森林公园	1993.05	1280.00
007	江西灵岩洞国家森林公园	1993.05	3000.00
008	江西明月山国家森林公园	1994.12	7842.00
009	江西翠微峰国家森林公园	1994.12	7866.67
010	江西天柱峰国家森林公园	2000.02	20757.00
011	江西泰和国家森林公园	2000.12	3000.00
012	江西鹅湖山国家森林公园	2000.12	7950.00
013	江西龟峰国家森林公园	2000.12	7400.00
014	江西上清国家森林公园	2000.12	11800.00
015	江西梅关国家森林公园	2001.11	5300.00
016	江西永丰国家森林公园	2001.11	7600.00
017	江西阁皂山国家森林公园	2001.11	6860.00
018	江西三叠泉国家森林公园	2001.11	1650.97
019	江西武功山国家森林公园	2002.12	24190.00
020	江西铜钹山国家森林公园	2002.12	19500.00
021	江西阳岭国家森林公园	2003.12	6889.80
022	江西天花井国家森林公园	2003.12	685.00
023	江西五指峰国家森林公园	2003.12	24533.00
024	江西柘林湖国家森林公园	2004.12	16450.00
025	江西陡水湖国家森林公园	2004.12	22666.67
026	江西万安国家森林公园	2004.12	16333.00
027	江西三湾国家森林公园	2004.12	15513.30
028	江西安源国家森林公园	2004.12	11069.00

（续）

序号	公园名称	建园时间	面积（hm²）
029	江西景德镇国家森林公园	2005.12	5479.70
030	江西云碧峰国家森林公园	2005.12	872.50
031	江西九连山国家森林公园	2005.12	20063.00
032	江西岩泉国家森林公园	2005.12	4885.39
033	江西瑶里国家森林公园	2005.12	4471.00
034	江西峰山国家森林公园	2006.12	20635.20
035	江西清凉山国家森林公园	2006.12	3397.82
036	江西九岭山国家森林公园	2006.12	1266.16
037	江西岑山国家森林公园	2008.01	955.00
038	江西五府山国家森林公园	2008.01	1715.00
039	江西军峰山国家森林公园	2008.01	1217.15
040	江西碧湖潭国家森林公园	2008.12	6800.00
041	江西怀玉山国家森林公园	2008.12	3354.00
042	江西仰天岗国家森林公园	2009.07	2178.93
043	江西圣水堂国家森林公园	2009.12	4060.10
044	江西鄱阳莲花山国家森林公园	2012.01	6510.00
045	江西彭泽国家森林公园	2013.01	2505.00
046	江西金盆山国家森林公园	2014.02	5981.85
江西	合计	**46 处**	**377396.88**
001	山东崂山国家森林公园	1992.09	7466.67
002	山东抱犊崮国家森林公园	1992.09	666.67
003	山东黄河口国家森林公园	1992.09	50933.33
004	山东昆嵛山国家森林公园	1992.09	4733.33
005	山东罗山国家森林公园	1992.09	480.00
006	山东长岛国家森林公园	1992.09	5700.00
007	山东沂山国家森林公园	1992.09	6466.67
008	山东尼山国家森林公园	1992.09	590.00

（续）

序号	公园名称	建园时间	面积（hm²）
009	山东泰山国家森林公园	1992.09	12000.00
010	山东徂徕山国家森林公园	1992.09	9000.00
011	山东日照海滨国家森林公园	1992.09	788.67
012	山东鹤伴山国家森林公园	1992.09	480.00
013	山东孟良崮国家森林公园	1992.09	800.00
014	山东柳埠国家森林公园	1992.11	2465.53
015	山东刘公岛国家森林公园	1992.11	247.53
016	山东槎山国家森林公园	1992.11	106.67
017	山东药乡国家森林公园	1992.11	1463.67
018	山东原山国家森林公园	1992.12	1705.87
019	山东灵山湾国家森林公园	1993.05	666.67
020	山东双岛国家森林公园	1993.05	2477.30
021	山东蒙山国家森林公园	1994.12	3675.87
022	山东腊山国家森林公园	1996.08	723.00
023	山东仰天山国家森林公园	2000.02	2400.00
024	山东伟德山国家森林公园	2000.12	9150.27
025	山东珠山国家森林公园	2000.12	4000.00
026	山东牛山国家森林公园	2002.12	3000.00
027	山东鲁山国家森林公园	2002.12	4133.33
028	山东岠嵎山国家森林公园	2002.12	1204.00
029	山东五莲山国家森林公园	2003.12	6800.00
030	山东莱芜华山国家森林公园	2003.12	4603.33
031	山东艾山国家森林公园	2004.12	2578.67
032	山东龙口南山国家森林公园	2004.12	949.00
033	山东新泰莲花山国家森林公园	2005.12	2164.00
034	山东牙山国家森林公园	2005.12	10140.00
035	山东招虎山国家森林公园	2005.12	1762.70

（续）

序号	公园名称	建园时间	面积（hm²）
036	山东寿阳山国家森林公园	2008.12	2006.00
037	山东东阿黄河国家森林公园	2010.12	2446.33
038	山东峨庄古村落国家森林公园	2010.12	6800.00
039	山东峄山国家森林公园	2012.09	2136.50
040	山东滕州墨子国家森林公园	2013.01	3041.60
041	山东密州国家森林公园	2013.10	2553.60
042	山东留山古火山国家森林公园	2013.10	2539.00
043	山东泉林国家森林公园	2014.02	4780.46
044	山东章丘国家森林公园	2015.01	5853.50
045	山东峄城古石榴国家森林公园	2015.01	2447.20
046	山东棋山幽峡国家森林公园	2015.01	4257.60
047	山东夏津黄河故道国家森林公园	2015.01	2177.82
048	山东茌平国家森林公园	2015.01	2126.60
山东	合计	**48 处**	**209688.96**
001	河南嵩山国家森林公园	1988.09	11582.00
002	河南寺山国家森林公园	1992.09	5600.00
003	河南汝州国家森林公园	1992.09	4496.67
004	河南石漫滩国家森林公园	1992.09	5333.33
005	河南薄山国家森林公园	1992.09	6066.67
006	河南开封国家森林公园	1992.09	881.60
007	河南亚武山国家森林公园	1992.11	15133.33
008	河南花果山国家森林公园	1993.05	4200.00
009	河南云台山国家森林公园	1993.05	360.00
010	河南白云山国家森林公园	1992.09	8133.33
011	河南龙峪湾国家森林公园	1994.12	1833.33
012	河南五龙洞国家森林公园	1995.11	2527.00
013	河南南湾国家森林公园	1996.09	2810.00

（续）

序号	公园名称	建园时间	面积(hm²)
014	河南甘山国家森林公园	2000.12	3800.00
015	河南淮河源国家森林公园	2002.12	4924.00
016	河南神灵寨国家森林公园	2002.12	5300.00
017	河南铜山湖国家森林公园	2002.12	1996.00
018	河南黄河故道国家森林公园	2002.12	838.00
019	河南郁山国家森林公园	2002.12	2133.00
020	河南玉皇山国家森林公园	2003.12	2982.00
021	河南金兰山国家森林公园	2003.12	3333.00
022	河南嵖岈山国家森林公园	2004.12	2340.00
023	河南天池山国家森林公园	2004.12	1716.00
024	河南始祖山国家森林公园	2005.12	4667.00
025	河南黄柏山国家森林公园	2006.12	4010.00
026	河南燕子山国家森林公园	2006.12	4776.00
027	河南棠溪源国家森林公园	2006.12	3800.00
028	河南大鸿寨国家森林公园	2008.01	3300.00
029	河南天目山国家森林公园	2015.01	4858.90
030	河南大苏山国家森林公园	2015.01	2788.53
031	河南云梦山国家森林公园	2015.12	6811.94
河南	合计	**31 处**	**133331.63**
001	湖北九峰国家森林公园	1992.07	333.33
002	湖北鹿门寺国家森林公园	1992.07	1866.67
003	湖北玉泉寺国家森林公园	1992.07	9666.67
004	湖北大老岭国家森林公园	1992.07	6000.00
005	湖北大口国家森林公园	1995.07	6333.00
006	湖北神农架国家森林公园	1992.11	13333.33
007	湖北龙门河国家森林公园	1993.05	4644.40
008	湖北薤山国家森林公园	1994.12	4533.33

（续）

序号	公园名称	建园时间	面积(hm²)
009	湖北清江国家森林公园	1996.08	55738.00
010	湖北大别山国家森林公园	1996.08	57427.00
011	湖北柴埠溪国家森林公园	1996.08	6667.00
012	湖北潜山国家森林公园	1996.09	206.47
013	湖北八岭山国家森林公园	1996.09	666.67
014	湖北沱水国家森林公园	1998.09	28600.00
015	湖北三角山国家森林公园	2002.12	6451.70
016	湖北中华山国家森林公园	2002.12	5139.87
017	湖北太子山国家森林公园	2002.12	7930.00
018	湖北红安天台山国家森林公园	2003.12	6000.00
019	湖北坪坝营国家森林公园	2004.12	13237.50
020	湖北吴家山国家森林公园	2004.12	5873.00
021	湖北千佛洞国家森林公园	2005.12	993.42
022	湖北双峰山国家森林公园	2005.12	1400.00
023	湖北大洪山国家森林公园	2006.12	1755.50
024	湖北虎爪山国家森林公园	2008.01	2600.00
025	湖北五脑山国家森林公园	2008.01	2153.30
026	湖北沧浪山国家森林公园	2008.12	7466.70
027	湖北安陆古银杏国家森林公园	2009.07	2413.00
028	湖北牛头山国家森林公园	2009.12	1840.00
029	湖北诗经源国家森林公园	2010.12	8280.00
030	湖北九女峰国家森林公园	2012.01	3527.00
031	湖北偏头山国家森林公园	2012.01	3131.65
032	湖北丹江口国家森林公园	2013.01	17773.33
033	湖北崇阳国家森林公园	2014.02	3080.00
034	湖北汉江瀑布群国家森林公园	2014.02	5680.00
035	湖北西塞国家森林公园	2015.01	5458.66

（续）

序号	公园名称	建园时间	面积(hm²)
036	湖北岘山国家森林公园	2015. 01	1759. 00
037	湖北白竹园寺国家森林公园	2015. 12	3052. 30
湖北	合计	37 处	308200. 50
001	湖南张家界国家森林公园	1982. 09	2466. 67
002	湖南神农谷国家森林公园	1992. 07	10000. 00
003	湖南莽山国家森林公园	1992. 07	19833. 33
004	湖南大围山国家森林公园	1992. 07	3703. 00
005	湖南云山国家森林公园	1992. 07	3110. 00
006	湖南九嶷山国家森林公园	1992. 07	8454. 63
007	湖南阳明山国家森林公园	1992. 07	11733. 33
008	湖南南华山国家森林公园	1992. 07	2242. 73
009	湖南黄山头国家森林公园	1992. 07	666. 67
010	湖南桃花源国家森林公园	1992. 07	233. 33
011	湖南天门山国家森林公园	1992. 07	733. 33
012	湖南天际岭国家森林公园	1992. 07	140. 00
013	湖南天鹅山国家森林公园	1992. 07	6326. 40
014	湖南舜皇山国家森林公园	1992. 09	14548. 00
015	湖南东台山国家森林公园	1992. 09	336. 00
016	湖南夹山国家森林公园	1993. 02	1530. 00
017	湖南不二门国家森林公园	1993. 05	5336. 67
018	湖南河洑国家森林公园	1994. 12	333. 33
019	湖南岣嵝峰国家森林公园	1995. 11	2067. 00
020	湖南大云山国家森林公园	1996. 08	1180. 00
021	湖南花岩溪国家森林公园	1997. 12	4000. 00
022	湖南云阳国家森林公园	2002. 12	8688. 70
023	湖南大熊山国家森林公园	2002. 12	7623. 00
024	湖南中坡国家森林公园	2002. 12	1688. 00

（续）

序号	公园名称	建园时间	面积（hm²）
025	湖南幕阜山国家森林公园	2005.12	1701.00
026	湖南金洞国家森林公园	2005.12	2500.00
027	湖南百里龙山国家森林公园	2006.12	13121.00
028	湖南千家峒国家森林公园	2006.12	4430.93
029	湖南两江峡谷国家森林公园	2008.01	6336.02
030	湖南雪峰山国家森林公园	2008.01	3478.10
031	湖南五尖山国家森林公园	2008.01	2879.89
032	湖南桃花江国家森林公园	2008.01	3153.05
033	湖南湘江源国家森林公园	2008.12	7046.70
034	湖南月岩国家森林公园	2008.12	3936.70
035	湖南峰峦溪国家森林公园	2008.12	2216.60
036	湖南柘溪国家森林公园	2009.07	8579.30
037	湖南天堂山国家森林公园	2009.12	5933.40
038	湖南宁乡香山国家森林公园	2009.12	2159.00
039	湖南九龙江国家森林公园	2009.12	8436.30
040	湖南嵩云山国家森林公园	2010.09	3349.67
041	湖南天泉山国家森林公园	2010.09	3538.10
042	湖南西瑶绿谷国家森林公园	2010.12	12441.00
043	湖南青洋湖国家森林公园	2010.12	3247.47
044	湖南熊峰山国家森林公园	2012.01	6161.00
045	湖南溪国家森林公园	2012.01	27718.70
046	湖南福音山国家森林公园	2012.01	6829.70
047	湖南长沙黑麋峰国家森林公园	2012.01	2451.70
048	湖南坐龙峡国家森林公园	2012.01	2371.29
049	湖南攸州国家森林公园	2013.01	6304.20
050	湖南矮寨国家森林公园	2013.10	3383.50
051	湖南嘉山国家森林公园	2014.02	2225.80

（续）

序号	公园名称	建园时间	面积(hm²)
052	湖南永兴丹霞国家森林公园	2015.01	9006.15
053	湖南齐云峰国家森林公园	2015.01	12078.00
054	湖南四明山国家森林公园	2015.01	4372.00
055	湖南北罗霄国家森林公园	2015.12	2936.46
056	湖南靖州国家森林公园	2015.12	4301.36
057	湖南嘉禾国家森林公园	2015.12	4922.89
058	湖南沅陵国家森林公园	2015.12	10283.75
湖南	合计	58 处	320804.85
001	广东梧桐山国家森林公园	1989.06	678.00
002	广东小坑国家森林公园	1992.09	16700.00
003	广东南澳海岛国家森林公园	1992.12	1373.33
004	广东南岭国家森林公园	1993.03	27333.33
005	广东新丰江国家森林公园	1993.05	4479.47
006	广东韶关国家森林公园	1993.05	2010.73
007	广东流溪河国家森林公园	1993.09	9333.33
008	广东南昆山国家森林公园	1993.10	2000.00
009	广东西樵山国家森林公园	1994.12	1400.00
010	广东石门国家森林公园	1995.11	2636.00
011	广东圭峰山国家森林公园	1997.12	3550.00
012	广东英德国家森林公园	2000.12	107000.00
013	广东广宁竹海国家森林公园	2004.12	8500.00
014	广东北峰山国家森林公园	2004.12	1161.60
015	广东大王山国家森林公园	2004.12	806.00
016	广东梁化国家森林公园	2005.12	1333.33
017	广东神光山国家森林公园	2005.12	674.60
018	广东观音山国家森林公园	2005.12	657.18
019	广东三岭山国家森林公园	2006.12	738.79

（续）

序号	公园名称	建园时间	面积(hm²)
020	广东雁鸣湖国家森林公园	2006.12	923.80
021	广东天井山国家森林公园	2008.12	5564.10
022	广东大北山国家森林公园	2008.12	3067.20
023	广东镇山国家森林公园	2009.12	2177.37
024	广东南台山国家森林公园	2009.12	2073.20
广东	合计	24 处	206170.56
001	广西桂林国家森林公园	1992.07	575.67
002	广西良凤江国家森林公园	1992.09	1348.00
003	广西三门江国家森林公园	1993.05	12475.60
004	广西龙潭国家森林公园	1993.05	7800.00
005	广西大桂山国家森林公园	1994.12	3000.00
006	广西元宝山国家森林公园	1994.12	25000.00
007	广西八角寨国家森林公园	1996.08	84000.00
008	广西十万大山国家森林公园	1996.08	8810.00
009	广西龙胜温泉国家森林公园	1996.08	420.00
010	广西姑婆山国家森林公园	1996.08	8000.00
011	广西大瑶山国家森林公园	1997.12	11124.00
012	广西黄猄洞天坑国家森林公园	2002.12	13879.70
013	广西飞龙湖国家森林公园	2003.12	12097.56
014	广西太平狮山国家森林公园	2003.12	5550.23
015	广西大容山国家森林公园	2003.12	4825.00
016	广西九龙瀑布群国家森林公园	2005.12	1639.87
017	广西平天山国家森林公园	2005.12	1676.20
018	广西红茶沟国家森林公园	2005.12	1896.40
019	广西阳朔国家森林公园	2005.12	4355.90
020	广西龙滩大峡谷国家森林公园	2008.01	4172.60
广西	合计	20 处	212646.73

（续）

序号	公园名称	建园时间	面积（hm²）
001	海南尖峰岭国家森林公园	1992.09	46666.67
002	海南蓝洋温泉国家森林公园	1999.05	5660.32
003	海南吊罗山国家森林公园	1999.05	37900.00
004	海南海口火山国家森林公园	2000.02	2000.00
005	海南七仙岭温泉国家森林公园	2001.11	2200.00
006	海南黎母山国家森林公园	2002.12	12889.00
007	海南海上国家森林公园	2005.12	526.33
008	海南霸王岭国家森林公园	2006.12	8444.30
009	海南兴隆侨乡国家森林公园	2013.10	2815.31
海南	合计	**9处**	**119101.93**
001	重庆双桂山国家森林公园	1992.09	102.00
002	重庆小三峡国家森林公园	1993.10	2000.00
003	重庆金佛山国家森林公园	1994.12	6081.87
004	重庆黄水国家森林公园	1998.09	4200.00
005	重庆仙女山国家森林公园	1999.05	2339.70
006	重庆茂云山国家森林公园	2000.12	1910.20
007	重庆武陵山国家森林公园	2001.11	1633.33
008	重庆青龙湖国家森林公园	2001.11	5236.30
009	重庆黔江国家森林公园	2001.11	12800.00
010	重庆梁平东山国家森林公园	2001.11	3780.00
011	重庆桥口坝国家森林公园	2002.12	7655.17
012	重庆铁峰山国家森林公园	2002.12	9100.00
013	重庆红池坝国家森林公园	2002.12	24200.00
014	重庆雪宝山国家森林公园	2002.12	9771.80
015	重庆歌乐山国家森林公园	2003.12	1403.03
016	重庆玉龙山国家森林公园	2003.12	3517.39
017	重庆茶山竹海国家森林公园	2003.12	9979.00

（续）

序号	公园名称	建园时间	面积（hm²）
018	重庆黑山国家森林公园	2003.12	2652.00
019	重庆九重山国家森林公园	2004.12	10089.00
020	重庆大园洞国家森林公园	2004.12	3459.00
021	重庆南山国家森林公园	2004.12	3080.00
022	重庆观音峡国家森林公园	2005.12	1615.00
023	重庆天池山国家森林公园	2008.01	953.40
024	重庆酉阳桃花源国家森林公园	2008.12	2734.33
025	重庆巴尔盖国家森林公园	2010.09	3644.30
026	重庆毓青山国家森林公园	2015.12	2366.53
重庆	合计	26 处	136303.35
001	四川都江堰国家森林公园	1992.07	29548.00
002	四川剑门关国家森林公园	1992.07	3311.51
003	四川瓦屋山国家森林公园	1993.05	65869.80
004	四川高山国家森林公园	1993.05	837.87
005	四川西岭国家森林公园	1993.05	48650.00
006	四川二滩国家森林公园	1993.10	54546.67
007	四川海螺沟国家森林公园	1993.10	18598.00
008	四川七曲山国家森林公园	1994.12	2000.00
009	四川九寨国家森林公园	1995.11	37000.00
010	四川天台山国家森林公园	1995.11	1328.00
011	四川福宝国家森林公园	1997.12	11000.00
012	四川黑竹沟国家森林公园	2000.02	28154.20
013	四川夹金山国家森林公园	2000.12	88332.10
014	四川龙苍沟国家森林公园	2000.12	7776.93
015	四川美女峰国家森林公园	2001.11	1900.00
016	四川白水河国家森林公园	2001.11	2271.71
017	四川华蓥山国家森林公园	2002.12	8091.25

（续）

序号	公园名称	建园时间	面积(hm²)
018	四川五峰山国家森林公园	2002.12	876.16
019	四川千佛山国家森林公园	2002.12	7800.00
020	四川措普国家森林公园	2002.12	48061.77
021	四川米仓山国家森林公园	2002.12	40155.00
022	四川天曌山国家森林公园	2003.12	1334.30
023	四川镇龙山国家森林公园	2003.12	2553.00
024	四川二郎山国家森林公园	2003.12	57517.00
025	四川雅克夏国家森林公园	2003.12	44889.00
026	四川天马山国家森林公园	2004.12	2297.00
027	四川空山国家森林公园	2004.12	11511.00
028	四川云湖国家森林公园	2004.12	1013.00
029	四川铁山国家森林公园	2006.12	2666.70
030	四川荷花海国家森林公园	2006.12	5416.80
031	四川凌云山国家森林公园	2008.01	1116.40
032	四川北川国家森林公园	2012.09	3656.00
033	四川阆中国家森林公园	2013.01	2330.50
034	四川宣汉国家森林公园	2015.01	4621.27
035	四川苍溪国家森林公园	2015.01	2898.86
036	四川沐川国家森林公园	2015.01	6485.93
037	四川鸡冠山国家森林公园	2015.12	2601.55
四川	合计	37 处	659017.28
001	贵州百里杜鹃国家森林公园	1993.05	18114.60
002	贵州竹海国家森林公园	1993.05	11200.00
003	贵州九龙山国家森林公园	2001.11	12500.00
004	贵州凤凰山国家森林公园	2001.11	1061.77
005	贵州长坡岭国家森林公园	2001.11	1294.21
006	贵州尧人山国家森林公园	2001.11	4787.00

（续）

序号	公园名称	建园时间	面积（hm²）
007	贵州燕子岩国家森林公园	2001.11	10400.00
008	贵州玉舍国家森林公园	2002.12	924.47
009	贵州雷公山国家森林公园	2002.12	4354.73
010	贵州习水国家森林公园	2003.12	14027.46
011	贵州黎平国家森林公园	2003.12	5475.00
012	贵州朱家山国家森林公园	2004.12	4888.20
013	贵州紫林山国家森林公园	2004.12	3529.00
014	贵州瀴阳湖国家森林公园	2004.12	21283.00
015	贵州赫章夜郎国家级森林公园	2004.12	4733.00
016	贵州青云湖国家森林公园	2005.12	2991.00
017	贵州大板水国家森林公园	2005.12	3132.00
018	贵州毕节国家森林公园	2005.12	4133.00
019	贵州仙鹤坪国家森林公园	2005.12	9065.00
020	贵州龙架山国家森林公园	2006.12	6079.00
021	贵州九道水国家森林公园	2006.12	1244.50
022	贵州台江国家森林公园	2012.01	6702.91
023	贵州甘溪国家森林公园	2015.01	2680.04
024	贵州油杉河大峡谷国家森林公园	2015.01	5177.92
025	贵州黄果树瀑布源国家森林公园	2015.01	5811.29
贵州	合计	25 处	165589.10
001	云南巍宝山国家森林公园	1992.11	1255.00
002	云南天星国家森林公园	1992.11	7420.00
003	云南清华洞国家森林公园	1992.11	9856.47
004	云南东山国家森林公园	1992.11	6281.80
005	云南来凤山国家森林公园	1992.11	6466.93
006	云南花鱼洞国家森林公园	1992.11	3143.00
007	云南磨盘山国家森林公园	1992.11	24200.00

（续）

序号	公园名称	建园时间	面积（hm²）
008	云南龙泉国家森林公园	1992.11	1000.00
009	云南太阳河国家森林公园	1992.11	6666.67
010	云南金殿国家森林公园	1992.11	1970.40
011	云南章凤国家森林公园	1993.03	7000.00
012	云南十八连山国家森林公园	1993.05	2078.00
013	云南鲁布革国家森林公园	1993.05	4866.67
014	云南珠江源国家森林公园	1993.05	4376.00
015	云南五峰山国家森林公园	1993.05	2492.13
016	云南钟灵山国家森林公园	1993.05	540.00
017	云南棋盘山国家森林公园	1997.12	920.00
018	云南灵宝山国家森林公园	1997.12	811.20
019	云南铜锣坝国家森林公园	1999.05	3237.00
020	云南五老山国家森林公园	1999.05	3604.00
021	云南紫金山国家森林公园	2000.12	1700.00
022	云南飞来寺国家森林公园	2000.12	3431.25
023	云南圭山国家森林公园	2000.12	3206.00
024	云南新生桥国家森林公园	2001.11	2616.00
025	云南西双版纳国家森林公园	2004.12	1801.70
026	云南宝台山国家森林公园	2005.12	1047.00
027	云南双江古茶山国家森林公园	2015.01	5412.00
云南	合计	27 处	117399.22
001	西藏巴松湖国家森林公园	2001.11	410000.00
002	西藏色季拉国家森林公园	2001.11	400000.00
003	西藏冈仁波齐国家森公园	2004.12	167703.91
004	西藏班公湖国家森公园	2004.12	48159.00
005	西藏然乌湖国家森公园	2004.12	116150.00
006	西藏热振国家森公园	2004.12	7463.00

（续）

序号	公园名称	建园时间	面积(hm²)
007	西藏姐德秀国家森公园	2004.12	8498.00
008	西藏尼木国家森林公园	2009.07	6192.00
009	西藏比日神山国家森林公园	2012.01	22594.15
西藏	合计	9 处	1186760.06
001	陕西太白山国家森林公园	1991.08	2949.00
002	陕西延安国家森林公园	1992.04	5446.67
003	陕西楼观台国家森林公园	1992.07	27487.00
004	陕西终南山国家森林公园	1992.07	4799.00
005	陕西天台山国家森林公园	1993.05	8100.00
006	陕西天华山国家森林公园	1997.12	6000.00
007	陕西朱雀国家森林公园	1999.05	2621.00
008	陕西南宫山国家森林公园	2000.02	3100.00
009	陕西王顺山国家森林公园	2000.12	3633.00
010	陕西五龙洞国家森林公园	2001.11	5800.00
011	陕西骊山国家森林公园	2001.11	1873.30
012	陕西汉中天台国家森林公园	2002.12	3929.00
013	陕西黎坪国家森林公园	2002.12	9400.00
014	陕西金丝大峡谷国家森林公园	2002.12	1790.00
015	陕西通天河国家森林公园	2002.12	5235.00
016	陕西木王国家森林公园	2003.12	3616.00
017	陕西榆林沙漠国家森林公园	2003.12	871.40
018	陕西劳山国家森林公园	2004.12	1933.00
019	陕西太平国家森林公园	2004.12	6085.00
020	陕西鬼谷岭国家森林公园	2004.12	5135.00
021	陕西蟒头山国家森林公园	2005.12	2120.00
022	陕西玉华宫国家森林公园	2005.12	3200.00
023	陕西千家坪国家森林公园	2005.12	2145.00

（续）

序号	公园名称	建园时间	面积（hm²）
024	陕西上坝河国家森林公园	2006.12	4526.00
025	陕西黑河国家森林公园	2006.12	7462.20
026	陕西洪庆山国家森林公园	2006.12	3000.00
027	陕西牛背梁国家森林公园	2008.01	2123.70
028	陕西天竺山国家森林公园	2008.12	1809.00
029	陕西紫柏山国家森林公园	2008.12	4662.00
030	陕西少华山国家森林公园	2008.12	6300.00
031	陕西石门山国家森林公园	2010.09	8856.00
032	陕西黄陵国家森林公园	2012.01	4358.50
033	陕西青峰峡国家森林公园	2013.01	6878.00
034	陕西黄龙山国家森林公园	2013.01	9913.00
035	陕西汉阴凤凰山国家森林公园	2014.02	8235.00
陕西	**合计**	**35 处**	**185391.77**
001	甘肃吐鲁沟国家森林公园	1992.09	5848.00
002	甘肃石佛沟国家森林公园	1992.09	6376.00
003	甘肃松鸣岩国家森林公园	1992.09	2666.67
004	甘肃云崖寺国家森林公园	1992.11	14891.00
005	甘肃徐家山国家森林公园	1992.11	171.07
006	甘肃贵清山国家森林公园	1996.08	6200.00
007	甘肃麦积国家森林公园	1997.12	8442.00
008	甘肃鸡峰山国家森林公园	1999.05	4200.00
009	甘肃渭河源国家森林公园	2000.12	7917.00
010	甘肃天祝三峡国家森林公园	2002.12	138706.00
011	甘肃冶力关国家森林公园	2002.12	79400.00
012	甘肃官鹅沟国家森林公园	2003.12	41996.10
013	甘肃沙滩国家森林公园	2003.12	17415.00
014	甘肃腊子口国家森林公园	2003.12	27896.90

（续）

序号	公园名称	建园时间	面积(hm²)
015	甘肃大峪国家森林公园	2003.12	27625.00
016	甘肃小陇山国家森林公园	2005.12	19670.00
017	甘肃文县天池国家森林公园	2005.12	14338.00
018	甘肃莲花山国家森林公园	2005.12	4873.00
019	甘肃周祖陵国家森林公园	2005.12	613.70
020	甘肃寿鹿山国家森林公园	2005.12	1086.01
021	甘肃大峡沟国家森林公园	2005.12	4070.00
022	甘肃子午岭国家森林公园	2015.01	37350.00
甘肃	合计	22 处	471751.45
001	宁夏六盘山国家森林公园	2000.02	7900.00
002	宁夏苏峪口国家森林公园	2000.02	9587.00
003	宁夏花马寺国家森林公园	2002.12	5000.00
004	宁夏火石寨国家森林公园	2003.12	6100.00
宁夏	合计	4 处	28587.00
001	青海坎布拉国家森林公园	1992.11	15247.00
002	青海北山国家森林公园	1992.11	112723.00
003	青海大通国家森林公园	2001.11	4747.10
004	青海群加国家森林公园	2002.12	5849.00
005	青海仙米国家森林公园	2003.12	148025.00
006	青海哈里哈图国家森林公园	2005.12	5170.50
007	青海麦秀国家森林公园	2005.12	1535.00
青海	合计	7 处	293296.60
001	新疆天山大峡谷国家森林公园	1993.05	84737.08
002	新疆天池国家森林公园	1994.12	44627.00
003	新疆那拉提国家森林公园	2001.11	6025.00
004	新疆巩乃斯国家森林公园	2001.11	73104.00
005	新疆贾登峪国家森林公园	2002.12	38985.00

（续）

序号	公园名称	建园时间	面积（hm²）
006	新疆白哈巴国家森林公园	2002.12	48376.00
007	新疆江布拉克国家森林公园	2003.12	29306.00
008	新疆唐布拉国家森林公园	2003.12	34237.00
009	新疆科桑溶洞国家森林公园	2003.12	16400.00
010	新疆金湖杨国家森林公园	2003.12	2000.00
011	新疆巩留恰西国家森林公园	2004.12	55600.00
012	新疆哈密天山国家森林公园	2004.12	166570.30
013	新疆哈日图热格国家森林公园	2004.12	26848.00
014	新疆乌苏佛山国家森林公园	2008.12	39343.56
015	新疆哈巴河白桦国家森林公园	2010.09	24700.95
016	新疆阿尔泰山温泉国家森林公园	2010.09	88793.00
017	新疆夏塔古道国家森林公园	2010.09	38507.49
018	新疆塔西河国家森林公园	2012.01	4309.14
019	新疆巴楚胡杨林国家森林公园	2012.01	169371.03
020	新疆乌鲁木齐天山国家森林公园	2015.01	21236.06
021	新疆车师古道国家森林公园	2015.01	100120.00
新疆	合计	21 处	1113196.61
	共计	826 处	10845491.71

表8-12　2005—2015 年森林公园建设发展情况

年份	森林公园总数（处）	森林公园规划面积（万 hm²）	年度投资总额（亿元）	年度生态建设投资（亿元）	职工总数（万人）	游客总数（亿人次）	旅游收入（亿元）
2005 年	1928	1513.42	78.09	6.02	10.34	1.74	83.98
2006 年	2067	1569.32	82.91	6.27	10.61	2.13	118.29
2007 年	2151	1597.47	115.34	8.88	11.81	2.47	157.98
2008 年	2277	1630.19	136.75	18.68	12.24	2.74	187.11

（续）

年份	森林公园总数（处）	森林公园规划面积（万 hm²）	年度投资总额（亿元）	年度生态建设投资（亿元）	职工总数（万人）	游客总数（亿人次）	旅游收入（亿元）
2009 年	2458	1652.50	191.16	18.00	12.74	3.33	226.14
2010 年	2583	1677.69	224.98	25.33	13.53	3.96	294.94
2011 年	2747	1706.30	313.13	43.25	15.00	4.68	376.42
2012 年	2855	1738.21	432.07	47.98	16.04	5.48	453.30
2013 年	2948	1758.00	486.69	56.15	16.49	5.89	491.10
2014 年	3101	1780.54	457.70	54.54	16.97	7.10	572.13
2015 年	3234	1801.71	416.90	51.68	17.23	7.95	705.60

第十一节　湿地公园

　　湿地公园是指以保护湿地生态系统、合理利用湿地资源、开展宣传教育和科学研究为目的，按照有关规定予以保护和管理的特定区域。

　　湿地公园是我国最近 10 年发展起来的新型湿地资源保护与利用方式。2005 年，国家林业局批准了第一个国家湿地公园（试点）——杭州西溪国家湿地公园。之后，湿地公园作为一种新的湿地保护形式，发展速度逐步加快（表 8-13）。

表 8-13　全国国家湿地公园年新增数量情况

年份	国家湿地公园（试点）新增数量（个）	年份	国家湿地公园（试点）新增数量（个）
2005 年	2	2011 年	68
2006 年	4	2012 年	85
2007 年	12	2013 年	131
2008 年	20	2014 年	140
2009 年	62	2015 年	137
2010 年	45	总计	706

　　注：2009 年 62 个中取消试点 1 个。

截至 2015 年年底，国家林业局批准国家湿地公园（试点）706 个，其中，通过国家湿地公园试点验收，正式命名"国家湿地公园"的 98 处，取消国家湿地公园（试点）资格 1 个，仍在试点建设的 607 处。

截至 2015 年年底，全国林业部门已批准建立不同类型、不同级别的湿地公园 1255 个，其中，国家湿地公园（含试点）705 个（表 8-14），地方湿地公园 550 个。

通过湿地公园的建设，发挥了扩大湿地保护面积的主力军作用，抢救性保护和恢复了一批重要湿地和野生动植物栖息地，有效促进了各级政府对湿地保护的重视，改善了湿地保护的大环境，巩固并扩大了林业的职能。同时，通过合理利用、宣教活动的开展，有效改善了地方生态和居民生活环境，为百姓提供了重要的自然生态的休憩场所，起到了对社会公众的湿地科学和生态环境教育功能，提高了全社会的湿地保护意识，营造了良好的湿地保护氛围。全国每年约 1 亿人接触到湿地保护方面的教育，游客和湿地周边群众的湿地保护意识得到明显提高，湿地知识得到普及，带动全民湿地保护意识提升，对全国的生态文明建设具有积极的影响。

表 8-14　国家湿地公园名录

省份	名称	面积（hm^2）	湿地面积（hm^2）	湿地类型	批准年度
北京市	北京野鸭湖国家湿地公园	283	251	沼泽	2006
	北京房山长沟泉水国家湿地公园	388	173	库塘	2014
天津市	天津武清永定河故道国家湿地公园	249	211	河流	2013
	天津宝坻潮白河国家湿地公园	5582	4520	河流、人工	2014
河北省	河北坝上闪电河国家湿地公园	4120	801	河流	2009
	河北北戴河国家湿地公园	307	164	滨海	2010
	河北丰宁海留图国家湿地公园	2160	859	沼泽	2011
	河北永年洼国家湿地公园	1070	599	湖泊	2012
	河北康保康巴诺尔国家湿地公园	368	183	湖泊	2012
	河北尚义察汗淖尔国家湿地公园	5400	4000	湖泊	2012

（续）

省份	名　称	面积（hm²）	湿地面积（hm²）	湿地类型	批准年度
河北省	河北崇礼清水河源国家湿地公园	355	203	河流、沼泽	2013
	河北木兰围场小滦河国家湿地公园	250	185	河流、沼泽	2013
	河北香河潮白河大运河国家湿地公园	3689	1471	河流、人工	2014
	河北怀来官厅水库国家湿地公园	13539	13080	人工、河流	2014
	河北张北黄盖淖国家湿地公园	1191	1159	湖泊	2015
	河北涉县清漳河国家湿地公园	818	639	河流	2015
	河北承德双塔山滦河国家湿地公园	549	456	河流	2015
	河北内丘鹊山湖国家湿地公园	300	159	库塘	2015
	河北峰峰滏阳河国家湿地公园	225	140	河流	2015
	河北隆化伊逊河国家湿地公园	604	341	河流	2015
	河北青龙湖国家湿地公园	8400	3567	库塘	2015
山西省	山西垣曲古城国家湿地公园	2907	2315	河流	2010
	山西千泉湖国家湿地公园	1054	407	人工	2011
	山西昌源河国家湿地公园	892	608	河流、沼泽	2011
	山西双龙湖国家湿地公园	1080	664	人工、沼泽	2012
	山西文峪河国家湿地公园	5325	1833	河流	2012
	山西介休汾河国家湿地公园	875	429	河流	2012
	山西神溪国家湿地公园	316	247	河流、人工	2013
	山西沁河源国家湿地公园	248	94	河流	2013
	山西长子精卫湖国家湿地公园	359	298	库塘	2014
	山西稷山汾河国家湿地公园	718	608	河流	2014
	山西孝义孝河国家湿地公园	599	299	库塘、河流	2014
	山西静乐汾河川国家湿地公园	594	413	河流	2014
	山西洪洞汾河国家湿地公园	1295	1037	河流	2015
	山西右玉苍头河国家湿地公园	775	460	河流	2015
	山西大同桑干河国家湿地公园	4718	3933	河流、沼泽	2015

（续）

省份	名　称	面积 （hm²）	湿地面积 （hm²）	湿地类型	批准 年度
内蒙古 自治区	内蒙古白狼洮儿河国家湿地公园	1135	380	河流、沼泽	2006
	内蒙古阿拉善黄河国家湿地公园	771	483	河流、湖泊	2009
	内蒙古巴美湖国家湿地公园	674	396	湖泊、沼泽	2011
	内蒙古纳林湖国家湿地公园	1646	894	湖泊、沼泽	2011
	内蒙古包头黄河国家湿地公园	12222	4710	河流、湖泊、沼泽	2011
	内蒙古额尔古纳国家湿地公园	12072	9507	河流、沼泽	2012
	内蒙古免渡河国家湿地公园	6627	4941	河流、沼泽、人工	2012
	内蒙古索尔奇国家湿地公园	1256	665	河流、沼泽、人工	2012
	内蒙古锡林河国家湿地公园	6556	4681	河流、人工、沼泽	2012
	内蒙古哈素海国家湿地公园	607	333	河流、湖泊、沼泽、人工	2012
	内蒙古萨拉乌苏国家湿地公园	3004	1295	人工、河流	2012
	内蒙古多伦滦河源国家湿地公园	5538	2424	河流、沼泽、人工	2013
	内蒙古乌海龙游湾国家湿地公园	890	636	河流、沼泽、人工	2013
	内蒙古临河黄河国家湿地公园	4638	3022	河流、人工	2013
	内蒙古乌兰浩特洮儿河国家湿地公园	2606	2384	河流 人工	2014
	内蒙古正蓝旗上都河国家湿地公园	11950	8870	河流、沼泽、人工	2014
	内蒙古白狼奥伦布坎国家湿地公园	6181	1920	沼泽湿地	2015
	内蒙古扎兰屯秀水国家湿地公园	10039	8079	河流湿地	2015
	内蒙古莫和尔图国家湿地公园	10129	4672	沼泽湿地	2015
	内蒙古陈巴尔虎陶海国家湿地公园	1504	1285	沼泽、河流湿地	2015
	内蒙古巴林雅鲁河国家湿地公园	22871	21442	沼泽、河流湿地	2015
	内蒙古满洲里二卡国家湿地公园	5879	5653	沼泽湿地	2015

（续）

省份	名　称	面积（hm²）	湿地面积（hm²）	湿地类型	批准年度
内蒙古自治区	内蒙古奈曼孟家段国家湿地公园	3176	2522	库塘湿地	2015
	内蒙古包头昆都仑河国家湿地公园	715	393	河流湿地	2015
	内蒙古兴和察尔湖国家湿地公园	1937	1225	库塘湿地	2015
	内蒙古碰口奈伦湖国家湿地公园	1816	1503	库塘、沼泽湿地	2015
内蒙古森工	内蒙古大兴安岭根河源国家湿地公园	59060	20291	沼泽、河流	2011
	内蒙古大兴安岭图里河国家湿地公园	5413	3195	沼泽、河流	2011
	内蒙古牛耳河国家湿地公园	17525	10718	沼泽、河流	2012
	内蒙古绰源国家湿地公园	5284	2562	沼泽、河流	2013
	内蒙古伊图里河国家湿地公园	6015	3623	沼泽、河流	2013
	内蒙古大杨树奎勒河国家湿地公园	4887	2542	河流	2014
	内蒙古甘河国家湿地公园	3965	3498	河流	2014
	内蒙古阿尔山哈拉哈河国家湿地公园	4139	1505	沼泽湿地	2015
	内蒙古卡鲁奔国家湿地公园	6773	5587	沼泽湿地	2015
	内蒙古库都尔河国家湿地公园	5776	3892	沼泽湿地	2015
辽宁省	辽宁铁岭莲花湖国家湿地公园	2442	1500	沼泽、人工、库塘、河流	2007
	辽宁大汤河国家湿地公园	299	248	河流、库塘	2011
	辽宁大伙房国家湿地公园	2670	1695	人工、库塘、河流	2011
	辽宁桓龙湖国家湿地公园	1382	947	人工、库塘	2012
	辽宁法库獾子洞国家湿地公园	2799	2047	人工、库塘	2012
	辽宁辽中蒲河国家湿地公园	8142	5272	河流、沼泽	2012

（续）

省份	名 称	面积 （hm²）	湿地面积 （hm²）	湿地类型	批准年度
辽宁省	辽宁沈北七星国家湿地公园	573	560	河流、沼泽	2013
	辽宁抚顺社河国家湿地公园	735	404	河流	2013
	辽宁葫芦岛龙兴国家湿地公园	3203	2989	近海与海岸湿地	2015
	辽宁北镇新立湖国家湿地公园	728	685	库塘湿地	2015
	辽宁凤城草河国家湿地公园	618	474	河流湿地	2015
	辽宁凌源青龙河国家湿地公园	367	171	河流湿地	2015
	辽宁盘山绕阳湾国家湿地公园	3787	3751	河流湿地	2015
	辽宁昌图辽河国家湿地公园	2192	1681	河流湿地	2015
	辽宁康平辽河国家湿地公园	2724	2257	河流湿地	2015
吉林省	吉林磨盘湖国家湿地公园	3278	1723	湖泊	2007
	吉林扶余大金碑国家湿地公园	3068	2781	沼泽	2009
	吉林大安嫩江湾国家湿地公园	2441	1573	沼泽	2009
	吉林大石头亚光湖国家湿地公园	2291	1380	沼泽	2009
	吉林榆树老干江国家湿地公园	542	497	人工	2009
	吉林牛心套保国家湿地公园	4200	3320	沼泽	2011
	吉林镇赉环城国家湿地公园	2785	2704	湖泊	2012
	吉林东辽鴜鹭湖国家湿地公园	642	515	湖泊	2012
	吉林长春北湖国家湿地公园	1182	377	湖泊、沼泽	2012
	吉林长白泥粒河国家湿地公园	3071	1198	沼泽、河流	2013
	吉林和龙泉水河国家湿地公园	4791	2046	沼泽、河流	2013
	吉林通化蝲蛄河国家湿地公园	2055	824	河流、人工	2013
	吉林八家子古洞河国家湿地公园	944	383	河流、沼泽	2013
	吉林长白山碱水河国家湿地公园	244	137	河流	2013
	吉林集安霸王潮国家湿地公园	866	643	河流	2013
	吉林临江五道沟国家湿地公园	4153	1466	河流、沼泽	2013

（续）

省份	名　称	面积 （hm²）	湿地面积 （hm²）	湿地类型	批准 年度
吉林省	吉林辽源凤鸣湖国家湿地公园	862	285	湖泊	2013
	吉林农安太平池国家湿地公园	4275	3467	库塘	2014
	吉林长春新立湖国家湿地公园	10998	7016	库塘	2014
	吉林白山珠宝河国家湿地公园	652	321	库塘	2014
	吉林汪清嘎呀河国家湿地公园	1161	520	河流、沼泽	2014
黑龙江省	黑龙江太阳岛国家湿地公园	12408	8143	河流	2008
	黑龙江白渔泡国家湿地公园	284	240	沼泽	2008
	黑龙江富锦国家湿地公园	2200	1200	沼泽	2009
	黑龙江安邦河国家湿地公园	290	265	沼泽	2009
	黑龙江塔头湖河国家湿地公园	3737	1177	河流	2010
	黑龙江齐齐哈尔明星岛国家湿地公园	1590	1583	沼泽	2010
	黑龙江泰湖国家湿地公园	1365	1081	沼泽	2010
	黑龙江同江三江口国家湿地公园	1131	1001	河流	2011
	黑龙江肇岳山国家湿地公园	235	141	沼泽	2011
	黑龙江黑瞎子岛国家湿地公园	2950	2534	河流	2011
	黑龙江巴彦江湾国家湿地公园	1204	1176	人工	2012
	黑龙江杜尔伯特天湖国家湿地公园	2380	2239	湖泊	2012
	黑龙江蚂蜒河国家湿地公园	377	242	河流	2012
	黑龙江肇源莲花湖国家湿地公园	115	65	湖泊	2012
	黑龙江木兰松花江国家湿地公园	444	375	河流	2012
	黑龙江白桦川国家湿地公园	8571	4537	河流	2012
	黑龙江宾县二龙湖国家湿地公园	1286	1028	湖泊	2012
	黑龙江通河二龙潭国家湿地公园	2071	1796	湖泊	2012
	黑龙江嘉荫茅兰河口国家湿地公园	1230	827	河流	2012
	黑龙江鹤岗十里河国家湿地公园	647	409	沼泽	2013
	黑龙江虎林国家湿地公园	4354	4239	河流、沼泽	2013

（续）

省份	名　　称	面积（hm²）	湿地面积（hm²）	湿地类型	批准年度
黑龙江省	黑龙江塔河固奇谷国家湿地公园	3974	3616	河流	2013
	黑龙江安达古大湖国家湿地公园	4850	4807	湖泊	2013
	黑龙江七台河桃山湖国家湿地公园	2950	2310	库塘	2013
	黑龙江哈尔滨松北国家湿地公园	127	56	沼泽	2014
	黑龙江青冈靖河国家湿地公园	537	465	沼泽、河流	2014
	黑龙江饶河乌苏里江国家湿地公园	1618	1409	河流、沼泽	2014
	黑龙江东宁绥芬河国家湿地公园	2396	1686	河流、沼泽	2014
	黑龙江齐齐哈尔江心岛国家湿地公园	828	685	河流	2014
	黑龙江哈尔滨阿勒锦岛国家湿地公园	417	298	河流	2015
	黑龙江呼兰河口国家湿地公园	708	679	河流	2015
	黑龙江尚志蚂蚁河国家湿地公园	1558	1044	河流	2015
	黑龙江富裕龙安桥国家湿地公园	1837	1676	沼泽	2015
	黑龙江绥滨月牙湖国家湿地公园	570	259	沼泽	2015
	黑龙江北安乌裕尔河国家湿地公园	1454	1217	河流、沼泽	2015
	黑龙江牡丹江沿江国家湿地公园	858	753	河流	2015
	黑龙江西安区海浪河国家湿地公园	637	360	河流	2015
	黑龙江方正湖国家湿地公园	677	621	湖泊、河流	2015
大兴安岭林业集团公司	黑龙江新青国家湿地公园	4490	4457	沼泽	2008
	黑龙江东方红南岔湖国家湿地公园	1638	1127	沼泽、河流、库塘	2013
	黑龙江红星霍吉河国家湿地公园	6468	2019	河流、沼泽	2013
	黑龙江兴隆白杨木河国家湿地公园	2871	1261	人工	2013
	黑龙江亚布力红星河国家湿地公园	7351	2366	河流	2014
	黑龙江绥阳国家湿地公园	6257	5292	沼泽	2015
	黑龙江东京城镜泊湖源头国家湿地公园	4300	1332	沼泽	2015
黑龙江森工	黑龙江大兴安岭阿木尔国家湿地公园	3226	2942	沼泽	2011
	黑龙江大兴安岭古里河国家湿地公园	28702	15846	沼泽	2011

（续）

省份	名　　称	面积（hm²）	湿地面积（hm²）	湿地类型	批准年度
黑龙江森工	黑龙江大兴安岭九曲十八湾国家湿地公园	4929	3971	沼泽	2011
	黑龙江大兴安岭双河源国家湿地公园	8712	7656	沼泽	2011
	黑龙江大兴安岭砍都河国家湿地公园	7765	5298	沼泽、河流	2013
	黑龙江呼中呼玛河源国家湿地公园	3156	2306	河流森林沼泽	2014
	黑龙江漠河大林河国家湿地公园	3935	3121	河流	2014
上海市	上海崇明西沙国家湿地公园	363	359	沼泽	2011
	上海吴淞炮台湾国家湿地公园	107	64	近海与海岸、人工	2013
江苏省	江苏姜堰溱湖国家湿地公园	2600	858	湖泊	2005
	江苏扬州宝应湖国家湿地公园	540	374	湖泊	2009
	江苏苏州太湖湖滨国家湿地公园	410	327	湖泊	2009
	江苏无锡长广溪国家湿地公园	1000	450	河流	2009
	江苏沙家浜国家湿地公园	333	200	沼泽	2009
	江苏苏州太湖国家湿地公园	230	204	人工	2010
	江苏无锡梁鸿国家湿地公园	230	93	河流	2010
	江苏南京长江新济洲国家湿地公园	5860	4650	河流	2010
	江苏太湖三山岛国家湿地公园	625	417	湖泊	2011
	江苏扬州凤凰岛国家湿地公园	225	131	湖泊	2011
	江苏无锡蠡湖国家湿地公园	1126	745	湖泊	2011
	江苏溧阳天目湖国家湿地公园	1150	765	人工、河流	2012
	江苏九里湖国家湿地公园	131	120	湖泊	2012
	江苏淮安古淮河国家湿地公园	246	136	河流	2013
	江苏句容赤山湖国家湿地公园	1300	1147	人工、湖泊	2013
	江苏昆山天福国家湿地公园	791	326	人工、湖泊、河流	2013
	江苏吴江同里国家湿地公园	1143	920	湖泊	2013
	江苏徐州潘安湖国家湿地公园	467	313	湖泊、人工	2013

（续）

省份	名　称	面积（hm²）	湿地面积（hm²）	湿地类型	批准年度
江苏省	江苏丰县黄河故道大沙河国家湿地公园	381	225	河流、人工	2014
	江苏溧阳长荡湖国家湿地公园	260	213	湖泊、人工	2014
	江苏沛县安国湖国家湿地公园	517	353	人工湿地	2015
	江苏建湖九龙口国家湿地公园	659	643	人工湿地、沼泽湿地、河流湿地	2015
	江苏淮安白马湖国家湿地公园	3243	3058	湖泊、河流、人工湿地	2015
浙江省	浙江杭州西溪国家湿地公园	1008	756	湖泊	2005
	浙江德清下渚湖国家湿地公园	3739	115	湖泊	2008
	浙江丽水九龙国家湿地公园	1416	520	河流	2008
	浙江衢州乌溪江国家湿地公园	12399	2827	人工	2009
	浙江诸暨白塔湖国家湿地公园	856	425	湖泊	2009
	浙江长兴仙山湖国家湿地公园	2638	1637	湖泊	2009
	浙江玉环漩门湾国家湿地公园	3148	2860	滨海、人工	2011
	浙江杭州湾国家湿地公园	470	216	滨海	2011
	浙江天台始丰溪国家湿地公园	424	305	河流	2014
	浙江云和梯田国家湿地公园	2192	875	人工	2014
安徽省	安徽太平湖国家湿地公园	9850	8860	库塘	2007
	安徽迪沟国家湿地公园	2800	1900	河流、人工	2008
	安徽泗县石龙湖国家湿地公园	1485	1100	河流	2009
	安徽三汊河国家湿地公园	800	612	河流	2009
	安徽淮南焦岗国家湿地公园	3267	3126	湖泊	2009
	安徽太和沙颍河国家湿地公园	714	665	河流	2009
	安徽太湖花亭湖国家湿地公园	21841	10000	湖泊	2009
	安徽颍州西湖国家湿地公园	666	459	湖泊	2009
	安徽秋浦河源国家湿地公园	1850	1100	河流	2010
	安徽淠河国家湿地公园	4448	3065	河流	2011
	安徽平天湖国家湿地公园	2901	2083	湖泊	2011

（续）

省份	名　称	面积（hm²）	湿地面积（hm²）	湿地类型	批准年度
安徽省	安徽道源国家湿地公园	849	426	河流、人工	2011
	安徽安庆菜子湖国家湿地公园	2284	2029	河流、沼泽、人工	2015
	安徽桐城嬉子湖国家湿地公园	5446	5221	河流、库塘	2015
	安徽界首两湾国家湿地公园	504	320	河流、库塘	2015
	安徽阜南王家坝国家湿地公园	7054	6762	河流、人工湿地	2015
	安徽利辛西淝河国家湿地公园	959	586	河流	2015
	安徽肥西三河国家湿地公园	1887	1683	河流、湖泊、人工湿地	2015
	安徽休宁横江国家湿地公园	661	441	河流	2015
福建省	福建长乐闽江河口国家湿地公园	282	258	滨海	2008
	福建宁德东湖国家湿地公园	624	606	滨海	2009
	福建永安龙头国家湿地公园	3074	1033	人工	2011
	福建长汀汀江国家湿地公园	591	467	河流	2013
	福建漳平南洋国家湿地公园	326	109	河流	2014
	福建永春桃溪国家湿地公园	332	239	永久性河流、库塘	2015
	福建武平中山河国家湿地公园	1529	708	永久性河流、库塘、养殖场	2015
江西省	江西孔目江国家湿地公园	1295	677	河流	2007
	江西东鄱阳湖国家湿地公园	36285	35116	湖泊	2008
	江西修河国家湿地公园	11041	9671	河流	2008
	江西东江源国家湿地公园	2676	547	河流	2008
	江西丰城药湖国家湿地公园	2560	2150	湖泊	2009
	江西南丰傩湖国家湿地公园	1727	373	人工	2009
	江西庐山西海国家湿地公园	4016	3821	人工	2010
	江西修河源国家湿地公园	4342	3577	河流	2010
	江西潋江国家湿地公园	3577	2362	人工	2010
	江西赣县大湖江国家湿地公园	6655	5354	河流	2010
	江西赣州章江国家湿地公园	1055	788	河流	2012

（续）

省份	名　称	面积（hm²）	湿地面积（hm²）	湿地类型	批准年度
江西省	江西万年珠溪国家湿地公园	1025	507	河流	2012
	江西上犹南湖国家湿地公园	671	627	人工	2012
	江西会昌湘江国家湿地公园	1265	1039	河流	2012
	江西南城洪门湖国家湿地公园	8089	4313	人工	2012
	江西婺源饶河源国家湿地公园	347	321	河流	2013
	江西景德镇玉田湖国家湿地公园	388	200	库塘	2013
	江西宁都梅江国家湿地公园	6346	4471	河流	2013
	江西鹰潭信江国家湿地公园	1685	1447	河流	2014
	江西遂川五斗江国家湿地公园	897	448	河流、沼泽	2014
	江西三清山信江源国家湿地公园	1053	673	河流	2014
	江西庐陵赣江国家湿地公园	777	657	河流	2014
	江西芦溪山口岩国家湿地公园	1043	419	人工、河流	2014
	江西寻乌东江源国家湿地公园	1547	947	河流、人工	2015
	江西石城赣江源国家湿地公园	1255	964	河流、人工	2015
	江西高安锦江国家湿地公园	2600	2255	河流、人工	2015
	江西横峰岑港河国家湿地公园	330	266	河流、沼泽	2015
	江西资溪九龙湖国家湿地公园	367	128	人工、河流	2015
山东省	山东滕州滨湖国家湿地公园	763	549	湖泊	2007
	山东台儿庄运河国家湿地公园	2592	1900	河流	2009
	山东济西国家湿地公园	1130	490	人工	2010
	山东黄河玫瑰湖国家湿地公园	685	450	人工	2010
	山东马踏湖国家湿地公园	1021	1018	沼泽	2010
	山东蟠龙河国家湿地公园	565	298	河流	2010
	山东安丘拥翠湖国家湿地公园	3218	2432	人工	2011
	山东寿光滨海国家湿地公园	945	607	人工	2011
	山东峡山湖国家湿地公园	11570	10797	湖泊	2011

（续）

省份	名　　称	面积（hm²）	湿地面积（hm²）	湿地类型	批准年度
山东省	山东武河国家湿地公园	1099	529	河流	2011
	山东月亮湾国家湿地公园	310	234	河流	2011
	山东少海国家湿地公园	613	499	湖泊	2011
	山东微山湖国家湿地公园	788	646	沼泽	2011
	山东九龙湾国家湿地公园	534	175	河流	2011
	山东济南白云湖国家湿地公园	1628	1354	湖泊	2012
	山东沭河国家湿地公园	1312	853	河流	2012
	山东黄河岛国家湿地公园	696	475	河流	2012
	山东东明黄河国家湿地公园	318	247	河流	2012
	山东潍坊白浪河国家湿地公园	713	264	河流	2012
	山东王屋湖国家湿地公园	1702	1216	库塘	2012
	山东东阿洛神湖国家湿地公园	304	157	河流	2012
	山东曲阜孔子湖国家湿地公园	1505	1094	湖泊	2012
	山东莒南鸡龙河国家湿地公园	1277	619	河流	2012
	山东莱州湾金仓国家湿地公园	1215	1083	滨海	2012
	山东云蒙湖国家湿地公园	6160	6140	库塘、河流	2013
	山东沂南汶河国家湿地公园	2721	1730	河流	2013
	山东汤河国家湿地公园	495	309	河流、人工、沼泽	2013
	山东沂沭河国家湿地公园	2911	1713	河流	2013
	山东曹县黄河故道国家湿地公园	888	859	库塘	2013
	山东青州弥河国家湿地公园	1503	1008	河流	2013
	山东潍坊禹王国家湿地公园	679	522	河流、沼泽	2013
	山东昌邑滨海国家湿地公园	17269	12774	滨海	2013
	山东博兴麻大湖国家湿地公园	604	482	湖泊	2013
	山东邹城太平国家湿地公园	1002	428	湖泊 河流	2013
	山东日照傅疃河口国家湿地公园	2812	2651	河流	2013

（续）

省份	名　称	面积（hm²）	湿地面积（hm²）	湿地类型	批准年度
山东省	山东牟平沁水河口国家湿地公园	968	817	滨海	2013
	山东青岛唐岛湾国家湿地公园	1638	1313	滨海	2013
	山东沂水国家湿地公园	3394	2709	库塘/河流	2013
	山东平邑浚河国家湿地公园	1747	1329	库塘	2013
	山东梁山泊国家湿地公园	680	342	人工、沼泽	2014
	山东诸城潍河国家湿地公园	3517	2322	河流、库塘	2014
	山东泗水泗河源国家湿地公园	2439	1857	河流、库塘	2014
	山东金乡金水湖国家湿地公园	1644	1307	河流	2014
	山东泰安汶河国家湿地公园	1200	1040	河流	2014
	山东肥城康王河国家湿地公园	892	468	河流	2014
	山东禹城徒骇河国家湿地公园	1067	688	河流、库塘	2014
	山东齐河黄河水乡国家湿地公园	966	513	库塘	2014
	山东单县浮龙湖国家湿地公园	2611	2168	湖泊、沼泽	2014
	山东茌平金牛湖国家湿地公园	442	267	库塘、河流	2014
	山东夏津九龙口国家湿地公园	848	518	人工（库塘、输水渠）	2014
	山东垦利天宁湖国家湿地公园	966	790	沼泽	2015
	山东威海五垒岛湾国家湿地公园	3661	3611	滨海	2015
	山东滨州秦皇河国家湿地公园	458	281	库塘	2015
	山东东平滨湖国家湿地公园	1289	1061	湖泊	2015
	山东日照两城河口国家湿地公园	1246	1221	滨海	2015
	山东钢城大汶河国家湿地公园	688	622	河流	2015
	山东莱芜雪野湖国家湿地公园	1368	1247	库塘	2015
	山东聊城东昌湖国家湿地公园	465	322	库塘	2015
	山东德州减河国家湿地公园	1201	636	河流	2015
河南省	河南郑州黄河国家湿地公园	1359	457	河流	2008
	河南淮阳龙湖国家湿地公园	519	431	湖泊	2009

（续）

省份	名　　称	面积 （hm²）	湿地面积 （hm²）	湿地类型	批准 年度
河南省	河南偃师伊洛河国家湿地公园	4509	3044	人工	2009
	河南平顶山白龟湖国家湿地公园	673	497	人工	2010
	河南漯河市沙河国家湿地公园	51	450	河流	2011
	河南鹤壁淇河国家湿地公园	333	271	河流	2011
	河南濮阳金堤河国家湿地公园	541	220	河流	2012
	河南汤阴汤河国家湿地公园	752	681	河流	2012
	河南平桥两河口国家湿地公园	752	681	河流	2012
	河南南阳白河国家湿地公园	17276	13077	河流	2012
	河南唐河国家湿地公园	676	475	河流	2013
	河南陆浑湖国家湿地公园	4222	4118	人工、河流	2013
	河南项城汾泉河国家湿地公园	1155	1020	河流	2013
	河南台前金水国家湿地公园	1407	1136	河流	2013
	河南息县淮河国家湿地公园	2442	1326	河流	2013
	河南民权黄河故道国家湿地公园	2304	2259	人工、河流	2013
	河南安阳漳峡谷国家湿地公园	646	229	河流	2013
	河南林州淇溪河国家湿地公园	1102	454	河流	2014
	河南长葛双洎河国家湿地公园	627	392	人工、河流	2014
	河南淅川丹阳湖国家湿地公园	25226	24180	库塘	2014
	河南邓州湍河国家湿地公园	1700	1531	河流	2014
	河南泌阳铜山湖国家湿地公园	1215	1029	库塘	2014
	河南柘城容湖国家湿地公园	1335	725	河流、湖泊	2014
	河南睢县中原水城国家湿地公园	725	443	湖泊	2014
	河南虞城周商永运河国家湿地公园	273	118	河流	2014
	河南襄城北汝河国家湿地公园	897	534	河流	2015
	河南光山龙山湖国家湿地公园	1916	1373	湖泊	2015
	河南新县香山湖国家湿地公园	626	322	湖泊	2015
	河南伊川伊河国家湿地公园	1384	1319	河流	2015

（续）

省份	名　称	面积 （hm²）	湿地面积 （hm²）	湿地类型	批准 年度
湖北省	湖北神农架大九湖国家湿地公园	5084	1645	沼泽	2006
	湖北武汉市东湖湿地公园	1020	650	湖泊	2008
	湖北谷城汉江国家湿地公园	2130	1719	河流	2009
	湖北蕲春赤龙湖国家湿地公园	6667	3533	湖泊	2009
	湖北赤壁陆水湖国家湿地公园	11800	6046	湖泊	2009
	湖北荆门漳河国家湿地公园	11880	10816	库塘	2009
	湖北黄冈市遗爱湖国家湿地公园	464	286	湖泊	2010
	湖北麻城浮桥河国家湿地公园	9400	3596	库塘	2010
	湖北惠亭湖国家湿地公园	3832	2400	湖泊	2010
	湖北莫愁湖国家湿地公园	1664	1609	湖泊	2010
	湖北大冶保安湖国家湿地公园	4344	4309	湖泊	2010
	湖北宜都天龙湾国家湿地公园	1240	461	河流	2010
	湖北金沙湖国家湿地公园	1903	1591	人工	2011
	湖北天堂湖国家湿地公园	1115	554	人工	2011
	湖北长寿岛国家湿地公园	1715	1379	河流	2011
	湖北返湾湖国家湿地公园	777	660	湖泊	2011
	湖北武山湖国家湿地公园	2090	1809	湖泊	2011
	湖北通城大溪国家湿地公园	932	443	人工	2012
	湖北崇阳青山国家湿地公园	2249	1230	人工	2012
	湖北沙洋潘集湖国家湿地公园	540	408	库塘	2012
	湖北江夏藏龙岛国家湿地公园	312	257	湖泊	2012
	湖北竹山圣水湖国家湿地公园	3255	2613	人工	2012
	湖北当阳青龙湖国家湿地公园	680	322	人工	2012
	湖北竹溪龙湖国家湿地公园	221	93	人工	2012
	湖北浠水策湖国家湿地公园	1142	1130	湖泊	2012
	湖北仙桃沙湖国家湿地公园	1939	1850	湖泊	2012

（续）

省份	名　　称	面积（hm²）	湿地面积（hm²）	湿地类型	批准年度
湖北省	湖北武汉安山国家湿地公园	1215	944	湖泊、沼泽	2013
	湖北襄阳汉江国家湿地公园	3894	3179	河流	2013
	湖北通山富水湖国家湿地公园	3822	2835	人工	2013
	湖北房县古南河国家湿地公园	1818	1074	人工、河流	2013
	湖北蔡甸后官湖国家湿地公园	2089	1630	湖泊和人工	2013
	湖北孝感朱湖国家湿地公园	5156	3752	河流、沼泽、人工	2013
	湖北远安沮河国家湿地公园	487	180	河流、人工	2013
	湖北松滋洈水国家湿地公园	4049	2271	人工	2013
	湖北十堰黄龙滩国家湿地公园	875	509	人工	2013
	湖北宣恩贡水河国家湿地公园	560	450	人工、河流	2013
	湖北荆门仙居河国家湿地公园	404	187	人工、河流	2013
	湖北随县封江口国家湿地公园	2991	2637	人工、河流	2013
	湖北宜城万洋洲国家湿地公园	2466	1715	河流	2013
	湖北咸宁向阳湖国家湿地公园	5952	5064	湖泊 人工	2014
	湖北长阳清江国家湿地公园	2338	1406	库塘、河流	2014
	湖北黄冈白莲河国家湿地公园	6654	5544	库塘	2014
	湖北武汉杜公湖国家湿地公园	231	194	湖泊	2014
	湖北南漳清凉河国家湿地公园	1233	802	库塘、河流	2014
	湖北枝江金湖国家湿地公园	733	689	湖泊	2014
	湖北汉川汈汊湖国家湿地公园	2490	2465	人工湿地	2014
	湖北环荆州古城国家湿地公园	469	267	河流	2014
	湖北公安崇湖国家湿地公园	1475	1455	湖泊湿地	2014
	湖北安陆府河国家湿地公园	1558	1420	河流、人工	2014
	湖北五峰百溪河国家湿地公园	502	300	河流	2014
	湖北孝感老观湖国家湿地公园	1245	1088	沼泽/湖泊	2015
	湖北英山张家咀国家湿地公园	513	384	库塘	2015

（续）

省份	名　称	面积 （hm²）	湿地面积 （hm²）	湿地类型	批准 年度
湖北省	湖北云梦涢水国家湿地公园	1079	490	河流	2015
	湖北夷陵圈椅淌国家湿地公园	327	106	沼泽	2015
	湖北天门张家湖国家湿地公园	1085	841	湖泊	2015
	湖北荆州菱角湖国家湿地公园	1236	1156	湖泊	2015
	湖北石首三菱湖国家湿地公园	854	799	湖泊	2015
湖南省	湖南东江湖国家湿地公园	48039	16305	人工	2007
	湖南攸县酒埠江湿地公园	2613	1121	人工	2008
	湖南千龙湖国家湿地公园	915	235	湖泊	2008
	湖南水俯庙国家湿地公园	21266	10694	人工	2007
	湖南雪峰湖国家湿地公园	9450	3370	人工	2009
	湖南湘阴洋沙湖－东湖国家湿地公园	1526	1432	湖泊	2009
	湖南宁乡金洲湖国家湿地公园	1838	1377	河流	2009
	湖南吉首峒河国家湿地公园	9253	2850	人工	2009
	湖南汨罗江国家湿地公园	2954	2812	河流	2009
	湖南五强溪国家湿地公园	20614	19789	河流	2010
	湖南松雅湖国家湿地公园	365	274	湖泊	2010
	湖南耒水国家湿地公园	3598	3243	河流	2010
	湖南毛里湖国家湿地公园	6250	4409	湖泊	2010
	湖南琼湖国家湿地公园	1760	1703	湖泊	2011
	湖南新墙河国家湿地公园	7032	6906	人工	2011
	湖南桃源沅水国家湿地公园	752	702	河流	2011
	湖南黄家湖国家湿地公园	2400	2099	湖泊	2011
	湖南书院洲国家湿地公园	4225	3919	河流	2011
	湖南南洲国家湿地公园	11384	10637	沼泽	2011
	湖南衡东洣水国家湿地公园	2984	2601	人工	2012
	湖南城步白云湖国家湿地公园	1199	857	人工	2012

（续）

省份	名　称	面积 （hm²）	湿地面积 （hm²）	湿地类型	批准 年度
湖南省	湖南江华涔天河国家湿地公园	2865	985	河流	2012
	湖南会同渠水国家湿地公园	1319	1014	河流、人工	2012
	湖南隆回魏源湖国家湿地公园	711	458	人工	2012
	湖南邵阳天子湖国家湿地公园	784	472	人工、河流	2013
	湖南澧州涔槐国家湿地公园	2778	2407	人工、河流	2013
	湖南桂阳春陵国家湿地公园	3220	2479	人工、河流	2013
	湖南溆浦思蒙国家湿地公园	1018	716	河流、人工	2013
	湖南华容东湖国家湿地公园	5701	4976	湖泊湿地	2013
	湖南双牌日月湖国家湿地公园	3883	2174	湖泊、河流	2013
	湖南常宁天湖国家湿地公园	892	317	湖泊、河流、 人工	2013
	湖南绥宁花园阁国家湿地公园	780	514	河流湿地	2013
	湖南东安紫水国家湿地公园	1096	695	河流、库塘	2014
	湖南醴陵官庄湖国家湿地公园	1364	796	人工、河流	2014
	湖南桃江羞女湖国家湿地公园	2301	1902	库塘	2014
	湖南平江黄金河国家湿地公园	638	429	人工、河流	2014
	湖南茶陵东阳湖国家湿地公园	2491	1758	河流、库塘	2014
	湖南洪江清江湖国家湿地公园	3007	2458	库塘	2014
	湖南靖州五龙潭国家湿地公园	1006	565	河流、库塘	2014
	湖南鼎城鸟儿洲国家湿地公园	1641	1635	河流、湖泊	2014
	湖南泸溪武水国家湿地公园	2429	1716	河流、人工	2014
	湖南花垣古苗河国家湿地公园	975	601	人工、河流	2014
	湖南衡山萱洲国家湿地公园	2659	2730	人工、河流	2014
	湖南新邵筱溪国家湿地公园	2572	1640	河流	2014
	湖南新化龙湾国家湿地公园	2505	2171	河流、湖泊	2014
	湖南洞口平溪江国家湿地公园	982	705	河流	2014
	湖南衡南莲湖湾国家湿地公园	898	131	河流、库塘	2014

（续）

省份	名　　称	面积（hm²）	湿地面积（hm²）	湿地类型	批准年度
湖南省	湖南石门仙阳湖国家湿地公园	7947	5392	库塘	2014
	湖南大通湖国家湿地公园	8853	8682	湖泊	2014
	湖南安仁永乐江国家湿地公园	1116	762	河流	2015
	湖南赫山来仪湖国家湿地公园	1707	1648	湖泊	2015
	湖南郴州西河国家湿地公园	1578	1129	河流	2015
	湖南云溪白泥湖国家湿地公园	1329	1204	湖泊	2015
	湖南新宁夫夷江国家湿地公园	1730	1223	河流	2015
	湖南金洞猛江河国家湿地公园	1273	472	库塘	2015
	湖南宁远九嶷湖国家湿地公园	768	387	河流、库塘	2015
	湖南浏阳河国家湿地公园	2361	1423	河流	2015
	湖南通道玉带河国家湿地公园	1504	985	河流	2015
	湖南涟源湄峰湖国家湿地公园	509	225	库塘	2015
	湖南保靖酉水国家湿地公园	1316	1002	河流、库塘	2015
广东省	广东星湖国家湿地公园	998	679	湖泊	2007
	广东雷州九龙山红树林国家湿地公园	1271	1150	滨海	2009
	广东乳源南水湖国家湿地公园	6284	4010	人工	2009
	广东孔江国家湿地公园	1668	639	河流	2010
	广东万绿湖国家湿地公园	26349	24880	人工	2010
	广东东江国家湿地公园	776	546	河流	2012
	广东海珠湖国家湿地公园	869	477	滨海	2012
	广东怀集燕都国家湿地公园	521	183	沼泽、人工	2013
	广东新丰鲁古河国家湿地公园	470	153	河流、人工	2014
	广东郁南大河国家湿地公园	280	134	人工、河流	2014
	广东海陵岛红树林国家湿地公园	258	247	近海与海岸、人工	2014
	广东麻涌华阳湖国家湿地公园	352	295	永久性河流、洪泛湿地、库塘	2015
	广东中山翠亨国家湿地公园	626	395	近海与海岸湿地、人工湿地	2015

（续）

省份	名　称	面积（hm²）	湿地面积（hm²）	湿地类型	批准年度
广东省	广东罗定金银湖国家湿地公园	1003	336	河流、库塘、输水河	2015
	广东翁源滃江源国家湿地公园	614	362	永久性河流、洪泛湿地、库塘	2015
广西壮族自治区	广西北海滨海国家湿地公园	2009	1930	滨海	2010
	广西会仙喀斯特国家湿地公园	587	494	人工	2011
	广西横县西津国家湿地公园	1853	1620	人工	2012
	广西富川龟石国家湿地公园	4173	3687	库塘	2013
	广西都安澄江国家湿地公园	864	474	河流	2013
	广西靖西龙潭国家湿地公园	186	61	库塘	2013
	广西百色福禄河国家湿地公园	659	314	河流人工	2014
	广西凌云浩坤国家湿地公园	1312	459	人工湿地	2014
	广西平果芦仙湖国家湿地公园	967	542	人工、河流	2014
	广西大新黑水河国家湿地公园	693	450	河流	2014
	广西龙州左江国家湿地公园	1031	591	河流	2014
	广西东兰坡豪湖国家湿地公园	549	289	库塘、河流	2014
	广西荔浦荔江国家湿地公园	695	396	河流	2014
	广西龙胜龙脊梯田国家湿地公园	4481	1537	人工、河流	2015
	广西南丹拉希国家湿地公园	561	215	人工、河流	2015
	广西梧州苍海国家湿地公园	723	446	人工、河流	2015
	广西南宁大王滩国家湿地公园	5520	3800	人工	2015
海南省	海南新盈国家湿地公园	507	405	滨海	2007
	海南南丽湖国家湿地公园	2410	759	人工	2009
重庆市	重庆云雾山国家湿地公园	402	132	河流	2009
	重庆酉水河国家湿地公园	2891	2078	河流	2009
	重庆皇华岛国家湿地公园	1400	637	河流	2009
	重庆阿蓬江国家湿地公园	2785	1707	河流	2009
	重庆迎凤湖国家湿地公园	393	104	人工	2009

（续）

省份	名　　称	面积 （hm²）	湿地面积 （hm²）	湿地类型	批准 年度
重庆市	重庆濑溪河国家湿地公园	2492	1296	河流	2009
	重庆彩云湖国家湿地公园	52	27	人工	2009
	重庆涪江国家湿地公园	1450	554	河流	2010
	重庆汉丰湖国家湿地公园	1303	1089	人工	2010
	重庆龙河国家湿地公园	1514	642	人工	2011
	重庆大昌湖国家湿地公园	1465	1021	库塘	2011
	重庆青山湖国家湿地公园	1009	813	库塘	2011
	重庆迎龙湖国家湿地公园	222	86	库塘	2011
	重庆巴山湖国家湿地公园	1116	588	库塘	2012
	重庆南川黎香湖国家湿地公园	485	239	人工、河流	2014
	重庆秀山大溪国家湿地公园	1277	450	河流、人工	2014
	重庆石柱藤子沟国家湿地公园	671	459	人工、河流	2014
	重庆铜梁安居国家湿地公园	475	370	河流、沼泽、 人工	2014
	重庆梁平双桂湖国家湿地公园	324	135	库塘	2015
	重庆武隆石桥湖国家湿地公园	846	504	库塘	2015
四川省	四川南河国家湿地公园	11	68	河流	2009
	四川大瓦山国家湿地公园	2812	193	湖泊、沼泽	2010
	四川构溪河国家湿地公园	3015	1808	河流	2010
	四川柏林湖国家湿地公园	391	128	河流型库塘	2011
	四川若尔盖国家湿地公园	4094	1298	河流	2011
	四川桫椤湖国家湿地公园	436	176	河流型库塘	2011
	四川遂宁观音湖国家湿地公园	681	475	河流型库塘	2012
	四川西充青龙湖国家湿地公园	411	190	库塘	2012
	四川南充升钟湖国家湿地公园	9100	4394	库塘	2012
	四川邛海国家湿地公园	3729	3560	湖泊	2013
	四川营山清水湖国家湿地公园	901	377	库塘	2013

（续）

省份	名　称	面积 （hm²）	湿地面积 （hm²）	湿地类型	批准 年度
四川省	四川仁寿黑龙滩国家湿地公园	4404	2976	库塘	2013
	四川新津白鹤滩国家湿地公园	588	552	河流	2013
	四川蓬安相如湖国家湿地公园	2053	1727	河流、人工	2014
	四川隆昌古宇湖国家湿地公园	1152	494	人工	2014
	四川阿坝多美林卡国家湿地公园	2584	2343	河流、湖泊、人工	2014
	四川红原嘎曲国家湿地公园	394	387	河流、沼泽、人工	2014
	四川松潘岷江源国家湿地公园	1136	931	沼泽、河流	2014
	四川平昌驷马河国家湿地公园	373	156	河流、人工	2014
	四川广安白云湖国家湿地公园	1237	1019	库塘湿地	2015
	四川纳溪凤凰湖国家湿地公园	344	154	库塘湿地	2015
	四川雷波马湖国家湿地公园	828	771	湖泊湿地	2015
	四川白玉拉龙措国家湿地公园	29399	12548	沼泽、湖泊湿地	2015
	四川绵阳三江湖国家湿地公园	921	791	库塘湿地	2015
贵州省	贵州石阡鸳鸯湖国家湿地公园	778	206	河流、人工	2010
	贵州威宁锁黄仓国家湿地公园	245	77	湖泊	2011
	贵州六盘水明湖国家湿地公园	198	85	人工、河流	2012
	贵州余庆飞龙湖国家湿地公园	2743	2306	人工	2012
	贵州思南白鹭湖国家湿地公园	4265	2515	人工、河流	2013
	贵州纳雍大坪箐国家湿地公园	1074	551	沼泽、人工	2013
	贵州沿河乌江国家湿地公园	1136	561	河流	2013
	贵州六盘水娘娘山国家湿地公园	2680	1060	沼泽、人工	2013
	贵州德江白果坨国家湿地公园	1653	846	河流、人工	2013
	贵州兴义万峰国家湿地公园	3755	2295	河流、人工	2013
	贵州江口国家湿地公园	661	279	河流	2013
	贵州安龙招堤国家湿地公园	508	278	湖泊、人工	2013
	贵州万山长寿湖国家湿地公园	480	159	河流、人工	2013

（续）

省份	名　称	面积（hm²）	湿地面积（hm²）	湿地类型	批准年度
贵州省	贵州北盘江大峡谷国家湿地公园	4125	2088	河流、人工	2013
	贵州碧江国家湿地公园	417	228	河流、人工	2013
	贵州晴隆光照湖国家湿地公园	3981	2183	河流、人工	2013
	贵州安顺邢江河国家湿地公园	601	487	河流、人工	2013
	贵州贵阳阿哈湖国家湿地公园	1218	473	河流、人工	2013
	贵州罗甸蒙江国家湿地公园	7226	3469	河流、人工	2013
	贵州都匀清水江国家湿地公园	759	441	库塘/稻田	2014
	贵州荔波黄江河国家湿地公园	390	184	库塘/河流	2014
	贵州贵定摆龙河国家湿地公园	380	244	河流	2014
	贵州遵义乐民河国家湿地公园	693	475	河流、库塘	2014
	贵州凤冈龙潭河国家湿地公园	783	427	库塘/河流	2014
	贵州汇川喇叭河国家湿地公园	369	201	库塘	2014
	贵州湄潭湄江湖国家湿地公园	279	121	湖泊	2014
	贵州习水东风湖国家湿地公园	249	83	库塘	2014
	贵州黎平八舟国家湿地公园	596	286	稻田/河流	2014
	贵州六盘水牂牁江国家湿地公园	3515	1676	人工 河流	2014
	贵州黔西水西国家湿地公园	491	189	湖泊	2014
	贵州从江加榜梯田国家湿地公园	2916	904	冬水田	2015
	贵州惠水鱼梁河国家湿地公园	237	87	库塘、河流湿地	2015
	贵州平塘平舟河源国家湿地公园	728	371	河流湿地	2015
	贵州福泉岔河国家湿地公园	624	242	库塘、河流湿地	2015
	贵州务川洪渡河国家湿地公园	2172	935	库塘、河流湿地	2015
	贵州清镇红枫湖国家湿地公园	5090	4293	库塘湿地	2015
云南省	云南红河哈尼梯田国家湿地公园	13012	13012	人工	2007
	云南洱源西湖国家湿地公园	1354	353	湖泊、沼泽	2009
	云南普者黑喀斯特国家湿地公园	1107	735	湖泊、沼泽	2011

（续）

省份	名　称	面积（hm²）	湿地面积（hm²）	湿地类型	批准年度
云南省	云南普洱五湖国家湿地公园	1148	487	人工、河流、湖泊、沼泽	2011
	云南盈江国家湿地公园	1726	1365	河流、人工	2013
	云南鹤庆东草海国家湿地公园	268	204	沼泽、河流	2013
	云南蒙自长桥海国家湿地公园	1225	1146	湖泊	2013
	云南石屏异龙湖国家湿地公园	3749	3636	湖泊	2014
	云南通海杞麓湖国家湿地公园	3881	3763	湖泊	2014
	云南晋宁南滇池国家湿地公园	1220	1116	湖泊、沼泽	2014
	云南沾益西河国家湿地公园	1040	484	库塘、沼泽	2014
	云南玉溪抚仙湖国家湿地公园	22972	21656	湖泊	2015
西藏自治区	西藏多庆错国家湿地公园	32720	26198	湖泊	2009
	西藏雅尼国家湿地公园	21680	15176	河流	2009
	西藏嘎朗国家湿地公园	4480	2997	河流	2009
	西藏当惹雍错国家湿地公园	138174	86269	湖泊	2010
	西藏嘉乃玉错国家湿地公园	3505	1264	湖泊	2010
	西藏白朗年楚河国家湿地公园	2018	1216	河流	2011
	西藏拉姆拉错国家湿地公园	2806	987	河流	2012
	西藏朱拉河国家湿地公园	1269	940	河流	2012
	西藏阿里狮泉河国家湿地公园	12667	9104	河流	2014
	西藏类乌齐紫曲河国家湿地公园	916	762	河流	2014
	西藏琼结琼果河国家湿地公园	1303	791	沼泽/河流	2015
	西藏比如娜若国家湿地公园	6187	3200	沼泽/湖泊	2015
	西藏曲松下洛国家湿地公园	4654	3604	沼泽/湖泊	2015
	西藏卓玛朗措国家湿地公园	3264	1336	沼泽/湖泊	2015
陕西省	陕西西安浐灞国家湿地公园	798	385	河流	2008
	陕西三原清峪河国家湿地公园	1070	877	河流	2008
	陕西淳化冶峪河国家湿地公园	1171	843	河流	2008

（续）

省份	名　称	面积（hm²）	湿地面积（hm²）	湿地类型	批准年度
陕西省	陕西蒲城卤阳湖国家湿地公园	1470	1470	湖泊	2008
	陕西千阳千湖国家湿地公园	573	418	河流	2008
	陕西铜川赵氏河国家湿地公园	1315	797	河流	2009
	陕西丹凤丹江国家湿地公园	2080	1454	河流	2009
	陕西宁强汉水源国家湿地公园	1509	1081	河流	2009
	陕西宁陕旬河源头国家湿地公园	2062	1290	河流	2009
	陕西凤县嘉陵江国家湿地公园	2556	1580	河流	2009
	陕西太白石头河国家湿地公园	1054	747	河流	2009
	陕西旬邑马栏河国家湿地公园	2020	1190	河流	2010
	陕西千渭之会国家湿地公园	1864	1716	河流	2012
	陕西濂水国家湿地公园	2570	1581	河流	2012
	陕西丹江源国家湿地公园	2010	624	河流、库塘	2013
	陕西牧马河国家湿地公园	1744	1071	河流	2013
	陕西朝邑国家湿地公园	1185	713	湖泊	2013
	陕西千层河国家湿地公园	3860	1172	河流、沼泽	2013
	陕西七星河国家湿地公园	1135	696	河流	2013
	陕西徐水河国家湿地公园	1386	834	河流	2013
	陕西落星湾国家湿地公园	1421	960	河流	2013
	陕西汤峪龙源国家湿地公园	2836	2331	河流	2013
	陕西富平石川河国家湿地公园	1740	884	河流、人工	2014
	陕西延安南泥湾国家湿地公园	1044	407	河流、人工	2014
	陕西白水林皋湖国家湿地公园	770	659	河流 库塘	2014
	陕西洛南洛河源国家湿地公园	1294	705	河流	2014
	陕西潼关黄河国家湿地公园	1033	660	河流	2015
	陕西宜君福地湖国家湿地公园	794	274	河流、库塘	2015
	陕西临渭沈河国家湿地公园	688	317	河流、库塘	2015

（续）

省份	名　称	面积（hm²）	湿地面积（hm²）	湿地类型	批准年度
陕西省	陕西平利古仙湖国家湿地公园	1276	558	河流	2015
	陕西汉中葱滩国家湿地公园	711	244	河流	2015
甘肃省	甘肃张掖国家湿地公园	4108	1733	河流	2009
	甘肃兰州秦王川国家湿地公园	274	113	沼泽	2011
	甘肃民勤石羊河国家湿地公园	6175	3233	河流、人工	2012
	甘肃文县黄林沟国家湿地公园	263	83	河流	2012
	甘肃嘉峪关草湖国家湿地公园	1379	712	人工、沼泽	2013
	甘肃酒泉花城湖国家湿地公园	559	487	湖泊、沼泽	2013
	甘肃康县梅园河国家湿地公园	556	218	河流、沼泽	2013
	甘肃金塔北海子国家湿地公园	6900	4763	湖泊	2015
	甘肃金川金水湖国家湿地公园	210	71	库塘	2015
	甘肃永昌北海子国家湿地公园	918	700	湖泊/沼泽	2015
青海省	青海贵德黄河清湿地公园	4516	3012	河流	2007
	青海西宁湟水国家湿地公园	509	241	河流	2013
	青海洮河源国家湿地公园	38393	16320	河流、沼泽	2013
	青海都兰阿拉克湖国家湿地公园	16799	8443	湖泊、沼泽、河流	2014
	青海德令哈尕海国家湿地公园	11229	7113	湖泊、河流、沼泽	2014
	青海玛多冬格措那湖国家湿地公园	48227	34039	湖泊、河流、沼泽	2014
	青海祁连黑河源国家湿地公园	63936	42941	沼泽、河流	2014
	青海乌兰都兰湖国家湿地公园	6693	5845	湖泊、沼泽、河流	2014
	青海玉树巴塘河国家湿地公园	12346	8047	沼泽、河流、人工	2014
	青海天峻布哈河国家湿地公园	7134	6890	河流、沼泽	2014
	青海互助南门峡国家湿地公园	1217	993	河流、人工、沼泽	2014
	青海泽库泽曲国家湿地公园	72303	41548	沼泽	2015
	青海班玛玛可河国家湿地公园	1611	1122	河流	2015

（续）

省份	名　称	面积（hm²）	湿地面积（hm²）	湿地类型	批准年度
青海省	青海曲麻莱德曲源国家湿地公园	18648	12354	沼泽	2015
	青海乐都大地湾国家湿地公园	610	528	河流	2015
宁夏回族自治区	宁夏石嘴山星海湖国家湿地公园	4300	4000	湖泊	2008
	宁夏银川国家湿地公园	3334	1990	湖泊	2006
	宁夏吴忠黄河国家湿地公园	2876	2800	河流	2009
	宁夏黄沙古渡国家湿地公园	3244	2131	河流	2009
	宁夏青铜峡鸟岛国家湿地公园	4243	3950	河流	2010
	宁夏天湖国家湿地公园	1791	1649	湖泊	2010
	宁夏固原清水河国家湿地公园	726	431	河流	2011
	宁夏鹤泉湖国家湿地公园	223	181	湖泊	2012
	宁夏太阳山国家湿地公园	2448	1493	湖泊	2012
	宁夏简泉湖国家湿地公园	900	623	人工、湖泊	2013
	宁夏镇朔湖国家湿地公园	1601	1350	湖泊	2013
	宁夏平罗天河湾国家湿地公园	3900	1603	河流	2014
	宁夏中卫香山湖国家湿地公园	564	432	河流/湖泊	2015
新疆维吾尔自治区	新疆赛里木湖国家湿地公园	130140	45800	湖泊	2007
	新疆乌鲁木齐柴窝堡湖国家湿地公园	4509	3047	湖泊	2009
	新疆乌齐里克河源国家湿地公园	62891	34735	沼泽	2010
	新疆阿勒泰克兰河国家湿地公园	6969	2633	河流	2010
	新疆阿克苏多浪河国家湿地公园	1291	581	河流	2010
	新疆玛纳斯河国家湿地公园	4702	2806	河流	2010
	新疆和布克赛尔国家湿地公园	29103	15442	沼泽	2011
	新疆博斯腾湖国家湿地公园	157371	144469	湖泊	2011
	新疆乌伦古湖国家湿地公园	127155	109500	湖泊	2011

（续）

省份	名称	面积（hm²）	湿地面积（hm²）	湿地类型	批准年度
	新疆尼雅国家湿地公园	62247	53843	湖泊	2011
	新疆拉里昆国家湿地公园	24438	10651	沼泽	2011
	新疆塔城五弦河国家湿地公园	2597	2448	河流	2012
	新疆沙湾千泉湖国家湿地公园	1311	773	人工	2012
	新疆伊犁那拉提沼泽国家湿地公园	14052	13940	沼泽	2012
	新疆泽普叶尔羌河国家湿地公园	2051	2025	河流	2012
	新疆额敏河国家湿地公园	2125	1218	河流	2012
	新疆英吉沙国家湿地公园	5529	3490	沼泽、人工、河流	2013
	新疆于田克里雅河国家湿地公园	135554	80031	河流、沼泽	2013
	新疆乌什托什干河国家湿地公园	30083	10634	河流、沼泽	2013
	新疆哈密河国家湿地公园	1500	830	人工	2013
新疆维吾尔自治区	新疆霍城伊犁河谷国家湿地公园	10953	10452	河流	2013
	新疆伊宁伊犁河国家湿地公园	1063	833	河流、人工	2013
	新疆青河县乌伦古河国家湿地公园	13590	6309	河流、沼泽	2013
	新疆吉木乃高山冰缘区国家湿地公园	4965	2437	沼泽、河流	2013
	新疆尼勒克喀什河国家湿地公园	3815	3659	沼泽 河流	2014
	新疆布尔津托库木特国家湿地公园	1175	891	沼泽	2014
	新疆麦盖提唐王湖国家湿地公园	1927	1715	沼泽	2014
	新疆昭苏特克斯河国家湿地公园	1657	1636	沼泽、河流	2014
	新疆吉木萨尔北庭国家湿地公园	1492	843	河流	2014
	新疆疏勒香妃湖国家湿地公园	312	188	人工、沼泽	2014
	新疆莎车叶尔羌国家湿地公园	2450	2036	库塘、沼泽	2014
	新疆帕米尔高原阿拉尔国家湿地公园	8431	6385	沼泽、河流	2014
	新疆富蕴可可托海国家湿地公园	3215	3166	湖泊	2014
	新疆巴楚邦克尔国家湿地公园	4936	4728	河流、人工	2015

（续）

省份	名　　称	面积（hm²）	湿地面积（hm²）	湿地类型	批准年度
新疆维吾尔自治区	新疆尉犁罗布淖尔国家湿地公园	2600	1046	湖泊、河流	2015
	新疆和硕塔什汗国家湿地公园	5324	3483	河流、沼泽	2015
	新疆呼图壁大海子国家湿地公园	1960	1620	人工、河流	2015
	新疆天山阿合牙孜国家湿地公园	1772	926	河流、沼泽	2015
	新疆阿合奇托什干河国家湿地公园	9238	4776	河流、沼泽	2015
	新疆温泉博尔塔拉河国家湿地公园	5627	3839	河流、沼泽	2015
	新疆天山北坡头屯河国家湿地公园	2847	1657	河流、湖泊	2015
	新疆哈巴河阿克齐国家湿地公园	1250	1206	沼泽	2015

第十二节　沙漠公园

　　沙漠公园是以沙漠景观为主体，以保护荒漠生态、合理利用沙区资源为目的，在促进防沙治沙和维护生态功能的基础上，开展公众游憩休闲或进行科学、文化、宣传和教育活动的特定区域。通过沙漠公园保护性的观光、考察和利用，也可以让人们体验和认识防沙治沙的成果来之不易，更加珍惜、爱护和维护生态环境，更加科学、有效和强化生态建设，增强建设和保护生态的意识。2013 年 9 月，国家林业局下发了《关于做好国家沙漠公园建设试点工作的通知》，启动了国家沙漠公园试点建设工作，批复了宁夏回族自治区林业厅关于建立宁夏坡头国家沙漠公园的申请，印发了《国家沙漠公园试点建设管理办法》，规范了申报程序，确保国家沙漠公园建设工作健康有序地开展。启动了《国家沙漠公园规划设计规范（试行）》和《国家沙漠公园建设导则（试行）》的编制工作。同时，国家林业局防沙治沙办公室组建了由国内知名专家(58 人)组成的国家沙漠公园专家委员会。

　　近年来，各省（自治区）对建设国家沙漠公园的认识有了进一步提高，截至 2015 年年底，国家林业局已批复开展试点建设的国家沙漠公园 55 个，总面积 29.73 万 hm²。已批复建设的国家沙漠公园涉及 9 个省（自治区）及新疆生产建设兵团，其中宁夏 2 个，建设面积 1.21 万 hm²；新疆 18 个，建设面积 16.75 万 hm²；新疆生产建设兵团 1 个，建设面积 0.20 万 hm²；内蒙古 6 个，建设面积 2.44 万 hm²；甘肃 9 个，建设面积 3.22 万 hm²；青海 8 个，建设面积 2.11 万 hm²；云南 1 个，建设面积 0.04 万 hm²；陕西 2 个，建设面积 1.02 万 hm²；辽宁 2 个，建设面积 0.17 万 hm²；山西 6 个，建设面积 2.57 万 hm²，见表 8-15。

国家沙漠公园不仅是颇具特色的旅游产品，也是防沙治沙事业的重要组成部分。以国家沙漠公园为载体，开展植被恢复和保护，加强科普宣传教育，提高公众生态保护意识，为公众提供体验自然、享受自然的休闲场所，对改善沙区生态状况、加强生态文明建设、促进经济社会可持续发展具有十分重要的意义。

表 8-15　国家沙漠公园名录

序号	名　称	面积（hm²）	所在县市
1	宁夏沙坡头国家沙漠公园	7700	中卫市沙坡头区
2	宁夏灵武白芨滩国家沙漠公园	4400	灵武市
3	新疆吉木萨尔国家沙漠公园	3000	昌吉回族自治州吉木萨尔县
4	新疆阜康梧桐沟国家沙漠公园	1507	阜康市
5	新疆奇台硅化木国家沙漠公园	3600	昌吉回族自治州奇台县
6	新疆木垒鸣沙山国家沙漠公园	3000	昌吉回族自治州木垒县
7	新疆尉犁国家沙漠公园	2000	巴音郭楞蒙古自治州尉犁县
8	新疆且末国家沙漠公园	7153.33	巴音郭楞蒙古自治州且末县
9	新疆沙雅国家沙漠公园	27800	阿克苏地区沙雅县
10	新疆鄯善国家沙漠公园	20000	吐鲁番地区鄯善县
11	新疆伊吾国家沙漠公园	11145.92	哈密地区伊吾县
12	新疆洛浦玉龙湾国家沙漠公园	1100	和田地区洛浦县
13	新疆博湖阿克别勒库姆国家沙漠公园	5600	巴音郭楞蒙古自治州博湖县
14	新疆精河木特塔尔国家沙漠公园	24775	博尔塔拉蒙古自治州精河县
15	新疆和布克赛尔江格尔国家沙漠公园	15000	伊犁哈萨克自治州和布克赛尔县
16	新疆吐鲁番市艾丁湖国家沙漠公园	780	吐鲁番市
17	新疆库车龟兹国家沙漠公园	20047	阿克苏地区库车县
18	新疆麦盖提国家沙漠公园	6400	喀什地区麦盖提县

（续）

序号	名　称	面积（hm²）	所在县市
19	新疆莎车喀尔苏国家沙漠公园	6428	喀什地区莎车县
20	新疆岳普湖达瓦昆国家沙漠公园	8126	喀什地区岳普湖县
21	新疆生产建设兵团驼铃梦坡国家沙漠公园	2039.78	第八师莫索湾垦区一五〇团
22	内蒙古库布其七星湖国家沙漠公园	14637	鄂尔多斯市杭锦旗
23	内蒙古磴口沙金套海国家沙漠公园	353.04	巴彦淖尔市磴口县
24	内蒙古翁牛特勃隆克国家沙漠公园	3360.5	赤峰市翁牛特旗乌丹镇
25	内蒙古奈曼宝古图国家沙漠公园	3643.9	通辽市奈曼旗
26	内蒙古乌海金沙湾国家沙漠公园	1532.67	乌海市海勃湾区
27	内蒙古乌审斯苏里格国家沙漠公园	894.25	鄂尔多斯市乌审旗
28	甘肃阿克塞国家沙漠公园	11391	酒泉市阿克塞哈萨克族自治县
29	甘肃敦煌阳关国家沙漠公园	8095.5	敦煌市
30	甘肃临泽小泉子国家沙漠公园	713	张掖市临泽县
31	甘肃凉州头墩营国家沙漠公园	1574	武威市凉州区
32	甘肃高台骆驼驿国家沙漠公园	1371.8	张掖市高台县
33	甘肃金昌国家沙漠公园	218.3	金昌市
34	甘肃金塔拦河湾国家沙漠公园	3498.5	酒泉市金塔县
35	甘肃民勤沙井子国家沙漠公园	2819.5	武威市民勤县
36	甘肃玉门青山国家沙漠公园	2509.29	酒泉市玉门市
37	青海贵南黄沙头国家沙漠公园	1650	海南藏族自治州贵南县
38	青海乌兰金子海国家沙漠公园	3590.7	海西蒙古族藏族自治州乌兰县
39	青海都兰铁奎国家沙漠公园	13600	海西蒙古族藏族自治州都兰县
40	青海茫崖千佛崖国家沙漠公园	945.78	海西蒙古族藏族自治州茫崖行政委员会
41	青海海晏克土国家沙漠公园	298.88	海北藏族自治州海晏县
42	青海曲麻莱通天河国家沙漠公园	292.95	玉树藏族自治州曲麻莱县
43	青海乌兰泉水湾国家沙漠公园	445.59	海西蒙古族藏族自治州乌兰县
44	青海泽库和日国家沙漠公园	292.35	黄南藏族自治州泽库县
45	云南陆良彩色沙林国家沙漠公园	389.7	曲靖市陆良县
46	陕西大荔国家沙漠公园	360	渭南市大荔县
47	陕西定边马莲滩国家沙漠公园	9827.6	榆林市定边县
48	辽宁康平金沙滩国家沙漠公园	1333.9	沈阳市康平县

（续）

序号	名　称	面积（hm²）	所在县市
49	辽宁彰武大清沟国家沙漠公园	400	阜新市彰武县
50	山西大同西坪国家沙漠公园	6166.7	大同市大同县
51	山西天镇边城国家沙漠公园	13945	大同市天镇县
52	山西左云管家堡国家沙漠公园	2323.71	大同市左云县
53	山西怀仁金沙滩国家沙漠公园	1243.86	朔州市怀仁县
54	山西朔城区麻家梁国家沙漠公园	867.16	朔州市朔城区
55	山西右玉黄沙洼国家沙漠公园	1101.43	朔州市右玉县
	合　计	297289.59	

第十三节　自然保护区

一、建设现状

截至 2015 年年底，我国林业系统已建立各种类型、不同级别的自然保护区 2228 处，总面积 12430.65 万 hm²，约占国土面积的 12.95%。其中：国家级自然保护区 345 处，面积 8108.37 万 hm²；省级自然保护区 709 处，面积 3133.61 万 hm²；市级自然保护区 316 处，面积 530.28 万 hm²；县级自然保护区 858 处，面积 658.39 万 hm²（各级比例见图 8-2）。实现了《全国野生动植物及自然保护区建设工程总体规划》提出的阶段目标，初步形成了全国林业系统自然保护区建设网络。

（一）林业系统自然保护区的类型结构

根据自然保护区类型划分标准和自然保护区建设职能分工，林业系统自然保护区类型主要包括森林生态系统、湿地生态系统、荒漠生态系统、野生植物、野生动物 5 个类型。在已建的 2228 处林业系统自然保护区中，森林生态系统类型自然保护区 1391 处，面积 3370.20 万 hm²；湿地地态系统类型自然保护区 424 处，面积 3526.81 万 hm²；荒漠生态系统类型自然保护区 35

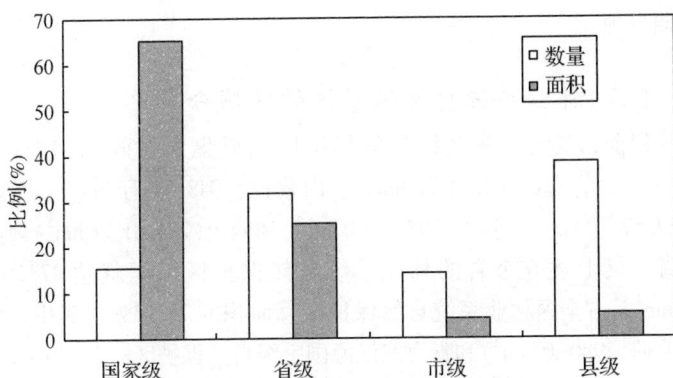

图8-2 林业系统各级自然保护区比例

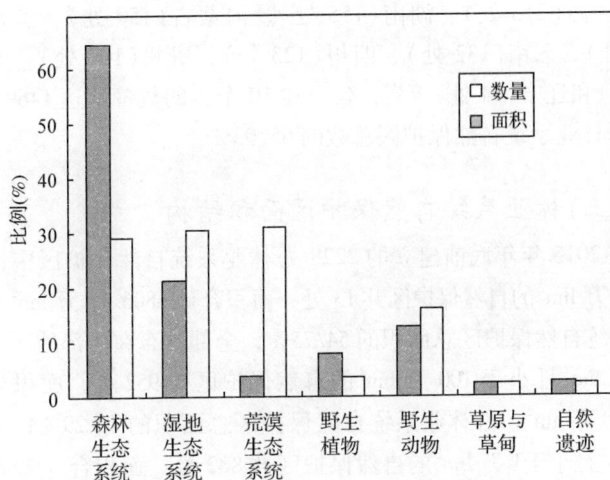

图8-3 林业系统不同类型自然保护区比例

处，面积 3585.43 万 hm²；野生植物类型自然保护区 126 处，面积 177.48 万 hm²；野生动物类型自然保护区 238 处，面积 1736.03 万 hm²；此外，还有草原与草甸类型 4 处，面积 8.11 万 hm²，分别占全国林业系统自然保护区数量的 0.18% 和面积的 0.07%；自然遗迹类型 10 处，面积 26.66 万 hm²，见图 8-3。林业系统自然保护区有效地保护了我国大部分陆地生态系统、野生动植物及其主要栖息地。

(二)林业系统自然保护区的区域分布

目前,我国林业系统自然保护区主要集中在西藏(4100.60万 hm^2)、青海(2164.74 万 hm^2)、内蒙古(1048.54 万 hm^2)、新疆(937.57 万 hm^2)、甘肃(795.99 万 hm^2)和四川(734.61 万 hm^2)等西部省,仅上述 6 个省的林业系统自然保护区面积就达 9782.04万 hm^2,占全国林业系统自然保护区总面积的 78.73%。其中,西藏羌塘(2980 万 hm^2)和青海三江源国家级自然保护区(1523 万 hm^2)面积在全国自然保护区中列前两位,在世界上也排在前列。

在数量上,我国林业系统自然保护区主要集中在广东(270处)、江西(216 处)、湖南(155 处)、内蒙古(150 处)、黑龙江(148 处)、云南(132 处)、四川(123 处)、贵州(104 处)、安徽(97 处)和辽宁(74 处)等省,仅上述 10 个省的数量就达 1469 处,占全国林业系统自然保护区总数的 65.93%。

(三)林业系统自然保护区面积结构

在 2015 年年底前建立的 2228 处林业系统自然保护区中,大于 100 万 hm^2 的自然保护区共 13 处,面积合计 6806.15 万 hm^2,占林业系统自然保护区总面积的 54.75%,全部分布在西部地区;大于 1 万 hm^2 且小于 100 万 hm^2 的自然保护区共 952 处,面积合计5256.50 万 hm^2,占林业系统自然保护区总面积的 42.29%;大于 1000 hm^2 且小于 1 万 hm^2 的自然保护区共 882 处,面积合计 354.12万 hm^2,占林业系统自然保护区总面积的 2.85%;小于 1000 hm^2 的小型自然保护区共 381 处,面积合计 13.88 万 hm^2,占林业系统自然保护区总面积的 0.11%,主要分布于中、东部地区,见表 8-16。

林业系统自然保护区面积占所在省国土面积的比例超过全国平均水平 12.94% 的有西藏(33.61%)、青海(29.97%)、甘肃(17.52%)、四川(15.17%)、吉林(13.87%)和黑龙江(13.24%),浙江林业系统自然保护区面积不足省内国土面积的 1.00%。

表8-16 不同规模等级自然保护区情况

类型	数量(个)					面积(万 hm^2)				
	合计	超大型	大型	中型	小型	合计	超大型	大型	中型	小型
森林生态	1391	26	71	415	879	3364.58	1668.55	574.32	868.54	253.17
湿地生态	424	17	38	122	247	3526.81	2393.96	482.62	491.21	159.02
荒漠生态	35	4	5	11	15	3585.44	3243.49	197.19	111.69	33.07
野生植物	126	8	27	15	76	177.48	90.98	61.26	10.62	14.62
野生动物	238	10	12	69	147	1736.03	1182.73	175.29	286.26	91.75
草原与草甸	4			1	3	8.11			6.16	1.95
自然遗迹	10	1			9	26.66	25.70			0.96

(四)林业系统自然保护区工程建设情况

截至2015年年底,对林业国家级自然保护区安排基础设施项目资金约38.74亿元,见表8-17。

表8-17 林业系统国家级自然保护区基础设施建设年度投资情况

年度	合计(万元)	一期(万元)	二期(万元)	三期(万元)
1999年以前	10108	10108		
1999年	3705	2265	1440	
2000年	4165	2596	1569	
2001年	27338	18270	9068	
2002年	16419	10840	5579	
2003年	16308	10596	5712	
2004年	20000	13625	6375	
2005年	20000	15034	4966	
2006年	30814	16947	9140	4727
2007年	21971	9692	8835	3444
2008年	24215	7899	9367	6949
2009年	26376	11514	9812	5050
2010年	28480	7246	15459	5775
2011年	26088	7529	9922	8637
2012年	26930	7763	12541	6626
2013年	24470	5871	13259	5340
2014年	30000			
2015年	30000			

(五)林业系统自然保护区与国际联系

目前,我国有 31 处自然保护区加入了联合国教科文组织的"世界人与生物圈保护区网",其中属于林业系统自然保护区的有长白山生物圈保护区(吉林,1979 年)、卧龙生物圈保护区(四川,1979 年)、梵净山生物圈保护区(贵州,1986 年)、武夷山生物圈保护区(福建,1987 年)、神农架生物圈保护区(湖北,1990 年)、中国温带荒漠区博格达峰北麓生物圈保护区(新疆,1990 年)、西双版纳生物圈保护区(云南,1993 年)、天目山生物圈保护区(浙江,1996 年)、茂兰生物圈保护区(贵州,1996 年)、丰林生物圈保护区(黑龙江,1997 年)、九寨沟生物圈保护区(四川,1997 年)、山口红树林生态生物圈保护区(广西,2000 年)、白水江生物圈保护区(四川,2000 年)、高黎贡山生物圈保护区(云南,2000 年)、黄龙寺生物圈保护区(四川,2000 年)、宝天曼生物圈保护区(河南,2001 年)、赛罕乌拉生物圈保护区(内蒙古,2001 年)、达赉湖生物圈保护区(内蒙古,2002 年)、佛坪生物圈保护区(陕西,2004 年)、珠穆朗玛峰生物圈保护区(西藏,2004 年)、兴凯湖生物圈保护区(黑龙江,2007 年)、车八岭生物圈保护区(广东,2007 年)、猫儿山生物圈保护区(广西,2012 年)等 23 处,占 74%。

在 46 处被列入《湿地公约》"国际重要湿地名录"自然保护区中,属于林业系统自然保护区的有黑龙江扎龙、海南东寨港红树林、江西鄱阳湖、湖南东洞庭湖、吉林向海、黑龙江三江、黑龙江兴凯湖、黑龙江七星河、黑龙江南翁河、黑龙江珍宝岛、内蒙古达赉湖、内蒙古鄂尔多斯、江苏大丰麋鹿、上海崇明东滩、南洞庭湖、西洞庭湖、广东湛江红树林、广西山口红树林、辽宁双台河口湿地、云南大山包湿地、云南碧塔海湿地、云南纳帕海湿地、青海鄂陵湖湿地、青海扎陵湖湿地、西藏麦地卡湿地、福建漳江口红树林、湖北洪湖湿地、广东海丰公平大湖、四川若尔盖、甘肃省尕海则岔、湖北沉湖湿地、黑龙江东方红湿地、山东黄河三角洲湿地、吉林莫莫格等 34 处,占 74%。

另外，还有福建武夷山、湖南张家界、湖南天子山、湖南索溪峪、四川九寨沟、四川黄龙、四川卧龙、四川蜂桶寨、四川喇叭河、四川黑水河、四川金汤—孔玉、四川草坡、江西庐山、云南高黎贡山、云南白马雪山、云南碧塔海、云南哈巴雪山和云南云岭等18处自然保护区成为世界自然遗产地的组成部分；内蒙古达赉湖、上海市崇明东滩等一批自然保护区加入"东亚—澳大利亚涉禽迁徙网络"；安徽升金湖、江西鄱阳湖等一批自然保护区被列入"东北亚鹤类保护网络"，相当一部分自然保护区是全球生物多样性保护的重点地区。

二、管理现状

（一）管理机构建设

在林业系统已建自然保护区中，有1244处自然保护区建立了管理机构，占55.83%。不同级别自然保护区的管理机构建设存在较大差异，345处国家级自然保护区，全部建立了专门的管理机构；省级自然保护区已建管理机构544处，占省级自然保护区数量的76.73%；地市级自然保护区已建管理机构134处，占地市级自然保护区数量的42.41%；县级自然保护区已建管理机构212处，占县级自然保护区数量的25.76%。比较而言，国家级自然保护区的机构建设好于地方级自然保护区。已建管理机构的形式主要有以下几种：

1. **独立的管理机构。**青海三江源、福建武夷山、江西鄱阳湖、甘肃兴隆山等多数国家级自然保护区和一些面积较大的地方级自然保护区有独立的管理机构。

2. **两处或两处以上的自然保护区共建一个管理机构。**主要为一些在同一行政区域内并且主管部门为同一职能部门的自然保护区，如西藏雅鲁藏布大峡谷国家级自然保护区和西藏察隅慈巴沟国家级自然保护区的管理机构均为西藏林芝地区自然保护区管理局。

3. **与其他管理机构重叠，即两块牌子、一套人马。**这些自然保护区大多与风景名胜区或森林公园管辖范围相同或部分重叠，建立统一的管理机构而行使多种职能，也有一些自然保护区与国有林场的机构重叠。

表8-18　全国林业系统自然

地区	数量(个)					合计
	合计	国家级	省级	市级	县级	合计
全国合计	2228	345	709	316	858	12430.65
北京	16	2	7	7		13.13
天津	5	1	3	1		5.29
河北	33	9	21	1	2	60.89
山西	45	7	38			106.94
内蒙古	150	24	50	15	61	1048.54
辽宁	74	12	22	21	19	111.99
吉林	42	14	21	2	5	259.95
黑龙江	148	33	71	19	25	601.93
上海	1	1				2.42
江苏	23	1	5	5	12	29.29
浙江	22	7	9		6	9.95
安徽	97	5	28	2	62	40.46
福建	56	14	21	8	13	50.52
江西	216	14	32	3	167	110.66
山东	66	4	27	25	10	90.32
河南	24	10	14			50.30
湖北	58	13	21	19	5	93.41
湖南	155	22	27		106	142.43
广东	270	8	50	83	129	125.56
广西	63	18	38	2	5	128.34
海南	32	7	17	6	2	23.85
重庆	53	6	9	6	32	79.08
四川	123	23	51	17	32	734.61
贵州	104	7	4	11	82	90.96
云南	132	18	35	46	33	266.90
西藏	61	8	10	11	32	4100.60
陕西	48	19	24	3	2	105.51
甘肃	49	16	32		1	795.99
青海	10	7	3			2164.74
宁夏	6	6				42.91
新疆	46	9	19	3	15	937.57

注：林业系统自然保护区总数量和总面积不含香港、澳门特别行政区和台湾省。

保护区分级统计表

面积（万 hm²）				占本省土地面积比例（%）	占本省国土面积比例排名
国家级	省级	市级	县级		
8108.37	3133.61	530.28	658.39	12.94	
2.64	6.15	4.34		7.81	10
0.10	4.58	0.60		4.68	24
21.23	38.29	0.84	0.53	3.26	27
11.68	95.25			6.85	13
321.02	630.26	19.24	78.03	8.86	8
20.11	24.07	51.95	15.86	7.56	11
100.82	157.66	0.94	0.53	13.87	5
263.77	224.36	87.24	26.56	13.24	6
2.42				3.81	26
0.27	5.44	10.29	13.30	2.86	30
7.86	1.25		0.84	0.98	31
9.54	24.54	1.21	5.17	2.90	29
20.60	9.27	15.02	5.63	4.16	25
23.11	29.71	3.58	54.26	6.63	17
17.51	35.69	34.71	2.41	5.75	18
33.61	16.69			3.01	28
40.97	33.49	13.95	5.00	5.02	23
62.13	38.11		42.19	6.72	16
16.27	35.81	43.33	30.15	6.99	12
33.11	80.77	6.76	7.71	5.44	20
13.71	9.08	0.23	0.83	6.81	14
26.66	13.03	7.18	32.21	9.60	7
261.38	235.26	68.89	169.08	15.17	4
22.93	6.07	19.50	42.46	5.17	21
140.33	66.90	41.84	17.84	6.77	15
3701.40	254.91	62.73	81.56	33.61	1
58.44	42.78	2.58	1.72	5.13	22
597.88	197.44		0.67	17.52	3
2073.38	91.36			29.97	2
42.91				8.28	9
160.60	719.78	33.33	23.86	5.65	19

（二）管理人员配置

在林业系统已建的 2228 处自然保护区中，共有 1438 处自然保护区配备有专职管理人员，占自然保护区总数的 65%，管理人员总数为 47492 人，平均每个保护区约 33 人。其中，行政编制人员有 2885 人，事业编制人员 40054 人，企业编制人员 4553 人。在管理人员中，专业技术人员有 14368 人，占管理人员总数的 30%；具有大专及以上学历的有 24464 人，占管理人员总数的 52%。

截止 2015 年，林业系统自然保护区分级统计和国家级自然保护区名录见表 8-18、表 8-19。

表 8-19   全国林业系统国家级自然保护区名录

序号	省份	保护区名称	类　型	面积(hm^2)	批建时间
1	北京	北京松山国家级自然保护区	森林生态	4660	1985 年
2	北京	北京百花山国家级自然保护区	森林生态	21743	1905 年
3	天津	天津八仙山国家级自然保护区	森林生态	1049	1984 年
4	河北	河北雾灵山国家级自然保护区	森林生态	14246.9	1983 年
5	河北	河北小五台山国家级自然保护区	森林生态	21833	1983 年
6	河北	河北衡水湖国家级自然保护区	湿地生态	16365	2000 年
7	河北	河北滦河上游国家级自然保护区	森林生态	50637.4	2002 年
8	河北	河北茅荆坝国家级自然保护区	森林生态	40038	2002 年
9	河北	河北塞罕坝国家级自然保护区	湿地生态	20029.8	2002 年
10	河北	河北平山驼梁国家级自然保护区	森林生态	21311.9	2001 年
11	河北	河北大海陀国家级自然保护区	森林生态	12634	1999 年
12	河北	河北青崖寨国家级自然保护区	森林生态	15164	2006 年
13	山西	山西芦芽山国家级自然保护区	森林生态	21453	1980 年
14	山西	山西历山国家级自然保护区	森林生态	24200	1983 年
15	山西	山西阳城蟒河猕猴国家级自然保护区	野生动物	5573	1983 年
16	山西	山西五鹿山国家级自然保护区	森林生态	20617.3	1993 年
17	山西	山西庞泉沟国家级自然保护区	森林生态	10443.5	1980 年

（续）

序号	省份	保护区名称	类　型	面积（hm²）	批建时间
18	山西	山西黑茶山国家级自然保护区	野生动物	24415.4	2002 年
19	山西	山西灵空山国家级自然保护区	森林生态	10116.8	1993 年
20	内蒙古	内蒙古大青山国家级自然保护区	森林生态	388577	2007 年
21	内蒙古	内蒙古赛罕乌拉国家级自然保护区	森林生态	100400	1997 年
22	内蒙古	内蒙古白音敖包沙地云杉国家级自然保护区	森林生态	13862	1979 年
23	内蒙古	内蒙古黑里河国家级自然保护区	森林生态	27638	1996 年
24	内蒙古	内蒙古大黑山国家级自然保护区	森林生态	86799	1996 年
25	内蒙古	内蒙古高格斯台罕乌拉国家级自然保护区	森林生态	106284	1997 年
26	内蒙古	内蒙古大青沟国家级自然保护区	森林生态	8183	1980 年
27	内蒙古	内蒙古科尔沁国家级自然保护区	湿地生态	136793.63	1985 年
28	内蒙古	内蒙古图牧吉国家级自然保护区	野生动物	76210	1996 年
29	内蒙古	内蒙古呼伦湖国家级自然保护区	湿地生态	740000	1986 年
30	内蒙古	内蒙古红花尔基樟子松林国家级自然保护区	森林生态	20085	1998 年
31	内蒙古	内蒙古乌拉特梭梭林－蒙古野驴国家级自然保护区	荒漠生态	131800	1985 年
32	内蒙古	内蒙古哈腾套海国家级自然保护区	荒漠生态	123600	1995 年
33	内蒙古	内蒙古鄂尔多斯遗鸥国家级自然保护区	野生动物	14770	1998 年
34	内蒙古	内蒙古西鄂尔多斯国家级自然保护区	荒漠生态	556800	1995 年
35	内蒙古	内蒙古贺兰山国家级自然保护区	森林生态	67709.8	1992 年
36	内蒙古	内蒙古额济纳胡杨林国家级自然保护区	野生植物	26253	1999 年
37	内蒙古	内蒙古古日格斯台国家级自然保护区	森林生态	98931	1998 年
38	内蒙古	内蒙古青山国家级自然保护区	森林生态	26989	2003 年
39	内蒙古	内蒙古罕山国家级自然保护区	森林生态	91333	1996 年
40	内蒙古	内蒙古乌兰坝国家级自然保护区	森林生态	78672	1997 年

（续）

序号	省份	保护区名称	类　型	面积（hm²）	批建时间
41	内蒙古	内蒙古大兴安岭汗马国家级自然保护区	森林生态	107348	1958 年
42	内蒙古	内蒙古额尔古纳国家级自然保护区	森林生态	124527	1998 年
43	内蒙古	内蒙古毕拉河国家级自然保护区	湿地生态	56604	2003 年
44	辽宁	辽宁仙人洞国家级自然保护区	森林生态	3574.7	1981 年
45	辽宁	辽宁老秃顶子国家级自然保护区	森林生态	15217.3	1982 年
46	辽宁	辽宁白石砬子国家级自然保护区	野生动物	7467	1981 年
47	辽宁	辽宁医巫闾山国家级自然保护区	森林生态	11459	1981 年
48	辽宁	辽宁辽河口国家级自然保护区	湿地生态	80000	1985 年
49	辽宁	辽宁努鲁儿虎山国家级自然保护区	森林生态	13832.1	2000 年
50	辽宁	辽宁海棠山国家级自然保护区	森林生态	11002.7	1986 年
51	辽宁	辽宁白狼山国家级自然保护区	森林生态	12448	2001 年
52	辽宁	辽宁章古台国家级自然保护区	森林生态	10200	2012 年
53	辽宁	辽宁大黑山国家级自然保护区	森林生态	13844	2002 年
54	辽宁	辽宁青龙河国家级自然保护区	森林生态	12045	2014 年
55	辽宁	辽宁葫芦岛虹螺山国家级自然保护区	森林生态	10008	2014 年
56	吉林	吉林长白山国家级自然保护区	森林生态	196465	1960 年
57	吉林	吉林向海国家级自然保护区	湿地生态	105467	1981 年
58	吉林	吉林莫莫格国家级自然保护区	湿地生态	144000	1981 年
59	吉林	吉林松花江三湖国家级自然保护区	森林生态	115253.2	2009 年
60	吉林	吉林龙湾国家级自然保护区	湿地生态	15061	1991 年
61	吉林	吉林集安国家级自然保护区	森林生态	13821.6	1992 年
62	吉林	吉林天佛指山国家级自然保护区	森林生态	77317	1996 年
63	吉林	吉林黄泥河国家级自然保护区	森林生态	41583	2000 年
64	吉林	吉林珲春东北虎国家级自然保护区	野生动物	108700	2001 年
65	吉林	吉林雁鸣湖国家级自然保护区	湿地生态	53940	1991 年
66	吉林	吉林哈尼国家级自然保护区	湿地生态	22230	1991 年

（续）

序号	省份	保护区名称	类型	面积(hm²)	批建时间
67	吉林	吉林汪清国家级自然保护区	森林生态	67434	2013 年
68	吉林	吉林波罗湖国家级自然保护区	湿地生态	24915	2004 年
69	吉林	吉林白山原麝国家级自然保护区	野生动物	21995	2006 年
70	黑龙江	黑龙江扎龙国家级自然保护区	湿地生态	210000	1979 年
71	黑龙江	黑龙江牡丹峰国家级自然保护区	森林生态	19468	1981 年
72	黑龙江	黑龙江兴凯湖国家级自然保护区	湿地生态	222488	1986 年
73	黑龙江	黑龙江凉水国家级自然保护区	森林生态	12133	1980 年
74	黑龙江	黑龙江七星河国家级自然保护区	湿地生态	20000	1991 年
75	黑龙江	黑龙江三江国家级自然保护区	湿地生态	198089	1994 年
76	黑龙江	黑龙江挠力河国家级自然保护区	湿地生态	160595.4	1998 年
77	黑龙江	黑龙江八岔岛国家级自然保护区	湿地生态	32014	1999 年
78	黑龙江	黑龙江凤凰山国家级自然保护区	森林生态	26570	2006 年
79	黑龙江	黑龙江胜山国家级自然保护区	森林生态	60000	2003 年
80	黑龙江	黑龙江珍宝岛湿地国家级自然保护区	湿地生态	44364	2002 年
81	黑龙江	黑龙江小北湖国家级自然保护区	森林生态	20834	2006 年
82	黑龙江	黑龙江三环泡国家级自然保护区	湿地生态	27687	1991 年
83	黑龙江	黑龙江乌裕尔河国家级自然保护区	湿地生态	55423	2006 年
84	黑龙江	黑龙江茅兰沟国家级自然保护区	森林生态	35868	2002 年
85	黑龙江	黑龙江中央站黑嘴松鸡国家级自然保护区	野生动物	46743	2006 年
86	黑龙江	黑龙江明水国家级自然保护区	湿地生态	30840	2007 年
87	黑龙江	黑龙江太平沟国家级自然保护区	森林生态	22199	2009 年
88	黑龙江	黑龙江丰林国家级自然保护区	森林生态	18165.4	1958 年
89	黑龙江	黑龙江红星国家级自然保护区	湿地生态	111995	2001 年
90	黑龙江	黑龙江东方红湿地国家级自然保护区	湿地生态	31516	2001 年
91	黑龙江	黑龙江乌伊岭国家级自然保护区	湿地生态	43824	2001 年
92	黑龙江	黑龙江友好国家级自然保护区	湿地生态	60687	2004 年

（续）

序号	省份	保护区名称	类型	面积(hm²)	批建时间
93	黑龙江	黑龙江穆棱东北红豆杉国家级自然保护区	野生植物	35648	2004 年
94	黑龙江	黑龙江大峡谷国家级自然保护区	森林生态	24998	2004 年
95	黑龙江	黑龙江老爷岭东北虎国家级自然保护区	野生动物	71278	2011 年
96	黑龙江	黑龙江大沽河国家级自然保护区	湿地生态	211618	2001 年
97	黑龙江	黑龙江新青白头鹤国家级自然保护区	野生动物	62567	2004 年
98	黑龙江	黑龙江呼中国家级自然保护区	森林生态	167213	1984 年
99	黑龙江	黑龙江南瓮河国家级自然保护区	湿地生态	229523	1999 年
100	黑龙江	黑龙江双河国家级自然保护区	森林生态	88849	2002 年
101	黑龙江	黑龙江绰纳河国家级自然保护区	森林生态	105580	2002 年
102	黑龙江	黑龙江多布库尔国家级自然保护区	湿地生态	128959	2002 年
103	上海	上海崇明东滩鸟类国家级自然保护区	野生动物	24155	1998 年
104	江苏	江苏大丰麋鹿国家级自然保护区	野生动物	2666.7	1986 年
105	浙江	浙江天目山国家级自然保护区	森林生态	4284	1956 年
106	浙江	浙江清凉峰国家级自然保护区	森林生态	11252	1985 年
107	浙江	浙江乌岩岭国家级自然保护区	森林生态	18861.5	1975 年
108	浙江	浙江古田山国家级自然保护区	森林生态	8107.1	1976 年
109	浙江	浙江凤阳山百山祖国家级自然保护区	森林生态	26051.5	1975 年
110	浙江	浙江九龙山国家级自然保护区	野生动物	5525	1983 年
111	浙江	浙江大盘山国家级自然保护区	野生植物	4558	1993 年
112	安徽	安徽牯牛降国家级自然保护区	森林生态	6713	1982 年
113	安徽	安徽扬子鳄国家级自然保护区	野生动物	18565	1982 年
114	安徽	安徽升金湖国家级自然保护区	湿地生态	33400	1986 年
115	安徽	安徽天马国家级自然保护区	森林生态	28913.7	1982 年
116	安徽	安徽清凉峰国家级自然保护区	森林生态	7811.2	1982 年
117	福建	福建武夷山国家级自然保护区	森林生态	56527	1979 年

（续）

序号	省份	保护区名称	类　型	面积（hm²）	批建时间
118	福建	福建梅花山国家级自然保护区	森林生态	22168.5	1985年
119	福建	福建龙栖山国家级自然保护区	森林生态	15692.13	1984年
120	福建	福建虎伯寮国家级自然保护区	森林生态	3001	2001年
121	福建	福建天宝岩国家级自然保护区	森林生态	11015.38	2003年
122	福建	福建梁野山国家级自然保护区	野生植物	16246	1995年
123	福建	福建漳江口红树林国家级自然保护区	湿地生态	2360	1992年
124	福建	福建戴云山国家级自然保护区	森林生态	13472.4	1985年
125	福建	福建闽江源国家级自然保护区	森林生态	13022	2000年
126	福建	福建君子峰国家级自然保护区	森林生态	18060.5	1995年
127	福建	福建雄江黄楮林国家级自然保护区	森林生态	12513.3	1985年
128	福建	福建茫荡山国家级自然保护区	森林生态	9442.3	1987年
129	福建	福建闽江河口湿地国家级自然保护区	湿地生态	2100	2003年
130	福建	福建汀江源国家级自然保护区	森林生态	10379.7	1996年
131	江西	江西鄱阳湖南矶湿地国家级自然保护区	湿地生态	33300	1997年
132	江西	江西鄱阳湖国家级自然保护区	湿地生态	22400	1983年
133	江西	江西桃红岭梅花鹿国家级自然保护区	野生动物	12500	1981年
134	江西	江西庐山国家级自然保护区	森林生态	20120	1981年
135	江西	江西阳际峰国家级自然保护区	森林生态	10946	1996年
136	江西	江西九连山国家级自然保护区	森林生态	13411.6	1975年
137	江西	江西齐云山国家级自然保护区	森林生态	17105	1997年
138	江西	江西赣江源国家级自然保护区	森林生态	16100.85	1998年
139	江西	江西官山国家级自然保护区	野生动物	11500.5	2007年
140	江西	江西九岭山国家级自然保护区	森林生态	11541	1997年
141	江西	江西武夷山国家级自然保护区	森林生态	16007	1981年
142	江西	江西铜钹山国家级自然保护区	森林生态	10800	2004年
143	江西	江西井冈山国家级自然保护区	森林生态	21499	1981年
144	江西	江西马头山国家级自然保护区	野生植物	13866.53	1994年

（续）

序号	省份	保护区名称	类 型	面积(hm²)	批建时间
145	山东	山东黄河三角洲国家级自然保护区	湿地生态	153000	1990 年
146	山东	山东长岛国家级自然保护区	野生动物	5015.2	1982 年
147	山东	山东昆嵛山国家级自然保护区	森林生态	15416.5	1999 年
148	山东	山东荣成大天鹅国家级自然保护区	野生动物	1675	1992 年
149	河南	河南宝天曼国家级自然保护区	森林生态	5413	1980 年
150	河南	河南鸡公山国家级自然保护区	森林生态	2917	1982 年
151	河南	河南伏牛山国家级自然保护区	森林生态	56024	1982 年
152	河南	河南太行山猕猴国家级自然保护区	野生动物	56600	1982 年
153	河南	河南董寨国家级自然保护区	野生动物	46800	1982 年
154	河南	河南连康山国家级自然保护区	野生动物	10580	2005 年
155	河南	河南小秦岭国家级自然保护区	森林生态	15160	1982 年
156	河南	河南大别山国家级自然保护区	森林生态	10600	2014 年
157	河南	河南黄河湿地国家级自然保护区	湿地生态	68000	2003 年
158	河南	河南丹江湿地国家级自然保护区	湿地生态	64027	1997 年
159	湖北	湖北神农架国家级自然保护区	野生动物	70467	1982 年
160	湖北	湖北五峰后河国家级自然保护区	森林生态	10340	1986 年
161	湖北	湖北星斗山国家级自然保护区	野生植物	68339	1981 年
162	湖北	湖北九宫山国家级自然保护区	森林生态	16608.7	1981 年
163	湖北	湖北七姊妹山国家级自然保护区	森林生态	34550	1990 年
164	湖北	湖北龙感湖国家级自然保护区	湿地生态	22322	2000 年
165	湖北	湖北赛武当国家级自然保护区	森林生态	21203	1987 年
166	湖北	湖北木林子国家级自然保护区	森林生态	20838	1983 年
167	湖北	湖北堵河源国家级自然保护区	森林生态	47173	1987 年
168	湖北	湖北十八里长峡国家级自然保护区	野生植物	25604.95	1988 年
169	湖北	湖北洪湖国家级自然保护区	湿地生态	41412.07	1996 年
170	湖北	湖北大别山国家级自然保护区	森林生态	16048.2	2003 年
171	湖北	湖北南河国家级自然保护区	森林生态	14833.7	1999 年
172	湖南	湖南八大公山国家级自然保护区	森林生态	20000	1982 年
173	湖南	湖南壶瓶山国家级自然保护区	森林生态	66568	1982 年
174	湖南	湖南莽山国家级自然保护区	森林生态	19833	1982 年

（续）

序号	省份	保护区名称	类 型	面积(hm²)	批建时间
175	湖南	湖南东洞庭湖国家级自然保护区	湿地生态	190000	1984 年
176	湖南	湖南都庞岭国家级自然保护区	森林生态	20066	1982 年
177	湖南	湖南小溪国家级自然保护区	森林生态	24800	1982 年
178	湖南	湖南炎陵桃源洞国家级自然保护区	森林生态	23786	1982 年
179	湖南	湖南黄桑国家级自然保护区	森林生态	12590	1982 年
180	湖南	湖南鹰嘴界国家级自然保护区	森林生态	15900	1998 年
181	湖南	湖南乌云界国家级自然保护区	森林生态	33818	1998 年
182	湖南	湖南南岳衡山国家级自然保护区	森林生态	11991.6	1984 年
183	湖南	湖南八面山国家级自然保护区	森林生态	10974	2008 年
184	湖南	湖南借母溪国家级自然保护区	森林生态	13041	1998 年
185	湖南	湖南六步溪国家级自然保护区	森林生态	14239	1999 年
186	湖南	湖南阳明山国家级自然保护区	森林生态	12795	2009 年
187	湖南	湖南舜皇山国家级自然保护区	森林生态	21719.8	1982 年
188	湖南	湖南高望界国家级自然保护区	森林生态	17169.8	1993 年
189	湖南	湖南白云山国家级自然保护区	森林生态	20158.6	1998 年
190	湖南	湖南东安舜皇山国家级自然保护区	森林生态	13139.9	1982 年
191	湖南	湖南西洞庭湖国家级自然保护区	湿地生态	30044	1998 年
192	湖南	湖南金童山国家级自然保护区	森林生态	18466	2013 年
193	湖南	湖南九嶷山国家级自然保护区	森林生态	10236	1982 年
194	广东	广东内伶仃福田国家级自然保护区	湿地生态	921.64	1984 年
195	广东	广东车八岭国家级自然保护区	森林生态	7545	1981 年
196	广东	广东南岭国家级自然保护区	森林生态	58368.4	1981 年
197	广东	广东湛江红树林国家级自然保护区	湿地生态	20278.8	1990 年
198	广东	广东象头山国家级自然保护区	森林生态	10696.9	1998 年
199	广东	广东石门台国家级自然保护区	森林生态	33555	1998 年
200	广东	广东罗坑鳄蜥国家级自然保护区	野生动物	18813.6	1998 年
201	广东	广东云开山国家级自然保护区	森林生态	12511.3	1994 年
202	广西	广西花坪国家级自然保护区	森林生态	15133.33	1961 年
203	广西	广西猫儿山国家级自然保护区	森林生态	17008.5	1976 年
204	广西	广西千家洞国家级自然保护区	森林生态	12231	1982 年

（续）

序号	省份	保护区名称	类　型	面积（hm²）	批建时间
205	广西	广西木论国家级自然保护区	森林生态	8969	1991 年
206	广西	广西九万山国家级自然保护区	森林生态	25212.8	1982 年
207	广西	广西大瑶山国家级自然保护区	森林生态	24907.3	1982 年
208	广西	广西岑王老山国家级自然保护区	森林生态	18994	1982 年
209	广西	广西金钟山黑颈长尾雉国家级自然保护区	野生动物	20924.4	1982 年
210	广西	广西大明山国家级自然保护区	森林生态	16994	1981 年
211	广西	广西弄岗国家级自然保护区	森林生态	10077.5	1979 年
212	广西	广西十万大山国家级自然保护区	森林生态	58277.1	1982 年
213	广西	广西雅长兰科植物国家级自然保护区	野生植物	22062	2005 年
214	广西	广西崇左白头叶猴国家级自然保护区	野生动物	25578	1982 年
215	广西	广西大桂山鳄蜥国家级自然保护区	野生动物	3780	2005 年
216	广西	广西邦亮长臂猿国家级自然保护区	野生动物	6530	2009 年
217	广西	广西恩城国家级自然保护区	野生动物	25819.6	1982 年
218	广西	广西元宝山国家级自然保护区	野生植物	4220.7	1982 年
219	广西	广西七冲省级自然保护区	森林生态	14336.3	2002 年
220	海南	海南大田国家级自然保护区	野生动物	1314	1976 年
221	海南	海南霸王岭国家级自然保护区	野生动物	29980	1980 年
222	海南	海南尖峰岭国家级自然保护区	森林生态	20170	1976 年
223	海南	海南五指山国家级自然保护区	森林生态	13435.9	1985 年
224	海南	海南吊罗山国家级自然保护区	森林生态	18389	1984 年
225	海南	海南鹦哥岭国家级自然保护区	森林生态	50464	2004 年
226	海南	海南东寨港国家级自然保护区	湿地生态	3337	1980 年
227	重庆	重庆缙云山国家级自然保护区	森林生态	7600	1979 年
228	重庆	重庆金佛山国家级自然保护区	野生植物	41850	1979 年
229	重庆	重庆大巴山国家级自然保护区	森林生态	136017	1979 年
230	重庆	重庆雪宝山国家级自然保护区	野生植物	23452	2000 年
231	重庆	重庆阴条岭国家级自然保护区	森林生态	22423.1	2000 年

（续）

序号	省份	保护区名称	类型	面积(hm²)	批建时间
232	重庆	重庆五里坡国家级自然保护区	森林生态	35276.6	2000 年
233	四川	四川卧龙国家级自然保护区	森林生态	200000	1963 年
234	四川	四川唐家河国家级自然保护区	森林生态	40000	1978 年
235	四川	四川九寨沟国家级自然保护区	森林生态	64297.3	1979 年
236	四川	四川马边大风顶国家级自然保护区	野生动物	30164	1978 年
237	四川	四川蜂桶寨国家级自然保护区	森林生态	39039	1975 年
238	四川	四川美姑大风顶国家级自然保护区	森林生态	50655	1978 年
239	四川	四川龙溪虹口国家级自然保护区	森林生态	31000	1993 年
240	四川	四川攀枝花苏铁国家级自然保护区	野生植物	1358.3	1983 年
241	四川	四川若尔盖湿地国家级自然保护区	湿地生态	166570.6	1994 年
242	四川	四川贡嘎山国家级自然保护区	森林生态	409143.5	1996 年
243	四川	四川王朗国家级自然保护区	森林生态	32297	1965 年
244	四川	四川白水河国家级自然保护区	森林生态	30150	1996 年
245	四川	四川察青松多白唇鹿国家级自然保护区	森林生态	143682.6	1991 年
246	四川	四川米仓山国家级自然保护区	森林生态	23400	1999 年
247	四川	四川雪宝顶国家级自然保护区	森林生态	63615	1993 年
248	四川	四川海子山高原湖泊群国家级自然保护区	湿地生态	459161	1995 年
249	四川	四川长沙贡马国家级自然保护区	湿地生态	669800	1995 年
250	四川	四川老君山国家级自然保护区	野生动物	3500	2000 年
251	四川	四川格西沟国家级自然保护区	森林生态	22896.8	1995 年
252	四川	四川黑竹沟国家级自然保护区	野生动物	29643	1997 年
253	四川	四川小寨子沟国家级自然保护区	野生动物	44384.7	1979 年
254	四川	四川栗子坪国家级自然保护区	森林生态	47940	2001 年
255	四川	四川千佛山国家级自然保护区	森林生态	11083	1993 年
256	贵州	贵州梵净山国家级自然保护区	森林生态	41900	1978 年
257	贵州	贵州茂兰国家级自然保护区	森林生态	21285	1986 年

（续）

序号	省份	保护区名称	类型	面积(hm²)	批建时间
258	贵州	贵州草海国家级自然保护区	湿地生态	9600	1985 年
259	贵州	贵州雷公山国家级自然保护区	森林生态	47300	1982 年
260	贵州	贵州习水国家级自然保护区	森林生态	51911	1992 年
261	贵州	贵州麻阳河国家级自然保护区	野生动物	31113	1987 年
262	贵州	贵州宽阔水国家级自然保护区	森林生态	26231	1989 年
263	云南	云南西双版纳国家级自然保护区	森林生态	242510	1958 年
264	云南	云南南滚河国家级自然保护区	野生动物	50887	1980 年
265	云南	云南高黎贡山国家级自然保护区	森林生态	405549	1983 年
266	云南	云南白马雪山国家级自然保护区	野生动物	281640	1983 年
267	云南	云南哀牢山国家级自然保护区	森林生态	67700	1986 年
268	云南	云南文山国家级自然保护区	森林生态	26867	2003 年
269	云南	云南黄连山国家级自然保护区	森林生态	61860	1983 年
270	云南	云南药山国家级自然保护区	森林生态	20141	1984 年
271	云南	云南大围山国家级自然保护区	森林生态	43993	1986 年
272	云南	云南分水岭国家级自然保护区	森林生态	42026.6	1986 年
273	云南	云南永德大雪山国家级自然保护区	森林生态	17541	1986 年
274	云南	云南无量山国家级自然保护区	野生动物	30938	1995 年
275	云南	云南大山包黑颈鹤国家级自然保护区	湿地生态	19200	1990 年
276	云南	云南会泽黑颈鹤国家级自然保护区	野生动物	12910.64	1990 年
277	云南	云南轿子山国家级自然保护区	森林生态	16456	2011 年
278	云南	云南元江国家级自然保护区	森林生态	22378.9	1989 年
279	云南	云南云龙天池国家级自然保护区	野生动物	14475	1983 年
280	云南	云南乌蒙山国家级自然保护区	森林生态	26186.65	2012 年
281	西藏	西藏珠穆朗玛峰国家级自然保护区	森林生态	3381900	1985 年
282	西藏	西藏羌塘国家级自然保护区	荒漠生态	29800000	1993 年
283	西藏	西藏察隅慈巴沟国家级自然保护区	森林生态	101400	1985 年
284	西藏	西藏雅鲁藏布大峡谷国家级自然保护区	森林生态	916800	1985 年

（续）

序号	省份	保护区名称	类型	面积(hm²)	批建时间
285	西藏	西藏芒康滇金丝猴国家级自然保护区	野生动物	185300	1993 年
286	西藏	西藏雅鲁藏布江中游河谷黑颈鹤国家级自然保护区	野生动物	614350	1993 年
287	西藏	西藏色林错黑颈鹤国家级自然保护区	野生动物	1893630	1993 年
288	西藏	西藏类乌齐马鹿国家级自然保护区	野生动物	120614.6	1993 年
289	陕西	陕西太白山国家级自然保护区	森林生态	56325	1965 年
290	陕西	陕西佛坪国家级自然保护区	野生动物	29240	1978 年
291	陕西	陕西周至国家级自然保护区	野生动物	56393	1980 年
292	陕西	陕西牛背梁国家级自然保护区	森林生态	16418	1980 年
293	陕西	陕西长青国家级自然保护区	野生动物	29906	1994 年
294	陕西	陕西汉中朱鹮国家级自然保护区	野生动物	37549	1986 年
295	陕西	陕西子午岭国家级自然保护区	森林生态	40621	1982 年
296	陕西	陕西化龙山国家级自然保护区	森林生态	28103	2001 年
297	陕西	陕西天华山国家级自然保护区	野生动物	25485	2002 年
298	陕西	陕西青木川国家级自然保护区	野生动物	10200	2002 年
299	陕西	陕西桑园国家级自然保护区	野生动物	13806	2002 年
300	陕西	陕西延安黄龙山褐马鸡国家级自然保护区	野生动物	81753	2001 年
301	陕西	陕西米仓山国家级自然保护区	森林生态	34192	2003 年
302	陕西	陕西韩城黄龙山褐马鸡国家级自然保护区	野生动物	37756	2001 年
303	陕西	陕西紫柏山国家级自然保护区	森林生态	17472	2002 年
304	陕西	陕西黄柏塬国家级自然保护区	野生动物	21865	2006 年
305	陕西	陕西平河梁国家级自然保护区	野生动物	21152	2006 年
306	陕西	陕西老县城国家级自然保护区	野生动物	12611	1993 年
307	陕西	陕西观音山国家级自然保护区	野生动物	13534	2003 年
308	甘肃	甘肃白水江国家级自然保护区	野生动物	183800	1978 年
309	甘肃	甘肃祁连山国家级自然保护区	森林生态	1987200	1987 年

（续）

序号	省份	保护区名称	类　型	面积(hm²)	批建时间
310	甘肃	甘肃兴隆山国家级自然保护区	森林生态	29580	1965 年
311	甘肃	甘肃尕海则岔国家级自然保护区	湿地生态	247431	1982 年
312	甘肃	甘肃连古城国家级自然保护区	荒漠生态	389882.5	2002 年
313	甘肃	甘肃莲花山国家级自然保护区	森林生态	11691	1983 年
314	甘肃	甘肃盐池湾国家级自然保护区	野生动物	1360000	1982 年
315	甘肃	甘肃安南坝国家级自然保护区	野生动物	396000	1982 年
316	甘肃	甘肃敦煌西湖国家级自然保护区	湿地生态	660000	1992 年
317	甘肃	甘肃小陇山国家级自然保护区	森林生态	31940	1982 年
318	甘肃	甘肃连城国家级自然保护区	森林生态	47930	1991 年
319	甘肃	甘肃太统崆峒山国家级自然保护区	森林生态	16283	1982 年
320	甘肃	甘肃洮河国家级自然保护区	森林生态	287759	2005 年
321	甘肃	甘肃太子山国家级自然保护区	森林生态	84700	2005 年
322	甘肃	甘肃张掖黑河湿地国家级自然保护区	湿地生态	41164.56	1992 年
323	甘肃	甘肃黄河首曲国家级自然保护区	湿地生态	203401	1995 年
324	青海	青海玉树隆宝国家级自然保护区	野生动物	10000	1984 年
325	青海	青海青海湖国家级自然保护区	野生动物	495200	1975 年
326	青海	青海可可西里国家级自然保护区	野生动物	4500000	1995 年
327	青海	青海孟达国家级自然保护区	森林生态	17290	1983 年
328	青海	青海三江源国家级自然保护区	湿地生态	15230000	2000 年
329	青海	青海柴达木梭梭林国家级自然保护区	荒漠生态	373391	2000 年
330	青海	青海大通北川河源区国家级自然保护区	森林生态	107870	2013 年
331	宁夏	宁夏贺兰山国家级自然保护区	森林生态	193535.68	1950 年
332	宁夏	宁夏灵武白芨滩国家级自然保护区	荒漠生态	70921	2000 年
333	宁夏	宁夏盐池哈巴湖国家级自然保护区	荒漠生态	84000	1998 年
334	宁夏	宁夏罗山国家级自然保护区	森林生态	33710	1950 年
335	宁夏	宁夏六盘山国家级自然保护区	森林生态	26783.64	1982 年
336	宁夏	宁夏南华山省级自然保护区	森林生态	20100.5	2004 年

（续）

序号	省份	保护区名称	类　型	面积（hm²）	批建时间
337	新疆	新疆哈纳斯国家级自然保护区	野生动物	220162	1974 年
338	新疆	新疆巴音布鲁克天鹅湖国家级自然保护区	湿地生态	136894	1980 年
339	新疆	新疆托木尔峰国家级自然保护区	森林生态	380480	1980 年
340	新疆	新疆西天山国家级自然保护区	森林生态	31217	1983 年
341	新疆	新疆甘家湖梭梭林国家级自然保护区	荒漠生态	54667	1983 年
342	新疆	新疆塔里木胡杨国家级自然保护区	荒漠生态	395420	1983 年
343	新疆	新疆艾比湖国家级自然保护区	湿地生态	267085	2000 年
344	新疆	新疆布尔根河狸国家级自然保护区	野生动物	5000	1980 年
345	新疆	新疆塔城巴尔鲁克山国家级自然保护区	野生植物	115037.3	1980 年

第十四节　林业人才

据统计，全国林业从业人员总数达到 4500 万人，其中林业系统职工总数为 170 万人，共有各类人才 80.5 万人，林业人才队伍从数量和素质上都有了较大改善。林业人才总量得到持续增长，除系统内人才明显增长外，随着集体林权制度的全面推进和非公有制林业的蓬勃发展，社会上大量人力资源进入林业领域，有力地充实了林业人才队伍。林业人才素质得到不断提高，林业人才的学历、职称结构进一步优化，各级林业主管部门着力实施了青年拔尖人才、骨干人才培养计划，一批优秀人才迅速成长，成为林业事业发展的重要力量，见表 8-20。

一、人才结构情况

全国林业系统在岗职工中，中专及以下学历人员 84.4 万人，占 64%，大专学历人员 30.1 万人，占 23%，大学及以上学历人员 16.8 万人，占 13%。林业在岗职工中，各类专业技术人员 33.6 万人，占在岗职工总数 25.6%。专业技术人员中以初、中级

表8-20 全国林业人才情况统计表

单位	在岗职工	专业技术人才				按学历分			按年龄结构分			
		小计	初级职称	中级职称	高级职称	中专及以下学历	大专学历	大学及以上上学历	30岁及以下	31～40岁	41～50岁	51岁及以上
总　计	1312749	335650	148288	148059	39303	843927	300886	167936	167712	435653	526415	182969
一、国有经济单位	1299372	334336	147774	147317	39245	833221	298746	167405	165958	430905	520901	181608
1. 企业	533269	129101	58779	55376	14946	401667	94073	37529	69119	171199	225982	66969
2. 事业	670921	190940	84915	84126	21899	410966	164869	95086	86415	233865	254686	95955
3. 机关	95182	14295	4080	7815	2400	20588	39804	34790	10424	25841	40233	18684
（1）农林牧渔业	1086753	282350	131887	123270	27193	749964	234705	102084	134463	367787	438245	146258
（2）采矿业	2232	253	147	88	18	1188	589	455	407	1030	546	249
（3）制造业	24900	3562	1601	1472	489	20097	3181	1622	4573	8681	8962	2684
（4）电力、燃气及水的生产和供应业	4065	500	35	451	14	3032	684	349	400	1826	1373	466
（5）建筑业	2659	292	56	175	61	2324	248	87	362	1008	1070	219
（6）批发和零售业	4318	898	489	358	51	3292	781	245	327	1242	1963	786
（7）科学研究、技术服务和地质勘探业	25061	14184	3297	6259	4628	8734	5415	10912	3835	7606	9772	3848
（8）水利、环境和公共设施管理业	26127	5199	2242	2326	631	13617	6699	5811	5135	7953	8952	4087
（9）教育	8235	4583	1032	2032	1519	1456	1360	5419	1749	2443	2932	1111
（10）卫生、社会保障和社会福利业	5393	3832	1691	1240	901	1983	1701	1709	1689	1389	1588	727
（11）公共管理和社会组织	99007	15837	4445	8516	2876	21557	40872	36578	10782	26940	41842	19443
（12）其他	10622	2846	852	1130	864	5977	2511	2134	2236	3000	3656	1730
二、集体经济单位	4680	327	197	123	7	4001	447	232	442	1502	2154	582
三、其他各种经济单位	8697	987	317	619	51	6705	1693	299	1312	3246	3360	779

职称人员为主，具有初级职称的为14.8万人，占44%；具有中级职称的为14.8万人，占44%；具有高级职称的为3.9万人，占12%。高级职称人员占在岗总人数比例为2.9%。按森林面积计算，平均每万亩森林在岗专业技术人员为0.87人。

二、人才学历层次分布情况

从不同性质的单位人才分布情况看，行政机关中学历水平较高，大学以上学历人员占总数的36.6%，大专学历人员占总数的41.8%，中专及以下学历人员占总数的21.6%。事业单位次之，大学以上学历人员占总数的14.2%，大专学历人员占总数的24.6%，中专及以下学历人员占总数的61.2%。企业队伍学历水平最低，大学以上学历人员占总数的7%，大专学历人员占总数的17.6%，中专及以下学历人员占总数的75.4%。

三、人才分布情况

按照国家统计行业分类标准，林业系统12个行业中，教育、科学研究技术服务和地质勘探、公共管理和社会组织3个行业的人才学历水平较高，大学以上学历人员分别占总数的65.8%、43.4%、36.9%。

职工人数最多的农林牧渔业中，大学以上学历人员占总数的9.4%，大专学历人员占总数的21.6%，中专及以下学历人员占总数的69%。从专业技术人员来看，农林牧渔业的专业技术人员占总数的26%，与行业平均水平基本持平，在12个行业中排名靠前，但主要为中、初级职称人员，高级职称人员占2.5%。农林牧渔业中大学以上学历、高级职称在岗职工总量大于其他行业，但比例均较低，分别为9.4%和2.5%，低于行业平均水平12.8%和3%。

四、人才年龄结构情况

林业系统在岗职工中，30岁以下的占总数的12.8%，31～40岁的占总数的33.2%，41～50岁的占总数的40.1%，50岁以上的占总数的13.9%。从年龄分布情况上看，41岁以上的职工数量较多，占50%以上，30岁以下的职工数量较少，比例失衡。

第十五节　林业教育

中华人民共和国成立前，全国只有21所大学、农学院设立森林系，1949年在校生541人；9所高、初级农业学校设有林科，1949年在校生1300人。

中华人民共和国成立后，党和政府十分重视林业教育工作。鉴于我国林业人才十分缺乏，为适应迅速恢复国民经济和进行经济建设的需要，1950年10月，林垦部（后改为林业部）、教育部决定在南京大学、金陵大学、武汉大学、中山大学、四川大学、北京农业大学、西北农学院7所院校设立森林专修科，学制暂定为2年，设造林、森林经营、林产利用3个组。与此同时，在其他有关农学院森林系设置了7个专修科和9个中等林业技术班，以加速培养高、中等林业技术人才；北京林学院、河北黄村林校等一批高、中等林业院校先后成立；中央和地方林业部门开始创办林业干部培训机构，有组织地培养林业技术人员和管理干部。"文革"期间，许多林业院校停办或被迫搬迁到偏远林区，干部职工培训也陷于停顿。1978年以后，高、中等林业教育和林业干部职工培训得到恢复与发展。2000年前后，国家深化教育管理体制改革，林业部门管理的普通高等林业院校移交国家教育部门或地方政府管理，47所中等林业学校或被并入普通高等学校，或与其他中等学校共同组建高等职业技术学院，只有1/3左右继续独立办学。

目前，开展林科研究生教育的高等院校、科研单位92个；开展林科专业本科教育的普通高等院校269所，其中普通高等林业院校6所、森林警察学院1所，只有少数普通高等学校尚有专科层次在校生；开展林科专业高等职业教育（专科层次）的职业技术院校230所，其中林业（生态）类职业技术院校14所；开展林科专业中等职业教育的职业技术学校342所，其中林业（园林）类职业技术学校、职业高中等18所。这些学校除了举办普通全日制高等林业教育外，相当一部分还举办网络教育等形式的在职学历教育。南京森林警察学院和国家林业局管理干部学院由国家林业局主办，一些高中等林业职业院校和林业干部培训机构由省级林业部门主管。北京林业大学、东北林业大学、西北农林科技大学3所高校由教育部与国家林业局共建，南京林业大学、中南林业科技大学、西南林业大学、河北农业大学、内蒙古农业大学、安徽农业大学、浙江农林大学、福建农林大学、江西农业大学、山东农业大学、河南农业大学、新疆农业大学12所高校由有关省（自治区）人民政府与国家林业局共建。

全国性的林业教育组织有：国家林业局林业学科建设领导小组、国家林业局教材建设领导小组、国家林业局职业教育研究中心、国家林业局成人教育研究中心、国家林业局教育培训信息中心、国家林业局全国党员干部现代远程教育林业专题教材制播中心、中国林业教育学会、全国林业专业学位研究生教育教学指导委员会、全国风景园林专业学位研究生教育教学指导委员会、教育部高等学校教学指导委员会下设的林学、林业工程、自然保护与环境生态3个本科教育专业类教学指导委员会以及全国林业职业教育教学指导委员会。

一、林业学科建设

依据国务院学位委员会、教育部印发的《学位授予和人才培养学科目录设置与管理办法》，学科分为学科门类、一级学科（本科教育中称为"专业类"）和二级学科（现称为学科方向，本科教育中称为"专业"）3个层次。学科门类和一级学科是国家进行学位授权审核与学科治理、学位授予单位开展学位授予与人才培养工作的基本依据，二级学科是学位授予单位实施人才培养的参考依据。

（一）林业学科目录

依据国务院学位委员会、教育部印发的《学位授予和人才培养学科目录（2011年）》，林业领域主要涉及7个一级学科，即理学门类的生物学（学科代码0710）、生态学（学科代码0713）、工学门类的林业工程（0829）和风景园林学（0834，可授工学、农学学位）、农学门类的农业资源与环境（0903）和林学（0907）、管理学门类的农林经济管理（1203）。由于2011版《学位授予和人才培养学科目录》没有公布新的二级学科，目前研究生培养主要参照国务院学位委员会第六届学科评议组编写的《学位授予和人才培养一级学科简介》（高等教育出版社，2013年9月第1版）。林学一级学科下设林木遗传育种、森林培育学、森林保护学、森林经理学、野生动植物保护与利用、园林植物学、水土保持与荒漠化防治、经济林学、自然保护区学9个指导性学科方向（原二级学科，下同），林业工程一级学科下设森林工程、木材科学与技术、林产化学加工工程、家具设计与工程、生物质能源与材料、林业装备与信息化6个指导性学科方向，风景园林学一级学科下设风景园林历史与理论、园林与景观设计、地景规划与生态修复、风景园林遗产保护、风景园林植物应用、风景园林技术科学6个指导性学科方向（二级学科），生物学一级学科下设植物生物学（含森林植物学）、动物生物学、微生物学等12个指导性学科方向，生态学一级学科下设生态科学（其中的生态系统生态学含森林生态学、湿地生态学等）、生态工程、生态管理3个指导性学科方向，农业资源与环境一级学科下设土壤学（含森林土壤学）、植物营养学、农业环境保护、土地资源学4个指导性学科方向，农林经济管理一级学科下设农业经济与管理、林业经济与管理、农村与区域发展、食物经济与管理4个指导性学科方向。设有研究生院的学科建设单位还在授权学科点自主设置了有关学科方向，如中国林科院在林学一级学科下设置城市林业学科方向。

除上述培养学术型人才的学科外，培养应用型人才的涉林专业学位种类主要有林业（0954）、风景园林（0953）、工程（0852，林业工程领域）3种。此外农业（0951，林业领域）还有少量招生。

（二）研究生教育学位授权点

具有林业领域相关一级学科博士、硕士学位授权资格的单位情况如下。

1. 生态学。 全国具有一级学科博士学位授权资格的有61个，其中林业（农林）高校、林业科研单位7个；具有一级学科硕士学位授权资格的单位有69个，其中林业（农林）高校2个。

2. 林业工程。 全国具有一级学科博士学位授权资格的有8

个，均为林业(农林)高校、林业科研单位；具有一级学科硕士学位授权资格的单位有 4 个，其中林业(农林)高校 3 个。

3. 林学。全国具有一级学科博士学位授权资格的有 14 个，其中林业(农林)高校、林业科研单位 7 个；具有一级学科硕士学位授权资格的单位有 21 个，其中林业(农林)高校 1 个。

4. 风景园林学。全国具有一级学科博士学位授权资格的有 20 个，其中林业(农林)高校 7 个；具有一级学科硕士学位授权资格的单位有 46 个，其中林业(农林)高校、林业科研单位 2 个。

5. 农林经济管理。全国具有一级学科博士学位授权资格的有 23 个，其中林业(农林)高校 4 个；具有一级学科硕士学位授权资格的有 21 个，其中林业(农林)高校、林业科研单位 4 个。

具体分布情况详见表 8-21。此外，一些林业(农林)高校、林业科研单位还具有其他一级学科、二级学科的博士、硕士学位，工程(林业工程领域)、农业推广(林业领域)、风景园林、林业以及其他专业学位的授权资格。

目前北京林业大学等 6 所独立设置的林业高校及中国林科院设有国家重点开放实验室 1 个、研究生院 2 个、博士后流动站 11 个。

(三)重点学科

1. 国家重点学科。林业工程、林学一级学科国家重点学科点 4 个，另有生物学、生态学、林业工程、林学一级学科所属二级学科国家重点学科点 9 个，均分布在林业院校。具体分布情况详见表 8-22。

2. 国家林业局重点学科及重点(培育)学科。国家林业局重点学科点 59 个，涉及生物学、生态学、林业工程、风景园林学、农业资源与环境、林学、农林经济管理 7 个一级学科，主要分布在林业(农林)院校、林业科研单位和农业院校。国家林业局重点(培育)学科点 15 个，涉及哲学等一级学科。具体分布情况详见表 8-23。

此外，还有一批一级学科点、二级学科林业学科点被评为省(自治区、直辖市)重点学科。

二、林科专业建设

（一）林科专业目录

根据教育部印发的《普通高等学校本科专业目录（2012年）》、《普通高等学校高等职业教育（专科）专业目录（2015年）》、《中等职业学校专业目录》（2010年修订），林业领域本科教育专业设置包括工学门类林业工程类的森林工程（专业代码082401）、木材科学与工程（082402）、林产化工（082403），农学门类自然保护与环境生态类的野生动物与自然保护区管理（090202）、水土保持与荒漠化防治（090203）、林学类的林学（090501）、园林（090502）、森林保护（090503）、管理学门类农业经济管理类的农林经济管理（120301）9个专业。具体分布情况详见表8-24。

高等职业教育专业设置主要包括林业技术类的林业技术（512001）、园林技术（512002）、森林资源保护（512003）、经济林培育与利用（512004）、野生植物资源保护与利用（512005）、野生动物资源保护与利用（512006）、森林生态旅游（512007）、森林防火指挥与通讯（512008）、自然保护区建设与管理（512009）、木工设备应用技术（512010）、木材加工技术（512011）、林业调查与信息处理（510212）、林业信息技术与管理（510213）13个专业。专业目录调整前的涉林类专业具体分布情况详见表8-25。

中等职业教育专业设置包括农林牧渔类等类别的现代林业技术（011300）、森林资源保护与管理（011400）、园林技术（011500）、园林绿化（011600）、木材加工（011700）、林产化工（061000）、生态环境保护（022100）7个专业。具体分布情况详见表8-26。

（二）专业建设

为推进高、中等农林教育发展，教育部、农业部、国家林业局联合出台了《关于推进高等农林教育综合改革的若干意见》、《关于实施卓越农林人才培养计划的意见》，开展拔尖创新型、复合应用型、实用技能型200个人才培养模式改革试点项目，形成多层次、多类型、多样化的具有中国特色的高等农林教育人才培养体系；教育部、国家林业局等9部门联合出台了《关于加快发展面向农村的职业教育的意见》）。

教育部先后公布了7批高等学校特色专业建设点、4批国家级教学团队及第一批国家级精品资源共享课名单，其中林科类专业点46个、林科专业教学团队15个、林科类专业课程22门。具体分布情况详见表8-27～表8-29。国家林业局先后公布了2批高等职业教育重点专业名单，共19个；公布了6个高等职业教育示范性实训基地名单。具体分布情况详见表8-30、表8-31。

三、高中等林业人才培养

改革开放以来，普通高等林业教育、高等林业职业教育、中等林业教育人才培养工作得到恢复和快速发展。

1982年春季至2015年夏季，普通高等林业院校、林业科研单位和其他普通高等院校、科研单位林业学科共输送毕业博士、硕士研究生76000人；普通高等林业院校、高等林业职业院校和其他普通高等院校、高等职业院校林科专业共输送毕业本科、专科、高职学生884000人；中等林业（园林）学校和其他培养中等职业教育学生的教育机构林科专业共输送毕业中等职业教育学生824000人。

2015年秋季，普通高等林业院校、林业科研单位和其他普通高等院校、科研单位在校博士、硕士研究生25005人（其中林业学科博士、硕士研究生16184人），在校本科、专科、高职学生292136人（其中林科专业本科、专科、高职学生177772人），在校中等职业教育学生291930人（其中林科专业中职学生127442人）。

普通高等林业院校、高等林业职业院校先后有4项教学成果荣获国家教育成果奖一等奖，21项成果荣获国家教育成果奖二等奖，4名教师被评为国家高等学校教学名师，10篇博士论文被评为全国优秀博士学位论文。

目前，6所普通高等林业院校和南京森林警察学院共有专任教师7721人。其中具有正高级职称的1321人、副高级职称的2710人、中级职称及以下的3690人，分别占林科专任教师总数的 17.1%、35.1% 和 47.8%。

四、干部职工在职培训

国家将干部教育培训作为建设高素质干部队伍的先导性、基础性、战略性工程，将"坚持科教兴林"确定为加快林业发展的基本方针。中央和地方林业部门、企事业单位加大了在职人员培训力度。国家林业主管部门组织开展了《林业干部教育培训规范化建设研究》、《林业干部教育培训能力建设研究》等多项课题研究，编制了多个全国林业教育培训五年规划，出台了《国家林业局关于做好集体林权制度改革培训工作的意见》、《国家林业局关于加强林业应对气候变化培训工作的通知》、《国家林业局干部教育培训工作实施细则》、《国家林业局干部培训班管理办法》，编写了《林业行业干部岗位规范(试行)》、《林业行业干部岗位培训指导性教学计划》、《林业行业干部岗位培训指导性教学大纲》、《林业行业专业技术人员继续教育科目指南》、《林农技术资格岗位规范》等指导性培训教学文件，编写了《林业政策与法规》等培训教材，促进了各地培训活动的开展。同时，会同国家有关部门组织举办省部级领导干部推进生态文明建设高级研讨班，承办中央组织部委托的全国党员干部现代远程教育林业专题教材制播、地方党政领导干部林业建设专题研究班和人力资源社会保障部委托的专业技术人才高级研修班，围绕林业中心工作，开展机关公务员初任培训、任职培训、岗位培训、专门业务培训、司局级干部选学和网络学习以及地方林业领导干部、专业技术骨干培训；组织实施了中德技术合作林业培训与进修项目、中日合作林业生态培训中心项目、中国西部地区林业人才培养项目等多个对外合作培训项目，借鉴发达国家在林业培训方面的成功经验；承担了国家援外培训林业项目，培训亚非拉和南太平洋地区受援的发展中国家政府林业官员，传播中国林业技术和发展经验。

目前，全国林业教育培训管理形成从国家林业局到各省(自治区、直辖市)林业厅(局)、地(市、自治州、区)林业局的较为健全的管理体系；同时形成了以国家级林业培训基地北京林业管理干部学院和各省(自治区、直辖市)林业部门直属的培训机构

（培训中心、干部学校等）为骨干的培训实施体系。国家林业局管理干部学院被确定为全国专业技术人才继续教育基地，国家林业局管理干部学院、国际竹藤中心、国家林业局竹子研究开发中心、北京林业大学、宁夏农林科学院荒漠化治理研究所5个单位被商务部确定为援外培训承办单位。

表8-21 林业领域相关一级学科博士、硕士学位授权点

一级学科名称	博士学位授权点	硕士学位授权点
生态学	共61个，林业（农林）高校、科研单位7个，即北京林业大学、东北林业大学、南京林业大学、西北农林科技大学、中南林业科技大学、中国林业科学研究院、福建农林大学；其他54个，即中国农业大学、北京大学、清华大学、北京师范大学、首都师范大学、南开大学、河北师范大学、山西大学、内蒙古农业大学、内蒙古大学、东北农业大学、东北师范大学、复旦大学、上海交通大学、华东师范大学、南京农业大学、南京大学、南京师范大学、浙江大学、安徽农业大学、安徽大学、中国科学技术大学、安徽师范大学、厦门大学、福建师范大学、山东农业大学、山东大学、中国海洋大学、河南大学、华中农业大学、华中科技大学、武汉大学、湖南农业大学、中南大学、湖南师范大学、华南农业大学、华南师范大学、中山大学、暨南大学、广西大学、海南大学、重庆大学、西南大学、四川农业大学、四川大学、贵州大学、云南大学、陕西师范大学、西北大学、甘肃农业大学、兰州大学、新疆大学、中国农业科学院、中国科学院研究生院	共69个，其中林业（农林）高校2个，即西南林业大学、浙江农林大学；其他67个，即中国人民大学、中央民族大学、天津师范大学、河北农业大学、河北大学、山西农业大学、山西师范大学、内蒙古师范大学、辽宁大学、大连海洋大学、沈阳农业大学、辽宁师范大学、沈阳大学、沈阳师范大学、吉林农业大学、黑龙江大学、哈尔滨师范大学、上海海洋大学、上海师范大学、上海大学、苏州大学、东南大学、江苏大学、南京信息工程大学、徐州师范大学、扬州大学、浙江理工大学、浙江师范大学、杭州师范大学、江西农业大学、南昌大学、江西师范大学、山东师范大学、青岛大学、曲阜师范大学、鲁东大学、河南农业大学、郑州大学、河南科技大学、河南师范大学、长江大学、中国地质大学、华中师范大学、湖北大学、中南民族大学、三峡大学、吉首大学、广州大学、深圳大学、广西师范大学、海南师范大学、四川师范大学、重庆师范大学、西华师范大学、西南民族大学、贵州师范大学、昆明理工大学、云南师范大学、西藏大学、西北师范大学、延安大学、兰州交通大学、青海师范大学、宁夏大学、石河子大学、新疆农业大学、中国环境科学研究院
林业工程	共8个，即北京林业大学、东北林业大学、南京林业大学、中南林业科技大学、西南林业大学、福建农林大学、中国林业科学研究院、内蒙古农业大学	共4个，即西北农林科技大学、浙江农林大学、北华大学、吉首大学

（续）

一级学科名称	博士学位授权点	硕士学位授权点
风景园林学	共20个，其中林业（农林）高校6个，即北京林业大学林、东北林业大学、南京林业大学、西北农林科技大学、中南林业科技大学、西南林业大学、福建农林大学；其他13个，即清华大学、天津大学、河北农业大学、哈尔滨工业大学、同济大学、东南大学、河南农业大学、华中农业大学、武汉大学、华南理工大学、重庆大学、四川农业大学、西安建筑科技大学	共46个，其中林业（农林）高校、科研院所2个，即浙江农林大学、中国林业科学研究院；其他44个，即北京农学院、北京建筑工程学院、北方工业大学、中央美术学院、天津城市建设学院、山西农业大学、太原理工大学、内蒙古农业大学、沈阳农业大学、沈阳建筑大学、北华大学、东北农业大学、上海交通大学、南京农业大学、南京工业大学、苏州大学、苏州科技学院、浙江大学、安徽农业大学、安徽建筑工业学院、合肥工业大学、江西农业大学、山东农业大学、山东建筑大学、青岛农业大学、青岛理工大学、聊城大学、郑州大学、华中科技大学、长江大学、湖南农业大学、中南大学、华南农业大学、广西大学、桂林理工大学、海南大学、西南大学、西南交通大学、四川大学、贵州大学、昆明理工大学、长安大学、青海大学、新疆农业大学
林学	共14个，即北京林业大学、东北林业大学、南京林业大学、西北农林科技大学、中南林业科技大学、西南林业大学、中国林业科学研究院、福建农林大学、内蒙古农业大学、河北农业大学、安徽农业大学、江西农业大学、河南农业大学、四川农业大学	共21个，即浙江农林大学、北京农学院、山西农业大学、沈阳农业大学、北华大学、南京农业大学、山东农业大学、华中农业大学、湖北民族学院、华南农业大学、华南师范大学、仲恺农业工程学院、西南大学、西华师范大学、贵州大学、西藏大学、兰州大学、甘肃农业大学、青海大学、新疆农业大学、中国科学院研究生院
农林经济管理	共23个，其中林业（农林）高校4个，即北京林业大学、东北林业大学、西北农林科技大学、福建农林大学；其他19个，即中国人民大学、中国农业大学、河北农业大学、内蒙古农业大学、沈阳农业大学、吉林农业大学、东北农业大学、南京农业大学、浙江大学、山东农业大学、华中农业大学、华南农业大学、西南大学、四川农业大学、新疆农业大学、石河子大学、中国科学院研究生院、中国社会科学院研究生院、中国农业科学院	共21个，其中林业（农林）高校、科研单位4个，即南京林业大学、西南林业大学、浙江农林大学、中国林业科学研究院；其他17个，即北京农学院、山西农业大学、吉林大学、黑龙江八一农垦大学、上海海洋大学、上海财经大学、安徽农业大学、江西农业大学、青岛农业大学、河南农业大学、河南财经政法大学、中南财经政法大学、长江大学、湖南农业大学、贵州大学、云南农业大学、甘肃农业大学

表 8-22　国家重点学科(林业学科)名单

序号	学科名称	学位名称
一级学科		
1	林学(2 个)	北京林业大学、东北林业大学
2	林业工程(2 个)	东北林业大学、南京林业大学
二级学科		
1	植物学(2 个)	北京林业大学、东北林业大学
2	生态学(2 个)	东北林业大学、南京林业大学
3	木材科学与技术(2 个)	北京林业大学、中南林业科技大学
4	林木遗传育种(1 个)	南京林业大学
5	森林培育学(1 个)	中南林业科技大学
6	森林保护学(1 个)	南京林业大学

表 8-23　国家林业局重点学科及重点(培育)学科名单

序号	学科名称	单位名称
重点学科(一级学科)		
1	林学(19 个)	北京林业大学、东北林业大学、南京林业大学、中南林业科技大学、西南林业大学、西北农林科技大学、中国林业科学研究院、河北农业大学、内蒙古农业大学、北华大学、浙江农林大学、安徽农业大学、福建农林大学、江西农业大学、山东农业大学、华南农业大学、四川农业大学、贵州大学、新疆农业大学
2	林业工程(9 个)	北京林业大学、东北林业大学、南京林业大学、中南林业科技大学、西南林业大学、中国林业科学研究院、国际竹藤中心、内蒙古农业大学、福建农林大学
3	风景园林学(7 个)	北京林业大学、东北林业大学、南京林业大学、中南林业科技大学、西北农林科技大学、福建农林大学、河南农业大学
4	生物学(5 个)	北京林业大学、东北林业大学、南京林业大学、西北农林科技大学、福建农林大学
5	生态学(8 个)	北京林业大学、东北林业大学、南京林业大学、中南林业科技大学、西南林业大学、西北农林科技大学、中国林业科学研究院、福建农林大学
6	农业资源与环境(4 个)	南京林业大学、西北农林科技大学、浙江农林大学、福建农林大学
7	农林经济管理(7 个)	北京林业大学、东北林业大学、南京林业大学、西南林业大学、西北农林科技大学、中国林业科学研究院、福建农林大学

（续）

序号	学科名称	单位名称
	重点（培育）学科（学科方向）	
1	科学技术哲学（生态文明建设与管理方向）（所属一级学科：哲学）	北京林业大学
2	国际贸易学（林产品贸易方向）（所属一级学科：应用经济学）	北京林业大学
3	环境与资源保护法学（2个）（所属一级学科：法学）	东北林业大学、浙江农林大学
4	地图学与地理信息系统（所属一级学科：地理学）	北京林业大学
5	植物学（所属一级学科：生物学）	浙江农林大学
6	机械设计及理论（所属一级学科：机械工程）	南京林业大学
7	制浆造纸工程（所属一级学科：轻工技术与工程）	南京林业大学
8	城市规划与设计（传统村落景观保护与规划）（所属一级学科：风景园林学）	安徽农业大学
9	消防工程（所属一级学科：公安技术）	南京森林警察学院
10	草原学（所属一级学科：草学）	西北农林科技大学
11	生药学（所属一级学科：药学）	东北林业大学
12	旅游管理（2个）（所属一级学科：工商管理）	中南林业科技大学、西南林业大学
13	林业经济管理（所属一级学科：农林经济管理）	浙江农林大学

表8-24　本科教育林科专业布点情况

专业名称	设置专业点学校
森林工程	共6个，即东北林业大学、南京林业大学、中南林业科技大学、西南林业大学、福建农林大学、内蒙古农业大学
木材科学与工程	共16个，即北京林业大学、东北林业大学、南京林业大学、西北农林科技大学、中南林业科技大学、西南林业大学、浙江农林大学、天津科技大学、河北农业大学、内蒙古农业大学、北华大学、安徽农业大学、山东农业大学、华南农业大学、广西大学、四川农业大学
林产化工	共11个，即北京林业大学、东北林业大学、南京林业大学、西北农林科技大学、中南林业科技大学、西南林业大学、沈阳化工大学、江西农业大学、齐鲁工业大学、广西大学、梧州学院

（续）

专业名称	设置专业点学校
野生动物与自然保护区管理	共9个，即北京林业大学、东北林业大学、西南林业大学、吉林农业大学、吉林农业科技学院、四川农业大学、西昌学院、西华师范大学、西藏大学农牧学院
水土保持与荒漠化防治	共20个，即北京林业大学、西北农林科技大学、西南林业大学、福建农林大学、山西农业大学、内蒙古农业大学、辽宁工程技术大学、沈阳农业大学、吉林农业大学、黑龙江大学、南昌工程学院、山东农业大学、西南大学、四川农业大学、贵州大学、安顺学院、云南农业大学、西藏大学农牧学院、甘肃农业大学、新疆农业大学
林　学	共13个，即北京林业大学、东北林业大学、南京林业大学、西北农林科技大学、中南林业科技大学、西南林业大学、浙江农林大学、福建农林大学、内蒙古农业大学、河北农业大学、安徽农业大学、山东农业大学、河南农业大学
园　林	共13个，即北京林业大学、东北林业大学、南京林业大学、西北农林科技大学、中南林业科技大学、西南林业大学、浙江农林大学、福建农林大学、内蒙古农业大学、河北农业大学、安徽农业大学、山东农业大学、河南农业大学
森林保护	共15个，即东北林业大学、南京林业大学、西北农林科技大学、中南林业科技大学、西南林业大学、福建农林大学、河北农业大学、山西农业大学、沈阳农业大学、山东农业大学、长江大学、华南农业大学、四川农业大学、贵州大学、新疆农业大学
农林经济管理	共8个，即北京林业大学、东北林业大学、南京林业大学、西北农林科技大学、中南林业科技大学、西南林业大学、浙江农林大学、福建农林大学

表8-25　高等职业教育林科专业布点情况

专业名称	设置专业点学校
林业技术	共30个，即山西林业职业技术学院、辽宁林业职业技术学院、黑龙江林业职业技术学院、黑龙江生态工程职业学院、安徽林业职业技术学院、福建林业职业技术学院、江西环境工程职业学院、河南林业职业学院、湖北生态工程职业学院、湖南环境生物职业技术学院、广西生态工程职业技术学院、云南林业职业技术学院、甘肃林业职业技术学院、宁夏防沙治沙职业技术学院、江苏农林职业技术学院、大理农林职业技术学院、信阳农林学院、伊春职业学院、河北农业大学、丽水职业技术学院、山东农业工程学院、河南科技大学、咸宁职业技术学院、重庆三峡职业学院、黔东南民族职业技术学院、西双版纳职业学院、云南热带作物职业学院、西藏大学农牧学院、西藏职业技术学院、杨凌职业技术学院

（续）

专业名称	设置专业点学校
园林技术	共208个，即山西林业职业技术学院、辽宁林业职业技术学院、黑龙江林业职业技术学院、黑龙江生态工程职业学院、安徽林业职业技术学院、福建林业职业技术学院、江西环境工程职业技术学院、河南林业职业学院、湖北生态工程职业技术学院、湖南环境生物职业技术学院、云南林业职业技术学院、甘肃林业职业技术学院、宁夏职业技术学院、上海农林职业技术学院、江苏农林职业技术学院、北京农学院、北京联合大学、北京城市学院、北京农业职业学院、天津农学院、天津滨海职业学院、河北农业大学、河北北方学院、衡水学院、沧州师范学院、河北科技师范学院、河北政法职业学院、沧州职业技术学院、保定职业技术学院、石家庄工程职业学院、唐山职业技术学院、衡水职业技术学院、河北旅游职业学院、廊坊职业技术学院、河北女子职业技术学院、宣化科技职业学院、吕梁学院、太原学院、长治职业技术学院、山西运城农业职业技术学院、内蒙古农业大学、锡林郭勒职业学院、乌兰察布职业学院、辽宁农业职业技术学院、沈阳大学、阜新高等专科学校、辽东学院、辽宁职业学院、辽宁水利职业学院、长春科技学院、松原职业技术学院、伊春职业学院、黑龙江职业学院、黑龙江建筑职业技术学院、黑龙江农业职业技术学院、黑龙江农业工程职业学院、齐齐哈尔工程学院、大兴安岭职业学院、黑龙江农业经济职业学院、黑龙江生物科技职业学院、黑龙江农垦科技职业学院、三江学院、扬州市职业大学、硅湖职业技术学院、江苏联合职业技术学院、扬州环境资源职业技术学院、南通农业职业技术学院、江苏农牧科技职业学院、苏州农业职业技术学院、无锡城市职业技术学院、南京旅游职业学院、徐州生物工程职业技术学院、丽水学院、金华职业技术学院、宁波城市职业技术学院、嘉兴职业技术学院、丽水职业技术学院、温州科技职业学院、芜湖职业技术学院、宿州职业技术学院、六安职业技术学院、合肥职业技术学院、滁州职业技术学院、池州职业技术学院、宣城职业技术学院、安徽城市管理职业学院、安庆职业技术学院、黄山职业技术学院、漳州职业技术学院、闽西职业技术学院、福建农业职业技术学院、福州黎明职业技术学院、宁德职业技术学院、漳州城市职业学院、武夷山职业学院、江西农业大学、景德镇学院、江西科技师范大学、南昌工程学院、南昌工学院、江西生物科技职业学院、临沂大学、济宁职业技术学院、潍坊职业学院、东营职业学院、聊城职业技术学院、滨州职业学院、潍坊科技学院、山东英才学院、山东大王职业学院、淄博职业学院、青岛求实职业技术学院、山东现代职业学院、泰山职业技术学院、山东农业工程学院、河南科技大学、河南农业大学、河南科技学院、新乡学院、信阳农林学院、濮阳职业技术学院、许昌职业技术学院、商丘职业技术学院、河南农业职业学院、商丘学院、许昌陶瓷职业学院、长江大学、黄冈职业技术学院、江汉大学、荆楚理工学院、恩施职业技术学院、武汉生物工程学院、武汉工贸职业学院、荆州职业技术学院、仙桃职业学院、武汉软件工程职业学院、

（续）

专业名称	设置专业点学校
园林技术	湖北三峡职业技术学院、湖北生物科技职业学院、咸宁职业技术学院、武汉民政职业学院、三峡旅游职业技术学院、永州职业技术学院、湖南生物机电职业技术学院、娄底职业技术学院、长沙职业技术学院、常德职业技术学院、湘西民族职业技术学院、湖南同德职业学院、湖南都市职业学院、韶关学院、嘉应学院、顺德职业技术学院、深圳职业技术学院、私立华联学院、广东农工商职业技术学院、阳江职业技术学院、河源职业技术学院、东莞职业技术学院、桂林师范高等专科学校、贺州学院、广西交通职业技术学院、广西城市职业学院、广西英华国际职业学院、海南职业技术学院、琼台师范高等专科学校、重庆三峡职业学院、重庆工贸职业技术学院、重庆城市管理职业学院、西南科技大学、四川农业大学、西昌学院、西华师范大学、绵阳师范学院、南充职业技术学院、内江职业技术学院、成都农业科技职业学院、广安职业技术学院、铜仁学院、安顺职业技术学院、黔东南民族职业技术学院、黔南民族职业技术学院、黔西南民族职业技术学院、贵阳职业技术学院、普洱学院、云南农业职业技术学院、西双版纳职业技术学院、玉溪农业职业技术学院、云南热带作物职业学院、云南国防工业职业技术学院、大理农林职业技术学院、西藏大学农牧学院、西藏职业技术学院、杨凌职业技术学院、榆林学院、安康学院、西安东方亚太职业技术学院、咸阳职业技术学院、西安职业技术学院、汉中职业技术学院、延安职业技术学院、河西学院、兰州职业技术学院、甘肃农业职业技术学院、青海畜牧兽医职业技术学院、宁夏防沙治沙职业技术学院、伊犁职业技术学院、巴音郭楞职业技术学院、新疆应用职业技术学院
森林资源保护	共8个，即福建林业职业技术学院、云南林业职业技术学院、甘肃林业职业技术学院、宁夏防沙治沙职业技术学院、信阳农林学院、伊春职业学院、西藏大学农牧学院、大兴安岭职业学院
野生植物资源保护与利用	共6个，即黑龙江林业职业技术学院、广西生态工程职业技术学院、云南林业职业技术学院、伊春职业技术学院、云南农业职业技术学院、玉溪农业职业技术学院
野生动物资源保护与利用	共1个，即云南林业职业技术学院
自然保护区建设与管理	共1个，即云南林业职业技术学院
森林生态旅游	共15个，即山西林业职业技术学院、辽宁林业职业技术学院、安徽林业职业技术学院、河南林业职业学院、湖北生态工程职业技术学院、湖南环境生物职业技术学院、云南林业职业技术学院、甘肃林业职业技术学院、伊春职业学院、黑龙江民族职业学院、河南科技大学、荆楚理工学院、三峡旅游职业技术学院、云南热带作物职业学院、西藏大学农牧学院

（续）

专业名称	设置专业点学校
木材加工技术	共9个，即辽宁林业职业技术学院、廊坊东方职业技术学院、黑龙江林业职业技术学院、大兴安岭职业学院、江苏农林职业技术学院、福建林业职业技术学院、湖北生态工程职业技术学院、广西生态工程职业技术学院、云南林业职业技术学院
木工设备应用技术	共2个，即辽宁林业职业技术学院、广西生态工程职业技术学院
林业信息技术与管理	共6个，即辽宁林业职业技术学院、山西林业职业技术学院、湖北生态工程职业技术学院、广西生态工程职业技术学院、甘肃林业职业技术学院、云南林业职业技术学院
经济林培育与利用	共1个，即云南林业职业技术学院

表8-26　中等职业教育林科专业布点情况

专业名称	设置专业点学校
现代林业技术	共80个，即内蒙古扎兰屯林业学校、内蒙古大兴安岭林业学校、黑龙江省伊春林业学校、黑龙江省齐齐哈尔林业学校、福建三明林业学校、福建生态工程职业技术学校、河南省林业学校、广东省林业职业技术学校、广西壮族自治区桂林林业学校、贵州省林业学校、甘肃省庆阳林业学校、新疆林业学校、青县职业技术教育中心、涿鹿县宝峰寺林业中学、蔚县职业技术教育中心、邯郸县综合职业技术教育中心、赞皇县职业技术教育中心、邢台县职业技术教育中心、围场县职业技术教育中心、宽城满族自治县职业技术教育中心、武强县综合职业技术教育中心、沙河市综合职教中心、南和县职业技术教育中心、灵丘县农业职业技术学校、山西省农业广播电视学校、赤峰市元宝山区职业培训中心、赤峰市松山区职业技术教育培训中心、赤峰农牧学校、丹东市中等职业技术专业学校、农广校丹东分校、农广校葫芦岛分校、农广校朝阳分校、农广校抚顺分校、农广校锦州分校、白山市林业职业高级中学、吉林省农业广播电视学校、汪清县第一职业技术高中、长白山中等职业学校、大兴安岭技师学院、克东县职业技术教育中心学校、黑龙江广播电视中等专业学校、射阳县沿海中等专业学校、丽水旅游学校、浙江省农业广播电视学校、和县职业教育中心、怀远县唐集高级职业中学、马鞍山工业学校、泗县职业教育中心、尤溪职业中专学校、福建省农业广播电视学校、鄄城县第一职业中等专业学校、息县综合高级中学、南阳信息工程学校、滑县裳华职业技术中专、保康县中等职业技术学校、岳阳市网络工程职业技术学校、广东省农工商职业技术学校、广西生态工程职业技术学院附属中等职业学校、广西百色农业学校、广西壮族自治区梧州电子工程学校、海南省农林科技

（续）

专业名称	设置专业点学校
现代林业技术	学校、贵州省龙里中等职业学校、镇雄县职业高级中学、沧源县高级职业中学、红河州农业学校、文山州农业学校、富宁县民族职业高级中学、迪庆州民族中等专业学校、日喀则地区职业技术学校、陕西省户县职教中心、商南县职业技术教育中心、柞水县职业中等专业学校、固原市农业学校、察县职业技术教育中心，黑龙江林业职业技术学院、大兴安岭职业学院、江西环境工程职业学院、云南林业职业技术学院、大理农林职业技术学院、兴安职业技术学院6所院校的中职部
森林资源保护与管理	共25个，即北京市园林学校、内蒙古大兴安岭林业学校、黑龙江省伊春林业学校、黑龙江省齐齐哈尔林业学校、广西壮族自治区桂林林业学校、大兴安岭技师学院、黑龙江省嫩江县成人中专、黑龙江广播电视中等专业学校、孙吴县中等职业技术学校、松岭区职业教育培训中心、邵武职业中专学校、福建省防卫科学职业技术学校、武夷山中华职业学校、山东省聊城信息工程职业中专学校、虞城县第一中等专业学校、南阳市宛东中等专业学校、南阳市宛西中等专业学校、阳西县中等职业技术学校、海南省农林科技学校、龙陵县职业高级中学、绥江县职业高级中学、陇南市农业技术学校、新疆阿勒泰畜牧兽医职业学校、德州学院、云南林业职业技术学院
园林技术	共510个，即北京市园林学校、内蒙古扎兰屯林业学校、黑龙江省伊春林业学校、黑龙江省齐齐哈尔林业学校、福建三明林业学校、福建生态工程职业技术学校、河南省林业学校、广东省林业职业技术学校、广西壮族自治区桂林林业学校、贵州省林业学校、甘肃省庆阳林业学校、长治市第八中学、巢湖市老骥学校、诸城市第二中学、光山县文殊高级中学、延庆县第一职业学校、北京市农业广播电视学校、北京市商务管理学校、北京市丰台区职业教育中心学校、北京市东方职业学校、北京市顺义区第一职业学校、北京市大兴区第一职业学校、天津市园林学校、天津市东丽区职业教育中心学校、滦南县职业教育中心、黄骅市职业中学、赤城县职业技术教育中心、涿州市职业技术教育中心、辛集市职业技术教育中心、清苑县职业技术教育中心、平泉县综合职业技术教育中心、万全县职业技术教育中心、邢台现代职业学校、邢台青年科技中等专业学校、迁西县职业技术教育中心、宣化县职业技术教育中心、大名县职业技术教育中心、康保县职教中心、永清县职业技术教育中心、栾城县职业技术教育中心、赵县教师进修学校、香河县职业技术教育中心、唐山市丰南区农业技术高级中学、肥乡县八维职业技术学校、武安市综合职业技术教育中心、冀州市职业技术教育中心、邯郸市峰峰矿区职业技术教育中心、滦平县职业技术教育中心、深州市职业技术教育中心、昔阳县高级职业中学、襄汾

（续）

专业名称	设置专业点学校
园林技术	县邓庄职业学校、和顺县职业中学校、原平市职业学校、阳泉市郊区职业高级中学校、介休市职业中学校、临汾教联职业学校、曲沃县职业中学、石楼县职业中学、武乡县职业中学、蒲县职业中学、临汾立达职业学校、汾阳市高级职业中学、山西徐特立高级职业中学、汾阳市敬仁学校、阳曲县高级职业中学校、吉县职业中学、太原生态工程学校、交口县职业高中、吕梁市农业学校、山西省城乡建设学校、晋中农业学校、沁水县职业中学、伊金霍洛旗职业高级中学、松山区职业技术教育培训中心、赤峰万博职业技术学校、内蒙古职业技术学校、内蒙古博奥职业技术学校、内蒙古名仁IT职业学校、内蒙古自治区广播电视大学、开原市职业技术教育中心（职教中心）、法库县职业中等专业学校（职教中心）、辽阳市弓长岭区职业高中、盖州市中等职业技术专业学校（职教中心）、大石桥市中等职业技术专业学校（职教中心）、本溪市商贸服务学校、东港市职教中心（职教中心）、大连市房地产学校、大连外经贸日韩语学校、大连市建设学校、辽宁省农业经济学校、鞍山市工程技术学校、阜新市农业学校、阜新市细河区职业教育中心（职教中心）、新宾县中等职业技术专业学校（职教中心）、沈阳市于洪区职业教育中心（职教中心）、辽宁省农业技术学校、沈阳市园林学校、抚顺市农业特产学校、阜新市第一中等职业技术专业学校、顺城中等职业技术专业学校、白山市碧莹职业技术学校、长春市孙进中等职业学校、抚松县职业中等专业学校、长岭县职业教育中心、鹤岗市职业技术教育中心、肇州县农业技术高级中学、哈尔滨市现代服务中等职业技术学校、哈尔滨现代艺术设计职业技术学校、黑龙江广播电视中等专业学校、依兰县职业高中、黑龙江省齐齐哈尔农业机械化学校、逊克县职业技术学校、哈尔滨市医药工程学校、黑龙江省机电工程学校、哈尔滨现代应用技术中等职业学校、上海市工程技术管理学校、上海市农业学校、上海市建筑工程学校、上海市城市建设工程学校、江苏省靖江中等专业学校、南京市江宁中等专业学校、江苏省句容中等专业学校、江苏省农业广播电视学校、江苏省灌云中等专业学校、连云港金山中等专业学校、南京市城建中等专业学校、南通市通州区农业综合技术学校、睢宁县职业高级中学、盐城市高级职业学校、江苏省溧阳中等专业学校、盐城生物工程高等职业技术学校、邳州市车辐中等专业学校、江苏省东台中等专业学校、江苏省张集中等专业学校、滨海电子中等专业学校、江苏省昆山第二中等专业学校、江苏省武进中等专业学校、苏州旅游与财经高等职业技术学校、宝应中等专业学校、阜宁高等师范学校、江苏省江都中等专业学校、江苏畜牧兽医职业技术学院、东海县职业高级中学、沛县中等专业学校、

（续）

专业名称	设置专业点学校
园林技术	徐州保安职业技术学校、淮安生物工程高等职业学校、浙江省瑞安市农业技术学校、千岛湖中等职业学校、临海市高级职业中学、富阳市职业高级中学、湖州市现代农业技术学校、临海市东湖职业技术学校、诸暨市职业教育中心、诸暨工业职业技术学校、德清县职业中等专业学校、慈溪杭州湾中等职业学校、平阳县万全综合高中、开化县职业教育中心、东阳市花园职业技术学校、象山县社会职业学校、文成县职业中等专业学校、余姚市第二职业技术学校、桐庐县职业技术学校、龙游县职业技术学校、龙游县求实职业学校、宁波市鄞州区四明职业高级中学、杭州市萧山区第二中等职业学校、萧山区农业技术学校、浙江省杭州市旅游职业学校、绍兴县园艺学校、温州市城乡建设职工中等专业学校、潜山县官庄高级职业中学、安徽省肥西金桥高级职业中学、潜山县职业技术教育中心(天柱山旅游学校)、安庆皖江职业技术学校、临泉县高级职业中学、安徽合肥当代职业学校、安徽省黄山茶业学校、安徽省黄山卫生学校、安庆阳光职业技术学校、枞阳县牛集高级职业中学、安徽广播电视中等专业学校池州分校、滁州市第二职业高级中学、阜阳市第四高级职业中学、安徽省怀宁县三桥职业高级中学、巢湖市居巢区职业教育中心、芜湖汽车工程学校、繁昌县职业教育中心、宣城市江南职业技术学校、太湖县华兴职业技术学校、太湖县恺风职业技术学校、利辛县王人高级职业中学、安徽省利辛县望疃镇高级职业中学、安徽省桐城望溪高级职业技术学校、福建省永泰城乡建设职业中专学校、永安职业中专学校、福鼎职业中专学校、福鼎市店下职业高级中学、福州环境保护中专学校、漳州市农业学校、泉州市农业学校、上杭职业中专学校、南平市农业学校、龙岩市农业学校、漳浦县成人中等专业学校、福建省广播电视大学、鹰潭九龙职业中等专业学校、鹰潭市职业中学、鹰潭应用工程学校、抚州市黎川县职业中专、赣州农业学校、井冈山应用科技学校、上饶市中等专业学校、华东旅游酒店管理学校、潍坊市经济学校、青岛市胶南市颐荣职业学校、齐河县职业中等专业学校(齐河县技工学校)、蓬莱市职业中等专业学校、枣庄农业学校、寿光市职业教育中心学校、德州卫生学校、潍坊市对外经济贸易学校、莘县职业中等专业学校、广饶县职业中等专业学校、郯城县中等职业技术教育中心学校、菏泽旅游职业中等专业学校、滨州市职工中等专业学校、曹县梁堤头职业中专、烟台市南山职业技术学校、济宁市高级职业学校(济宁市农业学校)、新安县职业高级中学、洛阳绿业信息中等专业学校、洛阳市长城中等专业学校、新县千斤职业高级中学、洛阳新艺中等专业学校、清丰县职业技术学校、潢川县职业中等专业学校、孔祖中等专业学校(夏邑县职业教育中心)、夏邑县淮海职业中等专业学校、栾川县中等

（续）

专业名称	设置专业点学校
园林技术	职业学校、新乡市红旗区职业教育中心、河南省三门峡中等专业学校、新蔡县职业教育中心、修武县职业技术教育中心、河南省广播电视中等专业学校、光山县中等职业学校、漯河市源汇区中等专业学校、息县综合高级中学、宜阳县职业教育中心、河南省黄泛区农场职业中专、驻马店敬业职业高中、驻马店农业学校、焦作市职业教育中心学校、巩义市第三中等专业学校、沈丘县职业教育中心、南阳农业学校、许昌县职业中等专业学校、开封华豫中等科技学校、平顶山市理工学校、郑州市二七中等专业学校、洛阳市东方中等专业学校、郑州时代科技中等专业学校、湖北信息工程学校、巴东县民族职业高级中学、武汉市农业学校、咸宁市生物机电工程学校、衡南县职业中等专业学校、桃江县职业中专学校、湖南省郴州市第一职业中等专业学校、双牌县职业技术学校、安仁职业中专、岳阳县职业中等专业学校、衡阳县职业中专、株洲市科技职业技术学校、澧县职业中专学校、保靖县中等职业技术学校、湖南省湘潭生物科技学校、岳阳市网络工程职业技术学校、衡阳工业中等专业学校、隆回县职业中等专业学校、湘潭广播电视大学、永州市工业贸易中等专业学校、汨罗市职业中专学校、南县职业中专、长沙县职业中专学校、长沙市望城区职业中等专业学校、益阳市综合职业中等专业学校、洪江市职业中专学校、湖达职业技术学校、浏阳市职业中专、湘潭县职业技术学校、湛江高尔夫职业技术学校、广东省环境保护职业技术学校、广州市政职业学校、广东广播电视大学附属职业技术学、广州市番禺区职业技术学校、广州市花都区理工职业技术学校、从化市职业技术学校、广州羊城职业高级中学、湛江振兴中等专业学校、广东省农工商职业技术学校、封开县中等职业学校、惠州工程技术学校、梅州农业学校（梅州市理工学校）、平远县职业技术学校、阳西县中等职业技术学校、阳东县第一职业技术学校、湛江市麻章区职业技术学校、广东省高州农业学校、肇庆市工程技术学校、韶关农业学校、佛山市华材职业技术学校、中山市第一中等职业技术学校、广西生态工程职业技术学院附属中等职业学校、广西百色市右江区职业技术学校、贵港市典范职业技术学校、南宁市第四职业技术学校、来宾市职业技术学校、广西壮族自治区梧州电子工程学校、广西梧州农业学校、柳州市第一职业技术学校、陆川县职业技术学校、玉林市英才职业技术学校、广西城市建设学校、广西桂林农业学校、广西钦州农业学校、海南省农业学校、海南商务旅游学校、海南理工高级职业技术学校、海南省农林科技学校、重庆市万州区职业教育中心、万州商贸中等专业学校、涪陵第一职业中学校、重庆市涪陵区职业教育中心、重庆市农业机械化学校、重庆市农业学校、

（续）

专业名称	设置专业点学校
园林技术	璧山职业教育中心、大足职业教育中心、铜梁职业教育中心、茂森中等职业学校、重庆市涪陵信息技术学校、南川隆化职业中学校、重庆市江南职业学校、酉阳职业教育中心、荣昌县职业教育中心、重庆市黔江区民族职业教育中心、彭水苗族土家族自治县职业教育中心、重庆市北碚职业教育中心、重庆市涪陵创新计算机学校、南江县小河职业中学、盐源县职业中学、乐山市欣欣艺术职业学校、渠县静边职业中学、威远县职业技术学校、峨眉山市旅游学校、安岳县远大科技职业学校、自贡职业技术学校、四川省郫县友爱职业技术学校、都江堰市职业中学、仪陇县翔宇科技职业学校、四川省剑阁职业高级中学、乐山市计算机学校、成都市工业职业技术学校、施秉县中等职业技术学校、荔波中等职业技术学校、普安县职业教育中心、铜仁市中等职业学校、云南工艺美术学校、云南经贸管理学校、昆明现代工商旅游学校、昆明现代科技学校、昆明市第二职业中等专业学校、云南经贸外事学校、宜良县职业高级中学、嵩明县职业高级中学、云南省曲靖农业学校、曲靖工商职业技术学校、曲靖市马龙职业技术学校、曲靖市师宗职业技术学校、罗平县职业技术学校、元江县职业高级中学、昭通职业技术学校、昭阳区高级职业中学、丽江民族中等专业学校、云南省普洱农业学校、临沧市农业学校、云南省楚雄农业学校、永仁县职业高级中学、云南省个旧市第一职业高级中、红河州农业学校、蒙自市职业高级中学、弥勒市文武中等职业技术学校、文山州农业学校、广南县民族职业高级中学、西双版纳州农业学校、勐腊县职业高级中学、云南省大理农业学校、日喀则地区职业技术学校、大荔县安仁职业中学、陕西省镇安县职业高级中学、子长县职业教育中心、西安职业技术学院、西安市临潼区徐杨高级职业中学、山阳县职业教育中心、富县职业中学、长武县职业教育中心、蓝田县职业教育中心、子洲县职业技术教育中心、平凉农业学校、庆阳市庆城职业中等专业学校、甘肃省山丹培黎学校、正宁县职业技术中学、西峰北辰职业技术学校、会宁县郭城农业中学、宁县职业中等专业学校、西和县职业中等专业学校、临夏州农业学校、敦煌艺术旅游中等专业学校、陇南市农业技术学校、定西市临洮农业学校、兰州园艺学校、甘肃省山丹培黎学校、西宁市第一职业技术学校、固原市农业学校、宁夏回族自治区农业学校、布尔津县职业高中学校、新疆生产建设兵团第十四师职业技术学校、察县职业技术教育中心、阜康市职业中等专业学校、皮山县中等职业技术学校、农九师职业技术学校、喀什市职业技术学校、托克逊县职业高中、墨玉县职业技术高中学校、乌恰县职业高中、沙雅县职业高级中学、民丰县职业高中、温宿县职业中学、农四师伊

（续）

专业名称	设置专业点学校
园林技术	犁职业技术学校、新和县职业高中学校、太原学院、长治职业技术学院、兴安职业技术学院、包头轻工职业技术学院、锡林郭勒职业学院、辽宁林业职业技术学院、松原职业技术学院、牡丹江大学、黑龙江职业学院、黑龙江林业职业技术学院、黑龙江农业职业技术学院、黑龙江农业经济职业学院、黑龙江三江美术职业学院、扬州环境资源职业技术学院、苏州农业职业技术学院、江苏农林职业技术学院、徐州生物工程职业技术学院、宿州职业技术学院、池州职业技术学院、安庆职业技术学院、闽西职业技术学院、福建林业职业技术学院、宜春学院、九江职业大学、江西环境工程职业学院、南昌工学院、江西生物科技职业学院、抚州职业技术学院、江西先锋软件职业技术学院、江西农业工程职业学院、德州学院、潍坊职业学院、聊城职业技术学院、滨州职业学院、青岛求实职业技术学院、泰山职业技术学院、济南护理职业学院、三门峡职业技术学院、郑州科技学院、商丘工学院、河南农业职业学院、黄冈职业技术学院、恩施职业技术学院、湖北三峡职业技术学院、湖北生态工程职业技术学院、永州职业技术学院、湖南生物机电职业技术学院、湖南环境生物职业技术学院、怀化职业技术学院、岳阳职业技术学院、常德职业技术学院、湘西民族职业技术学院、湖南都市职业学院、内江职业技术学院、眉山职业技术学院、广安职业技术学院、安顺职业技术学院、黔南民族职业技术学院、六盘水职业技术学院、云南农业职业技术学院、云南科技信息职业学院、玉溪农业职业技术学院、云南林业职业技术学院、大理农林职业技术学院、宝鸡职业技术学院、汉中职业技术学院、延安职业技术学院、新疆农业职业技术学院、巴音郭楞职业技术学院、新疆应用职业技术学院
园林绿化	共171个，即北京市园林学校、黑龙江省伊春林业学校、黑龙江省齐齐哈尔林业学校、湖北省黄冈林校、广西壮族自治区桂林林业学校、陕西省榆林林业学校、新疆林业学校，六安市双河中学、霍邱县河口中学、北京市昌平职业学校、延庆县第一职业学校、北京市东方职业学校、北京国际职业教育学校、天津市园林学校、天津市信息工程学校、兴隆县职业技术教育中心、张家口机械工业学校、赵县教师进修学校、唐山市第一职业中等专业学校、唐山市农业广播电视学校、丰宁满族自治县职业技术教育中心、石家庄农业学校、长治县职业高级中学校、朔州市朔城区神头职业中学、古县职业中学、石楼县职业中学、太原市尖草坪区第一职业中学、太原生态工程学校、忻州市原平农业学校、乌拉特前旗职业中等专业学校、赤峰市松山区职业技术教育培训中心、法库县职业中等专业学校（职教中心）、朝阳工程技术学校、铁岭市美

（续）

专业名称	设置专业点学校
园林绿化	术高级中学、长春市农业学校、吉林省城市建设学校、辽源市工商学校、尚志市职业技术教育中心学校、五常市职业技术教育中心学校、黑龙江省齐齐哈尔农业机械化学校、黑龙江农垦工业学校、鸡西市向阳职业技术学校、黑龙江旅游商务学校、上海市群益职业技术学校、上海市城市建设工程学校、江苏省农业广播学校沭阳分校、江苏省相城中等专业学校、江苏省句容中等专业学校、江苏省高港中等专业学校、江苏省农业广播电视学校、连云港金山中等专业学校、南京市城建中等专业学校、江阴华姿中等专业学校、睢宁县职业教育中心、连云港市海州中等专业学校、江苏省江都中等专业学校、江苏省沛县中等专业学校、无锡市广播电视中等专业学校、淮安生物工程高等职业学校、江苏省扬州旅游商贸学校、宿迁市现代农艺中等专业学校、临海市高级职业中学、湖州市现代农业技术学校、海宁市职业高级中学、天台县第二职业技术学校、桐乡市职业教育中心学校、建德市新安江职业学校、宁波市鄞州区四明职业高级中学、绍兴县园艺学校、贵池职业教育中心、六安市建设中专学校、巢湖市居巢区职业教育中心、太湖县劳动技工学校、太湖县恺风职业技术学校、利辛县江集高级职业中学、安徽省利辛县望疃镇高级职业中学、福建省永泰城乡建设职业中专学校、福建省三明市农业学校、福清市职业技术学校、连城县职业中专学校、平潭县职业中专学校、福建省福安职业技术学校、都昌县北炎农业职业中学、万载大众理工科技学校、萍乡市武功山职业中等专业学校、江西广播电视中等专业学校、鹰潭电子科技学校、赣州农业学校、潍坊市工业学校、日照市机电工程学校、青岛市莱西市职业中等专业学校、阳谷县职业中等专业学校、夏津县中等职业学校、潍坊市对外经济贸易学校、青岛胶南市明天职业学校、洛阳市经贸职业中等专业学校、河南省林业学校、潢川县紫竹苑综合高中、淮滨县第三中等职业学校、鲁山县职业教育中心、南阳市宛东中等专业学校、河南省南阳农业学校、许昌技术经济学校、滑县裳华职业技术中专、荆州市劳动中等专业学校、临武县职业中专、桑植县职业中等专业学校、岳阳市网络工程职业技术学校、洞口县第一职业中学、怀化市振华职业学校、益阳市自立职业技术学校、湘潭县职业技术学校、广东广播电视大学附属职业技术学、增城市职业技术学校、台山市敬修职业技术学校、阳西县中等职业技术学校、广西百色农业学校、广西钦州农业学校、海南省农垦海口中等专业学校、海南省农业学校、海南广播电视中等专业学校、重庆市经贸中等专业学校、重庆市旅游学校、开江县职业中学、四川省绵阳农业学校、南江县小河职业中学、犍为县职业高级中学、威远县职业技术学校、四川省自贡市电子信息职业技术学校、自贡市龙锦职业技术学校、四川省宣汉昆池职业中学、什邡市职业中专学校、泸州市天宇中等职业学校、广元市职业高级中

（续）

专业名称	设置专业点学校
园林绿化	学校、南充工业职业技术学校、成都市温江区燎原职业技术学校、普安县职业教育中心、黔西南州神舟职业技术学校、昆明市第二职业中等专业学校、昆明市官渡区职业高级中学、寻甸回族彝族自治县职业中学、大理白族自治州特殊教育学校、曲靖农业学校、曲靖市马龙职业技术学校、保山中等专业学校、昭通农业学校、绥江县职业高级中学、红河州农业学校、屏边苗族自治县职业高级中学、梁河县职业高级中学、蓝田县职业教育中心、榆林树人电子工程学校、正宁县职业技术中学、平凉机电工程学校、陇南市农业技术学校、甘肃省农垦中等专业学校、兰州园艺学校、玉树州职业技术学校、固原市农业学校、新疆建设兵团农十三师中等职业技术学校、察县职业技术教育中心尉犁县高级职业高中、喀什农业学校、克拉玛依职业中等专业学校、阿合奇县职业高中学校、大兴安岭职业学院、江苏农林职业技术学院、德州学院、成都农业科技职业学院、黔西南民族职业技术学院、巴音郭楞职业技术学院
木材加工	共60个，即福建三明林业学校、广西壮族自治区桂林林业学校、河北省霸州市职成教育总校、大城县职业技术教育中心、邢台大成中等专业学校、河北巨鹿职教中心、松山区职业技术教育培训中心、包头机电工业职业学校、彰武县中等职业技术专业学校（职教中心）、德惠市中等职业技术学校、通化县职业教育中心、辉南县第一高级职业中学、尚志市职业技术教育中心学校、大兴安岭技师学院、宾县职业教育中心、穆棱市职业技术教育中心学校、同江市职业技术高级中学、海林市职业教育中心、松岭区职业教育培训中心、邳州市职业教育中心、遂昌县职业中等专业学校、庆元县职业高级中学安徽省徽州学校、绩溪县职业教育中心、太湖县劳动技工学校、福建省三明市农业学校、莆田东庄职业中专学校、福建省安溪陈利职业中专学校、资溪县职业中学、阳信县职业中专、巨野县职业教育中心学校、宁津县职业中等专业学校、聊城市化工职业中等专业学校、临沂市兰山区职业中等专业学校、张家界旅游学校、雷州市职业高级中学、广西生态工程职业技术学院附属中等职业学校、上思县中等职业技术学校、环江毛南族自治县职业技术学校、南宁市运德汽车汽输职业技术学校、广西壮族自治区梧州电子工程学校、广西理工职业学校、四川省青神中等职业学校、贵州省罗甸中等职业学校、锦屏县中等职业技术学校、富宁县民族职业高级中学、瑞丽市职业高级中学、昌都地区职业技术学校、清涧县职业中学、榆林树人电子工程学校、疏勒县中等职业技术学校、喀什市职业技术学校、英吉沙县职业高中、托克逊县职业高中、墨玉县职业技术高中学校、拜城县职业技术学校、辽宁林业职业技术学院、黑龙江林业职业技术学院、大兴安岭职业学院、云南林业职业技术学院
林产化工	共1个，即聊城市化工职业中等专业学校

（续）

专业名称	设置专业点学校
生态环境保护	共11个，即黑龙江省伊春林业学校、邯郸市工业学校、鄂尔多斯市农牧学校、上海市环境学校、上海市环境学校、安徽省利辛县望疃镇高级职业中学、河南省郑州水利学校、高州市职业技术学校、四川省古蔺县大村职业中学校、玉树州职业技术学校、锡林郭勒职业学院

表 8-27　高等学校特色专业建设点（林科专业）名单

专业名称	学校名称
森林工程	共2个，即东北林业大学、南京林业大学
木材科学与工程	共5个，即北京林业大学、东北林业大学、南京林业大学、浙江农林大学、安徽农业大学
林产化工	共3个，即北京林业大学、东北林业大学、南京林业大学
野生动物与自然保护区管理	共2个，即北京林业大学、东北林业大学
水土保持与荒漠化防治	共3个，即北京林业大学、南京林业大学、甘肃农业大学
林学	共15个，即北京林业大学、东北林业大学、西北农林科技大学、西南林业大学、浙江农林大学、北华大学、河北农业大学、福建农林大学、江西农业大学、河南农业大学、华南农业大学、广西大学、四川农业大学、贵州大学、西藏大学
园林	共11个，即北京林业大学、东北林业大学、南林业大学、浙江农林大学、福建农林大学、河北农业大学、河南农业大学、华中农业大学、四川农业大学、重庆文理学院、安康学院
森林保护（森林资源保护与游憩）	共2个，即东北林业大学、中南林业科技大学
农林经济管理	共2个，即东北林业大学、南京林业大学

表 8-28　国家级教学团队（林科专业）名单

团队名称	带头人	所在高校
风景园林规划设计课程群教学团队	王浩	南京林业大学
林学专业教学团队	骆有庆	北京林业大学
木材学系列课程教学团队	李坚	东北林业大学

（续）

团队名称	带头人	所在高校
森林保护学教学团队	李孟楼	西北农林科技大学
森林保护学教学团队	张立钦	浙江农林大学
森林经营管理教学团队	彭道黎	北京林业大学
森林培育学教学团队	赵忠	西北农林科技大学
水土保持与荒漠化防治专业教学团队	余新晓	北京林业大学
亚热带森林资源培育与保护教学团队	杜天真	江西农业大学
野生动物与自然保护区管理专业教学团队	马建章	东北林业大学
园林植物系列课程教学团队	包满珠	华中农业大学
园林植物栽培技术课程教学团队	左家哺	湖南环境生物职业技术学院
园林专业教学团队	张启翔	北京林业大学
植物生物学教学团队	郑彩霞	北京林业大学
资源环境系林业教研室教学团队	李宝银	福建林业职业技术学院

表 8-29　国家级精品资源共享课名单

课程名称	主讲教师	单位	课程名称	主讲教师	单位
森林植物学	杜凤国	北华大学	园林规划设计	张青萍	南京林业大学
森林生态学	张硕新	西北农林科技大学	园林植物育种学	包满珠	华中农业大学
森林培育学	马履一	北京林业大学	园林树木学	陈龙清	华中农业大学
森林昆虫学	李孟楼	西北农林科技大学	园林花卉学	刘燕	北京林业大学
资源昆虫学	严善春	东北林业大学	园林植物昆虫学	尹新明	华中农业大学
森林经理学	汤孟平	浙江农林大学	工程索道	周新年	福建农林大学
水土保持学	黄炎和	福建农林大学	木材学	郭明辉	东北林业大学
土壤侵蚀原理	张洪江	北京林业大学	木材学	吴义强	中南林业科技大学
保护生物学	迟德富	东北林业大学	木材学	罗建举	广西大学
动物生理学	肖向红	东北林业大学	人造板工艺学	周晓燕	南京林业大学
毛皮学	张伟	东北林业大学	胶粘剂与涂料	杜官本	西南林业大学

表8-30 国家林业局高等职业教育重点专业名单

专业名称	学校名称
林业技术(5个)	辽宁林业职业技术学院、江西环境工程职业学院、湖北生态工程职业技术学院、广西生态工程职业技术学院、杨凌职业技术学院
园林技术(3个)	黑龙江生态工程职业学院、上海农林职业学院、丽水职业技术学院
森林资源保护	甘肃林业职业技术学院
森林生态旅游	辽宁林业职业技术学院
木材加工技术	黑龙江林业职业技术学院
商品花卉	山西林业职业技术学院
室内设计技术(2个)	湖北生态工程职业技术学院、广西生态工程职业技术学院
园林工程技术(2个)	湖南环境生物职业技术学院、杨凌职业技术学院
工程监理(园林绿化工程监理)	江苏农林职业技术学院
林业资产评估与管理	江西环境工程职业学院
环境艺术设计	江苏农林职业技术学院

表8-31 国家林业局高等职业教育示范性实训基地名单

基地名称	院校名称	联合申报单位
森林生态旅游专业实训基地	山西林业职业技术学院	无
森林资源调查与监测实训基地	辽宁林业职业技术学院	辽宁林业职业技术学院实验林场
林业技术综合实训基地	黑龙江林业职业技术学院	无
林业有害生物控制技术实训基地	江西环境工程职业学院	无
野生动物保护示范性实训基地	湖南环境生物职业技术学院	湖南省野生动物救护繁殖中心
园林花卉实训基地	广西生态工程职业技术学院	柳州青茅花卉有限责任公司

第十六节 科研机构

一、科研开发机构

目前，我国已初步形成中央、省级、地市、县市级 4 个层次的林业科研机构，其中地市级以上林业科研机构共 232 个，研究开发人员 1.4 万人。

二、重点实验室

重点实验室由国家重点实验室和国家林业局重点实验室组成（表 8-32）。

2013 年，林木遗传育种国家重点实验室正式获得国家科技部批复，成为林业系统第一个国家重点实验室，依托中国林业科学研究院和东北林业大学联合建设。

国家林业局重点实验室是国家林业科技创新体系的重要组成部分，是组织林业领域高水平科学研究、聚集和培养优秀人才、开展学术交流的重要基地。其主要任务是开展林业科学应用基础研究及高新技术研究，承担林业科技基础性工作，解决制约林业发展的重大、关键和共性科技问题，获取原始创新成果和自主知识产权，培养领导学科发展的创新型人才，开展科普宣传。

1995 年，国家林业局首批挂牌建立 29 个局重点实验室，根据林业建设和学科发展的需要，2003—2008 年又新批准建立 5 个局重点实验室。截至 2015 年 12 月，国家林业局重点实验室总数达 35 个，其中依托中央级林业科研单位 11 个、高等林业院校 16 个、省级林业科研院所 7 个。

表 8-32 国家重点实验室和国家林业局重点实验室

序号	实验室名称	依托单位	批复时间
1	林木遗传育种国家重点实验室	中国林业科学研究院 东北林业大学	2013 年

（续）

序号	实验室名称	依托单位	批复时间
2	林木育种与生物技术实验室	中国林业科学研究院林业研究所	1995 年
3	林业遥感与信息技术实验室	中国林业科学研究院资源信息研究所	1995 年
4	森林生态环境实验室	中国林业科学研究院森林生态环境与保护研究所	1995 年
5	木材科学与技术实验室	中国林业科学研究院木材工业研究所	1995 年
6	森林保护学实验室	中国林业科学研究院森林生态环境与保护研究所	1995 年
7	林产化学工程实验室	中国林业科学研究院林产化学工业研究所	1995 年
8	亚热带林木培育实验室	中国林业科学研究院亚热带林业研究所	1995 年
9	热带林业研究实验室	中国林业科学研究院热带林业研究所	1995 年
10	资源昆虫培育与利用实验室	中国林业科学研究院资源昆虫研究所	2003 年
11	水土保持与荒漠化防治实验室	北京林业大学	1995 年
12	干旱半干旱地区森林培育及生态系统实验室	北京林业大学	1995 年
13	森林资源和环境管理实验室	北京林业大学 国家林业局调查规划设计院	1995 年
14	树木花卉育种与生物工程实验室	北京林业大学	1995 年
15	东北森林资源培育实验室	东北林业大学	1995 年
16	野生动物保护学实验室	东北林业大学	1995 年
17	木材科学与工程实验室	东北林业大学	1995 年
18	森林病虫害生物学实验室	东北林业大学	1995 年
19	林木遗传和基因工程实验室	南京林业大学	1995 年
20	生态工程实验室	南京林业大学	1995 年
21	木材加工与人造板工艺实验室	南京林业大学	1995 年
22	林产化学加工实验室	南京林业大学	1995 年

（续）

序号	实验室名称	依托单位	批复时间
23	经济林育种与栽培实验室	中南林学院	1995 年
24	制材研究实验室	黑龙江省林产工业研究所	1995 年
25	林业机电工程实验室	国家林业局哈尔滨林业机械研究所	2003 年
26	黄土高原林木培育实验室	西北农林科技大学林学院	1995 年
27	沙地生物资源保护和培育实验室	内蒙古林业科学研究院 内蒙古农业大学	1995 年
28	四川森林生态与资源环境研究实验室	四川省林业科学研究院	1995 年
29	南方山地用材林培育实验室	福建省林业科学研究院	1995 年
30	森林病虫害生物防治实验室	广东省林业科学研究院	1995 年
31	中南速生材繁育实验室	广西壮族自治区林业科学研究院 广西大学林学院	1995 年
32	云南珍稀濒特森林植物保护和繁育实验室	云南省林业科学研究院	1995 年
33	竹藤科学与技术实验室	国际竹藤网络中心	2005 年
34	西南地区生物多样性保育实验室	西南林业大学	2005 年
35	西北林木种苗工程重点实验室	宁夏林业研究所	2008 年

三、生态定位站

国家陆地生态系统定位观测研究站网，是以森林、湿地、荒漠三大生态系统类型为研究对象，按照我国地理分布特征和生态系统类型区划，由分布在全国典型生态区、依托林业系统科研和教学单位建设、基础条件较好的若干陆地生态系统国家定位观测研究站（以下简称生态定位站）组成，开展生态系统结构与功能的长期、连续、定位野外科学观测和生态过程关键技术研究的网络体系，是国家林业科技创新体系的重要组成部分，是国家林业科学试验基地，也是国家野外科学观测与研究平台的重要组成部分。

截至 2015 年 12 月，国家林业局已初步建立生态定位站 155

个(表8-33)，重点承担全国生态效益评价、生态服务功能评估、国家林业重点工程生态效益监测评价等任务，以准确掌握林业生态状况和变化，科学反映林业生态建设成效。

国家林业局负责生态站网的建设管理，具体工作由科技司会同有关单位共同开展。2012年，国家林业局依托中国林业科学研究院成立了生态定位观测网络中心，具体负责组织开展生态定位站网规划建设、运行管理、观测研究、培训交流、标准制定等日常管理工作。

表8-33　生态定位站

序号	名　　称	建站年份	业务管理单位
1	北京燕山森林生态系统国家定位观测研究站	2011年	北京市园林绿化局
2	河北塞罕坝森林生态系统国家定位观测研究站	2003年	河北省林业厅
3	河北小五台山森林生态系统国家定位观测研究站	2010年	河北省林业厅
4	河北丰宁沙地生态系统国家定位观测研究站	2011年	河北省林业厅
5	河北太行山东坡森林生态系统国家定位观测研究站	2013年	河北省林业厅
6	山西太行山森林生态系统国家定位观测研究站	2009年	山西省林业厅
7	内蒙古大兴安岭森林生态系统国家定位观测研究站	1991年	内蒙古自治区林业厅
8	内蒙古大青山森林生态系统国家定位观测研究站	2009年	内蒙古自治区林业厅
9	内蒙古赛罕乌拉森林生态系统国家定位观测研究站	2009年	内蒙古自治区林业厅
10	内蒙古呼伦贝尔沙地生态系统国家定位观测研究站	2010年	内蒙古自治区林业厅
11	内蒙古乌梁素海湿地生态系统国家定位观测研究站	2010年	内蒙古自治区林业厅
12	内蒙古多伦浑善达克沙地生态系统国家定位观测研究站	2011年	内蒙古自治区林业厅
13	内蒙古鄂尔多斯森林生态系统国家定位观测研究站	2011年	内蒙古自治区林业厅
14	内蒙古吉兰泰荒漠生态系统国家定位观测研究站	2011年	内蒙古自治区林业厅
15	内蒙古特金罕山森林生态系统国家定位观测研究站	2011年	内蒙古自治区林业厅
16	内蒙古达拉特荒漠生态系统国家定位观测研究站	2012年	内蒙古自治区林业厅
17	内蒙古包头黄河湿地生态系统国家定位观测研究站	2012年	内蒙古自治区林业厅
18	内蒙古巴丹吉林荒漠生态系统国家定位观测研究站	2014年	内蒙古自治区林业厅
19	内蒙古赤峰森林生态系统国家定位观测研究站	2014年	内蒙古自治区林业厅
20	内蒙古达赉湖湿地生态系统国家定位观测研究站	2014年	内蒙古自治区林业厅

（续）

序号	名　称	建站年份	业务管理单位
21	内蒙古额尔古纳湿地生态系统国家定位观测研究站	2014 年	内蒙古自治区林业厅
22	辽宁冰砬山森林生态系统国家定位观测研究站	2006 年	辽宁省林业厅
23	辽宁辽东半岛森林生态系统国家定位观测研究站	2009 年	辽宁省林业厅
24	辽宁白石砬子森林生态系统国家定位观测研究站	2010 年	辽宁省林业厅
25	辽宁辽河平原森林生态系统国家定位观测研究站	2011 年	辽宁省林业厅
26	辽宁章古台科尔沁沙地生态系统国家定位观测研究站	2012 年	辽宁省林业厅
27	辽宁双台河口湿地生态系统国家定位观测研究站	2013 年	辽宁省林业厅
28	吉林松江源森林生态系统国家定位观测研究站	2007 年	吉林省林业厅
29	吉林莫莫格湿地生态系统国家定位观测研究站	2010 年	吉林省林业厅
30	吉林查干湖湿地生态系统国家定位观测研究站	2011 年	吉林省林业厅
31	吉林长白山森林生态系统国家定位观测研究站	2013 年	吉林省林业厅
32	吉林长白山西坡森林生态系统国家定位观测研究站	2013 年	吉林省林业厅
33	黑龙江扎龙湿地生态系统国家定位观测研究站	2011 年	黑龙江省林业厅
34	黑龙江七台河森林生态系统国家定位观测研究站	2013 年	黑龙江省林业厅
35	黑龙江黑河森林生态系统国家定位观测研究站	2014 年	黑龙江省林业厅
36	上海城市森林生态系统国家定位观测研究站	2013 年	上海市林业局
37	上海崇明东滩湿地生态系统国家定位观测研究站	2013 年	上海市林业局
38	江苏太湖湿地生态系统国家定位观测研究站	2009 年	江苏省林业局
39	江苏盐城滨海湿地生态系统国家定位观测研究站	2009 年	江苏省林业局
40	江苏扬州城市森林生态系统国家定位观测研究站	2014 年	江苏省林业局
41	浙江凤阳山森林生态系统国家定位观测研究站	2010 年	浙江省林业厅
42	浙江天目山森林生态系统国家定位观测研究站	2010 年	浙江省林业厅
43	浙江西溪湿地生态系统国家定位观测研究站	2011 年	浙江省林业厅
44	安徽黄山森林生态系统国家定位观测研究站	2010 年	安徽省林业厅
45	安徽大别山森林生态系统国家定位观测研究站	2011 年	安徽省林业厅
46	福建武夷山森林生态系统国家定位观测研究站	1998 年	福建省林业厅
47	福建泉州湾湿地生态系统国家定位观测研究站	2012 年	福建省林业厅
48	福建长汀红壤丘陵生态系统国家定位观测研究站	2013 年	福建省林业厅
49	福建闽江河口湿地生态系统国家定位观测研究站	2013 年	福建省林业厅

（续）

序号	名　　称	建站年份	业务管理单位
50	江西鄱阳湖湿地生态系统国家定位观测研究站	2008 年	江西省林业厅
51	江西九连山森林生态系统国家定位观测研究站	2013 年	江西省林业厅
52	江西庐山森林生态系统国家定位观测研究站	2013 年	江西省林业厅
53	山东青岛森林生态系统国家定位观测研究站	2009 年	山东省林业厅
54	山东泰山森林生态系统国家定位观测研究站	2009 年	山东省林业厅
55	山东黄河三角洲森林生态系统国家定位观测研究站	2011 年	山东省林业厅
56	山东临沂森林生态系统国家定位观测研究站	2014 年	山东省林业厅
57	河南鸡公山森林生态系统国家定位观测研究站	2006 年	河南省林业厅
58	河南黄淮海农田防护林生态系统国家定位观测研究站	2008 年	河南省林业厅
59	河南禹州森林生态系统国家定位观测研究站	2010 年	河南省林业厅
60	河南原阳黄河故道沙地生态系统国家定位观测研究站	2010 年	河南省林业厅
61	湖北洪湖湿地生态系统国家定位观测研究站	2009 年	湖北省林业厅
62	湖北神农架森林生态系统国家定位观测研究站	2009 年	湖北省林业厅
63	湖北大巴山森林生态系统国家定位观测研究站	2013 年	湖北省林业厅
64	湖北恩施森林生态系统国家定位观测研究站	2013 年	湖北省林业厅
65	湖南洞庭湖湿地生态系统国家定位观测研究站	2009 年	湖南省林业厅
66	湖南长株潭城市群森林生态系统国家定位观测研究站	2013 年	湖南省林业厅
67	湖南衡山森林生态系统国家定位观测研究站	2013 年	湖南省林业厅
68	广东汕头沿海防护林生态系统国家定位观测研究站	2005 年	广东省林业厅
69	广东东江源森林生态系统国家定位观测研究站	2008 年	广东省林业厅
70	广东南岭森林生态系统国家定位观测研究站	2008 年	广东省林业厅
71	广东海丰湿地生态系统国家定位观测研究站	2012 年	广东省林业厅
72	广东深圳城市森林生态系统国家定位观测研究站	2014 年	广东省林业厅
73	广西大瑶山森林生态系统国家定位观测研究站	2011 年	广西壮族自治区林业厅
74	广西漓江源森林生态系统国家定位观测研究站	2011 年	广西壮族自治区林业厅
75	广西友谊关森林生态系统国家定位观测研究站	2011 年	广西壮族自治区林业厅
76	广西北海湿地生态系统国家定位观测研究站	2012 年	广西壮族自治区林业厅
77	海南文昌森林生态系统国家定位观测研究站	2011 年	海南省林业厅

(续)

序号	名　称	建站年份	业务管理单位
78	重庆武陵山森林生态系统国家定位观测研究站	2009 年	重庆市林业局
79	重庆三峡湿地生态系统国家定位观测研究站	2010 年	重庆市林业局
80	四川卧龙森林生态系统国家定位观测研究站	1960 年	四川省林业厅
81	四川峨眉山森林生态系统国家定位观测研究站	2011 年	四川省林业厅
82	贵州荔波喀斯特森林生态系统国家定位观测研究站	1998 年	贵州省林业厅
83	贵州草海湿地生态系统国家定位观测研究站	2012 年	贵州省林业厅
84	贵州黎平石漠生态系统国家定位观测研究站	2013 年	贵州省林业厅
85	贵州梵净山森林生态系统国家定位观测研究站	2014 年	贵州省林业厅
86	贵州苗岭森林生态系统国家定位观测研究站	2014 年	贵州省林业厅
87	云南滇中高原森林生态系统国家定位观测研究站	2009 年	云南省林业厅
88	云南高黎贡山森林生态系统国家定位观测研究站	2009 年	云南省林业厅
89	西藏林芝森林生态系统国家定位观测研究站	1985 年	西藏自治区林业厅
90	陕西黄龙山森林生态系统国家定位观测研究站	2011 年	陕西省林业厅
91	陕西榆林毛乌素沙地生态系统国家定位观测研究站	2011 年	陕西省林业厅
92	甘肃祁连山森林生态系统国家定位观测研究站	1973 年	甘肃省林业厅
93	甘肃敦煌西湖湿地生态系统国家定位观测研究站	2009 年	甘肃省林业厅
94	甘肃兴隆山森林生态系统国家定位观测研究站	2009 年	甘肃省林业厅
95	甘肃小陇山森林生态系统国家定位观测研究站	2010 年	甘肃省林业厅
96	甘肃白龙江森林生态系统国家定位观测研究站	2011 年	甘肃省林业厅
97	甘肃黑河湿地生态系统国家定位观测研究站	2011 年	甘肃省林业厅
98	甘肃临泽荒漠生态系统国家定位观测研究站	2012 年	甘肃省林业厅
99	甘肃河西走廊森林生态系统国家定位观测研究站	2013 年	甘肃省林业厅
100	青海大渡河源森林生态系统国家定位观测研究站	2013 年	青海省林业厅
101	青海贵南荒漠生态系统国家定位观测研究站	2013 年	青海省林业厅
102	青海湖湿地生态系统国家定位观测研究站	2013 年	青海省林业厅
103	宁夏贺兰山森林生态系统国家定位观测研究站	2009 年	宁夏回族自治区林业厅
104	宁夏黄河湿地生态系统国家定位观测研究站	2014 年	宁夏回族自治区林业厅
105	宁夏吴忠农田防护林生态系统国家定位观测研究站	2014 年	宁夏回族自治区林业厅

（续）

序号	名　称	建站年份	业务管理单位
106	宁夏银川城市森林生态系统国家定位观测研究站	2014 年	宁夏回族自治区林业厅
107	新疆天山森林生态系统国家定位观测研究站	1998 年	新疆维吾尔自治区林业厅
108	新疆阿尔泰山森林生态系统国家定位观测研究站	2008 年	新疆维吾尔自治区林业厅
109	新疆塔里木河胡杨林生态系统国家定位观测研究站	2009 年	新疆维吾尔自治区林业厅
110	新疆精河荒漠生态系统国家定位观测研究站	2010 年	新疆维吾尔自治区林业厅
111	内蒙古大兴安岭汗马湿地生态系统国家定位观测研究站	2013 年	内蒙古大兴安岭林业管理局
112	黑龙江牡丹江森林生态系统国家定位观测研究站	2009 年	黑龙江省森林工业总局
113	黑龙江小兴安岭森林生态系统国家定位观测研究站	2010 年	黑龙江省森林工业总局
114	黑龙江雪乡森林生态系统国家定位观测研究站	2011 年	黑龙江省森林工业总局
115	黑龙江嫩江源森林生态系统国家定位观测研究站	2005 年	大兴安岭林业集团公司
116	甘肃民勤荒漠生态系统国家定位观测研究站	1959 年	中国林业科学研究院
117	江西大岗山森林生态系统国家定位观测研究站	1984 年	中国林业科学研究院
118	海南尖峰岭森林生态系统国家定位观测研究站	1986 年	中国林业科学研究院
119	广东珠江三角洲森林生态系统国家定位观测研究站	2000 年	中国林业科学研究院
120	河南宝天曼森林生态系统国家定位观测研究站	2002 年	中国林业科学研究院
121	浙江杭州湾湿地生态系统国家定位观测研究站	2003 年	中国林业科学研究院
122	海南东寨港红树林湿地生态系统国家定位观测研究站	2004 年	中国林业科学研究院
123	河南黄河小浪底森林生态系统国家定位观测研究站	2005 年	中国林业科学研究院
124	湖北秭归三峡库区森林生态系统国家定位观测研究站	2005 年	中国林业科学研究院
125	四川若尔盖高寒湿地生态系统国家定位观测研究站	2005 年	中国林业科学研究院
126	青海三江源湿地生态系统国家定位观测研究站	2005 年	中国林业科学研究院

（续）

序号	名 称	建站年份	业务管理单位
127	青海共和荒漠生态系统国家定位观测研究站	2006 年	中国林业科学研究院
128	山东昆嵛山森林生态系统国家定位观测研究站	2006 年	中国林业科学研究院
129	云南元谋干热河谷生态系统国家定位观测研究站	2006 年	中国林业科学研究院
130	广东湛江桉树林生态系统国家定位观测研究站	2008 年	中国林业科学研究院
131	库姆塔格荒漠生态系统国家定位观测研究站	2009 年	中国林业科学研究院
132	宁夏六盘山森林生态系统国家定位观测研究站	2009 年	中国林业科学研究院
133	浙江钱江源森林生态系统国家定位观测研究站	2010 年	中国林业科学研究院
134	贵州普定石漠生态系统国家定位观测研究站	2011 年	中国林业科学研究院
135	云南普洱森林生态系统国家定位观测研究站	2011 年	中国林业科学研究院
136	内蒙古磴口荒漠生态系统国家定位观测研究站	2012 年	中国林业科学研究院
137	海南霸王岭森林生态系统国家定位观测研究站	2013 年	中国林业科学研究院
138	华东沿海防护林生态系统国家定位观测研究站	2013 年	中国林业科学研究院
139	北京汉石桥湿地生态系统国家定位观测研究站	2013 年	中国林业科学研究院
140	甘肃敦煌荒漠生态系统国家定位观测研究站	2014 年	中国林业科学研究院
141	浙江杭嘉湖平原森林生态系统国家定位观测研究站	2014 年	中国林业科学研究院
142	山西吉县黄土高原森林生态系统国家定位观测研究站	1986 年	北京林业大学
143	山西太岳山森林生态系统国家定位观测研究站	1991 年	北京林业大学
144	重庆缙云山三峡库区森林生态系统国家定位观测研究站	1998 年	北京林业大学
145	首都圈森林生态系统国家定位观测研究站	2003 年	北京林业大学
146	宁夏盐池毛乌素沙地生态系统国家定位观测研究站	2008 年	北京林业大学
147	黑龙江帽儿山森林生态系统国家定位观测研究站	1974 年	东北林业大学
148	黑龙江漠河森林生态系统国家定位观测研究站	2009 年	东北林业大学
149	黑龙江三江平原湿地生态系统国家定位观测研究站	2009 年	东北林业大学

（续）

序号	名　　称	建站年份	业务管理单位
150	黑龙江凉水森林生态系统国家定位观测研究站	2011 年	东北林业大学
151	江苏长江三角洲森林生态系统国家定位观测研究站	1986 年	南京林业大学
152	湖南会同森林生态系统国家定位观测研究站	1979 年	中南林业科技大学
153	云南玉溪森林生态系统国家定位观测研究站	2011 年	西南林业大学
154	云南滇池湿地生态系统国家定位观测研究站	2011 年	西南林业大学
155	陕西秦岭森林生态系统国家定位观测研究站	1980 年	西北农林科技大学

四、质检机构

林业质检机构是林业质量检验检测体系的重要组成部分，主要为政府质量监督、行业管理、技术执法、科学研究、标准验证提供技术支撑；为林农、林业企业提供产品质量检测、质量管理、技术指导等服务。加强林业质量检验检测体系建设，对于提高政府监管能力、促进林业结构战略性调整、保障林产品消费安全、提升林产品市场竞争力和调节林产品进出口贸易等方面具有十分重要意义。

我国从 1982 年开始林业质检机构建设，截至 2015 年 12 月，已建成 35 个国家（局）级林业质检机构（表 8-34），涉及林木种苗、木材及制品、林化产品、经济林产品、花卉、林业机械等领域。其中国家林业质检中心 3 个，国家林业局质检中心 32 个。2006年，根据《中华人民共和国行政许可法》的要求，林业质检机构资质认定纳入行政许可事项，规范了林业质检机构建设和管理。为加强林业质检体系建设，2011 年，国家林业局发布了《全国林产品质量检验检测体系建设规划（2011—2020 年）》，推进了我国林业质检机构建设快速发展。

表8-34　国家林业局林产品质量检验机构

序号	检验检测机构名称	挂靠单位名称
1	国家人造板及竹木制品质量监督检验中心	中国林业科学研究院木材工业研究所
2	国家便携式林业机械质量监督检验中心	中国林业科学研究院哈尔滨林业机械研究所
3	国家林业局营林机械质量监督检验中心	
4	国家林业局林化产品质量检验检测中心	中国林业科学研究院林产化学工业研究所
5	国家林业局北方林木种子质量检验中心	中国林业科学研究院林业研究所
6	国家林业局经济林产品质量检验检测中心（杭州）	中国林业科学研究院亚热带林业研究所
7	国家木工机械质量监督检验中心	东北林业大学
8	国家林业局木材与木竹制品质量检验检测中心（昆明）	西南林业大学
9	国家林业局南方林木种子质量检验中心	南京林业大学
10	国家林业局南京人造板质量监督检验中心	
11	国家林业局华东木材及木制品质量检验检测中心	上海木材工业研究所
12	国家林业局经济林产品质量检验检测中心（银川）	宁夏林业研究所股份有限公司
13	国家林业局经济林产品质量检验检测中心（兰州）	甘肃省林业科技推广总站
14	国家林业局林木种苗质量检验检测中心（沈阳）	辽宁省林木种子质量监督检验中心
15	国家林业局林木种苗质量检验中心（呼和浩特）	内蒙古自治区种苗站
16	国家林业局林产品质量检验检测中心（徐州）	国家木制家具及人造板质量监督检验中心（徐州）
17	国家林业局林产品质量检验检测中心（广州）	广东省林业科学研究院
18	国家林业局林产品质量检验检测中心（长沙）	湖南省林产品质量检验检测中心
19	国家林业局林木种子质量检验中心（长沙）	
20	国家林业局林产品质量检验检测中心（西安）	陕西省林业工业产品质量监督检验站

（续）

序号	检验检测机构名称	挂靠单位名称
21	国家林业局林产品质量检验检测中心（哈尔滨）	黑龙江省木材科学研究所
22	国家林业局林产品质量检验检测中心（武汉）	湖北省林产品质量监督检验站
23	国家林业局林产品质量检验检测中心（福州）	福建省林业科学研究院
24	国家林业局林产品质量检验检测中心（杭州）	浙江省林产品质量检测站
25	国家林业局林产品质量检验检测中心（成都）	四川省林业科学研究院
26	国家林业局林产品质量检验检测中心（郑州）	河南省林业科学研究院
27	国家林业局林产品质量检验检测中心（长春）	吉林省林业科学研究院
28	国家林业局林产品质量检验检测中心（贵阳）	贵州省林业科学研究院
29	国家林业局林产品质量检验检测中心（石家庄）	河北省林果桑花质量监督检验管理中心
30	国家林业局林木种苗质量检验检测中心（石家庄）	
31	国家林业局林产品质量检验检测中心（牙克石）	内蒙古自治区产品质量监督检验第十四站
32	国家林业局林产品质量检验检测中心（乌鲁木齐）	新疆维吾尔自治区林产品质量监督检查站
33	国家林业局林产品质量检验检测中心（南宁）	广西壮族自治区林业科学研究院
34	国家林业局林产品质量检验检测中心（鞍山）	鞍山市木材木制品检验检测管理中心
35	国家林业局花卉产品质量检验检测中心（上海）	上海市林业总站

五、国家林业局工程技术研究中心

国家林业局工程技术研究中心是林业研究开发条件能力建设的重要内容，是科技创新的重要平台。主要针对林业行业发展中的重大关键、基础性和共性技术问题，在自主创新和引进技术基础上，通过工程化研发平台建设，开发产业发展中的共性、关键技术，创造新成果，发明新技术；利用工程化研发平台，促进成果转化和技术辐射，带动相关行业的技术提升和科技进步，形成具有林业特色与优势的科技创新体系，增强产业技术创新能力和市场竞争力。截至2015年12月，国家林业局已组建林业工程技术研究中心40个（表8-35），覆盖经济林、用材林、生物质能源、生物防治、风景园艺、林下经济、林业机械和森林旅游等研究领域。

表8-35　国家林业局工程技术研究中心

序号	工程技术研究中心名称	依托单位
1	国家林产化学工程技术研究中心	中国林业科学研究院林产化学工业研究所
2	木材工业国家工程研究中心	中国林业科学研究院木材工业研究所
3	国家竹藤工程技术研究中心	国际竹藤网络中心
4	国家油茶工程技术研究中心	湖南省林业科学院
5	国家林业局生物质材料工程技术研究中心	中国林业科学研究院林产化学工业研究所
6	国家林业局生物质能源工程技术研究中心	中国林业科学研究院林产化学工业研究所
7	国家林业局油茶工程技术研究中心	中国林业科学研究院亚热带林业研究所
8	国家林业局生物防治工程技术研究中心	中国林业科学研究院森林生态环境与保护研究所
9	国家林业局樟树工程技术研究中心	江西省林业科学院
10	国家林业局特色森林资源工程技术研究中心	中国林业科学研究院资源昆虫研究所
11	国家林业局林业装备工程技术研究中心	国家林业局哈尔滨林业机械所
12	国家林业局桉树工程技术研究中心	国家林业局桉树研究开发中心
13	国家林业局热带珍贵树种培育工程技术研究中心	中国林业科学研究院热带林业研究所 中国林业科学研究院热带林业实验中心

（续）

序号	工程技术研究中心名称	依托单位
14	国家林业局西南风景园林工程技术研究中心	西南林业大学
15	国家林业局西南核桃工程技术研究中心	云南省林业科学院
16	国家林业局杜仲工程技术研究中心	中国林业科学研究院经济林研究开发中心
17	国家林业局森林防火工程技术研究中心	南京森林警察学院
18	国家林业局八角肉桂工程技术研究中心	广西壮族自治区林业科学研究院
19	国家林业局杉木工程技术研究中心	福建农林大学、福建省林业科学研究院
20	国家林业局落叶松工程技术研究中心	中国林业科学研究院林业研究所
21	国家林业局银杏工程技术研究中心	南京林业大学
22	国家林业局华南乡土树种工程技术研究中心	广东省林业科学研究院
23	国家林业局华东核桃工程技术研究中心	山东省林业科学研究院
24	国家林业局花椒工程技术研究中心	西北农林科技大学
25	国家林业局东北食用菌（黑木耳）工程技术研究中心	黑龙江省林业科学研究院
26	国家林业局香榧工程技术研究中心	浙江农林大学
27	国家林业局枣工程技术研究中心	西北农林科技大学
28	国家林业局红松工程技术研究中心	东北林业大学
29	国家林业局枸杞工程技术研究中心	宁夏林业研究所
30	国家林业局思茅松工程技术研究中心	云南省林业科学院
31	国家林业局森林旅游工程技术研究中心	中南林业科技大学
32	国家林业局竹家居工程技术研究中心	国家林业局竹子研究开发中心 中国林业科学研究院亚热带林业研究所
33	国家林业局南方能源植物工程技术研究中心	湖南省林业科学院
34	国家林业局长柄扁桃工程技术研究中心	陕西省治沙研究所、西北大学 榆林市沙漠王生物科技有限公司
35	国家林业局茯茶工程技术研究中心	陕西苍山茶业有限责任公司
36	国家林业局油用牡丹工程技术研究中心	西北农林科技大学、东北林业大学

（续）

序号	工程技术研究中心名称	依托单位
37	国家林业局山核桃工程技术研究中心	安徽省林业科学研究院 中国林业科学研究院亚热带林业研究所
38	国家林业局板栗工程技术研究中心	北京市农林科学院
39	国家林业局东北栎类工程技术研究中心	辽宁省林业科学研究院
40	国家林业局森林公园工程技术研究中心	福建农林大学

六、林业科技推广站

林业科技推广站是林业科技成果转化为生产力的桥梁，是林业生产技术服务体系的主要组成部分，是推动林业和农村经济结构调整的重要支撑力量。林业科技推广站主要负责林业新技术的试验、协作、交流、示范与推广，对林业技术队伍进行指导，解决推广工作中的技术问题；开展技术咨询、技术培训、技术宣传和普及工作，促进林业生产力发展。

近几年来，林业科技推广站建设得到了明显提升，已形成了省(自治区、直辖市)、地(市、州)、县(区)三级政府林业科技推广机构为主导的林业科技推广体系。目前，全国省、地、县三级共有林业科技推广机构2638个，其中省级30个，省级林业推广机构在职人员943人；地级353个，地级林业推广机构在职人员5017人；县级2255个，在职职工人数28824个。各级林业科技推广站紧紧围绕林业生产建设的重点任务，通过实施林业科技推广计划，组织选派科技特派员，积极开展送技术下乡、设立科技服务热线、研建科技服务网络等科技服务活动，为加快林业发展建设提供了有力的科技支撑。

2013年年初，国家林业局制定了《全国林业科技推广体系建设规划(2011—2020年)》(以下简称《规划》)，计划利用10年时间重点开展林业推广机构建设、能力建设、条件保障建设、推广示范建设4个方面的林业科技推广体系建设。《规划》的实施，将进一步提升林业科技推广能力，提高林业科技成果应用水平，完善我国林业科技推广体系，充分发挥生态林业民生林业功能。具体建设布局见表8-36。

表8-36　全国林业科技推广站建设布局　　　　个

统计单位	前期(2011—2015 年)				后期(2016—2020 年)	
	省级	地级	县级		县级	
			重点站	标准站	重点站	标准站
总　　计	32	343	663	407	239	1678
北　京	1		2	3	1	12
天　津	1			3	1	14
河　北	1	11	18	29	7	118
山　西	1	11	21	18	8	72
内蒙古	1	12	24	13	8	56
辽　宁	1	14	21	14	8	57
吉　林	1	9	14	8	5	33
黑龙江	1	13	24	19	8	77
上　海	1			3	1	15
江　苏	1	13	4	20	2	80
浙　江	1	11	25	11	9	45
安　徽	1	17	15	16	6	68
福　建	1	9	30	9	10	36
江　西	1	11	33	11	11	44
山　东	1	17	20	22	7	91
河　南	1	17	18	26	7	108
湖　北	1	13	35	11	12	44
湖　南	1	14	49	11	17	45
广　东	1	21	23	18	8	72
广　西	1	14	32	11	11	48
海　南	1	2	1	3	1	15
重　庆	1		12	4	4	20
四　川	1	21	55	21	19	86

（续）

统计单位	前期(2011—2015 年)				后期(2016—2020 年)	
	省级	地级	县级		县级	
			重点站	标准站	重点站	标准站
贵　州	1	9	47	5	16	20
云　南	1	16	43	14	15	57
西　藏	1	7	4	13	2	54
陕　西	1	10	41	10	14	42
甘　肃	1	14	3	16	2	65
青　海	1	8	17	4	6	16
宁　夏	1	5	1	3	1	16
新　疆	1	14	28	12	10	48
新疆兵团	1	10	3	26	2	104

第九章
综合林情

第一节　林业投资

　　"十二五"期间，林业公共财政政策体系基本形成，建立了林木良种、造林和森林抚育补贴制度，开展了湿地生态效益补偿、沙化土地封禁保护、退化林分改造等试点，提高了林业重点工程造林、木本油料林营造、森林生态效益补偿等标准，造林补贴和森林抚育补贴范围扩大到全国，启动了新一轮退耕还林，林业投入政策不断完善，中央林业投入持续增长，金融创新取得重大突破。林业投资完成额由 2010 年的 1553 亿元增加到 2015 年的 4290 亿元，年均增长 22.5%。

　　2015 年，全部林业投资完成额达到 4290 亿元，其中国家投资完成 1630 亿元，占全部林业投资完成额的 38.0%。按建设内容分，用于生态建设与保护方面的投资为 2017 亿元，占全部林业投资完成额的 47.0%，其中国家林业重点生态工程投资完成额 706 亿元；用于林木种苗、森林防火、有害生物防治等林业支撑与保障方面的投资为 227 亿元；用于林业产业发展方面的资金为 1565 亿元，这部分资金主要依靠社会和民间资本注入；用于棚户区改造等林业社会性基础设施建设资金 103 亿元；用于林业公共管理等其他资金 378 亿元。

　　分地区看，东部地区林业投资完成额 1157 亿元，占全部林业投资完成额的 27.0%；中部地区林业投资完成额 761 亿元，占全部林业投资完成额的 17.7%；西部地区林业投资完成额 2039 亿元，占全部林业投资完成额的 47.5%；东北地区林业投资完成额 320 亿元，占全部林业投资完成额的 7.5%。

2015 年，林业棚户区(危旧房)改造任务加快实施，森林防火应急道路、饮水、供电、管护站点等林区基础设施建设加快推进。全年安排棚户区(危旧房)改造任务 7.7 万户、投资 11.7 亿元。累计安排林业棚户区(危旧房)改造任务 166.6 万户，累计安排中央投资 397 亿元，竣工入住近 150 万户，惠及林区职工群众 500 万人。

中央林业投入。2015 年，中央财政提高国家级公益林和天然林资源保护工程补助标准，扩大全面停止天然林商业性采伐补助范围，加大新一轮退耕还林投入力度，支持林业发展的政策措施不断完善，中央林业投入达 1074.5 亿元，与 2014 年同口径相比增加 73.7 亿元。

林业金融创新。2015 年，国家林业局与国家开发银行签订战略合作协议，贷款 100 亿元的首个国家储备林基地项目在广西落地，成为我国造林史上贷款规模最大、期限最长、利率最优惠的项目。相继印发了《国家储备林制度方案》、《关于做好国家储备林建设工作的通知》。森林保险范围扩大到 29 个省(自治区、直辖市)，我国成为全球政策性森林保险第一大市场，2015 年，全国森林保险投保面积达 1.5 亿 hm^2、保险金额超过 10000 亿元。与中国银监会联合出台了《关于林权抵押贷款的实施意见》，林权抵押贷款余额 837 亿元。

林业利用外资。2015 年，国际引资竞争日趋激烈，我国林业利用外资大幅减少，利用外资项目个数为 174 个，比 2014 年减少 45 个。实际利用外资规模 3.8 亿美元，比 2014 年减少 63.4%，其中国外借款 0.8 亿美元，外商直接投资 2.7 亿美元，无偿援助 0.3 亿美元。林业实际利用外资金额占全国实际使用外资(FDI)金额(1263 亿美元)的 0.3%。

林业投资完成情况见表 9-1。

表 9-1 **全国历年林业投资完成情况** 万元

年 份	林业投资完成额	其中：国家投资
1950 年	1010	1010
1951 年	1666	1666
1952 年	5524	5524
三年恢复时期	8200	8200

（续）

年　份	林业投资完成额	其中：国家投资
1953 年	13874	13874
1954 年	12415	12415
1955 年	11483	11483
1956 年	17733	17733
1957 年	21393	21393
"一五"时期	76898	76898
1958 年	32666	32666
1959 年	61240	51648
1960 年	84021	74052
1961 年	34396	31284
1962 年	39329	29085
"二五"时期	251652	218735
1963 年	63498	52506
1964 年	81209	68759
1965 年	80974	69974
三年调整时期	225681	191239
1966 年	79469	62657
1967 年	60233	44232
1968 年	47492	34054
1969 年	56252	39680
1970 年	62235	42977
"三五"时期	305681	223600
1971 年	76123	50339
1972 年	89978	58055
1973 年	93597	64052
1974 年	99317	63436
1975 年	98806	55519
"四五"时期	457821	291401
1976 年	68669	49659
1977 年	58757	46008
1978 年	108360	65604
1979 年	141326	91364
1980 年	144954	68481
"五五"时期	522066	321116

（续）

年　份	林业投资完成额	其中：国家投资
1981 年	140752	64928
1982 年	168725	70986
1983 年	164399	77364
1984 年	180111	85604
1985 年	183303	81277
"六五"时期	837290	380159
1986 年	231994	83613
1987 年	247834	97348
1988 年	261413	91504
1989 年	237553	90604
1990 年	246131	107246
"七五"时期	1224925	470315
1991 年	272236	134816
1992 年	329800	138679
1993 年	409238	142025
1994 年	476997	141198
1995 年	563972	198678
"八五"时期	2052243	755396
1996 年	638626	200898
1997 年	741802	198908
1998 年	874648	374386
1999 年	1084077	594921
2000 年	1677712	1130715
"九五"时期	5016865	2499828
2001 年	2095636	1551602
2002 年	3152374	2538071
2003 年	4072782	3137514
2004 年	4118669	3226063
2005 年	4593443	3528122
"十五"时期	18032904	13981372
2006 年	4957918	3715114
2007 年	6457517	4486119
2008 年	9872422	5083432
2009 年	13513349	7104764
2010 年	15533217	7452396
"十一五"时期	50334423	27841825

（续）

年　份	林业投资完成额	其中：国家投资
2011 年	26326068	11065990
2012 年	33420880	12454012
2013 年	37822690	13942080
2014 年	43255140	16314880
2015 年	42901420	16298683
"十二五"时期	183726198	70075645
总　计	263072845	117335729

第二节　国际合作

我国林业国际合作抓住了改革开放的历史机遇，伴随着现代林业发展进程，在服务外交、服务林业的基本原则指导下，根据对外开放和林业发展的阶段需要，通过双边、多边、民间渠道，以考察学习、科技交流、经济合作为载体，引进与输出并举，逐步构建了多层次、宽领域的全方位林业对外开放格局，为加快我国林业发展作出了重要贡献。

当前，我国林业国际合作正经历着由接受发达国家援助、一般性技术交流、跟踪国际林业发展进程向全面参与和引导国际林业治理、争取良好发展环境、建立互惠互利务实有效的林业合作机制转变。新形势、新任务要求林业国际合作要以更加主动的姿态履行国际义务，更加宽阔的视野研究和推动林业国际治理，以更加务实的精神开展项目合作，全面提升林业对外开放水平。

一、双边合作

自 1980 年与芬兰农林部签署合作协议以来，至 2015 年年底，国家林业局共与美国、俄罗斯等 9 个国家签署了 15 个双边政府间协议，与全球五大洲 50 个国家及 1 个区域组织签署了 86 个双边部门间协议，内容涵盖了森林可持续经营、物种和生物多样性保护、湿地保护与利用和荒漠化防治等领域。

在双边政府间与部门间协议框架下,国家林业局与近20个国家建立了林业工作组等定期交流机制。通过积极推动林业高层对话,增进了互信与沟通;通过开展联合研究、人员交流、专题研讨,通报本国林业现状、主要政策和发展规划,分享了各自林业发展经验,在应对气候变化、林业可持续发展、打击非法采伐等领域开展了广泛合作。

改革开放以来,林业双边经济合作成绩斐然。据不完全统计,截至2015年年底,国家林业局实施的林业双边无偿援助项目453个,受援金额达5.45亿美元。通过项目的实施,引进了"近自然森林经营技术"、"全过程工程管理"、"林业治山"和"森林教育体验"等先进技术和理念。

珍稀物种的双边合作研究。大熊猫是我国特有的珍稀物种,被誉为"国宝",受到世界各国人民的喜爱。1994年以来,我国已经与亚、欧、美洲12个国家的17个单位开展了大熊猫合作研究项目。截至目前,旅居海外参加合作研究的大熊猫已达42只(含在外出生的幼仔)。这些大熊猫在所在国家往往受到"国宾"级待遇,成为举国关注的明星。朱鹮曾广泛分布于亚洲东部。1981年我国重新发现朱鹮野外种群,通过有效保护使之逐步摆脱了灭绝危境。近年来我国与日本和韩国先后开展了朱鹮保护合作,通过输出种源扩大了日本和韩国的朱鹮数量。

二、多边合作

目前,国家林业局归口管理《联合国防治荒漠化公约》、《濒危野生动植物种国际贸易公约》、《湿地公约》和《国际森林文书》的履约工作,参与执行《国际植物新品种保护公约》、《生物多样性公约》和《联合国气候变化框架公约》等国际公约。国家林业局与各公约秘书处积极合作,认真履行公约义务,积极参与公约行动,在国内开展相关宣传,取得积极成果。

国家林业局作为我国林业主管部门,积极参与亚太森林恢复与可持续管理组织(以下简称"亚太森林组织",APFNet)、亚欧首脑会议(ASEM)、中阿合作论坛等多边区域重要政治经济合作机制，同联合国粮食与农业组织(FAO)、联合国开发计划署(UNDP)、世界银行(WB)、亚洲开发银行(ADB)、国际热带木材组织(ITTO)、全球环境基金(GEF)、国际农业发展基金(IFAD)、国际竹藤组织(INBAR)等国际组织建立了良好的合作关系，推进了多边区域林业合作与发展。据不完全统计，截至2015年年底，国家林业局实施的多边无偿援助项目650个，受援金额达4.88亿美元。

倡议发起并推动建立国际组织。一是国际竹藤组织(INBAR)。在20世纪90年代，为推动全球竹藤业的研究和资源利用，推广我国竹藤产业发展经验和技术，在国家林业局的积极推动下，于1997年11月11日成立了第一总部设在中国的非盈利政府间国际组织"国际竹藤组织"。在中国政府的大力推动和有关的国家的积极参与下，该组织成员国从最初的9个发展到如今的40个，并促使很多国家把发展竹藤作为减少木材消耗、保护森林资源、应对气候变化、发展农村经济和消除贫困的重要途径。二是亚太森林组织。2007年9月，国家主席胡锦涛在澳大利亚悉尼举行的亚太经济合作组织(APEC)第15次领导人非正式会议上提出了亚太森林组织的倡议，美国与澳大利亚作为共提方响应发起。2008年9月，中、美、澳三方在北京达成了指导亚太森林组织前期发展的框架文件，组织秘书处投入运行。经过初期的筹备和发展，2011年4月，亚太森林组织在中国正式注册为国际性组织。经过几年的快速发展，亚太森林组织在增强能力建设、推动信息共享、支持区域政策对话和开展示范项目方面取得了丰硕的成果。

三、民间合作

(一)与境外非政府组织合作

我国林业部门与境外非政府组织的合作始于20世纪80年代。随着我国改革开放的不断深入，特别是1992年世界环境与发展大会后，林业部门与境外非政府组织的交流与合作快速发展。目前，国家林业局已与20多个涉林境外非政府组织建立了日常工作联系，与8个组织签署了合作框架协议或谅解备忘录，与6个组织建立了年会磋商机制。近年来，林业部门与境外非政府组织开展了全方位、宽领域的合作，项目活动涉及森林可持续经营、湿地、生物多样性保护、气候变化、林业碳汇、濒危物种保护、社区发展、能力建设和公众宣传等。据不完全统计，30多年来，国家林业局与境外非政府组织共同实施了600多个合作项目，争取项目资金约8亿元人民币，培训人员达3000多人次，为我国的林业和生态建设作出了积极的贡献。与境外非政府组织开展的项目合作不仅为林业和生态建设引进了资金，在引进自然保护新理念、新技术以及管理经验方面也发挥了积极的作用，为林业改革和创新提供了启迪和思路。国家林业局通过对外签署合作框架协议、建立年会机制等措施，初步建立了务实、规范、高效的合作与管理体系。

（二）双边民间合作

我国林业双边民间合作借助改革开放大潮，从初期的互访考察和争取项目资金，发展到目前引进和传播创新理念及适用技术并重的新模式，并注重内在的消化、吸收、提升和普及、推广、创新，着力搭建信息共享和项目合作平台。

目前，国家林业局已经与日本、韩国、瑞典、美国、芬兰、澳大利亚、德国、加拿大、俄罗斯等国的民间机构和企业开展了富有成效的合作，为推动我国林业发展和对外开放作出了积极贡献。其中中日民间绿化合作、中瑞斯凯孚造林项目合作、中瑞林农组织合作、中韩青少年植树交流成效显著，成为双边民间合作的典范。

1. 中日民间绿化合作。中日民间绿化合作项目（也称小渊基金项目）自2000年10月启动以来，日方援助资金总额达90.6亿日元，实施项目240个，项目造林超过6万hm^2，项目区涉及29个省（自治区、直辖市）。防沙治沙、地震灾后森林植被恢复等是当前项目合作的重点领域。林业、青联、对外友协、环保、工会等部门积极参与，携手日方 45 个民间机构和团体开展绿化交流，开创了官民并举开展林业国际合作的先河。

2. 中瑞斯凯孚造林项目。根据 2010 年国家林业局和瑞典斯凯孚公司签署的合作协议，斯凯孚集团用 5 年时间投入 2500 万瑞典克朗用于在中国的生态造林，目前已完成造林面积近 14000 亩。该项目属于跨国企业集团为了履行企业社会责任而在华捐资实施的造林项目。

3. 中瑞林农组织合作。林业发达国家在过去一个多世纪的私有林发展过程中，林农合作组织快速发展，在机构建设、运作、功能、作用等方面，积累了成功经验和模式，形成了有利于林农合作组织发展的政策环境。国家林业局通过民间合作，为学习借鉴国外林农合作组织的经验与模式搭建平台，促进林农切实享受到集体林权制度改革带来的成果。

4. 中韩青少年植树交流。自 2000 年以来，国家林业局积极与韩中文化青少年未来林中心开展防治荒漠化合作，先后在内蒙古、北京、宁夏等地举办中韩大学生植树交流活动。韩国前驻华大使、韩中文化青少年未来林中心理事长权丙铉每年率韩国百名大学生来华参加志愿植树，亲身体验沙漠的危害，感悟沙漠绿化的艰难和紧迫性。青少年植树交流活动成为加深中韩两国人民相互了解，搭建两国友谊桥梁的重要渠道。

四、境外林业投资

至 2015 年年底，中国企业境外林业投资合作项目 160 多个，分布在俄罗斯、巴布亚新几内亚、贝宁、赤道几内亚、刚果（布）、格鲁吉亚、圭亚那、加拿大、加蓬、柬埔寨、喀麦隆、老挝、利比里亚、美国、新西兰、印度尼西亚、越南、赞比亚等 18 个国家，其中：在俄罗斯林业投资合作项目占总数量的 70%。中国企业境外累计购买或租赁林地超过 4300 万 hm^2，林地总蓄积量 18 亿 hm^3，协议总投资额 74 亿美元，中方派出管理及劳务人员

5600多人，雇佣外方人员近2万人。境外林业投资合作项目产品销售市场以中国为主，并有一定产品销往美国、日本以及欧洲等地。

第三节 森林火灾

森林火灾突发性强、破坏力大、扑救困难，严重威胁全球生态安全。据统计，全球年均发生森林火灾20多万起，烧毁森林640万 hm^2。我国是森林火灾多发国家。1950—2015年的66年间，我国累计发生森林火灾81万起，受害森林面积3811万 hm^2。1987年5月6日发生在黑龙江大兴安岭的特大森林火灾，持续燃烧28天，伤亡476人，时间之长、扑救之难、损失之严重、教训之惨痛，历史罕见，震惊中外。党中央、国务院高度重视森林防火工作，在有关部门和地方政府的共同努力下，我国森林防火工作现已取得明显成效。1988年之后28年和前38年相比，年均发生森林火灾次数，受害森林面积和伤亡人数，分别下降54%、92%和78%（表9-2）。

受大气环流和气候季风影响，我国南北林区森林火险期不同。东北、内蒙古林区春季防火期从每年3月中旬到6月中旬，紧要期为4～5月；秋季防火期从每年9月中旬到11月中旬，紧要期为10月。近年来，由于气候异常、夏季雷击火发生频繁等多种原因，各地防火期有所提前和延后，东北、内蒙古林区基本趋向春、夏、秋三季防火期相连，其他林区几乎是四季防火。我国华北、南方林区防火期为每年11月中旬到次年5月底，紧要期为2～4月，东南地区趋于全年性防火；西北林区防火期为每年4～10月，紧要期为7～9月。我国森林火灾95%以上由人为因素引发，其中：烧荒炼山等生产性用火引发的约占38%，上坟烧纸、野外吸烟等非生产性用火引发的约占57%，其他主要是雷击和境外火烧入等引发的。

表 9-2　1950—2015 年森林火灾统计

年份	森林火灾次数					火场总面积（hm²）	受害森林面积（hm²）		
	计	森林火警	一般火灾	重大火灾	特大火灾		计	其　中	
								原始林	人工林
	1	2	3	4	5	6	7	8	9
1950—1989 年	663425						36123729.00		
1990 年	5681	3648	2030	3		67608.00	14443.90	1761.00	7905.20
1991 年	5899	3569	2315	15		90712.50	22229.20	4052.87	12462.53
1992 年	8728	4515	4187	26		160440.10	55805.30	18090.57	29513.53
1993 年	5699	2830	2863	6		78572.00	25520.00	5214.90	16887.27
1994 年	3317	1966	1347	3	1	144196.50	32382.50	1454.46	8595.77
1995 年	5197	2672	2505	15	5	270685.86	58218.56	7506.76	18067.60
1996 年	4948	2156	2779	10	3	1160549.20	148984.87	3390.10	141379.87
1997 年	2465	1483	980	1	1	82980.41	35440.05	27688.34	6968.13
1998 年	4455	2510	1930	14	1	74820.00	27424.00	3042.00	16221.00
1999 年	6847	3581	3239	27		134426.66	43694.76	6200.65	32233.37
2000 年	5934	2722	3144	60	8	167096.31	88385.67	46960.79	40528.44
2001 年	4933	2984	1929	17	3	192532.78	46178.43	32287.95	11719.65
2002 年	7527	4450	3046	24	7	131822.62	47630.60	17031.29	17123.29
2003 年	10463	5582	4860	14	7	1123750.72	451019.89	294271.96	33531.24
2004 年	13466	6894	6531	38	3	344211.22	142238.26	74471.38	59105.82
2005 年	11542	6574	4949	16	3	290632.81	73701.34	30435.20	36306.46
2006 年	8170	5467	2691	7	5	562303.60	408254.90	333585.10	18899.50
2007 年	9260	6051	3205	4		125128.05	29285.89	1590.86	23306.04
2008 年	14144	8458	5673	13	0	184494.54	52539.05	2998.15	45465.15
2009 年	8859	4945	3878	35	1	213635.88	46155.87	5207.10	36067.92
2010 年	7723	4795	2902	22	4	116243.40	45800.46	20208.82	21048.67
2011 年	5550	2993	2548	9	0	63416.21	26949.82	1696.02	23916.06
2012 年	3966	2397	1568	1	0	43171.17	13948.00	1138.03	11306.17
2013 年	3929	2347	1582	0	0	42890.42	13724.38	819.86	11183.56
2014 年	3703	2080	1620	2	1	55339.6	19110.38	3710.48	12543.92
2015 年	2936	1676	1254	6	0	33076.62	12940.03	1942.95	8616.91

（续）

年份	损失林木		人员伤亡（人）				其他损失
	成熟林蓄积（m³）	幼龄林株数（万株）	计	轻伤	重伤	死亡	折 款（万元）
	10	11	12	13	14	15	16
1950—1989 年		29730	25532	4198			
1990 年	121125.00	2297.50	251	217	9	25	675.10
1991 年	229020.00	2940.70	203	155	14	34	433.70
1992 年	476877.34	7036.19	324	255	49	20	2620.05
1993 年	272337.32	20157.07	243	165	34	44	932.77
1994 年	140275.09	1727.40	203	162	16	25	863.80
1995 年	1169781.32	4868.74	207	151	15	41	6687.87
1996 年	331964.48	4587.60	180	79	26	75	2631.06
1997 年	192236.14	1801.31	93	74	7	12	1352.95
1998 年	356475.00	17029.00	116	59	19	38	4276.00
1999 年	1219703.11	8616.65	421	290	32	99	7069.44
2000 年	708634.56	4860.75	178	53	44	81	3068.84
2001 年	331761.83	1878.69	58	29	9	20	7409.14
2002 年	349491.86	44080.83	98	37	13	48	3609.78
2003 年	2370416.09	6498.20	142	53	17	72	36999.80
2004 年	1535456.77	25041.63	252	80	41	131	20212.97
2005 年	1244403.36	73705.58	152	40	20	92	15028.77
2006 年	10019700.30	13755.30	102	18	43	41	5374.95
2007 年	571937.71	14492.23	94	24	9	61	12415.49
2008 年	1207898.49	19388.11	174	40	37	97	12593.91
2009 年	1125075.25	9454.28	110	46	25	39	14511.45
2010 年	740099.36	29227.50	108	25	18	65	11610.68
2011 年	633600.87	6206.08	91	22	24	45	20173.42
2012 年	283827.48	7703.05	21	6	2	13	10801.54
2013 年	312490.45	1064.44	55	10	7	38	6061.63
2014 年	354655.43	1986.12	112	39	20	53	42512.79
2015 年	228785.82	5557.77	26	2	1	23	6371.45

（续）

年份	出动扑火人工（工日）	出动车辆（台）		出动飞机（架次）	扑火经费（万元）
		计	其中汽车		
	17	18	19	20	21
1950—1989 年					
1990 年	669361	11337	8229	62	262.70
1991 年	1026847	19320	16539	367	576.72
1992 年	1619151	27920	24666	135	919.24
1993 年	1040685	20009	17623	831	822.14
1994 年	731963	13931	12942	483	1006.62
1995 年	1253522	30752	26104	302	2888.07
1996 年	1101231	37088	29834	847	5088.13
1997 年	498739	17977	15021	396	2103.17
1998 年	894191	35462	28369	694	5165.90
1999 年	1765117	71231	58109	594	7350.29
2000 年	1231409	48749	37626	2084	24929.69
2001 年	851036	37979	31865	128	6598.86
2002 年	1757444	58652	45460	1061	18407.01
2003 年	1780065	107948	78058	1474	38463.91
2004 年	1799240	116696	79161	575	13278.49
2005 年	1666007	90151	69959	469	13412.14
2006 年	1268068	72265	57822	1519	24049.48
2007 年	1194169	74746	55062	599	10890.56
2008 年	1464277	104199	75730	444	9184.26
2009 年	1344403	106317	75800	1266	10633.14
2010 年	1053212	89396	63844	827	16091.63
2011 年	891630	76883	56290	1810	13529.34
2012 年	621054	52188	41170	359	34177.74
2013 年	795921	57438	45951	255	9128.94
2014 年	817315.5	75608	54628	575	9897.54
2015 年	363265.2	44132	32616	121	4793.44

第四节 林业有害生物防治

我国是林业有害生物较严重的国家之一。我国林业有害生物有 8000 余种，其中有害昆虫 5000 多种，病原物约 3000 种，啮齿类有害动物 160 余种，有害植物 30 多种。可造成严重危害的有害生物有 50 多种。广泛分布于森林、湿地、荒漠三大生态系统中。

多年来，受气候变化等综合因素影响，林业有害生物呈高发态势。特别是"十一五"以来，年均发生面积超过 1100 万 hm^2，2007 年高达 1210 万 hm^2，林业有害生物发生面积居高不下，造成的经济损失呈逐年上升的态势，据统计，从 20 世纪 50 年代至 80 年代，我国林业有害生物年发生面积呈每 10 年成倍增长的势态，如 50 年代平均每年发生面积为 87 万 hm^2，60 年代为 144 万 hm^2，70 年代为 365 万 hm^2，80 年代为 847 万 hm^2，90 年代为 840 万 hm^2，见图 9-1。造成的经济损失从 1996 年的 72 亿元上升到 2006 年的 880 亿元，从 2006 年到 2015 年年均为 1100 亿元，直接经济损失和生态服务价值损失相当于全国林业年总产值的 1/10。

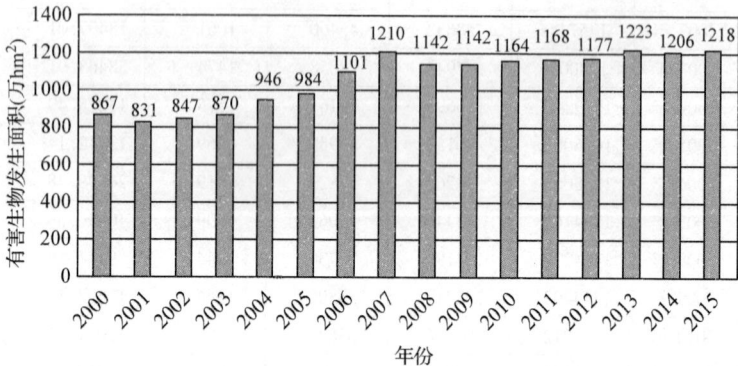

图 9-1 2000—2015 年林业有害生物发生面积

目前，我国外来林业有害生物、本土重要有害生物、经济林、灌木林和荒漠植被有害生物发生及危害情况如下。

（一）外来林业有害生物种类及发生危害情况

截至 2015 年，入侵我国并造成危害的外来林业有害生物 38 种，年均发生面积达 280 万 hm²，年经济损失超过 700 多亿元，占整个林业有害生物年均损失的 64% 以上。其中 1980 年以前入侵的 16 种，1980 年以后入侵的 22 种。入侵较早的外来有害生物有松材线虫病 *Bursaphelenchus xylophilus*、美国白蛾 *Hyphantria cunea*、松突圆蚧 *Hemiberlesia pitysophila*、湿地松粉蚧 *Oracella acuta*、日本松干蚧 *Matsucoccus matsumurae*、苹果蠹蛾 *Cydia pomonella*、紫茎泽兰 *Eupatorium adenophorum*、薇甘菊 *Mikania micrantha* 等。1990 年以后，有红脂大小蠹 *Dendroctonus valens*、椰心叶甲 *Brontispa longissima*、红火蚁 *Solenopsis invicta*、刺桐姬小蜂 *Quadrastichus erythrinae*、枣实蝇 *Carpomya vesuviana* 等先后传入。近几年来，又新增桉树枝瘿姬小蜂 *Leptocybe invasa*、刺槐叶瘿蚊 *Obolodiplosis robiniae*、红棕象甲 *Rhynchophorus ferrugineus*、松树蜂 *Sirex noctilio*、椰子织蛾 *Opisina arenoselar*、扶桑绵粉蚧 *Phenacoccus solenopsis* 等，并在传入地区造成一定危害。

（二）本土重要有害生物种类及发生危害情况

根据 2007 年全国普查结果，本土重要有害生物发生面积超过 6.67 万 hm² 的有 40 种。主要种类有：害鼠（兔）、松毛虫、春尺蠖 *Apocheima cinerarius*、杨树舟蛾类、天幕毛虫 *Malacosoma neustria testacea*、舞毒蛾、蜀柏毒蛾 *Parocneria orienta*、光肩星天牛 *Anoplophora glabripennis*、青杨天牛 *Saperda populnea*、桑天牛 *Apriona germari*、白杨透翅蛾 *Paranthrene tabaniformis*、云斑白条天牛 *Batocera horsfieldi*、杨干象 *Cryptorrhynchus lapathi*、松小蠹类、松褐天牛 *Monochamus alternatus*、松梢螟 *Dioryctria* spp.、栗山天牛 *Massicus raddei*、竹蝗 *Ceracris* spp. 及杨树、松树、桉树、泡桐、竹林等重要造林树种病害。

松毛虫是我国历史上第一大害虫，年均发生面积最高达到 300 余万 hm²，近年来该虫除在东北三省的部分地区危害有所减

轻外，在全国大部分地区仍周期性成灾，特别是在长江以南各省
（自治区、直辖市），发生频率较高；光肩星天牛等杨树蛀干害虫
20 世纪 90 年代开始在陕西、甘肃、宁夏、内蒙古、山西等西部
地区大面积发生，对举世瞩目的三北防护林工程造成毁灭性破
坏，经大规模治理后取得一定成效，但在部分省（自治区、直辖
市）虫口密度仍较高；以鼢鼠 *Myaspalax* spp.、野兔为主的鼠（兔）
害在中西部地区，对中幼龄林和未成林造林地的林木构成威胁。
2001 年以来鼠（兔）害年均发生面积 100 万 hm^2 以上，超过全国林
业有害生物发生总面积的 10%；以杨树烂皮病 *Valsa sordida*、杨
树溃疡病 *Dothiorella gregaria* 等为代表的杨树病害发生也十分普
遍，特别是在西北、江淮、黄淮杨树集中栽植区烂皮病发生严
重。春尺蠖 *Apocheima cinerarius*、舞毒蛾 *Lymantria dispar*、天幕毛
虫、树舟蛾、叶蜂、竹蝗等突发性食叶害虫危害较重，并以华
北、黄淮、江淮等地发生危害最为严重。2006—2015 年全国杨树
食叶害虫年均发生面积达 130 万 hm^2，致使江苏、湖北、河南、
安徽等地的杨树产业损失巨大。

（三）经济林有害生物发生及危害情况

造成较严重危害的经济林有害生物主要有板栗疫病 *Cryphone-ctria parasitica*、板栗剪枝象 *Cyllorhynchites ursulus*、栗实象 *Curculio davidi*、油茶炭疽病 *Colletotrichum gloeosporioides*、油茶尺蠖 *Biston marginata*、冠瘿病 *Agrobacterium tumefaciens*、苹果蠹蛾 *Cydia pomonella*、肉桂枯枝病 *Lasiodiplodia theobromae*、杏仁蜂 *Eurytoma samsonowi*、枣大球蚧 *Eulecanium gigantea*、枣食心虫 *Carpasina niponensis*、核桃举枝蛾 *Atrijuglans hetaohei* 等，危害竹林的主要有
竹螟 *Algedonia coclesalis*、竹丛枝病 *Balansia take*、竹杆锈病 *Ste-reostratum corticioides*、毛竹枯梢病 *Ceratosphaeria phyllostachydis*、竹
蝗等。由于经济林树种多、种植范围广，且种植较分散，防治难
度大且易反复发生。

（四）灌木林和荒漠植被有害生物发生及危害情况

我国东北、西北和西南等地广泛分布着具有重要生态价值的

天然次生林、灌木林和荒漠植被。2003 年以来，灌木林和荒漠植被有害生物年均发生面积达 200 万 hm^2 以上。东北、西北广大灌木林和荒漠植被发生的主要有害生物种类有：沙棘木蠹蛾 *Holco-cerus hippophaecolus*、梭梭尺蠖 *Desertobia helaxylonia*、灰斑古毒蛾 *Orgyia ericae*、大沙鼠 *Rhombomys opimus* 等。

各地林业有害生物发生情况见表 9-3。

表 9-3　2005～2015 年全国林业有害生物发生情况统计表 万 hm^2

地 区	年份（年）										
	2005	2006	2007	2008	2009	2010	2011	2012	2013	2014	2015
全 国	984.43	1100.66	1209.67	1141.83	1141.95	1164.25	1168.14	1176.92	1223.04	1206.45	1218.34
北 京	3.60	3.73	3.77	3.86	3.92	3.96	3.83	4.03	4.03	3.96	3.95
天 津	3.00	2.00	2.83	3.16	3.65	4.67	4.51	4.96	5.00	4.77	4.63
河 北	34.15	37.87	37.63	40.17	50.88	57.80	55.77	53.60	54.29	53.18	48.25
山 西	29.88	37.27	33.82	30.72	28.01	23.54	24.20	23.92	24.09	24.21	23.90
内蒙古	63.47	108.00	110.86	102.07	106.27	112.82	101.41	103.09	101.94	98.32	84.84
辽 宁	44.70	64.67	62.75	68.75	70.37	72.09	72.43	66.69	65.05	65.90	65.05
吉 林	24.16	36.53	41.03	34.86	29.43	23.97	24.49	26.32	24.59	26.34	19.54
黑龙江	22.89	29.33	39.96	25.25	24.10	41.11	23.58	24.45	29.52	25.91	24.05
上 海	1.39	1.13	1.08	0.99	1.15	0.74	0.56	0.55	0.44	0.50	0.45
江 苏	8.51	9.80	9.42	8.29	8.35	9.40	8.14	11.67	12.04	9.24	9.81
浙 江	7.45	4.80	5.98	6.21	7.05	6.39	6.65	6.34	6.98	10.25	11.53
安 徽	26.15	32.47	34.83	35.11	33.66	35.60	40.09	38.82	40.16	38.42	39.11
福 建	29.31	32.13	28.73	24.65	20.77	19.17	19.69	19.90	24.83	23.12	21.87
江 西	40.56	41.00	40.55	38.73	38.73	39.68	35.99	30.53	27.08	26.59	24.46
山 东	55.12	50.60	48.05	52.09	59.87	60.30	61.27	52.14	55.32	52.23	46.05
河 南	44.90	53.13	60.21	51.38	47.97	51.65	51.44	53.84	59.47	57.30	59.79
湖 北	25.85	27.07	32.80	33.41	33.47	32.51	30.23	32.52	35.47	39.35	44.93
湖 南	21.91	27.93	25.50	19.08	39.34	38.91	39.80	29.00	34.73	35.03	40.17
广 东	73.74	53.80	49.98	47.44	44.21	42.40	33.92	33.73	30.66	30.67	29.07
广 西	29.97	36.80	34.52	39.08	35.94	34.95	36.25	36.31	35.94	34.89	39.61
海 南	25.01	1.87	1.84	1.69	0.72	1.25	0.99	0.94	2.37	2.07	2.56
重 庆	14.53	25.00	25.07	26.10	27.77	27.69	27.87	28.24	28.60	28.94	29.27

（续）

地 区	年份(年)										
	2005	2006	2007	2008	2009	2010	2011	2012	2013	2014	2015
四 川	68.88	76.13	79.89	72.81	77.59	71.56	69.90	72.70	76.60	74.40	71.61
贵 州	27.20	26.60	26.93	21.73	29.18	26.86	27.18	20.82	23.56	23.46	20.04
云 南	40.47	36.80	39.82	33.88	33.11	34.99	31.10	29.95	31.44	30.33	46.24
西 藏	9.10	9.13	3.16	3.16	13.97	28.23	26.93	27.32	27.44	27.72	28.07
陕 西	65.89	58.47	58.09	40.32	40.53	40.24	41.65	41.39	43.76	42.95	42.48
甘 肃	25.12	27.20	24.09	24.32	24.32	23.83	29.82	29.97	31.48	35.46	37.46
青 海	22.77	27.87	24.69	27.44	26.55	28.38	29.34	27.87	25.74	26.98	26.02
宁 夏	31.73	41.33	29.55	31.59	36.66	33.63	28.61	32.28	30.47	22.52	28.42
新 疆	24.17	36.70	74.83	106.67	98.81	105.11	119.33	126.11	140.30	138.26	146.42
龙江森工	21.47	21.80	58.67	37.03	12.80	18.34	18.96	19.31	22.02	18.65	17.69
内蒙古森工							14.35	17.24	18.73	24.41	38.00
大兴安岭	9.45	10.80	13.57	12.79	12.75	12.84	12.98	12.04	13.21	15.08	13.34
新疆兵团	7.93	10.90	45.17	36.50	20.05		14.88	38.33	35.69	35.04	29.66

第五节 沙尘暴灾害应急

　　沙尘暴是我国北方干旱区常见的一种灾害性天气过程，是一种自然现象，对区域经济与社会发展造成较大危害和影响。据统计，新世纪以来，我国北方地区年均发生沙尘天气过程11.20次，其中，按沙尘强度分，浮尘扬沙4.67次，沙尘暴5次，强沙尘暴1.53次；按月份分，3月发生3.93次，4月4.53次，5月2.73次。总体上讲，沙尘天气呈逐年次数减少、强度减弱的趋势。年度沙尘天气状况详见表9-4。

表 9-4　2001—2015 年北方地区沙尘天气状况　　　　次

年份	合计	按类型分			按月份分		
		浮尘、扬沙	沙尘暴	强沙尘暴	3 月	4 月	5 月
2001 年	18	5	10	3	7	8	3
2002 年	12	1	7	4	6	6	0
2003 年	7	5	2	0	0	4	3
2004 年	15	9	5	1	7	4	4
2005 年	9	4	4	1	1	6	2
2006 年	18	6	7	5	5	7	6
2007 年	15	6	8	1	4	5	6
2008 年	10	1	8	1	4	2	4
2009 年	7	2	5	0	3	3	1
2010 年	15	6	7	2	7	5	3
2011 年	8	4	3	1	3	4	1
2012 年	10	4	4	2	2	6	2
2013 年	6	4	2	0	3	2	1
2014 年	7	4	2	1	2	3	2
2015 年	11	9	1	1	5	3	3
平均	11.20	4.67	5.00	1.53	3.93	4.53	2.73

沙尘天气形成需要有 3 个基本条件，分别是冷空气、不稳定的空气状态、沙尘源。冷空气是沙尘天气形成的动力条件，不稳定的空气状态是重要的局地热力条件，沙尘源是形成沙尘天气的物质基础。我国北方主要沙尘源包括：南疆盆地、甘肃河西走廊和内蒙古西部地区、科尔沁沙地。影响我国的沙尘天气路径主要有 3 条，即东路路径、中路路径和西路路径。其中：东路路径主要影响我国东北、内蒙古中东部和山西、河北、京津及以南地区，中路路径主要影响我国内蒙古中西部、西北东部、华北中南部及以南地区，西路路径主要影响西北、华北地区。

分析沙尘天气减少的原因主要有两个方面：一是近 20 年春季欧亚地区的大气环流以纬向型为主，冷空气势力明显减弱，北方地区春季沙尘天气过程数和日数进入明显偏少期；二是新世纪以来，国家加大防沙治沙工作力度，通过继续实施京津风沙源治理工程、三北防护林建设工程、退耕还林（草）等生态建设工程，年均完成沙化土地治理面积约 200 万 hm^2，取得了明显成效，北方地区荒漠化、沙化土地持续净减少，主要沙尘源区和路径区地表植被覆盖增加，释尘量减少，沙尘天气主要影响区域林业、农业、交通等行业抗御灾害能力得到加强。

第六节　野生动物疫源疫病防控

野生动物疫源疫病监测防控工作是野生动物保护管理的重要内容，也是国家林业局四大应急任务之一，关系到公共卫生安全、生物多样性安全以及经济社会稳定发展。野生动物疫源疫病监测防控工作主要通过调查监测野生动物活动规律，掌握陆生野生动物携带病原体本底，发现、报告陆生野生动物感染疫病或携带病原微生物的情况，研究、评估疫病发生、传播、扩散风险，分析、预测疫病流行趋势，提出监测防控和应急处理措施建议，预防、控制和扑灭陆生野生动物疫情等系列活动。

自 2005 年国家林业局在全国范围内启动野生动物疫源疫病监测防控工作以来，目前已在全国建立了 350 处国家级（表 9-5）、929 处省级和一大批市县级监测站，结合林业工作实际和野生动物疫源疫病监测防控工作特点，组建了一支多元化、专兼结合、总数约 15000 人的监测防控队伍，初步构建了陆生野生动物疫源疫病监测网络体系；依托《全国动物防疫体系建设规划（2004—2008 年）》，积极推进野生动物疫源疫病监测防控体系建设，已落实 350 处国家级监测站基本建设投资 1.4 亿元，并争取中央和地方财政经费达 2.8 亿元，为监测防控工作的开展奠定了一定基础；先后颁布实施了《陆生野生动物疫源疫病监测规范（试行）》、《陆生野生动物疫源疫病监测防控管理办法》等部门规章制度，以及《陆生野生动物疫病分类与代码》、《陆生野生动物疫源疫病监测技术规范》、《野生动物疫病危害性等级划分》和《陆生野生动疫源疫病监测工程项目建设标准》等行业技术标准；出版了《陆生野生动物疫源疫病监测》、《野生动物疫病学》等培训教材和书籍，举办了 23 期全国性专业技术培训和应急演练，确保每个国家级野生动物疫源疫病监测站至少 3 人以上接受过技术培训，使监测防控和应急处置能力不断提高；在内蒙古、上海、青海等 8 省（自治区、直辖市）开展了禽流感等重要野生动物疫病主动预警试点，积极探索陆生野生动物突发疫情风险分析和预警模型，并开展了重点疫源候鸟迁徙规律与预警研究、禽流感溯源等专项研究，为开展疫病风险评估、疫情流行趋势预测、变被动监测向主动预警转变奠定了基础。

野生动物疫源疫病监测防控工作开展以来，通过不断完善体系建设、大力争取资金支持、全面推进基础研究等有效措施，截至目前，及时发现并妥善处置野生动物异常情况 1335 起（表 9-6），有效控制了候鸟高致病性禽流感、藏羚羊传染性胸膜肺炎、旱獭鼠疫、鼬獾犬瘟热等 78 起突发野生动物疫情，为保护野生动物资源，维护公共卫生安全，保障经济社会发展和建设生态文明作出了应有的贡献。

表 9-5 全国 350 个国家级监测站分布一览

省（自治区、直辖市）	监测站数（个）	省（自治区、直辖市）	监测站数（个）
国家林业局直属	6	湖南	12
北京	9	广东	11
天津	6	广西	9
河北	8	海南	6
山西	10	重庆	8
内蒙古	10	四川	11
辽宁	14	贵州	10
吉林	10	云南	10
黑龙江	10	西藏	19
上海	6	陕西	10
江苏	8	甘肃	9

（续）

省（自治区、直辖市）	监测站数（个）	省（自治区、直辖市）	监测站数（个）
浙江	10	青海	16
安徽	10	宁夏	7
福建	11	新疆	15
江西	12	新疆兵团	5
山东	11	内蒙古森工	6
河南	11	龙江森工	6
湖北	11	大兴安岭森工	7
		合计	350

表9-6 2005—2015年野生动物异常情况一览表

年份	异常起数（起）	死亡动物数量（只/头）	年份	异常起数（起）	死亡动物数量（只/头）
2005年	323	18038	2011年	47	21286
2006年	222	12641	2012年	49	7006
2007年	136	5412	2013年	183	2327
2008年	124	2727	2014年	78	5790
2009年	51	2447	2015年	73	12818
2010年	49	1166	合计	1335	91658

第七节 生态文化建设

生态文化是融合人类文明成果和时代精神，促进人与自然和谐共存、协同发展的先进文化，是推进现代林业建设的思想基础和精神动力。2007年，国家林业局提出全面推进现代林业建设，努力构建完善的林业生态体系、发达的林业产业体系和繁荣的生态文化体系。生态文化建设作为现代林业建设的重要内容在全国林业系统全面展开。2011年10月，党的十七届六中全会通过《中共中央关于深化文化体制改革 推动社会主义文化大发展大繁荣若干重大问题的决定》，2012年11月，党的十八大把生态文明建设纳入中国特色社会主义建设"五位一体"的总体战略布局，提出必须树立尊重自然、顺应自然、保护自然的生态文明理念，把生态文明建设融入经济建设、政治建设、文化建设、社会建设各方面和全过程。2015 年，中共中央、国务院出台了《关于加快推进生态文明建设的意见》，提出了"坚持把培养生态文化作为重要支撑"的生态文明建设基本原则。

一、生态文化基础设施建设

按照"公益性、基础性、均等性、便利性"的要求，依托林业资源优势，加快森林、湿地、荒漠、野生动植物类型的博物馆、展览馆、科技馆和生态文化园区等生态文化基础设施建设。近年来，全国先后建成了新疆防治荒漠化纪念馆（乌鲁木齐）、中国（哈尔滨）森林博物馆（东北林业大学）、宁夏湿地博物馆、武汉东湖荷文化馆、湖北桂花博物馆（湖北咸宁）、杨善洲纪念馆、三江平原湿地宣教馆（黑龙江富锦市），浙江湖州市建成了梁希森林公园和梁希纪念馆、古树博物馆，浙江安吉建设了浙江生态博物馆（一个中心馆、十二个专题生态博物馆、多个村落文化展示馆），浙江省东阳市建成了中国木雕博物馆，山东莱州建设了中华月季园，西北农林科技大学博览园建成了昆虫博物馆、土壤博物馆、植物博物馆、动物博物馆和蝴蝶园、植物分类园、树木园等，江西省林业厅建成了生态文化展厅，中国暖温带森林文化博览园在陕西西咸新区建设，内蒙古林区首家森林防火陈列馆建成。北京首家森林体验中心——八达岭森林体验中心（中韩合作）在北京八达岭林场建成开放。在植物园、自然保护区、湿地公园、郊野公园、生态公园等建立了各类生态文化主题园、文化长廊、宣传橱窗（标牌）、户外电子屏等，广泛开展生态文化宣传教育活动。

二、生态文化样板示范基地

以国家森林城市、全国生态文明教育基地、全国生态文化村、生态文化示范企业（基地）等创建活动为抓手，积极打造生态文化样板示范基地，弘扬生态文化，建设生态文明。

2004 年，关注森林活动组委会启动了以"让森林走进城市，让城市拥抱森林"为宗旨的"创建国家森林城市"活动，得到了各级地方政府的积极响应和人民群众的普遍欢迎，迅速在全国广泛展开。这项活动由全国政协人口资源环境委员会、国家林业局作为具体承办单位，组织开展了一系列主题实践活动，在全国产生了深远影响，已成为具有广泛社会影响力的重要品牌，成为推动林业事业发展和生态文明建设的重要平台，成为地方谋发展，为百姓谋福祉的重要抓手。"国家森林城市"的评选每年一次。截至 2015 年年底，全国已有 96 个城市获得"国家森林城市"称号（表9-7）。

表9-7 国家森林城市名单

序号	省份	城市	获得时间
1	河北省	张家口市	2014 年
2		石家庄市	2015 年
3	山西省	长治市	2013 年
4		晋城市	2013 年
5	内蒙古自治区	包头市	2007 年
6		呼和浩特市	2010 年
7		呼伦贝尔市	2012 年
8		赤峰市	2013 年
9		鄂尔多斯市	2015 年
10	辽宁省	沈阳市	2005 年
11		本溪市	2010 年
12		大连市	2011 年
13		鞍山市	2012 年
14		抚顺市	2013 年
15		营口市	2015 年
16		葫芦岛市	2015 年
17	吉林省	珲春市	2011 年
18	江苏省	无锡市	2009 年
19		扬州市	2010 年

（续）

序号	省份	城市	获得时间
20	江苏省	徐州市	2012 年
21		南京市	2013 年
22		镇江市	2014 年
23	浙江省	临安市	2007 年
24		杭州市	2009 年
25		宁波市	2010 年
26		龙泉市	2011 年
27		衢州市	2012 年
28		丽水市	2012 年
29		湖州市	2013 年
30		温州市	2014 年
31		绍兴市	2015 年
32		义乌市	2015 年
33	安徽省	池州市	2013 年
34		合肥市	2014 年
35		安庆市	2014 年
36		黄山市	2015 年
37		宣城市	2015 年
38	福建省	厦门市	2013 年
39		漳州市	2015 年
40		龙岩市	2015 年
41	江西省	新余市	2010 年
42		吉安市	2014 年
43		抚州市	2014 年
44		南昌市	2015 年
45		宜春市	2015 年
46	山东省	威海市	2009 年
47		临沂市	2013 年
48		淄博市	2014 年

（续）

序号	省份	城市	获得时间
49		枣庄市	2014 年
50	山东省	济南市	2015 年
51		青岛市	2015 年
52		泰安市	2015 年
53		许昌市	2007 年
54		新乡市	2008 年
55		漯河市	2010 年
56		洛阳市	2011 年
57	河南省	三门峡市	2012 年
58		平顶山市	2013 年
59		济源市	2013 年
60		郑州市	2014 年
61		鹤壁市	2014 年
62		武汉市	2010 年
62		宜昌市	2012 年
64	湖北省	襄阳市	2014 年
65		随州市	2014 年
66		荆门市	2015 年
67		咸宁市	2015 年
68		长沙市	2006 年
69		益阳市	2012 年
70	湖南省	郴州市	2014 年
71		株洲市	2014 年
72		永州市	2015 年
73		广州市	2008 年
74	广东省	惠州市	2014 年
75		东莞市	2015 年
76	广西壮族自治区	梧州市	2011 年
77		南宁市	2011 年

（续）

序号	省份	城市	获得时间
78	广西壮族自治区	柳州市	2012 年
79		贺州市	2013 年
80		玉林市	2013 年
81	重庆市	永川区	2012 年
82	四川省	成都市	2007 年
83		西昌市	2010 年
84		泸州市	2011 年
85		广安市	2013 年
86		广元市	2013 年
87		德阳市	2014 年
88	贵州省	贵阳市	2004 年
89		遵义市	2010 年
90	云南省	昆明市	2013 年
91		普洱市	2015 年
92	陕西省	宝鸡市	2009 年
93	青海省	西宁市	2015 年
94	宁夏回族自治区	石嘴山市	2013 年
95	新疆维吾尔自治区	阿克苏市	2008 年
96		石河子市	2011 年

　　2008 年，为采取扎实有效的措施推进生态文明建设，弘扬生态文化，国家林业局联合教育部、共青团中央开展了"国家生态文明教育基地"创建活动，在社会上产生了较大影响。截至 2014年年底，全国已有 76 家森林公园、自然保护区、湿地公园、中学和高等院校、博物馆、重要纪念地等单位获得"国家生态文明教育基地"称号(表 9-8)。

表9-8　国家生态文明教育基地名单

序号	单　位
1	广东省广州市帽峰山森林公园
2	中国(卧龙)保护大熊猫研究中心
3	内蒙古青少年绿色家园
4	内蒙古自治区克什克腾旗防沙治沙综合示范区
5	浙江省杭州市西溪国家湿地公园
6	福建省永安市洪田村林权改革纪念馆
7	江西省井冈山国家级自然保护区
8	湖南省张家界国家级森林公园
9	北京林业大学
10	中国建筑材料科学研究院附属中学
11	湖南省森林植物园
12	山东省滕州滨湖国家湿地公园
13	河南省野生动物救护中心
14	东北林业大学
15	新疆维吾尔自治区野马繁殖研究中心
16	江西省共青城
17	黑龙江省北极村国家森林公园
18	陕西省定边县石光银英雄庄园
19	贵州省贵阳市黔灵山公园
20	江西鄱阳湖国家级自然保护区
21	北京大学
22	黑龙江富锦国家湿地公园
23	浙江农林大学
24	云南昆明市海口林场
25	湖南环境生物职业技术学院
26	辽宁老秃顶子国家级自然保护区
27	安徽上窑国家森林公园
28	湖北宜昌市大老岭国家森林公园
29	甘肃祁连山国家级自然保护区

（续）

序号	单　位
30	福建天柱山国家森林公园
31	云南善洲林场
32	复旦大学
33	江西环境工程职业学院
34	河南省新乡市凤凰山森林公园
35	辽宁仙人洞国家级自然保护区
36	湖北省太子山国家森林公园
37	宁夏灵武白芨滩国家级自然保护区
38	浙江松阳卯山国家森林公园
39	福建灵石山国家森林公园
40	山东省威海市环翠区桥头镇
41	重庆缙云山国家级自然保护区
42	武汉大学
43	福建省上杭县古田镇
44	辽宁省本溪关门山国家森林公园
45	河南省云台山国家森林公园
46	湖北省钟祥市大口国家森林公园
47	浙江省开化县中国·根艺美术博览园
48	湖南省五尖山国家森林公园
49	陕西省牛背梁国家级自然保护区
50	贵州省龙架山国家森林公园
51	福建省九龙谷国家森林公园
52	首都经济贸易大学
53	辽宁省辽河湿地省级森林公园
54	浙江省杭州半山国家森林公园
55	浙江省江山市廿八都镇南方红豆杉群保护区
56	山东省黄河三角洲国家级自然保护区
57	河南省三门峡甘山国家森林公园
58	湖北省九峰国家森林公园

（续）

序号	单　位
59	湖南省东洞庭湖国家级自然保护区
60	四川省凉山州西昌市邛海湿地公园
61	贵州省兴义市万峰林风景区
62	云南省西双版纳国家级自然保护区
63	陕西省化龙山国家级自然保护区
64	黑龙江省呼中国家级自然保护区
65	内蒙古自治区库布其沙漠亿利生态治理区
66	辽宁省本溪平顶山环城国家森林公园
67	黑龙江省丰林国家级自然保护区
68	江苏省大丰麋鹿国家级自然保护区
69	浙江省雁荡山国家森林公园
70	湖南省苏仙岭—万华岩国家级风景名胜区
71	江西省鹰潭市龙虎山风景区
72	河南省平顶山市白龟湖国家湿地公园
73	湖北省咸宁市潜山国家森林公园
74	广西壮族自治区花坪国家级自然保护区
75	贵州省贵定县甘溪省级森林公园
76	福建农林大学

2009年，中国生态文化协会开展了全国生态文化村、全国生态文化示范基地、全国生态文化示范企业命名活动。在全国遴选出一批在传承和弘扬生态文化、发展生态文化产业方面具有广泛代表性和影响力的基层单位和行政村作为典型示范，充分发挥在全国和当地的示范带动作用。这项遴选命名活动，严格执行"推荐—申报—初评—复评—公示"等程序，经专家组评审，最终确定。截至2015年，全国生态文化村已达441个，全国生态文化示范基地10个，全国生态文化示范企业20家（表9-9～9-11）。

三、生态文化作品创作

创作出思想性艺术性观赏性相统一、人民群众喜闻乐见的优秀生态文化作品，是生态文化发展繁荣的重要标志。近年来，通过深入的理论研究和挖掘整理，完成出版了《生态文明时代的主流文化——中国生态文化体系研究总论》、《中华大典·林业典》（5卷）、《绿竹神气——中国一百首咏竹古诗词精选》、《河南生态文化史纲》专著，以及《森林与文化》、《森林文化研究》、《福建树种文化》、《福建花文化》、《福建竹文化》、《福建森林旅游文化》、《林业谚语浅析——一份值得传承的森林文化遗产》等系列丛书。

通过林业文艺作品征集竞赛、林业文艺采风和社会生态文艺创作等活动，产生了一批反映林业与生态建设实践和火热生活的文学艺术作品。文学方面，推出了《林海苍茫路在何方——中国集体林权制度改革剪影》、《青青的油茶树》、《绿韵》、《守望绿色》、《中国林业文学集》、《踏着春天的脚步——来自绿色辽宁的报告》、《来自临沧的绿色报告》一批林业报告文学、小说、散文、诗歌等优秀作品。美术方面，开展"全国林业职工原创美术作品展"、公益招贴画进万家、绿色生态动漫作品展等活动，征集展示了一批反映林业生产生活的国画、油画、版画、水彩、剪纸、书法、漫画等作品。摄影方面，开展"关注森林——人与自然和谐"全国摄影比赛、"健康湿地，健康人类"科普摄影作品大赛及展览、"生态足迹——纪念新中国成立60周年全国生态建设成就摄影作品展"、"林改改变生活"全国摄影大展、"美丽中国·山川锦绣·原始森林杯"全国摄影大赛，征集作品3万多件。书法方面，举办"原山杯"庆祝中华人民共和国60周年全国书画展览、"纪念改革开放、建设生态文明"全国书画展和笔会，在军事博物馆举办了百树颂书法展，在中国美术馆举行了全民义务植树30周年书法展。影视方面，开展了系列林业主题摄影比赛和展览展示活动，组织拍摄并播出了《森林之歌》、《从吴起开始》、《大漠长河》、《湿润的文明》、《保护湿地》、《中国古树》、《中国国家森林公园》、《寻找中国最美湿地》等大型电视专题片，《天狗》、《踏界》、《野马》、《完美人生》、《龙顶》、《绝处逢生》、《爱在绿洲》、《阿佤山》、《绿色的梦》、《杨善洲》、《梦萦张家界》、

《山丹丹花儿开》、《新青春之歌》等一批林业题材的电影故事片先后上映。反映生态保护的电视剧《金凤凰玉凤凰》、《小兴安岭深处》和3D动画连续剧《远方的呼唤》、动物与自然影片《熊猫宝宝成长日记》相继播出。开展了"林业歌曲征集活动"，征集林业主旋律歌曲560多首，并在全国林业系统广泛传唱，讴歌了林业创新拼搏的伟大实践和务林人的精神风貌，弘扬了现代林业建设的正能量。

表9-9　全国生态文化村

年份	省份	序号	名　　称
2009年	北京	1	怀柔区桥梓镇北宅村
	山西	2	阳城县北留镇皇城村
	内蒙古	3	林西县新城子镇七合堂村
	辽宁	4	金州区石河街道石河村
	黑龙江	5	甘南县音河镇兴十四村
	上海	6	青浦区金泽镇岑卜村
	江苏	7	吴中区越溪街道旺山村
	浙江	8	临安市太湖源镇白沙村
	安徽	9	黟县宏村镇宏村
	福建	10	龙岩新罗区龙门镇洋畲村
	江西	11	遂川县新江乡石坑村
	山东	12	寿光市孙集镇三元朱村
	河南	13	民权县北关镇王公庄村
	湖北	14	东西湖区慈惠街鸦渡大队石榴红村
	湖南	15	岳阳县张谷英镇张谷英村
	广东	16	番禺区南村镇坑头村
	广西	17	恭城瑶族自治县莲花镇红岩村
	海南	18	三亚市凤凰镇槟榔村
	重庆	19	渝北区茨竹镇梨园村
	四川	20	眉山市洪雅县瓦屋山镇复兴村
	贵州	21	贵定县盘江镇音寨村
	云南	22	弥勒县西三镇可邑村
	西藏	23	吉隆县吉隆镇热玛村

（续）

年份	省份	序号	名　称
2009 年	陕西	24	岚皋县溢河乡宏大村
	甘肃	25	麦积区花牛镇高家湾村
	新疆	26	吐鲁番葡萄沟景区葡萄村
2010 年	新疆	1	轮台县哈尔巴克乡卡西比西村
	宁夏	2	中宁县石空镇高山寺村
	青海	3	湟中县李家山镇岗岔村
	甘肃	4	临泽县平川镇芦湾村
	西藏	5	波密县古乡镇嘎朗村
		6	达孜县塔杰乡巴嘎雪村
	云南	7	漾濞彝族自治县苍山西镇光明村
		8	隆阳区水寨乡海棠村
	贵州	9	从江县丙妹镇岜沙村
	四川	10	筠连县腾达镇春风村
		11	蓬溪县赤城镇莲珠桥村
	重庆	12	重南岸区长生桥镇凉风村
		13	永川区南大街办事处黄瓜山村
	海南省	14	琼山区红旗镇本立村
	广西	15	凌云县泗城镇陇雅村
	广东	16	丰顺县砂田镇黄花村
	湖南	17	湘潭县射埠镇仙凤村
	湖北	18	嘉鱼县官桥镇官桥村
	河南	19	林州市临淇镇白泉村
		20	嵩县白河乡上庄坪村
	山东	21	滕州市张汪镇大宗村
	江西	22	武宁县罗坪镇长水村
		23	横峰县姚家乡兰子畲族村
	福建	24	永春县一都镇美岭村

（续）

年份	省份	序号	名　称
2010 年	福建	25	云霄县云陵镇下坂村
	安徽	26	徽州区潜口镇唐模村
		27	绩溪县瀛洲乡龙川村
	浙江	28	遂昌县龙洋乡西滩村
		29	兰溪市诸葛镇诸葛村
	江苏	30	沭阳县新河镇周圈村
		31	武进区雪堰镇雅浦村
	上海	32	嘉定区安亭镇联西村
	黑龙江	33	尚志市一面坡镇长营村
		34	海林市新安镇西安村
	吉林	35	梨树县刘家馆子镇东五家村
	辽宁	36	本溪满族自治县东营坊乡洋湖沟村
		37	凤山区大梨树村
	内蒙古	38	喀喇沁旗王爷府镇黑山沟村
		39	杭锦后旗双庙镇黄家滩村
	山西	40	昔阳县大寨镇大寨村
	河北	41	乐亭县乐亭镇赵蔡庄村
		42	定州市高蓬镇钮店社区
	天津	43	西青区辛口镇水高庄村
	北京	44	密云县石城镇石塘路村
		45	门头沟区龙泉镇琉璃渠村
2011 年	北京	1	大兴区长子营镇留民营村
		2	通州区宋庄镇小堡村
		3	怀柔区渤海镇北沟村
		4	延庆县八达岭镇里炮村
	天津	5	宝坻区黄庄镇小辛码头村
	河北	6	易县石家统村

（续）

年份	省份	序号	名　　称
2011 年	内蒙古	7	多伦县曲家湾村
		8	扎兰屯市成吉思汗镇大甸子村
	辽宁	9	建平县小平房村
		10	宽甸满族自治县硼海镇三道湾村
		11	海城市感王镇庙山村
		12	大石桥市青花管理区青花峪村
	吉林	13	通化县快大茂镇赶马河村
		14	磐石市宝山乡太平村
	黑龙江	15	新兴区红旗镇红光村
		16	五常市二河乡庆丰村
		17	呼玛县白银纳村
	上海	18	浦东新区书院镇洋溢村
	江苏	19	江宁区横溪街道前石塘村
		20	金湖县前锋镇白马湖村
		21	溧阳市天目湖镇桂林村
	浙江	22	武义县金灿·白革生态文化村
		23	象山县茅洋乡象山民俗文化村——南充村
		24	安吉县昆铜乡长林垓村
		25	安吉县皈山乡尚书圩村
	安徽	26	歙县昌溪乡昌溪村
		27	包河区义城街道董城村
	福建	28	寿宁县犀溪乡西浦村
	江西	29	高安市新街镇景贤村
		30	婺源县晓起村
		31	兴国县梅窖镇三僚村
		32	宜春市明月山温泉风景名胜区温汤镇潭下村
		33	抚州市三溪乡石邮古村

（续）

年份	省份	序号	名　称
2011年	山东	34	莱城区雪野镇房干村
		35	平邑县九间棚村
		36	邹平县韩店镇西王村
	河南	37	博爱县寨豁乡青天河村
		38	长葛市古桥乡师庄村
		39	淇滨区金山办事处蔡庄村
	湖北	40	谷城县五山镇堰河村
		41	钟祥市石牌镇彭墩村
	湖南	42	望城区白箬铺镇光明村
	广东	43	仲恺区陈江街道社溪村
	广西	44	兴宾区凤凰镇龙岩村委长福村
		45	浦北县北通镇清湖村
		46	藤县象棋镇道家村
	重庆	47	永川区茶山竹海街道办事处茶竹村
		48	涪陵区南沱镇睦和村
		49	云阳县盘龙街道四民村
	四川	50	青川县青溪镇阴平村
		51	宝兴县硗碛藏族乡咎落村
		52	合江县自怀镇显龙村
		53	郫县新民场镇云凌村
		54	德昌县德州镇角半村
	云南	55	石林彝族自治县石林镇月湖村
	西藏	56	米林县南伊乡才召村
	陕西	57	凤翔县城关镇六营村
	甘肃	58	瓜州县南岔镇七工村
		59	敦煌市阳关镇龙勒村
	青海	60	湟中县共和镇苏尔吉村

（续）

年份	省份	序号	名　称
2011 年	青海	61	大通县塔尔镇塔尔沟村
	宁夏	62	青铜峡市邵刚镇沙湖村
	新疆	63	和布克赛尔蒙古自治县那仁和布克牧场乡江格尔村
2012 年	北京	1	顺义区赵全营镇北郎中村
		2	平谷区镇罗营镇张家台村
		3	房山区韩村河镇韩村河村
		4	延庆县四海镇西沟里村
	河北	5	固安县温泉休闲商务产业园区林城村
		6	张家口市春光乡观后村
	山西	7	阳泉市郊区平坦镇桃林沟村
		8	平顺县西沟村
	内蒙古	9	宁城县小城子镇柳树营子村
		10	土默特右旗苏波盖乡美岱桥村
		11	杭锦旗独贵塔拉镇刀图嘎查一社
	辽宁	12	桓仁满族自治县八里甸子镇大南沟村
		13	盖州市二台乡牌坊店村
		14	黑山县段家乡蛇山子村
	吉林	15	通化县东来乡鹿圈子村
		16	敦化市大石头镇二河村
	黑龙江	17	尚志市元宝镇元宝村
		18	望奎县卫星镇厢兰头村
	上海	19	奉贤区庄行镇潘垫村
		20	浦东新区新场镇果园村
		21	闵行区浦江镇革新村
		22	崇明县陈家镇瀛东村
	江苏	23	市高淳区桠溪镇桥李村
		24	丹徒区谷阳镇槐荫村

（续）

年份	省份	序号	名　　称
2012 年	江苏	25	宜兴市张渚镇龙池村
		26	泗阳县众兴镇杨集村
	浙江	27	安吉县山川乡高家塘村
		28	浦江县白马镇嵩溪村
		29	富阳市湖源乡窈口村
		30	江山市石门镇清漾村
	安徽	31	枞阳县周潭镇大山村
		32	贵池区梅村镇霄坑村
		33	颍州区西湖景区街道白行村
		34	黄山区太平湖镇南安村
	福建	35	连城县莒溪镇太平僚村
		36	永安市青水畲族乡龙头村
		37	蕉城区金涵畲族乡上金贝村
	江西	38	修水县杭口镇双井村
		39	井冈山市茅坪乡茅坪村
		40	黎川县华山垦殖场洲湖村
		41	宜丰县天宝乡天宝村
		42	遂川县衙前镇双镜村
	山东	43	滕州市洪绪镇龙庄村
		44	章丘市官庄镇朱家峪村
		45	栖霞市桃村镇国路夼村
	河南	46	义马市东区办事处河口社区
	湖北	47	崇阳县白霓镇后溪村
		48	仙桃市杨林尾镇兴隆村
	湖南	49	临湘市羊楼司镇梅池村
		50	靖州苗族侗族自治县三锹乡地笋村
		51	汨罗市黄柏镇神鼎村

（续）

年份	省份	序号	名　称
2012 年	广西	52	北流市民乐镇罗政村
		53	市象州县中平镇河村
	重庆	54	忠县拔山镇杨柳村
		55	巫溪县羊桥村
		56	荣昌县双河街道大石堡社区
	四川	57	丹巴县中路乡克格依村
		58	青白江区福洪乡杏花村
		59	茂县凤仪镇坪头村
	贵州	60	市盘县石桥镇妥乐村
	云南	61	江川县江城镇明星村
		62	澜沧县惠民乡景迈村
		63	腾冲县固东镇江东村
	西藏	64	波密县松宗镇格尼村
	甘肃	65	泾川县高平镇袁家城村
		66	临夏市康乐县附城镇刘家庙村
		67	敦煌市月牙泉镇月牙泉村
	宁夏	68	金凤区良田镇魏家桥村
	青海	69	大通县多林镇上宽村
		70	祁连县八宝镇冰沟村
	新疆	71	阿瓦提县阿依巴格乡托万克卡格木什村
		72	特克斯县乔拉克铁热克镇阿克铁热克村
		73	阿勒泰地区禾木哈纳斯蒙古民族乡禾木村
	广西	74	武宣县三里镇武台民族文化村
		75	田阳县百育镇九合村
	湖南	76	保靖县普戎镇亨章村
	宁夏	77	泾源县六盘山镇周沟村
2014 年	北京	1	朝阳区高碑店乡高碑店村

（续）

年份	省份	序号	名　　称
2014 年	北京	2	密云县古北口镇古北口村
		3	平谷区大华山镇挂甲峪村
	河北	4	兴隆县大杖子乡石佛村
		5	武强县周窝村
		6	晋州市周家庄乡第九队
	山西	7	平定县冠山镇宋家庄村
		8	潞城市店上镇常庄村
		9	灵丘县红石楞乡上北泉村
		10	太原市杏花岭区中涧河乡长沟村
	内蒙古	11	兴安盟突泉县杜尔基镇杜详村
		12	巴彦淖尔市五原县隆兴昌镇联乐村
		13	呼伦贝尔市鄂伦春自治旗托扎敏乡希日特奇村
		14	赤峰市元宝山区平庄镇前进村
	辽宁	15	丹东东港市北井子镇獐岛村
		16	本溪市本溪县东营房乡南营房村
		17	辽阳市辽阳县寒岭镇唐家堡子村
		18	铁岭市昌图县三江口镇太平山村
	吉林	19	通化市通化县大安镇水洞村
		20	珲春市板石镇孟岭村
	黑龙江	21	黑河市北安市赵光镇东丰村
		22	依安县依龙镇丰林村
		23	牡丹江市东宁县绥阳镇柞木村
		24	牡丹江市宁安县东京城镇北湖头村
		25	牡丹江市宁安县镜泊乡英格岭村
	上海	26	宝山区罗店镇天平村
		27	崇明县竖新镇前卫村
		28	松江区泖港镇黄桥村

（续）

年份	省份	序号	名　称
2014年	江苏	29	常熟市支塘镇蒋巷村
		30	东台市梁垛镇临塔村
		31	泰州市姜堰区淤溪镇周庄村
		32	苏州市吴中区东山镇三山村
		33	淮安市盱眙县河桥镇三元村
	浙江	34	安吉县递铺镇双一村
		35	德清县洛舍镇东衡村
	安徽	36	滁州市凤阳县小溪河镇小岗村
		37	天长市汊涧镇长山村
		38	黄山市歙县雄村乡卖花渔村
		39	宣城市泾县桃花潭镇查济村
		40	黄山市黟县西递镇西递村
	福建	41	永定县湖坑镇南江村
		42	南平市浦城县富岭镇双同村
		43	泉州市德化县南埕镇南埕村
		44	漳州市南靖县梅林镇官洋村
		45	福安市溪潭镇廉村村
	江西	46	赣县白鹭乡白鹭村
		47	横峰县葛源镇枫林村
		48	抚州市金溪县双塘镇竹桥村
		49	宜春市靖安县高湖镇西头村
		50	抚州市乐安县牛田镇水南村
	山东	51	日照市东港区涛雒镇下元一村
		52	临沂市郯城县新村银杏产业开发区于村
		53	淄博市临淄区齐陵街道北山西村
		54	枣庄市山亭区冯卯镇冯卯村
		55	青岛城阳区城阳街道后田村

（续）

年份	省份	序号	名　称
2014 年	山东	56	青岛胶州市胶莱镇南王疃村
		57	青岛即墨市金口乡凤凰村
	河南	58	栾川县重渡村
		59	禹州市文殊镇陈南村
		60	平桥区五里店街道办事处郝堂村
		61	灵宝市豫灵镇河西村
		62	临颍县南街村
	湖北	63	咸丰县黄金洞乡麻柳溪村
		64	郧县茶店镇樱桃沟村
	湖南	65	汨罗市白水镇西长村
		66	长沙县福临镇影珠山村
		67	湘潭县白石镇尹家冲村
		68	北湖区华塘镇三合村
	广西	69	港口区光坡镇红沙村
		70	南丹县里湖乡王尚村
		71	玉州区城北街道高山村
		72	大新县恩城乡维新村
		73	武宣县东乡镇下莲塘村
	海南	74	白沙黎族自治县元门乡元门村
		75	琼中黎族苗族自治县红毛镇什寒村
	重庆	76	万州区太安镇凤凰村
		77	江津区四面山镇林海村
		78	垫江县太平镇牡丹村
		79	忠县涂井乡友谊村
		80	秀山土家族苗族自治县钟灵镇凯堡村
		81	通江县沙溪镇王坪村
		82	旌阳区和新镇长寿村

（续）

年份	省份	序号	名　称
2014 年	重庆	83	康定县折多塘村
		84	兴文县仙峰苗族乡大元社区村
	贵州	85	盘县普古乡舍烹村
		86	黎平县高屯乡八舟村
		87	赫章县河镇乡海雀村
		88	大方县羊场镇穿岩村
	云南	89	古城县束河乡龙泉村
		90	罗平县鲁布革乡罗斯村
		91	盈江县太平镇拉丙村
	西藏	92	昌都县噶玛乡里土村
		93	康芒县纳西乡上盐井村
		94	吉隆县吉普村
		95	昌都县城关镇小恩达村
	陕西	96	太白县黄柏塬镇黄柏塬村
		97	平利县城关镇龙头村
		98	大荔县范家镇福佑村
		99	柞水县营盘镇朱家湾村
	甘肃	100	敦煌市阳关镇寿昌村
		101	清水县白沙乡温泉村
		102	泾川县玉都镇康家村
	宁夏	103	平罗县姚伏镇曙光村
		104	原州区黄泽堡镇毛家台子村
		105	大武口区龙泉村
	青海	106	大通县景阳镇哈门村
		107	门源县珠固乡东旭村
		108	门源县仙米乡大庄村
	新疆	109	布尔津县禾木哈纳斯蒙古民族乡哈纳斯村

表9-10 全国生态文化示范基地

年份	省份	名 称
2009 年	河北	唐山南湖中央生态公园
	江苏	中山陵园风景区
2010 年	河北	塞罕坝国家森林公园
	内蒙古	亿利资源集团
2011 年	辽宁	鞍山市千山风景名胜区
	陕西	西安浐灞生态区
2012 年	安徽	合肥市肥西县三河镇
	甘肃	兰州市南北两山绿化区
2013 年	北京	延庆县妫河森林公园
2014 年	山东	青岛世界园艺博览园区

表9-11 全国生态文化示范企业

年份	地区	序号	企业名称
2010 年	北京	1	首云矿业股份有限公司
	天津	2	天津钢管集团股份
	河北	3	唐山钢铁集团有限责任公司
	内蒙古	4	内蒙古博源控股集团有限公司
	江苏	5	江苏大亚科技集团有限公司
	安徽	6	安徽恩龙林业集团有限公司
	河南	7	济源市金马焦化有限公司
		8	河南省宛西制药股份有限公司
	广东	9	广东梅县雁南飞茶田有限公司
	宁夏	10	宁夏宁东水务有限责任公司
2011 年	江苏	1	溧阳市天目湖苏园茶文化公司
	北京	2	北京德青源农业科技股份有限公司
	辽宁	3	朝阳森塬活性炭有限公司
	江苏	4	红豆集团有限公司

（续）

年份	地区	序号	企业名称
2011 年	浙江	5	浙江康大科技股份有限公司
	江西	6	江西含珠实业有限公司
	浙江	7	安吉竹子博览园有限责任公司
		8	黄山谢裕大茶叶股份有限公司
	安徽	9	安徽芜湖马仁奇峰森林旅游有限公司
	重庆	10	重庆宗申集团

第八节　生态价值核算

森林是陆地生态系统的主体，是人类进化的摇篮。森林在生物界和非生物界物质交换和能量流动中扮演着主要角色，对保持陆地生态系统的整体功能、维护地球生态平衡、促进经济与生态协调发展发挥着重要作用。她不仅为人类提供木材、食品和能源等多种物质产品，又能为人类提供森林观光、休闲度假和文化传承的场所，还具有涵养水源、固碳释氧、保持水土、净化水质、防风固沙、调节气候、清洁空气、吸附粉尘等独特功能。对森林生态系统服务功能进行客观、科学、动态地评价，进而体现林业在经济社会可持续发展中的战略地位与作用，已经得到了世界各国和全社会的广泛关注。

自 1864 年 George Marsh 提出现代意义上的生态系统服务以来，经全球科学家 100 多年的研究探索，不断深化对森林生态系统服务功能的理解，发展形成了以生态经济理论和系统分析原理为指导，采用替代工程法、市场价值法等方法，实物度量与价值计量相结合的森林生态服务功能评价指标和方法体系。2000 年启动的世界千年生态系统评估对全球森林生态系统状况进行了系统评估，FAO 全球森林资源评估以及《联合国气候变化框架公约》、《生物多样性公约》等国际组织均定期对森林生态状况进行监测评价，把握世界森林生态功能效益的变化趋势。世界发达国家也不断加强对森林生态服务功能的评估，其中日本自 1978 年至今，已连续 3 次公布全国森林生态效益，为实施绿色 GDP 核算，制定国民经济发展规划，履行国际义务提供了重要支撑。近年来，国家林业局紧密结合国家及行业发展的需求，积极推动长期生态定位观测研究站及其网络平台的建设，目前已发展为拥有近 100 个森林生态站的中国森林生态系统定位观测研究网络（CFERN）。在森林生态系统研究的网络化建设与管理上，我国已经处于国际领先地位。同时，在研究设备、研究手段和人才储备上得到了加强，为客观、科学、动态地评估森林生态系统服务奠定了基础。

清新的空气、清洁的水源和宜人的气候等生态产品是人类生存与发展的基本条件。目前，生态产品短缺问题已成为制约我国经济社会发展的重大瓶颈。增强生态产品生产能力是党对科学发展观理念的延伸，体现了党和国家对自然生态系统和环境保护的重视。

生态文明建设已经上升到国家意志，同时也为以生态建设为主战场的林业部门带来了机遇和挑战。近年来，许多专家、学者为此做着不懈的努力，进行了卓有成效的探索。中国林业科学研究院科研团队，在 2009 年发布的《中国森林生态服务功能评估（2009）》中让世人首次认识到了中国森林的生态效益。在过去的 5 年里，为摸清"家底"，全国有一半以上省份开展了森林生态系统服务的评估工作，有些省份，如河南、辽宁、广东，甚至连续几次开展了全省的动态评估工作。国家林业局和中国林业科学研究院共同完成的《中国森林生态系统服务第二次评估报告（2014）》表明，2009—2013 年第八次全国森林资源清查期间，我国森林每年涵养水源量为 5807.09 亿 m^3/年、固持土壤量 81.91 亿 t、固碳量 4.03 亿 t（折算成吸收 CO_2 为 14.77 亿 t）、释氧量 9.51 亿 t、提供负离子量 2.03×10^{27} 个、吸收二氧化硫量 345.94 亿 kg、吸收氟化物量 12.75 亿 kg、吸收氮氧化物量 17.87 亿 kg、滞尘量 58450.44 亿 kg。森林防护和森林游憩价值分别为 497.53 亿元和 376.42 亿元。8 项森林生态系统服务总价值量为每年 13.04 万亿元。

森林生态系统服务全指标体系连续观测与清查技术体系，简称"森林生态连清"，在时间上可以实现与森林资源连清的耦合同步观测，是应对国家推进生态文明建设的需求，顺应"生态 GDP"核算体系的发展趋势，为实现我国森林多功能利用价值与可持续经营的目标而展开的一项具有现实意义和前瞻性的工作。

第十章

地方林情

第一节　北京林情

一、森林资源

北京市位于华北平原的北端，属暖温带半湿润大陆性季风气候，四季分明。植被类型为暖温带落叶阔叶林，气候顶级群落为松栎混交林，山地植被具有明显垂直分布特点。

据全国第八次森林资源调查结果，全市林地面积 101.35 万 hm^2，活立木总蓄积量 1828.04 万 m^3，其中森林面积 58.81 万 hm^2，森林蓄积量 1425.33 万 m^3。按林种划分，公益林 40.65 万 hm^2，占森林面积的 69.12%，其中防护林 36.71 万 hm^2，特用林 3.94 万 hm^2，商品林 36.71 万 hm^2，占森林面积的 30.88%，其中经济林 15.83 万 hm^2，用材林 2.33 万 hm^2；公益林和商品林面积之比约 7:3。按起源划分，天然林 21.58 万 hm^2，人工林 37.15 万 hm^2。按权属划分，国有林 5.10 万 hm^2，集体林 41.20 万 hm^2，个人及其他面积 12.51 万 hm^2。按优势树种（组）划分，面积比例由大到小依次为栎类、侧柏、柞树、阔叶树、油松、杨树、刺槐、桦树、落叶松和山杨。按龄组划分，中幼龄林面积比例最大，占林分总面积的 82.14%，近、成、过熟林占 17.86%。全市森林覆盖率 35.84%。同全国第七次森林资源调查结果相比较，森林面积净增 6.76 万 hm^2，森林覆盖率提高 4.12 个百分点。

北京市共有国有林场 34 个，总经营面积 6.29 万 hm^2，其中：林业用地面积 5.52 万 hm^2，森林面积 4.54 万 hm^2，森林蓄积量 162.52 万 m^3，分别约占全市林业用地面积、森林面积和森林蓄

733

积量的 5.4% 、7.7% 和 11.4% 。在 5.52 万 hm^2 林业用地面积中，公益林面积 4.67 万 hm^2，占 85% 。

1992 年，北京市建立第一批森林公园——西山国家森林公园、上方山国家森林公园和蟒山国家森林公园。目前，全市共建立森林公园 31 处，保护森林风景资源 9.66 万 hm^2，其中国家级 15 处、市级 16 处。

二、野生动植物资源

根据《北京植物志》、《北京植物检索表》(1962 年、1964 年、1975 年、1980 年及修订版)统计，北京地区有维管束植物 169 科 898 属 2088 种。其中，椴树科椴树属的紫椴、芸香科黄檗属的黄檗及野大豆属于国家二级重点保护野生植物。北京地区的野生动物(脊椎动物)区系属于蒙新区东部草原、长白山地、松辽平原的区系成分，具有古北界向东洋界过渡的特征。据统计，北京陆生脊椎动物分布有 89 科 460 余种，按照《北京脊椎动物检索表》(1991 年)，两栖类 5 科 10 种，爬行类 8 科 23 种，鸟类 58 科 375 种，兽类 18 科 53 种。国家重点保护野生动物 61 种，其中国家一级重点保护野生动物有金钱豹、褐马鸡、黑鹳、白鹳、金雕等 10 种，国家二级重点保护野生动物有斑羚、灰鹤、白枕鹤、大天鹅、鹰隼类、雕鸮类等 51 种。

截至 2015 年，北京市建立自然保护区 20 个，总面积 13.68 万 hm^2，自然保护区面积占全市国土面积的 8.3% ，全市 90% 以上国家和地方重点保护野生动植物及栖息地得到保护。

三、湿地资源

据湿地资源调查，北京市湿地主要分布在潮白河、永定河、北运河、大清河、蓟运河 5 大流域，有河流、沼泽、库塘、沟渠、水田等湿地类型。共有湿地 4.81 万 hm^2，占全市国土面积的 2.93% 。1hm^2 以上湿地约 1916 块，其中天然湿地 2.42 万 hm^2，占湿地总面积的 50.24% ，主要由河流、沼泽湿地组成；人工湿地 2.39 万 hm^2，占湿地总面积的 49.76% ，主要由水库、水塘及城市景观湿地等组成。北京市湿地生物多样性较为丰富，湿地内生长植物 127 科 1017 种，占北京市植物种类的 48.7%；有野生动物 89 科 393 种，占北京市野生动物种类的 75.6%，其中鸟类 58 科 276 种，占鸟类种类的 72%。

四、荒漠化和沙化状况

据北京市第五次土地荒漠化和沙化监测结果，北京市沙化土地面积 27608.06hm²，荒漠化土地面积 13549.85hm²，其中人工固定沙地 27120.69hm²，天然固定沙地 487.37hm²。沙化土地主要分布于永定河两岸，潮白河两岸、温榆河沿岸、康庄地区、南口地区、大沙河地区，拒马河地区，山前风沙区也有零星分布。荒漠化土地均分布在大兴区的榆垡镇。

五、林业法规规章

北京市人大常委会发布的地方法规主要有：《北京市农村集体所有荒山荒滩租赁条例》、《北京市实施〈中华人民共和国野生动物保护法〉办法》、《北京市古树名木保护管理条例》、《北京市森林资源保护管理条例》、《北京市实施〈中华人民共和国种子法〉办法》、《北京市绿化条例》、《北京市湿地保护条例》。

北京市人民政府发布的政府规章主要有：《北京市实施〈森林病虫害防治条例〉若干规定》、《北京市人民政府关于百花山和松山自然保护区管理暂行规定》、《〈北京市森林资源保护管理条例〉实施办法》、《北京市林业植物检疫办法》、《北京市重点保护陆生野生动物造成损失补偿办法》、《北京市森林防火办法》。

六、林业科技与信息化

北京市园林绿化系统现有部级重点实验室 1 个，部级果品及苗木质量监督检验测试中心 1 个，北京市审（认）定林木良种 250 个。通过技术组装集成和示范推广，建立不同类型科技试验示范区 23 处，科技成果转化率达到 50% 以上。基本建立起市、区（县）、乡（镇）三级园林绿化科技推广与技术服务体系。制定、修订国家标准、行业标准和地方标准 176 项，推行林苗、果树、花卉、蜂产品标准化，建立国家级农业标准化示范区 39 处，国家级林业标准化示范区5处。建立科普教育基地27处。北京园林绿化系统获得各级各类科技奖励450多项，获得注册商标28件，获得国家专利保护12项，获得植物新品种权68个。

北京市园林绿化局信息化体系趋于完善，网络完全覆盖区县和各直属单位，应用智能网络管理设备实现了内、外网隔离，内部网络分区防护、隔离专管、准入控制。编制了智慧林业发展规划，提出了北京市"智慧林业"顶层设计架构。建设了覆盖园林绿化行业核心业务的12个信息系统。数据资源类别达到130种，总数量达到10T。

七、林业机构队伍

北京市园林绿化局（首都绿化委员会办公室）内设办公室、法制处、研究室、联络处、义务植树处、规划发展处、造林营林处（生态林建设管理办公室）、城镇绿化处、林政资源处（木材管理办公室）、公园风景区处、林场处（花卉产业处）、野生动植物保护处、产业发展处、科技处、应急工作处、计财（审计）处、人事处、农村林业改革发展处、平原绿化处19个处室和市园林绿化局森林公安局、机关党委（团委）、工会、离退休干部处。机关行政编制150名，政法专项编制85名。另有34个直属单位，其中执法监察大队为行政执法机构，林业工作总站、林业保护站、林业种子苗木管理总站、野生动物保护自然保护区管理站、水源保护林试验工作站（防沙治沙办公室）为列入参照公务员法管理事业单位。此外，还有主管或挂靠的北京市生态文化协会、北京市花卉协会等15个社会团体。

北京林业行政管理体系较为完备，各区县都设有园林绿化局，乡镇（街道）均设有绿化办公室，乡镇还设有林业工作站。

第二节　天津林情

一、森林资源

天津市地处华北平原的东北部，北依燕山，东临渤海。土地总面积 11916.90km^2。天津市地貌类型分为山地、丘陵、平原和海岸带，地势从西北逐步向东南倾斜。北部山地属燕山山脉，以低山为主。平原区约占全市陆地面积的 93.3%，属华北平原的一部分。天津气候具有大陆性季风气候和海洋气候的双重特点。全市年平均气温约 12℃，季节变化明显。

根据第八次全国森林资源连续清查结果，天津市现有林业用地面积 15.62 万 hm^2，有林地面积 11.16 万 hm^2，活立木总蓄积量 453.98 万 m^3，森林蓄积量 374.03 万 m^3，森林覆盖率 9.87%。

二、野生动植物资源

天津市野生动物资源十分丰富。据调查统计，目前全市有记录的陆生野生动物有 485 种（不包括昆虫类）。其中鸟类 416 种、兽类动物 43 种、两栖类动物 8 种、爬行类动物 18 种。现有国家重点保护野生动物 74 种，其中国家一级重点保护动物 13 种、国家二级重点保护野生动物 61 种。国家保护的有益的或者有重要经济、科学研究价值的陆生野生动物 300 余种。

截至目前，天津市共建立自然保护区 8 个，总面积 90280hm^2，占全市总面积的 7.51%，林业系统建立和管理的自然保护区 5 个，其中国家级自然保护区 1 个、市级自然保护区 4 个。

三、湿地资源

天津市现有湿地面积 29.56 万 hm^2，占全市陆地面积的 17.1%（未包括浅海水域面积），湿地类型分属 5 大类 11 种类型。近海及海岸湿地、河流湿地、湖泊湿地、沼泽湿地和人工湿地分别占湿地总面积的 35.29%、10.92%、1.22%、3.70% 和 48.87%。湿地类型的多样性使天津市湿地动植物资源具有明显的生物多样性特征，据调查统计，天津市共有各类湿地动物 278 种，主要包括哺乳类、鸟类、两栖类、爬行类、鱼类等；各类湿地植物 290 种，主要包括灌丛、灌草丛、草甸植被、藤本植物群落和湿生、水生植物群落。

四、林业法规规章

目前，天津市初步形成了由地方法规、政府规章和规范性文件构成的林业法规体系。其中，地方法规和政府规章9件：《天津市湿地保护条例》、《天津市人大常委会关于批准划定永久性保护生态区域的决定》《天津市绿化条例》、《天津市义务植树条例》、《天津市实施〈中华人民共和国森林法〉办法》、《天津市野生动物保护条例》、《天津市实施〈中华人民共和国种子法〉办法》、《天津市植物保护条例》、《天津市植物检疫办法》等。规范性文件5件：《中共天津市委 天津市人民政府关于加快林业发展建设绿色天津的意见》、《中共天津市委 天津市人民政府关于贯彻落实〈中共中央国务院关于全面推进集体林权制度改革的意见〉的实施意见》、《天津市造林绿化工程管理办法》、《天津市造林绿化工程市财政补助资金管理办法》、《天津市人民政府办公厅关于加强天津市湿地保护管理的通知》等。

五、林业科技

天津市实施科教兴林战略，取得显著成绩。自2000年以来，全市共完成林业科技项目162项，荣获天津市科技进步二等奖1项，获天津市、原林业部、农业部科技进步三等奖4项，完成农业行业标准及天津市地方标准制定(修订)12项。

六、林业机构队伍

天津市林业局(天津市绿化委员会办公室)是主管全市林业行政及义务植树工作的职能部门，也是天津市绿化委员会的办事机构，规格为副局级。天津市林业局(天津市绿化委员会办公室)设7个职能处(室)，分别是：办公室、发展计划处、城乡绿化处、营林处、林政资源处(野生动植物保护处、行政审批处)、森林公安局和林业生态工程处。天津市林业局(天津市绿化委员会办公室)机关行政编制为39人，下设直属单位有10个，其中参照公务员法管理单位4个，分别是：市林业工作站、市森林病虫害防治检疫站、市野生动植物保护管理站(市湿地保护管理站)、市林木种子管理站(市林木种子质量监督检验站);全额拨款事业单位2个,分别是:市野生动物救护驯养繁殖中心、市森林防火预警监测中心;4个自收自支事业单位,分别是:**市林业局林果服务站(市花卉产业中心)、市林业调查规划设计院、市林业局林果良种场(市林业优质种苗基地)、市林木种苗示范基地**。另外,还设有天津市林学会、天津市花卉协会和天津市野生动物保护协会。

天津市有一个比较完整的林业行政管理体系,10个郊区县中,蓟县、宝坻区、武清区、静海县、宁河县设有林业局,东丽区、津南区、西青区、北辰区由农村经济工作委员会主管林业,滨海新区由农业局主管农林整体工作。乡镇都设有林业站,共计139个,编制436人。天津市拥有一支健全的林业执法机构和执法队伍,执法人员225人,检疫站13个。

天津市现有林业机构217个,编制1585个,总人数1354人。按层次分,省级1个、地市级10个、县级67个、乡镇级139个。其中:行政机关11个,编制171人,实有人数165人;事业单位206个,编制1414人,实有人数1189人。

第三节 河北林情

一、森林资源

根据全国第八次森林资源连续清查结果,河北省森林面积439.33万 hm^2,活立木总蓄积量1.31亿 m^3,森林蓄积量1.08亿 m^3,森林覆盖率23.41%。全省森林面积按林种划分,防护林264.87万 hm^2、特用林10.27万 hm^2、用材林70.88万 hm^2、薪炭林9.49万 hm^2、经济林83.82万 hm^2。按林地权属划分,国有森林面积46.77万 hm^2,集体森林面积247.05万 hm^2,分别占森林面积总量的10.65%和56.23%。全省现有天然林面积211.85万 hm^2,占森林面积的48.22%;蓄积量5091.14万 m^3,占蓄积量总量的47.25%。全省现有人工林面积227.48万 hm^2,占森林面积的51.78%;蓄积量 5683.81 万 m³，占蓄积量总量的 52.63%。

河北省共有国有林场 147 个，总经营面积 86 万 hm²，其中林业用地面积 80 万 hm²，森林面积 61 万 hm²，森林蓄积量 3593 万 m³，有林地中，商品林面积 16 万 hm²，公益林面积 45 万 hm²，其中重点公益林面积 40 万 hm²。国有林场有林地总面积 61 万 hm²，疏林地面积 1.1 万 hm²，灌木林地面积 3.5 万 hm²，宜林荒山荒地面积 7.5 万 hm²。

河北省森林风景资源十分丰富。1991 年河北省开始建立第一个森林公园——秦皇岛海滨国家森林公园，目前全省共建立各类森林公园 100 处，其中国家级 26 处、省级 74 处，保护森林风景资源 51.45 万 hm²。

二、野生动植物资源

河北省有陆生脊椎动物 530 多种，占全国的 1/4，其中鸟类 420 余种，占全国的 35%；兽类 89 种，占全国的 18% 左右；爬行类 22 种；两栖类 10 种。国家和省重点保护陆生野生动物 216 种，其中国家一级重点保护动物 17 种（兽类 1 种、鸟类 16 种），国家二级重点保护动物 73 种（兽类 9 种、鸟类 64 种）。河北植物区系属泛北极植物区系、中国—日本亚区，全省有 204 科、940 属、2800 多种植物，其中：蕨类植物 21 科，占全国的 40.4%；裸子植物 7 科，占全国的 70%；被子植物 144 科，占全国的 49.5%。

1983 年建立第一批自然保护区（雾灵山、小五台山）以来，河北省自然保护区经过 30 多年的发展，已建立森林、湿地及野生动植物类型自然保护区 34 处，其中国家级 9 处、省级 21 处、市县级 3 处，总面积 61.02 万 hm²，占国土总面积的 3.2%，涵盖了全省所有的典型生态系统类型，保护了全省 85% 的国家重点保护野生动植物物种。

三、湿地资源

根据河北省第二次湿地资源调查，全省单块面积大于 8hm² 的湿地总面积 94.19 万 hm^2，其中：自然湿地 69.46 万 hm^2，占 73.7%；人工湿地 24.73 万 hm^2，占 26.3%。自然湿地中，近海 与海岸湿地 23.19 万 hm^2，河流湿地 21.25 万 hm^2，湖泊湿地 2.66 万 hm^2，沼泽湿地 22.36 万 hm^2。湿地内有高等植物 819 种，野生 动物 441 种，其中：水禽类 389 种、两栖类 12 种、兽类 29 种。

截至 2015 年，河北省已建立湿地自然保护区 11 个，总面积 20.40 万 hm^2；湿地公园 50 个，总面积 7.47 万 hm^2。据调查统 计，全省受保护湿地面积 38.64 万 hm^2，湿地保护率 41.02%。

四、荒漠化和沙化状况

全国第五次荒漠化和沙化监测(2010—2014 年)结果显示，河 北省荒漠化土地面积为 202.08 万 hm^2，沙化土地面积为 210.34 万 hm^2，分别占国土总面积的 10.8% 和 11.2%。与第四次监测 (2005—2009 年)比较，5 年间，全省沙化和荒漠化土地分别减少 2.19 万 hm^2 和 11.56 万 hm^2。

五、林业法规规章

颁布的地方法规有：《河北省实施〈中华人民共和国森林法〉 办法》、《河北省封山育林条例》、《河北省陆生野生动物保护条 例》、《河北省义务植树条例》等。

颁布的政府规章有：《河北省森林病虫害防治实施办法》、 《河北省森林防火规定》、《河北省林木采伐管理办法》、《河北省 木材经营加工运输管理办法》、《河北省湿地保护规定》、《河北省 古树名木保护办法》等。

六、林业科技教育与信息化

改革开放以来，河北省林业科技成效显著，共取得科技成果 790 多项，其中获省级以上奖励 200 多项。全省审(认)定林木良 种 349 个。全省共有县级以上林业科研机构 9 个，研究开发人员 181 人。建设生态定位观测研究站 4 个。建设国家级工程技术研 究中心 1 个，省级工程技术研究中心 8 个。建立省级科技推广机构 1 个，地（市）级科技推广机构 13 个，县、乡级科技推广机构 1172 个。建立国家级林木种质资源保护库 1 个、省级林木种质资源保存库 2 个，林木良种基地 36 处（国家级 8 处、省级 14 处）。颁布实施林业标准 553 项，建立标准化示范区（县）18 个，林业科技示范县 5 个。建立省级林果桑花质量监督检验管理机构 1 个，省级林木种苗质量检验机构 1 个，地（市）、县级林木种苗质量检验机构 92 个。

河北省涉林一级学科有林学、生态学 2 个并授予专业学位，其中林学下设 6 个二级学科。全省有涉林专业高等院校 2 所、河北省林业干部培训中心、林业技能鉴定站 1 个。全省林科类专业在校研究生 193 人，本专科生 1100 人，全行业年培训林业从业人员 2.16 万人次。

河北省林业信息中心具体负责全省林业信息化和电子政务建设管理工作。出台了《河北省林业厅关于智慧林业发展的指导意见》，建立健全了《河北林业网管理办法》《网络和信息安全应急预案》《计算机信息网络系统安全管理方法》《门户网站专栏信息更新维护考核办法》《计算机信息系统保密管理办法》等制度。先后接入省政府政务内外网、国家林业局专网，建成了河北林业门户网站群、办公一体化平台、林权管理信息系统、征占用林地管理信息系统、视频会议系统、统计资料管理系统、电子商务基础平台、果品质量安全追溯系统、森林防火应急指挥系统等综合信息系统，新一代信息技术推动林业发展的成果日益显现。

七、林业机构队伍

河北省林业厅内设办公室、人事处、造林绿化管理处（河北省绿化委员会办公室）、果树蚕桑与林业产业管理处（河北省果品质量安全监督管理办公室）、森林资源管理处（河北省木材行业管理办公室）、政策法规处（农村林业改革发展处）、发展规划与资金管理处、科学技术与国际合作处、野生动植物与自然保护区保护处等职能处室和机关党委、离退休干部处。河北省森林公安局（综合执法监察处）为省林业厅直属行政机构。另有 21 个直属事业单位，还有主管或挂靠的 5 个社会团体。

河北省自上而下拥有一套完整的行政管理体系，11 个设区市及 2 个省直管县(市)设有单独的林业行政机构，绝大多数县(市、区)设有林业行政机构，大部分乡镇设有林业工作站。同时，河北省拥有健全的林业执法机构和执法队伍。

第四节　山西林情

一、森林资源

根据第九次全国森林资源清查结果，山西省林地面积11808.75 万亩；森林面积 4816.35 万亩，其中有林地为 3665.55 万亩，宜林地为 3865.65 万亩；森林覆盖率 20.5%，同 2010 年全国第八次森林资源清查相比森林覆盖率增长了 2.47 个百分点；林木绿化率为 31.25%。

全省共有国有林场 209 个，其中省直国有林场 108 个(包括 1个省林职院实验林场)，市、县国有林场 101 个。全省国有林场林地总面积 3968 万亩，占全省林地总面积的 34.5%；有林地面积 2138 万亩，占全省有林地面积的 65.9%；活立木蓄积量 7130 万 m^3，占全省活立木总蓄积量的 64.6%。

全省森林公园 134 个，其中国家级森林公园 21 个(其中专类公园 1 个)、省级森林公园 56 个、县级森林公园 57 个。

二、野生动植物和湿地资源

全省共分布有陆生野生动物 439 种，其中国家级保护动物 72种，野生植物 2743 种。褐马鸡为山西省鸟，油松和槐树为山西省省树。

全省建有森林和野生动物类型、湿地类型自然保护区 45 处，其中国家级 7 处、省级 38 处。国家重要湿地 1 处，国家湿地公园 2 处，国家湿地公园试点 15 处，省级湿地公园 30 处。保护区面积 1651.5 万亩，占全省国土面积的 7.01%。

三、林业法规规章

改革开放以来，山西省颁布施行4部林业地方性法规和5部政府规章，初步形成涵盖林地、野生动植物、林木良种、植物检疫、病虫害防治、义务植树等法规、规章为主体的林业法规体系，为保护发展和合理利用森林和野生动植物资源，维护生态安全提供了有力的法律保障。

林业地方性法规有4部：《山西省实施〈中华人民共和国野生动物保护法〉办法》、《山西省实施〈中华人民共和国森林法〉办法》、《山西省林木种子条例》、《山西省森林公园条例》。

地方政府规章有5部：《山西省森林和野生动物类型自然保护区管理细则》、《山西省实施〈森林防火条例〉办法》、《山西省森林病虫害防治实施办法》、《山西省封山禁牧办法》、《山西省森林公园管理办法》。

四、林业科技与信息化

改革开放以来，山西省林业科学研究工作重现生机，各级林业科研机构和队伍得到巩固和壮大，开展了一系列的重大科研攻关和新技术成果的示范推广，加速科研成果向生产力转化。目前，山西省林业科研机构共有省、市、县三级15个，其中省林业科学研究院1个，省级林木育种研究中心1个，省级容器育苗研究中心1个，市林科所11个，县林科所1个（交城），科研人员300余人。山西省林业科研水平不断提升，129项成果获得省部级以上各类奖项，其中4项成果获得国家科技进步二等奖（其中2项国家林业局科技进步一等奖），获国家科技进步二等奖1项，获得国家科技进步三等奖1项，获省科技成果一等奖2项，获得省科技进步一等奖2项；获省应用科研一等奖1项，获省政府科技成果推广一等奖1项，获国家教育部一等奖1项。

2002年，山西省林业信息化领导小组和办公室成立，负责指导全省林业系统信息化建设工作。2004年，山西省林业信息中心正式成立，负责全省林业信息化建设。随着林业信息化工作的逐步推开，在省、市、县三级林业部门明确了信息化建设专、兼职人员。目前，已建成林业内网、外网和专网，专网三级网建设到县。"山西林业网"已进行第4次改版，网站功能及网站群实现质的飞跃。建成了山西省森林资源基础数据库、山西省林业厅办公自动化系统、山西省森林资源管理信息系统。山西省森林远程视频监控系统和山西省集体林权信息采集管理系统为"全国林业信息化示范省"示范项目，现已建成并投入运行。此外，退耕还林信息管理系统、天然林保护工程信息管理系统、林业有害生物防治管理和检疫信息系统等业务系统在工作中的直接应用，极大地提升了林业工作的管理水平。坚持统筹规划，制定并实施《山西省林业信息化"十二五"发展规划》和《山西省智慧林业发展规划》。

五、林业机构队伍

山西省林业厅是山西省政府主管林业建设的组成部门。全厅共有在职职工7549人，离退休人员4347人，全厅有直属行政事业单位62个，其中包括省中条山、吕梁山、太岳山、太行山、关帝山、管涔山、五台山和黑茶山8个国有林管理局及桑干河杨树丰产林实验局。厅机关内设11个职能处室和机关党委、离退休人员工作处，另有省纪委驻林业厅纪检组。其中省森林公安局为省林业厅直属行政机构，正处级建制并加挂山西省人民政府防火指挥部牌子，纳入地方公安序列，称为山西省公安厅森林警察总队，省森林公安局局长为副厅长级。

六、林业国际合作

山西省从1985年开始实施林业国际合作项目，先后实施了中德林业合作项目、世行贷款林业项目、日元贷款山西造林项目、中日合作无偿援助造林项目、中日林业技术合作项目、中日民间绿化交流基金项目（小渊基金项目）等，共引进外资约10.5亿元人民币，营造生态林、经济林、用材林约285万余亩，改扩建苗圃约1500亩，并修建了与之相适应配套设施。项目实施，引进了国外先进的造林技术和科学管理方法，先后派出各类专业技术人员约 300 余人次到境外研修学习，在国内培训林业技术人员和农村造林大户约 6000 人次，极大地提高了一大批基层林业技术人员的营造林水平，有力推进了全省林业建设水平的提高。

第五节　内蒙古林情

一、森林资源

内蒙古位于中国北部边疆，由东北向西南斜伸，呈狭长形，东西长约 2400km，南北最大跨度超过 1700km，总面积 118.3 万 km^2。从东到西分布有大兴安岭原始林区和 11 片次生林区（大兴安岭南部山地、宝格达山、迪彦庙、罕山、克什克腾、茅荆坝、大青山、蛮汉山、乌拉山、贺兰山、额济纳次生林区），以及长期建设形成的人工林区。

据第八次全国森林资源清查，林地面积 4398.89 万 hm^2，森林面积 2487.90 万 hm^2，森林覆盖率 21.03%，活立木总蓄积量 14.84 亿 m^3，森林蓄积量 13.45 亿 m^3。与 2008 年清查相比，森林面积量净增 121.5 万 hm^2，森林蓄积量净增 1.68 亿 m^3，森林覆盖率提高 1.03 个百分点。

二、野生动植物资源

内蒙古境内野生动植物资源十分丰富，分布有陆生野生（脊椎）动物 613 种，其中兽类 136 种，鸟类 442 种，爬行类 27 种，两栖类 8 种。全区分布有野生（维管）植物 2167 种，其中种子植物 2106 种，蕨类植物 61 种。

截至 2015 年年底，全区林业系统建立和管理的自然保护区 150 处（森林类型、湿地类型、野生动植物类型、荒漠类型），面积为 1048.54 万 hm^2。其中，24 处国家级自然保护区，50 处自治区级自然保护区，76 处盟市旗县级自然保护区，占国土面积的 8.86%。

三、湿地资源

内蒙古境内 8hm²（含）以上湖泊、沼泽、人工湿地以及宽度 10m 以上、长度 5km 以上河流总面积为 601.06 万 hm²，占自治区国土面积 5.08%，面积居全国第三位。初步建立以湿地自然保护区和湿地公园为主的湿地保护体系，纳入保护体系的湿地面积为 171 万 hm²，占全区湿地总面积的 28.5%。内蒙古鄂尔多斯遗鸥和呼伦湖国家级自然保护区列入国际重要湿地名录。

四、荒漠化与沙化状况

境内分布有巴丹吉林、腾格里、乌兰布和、库布齐四大沙漠和毛乌素、浑善达克、科尔沁、呼伦贝尔四大沙地及阴山北麓风蚀沙化区，全区沙化土地面积 4078 万 hm²（荒漠化土地 6092 万 hm²），占总土地面积的 34.48%。

五、林业法规规章

目前，地方法规有 9 件：《实施〈中华人民共和国森林法〉办法》、《实施〈中华人民共和国野生动物保护法〉办法》、《林木种苗条例》、《森林草原防火条例》、《实施〈中华人民共和国防沙治沙法〉办法》、《大青山国家级自然保护区条例》、《湿地保护条例》、《义务植树条例》、《珍稀林木保护条例》；政府规章有 5 件：《公益林管理办法》、《退耕还林管理办法》、《自然保护区实施办法》、《森林公园管理办法》、《植物检疫条例实施办法（林业部分）》。

六、林业科技

现有 13 个林业科研院所 600 多名科研人员，内蒙古自治区林业科学研究院依托盟市林业科学研究所成立了 5 个分院，开展合作研究和协同发展。已建成森林、荒漠、湿地三个类型的 16 个生态系统定位观测研究站。自治区政府与国家林业局共建内蒙古农业大学，内蒙古林业厅与北京林业大学、南京林业大学签订产、学、研合作协议，共同推进林业科研工作。在生态修复、经济林繁育、优良树种引进繁育、抗旱造林技术等方面开展研究，承担了国家和自治区的各类科研项目，"十二五"期间共完成了100多项科研成果。每年筛选10项以上技术成果在林业重点工程中推广应用，推广面积323.14万 hm^2。成立了重点区域绿化科技支撑专家团队，制定了重点区域绿化技术导则。成立了内蒙古林业标准化技术委员会。

七、林业机构队伍

内蒙古自治区林业厅内设12个职能处室，行政编制65人；直属事业单位20个，编制1057个。12个盟市都设有林业局，设有乡镇林业工作站715个。设有森林公安局、分局154个，派出所528个，自治区编委核定中央政法专项人员编制6883人，现实有警力6047人。

除内蒙古森工集团，有国有林场316处，总经营面积1199.81万 hm^2，其中林业用地1058.5万 hm^2，森林面积719.55万 hm^2。具有独立法人资格的国有苗圃71个，土地总经营面积1.7万 hm^2，其中可育苗面积3135.8hm^2，实际育苗面积2189.93hm^2。全区有森林公园46处，经营面积77.2万 hm^2，其中国家级24处、自治区级21处。有航空护林站5个。

第六节 辽宁林情

一、森林资源

辽宁省陆地总面积14.8万 km^2，全省地形概貌大体是"六山一水三分田"。地势大致自北向南，自东西两侧向中部倾斜。中南部为辽河平原、辽河三角洲及南部沿海，东西两侧为辽东山区和辽西北低山丘陵区，山地丘陵占陆地总面积的59.5%。全省现有林业用地总面积716.73万 hm^2，其中有林地面积579.61万 hm^2，活立木蓄积量3.18亿 m^3，森林覆盖率为40.9%。

二、野生动植物资源

辽宁省地处长白、华北、蒙古三大植物区系和东北、华北、蒙新三大动物区系的交汇地带，野生动植物资源丰富。全省有高等植物2200余种，低等植物8000余种，脊椎动物865种，无脊椎动物4000多种，还有浮游动物、底栖动物700多种。其中主要木本植物408种，脊椎动物中兽类81种(海洋兽类12种)，鸟类418种，爬行类28种，两栖类16种，鱼类322种。在这些物种当中，有国家重点保护野生动物100种，省重点保护野生动物293种；国家重点保护野生植物有17种。

辽宁省是世界性濒危鸟类丹顶鹤繁殖的最南限、白鹤的最大迁徙停歇地、黑脸琵鹭在国内的唯一繁殖地和黑嘴鸥的最大繁殖地。世界珍稀濒危植物双蕊兰目前只在辽宁省有发现，是唯一的基因保存地。四纪冰川遗留下来的三桠钓樟、海州常山等亚热带植物在东北地区唯辽宁省有分布。辽宁省是世界鸟类迁徙的重要通道，中日候鸟保护协定所列227种保护候鸟中，辽宁省有202种；中澳候鸟保护协定所列81种保护候鸟中，辽宁省有54种，所占比例都是全国最多的。

到2015年，全省林业系统建立各级各类自然保护区保护区75个，占全省自然保护区总数的68%；总面积达到118.1万hm^2，占全省国土面积的8%，占全省自然保护区总面积的60.3%，其中：国家级有12处，省级有23处，市县级有40处。

三、湿地资源

按《国际湿地公约》标准，辽宁省湿地划为5类19种类型，总面积139.48万hm^2，其中：近海及海岸湿地71.32万hm^2，河流湿地25.15万hm^2，湖泊湿地0.29万hm^2，沼泽湿地11.01万hm^2，人工湿地31.71万hm^2，在湿地类型上具有全国的代表性。

在湿地脊椎动物中，陆生的以鸟类为优势种，共有157种，珍稀种类有东方白鹳、黑鹳、丹顶鹤、白头鹤、白鹤等，水生的以鱼类为优势种共237种，主要种类有鲤、鲫、青鱼、草鱼等。

湿地高等植物 402 种，包括国家 Ⅱ 级重点保护野生植物野大豆、珊瑚菜等。

四、林业法规规章

辽宁省制定的地方性林业法规有 7 件：《辽宁省实施〈中华人民共和国森林法〉办法》、《辽宁省实施〈中华人民共和国野生动物保护法〉办法》、《辽宁省林木种子管理条例》、《辽宁省湿地保护条例》、《辽宁省青山保护条例》、《辽宁省实施〈中华人民共和国农村土地承包法〉办法》、《辽宁省防沙治沙条例》。

政府规章有 8 件：《辽宁省森林和野生动物类型自然保护区管理实施细则》、《辽宁省森林防火实施办法》、《辽宁省全民义务植树实施细则》、《辽宁省森林病虫害防治实施办法》、《辽宁省森林植物检疫实施办法》、《辽宁省育林基金管理办法》、《辽宁省生态公益林管理办法》、《辽宁省封山禁牧规定》。

五、林业科技教育

1978 年以来共取得科研成果 552 项，其中省属院所 351 项，市属所 170 项，县属所 31 项，这些科研成果有近 80% 获得市厅级以上科技进步奖励，其中省、部级二等奖以上项目达 80 多项，有相当一部分成果达到了国际先进或国内领先水平，有 50% 以上的成果不同程度地在林业生产中推广应用。

全省林业系统共有专业技术人员 9952 人，其中教授级高级工程师 232 人，高级工程师 556 人，工程师 3816 人，有博士、硕士学位的 220 人，并涌现出一批年富力强、学术过硬的学科带头人。

辽宁省有市级以上林业科研院所 16 个，其中省直所 6 个，市地所 10 个，共有职工 750 多人，其中科技人员 380 多人。

林业教育体系健全，形成了普通高等林业教育与林业职业技术教育、林业培训协调发展的林业教育培训体系。目前，全省设有林科本科专业的普通高等学校 1 所，独立设置的林业职业技术学院 1 所。

六、林业机构队伍

辽宁省林业厅内设办公室、政策法规处、行政审批处、造林经营管理处(省绿化委员会办公室)、森林资源管理处、野生动植物保护与自然保护区管理处、林业改革与产生发展处、发展规划与资金管理处、林业工程稽查处、科学技术处、离退休干部处、机关党委办公室(人事处)等 12 个内设机构。机关行政编制 61 名。省林业厅直属行政机构 1 个,省森林公安局(省森林防火指挥部办公室、省公安厅森林警察总队),其中,政法编制专项编制 50 名。另有省青山保护局等 26 个直属事业单位。

辽宁省林业自上而下拥有一套完整的林业行政管理体系,各市都设有林业局,绝大多数地市县都设有单独的林业行政机构,大部分乡镇都设有林业工作站。

辽宁省有一支健全的林业执法机构和执法队伍。全省共有 82 个木材检查站、914 个乡镇林业工作站、83 个森林病虫害防治检疫站、59 个林木种苗管理机构、81 个野生动物保护管理机构,全省有专职护林员 16725 人,专业森林消防队 163 个,消防队员 3476 人,森林公安共有 152 个工作机构,民警 892 人。

辽宁省还有县级以上林业技术推广机构 60 个、570 人,森林公园 71 个(其中国家级森林公园 29 个,省级 42 个),国有林场 193 个,国有苗圃 179 个。

第七节　吉林林情

一、森林资源

吉林省森林资源非常丰富。2015 年,全省森林覆盖率为 43.9%。全省林业用地面积 937.60 万 hm^2,其中有林地面积 822.1 万 hm^2,疏林地面积 2.5 万 hm^2,灌木林地面积 16.4 万 hm^2,未成林地面积 16.6 万 hm^2,苗圃地面积 0.6 万 hm^2,无立木林地面积 21.1 万 hm^2,宜林地面积 35.1 万 hm^2,辅助生产林地面积 23.2

万 hm^2。活立木总蓄积量 98802 万 m^3，其中有林地蓄积量 98240 万 m^3，疏林地蓄积量 40.1 万 m^3，散生木蓄积量 52.8 万 m^3，四旁树蓄积量 468.6 万 m^3。全省森林由东到西形成了东部山地天然次生林区、中部低山丘陵次生林区、西部平原防护林区；由高到低形成了高山冻原带、亚高山岳桦林带、山地针叶林带、针阔叶混交林带和阔叶林带。树种主要有红松、云杉、落叶松、黄菠萝、水曲柳等。

全省已开发建设森林公园 61 个，其中国家级森林公园 36 个，省级森林公园 25 个。

二、野生动植物资源

全省有陆生野生动物 445 种，其中两栖类 14 种，爬行类 16 种，鸟类 335 种，兽类 80 种，约占全国野生动物种类数量的 17.66%，其中鸟类占全国种类数量的 25.15%。列入国家重点保护野生动物名录的有 76 种，其中兽类 14 种，鸟类 62 种；国家 I 级保护野生动物 18 种，国家 II 级保护野生动物 58 种。列为国家保护有益的或者有重要经济、科学研究价值的陆生野生动物 280 种。东北虎、豹、梅花鹿等一批国家 I 级保护野生动物在国际濒危物种的拯救与保护中具有极为重要的地位。东北虎作为国家 I 级保护野生动物，在全世界仅为 450～500 只，在全省分布 27～30 只；白鹤在全世界仅为 4000 余只，在全省迁徙停留 3800 余只。

全省现有野生植物 3890 种，其中地衣类 270 余种、苔藓类 350 余种、真菌类 900 余种、蕨类 140 余种、裸子植物 30 种、被子植物 2200 余种。列入《国家重点保护野生植物名录（第一批）》的有 16 种，其中国家 I 级保护野生植物 3 种，国家 II 级保护野生植物 13 种。2009 年吉林省人民政府公布《吉林省重点保护野生植物名录（第一批）》中，所列省重点保护野生植物 219 种，其中 I 级 11 种、II 级 88 种、III 级 120 种。

全省林业系统自然保护区 44 个，面积 257.54 万 hm^2，其中国家级自然保护区 13 个，省级自然保护区 22 个，县市级自然保护区 7 个。

三、湿地资源

全省共有湿地面积 172.8 万 hm²，分 4 大类 16 个类型，其中河流湿地 3 型、25.1 万 hm²，湖泊湿地 3 型、11.2 万 hm²，沼泽湿地 6 型、52.7 万 hm²，人工湿地 4 型、83.8 万 hm²。全省有湿地野生动物 297 种，其中，鸟类 1 纲 10 目 17 科 127 种，鱼类 2 纲 10 目 19 科 107 种，两栖类 2 目 6 科 13 种，爬行类 2 目 4 科 15 种，哺乳类 4 目 8 科 25 种。有湿地高等植物 112 科 253 属 613 种，以被子植物最多，有 530 种；苔藓植物次之，有 49 种；蕨类植物 26 种；裸子植物 8 种。

全省已建立各级湿地保护区 26 处、湿地公园 33 处，其中国家级湿地自然保护区 12 处，向海国家级自然保护区、莫莫格国家级自然保护区为国际重要湿地，省级湿地自然保护区 10 处，保护小区 4 处。国家湿地公园 22 处，省级湿地公园 11 处。

四、荒漠化和沙化状况

吉林省是全国荒漠化治理重点省份之一，包括西部地区的白城、松原市和中部地区四平、长春市共 14 个县（市、区），总面积 644 万 hm²。据国家第五次沙化土地监测结果显示，全省沙化土地总面积 70.4 万 hm²，有沙化趋势的土地面积 45.8 万 hm²。

五、林业法规规章

现有林业专项地方性法规 12 部：《吉林省森林管理条例》、《吉林长白山国家级自然保护区管理条例》、《吉林省林木种子经营管理条例》、《吉林省松花江三湖保护区管理条例》、《吉林向海国家级自然保护区管理条例》、《吉林省森林防火条例》、《吉林省绿化条例》、《吉林省集体林业管理条例》、《吉林省湿地保护条例》、《吉林省林地保护条例》、《吉林省人民代表大会常务委员会关于开展全民义务植树运动的决议》、《吉林省人民代表大会常务委员会关于禁止猎捕陆生野生动物的决定》。

政府规章 9 部：《吉林省人民政府关于开展全民义务植树运动的实施细则》、《吉林省保护森林铁路安全的若干规定》、《吉林省森林病虫鼠害防治实施办法》、《吉林省芦苇资源管理办法》、《吉林省森林植物检疫实施办法》、《吉林省禁止猎捕陆生野生动物实施办法》、《吉林省建设项目使用林地砍伐林木补偿标准》、《吉林省重点保护陆生野生动物造成人身财产损失补偿办法》、《吉林省封山禁牧管理办法》。

六、科技教育与信息化

全省现有省级林业科研单位 1 所，地区级林业科研单位 7 所。省、市、县三级科技推广体系初步形成，其中省级林业技术推广站 1 个，市级林业推广机构 9 个，县级推广机构 42 个。"十二五"期间，全行业共争取科研立项 282 项，取得省级以上科技成果 125 个，选育出植物优良品种、无性系 155 个。共获得具有自主知识产权的国家专利 60 项，推广适用科技成果 372 项，推广林业实用技术 267 个。先后与 17 个国家和地区开展技术合作与交流，引进外来树种 44 个、无性系 51 个、先进技术 5 项。有 66 个企业开发新产品 107 个，28 种产品获名牌产品称号，其中国家名牌 9 个，省级名牌 19 个。

全省设有林科本科专业普通高等学校 1 所，独立设置的林业职业技术学院 1 所，林业教育培训基地 2 个，林业职业技能鉴定机构 3 个。

全省已建设覆盖省、市、县（含森工局、保护区、厅属单位）三级林业专网共 100 个节点，实现了省林业厅至各市（州）林业局 8M 带宽、市（州）林业局至各县（市）林业局 4M 带宽的信息化高速公路；建成了符合国家标准、功能齐备、技术先进的省级林业数据中心；综合办公系统得到了广泛应用，年发文量达 2.6 万件、收文量达 2.2 万件；实现了 78 个子站的信息整合，"吉林林业网"年信息更新量近 2500 条，日平均浏览量 8.3 万次。

七、林业机构队伍

全省自上而下拥有一套完整的林业行政管理体系。省林业厅

有内设机构 15 个，公务员 92 人；厅所属单位 30 个，干部职工
4639 人。市（州）、县（市、区）林业行政主管部门 76 个，林业工
作站 700 个、森林病虫防治检疫站 90 个、林木种苗管理站 71 个、
野生动植物管理和救护机构 122 个。另外，作为国家重点林区，
设有国有林业局 18 个，森林经营局 4 个，国有林场 340 个。省林
业厅派驻各地森林资源监督机构 12 个，县级以上森林公安机构
94 个，各级林业科研单位 8 个，县级以上科技推广机构 52 个。
全系统共有在册职工 16.5 万人，其中在岗职工 12.2 万人。

第八节　黑龙江林情

一、森林资源

黑龙江省现有林地面积 2624 万 hm^2，其中：森林面积 2128
万 hm^2，占有林地面积的 81.09%，天然林面积 1787 万 hm^2，占
森林面积的 83.97%。全省活立木总蓄积量 19.73 亿 m^3，森林蓄
积量 17.41 亿 m^3。全省森林覆盖率为 46.81%。

二、野生动植物资源

黑龙江省是我国野生动植物资源较为丰富的省份之一，全省
有高等植物 2000 余种，其中包括东北红豆杉、野大豆等国家重点
保护野生植物 11 种。陆生野生动物 476 种，其中兽类 88 种、鸟
类 361 种、爬行类 16 种、两栖类 11 种，在陆生野生动物当中，
有东北虎、丹顶鹤等国家Ⅰ级保护野生动物 17 种，有黑熊、白
枕鹤等国家二级保护野生动物 66 种。

截至 2015 年，全省已建立森林、野生动植物和湿地等类型自
然保护区 249 处，总面积 769 万 hm^2，占全省国土面积的 16%，
其中国家级自然保护区 36 处、省级自然保护区 83 处。到 2015 年
年末，地方林业系统共建立各类自然保护区 102 处，总面积 286
万 hm^2，其中国家级自然保护区 18 处、省级自然保护区 49 处。

三、湿地资源

据第二次全国湿地资源调查显示，黑龙江省现有自然湿地556万 hm^2，自然湿地率 11.8% 。分布有全国最大面积的寒温带森林沼泽和平原沼泽湿地。湿地生物多样性非常丰富，分布有湿地高等植物 93 科 292 属 689 种，有湿地野生动物(脊椎动物)6 纲 28 目 62 科 326 种。

全省已建 87 处省级以上湿地自然保护区和 77 处省级以上湿地公园，现有扎龙、兴凯湖等 8 处国际重要湿地，形成了基本的湿地保护管理体系，把近 252 万 hm^2 自然湿地纳入体系管理。

四、荒漠化和沙化状况

黑龙江省沙区系科尔沁沙地重要组成部分，沙区总土地面积410.36 万 hm^2，占全省总土地面积 4730 万 hm^2 的 8.7% 。据全省第五次荒漠化普查与监测数据统计，现有沙化土地面积 47.4 万 hm^2，有明显沙化趋势土地 34.86 万 hm^2 。在沙化土地面积中，有半固定沙地 0.20 万 hm^2、固定沙地 37.31 万 hm^2、沙化耕地9.89 万 hm^2 。

全省第三次、第四次沙化和荒漠化土地监测结果显示，2009—2014 年 5 年间，全省沙化土地减少 2.17 万 hm^2，沙化扩展趋势得到有效遏制。土地沙化治理成效显著，正处于良性发展阶段；沙化土地和有明显沙化趋势的土地面积逐渐减少，全省沙化土地现状整体好转。

五、林业法规规章

目前，黑龙江省执行的地方性法规或规定性决定共有 19 部：《黑龙江省森林管理条例》、《黑龙江省林木种子管理条例》、《黑龙江省湿地保护条例》、《黑龙江省防沙治沙条例》、《黑龙江省森林植物园保护条例》、《黑龙江省全民义务植树条例》、《黑龙江省野生动物保护条例》、《黑龙江省森林公园管理条例》、《黑龙江省森林防火条例》、《黑龙江省丰林国家级自然保护区管理条例》、

《黑龙江省呼中国家级自然保护区管理条例》、《黑龙江省兴凯湖国家级自然保护区管理条例》、《黑龙江挠力河国家级自然保护区管理条例》、《黑龙江省牡丹峰国家级自然保护区管理条例》、《黑龙江省人大常委会关于进一步贯彻实施〈中华人民共和国森林法〉和〈黑龙江省森林管理条例〉若干问题的决定》、《黑龙江省人民代表大会常务委员会关于加速西部防护林建设的决议》、《黑龙江省人大常委会关于进一步加强三北防护林体系工程建设的决定》、《黑龙江省第五届人民代表大会常务委员会第八次会议关于动员全省人民大力开展植树造林的决议》、《黑龙江省人大常委会关于"省树""省花"的决议》。政府规章有 2 部:《黑龙江省实施〈退耕还林条例〉办法》、《黑龙江省自然保护区管理办法》。

黑龙江省经省人大批准的地市县林业立法项目有 6 部:《哈尔滨市城市绿化条例》、《哈尔滨市环城防护林带管理条例》、《哈尔滨市林木林地管理条例》、《哈尔滨市木材经营加工管理条例》、《齐齐哈尔市城市园林绿化条例》、《杜尔伯特蒙古族自治县林业资源管理条例》。

六、林业科技教育与信息化

新中国成立以来,特别是改革开放以来,黑龙江省林业科技工作取得了显著成绩,共取得科技成果 491 项,其中获国家级奖励 1 项,省部级科技进步奖 174 项(其中一等奖 4 项,二等奖 31 项,三等奖 120 项,四等奖 19 项),厅级科技进步奖 349 项(其中一等奖 93 项,二等奖 121 项,三等奖 135 项)。组织实施国家和省级林业科技推广示范项目 142 项,其中中央财政林业科技推广示范项目 82 项,国家林业局重点科技推广项目 7 项,省级财政林业科技推广项目 13 项,省级林业重点推广项目 40 项。已实施的林业国家标准 210 项,行业标准 475 项,省级林业标准 145 项。共有地(市)级以上林业科研机构 4 个,研究开发人员 194 人。现有省、地(市)、县三级林业科技推广机构 78 个,国家级科技示范园区 2 个,标准化示范县 2 个。省级林业专业标准化技术委员会 1 个,质量检验检测机构 2 个,林业生态系统定位观测与研究站6个,林业技术试验示范区2个。

形成了中等林业职业技术教育、林业培训协调发展的林业教育培训体系。目前,省级林业中等专业学校1所。全省林科类专业在校中专生2058人,全行业年培训林业从业人员25200多人次。

2010年经省编委批复,成立黑龙江省林业信息中心,承担黑龙江省林业信息的收集、整理并提供相关信息咨询服务工作。林业信息化建设逐步加强,网络和电脑终端建设不断强化,对局域网进行科学规划,建成了标准化机房。门户网站功能不断强化,从2010年开始经5次改版,建成由信息发布、政务公开、社会服务和互动交流4大板块构成的黑龙江省林业厅门户网站,并建成了包括厅机关各处室、直属各单位,市、县林业局,国有林场、自然保护区、森林公园和种苗基地8个子站群500余个子站的网站群。应用系统和数据库建设逐步加强。2013年1月建成并投入使用包含办公自动化、在线审批等系统的省林业厅综合办公平台。还建成森林火险预警监测系统、航站实时调度系统、黑龙江省森林病虫害防治系统等多个应用系统。

七、林业机构队伍

黑龙江省林业厅机关内设办公室、政策法规处、造林绿化管理处(省政府绿化委员会办公室)、森林资源管理处、林业改革发展处、黑龙江省政府森林草原防火指挥部森林防火办公室、野生动植物保护与自然保护区管理处(省湿地管理办公室)、发展规划处、财务处、科学技术处、人事处、离退休干部工作处等12个职能处室和纪检监察室、机关党委,机关行政编制100名。同时,在林业厅加挂黑龙江省森林公安局、黑龙江省公安厅森林警察总队、黑龙江省绿化委员会、黑龙江省政府森林草原防火指挥部等牌子,承担相应职能。

黑龙江省林业厅现有30家直属事业单位,总编制4687名,其中:全额拨款编制640名;差额拨款编制537名;自收自支编制3367名。此外,黑龙江省林学会、黑龙江省野生动物保护协会、黑龙江省林业产业协会3个社会团体办公室设在省林业厅。

第九节　上海林情

一、森林资源

截至2015年，上海市林地总面积10.8万 hm^2，森林覆盖率15.03%，分别比1999年增加8.3万 hm^2 和11.86个百分点。全市林地面积中，中心城区公共绿地中的林地0.5万 hm^2，郊区林地面积约10.3万 hm^2。全市生态公益林面积约占80%。

二、野生动植物资源

全市分布有陆生脊椎动物近500余种，其中鸟类最为丰富，有476种，哺乳类约42种，两栖类14种和爬行类36种。这些动物中，属于国家重点保护野生动物76种，地方重点保护野生动物46种，另外还有属于中日、中澳候鸟保护协定规定保护的鸟类约241种。目前，有标本依据的种子植物1900种，分属于168科981属。而乡土植物区系只有600多种，是一个植物比较贫乏的区域。

三、湿地资源

上海市湿地面积464583 hm^2，绝大多数特有、珍稀、濒危动物都在湿地栖息生存。湿地养育了全市70%～80%的野生动植物，为400多种鸟类、250多种鱼类、200多种底栖动物和近150种水生植物提供栖息和洄游环境。

上海市先后建立金山三岛海洋生态自然保护区、崇明东滩鸟类国家级自然保护区、九段沙湿地国家级自然保护区和长江口中华鲟自然保护区；崇明东滩鸟类国家级自然保护区和上海市长江口中华鲟自然保护区先后被列入国际重要湿地名录。截至2013年，全市湿地保护率为28.9%。先后开展了上海市滨海、湖泊湿地生态治理与修复研究，并建立多处湿地生态治理与修复的示范和实验基地，如大莲湖湿地修复示范区、崇明东滩互花米草治理及鸟类栖息地优化示范区等。

四、林业法规规章

上海市涉林地方性林业法规有《上海市绿化条例》；政府规章有《上海市森林管理规定》、《上海市植物检疫实施办法》、《上海市金山三岛海洋生态自然保护区管理办法》、《上海市崇明东滩鸟类自然保护区管理办法》、《上海市九段沙湿地自然保护区管理办法》。

五、林业机构队伍

上海市绿化和市容管理局（上海市林业局）内设办公室、政策法规处、林业处、野生动植物保护处等18个处室，机关行政编制158名，承担林业建设管理工作的主要是林业处和野生动植物保护处。另有上海市林业总站、上海市野生动植物保护管理站、上海崇明东滩鸟类自然保护区管理处3个直属事业单位，其中上海市野生动植物保护管理站列入参照公务员法管理事业单位。全市9个郊区县林业行政机关9个，事业单位9个。

第十节　江苏林情

一、森林资源

江苏省地处江淮下游，东临黄海，属亚热带向暖温带的过渡区，气候温和，雨量丰沛，四季分明，适宜的气候孕育出丰富的物种资源。通过大力植树造林和森林资源的保护管理，全省森林面积、蓄积量和森林覆盖率持续快速增长。全省有林地面积由1978年的32.47万 hm^2 增加到2015年的156万 hm^2；活立木总蓄积量由1978年的1512万 m^3 增加到2015年的9609万 m^3；林木覆盖率由1978年的6.3%提高到2015年的22.5%。2003年开始实施绿色江苏建设至今，森林覆盖率年均增长速度是全国同期的3倍。全省共有生态公益林38.4万 hm^2，其中国家级公益林6.92

万 hm²，省级公益林 31. 48 万 hm²。

全省共有国有林场 77 个，均为生态公益型林场，总经营面积 10. 8 万 hm²，其中有林地面积 8. 67 万 hm²，重点生态公益林 8 万 hm²。

江苏省风景林资源丰富，主要有：紫金山风景林、浦口老山风景林、无锡太湖湖滨风景林、虞山国家森林公园、镇江南山风景林、云台山风景林、云龙山风景林、宝华山风景林、虎丘风景林、天平光福风景林、狼山风景林等。全省共建立省级以上森林公园 67 处，其中国家级 19 处、省级 48 处，经营面积 9 万 hm²。

二、野生动植物资源

江苏省地形平坦，对动物扩散的阻碍限制较弱，属于两界的动物相互渗透，全省呈南北混杂分布。在长江以南以东洋界种类为主体，在江苏北部以古北界种类为主。全省共有野生动物 604 种，其中兽类 79 种，爬行类 56 种，两栖类 21 种，鸟类 448 种。江苏省发布了 3 批次省级重点保护野生动物名录，约 250 种。江苏省天然分布的珍稀濒危或重点国家保护野生植物有金钱松、银缕梅、宝华玉兰、天目木兰、琅琊榆、香樟、青檀、榉树、香果树、银杏、短穗竹、秤锤树、明党参、珊瑚菜、独花兰、莼菜、野菱、野大豆、水蕨、中华水韭等，计 20 种，分属 17 科 19 属，其中我国特有种 13 种。全省共建立林木种质资源原地保存地 46 处，面积 1. 29 万 hm²，主要分布在自然保护区和森林公园内，保护种质资源树种 1063 种，如金钱松、宝华玉兰、南京椴、楸树、青檀、黄连木、银杏、银缕梅等。建立包括良种基地在内的林木种质资源异地保存地 19 处。

全省林业系统共建立自然保护区 23 处，其中国家级 1 处、省级 5 处、市级 7 处、县级 10 处，共保护典型地带性植被、动植物栖息地或湿地约 29. 4 万 hm²，占全省国土面积的 2. 87%。大丰麋鹿国家级自然保护区保护的世界珍稀物种麋鹿从 1986 年建区时的 39 头发展到 2015 年的 2818 头，其中野生种群 265 头。

三、湿地资源

江苏省湿地总面积居全国第 6 位，湿地总面积 282. 2 万 hm²，其中自然湿地194.6万hm^2，人工湿地87.6万hm^2。湿地的分布，沿海以近海与海岸湿地为主，苏南以湖泊、河流、沼泽类型为主，里下河地区以河流湖泊为主，苏北以人工输水河与运河为主。人工湿地中，库塘主要分布在苏南与西南部，水产养殖场遍布全省。全省共有国际重要湿地2处、国家重要湿地5处，建立湿地自然保护区27处、省级及以上湿地公园53处，其中国家级湿地公园8处、国家湿地公园（试点）15处、省级湿地公园30处，湿地保护小区235处，自然湿地保护率43.8%。

四、林业法规规章

江苏省林业法律法规和执法体系日趋健全，初步形成了与国家林业法律配套的地方法规规章框架。由省人大常委会颁布施行的林业专门地方性法规6部：《江苏省实施〈中华人民共和国森林法〉办法》、《江苏省全民义务植树条例》、《江苏省生态公益林条例》、《江苏省野生动物保护条例》、《江苏省湿地保护条例》、《江苏省种子条例》。

江苏省林业方面的政府规章3部：《江苏省〈森林防火条例〉实施办法》、《江苏省植物检疫管理办法》、《江苏省林业有害生物防控办法》。

五、林业科技教育

至2012年，江苏省通过成果鉴定、项目验收、专利发布、地方标准审定发布、林木良种审（认）定等形式取得的科技成果近2000项，获省部级以上表彰奖励69项。2011—2015年间全省共审（认）定76个林木良种。2004年以来，共颁布省级林业标准117项。有省部级重点实验室、工程中心46个，国家级和省级陆地（森林、湿地、荒漠）生态系统定位研究站5个，省级林木种质资源库（圃）4个，国家级林木良种基地6处，省级林木良种基地20处，国家级林业科普基地5个；国家级和省级标准化示范区16个，其中国家级标准化示范区6个，省级标准化示范区10个。松材线虫病疫木加工板材定点企业8个，普及型国外1种试种苗圃6个。

国家级和省级林检机构 4 个，国家林业标准化示范企业 11 个。

全省有 8 所高等院校设有林业及相关专业，4 所职业技术学院设林业学科。全省建有省级林业教育培训基地 1 个，即江苏现代林业继续教育学校，主要负责全省林业系统专业技术人员的培训和关键岗位的培训，先后举办各类培训班 100 多期，培训各类林业干部、林农 5000 多人次。

六、林业机构队伍

江苏省林业局内设办公室、政策法规处(林业改革办公室)、造林绿化管理处(省绿化委员会办公室)、森林资源管理处、森林公安局(省森林防火指挥部办公室)、发展规划与资金管理处(林业产业办公室)、机关党委(人事处)等 7 个处室，行政编制人员 53 名(含森林公安政法专项编制 8 名)。另有江苏省林木种苗管理站、江苏省野生动植物保护站(江苏省湿地保护站)、江苏省林业有害生物检疫防治站、江苏省森林资源监测中心(省生态公益林管理中心)、江苏省林业科学研究院(江苏省林业技术推广站)、江苏省大丰麋鹿国家级自然保护区 6 个直属事业单位。此外，还有主管或挂靠的江苏省林学会、江苏省野生动物保护协会、江苏省木材行业协会、江苏省林业信息协会 4 个全省性社会团体。

全省林业管理机构分省、市、县三级。省级管理机构 1 个，为江苏省林业局，副厅级；市级管理机构为各市林业局，全省 13 个设区市都设有林业局；县级管理机构为县林业局或农委，全省 99 个县、县级市、区中有 89 个设有林业局或农委。

全省有林业执法人员 1399 人。全省有 30 个森林公安机构，其中省级 1 个、市级 2 个、县级 27 个，森林公安民警 165 人；560 个防火检查站、35 个木材检查站、201 个乡镇林业工作站；林业有害生物防治检疫机构 99 个，专职检疫员 790 人，社会化防治队伍 120 支。全省共有 106 个县级以上森林防火指挥部办事机构，工作人员 391 人；专业、半专业森林消防队 158 支，消防人员 3667 人。全省共有国有林场 77 个，国有苗圃 22 个。

第十一节　浙江林情

一、森林资源

浙江省位于我国东南沿海长江三角洲南翼，全省陆域面积10.18万km²，山地、丘陵占总面积的70%，是个"七山一水二分田"的省份。2015年度森林资源监测结果表明，全省林地面积660.49万hm²，森林面积605.68万hm²，森林覆盖率59.50%，活立木总蓄积量3.31亿m³，森林蓄积量2.97亿m³，居全国前列。全省林地面积按林种划分，防护林、用材林、经济林面积分别占40.30%、40.67%和16.16%，其中防护林面积244.18万hm²、用材林面积246.40万hm²、经济林面积97.88万hm²。全省天然林面积362.01万hm²，占森林面积的59.77%；人工林面积243.67万hm²，占森林面积的40.23%，人工林蓄积量8735.42万m³，占森林蓄积量的29.42%。

浙江省有国有林场100个，经营面积25.6万hm²，其中林业用地面积24.93万hm²，占全省林业用地面积的3.78%；有林地面积23.6万hm²，森林覆盖率92.2%；国有省级以上公益林面积18.87万hm²，占全省省级以上公益林面积的7%；活立木蓄积量2082万m³，占全省活立木蓄积量的7.8%。

浙江省森林风景资源丰富。1982年浙江省建立第一个森林公园——天童国家森林公园。目前，全省共建立各类省级以上森林公园119处，面积36.5万hm²，其中国家级39处，省级80处。

二、野生动植物资源

浙江省野生动植物资源十分丰富，有高等野生植物5500多种，其中52种野生植物被列入国家重点保护野生植物名录，11种为国家Ⅰ级保护野生植物，百山祖冷杉、普陀鹅耳枥、天目铁木等28种为浙江特有树种。有陆生野生动物689种，其中兽类99种、鸟类464种、爬行类82种、两栖类44种，梅花鹿、黄腹角雉、白颈长尾雉等 18 种为国家 I 级保护野生动物。

浙江省林业系统共建立各类自然保护 24 处，总面积 11.76 万 hm^2，约占全省国土陆地面积的 1.1%，其中国家级自然保护区 8 处，面积 7.87 万 hm^2；省级自然保护区 10 处，面积 3.06 万 hm^2。国家级自然保护区中，森林生态系统类型自然保护区 5 处，面积 4.40 万 hm^2；野生植物类型自然保护区 1 处，面积 0.46 万 hm^2；野生动物类型自然保护区 2 处，面积 3.01 万 hm^2，扬子鳄、朱鹮等物种的野外种群，都依靠自然保护区得到了有效保护。此外，浙江还建立了 353 个自然保护小区。

三、湿地资源

浙江省湿地有河流湿地、湖泊湿地等 5 类共 23 型，是全国湿地类型最丰富的省份之一。浙江省湿地总面积 111.01 万 hm^2，相当于全省国土面积的 10.9%，其中：自然湿地 84.33 万 hm^2，占 75.96%；库塘湿地 13.15 万 hm^2，占 11.85%。在自然湿地中，沼泽湿地 0.07 万 hm^2，近海与海岸湿地 69.25 万 hm^2，河流湿地 14.12 万 hm^2，湖泊湿地 0.88 万 hm^2。湿地内分布有高等植物 1482 种，野生动物 1107 种，其中鱼类 699 种、鸟类 276 种、两栖类 44 种、爬行类 54 种、兽类 34 种。

目前，全省已建有湿地及与湿地有关的自然保护区 11 个、自然保护小区 30 个，已建立国家湿地公园 11 个、省级湿地公园 20 个，其中有 1 处被列入国际重要湿地名录。

四、林业法规规章

地方性法规颁布 7 件：《浙江省森林管理条例》、《浙江省陆生野生动物保护条例》、《浙江省森林消防条例》、《浙江省农村土地承包法实施办法》、《浙江省松材线虫病防治条例》、《浙江省湿地保护条例》、《浙江省农产品质量安全规定》等。

政府规章颁布 8 件：《浙江省林木采伐管理办法》、《浙江省林地管理办法》、《浙江省野生植物保护办法》、《浙江省公益林管理办法》、《浙江省实施〈中华人民共和国种子法〉办法》、《浙江省林权流转与抵押管理办法》、《浙江省植物检疫实施办法》、《浙江省自然保护区管理办法》等。

五、林业科技与信息化

改革开放以来，浙江省林业科技工作取得显著成绩，共取得科技成果 3000 项，其中，获国家级奖励 204 项，林业科技贡献率达到 62%。全省审（认）定林木良种 471 个，全省共有地（市）级以上林业科研机构 9 个，研究开发人员 2000 人。现有局级重点实验室 21 个，国家级林木种质资源保存库 7 个，国家级林木良种基地 10 处，省级林木种质资源库（圃）25 个，省级重点林木良种基地 12 处。林业科技示范县 3 个，标准化示范区 20 个，国家林业标准化示范企业 16 家，省级森林食品基地 943 个，面积 341 万亩。省、市、县三级林业科技推广机构 84 个。

2010 年 1 月，成立浙江省林业信息中心，主要职责是指导协调浙江省林业系统信息化业务工作，组织编制林业信息化发展规划及有关技术规范。成立了浙江省林学会林业信息化专业委员会，制定和完善了《浙江省林业厅信息安全组织机构管理制度》和《"互联网+"林业行动计划——浙江省林业信息化发展"十三五"规划》等一系列制度和规划；建立了省级林业数据中心和金华异地数据备份中心；建成了全省森林安全预警监控网络，已有 78 个监控点接入网络平台，实现了省市县三级林业视频会商指挥系统全覆盖；升级改版了"浙江林业网"和网上 VR 展馆，目前，网站浏览总量已突破 1600 万；对综合办公、森林资源管理、营造林管理、森林公安、行政审批处罚、野生动植物保护等一系列林业业务应用系统进行了开发建设，建成了 20 多个应用系统。充分利用大数据、"互联网+"等最新技术，创新应用模式，推进浙江省林业数据资源开放共享。

六、林业机构与队伍

浙江省林业厅内设办公室、政策法规处、绿化造林处、森林资源处、森林公安局、计划财务处、科学技术处、产业办 8 个职能处室和机关党委、人事教育处，机关行政编制 51 名。另有林业科学研究院、森林资源监测中心、林业种苗管理总站、林业有害生物防治检疫局、林业产品质量监测站、野生动植物保护管理总站、民用枪支弹药调拨管理中心、林业生态工程管理中心、林业基金管理服务中心、林业技术推广总站、林业后勤管理服务中心、林业信息中心、航空护林管理站、国有林场和森林公园保护总站 14 个直属事业单位，其中林业种苗管理总站、林业有害生物防治检疫局、野生动植物保护管理总站、民用枪支弹药调拨管理中心 4 个直属事业单位列入参照公务员法管理事业单位。此外，还有主管或挂靠的浙江省林业产业联合会、浙江省生态文化协会、浙江省野生动植物保护协会、浙江省花卉协会等 15 个社会团体。

浙江林业自上而下拥有一套完整的行政管理体系，每个地市都设有林业局，绝大多数县(市、区)设有单独的林业行政机构，大部分乡镇设有林业工作站。同时，浙江拥有健全的林业执法机构和执法队伍。全省共有 86 个森林公安机构、共有森林公安民警 842 人，23 个防火检查站、164 个木材检查站、316 个乡镇林业工作站、县级以上防治检疫站数 94 个、45 个林木种苗管理站。全省共有 95 个县级以上森林防火指挥部办事机构，人员 441 人；专业、半专业森林消防队 1458 支，人员 45900 人。全省共有林业有害生物防治检疫工作人员 501 人，从事森林公园管理和服务人员 19822 人。

第十二节　安徽林情

一、森林资源

安徽省是南方集体林区重点省份之一。据第九次全国森林资源清查结果，全省现有林地总面积 449.33 万 hm^2，约占全省国土总面积的 1/3，其中森林面积 395.85 万 hm^2；活立木总蓄积 26145.10

万 m³，其中森林蓄积 22186.55 万 m³；森林覆盖率 28.65%。全省森林面积中，乔木林 308.67 万 hm²，占 77.98%；经济林 54.08 万 hm²，占 13.66%；竹林 38.80 万 hm²，占 9.80%；特殊灌木林 48.38 万 hm²，占 12.22%。森林面积按起源分，天然林面积 162.94 万 hm²，人工林面积 232.91 万 hm²，分别占 41.16% 和 58.84%。按起源分，天然林 10499.91 万 m³，人工林 11686.64 万 m³，分别占 47.33% 和 52.67%。按林种分，防护林 7134.57 万 m³，特用林 1065.02 万 m³，用材林 13763.22 万 m³，薪炭林 54.39 万 m³，分别占 32.16%、4.80%、62.03% 和 0.25%。

截至 2015 年，安徽省实有国有林场 141 个，分布在 15 个市、58 个县（市、区），其中市属国有林场 21 个，县（市、区）属国有林场 120 个。全省国有林场经营总面积 27.87 万 hm²，林业用地面积 27.75 万 hm²，有林地面积 24.2 万 hm²，其中公益林面积 19.67 万 hm²，公益林面积占林地面积的 71%，活立木总蓄积量 1690 万 m³。

安徽省拥有丰富的森林风景资源。截至 2015 年年底，全省共建设森林公园 74 处（其中国家级森林公园 31 处，省级森林公园 43 处），规划总面积 15.63 万 hm²，约占全省国土面积 1.12%。

二、野生动植物资源

安徽省属于南北物种汇集过渡地带，地形复杂，物种丰富。有维管束植物 3645 种，约占全国种数的 13%，其中国家一级重点保护野生植物有银杏、中华水韭、红豆杉、南方红豆杉、银缕梅、莼菜 6 种，国家二级重点保护野生植物 25 种；属省级保护植物有 36 种。有脊椎动物 44 目 137 科 758 种，约占全国种数的 14%，其中国家一级重点保护野生动物有云豹、金钱豹、黑麂、梅花鹿、原麝、东方白鹳、黑鹳、丹顶鹤、中华秋沙鸭、金雕、白肩雕、白尾海雕、白颈长尾雉、白头鹤、白鹤、大鸨、扬子鳄、白鳍豚、中华鲟、达氏鲟、白鲟 21 种，国家二级重点保护野生动物 70 种；世界极度濒危物种扬子鳄野生种群仅分布于安徽。

截至 2015 年，安徽省已建市级以上自然保护区 40 处，总面积达 413490.4hm²，占全省国土面积的 2.97%。其中，按级别划分，国家级 7 处，面积 139220.9 hm²；省级 31 处，面积 262215.5hm²；市级 2 处，面积 12054.0 hm²，其中属林业部门管理的有 35 处，面积 352838.2hm²，数量和面积分别占 87.5% 和 85.3%。另外，已建县区级自然保护区 64 处，其中林业部门管理的 62 处，面积 54488.9hm²。

三、湿地资源

安徽省湿地生态区位极其重要，全国七大水系中的长江、淮河横贯全境，新安江位于皖南。境内河流纵横，湖泊密布，生境多样，全省湿地总面积 104.18 万 hm²，占全省国土总面积的 7.47%，为全国湿地资源较丰富的省份之一。湿地主要包括湖泊、河流、水库、沼泽、池塘、泛洪平原湿地等类型，其中合肥巢湖、当涂石臼湖、池州升金湖、黄山区太平湖、宣城扬子鳄栖息地被列为中国重要湿地，升金湖同时又被列为国际重要湿地，巢湖为全国第五大淡水湖。截至 2015 年，安徽已建 1 处国际重要湿地、5 处国家重要湿地、23 处湿地类型自然保护区、39 处湿地公园，总面积 466712.12 hm²。

安徽省湿地动植物资源丰富。据调查，安徽省现有湿地脊椎动物 5 纲 41 目 111 科 520 种，属国家重点保护野生动物有 46 种，其中国家 I 级保护野生动物有 12 种，国家 II 级保护野生动物有 34 种。安徽现有湿地植物隶属于 96 科 302 属 676 种（含种下单位），属国家重点保护野生植物有 7 种，其中国家 I 级保护野生植物 2 种，国家 II 级保护野生植物 5 种。

四、林业法规规章

改革开放以来，安徽省林业法制建设不断加强，林业法规体系初步建立。先后共颁布有效林业地方性法规 9 件：《安徽省实施〈中华人民共和国森林法〉办法》、《安徽省实施〈中华人民共和国野生动物保护法〉办法》、《安徽省全民义务植树条例》、《安徽省林地保护管理条例》、《安徽省森林公园管理条例》、《安徽省古树名木保护条例》、《安徽省林木种子条例》、《安徽省林权管理条例》、《安徽省湿地保护条例》。政府规章 6 件：《安徽省森林植物检疫实施办法》、《安徽省林业基金管理办法》、《安徽省森林和野生动物类型自然保护区管理办法》、《安徽省松材线虫病防治办法》、《安徽省陆生野生动物造成人身伤害和财产损失补偿办法》、《安徽省森林防火办法》。

五、林业科技、教育与信息化

安徽省林业系统共有林业科研机构 15 个，其中省级 1 个、市级 6 个、县级 8 个；林业科技推广机构 76 个。全省林业系统现有从业人员达 3.4 万人，其中各类专业技术人员 1.5 万多人，各类林业技能人才近 8000 人。具有中高级以上专业技术职称人才近 3000 人，享受政府特殊津贴、省管专家、突出贡献专家 50 多人，各类拔尖人才 100 多人。从事林业科学研究和技术推广的科技人员达到 5000 多人。共承担国家级林业科技项目 150 多个，省级科技项目 400 多个，取得重要科技成果 170 多项，国家和省级科学技术奖励 14 项，林业科技进步贡献率达到 58%。制定林业行业标准 15 个，省级地方标准 118 个，林业标准化示范区 21 个。大力开展科技创新平台建设，已建成国家级林产品质量检验检测中心 1 个、工程技术研究中心 1 个、生物产业基地 2 个、森林生态定位研究站 2 个。

安徽林业职业技术学院是省属公办全日制普通高等院校，隶属于安徽省林业厅，前身为安徽省合肥林业学校。目前，学院设有资源与环境系、信息与艺术系、经济与管理系和思政教学部 4 个教学系部，开设有园林技术、林业技术、园艺技术、工程监理、环境艺术设计、室内艺术设计、计算机网络技术、会计、市场营销、物流管理、旅游管理 19 个招生专业，涵盖林学、电子信息、经济、管理、艺术、土建、旅游等学科门类。在校生规模 3300 余人。

信息化建设不断加强。建成标准化专用机房林业内网、外网，全省林业电子公文处理系统基本建成。不断完善改进"安徽省林业信息网",完成省市林业网站群建设,积极推进林地"一张图"建设,初步完成森林资源数据库建设,构建林权管理服务平台,开通了江南林业产权交易所网上交易中心。坚持统筹规划,制定并实施《安徽省林业信息化中长期规划(2010—2020 年)》、《安徽省智慧林业发展指导意见》。

六、林业机构队伍

在管理机构上,安徽省设林业厅,为省政府组成部门,有内设机构 13 个、直属单位 16 个;各市及绝大部分县(市、区)均单独设立林业局。全省共设有各级森林防火指挥部 132 个,其中省级 1 个、市级 16 个、县级 115 个;森林公安机关 242 个,其中省级 1 个、市级 16 个、县级 78 个、森林派出所 147 个;木竹检查站 103 个;专职森林植物检疫站 24 个;基层林业工作站 807 个。

第十三节 福建林情

一、森林资源

根据第八次全国森林资源清查结果,福建省森林覆盖率 65.95%,居全国首位;森林面积 801.27 万 hm^2,其中天然林面积 423.58 万 hm^2、人工林面积 377.69 万 hm^2;活立木总蓄积量 66674.62 万 m^3,森林蓄积量 60796.15 万 m^3,其中天然林蓄积量 35942.92 万 m^3、人工林蓄积量 24853.23 万 m^3。乔木林每公顷蓄积量 100.20 m^3,生态功能等级达到中等以上的面积占 95%。与第七次全国森林资源清查相比,福建森林覆盖率由 63.10%提高到 65.95%,森林蓄积量净增 12359.87 万 m^3。

福建省属国有林场 106 个,总经营面积 40.6 万 hm^2,其中林业用地面积 39.3 万 hm^2,森林面积 36.1 万 hm^2,森林蓄积量 4440.4 万 m^3,分别占全省林业用地面积、森林面积、森林蓄积量的 4.24%、4.5%和 7.3%。

1988 年,福建首家森林公园——福州国家森林公园批建以来，全省已批建县级以上森林公园 175 处，其中国家级森林公园 29 处、省级森林公园 126 处、县级森林公园 20 处，面积达 18.7 万 hm^2。

二、野生动植物资源

全省已记录到脊椎动物 1600 多种（包括亚种），约占全国种类的 1/3，其中：哺乳类 147 种、鸟类 557 种、爬行类 123 种、两栖类 46 种、鱼类 820 种。无脊椎动物中已记录到原生动物约 600 种、腔肠动物 200 多种、栉水母 7 种、吸虫约 200 种、绦虫约 150 种、线虫约 400 种、轮虫 150 多种、棘头虫约 65 种、环节动物约 500 种、星虫类 11 种、枝角类约 80 种、桡足类约 400 种、软体动物约 500 种、蟹类 170 多种、昆虫 1 万多种、棘皮动物约 81 种、毛颚动物 27 种。全省分布国家重点保护野生动物 164 种，其中陆生国家 I 级保护野生动物 18 种、国家 II 级保护野生动物 103 种；水生国家 I 级保护野生动物 4 种、国家 II 级保护野生动物 39 种。全省有高等植物 4707 种，占全国高等植物种类的 15.7%。国家重点保护野生植物 52 种，其中国家 I 级保护植物 8 种、国家 II 级保护植物 44 种，包括蕨类植物 10 种、裸子植物 12 种、被子植物 30 种；福建特有植物有 39 科 113 种。

福建省拥有林业自然保护区 89 处，其中国家级 15 处、省级 21 处，保护小区 3300 多处，面积 83 万 hm^2，占全省陆域面积的 6.8%。全省已建国家湿地公园 4 处，面积 4386hm^2。已建自然保护区和湿地公园保护了全省 90% 以上的珍稀、濒危野生动植物种，70% 以上的典型生态系统，70% 以上的主要江河源头森林植被。

三、林业法规规章

福建省已颁布林业地方法规 9 部：《福建省森林条例》、《福建省实施〈中华人民共和国野生动物保护法〉办法》、《福建省林木林地权属争议处理条例》、《福建省森林资源流转条例》、《福建省沿海防护林条例》、《福建省森林和野生动物类型自然保护区管理条例》、《福建省林权登记条例》、《福建省森林防火条例》、《福建省人民政府关于稳定山权林权若干具体政策的规定》。政府规章3部:《福建省开展全民义务植树运动实施细则》、《福建省武夷山国家级自然保护区管理办法》、《福建省森林公园管理办法》。

四、林业科技、教育与信息化

新中国成立以来特别是改革开放以来,累计获得省级以上科技成果680多项,颁布实施林业省地方标准130多项;全省已建立省级以上林业重点实验室11个、工程技术研究中心15个。国家林业局杉木工程技术研究中心获立项批复,武夷山森林、泉州湾湿地、福州长乐闽江河口湿地、长汀红壤丘陵4个生态系统定位观测研究站进入国家陆地生态系统定位观测研究站网序列;10个森林经营单位通过森林可持续经营认证,100多家企业通过林产品产销监管链认证;全省已建成5个国家级科技示范市(县)、13个省级科技兴林示范县(市、区)、8个省级科技示范园区,14个林业标准化示范区(县、项目)。全省现有林业科技管理机构80个,在职人员360多人,其中高级专业技术职称90多人。

全省设有1所农林本科高校、1所国家骨干高职林业院校、1所国家中等林业职业教育改革发展示范学校、1所国家级重点中等林业职业学校,形成了普通高等林业教育与高、中等林业职业技术教育、林业培训协调发展的林业教育培训体系。福建农林大学拥有林学、林业工程、农林经济管理3个涉林一级学科。福建三明林业学校和福建生态工程职业技术学校两所中职学校共设有11个涉林专业。依托四所院校的成人教育部门和林业职业技能鉴定站,每年开展职业技能培训、林农培训、农村劳动力转移培训和岗位培训近百期18000多人次,开展技能鉴定3500多人次。自2012年起,依托福建林业职业技术学院等院校,已在全省范围内选派1160名涉林农民参加大专学历教育;依托三明林业学校,已在重点林区县市招收2368名新型职业农民免费参加中等职业教育。

2006年,福建省林业信息中心成立,负责数字福建林业建设的管理和实施。建成省级中心机房;建成省林业厅外网、内网、"福建金林网",形成全省林业信息化网络基础;建成福建省林业厅办公自动化系统，实现了公文电子化办理；建成福建省林业厅门户网站，形成了全省林业信息发布、在线办事和互动交流的统一平台。制定了福建省数字林业工程5项标准，整合了全省林业资源数据库，开展了业务应用系统建设，建设了全省林政管理业务应用系统、林业应急视频会商指挥系统、森林资源监测管理应用系统、林权管理应用系统等，初步实现了省级层面的专业数据集中管理和数据共享，林业信息化走上规范化管理轨道。

五、林业机构队伍

福建省林业厅内设办公室、政策法规处、林政资源管理处、造林处、产业发展处、计划财务处、科学技术处、人事教育处、直属机关党委、离退休干部工作处、绿化工作办公室（省绿化委员会办公室）、森林防火工作办公室（省森林防火指挥部办公室）、林业改革处13个处室和省森林公安局、省林业工会等直属机关事业单位25个。

福建省有一套完整的行政管理体系，绝大多数市、县（区）设有单独的林业行政机构，大部分乡镇设有林业工作站，拥有健全的林业执法机构和队伍。全省有森林公安机构358个、森林公安民警2262人，林业行政执法机构78个、编制1522人、乡镇林业工作站926个、在职工作人员3569人，森林病虫害防治检疫机构78个、林业有害生物防治检疫人员288人，林木种苗管理站55个、林木种苗质量检验人员832人，野生动植物保护管理站45个、工作人员51人，全省县级以上森林防火指挥部95个、2309人，武警福建省森林总队有3个支队。

第十四节　江西林情

一、森林资源

据第八次全国森林资源清查，江西省有林地面积1001.81万 hm^2，列全国第八位；活立木总蓄积量4.70亿 m^3，森林蓄积量

4.08 亿 m³，列全国第九位；森林覆盖率 60.01%，列全国第 2 位。有林地面积中，公益林、商品林分别占 43.3% 和 56.7%；天然林、人工林分别占 66.2% 和 33.8%。

江西省国有林场总经营面积 174.53 万 hm²，其中林地面积 165 万 hm²，林木蓄积量 9263 万 m³，获补偿的生态公益林面积 77.27 万 hm²。截至 2015 年，通过整合重组，全省国有林场由 425 个精减到 216 个，其中定性为生态公益型林场 185 个、商品经营型林场 31 个；林场平均经营规模由改革前的 3867hm² 扩大到 8000hm²。

截至 2015 年，江西省建立森林公园 179 处，其中国家级 46 处、省级 120 处、市县级 13 处；经营总面积 51.9 万 hm²。

二、野生动植物资源

江西省野生动植物资源十分丰富，有脊椎动物 845 种，占世界脊椎动物种类的 11.2%，其中兽类 105 种、鸟类 420 种、爬行类 77 种、两栖类 40 种、鱼类 203 种，梅花鹿（南方亚种）、靛冠噪鹛、井冈翠蛇等为江西特有。全省高等植物有 5117 种，其中特有植物 300 余种，落叶木莲、牯岭山梅花、婺源安息香、九江三角槭、井冈山紫果槭等为江西特有珍稀濒危野生植物。107 种陆生野生动物、150 种（科属）野生植物被列为省级重点保护物种，15 种陆生野生动物被确定为"三有"保护对象。

截至 2015 年，全省建立林业自然保护区 235 处，总面积 118.84 万 hm²，占全省国土面积的 7.12%，其中国家级 14 处、省级 32 处、市县级 189 处；森林生态系统类型 186 处、面积 76.83 万 hm²，湿地生态系统类型 16 处、面积 22.26 万 hm²，野生植物类型 15 处、面积 3.31 万 hm²，野生动物类型 18 处、面积 16.43 万 hm²。林业自然保护区保护了全省约 50% 的天然森林生态系统和约 30% 的自然湿地生态系统。

三、湿地资源

据 2011—2013 年全国第二次湿地资源调查，全省 8hm² 以上的湿地有 4 类 8 型，总面积 91.01 万 hm²（不含水稻田），占全省国土面积的5.5%。其中，自然湿地71.07万hm²，占78.1%；人工湿地19.94万hm²，占21.9%。自然湿地中，河流湿地31.07万hm²，湖泊湿地37.41万hm²，沼泽湿地2.58万hm²。湿地野生动物有696种（亚种），其中白鹤、东方白鹳、中华秋沙鸭等国家Ⅰ级重点保护野生动物有11种，江豚、獐、虎纹蛙等国家Ⅱ级重点保护野生动物有27种。湿地高等植物有994种，其中莼菜、水杉、水松等国家Ⅰ级保护野生植物有5种，粗梗水蕨、水蕨、金荞麦等国家Ⅱ级保护野生植物有10种。

截至2015年，全省批准湿地公园试点82处，公园总面积13.77万hm²，湿地面积10.96万hm²。其中，列入国家湿地公园试点28处，湿地面积8.4万hm²；列入省级湿地公园试点54处，湿地面积25.58万hm²。

四、林业法规规章

颁布18项涉及林业的重点地方性法规：《江西武夷山国家级自然保护区条例》《江西省森林条例》、《江西省森林资源转让条例》、《江西省古树名木保护条例》、《江西省林木种子管理条例》、《江西省森林防火条例》、《江西省森林公园条例》、《江西省湿地保护条例》、《鄱阳湖生态经济区环境保护条例》、《江西省公民义务植树条例》、《江西省林产品质量安全条例》、《江西省林业有害生物防治条例》、《江西省实施〈野生动物保护法〉办法》、《江西省实施〈中华人民共和国农业技术推广法〉办法》、《江西省山林权属争议调解处理办法》、《江西省人民代表大会常务委员会关于加强森林资源保护和林业生态建设的决议》、《江西省人民代表大会常务委员会关于加强东江源生态环境保护和建设的决定》、《江西省人民代表大会常务委员会关于加强城市规划区湿地保护的决议》等。

颁布8件涉及林业的政府规章：《江西省野生植物资源保护管理暂行办法》、《江西省木材运输监督管理办法》、《江西省生态公益林管理办法》、《江西省森林病虫害防治办法》、《江西省植物检疫办法》、《江西省松材线虫病防治办法》、《江西省鄱阳湖自然保护区候鸟保护规定》、《江西省木材检查站管理监督办法》等。

五、林业科技、教育与信息化

新中国成立以来，共取得重要科技成果 560 余项，获得国家和省部级科技奖励 255 多项；制定省级地方标准 49 项；建立国家林业局工程技术研究中心 1 个、国家林业局经济林产品检验检测中心 1 个、国家级生态定位站 3 个、省级重点实验室 3 个。省、市、县设立林业科技推广站 101 个，有编制的林业科技推广人员917 人。

涉林一级学科有林学、风景园林、林业工程 3 个，授予专业学位有林业硕士、风景园林硕士 2 种。独立设置林业职业学院 1 所，有 1 所普通高等院校招收林科专业学生。省林业干部培训中心为主要的林业干部培训机构，有林业行业关键岗位培训单位 1 个、林业职业技能鉴定站 1 个，全行业年培训林业从业人员 5 万余人次。全省林科类专业在校研究生 300 人、本科生 800 人、高职生 2131 人。

2006 年，省编办批复成立省林业厅信息中心，主要负责指导和实施全省林业信息化建设。《全省林业信息化与电子政务建设工程总体规划》、《江西省林业信息化建设"十二五"规划（2011—2015）》、《江西省智慧林业总体设计》、《江西省智慧林业建设标准》等林业信息化建设纲领性文件先后印发实施，基本建成"一网一库一平台八大业务系统"，包括：建成连接省、市、县、乡四级林业机构的省林业政务内网，实现了省林业厅与 11 个设区市、95 个县（市、区）、400 多个乡镇林业机构的网络对接；将林地数据库、二类调查数据库、生态公益林数据库、林地年度变更数据库等成果进行有机整合，基本建成全省森林资源数据库，同时利用虚拟化技术建成林业云数据中心，实现数据的高效交换、集中保存、及时更新、协同共享；基于"3S"等关键技术，建成林业公共基础平台；建成林业视频会议系统、行政许可网上办证系统、林业远程监控系统、森林资源管理信息系统、林权流转信息系统、省林业厅办公自动化系统、省林业厅门户网站、林权交易电子商务系统八大业务系统。

六、林业机构队伍

江西省林业厅内设办公室、政策法规处、造林经营处、林政资源保护管理处、林业改革发展处、计划财务处、科学技术与国际合作处、人事教育处、经济林管理处、省绿化委员会办公室、省森林防火总指挥部办公室、离退休干部处、直属机关党委共13个处室。厅机关行政编制74名。有厅直属单位41个，其中副厅级单位2个，参照公务员法管理的单位13个，其他全额拨款事业单位27个，自收自支事业单位2个。

全省有森林公安机构409个，民警2621人；木材检查站209个，检查人员2198人；乡镇林业工作站890个，工作人员4443人；森林病虫害防治检疫站（局）112个，工作人员539人；种苗管理站59个，工作人员1666人；野生动植物保护管理站69个，12个国家级、33个省级陆生野生动物疫源疫病监测站；县级以上森林防火指挥部办事机构126个、工作人员2768人，专业森林消防队108支、消防员4298人，半专业森林消防队1485支、消防员4.46万人，防火检查站403个；林业调查规划设计单位123个，各类专业技术人员1000余人。

第十五节　山东林情

一、森林资源

第八次全国森林资源清查结果显示，山东省土地总面积1522.21万 hm^2，其中林地面积331.26万 hm^2，占21.76%；森林面积254.60万 hm^2，占林地面积的76.86%，森林覆盖率16.73%。活立木总蓄积量12360.74万 m^3，其中森林蓄积量8919.79万 m^3，占72.16%。

全省森林面积中，乔木林面积161.44万 hm^2，占63.41%；经济林面积93.16万 hm^2，占36.59%。森林面积按起源分，天然林

10.08 万 hm^2，人工林 244.52 万 hm^2，分别占森林面积的 3.96% 和 96.04%。森林面积按林种分，防护林 73.58 万 hm^2，特用林 4.61 万 hm^2，用材林 83.25 万 hm^2，经济林 93.16 万 hm^2，分别占森林面积的 28.90%、1.81%、32.70%、36.59%。

全省森林蓄积量 8919.79 万 m^3，按起源分，天然林 210.52 万 m^3，人工林 8709.27 万 m^3，分别占森林蓄积量的 2.36% 和 97.64%。按林种分，防护林 2954.02 万 m^3，特用林 164.36 万 m^3，用材林 5801.41 万 m^3，分别占森林蓄积量的 33.12%、1.84% 和 65.04%。全省乔木林平均每公顷蓄积量 55.25m^3、平均郁闭度 0.61、平均每公顷株数 806 株、平均胸径 12.9cm、每公顷年均生长量 9.18m^3；乔木林中，针叶林、阔叶林、针阔混交林的面积之比为 21：74：5。全省林木蓄积量年均总生长量 2000.41 万 m^3，年均总消耗量 1315.92 万 m^3。

全省共有国有林场 155 个，总经营面积 16.7 万 hm^2，其中林业用地面积 12.67 万 hm^2，森林面积 9.9 万 hm^2，森林蓄积量 0.0576 亿 m^3。在 12.67 万 hm^2 林业用地面积中，商品林面积 0.54 万 hm^2，公益林面积 12.13 万 hm^2，其中重点公益林面积 10.67 万 hm^2。国有林场有林地总面积 12.67 万 hm^2，疏林地面积 1.8 万 hm^2，灌木林地面积 3 万 hm^2，宜林荒山荒地面积 2 万 hm^2。

1992 年山东省开始建立第一个森林公园——泰山国家级森林公园。目前，全省共建立各类森林公园 246 处，保护森林风景资源 41.69 万 hm^2，其中国家级森林公园 48 处，基本形成了以国家级森林公园为骨干，国家级、省级和县级森林公园协同发展的森林风景资源保护管理体系。

二、野生动植物资源

全省有脊椎动物约 840 余种，占全国脊椎动物种类的 6.4% 以上，其中兽类 50 种、鸟类 454 种、爬行类 26 种、两栖类 10 种，鱼类 300 余种，将 80 种野生动物确定为省重点保护对象；全省野生植物 2000 余种，国家重点保护植物 13 种。

全省林业系统共建立各类自然保护区 67 处，总面积 91.58

万 hm²，约占全省国土面积的 5.8%，其中国家级自然保护区 5 处，面积 17.59 万 hm²。林业系统建立的自然保护区中，森林生态系统类型自然保护区 50 处，面积 29.95 万 hm²；湿地生态系统类型自然保护区 23 处，面积 61.63 万 hm²。此外，全省还建立 65 处国家湿地公园。

三、湿地资源保护

据第二次全省湿地资源调查(2012—2013 年)结果显示，全省单块面积大于 8hm² 的湿地总面积 173.75 万 hm²，其中：近海与海岸湿地面积 72.85 万 hm²，占全部湿地面积的 41.93%；河流湿地面积 25.78 万 hm²，占全部湿地的 14.84%；湖泊湿地面积 6.26 万 hm²，占全部湿地面积的 3.60%；沼泽湿地 5.41 万 hm²，占全部湿地面积的 3.11%。湿地内分布有高等植物 684 种，野生动物 699 种，其中水禽类 357 种、两栖类 9 种、爬行类 17 种、兽类 41 种。

四、荒漠化和沙化状况

全省荒漠化土地分布于鲁西北、黄河下游的黄泛平原区，涉及聊城、德州、滨州、东营、淄博、潍坊 6 市的 28 个县(市、区)，荒漠化土地面积 95.58 万 hm²。荒漠化类型在全省主要涉及风蚀和盐渍化两种，其中风蚀荒漠化土地 24.66 万 hm²，占荒漠化土地面积的 25.82%；盐渍化土地 70.92 万 hm²，占荒漠化土地面积的 74.18%。全省沙区共涉及 14 个市 72 个县(市、区)，土地总面积 892.68 万 hm²。沙化土地指在各种气候条件下，由于各种因素形成的、地表呈现以沙(砾)物质为主要标志的退化土地。监测调查表明，区域范围内共有沙化土地 68.18 万 hm²，占沙区总面积的 7.63%。

五、林业法规规章

山东省颁布 10 件林业法规：《山东省实施〈中华人民共和国野生动物保护法〉办法》、《山东省森林和野生动物类型自然保护区管理办法》、《山东省实施〈中华人民共和国水土保持法〉办法》、《山东省农业保护条例》、《山东省国有林场条例》、《山东省林业种子苗木管理条例》、《山东省实施〈中华人民共和国土地管理法〉办法》、《山东省农村集体经济承包合同管理条例》、《山东省农村集体资产管理条例》、《山东省森林资源条例》。颁布6件政府规章：《山东省人民政府关于进一步放宽林业政策的若干规定》、《山东省实施〈野生药材资源保护管理条例〉细则》、《山东省育林费征收使用管理办法》、《山东省封山育林管理办法》、《山东省湿地保护办法》、《山东省实施〈森林防火条例〉办法》。

六、林业科技与信息化

全省现有国家级和局级陆地(森林、湿地、荒漠)生态系统定位研究站5个，国家级林木种质资源保存库5个，国家级林木良种基地8处，国家级和局级工程(技术)研究中心1个、林业科技示范园18个、林业科技示范县3个，林业专业标准化技术委员会1个，国家级和局级林业质量检验检测机构1个，省、地(市)、县三级林业科技推广机构150个。已建立植物新品种测试基地1个。

2011年经省编办批复，成立山东省林业信息中心，承担林业系统电子政务网络平台和网站的运行维护、信息更新等工作，承担厅机关信息化建设有关工作职能。建成高标准的内部和外部网络，形成全省林业信息高速公路。山东省林业厅综合办公系统建成运行。积极打造省内林业网站群，初步形成了以山东省林业厅门户网站为龙头，汇集省、市、县林业局及各大省级森林公园、自然保护区等子站的网站群体系，形成山东林业信息发布、在线办事和互动交流的统一平台，林业信息化走上规范化管理轨道。

七、林业机构队伍

山东省林业厅内设办公室、人事处、造林绿化处、资源和林政处(挂政策法规处牌子)、规划财务处、科学技术处、产业发展与对外合作处7个职能处室和离退休干部处、机关党委、省集体林权制度改革办公室,机关行政编制69名。另有14个正处级直属事业单位,编制426名,其中有12个为公益一类事业单位,省野生动植物保护站为参公管理单位。山东省森林公安局(山东省公安厅森林警察总队)为省林业厅的直属行政机构,处级建制,局长高配为副厅级领导职务。核定政法专项编制35名(含省森林公安局药乡林区派出所编制8名)。

山东省林业自上而下拥有一套完整的行政管理体系,17个市都设有林业局,140个县(市、区)均设有单独的林业行政机构。同时,山东省拥有比较健全的林业执法机构和执法队伍。

第十六节　河南林情

一、森林资源

第八次全国森林资源清查结果显示,河南省森林面积359.07万 hm²,列全国第22位;活立木蓄积量22881万 m³,列第19位;森林蓄积量17095万 m³,列第20位;森林覆盖率21.50%,列第20位,森林覆盖率比1949年提高13.69%;人工林面积227.12万 hm²,列第15位,人工林蓄积量10466万 m³;乔木林每公顷蓄积量55.98 m³,列第18位。河南省有林地面积359.07万 hm²。按林种划分,公益林、商品林面积分别占50.39%和49.61%。公益林中防护林161.89万 hm²、特用林19.06万 hm²;商品林中用材林123.12万 hm²、薪炭林1.29万 hm²、经济林50.97万 hm²。按林地权属划分,国有林28.69万 hm²,集体林330.38万 hm²,分别占7.99%和92.01%。按林木权属划分,国有25.81万 hm²、集体22.27万 hm²、个人310.99万 hm²,分别占7.19%、6.20%和86.61%。

河南省国有林场共有93个,经营总面积45.88万 hm²,其中林业用地面积43万 hm²,森林蓄积量2377万 m³,分别占全省的8.5%和13.91%。在43万 hm²林业用地面积中,商品林面积6.28万 hm²,公益林面积36.72万 hm²,其中重点公益林面积26.71

万 hm²。

河南省森林风景资源十分丰富。1986 年开始建立第一个森林公园——嵩山国家森林公园。目前，全省共建立各类森林公园 117 处，保护森林风景资源 29.81 万 hm²，其中国家级森林公园 34 处，AAAAA 级森林旅游景区 4 处，保护森林风景资源 13.59 万 hm²。

二、野生动植物资源

河南省处于北亚热带向南暖温带的过渡地带，动植物种类比较丰富。根据第一次全省野生动植物资源调查和以往调查研究成果，全省共记录陆生脊椎动物 520 种，其中两栖动物 20 种，爬行动物 38 种，鸟类 382 种，兽类 80 种。国家 I 级重点保护野生动物有 15 种，国家 II 级重点保护野生动物 79 种，省重点保护野生动物 35 种。据现有调查，全省有维管植物 198 科 1142 属 3979 种及变种，列入《国家重点保护野生植物名录（第一批）》的植物有 27 种，其中国家 I 级保护野生植物 3 种、国家 II 级保护野生植物 24 种，列入《河南省重点保护野生植物名录》的野生植物有 98 种。

河南省林业系统已建立自然保护区 25 处，总面积 50.87 万 hm²，占全省国土面积 3.05%，其中：国家级自然保护区 11 处，面积 34.67 万 hm²；省级自然保护区 14 处，总面积 16.2 万 hm²。按保护区类型分，森林生态型 13 处，总面积 18.24 万 hm²；湿地类型 10 处，总面积 22.30 万 hm²；野生动物类型 2 处，总面积 10.34 万 hm²。

三、湿地资源

根据第二次河南省湿地资源调查结果，全省湿地总面积 62.79 万 hm²，全省湿地面积占其国土面积的比率（湿地率）为 3.76%，其中：河流湿地 36.89 万 hm²，湖泊湿地 0.69 万 hm²，沼泽湿地 0.49 万 hm²，人工湿地 24.72 万 hm²。河南省湿地脊椎动物有 498 种，隶属于 5 纲 35 目 93 科。全省共有湿地维管束植物 850 种，其中：蕨类植物 17 种，裸子植物 10 种，被子植物 823 种。

四、荒漠化和沙化状况

第五次河南省荒漠化和沙化监测（2010—2014年）结果显示，河南省荒漠化土地面积10136.75hm²，沙化土地面积596796.30hm²，分别占全省国土面积的0.06%和3.57%。与第四次河南省荒漠化和沙化监测（2005—2009年）比较，5年间河南省荒漠化土地面积年均减少49.69hm²，沙化土地面积年均减少6354.88hm²。

五、林业法规规章

改革开放以来，河南省颁布施行9件林业地方性法规和3部政府规章。林业地方性法规9部：《河南省实施〈中华人民共和国野生动物保护法〉办法》、《河南省林地保护管理条例》、《河南省实施〈中华人民共和国森林法〉办法》、《河南省植物检疫条例》、《河南省义务植树条例》、《河南省实施〈种子法〉办法》、《河南省野生植物保护条例》、《河南省森林防火条例》、《河南省湿地保护条例》。地方政府规章3部：《河南省森林和野生动物类型自然保护区管理细则》、《河南省〈森林病虫害防治条例〉实施办法》、《河南省森林资源流转管理办法》。

六、林业科技、教育与信息化

新中国成立以来，特别是2007年以来，河南省认真实施"科技兴林、人才强林"战略，不断加强林业技术创新。全省林业系统现有科技人员6000余人，省、市、县林业科研机构66个。共承担国家级林业科研项目150多项，省级科研项目300多项，获得林业科技成果600多项，其中获国家级科技进步奖17项，获得省级科技进步奖200多项。全省审（认）定林木良种400个。"十二五"以来，获国家科技进步奖2项，省级科技进步奖42项。制定国家标准2个，国家林业行业标准30多个，省级林业地方标准200多个。全省建有科教兴林示范市1个、国家级科技兴林示范县3个。大力开展科技创新平台建设，已建成国家级林产品质检站1个，省级林业重点实验室1个，厅级重点实验室4个，国家级林业工程技术中心1个，省级林业工程技术中心7个，省级生态观测站8个，国家级生态观测站4个。

河南林业职业学院原为河南省林业厅主办的国家级重点中专，2013年3月经河南省人民政府批准、国家教育部备案，成立河南林业职业学院。目前，设有生态工程与旅游系、园林系、信息与艺术设计系、经济贸易系、汽车与机电工程系、基础部6个教学系部，开设有32个高职专业和20余个中职专业，分别招收大专和中专学生。目前在校生5333人，其中高职3502人，五年制及三年制中职1831人。

成立省林业厅信息中心。建成120平方米标准化专用机房，林业内网、外网和专网，专网三级网建设到县。不断完善改进"河南林业信息网"，实现了由网站到网站群的跨越。建成了森林资源数据库管理系统、森林资源基础信息平台和森林资源二、三维发布系统。"全国林业信息化示范省"示范项目"营造林管理系统"和"行政执法与监督综合管理系统"建成并投入运行。建成林木采伐许可证、运输证和林权证的网上办证系统，全省159个县（市、区）全部采用电子办证系统。制定并实施《河南林业信息化中长期规划（2010—2020年）》和《河南省智慧林业发展指导意见》。

七、林业机构队伍

河南省林业厅内设办公室、政策法规处（农村林业改革发展处）、造林绿化管理处（河南省绿化委员会办公室）、森林资源管理处、野生动植物保护与自然保护区管理处、发展规划与资金管理处、科学技术处、河南省人民政府护林防火指挥部办公室、人事教育处9个职能处室和机关党委、离退休干部处，机关行政编制88名。另有12个直属单位，其中3个直属事业单位列入参照公务员法管理事业单位。

第十七节　湖北林情

一、森林资源

根据第八次全国森林资源连续清查结果，湖北省林地面积876.09万hm²，占全省国土面积的47.13%，在林地面积中，乔木林地606.67万hm²，灌林地162.55万hm²，竹林地17.87万hm²，疏林地3.20万hm²，未成造林地15.67万hm²，苗圃地0.64万hm²，迹地11.64万hm²，宜林地52.8万hm²，分别占林地面积的69.25%、18.55%、2.04%、0.37%、1.79%、0.07%、1.90%、6.03%。

全省森林面积736.27万hm²，占林地面积的84.04%，蓄积量36507.91万m³，森林覆盖率39.61%。在森林面积中，国家特别规定灌木林地面积111.68万hm²，占15.17%。按森林类别看，生态公益林地面积370.49万hm²，占林地总面积的42.29%；商品林地面积474.83万hm²，占林地总面积的54.2%。

全省天然林面积486.05万hm²，占森林面积的71.12%；人工林面积197.42万hm²，占28.88%。天然林资源中，天然乔木林面积471.01万hm²，蓄积量28670.93万m³；天然竹林面积15.04万hm²；天然国家特别规定的灌木林面积52.8万hm²。

全省人工林资源中，人工乔木林面积135.66万hm²，蓄积量7836.98万m³；人工经济林面积61.43万hm²，人工竹林面积2.88万hm²。

二、野生动植物资源

据统计，全省有野生脊椎动物893种，其中兽类121种，鸟类456种，爬行类62种，两栖类48种，鱼类206种。其中，属于国家和省级重点保护的野生动物有258种(国家重点保护的112种，省重点保护的146种)。全省天然分布维管束植物292科

1571 属 6292 种，其中苔藓植物 51 科 114 属 216 种，蕨类植物 41 科 102 属 426 种，裸子植物 9 科 29 属 100 种，被子植物 191 科 1326 属 5550 种。其中，天然分布的国家重点保护野生植物 51 种（国家Ⅰ级重点保护的 8 种，国家Ⅱ级重点保护的 43 种）。列入《中国珍稀濒危保护植物名录》的天然分布珍稀濒危植物 63 种，占全国总种数的 16.24%。《濒危野生动植物种国际贸易公约》附录物种 149 种。

全省林业系统已建成各类自然保护区 58 个，面积 97.4 万 hm²，其中国家级 14 个、面积 43 万 hm²，省级 21 个、面积 33.3 万 hm²，市州级 17 个、面积 16.4 万 hm²，县级 6 个、面积 5.7 万 hm²。另建立省级自然保护小区 172 个，面积 12.24 万 hm²。全省保护（小）区总面积 109.64 万 hm²，占全省国土面积的 5.88%。

三、湿地资源

根据第二次全国湿地资源调查结果显示，全省湿地总面积为 144.50 万 hm²，占全省国土面积 1859 万 hm² 的 7.77%；其中：自然湿地 76.42 万 hm²，占湿地总面积 52.89%；人工湿地 68.08 万 hm²，占湿地总面积 47.11%。在自然湿地中，沼泽湿地 3.69 万 hm²，河流湿地 45.04 万 hm²，湖泊湿地 27.69 万 hm²。

全省已建立湿地类型自然保护区 38 个，国家湿地公园 63 个，省级湿地公园 37 个。洪湖、沉湖和大九湖被列为国际重要湿地，梁子湖群湿地、石首天鹅洲长江故道区湿地、丹江口库区湿地、网湖湿地被列入中国重要湿地名录。

四、林业法规规章

目前，湖北省林业部门作为执法主体的省级地方性法规 12 部：《湖北省林业管理办法》、《湖北省实施〈中华人民共和国野生动物保护法〉办法》、《湖北省森林采伐管理办法》、《湖北省林地管理条例》、《湖北省木材流通管理条例》、《湖北省神农架自然资源保护条例》、《湖北省森林防火条例》、《湖北省实施〈中华人民共和国种子法〉办法》、《湖北省森林资源流转条例》、《湖北省林业有害生物防治条例》等。

武汉市和民族自治地区林业地方性法规8部：《武汉市城市绿化条例》、《武汉市森林资源管理办法》、《武汉市湖泊保护条例》、《武汉市古树名木和古树后续资源保护条例》、《武汉市湿地自然保护区条例》、《恩施土家族苗族自治州星斗山国家级自然保护区管理条例》、《五峰土家族自治县森林管理条例》、《长阳土家族自治县生态环境保护条例》等。

省政府规章5部：《湖北省国有林场管理办法》、《湖北省森林病虫害防治实施办法》、《湖北省森林和野生动物类型自然保护区管理办法》、《湖北省古树名木保护管理办法》、《湖北省湿地公园管理办法》等。

五、林业科技教育与信息化

先后主持国家、省科技攻关与支撑计划948项目、自然科学基金项目、科技推广项目等920余项，取得各类科研成果、专利370余项，获得国家、省部级奖励269项，其中作为主持单位获得国家级科技进步一等奖2项、二等奖3项、三等奖4项，获得省部级科技进步及推广一等奖22项、二等奖54项、三等奖115项。获得专利18个，审（认）定湖北省林木良种44个，取得国家植物新品种授权3个。制定国家林业行业标准8个，制定湖北省地方标准89个。全省林业科技进步率达到40%，科技成果转化率达到55%以上，林木良种使用率达到70%（其中重点工程为100%）。

湖北生态工程职业技术学院是经湖北省人民政府批准、教育部备案设立的国有公办全日制普通高等院校。学校是世界技能大赛中国集训基地、全国生态文明教育示范学校、湖北省十大职业教育品牌院校。学校建有中央财政支持的高职专业2个，国家级高职重点专业2个，省级高职重点专业2个，国家级高职示范性实训基地2个，省级职业教育实训基地5个，湖北省高等学校战略性新兴（支柱）产业人才培养计划项目1个。学校现有7院2部，全日制在校生10000余人。开设有林业技术、园林技术、室内设计技术、生态旅游、景观设计、城镇规划、园艺技术、雕刻艺术与家具设计等30多个专业。

2014年经省编办批复，成立湖北省林业厅信息中心。建成覆盖省、市(州)、县(区)三级林业部门的林业专网；全省林业信息中心机房和数据中心投入使用，实现省级数据大集中和共享、共用；各市、州、区、县均建成内、外网隔离的独立机房。全省高清视频会议系统覆盖全省市(州)、县(区)林业局和国家级自然保护区、湿地公园等，实现国家、省、市、县四级联动。全省林业协同办公平台、综合管理平台、移动办公、短信平台和邮件系统已部署到县(区)，实现公文传输、会议办理、督查督办等事务的在线办理；全省林业行政审批系统投入使用，实现全省23项行政审批事项网上审批全覆盖，同时引入GIS辅助审批系统，电子证照远程打印、二维码验证、行政审批实现办理打证一站式服务。建成了湖北林业"一张图"、林业综合监管平台、GIS公共服务平台、造林管理系统、森林防火监控系统、森林火险预警监测系统和应急通信指挥系统，林业信息化建设迈入全国先进行列。建成全省林业门户网站群和湖北林业政务微信、微博，形成了功能完善、结构明晰的林业门户网站体系，成为全省林业宣传主阵地。

六、林业机构队伍

湖北省林业厅内设办公室(政策法规处)、发展规划与资金管理处、人事处、造林绿化管理处(省绿化委员会办公室)、森林资源管理处(农村林业改革发展处)、野生动植物保护与自然保护区管理处、科技合作处、林业产业处、国有林场管理处9个职能机构和机关党委、工会、离退休干部处，机关行政编制73名。省森林公安局为直属行政机构。另有19个直属事业单位，其中5个直属事业单位列入参照公务员法管理事业单位。

全省自上而下拥有一套完整的行政体系，每个市(州)、县(市、区)都设有林业局，大部分乡镇设有林业工作站，并拥有比较健全的林业执法机构和执法队伍。

第十八节 湖南林情

一、森林资源

截至 2015 年年底，湖南省林业用地面积 1299.81 万 hm^2，有林地面积 1102.28 万 hm^2，森林覆盖率 59.57%，活立木总蓄积量 50486.75 万 m^3。竹林面积 108.98 万 hm^2，立竹 29.77 亿株；油茶林面积 137.87 万 hm^2，居全国第一。全省公益林(地)面积 550.79 万 hm^2，商品林(地)面积 749.02 万 hm^2，分别占林业用地面积的 42.37% 和 57.63%。保护发展森林资源成效明显，林业用地面积相对稳定，林分质量不断提高，森林生态功能逐渐增强。

湖南省共有国有林场 208 个，职工总数 57510 人，其中在职职工 38220 人、离退休职工 19290 人。全省国有林场总经营面积 109.62 万 hm^2，其中林业用地面积 103.09 万 hm^2，森林面积 95.85 万 hm^2，森林蓄积量 7190.39 万 m^3，分别约占全省林业用地面积、森林面积和森林蓄积量的 8%、15% 和 17.98%。国有林场有林地总面积 54.81 万 hm^2，疏林地面积 4.39 万 hm^2，灌木林地面积 6.89 万 hm^2，宜林荒山荒地面积 0.5 万 hm^2。

1982 年湖南省开始建立第一个森林公园——张家界国家森林公园，也是中国第一个森林公园。目前，全省共建立各类森林公园 127 处，保护森林风景资源 49.75 万 hm^2，其中国家级森林公园 58 处，保护森林风景资源 32.09 万 hm^2。

二、野生动植物资源

湖南省已知有陆生脊椎动物 929 种，哺乳类 95 种，鸟类 463 种，两栖类 68 种。其中，列为国家Ⅰ级重点保护陆生野生动物 13 种，国家Ⅱ级重点保护陆生野生动物 74 种。湖南有维管束植物 208 科 5922 种(含变种)，其中：国家Ⅰ级重点保护野生植物 16 种，国家Ⅱ级重点保护野生植物 48 种。

湖南省林业系统共建立各类自然保护区 191 处，总面积

136.84 万 hm²，约占湖南国土总面积的 6%。其中：国家级自然保护区 22 处，面积 62.13 万 hm²；省级自然保护区 27 处，面积 28.85 万 hm²；县级自然保护区 142 处，面积 45.85 万 hm²。另建立有 435 个自然保护小区。东洞庭湖和壶瓶山国家级自然保护区被列为国家示范自然保护区。

三、湿地资源

据第二次全国湿地资源调查结果，湖南湿地总面积为 101.97 万 hm²，湿地率为 4.81%，其中：自然湿地(包括湖泊湿地、河流湿地、沼泽湿地)81.35 万 hm²，占湿地总面积 79.77%；人工湿地 20.62 万 hm²，占湿地总面积 20.23%。在自然湿地中，湖南有河流湿地 39.84 万 hm²，湖泊湿地 38.58 万 hm²，沼泽湿地 29.29 万 hm²。湿地内分布有高等植物 489 种；湿地脊椎动物 639 种，其中鸟纲 286 种、鱼纲 205 种、两栖纲 63 种、爬行纲 39 种、哺乳纲 46 种；湿地无脊椎动物(贝、虾、蟹类)108 种。

全省有 3 处湿地列入国际重要湿地名录，建有 60 处国家湿地公园、74 处湿地自然保护区、18 处省重要湿地，湿地保护面积达到 73.93 万 hm²，占全省湿地总面积的 72.50%。

四、石漠化状况

湖南省岩溶地区石漠化土地面积在全国排第四位。湖南省岩溶地区第二次石漠化监测(2011 年)结果显示，全省有岩溶地区面积 549.46 万 hm²，占全省国土总面积的 25.94%。其中，石漠化土地面积 143.07 万 hm²，占岩溶地区面积的 26.04%；潜在石漠化土地面积 156.41 万 hm²，占岩溶地区面积的 28.47%。石漠化和潜在石漠化土地占岩溶地区面积的 54.51%，主要分布在湘西北和湘西南的 83 个县(市、区)。

五、林业法规规章

颁布的地方性法规有：《湖南省林业条例》、《湖南省野生动植物资源保护条例》、《湖南省实施〈中华人民共和国土地管理法〉

办法》、《湖南省森林公园管理条例》、《湖南省实施〈中华人民共和国种子法〉办法》、《湖南省实施〈中华人民共和国农村土地承包法〉办法》、《湖南省湿地保护条例》、《湖南省林业有害生物防治检疫条例》、《湖南省林产品质量安全条例》、《湖南省植物园条例》、《湖南省实施〈中华人民共和国农民专业合作社〉办法》、《湖南省实施〈中华人民共和国农业技术推广法〉办法》、《湖南省长株潭城市群生态绿心地区保护条例》、《湖南省关于深入开展全民义务植树运动的决议》、《湖南省血吸虫病防治条例》、《湖南省外来物种管理条例》等。

颁布的政府规章有:《湖南省森林和野生动物类型自然保护区管理实施细则》、《湖南省森林防火实施办法》、《湖南省植物检疫实施办法》、《湖南省国有林场管理办法》、《湖南省林木、林地权属争议处理办法》、《湖南省森林资源流转办法》、《湖南省全民义务植树实施细则》等。

六、林业科技教育与信息化

湖南省林业共取得科技成果 1200 余项,其中获国家级奖励 30 项、省部级奖励 634 项。承担完成林业国家和行业标准制定、修订 30 多项,组织制定、修订林业地方标准 80 多项。全省现有省、市、县三级林科院(所)63 个,省、市、县、乡四级推广站(中心)1922 个,国家、省级研究站(重点实验室、站、中心、基地)33 个,国家和省级科技兴林示范县(场、圃)19 个,国家和省级标准化示范区 30 多个,林业专业技术人员 13219 人,科研和推广人员 1763 人。

全省独立设置的普通高等林业本科院校 1 所,独立设置的林业(环境)职业技术学院 1 所。全省全行业年培训林业从业人员14.5 万人次。全省有林业职业技能鉴定站 1 个,2003 年至今有13345 人次通过林业职业技能鉴定考核获得国家职业资格证书。

湖南林业电子政务网、湖南林业信息网两大平台搭建了政民互动的新渠道,多次荣膺"湖南省政府优秀网站"和"全国林业十佳网站"。湖南林业数据中心与所有林业基层单位实现了互联互通，先后开发公文处理、林地测土配方、林权信息管理等 46 个应用系统，全省基本实现办公网络化、数字化、无纸化。2013年，湖南省林业厅信息中心成为全国林业系统和湖南省直厅局首家信息化管理通过 ISO 9001--2008 质量体系认证的单位。

七、林业机构队伍

湖南省林业厅内设办公室、计划财务处、科学技术与国际合作处等 8 个职能处室和离退休人员管理服务处、直属机关党委、纪检组（监察室），机关行政编制 84 名。省森林公安局实行林业部门和公安部门双重领导的管理体制，有政法专项编制 55 名。另有省国有林与森林公园管理局、省林木种苗管理站等 26 个直属事业单位，还有主管或挂靠的省林学会、省国有林场协会等 12个省级社会团体。

全省共有 137 个森林公安工作机构、469 个防火检查站、359个木材检查站、1995 个林业工作站、127 个森林病虫害防治检疫站、103 个林木种苗管理站、2491 个野生动植物管理站和 12 个国家级、40 个省级陆生野生动物疫源疫病监测站，共有执法人员9600 人，其中森林公安民警 2441 人。全省共有 137 个县级以上森林防火指挥部办事机构，工作人员 1158 人；专业、半专业森林消防队 1441 支，消防人员近 4.5 万人。全省共有林业有害生物防治检疫工作人员 680 人，野生动物疫源疫病专兼职检测人员近200 人，林木种苗质量检验人员 89 人，乡村护林员约 7 万人。全省有林权管理服务机构 112 个，国有林场 207 个，国有苗圃 90个，林木良种基地 24 个。全省林业系统职工总人数 57885 人。

第十九节　广东林情

一、森林资源

广东省森林覆盖率为 58.88%，其中珠三角 9 市为 51.5%；全省林业用地面积 1095.89 万 hm²，其中省级以上生态公益林地 480.8

万 hm²，占林业用地的 43.81%。按地类划分，有林地 995.38 万 hm²，占 90.83%；疏林地 2.44 万 hm²，占 0.22%；灌木林地 64.16 万 hm²，占 5.86%，其中国家特别规定的灌木林地 53.1 万 hm²，占 4.85%；未成林地 16.16 万 hm²，占 1.47%；无林地 17.24 万 hm²，占 1.57%；其他林地 0.51 万 hm²；全省活立木总蓄积量 5.66 亿 m³，其中森林（含非林地上的森林）蓄积量 5.61 亿 m³。林木总生长量 2643.72 万 m³。乔木林每公顷蓄积量 58.25m³；全省林木总消耗量 1240.22 万 m³；全省林业用地按林地使用权分，国有 96.32 万 hm²、占 8.79%，集体 770.18 万 hm²、占 70.28%，其他（含个人、民营、外商）229.38 万 hm²、占 20.93%；乔木林按优势树种（组）分，针叶林面积 374.93 万 hm²、占 39.04%，蓄积量 2.5 亿 m³、占 44.64%；阔叶林面积 449.21 万 hm²、占 51.97%，蓄积量 2.56 亿 m³、占 45.68%；针阔混交林面积 86.32 万 hm²、占 8.99%，蓄积量 0.54 亿 m³、占 9.68%。在全省森林中，以马尾松、杉树和桉树纯林为主的森林面积分别为 199.15 万 hm²、88.05 万 hm² 和 160.43 万 hm²，共占乔木林面积的 46.61%；全省一类林面积 63.01 万 hm²、占 5.75%，二类林面积 731.62 万 hm²、占 66.76%，三类林面积 266.41 万 hm²、占 24.31%，四类林面积 34.85 万 hm²、占 3.18%。

全省共有国有林场 217 个，其中省属林场 10 个，市属林场 99 个，县属林场 108 个。国有林场林地总面积 77.09 万 hm²，活立木蓄积量 4798 万 m³，分别占全省林地总面积和活立木蓄积量的 7% 和 8.2%。在 77.09 万 hm² 林地中，生态公益林 44.04 万 hm²，占 57%。

1981 年，经广东省机构编制委员会批准建立深圳沙头角海山森林公园。至 2015 年，全省已建森林公园 1086 处，总面积 116.55 万 hm²，占全省国土面积的 6.5%，占林业用地的 10.6%，其中：国家级 24 处，省级 76 处，市县级 515 处，镇级森林公园 471 处。森林公园已遍布全省 21 个地级市。

二、野生动植物资源

据调查统计，全省共有陆生脊椎野生动物 774 种，占全国脊椎动物种类的 10.32%，其中陆生脊椎野生动物哺乳类 110 种、鸟类 507 种、爬行类 112 种、两栖类 45 种，其中列入国家重点保护野生动物名录的有 114 种，包括华南虎、中华秋沙鸭、蟒蛇、鳄蜥等国家一级重点保护野生动物 19 种，猕猴、黑熊、黑脸琵鹭、鸳鸯、大壁虎、虎纹蛙等国家二级重点保护野生动物 95 种，省重点保护陆生野生动物 76 种，国家规定保护的有益的或者有重要经济、科学研究价值的陆生野生动物 584 种，引进驯养繁殖的野生动物近 150 种。广东有高等植物 7700 多种，隶属于 289 科 2051 属，其中野生植物有 6135 种，列入国家重点保护野生植物的有 55 种，包括仙湖苏铁、南方红豆杉、伯乐树等国家一级重点野生植物 7 种，桫椤、金毛狗、广东松、格木、降香檀等国家二级重点保护野生植物 48 种。

已建立各类林业自然保护区 270 个，总面积 124.51 万 hm^2，约占全省国土面积的 6.93%，其中国家级自然保护区 8 个，面积 16.27 万 hm^2；省级自然保护区 50 个，面积 36.84 万 hm^2；市、县级自然保护区 212 个，面积 71.40 万 hm^2。林业部门建立的 270 个自然保护区中，属森林生态系统类型自然保护区 234 个，面积 91.82 万 hm^2；湿地生态系统类型自然保护区 20 个，面积 19.68 万 hm^2；野生动物类型自然保护区 10 个，面积 11.20 万 hm^2；野生植物类型自然保护区 6 个，面积 1.81 万 hm^2。全省已有车八岭国家级自然保护区加入世界人与生物圈保护区网络，湛江红树林、海丰鸟类 2 个自然保护区被列入国际重要湿地名录，南岭、内伶仃福田、象头山、始兴南山 4 个自然保护区加入中国生物圈保护区网络。

三、湿地资源

据 2010 年第二次全国湿地资源调查结果显示，全省单块面积大于 8 hm^2 的湿地总面积 175.34 万 hm^2（不含水稻田），占全省国土面积的 9.6%，其中：近海与海岸湿地 81.51 万 hm^2，占 46.49%；河流湿地 33.79 万 hm^2，占 19.27%；湖泊湿地 0.15 万 hm^2，占 0.09%；沼泽湿地 0.36 万 hm^2，占 0.20%；人工湿地

59.53 万 hm²，占 33.95%。全省湿地分布有水鸟 155 种、兽类 11 种、鱼类 467 种，以及植物 623 种。

截至目前，全省已建立湿地类型自然保护区 94 处，国家湿地公园 22 处、省级湿地公园 5 处、市县级湿地公园 163 处，国际重要湿地 4 处，保护了以湿地为主的生态系统共 80 多万 hm²，占全省湿地面积的 49%。

四、林业法规规章

颁布的地方林业法规有：《广东省森林保护管理条例》、《广东省森林防火管理规定》、《广东省林地保护管理条例》、《广东省野生动物保护管理条例》、《广东省全民义务植树条例》、《广东省湿地保护条例》、《广东省封山育林条例》、《广东省森林公园管理条例》、《广东省林木林地权属争议调解处理条例》。

颁布的地方政府规章有：《广东省林业基金管理办法》、《广东省森林防火实施办法》、《广东省森林病虫害防治实施办法》、《广东省社会性、群众性自然保护小区暂行规定》、《广东省生态公益林建设管理和效益补偿办法》、《广东省植物检疫实施办法》、《广东省森林林木林地权属争议调解处理办法》、《广东省木材经营加工运输管理办法》、《广东省生态景观林带建设管理办法》、《广东省森林和陆生野生动物类型自然保护区管理办法》等。

五、林业科技与信息化

新中国成立以来，特别是改革开放以来，全省林业科技工作取得了显著成绩。据统计，至 2015 年年底共取得科技成果 820 多项，获得省部级以上科技奖励有 268 项，其中获国家级奖励 38 项。全省审（认）定林木良种 162 个，获国家林业局植物新品种授权 70 项，全省制定、修订并经广东省质量技术监督局发布实施的广东省地方标准林业部分 154 项。全省共有省、市、县三级林业科研机构 63 个，林业科技推广机构 53 个，在编人员 1696 人。现有省部级重点实验室 3 个，国家级陆地（森林、湿地、荒漠）生态系统定位研究站 9 个，国家级林木良种基地 8 处，林业科技示范县 3 个，标准化示范区 18 个，国家林业局林产品质量检验检测机构 1 个，全省林业科普基地 7 个。

2011 年，确定为"全国林业信息化示范省"。建立了较完善的林业信息化建设和管理机制。开展了广东省森林防火指挥系统升级改造项目、广东省集体林权制度改革信息管理系统、广州数字绿化平台、广东省林火远程视频监控系统、广东省林业自然保护区数字化监测与管护平台建设。

六、林业机构队伍

2011 年 11 月，经中央编办批复，同意广东省林业局更名为广东省林业厅，由省政府直属机构调整为省政府组成部门。省林业厅机关行政编制 79 名，内设 12 个职能处室，厅直属事业单位 14 个，其中新建高职院校 1 所，厅直属国有林场 10 个。全省林业系统国家级、省级自然保护区管护机构 58 个。

广东林业自上而下拥有一套完整的行政管理体系，每个市县（区）都设有林业局，绝大多数市县（区）设有单独的林业行政机构，大部分乡镇设有林业工作站。同时，全省拥有健全的林业执法机构和执法队伍。

第二十节 广西林情

一、森林资源

2015 年，广西全区森林面积 1429.65 万 hm^2，活立木蓄积量 7.4 亿 m^3，森林生态服务总价值 1.27 万亿元，森林覆盖率 60.17%。全区林地面积 1629.50 万 hm^2，其中国有林地 116.75 万 hm^2，占 7.2%；集体林地 1512.75 万 hm^2，占 92.8%。按林种划分，防护林 468.45 万 hm^2，特种用途林 55.24 万 hm^2，用材林 732.57 万 hm^2，薪炭林 1.92 万 hm^2，经济林 171.47 万 hm^2。按林木权属划分，国有经营 94.16 万 hm^2，占森林面积的 6.6%；集体经营 377.65 万 hm^2，占 26.4%，个体经营 957.84 万 hm^2，占

67.0%。全区现有天然林面积 696.12 万 hm²，占森林面积的 48.7%，蓄积量 3.31 亿 m³，占森林蓄积的 49%，人工林 733.53 万 hm²，占 51.3%；蓄积量 3.44 亿 m³，占 51%。（根据第九次森林资源清查结果）

全区共有国有林场 176 家，经营林地面积 147 万 hm²，其中，商品林面积 103 万 hm²，公益林面积 44 万 hm²，森林蓄积量 8065 万 m³多，年产商品材 498 万 m³。

截至 2015 年底，全区已建立各级森林公园 62 处，其中国家级 20 处、自治区级 35 处、市（县）级 7 处，森林公园经营总面积 266292.63 公顷。

二、野生动植物资源

全区有脊椎动物约 1151 种，占全国脊椎动物种类的 19% 以上，其中兽类 180 种、鸟类 687 种、爬行类 177 种、两栖类 107 种。全区约有野生高等植物 9494 种，其中特有植物种类约 840 余种。维管束植物 8580 种，其中蕨类植物 832 种，裸子植物 62 种，被子植物 7686 种。

全区有林业自然保护区 63 处，总面积 120.8 万 hm²，其中国家级 18 处，面积 33.4 万 hm²。有森林生态系统类保护区 45 处、野生动物类保护区 12 处、野生植物类保护区 4 处，面积分别为 106.6 万 hm²、15.0 万 hm² 和 4.3 万 hm²；有内陆湿地和水域生态系统类、海洋和海岸生态系统类各 1 处，面积分别为 2.6 万 hm² 和 0.34 万 hm²。此外，还建有 150 个自然保护小区。

三、湿地资源

广西有湿地总面积 75.43 万 hm²，占全区国土面积的 3.2%，其中，自然湿地 53.66 万 hm²，人工湿地 21.77 万 hm²。自然湿地中，沼泽湿地 0.24 万 hm²，近海与海岸湿地 25.9 万 hm²，河流湿地 26.89 万 hm²，湖泊湿地 0.63 万 hm²。湿地内分布有高等植物 797 种，野生脊椎动物 887 种，其中水禽类 185 种、鱼类 519 种、两栖类 105 种、爬行类 70 种、兽类 8 种。

目前，全区已建立湿地类型自然保护区 12 处、17 处国家湿地公园(试点)，湿地保护面积达 11.53 万 hm^2。

四、石漠化状况

广西是喀斯特地貌发育的典型地区，是石漠化最严重的地区之一。2011 年，全区岩溶土地面积 833.4 万 hm^2，涉及 10 个市 77 个县(市、区)，占全区土地总面积的 35%，分布在珠江上中游的红水河、南盘江、左江、右江流域，其中：石漠化土地面积 192.6 万 hm^2，占全区土地总面积的 8%，占全国石漠化土地总面积的 16%，居全国 8 个石漠化省区第三位。广西壮族自治区启动实施的石漠化综合治理工程覆盖全区 75 个县(区)。2011 年与 2005 年监测结果相比，全区石漠化土地面积减少 45.3 万 hm^2，净减 19%，占全国同期石漠化减少总面积的 47%，是 8 个石漠化省(自治区)中石漠化面积减少最多的省(自治区)。

五、林业法规规章

已颁布 8 部涉林地方法规：《广西壮族自治区实施〈中华人民共和国森林法〉办法》、《广西壮族自治区森林和野生动物类型自然保护区管理条例》、《广西壮族自治区陆生野生动物保护管理规定》、《广西壮族自治区木材运输管理条例》、《广西壮族自治区农村能源建设与管理条例》、《广西壮族自治区林木种苗管理条例》、《广西壮族自治区湿地保护条例》、《广西壮族自治区土地山林水利权属纠纷调解处理条例》等。

已出台 6 部地方政府规章：《广西壮族自治区森林防火实施办法》、《广西壮族自治区树蔸树木采挖流通管理规定》、《广西壮族自治区实施〈森林病虫害防治条例〉若干规定》、《广西壮族自治区野生植物保护办法》、《广西壮族自治区山口红树林生态自然保护区管理办法》、《广西壮族自治区药用野生植物资源保护办法》等。

已颁布 7 部民族自治地方单行条例：《龙胜各族自治县森林资源管理条例》、《恭城瑶族自治县森林资源管理条例》、《金秀瑶

族自治县森林资源管理条例》、《金秀瑶族自治县野生植物保护条例》、《隆林各族自治县执行〈中华人民共和国森林法〉的补充规定》、《罗城仫佬族自治县实施〈中华人民共和国森林法〉的若干规定》、《三江侗族自治县实施〈中华人民共和国森林法〉的补充规定》等。

六、林业科技教育和信息化

2013 年以来，广西林业共取得科技成果 345 项，其中国家级奖励 3 项，林业科技贡献率达到 50%。全区共有县（市）级以上林业科研机构 22 个，研究开发人员 1 万人。现有国家、局级的重点实验室和生态系统定位研究站分别为 4 个和 5 个，国家级林木种质资源保存库 2 个，国家级林木良种基地 12 处，国家级和局级工程（技术）研究中心 7 个，林业科技示范园 1 个、标准化示范区 15 个，国家级和局级林业质量检验检测机构 2 个，县以上林业科技推广机构 123 个，全区林业科普基地 4 个。

全区有 1 所林科高等学院，1 所林科高等职业学院，1 所林业干部学校，形成了健全的林业教育体系。广西大学林学院有林学、园林、风景园林、木材科学与工程和生态学 5 个本科专业，其中林学和木材科学与技术专业是国家特色专业；有生态学一级学科博士点和博士后科研流动站，有 2 个一级学科硕士点、3 个二级学科硕士点和 3 个专业学位硕士点。广西生态工程职业技术学院有 8 个教学系（部）、8 个党政事务管理机构、4 个教学辅助机构和 7 个产学研基地，有 41 个专科专业。广西林业干部学校主要承担本系统在职干部职工教育培训和工人技术等级培训，并与东北林业大学等 4 所高校联办函授本、专科学历教育。

设有广西林业信息宣传中心，建有 380m² 高标准机房；建成综合协同办公系统，实现国家、自治区、市、县四级电子公文传输。建成 1080P 高清视频会议系统，连接全区 14 个市林业局和 17 个区直林业单位。建成包括市县林业局、国有林场、国家级森林公园、重点种苗基地为子站的广西林业网站群，子站数量达到 127 个，覆盖 100% 市县林业局。

七、机构队伍

广西壮族自治区林业厅内设办公室等 16 个职能处室，行政编制共 102 名；管理机关服务中心等 14 个二层机构，事业编制 169 名，其中参公编制 112 名；管理自治区直属林业事业单位 21 个，其中副厅级单位 1 个、正处级单位 20 个。

广西林业自上而下拥有一套完整的行政管理体系，全区 14 个地级市和 109 个县（市、区）设有林业局，设有 1011 个乡镇林业工作站，235 个木材检查站，174 个国有林场，62 个林业自然保护区，250 个森林公安机构。全区林业系统共有从业人员 9 多万人，其中机关、事业单位及国有企业在职干部职工 5 万多人。

第二十一节　海南林情

一、森林资源

根据第八次全国森林资源清查结果显示，海南省森林面积 187.77 万 hm^2，活立木总蓄积量 13519.83 万 m^3，森林蓄积量 12649.17 万 m^3，森林覆盖率 55.38%。与建省初期相比，全省森林面积净增 116.72 个百分点，森林覆盖率提高了 29.78%。

海南省有林地面积 187.77 万 hm^2。按林种划分，防护林 48.92 万 hm^2，特种用途林 24.95 万 hm^2，用材林 24.80 万 hm^2，经济林 89.10 万 hm^2。按林地权属划分，国有林 110.42 万 hm^2，集体林 77.35 万 hm^2，分别占 58.81% 和 41.19%。按林木权属划分，国有的 94.23 万 hm^2，集体经营的 24.35 万 hm^2，个体经营的 64.15 万 hm^2，其他的 5.04 万 hm^2，分别占 50.18%、12.97%、34.17% 和 2.68%。按森林起源划分，天然林面积 51.57 万 hm^2，占 27.46%；蓄积量 6590.67 万 m^3；人工林面积 136.2 万 hm^2，占 72.54%；蓄积量 6058.50 万 m^3。

国有林场改革前，全省国有林场 36 个，其中省属 26 个、市县属 10 个，总共管理面积 42.93 万 hm^2，其中省属林场 41.55 万 hm^2；市县属林场 1.38 万 hm^2。有公益林面积 37.99 万 hm^2，占管理面积的88.5%，占全省公益林89.67万hm²的42.37%，其中，省属林场37.29万hm²、市县属林场0.70万hm²。有天然林面积34.96万hm²，占管理面积81.44%，占全省天然林总面积65.93万hm²的53.03%，其中，省属林场34.65万hm²、市县属林场0.31万hm²。

海南是我国热带森林面积最大、热带雨林资源最丰富的省份，素有"热带植物大观园"、"生物物种基因库"、"蝴蝶王国"等美誉。为有效保护和合理开发利用珍贵的森林风景资源，从1992年至今，海南先后建立了9个国家级森林公园，17个省级森林公园，2个市县级森林公园，面积达17万hm²，初步形成了热带雨林游、野生动植物游、珍稀特有物种游、热带花卉园林游、湿地红树林游等特色旅游线路。

二、野生动植物资源

海南省已发现陆栖脊椎动物有660种，其中两栖类43种，占全国的18.8%；爬行类113种，占全国的33%；鸟类426种，占全国的36.1%；兽类78种，占全国的18.6%。其中23种为海南所特有，海南省列入国家Ⅰ、Ⅱ级重点保护野生动物的有123种，Ⅰ级保护野生动物有海南坡鹿、海南黑冠长臂猿、云豹、巨蜥、海南山鹧鸪等18种，Ⅱ级保护野生动物105种。省级保护野生动物有206种，两栖动物15种、爬行动物42种、鸟类123种、兽类26种。全省的野生维管束植物有4622种，其中乔木722种，灌木1246种，草本2251种，藤本403种，占全国种类的15%，其中有259科347属，3500多种为当地种，491种系海南特有种，约83%的植物物种属于热带和亚热带的植被。在全部植物中，有48种被列为国家Ⅰ、Ⅱ级重点保护野生植物（第一批）。

到2016年，海南省林业系统已经建立各类自然保护区30个，保护面积近24万hm²，占海南省陆地面积的7.02%，其中国家级7个，面积14.32万hm²；省级17个，面积9.11万hm²；市县级6个，面积0.51hm²。

三、湿地资源

第二次海南省湿地资源调查结果显示，全省单块面积大于8 hm²

的湿地总面积为 32.00 万 hm^2，其中自然湿地面积为 24.05 万 hm^2，占湿地总面积的 75.16%。此外，还有人工湿地 7.95 万 hm^2，占湿地总面积的 24.84%，其中以库塘与水产养殖场为主要的组成部分。根据《海南植物志》和《中国植物志》，初步统计海南有湿地维管植物 247 种，其中蕨类植物 11 种，被子植物 236 种。

自 1980 年建立东寨港自然保护区以来，海南已建立主要保护对象为湿地生态系统或涉及湿地的各级自然保护 22 个，建立国家湿地公园 2 个。

四、林业法规规章

已颁布的涉林地方法规有：《海南省森林保护管理条例》、《海南省实施 < 中华人民共和国野生动物保护法 > 办法》、《海南省红树林保护规定》、《海南经济特区林地管理条例》、《海南省沿海防护林建设与保护规定》、《海南经济特区集体林地和林木流转规定》、《海南经济特区森林旅游资源保护和开发规定》、《海南省古树名木保护管理规定》、《海南省森林防火条例》。

已颁布的政府规章有：《海南省木材管理办法》、《海南省占用征收林地审核审批管理办法》。

五、林业科技与信息化

1988 年以来，海南林业科技共取得科技成果 200 多项，其中获省部级奖励 8 项。颁布实施了 30 多项林业地方标准，全省共有市县级以上林业科研机构 11 个，研究研发人员 240 多人。现有国家级林木良种基地 1 个，国家级陆地生态定位站 4 个，省、市县两级林业科技推广机构 11 个，其中省级中心 1 个，地级站 2 个，县级站 8 个。

2012 年，经海南省机构编制委员会批准设立海南省林业局信息中心。完成厅机房的标准化改造，实现机房规范安全运行。完成厅门户网站优化改版，增强了网站宣传服务功能。全省市县林业局和林区林场、保护区网站群建设已完成上线 56 家，占77.8%。开通行政审批网站，省林业厅所有审批项目进驻海南省政务中心。建成海南省集体林权制度改革信息管理系统。启用自动办公系统。实现从厅领导到机关处室、市县林业局、直属单位等林业系统单位之间的连接。完成海南省森林防火指挥中心工程建设。

六、林业机构与队伍

海南省林业厅内设办公室、组织人事处（机关党委、林业工会、老干部工作处）、政策法规处、营林处（省绿化委员会办公室）、森林资源管理处、发展计划与资金管理处、产业科技合作处、林区林场管理处、行政审批办公室等 9 个处级职能机构和省森林防火指挥部办公室 1 个处级挂靠机构。机关行政编制 59 名。辖直属单位 27 个，其中：政法机关 1 个：海南省森林公安局（下辖 24 个直属机构）；事业单位 25 个（省森林资源监测中心、省野生动植物保护管理局、省木材管理局等 3 个单位列入参照公务员法管理事业单位）；国有企业 1 个：省林业科学研究所。

海南林业自上而下拥有较为完整的行政管理体系，目前全省 19 个市县中，除三沙市外尚未设立林业局、儋州市将林业局划归市农业委员会、琼海市将林业局划归市农林局外，其余都设有林业局。

第二十二节　重庆林情

一、森林资源

重庆市森林面积 374.07 万 hm^2，森林覆盖率 45.4%。全市林地面积 446.61 万 hm^2。按地类面积分，有林地 335.89 万 hm^2，疏林地 4.34 万 hm^2，灌木林地 84.11 万 hm^2（其中，国家特别规定灌木林地 37.93 万 hm^2），未成林地 9.06 万 hm^2，苗圃地 0.14 万 hm^2，无立木林地 3.11 万 hm^2，宜林地 9.81 万 hm^2，辅助生产林地 0.15 万 hm^2；按森林类别面积分，国家级公益林 137.65 万 hm^2、地方公益林 165.39 万 hm^2、商品林 143.57 万 hm^2；按林地保护等级面积分，林地保护等级Ⅰ级 19.06 万 hm^2、Ⅱ级 148.03 万 hm^2、Ⅲ级 153.79 万 hm^2、Ⅳ级 125.73 万 hm^2。

全市林木蓄积量 20533.9 万 m^3。其中乔木林蓄积量 19625.7 万 m^3、疏林蓄积量 112.2 万 m^3、散生木蓄积量 7.2 万 m^3、四旁树蓄积量 788.8 万 m^3。

二、野生动植物资源

据统计，重庆市域内分布有陆生野生脊椎动物约 800 余种，无脊椎动物约 4300 余种，其中，国家一级重点保护野生动物 11 种，主要有豹、云豹、黑叶猴、林麝、金雕等；国家二级重点野生保护动物 54 种，主要有红腹锦鸡、长耳鸮、斑羚、大灵猫、小灵猫等；国家二级重点保护野生植物 40 种，主要有楠木、香樟、鹅掌楸、连香树、金毛狗等。颁布了《重庆市重点保护野生动物名录》、《重庆市重点保护野生植物名录（第一批）》，将 53 种珍稀濒危野生动物和 46 种珍稀濒危野生植物确定为市级重点保护野生动物和市级重点保护野生植物。

全市林业系统建有自然保护区 53 个，面积 77 万 hm^2，占辖区面积的 9.35%，其中：国家级 6 个，面积 24.6 万 hm^2，市级 15 个，面积 19.47 万 hm^2，县级 32 个，面积 32.93 万 hm^2。按保护类型分，森林生态系统类型自然保护区 22 处，面积 36.2 万 hm^2，湿地生态系统类型自然保护区 12 处，面积 7.6 万 hm^2，野生植物类型自然保护区 10 处，面积 17 万 hm^2，野生动物类型自然保护区 9 处，面积 16.2 万 hm^2。

三、湿地资源

全市现有湿地 20.72 万 hm^2，湿地率 2.51%，其中，自然湿地 8.76 万 hm^2，占 42.3%；人工湿地面积 11.96 万 hm^2，占 57.7%。自然湿地中，河流湿地 8.73 万 hm^2，湖泊湿地 263.49hm^2，沼泽湿地 62.01hm^2。湿地内分布有湿地高等植物 707 种，其中国家 II 级保护野生植物 4 种；湿地脊椎动物有 563 种，其中国家重点保护的珍稀动物 26 种。分布在湿地自然保护区、湿地公园及森林公园、风景名胜区、水源保护区中的湿地 7.36 万 hm^2，湿地保护率为 35.5%。

全市已建各级湿地类型自然保护区 12 个，面积 7.76 万 hm^2，其中湿地保护面积 1.79 万 hm²；已建市级以上湿地公园 24 个，面积 2.21 万 hm²，其中湿地保护面积 1.09 万 hm²。

四、石漠化状况

据石漠化监测显示，2011 年全市岩溶土地总面积 327.19 万 hm²，其中：石漠化土地 89.53 万 hm²，占 27.4%；潜在石漠化土地 87.15 万 hm²，占 26.6%；非石漠化土地 150.51 万 hm²，占 46.0%。与 2005 年监测结果相比，岩溶土地总面积减少 300hm²，减少 0.01%；石漠化土地减少 2.9 万 hm²，减少 3.1%；潜在石漠化土地增加 1.37 万 hm²，增加 1.6%；非石漠化土地增加 1.54 万 hm²，增加 1.0%。

五、林业法规规章

已颁布的地方林业法规有：《重庆市绿化条例》、《重庆市长江防护林体系管理条例》、《重庆市林地保护条例》、《重庆市植物检疫条例》、《重庆市实施〈中华人民共和国野生动物保护法〉办法》、《重庆市实施〈中华人民共和种子法〉办法》、《重庆市实施〈中华人民共和国农村土地承包法〉办法》、《重庆市林业行政处罚条例》、《重庆市森林建设促进条例》、《重庆市森林防火条例》、《重庆市实施全民义务植树条例》、《重庆市公益林管理办法》。

六、林业科技

直辖以来，重庆林业取得国家林业局、市级科技成果共计 300 多项、涉林专利和著作权共计 4000 多件，其中获得省部级以上奖励近 30 项。通过国家和市级审（认）定的林木良种 127 个。完成国家行业标准编制 10 项、地方标准 10 多项。全市现有林业科研机构 2 个、区县林业科技推广机构 35 个。

七、林业机构队伍

重庆市林业局内设办公室、政策法规处、造林绿化管理处（市绿化委员会办公室）、森林资源管理处、野生动植物保护与自然保护区管理处、农村林业改革发展处、市森林防火指挥部办公室、规划资金管理与审计处、对外合作与产业发展处、组织人事处、机关党委、离退休人员工作处、宣传信息处。机关行政编制75名、工勤编制5名。重庆市森林公安局机构规格为正处级，政法专项编制24名。另有重庆市林业科学研究院、重庆市林业规划设计院、重庆市森林航空护林站3个直属事业单位；重庆缙云山国家级自然保护区管理局、重庆市森林病虫防治检疫站、重庆市林木种苗站、重庆市天然林保护工程管理中心、重庆市退耕还林管理中心、重庆市湿地保护管理中心6个直属参公管理事业单位；重庆市林工商公司、重庆市林业投资开发有限责任公司2家直属国有企业。

位于重庆主城的6个行政区设农委或市政园林局承担林业管理职能，其余32个区县（自治县）均设有林业局，大部分乡镇设有林业工作站，全市拥有健全的执法机构和执法队伍，全市林业系统职工总人数8000余人。

第二十三节　四川林情

一、森林资源

四川省林地面积2403.56万 hm^2，占全省辖区面积的49.45%。按林地权属划分，国有林地1275.52万 hm^2，集体林地1128.04万 hm^2，其中集体林地涉及全省178个县区、4231个乡镇、42823个村、5300万林农。按林种划分，商品林（地）691.17万 hm^2，公益林（地）1712.39万 hm^2，其中：国家级公益林1618.96万 hm^2，省级（地方）公益林93.43万 hm^2。天然林1609.83万 hm^2，人工林732.82万 hm^2。森林面积1793.33万 hm^2，居全国第四位。森林蓄积量17.53亿 m^3，居全国第三位。森林覆盖率36.02%。

二、野生动植物资源

四川省拥有脊椎动物1247种，其中：两栖类90种，爬行类84种，鸟类625种，哺乳类217种。国家重点保护野生动物144种，大熊猫栖息地面积和数量均居全国首位。拥有高等植物230

余科 1600 多属 10000 余种，占全国总数的 1/3 以上。其中：裸子植物 88 种（居全国第一位）、蕨类植物 730 余种、被子植物 8450 多种。木本植物 3925 种（乔木 1476 种），其中 460 余种为四川省特有。四川省天然原生的国家重点保护野生植物 63 种。

四川省建立林业自然保护区 123 个，总面积 725 万 hm²，其中国家级 23 个，数量居全国第二。建立森林公园 127 个，总面积 120.05 万 hm²，其中国家级 38 个、省级 58 个、市县级 31 个。

三、湿地资源

四川省湿地面积 174.78 万 hm²（不计水稻田），占全省辖区面积的 3.6%。其中：自然湿地 166.56 万 hm²（河流湿地 45.24 万 hm²，湖泊湿地 3.73 万 hm²，沼泽湿地 117.59 万 hm²），人工湿地 8.22 万 hm²。湿地内分布有湿地脊椎动物 5 纲 25 目 59 科 495 种，其中国家重点保护野生动物 36 种（国家Ⅰ级 9 种，国家Ⅱ级 27 种）。分布有高等植物 113 科 376 属 1008 种，其中国家重点保护野生植物 5 种（国家Ⅰ级 3 种，国家Ⅱ级 2 种）。

四川省共建立湿地类型自然保护区 52 个，湿地公园 56 个（其中国家湿地公园 29 个、省级湿地公园 27 个），湿地保护率 53.13%。

四、石漠化和沙化状况

四川省沙化土地面积 91.38 万 hm²，其中川西北沙化土地 82.19 万 hm²。岩溶区（主要分布在川南）面积 277.73 万 hm²，其中石漠化土地 73.19 万 hm²。四川省沙化和石漠化土地总面积 164.57 万 hm²，占全省辖区面积的 3.39%。2007 年启动防沙治沙试点，2008 年实施岩溶区石漠化综合治理，2013 年启动《川西藏区生态保护与建设规划（2013—2020 年）》。

五、林业法规规章

四川省颁布地方性法规 13 部：《四川省〈中华人民共和国农村土地承包法〉实施办法》、《四川省长江防护林体系管理条例》、《四川省〈中华人民共和国野生动物保护法〉实施办法》、《四川省绿化条例》、《四川省天然林保护条例》、《四川省木材运输管理条例》、《四川省森林公园管理条例》、《四川省植物检疫条例》、《四川省〈中华人民共和国防沙治沙法〉实施办法》、《四川省湿地保护条例》、《四川省林木种子管理条例》、《四川省森林防火条例》、《四川省野生植物保护条例》。

四川省颁布政府规章 2 部:《四川省森林病虫害防治实施办法》、《四川省林木采伐管理办法》。

六、林业科技

四川省建立市(州)级以上林业科研院(所)13 个、林产品质量检验检测机构 21 个,取得科技成果 202 项,其中省部级科技进步奖 85 项,获国家发明技术专利 5 项。建有国家林业局重点实验室 1 个、省级重点实验室 2 个、省级工程技术研究中心 1 个,国家林业局森林生态系统定位观测与研究站 2 个、省级森林生态效益监测站 15 个。颁布实施林业地方标准 115 项,林业科技成果转化率和科技贡献率分别达到 55%、45%。选育并审认定林木良种299 个,建有国家级重点林木良种基地 10 个、省级重点基地 7个,主要造林树种良种使用率 50%。

七、林业机构队伍

四川省林业厅内设 16 个处(室):办公室(信访处)、政策法规处、行政审批处、造林绿化管理处(省绿化委员会办公室)、森林资源管理处(木材行业管理办公室、国有林管理处)、野生动植物资源保护与自然保护区管理处、农村林业改革发展处、四川省森林防火指挥部办公室、发展规划与资金管理处、产业处(安全生产管理处)、国有林管理处、科学技术处、国际合作处、人事处、机关党委办公室、纪检组、离退休人员工作处,机关行政编制 101 名。下设直属机构、企事业单位 28 个(含代管机构 1 个)。

全省 21 个市州、183 个县(市、区)均设有林业行政管理机构,建立森林公安机构 396 个、2500 多人。全省有国有林场 180个、重点森工企业 28 户,木材检查站 270 个、林业工作站 1445个、森林病虫害防治检疫站 192 个,林政执法人员 12000 多人。

全省林业系统从业人员 4.86 万人。

第二十四节 贵州林情

一、森林资源

截至 2015 年年底，贵州省林地面积达 927.96 万 hm²，森林面积达 771.03 万 hm²，森林覆盖率达 43.77%，活立木总蓄积量为 4.45 亿 m³；森林蓄积量为 3.92 亿 m³。

二、野生动植物资源

全省有脊椎动物约 1053 种，其中兽类 141 种、鸟类 509 种、爬行类 104 种、两栖类 74 种、鱼类 225 种，其中黔金丝猴、贵州疣螈、雷山髭蟾等为贵州所特有。全省约有维管束植物 8491 种，其中特有植物种约 62 属，梵净山冷杉、掌叶木、银杉、青岩油杉为贵州特有的珍稀濒危野生植物种类。贵州先后颁布了《贵州省陆生野生动物保护办法》、《贵州省国家重点保护野生动物名录》、《贵州省重点保护珍贵树种名录》，将 99 种陆生野生动物、85 种野生植物，确定为国家一级或二级保护对象予以重点保护。贵州省现已查明的古树名木有 70900 株，其中国家一级古树 3128 株（树龄 500 年以上）、国家二级古树 7256 株（树龄 300～499 年）、国家三级古树 60416 株（树龄 100～299 年），国家领导人或重要人物有关的名木约 100 余株。

贵州省林业系统共建立各类自然保护区 105 处，总面积 897328.91hm²，约占全省国土面积的 5.1%，其中国家级自然保护区 7 处，面积 230854hm²。林业系统建立的自然保护区中，森林生态系统类型自然保护区 93 处，面积 760839.53hm²；湿地生态系统类型自然保护区 2 处，面积 30865.72hm²；野生植物类型自然保护区 6 处，面积 26037.7hm²；野生动物类型自然保护区 3 处，面积 79923hm²。全省共有 2 处自然保护区加入联合国教科文组织"国际人与生物圈"保护区网络，5 处自然保护区加入"中国人与生物圈"保护网络，1 处被列为世界自然遗产名录，相当一部分自然保护区是全球生物多样性保护的重点地区。

三、湿地资源

截至 2012 年，全省湿地总面积为 209726.85hm²，占全省国土面积的 1.19%，其中自然湿地面积 151651.16hm²，占全省湿地总面积的 72.31%；人工湿地 58075.69hm²，占全省湿地总面积的 27.69%。2016 年全省湿地保护率为 40.53%。贵州湿地类分为 4 个湿地类 14 个湿地型（不含稻田/冬水田）。贵州湿地植物共记录 116 科 248 属 521 种（含种下分类等级，下同），其中苔藓植物 18 科 24 属 30 种，维管束植物 98 科 224 属 491 种（包括蕨类植物 16 科 19 属 23 种，被子植物 82 科 205 属 468 种）。属国家 I 级重点保护野生植物的有云贵水韭、辐花苣苔 2 种，国家 II 级重点保护野生植物有桫椤、水蕨、金毛狗、贵州萍蓬草和莲 5 种，中国特有种云贵水韭、薄叶蹄盖蕨、窄叶蚊母树、华西枫杨、习水秋海棠、云贵谷精草等 155 种，还分布有中国濒危苔藓植物多纹泥炭藓；共记录贵州省湿地脊椎动物 750 种，隶属 5 纲 33 目 101 科；鱼类有 7 目 20 科 253 种，两栖类有 2 目 10 科 64 种，爬行类有 2 目 13 科 92 种，鸟类有 13 目 39 科 278 种，哺乳类有 9 目 19 科 63 种。属国家 I 级重点保护野生动物的有黑颈鹤、东方白鹳、中华秋沙鸭等 11 种，属国家 II 级重点保护野生动物的有大鲵、胭脂鱼等 47 种，中国特有物种有宽阔水拟小鲵、雷山髭蟾、安龙臭蛙、长须金线鲃等 222 种。

2014 年成立了省湿地保护机构；省政府批准了《贵州省湿地保护发展规划（2014—2030 年）》，划定全省湿地保护红线，到 2020 年全省湿地保有量不低于 315 万亩；《贵州省湿地保护条例》已列入 2015 年省政府立法计划。截至 2013 年，全省已建立湿地类型自然保护区 20 处，国家湿地公园 45 处（含试点），以湿地自然保护区、湿地公园为主的湿地保护网络体系初步形成，湿地保护面积达到 8.50 万 hm²，占全省湿地总面积的 40.53%。

四、林业机构队伍

贵州省林业厅内设办公室（应急办）、政策法规处（宣传处）、农村林业改革发展处、造林绿化管理处（贵州省绿化委员会办公室）、森林资源管理处、野生动植物保护与自然保护区管理处、发展规划与资金管理处、科学技术处、对外合作与产业处、人事处、机关党委办公室、离退休干部处以及省森林公安局，机关行政编制92名。另有贵州省林业种苗站、贵州省森林资源管理站、贵州省退耕还林工程管理中心、贵州省天然林保护工程管理中心、贵州省营林总站、贵州省森林防火中心、贵州省林业科技推广总站、贵州省森林病虫检疫防治站、贵州省湿地保护中心、贵州省野生动物和森林植物管理站、贵州省林业对外合作中心、贵州省林业基金管理站、贵州省公益林管理中心、贵州省林业信息中心、贵州省林业调查规划院、贵州省林业科学研究院、贵州省核桃研究所、贵州省林业学校、贵州省龙里林场、贵州省扎佐林场、贵州茂兰国家级自然保护区管理局、贵州习水国家级自然保护区管理局、贵州麻阳河国家级自然保护区管理局、贵州梵净山国家级自然保护区管理局、贵州宽阔水国家级自然保护区管理局、贵州道真大沙河省级自然保护区管理局等26个直属事业单位，其中贵州省林业种苗站、贵州省森林资源管理站、贵州省退耕还林工程管理中心、贵州省天然林保护工程管理中心、贵州省营林总站、贵州省森林防火中心、贵州省野生动物和森林植物管理站、贵州省森林病虫检疫防治站8个直属事业单位列入参照公务员法管理事业单位。

贵州省林业系统机构总数1990个，其中行政98个，事业1824个，企业50个。全省林业系统有乡镇林业站1327个，其中：林业部门派出机构1个，双重领导278个，占21%，乡镇管理1048个，占9%；已加挂野生动物保护站牌子634个，占47.8%。全省木材检查站有143个，其中省木材检查站1个，国道站56个，省道站88个，县管理站74个，支线站61个，水上站5个。位于天然林资源保护工程区的有119个，在重点生态工程区（珠江流域防护林工程）的有24个；全省林业种苗机构有87个；全省共有森林公安机构178个，共有森林公安民警1009人。全省共有森林防火指挥部112个，办公室111个，防火检查站315个，专业（半专业）森林消防队450个，义务森林消防队

6668 个。

五、林业法规规章

地方性法规有：《贵州省绿化条例》、《贵州省森林条例》、《贵州省林地管理条例》、《贵州省林木种苗管理条例》、《贵州省森林公园管理条例》、《贵州省森林林木林地流转条例》、《贵州省森林防火条例》、《贵州省义务植树条例》、《贵州省湿地条例》。

政府规章有：《贵州省陆生野生动物保护办法》、《贵州省实施〈森林和野生动物类型自然保护管理办法〉细则》、《贵州省森林采伐限额管理办法》、《贵州省木材经营管理办法》、《贵州省植物检疫办法》、《贵州省征收征用林地补偿费用管理办法》。

六、林业科技

1980 年以来，贵州省林业科技工作共取得科技成果 263 项，其中，获国家级奖励 16 项。全省审(认)定林木良种 143 个，颁布实施林业行业标准 11 项。全省共有市(州)级以上林业科研机构 8 个，研究开发人员 317 人。国家级和局级陆地(森林、湿地、荒漠)生态系统定位研究站 6 个，国家级林木良种基地 7 处，国家级林木种质资源库 3 处，标准化示范区 42 个，林业专业标准化技术委员会 1 个，国家级和局级林业质量检验检测机构 1 个，省级林木种苗质量检验机构 1 个，市(州)、县级林木种苗质量检验机构 6 个，省、市(州)、县三级林业科技推广机构 10 个，全国林业科普基地 3 个。已建立测试中心 2 个。

七、林业产业

2011—2015 年，全省林业产业总产值分别增长 15.3%、17.7%、25.5%、21.3%、32.8%，2015 年全省林业产业总产值达到了 810 亿元。全省经济林总面积达到 150.5 万 hm²。全省林业专业合作组织发展到 2243 家，19 家被授予全国农民专业合作示范社称号，林下经济发展面积目前已达到 143.14 万 hm²，产值达 155.85 亿元。贵州有国家级林业龙头企业 4 家，省级林业产业化经营龙头企业达到 113 家。全省 76 个森林公园、32 个湿地公园和 104 个林业系统管理的森林和野生动物、湿地类型保护区开展森林生态旅游。2014 年，全省各森林公园、自然保护区接待游客超过 3000 万人次，实现直接旅游收入 40 亿元。

2011—2015 年，全省共签约林业招商引资项目 618 个，签约投资总额 842.9 亿元。履约项目为 603 个，履约项目总投资 970.3 亿元。实际到位资金 301.7 亿元。

八、林业国际合作

1990 年以来，贵州省先后实施了联合国世界粮食计划署援助的《中国 3356》项目、世行贷款项目、"全球环境基金赠款贵州省自然保护区管理项目"、"中韩合作贵州省修文县喀斯特山地造林示范项目"、"麻江县中美合作森林健康经营示范项目"、小渊基金项目、"澳大利亚政府小型活动计划项目"、世界自然基金会（WWF）资助集体林区公益林使用权研究项目以及"中德财政合作贵州省森林可持续经营项目"等 10 多个国际合作项目，共使用国外优惠贷款约人民币 2.7 亿元，获得无偿援助资金约人民币 7000 万元，获得国外援助粮食 98388t，通过国际合作项目争取财政配套资金人民币 2 亿多元。

据统计，2000 年来，贵州省组团赴美国等 11 个国家执行了出国（境）培训和考察任务。选派 10 余名年轻林业干部前往菲律宾、泰国攻读硕士学位。2001 年 7 月，贵阳承办了"亚欧森林保护与可持续发展国际研讨会"，会议讨论通过了"贵阳宣言"。

第二十五节　云南林情

一、森林资源

据第八次全国森林资源清查结果，云南省森林面积 2273.56 万 hm²，活立木总蓄积量 19.13 亿 m³，森林蓄积量 18.95 亿 m³，森林覆盖率 50.03%，比第一次清查净增 19.44 个百分点。全省森林面积列全国第二位；人工林保存面积 526.48 万 hm²，人工林面积列全国第三位。总体上看，云南省森林资源仍存在总量不足、质量不高、分布不均衡的问题。云南的森林覆盖率为全国平均水平 21.63% 的 2.31 倍，人均占有森林面积为全国人均占有量 0.15hm^2 的 2.7 倍，人均占有森林蓄积量为全国人均占有蓄积量 10.98m^3 的 3.3 倍，与林业发达的内蒙古自治区和黑龙江省相比还有很大差距。在现有森林中，中幼龄林比例较大，面积占乔木林面积的 70% 以上，蓄积量占森林蓄积量的 40%。从地域分布上看，滇西北、滇西、滇中等区域森林资源分布相对集中，而滇东北、滇东等地区森林资源分布较少。

全省共有国有林场 203 个，总经营面积 313.48 万 hm^2，其中林业用地面积 271.59 万 hm^2，森林面积 298 万 hm^2，森林蓄积量 3.1 亿 m^3，分别约占全省林业用地面积、森林面积和森林蓄积量的 11%、15.57% 和 16.5%。在 271.59 万 hm^2 林业用地面积中，商品林面积 57.67 万 hm^2，公益林面积 183 万 hm^2（重点公益林 113.87 万 hm^2）。国有林场有林地总面积 241 万 hm^2，疏林地面积 10 万 hm^2，灌木林地面积 45 万 hm^2，宜林荒山荒地面积 11 万 hm^2。

全省共建立各类森林公园 40 处，保护森林风景资源 15.17 万 hm^2，其中，国家级森林公园 27 处，保护森林风景资源 11.26 万 hm^2；省级森林公园 13 处，保护森林风景资源 3.9 万 hm^2。中国世界自然和文化遗产名录中有 2 处涵盖云南森林公园的景观资源。

二、野生动植物资源

全省有陆生野生脊椎动物 2242 种，其中哺乳类 312 种，鸟类 944 种，两栖类 188 种，爬行类 208 种。另外，云南已知分布有鱼类 590 种。在国家重点保护野生动物名录中，全省分布有 236 种，其中国家 Ⅰ 级保护野生动物 58 种，国家 Ⅱ 级保护野生动物 178 种。云南特有分布物种 351 种，鱼类特有种 270 种。亚洲象、野牛、白颊长臂猿、白掌长臂猿、戴帽叶猴、灰叶猴、威氏小鼷鹿、豚鹿、绿孔雀、赤颈鹤等 25 种为云南独有。全省约有高等植物 19365 种（包括亚变种），其中：云南特有物种有 43 种，主要分布区在云南的 32 种，如华盖木、西畴青冈、望天树等。在《国家重点保护野生植物名录（第一批）》所列 246 种 8 类中，云南有

114 种 8 类，总种数达 146 种，占全国的 47.2%。

全省林业系统共建立各类自然保护区 131 处，总面积 266.08 万 hm²，约占全省国土陆地面积的 6.9%，其中国家级自然保护区 17 处，面积 139.04 万 hm²。林业系统建立的自然保护区中，森林生态系统类型自然保护区 83 处，面积 202.66 万 hm²；湿地生态系统类型自然保护区 14 处，面积 10.09 万 hm²；野生植物类型自然保护区 10 处，面积 7.76 万 hm²；野生动物类型自然保护区 12 处，面积 40.75 万 hm²。此外，还建立了 4 个自然保护小区。全省共有 2 处自然保护区加入联合国教科文组织"人与生物圈"保护区网络，4 处被列入国际重要湿地名录，5 处被列为世界自然遗产名录。

三、湿地资源

据云南省第二次湿地资源调查，云南省 8hm² 以上（含 8hm²）湿地总面积 56.35 万 hm²，其中：自然湿地 39.25 万 hm²，占69.67%；人工湿地 17.10 万 hm²，占 30.33%。自然湿地中，河流湿地 24.18 万 hm²，湖泊湿地 11.85 万 hm²，沼泽湿地 3.22万 hm²。全省调查范围内发现湿地植被型 12 个，湿地植物群系189 个。记录到湿地高等植物 2274 种，湿地脊椎动物 1006 种。

全省现有国际重要湿地 4 处，各级别湿地类型的自然保护区16 个，国家湿地公园 12 个。

四、林业法规规章

1979 年以来，云南省人大及其常委会颁布涉林地方性法规 12件，主要有：《云南省国家公园管理条例》、《云南省湿地保护条例》、《云南省森林防火条例》、《云南省林地管理条例》、《云南省昭通大山包黑颈鹤国家级自然保护区条例》、《云南省林木种子条例》、《云南省森林条例》、《云南省园艺植物新品种注册保护条例》、《云南省绿化造林条例》、《云南省自然保护区管理条例》、《云南省陆生野生动物保护条例》、《云南省珍贵树种保护条例》。

颁布的政府规章有：《云南省木材运输管理规定》、《云南省林地管理办法》、《云南省森林和野生动物类型自然保护区管理细则》、《云南省重点保护陆生野生动物造成人身财产损害补偿办法》、《云南省林木种苗管理规定》。此外，省人民政府还制定了《云南省地方公益林管理办法》等规范性文件。

五、林业科技教育与信息化

新中国成立以来，特别是改革开放以来，云南省林业共取得科技成果389项，其中获国家级奖励5项，省级奖励148项，林业科技贡献率达到47.02%。全省审（认）定林木良种526个，颁布实施林业国家标准5项，行业标准13项。全省共有地（市）级以上林业科研机构14个，17个县（市）设立了林业科学研究所，研究开发人员1014人。

林业教育体系健全，形成了普通高等林业教育与高、中等林业职业技术教育、林业培训协调发展的林业教育培训体系，设有林业高等院校1所、林业（生态）职业技术学院1所、林业高级技工学校1所。全省共有林业行业关键岗位培训单位1个，林业职业技能鉴定站2个，年培训林业从业人员1.3多万人次，1.1673万人次通过林业行业职业技能鉴定考核获得国家职业资格证书。

2011年成立云南省林业厅林业信息化领导小组，省编办批复在云南省林业厅宣传中心加挂云南省林业信息中心牌子。启动实施云南林业电子政务一期工程，建成基础地理信息数据库、一类二类调查森林资源数据库、自然保护区数据库、公益林数据库、集体林权数据库和林产业数据库，建立了覆盖全省各县市区的森林资源管理信息系统、集体林权管理信息系统、生态公益林管理信息系统及木材运输证管理系统，开通了森林病虫害网络医院和网上信访系统，完善了林火监测体系。

六、林业机构队伍

云南省林业厅内设10个行政职能处室和离退办、机关党委，1个派驻机构，29个直属单位，共有行政、事业编制人员2292人。

全省林业自上而下拥有一套完整的行政管理体系，每个州（市）都设有林业局，绝大多数地市县设有单独的林业行政机构，大部分乡镇设有林业工作站，全省林业系统职工总人数 3.5 万人。同时，拥有健全的林业执法机构和执法队伍，全省共有 476 个森林公安工作机构、6063 个防火检查站、196 个木材检查站、1361 个乡镇林业工作站、146 个森林病虫害防治检疫局(站)、98 个林木种苗管理站和 10 个国家级、68 个省级陆生野生动物疫源疫病监测站，共有执法人员约 1.8 万人，其中森林公安民警3432 人。

第二十六节　西藏林情

一、森林资源

据第八次全国森林资源连续清查结果，西藏林地面积 1783.64 万 hm^2，森林面积 1471.56 万 hm^2，活立木总蓄积量 22.88 亿 m^3，分别居全国第五位、第五位和第一位；森林覆盖率 11.98%；乔木林每公顷蓄积量 266.59 m^3，生态功能等级达到中等以上的面积占 97%。与第七次清查结果相比，林地面积净增 37.01 万 hm^2，森林面积净增 8.91 万 hm^2，活立木总蓄积量净增 1541 万 m^3，森林覆盖率提高 0.07 个百分点。

西藏共有国有林场 5 个，在岗职工 663 人，退休职工 1393 人。西藏国有林场与其他省区最大的不同是没有经营区。

西藏森林风景资源十分丰富。为有效保护和合理开发利用珍贵的风景资源，西藏共建立国家森林公园 9 处，保护森林风景资源 132.96 万 hm^2。

二、野生动物资源

西藏有野生脊椎动物 795 种，居全国第三位，大中型野生动物种群数量居全国前列，其中：藏羚羊、野牦牛数量占整个种群数量的 70% 以上，黑颈鹤越冬数量占整个种群数量的 80%。现有野生动物中被列为国家和自治区重点保护的野生动物有 141 种，其中：国家一级重点保护野生动物有藏羚羊、野牦牛、滇金丝猴、黑颈鹤等 45 种，国家二级重点保护野生动物 80 种，自治区重点保护野生动物 16 种，"三有"（有益的和有重要经济、科学研究价值的）动物 352 种，被列入《濒危野生动植物种国际贸易公约》（CITES）附录的动物种有 140 余种。

西藏已记录的高等植物 6600 多种，其中：苔藓植物 700 余种，维管束植物（蕨类和种子植物）5800 余种。受国家重点保护的珍稀植物有 38 种（其中国家一级重点保护野生植物有喜玛拉雅红豆杉、玉龙蕨等 6 种），列入自治区重点保护植物有四叶红景天、亚东冷杉等 40 种，另有 214 种被列入《濒危野生动植物种国际贸易公约》（CITES）附录内。

西藏林业系统共建立森林、湿地、荒漠、野生动植物等类型自然保护区 61 处，总面积 4110.59 万 hm²，占全区国土面积的 34.19%，约占全国林业系统自然保护区总面积的 1/3，居全国第一位，其中：国家级自然保护区 9 处、自治区级自然保护区 9 处，使西藏地区 80% 以上的珍稀濒危野生动植物物种和典型生态系统得到有效保护。

三、湿地资源

据第二次全国湿地资源调查结果，西藏现有各类湿地 652.9 万 hm²，占全区国土面积的 5.31%，占全国湿地面积的 12.18%，居全国第二位，共有河流湿地、湖泊湿地、沼泽湿地和人工湿地 4 类 17 型，其中自然湿地 652.40 万 hm²，占全区湿地面积的 99.92%，是我国湿地类型齐全、数量最为丰富的省区之一。在区域分布上，西藏湿地遍布全区，北部地区以湖泊湿地为主；中部、南部与西部多为河流和沼泽湿地；东部多河流湿地；北部、西部沼泽湿地辽阔，其中羌塘南部地区分布面积最大。

玛旁雍错和麦地卡 2 块湿地被列入国际重要湿地名录，羌塘地区湖盆湿地、羊卓雍错湿地等 16 块湿地被列入全国重要湿地名录；建立了桑桑、扎日南木错等各级别湿地类型的自然保护区 14 处，多庆错、雅尼、拉姆拉错等国家湿地公园（含试点）18 处。以自然保护区为主体，湿地公园、国际重要湿地等多种方式的湿地保护体系逐步形成。全区受保护湿地面积达 430.80 万 hm²，占全区湿地面积的 65.98%。

四、荒漠化和沙化状况

据全国第五次荒漠化和沙化监测结果，西藏荒漠化土地 4325.62 万 hm^2，占全区国土面积的 35.95%；沙化土地 2158.36 万 hm^2，占全区国土面积的 17.94%，土地荒漠化和沙化面积仅次于新疆、内蒙古居全国第三位，分布在全区 7 地（市）67 个县（市）。与第四次荒漠化和沙化监测结果相比，荒漠化土地减少 1.36 万 hm^2，沙化土地减少 3.50 万 hm^2。

五、林业法规规章

已颁布的地方性林业法规有：《西藏自治区实施〈中华人民共和国森林法〉办法》、《西藏自治区实施〈中华人民共和国自然保护区条例〉办法》、《西藏自治区实施〈中华人民共和国野生动物保护法〉办法》、《西藏自治区湿地保护条例》。

已颁布的地方政府林业规章有：《西藏自治区陆生野生动物造成公民人身伤害或财产损失补偿办法》、《西藏自治区林地管理办法》、《西藏自治区野生植物保护办法》。

六、林业科技与信息化

西藏先后成立自治区林业调查规划研究院、自治区林木科学研究院、自治区高原生态研究所和林芝高山森林生态系统定位研究站等科研机构，7 个地市成立林业技术推广服务中心，初步形成林业科学研究、林业技术推广服务和林业科技开发为一体的林业科技体系。

已建成覆盖自治区、地、县三级的森林防火网络和林业厅数据中心，实现了自治区、地、县三级森林防火指挥机构的视频会议、协调指挥和日常工作的信息化。2013 年完成原有门户网站改版升级，并开通新浪微博平台。

七、林业机构队伍

西藏自治区林业厅内设行政机构 7 个（均为正处级）：办公室（机关党委、政工人事处）、造林绿化处、资源林政管理处（政策法规处)、野生动植物保护与自然保护区管理处(西藏湿地保护管理办公室)、森林公安局(自治区森林防火指挥部办公室)、退耕还林办公室、计划财务审计处,行政编制48名,森林公安政法专项编制22名。内设事业机构5个:西藏自治区长江上游天然林保护工程办公室(自治区林业产业发展指导中心,正县级)、西藏自治区森林病虫害防治站(正县级)、西藏林业信息中心(副县级)、厅机关后勤服务中心(副县级)事业编制42名。下属事业单位2个(均为正县级):自治区林业调查规划研究院(自治区森林生态监测中心、自治区林业碳汇计量监测中心)、自治区林木科学研究院,事业编制104名。

全区7地(市)设立正县级林业局7个,74个县单独设立正科级林业局66个、8个县林业工作与县农牧局合署办公,692个乡镇均未设立完整意义的林业工作站(个别乡镇有专人负责林业技术工作)。全区地、县两级林业机构共核定编制1125名。

第二十七节　陕西林情

一、森林资源

第九次全国森林资源清查结果显示,陕西省森林面积886.84万 hm^2 ,活立木总蓄积量51023.42万 m^3 ,森林蓄积量47866.7万 m^3 ,森林覆盖率43.06%。

全省林地面积1236.79万 hm^2 ,用材林92.41万 hm^2 ,防护林607.31万 hm^2 ,薪炭林22.72万 hm^2 ,经济林117.07万 hm^2 ,特用林47.33万 hm^2 ,竹林2.24万 hm^2 ,灌木林281.7万 hm^2 ,疏林地28.8万 hm^2 ,未成林造林地24.95万 hm^2 ,生长率4.41%,年生长量2184.04万 m^3 。

全省共有国有林场262个,总经营面积401.40万 hm^2 ,其中林业用地面积394.59万 hm^2 ,森林面积397.04万 hm^2 ,森林蓄积量2.16亿 m^3 ,分别约占全省林业用地面积、森林面积和森林蓄积量的31.90%、33.49%、42.35%。在394.59万 hm^2 林业用地面积中,商品林面积58.19万 hm^2 ,公益林面积336.4万 hm^2 ,其中重点公益林面积 269.21 万 hm²。国有林场有林地总面积 304.46 万 hm²，疏林地面积 11.14 万 hm²，灌木林地面积 47.56 万 hm²，宜林荒山荒地面积 27.08 万 hm²。

全省共建立森林公园 88 处，保护森林风景资源 34.7 万 hm²，其中国家级森林公园 35 处，保护森林风景资源 20.2 万 hm²。

二、野生动植物资源

全省陆生脊椎动物约 604 种，其中兽类 147 种、鸟类 380 种、爬行类 49 种、两栖类 28 种，朱鹮等为陕西特有。全省约有高等植物 3000 多种，其中漏斗泡囊草、秦岭花楸为陕西特有。《陕西省重点保护野生动物名录》和《陕西省重点保护野生植物名录》将 52 种陆生野生动物、183 种野生植物确定为省级重点保护野生动物和省级重点保护野生植物。

陕西省林业系统共建立各类自然保护区 48 处，总面积 106.5 万 hm²，占全省陆地面积的 5.17%，其中国家级 19 处，面积 58.44 万 hm²。林业系统建立的自然保护区中，森林生态系统类型自然保护区 19 处，面积 47.6 万 hm²；湿地生态系统类型自然保护区 7 处，面积 10.8 万 hm²；野生植物类型自然保护区 4 处，面积 3.3 万 hm²；野生动物类型自然保护区 18 处，面积 45.3 万 hm²。全省共有 3 处自然保护区加入联合国教科文组织"人与生物圈"保护网络，1 处自然保护区被收入世界自然保护联盟（IUCN）"世界最佳管理保护地绿色名录"。

三、湿地资源

陕西省单块面积大于 8hm² 的湿地总面积 30.85 万 hm²，其中人工湿地 3.23 万 hm²，占 10.46%；沼泽湿地 1.10 万 hm²，占 3.58%；河流湿地 25.76 万 hm²，占 83.5%；湖泊湿地 0.76 万 hm²，占 2.46%。自然湿地占全省国土面积的 1.5%，人均自然湿地面积 0.0082hm²。湿地内分布有维管植物 361 种，野生动物 313 种，其中水禽类 121 种，两栖类 28 种，爬行类 22 种，兽类 5 种。

全省已建立湿地自然保护区 9 处，国家湿地公园 31 处，湿地保护面积达到 11.50 万 hm²，占全省湿地总面积的 37.28%。

四、荒漠化与沙化状况

陕西省沙化土地主要分布在毛乌素沙地南缘、长城沿线及附近地区，另有少量分布在关中东部的黄河、渭河、洛河交汇处。涉及榆林市定边、靖边、横山、榆阳、神木、府谷、佳县和延安市吴起县，渭南市大荔县，共 3 市 9 县(区)111 个乡镇。经过多年治理，沙区面貌发生根本变化，到 2015 年，沙区造林保存面积累计达到 130.6 万 hm^2，固定流沙 57 万 hm^2，林草覆盖率由建国初期的 1.8% 增加到 33.8%。以沿陕蒙交界、长城沿线、白于山北麓、榆定公路、黄河沿岸等为骨架、总长达 2500km 多的大型防风固沙林带初步形成；毛乌素风沙滩区和"大荔沙苑"13 万 hm^2 多农田基本实现林网化，沙漠腹地建起万亩以上片林 165 块。以"带、片、网"，"点、线、面"，"乔、灌、草"相结合的防护林体系格局已经形成，大大降低了风沙危害，沙化扩展势头减缓、沙尘暴日数年均减少一半多，重大沙尘暴极少发生，治理区自然降尘较空旷地减少 90%。

五、林业法规规章

已颁布的地方林业法规：《陕西省森林管理条例》、《陕西省实施〈中华人民共和国种子法〉办法》、《陕西省实施〈中华人民共和国防沙治沙法〉办法》、《陕西省实施〈中华人民共和国野生动物保护法〉办法》、《陕西省湿地保护条例》、《陕西省封山禁牧条例》、《陕西省秦岭生态环境保护条例》、《陕西省野生植物保护条例》、《陕西省古树名木保护条例》、《陕西省森林公园条例》等。

已颁布的政府规章：《陕西省征用占用林地及补偿费征收管理办法》、《陕西省木材检查站工作暂行规定》、《陕西省实施〈森林防火条例〉办法》、《陕西省重点保护陆生野生动物造成人身财产损害补偿办法》等。

六、林业科技与信息化

"十五"以来，陕西省林业系统共承担国家和省级下达的科研、中试、引进、推广项目 460 余项，建立林业科技项目示范点近 640 处；取得科技成果 200 项，有 95 项科研、推广项目先后获得省级科技进步奖和技术推广成果奖。全省林业科技进步贡献率由 33.8% 提高到 43%，科技成果推广应用率从 50% 提高到 60%。审定通过林木良种 162 个。现有省级科技单位 4 个，地市级林业研究机构 7 个，县级以上研究、推广机构 127 个，有技术人员 3800 余人。

全省林业网络布局初步形成。制定了《陕西省林业信息化建设纲要》、《陕西省林业信息化建设技术指南》、《陕西省林业信息化示范省建设实施方案》、《陕西省林业信息化建设发展规划》。制定了《陕西林业厅门户网站管理办法》、《陕西省林业视频会议系统管理办法》、《陕西省林业厅办公网管理办法》、《陕西省林业厅网络信息安全应急处置预案》、《陕西省林业厅政府信息公开制度》等制度办法，林业信息化走上规范化管理轨道。

七、林业机构队伍

陕西省林业厅内设办公室、人事教育处、政策法规处、造林绿化管理处(省绿化委员会办公室)、森林资源管理处(省木材行业管理办公室)、发展规划与资金管理处、野生动植物保护与自然保护区管理处、农村林业改革发展处 8 个处室和机关党委、离退休人员服务管理处。机关行政编制 83 名。

陕西省林业厅有直属行政机构陕西省森林公安局，省森林公安局直属有 3 个分局，政法专项编制 220 名。另有 30 个直属事业单位，其中 5 个直属事业单位列入参照公务员法管理事业单位。此外，还有主管或挂靠的 4 个社会团体。

第二十八节　甘肃林情

一、森林资源

甘肃省森林资源总量不足，分布不均，主要分布在白龙江、洮河、小陇山、子午岭、大夏河、西秦岭、康南、祁连山、关山、马衔山等林区，中部及河西地区森林资源稀少。据第九次全国森林资源清查结果，全省林地面积 1046.35 万 hm²，占全省总土地面积的 23.27%，居全国第 12 位；森林面积 509.73 万 hm²，居全国第 18 位；森林覆盖率 11.33%，居全国第 27 位；活立木总蓄积量 28386.88 万 m³，居全国第 18 位；森林蓄积量 25188.89 万 m³，居全国第 18 位。

截至 2015 年，全省共批建 91 处森林公园，其中国家级 22 处、省级 69 处，总经营面积达 98.56 万 hm²，占到全省林业用地面积的 9%。森林公园涉及全省 13 个市（州）的 53 个县（区）。

二、野生动植物资源

甘肃省处于中亚—印度、澳大利亚—东亚候鸟 2 条迁徙通道之上，是雁鸭类和鹤类往返迁徙的重要通道，也是隼形目鹰隼类的主要迁飞通道和停栖地，是我国大熊猫 3 个分布省之一。省内有陆生脊椎动物 4 纲 30 目 96 科 843 种和亚种，其中哺乳纲 8 目 27 科 175 种，鸟纲 17 目 54 科 574 种，爬行纲有 3 目 10 科 63 种，两栖纲 2 目 11 科 31 种。有国家重点保护野生动物 114 种，其中国家一级重点保护野生动物 33 种（哺乳类有 18 种，鸟类有 14 种，昆虫 1 种），国家二级重点保护野生动物 81 种（哺乳类有 22 种，鸟类有 49 种，两栖类 2 种，鱼类 1 种，昆虫 7 种）。

据《甘肃省植物志》记载，甘肃省共分布有维管植物 213 科 1296 属 4400 余种，其中被子植物 4000 余种，裸子植物 50 余种，蕨类植物 300 余种。境内分布的国家重点保护野生植物有 34 种，其中国家一级重点保护的有银杏、红豆杉、南方红豆杉、水杉、珙桐、光叶珙桐、独叶草、发菜 8 种。

三、湿地资源

甘肃省位于我国内陆腹地，由西北干旱区、青藏高寒区和东部季风区组成，地貌复杂多样，山地、高原、沙漠、戈壁、平川和河谷交错分布，自然条件严酷。全国第二次湿地资源调查统计结果显示，甘肃省湿地总面积 169 万 hm²，占全省国土资源总面积的 4%。湿地类型齐全多样，分布于省内各地的主要湿地类型为河流湿地、湖泊湿地、沼泽湿地、人工湿地 4 大类和 16 个湿地型。林业部门主管 9 处湿地类型自然保护区，其中国家级 3 处、省级 6 处。国家湿地公园 13 处，国际重要湿地 2 处，国家重要湿地 3 处。

四、林业法规规章

已颁布的地方林业法规规章有：《甘肃省实施〈中华人民共和国森林法〉办法》、《甘肃省全民义务植树条例》、《甘肃省实施〈中华人民共和国防沙治沙法〉办法》、《甘肃省实施〈中华人民共和国野生动物保护法〉办法》、《甘肃省森林病虫害防治检疫条例》、《甘肃省林木种苗管理条例》、《甘肃省湿地保护条例》、《甘肃省林地保护条例》、《甘肃省（莲花山、兴隆山、白水江、祁连山）自然保护区管理条例》、《甘肃省林业生态环境保护条例》、《甘肃省森林公园管理条例》、《甘肃省实施〈森林防火条例〉办法》、《甘肃省陆生野生动物造成人身伤害和财产损失补偿办法》等。

五、林业科技

"十二五"以来，省级林业科研单位承担国家支撑计划项目 3 项，科技部科技富民项目 1 项，国家自然基金项目 30 项，国家林业公益性行业专项 5 项，948 项目 4 项，省级科技计划项目 50 余项，制定国家林业行业标准 15 项，地方林业标准 45 项，申请植物新品种 5 项，申请发明专利 17 项，实用新型专利 21 项，建立试验示范基地 9 个，取得科技成果 189 项，获得国家、省部、市级科技进步奖 96 项。

截至 2015 年，甘肃省林业系统有 2 个省级重点科研院所能力建设单位，3 个省级重点实验室，1 个省部共建国家重点实验室培育基地，1 个国家级荒漠化野外观测站，8 个国家级生态定位观测研究站，3 个省级生态定位观测研究站，5 个省级工程技术研究中心，3 个科技创新平台，1 个国家林业局经济林产品质量检验检测中心，4 个全国科普基地，6 个甘肃科普教基地，2 个全国林业企事业单位知识产权试点单位。

六、林业机构队伍

甘肃省林业厅内设机构有办公室、植树造林和林业产业处、森林资源管理处（甘肃省林政稽查总队）、发展规划和资金管理处、科学技术处（信息化管理办公室）、农村林业改革发展处（政策法规处）、外事合作处（保护处）、甘肃省森林防火指挥部办公室、人事处（离退休人员管理处）、厅直机关党委等。省绿化委员会办公室综合处、国土绿化处，省退耕还林工程建设办公室，省天然林资源保护工程建设领导小组办公室、省长江防护林体系建设办公室均隶属于林业厅并与林业厅机关合署办公。另有参公单位7个，事业单位19个，森林公安局及分局19个。

第二十九节 青海林情

一、森林资源

青海省天然林资源主要分布在长江、黄河、澜沧江、黑河流域高山峡谷地带，海拔3200～4000m，是青藏高原高寒森林生态系统中的重要组成部分，也是"中华水塔"重要的生态安全屏障，发挥着水源涵养、水土保持、防风固沙、调节气候、防灾减灾、保护野生动物以及保护生物多样性等多种生态功能。天然林树种和林分结构简单，灌木林多，乔木林少；天然乔木林主要以寒温性常绿针叶树和山地落叶阔叶林为主，其次为温性针叶林，灌木林主要以高寒灌丛为主，柴达木盆地和共和盆地分布有荒漠灌丛。截至2015年，全省林地面积1096.9万hm²，森林面积452万hm²，森林蓄积量5010万m³，活立木总蓄积量6009万m³，森林覆盖率6.3%。

全省国有林场总数110个，主要分布在东部和东南部，总经营面积640.2万hm²，其中：林地面积540.14万hm²，占全省林地面积的48.2%；非林地面积100万hm²。全省国有林场平均森林覆盖率48.72%。累计建立国有林场管护站529个。

全省森林公园总数23处，总面积53万hm²，其中：国家级森林公园 7 处、省级森林公园 16 处。

二、野生动植物资源

全省有鸟类 380 种，兽类 103 种，两栖爬行动物 16 种，鱼类 59 种；属于国家重点保护野生动物的有 74 种，省级保护野生动物 35 种。维管植物约 2483 种，分属 114 科 577 属，其中蕨类植物 8 科 16 属 30 种、裸子植物 5 科 9 属 41 种、被子植物 101 科 552 属 2412 种。

全省建立自然保护区 11 处（其中环保系统 1 处），总面积 2180 万 hm^2，占全省国土面积的 30.24%，其中：国家级自然保护区 7 处，面积 2070 万 hm^2；省级自然保护区 4 处，面积 110 万 hm^2。

三、湿地资源

根据全国第二次湿地资源调查成果，青海省湿地面积 814.36 万 hm^2，占全国湿地总面积的 15.19%，湿地面积居全国第一。省境内分布有沼泽、湖泊、河流和人工湿地 4 大类 17 型，其中：沼泽湿地 564.54 万 hm^2、湖泊湿地 147.03 万 hm^2、河流湿地 88.53 万 hm^2、人工湿地 14.26 万 hm^2。青海湖鸟岛和扎陵湖、鄂陵湖分别于 1992 年、2005 年列入国际重要湿地名录，总面积 16.73 万 hm^2。

四、荒漠化和沙化状况

根据 2015 年青海省第四次荒漠化和沙化土地监测结果，全省荒漠化土地面积 1903.58 万 hm^2，占全省国土总面积的 26.5%；沙化土地总面积 1246.17 万 hm^2，占全省国土面积的 17.4%。

五、林业法规规章

青海省人大常委会发布的地方法规有《青海省湿地保护条例》。青海省人民政府发布的政府规章有《青海省重点保护陆生野生动物造成人身财产损失补偿办法》。2006 年以来，省林业主管部门先后出台《青海省集体林权勘界办法》、《青海省集体林权流转管理办法(试行)》等26项林业规章制度。

六、林业科技教育与信息化

2012年，成立省林业厅科学技术处，主要承担林业科技发展规划、林业科学研究、技术推广、林业技术监督、科技创新体系建设、试验示范区建设、林业引智的管理、指导、监督等工作职能。结合本省林情，出台了《关于加快科技创新促进高原现代林业发展的意见》。开展了"青海省生态服务功能监测与价值评估"项目研究、"枸杞规模化丰产栽培技术集成与示范"等科研项目，制定青海省林业地方标准33项、全国林业行业标准1项。

2006年以来，围绕林业生态保护建设目标任务，紧紧抓住培养、吸引、用好三个环节，突出造就高级人才、吸引紧缺人才、培养实用人才三个重点，大力加强人才培训和队伍建设，举办了林权制度改革、林业工程管理、营造林技术、林业资源调查、荒漠化监测、湿地保护、林木良种繁育等培训班，共培训11000余人次。

2006年以来，全省林业信息化建设坚持"五个统一"、坚持信息化服务基层、服务林农的工作理念，通过实施一系列重点工程和应用项目，实现了由"数字林业"向"智慧林业"的跨越发展。全省建成国家、省、州、县四级互联互通的林业外网、林业内网和林业专网3条信息高速公路。2008年，启动公益林综合管理系统建设项目，历时5年建成森林资源地理信息、自然保护区、森林防火辅助决策、林业有害生物防治等8个业务信息管理系统和多尺度级国家基础地理信息、森林资源、生态公益林、天然林保护工程等9大数据库。2013年，启动林业网站群建设工作，现已建成州、市、县、自然保护区、森林公园、国有林场和种苗基地林业子网站50余个。

七、林业机构队伍

青海省林业厅设办公室(挂政策法规处牌子)、发展规划与资金管理处、森林资源管理处(挂省国家重点生态公益林建设与保护管理办公室牌子)、造林绿化管理处(挂省绿化委员会办公室、省林业碳汇管理办公室牌子）、野生动植物和自然保护区管理局、农村林业改革发展处、国际合作处、科学技术处、林业产业处9个内设机构和机关党委（人事处），机关行政编制50名，机关用事业编制3名。

省森林公安局（挂省森林警察总队、省森林防火指挥部办公室牌子），为省林业厅管理的正县级直属行政机构，业务上接受省公安厅指导。玛可河森林公安分局，沙珠玉森林公安派出所为省森林公安局派出的正科级机构。另有省森林防火指挥部办公室等6个参照公务员管理事业单位，林业技术推广总站（林业工作总站）等12个事业单位。主管或挂靠的社会团体有青海省湿地保护协会、野生动植物保护协会、沙产业协会、花卉协会和林学会。

全省林业拥有完整的行政管理体系，西宁市、海西蒙古族藏族自治州等8个市（州）和46个县（市、区、行委）设有林业行政机构，拥有健全的林业执法机构和执法队伍；全省有国有林场110个；399个乡镇部分设有林业工作站。全省林业系统从业人员9615人，其中在编职工近5000人。

第三十节　宁夏林情

一、森林资源

据全国森林资源连续清查、宁夏第五次复查结果，全区土地总面积519.55万hm²，其中：林地面积179.52万hm²，占34.55%。森林面积65.60万hm²，森林覆盖率12.63%。活立木总蓄积1111.14万m³，其中：森林蓄积835.18万m³，占75.16%。林地面积中，乔木林面积17.31万hm²，疏林地面积2.22万hm²，灌木林地面积50.90万hm²，未成林造林地面积25.66万hm²，苗圃地0.32万hm²，其他迹地面积0.32万hm²，宜林地面积82.79万hm²。全区林地面积按土地权属划分：国有林地面积68.89万hm²，占38.37%；集体林地面积110.63万hm²，占61.63%。总体而言，宁夏森林资源总量小，人均占有量少，林地质量不高，结构不合理，森林覆盖率较低，森林资源缺乏，树种单一、且分布不均。

全区共有国有林场 90 个，经营总面积 109.16 万 hm²，其中林业用地面积 101.34 万 hm²、森林面积 35.21 万 hm²，分别占林业用地面积和森林面积的 56.45% 和 53.67%；非林业用地 7.82 万 hm²。在 109.16 万 hm² 林业用地面积中，有林地面积 11.54 万 hm²，疏林地面积 1.33 万 hm²，灌木林地面积 23.67 万 hm²，未成林地面积 18.73 万 hm²，苗圃地 0.26 万 hm²，无立木林地面积 3.13 万 hm²，宜林地 42.09 万 hm²，林业辅助生产用地 0.59 万 hm²，国家级公益林面积 36.66 万 hm²，省级公益林面积 17.21 万 hm²。

全区共建立 11 处森林公园，总面积 3.56 万 hm²，其中国家级 4 处，省级 7 处。

二、野生动植物资源

宁夏有维管植物 1839 种，隶属 128 科 609 属。其中天然植物 1610 种，栽培植物 229 种；属蕨类植物 9 科 16 属 28 种；裸子植物 7 科 11 属 21 种；被子植物 112 科 528 属 1790 种。国家重点保护野生植物 9 种。全区共有脊椎动物 429 种，其中兽类 78 种，鸟类 285 种，爬行类 21 种，两栖类 7 种，鱼类 37 种。属国家保护的珍贵稀有动物 54 种，占自治区野生动物种类的 12.3%，其中黑鹳、中华秋沙鸭、金钱豹等 9 种为国家一类保护动物，马鹿、岩羊、蓝马鸡、红腹锦鸡、鬣羚等 46 种为国家二类保护动物。

宁夏共建贺兰山、六盘山、罗山、白芨滩、哈巴湖和南华山 6 处林业国家级自然保护区，总面积 42.91 万 hm²，占全区国土总面积的 8.26%。

三、湿地资源

据全区第二次湿地资源调查（2010—2013 年）结果显示，湿地面积 20.72 万 hm²，占国土面积的 4%，其中：河流湿地占湿地总面积的 47.25%，湖泊、沼泽、人工湿地分别占湿地总面积的 16.17%、18.38% 和 18.20%；建成湿地类型自然保护区 4 处，其中国家级 1 处；湿地公园 22 处，其中国家级 13 处；湿地内有野生植物 222 种、野生动物 139 种，其中国家 I 级保护鸟类 2 种、国家 II 级保护鸟类 8 种。

四、荒漠化和沙化状况

全国第五次荒漠化和沙化监测（2010——2014 年）结果显示，全区荒漠化土地面积 278.9 万 hm^2，占全区总面积的 53.68%，其中沙化土地 112.46 万 hm^2，占全区总面积的 21.65%，高于全国平均水平 4 个百分点。与第三次荒漠化和沙漠化监测结果相比，5 年内全区荒漠化面积总体减少 10.97 万 hm^2，减少 3.8%；沙化土地面积减少 3.77 万 hm^2，减少 3.2%。

五、林业法规规章

已颁布 11 件地方林业法规：《宁夏回族自治区天然林保护暂行办法》、《宁夏回族自治区野生动物保护实施办法》、《宁夏六盘山、贺兰山、罗山国家级自然保护区条例》、《银川全民义务植树条例》、《宁夏湿地保护条例》、《宁夏回族自治区防沙治沙条例》、《银川市古树名木保护管理条例》、《宁夏回族自治区封山禁牧条例》、《宁夏回族自治区森林防火办法》、《宁夏回族自治区自然保护区管理办法》、《宁夏回族自治区贺兰山东麓葡萄酒产区保护条例》。地方政府规章有《宁夏回族自治区林地管理办法》。

六、林业科技教育与信息化

近年来，全区林业科技在抗干旱造林、林木种苗、经济林产业建设等方面实现重大突破，获国家、自治区科技进步奖 32 项。制修订《沙地造林技术规程》《黄土丘陵沟壑区造林技术规程》《贺兰山东麓酿酒葡萄水肥一体化栽培技术规程》《柠条育苗及造林技术规程》等国家、行业、地方标准 166 项。审（认）定林木良种 58 个，颁布实施行业标准 1 项。地（市）级以上林业科研机构 2 个。全区各类研发人员 303 人，国家重点实验室 2 个，国家级陆地（森林、湿地、荒漠）生态系统定位研究站 3 个，国家级林木种质资源保存库 1 个，省级林木种苗质量检验机构 1 个，省、地

（市）、县三级林业科技推广机构 28 个。

2010 年，在宁夏生态工程学校的基础上，成立宁夏防沙治沙职业技术学院，共有教职工 145 人，专任教师 110 人。建有 30 个专业实验室。开设有防沙治沙工程、森林资源保护、设施农业技术（设施园艺方向）、生物技术及应用（葡萄与葡萄酒方向）等 8 个高职专业和园林技术、食品生物工艺、葡萄种植与酿造等 13 个中职专业。全区林业系统每年举办各类培训班 100 余期，培训林业从业人员近 50000 人次。

成立了林业宣传信息中心。建立自治区、市、县三级林业网站群体系。完成宁夏森林防火信息指挥系统建设。建立"宁夏网络森林医院"。建立标准统一的林地资源数据库，基础地理信息系统数据覆盖全区森林、湿地、自然保护区、森林公园、国有林场。

七、林业机构队伍

自治区林业厅内设办公室、人事与老干部处、发展规划与资金管理处、植树造林与防沙治沙处（自治区绿化委员会办公室）、资源管理与政策法规处（农村林业改革发展处、行政审批办公室）、科学技术与野生动植物保护处 6 个职能处室和机关党委，机关行政编制 38 名。另有宁夏森林公安局（自治区森林防火办公室）为直属机构（公安专项编制）和 17 个直属单位，其中生态林业基金管理站、防沙治沙与退耕还林与三北工作站为参照公务员法管理的事业单位，宁夏葡萄酒与防沙治沙职业技术学院为副厅级事业单位。此外还有宁夏林学会、宁夏枸杞产业协会等 8 个社会团体。

全区林业系统职工总人数 10278 人。

第三十一节　新疆林情

一、森林资源

新疆森林资源主要由山区天然林、平原人工林和荒漠河谷天然林组成。据第九次全国森林资源清查新疆清查结果，全区林地面积 1371.26 万 hm²，占全区国土总面积的 6.68%，森林面积

802.23 万 hm^2，其中乔木林地 214.8 万 hm^2，特殊灌木林地 587.43hm^2，森林覆盖率 4.87%。全区活立木蓄积 4.65 亿立方米，森林蓄积 3.92 亿立方米。全区绿洲森林覆盖率约 28.5%。历次清查结果表明：多年来全区森林资源呈稳步增长的发展态势，但森林资源总量不足，地域分布不均，质量有待提高；宜林地虽较多，但造林难度很大。

新疆具有发展林果业得天独厚的自然、资源、区位优势。截至 2015 年，全区特色林果种植面积 146.67 万 hm^2，总产量 1032.6 万 t。

全区有 107 个国有林场，主要分布在自治区 13 个地州（市）的 69 个县（市）境内，其中自治区直属 25 个，地州直属 17 个，其余 65 个为县（市）所属。全区国有林场经营总面积 1463.8 万 hm^2，林业用地面积 784.87 万 hm^2，活立木蓄积量 29614 万 m^3。目前，107 个国有林场（站）中有 83 个国有林场（站）转为全额拨款事业性质单位。

全区共建立各级森林公园 62 处，森林公园经营总面积 163.67 万 hm^2，其中：国家级 21 处，面积 110.3 万 hm^2；自治区级 33 处，面积 53.19 万 hm^2；县级 8 处，面积 0.19 万 hm^2。

二、野生动植物资源

新疆野生动植物资源十分丰富，有野生脊椎动物 700 多种，其中国家 I 级重点保护野生动物 27 种，国家 II 级重点保护野生动物 89 种，约占全国重点保护野生动物的 1/3；自治区地方重点保护野生动物 46 种。野马、雪豹、藏羚羊等是全国珍稀濒危野生动物，四爪陆龟、新疆北鲵、蒙新河狸、塔里木马鹿等是仅分布于新疆的特有珍稀动物。有野生鸟类 496 种，其中天鹅、鹤类、雁鸭类、鸻类和隼类等 300 余种是迁徙鸟类。有野生植物 4000 余种，其中被列为国家 I 级重点保护野生植物的 1 种，国家 II 级重点保护野生植物的 7 种，自治区地方级重点保护野生植物的 128 种。

全区共建立各种类型的自然保护区 52 处，总面积 2318

万 hm²，占新疆国土总面积的 13.92%。由林业部门建立和管理的森林、野生动植物、湿地和荒漠生态系统类型的自然保护区有42 处，占全区保护区总数的 80.77%，总面积 1133.9 万 hm²，占新疆国土总面积的 6.81%，其中国家级 11 个、自治区级 13 个、地市级 3 个、县级 15 个。

三、湿地资源

新疆有河流湿地、湖泊湿地、沼泽湿地和人工湿地 4 大类，湿地总面积 394.82 万 hm²，位居全国第五位，其中河流湿地121.64 万 hm²，湖泊湿地 77.45 万 hm²，沼泽湿地 168.74 万 hm²，人工湿地 26.99 万 hm²。目前，已建立 49 处国家湿地公园，国家重要湿地 20 处，湿地类型自然保护区 20 处。

四、荒漠化和沙化状况

新疆是我国荒漠化和沙化土地面积最大、分布最广、危害最严重的省（自治区），也是世界上风沙危害最严重的地区之一。全区荒漠化土地面积 107.06 万 km²，占全区国土总面积的 64.31%。沙化土地面积 74.63 万 km²，占全国沙化土地总面积的 43.41%，占全区土地总面积的 44.87%，全国沙漠 2/3 分布在新疆，其中包括世界第二、中国第一大流动沙漠——塔克拉玛干沙漠和我国最大的固定、半固定沙漠——古尔班通古特沙漠。全区沙化土地涉及 91 多个县（市）、1400 多万人，全区 97% 以上的贫困县集中在沙区，32 个边境县有沙化土地分布。目前全区沙化土地年扩展速度为 73.44km²。

五、林业法规规章

先后出台的地方林业法规有：《新疆维吾尔自治区实施〈中华人民共和国森林法〉办法》、《新疆维吾尔自治区实施〈中华人民共和国野生动物保护法〉办法》、《新疆维吾尔自治区实施〈中华人民共和国种子法〉办法》、《新疆维吾尔自治区实施〈中华人民共和国防沙治沙法〉办法》、《新疆维吾尔自治区野生植物保护条例》、

《新疆维吾尔自治区平原天然林保护条例》、《新疆维吾尔自治区自然保护区管理条例》、《新疆维吾尔自治区公民义务植树条例》、《新疆维吾尔自治区湿地保护条例》等。出台的政府规章有：《新疆维吾尔自治区实施〈森林防火条例〉办法》、《新疆维吾尔自治区实施〈植物检疫条例〉办法》、《新疆维吾尔自治区实施〈森林病虫害防治条例〉办法》、《新疆维吾尔自治区木材经营加工运输管理办法》、《新疆维吾尔自治区林业基金管理办法》等。

六、林业科技

新疆全区共设立各类林业科技项目1490余项，项目资金投入4.3亿多元，通过验收鉴定成果529项，获得国家和自治区科技进步奖励成果186项，承担完成国家行业标准10项、自治区地方标准287项，新建国家林业局森林生态系统定位研究站8个、国家级标准化示范区9个、自治区林业标准化示范区12个。拥有各类林业工程技术人员9235人，占全区林业职工总数的42.53%，其中，高级职称494人，中级职称2156人。目前，全区已有省、地、县三级林业科研机构11个。拥有自治区级林业技术推广总站1个，自治区级科研机构1个，地州级林业技术推广中心（站）12个，县级林业技术推广站47个。建立自治区级林业技术培训中心2个，林业科技情报中心1个。新疆林学会设立5个分会和8个专业委员会，会员1921名。

七、林业机构队伍

自治区林业厅内设12个行政处室和16个合署办公事业单位，直属11个事业单位1个行政单位（森林公安局），其中天山西部、阿尔泰山、天山东部国有林管理局和新疆林业科学研究院为4个副厅级单位。全区共有林业职工3万多人。2002年成立武警新疆森林总队，辖3个支队、2个直属大队、1个教导队，有武警官兵1300多人。

全区14个地州市都设有林业局，88个县市设立了林业局（站），762个乡镇设有林业工作站。全区共有143个森林公安工

作机构，其中省级森林公安局 1 个，为自治区森林公安局，下设
天山西部、阿尔泰山、天山东部 3 个直属公安分局。各地州市级
森林公安局（森林警察支队）15 个，机构规格为副处级，下设森
林公安派出所 98 个。全区共有 118 个县级以上森林防火指挥办事
机构。604 个防火检查站、112 个木材检查站。全区 14 个地（州、
市）和 72 个县（市）建立林业有害生物防治检疫局，5 个地（州）林
检局为副县级设置、52 个县（市）林检局为副科级设置。全区共
建成区、地、县、乡四级测报站点 660 个。全区共建成县市林业
有害生物应急防控专业队 90 支，乡镇防治服务队 461 支，标准化
防治检疫局 22 个。全区有 89 个林木种苗管理站。762 个野生动
植物管理站和 15 个国家级、91 个自治区级陆生野生动物疫源疫
病监测站。全区共有各类苗圃 9518 处，国有苗圃 116 个，其中自
治区保障性苗圃 34 处，国家重点林木良种基地 10 个，国家级苗
木交易市场 1 个。

全区有专业、半专业化扑火队 153 支，扑火队员 4800 人，专
职护林员 8979 人。全区森防检疫机构编制 619 名，林业有害生物
专职测报员 450 名、兼职监测员 9265 名、专职检疫员 620 名、兼
职检疫员 865 名。野生动物疫源疫病专兼职监测人员 606 人。森
林公安机关共有政法专项编制 1557 名，在编民警 1399 名。

第三十二节　内蒙古森工林情

一、森林资源

第八次全国森林资源清查结果显示，内蒙古大兴安岭林区森林
面积 826.85 万 hm^2，活立木蓄积量 9.50 亿 m^3，森林蓄积量 8.52
亿 m^3，森林覆盖率 77.44%，比新中国成立初期提高 28.78%，
净增 17.3 个百分点，人工林保存面积 22.26 万 hm^2，蓄积量 0.19
亿 m^3。

有林地面积 813.51 万 hm^2，公益林、商品林面积分别占
71.4% 和 28.6%，其中公益林中的防护林 440.25 万 hm^2、特种用

途林 131.63 万 hm²，商品林中的用材林 241.63 万 hm²。中幼龄林面积占乔木林地面积的 48.51%，蓄积量占森林蓄积量的 38.04%。按权属划分，国有林地面积 1011.80 万 hm²（其中森林面积 824.31 万 hm²），集体林面积 3.18 万 hm²（其中森林面积 2.54 万 hm²），分别占 99.69% 和 0.31%。林区范围内林木权属全部为国有。

1999 年林区第一家森林公园——莫尔道嘎森林公园建立。2002 年，成立林管局（森工集团）旅游局。林区现有 9 个国家森林公园，分布在呼伦贝尔市、兴安盟所辖的 9 个旗市境内，经营面积 42.21 万 hm²。

二、野生动植物资源

林区野生动植物资源丰富，共有脊椎动物 37 目 77 科 390 种，其中鱼类 42 种，两栖类 7 种，爬行类 7 种，鸟类 276 种，兽类 57 种。共有植物 201 科 681 属 1848 种，其中地衣植物 47 种，苔藓植物 181 种，蕨类植物 47 种，种子植物 1297 种。内蒙古大兴安岭林区共建立各类自然保护区 8 处，总面积 123.02 万 hm²，约占林区总面积的 11.52%，其中国家级自然保护区 3 处，面积 28.85 万 hm²。

三、湿地资源

根据全国第二次湿地资源调查结果，林区实际经营范围内湿地面积为 120.35 万 hm²，其中河流湿地 3.58 万 hm²，湖泊湿地 0.22 万 hm²，沼泽湿地 116.54 万 hm²，人工湿地 0.01 万 hm²。湿地面积占实际经营面积的 12.29%。林区已建立湿地类型自然保护区 3 处，面积 19.3 万 hm²，占林区保护区总面积的 15.66%。试点国家湿地公园 11 处，面积 12.11 万 hm²。

四、科技教育与信息化

内蒙古大兴安岭林区自 1953 年以来，共鉴定科技成果 3018 项，其中获奖成果 402 项，取得发明专利 32 项。2015 年林区共有市级林业科研机构 1 个，科技管理机构 24 个，专（兼）职科技管理人员 272 人，研究开发人员 1880 人。内蒙古自治区质量技术监察局认定检测中心 3 个，国家级科技成果推广示范基地 2 个，国家级生态定位观察站 1 个，国家级林业专业标准化项目 4 个。

内蒙古大兴安岭林管局委员会党校、内蒙古大兴安岭林业干部学校，是在林区开发建设初期林业党员培训班的基础上逐步建立起来的。2002 年，内蒙古大兴安岭林业职工培训中心挂牌成立。林业党干校（职工培训中心）是集林区各级党员领导干部常规培训、企业管理干部和专业技术人员综合培训、林业行业职工职业技能培训与鉴定、函授学历教育四种职能为一体的林管局（森工集团）唯一直属的多功能、综合性教育培训机构。2009 年 2 月，林业党干校（培训中心）机构设置实行林业党校、林业干部学校、职工培训中心三种职能、三块牌子，一套领导班子、一支教职工队伍的管理体制，教学科室根据不同职能实行分设。

加快推进林区企业信息化建设步伐，成立以主要领导为组长的信息化工作领导小组，领导小组下设办公室。2011 年完成林直机关南北办公楼网络综合布线改造工程；建成直达各林业局的光纤内网并开通林区视频会议系统。建立内蒙古森工集团（林管局）办公网络，实现电子公文传输。加快网络基础平台建设，机关办公楼网络也进行了综合改造，内外网达到千兆交换到桌面，外网提供百兆互联网出口。编制完成《林区信息化建设总体规划方案》，出台《内蒙古大兴安岭林管局（森工集团）计算机信息网络安全管理制度》、《林区视频会议系统管理办法》等制度性文件。

五、林业机构队伍

林管局（森工集团）共有职能部门 28 个，直属机构 4 个，部门管理机构 7 个，部门管理三级机构 6 个。现有企事业单位 46 家，其中森工公司（林业局）19 家，国家级自然保护区管理局 3 家，北部原始林区管护局 1 家，其他航空护林、森调规划、制浆造纸、外贸、旅游等企事业单位 23 家。

林区共有 1 个森林公安工作机构（内蒙古大兴安岭森林公安

局），下设 21 个森林公安局，共有森林公安民警 2153 人。183 个防火检查站、144 个木材检查站、25 个森林病虫害防治检疫站、20 个林木种苗管理站、1 个野生动植物管理站和 6 个国家级、1 个省级、15 个林业局级陆生野生动物疫源疫病临时监测站点。共有 25 个县级以上森林防火指挥部办事机构，工作人员 824 人；专业森林消防队 22 支，消防人员 3675 余人。共有林业有害生物防治检疫工作人员 680 人，野生动物疫源疫病专兼职监测人员 60 人，林木种苗质量检验人员 127 人，从事森林公园管理和服务人员 19886 人。有森林管护人员 21774。共有 1 个林业调查规划设计单位，各类专业技术人员 264 人。林场 119 个，国有苗圃 20 个，林木良种基地 8 个。林业系统职工总人数 94119 人，其中在岗职工 54091 人、离退休职工 8.6 万人。

第三十三节　吉林森工林情

中国吉林森林工业集团有限责任公司是 1994 年 3 月经原国家计划委员会、经济体制改革委员会、经济贸易委员会批准成立的全国首批 57 户大型试点企业集团、全国四大森工集团之一，是吉林省政府授权的国有资本运营机构。

一、森林资源

森林经营区位于长白山林区，地跨吉林省柳河、靖宇、抚松、江源、临江、桦甸、蛟河、敦化 8 个县（市、区），总经营面积 134.75 万 hm^2，占吉林省总面积的 7.19%。森林蓄积量 1.84 亿 m^3，森林覆盖率 90.8%，乔木林每公顷蓄积量 164.95 m^3（第九次全国森林资源清查）。辖区森林生长茂密、结构较为复杂，除少部分原始森林外，多为过伐林、天然次生林和人工林。原始林、过伐林一般为针阔叶混交林，次生林多为阔叶林。

有林地面积 122.3 万 hm^2，全部为国有。其中，天然林 101.87 万 hm^2、人工林 20.46 万 hm^2，国家级公益林 37.95 万 hm^2、县局级公益林 17.01 万 hm^2、商品林 67.28 万 hm^2，防护

林 49.32 万 hm²、特用林 5.73 万 hm²、用材林 67.3 万 hm²，幼龄林 12.1 万 hm²、中龄林 28.22 万 hm²、近熟林 36.68 万 hm²、成熟林 35.39 万 hm²、过熟林 9.95 万 hm²。

二、野生动植物资源

辖区内野生植物 2000 余种，其中，有紫杉、长白柳、偃松、朝鲜崖柏等 20 余种珍稀濒危植物，红松、水曲柳、黄波罗、胡桃楸、椴树、柞树等 50 余种珍贵树种。野生药用植物和野生经济植物种类繁多，如人参、党参、细辛、贝母、黄芪、天麻、五味子、蓝靛果、猕猴桃和蕨类等。野生动物 1000 余种，属国家重点保护野生动物 40 余种，其中，有东北虎、金钱豹、梅花鹿、紫貂、黑鹳和金雕等国家 I 级保护野生动物 6 种，中华秋沙鸭、豺、麝、黑熊、棕熊、水獭、猞猁、马鹿、鸮、鸢、蜂鹰、苍鹰和花尾榛鸡等国家 II 级保护野生动物 30 余种。

辖区内已建湿地生态系统自然保护区 1 处、国家湿地公园 1 处、国家森林公园 8 处，面积 11.6 万 hm²，占总经营面积的 8.6%。所辖 8 个林业局各有 1 个国家森林公园，规划开发 31 个景区、182 个景点。

三、林业科技教育和信息化

1994 年集团成立以来，特别是 2005 年改制以来，承担国家级和省级重大、重点科研项目 110 余项，取得科技成果 37 项，专利 61 项(其中发明专利 14 项、实用新型专利 9 项、外观设计专利 38 项)，国家重点新产品 2 项、省级新产品 31 项，国家审(认)定林木良种 2 项、省级审(认)定林木良种 1 项，拥有国家标准 13 项、行业标准 16 项。拥有省级企业技术研发中心 4 个，共享省级重点实验室 2 个，国家级林木良种基地 3 个、省级林木良种基地 2 个、标准化示范区 12 个、省级质量检验检测机构 1 个、国家级森林生态定位站 1 个、吉林省博士后创新基地 1 个。有各类研发人员 1000 余人，正高级技术职称 38 人，研究生以上学历 170 余人。

实施人才兴企战略，提升员工队伍素质。在清华大学、北京大学、东北林业大学等建立人才培训基地，先后选送4300余名经营管理者和专业技术人员参加脱产班及短期班学习培训。组织360名新员工参加包括企业文化、行为规范和企业战略等内容的入职培训。1999年，经国家林业局批准成立吉林森工职业技能鉴定站，下设10个鉴定基地。举办职业技能鉴定培训班262期，培训技能岗位员工19065人次，11295人取得高级技师、技师、高级工、中级工等国家职业资格证书。

2000年成立集团信息中心。2009年集团被国家林业局确定为全国首批林业信息化示范省（企业）。合作组建吉林林业信息科技公司，组织开发的"森林眼"森林资源监管系统被列为国家首批物联网应用示范工程项目。推进办公自动化系统建设，构建功能完备、综合性经营管理平台。2013年集团网站成功改版升级。2014年吉林森工网络电视建成投入使用，开通手机网站。

四、林业机构队伍

集团按照建立现代企业制度要求，依据《中华人民共和国公司法》设立规范的法人治理结构，主要包括股东会、董事会、监事会和经理层，同时依法设立党委会及群团组织。其中，董事会下设规划投资、预决算、风险控制、森林防火和安全生产、审计监察评价、薪酬管理、人事考核提名7个专业委员会，设有综合办公室、计划发展部、财务部、审计部、行政监察部、董事会人事部和资产监督与风险控制部7个部门。

监事会下设有监事会办公室。经理层下设经营运行部、人力资源部、企业管理部、森林资源经营部（天保办）、资本运营部、森林旅游开发部、森林食品医药开发部、离退休人员管理部、信访办公室、科技研发中心、信息中心、机关服务中心、北京办事处、改革遗留问题管理部和市场营销开发管理中心15个部门。

党委会下设党委组织部、党委宣传部、机关党委、纪委、政法委、工会、团委、党委群众工作部、党委巡视办公室9个部门。

集团下设子(分)公司 50 家,其中临江林业局等 17 家为全资子公司,吉林森林工业股份公司等 20 家为控股子公司,另有 13 家参股子公司。设有三级子公司 168 家,均为有限责任公司,其中全资子公司 69 家、控股子公司 59 家、参股子公司 40 家。

集团实行母子公司体制,由集团母公司、子公司和生产基地三个层级组成。现有包括各级经营者、中层管理人员、专业技术人员和技能(工勤)人员在内的员工 5.2 万人,离退休人员 3.8 万人。同时拥有林业执法机构和执法队伍。所属 8 个林业局共设有 8 个森林公安局、364 个防火检查站、74 个木材检查站、8 个森林病虫害防治站、8 个种苗管理站、46 个野生动植物管理站,共有工作人员 3438 人。有防火办公室 8 个,工作人员 1561 人;森林消防队 8 支,消防人员 473 人。林业有害生物防治检疫工作人员 104 人,林木种苗质量检验人员 144 人,护林员 3295 人。从事森林公园管理和服务人员 273 人。有林业调查规划设计单位 8 个,各类专业技术人员 807 人。还承担林区医疗、供水供电供暖和环卫等企业办社会职能,有林区医院 8 所,从业人员 1342 人。

第三十四节 龙江森工林情

一、森林资源

根据 2015 年年底统计资料,龙江森工国有重点林区经营总面积 1009.8 万 hm^2,活立木总蓄积量 8.9 亿 m^3,其中:有林地面积 858.1 万 hm^2、蓄积量 86561.4 万 m^3,无立木林地 30.0 万 hm^2,未成林地 3.0 万 hm^2,疏林地 1.2 万 hm^2,灌木林地 1.3 万 hm^2。森林覆盖率 85.1%,有林地每公顷蓄积量 101 hm^3。

有林地面积、蓄积量中,按林种划分:防护林面积 487.5 万 hm^2、蓄积量 49185.2 万 m^3;用材林面积 175.9 万 hm^2、蓄积量 18053.5 万 m^3;特用林面积 179.2 万 hm^2、蓄积量 18303.6 万 m^3;经济林面积 0.1 万 hm^2、蓄积量 6.3 万 m^3;其他林种面积 15.4 万 hm^2、蓄积量 1012.8 万 m^3。按经营区划分:国家级公益林面积230.1万 hm^2、蓄积量23429.6万 m^3；采伐林区面积152.8万 hm^2、蓄积量14343.5万 m^3；一般公益林面积436.6万 hm^2、蓄积量44059.2万 m^3；商品林区面积191.4万 hm^2、蓄积量19072.6万 m^3。

二、野生动植物资源

龙江森工国有重点林区是野生动物的主要栖息地。全林区有野生动物408种，其中两栖类11种，爬行类15种，鸟类306种，兽类76种。国家重点保护鸟类56种，其中国家Ⅰ级保护鸟类9种，分别为白鹳、黑鹳、中华秋沙鸭、金雕、玉带海雕、白尾海雕、黑嘴松鸡、白头鹤、丹顶鹤；国家Ⅱ级保护鸟类47种。国家重点保护兽类15种，其中国家Ⅰ级保护兽类5种（东北虎、豹、紫貂、梅花鹿、原麝），国家Ⅱ级保护兽类10种（马鹿、驼鹿、斑羚、豺、黑熊、棕熊、黄喉貂、猞猁、雪兔、水獭）。有黑龙江省地方重点保护野生动物69种，其中两栖类2种，爬行类4种，鸟类56种，兽类7种。

林区野生植物资源蕴藏量丰富，有野生植物近2000种，占东北地区植物种数的2/3。有国家保护野生植物12种，其中国家Ⅰ级保护野生植物2种，即东北红豆杉（紫杉）、貂藻；国家Ⅱ级保护野生植物10种，即兴凯赤松、红松、水曲柳、黄檗（黄波罗）、钻天柳、紫椴、松口蘑（松茸）、野大豆、朝鲜崖柏、浮叶慈姑。主要经济植物种类740余种，其中药用植物500余种，食用植物40余种，饲料植物60余种，油料植物20余种，芳香植物10余种，淀粉植物20余种，纤维植物30余种，单宁植物有20余种，蜜源植物40余种。

全林区有自然保护区24处，面积122.2万 hm^2，其中国家级8处、省（部）级16处。森林公园41处，面积137.7万 hm^2，其中国家级24处、省级17处。

三、湿地资源

据第二次全国湿地资源调查结果，全林区各类湿地1943块，面积 885867hm^2，其中：河流湿地 127 块，面积 23854hm^2，占全林区湿地总面积 2.69%；湖泊湿地 4 块，面积 11217hm^2，占 1.27%；沼泽湿地 1759 块，面积 825363hm^2，占 93.17%；人工湿地 53 块，面积 25433hm^2，占 2.87%。

全林区湿地分布有野生动物 232 种，其中经济鱼类 40 种，两栖类 7 种，爬行类 10 种，鸟类 136 种。

四、林业科技、教育与信息化

自"十一五"以来，林区积极响应国家林业科学和技术中长期发展规划，坚持"强化创新、重点突破、优化配置、支撑发展"的方针，在科学研究、成果推广、人才培养、国际交流、条件能力建设等方面都取得了显著成效。先后承担各级科研项目 755 项，共计投入 1.42 亿元，取得"黑龙江省优质工业原料林良种选育及定向培育技术"、"黑龙江省森林特产资源综合开发利用技术研究"、"几种经济植物资源收集及培育技术研究"及"食用菌高产培育及深加工技术研究"等科技成果 257 项，获得国家科学技术奖励 1 项、省部级科学技术奖励 62 项，林业专利 103 件，森林认证试点单位 10 个（占全国森林认证面积的 90% 以上），林业科技成果转化率达到 60%。拥有林业高校和科研单位 13 个，林业科研人员 2000 人左右；建有国家森林生态系统定位研究站 4 个，国家林业局东北食用菌（黑木耳）工程技术研究中心 1 个，国家林业局重点实验室 1 个，国家林业局原木锯材质量监督检验站 1 个，省级重点实验室 4 个，省级农业科技园区 2 处、黑龙江省森工总局科技示范基地 5 处，国家林业科普教育基地 3 个，省级科普基地 2 个，以及黑龙江省林下经济资源研发与利用协同创新中心、黑龙江省食用菌产业联盟。

龙江森工重点国有林区注重优化教育结构，重视学前教育，促进义务教育的均衡发展，加快普及高中阶段教育的步伐，大力发展了职业技术教育及成人教育，特别是推动义务教育学校标准化均衡发展，带动了基础教育的全面振兴。目前，林区共有幼儿园 23 所，在园幼儿 5606 人，教职工 603 人，专任教师 480 人；

小学 33 所，在校生 24060 人，教职工 3576 人，专任教师 2842 人；初级中学 11 所，九年一贯制学校 3 所，高级中学 7 所，完全中学 13 所，十二年一贯制学校 1 所，中学在校生 27233 人（其中初中在校生 13879 人，高中在校生 13354 人），中学教职工 3924 人（其中高中专任教师 1319 人，初中专任教师 1661 人）；中等职业学校 2 所，在校生 15000 人，教职工 1146 人，专任教师 429 人，办学专业 49 个；高等职业教育院校 2 所，在校生 12500 人，教职工 1107 人，专任教师 499 人，办学专业 42 个。

1999 年，成立黑龙江省森林工业总局信息中心，负责全林区的林业信息化建设、维护、管理及指导。各林管局、林业局、直属单位政务网络已建成，与省政府和国家林业局分别采用 ATM155 和 SDH 相连；与林管局、林业局、直属单位、省委党校、省安监局采用 MSTP 电路连接。黑龙江省森林工业总局门户网站建于 1999 年，建有 34 个栏目，日均访问量 2.5 万次。门户网站站群共包含局内单位子站 47 个，直属单位站群 21 个；1999 年，开发了 OA 办公系统；林管局、林业局两级视频会议系统于 2013 年投入运行，可实现 1080P 级别高清视音频传输、双流视频传输，IP 电话系统运行稳定；应急指挥平台基本建成，目前总局、林管局、林业局应急指挥场所都已建成，设备已投入使用，可实现音、视频指挥调度；信息化技术在数字林业、森林防火、森林管护和行政审批服务中也得到广泛应用；编制了《龙江森工信息化发展建设规划》和《龙江森工智慧林业发展指导意见》，集团公司信息化建设工作逐步走上了规范化的轨道。

五、林业机构队伍

黑龙江省森林工业总局、中国龙江森林工业（集团）总公司是 1991 年 12 月国务院确定的国家第一批 55 户试点企业集团之一。1993 年 7 月，国家计划委员会、国家经济体制改革委员会、国家经济贸易委员会批准成立中国龙江森林工业（集团）总公司。2001 年 3 月，黑龙江省机构编制委员会《关于黑龙江省森林工业总局机构改革有关问题的通知》（黑编〔2001〕49 号）明确：中国龙江森林工业(集团)总公司继续保留黑龙江省森林工业总局牌子,内设机构30个,机关定员编制379名,参照公务员管理。

黑龙江省森工总局、中国龙江森林工业(集团)总公司下设4个林业管理局,林业管理局下设40个林业局,627个林场所。直属公司有黑森绿色食品集团公司、黑森森林旅游集团公司、龙盛小额贷款有限责任公司、森工融资担保有限责任公司等。截至2015年年末,全林区在册职工31.61万人,离退休职工29万人。

<h2>第三十五节　大兴安岭林情</h2>

<h3>一、森林资源</h3>

大兴安岭林区森林面积684.1万hm^2,活立木总蓄积量为5.82亿m^3,森林蓄积量5.65亿m^3,森林覆盖率81.91%,林分平均每公顷蓄积量为82.58 m^3。

在林区总面积中,林业用地面积809.9万hm^2,占全区总面积的96.98%;在林业用地面积中,国家级公益林217.5万hm^2,地方级公益林229.6万hm^2,商品林区362.8万hm^2。森林资源按林分划分为防护林、用材林、特种用途林。防护林面积316.4万hm^2,用材林面积315.2万hm^2,特种用途林面积52.5万hm^2。

大兴安岭地区森林面积占全国森林面积的3.29%,森林蓄积量占全国森林蓄积量的3.73%;森林面积占黑龙江省森林面积的32.61%,森林蓄积量占黑龙江省森林蓄积量的31.58%。

大兴安岭地区共建立各类森林公园4处,保护森林风景资源16.76万hm^2,其中国家级森林公园3处,保护森林风景资源16.63万hm^2,省级森林公园1处,保护森林风景资源0.13万hm^2。

<h3>二、野生动植物资源</h3>

全区有陆生野生动物320种,其中:兽类6目16科56种,鸟类16目40科250种(亚种),两栖、爬行类4目14种。鸟类丰

富度最高，鸟类资源占全区野生动物种数的78%。大兴安岭地区有国家一级、二级重点保护陆生野生动物55种。由林业部门管理的国家重点保护野生植物4种，即水曲柳、钻天柳、紫椴、黄檗。

大兴安岭林业系统共建立各级各类自然保护区32处，总面积219.29万 hm^2，占全区总面积的21.26%。其中：国家级保护区5处，面积72.01万 hm^2；省级保护区6处，面积41.24万 hm^2；地级自然保护区、保护小区、保护地21处，总面积106.04万 hm^2。林业系统建立的自然保护区中，森林生态系统类型7处，面积65.31万 hm^2；湿地生态系统类型18处，总面积134.24万 hm^2；野生动物类型2处，总面积11.12万 hm^2；野生植物类型3处，总面积8.63万 hm^2。

三、湿地资源

2009年全国湿地资源调查结果显示，大兴安岭湿地总面积为153.02万 hm^2，约占总经营面积的18.32%。其中，沼泽湿地为优势湿地类型，面积146.99万 hm^2，约占湿地总面积的96.06%，其次依面积比例分别为河流湿地5.92万 hm^2（3.87%），湖泊湿地0.05万 hm^2（0.03%）和人工湿地0.06万 hm^2（0.04%）。

近年来，大兴安岭地区湿地保护区和湿地公园建设发展迅速。有1处自然保护区被列入国际重要湿地名录。已建立国家湿地公园（试点）7处，面积6.0万 hm^2。受保护的湿地面积53万 hm^2，使34.9%的自然湿地得到有效保护和管理。

四、林业科技教育与信息化

截至2015年，全区共取得各类科技成果513项，其中获省、部级奖67项，地级科技进步奖432项，每万人口发明专利拥有量达到0.558件，全省市地排名位列第三，高新技术产值年均增长20%以上。全区共有地（市）级以上林业科研机构1个，研究开发人员146人，国家级森林、湿地生态系统定位研究站1个，国家级林木种质资源保存库1个，国家级林木良种基地1处，省级林木种苗质量检验机构 11 个，县级林木种苗质量检验机构 10 个，全国林业科普基地 3 个。

建有一所高等职业教育学校，在校生 3907 人，教职工 362 人，专任教师 248 人，办学专业 35 个，其中涉林专业有林业技术、森林保护、园林技术、木材加工、森林防火指挥与通讯。林业办学中等职业教育学校 2 所，在校生 1100 人，教职工 122 人，专任教师 85 人。1 所成人教育中心，在校生 282 人，教职工 14 人，专任教师 7 人。

2001 年，大兴安岭林业集团公司计算机网络中心成立，负责全区的林业信息化建设、维护、管理及指导。地、县两级网络已基本建成，党政共用一个平台，与省政府和国家林业局分别采用 ATM155 和 SDH 相连；与县、区、林业局采用 12M 专线相连，地林直机关采用千兆光纤连接。"大兴安岭政府门户网站"建于 2000 年，建有 13 个栏目，日均访问量 2.5 万次；2003 年，开发了行政 OA 办公系统和书生公文传输系统；2010 年，规划建立了政府网站群；地、县两级视频会议系统于 2001 年投入运行，现可实现高清视音频传输；信息化技术在数字林业、森林防火、森林管护和行政审批服务中也得到应用；编制了《大兴安岭林区信息化发展建设规划》和《大兴安岭智慧林业发展指导意见》，集团公司信息化建设工作逐步走上规范化轨道。

五、林业机构队伍

大兴安岭林业集团公司 1996 年 3 月由国家计划委员会、国家经济贸易委员会、国家经济体制改革委员会批准成立，属于国家首批试点的 55 个大型企业集团之一的中央直属企业。大兴安岭林区现行体制为林业集团公司与行署合署办公，现有行政机构 29 个（与行署合署办公的机构 16 个，林业集团公司直属机构 13 个），机关行政编制 681 名。

大兴安岭林业集团公司下辖 10 个林业局，其中 9 个国有重点森工林业局、1 个国有重点营林局，拥有农工商公司、古莲河煤矿、电力工业局、商贸总公司 4 个国有直属企业和国林矿业、神州北极木业、兴安国际林业投资 3 个专业有限公司。现有林场 46 个，经营所 18 个，生态管护区（管护型林场）6 个。到 2013 年，林业系统共有职工 61053 人，在岗职工 60009 人。

第三十六节　长白山森工林情

一、森林资源情况

长白山森工集团所辖重点国有林区地处长白山林区核心区域，是东北平原的天然生态屏障和国家重要的木材战略储备基地。

延边林区由重点国有林区、县市国有林区、县市集体林林区三部分构成，总经营面积 406.6 万 hm²，占全省面积的 21.5%，占全州国土面积的 95.2%。其中，重点国有林区（含安图森林经营局）235.4 万 hm²，县市国有林区 66.4 万 hm²，县市集体林林区 104.8 万 hm²。全州林地面积 354.97 万 hm²，占全州区划的 82.9%；有林地面积 327.72 万 hm²。全州活立木总蓄积量 4.2146 亿 m³。其中：有林地蓄积量 4.2100 亿 m³，占活立木总蓄积量的 99.89%。全州森林覆盖率为 80.9%，重点国有林区为 89.8%，县市国有林区和县市集体林林区为 68.6%。

二、野生动植物资源

全州林区共有野生动物 367 种，其中，兽类 63 种、鸟类 275 种、两栖类 13 种、爬行类 16 种，国家 Ⅰ 级重点保护野生动物 12 种，国家 Ⅱ 级保护野生动物 48 种。各种野生植物 3800 多种，长白松、紫杉被列为国家 Ⅰ 级重点保护野生植物；红松、云冷杉、水曲柳、胡桃楸、黄波罗、紫椴被列为国家 Ⅱ 级重点保护野生植物。林下分布的有人参、黄芪、五味子、松茸、党参、天麻等珍贵植物。

全州林业自然保护区 15 个，总面积 622987hm²，其中：国家级 5 个，即龙井天佛指山松茸保护区、珲春东北虎保护区、黄泥河自然保护区、敦化雁鸣湖自然保护区、汪清自然保护区；省级9个，即珲春松茸保护区、白河自然保护区、明月松茸自然保护区、吉林圆池湿地自然保护区、吉林甄峰岭自然保护区、白河中华秋沙鸭自然保护小区、吉林海兰江源自然保护区、吉林汪清上屯湿地自然保护区、吉林天桥岭东北虎自然保护区；县级1个，即敦化市六顶山自然保护区。

三、森林和湿地公园

全州森林公园14处，总面积147209.3hm²，其中：国家级7处，即帽儿山森林公园、图们江森林公园、仙峰森林公园、图们江源森林公园、满天星森林公园、兰家大峡谷森林公园、长白山北坡森林公园；省级7处，即明月湖森林公园、丹江森林公园、日光山森林公园、石佛洞森林公园、大砬子森林公园、布库哩山森林公园、和龙金达莱森林公园。全州湿地公园6处，总面积12768hm²，其中，国家级4处，即大石头亚光湖湿地公园、和龙泉水洞湿地公园、八家子古洞河湿地公园、天桥岭嘎呀河湿地公园，省级2处，即敦化三股流湿地公园和龙古城里湿地公园。

四、林业机构队伍

1. 管理体制。延边林管局、长白山森工集团实行"一合三分"的管理体制，即：合署办公，人员、职能三分开。

2. 本级机构设置。延边林管局设局长1人，副局长3人，党委书记1人，党委副书记、纪委书记各1人，内设林政资源处、林政稽查处、野生动植物保护处、乡村林业总站、森林防火指挥部办公室、天保中心、财务处、人事处、计划处、绿化办等11个处室。

长白山森工集团设董事长、党委书记、总裁各1人，副总裁7人，监事会主席1人，工会主席1人，党委组织部长1人，董事长、总裁助理3人。内设党委组织部、党委宣传部、党委办公室、纪委监察部、五权办公室、政法委、工会、机关党工委、团委、董事会决策落实督查委员会、董事会办公室、机关事务管理委员会、人力资源部、计划发展部、资产财务部、审计部、森林经营部、生产经营部、安全生产监管部、资源开发部、土地收储办公室、信访办公室、离退休管理部、科技产业部、生态建设绿化苗木产业发展中心、监事会办公室等28个部门。

3. 干部队伍构成。长白山森工集团（延边林管局）共设置405个管理岗位，其中：分（子）公司正职岗位110个、分（子）公司副职岗位295个。实际配备分（子）公司正职级110人，分（子）公司副职级164人。

长白山森工集团（延边林管局）管理干部平均年龄49岁，其中：博士学历2人，占总人数的0.55%；硕士学历115人，占总人数的31.68%；本科学历179人，占总人数的49.31%；大专学历63人，占总人数的17.36%；大专以下学历4人，占总人数的1.10%。少数民族干部50人，占总人数的13.77%；女干部29人，占总人数的7.99%；非党员干部1人，占总人数的0.03%。

4. 长白山森工集团所属企业及分布。长白山森工集团所属企业14户，其中：

敦化区域4户：敦化林业有限公司、黄泥河林业有限公司、大石头林业有限公司、吉林新元木业有限公司；

安图区域2户：安图林业有限公司、白河林业分公司；

和龙区域3户：和龙林业有限公司、八家子林业有限公司、和龙人造板有限公司；

汪清区域3户：汪清林业分公司、大兴沟林业有限公司、天桥岭林业有限公司；

珲春区域2户：珲春林业有限公司、珲春森林山木业有限公司。

第三十七节 新疆生产建设兵团林情

一、森林资源

2008年至2010年6月，新疆生产建设兵团首次开展辖区内森林资源规划设计调查。结果显示，兵团林地面积198.47

万 hm^2，活立木总蓄积量 2526.73 万 m^3，森林覆盖率 17.09%。到 2015 年年底，兵团森林资源面积达 140.1 万 hm^2；活立木总蓄积量达 3545 万 m^3，森林覆盖率达 18.79%。

二、野生动植物资源

辖区内有野生动物 580 多种，其中鱼类 90 多种，鸟类 340 多种，哺乳动物 130 多种。列入国家保护的珍稀动物有 80 多种，其中国家 I 级重点保护野生动物有 20 种，主要有野马、野牦牛、野骆驼、藏野驴、蒙古野驴、雪豹、藏羚羊、赛加羚、河狸、貂熊、白鹳、黑鹳、白鹤、黑颈鹤、白肩雕、斑嘴鹈鹕、藏雪鸡、游隼等；国家 II 级重点保护野生动物有 67 种，主要有棕熊、紫貂、猞猁、马鹿、北山羊、天鹅、玉带海雕等，其中马鹿、麝鼠、雪鸡、水貂等动物，已在兵团垦区成功驯养和繁殖。

2013 年兵团出台了《兵团对重点保护野生动物造成职工利益受损的补偿暂行办法》，建立了野生动物侵害职工财产补偿机制。截至 2015 年年底，已经为 10 个师 42 个团场的 2012 户受灾职工发放野生动物侵害补偿资金 1540 余万元，有效保障了受野生动物侵害职工的基本生活，维护兵团社会稳定。

三、湿地资源

据 2013 年第二次全国湿地资源调查结果，兵团有湿地 4 类 16 型，其中自然湿地有河流湿地、湖泊湿地和沼泽湿地 3 类 13 型，人工湿地有库塘、运河输水河、水产养殖场 3 型。兵团湿地总面积为 265520.33 hm^2，其中自然湿地 249396.6 hm^2，占湿地总面积 93.93%，人工湿地 16123.73 hm^2，占湿地总面积 6.07%。按湿地类分，全兵团有河流湿地 90885.92 hm^2，占湿地总面积 34.23%；湖泊湿地 85008.21 hm^2，占湿地总面积 32.02%；沼泽湿地 73502.47 hm^2，占湿地总面积 27.68%；人工湿地 16123.73 hm^2，占湿地总面积的 6.07%。

自 2001 年起，兵团先后建立青格达湖湿地、玛纳斯河流域中上游湿地、奎屯河流域湿地和叶尔羌河中下游湿地 4 个以保护湿地生态系统及珍稀鸟类为主的省(兵团)级湿地自然保护区，总面积107177hm²。

四、林业科技与信息化

1992年在农垦科学院恢复成立林业所，2002年挂牌成立兵团林业科学技术研究所，是兵团唯一直属林业研究机构，2013年成立兵团林业科学研究院，现有在编科研人员16人，自2010年来，该院新增承担主持项目32项，其中：国家林业公益性行业科研专项2项，参与国家科技支撑计划项目18项，发表科技论文78篇，专著3部，申请专利32项；鉴定、验收林业科技成果16项，获省部级以上科技进步奖9项。石河子大学在干旱地区森林营造、种群动态和林木更新及管护理论和技术方面发表研究论文40余篇，其中国外SCI收录12篇，EI收录2篇。截至2015年年底，"盐碱地造林技术——胡杨育苗技术研究"、"沙枣木虱的发生与防治"等66项科技成果获奖。

已建设开通林业专网、森林公安专网、兵团森防网及兵团林业有害生物信息系统等。

五、林业机构队伍

截至2015年年底，兵团森林公安共有机构32个，包括兵团森林公安局(正处级)、13个师森林公安局(副处级)和18个基层森林公安(局)派出所。

目前，兵团拥有林木种苗管理机构14个，包括兵团林木种苗管理总站和质检中心及13个师林木种苗管理站；林业工作管理站172个，包括兵团林业工作站管理总站，师级林业工作站13个和团场基层林业工作站158个；兵团林业调查规划设计院1所。

兵团的森防体系是以兵团森林病虫害防治总站、13个师级森防站、5个国家级、25个兵团级林业有害生物预测预报中心站三级组织机构构成。在石河子大学林学系成立的兵团林业有害生物检疫检验鉴定，风险评估和预测预报信息中心，是兵团林业有害生物预测预报技术支撑协作单位。

第十一章
国际林情

第一节　世界森林资源

一、世界森林资源现状及变化趋势

联合国粮农组织（FAO）发布的《2015 全球森林资源评估报告》显示，2015 年世界森林总面积为 39.99 亿 hm^2，其他林地面积为 12.04 亿 hm^2，森林覆盖率为 30.6%，人均森林面积为 0.6 hm^2，森林蓄积量为 4310 亿 m^3，生物碳储量约为 2500 亿 t（含地上、地下生物量）。其中生产性森林面积为 11.87 亿 hm^2，多用途林为 10.49 亿 hm^2，主要用于水土保持等防护功能的森林为 10.15 亿 hm^2，环境服务及生物多样性保护的森林为 11.63 亿 hm^2（部分森林面积有重复）。1990—2015 年全球森林面积变化情况见表 11-1。

表 11-1　1990—2015 年全球森林面积变化

年份	森林面积（万 hm^2）	年度变化（万 hm^2）	年度百分比[1]（%）
1990 年	412826.9		
2000 年	405560.2	- 7 26.7	- 0.18
2005 年	403274.3	- 4 57.2	- 0.11
2010 年	401567.3	- 3 41.4	- 0.08
2015 年	399913.4	- 3 30.8	- 0.08

①按复合年增长率计。

二、不同起源森林的分布

从森林的起源来看，全球的森林分布以天然林为主，特别是天然次生林，但人工林的面积一直在增长之中，并且在木材供应中发挥着越来越重要的作用。

（一）天然林

2015年，天然林占全球森林面积的93%，达37亿 hm^2 ，大多数天然林为天然次生林（占65%），35%的则为原始林，约13亿 hm^2 ，其中一半位于热带地区（FAO，2015）。

天然林年均净减少量已从20世纪90年代的每年850万 hm^2 减少到2010—2015年天然林每年净减少量660万 hm^2 ，其中包括220万 hm^2 的增长量和880万 hm^2 的减少量。天然林面积的增长来源于部分原农业用地的天然林恢复。

（二）人工林

近25年间，人工林（含橡胶林）从1.68亿 hm^2 增加到2.78亿 hm^2 ，占全球森林总面积的7%。1990—2000年间，年均增长360万 hm^2 。2000—2010年达到增长顶峰，年均520万 hm^2 ，10年间全球通过大规模植树造林计划人工林面积达到1.20亿 hm^2 ，占现有世界总量的近一半。随后5年中，由于东亚、欧洲、北美、南亚和东南亚种植面积的减少，人工林增长减缓至每年310万 hm^2 。许多国家制定了长期的造林计划，主要有阿根廷、巴西、中国、智利、越南、印度、印度尼西亚、摩洛哥、泰国和乌拉圭等国家。亚洲的人工林居世界之首，其次是欧洲。

三、不同区域的森林分布

（一）国家分布

全球森林资源分布不均，在纳入《2005年全球森林资源评估》的229个报告国或其他地区中，森林面积超过其国土总面积50%的有43个。5个森林资源最为丰富的国家，包括俄罗斯、巴西、加拿大、美国和中国，占森林总面积的一半以上（54%，表11-2），而森林面积低于其国土总面积10%的却有64个，10个国家和地区已完全没有森林。2010—2015年森林面积减少最多的10个国家分别是巴西、印度尼西亚、缅甸、坦桑尼亚、尼日利亚、巴拉圭、津巴布韦、刚果民主共和国、阿根廷、玻利维亚，而增长最多的 10 个国家分别是中国、澳大利亚、智利、美国、菲律宾、加蓬、老挝、印度、越南和法国。

表 11-2　2015 年森林面积排名前 10 的国家

国　　家	森林面积 （万 hm²）	森林覆盖率 （%）	占全球森林面积的百分比 （%）
俄罗斯联邦	81493.1	48	20
巴西	49353.8	58	12
加拿大	34706.9	35	9
美国	31009.5	32	8
中国	20832.1	22	5
刚果民主共和国	15257.8	65	4
澳大利亚	12475.1	16	3
印度尼西亚	9101.0	50	2
秘鲁	7397.3	58	2
印度	7068.2	22	2
合计	268694.8		67

（二）区域分布

受地质与气候条件的影响，森林资源在各大洲的分布各有不同。森林覆盖率最高的地区是南美洲和欧洲，达到 45% 以上，接下来是北美洲、非洲、大洋洲，亚洲的森林覆盖率最低。欧洲森林面积最大，其次是南美洲，大洋洲面积最小。

1. 欧洲。2015 年，欧洲森林面积约为 10.15 亿 hm²，约占世界森林面积的 1/4，森林蓄积量 1140 亿 m³，生物质量碳储量 450 亿 t，与世界上各大洲相比是碳储量最多的区域。公有林占比 89%，私有林占 11%。

欧洲森林资源较为丰富。两千年前，森林覆盖了欧洲大约 80% 的陆地，世界上最大的天然林在欧洲，占地面积约 9 亿 hm²，其中约有 88% 分布在俄罗斯联邦，耐寒树种资源丰富。欧洲森林资源的良好发展、林产品和服务的持续供应，取决于可持续的管理理念和实施森林管理规划，近 9.5 亿 hm^2，约 90% 的林地有森林经营方案。

2. 北美洲。19 世纪，随着移民人数的猛增，北美森林砍伐的速度迅速加快，1850—1900 年间，美国的森林面积从 4.5 亿 hm^2 减少到不足 3 亿 hm^2。然而到了 1920 年，毁林基本停止。而加拿大在 18、19 世纪也有一段时期发生毁林，20 世纪初时森林面积得以保持稳定。

2015 年，北美洲森林面积约为 7.5 亿 hm^2，森林覆盖率 34%，占全球森林面积的 17%，森林蓄积量为 490 亿 m^3，生物碳储量 220 亿 t，北美洲生产性林地 1.2 亿 hm^2，多用途林地 3.9 亿 hm^2，水土保持林地 5.3 亿 hm^2。公有林占 65%，私有林占 34%，另有 1% 权属不清晰。林业从业人员约 18.6 万人。

3. 南美洲。2015 年，南美洲森林面积约 8.4 亿 hm^2，约占世界森林面积的 21%。其中天然林约 4 亿 hm^2，占该区域森林总面积近一半，占世界天然林总面积的 31%。2000 年以来，南美洲指定用于生物多样性保护的森林面积每年增加近 300 万 hm^2，现受到生物多样性保护的林地约 1.3 亿 hm^2。南美洲公有林占 78%，私有林约占 21%。

南美洲是世界上天然林减少最多的地区。过去 20 年来，中美洲和南美洲的森林面积下降较多，主要是因为把林地改为农业用地而从事的森林砍伐所致。1990—2000 年间，天然林面积每年减少约 350 万 hm^2，2010—2015 年间下降至每年 210 万 hm^2。虽然南美洲总体上人工林面积相对较小，但过去 10 年间以每年 3.2% 的速度增加，人工林生产力高，居全球领先地位。

4. 亚洲。亚洲是世界上最大的陆地，拥有多种多样的森林生态系统，森林资源较为丰富。森林面积约 5.9 亿 hm^2，其中天然林面积约 1.7 亿 hm^2，占亚洲森林总面积的 20%，占世界天然林面积的 9%；人工林约 1.3 亿 hm^2，占亚洲森林总面积的 22%，占世界范围内人工林总面积的 44%，列世界之首。亚洲公有林占

77%，私有林约占 22%。世界上在林业中就业的全日制员工中有约 79%、1 千万雇员集中在亚洲。

5. 非洲。 在 19 世纪，非洲大陆广大地区被用于资源开采和农业开发，森林面积迅速减少。在撒哈拉以南的非洲地区，伴随着人口的增长，森林采伐也在增加；在需要木材作燃料及林地需改为耕地的地区，森林损失最为严重。1990—2010 年间，非洲森林面积继续减少，但总体上该地区森林净损失的速度有所放缓。2015 年非洲森林面积为 6.24 亿 hm^2，其中天然林 1.4 亿 hm^2，人工林 1600 万 hm^2（FAO，2015）。

非洲的森林极为多样化，拥有多样的生态系统，既包括萨赫勒地区与东部、南部及北部的干旱林，也包括西部和中部的刚果盆地——坐拥世界上第二大的毗连成片的热带雨林。

6. 大洋洲。 大洋洲森林面积为 1.74 亿 hm^2，其中天然林 2700 万 hm^2，人工林 400 万 hm^2，森林蓄积量为 100 亿 m^3。大洋洲森林权属中，公有林占 57%，私有林占 42%，是世界上私有林面积占比最高的地区，有用森林管理计划的比例也较低，占森林总面积的 26%。

大洋洲森林在 2005—2010 年的 5 年间大幅减少，约减少 107 万 hm^2。巴布亚新几内亚是大洋洲森林资源最丰富的国家，森林覆盖率达 60% 以上，其中 90% 为天然林。

第二节　世界湿地概况

湿地不仅是地球表层最富生物多样性的生态系统之一，也是人类赖以生存和发展的重要环境资源。湿地因具有保护生物多样性、涵养水源、净化水质、调蓄洪水、补充地下水、调节气候、维持生态平衡等多种极为重要的生态功能和服务价值，常被誉为"地球之肾"、"天然水库"和"天然物种库"。在全球变化背景下，随着经济发展和人类活动不断加剧，全球很多湿地发生了明显退化甚至消失。如何应对湿地变化所引起的全球生态环境问题引起了广泛关注。

一、全球湿地现状

关于全球的湿地面积，由于不同的研究采用不同的定义和界定方法，得出的结果也不相同。根据1999年"全球湿地资源调查与湿地编目"项目的估算结果，全球湿地面积大约为$1.28 \times 10^9 hm^2$，包括湖泊、江河、沼泽等内陆和滨海湿地、低潮时水深不超过6m的近海湿地以及水库和稻田等人工湿地。千年生态系统评估报告（2005年）认为该湿地面积数据显著偏低，尤其是对新热带区的湿地，以及间歇性洪泛的内陆湿地、泥炭地、人工湿地、海草草甸和沿海滩涂等特殊类型湿地估算。由于数据不完整或难以获取，估算结果可能远低于实际面积。世界自然基金会于德国卡塞尔（Kasel）大学构建的全球湖泊和湿地数据库中，全球的湿地面积为$9.17 \times 10^8 hm^2$。全球湿地评估存在巨大的不一致性，当前需制定统一的湿地调查或编目标准，才能精确估算全球湿地的面积。

多项全球性的湿地评估项目表明，全球湿地面积在20世纪急剧下降。千年生态系统评估报告（2005年）认为，在20世纪，澳大利亚、新西兰、欧洲和北美的部分地区湿地丧失50%以上，可能还有一些其他地区高于这一丧失速率。《全球生物多样性展望》（第4版，2014）指出："全球湿地面积正以每年1.5%的速度减小。"另外，从全球角度来看，红树林等滨海湿地依然以每年10万hm^2（0.7%）以上的速度减少，这个速度与20世纪80年代的1%相比已有所放缓。但是2000—2005年期间亚洲的红树林损失速度则加快了。根据《全球环境展望5》（2012年）预测，在2000—2050年间，东南亚将减少35%的红树林覆盖，使印度尼西亚和马来西亚在食物供给、污水净化和抵御风暴等生态系统服务方面产生损失。西班牙国家生态系统评估（2013年）表明，"45%的生态系统服务功能正在退化或变得不可持续"，尤其是"内陆湿地和滨海湿地，除了文化旅游功能，其他生态功能都在经历重大的退化"。尽管在过去38年间人工湿地有所增加，尤其是在亚洲南部由自然湿地转变成稻田，但人工湿地带来的效益无法抵消自然湿地面积减少带来的生态系统服务功能损失（Leadley et al.，2014）。Costanza等（2014）分析了从1997—2011年生物群系的生态系统服务的损失，结果表明：潮间带沼泽和红树林湿地区每年损失约7.2万亿美元，沼泽和洪泛区每年损失约2.7万亿美元，珊瑚礁的丧失导致每年11.9万亿美元的损失。

全球湿地生物多样性也不容乐观。世界自然基金会（WWF）采用了生命地球指数（living planet index）衡量了湿地生物种群状况，结果表明淡水物种丰度在过去的40年间下降了76%。世界自然保护联盟（IUCN）红色名录的湿地鸟类、哺乳类、两栖类和珊瑚的红色名录指数（red list index）为负值，说明越来越多的湿地物种正在走向灭绝，环境仍在持续恶化（生物多样性公约第18次会议报告，2014）。

二、国际重要湿地现状

随着对湿地认识的深入，世界各国也逐渐开始重视湿地的保护，各国以划定自然保护区、建立国家公园等多种形式进行湿地保护。但全球水平的湿地保护，通过加入《湿地公约》并指定国际重要湿地为重要形式之一。1971年2月2日，来自18个国家的代表共同签署了《关于特别是作为水禽栖息地的国际重要湿地公约》（简称《湿地公约》）。中国于1992年正式加入《湿地公约》。截至2016年4月，公约缔约国已达169个，被列入《湿地名录》的国际重要湿地共有2234处，总面积达215188919hm²。全球国际重要湿地在各大洲分布数量极其不均，湿地面积也相差悬殊。欧洲拥有的国际重要湿地数量最多，其次为非洲和亚洲；全球最小的国际重要湿地面积不足1hm²（澳大利亚的霍斯尼泉，2010年前），而面积最大的则达600万hm²多（刚果民主共和国的恩吉利—通巴—曼多比湿地）；从各大洲国际重要湿地总面积来看，非洲的国际重要湿地总面积最大，大洋洲的国际重要湿地面积最小。国际重要湿地主要位于温带海洋性森林、温带大陆性森林、亚热带干旱森林、热带季雨林、热带雨林等区域。北方苔原林地、温带荒漠区域的国际重要湿地数量较少。

《全球生态环境遥感监测（大型国际重要湿地）》2014 年度报告选择了 100 处大型国际重要湿地进行遥感变化监测。2001—2013 年全球大型国际重要湿地内，非湿地面积约占 56%，湿地总面积减少不足 1%，说明全球尺度上国际重要湿地面积总体保持稳定状态。但是在湿地内部，由于气温、降水等自然条件的波动和部分人类活动的影响，湿地类型之间发生了不同程度的波动和变化。

第三节　世界荒漠与荒漠化

一、世界荒漠概况

(一)概念及特征

荒漠，是在干旱气候条件下形成的由旱生、超旱生稀疏植被组成的地理景观，也是地球上最为重要的地貌类型和生态系统之一。其主要特征就是气候干燥、降水稀少、蒸发量大、植被贫乏。全球荒漠总面积约 2536 万 km^2，除极地和亚极地区域以外，几乎占地球陆地表面的 1/5。荒漠的形成主要受气候和土壤的综合作用，具有明显的地带性特点。主要分布在南北纬 15°~50°，其中 15°~35° 为副热带干旱荒漠区，北纬 35°~50° 为温带、暖温带内陆干旱荒漠区。

(二)类型

按地貌和地表物质组成，荒漠又可分为沙漠、砾漠、岩漠、泥漠(狭义概念。广义的还包括盐漠、寒漠等)。沙漠，也称砂质荒漠，它是荒漠家族面积最大的一类，经常被作为荒漠的"代言人"。砾漠指砾石质荒漠，又称戈壁，它在亚洲的蒙古和中国接壤部分广泛分布。岩漠又称石荒漠，多分布在干旱区大山的山麓，某些风蚀洼地或干河洼地的底部，例如，岩漠在世界上分布很广，在北美和中国西北的祁连山、昆仑山山麓均有分布。泥漠，由黏土组成的荒漠，分布于荒漠中较低处，如湖沼洼地、冲积和洪积扇的前缘等，干涸时可形成龟裂地。盐漠，亦称盐沼泥漠、盐水浸渍的泥漠，分布于荒漠的低洼部分，世界著名的盐漠有玻利维亚的乌尤尼盐漠、美国犹他州的大盐湖等；中国的青海柴达木盆地和新疆塔里木盆地也有大面积盐漠（湖）分布。在高山上部和高纬亚极地带，因低温导致植物的生理干燥而形成的植被贫乏地区，是荒漠的一种特殊类型，又称寒漠。

按气候类型划分，可将荒漠分为三大类型，即热区荒漠、冷区荒漠和西海岸雾漠。热区荒漠主要分布在南、北纬 15°～35°的热带和亚热带地区，以及大陆西海岸，包括非洲北部撒哈拉沙漠、南部纳米比亚沙漠，亚洲的阿拉伯半岛、伊朗、巴基斯坦和印度西部荒漠，澳大利亚荒漠，北美洲美国西南部、墨西哥北部荒漠以及南美洲阿根廷西部荒漠。冷区荒漠在全球主要分布于地球中纬度地区以及大陆内部或主要山脉的雨影区，包括亚洲从里海到中国和蒙古的广大地区，如卡拉库姆沙漠、塔克拉玛干沙漠、古尔班通古特沙漠、戈壁荒漠、巴丹吉林沙漠等；北美洲的大盆地荒漠和南美洲的巴塔哥尼亚荒漠等。西海岸雾漠分布于热带或副热带且仅限于大陆西海岸的区域，如撒哈拉、阿拉伯和亚洲西南荒漠邻近海洋的部分，特别是红海和波斯湾；美洲的加利福尼亚，墨西哥、秘鲁、智利、非洲西南部等。寒漠主要分布在高山上部和高纬亚极地带的区域，可以看作是冷区荒漠的一种极端类型。

（三）分布

从分布格局来看，荒漠在世界六大生物地理区域皆有分布（表11-3）。亚洲的荒漠主要分布在东亚、中亚和西南亚的广大区域，面积约 250 万 km²，既有热带荒漠类型，也有温带荒漠类型，例如在阿拉伯半岛沙漠区，有鲁卜哈利沙漠、大内夫得沙漠、瓦希巴沙漠，还有达赫纳沙漠和小内夫得沙漠以及其他沙漠；阿拉伯半岛沙漠都处于真荒漠之中，基本上都是高大密集的流动沙丘。中亚地区沙漠，分布在哈萨克斯坦、土库曼斯坦、乌兹别克斯坦、里海北岸等区域，面积达 83 万 km²，主要有卡拉库姆沙漠、克孜尔库姆沙漠、穆云库姆沙漠、巴尔哈什湖沙漠、咸海卡拉库姆沙漠等；伊朗荒漠，主要以盐漠为主，流动沙丘零星分布于盐漠周围及高原；印度和巴基斯坦塔尔沙漠，中部和东部多为固定和半固定沙丘，西部则为流动沙丘；蒙古荒漠，多为砾漠；中国荒漠，有沙漠、砾漠、盐漠及岩漠等类型，分布在中国的西部和北部地区。

表 11-3　世界荒漠状况（按生物地理区域整理）

生物地理分区 （大致地理范围）	荒漠面积 （万 km²）	受保护比例 （%）	人口密度 （人/km²）	人类足迹指数
旧热带区（非洲撒哈拉沙漠及以南部分、阿拉伯南部和马达加斯加岛等）	270	10	21	20
澳洲区（澳大利亚、新西兰以及太平洋诸岛）	360	9	1	全球最低值
印度—马来区（喜马拉雅山以南、东南亚、新几内亚和附近岛屿）	26	20	151	33
新北区（北美大陆大部）	170	19	44	21
新热带区（南美大陆）	110	6	16	16
古北区（欧亚大陆绝大部分和非洲大陆北部）	1600	9	16	15

非洲荒漠主要分布于其北部和西南部，荒漠面积全球最大，高达960万 km²。北部非洲有撒哈拉荒漠，包括沙漠、砾漠、盐漠及岩漠等多种类型，还有东部大沙漠、西部大沙漠以及木祖克沙漠；非洲西南部则有卡拉哈里—纳米布沙漠；南非卡拉哈里的中东部较为湿润，属于草原和荒漠化草原，西南部则多为流动沙丘；纳料布沙漠主要分布于纳米比亚和南非，多为流动沙丘。

北美洲荒漠主要分布于美国西南部和墨西哥北部，大约有300万 km²，主要有科罗拉多、奇瓦瓦、索诺拉、加利福尼亚半岛等荒漠，该区域无连续分布的大沙漠，零星分布的沙漠面积较大；南美洲阿塔卡马—秘鲁荒漠为雾漠，是世界上最干旱的荒漠，而芒特—巴塔哥尼亚荒漠较为湿润，这些荒漠的风成沙丘很少。

大洋洲的荒漠主要分布在澳大利亚，面积达 105 万 km^2，主要有辛普森沙漠、吉普森沙漠和较大面积的大沙漠。

二、荒漠化

(一)概念

荒漠化一词初现于法国植物生态学家和地理学家 Aubreville 在 1949 年出版的《热带非洲的气候、森林与荒漠化》一书。1977 年，在内罗毕召开的联合国防治荒漠化会议（UNCOD）上，给荒漠化赋予了新的定义："荒漠化是指土地滋生生物的潜力的削弱和毁坏，最后导致类似荒漠的情况。它是生态系统普遍恶化的一个方面。它削弱或毁坏了（土地滋生）生物的潜力，也就是在需要增加生产力以支持增长的人口从事发展时，削弱了生产具有多种使用价值的动植物的潜力。"定义把人类活动作为旱地退化的主要原因，尽管过程复杂，但范围应限定在干旱地区。1990 年，在内罗毕召开的地球荒漠化评估会议（GLASOD）上，则将荒漠化定义为：由于人类不恰当的活动造成的干旱区、半干旱区和亚湿润干旱区的土地退化。1992 年，在里约热内卢召开的联合国环境与发展大会上，荒漠化被定义为：包括气候变异和人类活动在内的多种因素造成的干旱（arid）、半干旱（semi-arid）和亚湿润干旱（dry sub-humid）地区的土地退化。该定义也被 1994 年通过的《联合国关于在发生严重干旱和/或荒漠化的国家特别是在非洲防治荒漠化的公约》（简称《联合国防治荒漠化公约》）所采用。该定义最核心的部分，就是限定了只有发生在 3 个气候区（干旱、半干旱及亚湿润干旱区）的土地退化才归属于荒漠化。2005 年，由 UNEP 牵头组织的千年生态系统评估项目，又把旱区的范围扩大到了极度干旱区。

（二）分类与分布

按照荒漠化形成的驱动力不同，荒漠化主要归属为 4 种类型，即风蚀荒漠化、水蚀荒漠化、冻融荒漠化和盐渍荒漠化。

全世界陆地面积约 1.49 亿 km^2，占地球总面积的 29%；荒漠化土地面积超过 3600 万 km^2，而且每年以 4 万 ~ 6 万 km^2 的速度扩大。荒漠化已影响到全球 100 余个国家的 9 亿多人口；随着气候变化加剧，未来其范围有继续扩大的趋势。各大洲荒漠化在全球的比例见图 11-1，各大洲荒漠化占各自旱区的比例列于表 11-4。

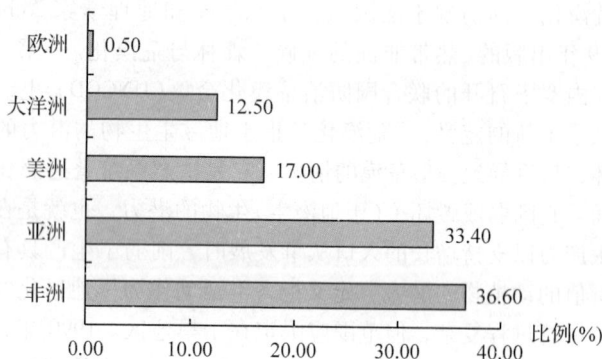

图 11-1　世界五大洲荒漠化比例

表 11-4　世界及各大洲荒漠化面积占旱区面积比例

地区	世界	非洲	亚洲	北美洲	南美洲	澳大利亚
比例（%）	69.0	73.0	69.7	74.1	72.7	53.6

第四节　世界野生动植物

据统计，目前地球上已知的动物大约有 150 万种。动物可分为脊椎动物和无脊椎动物两大类。脊椎动物身体背部都有一根由许多椎骨组成的脊柱，一般个体较大；无脊椎动物的身体没有脊柱，多数个体很小，但种类却很多，占整个动物种数的 90%

以上。

　　脊椎动物又可分为鱼类、两栖类、爬行类、鸟类和兽类五大类群。鱼类是脊椎动物中最多的一个类群，包括海水鱼和淡水鱼共有32000余种；两栖类有2000余种；爬行类有3000余种；鸟类有9000种；兽类有4500多种。

　　无脊椎动物包括原生动物、棘皮动物、软体动物、扁形动物、环节动物、腔肠动物、节肢动物、线形动物等。目前有名有姓的昆虫种类100万种，占动物界已知种类的2/3~3/4。

　　由于环境的恶化，人类的乱捕滥猎，各种野生动物的生存正在面临着各种各样的威胁。现在每天都有100多种生物从地球上消失。我国也已经有10多种哺乳类动物灭绝，如中国白臀叶猴、新疆虎、中国犀牛、普氏野马等；还有20多种珍稀动物面临灭绝，比如野骆驼、东北虎、梅花鹿等。中国是濒危动物分布大国。据不完全统计，仅列入《濒危野生动植物种国际贸易公约》附录的原产于中国的濒危动物有120多种（指原产地在中国的物种），列入《国家重点保护野生动物名录》的有257种，列入《中国濒危动物红皮书》的鸟类、两栖类、爬行类和鱼类有400种，列入各省（自治区、直辖市）重点保护野生动物名录的还有成百上千种。20世纪80年代以来，中国进口了不少动物，如湾鳄、暹罗鳄、食蟹猴、黑猩猩、非洲象等。这些外来的濒危动物，也受到国家的重点保护。由于我国人口众多，活动范围广，使许多珍贵的野生动物被迫退缩残存在边远的山区、森林、草原、沼泽、荒漠等地区，分布区极其狭窄。随着经济的持续快速发展和生态环境的日益恶化，中国的濒危动物种类还会增加。

　　全世界有植物370000多种，共分为9大门：被子植物226000种，其中双子叶植物172000种，单子叶植物54000种；裸子植物800种；蕨类植物12000种；苔藓26000种；藻类33000种；真菌50000种；地衣20000种；细菌1600种；蓝藻植物2000种。

　　中国也是世界上植物资源最为丰富的国家之一，有30000多种植物，仅次于世界植物最丰富的马来西亚和巴西，居世界第三位。其中苔藓植物106科，占世界科数的70%；蕨类植物52科，

2600 种，分别占世界科数的 80% 和种数的 26%；木本植物 8000 种，其中乔木约 2000 种。全世界裸子植物共 12 科 71 属 750 种，中国就有 11 科 34 属 240 多种。针叶树的总种数占世界同类植物的 37.8%。被子植物占世界总科、属的 54% 和 24%。

第五节　世界自然保护区

一、保护区与自然保护区

（一）保护区的定义及分类

保护区（protected area）是国际上各种保护单元、保护实体的泛称，包括几十个类型。世界最早的保护区类型是国家公园（national park）。早在 1872 年，美国建立了第一个、也是世界最早的国家公园，即黄石国家公园（Yellowstone National Park）；黄石国家公园也是世界公认的第一个保护区。国家公园的基本功能包括 4 个方面，即保护自然生态系统和自然环境，保护野生动植物和遗传种质资源，提供国民游憩场所及繁荣地方经济，提供科学研究及环境教育基地。

世界自然保护联盟（The International Union for Conservation of Nature，IUCN）给出的保护区定义是"专门用于生物多样性、自然资源及相关文化资源的保护，并通过法律或其他有效措施进行管理的陆地或海域。"

由于各国保护区分类体系不同、名称千差万别，为了更好地归类统计保护区，1994 年世界自然保护联盟（IUCN）下设的世界保护区委员会（World Commission on Protected Areas，WCPA）发布了《保护区管理类型指南》（Guidelines for Protected Area Management Categories），根据管理目标把保护区划分为以下 6 类：

Ⅰa：严格的自然保护区（strict nature reserve），主要管理目标是科学研究、环境监测。

Ⅰb：荒原区（wilderness area），主要管理目标是荒原保护。

Ⅱ类：国家公园（national park），主要管理目标是生态系统保护和游憩。

Ⅲ类：自然纪念地（natural monument），主要管理目标是特殊自然面貌的保育。

Ⅳ类：生境和物种管理区（habitat/species management area，有译为物种保护区），主要管理目标是通过人为干预措施进行保育。

Ⅴ类：保护的陆地景观和海洋景观（protected landscape/seascape，有译为景观保护区），主要管理目标是陆地和海洋景观的保育和游憩。

Ⅵ类：资源保护区（managed resources protected area），主要管理目标是自然生态系统的可持续利用。

（二）全球保护区发展规模

根据世界保护区委员会（WCPA）统计数字，截至 2014 年 8 月，全球保护区（面积 1000hm² 以上）的数量达到 209429 个，占地总面积 32868673km²，大于非洲大陆的面积。保护区占 3.4% 的世界海洋面积和 14% 的世界陆地面积。如果将南极洲从全球统计覆盖范围中扣除，陆地上保护区的面积占陆地总面积的百分比是 15.4%。在亚洲地区的国家管辖范围内，有 10900 个保护区覆盖了 13.9% 的陆地以及 1.8% 的海洋和沿海地区。

（三）美国的国家公园体系

美国的国家公园体系（national park system）是美国保护区体系的主要组成部分，截至 2015 年共有 401 处。分为 28 个类型，如国家公园（national park，61 处）、国家公园及禁猎区（national park and preserve，7 处）、国家禁猎区（national preserve，8 处）、国家保护区（national reserve，1 处）、国家游憩区（national recreation area，18 处）、国家河流（national river，2 处）、国家游憩河流（national recreation river，1 处）、国家河流及游憩区（national river and recreation area，2 处）、国家海滨（national seashore，10 处）、国家军事公园（national military park，9 处）、国家战场公园（national

battlefield park，4 处）、国家历史公园（national historic park，44
处）、国家纪念馆（national memorial，27 处），等等。

美国保护区体系的另一个主要组成部分是国家野生动物庇护
所体系（national wildlife refuge system，NWRS）。国家野生动物庇
护所体系（NWRS）也包含很多类型，如国家野生动物庇护所（national wildlife refuge，NWR）、湿地管理区（wetland management district，WMD）、水鸟繁殖区（waterfowl production area，WPA）、国家猎物禁猎区（national game preserve，NGP）、野生动物管理区（wildlife management area，WMA）、国家鱼和野生动物庇护所（national fish & wildlife refuge，NFWR）。

二、国际重要意义的保护区

在一些国际组织的推动下，一些特别重要的保护区被列入世界生物圈保护区（world biosphere reserve）、世界自然遗产地（natural world heritage site）、国际重要湿地（international importance wetland）；一些管理好的保护区被列入"保护区绿色名录"（green list of protected area）。

（一）世界生物圈保护区

联合国教科文组织于 1971 年发起了一项政府间的科学计划——"人与生物圈计划"（Man and the Biosphere Programme，MAB），在世界范围内建立"世界生物圈保护区网络"（World Network of Biosphere Reserves，WNBR）。截至 2016 年 4 月，生物圈保护区已经有 669 处。生物圈保护区是用以保护生物多样性和持续利用其资源的一种手段。生物圈保护区具有保护功能、发展功能和支持功能；划分为核心区、缓冲带、过渡区。生物圈保护区不仅具有一般自然保护区所具有的保护功能，还具有促进资源可持续利用、自然保护区与社区协调发展的功能，以及开展科学研究、教育、监测、培训、示范和信息交流等功能。

1979 年，吉林长白山自然保护区、四川卧龙自然保护区、广东鼎湖山自然保护区成为我国首批加入世界生物圈保护区网络的

自然保护区。截至2016年4月，中国33处自然保护区加入世界生物圈保护区网络，其中林业系统自然保护区有24处。

（二）保护区绿色名录

2014年11月世界自然保护联盟（IUCN）公布了首批列入"保护区绿色名录"（Green List of Protected Areas）的8个国家的24处保护区。其中，南美洲的哥伦比亚3处，欧洲的法国5处、意大利1处、西班牙2处，非洲的肯尼亚2处，亚洲的中国6处、韩国3处，大洋洲的澳大利亚2处。

中国大陆有6处广义保护区被列入"保护区绿色名录"，3处自然保护区包括陕西长青国家级自然保护区、四川唐家河国家级自然保护区、（湖南）东洞庭湖国家级自然保护区，都属于林业系统自然保护区；1处国家森林公园，即（吉林）龙湾群国家森林公园；1处风景名胜区，即（黑龙江）五大连池地质公园；1处世界遗产地，即黄山风景区。

第六节　世界主要林产品

一、世界主要林产品生产格局

欧美发达国家在高端林产品生产领域继续占据着制高点。欧美发达国家利用其森林资源、市场、资本、管理和科技等方面的竞争优势，在高端产品领域将继续占据制高点，并在全球技术密集型林产品贸易中处于主体地位。

林产品生产和消费恢复最显著的区域是亚太地区。联合国粮农组织（FAO）的统计数据显示，在经历了全球经济衰退后，2010—2014年全球主要林产品（包括工业原木、锯材、人造板、纸和纸浆）的产量都呈现稳定上升的态势。林产品生产和消费恢复最显著的区域是亚太地区、拉丁美洲和加勒比海地区，以及北美地区。

亚洲锯材产量增幅最快。2010—2014年，世界锯材增长量达到16.8%，其中亚洲锯材生产量增长明显，增幅达到39.5%，其次是美洲，同比增长了15.4%。大洋洲锯材生产量有所减少。美洲仍然位居锯材生产量的榜首，2014年的比例为34.9%。

南美大力发展纸浆造纸等深加工业。巴西、智利和乌拉圭先后建立新的木浆厂，2014年，南美的木浆产量稳步上升，且这三个国家的木浆产量占到了全球木浆产量的14%，巴西更是首次超过加拿大成为全球第四大木浆生产国。

二、世界主要林产品消费格局

世界工业材消费前五的国家基本保持不变。美国、中国、俄罗斯仍然保持在前三位，巴西在5年内工业材消费量超过加拿大，成为世界第四大工业材消费国。

世界工业原木生产大国同时也是消费大国。世界前五大工业原木生产国为美国、俄罗斯、中国、加拿大和巴西，共生产工业原木10.1亿 m³，占世界生产总量的55%，同时，他们也是最大的消费国。

中国成为世界锯材、人造板、纸和纸板消费第一大国。中国锯材消费由2010年的5142万 m³ 增加到9010万 m³，且占据世界比例也从2010年的29.2%增加到2014年的39.9%，已经超过美国成为世界锯材消费第一大国。其次是德国、日本、加拿大。

三、世界主要林产品贸易格局

亚洲成为林产品贸易发展的重要区域，木材贸易额已超过北美洲，在各大洲中位居世界第二位。

中国已是全球第一大木材进口国、人造板出口国和林产品贸易国，而越南、马来西亚和印度尼西亚等正在成为中国在林产品生产领域的主要竞争者。

木材资源国正在逐步限制原木出口。俄罗斯、南美洲、非洲、太平洋岛国等传统木材资源出口国，正利用其森林资源优势，逐步减少原木出口，加快产业结构调整，发展自己的木材加工业。

印度异军突起成为新生力量。2014 年印度在林产品贸易方面的变现非常抢眼，其超越了奥地利和芬兰成为全球第四大工业原木进口国，同时超越韩国和意大利成为全球第四大纤维原料（木浆和废纸）进口国。

第七节　世界重点林业生态工程

20 世纪以来，很多国家都开始关注生态建设，先后实施了一批规模和投入巨大的林业生态工程。其中影响较大的有美国的"罗斯福工程"，前苏联的"斯大林改造大自然计划"，加拿大的"绿色计划"，日本的"治山计划"，北非 5 国的"绿色坝工程"，法国的"林业生态工程"，菲律宾的"全国植树造林计划"，印度的"社会林业计划"，韩国的"治山绿化计划"，尼泊尔的"喜马拉雅山南麓高原生态恢复工程"等。

1. 美国的"罗斯福工程"。 为了遏制过度放牧和开垦造成的土地沙化、黑风暴高频爆发等生态问题，美国总统罗斯福于 1934 年宣布实施"大草原各州林业工程"，该工程又称"罗斯福工程"。工程纵贯美国中部，跨 6 个州，南北长约 1851km，东西宽 160km，建设范围约 1851.5 万 hm^2，规划用 8 年时间（1935—1942 年）造林 30 万 hm^2。工程规模在当时震惊世界，美国政府投入了大量的人力、物力和财力，到 1942 年，共植树 2.17 亿株，此后，由于经费紧张等原因，大规模造林工程暂时终止，但仍保持一定的造林速度。到 20 世纪 80 年代，人工营造的防护林带总长度 16 万 km，面积 65 万 hm^2。"罗斯福工程"实施后，黑风暴在美国彻底消失了，这一工程在国际上产生了巨大影响，极大地刺激了世界各国通过造林来治理生态的积极性。

2. 苏联的"斯大林改造大自然计划"。 苏联欧洲部分的草原地带由于过度开垦和乱砍滥伐导致自然灾害频发，斯大林于 1948 年提出了"斯大林改造大自然计划"，这个以营造防护林带为主框架的宏伟措施规定，在苏联欧洲部分的南部、东南部的分水岭和河流两岸营造大型的国家防护林带系统，在农场和集体农庄的田间，营造防护林，绿化固定沙地。计划用 17 年时间（1949—1965年），营造各种防护林 570 万 hm^2，营造 8 条总长 5320km 的大型国家防护林带。该工程的规模已经超过了美国的"罗斯福工程"。1949—1953 年，该工程营建防护林 287 万 hm^2，1954 年后逐渐终止营造计划，到 20 世纪 60 年代末，保存下来的防护林面积只有当初造林面积的 2%。苏联哈萨克、高加索、西伯利亚、伏尔加河沿岸等地区依旧沙尘暴频发，并同时发生白风暴（含盐尘的风暴）。

3. 北非 5 国的"绿色坝工程"。 为防止撒哈拉沙漠的不断北侵，1970 年，以阿尔及利亚为主体的北非 5 国决定用 20 年的时间（1970—1990 年），在东西长 1500km，南北宽 20～40km 的范围内营造各种防护林 300 万 hm^2。其基本内容是通过造林种草，建设一条横贯北非国家的绿色植物带，以阻止撒哈拉沙漠的进一步扩展或土地沙漠化。到 20 世纪 80 年代中期，已植树 70 多亿株，面积达 35 万 hm^2 多。后来，北非 5 国加快造林速度，到 1990 年，已营造人工林 60 万 hm^2。由于没有弄清当地的水资源状况和环境承载力，盲目用集约化方式搞高强度的生态建设，沙漠依然在向北扩展，平均每年造林的成本是 1 亿美元，现在该国每年损失的林地超过造林面积。该工程是四大造林工程中争议最大的一项，许多专家学者质疑该工程的有效性，并对工程持否定态度。

4. 中国的三北防护林工程。 为治理中国三北地区风沙危害、水土流失，木料、燃料、肥料、饲料俱缺，农业生产低而不稳等生态问题，中国政府于 1978 年启动三北防护林工程，工程区域东西长 4480km，南北宽 560～1460km，东起黑龙江宾县，西至新疆乌孜别里山口，包括陕、甘、青、宁、新、京、津、冀、晋、蒙、辽、吉、黑以及新疆生产兵团的 13 省（自治区、直辖市）551县（旗、市、区），总面积 406.9 万 km^2，占国土总面积的 42.4%，接近我国的半壁河山。三北防护林工程从 1978 开始，至 2050 年结束，历时 73 年，分三个阶段、八期工程进行，规划造林 3508 万 hm^2。到 2050 年，三北地区的森林覆盖率将由 1977 年的 5.05% 提高到 14.95%。工程自 1978 年启动以来至今已经建设了 30 年。

第八节　世界生态节日

一、各国植树节

（一）植树节简介

植树节是一些国家以法律规定宣传保护树木，并动员群众参加以植树造林为活动内容的节日。按时间长短可分为植树日、植树周或植树月，总称植树节。通过这种活动，激发人们爱林、造林的热情。植树造林不仅可以绿化和美化家园，同时也可以起到扩大山林资源、防止水土流失、保护农田、调节气候、促进经济发展等作用，是一项利于当代、造福子孙的宏伟工程。

（二）各国植树节时间

为了保护林业资源，美化环境，保持生态平衡，世界上很多国家都根据本国实际情况设立了植树节、植树周活动。各国植树节见表 11-5。

表 11-5　各国植树节一览表

国别	植树节日期	情况简介
中国	3 月 12 日	1915 年定"清明"为"植树节"。1928 年定为 3 月 12 日孙中山总理逝世纪念植树式及造林运动。1979 年 2 月 23 日五届全国人大常委会第六次会议决定 3 月 12 日为全国"植树节"
朝鲜	4 月 6 日	从 1947 年起，每年 4 月 6 日为全国"植树节"，4 月和 10 月为"植树月"。各道郡又按气候各自规定"植树周"。春秋造林季节，全民动员义务植树，机关、学校、合作农场、军队、居民都承担了义务造林护林任务
日本	4 月 3 日	1922 年东京首先发起城市绿化运动。随后政府确定 4 月 1~7 日为"绿化周"，4 月 3 日为"植树节"。从 1976 年起，每年 9~10 月举行一次"育树节"活动

（续）

国别	植树节日期	情况简介
泰国	9月24日	与国庆节同一天
缅甸	6月	政府决定自1954年6月开始，每年举行一次"植树节"活动
菲律宾	9月第二个星期六	"植树节"已有90年历史，1947年法令规定每年9月第二个星期六为"植树节"
印度尼西亚	12月19~24日	1960年开始，每年举行全国"植树周"活动。1981年12月17日苏哈托总统主持全国第21届"植树造林周"开幕式
巴基斯坦	8月4日	1949年开始定8月4日为全国"植树节"
印度	7月第一周	1950年7月举行第一次全国"植树节"活动，1951年以后定每年7月第一周为"植树节"
伊拉克	3月6日	
叙利亚	12月最后一个星期四	1952年法令规定
黎巴嫩	12月第一周	从20世纪40年代起就规定了"植树节"，后来定12月第一周为"植树节"
约旦	1月15日	林业部定每年1月15日为全国"植树节"
也门	3月6日	
阿尔及利亚	造林季节的每个星期五	政府规定每年造林季节的每个星期五为"义务植树日"。1980—1981年56万志愿者植树1200万株
土耳其		1937年2月通过法令建立全国"植树节"
澳大利亚	5月第一个星期五	
新西兰	8月第一个星期三	
埃及	9~11月	1980年开始规定9~11月为"植树节"
突尼斯	11月18日	
塞内加尔	8月上旬至10月中旬	每年雨季以后开始全国"植树日"活动，政府号召"一人一棵树、一村一公顷林"活动，持续半年之久。各部门组织"一个劳动者一棵树"、"一个妇女一棵树"、"绿化村"、"绿化校园"等群众活动
希腊	秋季	每年仲秋时节或秋末造林季节开始时举行"植树节"
意大利	11月21日	始于1899年

（续）

国别	植树节日期	情况简介
西班牙	2 月 1 日	19 世纪末开始举行"植树节"，马德里市把每年 2 月 1 日起的第一周作为"植树周"
英国	11 月 6～12 日	1977 年开始每年 11 月 6～12 日在全国开展"植树周"运动
爱尔兰	3 月 17 日	1934—1938 年曾由教育部会同土地部安排学校进行"植树节"活动。1939 年中断，1950 年由爱尔兰树木协会发起恢复"植树节"活动。定每年 3 月 17 日为"植树节"
法国	3 月 31 日	1977 年经共和国总统创议，规定每年 3 月 31 日为"植树日"，3 月为"绿化月"
芬兰	6 月 24 日	把"植树节"和森林改良运动结合起来，时间为 6 月 24 日或 10 月
瑞典	3 月	每年 3 月在斯德哥尔摩开展"森林周"活动
挪威		全国有"植树节"，时间没有统一规定
德国	4 月 25～26 日	1952 年举行第一次"植树节"
加拿大	5 月	每年 5 月开展全国"林业周"活动
美国	4 月 10 日	1872 年 4 月 10 日在内布拉斯加州举行"植树节"，植树 100 多万株。1972 年举行植树 100 周年纪念时，建立了全国植树节委员会。各州都有"植树节"
墨西哥	6～9 月	从 20 世纪末起即开展"植树节"活动，但无固定日期与组织。1954 年通过法令规定 6～9 月雨季举行"植树节"
危地马拉	5 月最后一个星期日	1924 年起，每年举行"植树节"活动。后来规定每年 5 月最后一个星期日为"植树节"
洪都拉斯	5 月 30 日	1912 年开始举行"植树节"。1926 年起决定每年 5 月 30 日为"植树节"
萨尔瓦多	6 月 21 日	
尼加拉瓜	6 月最后一个星期日	1929 年法令规定
哥斯达黎加		1915 年颁布法令，规定每年一次"植树节"
古巴	10 月 10 日	1936 年通过法令规定每年 10 月 10 日为"植树节"
多米尼加	5 月第一个星期日	根据法令每年 5 月第一个星期日为"植树节"

（续）

国别	植树节日期	情况简介
哥伦比亚	10 月 12 日	
厄瓜多尔	10 月 12 日	1920 年 6 月 7 日政府颁布的行政法规规定每年 10 月 12 日为"植树节"
委内瑞拉	5 月 23 日	1905 年 4 月通过的法令，规定每年 5 月 23 日为"植树节"
玻利维亚	8 月 20 日	1939 年颁布法令，定 8 月 20 日为国家的"植树日"
阿根廷		1940 年用法律形式规定每年举行一次"植树节"活动，但具体时间全国各地不统一

二、国际森林日

（一）简介

国际森林日又称世界森林日，又被译为世界林业节，英文是 World Forest Day。1972 年 3 月 21 日为首次"世界林业节"。有的国家把这一天定为植树节；有的国家根据本国的特定环境和需求，确定了自己的植树节；中国的植树节是 3 月 12 日。而今，除了植树，世界林业节广泛关注森林与民生的更深层次的本质问题。

（二）来历

古代，人们出于对森林和树木的朴素的敬畏之情，举行一些纪念活动。美洲印第安视森林为图腾：树木撑起了天空，如果森林消失，世界之顶的天空就会塌落，自然和人类就一起死亡。随着人类的发展，从早期的农业耕种到近现代对木材及林产品的消耗猛增，导致全球森林面积急剧减少，森林品质不断下降，生态环境逐渐恶化。

近年来，由于消费国大量消耗木材及林产品，导致全球森林面积明显减少，全球每年消失的森林近千万公顷，这不仅仅是某一个国家的内部问题，它已成为一个国际问题。国际森林日的诞生，标志着人们对森林问题的警醒。这个纪念日是于 1971 年，在欧洲农业联盟的特内里弗岛大会上，由西班牙提出倡议并得到一致通过的。同年 11 月，联合国粮农组织（FAO）正式予以确认。联合国大会于 2012 年 12 月 21 日在其第 A/RES/67/200 决议中宣布每年 3 月 21 日为国际森林日，从 2013 年起举办纪念活动，以进一步提高社会各界对森林重要性的认识，推动全球性植树造林运动。

目前，人们普遍达成共识：森林可为人类做出巨大贡献，它在环境安全、消除贫困、提高人类生活水平等许多方面蕴藏着巨大潜力。为了人类与森林长久共存，全球当务之急是维护和增加森林覆盖面积；恢复并提高森林功能；加强种植业以弥补对森林的开发使用；重视森林土著人和森林工人的权利等。

（三）目的

设立 3 月 21 日为国际森林日的目的是为提高各国为今世后代加强所有类型森林的可持续管理、养护和可持续发展的意识做出了有益贡献。世界森林日的诞生，标志着人们对森林问题的警醒。人们普遍达成共识："森林可为人类做出巨大贡献，它在环境安全、消除贫困、提高人类生活水平等许多方面蕴藏着巨大潜力。"为了人类与森林长久共存，全球当务之急："维护和增加森林覆盖面积；恢复并提高森林功能；加强种植业以弥补对森林的开发使用；重视森林土著人和森林工人的权利等。"

（四）主题

历年国际森林日主题见表 11-6。

表 11-6　历年国际森林日主题

年份	主　题
2007 年	森林：我们的骄傲
2008 年	善待并擅待森林，无异于善待人类自己
2009 年	地球呼唤绿色，人类渴望森林
2010 年	加强湿地保护，减缓气候变化

（续）

年份	主　题
2011 年	庆祝：为人类保护而持续增长的森林
2012 年	保护地球之肺
2014 年	让地球成为绿色家园
2015 年	森林与气候变化，旨在强调森林与气候变化的内在联系，呼吁全球采取更大的行动
2016 年	森林与水

三、世界环境日

（一）简介

世界环境日（World Environment Day）为每年的 6 月 5 日，它的确立反映了世界各国人民对环境问题的认识和态度，表达了人类对美好环境的向往和追求。它是联合国促进全球环境意识、提高政府对环境问题的注意并采取行动的主要媒介之一。联合国环境规划署每年 6 月 5 日选择一个成员国举行"世界环境日"纪念活动，发表《环境现状的年度报告书》及表彰"全球 500 佳"，并根据当年的世界主要环境问题及环境热点，有针对性地制定"世界环境日"主题。

1972 年 6 月 5 日联合国在瑞典首都斯德哥尔摩召开了联合国人类环境会议，会议通过了《人类环境宣言》，并提出将每年的 6 月 5 日定为"世界环境日"。同年 10 月，第 27 届联合国大会通过该决议。世界环境日是联合国促进全球环境意识、提高政府对环境问题的注意并采取行动的主要媒介之一。

（二）来历

20 世纪 60 年代以来，世界范围内的环境污染与生态破坏日益严重，环境问题和环境保护逐渐为国际社会所关注。

1972 年 6 月 5 日，联合国在瑞典首都斯德哥尔摩举行第一次人类环境会议，通过了著名的《人类环境宣言》及保护全球环境的

"行动计划"，提出"为了这一代和将来世世代代保护和改善环境"的口号。这是人类历史上第一次在全世界范围内研究保护人类环境的会议。

出席会议的 113 个国家和地区的 1300 名代表建议将大会开幕日定为"世界环境日"。

中国代表团积极参与了上述宣言的起草工作，并在会上提出了经周恩来总理审定的中国政府关于环境保护的 32 字方针："全面规划，合理布局，综合利用，化害为利，依靠群众，大家动手，保护环境，造福人民。"

同年，第 27 届联合国大会根据斯德哥尔摩会议的建议，决定成立联合国环境规划署，并确定每年的 6 月 5 日为世界环境日，要求联合国机构和世界各国政府、团体在每年 6 月 5 日前后举行保护环境、反对公害的各类活动。联合国环境规划署也在这一天发表有关世界环境状况的年度报告。

（三）目的

世界环境日是联合国促进全球环境意识、提高政府对环境问题的注意并采取行动的主要媒介之一。世界环境日的意义在于提醒全世界注意地球状况和人类活动对环境的危害。要求联合国系统和各国政府在这一天开展各种活动来强调保护和改善人类环境的重要性。

（四）主题

历年世界环境日主题见表 11-7。

表 11-7　历年世界环境日主题

年份	主　题
1974 年	只有一个地球
1975 年	人类居住
1976 年	水，生命的重要源泉

（续）

年份	主 题
1977 年	关注臭氧层破坏、水土流失、土壤退化和滥伐森林
1978 年	没有破坏的发展
1979 年	为了儿童的未来——没有破坏的发展
1980 年	新的十年，新的挑战——没有破坏的发展
1981 年	保护地下水和人类食物链，防治有毒化学品污染
1982 年	纪念斯德哥尔摩人类环境会议 10 周年——提高环保意识
1983 年	管理和处置有害废弃物，防治酸雨破坏和提高能源利用率
1984 年	沙漠化
1985 年	青年、人口、环境
1986 年	环境与和平
1987 年	环境与居住
1988 年	保护环境、持续发展、公众参与
1989 年	警惕全球变暖
1990 年	儿童与环境
1991 年	气候变化——需要全球合作
1992 年	只有一个地球——关心与共享
1993 年	贫穷与环境——摆脱恶性循环
1994 年	同一个地球，同一个家庭
1995 年	各国人民联合起来，创造更加美好的世界
1996 年	我们的地球、居住地、家园
1997 年	为了地球上的生命
1998 年	为了地球的生命，拯救我们的海洋
1999 年	拯救地球就是拯救未来
2000 年	环境千年，行动起来
2001 年	世间万物，生命之网
2002 年	让地球充满生机
2003 年	水——二十亿人生于它！二十亿人生命之所系！

（续）

年份	主　题
2004 年	海洋存亡，匹夫有责
2005 年	营造绿色城市，呵护地球家园！
2006 年	莫使旱地变为沙漠
2007 年	冰川消融，后果堪忧
2008 年	促进低碳经济
2009 年	地球需要你：团结起来应对气候变化
2010 年	多样的物种，唯一的地球，共同的未来
2011 年	森林：大自然为您效劳
2012 年	绿色经济：你参与了吗？
2013 年	思前，食后，厉行节约
2014 年	提高你的呼声，而不是海平面
2015 年	可持续消费和生产
2016 年	为生命呐喊

四、世界地球日

（一）简介

世界地球日（The World Earth Day）即每年的 4 月 22 日，是一项世界性的环境保护活动。2009 年第 63 届联合国大会决议将每年的 4 月 22 日定为"世界地球日"。该活动最初在 1970 年的美国由盖洛德·尼尔森和丹尼斯·海斯发起，随后影响越来越大。活动宗旨在于唤起人类爱护地球、保护家园的意识，促进资源开发与环境保护的协调发展，进而改善地球的整体环境。

（二）来历

最初的地球日选择在春分节气，这一天在全世界的任何一个角落昼夜时长均相等，阳光可以同时照耀在南极点和北极点上，这代表了世界的平等，同时也象征着人类要抛开彼此间的争议和不同，和谐共存。传统上在很多国家都有庆祝春分节气的传统。早期联合国也在每年的春分举行世界地球日的活动。

1969 年美国民主党参议员盖洛德·尼尔森在美国各大学举行演讲，筹划在次年的 4 月 22 日组织以反对越战为主题的校园运动，但是在 1969 年西雅图召开的筹备会议上，活动的组织者之一，哈佛大学法学院学生丹尼斯·海斯提出将运动定位在全美国的、以环境保护为主题的草根运动。1970 年 4 月 22 日在美国各地总共有超过 2000 万人参与了环境保护运动，这次运动的成功使得在每年 4 月 22 日组织环保活动成为一种惯例，在美国地球日这个名号也随之从春分日移动到了 4 月 22 日，地球日的主题也转而更加趋向于环境保护。

现在人们普遍认为 1970 年 4 月 22 日在美国发生的第一届地球日活动是世界上最早的大规模群众性环境保护运动，这次运动催化了人类现代环境保护运动的发展，促进了发达国家环境保护立法的进程，并且直接催生了 1972 年联合国第一次人类环境会议。而 1970 年活动的组织者丹尼斯·海斯也被人们称为"地球日之父"。

由于环境保护运动在世界范围内的兴起，1990 年第 20 届地球日活动的组织者希望将这一美国国内的运动向世界范围扩展，为此他们致函中国、美国、英国三国领导人和联合国秘书长，呼吁他们采取措施，举行会晤缔结关于环境保护议题的多边协议，协力扭转环境恶化的趋势；同时地球日的组织者还呼吁全世界愿意致力环境保护的政府在 1990 年 4 月 22 日各自动员国民开展环境保护运动。地球日活动组织者的倡议得到了亚洲、非洲、美洲、欧洲许多国家和众多国际性组织的响应，最终在 1990 年 4 月 22 日有来自 140 多个国家的逾 2 亿人参与了地球日的活动。从此世界地球日成为全球性的环境保护运动。

（三）目的

世界地球日旨在唤起人类爱护地球、保护家园的意识，促进资源开发与环境保护的协调发展，进而改善地球的整体环境。

（四）主题

历年世界地球日的主题见表 11-8。

表 11-8　历年世界地球日主题

年份	主　题
1974 年	只有一个地球
1975 年	人类居住
1976 年	水——生命的重要源泉
1977 年	关注臭氧层破坏、水土流失、土壤退化和滥伐森林
1978 年	没有破坏的发展
1979 年	为了儿童和未来——没有破坏的发展
1980 年	新的 10 年，新的挑战——没有破坏的发展
1981 年	纪念斯德哥尔摩人类环境会议 10 周年——提高环境意识
1982 年	保护地下水和人类食物链；防治有毒化学品污染
1983 年	管理和处置有害废弃物；防治酸雨破坏和提高能源利用率
1984 年	沙漠化
1985 年	青年、人口、环境
1986 年	环境与和平
1987 年	环境与居住
1988 年	保护环境、持续发展、公众参与
1989 年	警惕，全球变暖！
1990 年	儿童与环境
1991 年	气候变化——需要全球合作
1992 年	只有一个地球——一齐关心，共同分享
1993 年	贫穷与环境——摆脱恶性循环
1994 年	一个地球，一个家庭
1995 年	各国人民联合起来，创造更加美好的世界
1996 年	我们的地球、居住地、家园
1997 年	为了地球上的生命
1998 年	为了地球上的生命——拯救我们的海洋
1999 年	拯救地球，就是拯救未来
2000 年	2000 环境千年——行动起来吧！

（续）

年份	主　题
2001 年	世间万物，生命之网
2002 年	让地球充满生机
2003 年	善待地球，保护环境
2004 年	善待地球，科学发展
2005 年	善待地球——科学发展，构建和谐
2006 年	善待地球——珍惜资源，持续发展
2007 年	善待地球——从节约资源做起
2008 年	善待地球——从身边的小事做起
2009 年	低碳经济绿色发展
2010 年	绿色世纪
2011 年	珍惜地球资源，转变发展方式——倡导低碳生活
2012 年	珍惜地球资源，转变发展方式——推进找矿突破，保障科学发展
2013 年	珍惜地球资源，转变发展方式——促进生态文明 共建美丽中国
2014 年	珍惜地球资源，转变发展方式——节约集约利用国土资源共同保护自然生态空间
2015 年	珍惜地球资源，转变发展方式——提高资源利用效益
2016 年	节约利用资源，倡导绿色简约生活

五、世界防治荒漠化和干旱日

（一）简介

世界防治荒漠化和干旱日（World Day to Combat Desertification），1994 年 12 月 19 日第 49 届联合国大会根据联大第二委员会（经济和财政）的建议，通过了 49/115 号决议，从 1995 年起每年的 6 月 17 日定为"世界防治荒漠化和干旱日"，旨在进一步提高世界各国人民对防治荒漠化重要性的认识，唤起人们防治荒漠化的责任心和紧迫感。

（二）来历

1977 年联合国荒漠化会议正式提出了土地荒漠化这个世界上最严重的环境问题。1992 年 6 月，包括中国总理李鹏在内的 100 多个国家元首和政府首脑与会、170 多个国家派代表参加的巴西里约环境与发展大会上，荒漠化被列为国际社会优先采取行动的领域。之后，联合国通过了 47/188 号决议，成立了《联合国关于在发生严重干旱和/或荒漠化的国家特别是在非洲防治荒漠的公约》（以下简称《联合国防治荒漠化公约》）政府间谈判委员会。公约谈判从 1993 年 5 月开始，历经 5 次谈判，于 1994 年 6 月 17 日完成。"6.17"即为国际社会对防治荒漠化公约达成共识的日子。在 1994 年 10 月 14～15 日于巴黎举行的公约签字仪式上，林业部副部长祝光耀代表我国政府签署了公约。为了有效地提高世界各地公众对执行与自己和后代密切相关的《防治荒漠化公约》重要性的认识，加强国际联合防治荒漠化行动，迎合国际社会对执行公约及其附件的强烈愿望，以及纪念国际社会达成《防治荒漠化公约》共识的日子，1994 年 12 月 19 日第 49 届联合国大会根据联大第二委员会（经济和财政）的建议，通过了 49/115 号决议，决定从 1995 年起把每年的 6 月 17 日定为"世界防治荒漠化和干旱日"。

荒漠化是一个全球性问题，对全世界的生态安全、消除贫穷、社会经济稳定和可持续发展具有重要影响。生活在干旱地区的穷人必须应对收入丧失、粮食不安全、健康恶化、无保障的土地保有制度和自然资源获取权以及缺乏市场准入等多种挑战。生计机会不佳往往迫使他们移徙到不受荒漠化影响的地区，寻求更美好的生活。预期的气候变化导致干旱更频繁、更严重，很可能使荒漠化进一步恶化。《联合国防治荒漠化公约》将荒漠化定义为包括气候变异和人类活动在内的各种因素所造成的旱地土地退化。根据《全球环境展望（四）》的报告，约有 20 亿人依靠干旱地区的生态系统，其中 90% 生活在发展中国家。在全世界，总土地面积的 30% 以上是旱地。约有 30% 的旱地已经退化，特别容易荒漠化。全球每年有 20000～50000km^2 因土地退化——主要是不可持续的土地管理做法和气候变化造成的土壤流失——而损失，非洲、拉丁美洲和亚洲的损失比北美洲和欧洲高 2～6 倍。在非洲各地，容易荒漠化或受荒漠化影响的旱地占该区域的 43%。最终导致荒漠化的最常见的土地退化过程是土壤流失、土壤养分耗尽、土壤污染和盐碱化。土地退化对农业影响最大。农业是非洲的主要土地使用方式和最大雇主。预期到 2025 年非洲将丧失 2/3 的可耕地，目前的土地退化导致撒哈拉以南非洲农业国内总产值年均丧失 3% 以上。如果土地退化以目前的速度继续下去，预计到 2050 年非洲一半以上的耕地无法使用，到 2025 年该区域可能只能养活 25% 的人口。

(三)目的

世界防治荒漠化和干旱日的目的旨在进一步提高世界各国人民对防治荒漠化重要性的认识，唤起人们防治荒漠化的责任心和紧迫感。

(四)主题

历年世界防治荒漠化和干旱日的主题见表 11-9。

表 11-9　历年世界防治荒漠化和干旱日主题

年份	主　题
2005 年	妇女与荒漠化
2006 年	沙漠之美——荒漠化的挑战
2007 年	荒漠化与气候变化——一个全球性挑战
2008 年	防治土地退化以促进可持续农业
2009 年	节约土地和水资源，保护我们共同的未来
2010 年	改善土壤，改善生活
2011 年	森林为民
2012 年	健康土壤维系生命：让我们遏制土地退化
2013 年	不要让我们的未来枯竭
2014 年	土地是人类的未来，免受气候危害为先
2015 年	通过可持续粮食系统实现所有人的粮食安全
2016 年	干旱和水资源短缺

六、世界湿地日

（一）简介

每年的2月2日是世界湿地日。这是湿地国际组织于1996年3月确定的。从1997年开始，世界各国在这一天都举行不同形式的活动来宣传保护自然资源和生态环境。1971年2月2日，历时8年之久的一个旨在保护和合理利用全球湿地的公约《关于特别是作为水禽栖息地的国际重要湿地公约》（简称《湿地公约》）在伊朗拉姆萨尔签署。为了纪念这一壮举并提高公众的湿地意识，1996年10月《湿地公约》常务委员会第19次会议决定，从1997年起每年的2月2日定为"世界湿地日"并每年都确定一个不同的主题。利用这一天，政府机构组织和公民采取各种活动来提高公众对湿地价值和效益的认识，从而更好地保护湿地。

1971年2月2日，来自18个国家的代表在伊朗南部海滨小城拉姆萨尔签署了一个旨在保护和合理利用全球湿地的公约——《关于特别是作为水禽栖息地的国际重要湿地公约》（Convention on Wetlands of International Importance Especially as Waterfowl Habitat，简称《湿地公约》）。该公约于1975年12月21日正式生效，至2006年2月，有147个缔约方。

（二）目的

世界湿地日的目的旨在提高人们对于湿地和水资源之间相互关系重要性的认识。湿地具有很强的调节地下水的功能，它可以有效地蓄水、抵抗洪峰；它能够净化污水，调节区域小气候；湿地还是水生动物、两栖动物、鸟类和其他野生生物的重要栖息地。湿地与森林、海洋并称为全球三大生态系统，孕育和丰富了全球的生物多样性，被人们比喻为"地球之肾"。

（三）主题

历年世界湿地日的主题见表11-10。

表 11-10　历年世界湿地日主题

年份	主　题
1997 年	湿地是生命之源
1998 年	湿地之水，水之湿地
1999 年	人与湿地，息息相关
2000 年	珍惜我们共同的国际重要湿地
2001 年	湿地世界——有待探索的世界
2002 年	湿地：水、生命和文化
2003 年	没有湿地，就没有水
2004 年	从高山到海洋，湿地在为人类服务
2005 年	湿地生物多样性和文化多样性
2006 年	湿地与减贫
2007 年	湿地与鱼类
2008 年	健康的湿地，健康的人类
2009 年	从上游到下游，湿地连着你和我
2010 年	湿地、生物多样性与气候变化
2011 年	森林与水和湿地息息相关
2012 年	湿地与旅游
2013 年	湿地和水资源管理
2014 年	湿地与农业
2015 年	湿地：我们的未来
2016 年	湿地与未来：可持续的生计

七、国际生物多样性日

（一）简介

生物多样性国际日（International Biodiversity Day）。联合国环境署于 1988 年 11 月召开生物多样性特设专家工作组会议，探讨一项生物多样性国际公约的必要性。1989 年 5 月建立了技术和法律特设专家工作组，拟订一个保护和可持续利用生物多样性的国际法律文书。到 1991 年 2 月，该特设工作组被称为政府间谈判委员会。1992 年 5 月内罗毕会议通过了《生物多样性公约协议文本》

（以下简称《公约》）。《公约》于 1992 年 6 月 5 日联合国环境与发展大会期间开放签字，并于 1993 年 12 月 29 日生效。缔约国第一次会议于 1994 年 11 月在巴哈马召开，会议建议 12 月 29 日即《公约》生效的日子为"国际生物多样性日"。同时，联合国大会敦促联合国秘书长和联合国环境规划署执行主任，从各个方面采取必要措施，以期确保国际生物多样性日活动的连续如期举行。2001 年 5 月 17 日，根据第 55 届联合国大会第 201 号决议，国际生物多样性日改为每年 5 月 22 日。

生物多样性是地球上生命经过几十亿年发展进化的结果，是人类赖以生存的物质基础。为了保护全球的生物多样性，1992 年在巴西当时的首都里约热内卢召开的联合国环境与发展大会上，153 个国家签署了《保护生物多样性公约》。1994 年 12 月，联合国大会通过决议，将每年的 12 月 29 日定为"国际生物多样性日"，以提高人们对保护生物多样性重要性的认识。2001 年将每年 12 月 29 日改为 5 月 22 日。

（二）影响

2005 年 1 月 24 日，以"生物多样性、科学与管理"为主题、为期 5 天的生物多样性国际会议在法国巴黎举行。联合国秘书长安南在开幕式上向会议发去致辞，呼吁尚未批准《生物多样性公约》及其议定书的国家尽快予以批准。安南在致辞中说，生物多样性是人类生命支柱之一，对稳定气候和恢复土壤起着重要作用，是人类实现可持续发展和联合国千年发展目标的重要保障。安南说，如今，国际社会对生物多样性的重视还不够，许多不可持续的生产和消费方式以及人类的社会和经济活动使生物多样性正遭受前所未有的破坏。安南希望各国提高对生物多样性重要性的认识，呼吁尚未批准《生物多样性公约》及其议定书的国家尽快行动起来。他强调，保护生物多样性不仅是政府的责任，也是国际机构、非政府组织、私营企业乃至所有人的责任，基层社区积极参与尤其重要。联合国环境规划署高级顾问沙伊指出，生物多样性是可持续发展的基础，保护生物多样性以及生态系统，对经济发展、消除贫困、水土保持和污染控制都有帮助。他说，全球生物多样性每年产生的价值在3万亿美元左右，而整体的生态系统每年经济效益则高达33万亿美元，几乎与全球国民生产总值相当。因此，保护这一多样性生态体系对人类的生存至关重要。

（三）主题

历年国际生物多样日的主题见表11-11。

表11-11　历年国际生物多样日主题

年份	主　　题
2002 年	专注于森林生物多样性
2003 年	生物多样性和减贫——可持续发展面临的挑战
2004 年	生物多样性——全人类的食物、水和健康
2005 年	生物多样性——不断变化之世界的生命保障
2006 年	旱地生物多样性保护
2007 年	生物多样性和气候变化
2008 年	生物多样性与农业
2009 年	外来入侵物种
2010 年	生物多样性、发展和减贫
2011 年	森林生物多样性
2012 年	海洋生物多样性
2013 年	水和生物多样性
2014 年	岛屿生物多样性
2015 年	生物多样性助推可持续发展
2016 年	生物多样性与气候变化

八、世界野生动植物日

（一）简介

2013年12月20日，联合国大会第68届会议决定宣布每年的3月3日为"世界野生动植物日"，提高人们对世界野生动植物的认识。

（二）来历

1973 年 3 月 3 日正是通过《濒临野生动植物种国际贸易公约》的日子。该公约在确保物种生存免受国际贸易威胁方面起到了重要作用。此前，《濒临野生动植物种国际贸易公约》缔约方第 16 次会议于 2013 年 3 月 3～4 日在曼谷召开，会议一项决议指定 3 月 3 日定为"世界野生动植物日"。该决议得到会议主办国泰国的支持，并由泰国将会议结果上交给联合国大会。

（三）目的

世界野生动植物日给我们一个机会赞美美丽多样的野生动植物，也让我们更加了解自然环境保护给人类带来的各种好处。同时，该国际日也提醒我们，加大打击野生动植物犯罪迫在眉睫。我们的行动会产生广泛的经济、环境和社会影响。野生动植物有固有价值及各种贡献，包括其在生态、遗传、社会、经济、科学、教育、文化、娱乐及审美方面对可持续发展和人类福祉的贡献。因此，联合国邀请所有会员国、联合国系统各组织及其他国际机构，与民间社会、非政府组织和个人一起，参与庆祝世界野生动植物日。

（四）主题

历年世界野生动植物日的主题见表 11-12。

表 11-12　历年世界野生动植物日主题

年份	主　题
2014 年	关注非法野生动植物贸易
2015 年	依法保护野生动植物，共建美好家园

九、世界动物日

（一）简介

世界动物日（World Animal Day）源自 13 世纪意大利修道士

圣·弗朗西斯的倡议。后人为了纪念他，就把 10 月 4 日定为"世界动物日"。

（二）来历

圣·弗朗西斯于 1182 年诞生于意大利阿西西地区一个富裕的布商家庭。他于 1206 年摈弃了所有物质财富而创建了弗朗西斯修道院。他长期生活在阿西西岛上的森林中，热爱动物并和动物们建立了"兄弟姐妹"般的关系。他要求村民们在 10 月 4 日这天"向献爱心给人类的动物们致谢"。1931 年，许多生态学家在意大利佛罗伦萨召开会议，正式提议设立"世界动物日"。他们选取了圣·弗朗西斯的主保瞻礼日即 10 月 4 日这一天作为纪念日。并自 20 世纪 20 年代开始，每年的这一天，在世界各地举办各种形式的纪念活动。

（三）目的

生态学家的最初目的是希望借此唤起世人关注濒危生物，慢慢才发展为关怀所有动物。世界动物日的对象是全人类，特别是关心动物人士，因为圣·弗朗西斯曾和小鸟建立融洽、和谐的关系。庆祝世界动物日的宗旨在于宣传饲养伴侣动物所带来的乐趣，让公众意识到动物对人类社会所做的贡献，同时促使各个动物保护组织齐心协力，推动人们以负责任的态度饲养伴侣动物。

十、全球老虎日

（一）简介

2010 年 1 月，在泰国召开的老虎保护亚洲部长级会议提出，将每年的 7 月 29 日设为"全球老虎日"。同年 11 月，在俄罗斯圣彼得堡，13 个全球野生虎分布国的政府首脑和代表联合发表《全球野生虎分布国首脑宣言》，将每年的 7 月 29 日定为"全球老虎日"。

（二）来历

2010 年 11 月，在俄罗斯圣彼得堡召开的"保护老虎国际论坛"(即老虎峰会)上，来自孟加拉国、不丹、柬埔寨、中国、印度、印度尼西亚、老挝、马来西亚、缅甸、尼泊尔、俄罗斯、泰国和越南13个全球野生虎分布国的政府首脑和代表会聚一堂，通过了一项重大的联合行动计划——全球野生虎种群恢复计划，并联合发表了《全球野生虎分布国首脑宣言》，倡议共同努力促进野生虎及栖息地的保护，并将每年的7月29日定为"全球老虎日"。

(三)目的

全球老虎日设立的目的是呼吁人们树立公众的野生虎保护意识。野生虎是健康生态系统的重要标志之一，但在过去的100年里，全球野生虎的数量从10万只锐减到不足3500只。保护野生虎刻不容缓。在中国，现在很难找到野生的老虎，东北虎在大兴安岭等地尚有分布，运气好的话，还能见到"大猫"真身；而华南虎从20世纪80年代起，在野外已难觅踪迹了，就算是圈养，数量也不多。如果野生虎持续消失，这会给整个生态系统造成巨大损失。现在有人想着用虎骨、虎皮、虎鞭等盈利，对老虎进行残酷的捕杀，造成野生老虎的进一步锐减；而利用老虎进行表演又对圈养老虎造成了一定的伤害。印度境内栖息的是孟加拉虎，从20世纪70~90年代，印度野生虎数量从1200只增加到3500只。但2008年的官方统计显示，印度野生虎数量出现明显下降。俄罗斯境内的西伯利亚虎(中国称东北虎)据资料显示数量一直保持在450只左右。野生虎数量锐减，人类自身也将遭受由于野生虎栖息地丧失及其种群消亡给整个亚洲的生物多样性及我们共同赖以生存的生态系统带来的巨大损失。

十一、国际禁毒日

(一)简介

6月26日是国际禁毒日即国际反毒品日。每年"6.26"国际禁毒日前后，各级政府都会通过报刊、广播、电视等新闻媒介及其他多种形式集中开展禁毒宣传活动。

（二）来历

20世纪80年代以来，吸毒在全世界日趋泛滥，毒品走私日益严重。毒品恶之花——盛开的罂粟花与尚未成熟的罂粟果的泛滥直接危害人民的身心健康，并给经济发展和社会进步带来巨大威胁。日趋严重的毒品问题已成为全球性的灾难，世界上没有哪一个国家和地区能够摆脱毒品之害。由贩毒、吸毒诱发的盗窃、抢劫、诈骗、卖淫和各种恶性暴力犯罪严重危害着许多国家和地区的治安秩序。有些地方，贩毒、恐怖、黑社会三位一体，已构成破坏国家稳定的因素。面对这一严峻形势，1987年6月12～26日，联合国在维也纳召开有138个国家的3000多名代表参加的麻醉品滥用和非法贩运问题部长级会议。会议提出了"爱生命，不吸毒"的口号。与会代表一致同意将每年6月26日定为"国际禁毒日"，以引起世界各国对毒品问题的重视，号召全球人民共同来抵御毒品的危害。同年12月，第42届联合国大会通过决议，决定把每年的6月26日定为"禁止药物滥用和非法贩运国际日"（即国际禁毒日）。

（三）目的

世界范围的毒品蔓延泛滥，已成为严重的国际人民的威胁。据联合国统计，全世界每年毒品交易额高达5000亿美元以上，是仅次于军火交易的世界第二大宗买卖。20世纪80年代，全世界因吸毒造成了10万人死亡。毒品不仅严重摧残人类健康，危害民族素质，助长暴力和犯罪，而且吞噬巨额社会财富。对于发展中的国家来说，毒品造成的损失和扫毒所需要的巨额经费更是沉重的负担。国际禁毒日设立的目的是为引起世界全国各地对毒品问题的重视，同时号召全球人民共同来解决毒品问题。

（四）禁毒联合国大会特别会议

特别联大是联合国大会特别会议的简称。联合国禁毒特别联大为加强国际合作，打击吸毒、贩毒的非法活动，联合国分别于

1990 年和 1998 年两次召开了禁毒特别联大。第一次禁毒特别联大于 1990 年 2 月 20～23 日在联合国召开。会议的正式名称为"国际合作取缔麻醉品和精神药物非法生产、供应、需要、贩运和分销问题的联大特别会议"。这次特别会议是第 44 届联大根据哥伦比亚前总统巴尔科 1989 年提出的倡议而决定召开的。包括中国在内的 40 多个国家和地区的代表参加了为期 4 天的会议。会议一致通过了关于禁毒的《政治宣言》和《全球行动纲领》，宣布 1991—2000 年为联合国禁毒十年。1998 年 6 月 8～10 日，第 52 届联大关于毒品问题的特别会议在联合国总部召开。来自 150 多个国家的代表和国际观察员在为期 3 天的会议上，交流了各国的禁毒情况和经验，审议了全球面临的禁毒任务，制定了跨世纪的禁毒战略。以国务委员罗干为团长的中国代表团参加了此次大会。大会提出以 10 年时间，即在 2008 年前实现全球毒品需求大幅度减少的目标。会议通过了《政治宣言》、《减少毒品需求指导原则宣言》和《在处理毒品问题上加强国际合作的措施》三项决议。《政治宣言》提出了 1998 年后 5 年和 10 年内国际药物管制和禁毒目标，规定在 2008 年前使全球毒品需求大量减少。

（五）联合国禁毒文件

1990 年 2 月在纽约召开的联合国第 17 届禁毒特别会议通过了《政治宣言》和《全球行动纲领》，并郑重宣布将 20 世纪最后 10 年（1991—2000 年）定为"国际禁毒十年"。要求各国立即开展有效而持续的禁毒斗争，促进《全球行动纲领》的实施。1998 年 6 月，联合国第二次禁毒特别联大通过的《政治宣言》、《减少毒品需求指导原则宣言》、《在处理毒品问题上加强国际合作》等文件，就加强国际司法合作、控制兴奋剂、减少毒品需求、打击洗钱、铲除非法毒品作物，为全世界建立一个"无毒品世界"制定了跨世纪战略。

（六）主题

从 1992 年起，每年的国际禁毒日都确定有一个主题口号，以达到国际社会关注和共同参与的效果（表 11-13）。

表 11-13　历年国际禁毒日主题

年份	主　题
1992 年	毒品，全球问题，需要全球解决
1993 年	实施教育，抵制毒品
1994 年	女性，吸毒，抵制毒品
1995 年	国际合作禁毒，联合国 90 年代中禁毒回顾
1996 年	滥用毒品与非法贩运带来的社会和经济后果
1997 年	让大众远离毒品
1998 年	无毒世界我们能做到
1999 年	亲近音乐，远离毒品
2000 年	面对现实，拒绝堕落和暴力
2001 年	体育拒绝毒品
2002 年	吸毒与艾滋病
2003 年	让我们讨论毒品问题
2004 年	抵制毒品，参与禁毒
2005 年	珍惜自我，健康选择
2006 年	毒品不是儿戏
2007 年	抵制毒品，参与禁毒
2008 年	控制毒品
2009 年	毒品控制了你的生活吗？你的生活，你的社区，拒绝毒品
2010 年	健康是禁毒运动永恒的主题
2011 年	青少年与合成毒品
2012 年	全球行动共建无毒品安全社区
2013 年	让健康而不是毒品成为你生命中"新的快感"
2014 年	希望的信息：药物使用障碍是可以预防和治疗的
2015 年	抵制毒品，参与禁毒
2016 年	无毒青春，健康生活

十二、国际保护臭氧层日

（一）简介

1995 年 1 月 23 日，联合国大会通过决议，确定从 1995 年开始，每年的 9 月 16 日为国际保护臭氧层日。联合国大会确立国际保护臭氧层日的目的是纪念 1987 年 9 月 16 日签署的《关于消耗臭氧层物质的蒙特利尔议定书》，要求所有缔约的国家根据该议定书及其修正案的目标，采取具体行动纪念这一特殊日子。

联合国环境规划署自 1976 年起陆续召开了各种国际会议，通过了一系列保护臭氧层的决议。尤其在 1985 年发现了在南极周围臭氧层明显变薄，即所谓的"南极臭氧洞"问题之后，国际上保护臭氧层以及保护人类子孙后代的呼声更加高涨。1977 年 3 月联合国环境规划署理事会在美国华盛顿哥伦比亚特区召开了有 32 个国家参加的"评价整个臭氧层"国际会议。会议通过了第一个"关于臭氧层行动的世界计划"。这个计划包括监测臭氧和太阳辐射、评价臭氧耗损对人类健康影响、对生态系统和气候影响等，并要求联合国环境规划署建立一个臭氧层问题协调委员会。1980 年，协调委员会提出了臭氧耗损严重威胁着人类和地球的生态系统这一评价结论。1981 年，联合国环境规划署理事会建立了一个工作小组起草保护臭氧层的全球性公约。经过 4 年的艰苦工作，1985 年 4 月，在奥地利首都维也纳通过了有关保护臭氧层的国际公约——《保护臭氧层维也纳公约》。该公约从 1988 年 9 月生效。这个公约只规定了交换有关臭氧层信息和数据的条款，但是对控制消耗臭氧层物质的条款却没有约束力。以后在《保护臭氧层维也纳公约》基础上，联合国环境规划署为了进一步对氯氟烃类物质进行控制，在审查世界各国氯氟烃类物质生产、使用、贸易的统计情况后，通过多次国际会议协商和讨论，于 1987 年 9 月 16 日在加拿大的蒙特利尔会议上，通过了《关于消耗臭氧层物质的蒙特利尔议定书》，并于 1989 年 1 月 1 日起生效。《关于消耗臭氧层物质的蒙特利尔议定书》规定，参与条约的每个成员组织，将冻结并依照缩减时间表来减少 5 种氟利昂的生产和消耗，冻结并减少 3 种溴化物的生产和消耗。5 种氟利昂的大部分消耗量，从 1989 年 7 月 1 日起冻结在 1986 年使用量的水平上；从 1993 年 7 月 1 日起，其消耗量不得超过 1986 年使用量的 80%；从 1998 年 7 月 1 日起，减少到 1986 年使用量的 50%。

（二）来历

臭氧层破坏是当前面临的全球性环境问题之一，自 20 世纪 70 年代以来就开始受到世界各国的关注。联合国环境规划署自 1976 年起陆续召开了各种国际会议，通过了一系列保护臭氧层的决议。尤其在 1985 年发现了在南极周围臭氧层明显变薄，即所谓的"南极臭氧洞"问题之后，国际上保护臭氧层的呼声更加高涨。臭氧层是指距离地球 25~30km 处臭氧分子相对富集的大气平流层。它能吸收 99% 以上对人类有害的太阳紫外线，保护地球上的生命免遭短波紫外线的伤害。所以，臭氧层被誉为地球上生物生存繁衍的保护伞。20 世纪 80 年代科学家发现了南极上空的臭氧层空洞。到 1998 年年底，这一空洞的面积已达 2720 万 km^2。专家认为，这主要是人类大量使用氯氟烃化学制品引起的恶果。随着科学技术的发展和人民生活质量的改善，工业上广泛使用氯氟烃和含溴氟烃等作为制冷剂、发泡剂、喷射剂和灭火剂。而氯氟烃、含溴氟烃及其他一些有机化合物消耗臭氧层物质（ODS），它们的大量排放对臭氧层构成严重威胁。臭氧层耗减的直接结果是，大气层中的臭氧含量每减少 1%，地面受太阳紫外线的辐射量就增加 2%，人类患皮肤癌的患者就会增加 5%~7%。过量的紫外线辐射还可使农作物叶片受损，抑制其光合作用，导致减产，或改变细胞内的遗传基因和再生能力，使农产品质量劣化。过量的紫外线也会杀死水中的微生物，造成某些物种灭绝。保护臭氧层就是保护蓝天，保护地球生命。1995 年 1 月 23 日联合国大会决定，每年的 9 月 16 日为"国际保护臭氧层日"（International Ozone Layer Protection Day），要求所有缔约国按照《关于消耗臭氧层物质的蒙特利尔议定书》及其修正案的目标，采取具体行动纪念这个日子。

（三）主题

历年国际保护臭氧层日的主题见表 11-14。

表 11-14　历年国际保护臭氧层日主题

年份	主 题
2002 年	拯救蓝天，保护臭氧层：保护自己，保护臭氧层
2003 年	拯救蓝天，保护臭氧层：为了我们的后代
2004 年	拯救蓝天，保护臭氧层：善待我们共同的星球
2005 年	善待臭氧层，安享阳光
2006 年	保护臭氧层，拯救地球生命
2007 年	2007 年，颂扬卓有成效的 20 年
2008 年	蒙特尔议定书：全球利益的伙伴关系
2009 年	共同参与：团结一致保护臭氧层
2010 年	保护臭氧层：治理与遵守的最佳典范
2011 年	淘汰氟氯烃：绝佳机会
2012 年	为子孙后代保护大气层
2013 年	一个健康的大气层是我们想要的未来
2014 年	保护臭氧层——仍然任重道远
2015 年	30 年共同修复臭氧层

十三、世界水日

（一）简介

世界水日是每年的 3 月 22 日，世界水日倡导把重点放在重视淡水的重要性和对淡水资源的可持续管理上。庆祝世界水日的建议是在 1992 年里约热内卢召开的联合国环境与发展会议上提出的。联合国大会回应指定的第一个世界水日是 1993 年 3 月 22 日。1992 年 12 月 22 日，联合国大会通过 47/193 号决议将世界水日设为每年的 3 月 22 日，从 1993 年正式开始，以响应联合国环境与发展会议提出的《21 世纪议程》第 18 章（淡水资源）的内容。我们提倡各国在适当的国家背景下庆祝这个特殊的日子，举行各种活动来促进公众在水资源的保护和发展以及 21 世纪议程实施建议方面的意识，如制作和传播相关的纪录片，组织相关会议、圆桌讨论、研讨会和展览会等。

（二）来历

水是一切生命赖以生存，社会经济发展不可缺少和不可替代的重要自然资源和环境要素。但是，现代社会的人口增长、工农业生产活动和城市化的急剧发展，对有限的水资源及水环境产生了巨大的冲击。在全球范围内，水质的污染、需水量的迅速增加以及部门间竞争性开发所导致的不合理利用，使水资源进一步短缺，水环境更加恶化，严重地影响了社会经济的发展，威胁着人类的福祉。

世界水日确立的背景是：一切社会和经济活动都极大地依赖淡水的供应量和质量，随着人口增长和经济发展，许多国家将陷入缺水的困境，经济发展将受到限制；推动水的保护和持续性管理需要地方一级、全国一级、地区间、国际间的公众意识。世界水日的历史可以追溯到 1992 年的联合国环境与发展会议，这个会议首次提出了世界水日的概念。作为回应，联合国大会指定 1993年 3 月 22 日为第一个世界水日，此后年年如此。

（三）目的

为了唤起公众的水意识，建立一种更为全面的水资源可持续利用的体制和相应的运行机制，1993 年 1 月 18 日，第 47 届联合国大会根据联合国环境与发展大会制定的《21 世纪行动议程》中提出的建议，通过了第 193 号决议，确定自 1993 年起，将每年的3 月 22 日定为"世界水日"，以推动对水资源进行综合性统筹规划和管理，加强水资源保护，解决日益严峻的缺水问题。同时，通过开展广泛的宣传教育活动，增强公众对开发和保护水资源的意识。让我们节约用水，不要让最后一滴水成为我们的眼泪！世界水日这一国际性活动向大家提供这样的机会：了解更多与水相关的知识，得到启迪并采取行动来做出改变。

（四）主题

历年世界水日的主题见表 11-15。

表 11-15　历年世界水日主题

年份	主　题
1995 年	妇女与水
1996 年	干渴的城市与水
1997 年	联合国教科文组织/气象组织"世界上的水是否足够用?"
1998 年	联合国儿童基金会"地下水——看不见的资源"
1999 年	联合国环境规划署"每个人都在下游生活"
2000 年	联合国教科文组织"二十一世纪之水"
2001 年	世界卫生组织"健康之水"
2002 年	国际原子能机构"发展之水"
2003 年	联合国环境规划署"未来之水"
2004 年	气象组织/国际减少灾害战略"水与灾害"
2005 年	联合国"生命之水"
2006 年	联合国教科文组织"水与文化"
2007 年	粮农组织"解决缺水问题"
2008 年	环境卫生
2009 年	共享的水、共享的机遇
2010 年	保障清洁水源，创造健康世界
2011 年	城市用水：应对挑战
2012 年	水与粮食安全
2013 年	国际水合作
2014 年	水资源和能源
2015 年	水与可持续发展

十四、世界旅游日

（一）简介

9 月 27 日是世界旅游日（World Tourism Day）。世界旅游日是由世界旅游组织确定的旅游工作者和旅游者的节日。1970 年 9 月 27 日，国际官方旅游联盟在墨西哥城举行的特别代表大会上通过了世界旅游组织章程。为纪念这个日子，1979 年 9 月世界旅游组织第三次代表大会正式把 9 月 27 日定为"世界旅游日"。

（二）来历

早在 1971 年，世界旅游组织前身国际官方旅游组织联盟就根据非洲国家官方旅游组织的意见，提出创立该节日的设想。经过大量准备工作之后，1979 年 9 月，世界旅游组织第三次代表大会正式决定 9 月 27 日为"世界旅游日"。选择这一天的原因是国际官方旅游组织联盟在 1970 年 9 月 27 日在墨西哥城的特别代表大会上通过了将要成立的世界旅游组织的章程，所以值得纪念。

此外，这一天又恰好是北半球旅游旺季刚过去，而南半球旅游季节又刚到来之际，即这正是世界各国人民度假的好时节。从 1980 年起，有关国家每年都组织一系列庆祝活动，如发行邮票，举办明信片展览，推出新旅游路线，开辟新旅游点等。

（三）目的

确定世界旅游日的意义在于：发展国际、国内旅游，促进各国文化、艺术、经济、贸易的交流，增进各国人民的相互了解，推动社会进步。世界旅游组织每年都提出宣传口号，世界各国旅游组织根据宣传口号和要求开展活动。

（四）主题

历年世界旅游日的主题见表 11-16。

表 11-16　历年世界旅游日主题

年份	主　题
1980 年	旅游业的贡献：文化遗产的保护与不同文化之间的相互理解
1981 年	旅游业与生活质量
1982 年	旅游业的骄傲：好的客人与好的主人

（续）

年份	主　题
1983 年	旅游和假日对每个人来说既是权利也是责任
1984 年	为了国际间的理解、和平与合作的旅游
1985 年	年轻的旅游业：为了和平与友谊的文化和历史遗产
1986 年	旅游：世界和平的重要力量
1987 年	旅游与发展
1988 年	旅游全是为了教育
1990 年	施行者的自由活动创造了一个共融的世界
1989 年	旅游：一个还未被完全认识的产业，是一个有待开发的服务
1991 年	交流、信息与教育：旅游业发展的生命线
1992 年	旅游：社会经济的稳定和人民之间的交流的重要因素
1993 年	旅游业发展和环境保护：营造持续的和谐与发展
1995 年	WTO：为世界旅游业提供了 20 年的服务
1996 年	旅游业：宽容与和平的因素
1997 年	旅游业：21 世纪提供就业机会和倡导环境保护的先导产业
1998 年	政府与企业的伙伴关系：旅游的开发和促销的关键
1999 年	旅旅游：为新千年保护世界遗产
2000 年	技术和自然：21 世纪旅游业的双重挑战
2001 年	旅游业：和平和不同文明之间对话服务的工具
2002 年	经济旅游：可持续发展的关键
2003 年	旅游：消除贫困、创造就业和社会和谐的推动力
2004 年	旅游拉动就业
2005 年	旅游与交通——从儒勒·凡尔纳的幻想到 21 世纪的现实
2006 年	旅游让世界受益
2007 年	旅游为妇女敞开大门
2008 年	旅游：应对气候变化挑战
2009 年	庆祝多样性
2010 年	旅游与生物多样性
2011 年	旅游：连接不同文化的纽带
2012 年	旅游业与可持续能源：为可持续发展提供动力
2013 年	促进旅游业在保护水资源上的作用
2014 年	快乐旅游，公益惠民
2015 年	十亿名游客，十亿个机会

十五、国际减灾日

(一)简介

联合国大会于 1989 年 12 月 22 日通过 44/236 号决议,指定 10 月的第二个星期三为"减少自然灾害国际日"。在国际减少自然灾害十年(1990—1999 年)期间,每年都纪念减少自然灾害国际日。大会在 2009 年 12 月 21 日通过第 64/200 号决议,并将 10 月 13 日改为"国际减灾日"。这个纪念日的目的是提高人们对如何采取行动的认识,以减少灾害风险。

(二)发展历史

国际减灾十年是由原美国科学院院长弗兰克·普雷斯博士于 1984 年 7 月在第八届世界地震工程会议上提出的。此后这一计划得到了联合国和国际社会的广泛关注。联合国分别在 1987 年 12 月 11 日通过的第 42 届联大 169 号决议、1988 年 12 月 20 日通过的第 43 届联大 203 号决议,以及经济及社会理事会 1989 年的 99 号决议中,都对开展国际减灾十年的活动作了具体安排。1989 年 12 月,第 44 届联大透过了经社理事会《关于国际减轻自然灾害十年的报告》,决定从 1990—1999 年开展"国际减轻自然灾害十年"活动,规定每年 10 月的第二个星期三为"国际减少自然灾害日"(International Day for Natural Disaster Reduction)。1990 年 10 月 10 日是第一个"国际减灾十年"日,联大还确认了"国际减轻自然灾害十年"的国际行动纲领。2001 年联大决定继续在每年 10 月的第二个星期三纪念国际减灾日,并借此在全球倡导减少自然灾害的文化,包括灾害防止、减轻和备战。

(三)目的

确立国际减灾十年和国际减灾日,其目的都是唤起国际社会对防灾减灾工作的重视、敦促各地区和各国政府把减轻自然灾害作为工作计划的一部分、推动国家和国际社会采取各种措施以减轻各种灾害的影响。在国际减灾十年间，国际社会在减灾方面取得了显著成就。"国际减轻自然灾害十年"行动的目的是：通过一致的国际行动，特别是在发展中国家，减轻由地震、风灾、海啸、水灾、土崩、火山爆发、森林大火、蚱蜢和蝗虫、旱灾和沙漠化以及其他自然灾害所造成的人命财产损失和社会经济的失调。其目标是：增进每一国家迅速有效地减轻自然灾害的影响能力，特别注意帮助有此需要的发展中国家设立预警系统和抗灾结构；考虑到各国文化和经济情况不同，制订利用现有科技知识的适当方针和策略；鼓励各种科学和工艺技术致力于填补知识方面的重点空白点；通过技术援助与技术转让、示范项目、教育和培训等方案来发展评价、预测和减轻自然灾害的措施，并评价这些方案和效力。

（四）主题

历年国际减灾日的主题见表11-17。

表11-17 历年国际减灾日主题

年份	主 题
1991 年	减灾、发展、环境——为了一个目标
1992 年	减轻自然灾害与持续发展
1993 年	减轻自然灾害的损失，要特别注意学校和医院
1994 年	确定受灾害威胁的地区和易受灾害损失的地区——为了更加安全的 21 世纪
1995 年	妇女和儿童——预防的关键
1996 年	城市化与灾害
1997 年	水：太多、太少——都会造成自然灾害
1998 年	防灾与媒体——防灾从信息开始
1999 年	减灾的效益——科学技术在灾害防御中保护了生命和财产安全
2000 年	防灾、教育和青年——特别关注森林火灾
2001 年	抵御灾害，减轻易损性
2002 年	山区减灾与可持续发展
2003 年	面对灾害，更加关注可持续发展

（续）

年份	主 题
2004 年	减轻未来灾害，核心是如何"学习"
2005 年	利用小额信贷和安全网络，提高抗灾能力
2006 年	减灾始于学校
2007 年	防灾、教育和青年
2008 年	减少灾害风险 确保医院安全
2009 年	让灾害远离医院
2010 年	建设具有抗灾能力的城市：让我们做好准备
2011 年	建设具有抗灾能力的城市——让我们做好准备
2012 年	女性——抵御灾害的无形力量
2013 年	面临灾害风险的残疾人士
2014 年	提升抗灾能力就是拯救生命——老年人与减灾
2015 年	掌握防灾减灾知识，保护生命安全

十六、国际消除贫困日

（一）简介

国际消除贫困日（International Day for the Eradication of Poverty）亦称国际灭贫日或国际消贫日，是联合国组织在 1992 年 12 月 22 日会议上通过 47/196 决议，由 1993 年起把每年 10 月 17 日定为"国际消除贫困日"，用以唤起世界各国对因制裁、各种歧视与财富集中化引致的全球贫富悬殊族群、国家与社会阶层的注意、检讨与援助。

（二）来历

国际消除贫困日的活动可以追溯到 1987 年。当年 10 月 17 日，10 万多人聚集在《世界人权宣言》的签署地巴黎特罗卡德罗广场，他们宣称贫困是对人权的侵犯，并承诺将携手保护贫困人群的人权，1987 年后，每年的 10 月 17 日，人们都举行相关活动，表达他们对贫困人群的关注和声援。1992 年 12 月 22 日，第 47 届联合国大会决定将每年的 10 月 17 日确定为"国际消除贫困日"，以引起人们对贫困问题的重视，推动全球消除贫困工作。

（三）目的

为引起国际社会对贫困问题的重视，动员各国采取具体扶贫行动，宣传和促进全世界的消除贫困工作，以唤起世界各国对因制裁、各种歧视与财富集中化引致的全球贫富悬殊族群、国家与社会阶层的注意、检讨与援助。

（四）主题

历年国际消除贫困日的主题见表 11-18。

表 11-18　历年国际消除贫困日主题

年份	主　题
2007 年	贫困人口是变革者
2008 年	贫困人群的人权和尊严
2009 年	儿童及家庭抗贫呼声
2010 年	缩小贫穷与体面工作之间的差距
2011 年	关注贫困，促进社会进步和发展
2012 年	消除极端贫穷暴力：促进赋权，建设和平
2013 年	从极端贫困人群中汲取经验和知识，共同建立一个没有歧视的世界
2014 年	不丢下一个人：共同思考，共同决定，共同行动，对抗极端贫困
2015 年	构建一个可持续发展的未来：一起消除贫穷和歧视

第九节　世界文化与自然遗产

《保护世界文化和自然遗产公约》是联合国教科文组织于 1972 年 11 月 16 日在第 17 届大会上正式通过的。1976 年，世界遗产委员会成立，并建立《世界遗产名录》。被"世界遗产委员会"列入《世界遗产名录》的地方，将成为世界级的名胜，可受到"世界遗产基金"提供的援助，还可由有关单位招徕和组织国际游客进行游览活动。《世界文化与自然遗产名录》中目前已经增选到802处全球文化与自然遗产，几乎涵盖了世界文化与自然遗产的所有类型，其中与森林和林业有关的名录有77处。

中国于1985年12月12日加入《保护世界文化和自然遗产公约》，成为缔约方。1999年10月29日，中国当选为世界遗产委员会成员。中国于1986年开始向联合国教科文组织申报世界遗产项目。中国先后被批准列入《世界遗产名录》的世界遗产达31处。世界文化与自然遗产名录见表11-19。

在与森林与林业有关的77处世界文化与自然遗产中，有29个国家和地区入选。其中中国有12处、占15.6%，分别是泰山、黄山、九寨沟风景名胜区、黄龙风景名胜区、武陵源风景名胜区、承德避暑山庄及其周围寺庙、庐山国家公园、峨眉山—乐山大佛、苏州古典园林、北京皇家园林——颐和园、武夷山、云南三江并流保护区；澳大利亚和巴西分别有6处，美国5处，印度、印度尼西亚、秘鲁和俄罗斯各4处，日本3处，阿根廷、加拿大、法国、德国、意大利、马来西亚、葡萄牙、南非和西班牙各2处，玻利维亚、哥伦比亚、保加利亚、克罗地亚、古巴、芬兰、墨西哥、新西兰、波兰、斯里兰卡和英国各1处。

在《保护世界文化和自然遗产公约》里有一个定义提出关于"世界遗产"的四项标准：一是反映地球历史发展重要阶段的突出例证；二是主要反映地球或者生物进化的重要过程，以及人与自然各方面的关系；三是反映了特殊的自然美，即遗产的美学价值；四是反映了生物多样性，或者珍稀动植物，濒危动、植物栖息地。只要符合其中任何一条(具备两条、三条更好)的文物、遗址、建筑、自然景观或其结合体，可由各缔约国政府申请，经过严格的考核和审批程序，被批准列入《世界遗产名录》成为世界遗产，是世界范围内具有突出意义和普遍价值的人类文化艺术成就和自然景观。"世界遗产"包括"世界文化遗产"、"世界自然遗产"、"世界文化与自然遗产"和"文化景观"。

根据联合国教科文组织文件，世界遗产的申报需要完成9个步骤：

①一个国家首先要签署《保护世界文化和自然遗产公约》并保证保护该国的文化和自然遗产，成为缔约国。

②任何缔约国要把本土上具有突出普遍价值的文化和自然遗产列出一个预备名单。

③从预备名单中筛选要列入《世界遗产名录》的遗产。

④把填写好的提名表格寄给联合国教科文组织世界遗产中心。

⑤联合国教科文组织世界遗产中心检查提名是否完全，并送交世界自然保护联盟和国际古迹遗址理事会评审。

⑥专家到现场评估遗产的保护和管理情况。按照文化与自然遗产的标准，世界自然保护联盟和国际古迹遗址理事会对上交的提名进行评审。

⑦世界自然保护联盟和国际古迹遗址理事会提交评估报告。

⑧世界遗产委员会主席团的 7 名成员审查提名评估报告，并向委员会提交推荐名单。

⑨由 21 名成员组成的世界遗产委员会最终决定入选、推迟入选或淘汰的名单。

世界遗产的标志由蓝色线条勾勒出的代表大自然的圆形与代表人类创造的方形形状相系相连的图案及"世界遗产"的中英文字样构成。1998 年 5 月 25 日，中国教科文组织、建设部、国家文物局在北京联合向被联合国授予"世界自然和文化遗产"的遗产管理单位颁发世界遗产标志牌。"世界遗产"标志开始在中国被列入《世界遗产名录》的地方永久悬挂。

表 11-19　世界文化与自然遗产名录

遗产名称	批准时间	遗产类型
亚　洲		
中　国		
长城	1987 年	文化遗产
明清故宫	1987 年	文化遗产
敦煌莫高窟	1987 年	文化遗产
秦始皇陵及兵马俑坑	1987 年	文化遗产

（续）

遗产名称	批准时间	遗产类型
周口店北京猿人遗址	1987 年	文化遗产
泰山	1987 年	自然和文化遗产
黄山	1990 年	文化和自然遗产
武陵源	1992 年	自然遗产
九寨沟	1992 年	自然遗产
黄龙	1992 年	自然遗产
承德避暑山庄及其周围庙宇	1994 年	文化遗产
孔庙、孔府、孔林	1994 年	文化遗产
武当山古建筑群	1994 年	文化遗产
拉萨布达拉宫	1994 年	文化遗产
庐山	1996 年	文化景观
峨眉山—乐山大佛	1996 年	自然和文化遗产
平遥古城	1997 年	文化遗产
丽江古城	1997 年	文化遗产
苏州古典园林	1997 年	文化遗产
颐和园	1998 年	文化遗产
天坛	1998 年	文化遗产
武夷山	1999 年	文化和自然遗产
大足石刻	1999 年	文化遗产
青城山—都江堰	2000 年	文化遗产
龙门石窟	2000 年	文化遗产
皖南古村落—西递、宏村	2000 年	文化遗产
云冈石窟	2001 年	文化遗产
明清皇家陵寝	2003 年	文化遗产
三江并流自然景观	2003 年	自然遗产
高句丽王城、王陵及贵族墓葬	2004 年	文化遗产
澳门历史城区	2005 年	文化遗产

（续）

遗产名称	批准时间	遗产类型
孟加拉国		
巴格哈特古清真寺之城	1985 年	文化遗产
巴哈尔布尔佛教遗址	1985 年	文化遗产
孙德尔本斯国家公园	1987 年	自然遗产
塞浦路斯		
帕福斯考古遗址	1980 年	文化遗产
特罗多斯地区的彩绘教堂	1985 年	文化遗产
格鲁吉亚		
姆茨赫塔的历史地区	1994 年	文化遗产
巴格拉赫大教堂和格拉特修道院	1994 年	文化遗产
阿帕·苏瓦奈提	1996 年	文化遗产
印　度		
阿旃陀石窟	1983 年	文化遗产
埃罗拉石窟群	1983 年	文化遗产
阿格拉古堡	1983 年	文化遗产
泰姬陵	1983 年	文化遗产
戈纳勒格太阳神庙	1984 年	文化遗产
默哈布利布勒姆古迹群	1985 年	文化遗产
加济兰加国家公园	1985 年	自然遗产
果阿教堂和修道院	1986 年	文化遗产
盖奥拉德奥国家公园	1985 年	自然遗产
克久拉霍古迹	1986 年	文化遗产
法塔赫布尔．西格里城遗址	1986 年	文化遗产
帕塔达卡尔的石雕群	1987 年	文化遗产
象岛石窟	1987 年	文化遗产
坦贾武尔的布里哈迪斯瓦拉神庙	1987 年	文化遗产
楠达德维山国家公园	1988 年	自然遗产
桑吉佛教古迹	1989 年	文化遗产

（续）

遗产名称	批准时间	遗产类型
胡马雍陵	1993 年	文化遗产
顾特卜塔	1993 年	文化遗产
孙德尔本斯国家公园	1997 年	自然遗产
印度尼西亚		
婆罗浮屠	1991 年	文化遗产
乌戎科隆国家公园	1991 年	自然遗产
科莫多国家公园	1991 年	自然遗产
普兰班南的寺庙群	1991 年	文化遗产
桑义朗的"爪哇人"化石遗址	1996 年	文化遗产
耶路撒冷		
耶路撒冷古城及城墙	1981 年	文化遗产
伊　朗		
乔加赞比尔	1979 年	文化遗产
波斯波利斯	1979 年	文化遗产
伊斯法罕王侯广场	1979 年	文化遗产
日　本		
法隆寺	1993 年	文化遗产
姬路城	1993 年	文化遗产
屋久岛	1993 年	自然遗产
白神山地	1993 年	自然遗产
古京都的历史建筑	1994 年	文化遗产
白川乡和五崮山的历史村落	1995 年	文化遗产
广岛和平纪念碑（原子弹爆炸圆屋顶）	1996 年	文化遗产
严岛神社	1996 年	文化遗产
古奈良历史遗迹	1998 年	文化遗产
约　旦		
佩特拉古城	1985 年	文化遗产

（续）

遗产名称	批准时间	遗产类型
古塞尔·阿姆拉城堡	1985 年	文化遗产
柬埔寨		
吴哥遗迹群	1992 年	文化遗产
韩　国		
庆州石窟庵和佛国寺	1995 年	文化遗产
海印寺大藏经版木及版库	1995 年	文化遗产
水原的华城	1997 年	文化遗产
宗庙	1995 年	文化遗产
昌德宫	1997 年	文化遗产
老　挝		
琅勃拉邦古城	1995 年	文化遗产
黎巴嫩		
巴勒贝克	1984 年	文化遗产
比布鲁斯	1989 年	文化遗产
提尔城考古遗址	1984 年	文化遗产
尼泊尔		
萨加玛塔国家公园	1978 年	自然遗产
加德满都谷地	1979 年	文化遗产
释迦牟尼诞生地兰毗尼	1997 年	文化遗产
阿　曼		
拜赫莱要塞	1987 年	文化遗产
阿拉伯大羚羊保护区	1994 年	自然遗产
巴基斯坦		
摩亨朱达罗考古遗址	1980 年	文化遗产
塔克西拉考古遗址	1980 年	文化遗产
塔赫特·巴希佛教遗址	1980 年	文化遗产
特达的历史保护区	1981 年	文化遗产

（续）

遗产名称	批准时间	遗产类型
拉合尔古堡和夏利玛尔花园	1981 年	文化遗产
罗赫达斯要塞	1997 年	文化遗产
菲律宾		
图巴塔哈礁海洋公园	1993 年	自然遗产
菲律宾的巴洛克式教堂群	1993 年	文化遗产
菲律宾的水稻梯田	1995 年	文化遗产
斯里兰卡		
阿努拉德普勒	1982 年	文化遗产
波隆纳鲁沃古城	1982 年	文化遗产
锡吉里耶古城	1982 年	文化遗产
圣城康提	1988 年	文化遗产
丹布勒金寺	1991 年	文化遗产
叙利亚		
大马士革古城	1979 年	文化遗产
布斯拉古城	1979 年	文化遗产
巴尔米拉考古遗址	1980 年	文化遗产
泰　国		
素可泰历史名城及其有关城镇	1991 年	文化遗产
大城历史名城及其有关城镇	1991 年	文化遗产
通艾、会—卡肯野生物保护区	1991 年	自然遗产
班清考古遗址	1992 年	文化遗产
土耳其		
伊斯坦布尔历史地区	1985 年	文化遗产
卡帕多希亚石窟建筑和格雷梅国家公园	1985 年	文化遗产
帕穆克卡莱和赫拉波利斯	1988 年	文化遗产
越　南		
顺化古迹群	1993 年	文化遗产

（续）

遗产名称	批准时间	遗产类型
下龙湾	1994 年	自然遗产
也　门		
希巴姆古城	1982 年	文化遗产
萨那古城	1986 年	文化遗产
宰比德的历史名城	1993 年	文化遗产
美　洲		
加拿大		
纳汉尼国家公园	1978 年	自然遗产
梅多斯湾国家历史公园	1978 年	文化遗产
艾伯塔省恐龙公园	1979 年	自然遗产
伍德布法罗国家公园	1983 年	自然遗产
克卢恩、兰格尔－圣伊莱亚斯山及冰川湾国家公园	1979 年	自然遗产
安东尼岛	1981 年	文化遗产
美洲野牛涧	1981 年	文化遗产
落基山脉国家公园群	1984 年	自然遗产
魁北克古城区	1985 年	文化遗产
格罗莫讷国家公园	1987 年	自然遗产
沃特顿－冰川国际和平公园	1995 年	自然遗产
卢嫩堡古城	1995 年	文化遗产
哥斯达黎加		
拉米斯塔国家公园	1983 年	自然遗产
科科斯岛国家公园	1997 年	自然遗产
古　巴		
哈瓦那旧城及防御工事	1982 年	文化遗产
特立尼达和智慧谷	1988 年	文化遗产
圣佩德罗－德拉罗卡要塞	1997 年	文化遗产
多米尼克		

（续）

遗产名称	批准时间	遗产类型
特鲁瓦·皮顿山国家公园	1997 年	自然遗产
多米尼加共和国		
圣多明各的殖民城市	1990 年	文化遗产
危地马拉		
蒂卡尔国家公园	1979 年	文化和自然遗产
安提瓜危地马拉	1979 年	文化遗产
基里瓜考古公园和玛雅文化遗址	1981 年	文化遗产
洪都拉斯		
科藩的玛雅遗址	1980 年	文化遗产
普拉塔诺生物保护区	1982 年	自然遗产
墨西哥		
帕伦克古城及历史公园	1987 年	文化遗产
墨西哥城及霍奇米尔科区	1987 年	文化遗产
特奥蒂瓦坎古城	1987 年	文化遗产
瓦哈卡历史区和阿尔万山的考古遗址	1987 年	文化遗产
瓜纳华托古城及银矿废坑	1988 年	文化遗产
莫雷利亚历史名城	1991 年	文化遗产
埃尔塔欣古城	1992 年	文化遗产
比兹卡依诺鲸类保护区	1993 年	自然遗产
萨卡特卡斯历史名城	1993 年	文化遗产
圣弗朗西斯科山岩画	1993 年	文化遗产
波波卡特佩特山麓的修道院群	1994 年	文化遗产
乌斯马尔古城遗址	1996 年	文化遗产
克雷塔罗历史名城	1996 年	文化遗产
瓜达拉哈拉的卡瓦尼亚斯孤儿院	1997 年	文化遗产
锡安卡恩生物保护区	1987 年	自然遗产
巴拿马		

（续）

遗产名称	批准时间	遗产类型
波多韦约和圣洛伦索防御工事	1980 年	文化遗产
达连国家公园	1981 年	自然遗产
拉米斯塔国家公园	1990 年	自然遗产
巴拿马历史地区	1997 年	文化遗产
美　国		
黄石国家公园	1978 年	自然遗产
梅萨弗德国家公园	1978 年	文化遗产
大峡谷国家公园	1979 年	自然遗产
大沼泽国家公园	1979 年	自然遗产
费城独立厅	1979 年	文化遗产
红杉树国家公园	1980 年	自然遗产
猛犸洞穴国家公园	1981 年	自然遗产
奥林匹克国家公园	1981 年	自然遗产
卡霍基亚遗址	1982 年	文化遗产
大雾山国家公园	1983 年	自然遗产
圣胡安的堡垒与历史遗址	1983 年	文化遗产
自由女神像	1984 年	文化遗产
约塞米特国家公园	1984 年	自然遗产
夏洛茨维尔的蒙蒂塞洛和弗吉尼亚大学	1987 年	文化遗产
夏威夷火山国家公园	1987 年	自然遗产
陶斯镇	1992 年	文化遗产
阿根廷		
罗斯格拉希亚雷斯冰川国家公园	1981 年	自然遗产
瓜拉尼耶稣会传教区	1984 年	文化遗产
伊瓜苏国家公园	1984 年	自然遗产
玻利维亚		
波托西银都	1987 年	文化遗产

(续)

遗产名称	批准时间	遗产类型
奇基托斯的耶稣会传教区	1990 年	文化遗产
苏克雷历史名城	1991 年	文化遗产
巴　西		
欧鲁普雷图古城	1980 年	文化遗产
奥林达古城	1982 年	文化遗产
巴伊亚的萨尔瓦多古城	1985 年	文化遗产
孔戈尼亚斯的仁慈耶稣圣殿	1985 年	文化遗产
伊瓜苏国家公园	1986 年	自然遗产
巴西利亚	1987 年	文化遗产
卡皮瓦拉山国家公园	1991 年	文化遗产
智　利		
复活节岛国家公园	1995 年	文化遗产
哥伦比亚		
卡塔赫纳港口城堡和古迹群	1984 年	文化遗产
圣克鲁斯－德蒙波斯历史名城	1995 年	文化遗产
圣奥古斯丁考古公园	1995 年	文化遗产
铁拉登特罗国家考古公园	1995 年	文化遗产
厄瓜多尔		
加拉帕戈斯群岛	1978 年	自然遗产
基多旧城	1978 年	文化遗产
桑盖国家公园	1983 年	文化遗产
秘　鲁		
库斯科城	1983 年	文化遗产
马丘比丘历史圣地	1983 年	文化遗产
查文考古遗址	1985 年	文化遗产
瓦斯卡兰国家公园	1985 年	自然遗产
昌昌古城	1986 年	文化遗产

（续）

遗产名称	批准时间	遗产类型
马努国家公园	1987 年	自然遗产
利马老城	1988 年	文化遗产
阿比塞奥河国家公园	1990 年、1992 年	文化和自然遗产
纳斯卡巨画	1994 年	文化遗产
委内瑞拉		
科罗及港口	1993 年	文化遗产
卡奈马国家公园	1994 年	自然遗产
大洋洲		
澳大利亚		
卡卡杜国家公园	1981 年、1987 年、1992 年	自然遗产
大堡礁	1981 年	自然遗产
威兰德拉湖区	1981 年	自然和文化遗产
西塔斯马尼亚国家公园	1982 年	自然和文化遗产
洛德豪群岛	1982 年	自然遗产
澳大利亚海岸雨林	1987 年	自然遗产
乌卢鲁国家公园	1987 年、1994 年	自然和文化遗产
昆士兰的热带雨林	1988 年	自然遗产
沙克湾	1991 年	自然遗产
弗雷泽岛	1992 年	自然遗产
澳大利亚哺乳动物化石遗址	1994 年	自然遗产
麦夸里岛	1997 年	自然遗产
赫德岛和麦克唐纳群岛	1997 年	自然遗产
新西兰		
汤加里罗国家公园	1990 年、1993 年	自然和文化遗产

（续）

遗产名称	批准时间	遗产类型
德·瓦比波那姆	1990 年	自然遗产
欧　洲		
阿尔巴尼亚		
布特林特的考古遗址	1992 年	文化遗产
奥地利		
萨尔茨堡的历史地区	1996 年	文化遗产
申布伦宫和花园	1996 年	文化遗产
白俄罗斯		
别洛韦日国家公园和比亚沃维耶扎国家公园	1979 年	自然遗产
保加利亚		
博亚纳教堂	1979 年	文化遗产
马达拉的骑手像	1979 年	文化遗产
卡赞勒克的色雷斯人墓地	1979 年	文化遗产
伊凡诺沃的石窟教堂群	1979 年	文化遗产
纳塞巴尔古城	1983 年	文化遗产
里拉修道院	1983 年	文化遗产
斯雷伯尔纳自然保护区	1983 年	自然遗产
斯维士达里色雷斯人墓地	1985 年	文化遗产
皮林国家公园	1983 年	自然遗产
克罗地亚		
杜布罗夫尼克老城	1979 年	文化遗产
斯普利特的戴克里先宫殿及其他历史遗迹	1979 年	文化遗产
普里特维采湖群国家公园	1979 年	自然遗产
波雷奇地区的埃乌普拉希乌斯教堂	1997 年	文化遗产
特罗吉尔历史城市	1997 年	文化遗产
捷　克		
捷克克鲁姆洛夫历史地区	1992 年	文化遗产

（续）

遗产名称	批准时间	遗产类型
布拉格历史地区	1992 年	文化遗产
特尔奇历史地区	1992 年	文化遗产
泽莱纳霍拉地区的内波姆克的巡礼教堂	1994 年	文化遗产
库特纳霍拉的朝拜教堂	1995 年	文化遗产
勒杜尼策及伯卢契策的文化景观	1996 年	文化遗产
丹　麦		
耶林坟丘	1994 年	文化遗产
罗斯基勒大教堂	1995 年	文化遗产
爱沙尼亚		
塔林历史地区	1997 年	文化遗产
芬　兰		
劳马老街	1991 年	文化遗产
斯沃门林要塞	1991 年	文化遗产
佩泰耶韦西教堂	1994 年	文化遗产
韦尔拉木材加工造纸厂	1996 年	文化遗产
法　国		
圣米歇尔山和海湾	1979 年	文化遗产
沙特尔大教堂	1979 年	文化遗产
凡尔赛宫及其园林	1979 年	文化遗产
韦兹莱大教堂	1979 年	文化遗产
韦泽尔峡谷洞窟群	1979 年	文化遗产
尚博尔城堡	1981 年	文化遗产
枫丹白露的宫殿和园林	1981 年	文化遗产
亚眠大教堂	1981 年	文化遗产
阿尔勒城的古罗马建筑和罗马式建筑	1981 年	文化遗产
亚克—塞南皇家盐矿	1982 年	文化遗产
斯坦尼斯瓦夫广场、卡里尔广场和阿莱昂斯广场	1983 年	文化遗产

（续）

遗产名称	批准时间	遗产类型
基罗拉塔湾、波尔多湾和岩石海岸自然保护区	1983 年	自然遗产
加尔桥	1985 年	文化遗产
斯特拉斯堡	1988 年	文化遗产
巴黎的塞纳河沿岸	1991 年	文化遗产
布尔歇大教堂	1992 年	文化遗产
南运河	1996 年	文化遗产
比利牛斯地区和佩尔杜山	1997 年	自然遗产
德　国		
亚琛大教堂	1978 年	文化遗产
维尔茨堡宫、宫廷花园和广场	1981 年	文化遗产
维斯教堂	1983 年	文化遗产
布吕尔的奥古斯都和"谐趣园"城堡	1984 年	文化遗产
希尔德斯海姆大教堂和圣米迦勒教堂	1985 年	文化遗产
特里尔的罗马式建筑、大教堂、圣玛利亚大教堂	1986 年	文化遗产
古都吕贝克	1987 年	文化遗产
波茨坦与柏林的宫殿和庭院	1990 年、 1992 年	文化遗产
朗梅尔斯贝尔克矿山和古都戈斯拉尔	1992 年	文化遗产
班贝克的欧洲中世纪都市遗址	1993 年	文化遗产
马鲁布隆修道院	1993 年	文化遗产
弗尔克林根钢铁厂	1994 年	文化遗产
米塞尔化石保护区	1995 年	文化遗产
科隆大教堂	1996 年	文化遗产
魏玛和德绍的住宅建筑研究所	1996 年	文化遗产
埃斯勒本和维滕贝格的路德纪念建筑群	1996 年	文化遗产
希　腊		
巴塞的伊壁鸠鲁阿波罗神庙	1986 年	文化遗产
德尔菲的考古遗迹	1987 年	文化遗产

（续）

遗产名称	批准时间	遗产类型
雅典卫城	1987 年	文化遗产
圣山阿索斯	1988 年	文化遗产
曼代奥拉	1988 年	文化遗产
塞萨洛尼基的历史建筑	1988 年	文化遗产
埃皮道鲁斯古迹	1988 年	文化遗产
罗得中世纪城市	1988 年	文化遗产
梅斯特拉	1989 年	文化遗产
奥林匹亚的考古遗迹	1989 年	文化遗产
提洛岛	1990 年	文化遗产
拜占庭中期的修道院	1990 年	文化遗产
萨摩斯岛的毕达哥拉翁和赫拉神殿	1992 年	文化遗产
韦尔吉纳的古都遗迹	1996 年	文化遗产
匈牙利		
布达佩斯、布达佩斯多瑙河沿岸	1987 年	文化遗产
霍洛科传统村落	1987 年	文化遗产
蓬农豪尔毛修道院和自然景观	1996 年	文化遗产
奥格泰莱克与斯洛伐克的喀斯特高地	1995 年	文化遗产
爱尔兰		
博因遗迹群	1993 年	文化遗产
斯凯利格·迈克尔岛的修道院	1996 年	文化遗产
意大利		
瓦尔卡莫尼卡岩石画	1979 年	文化遗产
绘有达·芬奇《最后的晚餐》的圣玛利亚教堂的圣餐厅和多明各会修道院	1980 年	文化遗产
罗马历史地区	1980 年	文化遗产
佛罗伦萨历史地区	1982 年	文化遗产
威尼斯及其港湾	1987 年	文化遗产
比萨的大教堂广场	1987 年	文化遗产

（续）

遗产名称	批准时间	遗产类型
马特拉的石窟民居	1993 年	文化遗产
维琴察及威尼托的帕拉蒂奥式建筑村落	1994 年	文化遗产
锡耶纳历史地区	1995 年	文化遗产
那不勒斯历史地区	1995 年	文化遗产
克雷斯皮·达达工业城市	1995 年	文化遗产
蒙特堡	1996 年	文化遗产
文艺复兴时期的都市费拉拉	1995 年	文化遗产
阿尔贝罗贝洛的石顶圆屋	1996 年	文化遗产
皮恩扎历史地区	1996 年	文化遗产
卡塞塔的十八世纪王宫	1997 年	文化遗产
萨伏依王宫	1997 年	文化遗产
庞贝、埃尔科拉诺、托雷安农济亚塔考古地区	1997 年	文化遗产
韦内雷港、钦克泰勒及群岛	1997 年	文化遗产
阿马尔菲海岸	1997 年	文化遗产
阿格里真托考古地区	1997 年	文化遗产
马耳他		
马耳他巨石文化时代的神殿	1980 年	文化遗产
哈尔·萨夫列尼的地下陵墓	1980 年	文化遗产
古城瓦莱塔	1980 年	文化遗产
荷兰		
斯赫克兰德及其周边地区	1995 年	文化遗产
阿姆斯特丹的堡垒	1996 年	文化遗产
金德代克——埃尔斯豪特的风车	1997 年	文化遗产
库拉奈岛威廉斯塔德历史地区	1997 年	文化遗产
挪威		
奥尔内斯的木造教堂	1979 年	文化遗产
卑尔根的布吕根地区	1979 年	文化遗产

（续）

遗产名称	批准时间	遗产类型
矿都勒罗斯	1980 年	文化遗产
波 兰		
克拉科夫历史地区	1978 年	文化遗产
维利奇卡盐矿	1978 年	文化遗产
奥斯维辛集中营	1979 年	文化遗产
华沙历史地区	1980 年	文化遗产
扎莫希奇的老街	1992 年	文化遗产
别洛韦日国家公园和比亚沃维耶扎国家公园	1992 年	自然遗产
中世纪城市托伦	1997 年	文化遗产
葡萄牙		
亚速尔群岛的安拉·多·埃罗依斯莫市区	1983 年	文化遗产
里斯本的赫罗尼莫斯修道院和贝伦塔	1983 年	文化遗产
巴塔利亚修道院	1983 年	文化遗产
埃武拉历史地区	1988 年	文化遗产
辛特拉的文化景观	1995 年	文化遗产
波尔图历史地区	1996 年	文化遗产
罗马尼亚		
多瑙河三角洲	1991 年	自然遗产
别尔坦要塞教堂	1993 年	文化遗产
霍霍祖修道院	1993 年	文化遗产
俄罗斯		
圣彼得堡历史地区及纪念物群	1990 年	文化遗产
基季岛的木造建筑	1990 年	文化遗产
克里姆林宫和红场	1990 年	文化遗产
弗拉基米尔和苏兹达利的历史建筑群	1992 年	文化遗产
三位一体大修道院	1993 年	文化遗产
科米的原始森林	1995 年	自然遗产

（续）

遗产名称	批准时间	遗产类型
贝加尔湖	1996 年	自然遗产
堪察加火山群	1996 年	自然遗产
斯洛伐克		
弗尔科里涅斯的传统村落	1993 年	文化遗产
班斯卡——什贾弗尼察矿山城市	1993 年	文化遗产
斯皮什城及周边历史建筑	1993 年	文化遗产
西班牙		
科尔多瓦历史地区	1984 年	文化遗产
布尔戈斯的大教堂	1984 年	文化遗产
埃斯科里亚尔修道院	1984 年	文化遗产
巴塞罗那的古埃尔公园、古埃尔府和米拉大厦	1984 年	文化遗产
阿尔塔米拉石窟	1985 年	文化遗产
古都塞哥维亚和高架引水渠	1985 年	文化遗产
圣地亚哥——德孔波斯特拉	1985 年	文化遗产
特鲁埃尔的穆德哈尔式建筑	1980 年	文化遗产
托莱多古城	1980 年	文化遗产
塞维利亚大教堂、阿尔卡萨尔及西印度群岛档案馆	1987 年	文化遗产
萨拉曼卡古城	1988 年	文化遗产
"朝圣之路"	1993 年	文化遗产
多尼那国家公园	1994 年	自然遗产
要塞都市昆卡	1996 年	文化遗产
巴塞罗那的加泰罗尼亚音乐厅和圣帕乌医院	1997 年	文化遗产
瑞　典		
比尔卡和霍布高登的遗址	1993 年	文化遗产
恩格尔斯巴利炼铁厂	1993 年	文化遗产
塔努姆摩崖刻画	1994 年	文化遗产
斯考西斯希尔科高登森林墓地	1994 年	文化遗产

（续）

遗产名称	批准时间	遗产类型
汉萨同盟都市维斯比	1995 年	文化遗产
甘梅鲁斯塔德的教堂村	1996 年	文化遗产
拉普兰德	1996 年	文化遗产
瑞　士		
伯尔尼老城	1983 年	文化遗产
圣加伦的修道院	1983 年	文化遗产
梅索尔奇纳的修道院	1983 年	文化遗产
乌克兰		
基辅的圣索菲亚大教堂和别切鲁斯卡娅大修道院	1990 年	文化遗产
英　国		
"巨人之路"和"巨人之路"海岸	1986 年	自然遗产
乔治铁桥区	1986 年	文化遗产
"巨石阵"、埃夫伯里及周围的巨石遗迹	1986 年	文化遗产
圣基尔达岛	1986 年	自然遗产
布莱尼姆宫	1987 年	文化遗产
巴斯城	1987 年	文化遗产
威斯敏斯特宫、威斯敏斯特大教堂、圣玛格丽特教堂	1987 年	文化遗产
亨德森岛	1988 年	自然遗产
伦敦塔	1988 年	文化遗产
爱丁堡的旧城区和新城区	1995 年	文化遗产
格林威治海岸地区	1997 年	文化遗产
梵蒂冈		
梵蒂冈城	1984 年	文化遗产
南斯拉夫联盟		
斯塔利·拉斯遗址和索波查尼修道院	1979 年	文化遗产
科托尔历史地区	1979 年	文化遗产
杜米托尔国家公园	1980 年	自然遗产

（续）

遗产名称	批准时间	遗产类型
非　洲		
阿尔及利亚		
贝尼·哈玛德的卡拉城	1980 年	文化遗产
阿杰尔的塔西利	1982 年	自然和文化遗产
姆扎卜谷地古城遗址	1982 年	文化遗产
杰米拉	1982 年	文化遗产
提帕萨	1982 年	文化遗产
廷加德	1982 年	文化遗产
阿尔及尔的古城卡斯巴	1992 年	文化遗产
贝　宁		
阿波美王宫	1985 年	文化遗产
民主刚果		
维龙加国家公园	1979 年	自然遗产
加兰巴国家公园	1980 年	自然遗产
卡胡兹 – 别加国家公园	1980 年	自然遗产
萨龙加国家公园	1980 年	自然遗产
霍加皮野生动物保护区	1996 年	自然遗产
科特迪瓦		
宁巴山自然保护区	1981 年	自然遗产
塔伊国家公园	1982 年	自然遗产
科莫埃国家公园	1983 年	自然遗产
埃　及		
孟菲斯及其墓地和金字塔	1979 年	文化遗产
底比斯古城及其墓地	1979 年	文化遗产
阿布辛拜勒至菲莱的努比亚遗址	1979 年	文化遗产
伊斯兰城市开罗	1979 年	文化遗产
阿布米那的基督教遗址	1979 年	文化遗产

（续）

遗产名称	批准时间	遗产类型
埃塞俄比亚		
塞米恩国家公园	1978 年	自然遗产
拉利贝拉独石教堂	1978 年	文化遗产
贡德尔地区的法西利达斯宫殿和其他古迹	1978 年	文化遗产
蒂亚的雕刻石碑	1980 年	文化遗产
加　纳		
沃尔特、阿克拉、中西部各州的古城堡和要塞	1979 年	文化遗产
阿散蒂的传统建筑	1980 年	文化遗产
肯尼亚		
肯尼亚国家公园和自然森林	1997 年	自然遗产
西比罗伊—中央岛国家公园	1997 年	自然遗产
利比亚		
萨布拉塔考古遗址	1982 年	文化遗产
昔兰尼考古遗址	1982 年	文化遗产
德拉尔特·阿卡库斯石窟	1985 年	文化遗产
加达梅斯老城	1986 年	文化遗产
马达加斯加		
黥基·德·贝玛拉哈自然保护区	1990 年	自然遗产
马　里		
杰内古城	1988 年	文化遗产
廷巴克图	1988 年	文化遗产
邦贾加拉的悬崖	1989 年	文化遗产
摩洛哥		
非斯的老城	1981 年	文化遗产
马拉喀什的老城	1985 年	文化遗产
阿伊·本·哈杜村	1987 年	文化遗产
古都梅克内斯	1996 年	文化遗产

（续）

遗产名称	批准时间	遗产类型
沃吕比利斯的考古遗址	1997 年	文化遗产
莫桑比克		
莫桑比克岛	1991 年	文化遗产
尼日尔		
阿伊尔和泰内雷自然保护区	1991 年	自然遗产
W 国家公园	1996 年	自然遗产
塞内加尔		
戈雷岛	1978 年	文化遗产
尼奥科罗—科巴国家公园	1981 年	自然遗产
朱吉鸟类保护区	1981 年	自然遗产
塞舌尔		
阿布达布拉环礁	1982 年	自然遗产
马埃谷地自然保护区	1983 年	自然遗产
坦桑尼亚		
基尔尼·基西瓦尼及松果．姆纳拉遗址	1981 年	文化遗产
乞力马扎罗国家公园	1987 年	自然遗产
突尼斯		
突尼斯老城	1979 年	文化遗产
迦太基古城遗址	1979 年	文化遗产
伊其克乌尔国家公园	1980 年	文化遗产
喀尔寇阿内布匿城及其陵园	1985 年	文化遗产
赞比亚		
维多利亚瀑布	1989 年	自然遗产
津巴布韦		
津巴布韦遗址	1986 年	文化遗产

第十节　重要国际公约

一、联合国防治荒漠化公约

公约网址：www.unccd.int

《联合国关于在发生严重干旱和/或荒漠化的国家特别是在非洲防治荒漠化的公约》（英文缩写 UNCCD，以下简称《公约》）是联合国政府谈判委员会历经 5 次会议于 1994 年 6 月 17 日在巴黎通过并于同年 10 月 14～15 日在巴黎开放签署的。《公约》于 1996 年 12 月 26 日正式生效，现有 189 个缔约方。

《公约》宗旨和原则为在发生严重干旱和/或荒漠化的国家，特别是在非洲防治荒漠化和缓解干旱影响，在各级采取有效措施，并在符合《21 世纪议程》精神的基础上建立的国际合作和伙伴关系，协助受影响地区实现可持续发展。

《公约》是属于联合国框架下的政府间多边条约，与《联合国气候变化框架公约》、《生物多样性公约》并称为"里约三公约"。秘书处设在德国波恩。组织机构分别有：缔约方会议——公约最高机构；常设秘书处；科学和技术委员会——缔约方会议的附属机构，向会议提供与防治荒漠化和缓解干旱影响有关的科技事务的信息和意见。科技委员会由专门领域胜任的政府代表组成，会议与缔约方会议同时举行。

《公约》成立时确立了全球机制作为《公约》的资金机制，但收效甚微。经发展中国家成员极力争取，2000 年全球环境基金成员国大会和 2001 年《公约》第五次缔约方会议通过，全球环境基金（GEF）成为《公约》资金机制，GEF 增设土地退化和荒漠化治理融资渠道。

我国政府代表于开放签署的当日即 1994 年 10 月 14 日在巴黎签署了《公约》。全国人大常委会于 1996 年 12 月 30 日批准了该《公约》。1997 年 2 月 18 日递交批准书，1997 年 5 月 19 日对我国生效。国内履约主管部门为国家林业局。

二、联合国气候变化框架公约

公约网址：www.unfccc.int

《联合国气候变化框架公约》（英文缩写 UNFCCC，以下简称公约）于 1992 年 5 月 9 日在纽约联合国总部通过，1992 年 6 月，在巴西里约热内卢召开的联合国环境与发展大会期间，公约正式开放签署。中国政府于 1992 年 6 月签署了公约，于 1993 年 1 月 5 日批准了公约。公约于 1994 年 3 月 31 日正式生效。现有 195 个缔约方。公约常设秘书处在德国波恩。

公约由前言、二十六条正文和两个附件组成，包括公约目标、原则、承诺、研究与系统观测、教育培训和公众意识、缔约方会议、秘书处、公约附属机构、资金机制和提供履行公约的国家履约信息通报及公约有关的法律和技术等条款。

公约的目标是减少温室气体排放，减少人为活动对气候系统的危害，减缓气候变化，增强生态系统对气候变化的适应性，确保粮食生产和经济可持续发展。为实现上述目标，公约确立了五个基本原则：①"共同而区别"的原则，要求发达国家应率先采取措施，应对气候变化；②要考虑发展中国家的具体需要和国情；③各缔约国方应当采取必要措施，预测、防止和减少引起气候变化的因素；④尊重各缔约方的可持续发展权；⑤加强国际合作，应对气候变化的措施不能成为国际贸易的壁垒。

为保证公约的执行，公约下设两个附属机构，一是科学技术咨询附属机构，任务是就与公约有关的科学和技术事项、向缔约方会议并酌情向缔约方会议的其他附属机构及时提供信息和咨询；二是执行附属机构，任务是协助缔约方会议评估和审评公约的有效履行情况。

根据公约第一次缔约方大会的授权（柏林授权），缔约国经过近 3 年谈判，于 1997 年 12 月 11 日在日本东京签署了《京都议定书》。该议定书确定发达国家（工业化国家）在 2008—2012 年的减排指标，工业化国家在 1990 年排放量的基础上平均削减 5.2%，同时确立了三个实现减排的灵活机制，即：联合履约、排放贸易和清洁发展机制。其中清洁发展机制同发展中国家关系密切，其目的是帮助发达国家实现减排，同时协助发展中国家实现可持续发展，是由发达国家向发展中国家提供技术转让和资金，通过项目提高发展中国家能源利用率，减少排放，或通过造林增加二氧化碳吸收，排放的减少和增加的二氧化碳吸收计入发达国家的减排量。根据《马拉喀什协议》的有关规定，发达国家通过清洁发展机制下造林和更新造林活动实现的年减排量不得超过其 1990 年排放量的 1%。中国政府于 1998 年 5 月 29 日签署议定书。

2005 年启动了议定书第二承诺期的谈判，2012 年 12 月 8 日卡塔尔多哈缔约方大会通过了《〈京都议定书〉多哈修正案》，就《京都议定书》第二承诺期做出了安排，为公约附件一所列缔约方规定了量化减排指标，使其整体在 2013—2020 年第二承诺期内将温室气体的全部排放量从 1990 年水平至少减少 18%。2014 年 6 月 2 日，中国向联合国秘书长交存了中国政府接受《〈京都议定书〉多哈修正案》的接受书。

2011 年德班气候大会开启了《巴黎协定》的谈判进程，2015 年巴黎气候大会通过了《巴黎协定》。《巴黎协定》包括序言、总体目标、自主贡献、减缓、适应、损失损害、资金、技术、能力建设、透明度、全球盘点、促进实施和遵约、机构和程序性条款等共 29 条。《巴黎协定》确立了以"国家自主贡献"为主体的国际应对气候变化机制安排，重申了公约确立的"共同但有区别的责任和各自能力"原则，平衡地反映了各方诉求，是全球气候治理的转折点和新起点，传递了全球向绿色低碳经济转型的信号，对 2020 年后全球合作应对气候变化以及促进全球经济发展模式转变将起到重要影响，具有里程碑意义。

2016 年 4 月 22 日联合国秘书长在纽约举行了高级别协定签署仪式，中国签署了《巴黎协定》。

三、生物多样性公约

公约网址：www.biodiv.org

《生物多样性公约》（英文缩写 CBD）于 1992 年 6 月联合国环境与发展会议期间由 150 多个国家政府首脑签署，1993 年 12 月 29 日正式生效，现有 188 个缔约方。

CBD 的目标是按照公约有关条款从事保护生物多样性、持久使用其组成部分以及公平合理分享由利用遗传资源而产生的惠益；实现手段包括遗传资源的适当取得及有关技术的适当转让，但需顾及对这些资源和技术的一切权利，以及提供适当资金。

CBD 秘书处设在加拿大蒙特利尔，组织机构有缔约方会议，科学技术咨询附属机构，CBD 第 8 条谈判工作组和遗传资源获取和惠益分享工作组。

我国政府总理于 1992 年 6 月 11 日在里约热内卢签署了 CBD，同年 11 月 7 日，全国人大常委会批准了该 CBD。1993 年 1 月 5 日我国政府交存了批准书，同年 12 月 29 日公约正式对我国生效。国内履约主管部门为国家环境保护总局。

2000 年 1 月 29 日在《生物多样性公约》缔约方会议上通过了 CBD 的补充协定，被称为《卡塔赫纳生物安全议定书》。

议定书明确其宗旨为，按照里约环发大会所确立的预先防范原则，协助确保在安全转移、处理及使用凭借现代生物技术获得的、可能对生物多样性的保护和可持续利用产生不利影响的改性活生物体领域内采取充分的保护措施，同时顾及对人类健康所构成的风险并特别侧重越境转移问题。

议定书现有 111 个成员国，我国于 2000 年 8 月 8 日签署了议定书。

四、濒危野生动植物种国际贸易公约

公约网址：www. cites. org

《濒危野生动植物种国际贸易公约》(英文简称 CITES)是一个关于调控野生动植物种国际贸易的政府间多边公约。CITES 于 1973 年 3 月 3 日在美国华盛顿签订，1973 年 4 月 30 日以前在华盛顿开放签字，1974 年 12 月 31 日前在瑞士伯尔尼开放签字，1975 年 7 月 1 日正式生效。秘书处设在瑞士日内瓦，现有 145 个成员国。

CITES 的宗旨是保护野生动植物物种不致由于国际贸易而遭到过度开发利用。该 CITES 包括三个附录：附录一包括所有受到和可能受到贸易影响而有灭绝危险的物种，这些物种的标本只有在特殊情况下才能允许进行贸易；附录二包括所有那些目前虽未濒临灭绝，但如对其贸易不严加管理，就有可能变成有灭绝危险的物种；附录三包括任一成员国认为属其管辖范围内而需要其他成员国合作控制贸易的物种。除遵守 CITES 各项规定外，各成员国均不应允许就附录一、附录二、附录三所列物种标本进行贸易。

CITES 缔约方会议每隔两年举行一次，商讨有关野生动植物贸易的重大问题。CITES 下设秘书处、常委会、动物委员会、植物委员会、鉴别手册委员会和命名委员会。

我国于 1981 年 1 月 8 日加入 CITES，1981 年 4 月 8 日 CITES 正式对我国生效。国内履约主管部门为国家林业局。

五、湿地公约

公约网址：www. ramsar. org

《关于特别是作为水禽栖息地的国际重要湿地公约》，简称《湿地公约》或《拉姆萨公约》（英文简称 RAMSAR），是 1971 年 2 月 2 日于伊朗拉姆萨签署、1975 年 12 月 21 日生效的《关于湿地及其生物多样性保护的多边国际公约》。其宗旨是承认人类与环境的相互依存关系，并通过协调一致的国际行动确保作为众多水禽繁殖栖息地的湿地得到良好的保护而不至于丧失。公约秘书处设在瑞士格兰德。

缔约方会议为湿地公约最高机构，每三年举行一次会议，审议成员国和国际组织共同关心的湿地保护问题，通过决议或决定的方式，确定工作计划和努力方向。常务委员会每年召开一次会议，在两届缔约方会议之间执行大会通过的活动，监督秘书处的政策执行和预算执行情况，批准向"拉姆萨小型捐赠基金"提交的项目申请。科学技术审评委员会负责为秘书处、常委会和缔约方会议提供科学与技术指导。

我国于 1992 年 2 月 20 日递交加入书，1992 年 7 月 31 日《湿地公约》正式对我国生效。履约主管部门为国家林业局。

六、国际植物新品种保护公约

公约网址：www. upov. org

《国际植物新品种保护公约》（英文简称 UPOV）旨在通过建立

植物品种保护的有效机制，来保护植物新品种的知识产权，鼓励植物新品种的开发。UPOV 于 1961 年 12 月 2 日在巴黎通过，1968年 8 月 10 日生效。随着植物繁育技术的提高和新的进展，UPOV分别于 1972 年、1978 年和 1991 年做了修订。现有 58 个成员国，秘书处设在瑞士日内瓦。

UPOV 最高决策机构为理事会，下设技术委员会(TA)和行政法律委员会(CAJ)。

我国于 1999 年 4 月 23 日成为其成员国，履约主管机构为国家知识产权局。

七、保护野生动物迁徙物种公约

公约网址：www. cms. int

《保护野生动物迁徙物种公约》(英文简称 CMS，又称《波恩公约》)目的是在过境范围内保护陆生、海洋和鸟类迁徙物种。它是在联合国环境规划署倡导下，在全球范围内保护野生动物及其栖息地的政府间条约。自《波恩公约》于 1979 年生效以来，现有88 个缔约方。

《波恩公约》附录 1 所列为濒危物种。缔约方需要严格保护这些物种，保护或恢复栖息地，减少迁徙途中的障碍和控制其他危险因素。《波恩公约》将推动分布国采取协调一致行动。

《波恩公约》附录 2 所列为保护状态不佳，需要签订国际协定来加强保护和管理的物种，《波恩公约》鼓励分布国就此类物种签订保护协定。

《波恩公约》组织机构有缔约方大会、常委会和科学理事会。

我国尚未加入《波恩公约》。

第十一节　重要国际组织

一、联合国开发计划署(UNDP)

组织网址：www. undp. org

联合国开发计划署成立于 1965 年，是联合国系统主要的无偿援助机构之一，其宗旨是通过提供无偿援助资金帮助受援国提高本国能力建设和消除贫困以达到人类持续发展的目的。该机构总部设在纽约，在世界174个国家和地区设立了134个代表处（包括联合国开发计划署驻华代表处），负责与驻在国政府联系、审报和监督实施驻在国提交开发计划署的无偿援助项目。

UNDP的领导和决策机构为管理理事会，负责分配资金、审批项目和监督实施。秘书处和咨询局是设在总部的日常工作机构，负责落实管理理事会的决定。UNDP的资金根据援助需要由秘书处提出数额后请成员国自愿认捐，主要由发达国家提供，资金主要用于发展中国家。其援助项目主要用于能力建设、技术支持、投资前可行性研究等，项目领域主要在扶贫、环保、妇女参与和市场化改革等方面。

我国于1979年正式接受UNDP的无偿援助资金。根据有关规定，商务部国际经济技术交流中心是归口管理UNDP项目的国内审批机构。

二、联合国粮农组织（FAO）

组织网址：www.fao.org

联合国粮农组织是联合国系统负责农林事务的专门机构，成立于1945年10月，总部设在意大利罗马，现有180个成员国。其宗旨是："提高人民的营养水平和生活标准；改进粮农产品的有效生产和分配；改善农村人口状况，促进世界经济发展，保证人类免于饥饿。"为此，FAO的主要职责是：信息搜集、分析和传播；向成员国提供政策和计划咨询服务；充当中立论坛，促进国际合作；向成员国提供资金和技术援助。

FAO的主要机构有：成员国大会，为最高权力机构；理事会，是大会的执行机构；日常工作机构为秘书处。FAO林业机构主要有：林业委员会、杨树委员会、亚太林业委员会。设在北京的FAO驻中国、蒙古和朝鲜代表处，负责与驻在国联系并审报和监督实施FAO无偿援助项目。

FAO无偿援助项目主要分为技术合作项目和信托基金项目。技术合作项目旨在为发展中国家提供小额、及时的技术援助以满足紧急需要。此类项目的特点是项目期短（1~2 年）、金额少（小于 40 万美元）、实用性强、灵活及时。信托基金项目系指某个国家或国际组织将对外援助的资金委托给 FAO，请其代理执行的一种国际援助项目。

我国国家林业局与 FAO 的合作始于 1978 年，多年来一直保持着良好的合作关系。

三、联合国森林论坛（UNFF）

组织网址：www.un.org/esa/forest

1992 年联合国环境与发展大会通过了《关于所有类型森林的经营、保护和可持续发展的全球协商一致的无法律约束力的权威性原则声明》（简称"关于森林问题的原则声明"）。此后，于 1995 年和 1997 年在联合国可持续发展委员会下先后成立了政府间森林问题工作组（IPF）和政府间森林论坛（IFF），探讨落实环发大会决议，讨论资金与技术转让、环境与贸易以及国际森林文书要素等问题。经过几年磋商，2000 年年初 IPF/IFF 共提出 270 多条行动建议并提议成立联合国森林论坛。

2000 年 10 月，联合国经社理事会 2000/35 号决议，决定在其框架下成立联合国森林论坛，其使命是通过 5 年政府间磋商，就是否开展国际森林公约的谈判作出决定，同时成立一个由与林业相关的重要国际组织和国际公约领导人组成的森林合作伙伴机制（CPF）。

迄今，UNFF 已召开了 11 届会议。2007 年举行的 UNFF 第七届会议通过了《关于所有类型森林的不具法律约束力文书》（以下简称《国际森林文书》）。《国际森林文书》是各国政府推进森林可持续经营的政治承诺，也是国际森林问题谈判的里程碑和新起点。2015 年 5 月召开的 UNFF 第 11 届会议讨论了未来全球森林治理体系的构建，并通过《我们憧憬的 2015 年后国际森林安排》部长宣言和《2015 年后国际森林安排决议》成果文件，决定了未来 15 年全球森林政策走向和全球林业可持续发展战略，对提高森林在全球可持续发展中的战略地位有着重要意义。

四、全球环境基金（GEF）

组织网址：www.thegef.org

全球环境基金是一个国际合作的财务机制，旨在提供赠款和优惠资金，以满足为实现公认的全球环境效益而开展活动的额外成本。额外成本是 GEF 项目的一个专用名词，其主要含义是某一个工程或项目在生产或建设过程中将会产生对环境有害的影响，为了消除和减少这种影响，GEF 将提供额外资金（预算外）进行防治，这一额外资金就是项目的额外成本。《全球环境基金通则》确定了气候变化、生物多样性、国际水域和臭氧层保护 4 个重点援助领域，另外它还是防治荒漠化公约和持久性有机污染物等国际公约的资金机制。

全球环境基金成立于 1991 年，1994 年改组，现有 176 个成员国，总部设在美国华盛顿。全球环境基金设有成员国大会、理事会和秘书处，另外还设科技咨询小组。理事会为决策机构，负责制定业务政策和规划，批准和评估资助项目。理事会由 32 个国家的代表组成，发展中国家 16 个，发达国家 14 个，东欧经济转轨国家 2 个，至少每半年在华盛顿召开一次会议。全球环境基金项目的执行机构有 3 个：联合国开发计划署、联合国环境规划署和世界银行。目前，区域开发银行如亚洲开发银行也承担起项目执行工作。中国于 1994 年 5 月正式加入 GEF。

五、国际热带木材组织（ITTO）

组织网址：www.itto.or.jp

国际热带木材组织是联合国贸易和发展大会下设的一个商品组织，成立于 1986 年，总部设在日本横滨，现有成员国 56 个。ITTO 的主要活动是进行研究和开发项目，目的在于为热带木材生产国和消费国之间的合作及磋商提供一个有效机制。其援助资金主要用于 3 个方面：造林和森林经营、森工、市场信息和情报。ITTO 自成立以来，通过一系列项目活动，在开发与保护热带林资源、鼓励森林可持续经营、增进市场透明度方面做了很多有益的工作，同时也扩大了自身的知名度和影响力。

ITTO 最高权力机构是国际热带木材组织理事会（ITTC），在春、秋两季各召开一次会议。理事会下分别设有造林和森林经营委员会、森工委员会、经济信息和市场情报委员会、财务和行政委员会。ITTO 成员国根据热带林资源拥有量和木材贸易量的状况分为生产国和消费国。现有成员中，生产国 31 个，消费国 12 个。我国是热带木材净进口国，故划为消费国。我国于 1986 年 7 月加入 ITTO。

六、国际竹藤组织（INBAR）

组织网址：www. inbar. int

国际竹藤组织是由中国政府和加拿大政府于 1997 年 11 月联合创建的第一个总部设在中国的独立的、非营利性政府间国际组织，《成立国际竹藤组织的协定》于 1997 年 11 月 6 日在北京签署，9 个发起国分别是孟加拉国、加拿大、中国、印度尼西亚、缅甸、尼泊尔、秘鲁、坦桑尼亚和越南。目前，该组织成员国已发展到 41 个。

INBAR 的宗旨是通过各国竹藤业的研究和发展，促进国际间交流与合作，推动全球竹藤业发展和资源利用，保护全球生态环境。INBAR 经费来源主要靠国家和国际组织的捐助，现已得到国际农业发展基金（IFAD）、加拿大国际发展研究中心（IDRC）和荷兰政府的资助，共 700 多万美元。作为东道国，我国在其成立之初的 5 年（1997 年 11 月 1 日至 2002 年 10 月 31 日）将向其提供总价值为 200 多万美元的财政支持，并为其提供总部办公楼。目前，我国向该组织每年提供赠款约 360 万美元。

INBAR 下设理事会和董事会。理事会每 2 年召开一次会议，主要就 INBAR 的总体政策方向及战略目的向董事会提供指导，接纳新成员国，批准董事会所做关于 INBAR 内部章程、财务规则人事政策及年度计划和预算的决定等。董事会每年召开一次会议，主要负责制定 INBAR 的战略计划、内部章程、行政、人事和财务规则，并监督执行等。秘书处负责该组织的日常管理。

七、世界自然基金会（WWF）

组织网址：www. wwfchina. org

世界自然基金会，原名世界野生生物基金会，1961 年 9 月 11

日在瑞士成立，总部设在瑞士格兰德。WWF 的使命是遏止地球自然环境的恶化，创造人类与自然和谐相处的美好未来。

WWF 的主要任务是通过各种渠道筹集民间的捐助资金，然后将该项资金用于保护世界生物多样性；确保可再生自然资源的可持续利用；推动降低污染和减少浪费性消费的行动。通过 50 多年的发展，基金会已经成为世界上最大的自然环境保护组织之一，在超过 100 个国家设有办事处和项目办公室。WWF 也是第一个应邀来华合作的非政府自然环境保护组织。基金会已于 1996 年 9 月在北京正式设立了中国项目办事处。国家林业局与 WWF 的合作从 1980 年开始。

八、美国大自然保护协会(TNC)

组织网址：www. tnc. org. cn

美国大自然保护协会是一家致力于生态环境保护的非营利性国际民间组织，成立于 1951 年，总部位于美国华盛顿。其使命是通过保护代表地球生物多样性的动物、植物和自然群落赖以生存的陆地和水域，来实现对这些动物、植物和自然群落的保护。

目前 TNC 实施的项目遍及 35 个国家，拥有 100 多万会员、700 余名科学家以及 3500 多名员工。TNC 管护着全球超过 50 万 km^2 的 1600 多个自然保护区，8000km 长的河流以及 100 多个海洋保护区。TNC 注重实地保护，遵循以科学为基础的保护理念。在全球围绕气候变化、淡水保护、海洋保护以及保护地四大保护领域，运用"自然保护系统工程"(conservation by design, CbD)的方法甄选出优先保护区域，因地制宜地在当地实行系统保护。

九、世界自然保护同盟(IUCN)

组织网址：www. iucn. org

世界自然保护同盟是世界上最大的自然保护组织之一，也是一个既有非政府成员又有政府成员的自然保护组织。它于 1948 年 10 月 5 日成立于法国塞纳马恩省的枫丹白露镇，总部设在瑞士格兰德。IUCN 的 1200 多个成员组织遍布世界 160 多个国家，其中包括 200 多个政府组织和 900 多家非政府组织；在全球范围内拥有15000多名专家；在45个国家设立了办事处；它所管理的"世界自然保护监测中心"储存着大量的自然保护方面的信息。

IUCN的愿景是展望"一个重视和保护自然的正义世界"，任务是"影响、鼓励和支持社会在世界范围内保持自然生物多样性的完整，保证自然资源利用方式的公正和生态上的可持续性"。IUCN的工作着重于重视和保护自然环境；确保有效且平等的自然资源管理及利用；在气候、食品安全及发展等全球议题上推行以自然为本的解决方案。

世界保护大会是IUCN的最高政府机构，每4年召开一次例会。IUCN设6个专业委员会，即物种生存委员会、国家公园和保护区委员会、环境法委员会、生态委员会、环境战略和计划委员会、教育和通讯委员会。各委员会在全世界建立了庞大的专家网络。1996年中国正式加入IUCN，外交部代表我国作为IUCN的国家会员。

十、湿地国际(WI)

组织网址：www.wetlands.org

湿地国际是一个专门从事湿地资源合理利用和水禽保护活动的非政府国际组织，成立于1995年，由原亚洲湿地局、国际水禽与湿地研究局和湿地美洲三个国际湿地组织合并而成，总部设在荷兰瓦哥宁根。该组织的宗旨是：通过在全球范围内开展研究、信息交流和保护活动，维持和保护湿地，保护湿地资源和生物多样性，造福子孙后代。

国家林业局与湿地国际有良好的合作关系，自20世纪80年代中期以来，国家林业局(原林业部)就与湿地国际——欧洲组织和亚太组织在水禽调查、湿地保护、教育培训、科学研究等方面进行着合作，获得了技术和经费方面的极大支持，特别是在编制《中国湿地保护行动计划》的工作中，湿地国际提供了大量技术支持。2000年4月10日，经国务院批准，中国正式加入湿地国际。

十一、国际林业研究组织联盟(IUFRO)

组织网址：www.iufro.org

国际林业研究组织联盟（International Union of Forest Research Organizations，英文简称 IUFRO，中文简称国际林联）是全球性的林业科学组织合作联盟，成立于 1892 年，总部位于奥地利维也纳。

国际林联联合了来自 110 多个国家近 700 个成员单位 1.5 万多名科学家，这些科学家自愿开展研究合作，对所有从事林业、林产品及相关学科研究的个人和组织开放。它是一个非营利、非政府、无差别对待的组织，其利益方是研究机构、大学、科学家、非政府组织、决策者、林地所有者和依赖森林生存的人，其宗旨是加强所有与森林和树木相关的科学研究的协调和国际合作，以确保森林的健康和人类的福祉。国际林联主要通过组织各种交流活动实现其宗旨，这些活动主要包括研究、交流和传播科学知识，提供林业相关信息的获取渠道以及协助科学家和机构提升其科研能力。它的愿景是实现以提升经济、环境和社会效益为目的的世界森林资源的科学的可持续经营。它是目前世界范围内唯一致力于林业及相关科学研究的国际性组织，它对更科学地制定林业相关政策起着重要作用。

国际林联的组织机构为：国际理事会、执行委员会（目前有 36 人）、总部（秘书处），下设 9 个学部（每个学部下设若干学科组、每个学科组下设若干工作组）、11 个特设任务组以及若干个项目、计划和倡议。

国际林联学部的主要作用是支持研究者相互之间开展合作，并为学科组和与其相关的工作组之间、学科组和国际林联执行委员会之间架起沟通的桥梁。目前，国际林联共有 9 个学部，分别是：第一学部——森林培育学学部，第二学部——生理学和遗传学学部，第三学部——森林经营工程与管理学部，第四学部——森林评估、建模与管理学部，第五学部——林产品学部，第六学部——森林和林业的社会问题学部，第七学部——森林健康学部，第八学部——森林环境学部，第九学部——林业经济与政策学部。

国际林联历史悠久，其前身"国际森林实验站联盟"成立于 1892 年，最初仅有 3 个成员，即德国林业实验站协会、奥地利林业实验站和瑞士林业实验站。第一次世界大战后，成员数量急剧上升，除了欧洲以外，来自其他大洲的大学、林业教育中心和相关林业机构也纷纷加入，后更名为"国际林业研究组织联盟"。第二次世界大战期间，国际林联的活动曾一度中止。到了20世纪70年代，国际林联迅速成长起来，吸纳了很多来自发展中国家的新成员；从80年代以后，国际林联就开始不断地强调与森林相关的社会、经济和生态问题的重要性。

国际林联每5年召开一次世界大会，会议人数大多在5000人左右。国际理事会是国际林联的最高权力机构，选举产生新的执行委员会。在两次大会之间，全世界每年还有70多次区域会议和由独立的学术单元（如学部、学科组和工作组等）组织的学术会议。

国际林联与许多国家政府和全球性、区域性组织及非政府组织共同举办活动并签订合作协议。国际林联是国际科学理事会（ICSU）的科学联盟成员、森林合作伙伴关系（CPF）的成员、欧洲森林保护部长级会议（MCPFE进程）的观察员组织。国际林联还与世界自然保护联盟（IUCN）、世界自然基金会（WWF）、国际热带木材组织（ITTO）和国际林业学生会（IFSA）等机构签订了谅解备忘录。

国际林联通过它的网站 www.iufro.org 向公众传播专业知识并发布一系列出版物，如《国际林联新闻》、《国际林联消息报》、大事记、年报、不定期论文、国际林联世界系列丛书、国际林联研究系列丛书以及会议论文集等。此外，国际林联主导开发的全球森林信息服务网（GFIS）是一个互联网门户，用于分享林业相关信息，这些信息可以在线免费搜索并直接获得原始数据，所有全球森林信息服务网的信息由全世界掌握林业信息的合作机构提供。全球森林信息服务网还是森林合作伙伴关系（CPF）的发起者之一。另外，国际林联于1983年设立发展中国家特别项目（SPDC），旨在加强发展中国家研究机构的科研能力，研究和传播更多的科学知识以及提供有关森林和树木及它们的可持续利用的咨询服务。目前，发展中国家特别项目已改为能力建设特别项目（英文简称SPDC不变），开展了很多针对林业科学家培训、合作研究网络、科学家援助等项目。1995 年 2 月，国际林联还启动了 SilvaV-oc 试点项目，它的目标是提供林业术语和相关事项的目录查询及咨询服务，促进现有及未来术语数据的融合和集成，通过计算机网络编辑和改进现有术语数据库，为特定目标群体制定专门词汇表并通过适当的媒介发布。2002 年，国际林联启动了世界林业、社会和环境特别项目（IUFRO-WFSE），该项目关注识别、监测和精确地分析林业—社会—环境相互作用的变换模式。

　　中国于 1981 年正式加入国际林联，中国林业科学研究院是中国第一个加入国际林联的成员单位。为此，原林业部明确中国林业科学研究院为国际林联国际理事会的中国代表和国际林联所有中国成员单位的协调机构，包括中国林业科学研究院为出席国际林联世界大会的中国林业科技代表团团长单位。同年，中国林业科学研究院林产化学工业研究所所长王定选研究员当选为国际林联执行委员会委员，并于 1986 年连任一届至 1990 年。随后，中国林业科学研究院其他知名专家一直接任这一职务至今。

　　作为非政府国际组织，除了中国大陆 17 个林业科研教学机构外，还有 10 个来自台湾的林业相关机构也是国际林联的成员单位。每届国际林联世界大会和各次国际林联相关学术会议期间，大陆和台湾的林业科技工作者都有着良好的讨论和交流。

　　国际林联中国成员单位名单如下：

　　①国际林联国际理事会中国代表单位：中国林业科学研究院；

　　②国际林联中国成员单位协调机构：中国林业科学研究院；

　　③国际林联中国成员单位：中国林业科学研究院、中国林业科学研究院林业研究所、中国林业科学研究院木材工业研究所、中国林业科学研究院林产化学工业研究所、国科学院沈阳应用生态研究所、北京林业大学、东北林业大学、南京林业大学、中南林业科技大学、西北农林科技大学、西南林业大学、浙江农林大学、江西农业大学林学院、中国人民大学林业和自然资源政策中心、广东省林业科学研究院、国际竹藤中心、国际竹藤组织（总部位于中国北京的政府间组织）

十二、国际林业研究中心(CIFOR)

组织网址：www.cifor.org

国际林业研究中心(Center for International Forestry Research，英文简称CIFOR)是非营利的林业科学机构，它针对全世界森林和景观管理中面临最紧迫挑战的领域开展研究。它利用全球化的综合学科研究方法，旨在增加人类的福祉，保护环境，促进社会公平，帮助决策者、从业者和团体做出基于严谨科学的森林和景观的利用与管理决策。

国际林业研究中心成立于1993年，总部设在印度尼西亚茂物，并在肯尼亚内罗毕、喀麦隆雅温得、秘鲁利马设有中心，并在50余个国家开展研究工作。国际林业研究中心是国际农业研究磋商组织的成员之一，主导国际农业研究磋商组织的森林、树木和农业林研究项目，并与地方性和国际性机构广泛开展合作。

随着当今世界不断发展，环境面临各种严峻的挑战，这些挑战给人类社会带来越来越多的威胁，但同时也为改善生计带来新的机遇。国际林业研究中心对这些挑战与机遇的回应体现在其2016—2025年战略规划中，即《加快新的气候与发展议程》。

该战略规划陈述了国际林业研究中心的变革理论、价值观、愿景、使命和支柱，其将国际林业研究中心的研究分为以下六个主要领域。

1. 森林和人类福祉。国际林业研究中心旨在提供林业相关政策制定所需的依据，以加强森林对人类福祉和经济繁荣的贡献，充分利用森林和森林服务及森林产品以实现减少贫困。

2. 可持续景观和食品。国际林业研究中心关于森林对健康和多样化饮食的贡献提供跨区域的宽阔的视野和景观尺度的对比。

3. 机会均等、性别平等、司法公正和土地使用权平等。国际林业研究中心评估林权下放对森林和环境保护结果、生计和地方治理的影响，为决策者提供依据；国际林业研究中心还力求促进性别平等和增进女性权益。

4. 气候变化、能源和低碳发展。国际林业研究中心的研究目标不仅是提升对气候变化和它与森林、景观的相互作用的技术性理解，同时更要加强对气候变化的社会影响的理解，以便政策制定过程中充分考虑农村土地使用者的利益。

5. 价值链、金融和投资。国际林业研究中心支持各种为实现可持续性目标的管理方法，以及能提升利益分享、升级小农系统、支持负责任的金融的普惠商业模式。

6. 森林经理和森林恢复。这个领域的研究主要为解决两个问题，即发展中国家的农村居民怎样获得森林资源，以及当从多种资源中增加森林产品的同时怎样能够更公正地管理森林资源。

十三、国际木材科学院（IAWS）

国际木材科学院（International Academy of Wood Science，英文简称 IAWS）是于 1966 年在巴黎创立的非营利组织。它是国际木材科学的最高学术组织，由各国木材科学与技术领域的顶尖科学家组成。国际木材科学院表彰木材科学所有领域和相关技术领域的成就，在全世界享有盛誉。国际木材科学院遵循它的章程和细则，其条款的解释权归国际木材科学院董事会所有。

国际木材科学院以推动世界木材科学的发展，促进世界林产品加工技术的科技进步，实现林业可持续经营，为人类造福为宗旨。其主要通过四个途径来实现木材科学及其地位的协调发展：选举有功绩的木材科学家为院士；表彰木材科学领域的杰出成绩；促进高水平的研究和出版物出版；提高国际木材科学院杂志的质量和协助其出版。

国际木材科学院的领导机构由执行委员会和董事会组成，他们被授权制定国际木材科学院的政策，并为国际木材科学院的事务管理承担全部责任。国际木材科学院将定期举办全体会议，由业务会议和技术会议组成，或单独由业务会议组成，由董事会根据需要决定会议时间和地点。

国际木材科学院主办有《木材科学与技术》杂志，在德国以英文出版，该杂志是世界上木材科学领域顶尖的学术杂志，被 SCI收录。

国际木材科学院院士是国际木材科学领域最高学术荣誉，需由同行院士推荐并通过执委会会议批准，执行委员会通过评估决定每年授予院士的数量。目前，全球有 379 名国际木材科学院院士，中国大陆目前有国际木材科学院院士 19 人。国际木材科学院有 20 家会员单位，中国林业科学研究院是我国唯一的会员单位。

十四、保护国际(CI)

保护国际总部设在美国华盛顿，是一个致力于在生物多样性热点地区开展保护活动的国际非政府组织。CI 于 2002 年 7 月在北京建立办公室，主要在我国西南地区开展保护工作。

第十二节　世界林业大会

世界林业大会(World Forestry Congress，英文简称 WFC)或称世界森林大会，是 1926 年成立的国际林业工作者科学技术性会议，是全世界规模最大、最具影响力的林业研讨会，主办单位为联合国粮农组织(FAO)林业部与各主办国政府，大会每六年举办一次，至 2015 年已举办 14 届，见表 11-20。

表 11-20　历届世界林业大会时间、地点及主题一览表

届　别	时　间	地　点	大会主题
第一届	1926 年	意大利罗马	林业调查与统计方法
第二届	1936 年	匈牙利布达佩斯	通过国际合作达到木材产业与消费平衡
第三届	1949 年	芬兰赫尔辛基	热带林业
第四届	1954 年	印度台拉登	森林地区在经济发展上的角色与定位
第五届	1960 年	美国西雅图	森林多目标利用
第六届	1966 年	西班牙马德里	广泛经济变迁下的森林角色
第七届	1972 年	阿根廷布宜诺斯艾利斯	森林及社会经济发展
第八届	1978 年	印度尼西亚雅加达	人们的森林
第九届	1985 年	墨西哥墨西哥城	整体社会发展的森林资源
第十届	1991 年	法国巴黎	森林，未来世界的遗产

（续）

届别	时间	地点	大会主题
第十一届	1997 年	土耳其安塔利亚	林业可持续发展——迈向 21 世纪
第十二届	2003 年	加拿大魁北克	森林——生命之源
第十三届	2009 年	阿根廷布宜诺斯艾利斯	森林在人类发展中发挥着至关重要的平衡作用
第十四届	2015 年	南非德班	森林与人类：投资可持续的未来

世界林业大会前身是 1900 年和 1913 年先后在法国巴黎举行的国际营林大会。1943 年联合国粮食及农业组织在美国召开的一次国际会议上提出，世界林业大会作为联合国的一种特别组织，每 6 年定期召开一次。中国作为特邀代表于 1954 年参加在印度召开的第四届林业代表大会。在 1972 年第七届世界林业大会上中国成为正式代表。世界林业大会的主旨就是针对全球生态的热点问题，开展广泛的国际交流与合作，协调各国政府对森林问题的认识。大会以宣言的形式建议采取行动，在相关国家、地区或世界范围内实施。大会成果将提请联合国粮农组织注意。

一、中国参与的世界林业大会

中国作为特邀代表于 1954 年参加在印度召开的第四届林业代表大会，在 1972 年的第七届大会上成为正式代表。

1972 年 10 月 4～18 日第七届世界林业大会在阿根廷首都布宜诺斯艾利斯召开。大会的主题是"森林及社会经济发展"。原农林部副部长梁昌武率中国林业代表团出席了会议。

1978 年 10 月 16～28 日第八届世界林业大会在印度尼西亚首都雅加达召开。大会的主题是"人们的森林"。原国家林业总局副局长汪滨率中国林业代表团出席了会议。

1985 年 7 月 1～10 日第九届世界林业大会在墨西哥首都墨西哥城召开。大会的主题是"整体社会发展的森林资源"。原林业部副部长董智勇率中国林业代表团出席了会议。

1991 年 9 月 17～26 日第十届世界林业大会在法国巴黎召开。原林业部副部长徐有芳率中国林业代表团出席了会议。

1997 年 10 月 13～22 日第十一届世界林业大会在土耳其安塔

利亚召开。大会的主题是"林业可持续发展——迈向 21 世纪"。原林业部部长陈耀邦率中国林业代表团出席了会议。

2003 年 9 月 21 日第十二届世界林业大会在加拿大魁北克召开。国家林业局副局长马福率中国林业代表团出席会议。

2009 年 10 月 18 ~ 23 日第十三届世界林业大会在阿根廷布宜诺斯艾利斯召开。大会的主题是"森林在人类发展中发挥着至关重要的平衡作用"。国家林业局局长贾治邦率中国林业代表团出席了会议。

2015 年 9 月 7 ~ 11 日第十四届世界林业大会在南非德班召开。大会的主题是"森林与人类：投资可持续的未来"。国家林业局局长张建龙率中国林业代表团出席了会议。

二、亚太林业周

亚太林业周（Asia - Pacific Forestry Week，英文简称 APFW），是亚太地区参与人数最多、规模及影响力最大的重要林业国际活动之一。林业周最初举办的目的之一就是为本区域林业相关的各类活动提供一个集中的场所，在降低活动成本的同时，增加活动的参与性和关注度。

首届亚太林业周于 2008 年 4 月在越南河内举办，此次林业周有超过 700 人参加，举办了约 40 个独立的研讨会和边会等。

第二届亚太林业周于 2011 年 11 月 7 日在北京国际会议中心举办。来自亚太地区 33 个国家、200 多个国际区域组织以及部分私营部门、科研机构和大学的代表围绕亚太地区林业发展的"新挑战·新机遇"这一主题进行探讨，共商促进亚太地区林业可持续发展大计。

第三届亚太林业周于 2016 年 2 月 22 ~ 26 日在菲律宾克拉克举办。来自亚太区域内的 30 多个经济体、70 多个机构的 1200 多名林业官员和专家与会，围绕"我们的绿色未来：绿色投资和增长我们的自然资本的组织协调工作"议题展开讨论。国家林业局国际合作司司长苏春雨率中国代表团出席会议，代表团由国家林业局国际司、资源司、造林司、计资司官员和中国林业科学研究院专家组成。

第十二章
中国林业大事记

第一节　1949—1966 年

1949 年

9 月 29 日，中国人民政治协商会议第一届全体会议通过《中国人民政治协商会议共同纲领》，其中第三十四条规定林业工作的方针为"保护森林，并有计划地发展林业"。

10 月 1 日，中华人民共和国成立。关于林业行政，根据中央人民政府组织法，中央人民政府设林垦部，全称为"中央人民政府林垦部"。林垦部内设林政、造林、森林经理、森林利用四司。

10 月 19 日，国家任命梁希为林垦部部长，李范五、李湘符为副部长。

12 月 28 日，林垦部邀请来京参加全国农业生产会议的各地林业代表，座谈林业建设的方针、任务等问题。

1950 年

2 月 28 日至 3 月 8 日，林垦部在北京召开全国林业业务会议。确定林业建设的方针是"普遍护林，重点造林，合理采伐与利用"，同时，决定筹备开发大兴安岭林区，整理木材工业，开展森林调查。

3 月 11 日，林垦部、交通部发布《关于公路行道树栽植试行办法》。

3 月 18 日，林垦部发布《关于春季造林的指示》，要求各地发动群众普遍栽树，有计划地营造防护林，尽可能普遍地、有计划地推行封山育林，鼓励农民大量培植油桐、竹子等林木，重点培植薪炭林，开展育苗。

4月14日，中央人民政府政务院第二十八次政务会议审议通过《关于全国林业工作的指示》，规定林业建设的方针是：普遍护林，选择重点有计划地造林，并大量采种育苗；合理采伐，节约木材，进行重点的林野调查；及时培养干部。同时，本次会议还对林业机构设置等问题作了规定。

6月15日，中央人民政府政务院发布《关于严禁铁路沿线居民砍伐路植树木的通令》。

6月28日，中央人民政府委员会第八次会议通过《中华人民共和国土地改革法》，6月30日毛泽东主席签署命令发布施行。该法第十八条规定：大森林、大水利工程、大荒地、大荒山、大盐田和矿山及湖、沼、河、港等，均归国家所有，由人民政府管理经营之。其原由私人投资经营者，仍由原经营者按照人民政府颁布之法令继续经营之。

7月6日，林垦部发出《关于发动群众育苗的通知》。

8月6日，周恩来同志在写给毛泽东、刘少奇、朱德同志的信中，就内蒙古东部林业与黑龙江林业是否分开的问题提出：保林、育林、伐林要统一计划，统一管理。

9月20～30日，政务院财政经济委员会、农业部、林垦部在北京召开全国农林计划会议，初步确定农林生产的计划、方针、任务、经费等问题。

10月8日，林垦部、教育部召开林业教育会议，决定在南京大学、金陵大学、武汉大学、中山大学、四川大学的农学院和北京农业大学、西北农学院等7所高等院校设置森林专修科，学制二年，设造林、森林经营和森林利用三组。之后，在安徽大学、浙江大学、广西大学的农学院和东北农学院、山东农学院、平原农学院也开办森林专修科。

10月19日，政务院、人民革命军事委员会发布《关于各级部队不得自行采伐森林的通令》。

11月20～26日，林垦部在北京召开全国木材会议，决定统一调配木材，管理木商，合理使用木材，并讨论1951年木材生产与分配问题。

1951 年

2月2日，政务院发布《关于1951年农林生产的决定》，指出：实行山林管理。严禁烧山和滥伐，划定樵牧区域，发动植树种果，推行合作造林。为了保持水土，还应分别在不同地区，禁挖树根、草根。对保护培育山林和植树造林有显著成绩者，人民政府应给以物质的或名誉的奖励。公有荒山荒地，鼓励群众承领造林，造林后林权归造林者所有。

2月14～24日，林垦部在北京召开全国林业业务会议，研究讨论护林、造林以及合理采伐利用等问题。决定：实行普遍护林护山；选择重点进行封山育林，典型示范，逐渐推广；在淮河、辽河、永定河及黄河上游选择重点营造水源林，在豫东、东北西部、西北的三边、榆林等地营造防沙林；合理采伐森林，统一调配木材；继续重点调查勘测林野；大量培养林业专业干部。

2月26日，梁希等倡议的中国林学会在北京成立，并选举梁希为第一届理事会理事长。

4月21日，政务院发布《关于适当处理林权明确管理保护责任的指示》。

4月27日，政务院财政经济委员会发布《关于木材供应及收购问题的处理办法》和《关于伐木业务中存在问题的处理意见》。

7月21日，政务院财政经济委员会发布《关于育林费的征收及使用办法之补充规定》。

8月13日，政务院发布《关于节约木材的指示》，对木材的采伐、使用、节约、代用、经营、管理等作出详细规定。

9月11～20日，全国林业行政会议在北京召开。提出林业工作的方针任务：保护山林，发动和组织群众，把森林的严重破坏情况停止下来；迅速开发新林区，并厉行节约木材；开始进行大规模造林。

10月26日，政务院财政经济委员会发布《东北及内蒙古铁路沿线林区防火办法》。

11月5日，中央人民政府决定，将中央人民政府林垦部改称中央人民政府林业部，垦务移交农业部主管。

1952 年

2月12日，政务院财政经济委员会批复《育林费收入处理办法》。

2月16日，林业部发布《关于1952年春季造林工作的指示》，明确规定"谁种归谁"政策和"民造公助"的方针，要求各地积极推动合作造林和封山育林。

3月4日，中共中央发布《关于防止森林火灾问题给各级党委的指示》。同日，政务院发布《关于严防森林火灾的指示》，要求各地实行按级负责制，发动群众，结合农业生产，搞好护林防火。3月6日，《人民日报》发表题为《坚决防止和扑灭森林火灾》的社论。

7月4~11日，教育部召开全国农学院调整会议，拟订高等农林院系调整方案，决定成立北京林学院、东北林学院和南京林学院，保留12个农学院的森林系，在新疆八一农学院增设森林系。

8月12日，国家任命罗玉川为林业部副部长。

11月20日，政务院财政经济委员会发布《关于自1953年度起全国统一试行木材规格、木材检尺办法、木材材积表的命令》。

11月22~28日，林业部在北京召开全国林业会议。决定：除继续贯彻普遍护林、重点造林、合理采伐利用的方针外，应有目的、有计划地造林和开发新林区。除继续营造东北西部防护林及冀西、豫东、永定河下游的防沙林外，开始筹划营造从沽源到陕坝的察绥防护林带及由府谷到定边的陕北防护林带；为配合治黄、治淮工程，在泾河及无定河等流域开始营造防洪林；在淮河上游、永定河上游营造防洪林；苏北、山东、河北按计划营造海岸防护林。

12月19日，政务院审议通过《关于发动群众继续开展防旱抗旱运动并大力推动水土保持工作的指示》，要求各地在山区丘陵和高原地带有计划地封山、造林、种草和禁开陡坡。

12月31日，政务院财政经济委员会决定由林业部统一领导全国国营木材生产和木材管理工作，要求林业部按照国家计划，统一布置全国国营木材生产；统一资金和财政管理；实行全国统一的木材规格、木材检尺办法与木材材积表；根据国家木材分配计划，组织统一调拨；对私有林区进行统一收购与管理。各省设森林工业局或森林工业管理局，直接受林业部领导。

1953 年

2月19日，林业部发布《关于东北国有林内划定母树及母树林有关问题的决定》。

2月28日，林业部发布《关于护林防火的指示》。

5月18日，政务院财政经济委员会批准，全国木材产销业务全部划归林业部统一经营管理。

6月27日，政务院财政经济委员会批复《中央林业部关于建立木材公司的决定》。

7月9日，政务院召开第185次会议，审议通过《关于发动群众开展造林育林护林运动的指示》。

7月12日，政务院财政经济委员会、林业部、商业部发布《关于全国木材业务划归林业部门统一经营管理的决定》，确定把木材业务划归林业部统一经营管理，煤建公司经营木材的业务、资金、干部和上缴利润任务全部移交给林业部。

9月18日，国家任命雍文涛为林业部副部长。

9月30日，政务院发布《关于发动群众开展造林、育林、护林工作的指示》，明确规定，开展造林、育林、护林工作应成为各级人民政府，特别是山区各级人民政府的主要任务之一，应成为各级人民代表大会的重要议题之一。各级人民政府在布置农村工作时，应将林业工作列为应有内容，并作统一计划和统一安排。

11月11日，林业部发布《关于加强基本建设工作的指示》。

12月12~23日，林业部召开私有林区森林工业局长会议，提出：正确理解和贯彻"中间全面管理、两头放松"的政策；领导教育林农组织起来，走互助合作的道路；对林区木商有区别地加以利用、限制，并逐步排挤代替；正确掌握价格政策；保护林农私有林木。

12月22日至1954年1月14日，林业部在北京召开全国林业工作会议，提出对国有林逐步实行合理经营管理，即：经过调查设计和通盘规划，制定长期的、科学的、合理的经营管理方案，按方案进行经营；在林业工作中，促进群众的互助合作；划分农村经济区，明确山区生产方针，把领导林业生产作为当地党政的任务。

1954 年

1月22日，政务院财政经济委员会发布《关于征收私有林木的育林费作为育林基金的决定》。

3月31日，林业部颁发《育林基金管理办法》。

5月22日，人民革命军事委员会总参谋部、总政治部发布《关于部队参加植树造林工作的指示》。

6月19日，国家任命惠中权为林业部副部长。

7月8日，林业部、财政部发出《关于征收私有林育林费问题的联合通知》。

7月12日，林业部决定，大区森林工业机构撤销后，在东北成立吉林、哈尔滨、伊春三个森林工业管理局，在西南成立川康森林工业管理局，其余按原省森林工业局不动。

7月22日，林业部发布《关于加强和扩大森林更新和抚育工作的指示》。

8月2~12日，林业部召开全国中等林业教育会议。

8月12日，林业部发布《关于进一步开展与改进造林工作的指示》，要求进一步开展山区的经济区划工作；进一步开展林业生产的互助合作运动；进一步加强造林技术指导，提高造林成活率；进一步整顿、巩固、提高、发展国营苗圃，同时积极稳步地发展群众育苗。

10 月 27 日至 11 月 12 日，高等教育部、农业部、林业部召开第二次全国高等农林教育会议。

11 月 30 日，中央人民政府林业部改称为中华人民共和国林业部。

12 月 10 日，国务院发布《关于进一步加强木材市场管理工作的指示》。

12 月 27 日至 1955 年 1 月 15 日，林业部在北京召开第五次全国林业会议，提出在 3 年内抓好 3 项带有关键性的中心工作，即：继续进行林业区划与山区生产规划；经过国家规划设计，确定林业重点建设项目，并开始施工；依靠和促进农村的互助合作，把林业生产纳入互助合作运动中去。

1955 年

1 月 31 日，国家任命刘成栋为林业部副部长。

2 月 21 ～ 30 日，林业部召开黄河流域营林座谈会，研究黄河中上游水土流失严重地区造林问题。

3 月 24 日至 4 月 24 日，林业部召开国有林区森林工业局长会议，进一步明确森林工业部门的基本任务：既要保证供应发展国民经济建设所需的木材，又要为森林更新、森林扩大再生产创造良好条件。

5 月 10 日，国务院批复林业部，同意试行《全国木材统一支拨暂行办法》。

5 月 23 日至 6 月 7 日，林业部召开私有林区森林工业局长会议，研究对木材收购计划适当控制问题，并确定从 1956 年 1 月起私有林区森林工业改行商业制度。

8 月 6 日，全国人民代表大会常务委员会第二十次会议通过《华侨申请使用国有的荒山荒地条例》。

10 月 11 日，毛泽东同志在扩大的中共七届六中全会上指出："农村全部的经济规划包括副业、手工业、多种经营、综合经营、短距离的开荒和移民、供销合作、信用合作、银行、技术推广站等等，还有绿化荒山和村庄。我看特别是北方荒山应当绿化，也完全可以绿化。北方的同志有这个勇气没有？南方的许多地方也还要绿化。南北各地在多少年以内，我们能够看到绿化就好。这件事情对农业，对工业，对各方面都有利。"

10月22日至11月10日，林业部在北京召开第六次全国林业会议，确定1956年的两大任务：保护、经营和管理好现有森林；加强造林工作，提高造林质量。同时，抓住三个中心环节：积极参加和支持农业合作化运动，以合作化运动为中心进行山区生产规划和开展林业工作；进行林业重点建设项目的勘测设计；搞好干部训练。

12月17日，林业部颁发《国营造林技术规程》。

1956年

1月2日，林业部颁发《国营苗圃育苗技术规程》。

1月14日，中国政府和朝鲜政府签订《关于在鸭绿江、图们江中运送木材的议定书》。

1月23日，中共中央发布《1956年到1967年全国农业发展纲要草案》，其中第十八条规定："发展林业，绿化一切可能绿化的荒地荒山"。

1月31日，林业部颁发《国有林主伐试行规程》。

3月1~11日，共青团中央、林业部、黄河水利委员会在延安召开陕西、甘肃、山西、河南、内蒙古5省、自治区青年造林大会。会议期间，收到中共中央致大会的贺电，传达了毛泽东同志向全国人民发出的"绿化祖国"的号召，通过了《关于绿化黄土高原和全面开展水土保持工作的决议》。

3月10日，林业部颁发《绿化规格(草案)》和《关于十二年绿化规划的几个意见》。

3月18日，毛泽东同志在听取林业部林业工作汇报时的谈话中指出："林业真是一个大事业，每年为国家创造这么多的财富，你们可得好好办哪！""林业为国家做出了很大贡献。你们回去后，要继续把工作抓好，林业问题还是可以解决的。"

4月18日，中共中央、国务院发布《关于加强护林防火工作的紧急指示》。

5月12日，全国人民代表大会常务委员会决定，成立中华人民共和国森林工业部。

5月18日，共青团中央、林业部发布《关于发动广大青少年进行采种、育苗工作的指示》。

6月4日，国家任命罗隆基为森林工业部部长，张克侠为林业部副部长。

6月5日，国务院发出《关于保护和发展竹林的通知》。

6月19日，林业部发出《关于组织群众及时垦复抚育油桐的通知》。

8月18日，国家任命张庆孚为林业部副部长。

8月20日至9月10日，森林工业部在北京召开国有林区森林工业局长会议。

8月28日，国家任命罗玉川、雍文涛、刘成栋为森林工业部副部长。

10月15日至11月1日，林业部在北京召开第七次全国林业会议。提出：认真贯彻政策，保持群众对林业生产的积极性；做好国营造林工作；在国有林区贯彻主伐规程和进行抚育更新；搞好山区生产规划和绿化规划；整顿机构，训练干部；改善职工生活福利。

11月20日，国务院发布《关于新辟和移植桑园、茶园、果园和其他经济林木减免农业税的规定》。

12月27日，林业部颁发《森林抚育采伐规程》。

1957 年

1月18日，林业部发布《采种技术规程》。

1月26日，林业部颁布《国营林场经营管理试行办法》。

2月27日，林业部发布《关于进一步做好防治森林虫害的指示》。

3月5日，林业部颁发《关于机关、团体、企业等部门以及林区居民采伐国有林的几项规定》。

3月23日，林业部发布《关于积极开展国有林迹地更新工作的指示》。

3月25日，森林工业部发布《关于要求各地加强木材管理工作的指示》。

4月8日，国务院发出《关于进一步加强护林防火工作的通知》。

4月12日，林业部颁发《林木种子品质检验技术规程（草案）》。

4月29日，林业部发出《山区林业规划纲要》。

6月3日，农业部、农垦部、公安部、林业部颁发《农林牧业生产用火管理暂行办法》。

7月25日，国务院颁发《中华人民共和国水土保持暂行纲要》。其中第六条规定，各地应该在合理规划山区生产的基础上，有计划地进行封山育林、育草，保护林木和野生树、草等护山护坡植物；第七条规定，25°以上的陡坡，一般应该禁止开荒。

9月5～12日，林业部、森林工业部在北京召开国有林区林业厅长和森林工业局长座谈会，研究林业和森林工业体制问题，并以两部党组名义向中央提出《关于我国林业与森林工业体制的意见》。

10月22日，全国人民代表大会常务委员会通过《1956年到1957年全国农业发展纲要（修正草案）》。其中第十八条规定，"从1956年起，在12年内，在自然条件许可和人力可能经营的范围内，绿化荒山荒地。在一切宅旁、村旁、路旁、水旁，只要有可能，都要有计划地种起树来。"

11月10～27日，林业部在北京召开全国林业厅（局）长座谈会，讨论林业建设长远规划和林业体制问题。

12月28日，国务院批复同意森林工业部《关于下放企事业单位的报告》。

1958 年

1月11日，林业部发布《关于加强种子检验工作的通知》。

2月11日，第一届全国人民代表大会第五次会议通过决议，将森林工业部和林业部合并为林业部。

3月12日，林业部党组向中共中央提出第二个五年林业和森林工业计划的初步安排，明确"二五"期间林业和森林工业的基本任务：大力开展群众性的造林运动，适当发展国营造林，迅速绿化一切可能绿化的荒山荒地；加强森林经营管理，提高森林生长率，更好地发挥森林在国民经济的防护作用和经济作用；大力开发利用现有森林资源，大量增产木材；积极发展木材机械加工和化学加工工业，提高木材利用率。达到控制水土流失，保障农业丰收，供应国民经济建设对木材和其他林产品需要的目的。

4月7日，中共中央、国务院发布《关于在全国大规模造林的指示》，主要内容包括：做好规划；坚持依靠合作社造林为主，同时积极发展国营林场的方针；努力提高造林质量；做好更新和护林工作等。

5月20日至6月15日，林业部在北京召开全国林业厅（局）长会议，提出当前林业工作的任务：大力贯彻实现党的社会主义建设总路线，鼓足干劲，力争上游，多快好省地发展我国林业建设。要求做到：全党动手，全民动员，抓紧时机，大量造林；依靠群众，依靠地方，点多面广，大搞林区基本建设，修路修河，全面开展森林经营利用工作，更多地增产木材和林副产品；做好规划，积极发展木材加工和林产化学工业，推行综合利用，迅速提高木材利用率。

7月12日，毛泽东同志在会见非洲青年代表团时的谈话中指出："一个国家获得解放后应该有自己的工业，轻工业、重工业都要发展，同时要发展农业、畜牧业，还要发展林业。森林是很宝贵的资源。"

8月21日，毛泽东同志在中共中央政治局会议（北戴河会议）讲话中指出："要使我们祖国的河山全都绿起来，要达到园林化，到处都很美丽，自然面貌要改变过来。"

8月26日至9月30日，林业部在杭州召开全国林木丰产现场会议，并组织与会代表参观了浙江、福建、湖南、贵州4省11

个县的丰产现场。

9 月 5 日，国家任命周骏鸣为林业部副部长。

9 月 13 日，中共中央发布《关于采集植物种子绿化沙漠的指示》。

10 月 22 ~ 27 日，林业部在北京召开林业教育改革会议，研究高等林业教育改革方案。

10 月 27 日，经国务院科学规划委员会批准，林业部成立中国林业科学研究院（其前身为 1952 年成立的林业部林业科学研究所）。

10 月 27 日至 11 月 20 日，中共中央农村工作部、国务院第七办公室、国务院科学规划委员会在呼和浩特市召开新疆、内蒙古、甘肃、青海、陕西、宁夏 6 省（自治区）治沙规划会议。

11 月 3 ~ 13 日，林业部在北京召开全国林业厅（局）长会议，讨论实现园林化和 1959 年的任务问题，同时强调大力发展木材综合利用，大搞人造板加工工业。

11 月 6 日，毛泽东同志在中央领导人、大区负责人和部分省市委书记参加的会议（郑州会议）讲话中指出："要发展林业，林业是个很了不起的事业。同志们，你们不要看不起林业。林业，森林，草，各种化学产品都可以出。所以，苏联那个土壤学家讲，农林牧要结合。你要搞牧业，就必须要搞林业，因为你要搞牧场。这个绿化，不要以为只是绿而已，那个东西有很大的产品。森林这个东西是多年生，至少是二十五年生，这是南方；在北方，要四十年到五十年。我们将来种树也要有一套，也是深耕细作，养鱼，养猪，种树，种粮。""要园林化，还有个园田化。园田化就是耕作地，园林化就是耕作地和林业地合起来。"

11 月 20 日，林业部、轻工业部、商业部发出《关于大力组织栲胶生产的联合通知》。

11 月 21 日，国家科学技术委员会批准《直接使用原木》、《加工用原木》、《原木检验规程》为国家标准。

12 月 15 日，中国人民邮政发行《林业建设》特种邮票一套 4 枚，志号为特 27，邮票图名为森林资源、保护森林、油锯伐木、绿化祖国。这是新中国邮票上第一套以反映林业建设为主题的专题邮票。

1959 年

1 月 10～18 日，林业部在北京召开全国林业宣传工作会议。

2 月 13 日，林业部发布《关于积极开展狩猎事业的指示》。

2 月 23 日至 3 月 5 日，林业部在北京召开全国林业科学技术工作会议。

3 月 27 日，毛泽东同志在《人民日报》刊载的《向大地园林化前进》中发出"实行大地园林化"的号召。

4 月 28 日，国家任命刘文辉为林业部部长。

6 月 25 日至 7 月 14 日，林业部在北京召开全国林业厅局长会议，着重研究林区生产方针、人民公社发展林业的各项政策，以及如何解决缺材地区的用材等问题。

8 月 25 日，国家任命罗玉川、张克侠、雍文涛、周骏鸣、陈离、唐子奇为林业部副部长。

9 月 24 日，公安部、林业部发布《关于加强护林防火工作的联合指示》。

11 月 23 日，林业部在北京召开全国林业计划会议，提出 1960 年林业战线的方针和任务：继续在全国范围内，本着全面开发、全面利用的方针，大力开发新林区；大搞技术革新和技术革命，努力提高生产水平；贯彻增产原木和大搞人造板同时并举，木材采伐和森林更新同时并举，综合利用森林资源，以林为主，多种经营的方针。

12 月 21 日至 1960 年 1 月 2 日，林业部在北京召开全国林业厅局长会议，着重讨论林业的基地化、林场化、丰产化问题。

1960 年

1 月 7 日，国务院批转商业部、林业部《关于由林业部统一归口安排和管理全国木材市场的报告》。

1 月 29 日，中国政府和苏联政府在莫斯科签订《关于护林防火联防协定》。议定沿中苏两国国境线，中国方面东起图们江、苏联方面东起哈山湖，西至双方与蒙古人民共和国交界处止，两侧各 50km 的地区，为双方共同护林防火地区。协定共 8 条，自签订之日起开始生效，有效期 5 年。

2 月 5～14 日，林业部在北京召开全国林业科学技术工作会议。

2 月 16 日，林业部发出《关于加强次生林经营工作的通知》。

3 月 16 日，中共中央批转林业部党组《关于机关、团体、工矿、企业分工造林绿化的意见》。

3 月 17～25 日，林业部在郑州市召开全国森林保护工作会议。

4 月 1 日，经国务院批准，林业部颁发《国有林主伐试行规程（修订本）》。

4 月 7 日，国务院发布《关于加强松香生产和采购供应工作的指示》。

4 月 29 日，国家任命张昭为林业部副部长。

5 月 9 日，林业部发布《新造林清查暂行办法(草案)》。

6 月 16 日，国家科学技术委员会批准成立南京林业研究所、林产化学工业研究所、林业经济研究所和林业机械研究所。

1961 年

1 月 25 日至 2 月 6 日，林业部在北京召开黄河流域各省区林业厅(局)长会议，提出：紧紧围绕生产渡灾，以抚育、补植、管理好现有幼龄林为中心，大搞林粮间作；积极开展森林保护、更新和次生林的改造利用，并根据可能条件积极发展造林；做好准备，迎接第三个五年计划期间林业建设的更大发展。

3 月 3 日，林业部、公安部、农业部、农垦部发布《关于烧垦烧荒、烧灰积肥和林副业生产安全用火试行办法》。

3 月 25 日，林业部发出《关于开展国营森林更新普查工作的通知》。

4 月 14 日，周恩来总理视察云南西双版纳地区，指示：一定要保护好这富饶美丽之乡，保护好自然资源，要做人民的功臣，不要做历史的罪人。

6月26日，中共中央颁布《关于确定林权、保护山林和发展林业的若干政策规定（试行草案）》。规定分18条，对山林所有权、山林的经营管理和收益分配、木材的采伐和收购，以及群众造林等有关政策作出明确规定。

7月8日，国家经济委员会、林业部决定，国家经济委员会物资管理总局木材局的工作，由国家经济委员会物资管理总局和林业部共同领导。

7月9日，国家任命梁昌武为林业部副部长。

7月19日至8月8日，国家主席刘少奇视察大兴安岭和小兴安岭林区，作出一系列指示。主要内容为：充分利用森林资源，尽可能满足国家和社会各方面的需要；林区要节约木材，不烧大木头，要烧树枝，并利用小木头供应农村需要；采伐方式要服从于更新，要依靠人工更新，也要实行天然更新加人工补植；林场留点自留地，职工家属可组织合作社，发展集体经济。还谈到林区工资政策和木材价格、林业规章制度和林业局体制、组织林区群众进行森林经营、领导干部民主作风等问题。

8月8日，刘少奇同志在哈尔滨市召集东北、内蒙古林业工作会议领导小组成员和中共黑龙江省委书记处同志开会研究，提出：森林采伐要实行轮伐的方针；迹地更新要"两条腿"走路，实行天然更新和人工更新两种办法；还提出在林区每30km²范围内设一个营林村经营森林的设想。

9月1～20日，林业部在北京召开南方11省区林业厅（局）长会议。会议根据中共中央《农村人民公社六十条》、《林业政策十八条》规定，总结几年来林业工作的经验教训，着重研究人民公社的林业生产问题。提出：必须迅速确定林权，调动社队和群众发展林业的积极性；在林区既保证粮食生产，又搞好林业生产和多种经营；普遍加强山林管理，积极恢复和扩大森林资源，依靠群众造林，并积极发展国营造林；木材生产实行社队经营和国家经营同时并举的方针；加快林区基本建设，保证木材生产稳定增长。

10月25日，国务院批转林业部、商业部《关于发展紫胶生产问题的报告》。

11月24日，中国政府与朝鲜政府决定将1956年1月14日签订的《关于在鸭绿江、图们江中运送木材的议定书》的有效期延长5年，并根据该议定书第十九条的规定，签订补充协定书。

12月18日，财政部、林业部决定，在东北、内蒙古国有林区的森林工业企业建立育林基金和更新改造资金，从每立方米原木成本中提取10元作为育林基金，供更新、造林、育林之用；另提取5元作为更新改造资金，用于伐区延伸、转移的线路和相应的工程设施建设等。

12月28日，林业部颁布《开展国有速生林造林规划设计提纲》。

1962 年

1月16日，林业部在广州市召开全国林业科技工作会议，讨论《林业科技十年规划》，贯彻《科研十四条》。

2月17日，国务院发出《关于开荒、挖矿、修筑水利和交通工程应注意水土保持的通知》，指出：应当认真贯彻《农村人民公社工作条例（修正草案）》中的有关规定，严禁破坏森林和牧场，严禁乱垦乱牧。水土流失严重地区的水土保持林、农田防护林、固沙林、大水库周围和大江河及其主要支流两岸规定范围以内的森林，山区和水土流失地区铁路两侧的森林，一般规定为禁垦区，并应造林护岸和防沙。

2月18~26日，林业部在哈尔滨市召开东北、内蒙古地区护林防火工作会议。

3月19日，财政部、林业部颁发《国有林区采伐企业更新改造资金管理试行办法》，规定每立方米原木成本提取5元作更新改造资金，专款专用。

3月28日，财政部、林业部颁发《国有林区育林基金使用管理暂行办法》，规定每立方米原木暂征育林基金10元，专款专用。

4月1日，国务院批转林业部《关于加强护林防火工作的报告》。

4月13日，林业部颁布《东北内蒙古林区国营森林更新工作试行条例》。

4月15日，国务院发布《关于节约木材的指示》。

5月11日，林业部颁发《国营林场经营管理狩猎事业的几项规定》。

6月7日，中共中央发布《关于南方五省区林业问题的批示》，并转发中共中央办公厅南方五省区调查组《关于福建等五省区的林业情况和八项建议的报告》。

6月11日，林业部决定在次生林区建立重点林业局（场），并对其方针任务、领导关系、计划财务、物资供应等有关问题作出规定。

6月16日至7月5日，林业部在北京召开华东、中南、西南三大区所属各省（自治区、直辖市）林业工作会议，讨论南方各省区森林遭到严重破坏的问题，提出制止破坏、扭转局面、发展林业的具体措施，并决定各省（自治区、直辖市）林业厅（局）建立国营林场管理机构，直接管理大型林场。

6月23日，周恩来同志在中共延边朝鲜族自治州州委常委会议上提出搞社会主义要保护森林，"咱们都是读过书的，要讲保护森林，不能破坏森林。破坏了森林后代要骂我们的，那还搞什么社会主义"。

7月16～28日，林业部在北京召开华北、西北、东北三大区所属各省（自治区、直辖市）林业工作会议，研究林业工作的任务等。

8月17日，中共中央转发中央办公厅整理的森林破坏材料，要求各地采取有效措施，制止森林破坏，争取3年或5年改变这种不利的局面。材料指出：部分地区农林牧矛盾比较尖锐，农挤牧，牧挤林，或者农直接破坏林，急需统一安排农、林、牧的生产和基建工作；有些地方林业人员精简太多，工作无法进行，营林和更新问题很大；造林经费层层下拨，许多地方随便挪用，使造林工作遇到很大困难；防护林遭到相当严重的破坏，必须积极保护和继续营造。

8月22日，国务院农林办公室发出通知，要求各地迅速采取有效措施，严格禁止毁林开荒、陡坡开荒。

9月13日，中共中央、国务院批转国家经济委员会、国家计划委员会《关于充分利用木材资源，大力开展木材的节约代用工作的报告》。

9月14日，国务院发出《关于积极保护和合理利用野生动物资源的指示》。

10月18日，国务院颁发《1963年对集体所有制木材生产的收购指标和奖售问题的决定》。

10月31日，国家计划委员会转发林业部、轻工业部《关于在河南、福建、四川、吉林四省建立造纸木材、竹材基地问题的报告》。

11月2日，周恩来同志指示："林业的经营要合理采伐，采育结合，越采越多，越采越好，青山常在，永续利用。"

11月18日，中共中央、国务院发布《关于成立东北林业总局的决定》。东北林业总局直接领导森林工业生产，地、市、县林业仍由黑龙江省林业厅管理。

12月3～10日，林业部在河北省保定市召开全国木材加工工业会议。指出：必须大力节约木材，合理加工，积极发展以人造板为中心的木材综合利用，努力提高木材利用率。

1963 年

1月4日，林业部召开全国森林工业基本建设会议。

1月13～15日，黑龙江省委受林业部委托，在哈尔滨市召开铁道兵参加林业建设工作会议，研究铁道兵到林区参加林业基本建设的具体问题。

1月16日，财政部、林业部、人民银行总行决定，垦复和抚育竹子、油茶、油桐所必需的生产资金，可以从长期农业贷款中适当解决。

2月7日至3月7日，中共中央、国务院在北京召开全国农业科学技术工作会议，其中林业组扩大会议着重讨论《林业科技十年规划》以及20年林业建设设想和重大林业技术政策问题。

2月23日，国家任命杨天放为林业部副部长。

3月3日，中共中央批转中南局《关于发展造林事业的决定》和《对重点林区工作的几点意见》，指示"各地党委对于造林事业必须予以充分重视"，"在造林事业中，要着重抓好国营造林，并要积极地发动群众造林，使造林工作普遍开展起来"。

3月4~18日，林业部在武汉市召开全国林业调查规划工作会议。

3月15日，财政部、林业部颁发《关于社队造林补助费使用的暂行规定（草案）》。

3月16日，国务院批转林业部《关于加强东北内蒙古地区护林防火工作的报告》。

4月4日，林业部发布《森林工业基本建设工作条例（草案）》和《森林工业基本建设设计及概算编制暂行办法（草案）》。

4月15日，林业部发出通知，要求各地积极发展木本油料作物。

5月27日，国务院颁发《森林保护条例》，分为总则、护林组织、森林管理、预防和扑救火灾、防治病虫害、奖励和惩罚、附则等7章，共43条。

6月6日，林业部颁发《松脂采集试行规程》和《栓皮采集试行规程》。

7月6日，国家计划委员会、国家经济委员会、林业部发布《关于加强木材管理工作的规定》。

8月7日，林业部颁发《栲胶分析方法》、《橡椀栲胶》和《落叶松树皮栲胶》三项部颁标准。

8月12日，林业部颁发《松香》、《松节油》两项部颁标准。

8月27日，经国务院农林办公室、财贸办公室批准，林业部、财政部、人民银行总行发布《关于竹子、油茶、油桐长期无息贷款使用的暂行规定(修正草案)》。

9月14日，第一只人工圈养的大熊猫仔在北京动物园诞生。

9月18日，林业部颁发《关于高等林业院校修订教学大纲和实习大纲的原则规定(修正草案)》。

10月23日，国家任命荀昌五为林业部副部长。

11月5日，林业部发出《关于扩大营林村试点的通知》。

11月21日，周恩来同志接见阿富汗王国内务大臣阿布杜·卡尤姆时说："砍伐森林更易造成水土流失"。

12月10～30日，林业部在北京召开全国国营林场工作会议。决定：国营林场贯彻执行"以林为主，林副结合，综合经营，永续作业"的方针，逐步发展为采育造综合经营、永续作业的林业企业。

1964 年

1月1日，湖南林学院与华南农学院林学系合并，成立中南林学院。1970年10月改名广东农林学院，1975年由广州迁湖南更名为湖南林学院，1978年8月恢复中南林学院。

1月22日，林业部发出《关于安排引种油橄榄的通知》，并公布《油橄榄栽培技术规程》。

1月27日，中共中央、国务院批准成立大兴安岭特区，其主要任务是开发大兴安岭林区，由林业部直接领导，同时接受黑龙江省和内蒙古自治区领导。

2月5日，财政部、林业部、农业银行发出《关于建立集体林育林基金的联合通知》，规定提取的育林基金只供社队集体更新、造林、育林、护林之用。

2月10日，中共中央、国务院批转林业部、铁道部《关于开发大兴安岭林区的报告》，批准成立开发大兴安岭林区会战指挥部，由郭维城任指挥，张世军任副指挥，罗玉川任党委书记兼政委。

3月3日，周恩来同志在昆明市海口林场亲手栽植从阿尔巴尼亚引种的油橄榄树。

3月30日，毛泽东同志在听取陕西、河南、安徽三省负责人汇报工作时的谈话中提出要用愚公移山精神搞绿化，指出："前几年你们说一两年绿化，一两年怎么能绿化了？用二百年绿化了，就是马克思主义。先做十年、十五年规划，'愚公移山'，这一代人死了，下一代人再搞。"

4月24日，林业部、财政部颁发《林业资金使用管理的暂行规定》。

6月23日，中共中央、国务院决定撤销伊春市，成立伊春特区，其林业企业工作以林业部领导为主，地方工作以黑龙江省领导为主。

6月29日至8月8日，朱德、董必武等国家领导人赴河北、辽宁、吉林、黑龙江、内蒙古等省、自治区视察工作，对林业工作作出指示。

8月2～15日，林业部在哈尔滨市召开全国林业科技工作会议，国家科学技术委员会林业组扩大会议同时举行。

8月10日，中共中央、国务院批转林业部党组关于成立大兴安岭特区政府问题的报告。罗玉川兼任大兴安岭特区区长。

8月20日，林业部颁发《更新跟上采伐的标准》。

10月7日，林业部决定在东北、内蒙古林区试验推广采育兼顾伐。

11月6日，中国人民解放军总政治部、林业部发出《关于部队参加植树造林问题的通知》。

1965年

2月12日，交通部、林业部发出《关于加强公路绿化工作的联合通知》。

2月18日至3月1日，林业部在北京召开北方13省（自治区、直辖市）林业厅局长座谈会。

3月29日至4月15日，林业部在北京召开南方11省（自治区、直辖市）林业工作会议，要求：制定林业建设规划；统一管理山林和木竹生产；坚持不懈地抓好营林工作；合理采伐，合理利用，大力增产木材；全面加强林业基本建设；积极开展林业科学实验；加强组织领导，改进工作作风和工作方法。

4月16日，国务院发出《关于加强东北林区防火灭火的紧急通知》。

4月17日，国家任命张世军为林业部副部长。

7月15日，林业部颁布《关于在国有林区建立营林村的决定》、《关于国有林区建立营林村若干问题的暂行规定》和《关于营林村建村经费开支标准的具体规定》。

8月6日，中共中央西北局颁发《关于建立黄河中游水土保持建设兵团的决定》，明确黄河中游水土保持建设兵团（后改称中国人民解放军西北林业建设兵团）业务归口林业部领导，其经营方针为"以林业为主，农、林、牧、副综合发展"，主要任务是：在水土流失严重、人烟稀少的地区造林种草，结合建设一些必要的水土保持工程，控制水土流失，并帮助和指导周围人民公社做好水土保持工作。

8月31日，中共中央、国务院发布《关于解决农村烧柴问题的指示》。

9月23日，国务院批准成立开发金沙江林区会战指挥部，梁昌武任指挥。

10月12日，刘少奇同志在听取黑龙江省委负责同志汇报时提出要依靠群众护林造林育林，指出："在不妨碍国家利益的条件下，要照顾群众的利益，这样反过来群众也会照顾国家的利益。必须实行两利政策，利于群众，利于集体和国家。""有群众的地方，要依靠群众护林、造林、育林，但是要解决关系问题，解决林权问题。分散的、小片的次生林，要分给公社或生产队；大片的次生林，可以不分，但是要允许群众做几件事，解决群众的需要。"

12月15日，全国供销合作总社党组、林业部党组向中共中央、国务院提出《关于迅速恢复发展毛竹生产的报告》。

1966 年

2月1~22日，林业部在北京召开全国林业工作会议，研究讨论第三个五年计划期间林业建设的方针任务等问题。

2月23日，周恩来同志接见出席全国林业工作会议的林业部、各省区林业厅局和西北林业建设兵团的负责同志，对全国林业工作和西北林业建设兵团的工作作重要指示，指出："林业部要面向全国，主要任务还是植林。植林是百年大计，要好好搞。植林要两条腿走路，要依靠六亿农民。路旁、四边植树也是个大工作。""黄土高原这个地方是我们祖宗的摇篮地，是民族文化发源地，但是这个地方的森林被破坏了。我们不仅要恢复森林面貌，而且要发展得更好。"

4月8日，中央军委批准惠中权兼任中国人民解放军西北林业建设兵团司令员，李登瀛任政治委员。

第二节　1967—1977 年

1967 年

9月2日，国务院决定将牡丹江、伊春、哈尔滨、完达山4个林业管理局下放给黑龙江省领导。

9月23日，中共中央、国务院、中央军委、中央文革小组发出《关于加强山林保护管理，制止破坏山林树木的通知》，要求认真执行国务院发布的《森林保护条例》，积极做好护林宣传教育工作，加强山林管理，同一切破坏森林的行为作斗争。

10月6日，中共中央、国务院、中央文革小组发布《关于对林业部实行军事管制的决定（试行草案）》，任命王云为林业部军管会主任，李光勋为林业部军管会副主任。

1968 年

2月21日，国务院、中央军委发出《关于护林防火工作的通知》。

4月10日，林业部军管会决定将东北林业总局下放给黑龙江省领导。

9月16日，林业部军管会向中共中央、国务院、中央军委等提出《关于解决西北林业建设兵团建制等问题的意见》，建议撤销兵团部机关，兵团所属各师、独立团划归所在省、自治区建制，生产由省、自治区统一安排。

10月16日，经国务院批准，林业部军管会决定：将东北航空护林局、万山实验林场、东北地区森林植物检疫站、东北森林防火研究所、东北林业勘察设计院、林产工业研究所、采运研究所、森林调查十一大队、牡丹江林校下放黑龙江省领导；将东北航空护林局设在内蒙古自治区和黑龙江省、吉林省的航空护林站亦分别下放内蒙古自治区和黑龙江省、吉林省领导；加格达奇航空护林站归大兴安岭特区领导。

12月24日，林业部军管会决定：将河北省塞罕坝机械林场、雾灵山实验林场，内蒙古自治区白狼实验林场，山西孝文山实验林场，吉林省马鞍山实验林场，安徽省老嘉山机械林场，河南省开封机械林场，甘肃省张掖机械林场、连城实验林场和小陇山实验林业局下放给所在省、自治区领导。

1969 年

1月9日，林业部军管会发布通知，将林业部直属的吉林林业管理局(包括所属企、事业单位)及森林调查第二大队、白城子林业机械学校下放吉林省领导，将内蒙古林业管理局(包括所属企、事业单位)下放内蒙古自治区领导。

1月21日，林业部军管会函告四川、云南、甘肃省革命委员会，将金沙江、白龙江两个地区的林业企事业单位分别下放各有关省领导。

3月4日，林业部军管会发出通知，决定将西北、中南、华东三个林业设计院和第五、第九森林调查大队下放有关省管理。

10月10～22日，林业部、商业部在河南省鄢陵县召开全国农村植树造林、增柴节煤现场经验交流会。

1970 年

2月16日，铁道部、交通部、林业部军管会发出《关于加速铁路、公路绿化的通知》，对铁路、公路绿化造林的地权、树权以及收益分配问题作出原则规定。

5月1日，农业部、林业部、水产部合并，成立农林部。

5月15日，国务院发出《关于加强护林防火工作的通知》。

8月23日，农业科学研究院、林业科学研究院合并，成立中国农林科学研究院。林业研究所下放河北省，木材工业研究所下放江西省，林业经济研究所撤销，林产化学工业研究所下放广东、广西、黑龙江等省、自治区，亚热带林业研究站下放浙江省，紫胶研究所下放广东、广西、云南等省、自治区，情报研究所大部分人员下放。

1971 年

3月25日，国务院、中央军委发出《关于加强护林防火工作的通知》，要求与森林毗连的省、地、县之间加强联防工作，坚持联防制度；切实加强对护林防火工作的领导，建立和健全各级护林防火组织，确定专人负责。

7月15日，周恩来同志在同美国友人韩丁、卡玛丽达·欣顿夫人等谈话时指出，要养成种树的习惯。

8月12日至9月19日，国务院在北京召开全国林业工作会议，讨论研究发展林业的方针、政策、规划和1972年计划。

11月29日，国务院批转商业部、对外贸易部、农林部《关于发展狩猎生产的报告》。

1972 年

1月15~24日，农林部、商业部、对外贸易部在广州市召开全国松香紫胶生产座谈会。

6月9~18日，农林部在福建省邵武县召开人造板生产座谈会，讨论研究人造板生产发展规划，决定加强企业管理，挖掘现有设备潜力，加强人造板设备制造和维修，加强科研设计。

11月28日至12月13日，农林部在北京召开全国护林防火工作会议。

1973 年

8 月 10 ~ 23 日，农林部在山西省运城地区召开全国造林工作会议，讨论进一步加快绿化步伐、提高造林质量等问题。

10 月 10 日，农林部颁发《森林采伐更新规程》。

11 月 5 ~ 14 日，农林部、轻工业部、交通部、商业部、国家计划委员会物资总局在黑龙江省牡丹江市召开枝丫、木片和小木制品生产供应会议。

12 月 10 ~ 20 日，农林部在湖北省咸宁地区召开全国林业调查工作会议。

1974 年

11 月 10 ~ 16 日，农林部在杭州市召开防治松毛虫经验座谈会。

11 月 28 日至 12 月 5 日，农林部在广西召开南方地区国营林场经验交流会议。

1975 年

6 月 20 ~ 27 日，农林部在湖南省耒阳县召开 15 省（自治区）油茶生产经验现场交流会。

8 月 10 ~ 27 日，农林部、公安部在哈尔滨市召开全国森林防火现场会议。

9 月 10 日，中国政府将一对大熊猫"贝贝"和"迎迎"作为友谊使者赠送给墨西哥，落户在查普特佩克动物园。

10 月 13 ~ 20 日，国家计划委员会、煤炭部、农林部在辽宁省抚顺地区、阜新地区召开工矿企业造林现场会议。

12 月 10 日，农林部发出《关于保护、发展和合理利用珍贵树种的通知》。

1976 年

1 月 3 ~ 9 日，农林部在北京召开营林工作座谈会。

8月21日，农林部发出《关于福建省部分地区发生大规模破坏森林事件的调查报告》。

11月25日至12月7日，农林部在湖南省株洲市召开南方14省(自治区)用材林和油料林基地造林现场会议。

1977 年

3月12~30日，农林部在北京召开全国林业、水产会议，研究发展林业、水产的方针任务，讨论规划，制订措施。

5月22~29日，农林部、商业部、对外贸易部在广西玉林地区召开全国松香生产会议。

9月16~23日，农林部在河南省许昌、商丘地区召开华北中原地区平原绿化现场会议。

第三节　1978—2000 年

1978 年

3月5日，第五届全国人民代表大会第一次会议通过《中华人民共和国宪法》。其中第六条规定："矿藏，水流，国有的森林、荒地和其他海陆资源，都属于全民所有。"

4月10~28日，国家计划委员会、农林部、商业部、对外贸易部和供销合作总社在北京召开全国油桐会议。

4月24日，国务院批准成立国家林业总局。

7月1日，国务院转发方毅同志《关于保护和开发利用西双版纳自然资源的报告》。

8月11日，国家林业总局颁发《南方木材水运管理办法》。

8月12日，国家林业总局颁发《木材检疫条例》、《贮木场管理办法》和《造林技术规程》。

9月23日至10月12日，国家林业总局在北京昌平县召开全国林业局长会议，讨论《森林法(草案)》和林业发展规划，研究加快发展林业的措施。

9月，中国政府向西班牙赠送一对大熊猫"绍绍"和"强强"。

11月15~23日，国家林业总局在福建省召开全国林木种子工作会议。

11月25日，国务院批转国家林业总局《关于在"三北"（东北、华北、西北）风沙危害、水土流失的重点地区建设大型防护林的规划》。

12月15日，国务院批转国家林业总局《关于加强大熊猫保护、驯养工作的报告》，提出在四川省马边与美姑县交界的大风顶、青川县的唐家河、南坪县的九寨沟和陕西省秦岭佛坪与洋县交界的岳坝再划建4个自然保护区，在四川省的卧龙、甘肃省的白水江和陕西省拟划的岳坝3个自然保护区建立大熊猫驯养繁殖中心。

12月23日，国家林业总局发布《林木种子经营管理试行办法》和《林木种子发展规划》。

12月25~31日，国家林业总局在河南省信阳市召开南方用材林基地建设座谈会，明确：把宜林荒山面积大的山区、半山区作为建设商品用材林基地的重点，丘陵区一般以发展木本油料为主，同时积极营造用材林。

1979 年

1月15日，国务院发布《关于保护森林制止乱砍滥伐的布告》。

2月6日，国家林业总局、国家建设委员会、铁道部、交通部、水利电力部发出《关于大力开展植树造林绿化祖国的联合通知》。

2月16日，中共中央、国务院决定撤销农林部，成立农业部、林业部。任命罗玉川为林业部部长，雍文涛为副部长。

2月23日，第五届全国人民代表大会常务委员会第六次会议原则通过《中华人民共和国森林法（试行）》。同时，根据国务院的提议，决定3月12日为全国的植树节。

3月2~5日，共青团中央、林业部在延安召开全国青年造林大会，中共中央、国务院致贺电。大会向全国青少年倡议争当"绿化祖国的突击手"。

4月4日，林业部、中国民用航空总局颁发《飞机播种造林技术规程（试行）》。

4月17日，胡耀邦同志写信给河北易县县委，指出易县荒山荒坡很多，要造林。"造用材林，造核桃、柿子、栗子、枣子等干果林。社造、队造、户造一齐上。搞种子播，搞营养钵插，搞苗圃。扎扎实实干。"

5月3日，国家任命杨珏、马玉槐、梁昌武、唐子奇、荀昌五、杨天放、张世军、郝玉山、杨延森、汪滨、刘琨为林业部副部长。

6月8日，国家任命张磐石为林业部副部长。

6月19日，林业部发布《森林工业企业经济核算条例（试行）》和《关于严肃财经纪律的规定（试行）》。

7月3日，国务院批复同意福建省革命委员会《关于将武夷山自然保护区列为国家重点自然保护区的报告》。

7月24日至8月5日，林业部在北京召开全国中等林业教育和干部培训工作会议。

8月29日，林业部发布《杨树苗木检疫暂行规定》、《林业安全生产工作管理办法（试行）》和《林业安全生产责任制的暂行规定》。

10月6日，林业部、中国科学院、国家科学技术委员会、国家农业委员会、环境保护领导小组、农业部、国家水产总局、地质部发出《关于加强自然保护区管理、区划和科学考察工作的通知》。

11月3日，国务院批准成立三北防护林建设领导小组。

1980 年

3月5日，中共中央、国务院发出《关于大力开展植树造林的指示》。

3月5~31日，林业部召开国有林区林业工作座谈会，讨论国有林区的调整和林业长远发展规划。

3月12日,中国人民邮政发行《植树造林,绿化祖国》特种邮票一套4枚,志号为T48。这是我国发行的一套以造林绿化为主题的专题邮票。

3月16日,赵紫阳同志在中共四川省委扩大会议上讲话时指出:"农业的经济结构,从根本上说是农、林、牧结合的问题。要使农业有个好的自然环境,保持生态平衡,林业有决定意义。""如果我们拿搞水利的劲头和投资来搞林业,林业上去并不难。在十年以后就会成林,对自然环境就会发生影响。所以,在整个农业上,一定要把林业摆到重要的位置。""一定要改变采伐过量的状况,制止乱砍滥伐。""要把国营林场的造林、护林、抚育、采伐、加工、运输等全部林业生产同群众结合,依靠当地群众,从事林区的各项生产活动。"

4月24日至5月4日,林业部在北京召开全国林业调查规划工作会议。

5月18日,国务院批准林业部、外交部、中国科学院等《关于同日本签订候鸟保护协定的请示》。

6月25日,经国务院批准,我国加入濒危野生动植物种国际贸易公约。同时,在林业部设立中国濒危动植物种进出口办公室,负责全国濒危物种进出口管理工作。

8月30日,国家任命雍文涛为林业部部长,罗玉川改任林业部顾问。

10月7日,中国林业部和芬兰农林部签订《关于进一步发展双方林业科技交流和合作的备忘录》。

12月1日,林业部、公安部、司法部、最高人民检察院发出《关于在重点林区建立和健全林业公安、检察、法院机构的通知》,要求在全国重点国有林区的国营林业局、木材水运局建立林业公安局、林区检察院和森林法院(后改为林业法院)。

12月5日,国务院发出《关于坚决制止乱砍滥伐森林的紧急通知》。

1981 年

2 月 9 日，国务院发出《关于加强护林防火工作的通知》。

2 月 16 日至 3 月 7 日，国务院在北京召开全国林业会议，讨论林业调整问题。

3 月 3 日，中国政府和日本政府在北京签订《保护候鸟及其栖息环境协定》。双方协定共同保护来回迁飞于两国之间的 227 种候鸟。

3 月 5～12 日，林业部在杭州市召开全国松香会议。

3 月 8 日，中共中央、国务院颁发《关于保护森林发展林业若干问题的决定》，明确保护森林发展林业的方针政策和林业调整与林业发展的战略任务。

3 月 10 日，林业部、国家城市建设总局发出《关于开展爱护树木、花草文明教育活动的通知》。

3 月 14 日，林业部、财政部颁发《国营苗圃经营管理试行办法》。

5 月 13 日，林业部发布《林木选择育种技术要领》。

6 月 5～11 日，林业部在北京召开 8 省（直辖市）林业"三定"工作座谈会，研究林业"三定"（稳定山权林权、划定自留山、确定林业生产责任制）有关政策问题。

7 月 21 日，国务院办公厅转发林业部《关于稳定山权林权落实林业生产责任制情况简报》，要求各地尽快作出部署，组织力量完成林业"三定"工作。

9 月 22～26 日，林业部在北京召开林业职工教育工作会议。

9 月 25 日，国务院批转林业部等 8 个部门《关于加强鸟类保护执行中日候鸟保护协定的请示》。

10 月 14 日，轻工业部、财政部、林业部颁发《关于造纸厂建立纸浆林基地和提取育林费的试行办法》。

10 月 26～31 日，林业部在北京召开 13 省（自治区）林业"三定"工作座谈会，研究进一步搞好林业"三定"问题。

11 月 26 日，林业部、财政部发出通知，规定从 1982 年 1 月

会议。

10 月 20 日，中共中央、国务院发出《关于制止乱砍滥伐森林的紧急指示》，要求各地党委、县委和县人民政府采取果断措施，限期制止乱砍滥伐森林的事件。

12 月 1 日，林业部颁发《中华人民共和国林业科学技术研究成果管理办法》。

12 月 4 日，第五届全国人民代表大会第五次会议通过《中华人民共和国宪法》。其中第九条规定："矿藏、水流、森林、山岭、草原、荒地、滩涂等自然资源，都属于国家所有，即全民所有；由法律规定属于集体所有的森林和山岭、草原、荒地、滩涂除外。""国家保障自然资源的合理利用，保护珍贵的动物和植物。禁止任何组织或者个人用任何手段侵占或者破坏自然资源。"

12 月 26 日，邓小平同志在全民义务植树运动情况的汇报材料上作重要批示："这个报告令人高兴。这件事，要坚持二十年，一年比一年好，一年比一年扎实。为了保证实效，应有切实可行的检查和奖惩制度。"

12 月 30 日，国务院、中央军委颁发《军队营区植树造林与林木管理办法》。

1983 年

1 月 3 日，国务院颁布《植物检疫条例》。1992 年 5 月 13 日根据《国务院关于修改〈植物检疫条例〉的决定》修订公布。《植物检疫条例》规定国务院农业、林业主管部门主管全国的植物检疫工作。

1 月 5 日，中央绿化委员会在北京召开全民义务植树工作会议。胡耀邦、邓小平同志在开会前作重要批示。万里同志出席会议并讲话。

1 月 7～15 日，国家计划委员会、国家经济委员会、林业部、国家物资局、中国包装总公司在北京召开全国木材节约代用会议。

3 月 9 日，中央绿化委员会、共青团中央发布《关于在全国青少年中开展义务植树竞赛的决定》。

3月28日，北京林业管理干部学院在北京成立。

4月13日，国务院发出《关于严格保护珍贵稀有野生动物的通知》。

6月21日至7月1日，林业部在北京召开全国林业厅局长会议，着重研究建立和完善林业生产责任制问题。

7月28日，林业部印发《关于建立和完善林业生产责任制的意见》。

8月10～18日，林业部在乌鲁木齐市召开全国林业系统自然保护区工作会议。

8月12日，共青团中央、林业部、农牧渔业部、教育部发出通知，决定在全国青少年中开展采集草种、支持甘肃改变自然面貌的活动。

8月17日，林业部、中国农业银行发出《关于发放林业贷款、促进林业发展的联合通知》。

9月21～24日，林业部在北京召开绿化大西北座谈会。

10月5日，国家任命刘广运为林业部副部长。

12月23日，经国务院批准，中国野生动物保护协会在北京成立，选举中共中央书记处胡乔木为名誉会长，林业部部长杨钟为会长。

1984 年

1月13日，国务院常务会议审议通过《中华人民共和国森林法(修改草案)》。

2月25日，团中央、林业部、水利电力部发出通知，组织宁夏、内蒙古、陕西、山西、河南、山东6省(自治区)青少年营造黄河防护林，计划7年内绿化黄河两岸。

3月1日，中共中央、国务院发出《关于深入扎实地开展绿化祖国运动的指示》。

3月16日，胡耀邦同志在视察河北省唐县时，同群众一起在城北峪山西麓庙尔沟南坡直播油松、臭松、刺槐等混交林。

7月4日，受国务院委托，林业部部长杨钟向第六届全国人民代表大会常务委员会第六次会议作关于《中华人民共和国森林法（修改草案）》的说明。

8月25日至9月1日，林业部在山东省烟台市召开全国林业厅（局）长会议，研究国营林场、社队林场改革，巩固发展林业专业户、林业经济联合体等问题。

9月20日，第六届全国人民代表大会常务委员会第七次会议通过《中华人民共和国森林法》，自1985年1月1日起施行。

9月29日，中共中央、国务院发出《关于帮助贫困地区尽快改变面貌的通知》，指出集体的宜林近山、肥山和疏林地可划作自留山，由社员长期经营，种植的林木归个人所有，允许继承，产品自主处理，可以折价有偿转让，允许卖活立木。

10月13日，林业部发出《关于改革部属林学院管理体制的几点意见（试行稿）》，扩大学校自主权。

10月26~31日，林业部在北京召开全国林业厅（局）长座谈会，讨论《森林法实施办法》（草稿）等问题。

1985 年

1月1日，中共中央、国务院颁发《关于进一步活跃农村经济的十项政策》，决定进一步放宽山区、林区政策。规定：山区25°以上的坡耕地要有计划、有步骤地退耕还林还牧；集体林区取消木材统销，开放木材市场，允许林农和集体的木材自由上市，实行议购议销；国营林场也可以实行职工家庭承包或与附近农民联营。

1月19日，国务院批准成立中国绿化基金会。

3月12日，胡耀邦、邓小平等中央领导同志到北京天坛公园参加植树活动。

4月18~24日，林业部在北京召开南方11省（自治区）林业厅（局）长会议，讨论研究南方集体林区木材开放以后的情况和问题。

5月13日，最高人民检察院、最高人民法院、公安部发出

《关于盗伐滥伐森林案件改由公安机关管辖的通知》。

6月8日，林业部颁发《制定年森林采伐限额暂行规定》。

6月21日，国务院批准《森林和野生动植物类型自然保护区管理办法》，同年7月6日由林业部公布施行。

7月6日，经国务院批准，林业部公布《森林和野生动植物类型自然保护区管理办法》。

8月6日，林业部批准北京林学院、东北林学院和南京林学院改为北京林业大学、东北林业大学和南京林业大学。

1986 年

1月24日，经国务院批准，林业部加入联合国粮农组织亚洲太平洋区域林业委员会。

1月26日，林业部、国家计划委员会、财政部、国家物价局印发《关于搞活和改善国营林场经营问题的通知》。

2月27日，胡耀邦同志在中央机关赴滇、黔、桂3省（自治区）考察组汇报会上对国营林场的改革问题作出指示：“森林、矿山、草原的所有权还是国家的，许多国营林场还要办，但要按照具体情况，一些地方要把所有权与经营权适当区别开来。凡属不宜国家经营开发的，应当允许农民因地制宜，采取多种形式承包经营、开发。”

4月2日，国务院任命徐有芳为林业部副部长。

5月10日，经国务院批准，林业部发布《中华人民共和国森林法实施细则》。

6月17日，中共林业部党组决定组建“中国林业报社”，筹办《中国林业报》。1987年7月1日，《中国林业报》在北京创刊。

6月25日，第六届全国人民代表大会常务委员会第十六次会议通过《中华人民共和国土地管理法》，其中包括对林地管理的规定。

8月1日，林业部在北京召开全国林业厅（局）长会议，着重讨论修改《2000年全国林业发展纲要》和《林业技术政策要点》等问题。

9 月 15 日，林业部印发《关于加强对国有林场的管理和维护其合法权益的决定》。

10 月 6 日，国务院办公厅转发《关于研究解决国有林区森林工业问题的会议纪要》，决定对国有林区森工企业给予一定的扶持和优惠政策。

1987 年

1 月 15 日，林业部、经贸部、国家计委、国家经委、国家工商行政管理局发出《关于加强松香管理的联合通知》，将松香的产、供、销统一交由林业部门经营管理。

4 月 15 日，国务院批准各省 (自治区、直辖市) 1987 年至 1990 年森林采伐限额。

4 月 18 日，国务院副总理田纪云指示："南方林区破坏严重，有愈演愈烈的趋势。要从政策上研究一下，正确的要坚持，有问题的就要调整。"

5 月 5～11 日，林业部在北京召开南方 9 省 (自治区) 林业厅 (局) 长和部分地县负责人座谈会，分析南方集体林区的林业形势和存在问题，重点围绕南方集体林区乱砍滥伐严重、资源消耗失控等问题研究对策。

5 月 6 日至 6 月 2 日，黑龙江省大兴安岭林区发生特大森林火灾。5 月 12 日，国务院副总理李鹏前往火灾区慰问受灾群众，指挥扑火救灾工作。5 月 25 日，国务院向参加大兴安岭扑火救灾的全体人员发慰问电。5 月 26 日，国家主席李先念致电慰问大兴安岭扑火救灾的全体同志。

6 月 23 日，第六届全国人民代表大会常务委员会第二十一次会议通过《全国人民代表大会常务委员会关于大兴安岭特大森林火灾事故的决议》，会议决定撤销杨钟同志的林业部部长职务，任命高德占同志为林业部部长。

6 月 30 日，中共中央、国务院发布《关于加强南方集体林区森林资源管理坚决制止乱砍滥伐的指示》。

7 月 18 日，经国务院、中央军委批准，中央森林防火总指挥部成立。田纪云副总理任总指挥。

8 月 15 日，国务院发出《关于坚决制止乱捕滥猎和倒卖走私珍稀野生动物的紧急通知》。

8 月 19 日，国务院决定，将原由林业部负责大兴安岭林业管理局的企业管理职权委托给黑龙江省代管，成立大兴安岭林业公司，实行政企分开、计划单列和投入产出包干。

8 月 25 日，国务院批准《森林采伐更新管理办法》，同年 9 月 10 日由林业部发布施行。

9 月 5 日，最高人民法院、最高人民检察院发出《关于办理盗伐、滥伐林木案件应用法律的几个问题的解释》。

9 月 10 日，经国务院批准，林业部公布《森林采伐更新管理办法》。

10 月 9 日，国务院批转林业部《关于加强森林防火工作的报告》，要求各级人民政府和各有关部门把森林防火工作摆到非常重要的位置上，切实加强领导，实行省长、市长、县长、乡长负责制。

12 月 19～25 日，林业部在北京召开全国林业厅（局）长会议，研究深化林业改革问题。

1988 年

1 月 13 日，国务院、中央军委批准森林警察部队列入中国人民武装警察部队序列，全部实行现役制，实行林业部门和公安部门双重领导，以林业部门为主。部队执行森林防火、灭火任务受各级人民政府森林防火指挥部统一指挥。部队担负森林防火、灭火，全面保护森林资源，维护社会治安，参加林区经济建设等任务。

1 月 16 日，国务院公布《森林防火条例》，自 1988 年 3 月 15 日起施行。

3 月 3 日，林业部、国家土地管理局发出《关于加强林地保护和管理的通知》。

业基金管理总站、世界银行贷款项目管理中心和林木种苗管理总站4个事业单位。

3月8日，全国人大常委会副委员长、全国妇联主席陈慕华举行全国"三八绿色工程"新闻发布会，宣布从1990年起在全国范围开展"三八绿色工程"活动，动员全国亿万妇女积极投身到种树、种草、种花以及各项防护林建设的活动中去，为加快国土绿化进程贡献力量。

3月12日，中国人民邮政发行《绿化祖国》特种邮票一套4枚，志号为T148，邮票图名为全民义务植树、城市绿化美化、建设绿色长城、林茂粮丰。

4月30日，林业部在武汉市召开全国林业科技工作会议。

7月12日，林业部印发《科技兴林方案（1990—1995年）》和《关于加强林业科学技术工作的若干政策性意见》。

9月1日，国务院批复《1989—2000年全国造林绿化规划纲要》。

10月29日，国家物价局、林业部发出《关于提高东北、内蒙古国有林区统配木材价格及加强对非统配木材价格管理的通知》。

12月5日，国务院批准《林业部关于各省、自治区、直辖市"八五"期间年森林采伐限额审核意见的报告》，要求各地严格执行新的采伐限额指标，不得突破和挪用。

12月15日，最高人民法院、最高人民检察院、林业部、公安部、国家工商行政管理局印发《关于严厉打击非法捕杀、收购、倒卖、走私野生动物活动的通知》。

1991 年

1月1日，经国务院批准，东北、内蒙古国有林区的带岭、苇河、穆棱、翠峦、双鸭山、大石头、三岔子、呼中、阿里河9个林业局试行林价制度。

1月8日，国务院发布《关于加强野生动物保护严厉打击违法犯罪活动的紧急通知》。

1月9日，林业部公布《国家重点保护野生动物驯养繁殖许可

证管理办法》。

1月11~16日，全国林业厅(局)长会议在西安市召开，着重研究林业发展十年规划和"八五"计划基本思路，部署林业改革和林业工作。

1月17日，国务院决定在增加投入、调整经济政策、减免税收、理顺管理体制等方面对国有林区森工企业实行重点扶持政策和改革措施。

3月11日，新华社发表江泽民、邓小平为全民义务植树运动十周年和全国植树造林表彰动员大会的题词手迹。江泽民的题词是："全党动员，全民动手，植树造林，绿化祖国。"邓小平的题词是："绿化祖国，造福万代。"

3月12日，全国植树造林表彰动员大会在人民大会堂举行。李鹏总理出席大会并讲话，田纪云副总理主持。会议还宣读了中共中央、国务院关于授予广东省"全国荒山造林绿化第一省"称号的决定。

4月7日，党和国家领导人江泽民、杨尚昆、李鹏、万里、乔石、宋平、李瑞环等在北京市丰台区与首都人民一起参加义务植树活动。

7月11日，林业部印发《关于进一步加强林地管理的通知》。

7月29日至8月2日，国务院在兰州市召开全国治沙工作会议。江泽民总书记、李鹏总理向会议致信，田纪云、宋任穷同志为会议题词。国务委员陈俊生主持会议并讲话。

10月16日，世界粮食日。林业部和联合国粮农组织共同在北京举行植树和庆祝活动。联合国粮农组织为表彰中国政府在林业方面取得的成绩，向中国林业部颁发植树造林银质奖。

11月1~2日，林业部在北京召开淮河太湖流域综合治理造林绿化工程会议。

12月14日，国务院批准在东北、内蒙古国有林区组建4个企业集团，分别是：中国龙江森林工业集团公司、中国吉林森林工业集团公司、中国内蒙古大兴安岭森林工业集团公司和大兴安岭林业集团公司。

1992 年

1 月 6～9 日，林业部在北京召开全国林业厅（局）长会议，着重研究进一步深化林业改革、加快林业发展等问题，部署林业改革和建设工作。国务院副总理田纪云出席会议。

2 月 12 日，国务院批准《中华人民共和国陆生野生动物保护实施条例》，同年 3 月 1 日由林业部发布施行。

5 月 13 日，国务院公布新修订的《植物检疫条例》。条例规定国务院农业、林业主管部门主管全国的植物检疫工作。

7 月 31 日，我国加入《关于特别是作为水禽栖息地的国际重要湿地公约》组织。同时，确定黑龙江扎龙自然保护区等 7 个湿地型保护区为国际重要湿地。

9 月 15 日，国务院任命王志宝为林业部副部长。

12 月 21 日，林业部、世界自然基金会共同举行新闻发布会，宣布启动中国保护大熊猫及其栖息地工程。李鹏、田纪云、邹家华、宋健等领导同志为工程启动题词。

1993 年

1 月 5～9 日，林业部在北京召开全国林业厅（局）长会议，提出在建立社会主义市场经济的新形势下，林业工作要做到该放的真正放开，该抓的继续抓紧，该管的坚持管好，要更多地增资源、增活力、增效益，更快地绿起来、活起来、富起来。

2 月 22 日，林业部印发《关于在东北内蒙古国有林区森工企业全面推行林木生产商品化改革的意见》，改革的主要内容是全面推行林价制度，改革营林资金管理体制。

2 月 24 日，国务院决定适当调整农林特产税税率。调整后，原木的农林特产税税率由 8% 降为 7%。对国有林区森工企业，凡上交计划木材和利润任务的，仍暂缓征收。对新开发的荒山、荒地、滩涂、水面从事农林特产生产的，1～3 年给予免税照顾。

2 月 26 日，国务院发出《关于进一步加强造林绿化工作的通知》。

3月18日，中共中央决定徐有芳任林业部党组书记。3月29日，第八届全国人民代表大会常务委员会第一次会议决定，任命徐有芳为林业部部长。

5月13日，林业部发出《关于坚决制止乱砍滥伐、乱捕滥猎和加强林地管理的紧急通知》。

5月27日，林业部、国家国有资产管理局发出《关于加强国有森林资源产权管理的通知》。

5月29日，国务院发出《关于禁止犀牛角和虎骨贸易的通知》。

6月20日，国务院宣布第一批取消中央国家机关各有关部门涉及农民负担的37个集资、基金、收费项目。其中涉及林业的有：取消向农村集体和农民收取林政管理费、林区管理建设费、绿化费；取消预留森林资源更新费。

6月30日，国务院任命祝光耀为林业部副部长。

7月2日，第八届全国人民代表大会常务委员会第二次会议通过《中华人民共和国农业技术推广法》。法律规定国务院农业、林业、畜牧、渔业、水利等行政主管部门按照各自的职责，负责全国范围内有关的农业技术推广工作。

7月24～28日，林业部在北戴河召开全国林业厅局长座谈会。

8月28日，林业部举行新闻发布会，宣布启动太行山绿化工程。该项工程涉及北京、河北、河南、山西4省（直辖市）的110个县（市、区）。

8月30日，林业部发布《林地管理暂行办法》。

9月24～28日，经国务院批准，全国防沙治沙工程建设工作会议在赤峰市召开。江泽民、李鹏同志在致大会的信中，希望沙区广大干部群众，继续发扬艰苦奋斗、坚韧不拔、开拓进取精神，为开创我国防沙治沙工作的新局面而努力奋斗。朱镕基同志打电话对防沙治沙工作提出殷切希望。国务委员陈俊生出席会议并讲话。

12月11日，林业部发布《森林公园管理办法》。

12月14日，林业部举行新闻发布会，宣布第四次全国森林资源清理结果。全国林业用地面积39.43亿亩，森林面积20.06亿亩，活立木总蓄积量117.85亿 m^3，森林蓄积量101.37亿 m^3，森林覆盖率13.92%。

12月20~23日，林业部在长沙市召开全国林业厅（局）长会议，着重研究在建立社会主义市场经济体制过程中进一步深化林业改革、加强林业的基础地位、加快林业发展等问题。

1994 年

1月30日，国务院办公厅印发《林业部职能配置、内设机构和人员编制方案》，规定林业部是国务院主管林业行政的职能部门，负责林业生态环境建设、事业管理和林业产业行业管理，行使林业行政执法职权。林业部设13个职能司（室）和机关党委，部机关行政编制446名。

2月24日，全国绿化委员会、林业部印发《关于在全国开展争创造林绿化千佳村、百佳乡、百佳县、十佳城市活动的实施方案》。

4月12日，国务院任命刘于鹤为林业部副部长。

4月21日，中国邮政发行《沙漠绿化》特种邮票一套4枚，志号为1994 – 4T。这是我国发行的第一套以防沙治沙为主题的专题邮票。

5月16日，国务院办公厅发出《关于加强森林资源保护管理工作的通知》。

7月2日，受国务院委托，林业部部长徐有芳向第八届全国人民代表大会常务委员会第八次会议作关于林业工作情况的报告。

7月26日，林业部发布《植物检疫条例实施细则（林业部分）》。

8月2~6日，林业部在昆明市召开全国林业厅（局）长座谈会，研究讨论林业的总体改革和森林法修改问题。

8月23日，国务院副总理朱镕基主持召开中央农村工作领导

小组第七次会议，听取林业部关于当前林业工作的汇报。

9月2日，国务院第二十四次常务委员会议讨论通过《中华人民共和国自然保护区条例》。

9月23日，中央机构编制委员会办公室批复林业部派驻森林资源监督机构有关问题，核定林业部派驻吉林省、黑龙江省、内蒙古自治区和大兴安岭林业集团公司、四川省、云南省、福建省森林资源监督机构事业编制（全额拨款）125名。

9月28日，中央机构编制委员会批复同意成立林业部南京人民警察学校。

10月9日，国务院颁布《中华人民共和国自然保护区条例》。

11月5日，中共中央批准，李昌鉴任中央纪委驻林业部纪律检查组组长。同日，中央组织部决定，李昌鉴任林业部党组成员。

12月20～25日，林业部在合肥市召开全国林业厅（局）长会议，提出"九五"林业发展的基本思路：建立比较完备的林业生态体系和比较发达的林业产业体系。

12月31日，中央机构编制委员会办公室批复，同意将林业部林木种苗管理总站更名为"林业部国有林场和林木种苗工作总站"，中国林业科学研究院林业经济研究所更名为"林业部经济发展研究中心"。

1995 年

1月10日，林业部发出《关于实行使用林地许可证制度的通知》，决定从1995年起在全国实行使用林地许可证制度，并对使用林地许可证的使用范围、审批单位与权限等作出规定。

4月1日，党和国家领导人江泽民、李鹏、乔石、李瑞环、朱镕基、刘华清、胡锦涛等，在北京参加义务植树。江泽民指出：植树造林关键要坚持全党动员，全民动手，长期不懈地坚持下去，形成风气。各级领导要把造林绿化工作列入重要议事日程，要坚持把领导干部抓造林绿化工作的政绩作为考核干部的重要内容。

4月11日，中央机构编制委员会办公室批复同意成立"林业部宣传中心和林业部信息中心"。

4月17日，国务院任命李育才为林业部副部长。

6月18~27日，江泽民总书记在东北三省考察工作期间，视察牡丹江木工机械厂、白河林业局、长白山自然保护区。

7月24日，中央机构编制委员会办公室批复，同意成立林业部濒危物种进出口管理中心（对外称"中华人民共和国濒危物种进出口管理办公室"）。

8月30日，国家体制改革委、林业部公布《林业经济体制改革总体纲要》。

10月12~14日，林业部在北京召开全国林业科学技术大会。

11月22日，国家计委批复同意林业部编制的《辽河流域综合治理防护林体系建设工程总体规划》、《淮河太湖流域综合治理防护林体系建设工程总体规划》、《珠江流域防护林体系建设工程总体规划》和《黄河中游防护林工程总体规划》。

12月22~27日，林业部在广州市召开全国林业厅（局）长会议。

1996年

1月9日，中共中央组织部任命江泽慧为中共林业部党组成员。

3月12日，国务院总理李鹏为全民义务植树运动15周年题词："大力植树造林，改善生态环境，促进经济发展。"

4月2日，林业部发布《林业系统内部审计工作规定》。

5月8日，林业部发出《关于开展林业分类经营改革试点工作的通知》。

9月13日，林业部发出《关于国有林场深化改革加快发展若干问题的决定》。

9月27日，林业部发布《林业行政执法监督办法》和《林业行政处罚程序规定》。

9月30日，国务院颁布《中华人民共和国野生植物保护条例》。

10 月 3～4 日，全国绿化委员会、林业部在北京召开首届全国花卉工作会议。

10 月 14 日，林业部发布《林木林地权属争议处理办法》。

11 月 13 日，林业部发布《沿海国家特殊保护林带管理规定》。

12 月 11～14 日，林业部在北京召开全国林业厅（局）长会议。

1997 年

1 月 6 日，林业部公布《林业行政执法证件管理办法》。

2 月 16 日，经全国人大常委会批准，我国加入联合国防治荒漠化公约。同时，在林业部设立全国荒漠化防治中心，具体负责执行公约工作。

3 月 20 日，国务院公布《中华人民共和国植物新品种保护条例》。条例规定，国务院农业、林业行政部门按照职责分工共同负责植物新品种权申请的受理和审查并对符合本条例规定的植物新品种授予植物新品种权。

4 月 5 日，党和国家领导人江泽民、李鹏、李瑞环、朱镕基、刘华清、胡锦涛等到北京天坛公园参加首都全民义务植树活动。

4 月 8 日，林业部举行中国荒漠化状况新闻发布会，公布全国荒漠化普查结果。全国荒漠化土地面积 262.2 万 km^2，占国土面积的 27.3%；沙漠、戈壁及沙化土地面积 168.9 万 km^2，占国土面积的 17.6%。

6 月 15 日，林业部发布《林木良种推广使用管理办法》。

7 月 4 日，中共中央决定，徐有芳任黑龙江省省委委员、常委、书记，不再担任林业部党组书记职务；陈耀邦任林业部党组书记。

8 月 3～10 日，林业部党组在北戴河召开党组扩大会议，研究讨论面向 21 世纪的林业建设方针、指导思想、目标任务、政策措施等问题。国务院副总理姜春云到会作重要指示。

8 月 5 日，中共中央总书记江泽民在国务院副总理姜春云《关于陕北地区治理水土流失建设生态农业的调查报告》上作出长篇重要批示，强调要大抓植树造林，绿化荒漠，治理水土流失，再造山川秀美的西北地区。8月12日，国务院总理李鹏作出长篇重要批示，强调要切实加强植树种草，治理水土流失，并争取15年初见成效，30年大见成效。

8月29日，全国人民代表大会常务委员会第二十七次会议决定，任命陈耀邦为林业部部长。

9月19日，林业部部长陈耀邦当选为中国共产党第十五届中央委员。

11月6日，《成立国际竹藤组织的协定》签字仪式在北京举行。李鹏总理、钱其琛副总理出席签字仪式。孟加拉国、加拿大、中国、印度尼西亚、缅甸、尼泊尔、菲律宾、秘鲁、坦桑尼亚等9个发起国的政府代表在《成立国际竹藤组织的协定》上签字。荷兰、意大利、日本、韩国、巴基斯坦、泰国等6个观察员国家代表及国际竹藤组织首届理事会成员、董事会成员和国际农发基金会、加拿大国际发展研究中心官员等见证。

11月7日，国际竹藤组织成立大会在北京举行。姜春云副总理代表中国政府致词，全国人大常委会副委员长雷洁琼、全国政协副主席万国权出席。林业部副部长王志宝当选为国际竹藤组织理事会主席，中国林业科学研究院院长江泽慧当选为国际竹藤组织董事会联合主席。

1998 年

1月1日，《中国林业报》更名为《中国绿色时报》，江泽民题写报名。

1月13日，经中央机构编制委员会办公室批准，林业部成立防治荒漠化管理中心，为林业部直属的行使行政管理职能的事业单位。

1月27日，全国绿化委员会、林业部、交通部、铁道部发出《关于在全国范围内大力开展绿色通道工程建设的通知》。

2月18日，林业部印发《森林病虫害工程治理管理暂行办法》。

3月10日，第九届全国人民代表大会第一次会议通过国务院机构改革方案。林业部改为国家林业局，为国务院直属机构。

3月20日，中央批准国家林业局成立党组，王志宝任党组书记。

3月23日，中央组织部同意李育才任国家林业局党组副书记，李昌鉴、江泽慧任党组成员。

3月25日，国家林业局领导班子宣布会在北京召开。国务院副总理温家宝出席并讲话。中央组织部副部长张柏林宣布国家林业局领导班子组成名单：王志宝任国家林业局局长、党组书记，李育才任副局长、党组副书记，李昌鉴任副局长、党组成员，江泽慧任党组成员。

3月29日，国务院发出《关于议事协调机构和临时机构设置的通知》，明确保留全国绿化委员会，具体工作由国家林业局承担。

3月30日，国务院召开全国森林防火工作电视电话会议。国务院副总理温家宝出席会议并讲话。

4月2日，国务院副总理温家宝在黑龙江省考察林业工作时指出，各级党委和政府要从促进国民经济和可持续发展的战略高度出发，一如既往地重视和加强林业工作。

4月4日，党和国家领导人江泽民、李鹏、李瑞环、胡锦涛、李岚清等到北京玉渊潭公园参加首都全民义务植树活动。

4月5日，国务院任命王志宝为国家林业局局长。

4月9日，国家林业局在北京召开全国林业厅(局)长座谈会。同日，国务院任命李育才、李昌鉴为国家林业局副局长。

4月29日，第九届全国人民代表大会常务委员会第二次会议审议并通过《全国人民代表大会常务委员会关于修改〈中华人民共和国森林法〉的决定》，并于同日由国家主席江泽民签署第三号主席令予以公布。同时，还公布了根据该决定修正的《中华人民共和国森林法》。

6月3日，国家林业局局长王志宝代表中国政府，与国际竹藤组织董事会主席高登·史密斯、董事会联合主席江泽慧签署

《国际竹藤组织东道国协定》。

6月23日，国务院办公厅印发《国家林业局职能设置、内设机构和人员编制规定》，规定国家林业局是主管林业工作的国务院直属机构，设11个内设机构，包括办公室、植树造林司、森林资源管理司、野生动植物保护司、森林公安局（森林防火办公室、武装森林警察办公室）、政策法规司、发展计划与资金管理司、科学技术司、国际合作司、人事教育司和机关党委。机关行政编制200名。

7月31日，中国政府授权代表在华盛顿与世界银行签订"危困地区林业发展项目"临时基金开发信贷协定和贷款协定。

8月5日，国务院发出《关于保护森林资源制止毁林开垦和乱占林地的通知》。

8月18日，朱镕基总理主持召开国务院总理办公会议，提出我国根治水患的三十二字综合治理措施："封山育林，退耕还林，退田还湖，平垸泄洪，以工代赈，移民建镇，加固堤坝，疏浚河道。"朱镕基强调，要把林业生态建设放在首位，全面停止长江、黄河流域天然林采伐，实施天然林资源保护。

8月23日，天然林资源保护工程在四川省启动。四川省委、省政府决定从1998年9月1日起，阿坝、甘孜、凉山三州，攀枝花、乐山两市和雅安地区，计57个县460万 hm^2 的原始森林全面停止采伐，实行长年管护。9月29日，四川省政府决定，从1998年10月1日起，四川省范围内所有天然林一律停止采伐。

8月31日，国务院总理朱镕基在东北洪涝灾区考察灾后重建工作时，在哈尔滨郊区会见林业老劳模马永顺。朱镕基指出，要下最大的决心，封山植树，退耕还林，恢复植被，保护生态。并号召学习马永顺生命不息、造林不止的精神，大搞植树造林，绿化祖国，为子孙后代留下一个青山绿水的锦绣河山。

9月3日，云南省委、省政府发出《关于全面停止金沙江流域和西双版纳州天然林采伐的紧急通知》，决定从1998年10月1日起全面停止金沙江流域和西双版纳州73个县的天然林采伐，并同时启动实施天然林资源保护工程。

9月22日，山西省政府决定，山西省所有天然林，不论是国有、集体、还是部门、个人所属，一律停止采伐，实行保护措施。

9月30日，甘肃省委、省政府决定，从1998年10月1日起，在白龙江、洮河、小陇山等10个国有天然林区，全面停止采伐，并关闭林区及林缘地区的所有木材市场。

10月20日，最高人民法院、最高人民检察院、国家林业局、公安部、监察部发出《关于开展严厉打击破坏森林资源违法犯罪活动专项斗争的通知》。

10月28日，国家林业局在北京召开全国林业厅（局）长座谈会。

11月3日，国务院第二十四次总理办公会议决定，调整武警森林部队领导管理体制，实行武警总部和国家林业局双重领导体制，由武警总部对武警森林部队的军事、政治、后勤工作实施统一领导，国家林业局负责部队业务工作。成立武警森林部队指挥部。武警森林部队的森林防火业务工作实行中央和地方双重领导。

11月9日，青海省政府发布通告，青海省范围内停止一切天然林采伐。

1999 年

1月18日，共青团中央、全国绿化委员会、国家林业局、中国青少年发展基金会决定，在全国范围内开展以保护黄河、长江等我国主要江河流域生态环境为主要内容的"保护母亲河行动"。

2月2~5日，国家林业局在北京召开全国林业厅（局）长会议，提出新形势下林业发展的思路：遵循现代林业的思想，按照建立比较完备的林业生态体系和比较发达的林业产业体系的目标，大力推进和深化林业分类经营改革，以此为突破口来促进整个林业的改革和发展。

2月5日，国务院、中央军委发出《关于调整武警黄金、森林、水电、交通部队领导管理体制及有关问题的通知》，明确森

8月10日，国家林业局发布《中华人民共和国植物新品种保护条例实施细则(林业部分)》。

8月12~16日，国务院总理朱镕基在云南省考察工作时强调，保护天然林是改善生态环境，实施可持续发展战略的重大举措，必须以更坚定的决心，更严格的要求，更有力的措施，切实抓紧抓好。

8月25日，朱镕基总理主持召开国务院第四十六次总理办公会议，听取国家林业局关于重点地区天然林资源保护工程实施方案的汇报。

9月6~10日，国际朱鹮保护研讨会在汉中市召开。大会通过关于共同拯救世界珍禽朱鹮的《汉中宣言》。

9月6~12日，国务院总理朱镕基在四川省考察工作时指出，实施天然林保护工程，加强生态环境建设，是贯彻执行可持续发展战略的重大部署。要下决心在长江、黄河上中游地区恢复植被、绿化荒山、保持水土、保护生态，力争五年初见成效、十年大见成效。

9月9日，经国务院批准，国家林业局、农业部共同发布《国家重点保护野生植物名录(第一批)》。

9月15~16日，国家林业局在北京召开全国林业技术创新工作会议，研究讨论国家林业局科技创新体系建设方案，部署林业科技创新工作。

10月12日，国家林业局印发《关于进一步加强林业宣传工作有关问题的决定》。

12月16~18日，全国野生动植物管理工作会议在北京召开。

2000 年

1月29日，国务院公布《中华人民共和国森林法实施条例》。

2月2日，国家林业局发布《中华人民共和国植物新品种保护名录(林业部分)(第二批)》。

2月12日，国务院办公厅转发《教育部等部门关于调整国务院部门(单位)所属学校管理体制和布局结构实施意见的通知》，对国家林业局所属学校的管理体制作出如下调整：北京林业大学、东北林业大学划转教育部管理；南京林业大学、中南林学院和西南林学院划转所在省实行中央与地方共建，以地方管理为主；白城林业学校、宁波林业学校划转所在省管理。国家林业局南京人民警察学校、北京林业管理干部学院继续由国家林业局管理，其中北京林业管理干部学院改为部门培训机构。

2月19~20日，国家林业局在杭州市召开全国林业厅（局）长会议。

3月9日，国家林业局、国家计委、财政部印发《关于开展2000年长江上游、黄河上中游地区退耕还林（草）试点示范工作的通知》。

3月13日，国家林业局发布《林业工作站管理办法》。

3月22日，国家林业局印发《关于重点林业工程资金稽查工作的暂行规定》。

3月24日，国家林业局印发《长江上游、黄河上中游地区2000年退耕还林（草）试点示范科技支撑实施方案》。

3月27日，国务院召开全国森林防火工作电视电话会议。国务院副总理温家宝出席会议并讲话。

3月31日，国务院总理办公会听取国务院法制办公室关于建立森林生态效益补偿基金问题的报告，对建立森林生态效益补偿基金的进一步协调工作提出意见。

4月1日，党和国家领导人江泽民、朱镕基、李瑞环、胡锦涛、尉健行、李岚清等在北京中华世纪坛参加首都义务植树活动。

4月4日，中央机构编制委员会办公室批准国家林业局成立"国际竹藤网络中心"。

4月10日，中国成为湿地国际第57个国家会员。经国务院批准，提名国家林业局野生动植物保护司司长张建龙、林业国际交流中心常务副主任金普春为湿地国际国家会员的中国代表，得到湿地国际的确认。

4月12日，全国林木种苗工作会议在南宁市召开。

4月15～22日，中国林业代表团与美国农业部在华盛顿签署《中华人民共和国国家林业局和美国农业部关于林业合作谅解备忘录》。

5月12～14日，国务院总理朱镕基在河北、内蒙古考察防沙治沙工作，指出：我国土地沙化形势十分严峻，必须把防沙治沙、加强生态环境建设作为一项重大而紧迫的任务抓紧抓好。

5月17日，国务院总理朱镕基听取国务院办公厅举办的防沙治沙科技知识讲座，指出：改善我国生态环境，特别是防沙治沙问题，迫在眉睫，要抓紧决策，制定一个科学的方案，不要再拖。

6月13日，国家林业局举行新闻发布会，公布第五次全国森林资源清查结果。全国林业用地面积26329.5万 hm^2，森林面积15894.1万 hm^2，森林覆盖率16.55%，活立木蓄积量124.9亿 m^3，森林蓄积量112.7亿 m^3。

6月19～21日，全国营造林工作会议在北京召开。

6月21日，经国务院同意，国家林业局、国家计委、财政部印发《关于在湖南、河北、吉林和黑龙江省开展退耕还林（草）试点示范工作的请示》的通知，增补湖南、河北、吉林和黑龙江4省计14个县（市）为退耕还林（草）试点县。

7月8日，第九届全国人民代表大会常务委员会第十六次会议审议通过《中华人民共和国种子法》。国家主席江泽民签署第34号主席令予以公布。法律规定国务院农业、林业行政主管部门分别主管全国农作物种子和林木种子工作。

7月19日，国家计划委员会、财政部印发《关于野生动植物进出口管理费收费标准的通知》，调低野生植物和人工繁殖、培植野生动植物出口收费标准，同时对进口野生动植物实行收费制度。

7月26日，中西部地区退耕还林还草试点工作座谈会在北京召开。国务院总理朱镕基在会上强调，既要充分认识退耕还林还草工作的重要性、紧迫性，又要清醒地看到这项工作的复杂性和艰巨性，必须进一步加强领导，认真落实各项政策，完善具体办法，切实注重实效，积极稳妥、健康有序地搞好试点和示范工作。

8月1日，国家林业局发布《国家保护的有益的或者有重要经济、科学研究价值的陆生野生动物名录》。包括兽纲、鸟纲、两栖纲、爬行纲和昆虫纲5纲46目177科1591种陆生野生动物被列入保护名录。

8月4～8日，国家林业局党组在北戴河召开党组扩大会议，着重研究林业改革和发展的有关重大问题。

9月10日，国务院印发《关于进一步做好退耕还林还草试点工作的若干意见》。

9月11日，国家林业局颁布《中国湿地行动计划》。

9月12～14日，全国森林公安和森林防火工作会议在南昌市召开。

10月11日，国务院发出《关于进一步推进全国绿色通道建设的通知》。

11月3日，中国政府和俄罗斯联邦政府在北京签订《关于共同开发森林资源合作的协定》。

11月9日，中共中央批准，周生贤任国家林业局党组书记、局长和中央农村工作领导小组成员。12月2日，国务院决定任命周生贤为国家林业局局长。

11月17日，最高人民法院公布《关于审理破坏森林资源刑事案件具体应用法律若干问题的解释》和《关于审理破坏野生动物资源刑事案件具体应用法律若干问题的解释》。

12月1日，国家林业局、国家计委、财政部、劳动和社会保障部印发《长江上游、黄河上中游地区天然林资源保护工程实施方案》和《东北、内蒙古等重点国有林区天然林资源保护工程实施方案》。

12月5日，国家林业局发布《公益林与商品林分类技术指标》（林业行业标准）。

12月6～8日，天然林资源保护工程工作会议在北京召开。

12月20日，中央机构编制委员会办公室同意成立"国家林业局科技发展中心（国家林业局植物新品种保护办公室）"。

12月25日，中央军委决定周生贤兼任武警森林指挥部第一政治委员。

12月27日，中央机构编制委员会办公室同意成立"国家林业局对外合作项目中心"。

12月31日，国家林业局发布《林木和林地权属登记管理办法》。

第四节　2001—2010 年

2001 年

1月3日，国务院批转《国家林业局关于各省、自治区、直辖市"十五"期间年森林采伐限额审核意见报告》，批准各省、自治区、直辖市"十五"期间年森林采伐限额。

1月4日，国家林业局公布《占用征用林地审核审批管理办法》。

1月10日，武警总部宣布国务院、中央军委命令，国家林业局局长、党组书记周生贤兼武警森林指挥部第一政委。同时，武警总部党委决定周生贤兼武警森林指挥部党委第一书记。

1月11～12日，全国林木种苗建设工作会议在北京召开。

2月7日，国家计委、财政部、国家林业局印发《关于加快造纸工业原料林基地建设的若干意见》。

2月10日，中共中央组织部决定雷加富任国家林业局党组成员。2月26日，国务院任命雷加富为国家林业局副局长。

2月15日，国家出入境检验检疫局、海关总署、国家林业局、农业部、外经贸部发出通知，要求严格原木检疫措施，防止林木有害生物随进口原木传入。

2月15～17日，国家林业局在北京召开全国林业厅（局）长会议，提出林业必须走跨越式发展、以大工程带动大发展之路。

2月20日，教育部、国家林业局决定共建北京林业大学、东北林业大学两所林业大学。

3月13日，国家林业局印发《国家公益林认定办法(暂行)》。

4月1日，党和国家领导人江泽民、李鹏、朱镕基、李瑞环、胡锦涛、尉健行、李岚清等到北京奥林匹克公园参加义务植树活动。

4月3日，国务院在北京召开全国造林绿化表彰动员大会。国务院总理朱镕基、国务院副总理温家宝出席会议并讲话。283个全国绿化先进集体和273位全国绿化劳动模范和先进工作者受到表彰。

4月12~15日，国务院副总理温家宝到内蒙古考察林业工作，并出席国务院在内蒙古海拉尔市召开的重点省区春季森林防火工作现场会议。考察期间，温家宝指出：林业是生态建设的主体，是经济社会可持续发展的基础，在新的形势下，林业要实现由采伐为主到造林护林为主的重大转变，下大力气切实抓好、建设好六大林业工程，带动林业全面发展。

4月16日，国家林业局、公安部印发《森林和陆生野生动物刑事案件管辖及立案标准》。

4月17日，国家林业局印发《国家林业局立法工作管理规定》。

4月29日，财政部、国家税务总局印发《关于"三剩物"和次小薪材为原料生产加工的综合利用产品增值税优惠政策的通知》，明确"十五"期间对企业以"三剩物"和次小薪材为原料生产加工的综合利用产品，在2005年底前由税务部门实行增值税即征即退办法。

5月8日，国家林业局印发《天然林资源保护工程管理办法》和《天然林资源保护工程核查验收办法》。

5月14~18日，《中华人民共和国国家林业局与新西兰农林部关于林业合作的谅解备忘录》在新西兰续签。

6月1日，国家林业局发布《中华人民共和国主要林木目录(第一批)》。

6月14~15日，全国林业科学技术大会在北京召开。国务院副总理温家宝出席会议并讲话。

6月16日，国务院办公厅批准新建内蒙古大黑山等16处国家级自然保护区。

同日，国家林业局在北京召开全国林业厅（局）长座谈会，明确了推进林业跨越式发展必须强化"严管林、慎用钱、质为先"三项工作的基本思路。

7月23日，国家林业局在安徽省召开全国松材线虫病防治工作会议。

7月30日，经国务院批准，财政部、国家税务总局印发《关于"十五"期间进口种子（苗）、种畜（禽）、鱼种（苗）和非盈利性种用野生动植物种源税收问题的通知》，明确在2005年底以前对进口种子（苗）、种畜（禽）、鱼种（苗）和非盈利性种用野生动植物种源免征进口环节增值税。

8月20日，国家林业局印发《关于加强野生动物外来物种管理的通知》。

8月28日，中央机构编制委员会办公室批复国家林业局成立"全国木材行业管理办公室"，负责指导全国木材行业和国务院确定的重点国有林区管理工作。

8月31日，第九届全国人民代表大会常务委员会第二十三次会议审议通过《中华人民共和国防沙治沙法》。同日，中华人民共和国主席令第55号公布。法律规定国务院林业行政主管部门负责组织、协调、指导全国防沙治沙工作。

9月19日，国家林业局在拉萨市召开全国林业援藏工作会议。

9月24日，国家林业局印发《关于造林质量事故行政责任追究制度的规定》。

10月21日，国家林业局印发《全国林业发展第十个五年计划》。

10月29日，科技部、财政部、中央编办批复国家林业局所属科研机构分类改革总体方案，原则同意国家林业局报送的科技体制改革方案。

11月1日，经国务院批准，财政部、国家税务总局印发《关于林业税收问题的通知》，明确对森林抚育、低产林改造及更新采伐过程中生产的次加工材、小径材、薪材，经省级人民政府批准，可以免征或者减征农业特产税；对包括国有企事业单位在内的所有企事业单位种植林木、林木种子和苗木作物以及从事林木产品初加工取得的所得暂免征收企业所得税。

11月7日，国家林业局在四川眉山市召开全国森林公园工作会议。

11月12日，中共中央组织部决定祝列克任国家林业局党组成员。11月21日，国务院任命祝列克为国家林业局副局长。

11月17日，《中国国家林业局与荷兰农业、自然及渔业部关于加强两国林业合作的会谈纪要》在北京签署。

11月20日，全国森林生态效益补助资金试点工作启动，试点范围包括河北、辽宁、黑龙江、山东、浙江、安徽、江西、福建、湖南、广西、新疆等11个省（自治区）的685个县（单位）和24个国家级自然保护区，涉及重点防护林和特种用途林2亿亩，每亩补助5元。

11月26日，国家林业局与韩国国际协力团在北京签署《中韩合作中国西部5省造林项目实施协议会谈纪要》。

11月27日，国家林业局、铁道部、交通部、国家民航总局、国家邮政局印发《关于国内托运、邮寄森林植物及其产品实施检疫的联合通知》，明确对国内托运、邮寄森林植物及其产品实施检疫制度。

11月28日，国家林业局印发《关于当前环北京地区防沙治沙工程急需抓好的几项工作的通知》，明确在环北京地区防沙治沙工程项目区全面实行禁牧、禁樵、禁垦。

11月29日，国家林业局致函美国内政部鱼和野生动物局，确认《美利坚合众国内政部和中华人民共和国林业部关于自然保护交流与合作议定书》再次延长5年，有效期至2006年11月19日。

12月14日，财政部、国家税务总局印发《关于对采伐国有林区原木的企业减免农业特产税问题的通知》，明确对采伐国有林区原木的企业，生产环节与收购环节减按 10% 的税率合并计算征收农业特产税；对东北、内蒙古国有林区原木的企业暂减按 5% 的税率征收农业特产税，对小径材免征农业特产税，对生产销售薪材、次加工材发生亏损的，报经省、自治区农业税征收机关批准后，可免征农业特产税。

12 月 16 日，国家林业局印发《关于违反森林资源管理规定造成森林资源破坏的责任追究制度的规定》和《关于破坏森林资源重大行政案件报告制度的规定》。

12 月 26 日，国家林业局、外经贸部、海关总署印发《进口原木加工锯材出口试点管理办法》。

2002 年

1 月 18 日，国务院副总理温家宝在中南海主持召开会议，审定《中国可持续发展林业战略研究总论》。

1 月 23 ~ 24 日，国家林业局在北京召开全国林业厅(局)长会议。

1 月 28 日，国家林业局发布第二次全国荒漠化和沙化土地监测结果。到 1999 年年底，全国有荒漠化土地 267.4 万 km^2、沙化土地 174.31 万 km^2。

3 月 3 日，国务院批准《京津风沙源治理工程规划》。

3 月 5 日，《中华人民共和国国家林业局和斐济群岛共和国渔业林业部关于林业合作的谅解备忘录》在北京签署，有效期 5 年，之后自动延 5 年，并依此法顺延。

3 月 12 日，全国绿化委员会印发《关于进一步推进全民义务植树运动加快国土绿化进程的意见》。

3 月 27 ~ 28 日，江泽民总书记在陕西省榆林地区和延安市考察防沙治沙及生态建设时指出：生态环境建设不仅关系到西部地区的发展和人民生活的改善，也关系到整个中华民族的生存和发展环境，一定要坚持不懈地抓好。只要一代一代人坚持不懈地努力，西部的生态环境一定能够得到根本改善。

3月29日至4月2日，国务院总理朱镕基在山西考察工作时指出：加快退耕还林步伐，是调整农业结构、加强生态建设的重大举措，也是当前增加农民收入最直接、最有效的办法，更是贫困山区脱贫致富的根本途径。加快退耕还林步伐，要认真总结各地试点经验，进一步完善政策，落实配套措施，妥善解决新问题。

4月1日，江泽民总书记在六省区西部大开发工作座谈会上强调，要认真搞好天然林保护、防沙治沙和退耕还林等重点工程，注意把退耕还林还草与农田基本建设、农村能源、生态移民、农牧业结构调整结合起来。

4月6日，党和国家领导人江泽民、朱镕基、李瑞环、胡锦涛、尉健行、李岚清在北京朝来森林公园参加首都义务植树活动。

4月11日，国务院印发《关于进一步完善退耕还林政策措施的若干意见》。

4月12日，国务院办公厅印发《关于进一步加强松材线虫病预防和除治工作的通知》。

4月17日，国家林业局印发《造林质量管理暂行办法》和《林木种苗质量监督抽查暂行规定》。

4月23日，国家计划委员会、国家林业局、农业部、水利部印发《京津风沙源工程建设管理办法》。

6月3日，《中华人民共和国国家林业局与希腊共和国农业部关于林业合作的协议》在北京签署，有效期5年，之后自动延5年。

6月13日，中美林业合作联合工作组在北京召开第一次会议。

6月16日，联合国防治荒漠化公约秘书长迪亚洛先生签署证书，授予中国国家林业局局长周生贤"防治荒漠化杰出贡献奖"。

6月25日，全国政协主席李瑞环出席政协九届常委会第十八次会议，听取国家林业局关于防沙治沙工作有关情况的汇报。全国政协副主席叶选平主持会议。

7月2日，国务院批准新建河北泥河湾等17处国家级自然保护区，其中属林业系统管理的13处。

7月4日，国家计划委员会批复实施《重点地区速生丰产用材林基地建设工程规划》。

7月31日至8月1日，国家林业局在北戴河召开全国林业厅局长座谈会。

8月16日，中国政府批准中国野生动物保护协会与奥地利美泉宫动物园开展大熊猫合作繁殖研究，并向奥方提供一对大熊猫。

8月22日，国家林业局印发《关于调整人工用材林采伐管理政策的通知》。

8月29日，第九届全国人民代表大会常务委员会第二十九次会议审议通过《中华人民共和国农村土地承包法》，同日中华人民共和国主席令第73号公布。法律规定国务院农业、林业行政主管部门分别依照国务院规定的职责负责全国农村土地承包及承包合同管理的指导。

8月30日，《中华人民共和国国家林业局与大不列颠及北爱尔兰联合王国林业委员会关于林业合作的谅解备忘录》在英国伦敦签署，有效期5年，之后自动延5年。

9月4日，中国政府批准中国野生动物保护协会与泰国清迈动物园开展大熊猫合作繁殖研究，并向泰方提供一对大熊猫。

9月19日，中国政府批准中国野生动物保护协会与美国孟菲斯动物园开展大熊猫合作繁殖研究，并向美方提供一对大熊猫。

9月24日，《中华人民共和国国家林业局和奥地利共和国联邦农林、环境及水资源管理部关于林业合作的谅解备忘录》在奥地利维也纳续签，有效期5年。

9月28日，国务院副总理温家宝在中南海主持召开会议，听取中国可持续发展林业战略研究项目阶段性成果汇报。温家宝指出：林业是经济和社会可持续发展的重要基础，是生态建设最根本、最长期的措施。在可持续发展中，应该赋予林业以重要地位；在生态建设中，应该赋予林业以首要地位。

10 月 8 日，中央机构编制委员会办公室印发《关于国家林业局向重点林区增派及调整森林资源监督机构的批复》。同意国家林业局新增派驻郑州、西安、武汉、贵阳、海口、合肥、乌鲁木齐 7 个森林资源监督专员办事处。对原派驻吉林、四川、福建森林资源监督专员办事处予以更名，并调整监督范围。

10 月 12 日，经中央机构编制委员会办公室批准，国家林业局决定在原森林火灾预报信息中心的基础上成立"国家林业局森林防火预警监测信息中心"。

10 月 16 日，治沙英雄石光银获联合国粮农组织（FAO）颁发的杰出林农奖。

10 月 25 日，财政部、国家林业局印发《森林植被恢复费征收使用管理暂行办法》。

10 月 26 日，第九届全国人大常委会第三十次会议召开全体会议，听取国务院关于林业工作情况的报告。李鹏委员长出席，周光召副委员长主持会议。受国务院委托，国家林业局局长周生贤作关于林业工作情况的报告。

11 月 2 日，国家林业局发布《林业行政处罚听证规则》和《林木种子生产、经营许可证管理办法》。

11 月 11 日，财政部印发《林业治沙贷款财政贴息资金管理规定》。

12 月 2 日，国家林业局发布《中华人民共和国植物新品种保护名录（林业部分）（第三批）》。

12 月 14 日，国务院公布《退耕还林条例》。

12 月 18 日，《中华人民共和国政府和印度尼西亚共和国政府关于合作打击非法林产品贸易的谅解备忘录》在北京签署。

2003 年

1 月 3 日，国家林业局印发《关于进一步加强京津风沙源治理工程区宜林荒山荒地造林的若干意见》。

1 月 6 日，在国家主席江泽民与斯洛伐克总统舒斯特的见证下，《中华人民共和国国家林业局和斯洛伐克共和国农业部关于在造林领域合作的议定书》在北京签署。

1月24日，经国务院批准，内蒙古自治区额济纳胡杨林、青海省三江源等9处自然保护区晋升为国家级自然保护区，其中属林业系统管理的7处。

2月17～27日，中国林业代表团访问埃及和南非期间分别签署《中华人民共和国国家林业局与阿拉伯埃及共和国农业和农垦部关于林业合作的谅解备忘录》、《中华人民共和国国家林业局和南非共和国水利林业部林业技术合作意向书》。

2月21日，国家林业局发布调整《国家重点保护野生动物名录》。

4月5日，党和国家领导人胡锦涛、江泽民、吴邦国、温家宝、贾庆林、曾庆红、黄菊、吴官正、李长春、罗干在北京奥林匹克森林公园参加义务植树活动。胡锦涛指出："植树造林，绿化祖国，加强生态建设，是一件利国利民的大事。我们要一年一年、一代一代坚持干下去，让祖国的山川更加秀美，使我们的国家走上生产发展、生活富裕、生态良好的文明发展道路。"

4月30日，经国务院批准，国家林业局、财政部、中国人民银行印发《关于做好天然林资源保护工程区森工企业金融机构债务处理工作有关问题的通知》。

5月6日，联合国经济及社会理事会组织会议批准中国绿化基金会获得"联合国经济及社会理事会特别咨商地位"。

5月30日，国家林业局印发《引进林木种子苗木及其它繁殖材料检疫审批和监管规定》。

6月25日，中共中央、国务院颁发《关于加快林业发展的决定》。

6月26日，经国务院批准，河北衡水湖等29处自然保护区晋升为国家级自然保护区，其中由林业系统管理的23处。

7月9日，国家林业局、最高人民检察院等12个部门印发《关于适应形势需要做好严禁违法猎捕和经营野生动物工作的通知》。

7月14日，国家林业局发布《主要林木品种审定办法》。

7月15日，经国务院批准同意，国家林业局、商务部、国家海关总署在内蒙古、新疆增设进口原木加工锯材出口试点。

7月21日，国家林业局发布《林业标准化管理办法》。

7月29~31日，国家林业局在北京召开全国林业厅（局）长座谈会。

8月12日，国家林业局颁布《主要林木品种审定办法》。

8月21日，最高人民法院、最高人民检察院发布《关于执行〈中华人民共和国刑法〉确定罪名的补充规定（二）》，公布7项新确立的罪名，其中有3项新罪名与林业相关。

8月21日，国家林业局印发《退耕还林工程建设监理规定（试行）》。

9月25日，中共中央组织部决定赵学敏、张建龙同志任国家林业局党组成员。10月9日，国务院任命赵学敏（副部长级）、张建龙同志任国家林业局副局长。

9月27~28日，国务院在北京召开全国林业工作会议。国务院总理温家宝出席会议并讲话，国务院副总理回良玉作题为《加强林业建设，再造秀美山川，实现林业的跨越式发展》的报告。温家宝、回良玉、华建敏等领导同志还为全国林业系统先进集体和劳动模范、先进工作者代表颁发奖牌和奖章。

10月10~12日，国家林业局在山东省召开全国森林资源林政管理工作会议。

11月6日，中央机构编制委员会办公室批准成立"国家林业局森林资源监督管理办公室"。

12月18日，国家林业局、公安部印发《关于加强森林公安队伍建设的意见》。

12月23日，国家林业局印发《全国荒漠化和沙化监测管理办法（试行）》。

12月30日，国家林业局印发《关于完善人工商品林采伐管理的意见》。

2004 年

1月13日，国家林业局印发《关于严格天然林采伐管理的意见》。

2月25日，国家林业局与国家开发银行在北京签订开发性金融合作协议和境外林业开发合作协议。

3月20日，国务院发出印发《关于坚决制止占用基本农田进行植树等行为的紧急通知》。

4月3日，党和国家领导人胡锦涛、江泽民、吴邦国、温家宝、贾庆林、曾庆红、黄菊、吴官正、李长春、罗干等在北京朝阳公园参加首都义务植树活动。

4月11日，国家林业局发布《国家林业局关于废止部分部门规章和部分规范性文件的决定》。

4月15日，国务院办公厅印发《关于进一步加强森林防火工作的通知》。

4月16日，国务院办公厅发出《关于完善退耕还林粮食补助办法的通知》。

5月21日，国家林业局召开东北、内蒙古重点国有林区森林资源管理体制改革试点工作会议。决定选择6个森工企业局开展森林资源管理体制试点，组建国有林管理机构，实现国有森林管理权与经营权彻底分开。

5月26日，国家林业局、财政部印发《重点公益林区划界定办法》。

6月8日，国务院办公厅印发《关于加强湿地保护管理的通知》。

6月10日，国务院新闻办公室举行新闻发布会，公布第三次全国大熊猫调查、首次全国性野生动植物调查和首次全国性湿地调查结果及资源保护情况。

6月24日，国家林业局与新疆维吾尔自治区党委、新疆维吾尔自治区人民政府在乌鲁木齐市召开林业援疆工作座谈会，启动林业援疆计划。

6月28日，国家林业局召开全国湿地保护管理工作会议。

7月1日，国家林业局发布《营利性治沙管理办法》。

7月26日，国家林业局公布32项林业行政许可名称、实施机关、承办机构、依据、条件、程序、期限、收费标准及其依据等。

7月29日，《中华人民共和国国家林业局和莱索托王国林业和土地开发部关于林业合作的谅解备忘录》在北京签署，有效期5年，之后自动延5年，并依此法顺延。

9月8日，国家林业局在北京召开全国依法治林工作会议。

10月8日，《中华人民共和国国家林业局和美利坚合众国农业部关于共建中国园的谅解备忘录》在华盛顿签署，有效期5年或至中国园建成为止。

10月14日，国家林业局发布《中华人民共和国植物新品种保护名录（林业部分）（第四批）》。

10月25日，《中华人民共和国国家林业局和瑞典国家林业局关于林业合作的谅解备忘录》（英文协议）在斯德哥尔摩签署，有效期5年，之后自动延5年，并依此法顺延。

11月5日，国家林业局印发《全国推进依法治林实施纲要》。

11月18日，国家林业局、贵州省人民政府、经济日报社主办的首届中国城市森林论坛在贵阳市召开。全国政协主席贾庆林为论坛作出批示，全国人大常委会副委员长许嘉璐致信祝贺，全国政协副主席张思卿出席论坛并讲话。贵阳市被授予"国家森林城市"称号。

同日，《中华人民共和国国家林业局与阿曼苏丹国地方城镇、环境和水资源部的合作备忘录》在北京签署。

11月22~24日，首届林业科技重奖颁奖大会暨全国林业人才工作会议在北京召开。国务院副总理回良玉出席会议，向获得重奖的个人和集体代表颁奖并讲话。

11月29日，国家林业局印发《全国林业产业发展规划纲要》。

12月10日，财政部、国家林业局印发《中央森林生态效益补偿基金管理办法》。

12月23日，国家林业局在北京召开全国林业自然保护区建设管理工作会议。

同日，国家林业局、卫生部、国家工商行政管理总局、国家食品药品监督管理局、国家中医药管理局印发《关于进一步加强麝、熊资源保护及其产品入药管理的通知》。

同日，《中华人民共和国国家林业局与意大利环境和国土资源部关于在里约公约协同和可持续发展领域的合作备忘录》（仅签英文协议）邮寄签署，有效期5年，之后自动延5年。

2005 年

1月18日，国务院新闻办公室召开新闻发布会，公布第六次全国森林资源清查结果。全国森林面积17490.92万 hm^2，森林覆盖率18.21%，活立木总蓄积量136.18亿 m^3，森林蓄积量124.56亿 m^3。

1月19~20日，国家林业局在北京召开全国林业厅（局）长会议，并对林业形势作出"生态建设正处在治理与破坏相持的关键阶段"的基本判断。

3月29日，最高人民法院公布《关于审理涉及农村土地承包纠纷案件适用法律问题的解释》。

4月2日，党和国家领导人胡锦涛、吴邦国、贾庆林、曾庆红、黄菊、吴官正、罗干等在北京奥林匹克森林公园参加首都义务植树活动。

4月4日，《中国国家林业局与国际林业研究中心合作谅解备忘录》在北京签署。

4月8日，中央编制委员会办公室印发《关于增加国家林业局森林公安局直属机动队专项行政编制的批复》，同意成立"国家林业局森林公安局直属机动队"，专项行政编制4名。

4月17日，国务院办公厅印发《关于切实搞好"五个结合"进一步巩固退耕还林成果的通知》。

5月17日，国家林业局印发《关于停止施行林木种子生产经营许可证年检制度的通知》。

5月23日，国家林业局发布《突发林业有害生物事件处置办法》。

5月25日，财政部、国家林业局印发《林业有害生物防治补助费管理办法》。

6月1日，《中华人民共和国国家林业局与斯洛伐克经济部关于林业合作的谅解备忘录》在北京签署，有效期5年。

6月14日，国务院新闻办公室召开新闻发布会，公布第三次全国荒漠化和沙化监测结果。全国沙化土地实现了自新中国成立以来的首次缩减，沙化土地面积由20世纪末年均扩展$3436km^2$转变为目前年均缩减$1283km^2$。

6月16日，财政部、国家林业局印发《林业贷款中央财政贴息资金管理规定》，财政部原《林业治沙贷款财政贴息资金管理规定》同时废止。

同日，国家林业局发布《国家级森林公园设立、撤销、合并、改变经营范围或者变更隶属关系审批管理办法》。

6月27日，中国银监会、国家林业局印发《关于下达天然林保护工程区森工企业金融机构债务免除名单及免除额（第一批）的通知》。

7月4日，财政部、国家林业局印发《国有贫困林场扶贫资金管理办法》。

7月14日，国家林业局印发《林木种子经营行政许可监督检查办法》。

7月18日，《中日林业主管部门关于高层定期会晤的备忘录》在北京签署。

7月28日，国务院办公厅印发《关于解决森林公安及林业检法编制和经费问题的通知》。

8月9日，国家林业局在四川卧龙自然保护区宣布赠送台湾同胞大熊猫优选工作专家组成立。8月19日公布赠台大熊猫优选的5条标准，10月13日公布入围的11只大熊猫。

8月16日，经中央机构编制委员会办公室批准，"国家林业局湿地公约履约办公室（国家林业局湿地保护管理中心）"成立。

8月17日，国务院总理温家宝主持召开国务院常务会议，听取国家林业局关于进一步加强防沙治沙工作有关情况的汇报，研究部署进一步加强防沙治沙工作。

8月19日，国家林业局与野生救援协会在北京共同签署《国家林业局和野生救援协会合作框架》。

8月23日，第二届中国城市森林论坛在沈阳市开幕。全国人大常委会副委员长许嘉璐致贺信。全国政协副主席张思卿出席论坛并讲话。国家林业局公布国家森林城市评价指标，并授予沈阳市"国家森林城市"荣誉称号。

8月27日，国务院批准《全国湿地保护工程实施规划（2005—2010年）》。

同日，中国野生动物保护协会在四川卧龙中国保护大熊猫繁育研究中心举行向台湾同胞赠送大熊猫座谈会。台湾民间团体、研究机构、保育团体的专家，大陆科研院所、大熊猫繁育研究机构的专家及有关部门和协会代表就赠送大熊猫事宜交换意见。

9月6日，国家林业局印发《关于加快速生丰产用材林基地工程建设的若干意见》。

9月8日，国务院颁发《关于进一步加强防沙治沙工作的决定》。

9月23日，国家林业局发布《普及型国外引种试种苗圃资格认定管理办法》。

同日，国家林业局发布《松材线虫病疫木加工板材定点加工企业审批管理办法》。

9月27日，国家林业局发布《引进陆生野生动物外来物种种类及数量审批管理办法》。

9月28日，国家林业局、国家发展改革委、财政部、国土资源部、水利部、农业部、环境保护总局印发《全国防沙治沙规划（2005—2010年）》。

10月13日，《中国巴西林业生物多样性保护合作的谅解备忘录》在北京签署，有效期5年，之后自动延5年，并依此法顺延。

10月31日，国家林业局印发《关于进一步加强林业科技工作的决定》。

11月10日，国家林业局、浙江省人民政府和中国林学会主办的首届中国林业学术大会在浙江省举行。

11 月 15 日，中国在第九届湿地公约缔约方大会上当选为新一届常务理事会理事国。这是我国自 1992 年加入湿地公约以来首次当选国际湿地组织的常务理事国。

11 月 16 日，在国家主席胡锦涛与韩国总统卢武铉的见证下，《中华人民共和国国家林业局和大韩民国山林厅关于东北虎繁殖合作的协议》在韩国首尔签署，协定赠送韩国东北虎一对。

11 月 18 日，国务院公布《重大动物疫情应急条例》，其中有对陆生野生动物疫情应急的规定。

11 月 29 日，国务院办公厅转发《国家发展改革委等部门关于加快推进木材节约和代用工作意见》。

11 月 30 日，中共中央决定，贾治邦同志（正部长级）任国家林业局党组书记。12 月 1 日，国务院决定任命贾治邦同志为国家林业局局长。

12 月 8 日，在温家宝总理与捷克帕劳贝克总理的见证下，《中华人民共和国国家林业局和捷克共和国农业部关于林业合作的协议》在捷克布拉格签署，为无限期有效。

12 月 19 日，国务院批转《国家林业局关于各地区"十一五"期间年森林采伐限额审核意见的通知》。

同日，最高人民法院公布《关于审理破坏林地资源刑事案件具体应用法律若干问题的解释》。

12 月 25 日，最高人民法院公布《关于审理植物新品种纠纷案件若干问题的解释》和《关于审理侵犯植物新品种权纠纷案件具体应用法律问题的若干规定》。

2006 年

1 月 4 日，国务院召开第 119 次常务会议，决定在黑龙江省伊春市开展国有林区林权制度改革试点工作。

2 月 21～22 日，国家林业局在北京召开全国林业厅（局）长会议，提出"十一五"林业工作的总体要求：全面实施以生态建设为主的林业发展战略，加速推进传统林业向现代林业转变，努力把我国林业推向又快又好发展的新阶段。

3 月 31 日，国务院在北京召开全国造林绿化表彰动员大会。国务院副总理回良玉出席会议并讲话。全国人大常委会副委员长司马义·艾买提、全国政协副主席李蒙出席会议。

4 月 1 日，党和国家领导人胡锦涛、吴邦国、温家宝、曾庆红、吴官正、李长春、罗干等在北京奥林匹克森林公园参加首都义务植树活动。

同日，国务院公布《血吸虫病防治条例》，自 2006 年 5 月 1 日起施行。条例规定：国务院卫生主管部门会同国务院有关部门制定全国血吸虫病防治规划并组织实施。国务院卫生、农业、水利、林业主管部门依照本条例规定的职责和全国血吸虫病防治规划，制定血吸虫病防治专项工作计划并组织实施。

4 月 17 日，中俄林业合作联合工作会议在北京召开，并签署《中俄林业常设工作组方案》。

4 月 29 日，国务院公布《中华人民共和国濒危野生动植物进出口管理条例》。

同日，国家林业局印发《国家林业局行政许可违规行为责任追究办法》。

5 月 11 日，国家林业局公布《开展林木转基因工程活动审批管理办法》。

5 月 19 日，国家林业局、财政部印发《关于做好天然林保护工程区森工企业职工"四险"补助和混岗职工安置等工作的通知》。

5 月 29 日，国务院办公厅印发《关于成立国家森林防火指挥部的通知》。

6 月 12 日，国务院总理温家宝主持召开沙尘暴防治工作专家座谈会。温家宝强调，防沙治沙是一项长期艰巨的历史任务，要抓紧抓好防沙治沙工作，促进经济社会可持续发展。国务院副总理回良玉、国务委员兼国务院秘书长华建敏出席座谈会。

6 月 28 日，《中国政府与南非政府关于林业合作的谅解备忘录》在南非签署，正在南非访问的温家宝总理出席签字仪式。

7 月 18 日，国家林业局印发《全国林业自然保护区发展规划（2006—2030 年）》。

7 月 19 日，中捷林业工作组第一次会议在捷克布拉格举行。

7 月 26 日，中国银监会、国家林业局印发《关于下达天然林保护工程区森工企业金融机构债务免除额（第二批）等有关问题的通知》，免除森工企业金融机构债务 8.24 亿元。

8 月 3 日，财政部、国家税务总局印发《关于以"三剩物"和次小薪材为原料生产加工的综合利用产品增值税即征即退政策的通知》。

8 月 15 日，国家林业局、财政部、中国银监会印发《关于做好天然林保护工程区木材加工等企业关闭破产工作的通知》。

9 月 14～15 日，全国林业科学技术大会在北京召开。国务院国务委员陈至立出席会议并讲话。

9 月 28 日，国家林业局信息化与电子政务工作领导小组第一次扩大会议在北京召开。

10 月 2～6 日，在瑞士日内瓦举行的濒危野生动植物种国际贸易公约常委会第 54 次会议，将中国履约立法由二类国家提升为一类国家。

10 月 21～22 日，第三届中国城市森林论坛在长沙市举行。全国人大常委会副委员长许嘉璐致贺信。全国政协副主席张思卿出席论坛开幕式并讲话。长沙市被授予"国家森林城市"称号。

10 月 31 日，第十届全国人民代表大会常务委员会第二十四次会议审议通过《中华人民共和国农民专业合作社法》，中华人民共和国主席令第 57 号公布，自 2007 年 7 月 1 日起施行。

10 月 31 日至 11 月 7 日，中国林业代表团访问缅甸并签署《缅甸联邦林业部与中华人民共和国国家林业局会谈纪要》。

11 月 1 日，国家林业局、财政部、发展改革委、农业部、税务总局印发《关于发展生物能源和生物化工财税扶持政策的实施意见》。

11 月 13 日，国家林业局公布《林木种子质量管理办法》。

11 月 21 日，在国家主席胡锦涛与印度总理辛格的见证下，《中华人民共和国国家林业局和印度共和国环境与林业部关于林业合作的协议》在印度新德里签署，为无限期有效。

同日，国家林业局印发《中国森林可持续经营指南》和《森林经营方案编制与实施纲要(试行)》。

11 月 28 日，《全国林业血防工程规划(2006—2015 年)》印发实施。工程建设范围包括湖南、湖北、江西、安徽、江苏、四川、云南 7 个省的 194 个县(市)，建设期 10 年。

12 月 21 日，国家林业局、国家开发银行在北京签订"十一五"期间开发性金融合作协议。

同日，国家林业局印发《关于加快森林公园发展的意见》。

12 月 27 日，国家林业局印发《关于发展油茶产业的意见》。

2007 年

1 月 11 日，国家林业局、中国石油天然气股份有限公司在北京举行联席会议暨框架协议签字仪式，就发展林业生物质能源开展全方位合作。

1 月 23～24 日，国家林业局在北京召开全国林业厅(局)长会议，提出林业工作的基本思路：全面推进现代林业建设，全力构建完备的林业生态体系、发达的林业产业体系和繁荣的生态文化体系。

3 月 15 日，财政部、国家林业局印发新修订的《中央财政森林生态效益补偿基金管理办法》。

3 月 26～27 日，全国防沙治沙大会在北京举行。国务院总理温家宝会见与会代表并讲话。国务院副总理回良玉出席会议并讲话。

3 月 30 日，全国造林绿化电视电话会议在北京召开。国务院副总理回良玉出席会议并讲话。会议表彰了 460 名"全国绿化奖章"获得者。

4 月 1 日，党和国家领导人胡锦涛、吴邦国、温家宝、贾庆林、曾庆红、吴官正、罗干等在北京奥林匹克森林公园参加首都义务植树活动。

4 月 4 日，国家森林防火指挥部、国家林业局召开中国森林防火吉祥物启用电视电话会议，宣布防火虎"威威"为中国森林防火吉祥物并启用。

4月6日，国务院批准新建河北塞罕坝等19处国家级自然保护区名单，其中林业部门新增国家级自然保护区15处。

同日，国家林业局与中国粮油食品(集团)有限公司在北京签订合作框架协议，共同发展林业生物质能源。

4月10日，《中华人民共和国和大韩民国政府关于候鸟保护的协定》在韩国签署，正在韩国访问的温家宝总理和韩国总统卢武铉出席签字仪式。

4月11日，在温家宝总理与日本安倍晋三首相的见证下，驻日本使馆大使王毅代表国家林业局同日本环境省大臣若林正俊在日本东京签署《中华人民共和国国家林业局和日本环境省关于中方向日方提供两只朱鹮开展合作繁殖及研究的备忘录》，协定中国向日本提供朱鹮1对。

5月2日，国家林业局印发《中国森林防火科学技术研究中长期发展纲要(2006—2020年)》。

5月9日，第四届中国城市森林论坛在成都市举行。全国人大常委会副委员长许嘉璐、全国政协副主席张思卿出席开幕式并讲话。成都、包头、许昌、临安4个城市被授予"国家森林城市"称号。

5月25日，经国务院批准，国家发展改革委、国家林业局等八部委印发《国家文化和自然遗产地保护"十一五"规划纲要》，国家级森林公园作为国家文化和自然遗产地列入其中，山西管涔山、广西大瑶山等25处国家级森林公园被列入"十一五"期间国家拟重点支持的遗产地保护名单。

6月20日，国务院总理温家宝主持召开国务院常务会议，决定延长退耕还林政策补助期，即现行补助期满后，中央财政再延长一个周期对退耕农户给予适当补助。

6月29日，中国与西班牙签订大熊猫保护研究国际合作项目协议。作为协议的重要内容，中国挑选一对大熊猫"冰星"和"花嘴巴"于9月9日抵达西班牙并将在马德里动物园旅居10年开展国际科研合作。

6月30日，中央政府向香港赠送大熊猫仪式在香港海洋公园举行。国务委员唐家璇出席赠送仪式并讲话。

7 月 19 日，国家林业局召开全国林业厅（局）长电视电话会议。

8 月 9 日，国务院印发《关于完善退耕还林政策的通知》。

8 月 14 日，国家林业局、国家发展改革委、财政部、商务部、国家税务总局、中国银监会、中国证监会印发《林业产业政策要点》。

8 月 20 日，全国林业产业大会暨中国林业产业协会成立大会在杭州市召开。国务院副总理回良玉致大会贺信。全国政协副主席王忠禹出席大会并讲话。

8 月 25 日，全国退耕还林工作会议在长沙市召开。

8 月 27 日，国家林业局、商务部发布《中国企业境外可持续森林培育指南》。

8 月 30 日，中国和巴西两国政府林业主管部门在巴西利亚举行第一次工作组会议。

9 月 5 日，《德意志联邦共和国食品、农业和消费者保护部和中华人民共和国国家林业局关于林业、木材业和野生动物管理合作的协议》在慕尼黑签署，有效期 5 年，之后自动延 5 年，并依此法顺延。

9 月 6 日，国家主席胡锦涛和澳大利亚总理霍华德在悉尼出席《中国野生动物保护协会与澳大利亚阿德莱动物园关于合作开展大熊猫保护研究的协议》签字仪式。根据该协议，中方将向澳方提供一对大熊猫，用于开展为期 10 年的合作研究。

9 月 8 日，国家主席胡锦涛在澳大利亚悉尼召开的亚太经合组织第十五次领导人非正式会议上提议建立亚太森林恢复与可持续管理网络，受到各成员领导人普遍支持，并被纳入悉尼宣言行动计划。

9 月 12 日，国家林业局新闻发言人宣布，"中国不再向国外赠送大熊猫，但仍可以与国外开展合作研究"。

9 月 28 日，国家林业局发布《森林资源监督工作管理办法》。

9 月 29 日，国务院任命印红同志为国家林业局副局长。

10 月 1 日，国务院总理温家宝到甘肃民勤县考察，深入到腾格里沙漠和巴丹吉林沙漠交会处，察看防沙治沙情况，进入村庄走访农户，与干部群众座谈，研究民勤生态保护、沙漠治理的根本大计。

10 月 30 日，首届中国－东盟林业合作论坛在南宁市召开，主题为"中国－东盟林业合作与可持续发展"。论坛通过《中国－东盟林业合作论坛南宁倡议》。

11 月 9 日，最高人民检察院、国家林业局第一次联席会议在北京召开，审议通过《关于人民检察院与林业主管部门在查处和预防渎职等职务犯罪工作中加强联系和协作的意见》。

11 月 12 日，国家林业局与新疆维吾尔自治区人民政府在北京召开林业援疆工作座谈会。

11 月 13～14 日，全国森林资源管理工作会议在北京召开。

2008 年

1 月 14～15 日，国家林业局在北京召开全国林业厅（局）长会议，提出：全面深化改革，调整完善政策，强化科技支撑，转变发展方式，促进兴林富民，推进现代林业又好又快发展，为夺取全面建设小康社会新胜利做出更大贡献。

1 月 24 日，全国湿地与野生动植物保护管理工作会议在北京召开。

3 月 18 日，中共中央组织部同意孙扎根同志任国家林业局党组成员。11 月 1 日，国务院任命孙扎根同志为国家林业局副局长。

3 月 19 日，国家林业局印发《京津风沙源治理工程区人工造林特大灾害损失面积核定办法（试行）》。

3 月 20 日，国务院在北京召开全国森林草原防火工作电视电话会议。国务院副总理回良玉出席会议并讲话。

3 月 24 日，经国务院同意，国家发展改革委、国家林业局等印发《岩溶地区石漠化综合治理规划大纲（2006—2015 年）》，并启动岩溶地区石漠化综合治理试点项目。

3 月 25～26 日，国家林业局在郴州市召开全国林业灾后恢复重建现场会，研究雨雪冰冻灾后林业恢复重建措施，部署科技救灾和灾区森林防火工作。

3月31日，国务院副总理回良玉听取国家林业局关于林业重点工作情况的汇报。

4月2日，国家森林防火指挥部、国家林业局在北京召开全国森林防火工作电视电话会议。

4月5日，党和国家领导人胡锦涛、吴邦国、温家宝、贾庆林、李长春、习近平、李克强、贺国强等在北京奥林匹克森林公园参加义务植树活动。

4月9日，温家宝总理主持召开国务院常务会议，研究部署集体林权制度改革工作，审议并原则通过《中共中央国务院关于全面推进集体林权制度改革的意见》。

4月17日，中共中央总书记胡锦涛主持召开中央政治局常委会，研究部署全面推进集体林权制度改革工作。

4月28日，中共中央总书记胡锦涛主持中央政治局会议，研究部署推进集体林权制度改革。会议指出，集体林权制度改革，是农村生产关系的一次变革，事关全局，影响深远。

4月30日，国家林业局印发《国家林业局政府信息公开指南》和《国家林业局政府信息2003年至2007年面向社会公开目录》。

5月9日，《中华人民共和国政府和美利坚合众国政府关于打击非法采伐和相关贸易的谅解备忘录》在美国签署。

6月8日，中共中央、国务院印发《关于全面推进集体林权制度改革的意见》。

6月19日，《中华人民共和国国家林业局与蒙古自然环境部关于林业合作的谅解备忘录》在蒙古乌兰巴托签署，有效期5年，之后自动延5年。

7月10日，国务院办公厅印发《国家林业局主要职责内设机构和人员编制规定》。规定国家林业局设11个内设机构（副司局级），包括办公室、政策法规司、造林绿化管理司（全国绿化委员会办公室）、森林资源管理司（木材行业管理办公室）、野生动植物保护与自然保护区管理司、农村林业改革发展司、森林公安局（国家森林防火指挥部办公室）、发展规划与资金管理司、科学技术司、国际合作司（港澳台办公室）和人事司。机关行政编制292名。国家林业局增设国家森林防火指挥部专职副总指挥1名，总工程师 1 名。

7 月 28 日，全国林业厅(局)长电视电话会议在北京召开。

8 月 1 日，国家林业局公布《林业行政许可听证办法》。

8 月 19 日，国家林业局与重庆市人民政府签署共建重庆统筹城乡林业发展与改革试验区备忘录。

8 月 25 日，在国家主席胡锦涛与韩国总统李明博的见证下，《中华人民共和国国家林业局与韩国环境部关于中方向韩方赠送两只朱鹮开展合作繁殖和恢复的备忘录》(英文协议)在韩国首尔签署，无限期有效，协定赠送韩国一对朱鹮。

9 月 27 日，全国集体林权制度改革厅(局)长座谈会在北京召开。

10 月 13 日，《中华人民共和国国家林业局和朝鲜民主主义人民共和国国土和环境保护省关于林业合作的谅解备忘录》在北京签署，有效期 5 年，之后自动延 5 年。

10 月 24 日，国家发展改革委、国家林业局、环境保护部、农业部、水利部印发《汶川地震灾后恢复重建生态修复专项规划》。

10 月 29 日，《中国应对气候变化的政策与行动》白皮书发布。

11 月 4 日，《中华人民共和国国家林业局和阿根廷共和国农牧渔业食品国务秘书处关于林业合作的谅解备忘录》在阿根廷签署，有效期 5 年，之后自动延 5 年，并依此法顺延。

11 月 12 日，国务院第三十五次常务会议听取并原则同意雨雪冰冻和地震灾后林业生态恢复重建政策措施等有关问题的汇报，确定组织编制《雨雪冰冻灾后林业生态恢复重建规划》，按程序报国务院审批，并明确灾后林业生态恢复重建的各项政策。

11 月 17~18 日，关注森林活动组委会主办的第五届中国城市森林论坛在广州市举行。全国政协副主席王刚致贺信，全国政协副主席阿不来提·阿不都热西提出席论坛并致辞。

12 月 1 日，国务院公布新修订的《森林防火条例》。

12 月 16 日，中共中央组织部任命陈述贤同志为中央纪委驻国家林业局纪检组组长、国家林业局党组成员。

同日，国家林业局与湖北省人民政府签署合作建设武汉城市圈国家现代林业示范区备忘录。

12月18日，中国野生动物保护协会、圣地亚哥动物园关于大熊猫保护与合作研究项目延期协议在美国圣地亚哥市签署。新的协议同意大熊猫"高高"、"白云"在美承担合作研究任务延期5年到2013年。

12月23日，祖国大陆赠送台湾的大熊猫"团团"、"圆圆"运抵台北，入住台北市立动物园。2009年1月26日对游人开放。

2009 年

1月8日，国家林业局、公安部公布《森林公安机关领导干部实行双重管理暂行规定》。

1月8~9日，国家林业局在北京召开全国林业厅(局)长会议，提出：以深化改革为动力，以兴林富民为宗旨，以科技创新为支撑，继续解放思想，抓住发展机遇，加大投入力度，强化基础建设，转变发展方式，提升可持续发展能力，把现代林业建设全面推向科学发展的新阶段。

1月20日，国家林业局印发《关于公布首批森林经营示范国有林场的通知》，确定北京西山林场等104个国有林场作为首批森林经营示范林场。

1月30日，在国务院总理温家宝和欧洲联盟委员会主席巴罗佐的见证下，国家林业局与欧盟环境委员会代表在布鲁塞尔欧盟总部签署建立中欧森林执法和行政管理双边协调机制协议书。

同日，国家林业局印发《全国林业信息化建设纲要》和《全国林业信息化建设技术指南》。

2月9日，驻阿根廷大使曾钢代表国家林业局同阿根廷环境和可持续发展国务秘书在布宜诺斯艾利斯签署《中华人民共和国国家林业局和阿根廷共和国环境和可持续发展国务秘书处关于森林资源与生态环境保护领域合作的谅解备忘录》，有效期5年，之后自动延5年，并依此法顺延。

3月2日，国家林业局与青海省人民政府在北京签署林业合作备忘录。

3月12日，国家林业局印发《关于开展森林经营试点工作的通知》。

3月18日，国务院总理温家宝主持召开国务院常务会议，审议通过《全国森林防火中长期发展规划》。

3月23日，国务院办公厅印发《关于转发林业局等部门省级政府防沙治沙目标考核办法的通知》。

同日，国家林业局、商务部发布《中国企业境外森林可持续经营利用指南》。

3月24～25日，首次全国林业信息化工作会议在北京召开。同时，宣布启用林业信息化标识——"飞翔的林业"，举办首届林业信息化高峰论坛和全国林业信息化成就展。

3月26日，国家林业局批准实施《岩溶地区石漠化综合治理林业专项规划（2006—2015年）》。

3月30日，国务院召开全国造林绿化和森林草原防火工作电视电话会议。国务院副总理回良玉出席并讲话。

同日，国家林业局印发《中国企业境外森林可持续经营利用指南》。

4月5日，党和国家领导人胡锦涛、吴邦国、温家宝、贾庆林、习近平、李克强、贺国强等到北京永定河森林公园参加义务植树。

4月20日，国家林业局印发《关于进一步加强松材线虫病防治工作的意见》。

4月26日，国家林业局与新疆维吾尔自治区人民政府在北京召开林业援疆工作座谈会。

4月27日，经中央机构编制委员会办公室批准同意，"国家林业局亚太森林网络管理中心成立"。

5月7～8日，第六届中国城市森林论坛在杭州市举行。杭州市、威海市、宝鸡市、无锡市被授予"国家森林城市"称号。

5月21日，国家林业局印发《陆地生态系统定位研究网络中长期发展规划（2008—2020年）》。

5月22日，《中华人民共和国国家林业局和伊拉克湖泊林业（湿地）事务部关于湿地合作的协议》在北京签署，有效期5年，之后自动延5年，并依此法顺延。

5月25日，财政部、国家林业局印发《育林基金征收使用管理办法》。

5月25日，中国人民银行、财政部、中国银行业监督管理委员会、中国保险监督管理委员会、国家林业局印发《关于做好集体林权制度改革与林业发展金融服务工作的指导意见》。

6月22～23日，中央林业工作会议在北京举行。国务院总理温家宝会见出席会议的全体代表并发表讲话，指出林业在贯彻可持续发展战略中具有重要地位，在生态建设中具有首要地位，在西部大开发中具有基础地位，在应对气候变化中具有特殊地位。国务院副总理回良玉出席会议并讲话。

7月15日，国家林业局和中国投资有限责任公司签署关于林业境外战略投资合作的谅解备忘录。

7月16日，国家林业局印发《关于改革和完善集体林采伐管理的意见》。

7月21日，国家林业局印发《岩溶地区石漠化综合治理工程效益评价指标框架》。

7月24日，国家林业局党组扩大会议暨全国林业厅（局）长电视电话会议在北京召开。

7月25日，国家林业局与广西壮族自治区人民政府签署合作建设生态文明示范区和林业强区备忘录。

8月15日，国务院办公厅印发《关于推进三北防护林体系建设的意见》。

8月18日，国家林业局印发《关于促进农民林业专业合作社发展的指导意见》。

9月7日，国家林业局与天津市人民政府在天津签署共建绿色天津合作备忘录。

9月18日，国务院办公厅公布吉林松花江三湖等14处自然保护区晋升为国家级自然保护区。

9月21日，联合国环境规划署（UNEP）在联合国总部纽约举行"全球十亿棵树运动"特别仪式，宣布该运动已实现在全球植树70亿株的目标，其中中国植树26亿株，对该目标的实现发挥了决定性作用。

10月，驻朝鲜大使刘晓明同朝鲜国家科学院代表在平壤签署《中华人民共和国国家林业局与朝鲜民主人民共和国国家科学院关于加强野生动物保护合作的协议》，协议赠送朝鲜丹顶鹤一对。

10月15日，国家林业局印发《关于切实加强集体林权流转管理工作的意见》。

10月17日，国务院总理温家宝在甘肃定西市考察退耕还林情况时指出：各级政府必须把退耕还林、植树造林、林权改革、畜牧养殖等结合起来，发挥综合效益。

10月18日，国家主席胡锦涛在视察黄河三角洲国家级自然保护区湿地恢复工程和生态保护情况时指出："你们通过加强自然保护区建设，明确改善了黄河入海口的生态环境。希望你们再接再厉、巩固成果，把这件造福当代、泽被子孙的好事坚持不懈地抓下去。"

10月19日，经国务院批准，国家林业局、国家发展改革委印发《全国森林防火中长期发展规划》。

10月22日，中希林业工作组第一次会议在希腊雅典召开。

10月29日，国家林业局、国家发展改革委、财政部、商务部、国家税务总局印发《林业产业振兴规划（2010—2012年）》。

10月30日，国家林业局、财政部印发《国家级公益林区划界定办法》。

10月30日，中国国家林业局与澳大利亚农林渔业部在悉尼签署中澳政府间关于打击非法采伐及相关贸易支持森林可持续经营的谅解备忘录。

11月6日，国家林业局发布《应对气候变化林业行动计划》。

11月9日，国家发展改革委、财政部、国家林业局发布《全国油茶产业发展规划（2009—2020年）》。

11月10日，国家林业局、湖南省人民政府在长沙市签订合作建设长株潭城市群国家现代林业示范区框架协议。

11月12日，在胡锦涛主席和新加坡总理李显龙的共同见证下，中国野生动物保护协会与新加坡野生动物保育集团共同签署中新大熊猫保护研究合作协议，中方将向新方提供一对大熊猫进行合作研究，为期10年。

11月17日，国务院新闻办公室举行新闻发布会，公布第七次全国森林资源清查结果。全国森林面积1.95亿 hm²，森林覆盖率20.36%，人工林面积保持世界首位。

11月20日，国家林业局与河南省政府在郑州市签署合作框架协议，决定合作建设林业生态省。

11月25日，国务院总理温家宝主持召开国务院常务会议，研究部署应对气候变化工作。会议决定，通过植树造林和加强森林管理，到2020年森林面积比2005年增加4000万 hm²，森林蓄积量增加13亿 m³。

12月16日，国家林业局开展首批全国林业信息化示范省建设，确定辽宁省林业厅、福建省林业厅、湖南省林业厅、吉林森工集团为首批示范省实施单位。

12月19日，国家主席胡锦涛在澳门出席回归庆典活动时宣布，为庆贺澳门特区成立10周年，应澳门特别行政区政府要求，中央政府决定向澳门特别行政区赠送一对大熊猫。

12月30日，国家林业局与山东省政府在山东签署合作共建绿色山东框架协议。

2010 年

1月1日，农业部、国家林业局公布《农村土地承包经营仲裁规则》和《农村土地承包仲裁委员会示范章程》。

1月19日，国家林业局与中国中信集团公司签署战略合作协议。

1月21～22日，国家林业局在广州市召开全国林业厅（局）长会议，提出林业改革发展的总体要求，确保2020年比2005年新增森林面积4000万 hm²，新增森林蓄积量13亿 m³，森林覆盖率达到23%以上，林业产业总产值达到4万亿元。

2月1～2日，全国野生动植物保护及自然保护区建设管理工作会议在海口市召开。

3月1日，国务院在北京召开全国森林草原防火工作电视电话会议。国务院副总理回良玉出席会议并讲话。

3月10日，中央机构编制委员会办公室批复同意成立"国家林业局信息中心"。

3月18日，教育部批复同意在南京森林公安高等专科学校基础上建立南京森林警察学院。

3月21日，《中华人民共和国国家林业局与阿拉伯联合酋长国阿布扎比环境署关于波斑鸨保护、繁育和放归的合作协议》在阿布扎比签署。

4月3日，党和国家领导人胡锦涛、吴邦国、温家宝、贾庆林、李长春、习近平、李克强、贺国强等，在北京市海淀区北坞公园参加首都义务植树活动。

4月8日，国家林业局与中国气象局签订森林防火与气象合作框架协议。

4月29日，国家林业局与新疆维吾尔自治区人民政府在乌鲁木齐市召开林业援疆工作座谈会。

5月5日，《中华人民共和国国家林业局与奥地利共和国联邦农业、林业、环境与水资源管理部关于林业合作的谅解备忘录》在北京续签。

5月20日，国家林业局召开新闻发布会，发布中国森林生态服务评估研究成果。

5月21日，《中国国家林业局与保护国际基金会合作原则机制》在美国签署。

5月29日，国家林业局宣布将成都大熊猫繁育研究基地的谱系为"717"和"710"的一对大熊猫赠送澳门特别行政区。

6月3日，《中华人民共和国国家林业局和尼泊尔政府森林与土壤保护部关于林业和野生动植物保护合作的谅解备忘录》在北京签署，有效期5年，之后自动延5年，并依此法顺延。

6月8日，中共中央组织部决定张永利同志任国家林业局党组成员。6月22日，国务院决定任命张永利同志为国家林业局副局长。

6月9日，国务院总理温家宝主持召开国务院常务会议，审议并原则通过《全国林地保护利用规划纲要(2010—2020年)》。

7月12~14日，全国林业厅(局)长座谈会在河北省塞罕坝机械林场召开。

7月23日，国家林业局印发《关于支持新疆加快林业发展的意见》。

8月27日，《中华人民共和国国家林业局与日本国环境省关于朱鹮保护的合作计划》在北京续签。

9月15日，《中华人民共和国国家林业局与印度尼西亚共和国林业部关于林业领域合作的谅解备忘录》在北京签署，有效期5年，可顺延5年。

9月17日，《中华人民共和国国家林业局与越南农业与乡村发展部关于林业合作的谅解备忘录》在越南河内签署，有效期5年，之后自动延5年。

9月28日，财政部、国家林业局决定自2010年起设立中央财政森林公安转移支付资金。

10月10～11日，全国集体林权制度改革百县经验交流会在北京举行。国务院总理温家宝作重要批示，国务院副总理回良玉出席会议并讲话。

11月1日，《中华人民共和国国家林业局和刚果共和国可持续发展、林业经济与环境部关于林业合作谅解备忘录》在北京签署。

同日，国家林业局、国家发展改革委、财政部印发《全国林木种苗发展规划（2011—2020年）》。

11月29日，国家林业局、教育部共建北京林业大学、东北林业大学、西北农林科技大学协议在北京签订。

12月16日，国家林业局政府网在第九届中国政府网站绩效评估中综合排名列73个部委中第11名，并获得"中国政府网站领先奖"、"优秀政府网站奖"和"品牌栏目奖"等。

12月23日，国家林业局与山东省人民政府合作共建绿色山东领导小组会议在北京举行。

12月29日，国务院总理温家宝在北京主持召开国务院第138次常务会议，决定2011—2020年实施天然林资源保护二期工程，实施范围在原有基础上增加丹江口库区的11个县（市、区），中央投入2195亿元。

第五节 2011—2015 年

2011 年

1月4日，国家林业局发布第四次全国荒漠化和沙化监测成果。至2009年年底，全国荒漠化土地面积262.37万 km²，沙化土地面积 173.11 万 km²，分别为国土总面积的 27.33% 和 18.03%。2005—2009 年，全国荒漠化土地面积年均减少2491km²，沙化土地面积年均减少 1717km²。

1月5~6日，国家林业局在北京召开全国林业厅（局）长会议，提出"十二五"林业工作的总体思路。

1月10日，在国务院副总理李克强和英国副首相尼克·克莱格的共同见证下，中国野生动物保护协会与苏格兰皇家动物学会在伦敦签署中英共同开展大熊猫保护研究合作协议。根据协议，中方向英方提供一对大熊猫赴爱丁堡动物园进行为期 10 年的合作研究。

1月21日，中国野生动物保护协会与美国斯密桑宁国家动物园在华盛顿签署关于合作研究和繁殖大熊猫的延期协议，同意将大熊猫"美香"、"添添"留美参与合作研究期限延长到2016年。

1月24日，《中华人民共和国国家林业局和美利坚合众国农业部关于共建中国园的谅解备忘录》在美国签署。根据协议，中美双方将在美国国家树木园共同建造面积为 5hm² 的中国江南园林。

1月26日，财政部、国家林业局印发《中央财政林业科技推广示范资金绩效评价暂行办法》。

2月14日，国家林业局印发《全国木材（林业）检查站建设规划(2011—2015 年)》。

2月15日，国家林业局发布《能源林可持续培育指南》和《小桐子可持续培育指南》。

2月16日，国家林业局与中国电信集团公司在北京签署战略合作框架协议，在推动林业信息化全面快速发展的同时，促进中国电信业务又好又快发展。

2月24日,在习近平副主席的见证下,中国驻蒙古大使王小龙代表国家林业局同蒙古国家紧急事务局在乌兰巴托签署《中华人民共和国政府和蒙古国政府关于边境地区森林、草原防火联防协定实施细则》。

2月25日,国家林业局与海南省人民政府在海口市签署加快推进海南森林生态旅游建设战略合作协议。

2月27日,国务院总理温家宝到中国政府网、新华网与网民在线交流时指出:集体林权制度改革是继家庭联产承包责任制度后的又一项重大改革。推进这项改革,给老百姓又一条发展生产的路子,他们的生活一定会得到改变。

2月28日至3月1日,全国野生动植物保护与自然保护区建设管理工作会议在南宁市举行。

3月4日,国家林业局与广东省人民政府在北京签署合作建设广东现代林业强省框架协议。

3月6日,国务院总理温家宝在参加第十一届全国人大四次会议甘肃代表团的审议时说:如果沙进人退的趋势得不到遏制,敦煌也会重蹈楼兰的覆辙。必须继续加大防沙治沙的力度,坚决遏制敦煌生态环境恶化的趋势,决不让敦煌成为第二个楼兰。

同日,国家林业局与陕西省人民政府在北京签署合作共建"绿色陕西"备忘录。

3月9日,国家林业局印发《全国防沙治沙综合示范区建设规划(2011—2020年)》。

3月11日,财政部印发《关于整合和统筹资金支持木本油料产业发展的意见》,决定从2011年起整合和统筹资金支持木本油料产业发展。

3月15日,国务院召开全国森林防火工作电视电话会议,安排部署"十二五"及2011年森林和草原防火重点任务。国务院副总理回良玉出席会议并讲话。

3月25日,国家林业局印发《全国林业信息化发展"十二五"规划(2011—2015年)》。

4月2日,党和国家领导人胡锦涛、吴邦国、温家宝、贾庆林、李长春、习近平、李克强、贺国强等到北京市永定河畔参加义务植树活动。

4月7日，中共中央组织部决定赵树丛同志任国家林业局党组副书记。4月18日，国务院任命赵树丛同志为国家林业局副局长（副部长级）。

4月16日，国务院办公厅公布河北驼梁等16处新建国家级自然保护区，其中林业自然保护区15处。

4月19日，经中央编制委员会办公室批复，设立国家林业局驻北京、上海森林资源监督专员办事处；撤销国家林业局驻兰州森林资源监督专员办事处；撤销国家林业局濒危物种进出口管理中心北京、上海等22个办事处。调整后，国家林业局设立15个派驻地方森林资源监督专员办事处，除大兴安岭专员办外，其他14个专员办均加挂"中华人民共和国濒危物种进出口管理办公室××办事处"牌子。

同日，《中华人民共和国国家林业局和大韩民国山林厅关于继续开展东北虎繁殖合作的协议》在北京签署，协议提供韩国一对东北虎。

4月22日，国家林业局与黑龙江省人民政府在哈尔滨市签署合作共建框架协议。

4月26~27日，国家林业局在重庆市召开全国森林资源管理工作会议。

5月8日，国家林业局与辽宁省人民政府在沈阳市签署合作共建绿色辽宁框架协议。

5月9~10日，第二届全国林业信息化工作会议在沈阳市举行。

5月11日，国家林业局、国家旅游局在北京举行签署共同推进森林旅游发展合作框架协议。

5月20日，国务院在北京召开全国天然林资源保护工程工作会议，总结天然林保护工程一期建设成效和经验，研究部署工程二期建设各项工作。国务院副总理回良玉出席会议并讲话。

同日，国家林业局印发《履行濒危野生动植物种国际贸易公约发展规划（2011—2015年）》。

同日，国家林业局印发《国家级森林公园管理办法》。

5月30日，国家林业局印发《国家重点林木良种基地管理办法》。

6月16日，全国绿化委员会、国家林业局印发《全国造林绿化规划纲要（2011—2020年）》。

6月18～19日，第八届中国城市森林论坛在大连市召开，主题是"城市森林·绿色经济·幸福家园"。全国政协副主席王刚出席开幕式并讲话。大连市等8个城市被授予"国家森林城市"称号。

6月24日，国家林业局印发《核桃示范基地建设指南》。

7月4日，国家林业局与新疆维吾尔自治区人民政府在乌鲁木齐召开林业"十二五"援疆工作座谈会。

7月7日，国家林业局和新疆生产建设兵团在乌鲁木齐市签署加快兵团林业发展合作共建框架协议。

7月15日，国家林业局党组扩大会暨全国林业厅（局）长电视电话会议在北京召开。

7月18日，经中央机构编制委员会办公室批复，同意在国家林业局国有林场和林木种苗工作总站加挂"国家林业局森林公园保护与发展中心"牌子，实行"一套人马、两块牌子"的管理体制。

7月25日，国家林业局发布《大熊猫国内借展管理规定》。

7月29日，国家林业局发布《中国野生虎恢复计划》。

8月15日，国家林业局、河南省人民政府在郑州市签署共同推进中原经济区建设框架协议。

8月26～28日，国务院总理温家宝在张家口退耕还林还草工程区调研时说：近些年坝上生态环境改善，对促进农牧业可持续发展，促进旅游业和其他产业发展发挥了重要作用。要在国家支持下，协调各方面力量，继续推进生态环境建设，这也是扶贫工作的重要内容。

8月30日，国家林业局印发《林业发展"十二五"规划》。

9月26日，财政部、国家税务总局印发《关于天然林保护工程（二期）实施企业和单位房产税、城镇土地使用税政策的通知》。

10月14日，中奥林业工作组第一次会议在奥地利格蒙登召开。

10月17日，国家林业局、国家发展改革委决定在河北、浙江、安徽、江西、山东、湖南、甘肃7省开展国有林场改革试点。

10月22日，国家林业局、广西壮族自治区人民政府举办的中国—东盟城市森林论坛在南宁市举行，主题是"中国—东盟共同推动森林城市、低碳城市、宜居城市建设"。南宁市被授予"国家森林城市"称号。

10月27～28日，首届全国林业信息化学术研讨会在北京举行。

10月31日，国家林业局印发《全国林业"十二五"利用国际金融组织贷款项目发展规划》。

11月2日，国家林业局启动森林资源可持续经营管理试点工作，确定在全国200个单位开展以森林采伐管理改革为核心的森林资源可持续经营管理试点工作。

11月9日，国务院总理温家宝主持召开国务院常务会议，讨论通过《"十二五"控制温室气体排放工作方案》，明确我国控制温室气体排放的总体要求和重点任务，其中增加森林碳汇成为该方案的重要内容之一。

同日，国家林业局、国家旅游局印发《关于加快发展森林旅游的意见》。

11月10日，财政部、国家林业局印发《中央财政湿地保护补助资金管理暂行办法》。

11月16日，国务院总理温家宝主持召开国务院常务会议，决定建立青海三江源国家生态保护综合试验区。会议批准实施《青海三江源国家生态保护综合试验区总体方案》。

11月21日，经国务院批准，财政部、国家税务总局印发《关于调整完善资源综合利用产品及劳务增值税政策的通知》，明确对以"三剩物"、次小薪材和农作物秸秆为原料生产的综合利用产品，继续实行增值税即征即退等优惠政策。

同日，在温家宝总理与文莱苏丹哈桑纳尔的见证下，外交部部长杨洁篪代表国家林业局同文莱达鲁萨兰国工业与初级资源部代表在斯里巴加湾市签署《中华人民共和国国家林业局和文莱达鲁萨兰国工业与初级资源部关于林业合作的谅解备忘录》，有效期5年，可延长5年。

12月2日，2011年度中国政府网站绩效评估结果公布，国家林业局政府网跨入中央部委网站前10名。

12月4日，中国野生动物保护协会与苏格兰皇家动物学会开展合作的一对大熊猫"阳光"与"甜甜"运抵爱丁堡动物园，开展为期10年的合作研究。

12月28日，国家林业局印发《全国林业人才发展"十二五"规划》和《全国林业教育培训"十二五"规划》。

12月29~30日，国家林业局在北京召开全国林业厅（局）长会议，提出：加快转变林业发展方式，着力维护生态安全、发展绿色产业、保障木材供给、创新体制机制、强化科技支撑，进一步提升林业多种功能和生态产品、林产品供给能力，为建设生态文明、推动科学发展、扩大国内需求、促进绿色增长做出新的更大贡献。

2012 年

1月7日，国家林业局与内蒙古自治区人民政府在北京签署合作共建内蒙古农业大学协议。

1月15日，大熊猫"圆仔"和"欢欢"抵达法国博瓦勒动物园，开展为期10年的合作研究。

1月18日，在温家宝总理与卡塔尔首相哈马德的见证下，外交部部长杨洁篪代表国家林业局同卡塔尔环境部长穆罕默德在多哈签署《中华人民共和国国家林业局与卡塔尔环境部关于林业、荒漠化防治以及野生动植物保护的谅解备忘录》。

1月21日，国务院批准河北青崖寨、山西黑茶山等28处新建国家级自然保护区。

2月8日，在国务院总理温家宝和加拿大总理哈珀的见证下，《中华人民共和国国家林业局与加拿大公园管理局关于保护地事务合作的谅解备忘录》在北京签署，协议有效期5年，可延长5年。

2月20日，国家林业局印发《全国野生动植物保护与自然保护区建设"十二五"发展规划》。

3月1日，国家林业局与云南省人民政府在北京签署加快林业生态安全屏障和生物多样性宝库建设战略合作协议。

3月16日，中共中央委员会批准赵树丛同志任国家林业局党组书记。3月25日，国务院决定任命赵树丛为国家林业局局长。

3月27日，国务院在北京召开全国造林绿化表彰动员大会。国务院副总理回良玉出席会议并讲话，全国人大常委会副委员长乌云其木格、全国政协副主席张梅颖出席会议。

4月3日，党和国家领导人胡锦涛、吴邦国、温家宝、贾庆林、李长春、习近平、李克强、贺国强等到北京丰台区永定河畔参加义务植树活动。

4月16日，国务院在北京召开全国森林草原防火工作电视电话会议。国务院副总理回良玉出席会议并讲话。

5月6日，"金林工程"建设内容被列入国务院批复的《"十二五"国家政务信息化工程建设规划》。

5月31日，国家林业局印发《全国林业工作站"十二五"建设规划》。

6月14日，国务院新闻办公室举行岩溶地区第二次石漠化监测结果新闻发布会。截至2011年，全国石漠化土地面积为1200.2万 hm^2，占监测区国土面积的11.2%，占岩溶面积的26.5%。与2005年相比，石漠化土地净减少96万 hm^2，减少7.4%；年均减少 $1600km^2$，缩减率为1.27%。

6月15日，在中共中央政治局常委、中央纪委书记贺国强和马来西亚总理纳吉布的共同见证下，中国野生动物保护协会同马来西亚自然资源与环境部野生动物和国家公园司在马来西亚签署大熊猫保护合作研究协议。

6月19日，国家林业局与青海省人民政府在西宁市召开林业援青工作座谈会。同日，国家林业局与青海省人民政府签署共同推进青海省林业生态建设合作备忘录。

6月26日，中共中央组织部决定张建龙同志任国家林业局党组副书记。

7月4日，国家林业局与中国科学院签署全面战略合作框架协议，共同构建政府部门与科研院所之间的新型战略合作体系。

7月5日，国家林业局印发《林业科学和技术"十二五"发展规划》。

7月9日，第九届中国城市森林论坛在呼伦贝尔市举行。全国政协副主席王刚出席开幕式并讲话。呼伦贝尔市等10个城市被授予"国家森林城市"称号。

7月16～21日，全国人大常委会委员长吴邦国赴黑龙江省大兴安岭等地调研，提出继续实施林业重点工程建设，立足于让林区老百姓增收致富，走出一条林业转型发展、林农增收致富的新路子。

7月18日，国家林业局与福建省委、省政府在福州市签署合作推进林业改革与发展框架协议。

7月20～22日，国家林业局在福建长汀县召开全国林业厅（局）长会议，提出：弘扬长汀精神，发展现代林业，为改善生态改善民生做出更大贡献。

7月30日，国务院办公厅印发《关于加快林下经济发展的意见》。

8月20～22日，全国林业专业合作组织建设工作会议在临沂市召开。

8月26～27日，国务院在朔州市召开三北防护林体系建设工作会议。国务院副总理回良玉出席会议并讲话。

9月6日，卧龙中国保护大熊猫研究中心提供的两只大熊猫"武杰"、"沪宝"运抵新加坡，开展为期10年的大熊猫国际繁育合作计划。

9月13日，中国—阿拉伯国家防沙治沙合作论坛在银川市召开。

9月17日，最高人民法院、最高人民检察院、国家林业局、公安部、海关总署印发《关于破坏野生动物资源刑事案件中涉及的CITES附录Ⅰ和附录Ⅱ所列陆生野生动物制品价值核定问题的通知》。

9月18日，国家林业局与国家开发银行在北京签署开发性金融支持林业发展合作协议。

9月19日，国务院总理温家宝主持召开国务院常务会议，听取退耕还林工作汇报，决定自2013年起适当提高巩固退耕还林成果部分项目的补助标准。会议讨论并通过《京津风沙源治理二期工程规划（2013—2022年）》。

9月21日，国家林业局印发《关于加快科技创新促进现代林业发展的意见》。

9月24日，全国林业科学技术大会在北京召开。国务院副总理回良玉出席会议并作讲话。

9月24～25日，全国深化集体林权制度改革工作会议暨林下经济现场会在本溪市召开。

9月26日，国家林业局与中央人民广播电台签订战略合作协议，在加强林业日常新闻宣传，做好林业突发事件、林业政策和典型、林业公益主题宣传，开设林业专栏、组织广播剧、加强网络宣传等方面开展合作。

10月15日，国家林业局局长赵树丛与墨西哥合众国环境和自然资源部部长胡安·拉法埃尔·艾尔维拉在北京签署《中华人民共和国国家林业局与墨西哥合众国环境和自然资源部关于林业合作的谅解备忘录》。

同日，中央财政新增安排国有林场改革试点补助资金12亿元，用于浙江、安徽、江西、山东、湖南、甘肃6个试点省份解决国有林场职工社会保险和分离办社会职能等问题。

10月18日，国家林业局召开全国林业信息安全工作电视电话会议。

10月29日，国家林业局印发《关于加强国有林场森林资源管理保障国有林场改革顺利进行的意见》。

10月30日，国家林业局与中国农业银行在北京签署共同推进林业产业建设发展合作框架协议。

10月31日，国家林业局、国家发展改革委、科技部、财政部、国土资源部、环境保护部、住房城乡建设部、水利部、农业部、国家海洋局印发《全国湿地保护工程"十二五"实施规划》。

11月5日，国家林业局、河南省人民政府在北京签订《合作共建河南农业大学协议》。

12月5日，中国政府网站绩效评估结果发布会在人民大会堂举行。中国林业网（国家林业局政府网）由国家部委网站第10名提升为第4名，荣获中国互联网最具影响力政府网站等重大奖项。

12月17日，国务院办公厅印发《国家森林火灾应急预案》。

12月19日，全国湿地保护管理工作会议在上海市召开。

12月26日，国务院办公厅印发《关于加强林木种苗工作的意见》。

12月27～28日，国家林业局在北京召开全国林业厅（局）长会议，提出：以建设生态文明为总目标，以改善生态改善民生为总任务，加快发展现代林业，着力构建国土生态空间规划体系、重大生态修复工程体系、生态产品生产体系、支持生态建设的政策体系、维护生态安全的制度体系和生态文化体系，努力建设美丽中国，推动我国走向社会主义生态文明新时代。

12月31日，财政部、国家林业局印发《中央财政林业补贴资金管理办法》。

2013 年

1月22日，国家林业局公布《国家林业局委托实施野生动植物行政许可事项管理办法》。

1月28日，国家林业局印发《全国林业机械发展规划（2011—2020年）》。

1月31日，国家林业局印发《全国林业科技推广体系建设规划（2011—2020年）》。

2月5日，国家林业局印发《全国木材战略储备生产基地建设规划（2013—2020年）》。

2月17日，国家林业局印发《太行山绿化三期工程规划（2011—2020年）》、《珠江流域防护林体系建设三期工程规划（2011—2020年）》。

3月8日，经国务院批准，国家林业局、国家发展改革委、财政部、国土资源部、环境保护部、水利部印发《全国防沙治沙规划（2011—2020年）》。

3月21日，全国绿化委员会、国家林业局在北京举办以"保护发展森林资源、携手共建美丽中国"为主题的"国际森林日"植树纪念活动。

3月25日，《中华人民共和国政府与南非共和国政府关于湿地与荒漠化生态系统和野生动植物保护合作的谅解备忘录》在南非签署。

3月27日，国务院召开全国森林草原防火和造林绿化工作电视电话会议。国务院副总理汪洋出席会议并讲话。

3月28日，国家林业局印发《湿地保护管理规定》。

4月2日，党和国家领导人习近平、李克强、张德江、俞正声、刘云山、王岐山、张高丽等，在北京市丰台区永定河畔的植树点参加义务植树。习近平强调，要加强宣传教育、创新活动形式，引导广大人民群众积极参加义务植树，不断提高义务植树尽责率，依法严格保护森林，增强义务植树效果，把义务植树深入持久开展下去，为全面建成小康社会、实现中华民族伟大复兴的中国梦不断创造更好的生态条件。

4月3日，国务院副总理汪洋到国家林业局调研工作，视察国家森林防火指挥部调度指挥中心和林业信息化建设工作，召开座谈会听取国家林业局工作汇报。

4月6日，在国家主席习近平与秘鲁总统乌马拉的见证下，国家林业局局长赵树丛与秘鲁农业部部长冯埃塞在海南省三亚市签署《中华人民共和国国家林业局和秘鲁共和国农业部关于林业合作的谅解备忘录》。

4月8日，国家林业局印发《长江流域防护林体系建设三期工程规划（2011—2020年）》。

4月23日，国家林业局印发《全国平原绿化三期工程规划（2011—2020年）》。

4月27日，国家林业局、财政部印发《国家级公益林管理办法》。

5月2日，国家林业局、国家档案局印发《集体林权制度改革档案管理办法》。

5月28日，国家林业局印发《全国林业生物质能源发展规划

（2011—2020 年）》。

5 月 30 日，国家林业局局长赵树丛同瑞士联邦委员、联邦环境、交通、能源和电信部部长多丽丝·洛伊特哈德女士在北京签署《中华人民共和国国家林业局和瑞士联邦环境、交通、能源和电信部关于林业合作的谅解备忘录》。

6 月 3 日，国家林业局、全国工商联、中国光彩会印发《关于引导和鼓励非公有制经济参与现代林业发展推进生态文明建设的意见》。

6 月 7 日，《国家林业局与国际林业研究中心合作谅解备忘录》在北京签署。

6 月 15 日，中国野生动物保护协会与马来西亚野生动物和国家公园局签订大熊猫保护合作研究协议。

6 月 19 ~ 20 日，全国深化集体林权制度改革百县经验交流会在宁夏召开。

6 月 27 日，在国家主席习近平和韩国总统朴槿惠的见证下，国家林业局局长赵树丛与韩国环境部部长尹成奎签署《关于朱鹮合作的谅解备忘录》。

7 月 10 日，国家林业局在北京举行新闻发布会，宣布启动实施长江流域防护林体系建设、珠江流域防护林体系建设、太行山绿化、平原绿化三期工程(2011—2020 年)。

7 月 18 日，中墨第一次林业工作组会议在墨西哥举行。

7 月 23 ~ 24 日，国家林业局在合肥市召开全国林业厅(局)长座谈会，提出：深刻领会生态就是民生福祉等重大战略思想，着力加强林业改革创新，把改革的红利、创新的活力、发展的潜力有效叠加起来，全面增强生态林业民生林业发展动力。

7 月 29 ~ 30 日，首届国家级职业技能竞赛——国有林场职业技能竞赛在河北省塞罕坝机械林场总场举行。

8 月 1 日，国家林业局印发《中国智慧林业发展指导意见》。

8 月 2 日，国家林业局印发《全国竹产业发展规划（2013—2020 年)》。

8 月 5 日，经国务院同意，国家发展改革委、国家林业局批复河北、浙江、安徽、江西、山东、湖南、甘肃 7 省的国有林场改革试点方案。

8月12日，国家林业局启动国家储备林试点划定工作。

同日，国家林业局印发《关于进一步加快林业信息化发展的指导意见》。

8月27日，第三届全国林业信息化工作会议在长春市召开。

9月3日，中央财政启动林下经济中药材种植补贴试点工作。

9月6日，国家林业局印发《推进生态文明建设规划纲要》。

9月11日，中国野生动物保护协会与比利时天堂公园签署大熊猫保护合作研究协议。

9月12日，国家林业局印发《关于加快林业专业合作组织发展的通知》。

9月24日，2013中国城市森林建设座谈会在南京市举行。中国关注森林活动组委会主任王刚出席会议并讲话。

11月7日，国家林业局与中国诚通控股集团有限公司签署关于开展林业战略合作框架协议。

11月14日，国家林业局印发《关于委托实施野生动植物行政许可有关事项的通知》。

11月15日，国家林业局印发《关于切实加强和严格规范树木采挖移植管理的通知》。

12月18日，国务院总理李克强主持召开国务院常务会议，部署推进青海三江源生态保护、建设甘肃省国家生态安全屏障综合试验区、京津风沙源治理、全国五大湖区湖泊水环境治理等一批重大生态工程。

12月19日，国家林业局印发《转基因林木生物安全监测管理规定》。

12月24日，国家林业局印发《引进林木种子、苗木检疫审批与监管规定》。

12月25日，国务院办公厅公布山西灵空山等23处新建国家级自然保护区名单。

12月27日，国家林业局印发《关于采集国家重点保护野生植物有关问题的通知》，明确采集、移植或采伐国家重点保护野生植物，必须持有国家林业局统一印制的国家重点保护野生植物采集证。

12月30日至2014年1月27日，国家林业局会同有关部门，与南非、美国、东盟野生动植物执法网络、南亚野生动植物执法网络、卢萨卡议定书执法特遣队联合组织亚洲、非洲和北美地区的28个国家，开展代号为"眼镜蛇二号行动"的跨洲打击走私濒危物种违法犯罪活动专项行动。其间，共破获350多起破坏野生动植物资源案件，缴获数百吨濒危物种及其制品，处理400多名违法犯罪人员，并获得濒危野生动植物种国际贸易公约（CITES）公约秘书长表彰证书。

12月31日，国家林业局印发《全国林业知识产权事业发展规划（2013—2020年）》。

2014年

1月6日，国家林业局、海关总署联合在广州销毁6.15t查没的象牙。

1月9~10日，2014年全国林业厅（局）长会议在北京召开。会议提出：认真实施《推进生态文明建设规划纲要》，创新林业体制机制，完善生态文明制度，推进国家林业治理体系和治理能力建设，增强生态林业民生林业发展内生动力，为全面建成小康社会、实现中华民族伟大复兴的中国梦创造更好的生态条件。

1月10日，竹藤产业发展创新驱动联盟在北京成立。

1月13日，国家林业局在国务院新闻办公室召开新闻发布会，公布第二次全国湿地资源调查结果：全国湿地总面积5360万hm^2，湿地面积占国土面积的比率（湿地率）为5.58%。

2月9日，国家林业局、海关总署发布《野生动植物进出口证书管理办法》。

2月17日，中共中央组织部同意陈凤学、彭有冬同志任国家林业局党组成员。2月27日，国务院决定任命陈凤学、刘东生同志为国家林业局副局长。

2月19日，国务院副总理、全国绿化委员会主任汪洋在北京主持召开全国绿化委员会全体会议，听取2013年国土绿化工作情况汇报，审议《全国绿化委员会工作规则》，研究部署2014年国土绿化工作。

2月25日，国务院新闻办公室举行发布会，公布第八次全国森林资源清查结果：全国森林面积2.08亿hm²，森林覆盖率21.63%，森林蓄积量151.37亿m³。人工林面积0.69亿hm²，蓄积量24.83亿m³。

3月6日，国家林业局印发《国际重要湿地生态特征变化预警方案（试行）》，确定对国际重要湿地生态特征变化实行由低到高的黄色、橙色和红色三级预警。

3月10日，国家林业局公布将松树蜂和椰子织蛾增列为全国林业危险性有害生物。

3月20日，以"绿色的梦想、共同的家园"为主题的"国际森林日"植树活动在北京举行。

3月21日，国务院在山东省济宁市召开全国春季农业生产暨森林草原防火工作会议。国务院总理李克强作重要批示。国务院副总理汪洋出席会议并讲话。

同日，中国林业网被评为2014年度最具影响力政务网站，荣获2014年度"中国政务网站领先奖"。

4月4日，党和国家领导人习近平、李克强、张德江、俞正声、刘云山、王岐山、张高丽等到北京市海淀区南水北调团城湖调节池参加首都义务植树活动。习近平强调，全国各族人民要一代人接着一代人干下去，坚定不移爱绿、植绿、护绿，把我国森林资源培育好、保护好、发展好，努力建设美丽中国。

4月9~18日，国家林业局局长赵树丛率领中国林业代表团访问波兰、罗马尼亚、芬兰。期间，赵树丛分别与波兰环境部部长格拉波夫斯基，罗马尼亚环境与气候变化部部长科洛迪，水、森林与渔业局特派部长帕讷举行会谈。中波、中罗双方分别签署《关于林业合作的谅解备忘录》、《关于森林、湿地保护和野生动物保护合作的谅解备忘录》。

4月25日，国家林业局、山东省人民政府、中国贸促会和中国花卉协会共同主办的中国2014年青岛世界园艺博览会在青岛市开幕。

4月29日，国家林业局印发《关于推进林业碳汇交易工作的指导意见》。

5月4～11日，国家林业局副局长张永利率团出席在喀麦隆布埃亚市举行的大森林论坛2014年年会，并就当前全球林业发展面临的机遇与挑战、林权制度改革、森林经营、林业应对气候变化、林业机构建设等议题充分阐述了中方的观点。

5月7日，亚太经合组织（APEC）非法采伐及相关贸易专家组第五次会议在青岛市召开。国家林业局副局长刘东生出席开幕式并就有关议题阐述中国的态度和立场。

5月18日，水利部、国家林业局联合在广西百色召开滇桂黔石漠化片区区域发展与扶贫攻坚推进会。

5月20日，大熊猫"福娃"、"凤仪"启程赴马来西亚，开展为期10年的大熊猫国际科研合作。

5月26日，国务院办公厅印发《关于进一步加强林业有害生物防治工作的意见》。

同日，国家林业局、国家发展改革委、财政部联合印发《全国优势特色经济林发展布局规划（2013～2020年）。

6月5日，国家林业局局长赵树丛与阿拉伯联盟秘书长阿拉比签署《中国国家林业局与阿拉伯联盟（阿拉伯干旱地区和旱地研究中心）关于荒漠化监测与防治合作的谅解备忘录》。

6月18日，国家林业局党组会研究决定，成立全国林业生物多样性保护委员会。

7月3日，在习近平主席和韩国总统朴槿惠的共同见证下，国家林业局副局长张建龙和韩国环境部部长尹成圭在首尔青瓦台签署《中华人民共和国国家林业局和大韩民国环境部关于野生动植物和生态系统保护合作的谅解备忘录》。

7月11日，国家木材储备战略联盟成立大会暨首届理事会在北京召开。会议审议通过联盟组织机构、章程及工作运行机制。

7月16～18日，《联合国防治荒漠化公约》关于联合国可持续发展大会（"里约＋20"）后续行动政府间工作组第二次磋商在北京举行。

7月23日，中俄第三次边境森林防火联防会议在俄罗斯滨海边疆区首府海参崴召开。

7月28~29日，国家林业局在湖北省宜昌市召开全国推进林业改革座谈会，着重研究推进林业改革问题。

8月1日，国家林业局印发《陆生野生动物收容救护管理规定》和《林业植物新品种保护行政执法办法》。

8月5日，中蒙第二次边境森林防火联防会议在蒙古国乌兰巴托召开。

8月6~8日，亚太经合组织（APEC）非法采伐和相关贸易专家组第六次会议在北京举行，来自APEC 16个经济体的60余名代表出席会议。

8月28日，全国林业国际合作工作会议在北京举行。

9月16日，中国林学会和台湾中华林学会联合主办的首届海峡两岸林业论坛在台北市举行。

9月28日，国家林业局召开全国退耕还林实施工作电视电话会议，安排部署新一轮退耕还林工作。

10月24日，在习近平主席和坦桑尼亚总统基奎特的见证下，国家林业局局长赵树丛与坦桑尼亚外交和国际合作部部长门贝在北京签署《中华人民共和国国家林业局与坦桑尼亚自然资源和旅游部关于野生动植物和自然资源保护合作与交流的谅解备忘录》。

10月29日，2015后国际森林安排研讨会在北京开幕，来自55个国家和18个国际组织的近200名官员和专家就构筑未来全球森林治理体系进行磋商。

11月14日，世界自然保护联盟（IUCN）在悉尼举办的世界公园大会上公布首批保护地绿色名录，其中我国的唐家河国家级自然保护区等6个保护地入围。

12月2日，国家林业局与国家质检总局在北京签署《关于促进生态林业民生林业发展合作备忘录》。

12月4日，全国深化集体林权制度改革座谈会在河南省郑州市召开。

12月10日，国家林业局与河北省人民政府在北京签署《关于合作共建河北农业大学的协议》。

12月25日，国家林业局印发《全国集体林地林下经济发展规划纲要（2014—2020年）》。

12月26日，国务院办公厅印发《关于加快木本油料产业发展的指导意见》。

2015 年

1月5~6日，2015年全国林业厅局长会议在北京召开。会议提出：主动适应新常态，实现林业新发展，为改善生态改善民生做出更大贡献。

1月9日，国家林业局印发《关于切实加强野生植物培育利用产业发展的指导意见》（林护发〔2015〕7号）。

1月28~29日，遏制非法象牙需求国际研讨会在浙江省杭州市召开，国家林业局副局长刘东生、濒危野生动植物种国际贸易公约（CITES）秘书长约翰·斯甘伦出席开幕式并致辞。

2月2日，以"湿地，我们的未来"为主题的2015年世界湿地日活动启动仪式在浙江省杭州市举行。全国政协副主席罗富和、国家林业局副局长张永利，浙江省副省长黄旭明等出席启动仪式。

2月3~6日，国务院副总理汪洋在内蒙古考察国有林区改革工作时强调，要加快完善国有林区森林资源保护机制和监管体制，因地制宜推进森工企业改制和改革，多措并举促进职工就业增收，推动林区森林资源持续增长、生态产品生产能力持续增强、绿色富民产业持续发展。

2月26日，国家林业局发布2015年第7号公告，决定从公告发布之日起至2016年2月26日止，我国临时禁止进口《濒危野生动植物种国际贸易公约》生效后所获的非洲象牙雕刻品，国家林业局暂停受理相关行政许可事项。

2月27至3月1日，由国家林业局、全国政协人口资源环境委员会联合主办的三北防护林体系建设成就展在全国政协礼堂举办。

2月28日，国家林业局召开新闻发布会，公布全国第四次大熊猫调查结果。截至2013年年底，全国野生大熊猫种群数量达1864只。国家林业局副局长陈凤学出席发布会并答记者问。

3月17日，全国国有林场和国有林区改革工作电视电话会议在北京召开。国务院副总理汪洋出席会议并讲话，国务院副秘书长毕井泉主持会议，国家林业局局长赵树丛、国家发展改革委副主任连维良等在会上发言。

3月18日，世界自然基金会（WWF）全球总干事马可·兰博蒂尼在北京向中国国家林业局局长赵树丛颁发"自然保护领导者卓越贡献奖"，以表达国际社会对中国林业建设和自然保护成就的高度赞赏和充分肯定。

3月20日，全国春季农业生产暨森林草原防火工作会议在河南省漯河市召开，中共中央政治局常委、国务院总理李克强作出重要批示。中共中央政治局委员、国务院副总理汪洋出席会议并讲话。农业部部长韩长赋主持会议，国家林业局局长赵树丛在会上发言。

3月23日，国家林业局局长赵树丛与斐济林业渔业部长耐克姆在斐济首都苏瓦签署中斐林业合作备忘录。

3月26日，国家林业局局长赵树丛与韩国山林厅长官申元燮在韩国大田市共同签署《中韩关于森林福祉合作的备忘录》。

3月30日，国家林业局局长赵树丛签署第36号令，公布《林业固定资产投资建设项目管理办法》，自2015年5月1日起施行。

同日，国家林业局和财政部联合召开电视电话会议，全面部署停止重点国有林区天然林商业性采伐工作。国家林业局局长赵树丛出席会议并讲话，副局长张建龙主持会议。财政部副部长胡静林、国家林业局副局长刘东生分别就相关财政支持政策和全面停伐具体要求作讲话。

同日，国家林业局印发《新一轮退耕还林工程作业设计技术规定》（林退发〔2015〕35号）。

3月31日，国家林业局局长赵树丛签署第35号令，公布《建设项目使用林地审核审批管理办法》，自2015年5月1日起施行。

4月3日，党和国家领导人习近平、李克强、张德江、俞正声、刘云山、王岐山、张高丽等来到北京市朝阳区孙河乡植树点参加首都义务植树活动。习近平强调，植树造林是实现天蓝、地绿、水净的重要途径，是最普惠的民生工程。要坚持全国动员、全民动手植树造林，努力把建设美丽中国化为人民自觉行动。

4月8日，亚太森林恢复与可持续管理组织（以下简称亚太森林组织）首届董事会成立大会暨第一次会议在北京举行。中国国家林业局局长赵树丛当选为亚太森林组织首届董事会主席。来自澳大利亚、中国、柬埔寨、马来西亚、菲律宾和联合国粮农组织、国际热带木材组织及大自然保护协会的12名代表当选董事出席会议。

4月10日，中国湿地保护协会在北京成立。国家林业局局长赵树丛为协会揭牌，副局长孙扎根当选为第一届会长。

4月12～17日，国家林业局副局长刘东生率团赴秘鲁出席大森林论坛2015年年会。会议期间，刘东生会见了美国、秘鲁、加拿大、喀麦隆、巴西和瑞典等国林业部门负责人，就下一步加强多双边林业合作事宜深入交换了意见。

4月15至6月30日，国家林业局部署在全国林业系统国家级自然保护区开展一次为期3个月的监督检查专项行动——"绿剑行动"。此次行动将依法严厉查处国家级自然保护区内的房地产开发、探矿采矿、采石挖沙等违法占地行为。

4月25日，中共中央、国务院印发《关于加快推进生态文明建设的意见》。

5月4日，国家林业局印发《全国集体林地林药林菌发展实施方案（2015—2020年）》。

5月4～27日，我国会同亚洲、非洲、欧洲和美洲的64个国家和有关国际组织联合开展打击野生动植物非法贸易犯罪的"眼镜蛇三号行动"。

5月13～14日，国家林业局副局长张永利率中国代表团出席在纽约联合国总部召开的联合国森林论坛第十一届会议部长级会议并在部长级会议上发言。

5月25日，亚欧会议成员国森林可持续管理与利用政策与实践研讨会在斯洛文尼亚首都卢布尔雅那召开。中国国家林业局副局长刘东生出席会议并在开幕式上致辞。

5月28日，国家林业局印发《国家沙化土地封禁保护区管理办法》，该办法共19条，将于7月1日起施行，有效期至2020年12月31日。

5月29日，国家林业局和海关总署在北京市野生动物救护中心联合举行"中国执法查没象牙销毁活动"，共销毁2014年以来执法机关查没并结案的非法象牙及象牙制品662kg，国家林业局局长赵树丛、海关总署署长于广洲分别致辞，国家林业局副局长陈凤学主持。濒危野生动植物种国际贸易公约秘书长约翰·斯甘伦就中国政府公开销毁查没象牙发来贺信。

6月9日，国务院新闻办公室举行新闻发布会介绍我国生态建设与自然保护情况。国家林业局副局长张建龙出席发布会并介绍相关情况。

6月16日，国家林业局局长赵树丛在北京会见联合国森林论坛秘书长索博拉，双方就加强联合国森林论坛与国家林业局人员交流合作及支持亚太森林组织建设等事宜交换了意见。

6月24日，在第七轮中美战略与经济对话期间，中国国家林业局和美国国务院在美国华盛顿举行打击野生动植物非法交易对口磋商。国家林业局局长赵树丛和美国国务院副国务卿凯瑟琳·诺维莉出席磋商开幕式并讲话。

6月30日，中央决定，张建龙任国家林业局党组书记。

7月6日，利比里亚共和国加入国际竹藤组织（INBAR）升旗仪式在北京国际竹藤组织总部举行。自此，国际竹藤组织成员国达到41个。全国政协人口资源环境委员会副主任、国际竹藤组织董事会联合主席江泽慧，国家林业局副局长刘东生，利比里亚驻华大使杜德里·托马斯等出席升旗仪式。

7月13日，国务院决定，张建龙任国家林业局局长。

7月23日，全国林业厅（局）长电视电话会议召开。会议的主要任务是：深入学习领会习近平总书记系列重要讲话精神，认真贯彻落实党的十八大和十八届三中、四中全会精神，系统总结2015年上半年工作，精心部署下半年工作，确保全面完成全年任务。

7月28日，以"沙漠生态文明，共建丝绸之路"为主题的第五届库布其国际沙漠论坛在内蒙古开幕。国务院副总理汪洋出席开幕式并致辞，联合国秘书长潘基文向论坛发来贺信，《联合国防治荒漠化公约》执行秘书莫妮卡·巴布宣读贺信并致辞。全国政协副主席、科技部部长万钢主持开幕式并致辞。国家林业局局长张建龙、内蒙古自治区党委书记王君出席开幕式并致辞。

8月18日，第三届中国绿化博览会在天津市武清区正式开幕，本届绿博会主题为"以人为本，共建绿色家园"，全国共有48个单位参加本次绿博园建设参展。会期为8月18日到10月18日。

8月22日，滇桂黔石漠化片区区域发展与扶贫攻坚推进会在云南省文山壮族苗族自治州举行，国家林业局局长张建龙、水利部部长陈雷、云南省省长陈豪、国务院扶贫办副主任郑文凯等相关部门领导出席会议并讲话。

8月26日，国家林业局与国土部数据资料交接仪式在北京举行。两部门共同签署数据资料共享协议，建立共享机制。

8月29日，全国深化集体林权制度改革现场会在浙江省浦江县召开，研究继续深化集体林权制度改革，全面提升集体林业经营水平。

9月7日，应南非政府和联合国粮农组织邀请，经国务院批准，国家林业局局长张建龙出席在南非德班举行的第十四届世界林业大会并在高级别论坛上发表演讲。

9月16日，我国首个大型野生动物类型国家公园——西藏羌塘藏羚羊、野牦牛国家公园在拉萨成立，国家林业局副局长陈凤学出席授牌仪式并讲话。

9月17日，国家林业局印发《关于进一步加强林业标准化工作的意见》（林科发〔2015〕127号）。

9月23日，全国林业标准化工作会议在湖南省召开，研究部署林业标准化工作。

9月24日，第四届全国林业信息化工作会议在湖南省长沙市召开，研究大力推进"互联网＋"林业建设，全面提升我国林业信息化水平。

10月9日，国家林业局召开全国奋斗在林改一线的十佳大学生村官座谈会，学习宣传先进精神，激励青年投身林业建设。

10月10日，2015中国森林旅游节暨生态休闲产业博览会在湖北省武汉市举行，主题为"生态之旅　绿色生活"。

10 月 15 日，国家林业局发布 2015 年第 17 号公告，自本公告发布之日起至 2016 年 10 月 15 日止，我国临时禁止进口在非洲进行狩猎后获得的狩猎纪念物象牙，国家林业局暂停受理相关行政许可事项。

10 月 25 日，首届世界生态系统治理论坛在北京举行，国家林业局局长张建龙、世界自然保护联盟主席章新胜、亚太森林组织董事会主席赵树丛等出席论坛开幕式并致辞，国家林业局副局长陈凤学主持开幕式。国务院副总理汪洋会见了出席首届世界生态系统治理论坛的国际组织代表。

10 月 31 日，在李克强总理和韩国总统朴槿惠见证下，国家林业局局长张建龙在韩国首尔与韩国环境部部长尹成奎共同签署《中韩关于共同推进大熊猫保护合作的谅解备忘录》。

11 月 2 日，中央第九巡视组巡视国家林业局工作动员会召开，党组书记张建龙主持会议并作动员讲话，中央第九巡视组组长吴瀚飞就即将开展的专项巡视工作作讲话。

11 月 5 日，国家林业局局长张建龙在北京会见斯洛文尼亚副总理兼农业、林业和食品部部长戴扬·日丹。双方共同签署《中华人民共和国国家林业局与斯洛文尼亚共和国农业、林业和食品部关于建立中国—中东欧国家林业合作协调机制的谅解备忘录》，标志着中国与中东欧国家林业合作协调机制正式启动。

11 月 12 日，国家林业局印发《关于进一步加强乡镇林业工作站建设的意见》（林站发〔2015〕146 号）。

11 月 19 日，全国林业工作站工作会议在北京召开，会议研究部署全面加强基层林业工作站建设，为推进林业现代化建设提供保障。

11 月 20 日，国家林业局局长张建龙在北京会见博茨瓦纳环境、野生动物与旅游部部长切凯迪·卡马一行，双方就野生动植物保护、造林、森林经营与林业应对气候变化等问题交换了意见。

11 月 24 日，国家林业局局长张建龙签署第 39 号令，公布《林业工作站管理办法》，自 2016 年 1 月 1 日起施行。

11 月 26 日，国家林业局与中国气象局在北京签署《关于深化全面战略合作框架协议》。坚持优势互补资源共享，实现林业气象共赢发展。国家林业局局长张建龙、中国气象局局长郑国光代表双方签字。国家林业局副局长彭有冬出席签字仪式。

12月17日，《国家林业局 广西壮族自治区政府 国家开发银行 共同推进国家储备林等重点领域建设发展合作协议》签约仪式在北京举行，国家林业局局长张建龙、局党组成员谭光明出席签约仪式。

12月28日，全国油茶等木本油料产业开发脱贫现场会在福建省举行。研究部署大力发展油茶等木本油料产业，实现精准脱贫稳定脱贫。

同日，中国大熊猫保护研究中心在卧龙大熊猫基地内正式挂牌。国家林业局副局长陈凤学出席揭牌仪式。

12月29日，国务院新闻办公室在北京举行新闻发布会，国家林业局局长张建龙在新闻发布会上介绍了第五次全国荒漠化和沙化土地监测结果。

12月30日，国家林业局印发《林业植物新品种保护行政执法办法》(林技发〔2015〕176号)。

同日，国家林业局发布2015年第20号公告，公布安徽升金湖国家级自然保护区、广东南澎列岛海洋生态国家级自然保护区、甘肃张掖黑河湿地国家级自然保护区3处湿地列入《国际重要湿地名录》。

附　录

主要名词解释

森林　指土地面积大于等于 0.0667hm²（1 亩），郁闭度大于等于 0.2，就地生长高度达到 2m 以上（含 2m）的以树木为主体的生物群落，包括天然林与人工幼龄林，符合这一标准的竹林，以及特别规定的灌木林，行数在 2 行以上（含 2 行）且行距小于等于 4m 或冠幅投影宽度在 10m 以上的林带。

林分　内部结构特征（如树种组成、林冠层次、年龄、郁闭度、起源、地位级或地位指数等）基本相同，而与周围森林有明显区别的一片具体森林。林分常作为确定森林经营措施的依据，不同的林分需要采取不同的经营措施。在森林经理工作中，是划分小班的基础，在集约经营的森林中，一个小班包含一个林分。

林木　森林中全部乔木的总称。是森林的主体，为森林经营的主要对象。林木分主林木和次要林木。主林木是指经济价值较高的主要树种；次要林木是指经济价值较低的次要树种。林木有时也泛指生长在森林中的乔木。

树木　木本植物的总称，有乔木、灌木和木质藤本之分。树木主要是种子植物，蕨类植物中只有树蕨为树木，我国有 8000 余种树木。

乔木 高3m以上具有明显直立的主干和广阔树冠的木本植物。如杨树、槐树、杉木。按其大小又可分为大乔木(高20m以上)、中乔木(高10~20m)、小乔木(高3~10m)。

灌木 高3m以下,通常丛生无明显主干的木本植物,但有时也有明显主干。如麻叶绣球、牡丹。茎高0.5m以下者为小灌木,如胡枝子。茎在草质与木质之间,上部为草质,下部为木质者称半灌木或亚灌木。

原始林 又称原生林。是由原生裸地发生的植物群落,经过一系列原生演替阶段而形成的森林。亦即从未进行经营活动或破坏的天然林。原始林通常是顶极群落,是最稳定的森林。

次生林 植物群落从次生裸地发生,经过一系列次生演替阶段所形成的森林。亦即森林经过采伐或其他自然因素破坏后,自然恢复的森林,因而有时又称天然次生林。

天然林 指依靠自然能力形成的森林。我国的天然林1.22亿hm^2,主要分布在东北、内蒙古和西南等重点国有林区。

人工林 指用人工种植的方法营造和培育而成的森林。我国人工林达0.69亿hm^2,居世界第一位。

生态林 以发挥生态效益为主的森林,主导利用森林的生态功能。

商品林 以发挥经济效益为主的森林,主导利用木材及其他林产品。

国有林 山林权属于国家所有的森林,是我国林业的主要组成部分。国有林所有制是单一的,即山林权属于全民所有。

集体林 山林权属于集体所有的森林。集体林与国有林不同，所有制结构是多层次的，包括全民所有、集体所有。

森林资源 包括森林、林木、林地以及依托森林、林木、林地生存的野生动物、植物和微生物。

森林公园 以大面积人工林或天然林为主体而建设的公园。天然公园保存有自然景观。森林公园除保护森林风景自然特征外，并根据造园要求适当加以整顿布置。公园内的森林，一般只采用抚育采伐和林分改造等措施，不进行主伐。

苗圃 用以培育苗木的场所或土地。按使用年限长短分为固定苗圃和临时苗圃〔按苗圃所培育苗木的用途或任务分为森林苗圃、防护林苗圃、园林苗圃、果树苗圃、特用经济林苗圃、实验苗圃等。

造林 在林业用地上采用植苗、扦插或播种等方法营造或更新森林的生产活动。确切地说，种植面积较大，而且以后能形成森林和森林环境的，称为造林。面积小，不能形成森林或森林环境的，只能称为植树或栽树，而不称为造林。

森林经营方案 在对林业生产条件和森林资源等各项工作调查研究的基础上，根据国民经济要求和国家林业方针政策，对森林的经营方针、经营规模、生产顺序及经营利用措施等加以设计，最后选择最优方案编制而成的方案。

森林成熟 森林在其生长发育过程中达到最符合经营目的时的状态。由于经营目的的不同，森林成熟的种类很多，如自然成熟、工艺成熟、经济成熟等。

森林更新 以新的幼林代替老林的整个程序。通常分为天然更新和人工更新两类。

天然更新 利用林木自身繁殖能力形成新一代幼龄林的过程。

人工促进更新 为保证森林天然更新获得良好效果而采取的人工辅助措施。

人工造林 在无林地上以人为的方法利用苗木、种子或营养器官(如枝、干、根等)进行的造林。而在采伐迹地或火烧迹地上采用人工种植的方法恢复森林,则称为人工更新。

造林成活率 单位面积上的成活株数与造林时的总株数的百分比。

造林保存率 造林成活多年后,能保持正常生长的林木株数与造林时的总株数的百分比。

立地条件 指造林地上与森林生长发育有关的自然环境因子的综合。

森林面积 包括郁闭度在 0.2 以上的乔木林地面积和竹林,国家特别规定的灌木林地面积,农田林网以及村旁、路旁、水旁、宅旁林木的覆盖面积。

森林覆盖率 指以行政区划为单位森林面积与土地面积的百分比。森林覆盖率是反映一个国家或地区森林资源丰富程度的重要指标。

森林蓄积量 指森林中所有活立木材积的总和。这是反映森林数量和质量的重要指标。

活立木蓄积量 包括森林蓄积量、疏林蓄积量、散生木蓄积量、四旁树蓄积量。

林业用地 也称林地。包括郁闭度 0.2 以上的乔木林地以及竹林地、灌木林地、疏林地、采伐迹地、火烧迹地、未成林造林地、苗圃地和县级以上人民政府规划的宜林地。

郁闭度　　指树冠覆盖面积与林地总面积的比率。

轮伐期　　指林木前后两次采伐间隔的年数。

荒漠化　　指气候变异和人类活动等因素造成的干旱、半干旱和湿润干旱地区的土地退化过程，包括风蚀荒漠化、水蚀荒漠化、冻融荒漠化和土壤盐渍化。

沙漠化　　指在非沙漠地区，由于风力作用和人类活动的诱发，导致出现类似沙漠景观的土地退化过程。

湿地　　包括沼泽、泥炭地、湿草甸、湖泊、河流、滞蓄洪区、河口三角洲、滩涂、水库、池塘、水稻田以及低潮时水深浅于 6m 的海域地带。湿地与森林、海洋并称为地球三大生态系统，在含蓄水源、调节气候、降解污染、维护生物多样性方面发挥着不可替代的作用。被誉为"地球之肾"。

自然保护区　指对有代表性的生态系统、珍稀濒危野生动植物的天然集中分布区、有特殊意义的自然遗迹等保护对象所在的陆地、陆地水体或者海域，依法划出一定面积以特殊保护和管理的区域。可以分为核心区、缓冲区和实验区。

生物多样性　指一定范围内生物的差异、变化和复杂程度。包括遗传多样性、物种多样性和生态系统多样性。

森林生态系统以林木为主体的生物群落(包括森林中的所有植物成分和动物、微生物等)及其生存的非生物环境(包括气候、土壤、水文等因素)相互作用的综合体。也就是以林木为主体的生态系统。森林生态系统是陆地上最大、生物量最高的生态系统。

林业　　国民经济的重要组成部分，是培育和保护森林以取得木材及其林产品，并发挥森林的生态效益以保护环境、改善环境、美化环境的建设事业，包括造林、育林、护林、采伐更新、野生动植物和湿地保护、防沙治沙、木材及其他林产品的加工利用。林业既是一项重要的公益事业，又是一项重要的基础产业。

后　记

　　《中国林业工作手册》的出版为广大林业工作者提供了一个案头必备的工具书。10 年来，为促进林业发展做出了积极贡献。党的十八大以来，党中央、国务院高度重视生态文明建设，将其写入《中国共产党党章》，纳入中国特色社会主义事业"五位一体"总体布局。林业发展也取得了明显成效，林业改革全面展开，国土绿化加快推进，资源管理不断强化，生态保护更加有力，灾害防控成效明显，林业产业蓬勃发展，政策体系逐步完善，保障能力不断提升，国际合作继续深化。面对新的形势，广大务林人迫切需要对当前林业发展的最新情况、最新知识有一个全面、统一、权威、准确的了解。加之第八次全国森林资源清查、野生动植物四次调查、第四次全国荒漠化和沙化土地监测等最新林业监测结果已经公布。为了适应新的形势和情况对其修订再版十分必要。

　　为此，我们组织国家林业局各司局、直属单位和各省(自治区、直辖市)林业厅(局)，内蒙古、吉林、龙江、大兴安岭、长白山森工(林业)集团，新疆生产建设兵团林业局，进行了历时两年的编纂工作，各单位主要负责同志和很多工作人员都参加了编写，汇集了行业发展的最新成果，是广大务林人集体智慧的结晶。

《中国林业工作手册（第2版）》共12章，在第1版的基础上增加了林业改革和林业信息化2章，并整合部分章节，调整后主要内容包括：林业资源、生态建设、林业产业、林业改革、政策法规、林业科技、林业信息化、机构队伍、综合林情、地方林情、国际林情、中国林业大事记等。本书内容翔实，资料丰富，图文并茂，对比清晰，一目了然，汇集了林业工作各个方面的最新数据和情况，将权威性、知识性、实用性相结合。它的出版，必将对在新形势下推动林业现代化建设发挥重要作用。

编者

2017 年 5 月 30 日